湖北民族学院林学省级重点学科建设专项资助

恩施植物志
FLORA OF ENSHI

第二卷 裸子植物 被子植物

艾训儒 易咏梅
姚 兰 黄 升 编著

科学出版社
北 京

内 容 简 介

《恩施植物志》是记载恩施土家族苗族自治州（简称恩施州）地区野生及习见栽培的维管束植物的图书，全套丛书共分四卷。第一卷为蕨类植物，第二卷为裸子植物和部分被子植物，第三卷、第四卷为被子植物。本书是《恩施植物志》的第二卷。本书共记录植物58科332属1109种，对科和种的名称、引证、形态特征、分布及生态环境、药用价值等均做扼要的介绍，并配有物种的详细彩色图片；对恩施州裸子植物及被子植物均有明晰实用的检索表，便于厘定植物所属的科、属、种。

本书文字描述简练、易懂、实用，图文并茂，是一部具有科学性、实用性和地方性等特色的专业工具书，可供植物学、农学、林学、医学、自然保护和轻工业等领域的科研单位研究人员和高等院校相关专业的师生参考使用。

图书在版编目（CIP）数据

恩施植物志. 第二卷，裸子植物、被子植物/艾训儒，等编著. —北京：科学出版社，2017
ISBN 978-7-03-054332-5

Ⅰ. ①恩… Ⅱ. ①艾… Ⅲ. ①植物志－恩施土家族苗族自治州　②裸子植物亚门－植物志－恩施土家族苗族自治州　③被子植物－植物志－恩施土家族苗族自治州　Ⅳ. ① Q948.526.32　② Q949.6　③ Q949.7

中国版本图书馆CIP数据核字（2017）第215821号

责任编辑：王　彦／责任校对：王万红
责任印制：吕春珉／封面设计：东方人华

科学出版社 出版
北京东黄城根北街16号
邮政编码：100717
http://www.sciencep.com

北京中科印刷有限公司印刷
科学出版社发行　各地新华书店经销

*

2017年10月第　一　版　　开本：889×1194　1/16
2017年10月第一次印刷　　印张：41 1/2
字数：1255 000
定价：360.00元
（如有印装质量问题，我社负责调换）
销售部电话 010-62136230　编辑部电话 010-62130750
版权所有，侵权必究
举报电话：010-64030229；010-64034315；13501151303

编写说明

本志是记载恩施土家族苗族自治州（简称恩施州）地区野生及习见栽培的维管束植物的图书，包括蕨类植物、裸子植物和被子植物。本卷记载的裸子植物分类采用郑万钧系统，被子植物分类采用恩格勒系统。

本志所记载的科、属、种均有中文名称和拉丁学名、物种形态特征、产地、生长环境、国内外分布及药用价值等；科、属下均列有检索表，并附有一定数量的彩色图片，以便识别和比较。

本志中植物的拉丁学名基本以《中国植物志》及其英文修订版（FOC）的官方网站中文版为基础，部分物种因考虑使用习惯、接受程度仍沿用修订前的科、属、种名，并给予说明。部分恩施常见物种的俗名与中文名有较大差异，标注了俗名。

本志中各物种产地均列出县（县级市）名。例如，恩施州现辖恩施市、利川市、建始县、巴东县、宣恩县、咸丰县、来凤县和鹤峰县，文内简写成恩施、利川、建始、巴东、宣恩、咸丰、来凤和鹤峰。其中物种分布超过三个县市的定义为恩施州广布。

本卷收载恩施州的裸子植物及部分被子植物共计58科331属1108种（含种以下分类单元）。其中，裸子植物9科28属45种，被子植物49科303属1063种。根据《湖北植物志》统计，本卷记载植物中有117种是《湖北植物志》有记录但未记载恩施有分布的物种，有158种是《湖北植物志》未记录的物种，对未记录的物种查阅《中国植物志》与 Flora of China 在恩施的产地信息记载进行统计，本卷包括了34种湖北省新记录物种。按照国务院1999年批准的国家重点保护野生植物（第一批）名录，本卷记录了国家珍稀保护植物27种，其中Ⅰ级保护植物7种，Ⅱ级保护植物21种，包括2种极小种群保护植物。作者根据多年的实地考察和各标本馆藏历年采集的涉及恩施州的植物标本，结合文献资料的考证进行编研工作，编研过程中参考的植物标本一律未做标本引证。

前言

《恩施植物志》所谓的"恩施"是指位于湖北省西南部,地处湘、鄂、渝三省(市)交汇处的面积约 24.1 万平方千米的连片区域,在行政区划上属于湖北恩施土家族苗族自治州,该区域东连本省宜昌市,南接湖南湘西土家族苗族自治州,西毗重庆市黔江区,北邻重庆市万州区,东北端与神农架林区接壤,地理坐标北纬 29°07′10″—31°24′13″,东经 108°23′12″—110°38′08″,所辖 6 县 2 市,包括恩施市、利川市、巴东县、建始县、宣恩县、咸丰县、来凤县和鹤峰县。

恩施地貌复杂,地形以山地为主,其北部为大巴山脉的南缘分支,即巫山山脉,东南部和中部为苗岭分支,即武陵山脉,西部为大娄山山脉的北延部分,即齐跃山脉。其地势呈三山鼎立,北部、西北部和东南部高,逐渐向中、南部倾斜而相对低下。由于受新构造运动间歇活动的影响,大面积隆起成山,局部断陷,沉积形成多级夷面与山涧河谷断陷盆地。基本地貌特征为阶梯状岩溶地貌发育,总体以石灰岩组成的高原型山地为主,兼有石灰岩组成的峡谷、溶蚀盆地,砂岩组成的中低宽谷以及山涧盆地等多种类型。境域地势高峻、山峦起伏、沟壑纵横、高差悬殊、急流飞瀑,自然风光以雄、奇、秀、幽、险著称,集山、水、林、泉、瀑、峡、洞为一体,构成了丰富而优美的自然景观组合。

恩施属北亚热带季风性湿润气候,总体气候特点是冬少严寒,夏无酷暑,雾多寡照,终年湿润,降水充沛,雨热同期,但因地形地貌复杂,地势高低悬殊,又呈现出极其明显的气候垂直地域差异。热量、温度随地势升高而下降,年平均气温:800 米以下的低山 16.3℃,800~1200 米的二高山 13.4℃,1200 米以上的高山 7.8℃;年平均降水量:东南部 1100~1300 毫米,西北部 1000~1900 毫米,中部 1400~1600 毫米;年平均日照时长:低山 1300 小时,二高山 1200~1350 小时,高山 1000~1350 小时;无霜期:低山 238~348 天,二高山 237~264 天,高山 170~233 天;相对湿度:低山 82%,二高山 85%,高山 82%。

恩施是中国地势第二阶梯向第三阶梯的过渡地带,由于受第四纪冰川影响较小,成陆时间早,加之复杂的地形地貌和山地气候垂直地域差异的空间异质性组合,孕育了极其丰富的野生动植物资源,保存着第四纪冰期后残留的繁杂古森林植物群落,其植物区系起源古老,地理成分复杂,特有种属和单种、少种的科、属多,珍稀濒危植物多,成为中国种子植物三大特有现象中心之一的"川东-鄂西特有现象中心"的核心地带,是我国具有战略意义的生物资源基因库之一。因其特殊的地理位置、重要的生态功能和丰富的生物多样性资源而被《中国生物多样性保护行动计划》和《中国生物多样性国情研究报告》列为国家优先保护区域和具有全球意义的生物多样性关键地区。

湖北民族学院林学学科是湖北省省属高校中办学历史悠久、规模最大、具有独特资源与区位优势、教学科研实力最强的一级学科,是湖北省重点(特色)学科。我校林学学科团队成员历经艰辛,通过近

20年对恩施植物资源的本底调查，于2013年开始编写《恩施植物志》系列图书。该系列图书记载湖北恩施地区野生及习见栽培的维管束植物，共分蕨类植物、裸子植物和被子植物三部分，本书是《恩施植物志》之第二卷，主要收录恩施州的裸子植物和部分被子植物。裸子植物分类采用郑万钧系统，记录了从苏铁科到红豆杉科共9科28属45种（包括种下分类单元，下同），被子植物分类采用恩格勒系统，记录了从三白草科到豆科共49科304属1064种。对科、种的名称、引证、形态特征、分布及生态环境等做了扼要的介绍，并配有物种的彩色图片，有较明晰、实用的检索表，便于厘定植物所属的科、属、种。裸子植物从苏铁科到红豆杉科、被子植物从三白草科到山龙眼科由姚兰副教授负责撰写，被子植物从铁青树科到防己科由艾训儒教授负责撰写，被子植物从木兰科到悬铃木科由兼职教授黄升负责撰写，被子植物蔷薇科和豆科由易咏梅教授负责撰写。三峡大学王玉兵副教授提供了部分物种的彩色图片，同时书中参考和引用了一些学者的研究资料，在此一并表示衷心的感谢！

  在编著过程中，尽管我们尽了最大努力，但由于学术水平和实践经验有限，书中难免有疏漏之处，敬请广大读者批评指正。

艾训儒
2016年11月18日

目录

编写说明
前言

裸子植物门 Gymnospermae

苏铁科 Cycadaceae 002
    苏铁属 *Cycas* L. 002
银杏科 Ginkgoaceae 003
    银杏属 *Ginkgo* L. 003
南洋杉科 Araucariaceae 003
    南洋杉属 *Araucaria* Juss. 004
松科 Pinaceae 005
    松属 *Pinus* Linn 005
    雪松属 *Cedrus* Trew 008
    落叶松属 *Larix* Mill. 008
    金钱松属 *Pseudolarix* Gord. 009
    冷杉属 *Abies* Mill 010
    油杉属 *Keteleeria* Carr. 011
    云杉属 *Picea* Dietr. 012
    黄杉属 *Pseudotsuga* Carr. 013
    铁杉属 *Tsuga* Carr. 014
杉科 Taxodiaceae 016
    水杉属 *Metasequoia* Miki ex Hu et Cheng 016
    柳杉属 *Cryptomeria* D. Don 017
    落羽杉属 *Taxodium* Rich. 018
    杉木属 *Cunninghamia* R. Br 019
    台湾杉属 *Taiwania* Hayata 020
柏科 Cupressaceae 020
    刺柏属 *Juniperus* Linn. 021
    圆柏属 *Sabina* Mill. 022
    柏木属 *Cupressus* Linn. 023
    扁柏属 *Chamaecyparis* Spach 024
    崖柏属 *Thuja* Linn 025
    侧柏属 *Platycladus* Spach 025
罗汉松科 Podocarpaceae 026
    罗汉松属 *Podocarpus* L. Her. ex Persoon 027
三尖杉科 Cephalotaxaceae 028
    三尖杉属 *Cephalotaxus* Sieb. et Zucc. ex Endl. 028
红豆杉科 Taxaceae 030
    红豆杉属 *Taxus* L. 030
    穗花杉属 *Amentotaxus* Pilger 031
    榧树属 *Torreya* Arn. 032

被子植物门 Angiospermae

三白草科 Saururaceae 034
    蕺菜属 *Houttuynia* Thunb. 034
    三白草属 *Saururus* Linn. 035
胡椒科 Piperaceae 035
    胡椒属 *Piper* Linn. 036
金粟兰科 Chloranthaceae 037
    金粟兰属 *Chloranthus* Swartz 038
    草珊瑚属 *Sarcandra* Gardn. 040
杨柳科 Salicaceae 041
    杨属 *Populus* L. 041
    柳属 *Salix* L. 044

恩施植物志 | 第二卷 裸子植物 被子植物 |
Flora of Enshi

杨梅科 Myricaceae	050
杨梅属 *Myrica* L.	051
胡桃科 Juglandaceae	052
化香树属 *Platycarya* Sieb. et Zucc.	052
黄杞属 *Engelhardtia* Lesch. ex Bl.	054
胡桃属 *Juglans* L.	054
青钱柳属 *Cyclocarya* Iljinsk.	056
枫杨属 *Pterocarya* Kunth	057
桦木科 Betulaceae	059
桤木属 *Alnus* Mill.	060
桦木属 *Betula* L.	061
鹅耳枥属 *Carpinus* L.	064
铁木属 *Ostrya* Scop.	068
榛属 *Corylus* L.	069
壳斗科 Fagaceae	070
水青冈属 *Fagus* L.	071
栗属 *Castanea* Mill.	073
锥属 *Castanopsis* (D. Don) Spach	075
柯属 *Lithocarpus* Bl.	078
栎属 *Quercus* L.	082
青冈属 *Cyclobalanopsis* Oerst.	087
榆科 Ulmaceae	091
青檀属 *Pteroceltis* Maxim.	092
榆属 *Ulmus* L.	092
榉属 *Zelkova* Spach	096
糙叶树属 *Aphananthe* Planch.	097
山黄麻属 *Trema* Lour.	098
朴属 *Celtis* L.	099
桑科 Moraceae	101
葎草属 *Humulus* Linn.	102
大麻属 *Cannabis* Linn.	103
水蛇麻属 *Fatoua* Gaud.	103
桑属 *Morus* Linn.	104
构属 *Broussonetia* L'Hert. ex Vent.	106
柘属 *Maclura* Nuttall.	108
榕属 *Ficus* Linn.	109
荨麻科 Urticaceae	114
荨麻属 *Urtica* L.	115
花点草属 *Nanocnide* Bl.	117
艾麻属 *Laportea* Gaudich.	118
蝎子草属 *Girardinia* Gaudich.	120
冷水花属 *Pilea* Lindl.	121
假楼梯草属 *Lecanthus* Wedd.	128
赤车属 *Pellionia* Gaudich.	129
楼梯草属 *Elatostema* J. R. et G. Forst.	131
苎麻属 *Boehmeria* Jacq.	136
雾水葛属 *Pouzolzia* Gaudich.	140
糯米团属 *Gonostegia* Turcz.	141
微柱麻属 *Chamabainia* Wight	142
墙草属 *Parietaria* L.	143
水麻属 *Debregeasia* Gaudich.	143
紫麻属 *Oreocnide* Miq.	145
山龙眼科 Proteaceae	146
银桦属 *Grevillea* R. Br.	146
山龙眼属 *Helicia* Lour.	147
铁青树科 Olacaceae	147
青皮木属 *Schoepfia* Schreb.	148
檀香科 Santalaceae	148
米面蓊属 *Buckleya* Torr.	149
百蕊草属 *Thesium* L.	150
桑寄生科 Loranthaceae	150
桑寄生属 *Loranthus* Jacq.	151
钝果寄生属 *Taxillus* Van Tiegh.	151
槲寄生属 *Viscum* L.	154
栗寄生属 *Korthalsella* Van Tiegh.	155
马兜铃科 Aristolochiaceae	155
马兜铃属 *Aristolochia* L.	156
细辛属 *Asarum* L.	157
蛇菰科 Balanophoraceae	162
蛇菰属 *Balanophora* Forst. et Forst. f.	163
蓼科 Polygonaceae	164
大黄属 *Rheum* L.	165
酸模属 *Rumex* L.	166
金线草属 *Antenoron* Rafin.	169
何首乌属 *Fallopia* Adans.	170
虎杖属 *Reynoutria* Houtt.	172
荞麦属 *Fagopyrum* Mill.	173
蓼属 *Polygonum* L.	175
藜科 Chenopodiaceae	189
千针苋属 *Acroglochin* Schrad.	189

甜菜属 *Beta* L.	190
菠菜属 *Spinacia* L.	190
藜属 *Chenogodium* L.	191
地肤属 *Kochia* Roth	193

苋科 Amaranthaceae 193
    青葙属 *Celosia* L. 194
    苋属 *Amaranthus* L. 195
    杯苋属 *Cyathula* Bl. 198
    牛膝属 *Achyranthes* L. 198
    莲子草属 *Alternanthera* Forsk. 200
    千日红属 *Gomphrena* L. 201

紫茉莉科 Nyctaginaceae 202
    紫茉莉属 *Mirabilis* L. 202
    叶子花属 *Bougainvillea* Comm. ex Juss. 203

商陆科 Phytolaccaceae 204
    商陆属 *Phytolacca* L. 204

番杏科 Aizoaceae 205
    粟米草属 *Mollugo* L. 206

马齿苋科 Portulacaceae 206
    马齿苋属 *Portulaca* L. 207
    土人参属 *Talinum* Adans. 208

落葵科 Basellaceae 209
    落葵属 *Basella* L. 209
    落葵薯属 *Anredera* Juss. 210

石竹科 Caryophyllaceae 210
    蝇子草属 *Silene* L. 211
    狗筋蔓属 *Cucubalus* L. 214
    麦蓝菜属 *Vaccaria* Medic. 214
    石竹属 *Dianthus* L. 215
    漆姑草属 *Sagina* L. 216
    鹅肠菜属 *Myosoton* Moench 217
    卷耳属 *Cerastium* L. 217
    无心菜属 *Arenaria* L. 219
    繁缕属 *Stellaria* L. 219

睡莲科 Nymphaeaceae 223
    莼属 *Brasenia* Schreb. 223
    莲属 *Nelumbo* Adans. 224
    睡莲属 *Nymphaea* L. 224

领春木科 Eupteleaceae 225
    领春木属 *Euptelea* Sieb. et Zucc. 225

水青树科 Tetracentraceae 226
    水青树属 *Tetracentron* Oliv. 226

连香树科 Cercidiphyllaceae 227
    连香树属 *Cercidiphyllum* Sieb. et Zucc. 227

毛茛科 Ranunculaceae 228
    芍药属 *Paeonia* L. 229
    乌头属 *Aconitum* L. 231
    翠雀属 *Delphinium* L. 234
    飞燕草属 *Consolida* (DC.) S. F. Gray 236
    铁破锣属 *Beesia* Balf. f. et W. W. Smith 237
    升麻属 *Cimicifuga* L. 237
    类叶升麻属 *Actaea* L. 238
    驴蹄草属 *Caltha* L. 239
    鸡爪草属 *Calathodes* Hook. f. et Thoms. 240
    星果草属 *Asteropyrum* Drumm. et Hutch. 241
    黄连属 *Coptis* Salisb. 242
    人字果属 *Dichocarpum* W. T. Wang et Hsiao 242
    天葵属 *Semiaquilegia* Makino 244
    尾囊草属 *Urophysa* Ulbr. 245
    楼斗菜属 *Aquilegia* L. 245
    银莲花属 *Anemone* L. 247
    铁线莲属 *Clematis* L. 250
    毛茛属 *Ranunculus* L. 259
    水毛茛属 *Batrachium* S. F. Gray 262
    獐耳细辛属 *Hepatica* Mill 262
    白头翁属 *Pulsatilla* Adans. 263
    唐松草属 *Thalictrum* L. 264

木通科 Lardizabalaceae 268
    猫儿屎属 *Decaisnea* Hook. f. et Thoms. 268
    大血藤属 *Sargentodoxa* Rehd. et Wils. 269
    串果藤属 *Sinofranchetia* (Diels) Hemsl. 270
    木通属 *Akebia* Decne. 271
    八月瓜属 *Holboellia* Wall. 272
    野木瓜属 *Stauntonia* DC. 274

小檗科 Berberidaceae 276
    鬼臼属 *Dysosma* Woodson 277
    山荷叶属 *Diphylleia* Michaux 279
    淫羊藿属 *Epimedium* Linn. 280
    红毛七属 *Caulophyllum* Michaux 288
    小檗属 *Berberis* Linn. 289
    十大功劳属 *Mahonia* Nuttall 295

南天竹属 *Nandina* Thunb. ……………………… 300
防己科 Menispermaceae ……………………… 301
 青牛胆属 *Tinospora* Miers ……………………… 301
 秤钩风属 *Diploclisia* Miers ……………………… 302
 木防己属 *Cocculus* DC. ……………………… 303
 风龙属 *Sinomenium* Diels ……………………… 303
 蝙蝠葛属 *Menispermum* Linn. ……………………… 304
 轮环藤属 *Cyclea* Arn. ex Wight ……………………… 305
 千金藤属 *Stephania* Lour. ……………………… 306
木兰科 Magnoliaceae ……………………… 308
 南五味子属 *Kadsura* Kaempf. ex Juss. ……………………… 308
 五味子属 *Schisandra* Michx. ……………………… 310
 八角属 *Illicium* Linn. ……………………… 313
 鹅掌楸属 *Liriodendron* Linn. ……………………… 315
 含笑属 *Michelia* Linn. ……………………… 316
 木莲属 *Manglietia* Bl. ……………………… 320
 木兰属 *Magnolia* Linn. ……………………… 322
蜡梅科 Calycanthaceae ……………………… 326
 蜡梅属 *Chimonanthus* Lindl. ……………………… 327
樟科 Lauraceae ……………………… 328
 新木姜子属 *Neolitsea* Merr. ……………………… 329
 木姜子属 *Litsea* Lam. ……………………… 331
 山胡椒属 *Lindera* Thunb. ……………………… 337
 檫木属 *Sassafras* Trew ……………………… 345
 黄肉楠属 *Actinodaphne* Nees ……………………… 346
 樟属 *Cinnamomum* Trew ……………………… 347
 新樟属 *Neocinnamomum* Liou ……………………… 352
 楠属 *Phoebe* Nees ……………………… 352
 润楠属 *Machilus* Nees ……………………… 358
罂粟科 Papaveraceae ……………………… 360
 荷包牡丹属 *Dicentra* Bernh. ……………………… 361
 紫堇属 *Corydalis* DC. ……………………… 362
 博落回属 *Macleaya* R. Br. ……………………… 370
 绿绒蒿属 *Meconopsis* Vig. ……………………… 371
 罂粟属 *Papaver* L. ……………………… 372
 血水草属 *Eomecon* Hance ……………………… 374
 白屈菜属 *Chelidonium* L. ……………………… 374
 金罂粟属 *Stylophorum* Nutt. ……………………… 375
 荷青花属 *Hylomecon* Maxim. ……………………… 376
山柑科 Capparaceae ……………………… 377
 白花菜属 *Cleome* L. ……………………… 377
十字花科 Cruciferae ……………………… 378
 碎米荠属 *Cardamine* L. ……………………… 380
 豆瓣菜属 *Nasturtium* R. Br. ……………………… 386
 岩荠属 *Cochlearia* L. ……………………… 387
 荠属 *Capsella* Medic. ……………………… 388
 蔊菜属 *Rorippa* Scop. ……………………… 388
 芸苔属 *Brassica* L. ……………………… 390
 萝卜属 *Raphanus* L. ……………………… 393
 诸葛菜属 *Orychophragmus* Bunge ……………………… 394
 堇叶芥属 *Neomartinella* Pilger ……………………… 395
 菘蓝属 *Isatis* L. ……………………… 395
 山萮菜属 *Eutrema* R. Br. ……………………… 396
 葶苈属 *Draba* L. ……………………… 396
 紫罗兰属 *Matthiola* R. Br. ……………………… 397
 南芥属 *Arabis* L. ……………………… 397
伯乐树科 Bretschneideraceae ……………………… 398
 伯乐树属 *Bretschneidera* Hemsl. ……………………… 398
景天科 Crassulaceae ……………………… 399
 八宝属 *Hylotelephium* H. Ohba ……………………… 399
 红景天属 *Rhodiola* L. ……………………… 401
 石莲属 *Sinocrassula* Berger ……………………… 401
 景天属 *Sedum* L. ……………………… 402
虎耳草科 Saxifragaceae ……………………… 407
 扯根菜属 *Penthorum* Gronov. ex L. ……………………… 409
 梅花草属 *Parnassia* Linn. ……………………… 409
 落新妇属 *Astilbe* Buch. -Ham. ex D. Don ……………………… 411
 鬼灯檠属 *Rodgersia* Gray ……………………… 413
 虎耳草属 *Saxifraga* Tourn. ex L. ……………………… 413
 黄水枝属 *Tiarella* L. ……………………… 416
 金腰属 *Chrysosplenium* Tourn. ex L. ……………………… 416
 鼠刺属 *Itea* Linn. ……………………… 420
 茶藨子属 *Ribes* Linn. ……………………… 421
 溲疏属 *Deutzia* Thunb. ……………………… 425
 山梅花属 *Philadelphus* Linn. ……………………… 426
 草绣球属 *Cardiandra* Sieb. et Zucc. ……………………… 428
 绣球属 *Hydrangea* Linn. ……………………… 429
 钻地风属 *Schizophragma* Sieb. et Zucc. ……………………… 434
 常山属 *Dichroa* Lour. ……………………… 435
 赤壁木属 *Decumaria* Linn. ……………………… 435
 冠盖藤属 *Pileostegia* Hook. f. et Thoms. ……………………… 436
海桐花科 Pittosporaceae ……………………… 437
 海桐花属 *Pittosporum* Banks ……………………… 437

金缕梅科 Hamamelidaceae 442
  枫香树属 *Liquidambar* Linn. 443
  山白树属 *Sinowilsonia* Hemsl. 444
  水丝梨属 *Sycopsis* Oliver 445
  蚊母树属 *Distylium* Sieb. et Zucc. 446
  蜡瓣花属 *Corylopsis* Sieb. et Zucc. 448
  牛鼻栓属 *Fortunearia* Rehd. et Wils. 451
  檵木属 *Loropetalum* R. Brown 452
  金缕梅属 *Hamamelis* Gronov. ex Linn. 453

杜仲科 Eucommiaceae 454
  杜仲属 *Eucommia* Oliver 454

悬铃木科 Platanaceae 455
  悬铃木属 *Platanus* Linn. 455

蔷薇科 Rosaceae 456
  白鹃梅属 *Exochorda* Lindl. 458
  绣线菊属 *Spiraea* L. 459
  假升麻属 *Aruncus* Adans. 466
  珍珠梅属 *Sorbaria* (Ser.) A. Br. ex Aschers. 466
  绣线梅属 *Neillia* D. Don 467
  小米空木属 *Stephanandra* Sieb. & Zucc. 469
  栒子属 *Cotoneaster* B. Ehrhart 470
  火棘属 *Pyracantha* Roem. 478
  山楂属 *Crataegus* L. 480
  木瓜属 *Chaenomeles* Lindl. 481
  梨属 *Pyrus* L. 484
  苹果属 *Malus* Mill. 486
  花楸属 *Sorbus* L. 491
  枇杷属 *Eriobotrya* Lindl. 495
  红果树属 *Stranvaesia* Lindl. 496
  石楠属 *Photinia* Lindl. 497
  蔷薇属 *Rosa* L. 501
  龙芽草属 *Agrimonia* L. 512
  地榆属 *Sanguisorba* L. 512
  棣棠花属 *Kerria* DC. 513
  悬钩子属 *Rubus* L. 514
  路边青属 *Geum* L. 535
  无尾果属 *Coluria* R. Br. 537
  委陵菜属 *Potentilla* L. 537
  草莓属 *Fragaria* L. 543
  蛇莓属 *Duchesnea* J. E. Smith 544
  臭樱属 *Maddenia* Hook. f. et Thoms. 545
  桃属 *Amygdalus* L. 546
  杏属 *Armeniaca* Mill. 548
  李属 *Prunus* L. 549
  樱属 *Cerasus* Mill. 550
  稠李属 *Padus* Mill. 558
  桂樱属 *Laurocerasus* Tourn. ex Duh. 562

豆科 Leguminosae 563
  肥皂荚属 *Gymnocladus* Lam. 566
  皂荚属 *Gleditsia* Linn. 567
  云实属 *Caesalpinia* Linn. 568
  老虎刺属 *Pterolobium* R. Br. ex Wight et Arn. 569
  决明属 *Cassia* Linn. 570
  紫荆属 *Cercis* Linn. 572
  羊蹄甲属 *Bauhinia* Linn. 574
  槐属 *Sophora* Linn. 576
  红豆属 *Ormosia* Jacks. 579
  香槐属 *Cladrastis* Rafin. 581
  猪屎豆属 *Crotalaria* Linn. 583
  菜豆属 *Phaseolus* Linn. 583
  苜蓿属 *Medicago* Linn. 584
  草木犀属 *Melilotus* Miller 585
  车轴草属 *Trifolium* Linn. 586
  百脉根属 *Lotus* Linn. 587
  合萌属 *Aeschynomene* Linn. 588
  落花生属 *Arachis* Linn. 589
  锦鸡儿属 *Caragana* Fabr. 590
  米口袋属 *Gueldenstaedtia* Fisch. 590
  黄耆属 *Astragalus* Linn. 591
  刺槐属 *Robinia* Linn. 592
  木蓝属 *Indigofera* Linn. 593
  紫穗槐属 *Amorpha* Linn. 595
  鹿藿属 *Rhynchosia* Lour. 596
  扁豆属 *Lablab* Adans. 597
  豇豆属 *Vigna* Savi 598
  土圞儿属 *Apios* Fabr. 600
  黧豆属 *Mucuna* Adans. 602
  豆薯属 *Pachyrhizus* Rich. ex DC. 602
  两型豆属 *Amphicarpaea* Elliot 603
  葛属 *Pueraria* DC. 604
  大豆属 *Glycine* Willd. 604
  野豌豆属 *Vicia* Linn. 606
  豌豆属 *Pisum* Linn. 609

山豆根属 *Euchresta* J. Benn.	610
长柄山蚂蝗属 *Hylodesmum* H. Ohashi & R. R. Mill	610
山蚂蝗属 *Desmodium* Desv.	613
狸尾豆属 *Uraria* Desv.	616
崖豆藤属 *Millettia* Wight et Arn.	616
紫藤属 *Wisteria* Nutt.	618
黄檀属 *Dalbergia* Linn. f.	619
鸡眼草属 *Kummerowia* Schindl.	621
杭子梢属 *Campylotropis* Bunge	622
胡枝子属 *Lespedeza* Michx.	623
合欢属 *Albizia* Durazz.	628
金合欢属 *Acacia* Mill.	629
含羞草属 *Mimosa* Linn.	630
银合欢属 *Leucaena* Benth.	630

主要参考文献 632
中文名索引 634
拉丁学名索引 641

裸子植物门

Gymnospermae

苏铁科 Cycadaceae

常绿木本植物。叶螺旋状排列，有鳞叶及营养叶，二者相互成环着生；鳞叶小，密被褐色毡毛，营养叶大，深裂成羽状，稀叉状二回羽状深裂，集生于树干顶部或块状茎上。雌雄异株，雄球花单生于树干顶端，直立，小孢子叶扁平鳞状或盾状，螺旋状排列，其下面生有多数小孢子囊，小孢子萌发时产生2个有多数纤毛能游动的精子；大孢子叶扁平，上部羽状分裂或几不分裂，胚珠 2～10 枚，生于大孢子叶柄的两侧，不形成球花，或大孢子叶似盾状，螺旋状排列于中轴上，呈球花状，生于树干或块状茎的顶端，胚珠 2 枚，生于大孢子叶的两侧。种子核果状，具 3 层种皮，胚乳丰富。

本科共 9 属约 110 种；我国仅有苏铁属，共 8 种，产于台湾、华南及西南各省区；恩施州仅 1 属 1 种，为庭园栽培，供观赏。

苏铁属 *Cycas* L.

属的特征同科。

苏铁 *Cycas revoluta* Thunb. Nova Acta Regiae Soc. Sci. Upsal. 4: 40 1783.

树干圆柱形。羽状叶从茎的顶部生出，下层的向下弯，上层的斜上伸展，整个羽状叶的轮廓呈倒卵状狭披针形，叶轴横切面四方状圆形，柄略成四角形，两侧有齿状刺，水平或略斜上伸展；羽状裂片达 100 对以上，条形，厚革质，坚硬，长 9～18 厘米，宽 4～6 毫米，边缘显著地向下反卷，上部微渐窄，先端有刺状尖头，基部窄，两侧不对称，下侧下延生长，上面深绿色有光泽，中央微凹，凹槽内有稍隆起的中脉，下面浅绿色，中脉显著隆起，两侧有疏柔毛或无毛。雄球花圆柱形，有短梗，小孢子叶窄楔形，顶端宽平，其两角近圆形，有急尖头，直立，下部渐窄，上面近于龙骨状，下面中肋及顶端密生黄褐色或灰黄色长绒毛，花药通常 3 个聚生；大孢子叶密生淡黄色或淡灰黄色绒毛，上部的顶片卵形至长卵形，边缘羽状分裂，裂片 12～18 对，条状钻形，先端有刺状尖头，胚珠 2～6 枚，生于大孢子叶柄的两侧，有绒毛。种子红褐色或橘红色，倒卵圆形或卵圆形。花期 6～7 月，种子 10 月成熟。

恩施州广泛栽培，供观赏；全国各地常有栽培。按照国务院 1999 年批准的国家重点保护野生植物（第一批）名录，本种为 I 级保护植物。

茎内含淀粉，可供食用；种子含油和丰富的淀粉，供食用和药用，有治痢疾、止咳和止血之效。

银杏科 Ginkgoaceae

落叶乔木，树干高大，分枝繁茂；枝分长枝与短枝。叶扇形，有长柄，具多数叉状并列细脉，在长枝上螺旋状排列散生，在短枝上成簇生状。球花单性，雌雄异株，生于短枝顶部的鳞片状叶的腋内，呈簇生状；雄球花具梗，葇荑花序状，雄蕊多数，螺旋状着生，排列较疏，具短梗，花药2个，药室纵裂，药隔不发达；雌球花具长梗，梗端常分2叉，稀不分叉或分成3～5叉，叉顶生珠座，各具1枚直立胚珠。种子核果状，具长梗，下垂，外种皮肉质，中种皮骨质，内种皮膜质，胚乳丰富；子叶常2片，发芽时不出土。

本科仅1属1种，各地广泛栽培；恩施州栽培1种。

银杏属 *Ginkgo* L.

属的特征同科。

银杏 *Ginkgo biloba* L. Mant. Pl. 2: 313. 1771.

乔木，高达40米；枝近轮生，斜上伸展。叶扇形，有长柄，淡绿色，无毛，有多数叉状并列细脉，顶端宽5～8厘米，在短枝上常具波状缺刻，在长枝上常2裂，基部宽楔形，幼树及萌生枝上的叶常分裂，叶在一年生长枝上螺旋状散生，在短枝上3～8片叶呈簇生状，秋季落叶前变为黄色。球花雌雄异株，单性，生于短枝顶端的鳞片状叶的腋内，呈簇生状；雄球花葇荑花序状，下垂，雄蕊排列疏松，具短梗，花药常2个，长椭圆形，药室纵裂，药隔不发达；雌球花具长梗，梗端常分2叉，每叉顶生1个盘状珠座，胚珠着生其上，通常仅1叉端的胚珠发育成种子，风媒传粉。种子具长梗，下垂，常为椭圆形至近圆球形，外种皮肉质；中种皮白色，骨质，具2～3条纵脊；内种皮膜质，淡红褐色；胚乳肉质，味甘略苦；子叶常2片，稀3片。花期3～4月，种子9～10月成熟。

恩施州广泛栽培；分布于浙江天目山，全国各地均有栽培。按照国务院1999年批准的国家重点保护野生植物（第一批）名录，本种为Ⅰ级保护植物。

种子供药用；叶可作药用和制杀虫剂，亦可作肥料。

南洋杉科 Araucariaceae

常绿乔木，髓部较大，皮层具树脂。叶螺旋状着生或交叉对生，基部下延生长。球花单性，雌雄异

株或同株；雄球花圆柱形，单生或簇生叶腋，或生枝顶，雄蕊多数，螺旋状着生，具花丝，药隔伸出药室，具4~20个悬垂的丝状花药，排成内外2行，药室纵裂，花粉无气囊；雌球花单生枝顶，由多数螺旋状着生的苞鳞组成，珠鳞不发育，或在苞鳞腹面有1片相互合生、仅先端分离的舌状珠鳞，珠鳞或苞鳞的腹面基部具1枚倒生胚珠，胚珠与珠鳞合生，或珠鳞退化而与苞鳞离生。球果2~3年成熟；苞鳞木质或厚革质，扁平，先端有三角状或尾状尖头，或不具尖头，有时苞鳞腹面中部具1片结合而生仅先端分离的舌状种鳞，熟时苞鳞脱落，发育的苞鳞具1粒种子；种子与苞鳞离生或合生，扁平，无翅或两侧具翅，或顶端具翅。

本科共2属约40种；我国引入栽培2属4种；恩施州引入1属1种。

南洋杉属 *Araucaria* Juss.

常绿乔木，枝条轮生或近轮生；冬芽小。叶螺旋状排列，鳞形、钻形、针状镰形、披针形或卵状三角形。雌雄异株，稀同株；雄球花圆柱形，单生或簇生叶腋，或生枝顶，雄蕊多数，紧密排列，药隔延伸，具4~20个悬垂的丝状花药，排成内外2列，花丝细；雌球花椭圆形或近球形，单生枝顶，有多数螺旋状着生的苞鳞，苞鳞腹面有1片相互合生、仅先端分离的舌状珠鳞，珠鳞的腹面基部着生1枚倒生胚珠，胚珠与珠鳞合生；苞鳞先端常具三角状或尾状尖头。球果直立，椭圆形或近球形，2~3年成熟，熟时苞鳞脱落；苞鳞宽大，木质，扁形，先端厚，上部边缘具锐利的横脊，中央有三角状或尾状尖头，尖头向外反曲或向上弯曲；舌状种鳞位于苞鳞的腹面中央，下部合生，仅先端分离，有时先端肥厚而外露；发育苞鳞仅有1粒种子；种子生于舌状种鳞的下部，扁平，合生，无翅，或两侧有与苞鳞结合而生的翅。子叶通常2片，稀4片，发芽时出土或不出土。

本属约18种；我国引入3种；恩施州引入1种。

南洋杉 *Araucaria cunninghamii* Sweet, Hort. Brit. ed. 2. 475. 1830.

乔木，高达70米，树皮灰褐色或暗灰色，粗糙，横裂；大枝平展或斜伸，幼树冠尖塔形，老则成平顶状，侧生小枝密生，下垂，近羽状排列。叶二型：幼树和侧枝的叶排列疏松，开展，钻状、针状、镰状或三角状，长7~17毫米，基部宽约2.5毫米，微弯，微具4棱或上面的棱脊不明显，上面有多数气孔线，下面气孔线不整齐或近于无气孔线，上部渐窄，先端具渐尖或微急尖的尖头；大树及花果枝上之叶排列紧密而叠盖，斜上伸展，微向上弯，卵形，三角状卵形或三角状，无明显的背脊或下面有纵脊，长6~10毫米，宽约4毫米，基部宽，上部渐窄或微圆，先端尖或钝，中脉明显或不明显，上面灰绿色，有白粉，有多数气孔线，下面绿色，仅中下部有不整齐的疏生气孔线。雄球花单生枝顶，圆柱形。球果卵形或椭圆形，长6~10厘米；苞鳞楔状倒卵形，两侧具薄翅，先端宽厚，具锐脊，中央有急尖的长尾状尖头，尖头显著的向后反曲；舌状种鳞的先端薄，不肥厚；种子椭圆形，两侧具结合而生的膜质翅。

恩施州广泛栽培；原产大洋洲东南沿海地区；我国广泛引种栽培。

松科 Pinaceae

常绿或落叶乔木，稀为灌木状；枝仅有长枝，或兼有长枝与生长缓慢的短枝，短枝通常明显，稀极度退化而不明显。叶条形或针形，基部不下延生长；条形叶扁平，稀呈四棱形，在长枝上螺旋状散生，在短枝上呈簇生状；针形叶2~5针成一束，着生于极度退化的短枝顶端，基部包有叶鞘。花单性，雌雄同株；雄球花腋生或单生枝顶，或多数集生于短枝顶端，具多数螺旋状着生的雄蕊，每雄蕊具2个花药，花粉有气囊或无气囊，或具退化气囊；雌球花由多数螺旋状着生的珠鳞与苞鳞所组成，花期时珠鳞小于苞鳞，稀珠鳞较苞鳞为大，每珠鳞的腹面具2枚倒生胚珠，背面的苞鳞与珠鳞分离，花后珠鳞增大发育成种鳞。球果直立或下垂，当年或次年稀第三年成熟，熟时张开，稀不张开；种鳞背腹面扁平，木质或革质，宿存或熟后脱落；苞鳞与种鳞离生，较长而露出或不露出，或短小而位于种鳞的基部；种鳞的腹面基部有2粒种子，种子通常上端具一膜质之翅，稀无翅或无翅；胚具2~16片子叶，发芽时出土或不出土。

本科约10属230余种；我国有10属113种29变种；恩施州产9属14种3变种。

分属检索表

1. 叶针形，通常2、3、5针一束，稀多至7~8针一束，生于苞片状鳞叶的腋部，着生于极度退化的短枝顶端，基部包有叶鞘，常绿性；球果第二年成熟，种鳞宿存，背面上方具鳞盾与鳞脐···1. 松属 *Pinus*
1. 叶条形或针形，条形叶扁平或具4棱，螺旋状着生，或在短枝上端成簇生状，均不成束。
　2. 叶条形扁平、柔软，或针状、坚硬；枝分长枝与短枝，叶在长枝上螺旋状散生，在短枝上端成簇生状；球果当年成熟或第二年成熟。
　　3. 叶针状、坚硬，常具3棱，或背腹明显而呈四棱状针形，常绿性；球果第二年成熟，熟后种鳞自宿存的中轴上脱落···2. 雪松属 *Cedrus*
　　3. 叶扁平，柔软，倒披针状条形或条形，落叶性；球果当年成熟。
　　　4. 雄球花单生于短枝顶端；种鳞革质，成熟后不脱落；芽鳞先端钝；叶较窄，宽约1.8毫米 ·············3. 落叶松属 *Larix*
　　　4. 雄球花数个簇生于短枝顶端；种鳞木质，成熟后种鳞脱落；芽鳞先端尖；叶较宽，通常2~4毫米··· 4. 金钱松属 *Pseudolarix*
　2. 叶条形扁平或具4棱，质硬；枝仅有一种类型；球果当年成熟。
　　5. 球果成熟后种鳞自宿存的中轴上脱落，生叶腋，直立；叶扁平，上面中脉凹下，稀隆起，横切面呈四棱形；枝上无隆起的叶枕，具圆形、微凹的叶痕··5. 冷杉属 *Abies*
　　5. 球果成熟后种鳞宿存。
　　　6. 球果直立，形大；种子连同种翅几与种鳞等长；叶扁平，上面中脉隆起；雄球花簇生枝顶 ············6. 油杉属 *Keteleeria*
　　　6. 球果通常下垂，稀直立、形小；种子连同种翅较种鳞为短；叶扁平，上面中脉凹下或微凹，稀平或微隆起，间或四棱状条形或扁菱状条形；雄球花单生叶腋。
　　　　7. 小枝有显著隆起的叶枕；叶四棱状或扁棱状条形，或条形扁平，无柄，四面有气孔线，或仅上面有气孔线···7. 云杉属 *Picea*
　　　　7. 小枝有微隆起的叶枕或叶枕不明显；叶扁平，有短柄，上面中脉凹下或微凹，稀平或微隆起，仅下面有气孔线，稀上面有气孔线。
　　　　　8. 果较大，苞鳞伸出于种鳞之外，先端3裂；叶内具2条边生树脂道；小枝不具或微具叶枕 ·········8. 黄杉属 *Pseudotsuga*
　　　　　8. 球果较小，苞鳞不露出，稀微露出，先端不裂或2裂；叶内维管束鞘下有一树脂道；小枝有隆起或微隆起的叶枕···9. 铁杉属 *Tsuga*

松属 *Pinus* Linn

常绿乔木，稀为灌木；枝轮生，每年生一节或二节或多节；冬芽显著，芽鳞多数，覆瓦状排列。

叶有两型：鳞叶单生，螺旋状着生，在幼苗时期为扁平条形，绿色，后则逐渐退化成膜质苞片状，基部下延生长或不下延生长；针叶螺旋状着生，辐射伸展，2～5针一束，生于苞片状鳞叶的腋部，着生于不发育的短枝顶端，每束针叶基部由8～12片芽鳞组成的叶鞘所包，叶鞘脱落或宿存，针叶边缘全缘或有细锯齿，背部无气孔线或有气孔线，腹面两侧具气孔线，横切面三角形、扇状三角形或半圆形，具1～2条维管束及2～10多条中生或边生稀内生的树脂道。球花单性，雌雄同株；雄球花生于新枝下部的苞片腋部，多数聚集成穗状花序状，无梗，斜展或下垂，雄蕊多数，螺旋状着生，花药2个，药室纵裂，药隔鳞片状，边缘微具细缺齿，花粉有气囊；雌球花单生或2～4个生于新枝近顶端，直立或下垂，由多数螺旋状着生的珠鳞与苞鳞所组成，珠鳞的腹面基部有2枚倒生胚珠，背面基部有一短小的苞鳞。小球果于第二年春受精后迅速长大，球果直立或下垂，有梗或几无梗；种鳞木质，宿存，排列紧密，上部露出部分为"鳞盾"，有横脊或无横脊，鳞盾的先端或中央有呈瘤状凸起的"鳞脐"，鳞脐有刺或无刺；球果第二年秋季成熟，熟时种鳞张开，种子散出，稀不张开，种子不脱落，发育的种鳞具2粒种子；种子上部具长翅，种翅与种子结合而生，或有关节与种子脱离，或具短翅或无翅；子叶3～18片，发芽时出土。

本属80余种；我国产22种10变种，恩施州产3种1变种。

分种检索表

1. 叶鞘早落，针叶基部的鳞叶不下延，叶内具1条维管束；小枝绿色或灰绿色，干后褐色；种鳞的鳞盾斜方形，上部不反曲或仅鳞脐反曲，熟时黄色或褐黄色···1. 华山松 Pinus armandii
1. 叶鞘宿存，稀脱落，针叶基部的鳞叶下延，叶内具2条维管束；种鳞的鳞脐背生，种子上部具长翅。
    2. 一年生枝有白粉或微有白粉，红褐色或黄褐色；球果的种鳞较厚 ··················· 2. 巴山松 Pinus tabuliformis var. henryi
    2. 一年生枝无白粉；针叶细长、柔软，鳞脐无刺。
        3. 针叶粗硬，直径1～1.5毫米；鳞盾肥厚隆起，鳞脐有短刺··3. 油松 Pinus tabuliformis
        3. 针叶细柔，直径1毫米或不足1毫米；鳞盾平或微隆起，鳞脐无刺··4. 马尾松 Pinus massoniana

1. 华山松　Pinus armandii Franch. in Nouv. Arch. Mus. Hist. Nat. Paris ser. 2. 7: 95. t. 12. 1884.

乔木，高达35米；幼树树皮灰绿色或淡灰色，平滑，老则呈灰色，裂成方形或长方形厚块片固着于树干上，或脱落；枝条平展，形成圆锥形或柱状塔形树冠；一年生枝绿色或灰绿色，无毛，微被白粉；冬芽近圆柱形，褐色，微具树脂，芽鳞排列疏松。针叶常5针一束，长8～15厘米，边缘具细锯齿，仅腹面两侧各具4～8条白色气孔线；横切面三角形，单层皮下层细胞，树脂道通常3条；叶鞘早落。雄球花黄色，卵状圆柱形，长约1.4厘米，基部围有近10片卵状匙形的鳞片，多数集生于新枝下部成穗状，排列较疏松。球果圆锥状长卵圆形，长10～20厘米，幼时绿色，成熟时黄色或褐黄色，种鳞张开，种子脱落，果梗长2～3厘米；中部种鳞近斜方状倒卵形，长3～4厘米，鳞盾近斜方形或宽三角状斜方形，不具纵脊，先端钝圆或微尖，不反曲或微反曲，鳞脐不明显；种子黄褐色、暗褐色或黑色，倒卵圆形，长1～1.5厘米，无翅或两侧及顶端具棱脊，稀具极短的木质翅；子叶10～15片。花期4～5月，球果翌年9～10月成熟。

恩施州广布，生于山坡林中；分布于山西、河南、陕西、四川、湖北、贵州、云南及西藏。

2. 巴山松（变种） *Pinus tabuliformis* Carr. var. *henryi* (Mast.) C. T. Kuan.

乔木，高达20米；一年生枝红褐色或黄褐色，被白粉；冬芽红褐色，圆柱形，顶端尖或钝，无树脂，芽鳞披针形，先端微反曲，边缘薄、白色丝状。针叶2针一束，稍硬，长7~12厘米，先端微尖，两面有气孔线，边缘有细锯齿，叶鞘宿存；横切面半圆形，树脂道6~9条。雄球花圆筒形或长卵圆形，聚生于新枝下部成短穗状；一年生小球果的种鳞先端具短刺。球果显著向下，成熟时褐色，卵圆形或圆锥状卵圆形，基部楔形，长2.5~5厘米；种鳞背面下部紫褐色，鳞盾褐色，斜方形或扁菱形，稍厚，横脊显著，纵脊通常明显，鳞脐稍隆起或下凹，有短刺；种子椭圆状卵圆形，微扁，有褐色斑纹，长6~7毫米，连翅长约2厘米，种翅黑紫色。花期4~5月，球果翌年10~12月成熟。

恩施州广布，生于山坡林中；分布于湖北、四川、陕西。

3. 油松 *Pinus tabuliformis* Carr. Traite Conif. ed. 2. 510. 1867.

乔木，高达25米；树皮灰褐色或褐灰色，裂成不规则较厚的鳞状块片，裂缝及上部树皮红褐色；枝平展或向下斜展，小枝褐黄色，无毛，幼时微被白粉；冬芽矩圆形，顶端尖，微具树脂，芽鳞红褐色，边缘有丝状缺裂。针叶2针一束，深绿色，粗硬，长10~15厘米，边缘有细锯齿，两面具气孔线；横切面半圆形，树脂道5~8条或更多，叶鞘初呈淡褐色，后呈淡黑褐色。雄球花圆柱形，长1.2~1.8厘米；球果卵形或圆卵形，长4~9厘米，有短梗，向下弯垂；中部种鳞近矩圆状倒卵形，长1.6~2厘米，鳞盾肥厚、隆起或微隆起，扁菱形或菱状多角形，横脊显著，鳞脐凸起有尖刺；种子卵圆形或长卵圆形，淡褐色有斑纹，长6~8毫米，连翅长1.5~1.8厘米；子叶8~12片。花期4~5月，球果翌年10月成熟。

产于利川，生于山坡林中；分布于吉林、辽宁、河北、河南、山东、山西、内蒙古、陕西、甘肃、宁夏、青海及四川等省区。

4. 马尾松 *Pinus massoniana* Lamb. Descr. Gen. Pinus 1: 17. t. 12. 1803.

乔木，高达45米；树皮红褐色，下部灰褐色，裂成不规则的鳞状块片；树冠宽塔形或伞形；冬芽卵状圆柱形或圆柱形，褐色，顶端尖，芽鳞边缘丝状，先端尖或成渐尖的长尖头，微反曲。针叶2针一束，稀3针一束，长12~20厘米，细柔，微扭曲，两面有气孔线，边缘有细锯齿；横切面皮下层细胞单型，树脂道4~8条；叶鞘初呈褐色，后渐变成灰黑色，宿存。雄球花淡红褐色，圆柱形、弯垂，长1~1.5厘米，聚生于新枝下部苞腋，穗状；雌球花单生或2~4个聚生于新枝近顶端，淡紫红色，一年生小球果圆球形或卵圆形，直径约2厘米，褐色或紫褐色，上部珠鳞的鳞脐具向上直立的短刺，下部珠鳞的鳞脐平钝无刺。球果卵圆形或圆锥状卵圆形，长4～7厘米，有短梗，下垂；中部种鳞近矩圆状倒卵形，或近长方形，长约3厘米；鳞盾菱形，微隆起或平，横脊微明显，鳞脐微凹，无刺，生于干燥环境者常具极短的刺；种子长卵圆形，连翅长2～2.7厘米；子叶5～8片。花期4～5月，球果翌年10～12月成熟。

恩施州广布，生于山坡林中；全国各区均有分布或栽培。

树干可割取松脂，为医药、化工原料。

雪松属 *Cedrus* Trew

常绿乔木；冬芽小，有少数芽鳞，枝有长枝及短枝，枝条基部有宿存的芽鳞，叶脱落后有隆起的叶枕。叶针状，坚硬，通常三棱形，或背脊明显呈四棱形，叶在长枝上螺旋状排列、辐射伸展，在短枝上呈簇生状。球花单性，雌雄同株，直立，单生短枝顶端；雄球花具多数螺旋状着生的雄蕊，花丝极短，花药2个，药室纵裂，药隔显著，鳞片状卵形，边缘有细齿，花粉无气囊；雌球花淡紫色，有多数螺旋状着生的珠鳞，珠鳞背面托短小苞鳞，腹面基部有2枚胚珠。球果第二年（稀三年）成熟，直立；种鳞木质，宽大，排列紧密，腹面有2粒种子，鳞背密生短绒毛；苞鳞短小，熟时与种鳞一同从宿存的中轴上脱落；球果顶端及基部的种鳞无种子，种子有宽大膜质的种翅；子叶通常6～10片。

本属有4种；我国产1种；恩施州栽培1种。

雪松 *Cedrus deodara* (Roxb. ex D. Don) G. Don in Loud. Hort. Brit. 388. 1830.

乔木；树皮深灰色，裂成不规则的鳞状块片；枝平展、微斜展或微下垂，基部宿存芽鳞向外反曲，小枝常下垂，一年生长枝淡灰黄色，密生短绒毛，微有白粉，二、三年生枝呈灰色、淡褐灰色或深灰色。叶在长枝上辐射伸展，短枝之叶成簇生状，针形，坚硬，淡绿色或深绿色，长2.5～5厘米，宽1～1.5毫米，上部较宽，先端锐尖，下部渐窄，常呈三棱形，稀背脊明显，叶之腹面两侧各有2～3条气孔线，背面4～6条，幼时气孔线有白粉。雄球花长卵圆形或椭圆状卵圆形，长2～3厘米；雌球花卵圆形，长约8毫米。球果成熟前淡绿色，微有白粉，熟时红褐色，卵圆形或宽椭圆形，长7～12厘米，顶端圆钝，有短梗；中部种鳞扇状倒三角形，长2.5～4厘米，上部宽圆，边缘内曲，中部楔状，下部耳形，基部爪状，鳞背密生短绒毛；苞鳞短小；种子近三角状，种翅宽大，较种子为长，连同种子长2.2～3.7厘米。雄球花常于秋末抽出，次年早春较雌球花约早一周开放。

恩施州广泛栽培；我国广泛栽培作庭园树。

落叶松属 *Larix* Mill.

落叶乔木；小枝下垂或不下垂，枝条二型：有长枝和由长枝上的腋芽长出而生长缓慢的距状短枝；冬芽小，近球形，芽鳞排列紧密，先端钝。叶在长枝上螺旋状散生，在短枝上呈簇生状，倒披针状或窄条形，扁平，稀呈四棱形，柔软，上面平或中脉隆起，有气孔线或无，下面中脉隆起，两侧各有数条气孔线，横切面有2条树脂道，常边生，位于两端靠近下表皮，稀中生。球花单性，雌雄向株，雄球花和雌球花均单生于短枝顶端，春季与叶同时开放，基部具膜质苞片，着生球花的短枝顶端有叶或无叶；雄球花具多数雄蕊，雄蕊螺旋状着生，花药2个，药室纵裂，药隔小、鳞片状，花粉无气囊；雌球花直立，

松科
Pinaceae

珠鳞形小，螺旋状着生，腹面基部着生2枚倒生胚珠，向后弯曲，背面托以大而显著的苞鳞，苞鳞膜质，直伸、反曲或向后反折，中肋延长成尖头，受精后珠鳞迅速长大而苞鳞不长大或略为增大。球果当年成熟，直立，具短梗，幼嫩球果通常紫红色或淡红紫色，稀为绿色，成熟前绿色或红褐色，熟时球果的种鳞张开；种鳞革质，宿存；苞鳞短小，不露出或微露出，或苞鳞较种鳞为长，显著露出，露出部分直伸或向后弯曲或反折，背部常有明显的中肋，中肋常延长成尖头；发育种鳞的腹面有2粒种子，种子上部有膜质长翅；子叶通常6~8片，发芽时出土。

本属约18种；我国产10种1变种；恩施州栽培1种。

日本落叶松 *Larix kaempferi* (Lamb.) Carr. in J. Gen. Hort. 11: 97. 1856.

乔木，高达30米；树皮暗褐色，纵裂粗糙，成鳞片状脱落；枝平展，树冠塔形；幼枝有淡褐色柔毛，后渐脱落，一年生长枝淡黄色或淡红褐色，有白粉，二、三年生枝灰褐色或黑褐色；短枝上历年叶枕形成的环痕特别明显，顶端叶枕之间有疏生柔毛；冬芽紫褐色，顶芽近球形，基部芽鳞三角形，先端具长尖头，边缘有睫毛。叶倒披针状条形，长1.5~3.5厘米，先端微尖或钝，上面稍平，下面中脉隆起，两面均有气孔线，尤以下面多而明显，通常5~8条。雄球花淡褐黄色，卵圆形；雌球花紫红色，苞鳞反曲，有白粉，先端3裂，中裂急尖。球果卵圆形或圆柱状卵形，熟时黄褐色，长2~3.5厘米，种鳞46~65片，上部边缘波状，显著地向外反曲，背面具褐色瘤状突起和短粗毛；中部种鳞卵状矩圆形或卵方形，长1.2~1.5厘米，基部较宽，先端平截微凹；苞鳞紫红色，窄矩圆形，基部稍宽，上部微窄，先端3裂，中肋延长成尾状长尖，不露出；种子倒卵圆形，长3~4毫米，种翅上部三角状，中部较宽，种子连翅长1.1~1.4厘米。花期4~5月，球果10月成熟。

恩施州广泛栽培；黑龙江、吉林、辽宁、河北、河南等地引种栽培。

金钱松属 *Pseudolarix* Gord.

落叶乔木，大枝不规则轮生；枝有长枝与短枝，长枝基部有宿存的芽鳞，短枝矩状；顶芽外部的芽鳞有短尖头，长枝上腋芽的芽鳞无尖头，间或最外层的芽鳞有短尖头。叶条形，柔软，在长枝上螺旋状散生，叶枕下延，微隆起，矩状短枝之叶呈簇生状，辐射平展呈圆盘形，叶脱落后有密集成环节状的叶枕。雌雄同株，球花生于短枝顶端；雄球花穗状，多数簇生，有细梗，雄蕊多数，螺旋状着生，花丝极短，花药2个，药室横裂，药隔三角形，花粉有气囊；雌球花单生，具短梗，有多数螺旋状着生的珠鳞与苞鳞，苞鳞较珠鳞为大，珠鳞的腹面基部有2枚胚珠，受精后珠鳞迅速增大。球果当年成熟，直立，有短梗；种鳞木质，苞鳞小，基部与种鳞结合而生，熟时与种鳞一同脱落，发育的种鳞各有2粒种子；种子有宽大种翅，种子连同种翅几与种鳞等长；子叶4~6片。

本属为我国特产，仅有金钱松1种；分布于长江中下游各省温暖地带；恩施州产1种。

金钱松 *Pseudolarix amabilis* (J. Nelson) Rehd. in Journ. Arn. Arb. 1: 53. 1919.

乔木，高达40米；树干通直，树皮粗糙，灰褐色，裂成不规则的鳞片状块片；枝平展，树冠宽塔形；一年生长枝淡红褐色或淡红黄色，无毛，有光泽，二、三年生枝淡黄灰色或淡褐灰色，稀淡紫褐色；老枝及短枝呈灰色、暗灰色或淡褐灰色；矩状短枝生长极慢，有密集成环节状的叶枕。叶条形，柔软，镰状或直，上部稍宽，长2~5.5厘米，先端锐尖或尖，上面绿色，中脉微明显，下面蓝绿色，中脉明显，

每边有 5～14 条气孔线，气孔带较中脉带为宽或近于等宽；长枝之叶辐射伸展，短枝之叶簇状密生，平展成圆盘形，秋后叶呈金黄色。雄球花黄色，圆柱状，下垂；雌球花紫红色，直立，椭圆形，有短梗。球果卵圆形或倒卵圆形，长 6～7.5 厘米，成熟前绿色或淡黄绿色，熟时淡红褐色，有短梗；中部的种鳞卵状披针形，长 2.8～3.5 厘米，基部宽约 1.7 厘米，两侧耳状，先端钝有凹缺，腹面种翅痕之间有纵脊凸起，脊上密生短柔毛，鳞背光滑无毛；苞鳞长为种鳞的 1/4～1/3，卵状披针形，边缘有细齿；种子卵圆形，白色，种翅三角状披针形，淡黄色或淡褐黄色，上面有光泽，连同种子几乎与种鳞等长。花期 4 月，球果 10 月成熟。

产于利川、巴东，生于山坡路边；分布于江苏、浙江、安徽、福建、江西、湖南、湖北、四川等地。

树皮入药可治顽癣和食积等症。按照国务院 1999 年批准的国家重点保护野生植物（第一批）名录，本种为 II 级保护植物。

冷杉属 *Abies* Mill

常绿乔木，树干端直；枝条轮生，小枝对生，稀轮生，基部有宿存的芽鳞，叶脱落后枝上留有圆形或近圆形的吸盘状叶痕，叶枕不明显，彼此之间常具浅槽；冬芽近圆球形、卵圆形或圆锥形，常具树脂，稀无树脂，枝顶之芽 3 个排成一平面。叶螺旋状着生，辐射伸展或基部扭转列成 2 列；叶条形，扁平，直或弯曲，先端凸尖或钝，或有凹缺或 2 裂，微具短柄，柄端微膨大，上面中脉凹下，稀微隆起而横切面近菱形，无气孔线或有气孔线，下面中脉隆起，每边有 1 条气孔带；叶内常具 2 条树脂道。雌雄同株，球花单生于去年枝上的叶腋；雄球花幼时长椭圆形或矩圆形，后成穗状圆柱形，下垂，有梗，雄蕊多数，螺旋状着生，花药 2 个，药室横裂，药隔通常呈二叉状或先端 2 裂，稀钝圆或不规则 2 浅裂，花粉有气囊；雌球花直立，短圆柱形，有梗或几无梗，具多数螺旋状着生的珠鳞和苞鳞，苞鳞大于珠鳞，珠鳞腹面基部有 2 枚胚珠。球果当年成熟，直立，卵状圆柱形至短圆柱形，有短梗或几无梗；种鳞木质，排列紧密，常为肾形或扇状四边形，上部通常较厚，边缘内曲，基部爪状，腹面有 2 粒种子，背面托一基部结合而生的苞鳞；苞鳞露出、微露出或不露出，先端常有凸尖尖头，外露部分直伸、斜展或反曲；种子上部具宽大的膜质长翅；种翅稍较种鳞为短，下端边缘包卷种子，不易脱离；球果成熟后种鳞与种子一同从宿存的中轴上脱落；子叶 3～12 片，发芽时出土。

本属约 50 种；我国有 19 种 3 变种；恩施州产 2 种。

分种检索表

1. 球果的苞鳞上端露出或仅先端的尖头露出 ·· 1. 巴山冷杉 *Abies fargesii*
1. 球果的苞鳞不露出，苞鳞长及种鳞的 3/4 ·· 2. 秦岭冷杉 *Abies chensiensis*

1. 巴山冷杉 *Abies fargesii* Franchin Journ. de Bot. 13: 256. 1899.

乔木，高达 40 米；树皮粗糙，暗灰色或暗灰褐色，块状开裂；冬芽卵圆形或近圆形，有树脂；一年生枝红褐色或微带紫色，微有凹槽，无毛，稀凹槽内疏生短毛。叶在枝条下面列成 2 列，条形，上部较下部宽，长 1～3 厘米，宽 1.5～4 毫米，直或微曲，先端钝有凹缺，稀尖，上面深绿色，有光泽，无气孔线，下面沿中脉两侧有 2 条粉白色气孔带。球果柱状矩圆形或圆柱形，长 5～8 厘米，成熟时淡紫色、紫黑色或红褐色；中部种鳞肾形或扇状肾形，长0.8～1.2厘米，上部宽厚，边缘内曲；苞鳞倒卵状楔形，上部圆，边缘有细缺齿，先端有急尖的短尖头，尖头露出或微露出；种子倒三角状卵圆形，种翅楔形，较种子为短或等长。雌、雄球花5月底至6月初开放，果期10月。

产于巴东，生于山坡林中；分布于河南、湖北、四川、陕西、甘肃。

| 2. 秦岭冷杉 | *Abies chensiensis* Van Tiegh. in Bull. Soc. Bot. France 38: 413. 1891.

乔木，高达50米；一年生枝淡黄灰色、淡黄色或淡褐黄色，无毛或凹槽中有稀疏细毛，二、三年生枝淡黄灰色或灰色；冬芽圆锥形，有树脂。叶在枝上列成2列或近2列状，条形，长1.5～4.8厘米，上面深绿色，下面有2条白色气孔带；果枝之叶先端尖或钝。球果圆柱形或卵状圆柱形，长7～11厘米，近无梗，成熟前绿色，熟时褐色，中部种鳞肾形，长约1.5厘米，宽约2.5厘米，鳞背露出部分密生短毛；苞鳞长约种鳞的3/4，不外露，上部近圆形，边缘有细缺齿，中央有短急尖头，中下部近等宽，基部渐窄；种子较种翅为长，倒三角状椭圆形，种翅宽大，倒三角形，连同种子长约1.3厘米。雌、雄球花5月底至6月初开放，果期10月。

产于巴东，生于山坡林中；分布于陕西、湖北、甘肃。按照国务院1999年批准的国家重点保护野生植物（第一批）名录，本种为Ⅱ级保护植物

油杉属　*Keteleeria* Carr.

常绿乔木；树皮纵裂，粗糙；小枝基部有宿存芽鳞，叶脱落后枝上留有近圆形或卵形的叶痕；冬芽无树脂。叶条形或条状披针形，扁平，螺旋状着生，在侧枝上排列成2列，两面中脉隆起，上面无气孔线或有气孔线，下面有2条气孔带，先端圆、钝、微凹或尖，叶柄短，常扭转，基部微膨大；叶内有1～2条维管束。雌雄同株，球花单性；雄球花4～8个簇生于侧枝顶端或叶腋，有短梗，雄蕊多数，螺旋状着生，花丝短，花药2个，药隔窄三角状，药室斜向或横向开裂，花粉有气囊；雌球花单生于侧枝顶端，直立，有多数螺旋状着生的珠鳞与苞鳞气花期时苞鳞大而显著，先端3裂，中裂明显，珠鳞形小，着生于苞鳞腹面基部，其上着生2枚胚珠，受精后珠鳞发育增大。球果当年成熟，直立，圆柱形，幼时紫褐色，成熟前淡绿色或绿色，成熟时种鳞张开，淡褐色至褐色；种鳞木质，宿存，上部边缘内曲或向外反曲；苞鳞长及种鳞的1/2～3/5，不外露，或球果基部的苞鳞先端微露出，先端通常3裂，中裂窄长，两侧裂片较短，外缘薄，常有细缺齿；种子上端具宽大的厚膜质种翅，种翅几与种鳞等长，下端边缘包卷种子，不易脱落抱有光泽；子叶2～4片，发芽时不出土。

本属共11种；我国产9种1变种；恩施州产1种。

| 铁坚油杉 | *Keteleeria davidiana* (C. E. Bertr.) Beissn., Handb. Nadelh. 424. f. 117. 1891.

乔木，高达50米；树皮粗糙，暗深灰色，深纵裂；老枝粗，平展或斜展，树冠广圆形；冬芽卵圆形，先端微尖。叶条形，在侧枝上排列成2列，长2～5厘米，先端圆钝或微凹，基部渐窄成一短柄，上面光绿色，

无气孔线或中上部有极少的气孔线，下面淡绿色，沿中脉两侧各有气孔线 10~16 条，微有白粉；幼树或萌生枝有密毛，叶较长，长达 5 厘米，先端有刺状尖头，稀果枝之叶亦有刺状尖头。球果圆柱形；中部的种鳞卵形或近斜方状卵形，长 2.6~3.2 厘米，上部圆或窄长而反曲，边缘向外反曲，有微小的细齿，鳞背露出部分无毛或疏生短毛；鳞苞上部近圆形，先端 3 裂，中裂窄，渐尖，侧裂圆而有明显的钝尖头，边缘有细缺齿，鳞苞中部窄短，下部稍宽；种翅中下部或近中部较宽，上部渐窄；子叶通常 3~4 片，但 2~3 片连合。花期 4 月，种子 10 月成熟。

恩施州广布，分布于甘肃、陕西、四川、湖北、湖南、贵州等地。

云杉属 *Picea* Dietr.

常绿乔木；枝条轮生；小枝上有显著的叶枕，叶枕下延彼此间有凹槽，顶端凸起成木钉状，叶生于叶枕之上，脱落后枝条粗糙；冬芽卵圆形、圆锥形或近球形，芽鳞覆瓦状排列，有树脂或无，顶端芽鳞向外反曲或不反曲，小枝基部有宿存的芽鳞。叶螺旋状着生，辐射伸展或枝条上面之叶向上或向前伸展，下面及两侧之叶向上弯伸或向两侧伸展，四棱状条形或条形，无柄。球花单性，雌雄同株；雄球花椭圆形或圆柱形，单生叶腋，稀单生枝顶，黄色或深红色，雄蕊多数，螺旋状着生，花药 2 个，药室纵裂，药隔圆卵形，边缘有细缺齿，花粉粒有气囊；雌球花单生枝顶，红紫色或绿色，珠鳞多数，螺旋状着生，腹面基部生 2 枚胚珠，背面托有极小的苞鳞。球果下垂，卵状圆柱形或圆柱形，稀卵圆形，当年秋季成熟，成熟前全部绿色或紫色，或种鳞背部绿色，而上部边缘红紫色；种鳞宿存，木质较薄，或近革质，倒卵形、斜方形、卵形、矩圆形或倒卵状宽五角形，上部边缘全缘或有细缺齿，或成波状，腹面有 2 粒种子；苞鳞短小，不露出；种子倒卵圆形或卵圆形，上部有膜质长翅，种翅常成倒卵形，有光泽；子叶 4~15 片，发芽时出土。

本属约 40 种；我国有 16 种 9 变种；恩施州产 3 种。

分种检索表

1. 叶横切面扁平；球果成熟前绿色；树皮淡灰褐色，深纵裂，裂成长方状厚片 ·················· 1. 麦吊云杉 *Picea brachytyla*
1. 叶横切面四方形、菱形或近扁平。
　2. 叶长 1.5~2.5 厘米，宽约 2 毫米，两侧扁或近四方形，横切面高大于宽或高宽几相等；球果长 8~14 厘米，直径 5~6.5 厘米；种鳞宽倒卵状五角形或斜方状卵形，中部种鳞长约 2.7 厘米，宽 2.7~3 厘米 ················ 2. 大果青杆 *Picea neoveitchii*
　2. 叶长 0.8~1.8 厘米，宽约 1 毫米，横切面四方形或扁菱形；球果长 5~8 厘米，直径 2.5~4 厘米；种鳞倒卵形，长 1.4~1.7 厘米，宽 1~1.4 厘米 ················ 3. 青杆 *Picea wilsonii*

1. 麦吊云杉 *Picea brachytyla* (Franch.) Pritz. in Bot. Jahrb. 29: 216. 1901.

乔木，高达 30 米；树皮淡灰褐色，裂成不规则的鳞状厚块片固着于树干上；大枝平展，树冠尖塔形；侧枝细而下垂，一年生枝淡黄色或淡褐黄色，有毛或无毛，二、三年生枝褐黄色或褐色，渐变成灰色；冬芽常为卵圆形及卵状圆锥形，稀顶芽圆锥形，侧芽卵圆形，芽鳞排列紧密，褐色，先端钝，小枝基部宿存芽鳞紧贴小枝，不向外开展。小枝上面之叶覆瓦状向前伸展，两侧及下面之叶排成 2 列；条形，扁平，微弯或直，长 1~2.2 厘米，宽 1~1.5 毫米，先端尖或微尖，上面有 2 条白粉气孔带，每带有气孔线 5~7 条，下面光绿色，无气孔线。球果矩圆状圆柱形或圆柱形，成熟前绿色，熟时褐色或微带紫色，长 6~12 厘米；中部种鳞倒卵形或斜方状倒卵形，长 1.4~2.2 厘米，上部圆排列紧密，或上部三角形则排列较疏松；种子连翅长约 1.2 厘米。花期 4～5 月，球果 9～10 月成熟。

产于恩施、巴东，生于山坡林中；分布于湖北、陕西、四川、甘肃。

2. 大果青扦　*Picea neoveitchii* Mast. in Gard. Chron. ser. 3. 33: 116. f. 50, 51. 1903.

乔木，高 8～15 米；树皮灰色，裂成鳞状块片脱落；一年生枝较粗，淡黄色或微带褐色，无毛，二、三年生枝灰色或淡黄灰色，老枝灰色或暗灰色；冬芽卵圆形或圆锥状卵圆形，微有树脂，芽鳞淡紫褐色，排列紧密，小枝基部宿存芽鳞的先端紧贴小枝，不斜展。小枝上面之叶向上伸展，两侧及下面之叶向上弯伸，四棱状条形，两侧扁，横级面纵斜方形，或近方形，常弯曲，长 1.5～2.5 厘米，宽约 2 毫米，先端锐尖，四边有气孔线，上面每边 5～7 条，下面每边 4 条。球果矩圆状圆柱形或卵状圆柱形，长 8～14 厘米，通常两端窄缩，或近基部微宽，成熟前绿色，有树脂，成熟时淡褐色或褐色，稀带黄绿色；种鳞宽大，宽倒卵状五角形，斜方状卵形或倒三角状宽卵形，先端宽圆或微成三角状，边缘薄，有细缺齿或近全缘，中部种鳞长约 2.7 厘米；苞鳞短小，长约 5 毫米；种子倒卵圆形，长 5～6 毫米，种翅宽大，倒卵状，上部宽圆，宽约 1 厘米，连同种子长约 1.6 厘米。花期 4～5 月。

产于巴东，恩施有栽培，生于山坡林中；分布于湖北、陕西、甘肃。

3. 青扦　*Picea wilsonii* Mast. in Gard. Chron. ser. 3. 33: 133. f. 55-56. 1903.

乔木，高达 50 米；树皮灰色或暗灰色，裂成不规则鳞状块片脱落；枝条近平展，树冠塔形；一年生枝淡黄绿色或淡黄灰色，无毛，稀有疏生短毛，二、三年生枝淡灰色、灰色或淡褐灰色；冬芽卵圆形，无树脂，芽鳞排列紧密，淡黄褐色或褐色，先端钝，背部无纵脊，光滑无毛，小枝基部宿存芽鳞的先端紧贴小枝。叶排列较密，在小枝上部向前伸展，小枝下面之叶向两侧伸展，四棱状条形，直或微弯，较短，通常长 0.8～1.3 厘米，宽 1.2～1.7 毫米，先端尖，横切面四棱形或扁菱形，四面各有气孔线 4～6 条，微具白粉。球果卵状圆柱形或圆柱状长卵圆形，成熟前绿色，熟时黄褐色或淡褐色，长 5～8 厘米，直径 2.5～4 厘米；中部种鳞倒卵形，长 1.4～1.7 厘米，宽 1～1.4 厘米，先端圆或有急尖头，或呈钝三角形，或具突起截形之尖头，基部宽楔形，鳞背露出部分无明显的槽纹，较平滑；苞鳞匙状矩圆形，先端钝圆，长约 4 毫米；种子倒卵圆形，长 3～4 毫米，连翅长 1.2～1.5 厘米，种翅倒宽披针形，淡褐色，先端圆；子叶 6～9 片，条状钻形，长 1.5～2 厘米，棱上有极细的齿毛；初生叶四棱状条形，长 0.4～1.3 厘米，先端有渐尖的长尖头，中部以上有整齐的细齿毛。花期 4 月，球果 10 月成熟。

栽培于利川；分布于内蒙古、河北、山西、陕西、湖北、甘肃、青海、四川等地。

黄杉属　*Pseudotsuga* Carr.

常绿乔木，树干端直，大枝不规则生；小枝具微隆起的叶枕，基部无宿存的芽鳞或有少数向外反曲的残存芽鳞，叶脱落后枝上有近圆形的叶痕；冬芽卵圆形或纺锤形，无树脂。叶条形，扁平，螺旋状着生，基部窄而扭转排成2列，具短柄，上面中脉凹下，下面中脉隆起，有2条白色或灰绿色气孔带，新鲜之叶质地软，叶内有1条维管束与2条边生树脂道，叶肉薄壁组织中有不规则的骨针状石细胞。雌雄同株，球花单性；雄球花圆柱形，单生叶腋，雄蕊多数，螺旋状着生，各有2个花药，花丝短，药隔三角形，药室横裂，花粉无气囊；雌球花单生于侧枝顶端，下垂，卵圆形，有多数螺旋状着生的苞鳞与珠鳞，苞鳞显著，直伸或向后反曲，先端3裂，珠鳞小，生于苞鳞基部，其上着生2枚侧生胚珠。球果卵圆形、长卵圆形或圆锥状卵形，下垂，有柄，幼时紫红色成熟前淡绿色，熟时褐色或黄褐色；种鳞木质、坚硬，蚌壳状，宿存；苞鳞显著露出，先端3裂，中裂窄长渐尖，侧裂较短，先端钝尖或钝圆，种子连翅较种鳞为短，子叶6~12片，发芽时出土。

本属约18种；我国产5种；恩施州产1种。

黄杉 *Pseudotsuga sinensis* Dode in Bull. Soc. Dendr. France 23: 58. 1912.

乔木，高达50米；幼树树皮淡灰色，老则灰色或深灰色，裂成不规则厚块片；一年生枝淡黄色或淡黄灰色，二年生枝灰色，通常主枝无毛，侧枝被灰褐色短毛。叶条形，排列成两列，长1.3~3厘米，先端钝圆有凹缺，基部宽楔形，上面绿色或淡绿色，下面有21条白色气孔带；横切面两端尖，上面有1（稀2）层不连续排列的皮下层细胞，下面有连续排列的皮下层细胞。球果卵圆形或椭圆状卵圆形，近中部宽，两端微窄，长4.5~8厘米，成熟前微被白粉；中部种鳞近扇形或扇状斜方形，上部宽圆，基部宽楔形，两侧有凹缺，长约2.5厘米，宽约3厘米，鳞背露出部分密生褐色短毛；苞鳞露出部分向后反伸，中裂窄三角形，长约3毫米，侧裂三角状微圆，较中裂为短，边缘常有缺齿；种子三角状卵圆形，微扁，长约9毫米，上面密生褐色短毛，下面具不规则的褐色斑纹，种翅较种子为长，先端圆，种子连翅稍短于种鳞；子叶6（稀7）片，条状披针形，长1.7~2.8厘米，先端尖，深绿色，上面中脉隆起，有2条白色气孔带，下面平，不隆起。花期4月，球果10~11月成熟。

恩施州广布，生于山坡；分布于云南、四川、贵州、湖北、湖南。按照国务院1999年批准的国家重点保护野生植物（第一批）名录，本种为Ⅱ级保护植物。

铁杉属 *Tsuga* Carr.

常绿乔木；小枝有隆起的叶枕，基部具宿存芽鳞；冬芽卵圆形或圆球形，芽鳞覆瓦状排列，无树脂。叶条形、扁平，稀近四棱形，螺旋状着生，辐射伸展或基部扭转排成2列，有短柄，上面中脉凹下、平或微隆起，无气孔线或有气孔线，下面中脉隆起，每边有1条灰白色或灰绿色气孔带，表皮细胞膜有散生不完全的斑点或无斑孔点，横切面有1条树脂道，位于维管束鞘的下方，叶肉薄壁组织中有石细胞或无石细胞。球花单性，雌雄同株；雄球花单生叶腋，椭圆形或卵圆形，有短梗，雄蕊多数，螺旋状着生，花丝短，花药2个，药室横裂，药隔三角状或先端钝，花粉有气囊或气囊退化；雌球花单生于去年的侧枝顶端，具多数螺旋状着生的珠鳞及苞鳞，珠鳞较苞鳞为大或较小，珠鳞的腹面基部具2枚胚珠。球果当年成熟，直立或下垂，或初直立后下垂，卵圆形、长卵圆形或圆柱形，有短梗或无梗；种鳞薄木质，成熟后张开，不脱落；苞鳞短小不露出，稀较长而露出；种子上部有膜质翅，种翅连同种子较种鳞为短，种子腹面有油点；子叶3~6片，发芽时出土。

本属约14种；我国有5种3变种；恩施州产1种2变种。

松科
Pinaceae

分种检索表

1. 球果中部的种鳞不呈矩圆形。
   2. 种鳞背面外露部分光滑无毛，苞鳞无凸尖；球果中部的种鳞五边状圆形、近圆形或近方形，稀微呈短矩圆形；叶背气孔带常无白粉 ················ 1. 铁杉 *Tsuga chinensis*
   2. 种鳞背面外露部分及上部边缘有短粗毛，苞鳞具凸尖，叶背气孔带有白粉 ·············· 2. 大果铁杉 *Tsuga chinensis* var. *robusta*
1. 球果中部的种鳞矩圆形，鳞背露出部分较长，老叶背面气孔带无白粉 ·············· 3. 矩鳞铁杉 *Tsuga chinensis* var. *oblongisquamata*

1. 铁杉　*Tsuga chinensis* (Franch.) Pritz. in Bot. Jahrb. 29: 217. 1901.

乔木，高达 50 米；树皮暗深灰色，纵裂，成块状脱落；大枝平展，枝稍下垂，树冠塔形；冬芽卵圆形或圆球形，先端钝，芽鳞背部平圆或基部芽鳞具背脊；一年生枝细，淡黄色、淡褐黄色或淡灰黄色，叶枕凹槽内有短毛，二、三年生枝灰黄色、淡褐灰色或灰色。叶条形，排列成 2 列，长 1.2～2.7 厘米，先端钝圆有凹缺，上面光绿色，下面淡绿色，中脉隆起无凹槽，气孔带灰绿色，边缘全缘，下面初有白粉，老则脱落。球果卵圆形或长卵圆形，长 1.5～2.5 厘米，具短梗；中部种鳞五边状卵形、近方形或近圆形，稀短矩圆形，长 0.9～1.2 厘米，上部圆或近于截形，边缘薄、微向内曲，基部两侧耳状，鳞背露出部分和边缘无毛，有光泽；苞鳞倒三角状楔形或斜方形，上部边缘有细缺齿，先端 2 裂；种子下表面有油点，连同种翅长 7～9 毫米，种翅上部较窄；子叶 3～4 片，条形，长约 1 厘米，先端钝，边缘全缘。花期 4 月，球果 10 月成熟。

恩施州广布，生于山坡林中；分布于甘肃、陕西、河南、湖北、四川、贵州。

2. 大果铁杉（变种）　*Tsuga chinensis* (Franch.) Pritz. var. *robusta* Cheng et L. K. Fu in Acta Phytotax. Sin. 13 (4): 83. t. 18. 11-15. 1975.

本变种与铁杉 *T. chinensis* 的区别在于球果较粗大，矩圆状圆柱形，基部圆；种鳞质地较厚，中部的种鳞圆方形，鳞背露出部分及边缘有短粗毛；苞鳞宽倒卵形，上部宽圆，中央有突尖；叶下面的气孔带有白粉。花期 4 月，球果 10 月成熟。

产于巴东，生于山坡林中；分布于湖北。

3. 矩鳞铁杉（变种）　*Tsuga chinensis* (Franch.) Pritz. var. *oblongisquamata* Cheng et L. K. Fu in Acta Phytotax. Sin. 13 (4) : 83. t. 18. 16-20. 1975.

本变种与铁杉 *T. chinensis* 的区别在于球果中部的种鳞矩圆形，鳞背外露出部分通常较长；叶的横切面上面的皮下层细胞连续排列，两端 2～3 层。花期 4 月，球果 10 月成熟。

产于巴东，生于山谷林中；分布于湖北、四川、甘肃。

杉科 Taxodiaceae

常绿或落叶乔木，树干端直，大枝轮生或近轮生。叶螺旋状排列，散生，很少交叉对生，披针形、钻形、鳞状或条形，同一树上之叶同型或二型。球花单性，雌雄同株，球花的雄蕊和珠鳞均螺旋状着生，很少交叉对生；雄球花小，单生或簇生枝顶，或排成圆锥花序状，或生叶腋，雄蕊有2~9个花药，花粉无气囊；雌球花顶生或生于去年生枝近枝顶，珠鳞与苞鳞半合生或完全合生，或珠鳞甚小，或苞鳞退化，珠鳞的腹面基部有2~9枚直立或倒生胚珠。球果当年成熟，熟时张开，种鳞扁平或盾形，木质或革质，螺旋状着生或交叉对生，宿存或熟后逐渐脱落，能育种鳞的腹面有2~9粒种子；种子扁平或三棱形，周围或两侧有窄翅，或下部具长翅；胚有子叶2~9片。

本科共10属16种；我国产5属7种，引入栽培4属7种；恩施州产5属6种。

分属检索表

1. 叶和种鳞均对生；叶条形，排列成2列，侧生小枝连叶于冬季脱落；球果的种鳞盾形，木质，能育种鳞有5~9粒种子；种子扁平，周围有翅 ·· 1. 水杉属 Metasequoia
1. 叶和种鳞均为螺旋状着生。
　2. 球果的种鳞盾形，木质。
　　3. 常绿；雄球花单生或集生枝顶；能育种鳞有2~9粒种子；种子扁平，周围有翅或两侧有窄翅；叶钻形；球果近于无柄，直立，种鳞上部有3~7个裂齿 ·· 2. 柳杉属 Cryptomeria
　　3. 落叶或半常绿，侧生小枝冬季脱落；叶条形或钻形；雄球花排列成圆锥花序状；能育种鳞有2粒种子，种子三棱形，棱脊上有厚翅 ··· 3. 落羽杉属 Taxodium
　2. 球果的种鳞扁平。
　　4. 叶条状披针形，有锯齿；球果的苞鳞大，有锯齿，种鳞小，生于苞鳞腹面下部，能育种鳞有3粒种子 ··· 4. 杉木属 Cunninghamia
　　4. 叶鳞状钻形或钻形，全缘；球果的苞鳞退化，种鳞近全缘，能育种鳞有2粒种子 ······················· 5. 台湾杉属 Taiwania

水杉属　*Metasequoia* Miki ex Hu et Cheng

落叶乔木，大枝不规则轮生，小枝对生或近对生；冬芽有6~8对交叉对生的芽鳞。叶交叉对生，基部扭转列成2列，羽状，条形，扁平，柔软，无柄或几无柄，上面中脉凹下，下面中脉隆起，每边各有4~18条气孔线，冬季与侧生小枝一同脱落。雌雄同株，球花基部有交叉对生的苞片；雄球花单生叶腋或枝顶，有短梗，球花枝呈总状花序状或圆锥花序状，雄蕊交叉对生，约20枚，每雄蕊有3个花药，花丝短，药隔显著，药室纵裂，花粉无气囊；雌球花有短梗，单生于去年生枝顶或近枝顶，梗上有交叉对生的条形叶，珠鳞11~14对，交叉对生，每珠鳞有5~9枚胚珠。球果下垂，当年成熟，近球形，微具4棱，稀成矩圆状球形，有长梗；种鳞木质，盾形，交叉对生，顶部横长斜方形，有凹槽，基部楔形，宿存，发育种鳞有5~9粒种子；种子扁平，周围有窄翅，先端有凹缺；子叶2片，发芽时出土。

本属仅有1种；恩施州广泛栽培。原产于利川，其他县市有栽培。

水杉　*Metasequoia glyptostroboides* Hu et Cheng, Bull. Fan Mem. Inst. Biol. n. s., 1: 154. 1948.

乔木，高达35米；树干基部常膨大；树皮灰色、灰褐色或暗灰色，幼树裂成薄片脱落，大树裂成长条状脱落，内皮淡紫褐色；枝斜展，小枝下垂，幼树树冠尖塔形，老树树冠广圆形，枝叶稀疏；一年生枝光滑无毛，幼时绿色，后渐变成淡褐色，二、三年生枝淡褐灰色或褐灰色；侧生小枝排成羽状，长 4~15 厘米，冬季凋落；主枝上的冬芽卵圆形或椭圆形，顶端钝，芽鳞宽卵形，先端圆或钝，长宽几相等，边缘薄而色浅，背面有纵脊。叶条形，长 0.8~3.5 厘米，上面淡绿色，下面色较淡，沿中脉有 2 条较边带稍宽的淡黄色气孔带，每带有 4~8 条气孔线，叶在侧生小枝上列成 2 列，羽状，冬季与枝一同脱落。球果下垂，近四棱状球形或矩圆状球形，成熟前绿色，熟时深褐色；种鳞木质，盾形，通常 11~12 对，交叉对生，鳞顶扁菱形，中央有一横槽，基部楔形，能育种鳞有 5~9 粒种子；种子扁平，倒卵形，间或圆形或矩圆形，周围有翅，先端有凹缺；子叶 2 片，条形，两面中脉微隆起，上面有气孔线。花期 2 月下旬，球果 8 月成熟。

产于利川；分布于重庆、湖北、湖南，全国各地均有栽培。按照国务院 1999 年批准的国家重点保护野生植物（第一批）名录，本种为 Ⅰ 级保护植物，同时也是极小种群物种。

柳杉属　*Cryptomeria* D. Don

常绿乔木，树皮红褐色，裂成长条片脱落；枝近轮生，平展或斜上伸展，树冠尖塔形或卵圆形；冬芽形小。叶螺旋状排列略呈 5 行列，腹背隆起呈钻形，两侧略扁，先端尖，直伸或向内弯曲，有气孔线，基部下延。雌雄同株；雄球花单生小枝上部叶腋，常密集成短穗状花序状，矩圆形，基部有一短小的苞叶，无梗，具多数螺旋状排列的雄蕊，花药 3~6 个，药室纵裂，药隔三角状；雌球花近球形，无梗，单生枝顶，稀数个集生，珠鳞螺旋状排列，每一珠鳞有 2~5 枚胚珠，苞鳞与珠鳞合生，仅先端分离。球果近球形，种鳞不脱落，木质，盾形，上部肥大，上部边缘有 3~7 个裂齿，背面中部或中下部有一个三角状分离的苞鳞尖头，球果顶端的种鳞形小，无种子；种子不规则扁椭圆形或扁三角状椭圆形，边缘有极窄的翅；子叶 2~3 片，发芽时出土。

本属有 2 种，分布于我国及日本；恩施州产 2 种。

分种检索表

1. 叶先端向内弯曲；种鳞较少，20 片左右，苞鳞的尖头和种鳞先端的裂齿较短，裂齿长 2~4 毫米，每种鳞有 2 粒种子 ················ 1. 柳杉 *Cryptomeria fortunei*
1. 叶直伸，先端通常不内曲；种鳞 20~30 片，苞鳞的尖头和种鳞先端的裂齿较长，裂齿长 6~7 毫米，每种鳞有 2~5 粒种子 ················ 2. 日本柳杉 *Cryptomeria japonica*

1. 柳杉　*Cryptomeria fortunei* Hooibrenk ex Otto et Dietr. in Allg. Gartenzeit. 21: 234. 1853.

乔木，高达 40 米；树皮红棕色，纤维状，裂成长条片脱落；大枝近轮生，平展或斜展；小枝细长，常下垂，绿色，枝条中部的叶较长，常向两端逐渐变短。叶钻形略向内弯曲，先端内曲，四边有气孔线，长 1~1.5 厘米，果枝的叶通常较短。雄球花单生叶腋，长椭圆形，集生于小枝上部，成短穗状花序状；雌球花顶生于短枝上。球果圆球形或扁球形；种鳞 20 片左右，上部有 4~5 个短三角形裂齿，

齿长2~4毫米，鳞背中部或中下部有一个三角状分离的苞鳞尖头，尖头长3~5毫米，能育的种鳞有2粒种子；种子褐色，近椭圆形，扁平，长4~6.5毫米，边缘有窄翅。花期4月，球果10月成熟。

恩施州广泛栽培；分布于浙江、福建等地，江苏、浙江、安徽、河南、湖北、湖南、四川、贵州、云南、广西及广东等地均有栽培。

按照FOC修订版，柳杉作为日本柳杉的变种，考虑到使用习惯，本书仍作为种处理。

2. 日本柳杉　*Cryptomeria japonica* (Linn. f.) D. Don in Trans. Linn. Soc. Lond. 18: 167. t. 13. f. 1. 1841.

乔木，高达40米；树皮红褐色，纤维状，裂成条片状落脱；大枝常轮状着生，水平开展或微下垂，树冠尖塔形；小枝下垂，当年生枝绿色。叶钻形，直伸或内曲，锐尖或尖，四面有气孔线。雄球花长椭圆形或圆柱形，雄蕊有4~5个花药，药隔三角状；雌球花圆球形。球果近球形，稀微扁；种鳞20~30片，上部通常4~7深裂，裂齿较长，窄三角形，鳞背有一个三角状分离的苞鳞尖头，先端通常向外反曲，能育种鳞有2~5粒种子；种子棕褐色，椭圆形或不规则多角形，边缘有窄翅。花期4月，球果10月成熟。

恩施州广泛栽培；我国各地多有栽培；分布于日本。

落羽杉属　*Taxodium* Rich.

落叶或半常绿性乔木；小枝有两种：主枝宿存，侧生小枝冬季脱落；冬芽形小，球形。叶螺旋状排列，基部下延生长，异型：钻形叶在主枝上斜上伸展，或向上弯曲而靠近小枝，宿存；条形叶在侧生小枝上列成2列，冬季与枝一同脱落。雌雄同株；雄球花卵圆形，在球花枝上排成总状花序状或圆锥花序状，生于小枝顶端，有多数或少数螺旋状排列的雄蕊，每雄蕊有4~9个花药，药隔显著，药室纵裂，花丝短；雌球花单生于去年生小枝的顶端，由多数螺旋状排列的珠鳞所组成，每珠鳞的腹面基部有2枚胚珠，苞鳞与珠鳞几全部合生。球果球形或卵圆形，具短梗或几无梗；种鳞木质，盾形，顶部呈不规则的四边形；苞鳞与种鳞合生，仅先端分离，向外突起成三角状小尖头；发育的种鳞各有2粒种子，种子呈不规则三角形，有明显锐利的棱脊；子叶4~9片，发芽时出土。

本属共3种；我国均已引种；恩施州产1种。

池杉　*Taxodium distichum* (L.) Rich. var. *imbricatum* (Nutt.) Croom

乔木；树干基部膨大，通常有屈膝状的呼吸根；树皮褐色，纵裂，成长条片脱落；枝条向上伸展，树冠较窄，呈尖塔形；当年生小枝绿色，细长，通常微向下弯垂，二年生小枝呈褐红色。叶钻形，微内曲，在枝上螺旋状伸展，上部微向外伸展或近直展，下部通常贴近小枝，基部下延，长4~10毫米，向上渐窄，先端有渐尖的锐尖头，下面有棱脊，上面中脉微隆起，每边有2~4条气孔线；球果圆球形或矩圆状球形，有短梗，向下斜垂，熟时褐黄色，长2~4厘米；种鳞木质，盾形，中部种鳞高1.5~2厘米；种子不规则三角形，微扁，红褐色，长1.3~1.8厘米，边缘有锐脊。花期3~4月，球果10月成熟。

恩施州栽培；原产北美东南部，我国江苏、浙江、湖北和河南等地均有栽培。

杉木属　*Cunninghamia* R. Br

常绿乔木，枝轮生或不规则轮生；冬芽圆卵形。叶螺旋状着生，披针形或条状披针形，基部下延，边缘有细锯齿，上下两面均有气孔线，上面的气孔线较下面为少。雌雄同株，雄球花多数簇生枝顶，雄蕊多数，螺旋状着生，花药3个，下垂，纵裂，药隔伸展，鳞片状，边缘有细缺齿；雌球花单生或2~3个集生枝顶，球形或长圆球形，苞鳞与珠鳞的下部合生，螺旋状排列；苞鳞大，边缘有不规则细锯齿，先端长尖；珠鳞形小，先端3裂，腹面基部着生3枚胚珠。球果近球形或卵圆形；苞鳞革质，扁平，宽卵形或三角状卵形，先端有硬尖头，边缘有不规则的细锯齿，基部心脏形，背面中肋两侧具明显稀疏的气孔线，熟后不脱落；种鳞很小，着生于苞鳞的腹面中下部与苞鳞合生，上部分离，3裂，裂片先端有不规则的细缺齿，发育种鳞的腹面着生3粒种子；种子扁平，两侧边缘有窄翅；子叶2片，发芽时出土。

本属有2种及2栽培变种；恩施州栽培1种。

杉木　*Cunninghamia lanceolata* (Lamb.) Hook. in Cultis's Bot. Mag. 54: t. 2743. 1827.

乔木，高达30米；幼树树冠尖塔形，大树树冠圆锥形，树皮灰褐色，裂成长条片脱落，内皮淡红色；大枝平展，小枝近对生或轮生，常呈2列状，幼枝绿色，光滑无毛；冬芽近圆形，有小型叶状的芽鳞，花芽圆球形、较大。叶在主枝上辐射伸展，侧枝之叶基部扭转成2列状，披针形或条状披针形，通常微弯、呈镰状、革质、坚硬，长2~6厘米，边缘有细缺齿，先端渐尖，稀微钝，上面深绿色，有光泽，除先端及基部外两侧有窄气孔带，微具白粉或白粉不明显，下面淡绿色，沿中脉两侧各有1条白粉气孔带；老树之叶通常较窄短、较厚，上面无气孔线。雄球花圆锥状，长0.5~1.5厘米，有短梗，通常

40余个簇生枝顶；雌球花单生或2~4个集生，绿色，苞鳞横椭圆形，先端急尖，上部边缘膜质，有不规则的细齿，长宽几相等。球果卵圆形，长2.5~5厘米；熟时苞鳞革质，棕黄色，三角状卵形，长约1.7厘米，先端有坚硬的刺状尖头，边缘有不规则的锯齿，向外反卷或不反卷，背面的中肋两侧有2条稀疏气孔带；种鳞很小，先端3裂，侧裂较大，裂片分离，先端有不规则细锯齿，腹面着生3粒种子；种子扁平，遮盖着种鳞，长卵形或矩圆形，暗褐色，有光泽，两侧边缘有窄翅，长7~8毫米；子叶2片，发芽时出土。花期4月，球果10月下旬成熟。

恩施州广布；我国大部分地区有栽培。

台湾杉属　*Taiwania* Hayata

常绿乔木；大枝平展，小枝细长，下垂；冬芽形小。叶二型，螺旋状排列，基部下延；老树之叶鳞状钻形，在小枝上密生，并向上斜弯，先端尖或钝，横切面三角形或四棱形，背腹面均有气孔线；幼树和萌芽枝的叶钻形，较大，微向上弯曲，镰状，两侧扁平，先端锐尖。雌雄同株；雄球花数个簇生于小枝顶端，雄蕊多数、螺旋状排列，花药2~4个，卵形，药室纵裂，药隔鳞片状；雌球花单生小枝顶端，直立，苞鳞退化，珠鳞多数，螺旋状排列，珠鳞的腹面基部有2枚胚珠。球果形小，种鳞革质，扁平，鳞背尖头的下方有明显或不明显的圆形腺点，露出部分有气孔线，边缘近全缘，微内弯，发育种鳞各有2粒种子；种子扁平，两侧有窄翅，上下两端有凹缺；子叶2片。

本属有2种；我国均产；恩施州产1种。

台湾杉　*Taiwania cryptomerioides* Hayata in Journ. Linn. Soc. Bot. 37: 330. t. 16. 1906.

乔木，高达60米；枝平展，树冠广圆形。大树之叶钻形、腹背隆起，背脊和先端向内弯曲；幼树及萌生枝上之叶的两侧扁四棱钻形，微向内侧弯曲，先端锐尖。雄球花2~5个簇生枝顶，雄蕊10~15枚，每雄蕊有2~3个花药，雌球花球形，球果卵圆形或短圆柱形；中部种鳞长约7毫米，宽8毫米，上部边缘膜质，先端中央有突起的小尖头，背面先端下方有不明显的圆形腺点；种子长椭圆形或长椭圆状倒卵形，连翅长6毫米，直径4.5毫米。花期3~4月，球果10~11月成熟。

产于利川；分布于台湾。按照国务院1999年批准的国家重点保护野生植物（第一批）名录，本种为Ⅱ级保护植物。

柏科
Cupressaceae

常绿乔木或灌木。叶交叉对生或3~4片轮生，稀螺旋状着生，鳞形或刺形，或同一树本兼有两型叶。球花单性，雌雄同株或异株，单生枝顶或叶腋；雄球花具3~8对交叉对生的雄蕊，每雄蕊具2~6

个花药，花粉无气囊；雌球花有3～16片交叉对生或3～4片轮生的珠鳞，全部或部分珠鳞的腹面基部有1至多数直立胚珠，稀胚珠单生于两珠鳞之间，苞鳞与珠鳞完全合生。球果圆球形、卵圆形或圆柱形；种鳞薄或厚，扁平或盾形，木质或近革质，熟时张开，或肉质合生呈浆果状，熟时不裂或仅顶端微开裂，发育种鳞有1至多粒种子；种子周围具窄翅或无翅，或上端有一长一短之翅。

本科共22属约150种；我国产8属29种7变种，引入栽培1属15种；恩施州产6属8种1变种。

分属检索表

1. 球果熟时不张开，或仅顶端微张开。
    2. 叶全为刺叶，基部有关节，不下延生长；冬芽显著；球花单生叶腋；雌球花具3片轮生的珠鳞，胚珠生于珠鳞之间 …… 1. 刺柏属 *Juniperus*
    2. 叶全为刺叶或鳞叶，或同一树上刺叶鳞叶兼有，刺叶基部无关节，下延生长；冬芽不显著；球花单生枝顶，雌球花具3～8片轮生或交叉对生的珠鳞，胚珠生于珠鳞腹面的基部 ……………………………………… 2. 圆柏属 *Sabina*
1. 球果熟时张开，种子通常有翅，稀无翅。
    3. 种鳞盾形。
        4. 生鳞叶的小枝不排列成平面，或很少排列成平面；球果第二年成熟；发育的种鳞各有5至多粒种子 …… 3. 柏木属 *Cupressus*
        4. 生鳞叶的小枝平展，排列成平面，或某些栽培变种不排列成平面；球果当年成熟；发育种鳞各具2～5（通常3）粒种子 …………………………………………………………………………………………………… 4. 扁柏属 *Chamaecyparis*
    3. 种鳞扁平或鳞背隆起，薄或较厚，但不为盾形。
        5. 种鳞薄，鳞背无尖头；种子两侧有窄翅 ……………………………………………………… 5. 崖柏属 *Thuja*
        5. 种鳞厚，鳞背有一尖头；种子无翅 …………………………………………………………… 6. 侧柏属 *Platycladus*

刺柏属 *Juniperus* Linn.

常绿乔木或灌木；小枝近圆柱形或四棱形；冬芽显著。叶全为刺形，三叶轮生，基部有关节，不下延生长，披针形或近条形，上面平或凹下，有1或2条气孔带，下面隆起具纵脊。雌雄同株或异株，球花单生叶腋；雄球花卵圆形或矩圆形，雄蕊约5对，交叉对生；雌球花近圆球形，有3片轮生的珠鳞，胚珠3枚，生于珠鳞之间。球果浆果状，近球形，两年或三年成熟；种鳞3片，合生，肉质，苞鳞与种鳞结合而生，仅顶端尖头分离，成熟时不张开或仅球果顶端微张开；种子通常3粒，卵圆形，具棱脊，有树脂槽，无翅。

本属10余种；我国产4种；恩施州产1种。

刺柏 *Juniperus formosana* Hayata in Gard. Chron. ser. 3. 43: 198. 1908.

乔木，高达12米；树皮褐色，纵裂成长条薄片脱落；枝条斜展或直展，树冠塔形或圆柱形；小枝下垂，三棱形。叶三叶轮生，条状披针形或条状刺形，长1.2～2厘米，宽1.2～2毫米，先端渐尖具锐尖头，上面稍凹，中脉微隆起，绿色，两侧各有1条白色、很少紫色或淡绿色的气孔带，气孔带较绿色边带稍宽，在叶的先端汇合为1条，下面绿色，有光泽，具纵钝脊，横切面新月形。雄球花圆球形或椭圆形，长4～6毫米，药隔先端渐尖，背有纵脊。球果近球形或宽卵圆形，长6～10毫米，熟时淡红褐色，被白粉或白粉脱落，间或顶部微张开；种子半月圆形，具3～4条

棱脊，顶端尖，近基部有 3~4 条树脂槽。花期 4~6 月，球果翌年 4~8 月成熟。

恩施州广布；分布于台湾、江苏、安徽、浙江、福建、江西、湖北、湖南、陕西、甘肃、青海、西藏、四川、贵州、云南。

圆柏属 *Sabina* Mill.

常绿乔木或灌木、直立或匍匐；冬芽不显著；有叶小枝不排成一平面。叶刺形或鳞形，幼树之叶均为刺形，老树之叶全为刺形或全为鳞形，或同一树兼有鳞叶及刺叶；刺叶通常三叶轮生，稀交叉对生，基部下延生长，无关节，上面有气孔带；鳞叶交叉对生，稀三叶轮生，菱形，下面常具腺体。雌雄异株或同株，球花单生短枝顶端；雄球花卵圆形或矩圆形，黄色，雄蕊 4~8 对，交互对生；雌球花具 4~8 片交叉对生的珠鳞，或珠鳞 3 片轮生；胚珠 1~6 枚，着生于珠鳞的腹面基部。球果通常第二年成熟，稀当年或第三年成熟，种鳞合生，肉质，苞鳞与种鳞结合而生，仅苞鳞顶端尖头分离，熟时不开裂；种子 1~6 粒，无翅，常有树脂槽，有时具棱脊；子叶 2~6 片。

本属约 50 种；我国产 15 种 5 变种；恩施州产 2 种 1 变种。本属在 FOC 修订中并入刺柏属（Juniperus Linn），考虑到使用习惯，本书仍做圆柏属处理。

分种检索表

1. 叶全为鳞形或兼有鳞叶与刺叶，或仅幼龄植株全为刺叶；小枝不下垂 ··· 1. 圆柏 *Sabina chinensis*
1. 叶全为刺形，三叶交叉轮生，稀交叉对生；球果具 1 粒种子，稀 2~3 粒种子。
　2. 叶腹面具钝脊，沿脊有细纵槽 ··· 2. 高山柏 *Sabina squamata*
　2. 叶背面具明显的棱脊，沿脊无纵槽；有叶的小枝常呈柱状六棱形 ············· 3. 香柏 *Sabina pingii* var. *wilsonii*

1. 圆柏 *Sabina chinensis* (Linn.) Ant. Cupress. Gatt. 54. t. 75-76. 78. f. 1857.

乔木，高达 20 米；树皮深灰色，纵裂，成条片开裂；幼树的枝条通常斜上伸展，形成尖塔形树冠，老则下部大枝平展，形成广圆形的树冠；树皮灰褐色，纵裂，裂成不规则的薄片脱落；小枝通常直或稍成弧状弯曲，生鳞叶的小枝近圆柱形或近四棱形，直径 1~1.2 毫米。叶二型，即刺叶及鳞叶；刺叶生于幼树之上，老龄树则全为鳞叶，壮龄树兼有刺叶与鳞叶；生于一年生小枝的一回分枝的鳞叶三叶轮生，直伸而紧密，近披针形，先端微渐尖，长 2.5~5 毫米，背面近中部有椭圆形微凹的腺体；刺叶三叶交互轮生，斜展，疏松，披针形，先端渐尖，长 6~12 毫米，上面微凹，有 2 条白粉带。雌雄异株，稀同株，雄球花黄色，椭圆形，长 2.5~3.5 毫米，雄蕊 5~7 对，常有 3~4 个花药。球果近圆球形，直径 6~8 毫米，两年成熟，熟时暗褐色，被白粉或白粉脱落，有 1~4 粒种子；种子卵圆形，扁，顶端钝，有棱脊及少数树脂槽；子叶 2 片，出土，条形，长 1.3~1.5 厘米，宽约 1 毫米，先端锐尖，下面有两条白色气孔带，上面则不明显。花期 4 月下旬，球果翌年 10~11 月成熟。

恩施州广布；分布于内蒙古、河北、山西、山东、江苏、浙江、福建、安徽、江西、河南、陕西、甘肃、四川、湖北、湖南、贵州、广东、广西及云南等地；全国多地亦有栽培；朝鲜、日本也有分布。

枝叶入药，能祛风散寒，活血消肿、利尿。

柏科 Cupressaceae

2. 高山柏 *Sabina squamata* (Buch.-Hamilt.) Ant. Cupress. Gatt. 66. t. 89. 1857.

灌木，高1~3米，或成匍匐状，稀为乔木；树皮褐灰色；枝条斜伸或平展，枝皮暗褐色或微带紫色或黄色，裂成不规则薄片脱落；小枝直或弧状弯曲，下垂或伸展。叶全为刺形，三叶交叉轮生，披针形或窄披针形，基部下延生长，通常斜伸或平展，下延部分露出，稀近直伸，下延部分不露出，长5~10毫米，宽1~1.3毫米，直或微曲，先端具急尖或渐尖的刺状尖头，上面稍凹，具白粉带，绿色中脉不明显，或有时较明显，下面拱凸具钝纵脊，沿脊有细槽或下部有细槽。雄球花卵圆形，长3~4毫米，雄蕊4~7对。球果卵圆形或近球形，成熟前绿色或黄绿色，熟后黑色或蓝黑色，稍有光泽，无白粉，内有种子1粒；种子卵圆形或锥状球形，长4~8毫米，直径3~7毫米，有树脂槽，上部常有明显或微明显的2~3条纵脊。花期4~6月，球果10~11月成熟。

恩施州有栽培，生于山坡林中；产于西藏、云南、贵州、四川、甘肃、陕西、湖北、安徽、福建及台湾等省区；缅甸也有分布。

3. 香柏（变种） *Sabina pingii* (Cheng ex Ferre) Cheng et W. T. Wang var. *wilsonii* (Rehd.) Cheng et L. K. Fu, in Fl. Reipubl. Popul. Sin. 7: 355 1978.

匍匐灌木或灌木，枝条直伸或斜展，枝梢常向下俯垂；树皮褐灰色，裂成条片脱落；生叶的小枝呈柱状六棱形，下垂，通常较细，直或成弧状弯曲。叶三叶交叉轮生，排列密，三角状长卵形或三角状披针形，微曲或幼树之叶较直，下面之叶的先端瓦覆于上面之叶的基部，长3~4毫米，先端急尖或近渐尖，有刺状尖头，腹面凹，有白粉，无绿色中脉，背面有明显的纵脊，沿脊无纵槽。雄球花椭圆形或卵圆形，长3~4毫米。球果卵圆形或近球形，长7~9毫米，熟时黑色，有光泽，有1粒种子；种子卵圆形或近球形，具明显的树脂槽，顶端钝尖，基部圆，长5~7毫米。花期4~6月，球果10~11月成熟。

产于恩施、巴东等地，生于海拔2000米高山地带；分布于湖北、陕西、甘肃、四川、云南及西藏等省区。

柏木属 *Cupressus* Linn.

常绿乔木，稀灌木状；小枝斜上伸展，稀下垂，生鳞叶的小枝四棱形或圆柱形，不排成一平面，稀扁平而排成一平面。叶鳞形，交叉对生，排列成4行，同型或二型，叶背有明显或不明显的腺点，边缘具极细的齿毛，仅幼苗或萌生枝上之叶为刺形。雌雄同株，球花单生枝顶；雄球花具多数雄蕊，每雄蕊具2~6个花药，药隔显著，鳞片状；雌球花近球形，具4~8对盾形珠鳞，部分珠鳞的基部着生5至多枚直立胚珠，胚珠排成1行或数行。球果第二年夏初成熟，球形或近球形；种鳞4~8对，熟时张开，木质，盾形，顶端中部常具凸起的短尖头，能育种鳞具5至多粒种子；种子稍扁，有棱角，两侧具窄翅；子叶2~5片。

本属约20种；我国产5种；恩施州有1种。

柏木　*Cupressus funebris* Endl. Syn. Conif. 58. 1847.

乔木，高达35米；树皮淡褐灰色，裂成窄长条片；小枝细长下垂，生鳞叶的小枝扁，排成一平面，两面同形，绿色，宽约1毫米、较老的小枝圆柱形，暗褐紫色，略有光泽。鳞叶二型，长1~1.5毫米，先端锐尖，中央之叶的背部有条状腺点，两侧的叶对折，背部有棱脊。雄球花椭圆形或卵圆形，长2.5~3毫米，雄蕊通常6对，药隔顶端常具短尖头，中央具纵脊，淡绿色，边缘带褐色；雌球花长3~6毫米，近球形。球果圆球形，直径8~12毫米，熟时暗褐色；种鳞4对，顶端为不规则五角形或方形，宽5~7毫米，中央有尖头或无，能育种鳞有5~6粒种子；种子宽倒卵状菱形或近圆形，扁，熟时淡褐色，有光泽，长约2.5毫米，边缘具窄翅；子叶2片，条形。花期3~5月，种子翌年5~6月成熟。

恩施州广布；分布于浙江、福建、江西、湖南、湖北、四川、贵州、广东、广西、云南等省区。

扁柏属　*Chamaecyparis* Spach

常绿乔木；生鳞叶的小枝扁平，常排成一平面（一些栽培变种例外）。叶鳞形，通常二型，稀同型，交叉对生，小枝上面中央的叶卵形或菱状卵形，先端微尖或钝，下面的叶有白粉或无，侧面的叶对折呈船形。雌雄同株，球花单生于短枝顶端；雄球花黄色、暗褐色或深红色，卵圆形或矩圆形，雄蕊3~4对，交叉对生，每雄蕊有3~5个花药；雌球花圆球形，有3~6对交叉对生的珠鳞，胚珠1~5枚，直立，着生于珠鳞内侧。球果圆球形，很少矩圆形，当年成熟，种鳞3~6对，木质，盾形，顶部中央有小尖头，发育种鳞有种子1~5粒。

本属约6种；我国有1种及1变种，引入栽培4种；恩施州栽培2种。

分种检索表

1. 鳞叶先端锐尖··· 1. 日本花柏 *Chamaecyparis pisifera*
1. 鳞叶先端钝或钝尖·· 2. 日本扁柏 *Chamaecyparis obtusa*

1. 日本花柏　*Chamaecyparis pisifera* Siebold & Zuccarini, Fl. Jap. 2: 39. 1844.

乔木，在原产地高达50米；树皮红褐色，裂成薄皮脱落；树冠尖塔形；生鳞叶小枝条扁平，排成一平面。鳞叶先端锐尖，侧面之叶较中间之叶稍长，小枝上面中央之叶深绿色，下面之叶有明显的白粉。球果圆球形，直径约6毫米，熟时暗褐色；种鳞5~6对，顶部中央稍凹，有凸起的小尖头，发育的种鳞各有1~2粒种子；种子三角状卵圆形，有棱脊，两侧有宽翅，直径2~3毫米。花期4月，球果10~11月成熟。

恩施州有栽培；原产日本；我国青岛、庐山、南京、上海、杭州等地引种栽培，做庭园树，生长较慢。

柏科
Cupressaceae

2. 日本扁柏　*Chamaecyparis obtusa* (Sieb. et Zucc.) Endl. Syn. Conif. 63. 1847.

乔木，高达40米；树冠尖塔形；树皮红褐色，光滑，裂成薄片脱落；生鳞叶的小枝条扁平，排成一平面。鳞叶肥厚，先端钝，小枝上面中央之叶露出部分近方形，长1~1.5毫米，绿色，背部具纵脊，通常无腺点，侧面之叶对折呈倒卵状菱形，长约3毫米，小枝下面之叶微被白粉。雄球花椭圆形，长约3毫米，雄蕊6对，花药黄色。球果圆球形，直径8~10毫米，熟时红褐色；种鳞4对，顶部五角形，平或中央稍凹，有小尖头；种子近圆形，长2.6~3毫米，两侧有窄翅。花期4月，球果10~11月成熟。

恩施州广泛栽培；原产日本；我国青岛、南京、上海、庐山、河南鸡公山、杭州、广州及台湾等地引种栽培，做庭园观赏树。

边材淡红黄白色，心材淡黄褐色，有光泽，有香气，材质强韧；供建筑、家具及木纤维工业原料等用。

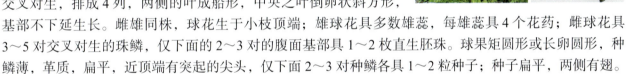

崖柏属　*Thuja* Linn

常绿乔木或灌木，生鳞叶的小枝排成平面，扁平。鳞叶二型，交叉对生，排成4列，两侧的叶成船形，中央之叶倒卵状斜方形，基部不下延生长。雌雄同株，球花生于小枝顶端；雄球花具多数雄蕊，每雄蕊具4个花药；雌球花具3~5对交叉对生的珠鳞，仅下面的2~3对的腹面基部具1~2枚直生胚珠。球果矩圆形或长卵圆形，种鳞薄，革质，扁平，近顶端有突起的尖头，仅下面2~3对种鳞各具1~2粒种子；种子扁平，两侧有翅。

本属约6种；我国产2种，引种栽培3种；恩施州栽培1种。

北美香柏　*Thuja occidentalis* Linn. Sp. Pl. 1002. 1753.

乔木，高达20米；树皮红褐色或橘红色，稀呈灰褐色，纵裂成条状块片脱落；枝条开展，树冠塔形；当年生小枝扁，2~3年后逐渐变成圆柱形。叶鳞形，先端尖，小枝上面的叶绿色或深绿色，下面的叶灰绿色或淡黄绿色，菱形或斜方形，长1.5~3毫米，宽1.2~2毫米，尖头下方有透明隆起的圆形腺点，主枝上鳞叶的腺点较侧枝的为大，两侧的叶船形，叶缘瓦覆于中央叶的边缘，常较中央的叶稍短或等长，尖头内弯。球果幼时直立，绿色，后呈黄绿色、淡黄色或黄褐色，成熟时淡红褐色，向下弯垂，长椭圆形，长8~13毫米；种鳞通常5对，稀4对，薄木质，靠近顶端有突起的尖头，下部2~3对种鳞能育，卵状椭圆形或宽椭圆形，各有1~2粒种子，上部2对不育，常呈条形，最上一对的中下部常结合而生；种子扁，两侧具翅。花期4~6月，球果10~11月成熟。

恩施州有栽培；原产北美；我国青岛、庐山、南京、上海、浙江、杭州、武汉等地引种栽培。

侧柏属　*Platycladus* Spach

常绿乔木；生鳞叶的小枝直展或斜展，排成一平面，扁平，两面同型。叶鳞形，二型，交叉对生，排成4列，基部下延生长，背面有腺点。雌雄同株，球花单生于小枝顶端；雄球花有6对交叉对生的雄蕊，花药2~4个；雌球花有4对交叉对生的珠鳞，仅中间2对珠鳞各生1~2枚直立胚珠，最下一对珠鳞短小，有时退化而不显著。球果当年成熟，熟时开裂；种鳞4对，木质，厚，近扁平，背部顶端的下方有一弯曲的钩状尖头，中部的种鳞发育，各有1~2粒种子；种子无翅，稀有极窄之翅。子叶2片，发芽时出土。

本属仅侧柏1种，恩施州栽培1种。

侧柏 *Platycladus orientalis* (Linn.) Franco in Portugaliae Acta Biol. ser. B. Suppl. 33. 1949.

乔木，高达20余米；树皮薄，浅灰褐色，纵裂成条片；枝条向上伸展或斜展，幼树树冠卵状尖塔形，老树树冠则为广圆形；生鳞叶的小枝细，向上直展或斜展，扁平，排成一平面。叶鳞形，长1~3毫米，先端微钝，小枝中央的叶的露出部分呈倒卵状菱形或斜方形，背面中间有条状腺槽，两侧的叶船形，先端微内曲，背部有钝脊，尖头的下方有腺点。雄球花黄色，卵圆形，长约2毫米；雌球花近球形，蓝绿色，被白粉。球果近卵圆形，长1.5~2.5厘米，成熟前近肉质，蓝绿色，被白粉，成熟后木质，开裂，红褐色；中间两对种鳞倒卵形或椭圆形，鳞背顶端的下方有一向外弯曲的尖头，上部1对种鳞窄长，近柱状，顶端有向上的尖头，下部1对种鳞极小，长达13毫米，稀退化而不显著；种子卵圆形或近椭圆形，顶端微尖，灰褐色或紫褐色，长6~8毫米，稍有棱脊，无翅或有极窄之翅。花期3~4月，球果10月成熟。

恩施州广布；分布于内蒙古、吉林、辽宁、河北、山西、山东、江苏、浙江、福建、安徽、江西、河南、陕西、甘肃、四川、云南、贵州、湖北、湖南、广东及广西等省区；全国多地亦有栽培。

种子与生鳞叶的小枝入药，前者为强壮滋补药，后者为健胃药，又为清凉收敛药及淋疾的利尿药。

罗汉松科 Podocarpaceae

常绿乔木或灌木。叶条形、披针形、椭圆形、钻形、鳞形或退化成叶状枝，螺旋状散生、近对生或交叉对生。球花单性，雌雄异株，稀同株；雄球花穗状，单生或簇生叶腋，或生枝顶，雄蕊多数，螺旋状排列，各具2个外向一边排列有背腹面区别的花药，药室斜向或横向开裂，花粉有气囊，稀无气囊；雌球花单生叶腋或苞腋，或生枝顶，稀穗状，具多数或少数螺旋状着生的苞片，部分或全部或仅顶端之苞腋着生1枚倒转生或半倒转生、直立或近于直立的胚珠，胚珠由辐射对称或近于辐射对称的囊状或杯

罗汉松科 Podocarpaceae

状的套被所包围，稀无套被，有梗或无梗。种子核果状或坚果状，全部或部分为肉质或较薄而干的假种皮所包，或苞片与轴愈合发育成肉质种托，有梗或无梗，有胚乳，子叶2片。

本科共8属130余种；我国产2属14种3变种，分布于长江以南各省区；恩施州产1属1种1变种。

罗汉松属 *Podocarpus* L. Her. ex Persoon

常绿乔木或灌木。叶条形、披针形、椭圆状卵形或鳞形，螺旋状排列，近对生或交叉对生，基部通常不扭转，或扭转列成2列。雌雄异株，雄球花穗状，单生或簇生叶腋，或成分枝状，稀顶生，有总梗或几无总梗，基部有少数螺旋状排列的苞片，雄蕊多数，螺旋状排列，花药2个，花粉具2个气囊；雌球花常单生叶腋或苞腋，稀顶生，有梗或无梗，基部有数片苞片，最上部有1套被生1枚倒生胚珠，套被与珠被合生，花后套被增厚成肉质假种皮，苞片发育成肥厚或微肥厚的肉质种托，或苞片不增厚不成肉质种托。种子当年成熟，核果状，有梗或无梗，全部为肉质假种皮所包，生于肉质或非肉质的种托上。

本属约100种；我国有13种3变种；恩施州产1种1变种。

分种检索表

1. 叶长6~10厘米，宽7~12毫米 ·· 1. 罗汉松 *Podocarpus macrophyllus*
1. 叶长2.5~7厘米，宽3~7毫米 ·· 2. 短叶罗汉松 *Podocarpus macrophyllus* var. *maki*

1. 罗汉松 *Podocarpus macrophyllus* (Thunb.) D. Don in Lamb. Descr. Gen. Pinus 2: 22. 1824.

乔木，高达20米；树皮灰色或灰褐色，浅纵裂，成薄片状脱落；枝开展或斜展，较密。叶螺旋状着生，条状披针形，微弯，长7~12厘米，宽7~10毫米，先端尖，基部楔形，上面深绿色，有光泽，中脉显著隆起，下面带白色、灰绿色或淡绿色，中脉微隆起。雄球花穗状、腋生，常3~5个簇生于极短的总梗上，长3~5厘米，基部有数片三角状苞片；雌球花单生叶腋，有梗，基部有少数苞片。种子卵圆形，先端圆，熟时肉质假种皮紫黑色，有白粉，种托肉质圆柱形，红色或紫红色，柄长1~1.5厘米。花期4~5月，种子8~9月成熟。

恩施州广泛栽培；分布于江苏、浙江、福建、安徽、江西、湖南、四川、云南、贵州、广西、广东等省区；日本也有分布。

2. 短叶罗汉松（变种） *Podocarpus macrophyllus* (Thunb.) D. Don var. *maki* Endl. Syn. Conif. 216. 1847.

本种与罗汉松 *P. macrophyllus* 的区别是小乔木或成灌木状，枝条向上斜展。叶短而密生，长2.5~7厘米，宽3~7毫米，先端钝或圆。花期4月，种子5~6月成熟。

栽培于利川；我国江苏、浙江、福建、江西、湖南、湖北、陕西、四川、云南、贵州、广西、广东等省区均有栽培。

三尖杉科 Cephalotaxaceae

常绿乔木或灌木，髓心中部具树脂道；小枝对生或不对生，基部具宿存芽鳞。叶条形或披针状条形，稀披针形，交叉对生或近对生，在侧枝上基部扭转排列成2列，上面中脉隆起，下面有2条宽气孔带，在横切面上维管束的下方有一树脂道。球花单性，雌雄异株，稀同株；雄球花6~11个聚生成头状花序，单生叶腋，有梗或几无梗，基部有多数螺旋状着生的苞片，每一雄球花的基部有1片卵形或三角状卵形的苞片，雄蕊4~16枚，各具2~4个背腹面排列的花药，花丝短，药隔三角形，药室纵裂，花粉无气囊；雌球花具长梗，生于小枝基部苞片的腋部，花梗上部的花轴上具数对交叉对生的苞片，每一苞片的腋部有2枚直立胚珠，胚珠生于珠托之上。种子第二年成熟，核果状，全部包于由珠托发育成的肉质假种皮中，常数粒生于轴上，卵圆形、椭圆状卵圆形或圆球形，顶端具突起的小尖头，基部有宿存的苞片，外种皮质硬，内种皮薄膜质，有胚乳；子叶2片，发芽时出土。

本科仅有1属9种；我国产7种3变种；恩施州产1属3种1变种。

三尖杉属 *Cephalotaxus* Sieb. et Zucc. ex Endl.

属的特征同科。

分种检索表

1. 叶长4~13厘米，先端渐尖成长尖头··1. 三尖杉 *Cephalotaxus fortunei*
1. 叶较短，长1.5~5厘米，先端微急尖、急尖或渐尖。
　2. 叶上面拱圆，中脉稍隆起或仅中下部明显，先端急尖，基部截形或微呈心形，排列紧密 ······2. 篦子三尖杉 *Cephalotaxus oliveri*
　2. 叶上面平，中脉明显，排列较疏或稍密。
　　3. 小枝较细，叶较窄，边缘不向下反曲，先端渐尖或微急尖································3. 粗榧 *Cephalotaxus sinensis*
　　3. 小枝粗壮，叶较宽厚，边缘向下反曲，先端急尖·······································4. 宽叶粗榧 *Cephalotaxus sinensis* var. *latifolia*

1. 三尖杉 *Cephalotaxus fortunei* Hook. Bot. Mag. 76: t. 4499. 1850.

乔木，高达20米；树皮褐色或红褐色，裂成片状脱落；枝条较细长，稍下垂；树冠广圆形。叶排成2列，披针状条形，通常微弯，长4~13厘米，宽3.5~4.5毫米，上部渐窄，先端有渐尖的长尖头，基部楔形或宽楔形，上面深绿色，中脉隆起，下面气孔带白色，较绿色边带宽3~5倍，绿色中脉带明

显或微明显。雄球花8~10个聚生成头状，直径约1厘米，总花梗粗，通常长6~8毫米，基部及总花梗上部有18~24片苞片，每一雄球花有6~16枚雄蕊，花药3个，花丝短；雌球花的胚珠3~8枚发育成种子，总梗长1.5~2厘米。种子椭圆状卵形或近圆球形，长约2.5厘米，假种皮成熟时紫色或红紫色，顶端有小尖头。花期4月，种子8~10月成熟。

恩施州广布，生于山坡林中；分布于浙江、安徽、福建、江西、湖南、湖北、河南、陕西、甘肃、四川、云南、贵州、广西及广东等省区。

2. 篦子三尖杉   *Cephalotaxus oliveri* Mast. in. Bull. Herb. Boiss. 6: 270. 1898.

灌木，高达4米；树皮灰褐色。叶条形，质硬，平展成2列，排列紧密，通常中部以上向上方微弯，稀直伸，长1.5~3.2厘米，宽3~4.5毫米，基部截形或微呈心形，几无柄，先端凸尖或微凸尖，上面深绿色，微拱圆，中脉微明显或中下部明显，下面气孔带白色，较绿色边带宽1~2倍。雄球花6~7个聚生成头状花序，直径约9毫米，总梗长约4毫米，基部及总梗上部有10余片苞片，每一雄球花基部有1片广卵形的苞片，雄蕊6~10枚，花药3~4个，花丝短；雌球花的胚珠通常1~2枚发育成种子。种子倒卵圆形、卵圆形或近球形，长约2.7厘米，直径约1.8厘米，顶端中央有小凸尖，有长梗。花期3~4月，种子8~10月成熟。

产于巴东、鹤峰，生于山坡林中；分布于广东、江西、湖南、湖北、四川、贵州、云南；越南也有分布。按照国务院1999年批准的国家重点保护野生植物（第一批）名录，本种为Ⅱ级保护植物。

3. 粗榧   *Cephalotaxus sinensis* (Rehd. et Wils.) Li in Lloydia 16 (3) : 162. 1953.

灌木或小乔木，高达15米，少为大乔木；树皮灰色或灰褐色，裂成薄片状脱落。叶条形，排列成2列，通常直，稀微弯，长2~5厘米，宽约3毫米，基部近圆形，几无柄，上部通常与中下部等宽或微窄，先端通常渐尖或微凸尖，稀凸尖，上面深绿色，中脉明显，下面有2条白色气孔带，较绿色边带宽2~4倍。雄球花6~7个聚生成头状，直径约6毫米，总梗长约3毫米，基部及总梗上有多数苞片，雄球花卵圆形，基部有1片苞片，雄蕊4~11枚，花丝短，花药2~4个。种子通常2~5粒着生

于轴上，卵圆形、椭圆状卵形或近球形，很少成倒卵状椭圆形，长1.8~2.5厘米，顶端中央有一小尖头。花期3~4月，果翌年9~10月成熟。

恩施州广布，生于山坡林中；分布于四川、湖北、贵州、广西、广东及福建等地。

4. 宽叶粗榧（变种）

Cephalotaxus sinensis (Rehd. et Wils.) Li var. *latifolia* Cheng et L. K. Fu, Bull. Bot. Res., Harbin Suppl.: 98. 1988.

本变种与粗榧 *C. sinensis* 的主要区别在于小枝粗壮，叶较宽厚，先端常急尖，叶干后边缘向下反曲。花期 3~4 月，果翌年 9~10 月成熟。

产于恩施、鹤峰，生于山坡林中；分布于四川、湖北、贵州、广西、广东、福建等地。

红豆杉科 Taxaceae

常绿乔木或灌木。叶条形或披针形，螺旋状排列或交叉对生，上面中脉明显、微明显或不明显，下面沿中脉两侧各有 1 条气孔带，叶内有树脂道或无。球花单性，雌雄异株，稀同株；雄球花单生叶腋或苞腋或组成穗状花序集生于枝顶，雄蕊多数，各有 3~9 个辐射排列或向外一边排列有背腹面区别的花药，药室纵裂，花粉无气囊；雌球花单生或成对生于叶腋或苞片腋部，有梗或无梗，基部具多数覆瓦状排列或交叉对生的苞片，胚珠 1 枚，直立，生于花轴顶端或侧生于短轴顶端的苞腋，基部具辐射对称的盘状或漏斗状珠托。种子核果状或坚果状；胚乳丰富；子叶 2 片。

我国有 4 属 12 种 5 变种及 1 栽培种；恩施州产 3 属 2 种 2 变种。

分属检索表

1. 叶上面有明显的中脉；种子生于杯状或囊状假种皮中，上部或顶端尖头露出。
   2. 叶螺旋状着生，叶内无树脂道；雄球花单生叶腋，不组成穗状球花序，雄蕊的花药辐射排列；雌球花单生叶腋，有短梗或几无梗；种子生于杯状假种皮中，上部露出；种子成熟时肉质假种皮红色 ·················· 1. 红豆杉属 *Taxus*
   2. 叶交叉对生，叶内有树脂道；雄球花多数，组成穗状花序，2~6 条集生于枝顶，雄蕊的花药辐射排列或向外一边排列有背腹面区别；雌球花生于新枝上的苞腋或叶腋，有长梗；种子包于囊状肉质假种皮中，仅顶端尖头露出 ····· 2. 穗花杉属 *Amentotaxus*
1. 叶上面中脉不明显或微明显；种子全部包于肉质假种皮中 ·················· 3. 榧树属 *Torreya*

红豆杉属 Taxus L.

常绿乔木或灌木；小枝不规则互生，基部有多数或少数宿存的芽鳞，稀全部脱落；冬芽芽鳞覆瓦状排列，背部纵脊明显或不明显。叶条形，螺旋状着生，基部扭转排成 2 列，直或镰状，下延生长，上面中脉隆起，下面有 2 条淡灰色、灰绿色或淡黄色的气孔带，叶内无树脂道。雌雄异株，球花单生叶腋；雄球花圆球形，有梗，基部具覆瓦状排列的苞片，雄蕊 6~14 枚，盾状，花药 4~9 个，辐射排列；雌球花几无梗，基部有多数覆瓦状排列的苞片，上端 2~3 对苞片交叉对生，胚珠直立，单生于总花轴上部侧生短轴之顶端的苞腋，基部托以圆盘状的珠托，受精后珠托发育成肉质、杯状、红色的假种皮。种子坚果状，当年成熟，生于杯状肉质的假种皮中，稀生于近膜质盘状的种托之上，种脐明显，成熟时肉质假种皮红色，有短梗或几无梗；子叶 2 片，发芽时出土。

本属约 11 种，分布于北半球。我国有 3 种 2 变种；恩施州产 2 变种。按照国务院 1999 年批准的国家重点保护野生植物（第一批）名录，本属全部为 I 级保护植物。

分种检索表

1. 叶较短，条形，微呈镰状或较直，上部微渐窄，先端具微急尖或急尖头，边缘微卷曲或不卷曲，下面中脉带上密生均匀而微小圆形角质乳头状突起点，其色泽常与气孔带相同；种子多呈卵圆形，稀倒卵圆形 ·················· 1. 红豆杉 *Taxus wallichiana* var. *chinensis*

红豆杉科
Taxaceae

1. 叶较宽长，披针状条形或条形，常呈弯镰状，上部渐窄或微窄，先端通常渐尖，边缘不卷曲，下面中脉带的色泽与气孔带不同，其上无角质乳头状突起点，或与气孔带相邻的中脉带两边有1至数行或成片状分布的角质乳头状突起点；种子多呈倒卵圆形，稀柱状矩圆形……………………………………………………………………………………………2. 南方红豆杉 *Taxus wallichiana* var. *mairei*

1. 红豆杉（变种） *Taxus wallichiana* Zucc. var. *chinensis* (Pilg.) Florin in Acta Hort. Berg. 14: 355. 1948.

乔木，高达30米；树皮灰褐色、红褐色或暗褐色，裂成条片脱落；大枝开展，一年生枝绿色或淡黄绿色，秋季变成绿黄色或淡红褐色，老枝黄褐色、淡红褐色或灰褐色；冬芽黄褐色、淡褐色或红褐色，有光泽，芽鳞三角状卵形，背部无脊或有纵脊，脱落或少数宿存于小枝的基部。叶排列成2列，条形，微弯或较直，长1～3厘米，宽2～4毫米，上部微渐窄，先端常微急尖，稀急尖或渐尖，上面深绿色，有光泽，下面淡黄绿色，有2条气孔带，中脉带上有密生均匀而微小的圆形角质乳头状突起点，常与气孔带同色，稀色较浅。雄球花淡黄色，雄蕊8～14枚，花药4～8个。种子生于杯状红色肉质的假种皮中，间或生于近膜质盘状的种托之上，常呈卵圆形，上部渐窄，稀倒卵状，微扁或圆，上部常具2条钝棱脊，稀上部三角状具3条钝脊，先端有突起的短钝尖头，种脐近圆形或宽椭圆形，稀三角状圆形。花期4～5月，果11～12月成熟

恩施州广布，生于山坡林下；分布于甘肃、陕西、四川、云南、贵州、湖北、湖南、广西和安徽。

2. 南方红豆杉（变种） *Taxus wallichiana* Zucc. var. *mairei* (Lemée & H. Lév.) L. K. Fu et Nan Li. Novon 7: 263. 1997.

乔木，高达30米；树皮灰褐色、红褐色或暗褐色，裂成条片脱落。叶排列成2列，多呈弯镰状，通常长2～3.5厘米，宽3～4毫米，上部常渐窄，先端渐尖，下面中脉带上无角质乳头状突起点，或局部有成片或零星分布的角质乳头状突起点，或与气孔带相邻的中脉带两边有1至数行角质乳头状突起点，中脉带明晰可见，其色泽与气孔带相异，呈淡黄绿色或绿色，绿色边带亦较宽而明显。雄球花淡黄色，雄蕊8～14枚，花药4～8个。种子生于杯状红色肉质的假种皮中，间或生于近膜质盘状的种托之上，多呈倒卵圆形，上部较宽，稀柱状矩圆形，微扁，长7～8毫米，直径5毫米，种脐常呈椭圆形。花期4～5月，果11～12月成熟。

恩施州广布；分布于甘肃、陕西、四川、云南、贵州、湖北、湖南、广西和安徽。

穗花杉属 *Amentotaxus* Pilger

常绿小乔木或灌木；小枝对生，基部无宿存之芽鳞；冬芽四棱状卵圆形，先端尖，有光泽，芽鳞3～5轮，每轮4片，交叉对生，背部有纵脊。叶交叉对生，基部扭转排成2列，厚革质，条状披针形、披针形或椭圆状条形，直或微成弯镰状，边缘微向下反曲，无柄或几无柄，下延生长，上面中脉明显，下面有2条白色、淡黄白色或淡褐色的气孔带，横切面维管束鞘之下方有1条树脂道。雌雄异株，雄球花多数，组成穗状花序，常2～4条生于近枝顶之苞片腋部，稍下垂，雄球花对生于穗上，无梗或几无梗，椭圆形或近圆球形，雄蕊多数，盾形或近盾形，花丝短，每雄蕊有3～8个花药，花药背腹面排列或辐射排列，药室纵裂；雌球花单生于新枝上的苞片腋部或叶腋，花梗长，扁四棱形或下部扁平，胚珠1枚，直立，着生于花轴顶端的苞腋，为一漏

斗状珠托所托，基部有6～10对交叉对生的苞片，排成4列，每列3～5片。种子当年成熟，核果状，有长柄，椭圆形或倒卵状椭圆形，除顶端尖头裸露外，几全为囊状鲜红色肉质假种皮所包，基部有宿存的苞片。

本属共3种；我国均产；恩施州产1种。

穗花杉 *Amentotaxus argotaenia* (Hance) Pilger in Bot. Jahrb. 54: 41. 1916.

灌木或小乔木，高达7米；树皮灰褐色或淡红褐色，裂成片状脱落；小枝斜展或向上伸展，圆或近方形，一年生枝绿色，老枝绿黄色、黄色或淡黄红色。叶基部扭转列成2列，条状披针形，直或微弯镰状，长3～11厘米，宽6～11毫米，先端尖或钝，基部渐窄，楔形或宽楔形，有极短的叶柄，边缘微向下曲，下面白色气孔带与绿色边带等宽或较窄；萌生枝的叶较长，通常镰状，稀直伸，先端有渐尖的长尖头，气孔带较绿色边带为窄。雄球花穗1～3穗，长5～6.5厘米，雄蕊有2～5枚。种子椭圆形，成熟时假种皮鲜红色，长2～2.5厘米，顶端有小尖头露出，基部宿存苞片的背部有纵脊，梗长约1.3厘米，扁四棱形。花期4月，种子10月成熟。

产于巴东、建始；生于山谷林下；分布于江西、湖北、湖南、四川、西藏、甘肃、广西、广东等地。

榧树属 *Torreya* Arn.

常绿乔木，枝轮生；小枝近对生或近轮生，基部无宿存芽鳞；冬芽具数对交叉对生的芽鳞。叶交叉对生或近对生，基部扭转排列成2列，条形或条状披针形，坚硬，先端有刺状尖头，基部下延生长，上面微拱凸，中脉不明显或微明显，下面有2条较窄的气孔带，横切面维管束之下方有1条树脂道。雌雄异株，稀同株；雄球花单生叶腋，椭圆形或短圆柱形，有短梗，雄蕊排列成4～8轮，每轮4枚，各有4（稀3）个向外一边排列有背腹面区别的下垂的花药，药室纵裂，药隔上部边缘有细缺齿；雌球花无梗，2个成对生于叶腋，每一雌球花具2对交叉对生的苞片和1片侧生的苞片，胚珠1枚，直立，生于漏斗状珠托上，通常仅1个雌球花发育，受精后珠托增大发育成肉质假种皮。种子第二年秋季成熟，核果状，全部包于肉质假种皮中，基部有宿存的苞片，胚乳略内皱或周围向内深皱，或胚乳具2条纵槽而周围向内深皱。

本属共7种，分布于北半球；我国产4种，引入栽培1种；恩施州产1种。

巴山榧树 *Torreya fargesii* Franch. in Journ. de Bot. 13: 264. 1899.

乔木，高达12米；树皮深灰色，不规则纵裂。叶条形，稀条状披针形，通常直，稀微弯，长1.3～3厘米，宽2～3毫米，先端微凸尖或微渐尖，具刺状短尖头，基部微偏斜，宽楔形，上面亮绿色，无明显隆起的中脉，通常有2条较明显的凹槽，延伸不达中部以上，稀无凹槽，下面淡绿色，中脉不隆起，气孔带较中脉带为窄，干后呈淡褐色，绿色边带较宽，约为气孔带的1倍。雄球花卵圆形，基部的苞片背部具纵脊，雄蕊常具4个花药，花丝短，药隔三角状，边具细缺齿。种子卵圆形、圆球形或宽椭圆形，肉质假种皮微被白粉，直径约1.5厘米，顶端具小凸尖，基部有宿存的苞片；骨质种皮的内壁平滑；胚乳周围显著地向内深皱。花期4～5月，种子9～10月成熟。

产于巴东，生于山坡林中；分布于陕西、湖北、四川等地。按照国务院1999年批准的国家重点保护野生植物（第一批）名录，本种为Ⅱ级保护植物。

被子植物门
Angiospermae

三白草科 Saururaceae

多年生草本；茎直立或匍匐状，具明显的节。叶互生，单叶；托叶贴生于叶柄上。花两性，聚集成稠密的穗状花序或总状花序，具总苞或无总苞，苞片显著，无花被；雄蕊3、6或8枚，稀更少，离生或贴生于子房基部或完全上位，花药2室，纵裂；雌蕊由3~4个心皮所组成，离生或合生，如为离生心皮，则每心皮有胚珠2~4枚，如为合生心皮，则子房1室而具侧膜胎座，在每一胎座上有胚珠6~8枚或多数，花柱离生。果为分果片或蒴果顶端开裂；种子有少量的内胚乳和丰富的外胚乳及小的胚。

本科4属约7种，分布于亚洲东部和北美洲；我国有3属4种；恩施州产2属2种。

分属检索表

1. 花聚集成稠密的穗状花序，花序基部有4片白色花瓣状的总苞片；雄蕊3枚 ············· 1. 蕺菜属 *Houttuynia*
1. 花聚集成总状花序，花序基部无总苞片；雄蕊6或8枚 ····························· 2. 三白草属 *Saururus*

蕺菜属 *Houttuynia* Thunb.

多年生草本。叶全缘，具柄；托叶贴生于叶柄上，膜质。花小，聚集成顶生或与叶对生的穗状花序，花序基部有4片白色花瓣状的总苞片；雄蕊3枚，花丝长，下部与子房合生，花药长圆形，纵裂；雌蕊由3个部分合生的心皮所组成，子房上位，1室，侧膜胎座3个，每一侧膜胎座有胚珠6~8枚，花柱3根，柱头侧生。蒴果近球形，顶端开裂。

本属1种；我国在长江流域及其以南各省区常见；恩施州常见。

蕺菜 *Houttuynia cordata* Thunb, Kongl. Vetensk. Acad. Nya Handl. 4: 149 1783.

俗名"侧耳根"，药名"鱼腥草"。腥臭草本，高30~60厘米；茎下部伏地，节上轮生小根，上部直立，无毛或节上被毛，有时带紫红色。叶薄纸质，有腺点，背面尤甚，卵形或阔卵形，长4~10厘米，宽2.5~6厘米，顶端短渐尖，基部心形，两面有时除叶脉被毛外余均无毛，背面常呈紫红色；叶脉5~7条，全部基出或最内1对离基约5毫米从中脉发出，如为7脉时，则最外1对很纤细或不明显；叶柄长1~3.5厘米，无毛；托叶膜质，长1~2.5厘米，顶端钝，下部与叶柄合生而成长8~20毫米的鞘，且常有缘毛，基部扩大，略抱茎。花序长约2厘米，宽5~6毫米；总花梗长1.5~3厘米，无毛；总苞片长圆形或倒卵形，长10~15毫米，宽5~7毫米，顶端钝圆；雄蕊长于子房，花丝长为花药的3倍。蒴果长2~3毫米，顶端有宿存的花柱。花期、果期均为5~10月。

恩施州广布，生于山谷中或道路边阴湿处；我国大部分省区都有分布；亚洲东部和东南部广布。

全株入药，有清热、解毒、利水之效，治肠炎、痢疾、肾炎水肿及乳腺炎、中耳炎等。恩施州常作蔬菜食用。

三白草属 *Saururus* Linn.

多年生草本，具根状茎。叶全缘，具柄；托叶着生在叶柄边缘上。花小，聚集成与叶对生或兼有顶生的总状花序，无总苞片；苞片小，贴生于花梗基部；雄蕊通常6枚，有时8枚，稀有退化为3枚，花丝与花药等长；雌蕊由3~4个心皮所组成，分离或基部合生，子房上位，每个心皮有胚珠2~4枚，花柱4根，离生，内向具柱头面。果实分裂为3~4片果片。

本属约3种；我国仅1种；恩施州产1种。

三白草 *Saururus chinensis* (Lour.) Baill. in Adansonia 10: 71. 1871.

湿生草本，高1米余；茎粗壮，有纵长粗棱和沟槽，下部伏地，常带白色，上部直立，绿色。叶纸质，密生腺点，阔卵形至卵状披针形，长10~20厘米，宽5~10厘米，顶端短尖或渐尖，基部心形或斜心形，两面均无毛，上部的叶较小，茎顶端的2~3片于花期常为白色，呈花瓣状；叶脉5~7条，均自基部发出，如为7脉时，则最外1对纤细，斜升2~2.5厘米即弯拱网结，网状脉明显；叶柄长1~3厘米，无毛，基部与托叶合生成鞘状，略抱茎。花序白色，长12~20厘米；总花梗长3~4.5厘米，无毛，但花序轴密被短柔毛；苞片近匙形，上部圆，无毛或有疏缘毛，下部线形，被柔毛，且贴生于花梗上；雄蕊6枚，花药长圆形，纵裂，花丝比花药略长。果近球形，直径约3毫米，表面多疣状凸起。花期4~8月，果期8~9月。

产于利川、恩施，生于塘边或湿地处；我国各区广布；日本、菲律宾至越南也有分布。

全株药用，内服治尿路感染、尿路结石、脚气水肿及营养性水肿；外敷治痈疮疔肿、皮肤湿疹等。

胡椒科 Piperaceae

草本、灌木或攀援藤本，稀为乔木，常有香气；维管束多少散生而与单子叶植物的类似。叶互生，少有对生或轮生，单叶，两侧常不对称，具掌状脉或羽状脉；托叶多少贴生于叶柄上或否，或无托叶。花小，两性、单性雌雄异株或间有杂性，密集成穗状花序或由穗状花序再排成伞形花序，极稀有成总状花序排列，花序与叶对生或腋生，少有顶生；苞片小，通常盾状或杯状，少有勺状；花被无；雄蕊1~10枚，花丝通常离生，花药2室，分离或汇合，纵裂；雌蕊由2~5个心皮所组成，连合，子房上位，1室，有直生胚珠1枚，柱头1~5个，无或有极短的花柱。浆果小，具肉质、薄或干燥的果皮；种子具少量的内胚乳和丰富的外胚乳。

本科约9属3100余种；我国有4属70余种；恩施州产1属3种。

胡椒属 *Piper* Linn.

灌木或攀援藤本，稀有草本或小乔木；茎、枝有膨大的节，揉之有香气；维管束外面的联合成环，内面的成1或2列散生。叶互生，全缘；托叶多少贴生于叶柄上，早落。花单性，雌雄异株，或稀有两性或杂性，聚集成与叶对生或稀有顶生的穗状花序，花序通常宽于总花梗的3倍以上；苞片离生，少有与花序轴或与花合生，盾状或杯状；雄蕊2~6枚，通常着生于花序轴上，稀着生于子房基部，花药2室，2~4裂；子房离生或有时嵌生于花序轴中而与其合生，有胚珠1枚，柱头3~5个，稀有2个。浆果倒卵形、卵形或球形，稀长圆形，红色或黄色，无柄或具长短不等的柄。

本属约2000种，主产热带地区；我国有60余种；恩施州产3种。

分种检索表

1. 叶披针形至狭披针形 ······ 1. 竹叶胡椒 *Piper bambusaefolium*
1. 叶非披针形。
  2. 叶脉全部基出 ······ 2. 荜拔 *Piper longum*
  2. 叶脉为离基脉 ······ 3. 石南藤 *Piper wallichii*

1. 竹叶胡椒 *Piper bambusaefolium* Y. Q. Tseng in Acta Phytotax. Sinicax. 17 (1) : 38. f. 14. 1979.

攀援藤本，除花序轴和苞片柄外，余均无毛；花枝纤细，干时无显著纵棱。叶纸质，有细腺点，披针形至狭披针形，长4~8厘米，宽1.2~2.5厘米，顶端长渐尖，基部稍狭或钝，两侧相等；叶脉5条，稀为4条，最上1对互生，离基1~1.5厘米从中脉发出，有时其中1条不明显，弯拱上升达叶片2/3处即弯拱网结，基部1对细弱，斜伸1~2厘米即弯拱网结；叶柄长4~6毫米，仅基部具鞘。花单性，雌雄异株，聚集成与叶对生的穗状花序。雄花序于花期通常长为叶片之半，2~4厘米，直径约1.5毫米，黄色；总花梗与叶柄等长或略长；花序轴被毛；苞片圆形，边缘不整齐，近无柄或具短柄，直径约0.8毫米，盾状；雄蕊3枚，花药肾形，比花丝略短。雌花序特短，幼期苞片成覆瓦状排列时长仅3毫米，花期长可达1.5厘米；总花梗略长于叶柄；花序轴和苞片与雄花序的相同；子房离生，柱头3~4个，短，卵状渐尖。浆果球形，干时红色，平滑，直径2~2.5毫米。花期4~7月。

产于利川，生于山谷林下；分布于江西、湖北、四川、贵州。

2. 荜拔 *Piper longum* Linn. Sp. Pl. 29. 1753.

攀援藤本，长达数米；枝有粗纵棱和沟槽，幼时被极细的粉状短柔毛，毛很快脱落。叶纸质，有密细腺点，下部的卵圆形或几为肾形，向上渐次为卵形至卵状长圆形，长6~12厘米，宽3~12厘米，顶端骤然紧缩具短尖头或上部的短渐尖至渐尖，基部阔心形，有钝圆、相等的两耳，或上部的为浅心形而两耳重叠，且稍不等，两面沿脉上被极细的粉状短柔毛，背面密而显著；叶脉7条，均自基出，最内1对粗壮，向上几达叶片之顶，向下常沿叶柄平行下延；叶柄长短不一，下部的长达9厘米，中部的长1~2厘米，顶端的有时近无柄而抱茎，均被极细的粉状短柔毛；叶鞘长为叶柄的1/3。花单性，雌雄异株，聚集成与叶对生的穗状花序。雄花序长4~5厘米，直径约3毫米；总花梗长2~3厘米，被极细的粉状短柔毛；花序轴无毛；苞片近圆形，有时基部略狭，直径约1.5毫米，无毛，具短柄，盾状；雄蕊2枚，花药椭圆形，花丝极短。雌花序长1.5~2.5厘米，直径约4毫米，于果期延长；总花梗和花序轴与雄花序的无异，唯苞片略小，直径0.9~1毫米；子房卵形，下部与花序轴合生，柱头3个，卵形，顶端尖。浆果下部嵌生于花序轴中并与其合生，上部圆，顶端有脐状凸起，无毛，直径约2毫米。花期7~10月。

产于宣恩，属湖北省新记录，生于山谷林中；分布于云南、广西、广东、福建；尼泊尔、印度、越南、马来西亚也有分布。

果穗为镇痛健胃要药，味辛性热，用于胃寒引起的腹痛、呕吐、腹泻、冠心病心绞痛、神经性头痛及牙痛等。

3. 石南藤　*Piper wallichii* (Miq.) Hand.-Mazz. Symb. Sin. 7: 155. 1929.

攀援藤本；枝被疏毛或脱落变无毛，干时呈淡黄色，有纵棱。叶硬纸质，干时变淡黄色，无明显腺点，椭圆形，或向下渐次为狭卵形至卵形，长7~14厘米，宽4~6.5厘米，顶端长渐尖，有小尖头，基部短狭或钝圆，两侧近相等，有时下部的叶呈微心形，如为微心形时，则其凹缺之宽度狭于叶柄之宽度，腹面无毛，背面被长短不一的疏粗毛；叶脉5~7条，最上1对互生或近对生，离基1~2.5厘米从中脉发出，弧形上升至叶片3/4处弯拱连接，余者均基出，如为7脉时，则最外1对细弱而短，网状脉明显；叶柄长1~2.5厘米，无毛或被疏毛；叶鞘长8~10毫米。花单性，雌雄异株，聚集成与叶对生的穗状花序。雄花序于花期几与叶片等长，稀有略长于叶片者；总花梗与叶柄近等长或略长，无毛或被疏毛；花序轴被毛；苞片圆形，稀倒卵状圆形，边缘不整齐，近无柄或具被毛的短柄，盾状，直径约1毫米；雄蕊2枚，间有3枚，花药肾形，2裂，比花丝短。雌花序比叶片短；总花梗远长于叶柄，长达2~4厘米；花序轴和苞片与雄花序的相同，但苞片柄于果期长可达2毫米，密被白色长毛；子房离生，柱头3~4个，稀有5个，披针形。浆果球形，直径3~3.5毫米，无毛，有疣状凸起。花期5~6月。

恩施州广布，生于山谷或山坡林中；分布于湖北、湖南、广西、贵州、云南、四川、甘肃；广布于尼泊尔、印度东部、孟加拉和印度尼西亚。

茎入药，祛风寒，强腰膝，补肾壮阳；常治风湿痹痛、腰腿痛等。

金粟兰科
Chloranthaceae

草本、灌木或小乔木。单叶对生，具羽状叶脉，边缘有锯齿；叶柄基部常合生；托叶小。花小，两性或单性，排成穗状花序、头状花序或圆锥花序，无花被或在雌花中有浅杯状3齿裂的花被；两性花具雄蕊1枚或3枚，着生于子房的一侧，花丝不明显，药隔发达，有3枚雄蕊时，药隔下部互相结合或仅基部结合或分离，花药2室或1室，纵裂；雌蕊1枚，由1个心皮所组成，子房下位，1室，含1枚下垂的直生胚珠，无花柱或有短花柱；单性花其雄花多数，雄蕊1枚；雌花少数，有与子房贴生的3齿萼状花被。核果卵形或球形，外果皮多少肉质，内果皮硬。种子含丰富的胚乳和微小的胚。

本科5属约70种；我国有3属约16种和5变种；恩施州产2属5种1变种。

分属检索表

1. 雄蕊3枚，下部或基部多少结合，中央1枚，花药2室，侧生的为1室，通常为多年生草本 ······· 1. 金粟兰属 Chloranthus
1. 雄蕊1枚，棒状或卵圆状，花药2室；灌木 ··· 2. 草珊瑚属 Sarcandra

金粟兰属 *Chloranthus* Swartz

多年生草本或半灌木。叶对生或呈轮生状，边缘有锯齿；叶柄基部屡相连接；托叶微小。花序穗状或分枝排成圆锥花序状，顶生或腋生；花小，两性，无花被；雄蕊通常3枚，稀为1枚，着生于子房的上部一侧，药隔下半部互相结合，或仅基部结合，或分离而基部相接或覆叠，卵形、披针形，有时延长成线形，花药1~2室；如为3枚雄蕊时，则中央的花药2室或偶无花药，两侧的花药1室，如为单枚雄蕊时，则花药2室；子房1室，有下垂、直生的胚珠1枚，通常无花柱，少有具明显的花柱，柱头截平或分裂。核果球形、倒卵形或梨形。

本属约17种；我国约有13种和5变种；恩施州产4种1变种。

分种检索表

1. 花药具显著突出的线形药隔，药隔比药室长5倍以上 ··············· 1. 狭叶金粟兰 Chloranthus angustifolius
1. 花药具较短的药隔，药隔与药室等长或为药室长的1~3倍。
  2. 叶背面脉上有毛。
    3. 穗状花序多条（偶1条），腋生和顶生；雄蕊1~3枚，药隔小，与药室等长或略长；果表面有小腺点 ··· 2. 多穗金粟兰 Chloranthus multistachys
    3. 穗状花序单一、二歧或总状分枝，顶生；雄蕊3枚，药隔长为药室的1~3倍 ······· 3. 宽叶金粟兰 Chloranthus henryi
  2. 叶背面无毛。
    4. 叶宽倒卵形或近圆形，边缘具粗圆齿，3药隔斜展，中央药隔直伸，比侧药隔长，药室在药隔的基部 ··· 4. 湖北金粟兰 Chloranthus henryi var. hupehensis
    4. 叶椭圆形或卵状披针形，边缘具锐而密的锯齿，3药隔相抱，中央药隔向内弯，与侧药隔近等长，药室在药隔中部或中部以上 ··· 5. 及已 Chloranthus serratus

1. 狭叶金粟兰 *Chloranthus angustifolius* Oliv. in Hook. Icon. Pl. 16: pl. 1580. 1887.

多年生草本，高15~43厘米；根状茎深黄色，生多数黄色须根；茎直立，无毛，单生或数个丛生，下部节上对生2片鳞状叶。叶对生，8~10片，纸质，披针形至狭椭圆形，长5~11厘米，宽1.5~3厘米，顶端渐尖，基部楔形，边缘有锐锯齿，齿尖有一腺体，近基部或1/4以下全缘，两面均无毛；侧脉4~6对；叶柄长7~10毫米；鳞状叶三角形，膜质；托叶条裂成钻形。穗状花序单一，顶生，连总花梗长5~8厘米，总花梗长约1厘米；苞片宽卵形或近半圆形，全缘，稀为2浅裂；花白色；雄蕊3枚，药隔基部结合，着生于子房上部外侧；中央药隔具1个2室的花药；两侧药隔各具1个1室的花药，药隔延伸成线形，长4~6毫米，水平伸展或斜上，药室在药隔的基部；子房倒卵形，绿色，无花柱。核果倒卵形或近球形，长约2.5毫米，近无柄。花期4月，果5月成熟。

产于巴东，生于山坡林下；分布于湖北、四川。

2. 多穗金粟兰　　*Chloranthus multistachys* Pei in Sinensia 6: 681. f. 7. 1935.

多年生草本，高16～50厘米，根状茎粗壮，生多数细长须根；茎直立，单生，下部节上生一对鳞片叶。叶对生，通常4片，坚纸质，椭圆形至宽椭圆形、卵状椭圆形或宽卵形，长10～20厘米，宽6～11厘米，顶端渐尖，基部宽楔形至圆形，边缘具粗锯齿或圆锯齿，齿端有一腺体，腹面亮绿色，背面沿叶脉有鳞屑状毛，有时两面具小腺点；侧脉6～8对，网脉明显；叶柄长8～20毫米。穗状花序多条，粗壮，顶生和腋生，单一或分枝，连总花梗长4～11厘米；苞片宽卵形或近半圆形；花小，白色，排列稀疏；雄蕊1～3枚，着生于子房上部外侧；若为1枚雄蕊则花药卵形，2室；若为3枚雄蕊，则中央花药2室，而侧生花药1室，且远比中央的小；药隔与药室等长或稍长，稀短于药室；子房卵形，无花柱，柱头截平。核果球形，绿色，长2.5～3毫米，具长1～2毫米的柄，表面有小腺点。花期5～7月，果8～10月成熟。

恩施州广布，生于山坡林下阴湿地和沟谷溪旁；分布于河南、陕西、甘肃、安徽、江苏、浙江、福建、江西、湖南、湖北、广东、广西、贵州、四川。

根及根状茎供药用，能祛湿散寒，理气活血、散瘀解毒。有毒。

3. 宽叶金粟兰　　*Chloranthus henryi* Hemsl. in Journ. Linn. Soc. Bot. 26: 367. 1891.

多年生草本，高40～65厘米；根状茎粗壮，黑褐色，具多数细长的棕色须根；茎直立，单生或数个丛生，有6～7个明显的节，节间长0.5～3厘米，下部节上生一对鳞状叶。叶对生，通常4片生于茎上部，纸质，宽椭圆形、卵状椭圆形或倒卵形，长9～18厘米，宽5～9厘米，顶端渐尖，基部楔形至宽楔形，边缘具锯齿，齿端有一腺体，背面中脉、侧脉有鳞屑状毛；叶脉6～8对；叶柄长0.5～1.2厘米；鳞状叶卵状三角形，膜质。托叶小，钻形。穗状花序顶生，通常两歧或总状分枝，连总花梗长10～16厘米，总花梗长5～8厘米；苞片通常宽卵状三角形或近半圆形；花白色；雄蕊3枚，基部几分离，仅内侧稍相连，中央药隔长3毫米，有1个2室的花药，两侧药隔稍短，各有1个1室的花药，药室在药隔的基部；子房卵形，无花柱，柱头近头状。核果球形，长约3毫米，具短柄。花期4～6月，果7～8月成熟。

恩施州广布，生于山坡林中；分布于陕西、甘肃、安徽、浙江、福建、江西、湖南、湖北、广东、广西、贵州、四川。

根、根状茎或全草供药用，能舒筋活血、消肿止痛、杀虫；主治跌打损伤、痛经。外敷治癞痢头、疔疮、毒蛇咬伤。

4. 湖北金粟兰（变种） *Chloranthus henryi* Hemsl. var. *hupehensis* (Pamp.) K. F. Wu in Acta Phytotax. Sinica 18 (2) : 223. 1980.

本变种与宽叶金粟兰 *C. henryi* 不同之处在于：叶宽倒卵形或近圆形，边缘具粗圆齿，两面无毛；穗状花序顶生和腋生，总花梗较短，长2.5～5厘米。花期4～6月，果7～8月成熟。

产于巴东，生于山谷林下；分布于湖北、陕西、甘肃。

5. 及己 *Chloranthus serratus* (Thunb.) Roem. et Schult. Syst. Veg. 3: 461. 1818.

多年生草本，高15～50厘米；根状茎横生，粗短，直径约3毫米，生多数土黄色须根；茎直立，单生或数个丛生，具明显的节，无毛，下部节上对生2片鳞状叶。叶对生，4～6片生于茎上部，纸质，椭圆形、倒卵形或卵状披针形，偶有卵状椭圆形或长圆形，长7～15厘米，宽3～6厘米，顶端渐窄成长尖，基部楔形，边缘具锐而密的锯齿，齿尖有一腺体，两面无毛；侧脉6～8对；叶柄长8～25毫米；鳞状叶膜质，三角形；托叶小。穗状花序顶生，偶有腋生，单一或2～3分枝；总花梗长1～3.5厘米；苞片三角形或近半圆形，通常顶端数齿裂；花白色；雄蕊3枚，药隔下部合生，着生于子房上部外侧，中央药隔有1个2室的花药，两侧药隔各有1个1室的花药；药隔长圆形，3药隔相抱，中央药隔向内弯，长2～3毫米，与侧药隔等长或略长，药室在药隔中部或中部以上；子房卵形，无花柱，柱头粗短。核果近球形或梨形，绿色。花期4～5月，果6～8月成熟。

恩施州广布，生于山地林下湿润处和山谷溪边；分布于安徽、江苏、浙江、江西、福建、广东、广西、湖南、湖北、四川；日本也有。

全草供药用，能抗菌消炎、止咳化痰、舒筋活络、祛风镇痛、解毒消肿；主治跌打损伤、骨折肿痛、腰扭伤、风湿痛、疔疮肿毒、毒蛇咬伤，但有毒，内服宜慎。

草珊瑚属 *Sarcandra* Gardn.

半灌木，无毛，木质部无导管。叶对生，常多对，椭圆形、卵状椭圆形或椭圆状披针形，边缘具锯齿，齿尖有一腺体；叶柄短，基部合生；托叶小。穗状花序顶生，通常分枝，多少成圆锥花序状；花两性，无花被亦无花梗；苞片1片，三角形，宿存；雄蕊1枚，肉质，棒状至背腹压扁，花药2室（稀3室），药室侧向至内向，纵裂；子房卵形，含1枚下垂的直生胚珠，无花柱，柱头近头状。核果球形或卵形；种子含丰富胚乳，胚微小。

本属3种；我国有2种；恩施州产1种。

草珊瑚 *Sarcandra glabra* (Thunb.) Nakai, Fl. Sylv. Koreana 18: 17. t. 2. 1930.

常绿半灌木，高50～120厘米；茎与枝均有膨大的节。叶革质，椭圆形、卵形至卵状披针形，长6～17厘米，宽2～6厘米，顶端渐尖，基部尖或楔形，边缘具粗锐锯齿，齿尖有一腺体，两面均无毛；叶柄长 0.5～1.5 厘米，基部合生成鞘状；托叶钻形。穗状花序顶生，通常分枝，多少成圆锥花序状，连总花梗长 1.5～4 厘米；苞片三角形；花黄绿色；雄蕊 1 枚，肉质，棒状至圆柱状，花药 2 室，生于药隔上部之两侧，侧向或有时内向；子房球形或卵形，无花柱，柱头近头状。核果球形，直径 3～4 毫米，熟时亮红色。花期 6 月，果 8～10 月成熟。

恩施州广布，生于山坡林下；分布于安徽、浙江、江西、福建、台湾、广东、广西、湖南、四川、贵州和云南；朝鲜、日本、马来西亚、菲律宾、越南、柬埔寨、印度、斯里兰卡也有。

全株供药用，能清热解毒、祛风活血、消肿止痛、抗菌消炎。主治流行性感冒、流行性乙型脑炎、肺炎、阑尾炎、盆腔炎、跌打损伤、风湿关节痛、闭经、创口感染、菌痢等。近年来还用以治疗胰腺癌、胃癌、直肠癌、肝癌、食管癌等恶性肿瘤，有缓解、缩小肿块、延长寿命、改善自觉症状等功效，无副作用。

杨柳科 Salicaceae

落叶乔木或直立、垫状和匍匐灌木。树皮光滑或开裂粗糙，通常味苦，有顶芽或无顶芽；芽由 1 至多数鳞片所包被。单叶互生，稀对生，不分裂或浅裂，全缘，锯齿缘或齿牙缘；托叶鳞片状或叶状，早落或宿存。花单性，雌雄异株，罕有杂性；葇荑花序，直立或下垂，先叶开放，或与叶同时开放，稀叶后开放，花着生于苞片与花序轴间，苞片脱落或宿存；基部有杯状花盘或腺体，稀缺如；雄蕊 2 枚至多数，花药 2 室，纵裂，花丝分离至合生；雌花子房无柄或有柄，雌蕊由 2～5 个心皮合成，子房 1 室，侧膜胎座，胚珠多数，花柱不明显至很长，柱头 2～4 裂。蒴果 2～5 瓣裂。种子微小，种皮薄，胚直立，无胚乳，或有少量胚乳，基部围有多数白色丝状长毛。

本科 3 属约 620 种；我国产 3 属约 320 种；恩施州产 2 属 19 种 1 杂交种。

分属检索表

1. 萌枝髓心五角状，有顶芽，芽鳞多数；雌、雄花序下垂，苞片先端分裂，花盘杯状；叶片通常宽大，柄较长 …… 1. 杨属 Populus
1. 萌枝髓心圆形，无顶芽，芽鳞 1 片，雌花序直立或斜展，苞片全缘，无杯状花盘。叶片通常狭长，柄短；雄花序直立 ……… 2. 柳属 Salix

杨属 Populus L.

乔木。树干通常端直；树皮光滑或纵裂，常为灰白色。有顶芽，芽鳞多数，常有黏质。枝有长短枝之分，圆柱状或具棱线。叶互生，多为卵圆形、卵圆状披针形或三角状卵形，在不同的枝上常为不同的形状，齿状缘；叶柄长，侧扁或圆柱形，先端有或无腺点。葇荑花序下垂，常先叶开放；雄花序较雌花序稍早开放；苞片先端尖裂或条裂，膜质，早落，花盘斜杯状；雄花有雄蕊 4 枚至多数，着生于花盘内，花药暗红色，花丝较短，离生；子房花柱短，柱头2~4裂。蒴果2~5裂。种子小，多数，子叶椭圆形。

本属约100种；我国约62种（包括6杂交种）；恩施州产5种1杂交种。

分种检索表

1. 叶缘具裂片、缺刻或波状齿，若为锯齿时，则叶柄先端具2个大腺点，而叶缘无半透明边，3片苞片边缘具长毛。
　2. 叶先端，急尖或短渐尖，边缘具密而浅的波状齿；短枝叶柄先端无腺点 …………………………… 1. 山杨 Populus davidiana
　2. 叶先端长渐尖或尾状尖；叶柄先端腺点明显突起，似具柄状 ……………………………………… 2. 响叶杨 Populus adenopoda
1. 叶缘具锯齿；苞片边缘无长毛。
　3. 叶缘有半透明的狭边 ……………………………………………………………………………… 3. 加杨 Populus × canadensis
　3. 叶缘无半透明边。
　　4. 叶柄先端常无腺点；蒴果常无毛 …………………………………………………………………… 4. 小叶杨 Populus simonii
　　4. 叶柄先端常具腺点；蒴果密被毛。
　　　5. 叶宽卵形、近圆形或宽卵状长椭圆形，长8~20厘米 …………………………………………… 5. 椅杨 Populus wilsonii
　　　5. 叶较大，长达30厘米，先端渐尖，基部深心形，常成耳状 …………………………………… 6. 大叶杨 Populus lasiocarpa

1. 山杨　*Populus davidiana* Dode in Extr. Monogr. Ined. Populus 31. 1905.

乔木，高达25米。树皮光滑灰绿色或灰白色，老树基部黑色粗糙；树冠圆形。小枝圆筒形，光滑，赤褐色，萌枝被柔毛。芽卵形或卵圆形，无毛，微有黏质。叶三角状卵圆形或近圆形，长宽近等，长3~6厘米，先端钝尖、急尖或短渐尖，基部圆形、截形或浅心形，边缘有密波状浅齿，发叶时显红色，萌枝叶大，三角状卵圆形，下面被柔毛；叶柄侧扁，长2~6厘米。花序轴有疏毛或密毛；苞片棕褐色，掌状条裂，边缘有密长毛；雄花序长5~9厘米，雄蕊5~12枚，花药紫红色；雌花序长4~7厘米；子房圆锥形，柱头2深裂，带红色。果序长达12厘米；蒴果卵状圆锥形，长约5毫米，有短柄，2瓣裂。花期3~4月，果4~5月成熟。

产于巴东，多生于山坡林中；我国北自黑龙江、内蒙古、吉林、华北、西北、华中及西南高山地区均有分布；朝鲜、俄罗斯也有。

2. 响叶杨　*Populus adenopoda* Maxim. in Bull. Soc. Nat. Mosc. 54 (1): 50. 1879.

乔木，高15~30米。树皮灰白色，光滑，老时深灰色，纵裂；树冠卵形。小枝较细，暗赤褐色，被柔毛；老枝灰褐色，无毛。芽圆锥形，有黏质，无毛。叶卵状圆形或卵形，长5~15厘米，宽4~7厘米，先端长渐尖，基部截形或心形，稀近圆形或楔形，边缘有内曲圆锯齿，齿端有腺点，上面无毛或沿脉有柔毛，深绿色，光亮，下面灰绿色，幼时被密柔毛；叶柄侧扁，被绒毛或柔毛，长2~12厘米，顶端有2个显著腺点。雄花序长

6~10厘米，苞片条裂，有长缘毛，花盘齿裂。果序长12~30厘米；花序轴有毛；蒴果卵状长椭圆形，长4~6毫米，稀2~3毫米，先端锐尖，无毛，有短柄，2瓣裂。种子倒卵状椭圆形，长2.5毫米，暗褐色。花期3~4月，果4~5月成熟。

恩施州广布，生于人工林中；分布于陕西、河南、安徽、江苏、浙江、福建、江西、湖北、湖南、广西、四川、贵州和云南等省区。

3. 加杨（杂交种） *Populus canadensis* Moench. Verz. Ausl. Baume Weissent. 81. 1785.

大乔木，高30多米。干直，树皮粗厚，深沟裂，下部暗灰色，上部褐灰色，大枝微向上斜伸，树冠卵形；萌枝及苗茎棱角明显，小枝圆柱形，稍有棱角，无毛，稀微被短柔毛。芽大，先端反曲，初为绿色，后变为褐绿色，富黏质。叶三角形或三角状卵形，长7~10厘米，长枝和萌枝叶较大，长10~20厘米，一般长大于宽，先端渐尖，基部截形或宽楔形，无或有1~2个腺体，边缘半透明，有圆锯齿，近基部较疏，具短缘毛，上面暗绿色，下面淡绿色；叶柄侧扁而长，带红色。雄花序长7~15厘米，花序轴光滑，每花有雄蕊15~40枚；苞片淡绿褐色，不整齐，丝状深裂，花盘淡黄绿色，全缘，花丝细长，白色，超出花盘；雌花序有花45~50朵，柱头4裂。果序长达27厘米；蒴果卵圆形，长约8毫米，先端锐尖，2~3瓣裂。雄株多，雌株少。花期4月，果5~6月成熟。

恩施州广泛栽培；我国除广东、云南、西藏外，各省区均有引种栽培。

4. 小叶杨 *Populus simonii* Carr. in Rev. Hort. 39: 360. 1867.

乔木，高达20米。树皮幼时灰绿色，老时暗灰色，沟裂；树冠近圆形。幼树小枝及萌枝有明显棱脊，常为红褐色，后变黄褐色，老树小枝圆形，细长而密，无毛。芽细长，先端长渐尖，褐色，有黏质。叶菱状卵形、菱状椭圆形或菱状倒卵形，长3~12厘米，宽2~8厘米，中部以上较宽，先端突急尖或渐尖，基部楔形、宽楔形或窄圆形，边缘平整，细锯齿，无毛，上面淡绿色，下面灰绿或微白，无毛；叶柄圆筒形，长0.5~4厘米，黄绿色或带红色。雄花序长2~7厘米，花序轴无毛，苞片细条裂，雄蕊8~25枚；雌花序长2.5~6厘米；苞片淡绿色，裂片褐色，无毛，柱头2裂。果序长达15厘米；蒴果小，2~3瓣裂，无毛。花期3~5月，果4~6月成熟。

产于鹤峰、利川，生于山谷河边；在我国分布广泛，东北、华北、华中、西北及西南各省区均产。

5. 椅杨 *Populus wilsonii* Schneid. in sarg. Pl. Wils. 3: 16. 1916.

乔木，高达25米。树皮浅纵裂，呈片状剥裂，暗灰褐色；树冠阔塔形。小枝粗壮圆柱形，光滑，幼时紫色或暗褐色，具疏柔毛，老时灰褐色。芽肥大，卵圆形，红褐色或紫褐色，光滑，微具黏质。叶宽卵形，或近圆形至宽卵状长椭圆形，长8~20厘米，宽7~15厘米，先端钝尖，基部心形至圆截形，边缘有腺状圆齿牙，上面暗蓝绿色，叶基沿脉疏毛或光滑，下面初被绒毛，后渐光滑，灰绿色，叶脉隆起；叶柄圆，先端微有棱，紫色，长4~16厘米，先端有时具腺点。雌花序长约7厘米。果序达15厘米，轴有柔毛；蒴果卵形，具短柄，近光滑。花期4~5月，果5~6月成熟。

产于建始、鹤峰、巴东，生于山坡林中；分布于陕西、甘肃、湖北、四川、云南、西藏等省区。

6. 大叶杨 *Populus lasiocarpa* Oliv. in Hook. Icon. Pl. 20 (2): t. 1943. 1890.

乔木，高20多米。树冠塔形或圆形；树皮暗灰色，纵裂。枝粗壮而稀疏，黄褐或稀紫褐色，有棱脊，嫩时被绒毛，或疏柔毛。芽大，卵状圆锥形，微具黏质，基部鳞片具绒毛。叶卵形，长15~30厘米，宽10~15厘米，先端渐尖，稀短渐尖，基部深心形，常具2个腺点，边缘具反卷的圆腺锯齿，上面光滑亮绿色，近基部密被柔毛，下面淡绿色，具柔毛，沿脉尤为显著；叶柄圆，有毛，长8~15厘米，通常与中脉同为红色。雄花序长9~12厘米；花轴具柔毛；苞片倒披针形，光滑，赤褐色，先端条

裂；雄蕊30~40枚。果序长15~24厘米，轴具毛；蒴果卵形，长1~1.7厘米，密被绒毛，有柄或近无柄，3瓣裂。种子棒状，暗褐色，长3~3.5毫米。花期4~5月，果5~6月成熟。

恩施州广布，生于山谷林中；分布于四川、陕西、贵州、云南等省。

柳属　*Salix* L.

乔木或匍匐状、垫状、直立灌木。枝圆柱形，髓心近圆形。无顶芽，侧芽通常紧贴枝上，芽鳞单一。叶互生，稀对生，通常狭而长，多为披针形，羽状脉，有锯齿或全缘；叶柄短；具托叶，多有锯齿，常早落，稀宿存。葇荑花序直立或斜展，先叶开放，或与叶同时开放，稀后叶开放；苞片全缘，有毛或无毛，宿存，稀早落；雄蕊2枚至多数，花丝离生或部分或全部合；腺体1~2个；雌蕊由2个心皮组成，子房无柄或有柄，花柱长短不一，或缺，单1根或分裂，柱头1~2个，分裂或不裂。蒴果2瓣裂；种子小，多暗褐色。

本属520多种；我国257种122变种33变型；恩施州产14种。

分种检索表

1. 果柄长。
   2. 花序近无花序梗，或受粉后稍伸长，基部无叶或具2~3片鳞片状小叶。
      3. 子房圆锥形至线状圆锥形，果线状圆锥形；果瓣干后向外拳卷。
         4. 花序刚开放时长度一般为1.5厘米；苞片披针形 ·· 1. 黄花柳 *Salix caprea*
         4. 花序长2.5~4厘米，粗1~1.2厘米；苞片长圆形 ·· 2. 皂柳 *Salix wallichiana*
      3. 子房卵形或狭卵形，果有时为卵状圆锥形；果瓣干后向外反，一般不拳卷。
         5. 花序长2~4厘米，叶柄先端无腺点或腺点不明显，苞片椭圆形 ············· 3. 紫柳 *Salix wilsonii*
         5. 花序长4~5.5厘米，叶柄先端有腺点，苞片椭圆状倒卵形 ··············· 4. 腺柳 *Salix chaenomeloides*
   2. 花序有花序梗，梗上常有1~3片叶，有的于果熟时脱落。
      6. 子房无柄 ·· 5. 兴山柳 *Salix mictotricha*
      6. 子房近无柄。
         7. 苞片有毛 ··· 6. 多枝柳 *Salix polyclona*
         7. 苞片无毛或微有缘毛 ··· 7. 小叶柳 *Salix hypoleuca*
1. 果柄极短。
   8. 腹腺狭长圆形至条形，长多在0.5毫米以上。
      9. 子房无毛 ··· 8. 杯腺柳 *Salix cupularis*
      9. 子房有毛 ··· 9. 庙王柳 *Salix biondiana*
   8. 腹腺狭长圆形至条形或不为条形，长一般在0.5毫米以内，如超过0.5毫米以上的则子房有毛。
      10. 花序椭圆形、长圆形或短圆柱形；通常长为粗的3~4倍以内。
         11. 花序基部无小叶 ··· 10. 紫枝柳 *Salix heterochroma*
         11. 花序基部有小叶。
            12. 枝下垂 ·· 11. 垂柳 *Salix babylonica*
            12. 枝细长，直立或斜展 ·· 12. 旱柳 *Salix matsudana*
      10. 花序圆柱形，长为粗的4倍以上，如小于4倍，则花序梗较长，叶较大。

13. 花柱长1毫米以上，或长0.6毫米，全裂；子房全部有毛 ································· 13. 川鄂柳 *Salix fargesii*
13. 花柱长1毫米以内；稀1毫米以上，则子房无毛或花序近对生。
　14. 子房无毛（或稍有微毛，近无毛，或仅基部有毛）。
　　15. 子房无柄 ··· 14. 兴山柳 *Salix mictotricha*
　　15. 子房近无柄。
　　　16. 苞片有毛 ·· 15. 多枝柳 *Salix polyclona*
　　　16. 苞片无毛或微有缘毛 ··· 16. 小叶柳 *Salix hypoleuca*
　14. 子房有毛 ·· 17. 绵毛柳 *Salix erioclada*

1. 黄花柳　　*Salix caprea* L. Sp. Pl. 1020. 1753.

灌木或小乔木。小枝黄绿色至黄红色，有毛或无毛。叶卵状长圆形、宽卵形至倒卵状长圆形，长5～7厘米，宽2.5～4厘米，先端急尖或有小尖，常扭转，基部圆形，上面深绿色，鲜叶明显发皱，无毛（幼叶有柔毛），下面被白绒毛或柔毛，网脉明显，侧脉近叶缘处常相互联结，边缘有不规则的缺刻或牙齿、或近全缘，常稍向下面反卷，叶质稍厚；叶柄长约1厘米；托叶半圆形，先端尖。花先叶开放；雄花序椭圆形或宽椭圆形，长1.5～2.5厘米，粗约1.6厘米，无花序梗；雄蕊2枚，花丝细长，离生，花药黄色，长圆形；苞片披针形，长约2毫米，上部黑色，下部色浅，2色，两面密被白长毛；仅1个腹腺；雌花序短圆柱形，长约2厘米，粗8～10毫米，果期长可达6厘米，粗达1.8厘米，有短花序梗；子房狭圆锥形，长2.5～3毫米，有柔毛，有长柄，长约2毫米，果柄更长，花柱短，柱头2～4裂，受粉后，子房发育非常迅速；苞片和腺体同雄花。蒴果长可达9毫米。花期4月下旬至5月上旬，果期5月下旬至6月初。

产于宣恩、巴东，生于山坡林中；分布于新疆；俄罗斯及欧洲各地也有。

2. 皂柳　　*Salix wallichiana* Anderss. in Svensk. Vet. Acad. Handl. Stockh. 1850: 477. 1851.

灌木或乔木。小枝红褐色、黑褐色或绿褐色，初有毛后无毛。芽卵形，有棱，先端尖，常外弯，红褐色或栗色，无毛。叶披针形，长圆状披针形，卵状长圆形，狭椭圆形，长4～10厘米，宽1～3厘米，先端急尖至渐尖，基部楔形至圆形，上面初有丝毛，后无毛，平滑，下面有平伏的绢质短柔毛或无毛，浅绿色至有白霜，网脉不明显，幼叶发红色；全缘，萌枝叶常有细锯齿；上年落叶灰褐色；叶柄长约1厘米；托叶小比叶柄短，半心形，边缘有牙齿。花序先叶开放或近同时开放，无花序梗；雄花序长1.5～3厘米，粗1～1.5厘米；雄蕊2枚，花药大，椭圆形，长0.8～1毫米，黄色，花丝纤细，离生，长5～6毫米，无毛或基部有疏柔毛；苞片褐色，长圆形或倒卵形，先端急尖，两面有白色长毛或外面毛少；腺体1个，卵状长方形；雌花序圆柱形，或向上部渐狭，长2.5~4厘米，粗1~1.2厘米，果序可伸长至12厘米，粗1.5厘米；子房狭圆锥形，长3~4毫米，密被短柔毛，子房柄短或受粉后逐渐伸长，有的果柄可与苞片近等长，花柱短至明显，柱头直立，2~4裂；苞片长圆形，先端急尖，褐色，有长毛；腺体同雄花。蒴果长可达9毫米，有毛或近无毛，开裂后，果瓣向外反卷。花期4月中下旬至5月初，果期5月。

恩施州广布，生于缓坡林中；分布于西藏、云南、四川、贵州、湖南、湖北、青海、甘肃、陕西、山西、河北、内蒙古、浙江；印度、不丹、尼泊尔也有。

根入药，治风湿性关节炎。

3. 紫柳　*Salix wilsonii* Seemen in Bot. Jahrb. 36 (Beibl. 82): 28. 1905.

乔木，高可达13米。一年生枝暗褐色，嫩枝有毛，后无毛。叶椭圆形，广椭圆形至长圆形，稀椭圆状披针形，长4~6厘米，宽2~3厘米，先端急尖至渐尖，基部楔形至圆形，幼叶常发红色，上面绿色，下面苍白色，边缘有圆锯齿或圆齿；叶柄长7~10毫米，有短柔毛，通常上端无腺点；托叶不发达，卵形，早落，萌枝上的托叶发达，肾形，长达1厘米以上，有腺齿。花与叶同时开放；花序梗长1~2厘米，有3~5片小叶；雄花序长2.5~6厘米，粗6~7毫米，盛开时，疏花，轴密生白柔毛；雄蕊3~6枚；苞片椭圆形，中、下部多少有柔毛和缘毛，长约1毫米；花有背腺和腹腺，常分裂；雌花序长2~4厘米，疏花，粗约5毫米；花序轴有白柔毛；子房狭卵形或卵形，无毛，有长柄，花柱无，柱头短，2裂；苞片同雄花；腹腺宽厚，抱柄，两侧常有2片小裂片，背腺小。蒴果卵状长圆形。花期3月底至4月上旬，果期5月。

产于鹤峰，生于山坡林中；分布于湖北、湖南、江西、安徽、浙江、江苏等省。

4. 腺柳　*Salix chaenomeloides* Kimura in Sci. Rep. Tohoku Imp. Univ. ser. 4, Biol. 13: 77. 1938.

小乔木。枝暗褐色或红褐色，有光泽。叶椭圆形、卵圆形至椭圆状披针形，长4~8厘米，宽1.8~4厘米，先端急尖，基部楔形，稀近圆形，两面光滑，上面绿色，下面苍白色或灰白色，边缘有腺锯齿；叶柄幼时被短绒毛，后渐变光滑，长5~12毫米，先端具腺点；托叶半圆形或肾形，边缘有腺锯齿，早落，萌枝上的很发育。雄花序长4~5厘米，粗8毫米；花序梗和轴有柔毛；苞片小，卵形，长约1毫米；雄蕊一般5枚，花丝长为苞片的2倍，基部有毛，花药黄色，球形；雌花序长4~5.5厘米；花序梗长达2厘米；轴被绒毛，子房狭卵形，具长柄，无毛，花柱缺，柱头头状或微裂；苞片椭圆状倒卵形，与子房柄等长或稍短；腺体2个，基部联结成假花盘状；背腺小。蒴果卵状椭圆形，长3~7毫米。花期4月，果期5月。

产于利川，生于山谷河中；分布于辽宁及黄河下、中游流域诸省；朝鲜、日本也有。

5. 兴山柳　*Salix mictotricha* Schneid. in Sarg. Pl. Wils. 3: 56. 1916.

灌木，高4~6米。幼枝具长柔毛，后无毛，紫褐色或稍带黑色。叶椭圆形或宽椭圆形，长1.5~2厘米，宽9~15毫米，先端近急尖或近圆形，基部圆形，上面绿色，具疏柔毛，下面苍白色，初有柔毛，后无毛，全缘；叶柄长3~5毫米，具绢毛。雄花序近无梗，长达2.8厘米，粗约4毫米，密花，轴有长柔毛，雄蕊2枚，长为苞片的2~3倍，花丝基部具疏柔毛，花药黄色，宽椭圆形；苞片倒卵形，或近圆形，淡褐色，外面有绒毛，先端钝，腺体1~2个，腹生，先端分裂或不裂，背腺有或无，长椭圆形；雌花序长2~2.5厘米，圆柱形，花序梗短，其上着生2~3片正常小叶，轴具疏柔毛；子房卵状椭圆形，无毛，无柄，花柱上端2裂，柱头各2裂；苞片长圆形，基部有疏柔毛，几与子房等长，黄褐色，腺体1个，腹生。蒴果有短柄。花期5月，果期5月下旬至6月。

产于恩施，生于山坡林中；分布于湖北、四川等省。

6. 多枝柳　*Salix polyclona* Schneid. in Sarg. Pl. Wils. 3: 55. 1916.

灌木，高2.4~3.6米，分枝多。小枝紫褐色，近无毛。叶椭圆形或椭圆状长圆形，长1.5~3厘米，宽5~7毫米，先端钝或急尖，基部圆形，上面沿中脉具白绒毛，下面苍白色，有密柔毛，全缘；叶柄长1~4毫米，具白柔毛或绒毛。雄花序长3~4厘米，粗4毫米，花密集，轴具柔毛，花序梗具2~3片叶；雄蕊2枚，花丝基部具柔毛，花药球形，黄色；苞片倒卵形，内面被疏微毛；腹腺1个，棒形；雌花序长2~3厘米，直径约5毫米，花密集，轴具柔毛，花序梗长3~5毫米，具白柔毛，基部有2~3片叶；子房卵状长圆形，近无柄，花柱先端近2裂，柱头2裂，无毛；苞片褐色，两面有柔毛，边缘具长缘毛；腹腺1个，长圆形。果序长约4厘米，梗长约2厘米；蒴果卵状圆锥形，有短柄。花期5月，果期6月。

产于巴东，生于山坡林中；分布于湖北、陕西。

7. 小叶柳　*Salix hypoleuca* Seemen in Bot. Jahrb. 36 (Beibl. 82): 31. 1905.

灌木，高1~3.6米。枝暗棕色，无毛。叶椭圆形，披针形，椭圆状长圆形，稀卵形，长2~4厘米，宽1.2~2.4厘米，先端急尖，基部宽楔形或渐狭，上面深绿色，无毛或近无毛，下面苍白色，无毛，叶脉明显突起，全缘；叶柄长3~9毫米。花序梗在开花时长3~10毫米，轴无毛或有毛；雄花序长2.5~4.5厘米，粗5~6毫米；雄蕊2枚，花丝中下部有长柔毛，花药球形，黄色；苞片倒卵形，褐色，无毛；腺1个，腹生，卵圆形，先端缺刻，长为苞片的一半；雌花序长2.5~5厘米，粗5~7毫米，密花，花序梗短；子房长卵圆形，花柱2裂，柱头短；苞片宽卵形，先端急尖，无毛，长为蒴果的1/4；仅1个腹腺。蒴果卵圆形，长约2.5毫米，近无柄。花期5月上旬，果期5月下旬至6月上旬。

产于利川，生于山坡林缘；分布于陕西、甘肃、湖北、四川、山西等省。

8. 杯腺柳　*Salix cupularis* Rehd. in Journ. Arn. Arb. 4: 140. 1923.

小灌木。小枝紫褐色或黑紫色，老枝发灰色，节突起，十分明显。芽狭长圆形，长约4毫米，棕褐色，有光泽。叶椭圆形或倒卵状椭圆形，稀近圆形，长1.5~2.7厘米，宽1~1.5厘米，先端近圆形，有小尖突，基部圆形或宽楔形，上面暗绿色，下面稍带白色，侧脉 6～9 对，全缘，两面无毛；叶柄长为叶的 1/3～1/2，淡黄色；托叶近圆盘形，长约 5 毫米。花与叶同时开放，或稍晚开放；雄花序，长约 1 厘米，有短梗，基部有 3 片小叶；雄蕊 2 枚，花丝中部以下有柔毛；苞片倒卵形，先端圆截形，两面有柔毛，或外面上部无毛，为花丝长的一半；有背、腹腺，狭卵状圆柱形；雌花序椭圆形至短圆柱形，长约 1 厘米左右，花序梗较明显；子房长卵形，无毛，有短柄，花柱长约 1 毫米，柱头 2 裂；苞片卵形或宽卵形，长 1.5～2 毫米，先端圆，基部有疏毛；腺体 2 个，腹腺 2～3 深裂，与子房柄近等长，背腺稍短，基部结合成假花盘状。蒴果，长约 3 毫米。花期 6 月，果期 7 月至 8 月上旬。

产于巴东，生于山坡林中；分布于陕西、甘肃、青海、四川等省。

9. 庙王柳 *Salix biondiana* Seemen in Bot. Jahrb. 36 (5,Beibl. 82): 32. 1905.

灌木，稀为小乔木。小枝深褐色，有光泽。芽淡红褐色，光滑。叶长圆形至倒卵形，长达 3.5 厘米，宽 1.7 厘米，先端钝，具突尖或急尖，基部渐狭，上面暗绿色，光滑无毛，下面灰绿色，后无毛，全缘；叶柄长达 1 厘米，无毛。雄花序长 1.5 厘米，粗约 5 毫米，有花序梗，雄蕊 2 枚，花丝基部具长毛，比苞片稍长；苞片长圆形或倒卵状长圆形，具疏缘毛，腺体 2 个，狭长圆形，长为苞片的 1/4～1/3；雌花序圆柱形，长 2～3 厘米，粗达 8 毫米，密花，轴具褐色短柔毛；子房有密毛，无柄，花柱短，柱头卵形；苞片长为子房的一半，仅有 1 个腹腺。蒴果卵状圆锥形，具疏柔毛。花期 4 月下旬至 5 月上旬，果期 5 月中下旬。

产于宣恩、利川，生于山谷林中；分布于陕西、甘肃、青海、湖北等省。

10. 紫枝柳 *Salix heterochroma* Seemen in Bot. Jahrb. 21 (Beibl. 53): 56. 1896.

灌木或小乔木，高达 10 米。枝深紫红色或黄褐色，初有柔毛，后变无毛。叶椭圆形至披针形或卵状披针形，长 4.5～10 厘米，宽 1.5～2.7 厘米，先端长渐尖或急尖，基部楔形，上面深绿色，下面带白粉，具疏绢毛，全缘或有疏细齿；叶柄长 5～15 毫米。雄花序近无梗，长 3～5.5 厘米，轴有绢毛；雄蕊 2 枚，花丝具疏柔毛，长为苞片的 2 倍，花药卵状长圆形，黄色；苞片长圆形，黄褐色，两面被绢质长柔毛和缘毛，腺体倒卵圆形，长为苞片的 1/3；雌花序圆柱形，花序梗长约 10 毫米，轴具柔毛；子房卵状长圆形，有柄，花柱长为子房的 1/3，柱头 2 裂；苞片披针形至椭圆形，有毛；腺体 1 个，腹生；蒴果卵状长圆形，长约 5 毫米，先端尖，被灰色柔毛。花期 4～5 月，果期 5～6 月。

产于利川、建始。生于山谷林中；分布于山西、陕西、甘肃、湖北、湖南、四川等省。

11. 垂柳 *Salix babylonica* L. Sp. Pl. 1017. 1753.

乔木，高 12～18 米，树冠开展而疏散。树皮灰黑色，不规则开裂；枝细，下垂，淡褐黄色、淡褐色或带紫色，无毛。芽线形，先端急尖。叶狭披针形或线状披针形，长9~16厘米，宽0.5~1.5厘米，先端长渐尖，基部楔形两面无毛或微有毛，上面绿色，下面色较淡，锯齿缘；叶柄长3~10毫米，有短柔毛；托叶仅生在萌发枝上，斜披针形或卵圆形，边缘有齿牙。花序先叶开放，或与叶同时开放；雄花序长1.5~3厘米，有短梗，轴有毛；雄蕊2枚，花丝与苞片近等长或较长，基部多少有长毛，花药红黄色；苞片披针形，外面有毛；腺体2个；雌花序长达2~5厘米，有梗，基部有3~4片小叶，轴有毛；子房椭圆形，无毛或下部稍有毛，无柄或近无柄，花柱短，柱头2~4深裂；苞片披针形，长1.8~2.5毫米，外面有毛；腺体1个。蒴果长3~4毫米，带绿黄褐色。花期3~4月，果期4~5月。

恩施州广泛栽培；我国长江流域与黄河流域均栽培；亚洲、欧洲、美洲各国均有引种。

12. 旱柳　*Salix matsudana* Koidz. in Tokyo Bot. Mag. 29: 312. 1915.

乔木，高达18米。大枝斜上，树冠广圆形；树皮暗灰黑色，有裂沟；枝细长，直立或斜展，浅褐黄色或带绿色，后变褐色，无毛，幼枝有毛。芽微有短柔毛。叶披针形，长5~10厘米，宽1~1.5厘米，先端长渐尖，基部窄圆形或楔形，上面绿色，无毛，有光泽，下面苍白色或带白色，有细腺锯齿缘，幼叶有丝状柔毛；叶柄短，长5~8毫米，在上面有长柔毛；托叶披针形或缺，边缘有细腺锯齿。花序与叶同时开放；雄花序圆柱形，长1.5~3厘米，粗6~8毫米，多少有花序梗，轴有长毛；雄蕊2枚，花丝基部有长毛，花药卵形，黄色；苞片卵形，黄绿色，先端钝，基部多少有短柔毛；腺体2个；雌花序较雄花序短，长达2厘米，粗4毫米，有3~5片小叶生于短花序梗上，轴有长毛；子房长椭圆形，近无柄，无毛，无花柱或很短，柱头卵形，近圆裂；苞片同雄花；腺体2个，背生和腹生。果序长达2.5厘米。花期4月，果期4~5月。

产于利川，生于缓坡林中；我国长江以北广布；朝鲜、日本、俄罗斯等地也有。

13. 川鄂柳　*Salix fargesii* Burk. in Journ. Linn. Soc. Bot. 26: 528. 1899.

乔木或灌木。当年生小枝通常仅基部有丝状毛。芽顶端有疏毛。叶椭圆形或狭卵形，长达11厘米，宽达6厘米，先端急尖至圆形，基部圆形至楔形，边缘有细腺锯齿，上面暗绿色，无毛或多少有柔毛，下面淡绿色，特别是脉上被白色长柔毛，侧脉16~20对；叶柄长达1.5厘米，初有丝状毛，后变为无毛，通常有数枚腺体。花序长6~8厘米，花序梗长1~3厘米，有正常叶，轴有疏丝状毛；苞片窄倒卵形，顶端圆，长约1毫米，密被长柔

毛，缘毛较苞片为长；雄蕊2枚，无毛；腹腺长方形，长约0.5毫米，背腺甚小，宽卵形；子房有长毛，有短柄，花柱长约1毫米，上部2裂，柱头2裂；仅1个腹腺，宽卵形，长约半毫米。果序长12厘米；蒴果长圆状卵形，有毛，有短柄。花期4~5月，果期5~6月。

恩施州广布，生于林下；分布于四川、湖北、陕西、甘肃等省。

14. 绵毛柳 *Salix erioclada* Levl. in Fedde, Rep. Sp. Nov. 3: 22. 1906.

灌木或小乔木。小枝密被白柔毛，后无毛，红栗色或发黄色。叶卵状披针形至椭圆形，长5厘米，宽1.5厘米，先端急尖（幼叶钝或圆形），基部狭圆形或楔形，上面暗绿色，下面有白粉或灰蓝色，侧脉7~12对，全缘，幼叶席卷，两面有绢质柔毛，至少在下面有柔毛，后无毛；叶柄短，有柔毛。花先叶开放或近同时开放，花序狭圆柱形，长2.5~6厘米，粗6~7毫米，轴有柔毛；雄蕊2枚，花丝离生，基部有柔毛，花药小，球形，黄色；苞片倒卵形黄绿色，两面被绢质长柔毛，或内面近无毛，长约为花丝的1/2；有腹腺和背腺，分裂或不裂；雌花序长3~6厘米，粗4~6毫米；子房卵形或狭卵形，无柄或有短柄，被绢质绒毛，花柱明显，约为子房长的1/3，中裂，柱头2浅裂；苞片椭圆形，长2毫米，黄绿色（干时褐色），密被银白色长绢毛；腺体1个，腹生。蒴果狭卵形至卵状圆锥形，长4~6毫米，近无毛。花期4月上中旬，果期5月。

产于利川，生于山坡林中；分布于贵州、湖南、四川、湖北等省。

杨梅科
Myricaceae

常绿或落叶乔木或灌木，具芳香，被有圆形而盾状着生的树脂质腺体；芽小，具芽鳞。单叶互生，具叶柄，具羽状脉，边缘全缘或有锯齿或不规则牙齿，或成浅裂，稀成羽状中裂；托叶不存在或存在。花通常单性，风媒，无花被，无梗，生于穗状花序上；雌雄异株或同株，若同株则雌雄异枝或偶为雌雄同序，稀具两性花而成杂性同株；穗状花序单一或分枝，常直立或向上倾斜，或稍俯垂；雄花序常着生于去年生枝条的叶腋内或新枝基部，单生或簇生，或者复合成圆锥状花序；雌雄同序者则穗状花序的下端为雄花，上端为雌花；雌花序与雄花序相似，有时较雄花序为短，有切工作时较长，常着生于叶腋。雄花单生于苞片腋内，不具或具2~4片小苞片；雄蕊2枚至多数，着生于贴附在苞片基部的花托上；花丝短，离生或稍稍合生；花药直立，卵形，2药室分离，并行，外向纵缝裂开；药隔不显著；有时存在钻形的退化子房。雌花在每一苞片腋内单生或稀2~4朵集生，通常具2~4片小苞片；雌蕊由2个心皮合生而成，无柄，子房1室，具1枚直生胚珠；胚珠无柄，生于子房室基底或近基底处，具一层珠被，珠孔向上；花柱极短或几乎无花柱，具2（稀1或3）个细长的丝状或薄片状的柱头，其内面具乳头状的凸起的柱头面。核果小坚果状，具薄而疏松的或坚硬的果皮，或为球状或椭圆状的较大核果，外表布满略成规则排列的乳头状凸起，有时被有毛茸或一层白色而厚的蜡质，外果皮或多或少肉质，富于液汁及树

杨梅科 Myricaceae

脂，内果皮坚硬。种子直立，具膜质种皮，无胚乳或胚乳极贫乏（仅由一层细胞组成）；胚伸直，胚根短，向上，子叶向下，肉质，肥厚，平凸透镜状。

本科 2 属 50 余种；我国产 1 属 4 种；恩施州产 1 属 1 种。

杨梅属 *Myrica* L.

常绿或落叶乔木或灌木，雌雄同株或异株；幼嫩部分被有树脂质的圆形而盾状着生的腺体。单叶，常密集于小枝上端，无托叶，全缘或具锯齿，树脂质腺体大多数宿存而不脱落，脱落者则遗留一凹穴于叶面。穗状花序单一或分枝，直立或向上倾斜，或稍俯垂状。雄花具雄蕊 2～8 枚，稀多至 20 枚，花丝分离或在基部合生；有或没有小苞片。雌花具 2～4 片小苞片，贴生于子房而与子房一同增大，或与子房分离而不增大；子房外表面具略成规则排列的凸起，凸起物随子房发育而逐渐增大，形成蜡质腺体或肉质乳头状凸起。每一雌花序上的雌花全部或少数或者仅顶端 1 朵能发育成果实。核果小坚果状而具薄的果皮，或为较大的核果而具多少肉质的外果皮及坚硬的内果皮。种子直立，具膜质种皮。

本属约 50 种；我国产 4 种；恩施州产 1 种。

杨梅 *Myrica rubra* (Lour.) Sieb. et Zucc. in Abh. Muench. Akad. 4 (3): 230. 1846.

常绿乔木，高可达 15 米以上；树皮灰色，老时纵向浅裂；树冠圆球形。小枝及芽无毛，皮孔通常少而不显著，幼嫩时仅被圆形而盾状着生的腺体。叶革质，无毛，生存至 2 年脱落，常密集于小枝上端部分；多生于萌发条上者为长椭圆状或楔状披针形，长达 16 厘米以上，顶端渐尖或急尖，边缘中部以上具稀疏的锐锯齿，中部以下常为全缘，基部楔形；生于孕性枝上者为楔状倒卵形或长椭圆状倒卵形，长 5～14 厘米，宽 1～4 厘米，顶端圆钝或具短尖至急尖，基部楔形，全缘或偶有在中部以上具少数锐锯齿，上面深绿色，有光泽，下面浅绿色，无毛，仅被有稀疏的金黄色腺体，干燥后中脉及侧脉在上下两面均显著，在下面更为隆起；叶柄长 2～10 毫米。花雌雄异株。雄花序单独或数条丛生于叶腋，圆柱状，长 1～3 厘米，通常不分枝呈单穗状，稀在基部有不显著的极短分枝现象，基部的苞片不孕，孕性苞片近圆形，全缘，背面无毛，仅被有腺体，长约 1 毫米，每苞片腋内生 1 朵雄花。雄花具 2～4 片卵形小苞片及 4～6 枚雄蕊；花药椭圆形，暗红色，无毛。雌花序常单生于叶腋，较雄花序短而细瘦，长 5～15 毫米，苞片和雄花的苞片相似，密接而成覆瓦状排列，每苞片腋内生 1 朵雌花。雌花通常具 4 片卵形小苞片；子房卵形，极小，无毛，顶端为极短的花柱及 2 个鲜红色的细长的柱头，其内侧为具乳头状凸起的柱头面。每一雌花序仅上端 1（稀 2）朵雌花能发育成果实。核果球状，外表面具乳头状凸起，直径 1～1.5 厘米，外果皮肉质，多汁液及树脂，味酸甜，成熟时深红色或紫红色；核常为阔椭圆形或圆卵形，略成压扁状，长 1～1.5 厘米，宽 1～1.2 厘米，内果皮极硬，木质。花期 4 月，果实 6～7 月成熟。

恩施州广泛栽培；分布于江苏、浙江、台湾、福建、江西、湖南、贵州、四川、云南、广西和广东；日本、朝鲜和菲律宾也有。

果实可食用，恩施州也常用其来泡酒。

胡桃科
Juglandaceae

落叶或半常绿乔木或小乔木，具树脂，有芳香，被有橙黄色盾状着生的圆形腺体。芽裸出或具芽鳞，常2~3片重叠生于叶腋。叶互生或稀对生，无托叶，奇数或稀偶数羽状复叶；小叶对生或互生，具或不具小叶柄，羽状脉，边缘具锯齿或稀全缘。花单性，雌雄同株，风媒。花序单性或稀两性。雄花序常葇荑花序，单独或数条成束，生于叶腋或芽鳞腋内；或生于无叶的小枝上而位于顶生的雌性花序下方，共同形成一下垂的圆锥式花序束；或者生于新枝顶端而位于一顶生的两性花序下方，形成直立的伞房式花序束。雄花生于1片不分裂或3裂的苞片腋内；小苞片2片及花被片1~4片，贴生于苞片内方的扁平花托周围，或无小苞片及花被片；雄蕊3~40枚，插生于花托上，一至多轮排列，花丝极短或不存在，离生或在基部稍稍愈合，花药有毛或无毛，2室，纵缝裂开，药隔不达，或发达而或多或少伸出于花药的顶端。雌花序穗状，顶生，具少数雌花而直立，或有多数雌花而成下垂的葇荑花序。雌花生于1片不分裂或3裂的苞片腋内，苞片与子房分离或与2片小苞片愈合而贴生于子房下端，或与2片小苞片各自分离而贴生于子房下端，或与花托及小苞片形成一壶状总苞贴生于子房；花被片2~4片，贴生于子房，具2片时位于两侧，具4片时位于正中线上者在外，位于两侧者在内；雌蕊1枚，由2个心皮合生，子房下位，初时1室，后来基部产生1或2层不完全隔膜而成不完全2室或4室，花柱极短，柱头2裂或稀4裂；胎座生于子房基底，短柱状，初时离生，后来与不完全的隔膜愈合，先端有1枚直立的无珠柄的直生胚珠。果实由小苞片及花被片或仅由花被片、或由总苞以及子房共同发育成核果状的假核果或坚果状；外果皮肉质或革质或者膜质，成熟时不开裂或不规则破裂，或者4~9瓣开裂；内果皮由子房本身形成，坚硬，骨质，1室，室内基部具1或2层骨质的不完全隔膜，因而成不完全2或4室；内果皮及不完全的隔膜的壁内在横切面上具或不具各式排列的大小不同的空隙。种子大形，完全填满果室，具一层膜质的种皮，无胚乳；胚根向上，子叶肥大，肉质，常成2裂，基部渐狭或成心脏形，胚芽小，常被有盾状着生的腺体。

本科共8属约60种；我国产7属27种1变种；恩施州产5属7种1变种。

分属检索表

1. 雄花序及两性花序常形成顶生而直立的伞房状花序束，两性花序上端为雄花序，下端为雌花序；果序球果状；果实小形，坚果状，两侧具狭翅，单个生于覆瓦状排列成球果状的各个苞片腋内；枝条髓部不成薄片状分隔而为实心 ············· 1. 化香树属 Platycarya
1. 雄花序下垂，雌花序直立或下垂；果序不成球果状。
   2. 雌花及雄花的苞片3裂；果实具由苞片形成的显著3裂的膜质果翅；雄花序数条位于顶生的雌花序下方而共同形成一下垂的圆锥式花序束，或雌花序单独生于自叶痕腋内生出的、无叶的侧生小枝上；常为偶数羽状复叶；枝条髓部不成薄片状分隔而成实心 ············· 2. 黄杞属 Engelhardtia
   2. 雌花及雄花的苞片不分裂；果翅不分裂或不具果翅。
      3. 果实核果状，无翅；外果皮肉质，干后成纤维质，通常呈不规则的4瓣裂 ············· 3. 胡桃属 Juglans
      3. 果实坚果状，具革质的果翅。
         4. 果实由一水平向的圆形或近圆形的果翅所围绕；雄花序数条成一束，自叶痕腋内生出 ············· 4. 青钱柳属 Cyclocarya
         4. 果实具2片展开的果翅；雄花序单独生，自芽鳞腋内或叶痕腋内生出 ············· 5. 枫杨属 Pterocarya

化香树属 *Platycarya* Sieb. et Zucc.

落叶小乔木；芽具芽鳞；枝条髓部不成薄片状分隔而为实心。叶互生，奇数羽状复叶，小叶边缘有

胡桃科
Juglandaceae

锯齿。雄花序及两性花序共同形成直立的伞房状花序束，排列于小枝顶端，生于中央顶端的1条为两性花序，两性花序下部为雌花序，上部为雄花序；生于两性花序下方周围者为雄性穗状花序。雄花的苞片不分裂；无小苞片及花被片；雄蕊常8枚，稀6～7枚，其中4～5枚的花丝与苞片结合，2～3枚的花丝与花序轴结合，花丝短，花药无毛，药隔不显明。雌花序由密集而成覆瓦状排列的苞片组成，每苞片内具1朵雌花，苞片不分裂，与子房分离。雌花具2片小苞片，无花被片；小苞片贴生于子房，背面中央隆起成翅状；子房1室；无花柱，柱头2裂，内面具柱头面，柱头裂片位于两侧，着生于心皮的背脊方位。果序球果状，直立，有多数木质而有弹性的宿存苞片，苞片密集而成覆瓦状排列。果为小坚果状，较苞片小，背腹压扁状，两侧具由2片花被片发育而成的狭翅，外果皮薄革质，内果皮海绵质，基部具一层隔膜，成不完全2室。种子具膜质种皮；子叶皱褶。

本属2种；我国产2种；恩施州产1种。

化香树 *Platycarya strobilacea* Sieb. et Zucc. in Abh. Math.-Phys. Cl. Konigl. Bayer. Akad. Wiss. 3 (3): 741, t. 5, f. 1. k1-k8. 1843.

落叶小乔木，高2～6米；树皮灰色，老时则不规则纵裂。二年生枝条暗褐色，具细小皮孔；芽卵形或近球形，芽鳞阔，边缘具细短睫毛；嫩枝被有褐色柔毛，不久即脱落而无毛。叶长15～30厘米，叶总柄显著短于叶轴，叶总柄及叶轴初时被稀疏的褐色短柔毛，后来脱落而近无毛，具7～23片小叶；小叶纸质，侧生小叶无叶柄，对生或生于下端者偶尔有互生，卵状披针形至长椭圆状披针形，长4～11厘米，宽1.5～3.5厘米，不等边，上方一侧较下方一侧为阔，基部歪斜，顶端长渐尖，边缘有锯齿，顶生小叶具长2～3厘米的小叶柄，基部对称，圆形或阔楔形，小叶上面绿色，近无毛或脉上有褐色短柔毛，下面浅绿色，初时脉上有褐色柔毛，后来脱落，或在侧脉腋内、在基部两侧毛不脱落，甚或毛全不脱落，毛的疏密依不同个体及生境而变异较大。两性花序和雄花序在小枝顶端排列成伞房状花序束，直立；两性花序通常1条，着生于中央顶端，长5～10厘米，雌花序位于下部，长1～3厘米，雄花序部分位于上部，有时无雄花序而仅有雌花序；雄花序通常3～8条，位于两性花序下方四周，长4～10厘米。雄花：苞片阔卵形，顶端渐尖而向外弯曲，外面的下部、内面的上部及边缘生短柔毛，长2～3毫米；雄蕊6～8枚，花丝短，稍生细短柔毛，花药阔卵形，黄色。雌花：苞片卵状披针形，顶端长渐尖、硬而不外曲，长2.5～3毫米；花被2片，位于子房两侧并贴于子房，顶端与子房分离，背部具翅状的纵向隆起，与子房一同增大。果序球果状，卵状椭圆形至长椭圆状圆柱形，长2.5～5厘米，直径2～3厘米；宿存苞片木质，略具弹性，长7～10毫米；果实小坚果状，背腹压扁状，两侧具狭翅，长4～6毫米，宽3～6毫米。种子卵形，种皮黄褐色，膜质。花期5～6月，果7～8月成熟。

恩施州广布，生于山坡林中；分布于甘肃、陕西、河南、山东、安徽、江苏、浙江、江西、福建、台湾、广东、广西、湖南、湖北、四川、贵州和云南；朝鲜、日本也有。

黄杞属 *Engelhardtia* Lesch. ex Bl.

落叶或半常绿乔木或小乔木。雌雄同株或稀异株；芽无芽鳞而裸出且显著的柄；枝条髓部不成薄片状分隔而为实心。叶互生，常为偶数羽状复叶；小叶全缘或具锯齿。雌性及雄性花序均为柔荑状，长而具多数花，俯垂，常为1条顶生的雌花序及数条雄花序排列圆锥式花序束，花序束自小枝顶端或自叶痕腋内生出，或雌花序单生于叶痕腋内则圆锥花序束全为雄花序。雄花：具短柄或无柄；苞片3裂；2片小苞片存在或不存在；花被片4片或减退；雄蕊3~15枚，花丝极短，花药无毛或有毛，药隔不伸出或稍微伸出于花药顶端。雌花具短柄或无柄；苞片3裂，基部贴生于房下端；小苞片2片；花被片4片，排列成2轮，位于正中线上的2片在外，部分地贴生于子房；子房下位，2个心皮合生，内具一层不完全隔膜而成不完全2室或具主隔膜及次隔膜而成不完全4室，花柱存在或不存在，具2或4个深裂的柱头。果序长而下垂。果实坚果状，有毛或无毛，外侧具由苞片发育而成的果翅；果翅膜质，3裂，基部与果实下部愈合，中裂片显著较两侧的裂片为长。

本属约15种；我国6种；恩施州产1种。

黄杞 *Engelhardtia roxburghiana* Wall., Pl. Asiat. Rar. 2: 85. Pl. 199. 1831.

半常绿乔木，高达10余米，全体无毛，被有橙黄色盾状着生的圆形腺体；枝条细瘦，老后暗褐色，干时黑褐色，皮孔不明显。偶数羽状复叶长12~25厘米，叶柄长3~8厘米，小叶3~5对，稀同一枝条上亦有少数2对，近于对生，具长0.6~1.5厘米的小叶柄，叶片革质，长6~14厘米，宽2~5厘米，长椭圆状披针形至长椭圆形，全缘，顶端渐尖或短渐尖，基部歪斜，两面具光泽，侧脉10~13对。雌雄同株或稀异株。雌花序1条及雄花序数条长而俯垂，生疏散的花，常形成一顶生的圆锥状花序束，顶端为雌花序，下方为雄花序，或雌雄花序分开则雌花序单独顶生。雄花无柄或近无柄，花被片4片，兜状，雄蕊10~12枚，几乎无花丝。雌花有长约1毫米的花柄，苞片3裂而不贴于子房，花被片4片，贴生于子房，子房近球形，无花柱，柱头4裂。果序长达15~25厘米。果实坚果状，球形，直径约4毫米，外果皮膜质，内果皮骨质，3裂的苞片托于果实基部；苞片的中间裂片长约为两侧裂片长的2倍，中间的裂片长3~5厘米，宽0.7~1.2厘米，长矩圆形，顶端钝圆。花期5~6月，果实8~9月成熟。

恩施州广布，生于山坡林中；分布于台湾、广东、广西、湖南、贵州、四川和云南；印度、缅甸、泰国、越南也有。

胡桃属 *Juglans* L.

落叶乔木；芽具芽鳞；髓部成薄片状分隔。叶互生，奇数羽状复叶；小叶具锯齿，稀全缘。雌雄同株；雄性柔荑花序具多数雄花，无花序梗，下垂，单生于去年生枝条的叶痕腋内。雄花具短梗；苞片1片，小苞片2片，分离，位于两侧，贴生于花托；花被片3片，分离，贴生于花托，其中1片着生于近轴方向，与苞片相对生；雄蕊通常多数，4~40枚，插生于扁平而宽阔的花托上，几乎无花丝，花药具毛或无毛，药隔较发达，伸出于花药顶端。雌花序穗状，直立，顶生于当年生小枝，具多数至少数雌花。

胡桃科
Juglandaceae

雌花无梗，苞片与2片小苞片愈合成一壶状总苞并贴生于子房，花后随子房增大；花被片4片，高出于总苞，前后2片位于外方，两侧2片位于内方，下部联合并贴生于子房；子房下位，由2个心皮组成，柱头2个，内面具柱头面。果序直立或俯垂。果为假核果，外果皮由苞片及小苞片形成的总苞及花被发育而成，未成熟时肉质，不开裂，完全成熟时常不规则裂开；果核不完全2～4室，内果皮硬，骨质，永不自行破裂，壁内及隔膜内常具空隙。

本属约20种；我国产5种1变种；恩施州产2种。

分种检索表

1. 叶具9～25片小叶；小叶具明显的细密锯齿，小叶长成后下面密被短柔毛及星芒状毛 …………… 1. 胡桃楸 Juglans mandshurica
1. 小叶5～9片；小叶全缘，除下面侧脉腋内具簇毛外其余近于无毛 …………………………………… 2. 胡桃 Juglans regia

1. 胡桃楸　*Juglans mandshurica* Maxim.

原"野核桃"修订为之，乔木或有时呈灌木状，高达25米；幼枝灰绿色，被腺毛，髓心薄片状分隔；顶芽裸露，锥形，长约1.5厘米，黄褐色，密生毛。奇数羽状复叶，通常40～50厘米长，叶柄及叶轴被毛，具9～17片小叶；小叶近对生，无柄，硬纸质，卵状矩圆形或长卵形，长8～15厘米，宽3～7.5厘米，顶端渐尖，基部斜圆形或稍斜心形，边缘有细锯齿，两面均有星状毛，上面稀疏，下面浓密，中脉和侧脉亦有腺毛，侧脉11～17对。雄性葇荑花序生于去年生枝顶端叶痕腋内，长18～25厘米，花序轴有疏毛；雄花被腺毛，雄蕊约13枚，花药黄色，长约1毫米，有毛，药隔稍伸出。雌性花序直立，生于当年生枝顶端，花序轴密生棕褐色毛，长8～15厘米，雌花排列成穗状。雌花密生棕褐色腺毛，子房卵形，长约2毫米，花柱短，柱头2深裂。果序常具6～13个果或因雌花不孕而仅有少数，但轴上有花着生的痕迹；果实卵形或卵圆状，长3～6厘米，外果皮密被腺毛，顶端尖，核卵状或阔卵状，顶端尖，内果皮坚硬，有6～8条纵向棱脊，棱脊之间有不规则排列的尖锐的刺状凸起和凹陷，仁小。花期4～5月，果期8～10月。

恩施州广布，生于山坡林中；分布于甘肃、陕西、山西、河南、湖北、湖南、四川、贵州、云南、广西。

2. 胡桃　*Juglans regia* L., Sp. Pl. 997. 1753.

俗名"核桃"，乔木，高达25米；树冠广阔；树皮幼时灰绿色，老时则灰白色而纵向浅裂；小

枝无毛，具光泽，被盾状着生的腺体，灰绿色，后来带褐色。奇数羽状复叶长25～30厘米，叶柄及叶轴幼时被有极短腺毛及腺体；小叶通常5～9片，稀3片，椭圆状卵形至长椭圆形，长6～15厘米，宽3～6厘米，顶端钝圆或急尖、短渐尖，基部歪斜、近于圆形，边缘全缘或在幼树上者具稀疏细锯齿，上面深绿色，无毛，下面淡绿色，侧脉11～15对，腋内具簇短柔毛，侧生小叶具极短的小叶柄或近无柄，生于下端者较小，顶生小叶常具长3～6厘米的小叶柄。雄性葇荑花序下垂，长5～10厘米。雄花的苞片、小苞片及花被片均被腺毛；雄蕊6～30枚，花药黄色，无毛。雌性穗状花序通常具1～4朵雌花。雌花的总苞被极短腺毛，柱头浅绿色。果序短，杞俯垂，具1～3枚果实；果实近于球状，直径4～6厘米，无毛；果核稍具皱曲，有2条纵棱，顶端具短尖头；隔膜较薄，内里无空隙；内果皮壁内具不规则的空隙或无空隙而仅具皱曲。花期5月，果期10月。

恩施州广泛栽培；产于华北、西北、西南、华中、华南和华东，我国平原及丘陵地区常见栽培。

青钱柳属　*Cyclocarya* Iljinsk.

落叶乔木。芽具柄，无芽鳞。木材为环孔型，髓部片状分隔。叶互生，奇数羽状复叶；小叶边缘有锯齿。雌雄同株；雌、雄花序均葇荑状；雄花序具极多花，3条或稀2～4条成束生于叶痕腋内的花序总梗上，花序总梗常在同一腋内成系列重叠生；雌花序单独顶生，约具雌花20朵。雄花辐射对称，具短花梗；苞片小；花被片4片，大小相等；花托圆形，扁平；雄蕊20～30枚，药隔稍凸出于花药顶端；花粉粒具3～4个萌发孔。雌花几乎无梗或具短梗；苞片与2片小苞片相愈合并贴生于子房下端，在子房中部与子房分离而成檐部，并在前方苞片所在处具一扁平的牙齿；花被片4片，位于子房上端；花柱短，柱头2裂，裂片羽毛状，位于正中线上，着生于心皮的背脊方位；子房下位，2个心皮位于正中线上，内具一层不完全隔膜而在子房底部分成不完全2室。果实具短柄，在中部四周为由苞片及小苞片形成的水平向圆盘状翅所围绕，顶端具4片宿存的花被片。

现存仅1种，为我国特有，分布于长江以南各省区；恩施州产1种。

青钱柳　*Cyclocarya paliurus* (Batal.) Iljinsk. in Fl. Syst. Pl. Vascul. 10: 115, t. 49-58. 1953.

俗名"摇钱树"，乔木，高达30米；树皮灰色；枝条黑褐色，具灰黄色皮孔。芽密被锈褐色盾状着生的腺体。奇数羽状复叶长约20厘米，具7～9片小叶；叶轴密被短毛或有时脱落而成近于无毛；叶柄长3～5厘米，密被短柔毛或逐渐脱落而无毛；小叶纸质；杞侧生小叶近于对生或互生，具0.5～2毫米长的密被短柔毛的小叶柄，长椭圆状卵形至阔披针形，长5～14厘米，宽2～6厘米，基部歪斜，阔楔形至近圆形，顶端钝或急尖、稀渐尖；顶生小叶具长约1厘米的小叶柄，长椭圆形至长椭圆状披针形，长5～12厘米，宽4～6厘米，基部楔形，顶端钝或急尖；叶缘具锐锯齿，侧脉10～16对，上面被有腺体，仅沿中脉及侧脉有短柔毛，下面网脉显明凸起，被有灰色细小鳞片及盾状着生的黄色腺体，沿中脉和侧脉生短柔毛，侧脉腋内具簇毛。雄性葇荑花序长7～18厘米，3条或稀2～4条成一束生于长3～5毫米的总梗上，总梗自一年生枝条的叶痕腋内生出；花序轴密被短柔毛及盾状着生的腺体。雄花具长约1毫米的花梗。雌性葇荑花序单独顶生，花序轴常密被短柔毛，老时毛常脱落而成无毛，在其下端不生雌花的部分常有1片长约1厘米的被锈褐色毛的鳞片。果序轴长25～30厘米，无毛或被柔毛。果实扁球形，直径约7毫米，果梗长1～3毫米，密被短柔毛，果实中部围有水平方向的直径达2.5～6厘米的革质圆盘状翅，顶端具4片宿存的花被片及4根花柱，果实及果翅全部被有腺体，在基部及宿存的花柱上则被稀疏的短柔毛。花期4～5月，果期7～9月。

恩施州广布，生于山坡林中；分布于安徽、江苏、浙江、江西、福建、台湾、湖北、湖南、四川、贵州、广西、广东和云南。

现常将其菜叶泡制成茶，具有防治高血糖的功效。

枫杨属　*Pterocarya* Kunth

落叶乔木，芽具2～4片芽鳞或裸出，腋芽单生或数个叠生；木材为散孔型，髓部片状分隔。叶互生，常集生于小枝顶端，羽状复叶，小叶的侧脉在近叶缘处相互联结成环，边缘有细锯齿或细牙齿。荑荑花序单性；雄花序长而具多数雄花，下垂，单独生于小枝上端的叶丛下方，自早落的鳞状叶腋内或自叶痕腋内生出。雄花无柄，两侧对称或常不规则，具明显凸起的线形花托，苞片1片，小苞片2片，4片花被片中仅1～3片发育，雄蕊9～15枚，药无毛或具毛，药隔在花药顶端几乎不凸出。雌花序单独生于小枝顶端，具极多雌花，开花时俯垂，果时下垂。雌花无柄，辐射对称，苞片1片及小苞片2片各自离生，贴生于子房，花被片4片，贴生于子房，在子房顶端与子房分离，子房下位，2个心皮位于正中线上或位于两侧，内具2层不完全隔膜而在子房底部分成不完全4室，花柱短，柱头2裂，裂片羽状。果实为干的坚果，基部具1片宿存的鳞状苞片及具2片革质翅，翅向果实两侧或向斜上方伸展，顶端留有4片宿存的花被片及4根花柱，外果皮薄革质，内果皮木质，在内果皮壁内常具充满有疏松的薄壁细胞的空隙。子叶4深裂，在种子萌发时伸出地面。

本属约8种；我国产7种；恩施州产2种1变种。

分种检索表

1. 芽具2～4片脱落性大芽鳞，单独生；雄性荑荑花序生于当年生新枝的基部；雌花的苞片长达3毫米，密被毡毛 ··· 1. 华西枫杨 *Pterocarya macroptera* var. *insignis*
1. 芽无芽鳞而裸出，常数个重叠生；雄性荑荑花序由去年生枝条顶端的叶痕腋内发出；雌花的苞片长不到2毫米，无毛或近无毛。
    2. 果翅宽阔，椭圆状卵形，伸向果实两侧；叶轴无翅 ······················· 2. 湖北枫杨 *Pterocarya hupehensis*
    2. 果翅狭，条形、阔条形或矩圆状条形，伸向果实斜上方，因而两翅之间构成一夹角；叶轴显著有翅 ··· 3. 枫杨 *Pterocarya stenoptera*

1. 华西枫杨（变种）　*Pterocarya macroptera* Batalin var. *insignis* (Rehder et E. H. wilson) W. E. Manning

乔木，高12～15米；树皮灰色或暗灰色，平滑，浅纵裂；小枝褐色或暗褐色，具一灰黄色皮孔。芽具3片披针形的芽鳞，芽鳞长2～3.5厘米，通常仅被有盾状着生的腺体，稀被稀疏柔毛。奇数羽状复叶，长30～45厘米，叶柄长2～4厘米，与叶轴一同密被锈褐色毡毛；小叶5～13片，边缘具细锯齿，侧脉15～23对，至叶缘成弧状联结，上面绿色，沿中脉密被星芒状柔毛，侧脉毛较稀疏或近无毛，下面浅绿色，幼时被有成丛的星芒状毡毛，后来仅沿中脉及侧脉被毛，而以侧脉腋内、毛更密；侧生小叶对生或近对生，具长1～2毫米的小叶柄，卵形至长椭圆形，基部歪斜，圆形，顶端渐狭而成长渐尖，通常长14～16厘米，宽4～5厘米，顶生小叶阔椭圆形至卵状长椭圆形，长12～18厘米，宽5～7厘米，具长约1厘米小叶柄。雄性葇荑花序3~4条各由叶丛下方的芽鳞痕的腋内生出，稀有由叶腋内生出，长18~20厘米。雄花具被有散生柔毛的苞片，雄蕊约9枚，无花丝。雌性葇荑花序单独顶生于小枝上叶丛上方，初时直立，后来俯垂，长达20厘米或更长，下端不生雌花部分具数枚狭长的不孕性苞片。雌花具被有灰白色毡毛的钻形苞片。果序长达45厘米；果实无毛或近无毛，直径约8毫米，基部圆，顶端钝，果翅椭圆状圆形，在果一侧长1~1.5厘米，无毛，有盾状着生的腺体；内果皮壁内有充满疏松薄壁细胞的小空隙。花期5月，果期8~9月。

恩施州广布，生于山坡林中；分布于陕西、湖北、四川、云南、浙江。

2. 湖北枫杨　　*Pterocarya hupehensis* Skan in Journ. Linn. Soc. Bot. 26: 493. 1899.

乔木，高10~20米；小枝深灰褐色，无毛或被稀疏的短柔毛，皮孔灰黄色，显著；芽显著具柄，裸出，黄褐色，密被盾状着生的腺体。奇数羽状复叶，长20~25厘米，叶柄无毛，长5~7厘米；小叶5~11片，纸质，侧脉12~14对，叶缘具单锯齿，上面暗绿色，被细小的疣状凸起及稀疏的腺体，沿中脉具稀疏的星芒状短毛，下面浅绿色，在侧脉腋内具1束星芒状短毛，侧生小叶对生或近于对生，具长1~2毫米的小叶柄，长椭圆形至卵状椭圆形，下部渐狭，基部近圆形，歪斜，顶端短渐尖，中间以上的各对小叶较大，长8~12厘米，宽3.5~5厘米，下端的小叶较小，顶生1片小叶长椭圆形，基部楔形，顶端急尖。雄花序长8~10厘米，3~5条各由去年生侧枝顶端以下的叶痕腋内的诸裸芽发出，具短而粗的花序梗。雄花无柄，花被片仅2片或3片发育，雄蕊10~13枚。雌花序顶生，下垂，长20~40厘米。雌花的苞片无毛或具疏毛，小苞片及花被片均无毛而仅被有腺体。果序长30~45厘米，果序轴近于无毛或有稀疏短柔毛；果翅阔，椭圆状卵形，长10~15毫米，宽12~15毫米。花期4~5月，果期8月。

恩施州广布，生于山谷中；分布于湖北、四川、陕西、贵州。

3. 枫杨 *Pterocarya stenoptera* C. DC. in Ann. Sci. Nat. ser 4, 18: 34. 1852.

大乔木，高达 30 米；幼树树皮平滑，浅灰色，老时则深纵裂；小枝灰色至暗褐色，具灰黄色皮孔；芽具柄，密被锈褐色盾状着生的腺体。叶多为偶数或稀奇数羽状复叶，叶轴具翅至翅不甚发达，与叶柄一样被有疏或密的短毛；小叶 10～16 片，无小叶柄，对生或稀近对生，长椭圆形至长椭圆状披针形，长 8～12 厘米，宽 2～3 厘米，顶端常钝圆或稀急尖，基部歪斜，上方一侧楔形至阔楔形，下方一侧圆形，边缘有向内弯的细锯齿，上面被有细小的浅色疣状凸起，沿中脉及侧脉被有极短的星芒状毛，下面幼时被有散生的短柔毛，成长后脱落而仅留有极稀疏的腺体及侧脉腋内留有 1 丛星芒状毛。雄性葇荑花序长 6～10 厘米，单独生于去年生枝条上叶痕腋内，花序轴常有稀疏的星芒状毛。雄花常具 1（稀 2 或 3）片发育的花被片，雄蕊 5～12 枚。雌性葇荑花序顶生，长 10～15 厘米，花序轴密被星芒状毛及单毛，下端不生花的部分长达 3 厘米，具 2 片长达 5 毫米的不孕性苞片。雌花几乎无梗，苞片及小苞片基部常有细小的星芒状毛，并密被腺体。果序长 20～45 厘米，果序轴常被有宿存的毛。果实长椭圆形，长 6～7 毫米，基部常有宿存的星芒状毛；果翅狭，条形或阔条形，长 12～20 毫米，宽 3～6 毫米，具近于平行的脉。花期 4～5 月，果期 8～9 月。

恩施州广布，生于溪涧河滩、阴湿山坡路边；分布于陕西、河南、山东、安徽、江苏、浙江、江西、福建、台湾、广东、广西、湖南、湖北、四川、贵州、云南，华北和东北仅有栽培。

桦木科
Betulaceae

落叶乔木或灌木；小枝及叶有时具树脂腺体或腺点。单叶，互生，叶缘具重锯齿或单齿，较少具浅裂或全缘，叶脉羽状，侧脉直达叶缘或在近叶缘处向上弓曲相互网结成闭锁式；托叶分离，早落，很少宿存。花单性，雌雄同株，风媒；雄花序顶生或侧生，春季或秋季开放；雄花具苞鳞，有花被或无；雄蕊 2～20 枚插生在苞鳞内，花丝短，花药 2 室，药室分离或合生，纵裂，花粉粒扁球形，具 3 个或 4～5 个孔，很少具 2 个或 8 个孔，外壁光滑；雌花序为球果状、穗状、总状或头状，直立或下垂，具多数苞鳞，每苞鳞内有雌花 2～3 朵，每朵雌花下部又具 1 片苞片和 1～2 片小苞片，无花被或具花被并与子房贴生；子房 2 室或不完全 2 室，每室具 1 枚倒生胚珠或 2 枚倒生胚珠而其中的 1 枚败育；花柱 2 根，分离，宿存。果序球果状、穗状、总状或头状；果苞由雌花下部的苞片和小苞片在发育过程中逐渐以不同程度联合而成，木质、革质、厚纸质或膜质，宿存或脱落。果为小坚果或坚果；胚直立，子叶扁平或肉质，无胚乳。

本科共 6 属 100 余种；我国 6 属约 70 种；恩施州产 5 属 18 种 3 变种。

分属检索表

1. 雄花2~6朵生于每一苞鳞的腋间,有4片膜质的花被;雌花无花被;果为具翅的小坚果,连同果苞排列为球果状或穗状。
   2. 果苞木质,宿存,具5片裂片,每一果苞内具2枚小坚果;果序呈球果状 ·················· 1. 桤木属 Alnus
   2. 果苞革质,成熟后脱落,具3片裂片,每一果苞内具3枚小坚果;果序呈穗状 ·················· 2. 桦木属 Betula
1. 雄花单生于每一苞鳞的腋间,无花被;雌花具花被;果为小坚果或坚果,连同果苞排列为总状或头状。
   3. 果序为总状。
      4. 果苞叶状,革质或纸质,扁平,3裂或2裂,不完全包裹小坚果 ·················· 3. 鹅耳枥属 Carpinus
      4. 果苞囊状,膜质,完全包裹小坚果 ·················· 4. 铁木属 Ostrya
   3. 果序簇生呈头状;果苞钟状或管状 ·················· 5. 榛属 Corylus

桤木属 *Alnus* Mill.

落叶乔木或灌木;树皮光滑;芽有柄,具芽鳞2~3片或无柄而具多数覆瓦状排列的芽鳞。单叶,互生,具叶柄,边缘具锯齿或浅裂,很少全缘,叶脉羽状,第三级脉常与侧脉成直角相交,彼此近于平行或网结;托叶早落。花单性,雌雄同株;雄花序生于上一年枝条的顶端,春季或秋季开放,圆柱形;雄花每3朵生于一苞鳞内;小苞片多为4片,较少为3或5片;花被4片,基部连合或分离;雄蕊多为4枚,与花被对生,很少1或3枚;花丝甚短,顶端不分叉;花药卵圆形,2药室不分离,顶端无毛,很少有毛;花粉粒赤道面观为宽椭圆形,极面观具棱,呈四角形或五角形,很少三角形或六角形,具4~5个孔,很少3~6个孔,外壁两层,外层凸出于轮廓线处,具带状加厚;雌花序单生或聚成总状或圆锥状,秋季出自叶腋或着生于少叶的短枝上;苞鳞覆瓦状排列,每个苞鳞内具2朵雌花;雌花无花被;子房2室,每室具1枚倒生胚珠;花柱短,柱头2个。果序球果状;果苞木质,鳞片状,宿存,由3片苞片、2片小苞片愈合而成,顶端具5片浅裂片,每个果苞内具2枚小坚果。小坚果小,扁平,具或宽或窄的膜质或厚纸质之翅;种子单生,具膜质种皮。

本属共40余种;我国产7种1变种;恩施州产2种。

分种检索表

1. 果序单生,通常具较长的果序梗;雄花序通常单生,很少2条以上并生 ·················· 1. 桤木 *Alnus cremastogyne*
1. 果序2条至多条呈总状或圆锥状排列,顶生或腋生;序梗通常较短或几无梗 ·················· 2. 江南桤木 *Alnus trabeculosa*

1. 桤木 *Alnus cremastogyne* Burk. in Journ. Linn. Soc. 26: 499. 1899.

乔木,高可达40米;树皮灰色,平滑;枝条灰色或灰褐色,无毛;小枝褐色,无毛或幼时被淡褐色短柔毛;芽具柄,有2片芽鳞。叶倒卵形、倒卵状矩圆形、倒披针形或矩圆形,长4~14厘米,宽2.5~8厘米,顶端骤尖或锐尖,基部楔形或微圆,边缘具几不明显而稀疏的钝齿,上面疏生腺点,幼时疏被长柔毛,下面密生腺点,几无毛,很少于幼时密被淡黄色短柔毛,脉腋间有时具簇生的髯毛,侧脉8~10对;叶柄长1~2厘米,无毛,很少于幼时具淡黄色短柔毛。雄花序单生,长3~4厘米。果序单生于叶腋，矩圆形，长1～3.5厘米，直径5～20毫米；序梗细瘦，柔软，下垂，长4～8厘米，无毛，很少于幼时被短柔毛；果苞木质，长4～5毫米，顶端具5片浅裂片。小坚果卵形，长约3毫米，膜质翅宽仅为果的1/2。花期5～7月，果期8～9月。

恩施州广泛栽培；分布于四川、贵州、陕西、甘肃。

2. 江南桤木 *Alnus trabeculosa* Hand.-Mazz., Anzeig. Math.-Nat. Kl. Akad. Wiss. Wien. 51. 1922.

乔木，高约10米；树皮灰色或灰褐色，平滑；枝条暗灰褐色，无毛；小枝黄褐色或褐色，无毛或被黄褐色短柔毛；芽具柄，具2片光滑的芽鳞。短枝和长枝上的叶大多数均为倒卵状矩圆形、倒披针状矩圆形或矩圆形，有时长枝上的叶为披针形或椭圆形，长6～16厘米，宽2.5～7厘米，顶端锐尖、渐尖至尾状，基部近圆形或近心形，很少楔形，边缘具不规则疏细齿，上面无毛，下面具腺点，脉腋间具簇生的髯毛，侧脉6～13对；叶柄细瘦，长2～3厘米，疏被短柔毛或无毛，无或多少具腺点。果序矩圆形，长

1～2.5厘米，直径1～1.5厘米，2～4条呈总状排列；序梗长1～2厘米；果苞木质，长5～7毫米，基部楔形，顶端圆楔形，具5片浅裂片。小坚果宽卵形，长3～4毫米，宽2～2.5毫米；果翅厚纸质，极狭，宽及果的1/4。花期5～6月，果期7～8月。

产于利川，生于山坡林中；分布于安徽、江苏、浙江、江西、福建、广东、湖南、湖北、河南；日本也有。

桦木属 *Betula* L.

落叶乔木或灌木。树皮白色、灰色、黄白色、红褐色、褐色或黑褐色，光滑、横裂、纵裂、薄层状剥裂或块状剥裂。芽无柄，具数片覆瓦状排列之芽鳞。单叶，互生，叶下面通常具腺点，边缘具重锯齿，很少为单锯齿，叶脉羽状，具叶柄；托叶分离，早落。花单性，雌雄同株；雄花序2～4条簇生于上一年枝条的顶端或侧生；苞鳞覆瓦状排列，每苞鳞内具2片小苞片及3朵雄花；花被膜质，基部连合；雄蕊通常2枚，花丝短，顶端叉分，花药具2个完全分离的药室，顶端有毛或无毛；雌花序单1或2～5条生于短枝的顶端，圆柱状、矩圆状或近球形，直立或下垂；苞鳞覆瓦状排列，每苞鳞内有3朵雌花；雌花无花被，子房扁平，2室，每室有1枚倒生胚珠，花柱2根，分离。果苞革质，鳞片状，脱落，由3片苞片愈合而成，具3片裂片，内有3枚小坚果。小坚果小，扁平，具或宽或窄的膜质翅，顶端具2个宿存的柱头。种子单生，具膜质种皮。

本属约100种；我国产29种6变种；恩施州产5种。

分种检索表

1. 果苞之侧裂片不明显或有时不发育，成熟后基部渐变为海绵质；小坚果之翅较宽，大部分露出果苞之外；果序长圆柱形，下垂；叶的边缘具不规则的刺毛状重锯齿·· 1. 亮叶桦 *Betula luminifera*
1. 果苞之侧裂片明显发育，成熟后基部不变为海绵质，小坚果之翅较狭，通常几乎全部为果苞所遮盖；果序圆柱形、矩圆状圆柱形、矩圆形或近球形，直立或下垂；叶的边缘具重锯齿或单齿。
   2. 小坚果具明显的膜质翅，翅宽为果的1/2以上，较宽宽仅为果的1/3。
      3. 树皮暗红褐色，呈层剥裂；小枝密生树脂腺体及短柔毛，较少无腺体无毛；叶的背面沿脉密被长柔毛，脉腋间具密的髯毛··· 2. 糙皮桦 *Betula utilis*

3. 树皮红褐色，呈大片的薄层状剥裂，被白粉，小枝疏生树脂腺体或无腺体，疏被短柔毛或无毛，叶的背面沿脉疏被长柔毛或无毛，脉腋间通常无髯毛，有时具稀少的髯毛 ·················· 3. 红桦 *Betula albosinensis*
2. 小坚果之翅极狭或几乎呈无翅状。
4. 果序较粗壮，直径可达 1.5～2 厘米；叶片较大，长 8～13 厘米，宽 3～6 厘米；果苞长 7～12 毫米，背面密被短柔毛，3 片裂片均为狭披针形，侧裂片直立，长及中裂片的 1/2 以上；小坚果长约 4 毫米 ·················· 4. 香桦 *Betula insignis*
4. 果序较细瘦，直径不超过 10 毫米；叶片较小，最长不超过 8 厘米；果苞长约 5 毫米，除边缘具纤毛外，其余无毛，极少疏被短柔毛，中裂片矩圆形或披针形，侧裂片卵形、三角状披针形或矩圆形，斜展；小坚果长不超过 3 毫米。·················· 5. 坚桦 *Betula chinensis*

1. 亮叶桦 *Betula luminifera* H. Winkl. in Engler, Pflanzenreich IV, 61: 91. f. 23: a-c. 1904.

乔木，高可达 20 米；树皮红褐色或暗黄灰色，坚密，平滑；枝条红褐色，无毛，有蜡质白粉；小枝黄褐色，密被淡黄色短柔毛，疏生树脂腺体；芽鳞无毛，边缘被短纤毛。叶矩圆形、宽矩圆形、矩圆披针形，有时为椭圆形或卵形，长 4.5～10 厘米，宽 2.5～6 厘米，顶端骤尖或呈细尾状，基部圆形，有时近心形或宽楔形，边缘具不规则的刺毛状重锯齿，叶上面仅幼时密被短柔毛，下面密生树脂腺点，沿脉疏生长柔毛，脉腋间有时具髯毛，侧脉 12～14 对；叶柄长 1～2 厘米，密被短柔毛及腺点，极少无毛。雄花序 2～5 条簇生于小枝顶端或单生于小枝上部叶腋；序梗密生树脂腺体；苞鳞背面无毛，边缘具短纤毛。果序大部单生，间或在一个短枝上出现 2 条单生于叶腋的果序，长圆柱形，长 3～9 厘米，直径 6～10 毫米；序梗长 1～2 厘米，下垂，密被短柔毛及树脂腺体；果苞长 2～3 毫米，背面疏被短柔毛，边缘具短纤毛，中裂片矩圆形、披针形或倒披针形，顶端圆或渐尖，侧裂、片小，卵形，有时不甚发育而呈耳状或齿状，长仅为中裂片的 1/4～1/3。小坚果倒卵形，长约 2 毫米，背面疏被短柔毛，膜质翅宽为果的 1～2 倍。

恩施州广布，生于山坡林中；分布于云南、贵州、四川、陕西、甘肃、湖北、江西、浙江、广东、广西。

2. 糙皮桦 *Betula utilis* D. Don in Prodr. Fl. Nepal. 58. 1825.

乔木，高可达 33 米；树皮暗红褐色，呈层剥裂；枝条红褐色，无毛，有或无腺体；小枝褐色，密被树脂腺体和短柔毛，较少无腺体无毛。叶厚纸质，卵形、长卵形至椭圆形或矩圆形，长 4～9 厘米，宽 2.5～6 厘米，顶端渐尖或长渐尖，有时成短尾状，基部圆形或近心形，边缘具不规则的锐尖重锯齿；上面深绿色，幼时密被白色长柔毛，后渐变无毛，下面密生腺点，沿脉密被白色长柔毛，脉腋间具密髯毛，侧脉 8～14 对；叶柄长 8～20 毫米，疏被毛或近无毛。果序全部单生或单生兼有2~4条排成总状，直立或斜展，圆柱形或矩圆状圆柱形，长3~5厘米，直径7~12毫米；序梗长8~15毫米，多少被短柔毛和树脂腺体；果苞长5~8毫米，背面疏被短柔毛，边缘具短纤毛，中裂片披针形，侧裂片近圆形或卵形，斜展，长及中裂片的1/3或1/4。小坚果倒卵形，长2~3毫米，宽1.5~2毫米，上部疏被短柔毛，膜质翅与果近等宽。花期6~7月，果期7~8月。

产于利川，生于山坡林中；分布于西藏、云南、四川西部、陕西、甘肃、青海、河南、河北、山西；印度、尼泊尔、阿富汗也有。

3. 红桦　　*Betula albosinensis* Burk. in Journ, Linn. Soc.-Bot. 26: 497. 1899

大乔木，高可达30米；树皮淡红褐色或紫红色，有光泽和白粉，呈薄层状剥落，纸质；枝条红褐色，无毛；小枝紫红色，无毛，有时疏生树脂腺体；芽鳞无毛，仅边缘具短纤毛。叶卵形或卵状矩圆形，长3~8厘米，宽2~5厘米，顶端渐尖，基部圆形或微心形，较少宽楔形，边缘具不规则的重锯齿，齿尖常角质化，上面深绿色，无毛或幼时疏被长柔毛，下面淡绿色，密生腺点，沿脉疏被白色长柔毛，侧脉10~14对，脉腋间通常无髯毛，有时具稀疏的髯毛；叶柄长5~15厘米，疏被长柔毛或无毛。雄花序圆柱形，长3~8厘米，直径3~7毫米，无梗；苞鳞紫红色，仅边缘具纤毛。果序圆柱形，单生或同时具有2~4条排成总状，长3~4厘米，直径约1厘米；序梗纤细，长约1厘米，疏被短柔毛；果苞长4~7毫米，中裂片矩圆形或披针形，顶端圆，侧裂片近圆形，长及中裂片的1/3。小坚果卵形，长2~3毫米，上部疏被短柔毛，膜质翅宽及果的1/2。花期5~6月，果期7~8月。

产于巴东，生于山坡林中；分布于云南、四川、湖北、河南、河北、山西、陕西、甘肃、青海。

4. 香桦　　*Betula insignis* Franch. in Journ. de Bot. 13: 206. 1899.

乔木，高10~25米；树皮灰黑色，纵裂，有芳香味；枝条暗褐色或暗灰色，无毛；小枝褐色，初时密被黄色短柔毛，瞬变无毛，无或多少具树脂腺体。叶厚纸质，较大，椭圆形，卵状披针形，长8~13厘米，宽3~6厘米，顶端渐尖至尾状渐尖，基部圆形或几心形，有时两侧不等，边缘具不规则的细而密的尖锯齿，上面深绿色，幼时疏被毛，以后渐无毛，下面密被腺点，沿脉密被白色长柔毛，脉腋间无或疏生髯毛，侧脉12~15对；叶柄长8~20毫米，初时疏被长柔毛，后渐无毛。果序单生，矩圆形，直立或下垂，长2.5~4厘米，直径1.5~2厘米；序梗几不明显；果苞长7~12毫米，背面密被短柔毛，基部楔形，上部具3片披针形裂片，侧裂片直立，长及中裂片的1/2或与之近等长。小坚果狭矩圆形，长约4毫米，宽约1.5毫米，无毛，膜质翅极狭。花期5~6月，果期7~8月。

产于巴东，生于山坡林中；分布于四川、贵州、湖北、湖南。

5. 坚桦　　*Betula chinensis* Maxim. in Bull. Soc. Nat. Moscou 54 (1): 47. 1879.

灌木或小乔木；高达7米；树皮黑灰色，纵裂或不开裂；枝条灰褐色或灰色，无毛；小枝密被长柔毛。叶厚纸质，卵形、宽卵形、较少椭圆形或矩圆形，长1.5~6厘米，宽1~5厘米，顶端锐尖或钝圆，基部圆形，有时为宽楔形，边缘具不规则的齿牙状锯齿，上面深绿色，幼时密被长柔毛，后渐无毛，下面绿白色，沿脉被长柔毛，脉腋间疏生髯毛，无或沿脉偶有腺点；侧脉8～10对；叶柄长2～10毫米，密被长柔毛，有时多少具树脂腺体。果序单生，直立或下垂，通常近球形，较少矩圆形，长1～2厘米，直径6～15毫米；序梗几不明显，长1～2毫米；果苞长5～9毫米，背面疏被短柔毛，基部楔形，上部具3裂片，裂片通常反折，或仅中裂片顶端微反折，中裂片披针形至条状披针形，顶端尖，侧裂片卵形至披针形，斜展，通常长仅及中裂片的1/3～1/2，较少与中裂片近等长。小坚果宽倒卵形，长2～3毫米，宽1.5～2.5毫米，疏被短柔毛，具极狭的翅。花期5～6月，果期7～8月。

产于利川、巴东，生于山谷林中；分布于黑龙江、辽宁、河北、山西、山东、河南、陕西、甘肃；朝鲜也有分布。

鹅耳枥属 *Carpinus* L.

乔木或小乔木，稀灌木；树皮平滑；芽顶端锐尖，具多数覆瓦状排列之芽鳞。单叶互生，有叶柄；边缘具规则或不规则的重锯齿或单齿，叶脉羽状，第三次脉与侧脉垂直；托叶早落，稀宿存。花单性，雌雄同株；雄花序生于上一年的枝条上，春季开放；苞鳞覆瓦状排列，每苞鳞内具1朵雄花，无小苞片；雄花无花被，具3～13枚雄蕊，插生于苞鳞的基部；花丝短，顶端分叉；花药2室，药室分离，顶端有一簇毛；雌花序生于上部的枝顶或腋生于短枝上，单生，直立或下垂；苞鳞覆瓦状排列，每苞鳞内具2朵雌花；雌花基部具1片苞片和2片小苞片，三者在发育过程中近愈合，具花被；花被与子房贴生，顶端具不规则的浅裂；子房下位，不完全2室，每室具2枚倒生胚珠，但其中之一败育；花柱2根；果苞叶状，3裂、2裂或不明显2裂。小坚果宽卵圆形、三角状卵圆形、长卵圆形或矩圆形，微扁，着生于果苞之基部，顶端具宿存花被，有数肋；果皮坚硬，不开裂。种子1粒，子叶厚，肉质。

本属约40种；我国有25种15变种；恩施州产8种1变种。

分种检索表

1. 果苞的外侧与内侧的基部均具裂片 ·· 1. 雷公鹅耳枥 *Carpinus viminea*
1. 果苞外侧的基部无裂片，内侧的基部具裂片或耳突或仅边缘微内折。
　　2. 果苞内侧的基部具明显的裂片 ··· 2. 鹅耳枥 *Carpinus turczaninowii*
　　2. 果苞内侧的基部无明显的裂片，仅具耳突或仅边缘微内折。
　　　　3. 叶缘具规则或不规则的重锯齿。
　　　　　　4. 小坚果被或疏或密的短柔毛或绒毛，其上部尚有长柔毛，通常无树脂腺体，有时疏生树脂腺体；叶的背面及果苞通常具明显的疣状突起 ··· 3. 云贵鹅耳枥 *Carpinus pubescens*
　　　　　　4. 小坚果通常无毛或仅顶部疏被长柔毛，无树脂腺体，叶背面和果苞有或无疣状突起。
　　　　　　　　5. 叶背面和果苞通常无疣状突起。
　　　　　　　　　　6. 叶片卵状披针形、卵状椭圆形、椭圆形、矩圆形，长2.5～6.5厘米，宽2～2.5厘米 ····· 4. 川陕鹅耳枥 *Carpinus fargesiana*
　　　　　　　　　　6. 叶片狭披针形、狭矩圆状披针形，长6～7厘米，宽2～2.2毫米 ········ 5. 狭叶鹅耳枥 *Carpinus fargesiana* var. *hwai*
　　　　　　　　5. 叶背面和果苞通常有疣状突起。
　　　　　　　　　　7. 叶缘具重锯齿，叶片卵状披针形、卵状椭圆形、长椭圆形，长8～10毫米，宽2.5～4.5厘米 ··· 6. 湖北鹅耳枥 *Carpinus hupeana*
　　　　　　　　　　7. 叶片狭披针形，顶端长渐尖，边缘的单锯齿微内弯 ····························· 7. 川鄂鹅耳枥 *Carpinus henryana*
　　　　3. 叶缘具规则或不规则的刺毛状重锯齿或单齿。
　　　　　　8. 果苞大，长2.5～3.5厘米；小坚果较木，长约5毫米，无毛 ··························· 8. 昌化鹅耳枥 *Carpinus tschonoskii*
　　　　　　8. 果苞小，长8～15毫米；小坚果长不超过3.5毫米，被或疏或密的短柔毛或长柔毛 ······ 9. 多脉鹅耳枥 *Carpinus polyneura*

1. 雷公鹅耳枥　*Carpinus viminea* Wall., Pl. As. Rar. 2: 4. t. 106. 1831.

乔木，高10～20米；树皮深灰色；小枝棕褐色，密生白色皮孔，无毛。叶厚纸质，椭圆形、矩

圆形、卵状披针形，长6~11厘米，宽3~5厘米，顶端渐尖、尾状渐尖至长尾状，基部圆楔形、圆形兼有微心形，有时两侧略不等，边缘具规则或不规则的重锯齿，除背面沿脉疏被长柔毛及有时脉腋间具稀少的髯毛外，均无毛，侧脉12~15对；叶柄较细长，长10~30毫米，多数无毛，偶有稀疏长柔毛或短柔毛。果序长5~15厘米，直径2.5~3厘米，下垂；序梗疏被短柔毛；序轴纤细，长1.5~4厘米，无毛；果苞长1.5~3厘米，内外侧基部均具裂片，近无毛；中裂片半卵状披针形至矩圆形，长1~2厘米，内侧边缘全缘，很少具疏细齿，直或微作镰形弯曲，外侧边缘具齿牙状粗齿，较少具不明显的波状齿，内侧基部的裂片卵形，长约3毫米，外侧基部的裂片与之近相等或较小而呈齿裂状。小坚果宽卵圆形，长3~4毫米，无毛，有时上部疏生小树脂腺体和细柔毛，具少数细肋。花期4~6月，果期7~9月。

产于利川、巴东；生于山坡林中；分布于西藏、云南、贵州、四川、湖北、湖南、广西、江西、福建、浙江、江苏、安徽；尼泊尔、印度也有。

2. 鹅耳枥　*Carpinus turczaninowii* Hance in Journ. Linn. Soc, Bot. 10: 203. 1869.

乔木，高5~10米；树皮暗灰褐色，粗糙，浅纵裂；枝细瘦，灰棕色，无毛；小枝被短柔毛。叶卵形、宽卵形、卵状椭圆形或卵菱形，有时卵状披针形，长2.5~5厘米，宽1.5~3.5厘米，顶端锐尖或渐尖，基部近圆形或宽楔形，有时微心形或楔形，边缘具规则或不规则的重锯齿，上面无毛或沿中脉疏生长柔毛，下面沿脉通常疏被长柔毛，脉腋间具髯毛，侧脉8~12对；叶柄长4~10毫米，疏被短柔毛。果序长3~5厘米；序梗长10~15毫米，序梗、序轴均被短柔毛；果苞变异较大，半宽卵形、半卵形、半矩圆形至卵形，长6~20毫米，宽4~10毫米，疏被短柔毛，顶端钝尖或渐尖，有时钝，内侧的基部具一个内折的卵形小裂片，外侧的基部无裂片，中裂片内侧边缘全缘或疏生不明显的小齿，外侧边缘具不规则的缺刻状粗锯齿或具2~3齿裂。小坚果宽卵形，长约3毫米，无毛，有时顶端疏生长柔毛，无或有时上部疏生树脂腺体。花期5~7月，果期7~9月。

产于利川，属湖北省新记录，生于山坡林中；分布于辽宁、山西、河北、河南、山东、陕西、甘肃；朝鲜、日本也有。

3. 云贵鹅耳枥　*Carpinus pubescens* Burk. in Journ. Linn. Soc. Bot. 26: 502. 1899.

乔木，高5~10米；树皮棕灰色；小枝暗褐色，被短柔毛或渐变无毛。叶厚纸质，长椭圆形、矩圆状披针形、卵状披针形，少有椭圆形，长5~8厘米，宽2~3.5厘米，顶端渐尖、长渐尖，较少锐尖，基部圆楔形、近圆形、微心形，有时稍不对称，边缘具规则的密细重锯齿，上面光滑，下面沿脉疏被长柔毛及脉腋间具簇生的髯毛，余则无毛，侧脉12~14对；叶柄长4~15毫米，疏被短柔毛或无毛。果序长5~7厘米，直径1~2.5厘米；序梗长2~3厘米，序梗、序轴均疏被长柔毛至几无毛；果苞厚纸质或纸质，半卵形，较少半宽卵形，长10～25毫米，两面沿脉疏被长柔毛，外侧的基部无裂片，内侧的基部边缘微内折或具耳突，中裂片内侧边缘直或微内弯，外侧边缘具锯齿或不甚明显的细齿，顶端锐尖或钝。小坚果宽卵圆形，长3～4毫米，密被短柔毛，上部被长柔毛，极少下部几无毛，疏生或无树脂腺体。花期5～6月，果期7～9月。

产于巴东，生于山坡灌木中；分布于云南、贵州、四川、陕西；越南也有。

4. 川陕鹅耳枥　Carpinus fargesiana H. Winkl. in Engler. Bot. Jahrb. 50 (Suppl.): 506. f. 6. 1914.

乔木，高可达20米。树皮灰色，光滑；枝条细瘦，无毛，小枝棕色，疏被长柔毛。叶厚纸质，卵状披针形、卵状椭圆、椭圆形、矩圆形，长2.5～6.5厘米，宽2～2.5厘米，基部近圆形或微心形，顶端渐尖，上面深绿色，幼时疏被长柔毛，后变无毛，下面淡绿色，沿脉疏被长柔毛，其余无毛，通常无疣状突起，侧脉12～16对，脉腋间具髯毛，边缘具重锯齿；叶柄细瘦，长6～10毫米，疏被长柔毛。果序长约4厘米，直径约2.5厘米；序梗长1～1.5厘米，序梗、序轴均疏被长柔毛；果苞半卵形或半宽卵形，长1.3～1.5厘米，宽6～8毫米，背面沿脉疏被长柔毛，外侧的基部无裂片，内侧的基部具耳突或仅边缘微内折，中裂片半三角状披针形，内侧边缘直，全缘，外侧边缘具疏齿，顶端渐尖。小坚果宽卵圆形，长约3毫米，无毛，无树脂腺体，极少于上部疏生腺体，具数肋。花期5～6月，果期7～9月。

恩施州广布，生于山脊林中；分布于四川、陕西。

5. 狭叶鹅耳枥（变种）　Carpinus fargesiana H. Winkl. var. hwai (Hu et Cheng) P. C. Li in Fl. Reipubl. Popul. Sin. 21: 82. 1979.

本变种与川陕鹅耳枥 C. fargesiana 的区别在于本种为乔木，高可达17米。叶片狭披针形、狭矩圆形，长6～7厘米，宽2～2.2厘米，叶的背面及果苞无乳头状突起。果苞半卵形，长约1.5厘米。小坚果较小，长约2.5毫米。花期5～6月，果期7～9月。

恩施州广布，生于山坡林中；分布于四川、湖北。

6. 湖北鹅耳枥　Carpinus hupeana Hu, Sunyatsenia 1: 118. 1933.

乔木，高8～12米；树皮淡灰棕色；枝条灰黑色有小而凸起的皮孔，无毛；小枝细瘦，密被灰棕色长柔毛。叶厚纸质，卵状披针形、卵状椭圆形、长椭圆形，长6～10厘米，宽2.5～4.5厘米，顶端锐尖或渐尖，有时微钝，基部圆形或微心形，边缘具重锯齿，上面沿中脉被长柔毛，下面除沿中脉与侧脉被长柔外，脉腋间尚具髯毛，密生疣状突起，侧脉13～16对；叶柄细瘦，长7～12毫米，密被灰棕色长柔毛。果序长6～7厘米，直径2～3厘米；序梗长15～20毫米，序梗、序轴均密被长柔毛；果苞半卵形，长10～16毫米，宽7～10毫米，沿脉疏被长柔毛，外侧的基部无裂片，内侧的基部具耳突或边缘微内折，中裂片半宽卵形、半三角状矩圆形，内侧的边缘全缘或上部有疏生而不明显的细齿，外侧边缘具疏锯齿或具齿牙状粗锯齿，有时具缺刻状粗锯齿，顶端渐尖或钝。

小坚果宽卵圆形，除顶部疏生长柔毛外，其余无毛，无腺体。花期5~6月，果期7~8月。

产于巴东，生于山坡林下；分布于河南、湖北、湖南、江苏、浙江、江西。

7. 川鄂鹅耳枥　　Carpinus henryana (H. Winkl.) H. Winkl. Bot. Jahrb. Syst. 50 (Suppl.). 507. 1914.

乔木，高达17米；树皮淡灰棕色；枝条灰黑色有小而凸起的皮孔，无毛；小枝细瘦，密被灰棕色长柔毛。叶狭披针形，长5~8厘米，宽2~3厘米，边缘具稍内弯的单锯齿，上面沿中脉被长柔毛，下面除沿中脉与侧脉被长柔外，脉腋间尚具髯毛，密生疣状突起，侧脉11~16对；叶柄细瘦，长7~12毫米，密被灰棕色长柔毛。果序长6~7厘米，直径2~3厘米；序梗长15~20毫米，序梗、序轴均密被长柔毛；果苞半卵形，长10~16毫米，宽7~10毫米，沿脉疏被长柔毛，外侧的基部无裂片，内侧的基部具耳突或边缘微内折，中裂片半宽卵形、半三角状矩圆形，内侧的边缘全缘或上部有疏生而不明显的细齿，外侧边缘具疏锯齿或具齿牙状粗锯齿，有时具缺刻状粗齿，顶端渐尖或钝。小坚果宽卵圆形，除顶部疏生长柔毛外，其余无毛，无腺体。花期5~6月，果期7~8月。

产于利川，生于山坡林中；分布于广东、湖北、四川、河南、陕西、甘肃。

8. 昌化鹅耳枥　　Carpinus tschonoskii Maxima. in Bull. Acad. Sci. St. Petersb. 27: 534. 1882.

乔木，高5~10米；树皮暗灰色；小枝褐色，疏被长柔毛，后渐变无毛。叶椭圆形、矩圆形、卵状披针形，少有倒卵形或卵形，长5~12厘米，宽2.5~5厘米，顶端渐尖至尾状，基部圆楔形或近圆形，边缘具刺毛状重锯齿，两面均疏被长柔毛，以后除背面沿脉尚具疏毛、脉腋间具稀疏的髯毛外，其余无毛，侧脉14~16对；叶柄长8~12毫米，上面疏被短柔毛；果序长6~10厘米，直径3~4厘米；序梗长1~4厘米，序梗、序轴均疏被长柔毛；果苞长3~3.5厘米，宽8~12毫米，外侧基部无裂片，内侧的基部仅边缘微内折，较少具耳突，中裂片披针形，外侧边缘具疏锯齿，内侧边缘直或微呈镰状弯曲。小坚果宽卵圆形，长4~5毫米，顶端疏被长柔毛，有时具树脂腺体。花期5~6月，果期7~8月。

产于宣恩、利川，生于山坡林中；分布于安徽、浙江、江西、河南、湖北、四川、贵州、云南；朝鲜、日本也有。

9. 多脉鹅耳枥　　Carpinus polyneura Franch. in Journ. de Bot. 13: 202. 1899.

乔木，高7~15米，树皮灰色；小枝细瘦，暗紫色，光滑或疏被白色短柔毛。叶厚纸质，长椭圆形、披针形、卵状披针形至狭披针形或狭矩圆形，较少椭圆形或矩圆形，长4~8厘米，宽1.5~2.5厘米，顶端长渐尖至尾状，基部圆楔形，较少近圆形或楔形，边缘具刺毛状重锯齿，上面初时疏被长柔毛，沿脉密被短柔毛，后变无毛，下面除沿脉疏被长柔毛或短柔毛外，余则无毛，脉腋间具簇生的髯毛，侧脉16~20对；叶柄长5~10毫米。果序长3~6厘米，直径1~2厘米；序梗细瘦，长约2

厘米；序梗、序轴疏被短柔毛；果苞半卵形或半卵状披针形，长8～15毫米，宽4～6毫米，两面沿脉疏被长柔毛，背面较密，外侧基部无裂片，内侧基部的边缘微内折，中裂片的外侧边缘仅具1～2疏锯齿或具不明显的疏细齿，有时近全缘，内侧边缘直，全缘。小坚果卵圆形，长2～3毫米，被或疏或密的短柔毛，顶端被长柔毛，具数肋。花期5～6月，果期7～9月。

恩施州广布，生于山坡林中；分布于陕西、四川、贵州、湖北、湖南、广东、福建、江西、浙江。

铁木属 *Ostrya* Scop.

落叶乔木或小乔木；树皮粗糙，呈鳞片状剥裂，芽长，具多数覆瓦状排列之芽鳞。叶具柄，边缘具不规则的重锯齿，有时具浅裂；叶脉羽状，侧脉向叶缘直伸至齿端，第三次脉在侧脉间近于平行，两端均与侧脉近垂直；托叶早落。花单性，雌雄同株；雄花序呈葇荑花序状，着生于上一年的枝条的顶端，冬季裸露；苞鳞贝状，覆瓦状排列，每苞鳞内具1朵雄花；雄花无花被，具3～14枚雄蕊；雄蕊着生于被毛的花托上，花丝顶端分叉，花药2室，药室分离，顶端具毛；雌花序呈总状，直立，每苞鳞内具2朵雌花；每朵雌花的基部具1片苞片与2片小苞片，具花被；花被与子房贴生；子房2室，每室具2枚倒生胚珠；花柱2根。果序穗状；果苞呈囊状，膜质，具网纹，被毛。小坚果卵圆形，稍扁，具数肋，完全为囊状的果苞所包。种子1粒。

本属共7种；我国有4种；恩施州产2种。

分种检索表

1. 叶具侧脉18～20对，脉间相距较窄；果苞矩圆状卵形或椭圆形 ·················· 1. 多脉铁木 *Ostrya multinervis*
1. 叶具侧脉11～15对，脉间相距较宽；果苞倒卵状矩圆形或椭圆形 ·················· 2. 铁木 *Ostrya japonica*

1. 多脉铁木 *Ostrya multinervis* Rehd. in Journ. Arn. Arb. 19: 71. t. 217. 1938.

乔木，高达16米；枝条暗紫褐色，无毛，具条棱，皮孔疏生；小枝紫褐色，疏被软毛，具条棱，密生皮孔；芽长卵圆形，长4～6毫米，芽鳞覆瓦状排列，宽卵形，顶端钝，无毛，具细条棱。叶长卵形至卵状披针形，长4.5～12厘米，宽2.5～4.5厘米，顶端渐尖、长渐尖至尾状渐尖，基部近心形或几圆形，稀宽楔形，边缘具不规则锐齿，上面绿色，疏被长柔毛，下面淡绿色，密被短柔毛；叶脉在上面微陷，沿中脉密被短柔毛，在下面隆起，密被平贴长软毛，脉腋间有时具细髯毛，侧脉18～20对，脉间相距3～4毫米；叶柄较短，长4～7毫米，密被短柔毛。雄花序单生或2条并生于小枝叶腋及顶部；苞鳞卵形，边缘具纤毛，具条棱，顶端骤尖呈刺毛状。果多数，聚成密集、直立的总状果序；果苞椭圆形，膜质，膨胀，长1～1.5厘米，最宽处直径5～6毫米，顶端急尖或短骤尖，基部圆形；上面被短柔毛，基部具长硬毛，具网脉。小坚果狭卵圆形，长6～7毫米，直径约3毫米，淡褐色，平滑。花期5～6月，果期7～8月。

产于鹤峰，生于林中；分布于湖北、湖南、四川、贵州。

2. 铁木 *Ostrya japonica* Sarg., Garden and Forest 6: 383. f. 58. 1893.

乔木，高达20米。树皮暗灰色，粗糙，纵裂；枝条暗灰褐色，具不显著的条棱，皮孔疏生；小枝褐色，具细条棱，密被短柔毛，有时多少被毛或几无毛，疏生皮孔。芽长卵圆形，渐尖，长5～6毫米；芽鳞近膜质，数枚呈覆瓦状排列，无毛，边缘具短纤毛。叶卵形至卵状披针形，长3.5～12厘米，宽1.5～5.5厘米，顶端渐尖，基部几圆形、心形、斜心形或宽楔形；边缘具不规则的重锯齿；上面绿色，疏被短柔毛或几无毛，下面淡绿色，幼时密被短柔毛，以后渐变无毛；叶脉在上面微陷，沿中脉密被短柔毛，下面微隆起，密被短柔毛，后毛渐变疏，老时可近无毛，脉腋间具髯毛，侧脉10～17对，脉间相距

5～10毫米；叶柄细瘦，密被短柔毛，长1～1.5厘米。雄花序单生叶腋间或2～4条聚生，下垂；花序梗短，长1～2毫米；苞鳞宽卵形，具短尖，边缘密生短纤毛。果4至多枚聚生成直立或下垂的总状果序，生于小枝顶端；果序轴全长1.5～2.5厘米；序梗细瘦，长2～4.5厘米，上部密被短柔毛，向下毛渐变疏；果苞膜质，膨胀，倒卵状矩圆形或椭圆形，长1～2厘米，最宽处直径6～12毫米，顶端具短尖，基部圆形并被长硬毛，上部无毛或仅顶端疏被短柔毛，网脉显著。小坚果长卵圆形，长约6毫米，淡褐色，有光泽，具数肋，无毛。花期5～7月，果期7～9月。

产于利川、鹤峰，生于山坡林中；分布于河北、河南、陕西、甘肃、四川；朝鲜、日本也有。

榛属 *Corylus* L.

落叶灌木或小乔木，很少为乔木；树皮暗灰色、褐色或灰褐色，很少灰白色；芽卵圆形，具多数覆瓦状排列的芽鳞。单叶，互生，边缘具重锯齿或浅裂；叶脉羽状，伸向叶缘，第三次脉与侧脉垂直，彼此平行；托叶膜质，分离，早落。花单性，雌雄同株；雄花序每2～3条生于上一年的侧枝的顶端，下垂；苞鳞覆瓦状排列，每个苞鳞内具2片与苞鳞贴生的小苞片及1朵雄花；雄花无花被，具雄蕊4～8枚，插生于苞鳞的中部；花丝短，分离；花药2室，药室分离，顶端被毛；雌花序为头状；每个苞鳞内具2朵对生的雌花，每朵雌花具1片苞片和2片小苞片，具花被；花被顶端有4～8枚不规则的小齿；子房下位，2室，每室具1枚倒生胚珠；花柱2根，柱头钻状。果苞钟状或管状，一部分种类果苞的裂片硬化呈针刺状。坚果球形，大部或全部为果苞所包，外果皮木质或骨质；种子1粒，子叶肉质。

本属约20种；我国有7种3变种；恩施州产1种2变种。

分种检索表

1. 果苞钟状或管状，裂片不硬化；花药黄色或红色。
　2. 果苞管状，长于果的1～3倍···1. 华榛 *Corylus chinensis*
　2. 果苞钟状，与果近等长或稍长于果，但长不超过果的1倍············2. 川榛 *Corylus heterophylla* var. *sutchuenensis*
1. 果苞钟状，其裂片全部硬化为分叉的针刺状，花药紫红色····································3. 藏刺榛 *Corylus ferox* var. *thibetica*

1. 华榛 *Corylus chinensis* Franch. in Journ. de Bot. 13: 197. 1899.

乔木，高可达20米；树皮灰褐色，纵裂；枝条灰褐色，无毛；小枝褐色，密被长柔毛和刺状腺体，很少无毛无腺体，基部通常密被淡黄色长柔毛。叶椭圆形、宽椭圆形或宽卵形，长8～18厘米，宽6～12厘米，顶端骤尖至短尾状，基部心形，两侧显著不对称，边缘具不规则的钝锯齿，上面无毛，下面沿脉疏被淡黄色长柔毛，有时具刺状腺体，侧脉7～11对；叶柄长1～2.5厘米，密被淡黄色长柔毛及刺状腺体。雄花序2～8条排成总状，长2～5厘米；苞鳞三角形，锐尖，顶端具1个易脱落的刺状腺体。果2～6枚簇生成头状，长2～6

厘米，直径1～2.5厘米；果苞管状，于果的上部缢缩，较果长2倍，外面具纵肋，疏被长柔毛及刺状腺体，很少无毛和无腺体，上部深裂，具3～5片镰状披针形的裂片，裂片通常又分叉成小裂片。坚果球形，长1～2厘米，无毛。花期4～5月，果期9～10月。

恩施州广布，生于山脊林中；分布于云南、四川。

2. 川榛（变种）　Corylus heterophylla Fisch. var. sutchuenensis Franch. in Journ. de Bot. 13: 199. 1899.

灌木或小乔木，高1～7米；树皮灰色；枝条暗灰色，无毛，小枝黄褐色，密被短柔毛兼被疏生的长柔毛，无或多少具刺状腺体。叶椭圆形、宽卵形或几圆形，顶端尾状，长4～13厘米，宽2.5～10厘米，边缘具不规则的重锯齿，中部以上具浅裂，上面无毛，下面于幼时疏被短柔毛，以后仅沿脉疏被短柔毛，其余无毛，侧脉3～5对；叶柄纤细，长1～2厘米，疏被短毛或近无毛。雄花序单生，长约4厘米。果单生或2～6枚簇生成头状；果苞钟状，外面具细条棱，密被短柔毛兼有疏生的长柔毛，密生刺状腺体，很少无腺体，较果长但不超过1倍，很少较果短，上部浅裂，裂片三角形，边缘具疏齿，很少全缘；序梗长约1.5厘米，密被短柔毛。坚果近球形，长7～15毫米，无毛或仅顶端疏被长柔毛。花期3～4月，果期9～10月。

恩施州广布，生于山坡林中；分布于贵州、四川、陕西、甘肃、河南、山东、江苏、安徽、浙江、江西。

3. 藏刺榛（变种）　Corylus ferox Wall. var. thibetica (Batal.) Franch. in Journ. Bot. (Morot) 13: 201. 1899.

乔木或小乔木，高5～12米；树皮灰黑色或灰色；枝条灰褐色或暗灰色，无毛；小枝褐色，疏被长柔毛，基部密生黄色长柔毛，有时具或疏或密的刺状腺体。叶厚纸质，宽椭圆形或宽倒卵形，很少矩圆形，边缘具刺毛状重锯齿，上面仅幼时疏被长柔毛，后变无毛，下面沿脉密被淡黄色长柔毛，脉腋间有时具簇生的髯毛，侧脉8～14对；叶柄较细瘦，长1～3.5厘米，密被长柔毛或疏被毛至几无毛。雄花序1～5条排成总状；苞鳞背面密被长柔毛；花药紫红色。果3～6枚簇生，极少单生；果苞背面具或疏或密刺状腺体；上部具分叉而锐利的针刺状裂片，针刺状裂片疏被毛至几无毛。坚果扁球形，上部裸露，顶端密被短柔毛，长1～1.5厘米。花期3～4月，果期9～10月。

恩施州广布，生于山坡林中；分布于甘肃、陕西、四川、湖北。

壳斗科 Fagaceae

常绿或落叶乔木，稀灌木。单叶，互生，极少轮生，全缘或齿裂，或不规则的羽状裂；托叶早落。

花单性同株，稀异株，或同序，风媒或虫媒；花被一轮，4~8片，基部合生，干膜质；雄花有雄蕊4~12枚，花丝纤细，花药基着或背着，2室，纵裂，无退化雌蕊，或有但小且为卷丛毛遮盖；雌花1、3、5朵聚生于一壳斗内，有时伴有可育或不育的短小雄蕊，子房下位，花柱与子房室同数，柱头面线状，近于头状，或浅裂的舌状，或几与花柱同色的窝点，子房室与心皮同数，或因隔膜退化而减少，3~6室，每室有倒生胚珠2枚，仅1枚发育，中轴胎座。雄花序下垂或直立，整序脱落，由多数单花或小花束，即变态的二歧聚伞花序簇生于花序轴的顶部呈球状，或散生于总花序轴上呈穗状，稀呈圆锥花序；雌花序直立，花单朵散生或数朵聚生成簇，分生于总花序轴上成穗状，有时单朵或2~3朵花腋生。由总苞发育而成的壳斗脆壳质，木质，角质，或木栓质，形状多样，包着坚果底部至全包坚果，开裂或不开裂，外壁平滑或有各式姿态的小苞片，每壳斗有坚果1~5个；坚果有棱角或浑圆，顶部有稍凸起的柱座，底部的果脐又称疤痕，有时占坚果面积的大部分，凸起、近平坦，或凹陷，胚直立，不育胚珠位于种子的顶部，或位于基部，稀位于中部，无胚乳，子叶2片，平凸，稀脑叶状或镶嵌状，富含淀粉或及鞣质。

本科约7属900余种；我国有7属约320种；恩施州产6属41种1变种。

分属检索表

1. 雄花序球状或头状，下垂；花药长1.5~2毫米；雌花2朵，偶有3朵；坚果有3条棱脊；冬季落叶乔木 ⋯ 1. 水青冈属 *Fagus*
1. 雄花序穗状或圆锥状，直立或下垂；雌花单朵或多朵聚生成簇，分散于花序轴上。
    2. 雄花序直立，雄花有退化雌蕊；花药长约0.25毫米；雌花的柱头细窝点状，颜色几与花相同。
        3. 冬季落叶；子房6室；无顶芽⋯⋯⋯⋯⋯⋯⋯⋯⋯⋯⋯⋯⋯⋯⋯⋯⋯⋯⋯⋯⋯⋯⋯⋯⋯2. 栗属 *Castanea*
        3. 常绿；子房3室；有顶芽。
            4. 叶通常2列；壳斗常有刺，大部全包坚果，若壳斗杯状，则其小苞片呈鱼鳞片状或多少横向连生成圆环 ⋯ 3. 锥属 *Castanopsis*
            4. 叶非2列；壳斗无刺，通常杯状，若全包坚果，则壳斗有刺或线状体或有环状肋纹 ⋯⋯⋯⋯⋯ 4. 柯属 *Lithocarpus*
    2. 雄花序下垂，雄花无退化雌蕊；花药长0.5~1毫米；雌花的柱头面长过于宽，颜色与花柱不同。
        5. 壳斗的小苞片鱼鳞片状，或线状而近于木质，或狭披针形，膜或纸质，常绿或冬季落叶⋯⋯⋯⋯⋯⋯5. 栎属 *Quercus*
        5. 壳斗的小苞片连生成圆环；坚果的顶部通常有环圈；常绿乔木⋯⋯⋯⋯⋯⋯⋯ 6. 青冈属 *Cyclobalanopsis*

水青冈属 *Fagus* L.

落叶乔木，冬芽为2列对生的芽鳞包被，芽鳞脱落后留有多数芽鳞痕，托叶成对，膜质，早落。叶2列，互生，在芽中褶扇状，与花同时抽出。花单性同株；雄二歧聚伞花簇生于总梗顶部，头状，下垂，多花，总梗有1~3片干膜质、早脱落的苞片，花被钟状，4~7裂，裂瓣不等大，被绢质长柔毛，每花有雄蕊6~12枚，花药长椭圆形，基部着生，纵裂，药隔顶部短突尖，花丝为花药长的2~3倍，退化雌蕊线状，1~2枚，被绢质长柔毛；雌花2朵，偶有3朵，生于花序壳斗中，壳斗单个顶生于自叶腋或近叶柄旁侧抽出的总梗上，花被裂片5~6片，子房3室，每室有2枚胚珠，仅1室1胚珠发育，花柱3根，基部合生，柱头面线状披针形，紫红色，略下陷呈沟状并向下延伸至花柱基部，向顶部沿两侧增宽。成熟壳斗4瓣裂，相对的2裂瓣合生较高，外壁的小苞片小叶状、线状或钻尖状。每壳斗有坚果1~2个，偶有3个；坚果通常长过于宽，3棱，脊棱顶部常有狭翅，果脐呈三角形，每果有1粒种子，种子无胚乳，不育胚珠位于内种皮的顶部，子叶褶扇状，种子萌发时子叶出土。

本属约10种；我国5种；恩施州产4种。

分种检索表

1. 壳斗外壁的小苞片形状与颜色均异型，位于壳壁基部的为细小的叶状，绿色，有网状脉，无毛，位于壳壁上部的为线形，淡褐色，质地枯干，被毛；叶的侧脉在叶缘附近急向上弯与上一侧脉连结⋯⋯⋯⋯⋯⋯⋯ 1. 米心水青冈 *Fagus engleriana*
1. 壳斗外壁的小苞片呈弯钩的线状或鸡爪状或短而伏贴于壳壁的钻尖状，均褐色且被毛；叶缘有裂齿，侧脉直达齿端。
    2. 壳斗的裂瓣长15毫米以上，总梗长25毫米以上 ⋯⋯⋯⋯⋯⋯⋯⋯⋯⋯⋯⋯⋯⋯2. 水青冈 *Fagus longipetiolata*

2. 壳斗的裂瓣长稀达 12 毫米，总梗长稀达 15 毫米。
　　3. 小苞片为弯钩的细线状·· 3. 台湾水青冈 *Fagus hayatae*
　　3. 小苞片为伏贴于壳壁的钻尖状，稀斜向上扩展······························· 4. 光叶水青冈 *Fagus lucida*

1. 米心水青冈　　*Fagus engleriana* Seem. in Bot. Jahrb. 29: 285, f. 1, a-d. 1900.

乔木，高达 25 米，小枝的皮孔近圆形。叶菱状卵形，长 5～9 厘米，宽 2.5～4.5 厘米，顶部短尖，基部宽楔形或近于圆，常一侧略短，叶缘波浪状，侧脉每边 9～14 条，在叶缘附近急向上弯并与上一侧脉联结，新生嫩叶的中脉被有光泽的长伏毛，结果期的叶几无毛或仅叶背沿中脉两侧有稀疏长毛；叶柄长 5～15 毫米。果梗长 2～7 厘米，无毛；壳斗裂瓣长 15～18 毫米，位于壳壁下部的小苞片狭倒披针形，叶状，绿色，有中脉及支脉，无毛；位于上部的为线状而弯钩，被毛；每壳斗有坚果 2（稀 3）个，坚果脊棱的顶部有狭而稍下延的薄翅。花期 4～5 月，果期 8～10 月。

恩施州广布，生于山坡林中；秦岭以南、五岭北坡以北星散分布。

2. 水青冈　　*Fagus longipetiolata* Seem. in Bot. Jahrb. Syst. 23 (57): 56. 1897.

乔木，高达 25 米，冬芽长达 20 毫米，小枝的皮孔狭长圆形或兼有近圆形。叶长 9～15 厘米，宽 4～6 厘米，稀较小，顶部短尖至短渐尖，基部宽楔形或近于圆，有时一侧较短且偏斜，叶缘波浪状，有短的尖齿，侧脉每边 9～15 条，直达齿端，开花期的叶沿叶背中、侧脉被长伏毛，其余被微柔毛，结果时因毛脱落变无毛或几无毛；叶柄长 1～3.5 厘米。总梗长 1～10 厘米；壳斗 4 瓣裂，裂瓣长 20～35 毫米，稍增厚的木质；小苞片线状，向上弯钩，位于壳斗顶部的长达 7 毫米，下部的较短，与壳壁相同均被灰棕色微柔毛，壳壁的毛较长且密，通常有坚果 2 个；坚果比壳斗裂瓣稍短或等长，脊棱顶部有狭而略伸延的薄翅。花期 4～5 月，果期 9～10 月。

恩施州广布，生于山坡林中；广布秦岭以南、五岭南坡以北各地。

3. 台湾水青冈　　*Fagus hayatae* Palib. ex Hayata in Journ. Coll. Sci. Univ. Tokyo 30 (1): 286. 1911.

乔木，高达 20 米，冬芽长达 15 毫米，当年生枝暗红褐色，老枝灰白色，皮孔狭长圆形，新生嫩叶两面的叶脉有丝光质疏长毛，结果期变为无毛或仅叶背中脉两侧有稀疏长伏毛。叶棱状卵形，长 3～7 厘米，宽 2～3.5 厘米，顶部短尖或短渐尖，基部宽楔形或近圆形，两侧稍不对称，侧脉每边 5～9 条，叶缘有锐齿，侧脉直达齿端，叶背中脉与侧脉交接处有腺点及短丛毛，或仅有丛毛，中脉在近顶部略左右弯曲向上。总花梗被长柔毛，结果时毛较疏少；果梗长 5～20 毫米，壳斗 4 瓣裂，裂瓣长 7～10 毫米，小苞片细线状，弯钩，长 1～3 毫米，与壳壁相同均被微柔毛；坚果与裂瓣等长或稍较长，顶部脊棱有甚狭窄的翅。花期4～5月，果8～10月成熟。

产于宣恩、鹤峰，生于山地林中；分布于台湾、浙江、湖北、四川。按照国务院1999年批准的国家重点保护野生植物（第一批）名录，本种为Ⅱ级保护植物。

4. 光叶水青冈　　Fagus lucida Rehd. et Wils. in Sarg. Pl. Wails. 3: 191. 1916.

乔木，高达25米，冬芽长达15毫米，一、二年生枝紫褐色，有长椭圆形皮孔，三年生枝苍灰色。叶卵形，长6～11厘米，宽3.5～6.5厘米，稀较小，顶部短至渐尖，基部宽楔形或近于圆，两侧略不对称，叶缘有锐齿，侧脉每边9～12条，直达齿端，新生嫩叶的叶柄、叶背中脉及侧脉被黄棕色长柔毛，壳斗成熟时，叶片的毛全或几全部脱落；叶柄长6～20毫米。总梗长5～15毫米，初时被毛，后期无毛。4瓣裂，裂瓣长10～15毫米，小苞片钻尖状，伏贴，很少其顶尖部分向上斜展，长1～2毫米，与壳壁同被褐锈色微柔毛；坚果与裂瓣约等长或稍较长，有坚果1或2个，坚果脊棱的顶部无膜质翅或几无翅。花期4～5月，果期9～10月。

恩施州广布，生于山坡林中；广布长江北岸山地，向南至五岭南坡。

栗属　　Castanea Mill.

落叶乔木，稀灌木，树皮纵裂，无顶芽，冬芽为3～4片芽鳞包被；叶互生，叶缘有锐裂齿，羽状侧脉直达齿尖，齿尖常呈芒状；托叶对生，早落。花单性同株或为混合花序，则雄花位于花序轴的上部，雌花位于下部；穗状花序，直立，通常单穗腋生枝的上部叶腋间，偶因小枝顶部的叶退化而形成总状排列；花被6裂；雄花1～5朵簇生成簇，每簇有3片苞片，每朵雄花有雄蕊12～10枚，中央有被长绒毛的不育雌蕊，花丝细长，花药细小，2室，背着；雌花17朵聚生于一壳斗内，花柱9或6根，子房9或6室，每室有顶生的胚珠2枚，仅1室1胚珠发育，柱头与花柱等粗，细点状；壳斗外壁在授粉后不久即长出短刺，刺随壳斗的增大而增长且密集；壳斗4瓣裂，有栗褐色坚果1～5个，通称栗子，果顶部常被伏毛，底部有淡黄白色略粗糙的果脐；每果有1～3粒种子，种皮红棕色至暗褐色，被伏贴的丝光质毛，不育胚珠位于种皮的顶部，子叶平凸，等大，若不等大，则镶嵌状，富含淀粉与醣，种子萌发时子叶不出土。

本属12～17种；我国有4种1变种；恩施州产3种。

分种检索表

1. 叶片顶部长渐尖至尾状长尖,叶背面中脉有稀疏单毛及黄色鳞腺 ··· 1. 锥栗 Castanea henryi
1. 叶片顶部短尖或渐尖,叶背无鳞腺,有星芒状伏贴绒毛,或因毛脱落变为几无毛。
   2. 叶背无鳞腺,有星芒状伏贴绒毛,或因毛脱落变为几无毛 ·· 2. 栗 Castanea mollissima
   2. 叶背无毛,或仅嫩叶背面叶脉有稀疏单毛 ·· 3. 茅栗 Castanea seguinii

1. 锥栗 *Castanea henryi* (Skan) Rehd. et Wils. in Sarg. Pl. Wils. 3: 196. 1916.

乔木,高达 30 米。小枝暗紫褐色,托叶长 8～14 毫米。叶长圆形或披针形,长 10～23 厘米,宽 3～7 厘米,顶部长渐尖至尾状长尖,新生叶的基部狭楔尖,两侧对称,成长叶的基部圆或宽楔形,一侧偏斜,叶缘的裂齿有长 2～4 毫米的线状长尖,叶背无毛,但嫩叶有黄色鳞腺且在叶脉两侧有疏长毛;开花期的叶柄长 1～1.5 厘米,结果时延长至 2.5 厘米。雄花序长 5～16 厘米,花簇有花 1～5 朵;每壳斗有雌花 1(偶有 2 或 3)朵,常 1 朵花发育结实,花柱无毛,稀在下部有疏毛。成熟壳斗近圆球形,连刺直径 2.5～4.5 厘米,刺或密或稍疏生,长 4～10 毫米;坚果长 15～12 毫米,宽 10～15 毫米,顶部有伏毛。花期 5～7 月,果期 9～10 月。

恩施州广布,生于山坡林中;广布于秦岭南坡以南、五岭以北各地,但台湾及海南不产。果实可食用。

2. 栗 *Castanea mollissima* Bl. in Mus. Lugd. Bat. 1: 286. 1850.

俗名"板栗",乔木,高达 20 米。小枝灰褐色,托叶长圆形,长 10～15 毫米,被疏长毛及鳞腺。叶椭圆至长圆形,长 11～17 厘米,宽达 7 厘米,顶部短至渐尖,基部近截平或圆,或两侧稍向内弯而呈耳垂状,常一侧偏斜而不对称,新生叶的基部常狭楔尖且两侧对称,叶背被星芒状伏贴绒毛或因毛脱落变为几无毛;叶柄长 1～2 厘米。雄花序长 10～20 厘米,花序轴被毛;花 3～5 朵聚生成簇,雌花 1～5 朵发育结实,花柱下部被毛。成熟壳斗的锐刺有长有短,有疏有密,密时全遮蔽壳斗外壁,疏时则外壁可见,壳斗连刺直径 4.5～6.5 厘米;坚果高 1.5～3 厘米,宽 1.8～3.5 厘米。花期 4～6 月,果期 8～10 月。

恩施州广布，生于山坡林中；除青海、宁夏、新疆、海南等少数省区外广布南北各地。果实可食用。

3. 茅栗　　*Castanea seguinii* Dode in Bull. Soc. Dendr. France 8: 152. 1908.

小乔木或灌木状，通常高2～5米，冬芽长2～3毫米，小枝暗褐色，托叶细长，长7～15毫米，开花仍未脱落。叶倒卵状椭圆形或兼有长圆形的叶，长6～14厘米，宽4～5厘米，顶部渐尖，基部楔尖至圆或耳垂状，基部对称至一侧偏斜，叶背有黄或灰白色鳞腺，幼嫩时沿叶背脉两侧有疏单毛；叶柄长5～15毫米。雄花序长5～12厘米，雄花簇有花3～5朵；雌花单生或生于混合花序的花序轴下部，每壳斗有雌花3～5朵，通常1～3朵发育结实，花柱6或9根，无毛；壳斗外壁密生锐刺，成熟壳斗连刺直径3～5厘米，宽略过于高，刺长6～10毫米；坚果长15～20毫米，宽20～25毫米，无毛或顶部有疏伏毛。花期5～7月，果期9～11月。

恩施州广布，生于山坡灌丛中；广布于大别山以南、五岭南坡以北各地。果实可食用。

锥属　　*Castanopsis* (D. Don) Spach

常绿乔木，枝有顶芽，芽鳞交互对生，腋芽扁圆形，当年生枝常有纵脊棱。叶2列，互生或螺旋状排列，叶背被毛或鳞腺，或二者兼有；托叶早落；花雌雄异序或同序，花序直立，穗状或圆锥花序；花被裂片5～8片；雄花单朵散生或3～7朵簇生，雄蕊8～12枚，花药近圆球形，直径约0.25毫米，退化雌蕊甚小，为密生卷绵毛遮蔽；雌花单朵或3～7朵聚生于一壳斗内，很少有与花背裂片对生的不育雄蕊存在，子房3室，花柱3根，稀2或4根，柱头小圆点状或浅窝穴状，或顶部略平坦而稍增宽的头状。壳斗全包或包着坚果的一部分，辐射或两侧对称，稀不开裂，外壁有疏或密的刺，稀具鳞片或疣体，有坚果1～3个；坚果翌年成熟，稀当年成熟，果脐平凸或浑圆；子叶平凸，少有脑叶状皱褶，不育胚珠位于坚果内壳的顶部；种子无胚乳，萌发时子叶留在土中。

本属约120种；我国约有63种2变种；恩施州产6种。

分种检索表

1. 每壳斗有雌花3朵，很少在同一花序上同时兼有单花，成熟壳斗有坚果1～3个 ············ 1. 瓦山锥 *Castanopsis ceratacantha*
1. 每壳斗有雌花1朵，稀偶有2或3朵，即成熟壳斗有坚果1个，稀偶有2或3个。
　　2. 壳斗外壁的小苞片鳞片状，或大部分退化，仅基部横向连生成圆环状肋纹；坚果当年成熟，脱落时壳斗仍宿存于果序轴上；子叶有涩味；叶于枝上螺旋排列 ············ 2. 苦槠 *Castanopsis sclerophylla*
　　2. 壳斗外壁的小苞片变态成刺，稀为疣状体，全包坚果，成熟时与坚果一起脱落；子叶平凸或略呈镶嵌状，无涩味，果次年成熟；叶通常2列。
　　　　3. 壳斗辐射对称，4～5瓣开裂，外壁为密生的刺完全遮蔽，壳斗连刺直径60～70毫米，且叶背有带苍灰色蜡鳞层 ············ 3. 钩锥 *Castanopsis tibetana*
　　　　3. 壳斗两侧对称，稀辐射对称，通常长稍过于宽，或壳斗基部收窄呈短柄状，下部或近轴面无刺或少刺，壳斗外壁可见，若刺将壳壁完全遮蔽，则壳斗连刺直径很少达40毫米，或刺横向连生成鸡冠状刺环。
　　　　　　4. 一年生叶两面同色，叶面中脉的下半段微凸起，中段以上平坦，叶柄长7～10毫米 ············ 4. 甜槠 *Castanopsis eyrei*
　　　　　　4. 一年生叶的叶背有红棕色或棕黄色蜡鳞层，二年生叶背面带灰白色。
　　　　　　　　5. 叶片最宽处在中段以下（披针形）或在中段（长椭圆形等），一年生叶的叶背有红褐色或棕黄色蜡鳞层，蜡鳞松散，易抹落，叶柄长10～20毫米 ············ 5. 栲 *Castanopsis fargesii*

5. 叶片最宽处在中段，通常兼有最宽处在中段以上的叶（倒卵形，倒卵状椭圆形等），二年生叶的叶背常白灰色；叶片宽1.5～3.5厘米，当年枝及芽鳞均无毛及蜡鳞，或蜡鳞很早期脱落，叶柄长3～7毫米，壳斗连刺直径20～22毫米 ·················· 6. 湖北锥 *Castanopsis hupehensis*

1. 瓦山锥 *Castanopsis ceratacantha* Rehd. et Wils. in Sarg. Pl. Wils. 3: 199. 1916.

乔木，通常高8～15米，芽两侧压扁状，外脊被短伏毛，当年生枝及花序轴被黄或淡棕色略扩展的长柔毛，二年生枝及果序轴无毛，散生多数稍凸起的皮孔，一、二年生枝暗褐色，很少略带苍灰色。叶略呈硬纸质，披针形，长圆形，有时兼有倒披针形，长10～18厘米，宽2～5厘米，稀较短或更宽，顶部长渐尖或短突尖，基部阔楔形或短尖，常一侧稍弯斜，叶缘近顶部有2～5浅裂齿或兼有全缘叶；叶面中脉凹陷，侧脉或微凹陷，或微浮凸，每边13～17条，稀较少，支脉纤细，尚可见，当年生叶叶背被略扩展的长柔毛，或至少沿中、侧脉被较长的柔毛，其余被早脱落的短毛，兼有棕红色或棕黄色蜡鳞层，二年生叶的叶背多少带灰白色；叶柄长稀达1厘米。雄穗状花序常单穗生于新枝的基部；雌花序多穗位于去年生枝的上部或顶部，每壳斗有花2或3朵，花柱3根，有时2根。壳斗近圆球形，或宽稍过于高，或反之，连刺横直径达30毫米，刺多条连生至中部或近顶部成刺束，有时呈鸡冠状，刺及壳壁被棕色长柔毛及细片状蜡鳞，壳斗外壁多少外露，成熟坚果1或2（稀3）个，宽圆锥形，常一侧面平坦，被伏毛，果脐位于坚果底部。花期4～5月，果期翌年秋至冬初。

产于利川、咸丰，生于山坡林下；分布于云南、贵州、四川；老挝、泰国也有。

2. 苦槠 *Castanopsis sclerophylla* (Lindl.) Schott. in Bot. Jahrb. 47: 638. 1912.

乔木，高5～15米，树皮浅纵裂，片状剥落，小枝灰色，散生皮孔，当年生枝红褐色，略具棱，枝、叶均无毛。叶2列，叶片革质，长椭圆形，卵状椭圆形或兼有倒卵状椭圆形，长7～15厘米，宽3～6厘米，顶部渐尖或骤狭急尖，短尾状，基部近于圆或宽楔形，通常一侧略短且偏斜，叶缘在中部以上有锯齿状锐齿，很少兼有全缘叶，中脉在叶面至少下半段微凸起，上半段微凹陷，支脉明显或甚纤细，成长叶叶背淡银灰色；叶柄长1.5～2.5厘米。花序轴无毛，雄穗状花序通常单穗腋生，雄蕊12～10枚；雌花序长达15厘米。果序长8～15厘米，壳斗有坚果1个，偶有2～3个，圆球形或半圆球形，全包或包着坚果的大部分，直径12～15毫米，壳壁厚1毫米以内，不规则瓣状开裂，小苞片鳞片状，大部分退化并横向连生成脊肋状圆环，或仅基部连生，呈环带状突起，外壁被黄棕色微柔毛；坚果近圆球形，直径10～14毫米，顶部短尖，被短伏毛，果脐位于坚果的底部，宽7～9毫米，子叶平凸，有涩味。花期4～5月，果期10～11月。

恩施州广布，生于山坡林中或山谷林中；广泛分布于长江以南五岭以北各地，西南地区仅见于四川东部及贵州东北部。

3. 钩锥 *Castanopsis tibetana* Hance in Journ. Bot. 13: 367. 1875.

乔木，高达30米，树皮灰褐色，粗糙，小枝干后黑或黑褐色，枝、叶均无毛。新生嫩叶暗紫褐色，成长叶革质，卵状椭圆形，卵形，长椭圆形或倒卵状椭圆形，长15～30厘米，宽5～10厘米，顶部渐尖，短突尖或尾状，基部近于圆或短楔尖，对称或有时一侧略短且偏斜，叶缘至少在近顶部有锯齿状锐齿，侧脉直达齿端，中脉在叶面凹陷，侧脉每边15~18条，网状脉明显，叶背红褐色、淡棕灰或银灰色；叶柄长1.5~3厘米。雄穗状花序或圆锥花序，花序轴无毛，雄蕊通常10枚，花被裂片内面被疏短毛；雌花序长5~25厘米，花柱3根，长约1毫米，果序轴横切面直径4~6毫米；壳斗有坚果1个，圆球形，连刺直径60~80毫米或稍大，整齐的4（稀5）瓣开裂，壳壁厚3~4毫米，刺长15~25毫米，通常在基部合生成刺束，将壳壁完全遮蔽，刺几无毛或被稀疏微柔毛；坚果扁圆锥形，高1.5~1.8厘米，横径2~2.8厘米，被毛，果脐占坚果面积约1/4。花期4~5月，果期翌年8~10月。

恩施州广布，生于山坡林中；分布于浙江、安徽、湖北、江西、福建、湖南、广东、广西、贵州、云南。

4. 甜槠　*Castanopsis eyrei* (Champ.) Tutch. in Journ. Linn. Soc. Bot. 37: 68. 1905.

乔木，高达20米，大树的树皮纵深裂，厚达1厘米，块状剥落，小枝有皮孔甚多，枝、叶均无毛。叶革质，卵形、披针形或长椭圆形，长5~13厘米，宽1.5~5.5厘米，顶部长渐尖，常向一侧弯斜，基部一侧较短或甚偏斜，且稍沿叶柄下延，压干后常一侧叠褶，有时兼有两侧对称的叶，全缘或在顶部有少数浅裂齿，中脉在叶面至少下半段稍凸起，其余平坦，很少裂缝状浅凹陷，侧脉每边8~11条，甚纤细，当年生叶两面同色，二年生叶的叶背常带淡薄的银灰色；叶柄长7~10毫米，稀更长。雄花序穗状或圆锥花序，花序轴无毛，花被片内面被疏柔毛；雌花的花柱2或3根。果序轴横切面直径2~5毫米；壳斗有1个坚果，阔卵形，顶狭尖或钝，连刺直径20~30毫米，2~4瓣开裂，壳壁厚约1毫米，刺长6~10毫米，壳斗顶部的刺密集而较短，通常完全遮蔽壳斗外壁，刺及壳壁被灰白色或灰黄色微柔毛，若壳斗近圆球形，则刺较疏少，近轴面无刺；坚果阔圆锥形，顶部锥尖，宽10~14毫米，无毛，果脐位于坚果的底部。花期4~6月，果期9~11月。

恩施州广布，生于山坡林中；广布长江以南各地，但海南、云南不产。

5. 栲　*Castanopsis fargesii* Franch. in Journ. Bot. (Morot) 13: 195. 1899.

乔木，高10~30米，树皮浅纵裂，芽鳞、嫩枝顶部及嫩叶叶柄均被与叶背相同但较早脱落的红锈色细片状蜡鳞，枝、叶均无毛。叶长椭圆形或披针形，稀卵形，长7~15厘米，宽2~5厘米，稀更短或较宽，顶部短尖或渐尖，基部近于圆或宽楔形，有时一侧稍短且偏斜，全缘或有时在近顶部边缘有少数浅裂齿，中脉在叶面凹陷或上半段凹陷，下半段平坦，侧脉每边11~15条，支脉通常不显，或隐约可见，叶背的蜡鳞层颇厚且呈粉末状，嫩叶的为红褐色，成长叶的为黄棕色，或淡棕黄色，很少因蜡鳞早脱落而呈淡黄绿色；叶柄长1~2厘米，嫩叶叶柄长约5毫米。雄花穗状或圆锥花序，花单朵密生于花序轴上，雄蕊10枚；雌花序轴通常无毛，亦无蜡鳞，雌花单朵散生于长有时达30厘米的花序轴上，花柱长约0.5毫米。果序轴横切面直径1.5~3毫米。壳斗通常圆球形或宽卵形，连刺直径25~30毫米，稀更大，不规则瓣裂，壳壁厚约1毫米，刺长8~10毫米，基部合生或很少合生至中部成刺束，若彼此分离，则刺粗而短且外壁明显可见，壳壁及刺被白灰色或淡棕色微柔毛，或被淡褐红色蜡鳞及甚稀疏微柔毛，每壳斗有1坚果；坚果圆锥形，高略过于宽，高1~1.5厘米，横径8~12毫米，或近于圆球形，直径8~14毫米，无毛，果脐在坚果底部。花期4~6月，也有8~10月的。果翌年同期成熟。

恩施州广布，生于山坡林中；广布长江以南各地。

6. 湖北锥　*Castanopsis hupehensis* C. S. Chao in Silv. Sci. 8 (2): 187. 1963.

乔木，高10~20米，树皮灰色，不开裂，小枝与花序轴相同均有小皮孔，当年生枝、芽鳞及叶均无毛。叶披针形，长椭圆形，常兼有倒卵状椭圆形或倒披针形的叶，长6~11厘米，宽1.5~3.5厘米，顶部渐尖或突狭的长尖，基部常一侧稍弯斜，叶缘在中部以上有锐裂齿，或兼有全缘叶，中脉在叶面微凹陷，侧脉每边10~13条，直达齿端，网状叶脉甚纤细，嫩叶干后背面淡棕色，成长叶则带苍灰色，有紧实的蜡鳞层；叶柄长3~10毫米。花序轴及雌花的花被片均无毛，亦无蜡鳞。果序轴横切面直径1.5~3毫米；成熟壳斗椭圆形或近圆球形，连刺宽20~22毫米，基部常有甚短的柄，着生于果序轴上斜向上升，刺长4~6毫米，少数在基部合生成束，或多条在基部横向连生成4~5个鸡冠状刺环，壳壁厚约1毫米，刺及壳壁被灰白色或棕黄色微柔毛，每壳斗有1个坚果，坚果阔圆锥形，高与宽几相等，横径11~14毫米，透熟时无毛，果脐位于坚果的底部。花期6~9月，果翌年同期或延至11月成熟。

产于利川，生于山脊林中；分布于湖北、湖南、贵州、四川。

柯属　*Lithocarpus* Bl.

常绿乔木，很少灌木状。枝有顶芽，嫩枝常有槽棱。叶全缘或有裂齿，背面被毛或否，常有鳞秕或鳞腺。穗状花序直立，单穗腋生，常雌雄同序，则雄花位于花序轴上段，雄花序有时多穗生于具顶芽或至少有退化芽鳞的枝轴上排成复穗状花序式，或多穗生于无顶芽的总花序轴上排成下宽上窄的穗状圆锥花序；花通常3~7朵聚集成，小花簇散生于花序轴上，或为单朵散生；花被裂片4~6片；雄蕊10~12枚，退化雌蕊细小，为卷丛状密毛遮蔽；雌花每一花簇通常仅1或2、很少3朵同时发育结实，不结实的附着于结实的壳斗旁侧，子房3室，很少4~6室，花柱与子房室同数，柱头窝点状，细小，位于花柱的顶端，无明显界限。每壳斗有坚果1个，全包或包着坚果一部分，壳斗外壁有各式变态小苞片，壳斗壁木栓质、薄壳质或厚木质；坚果被毛或否，果壁厚角质、木质或薄壳质，果脐凸起或凹陷，子叶平凸、褶合或镶嵌状，不育胚珠位于果壳内壁顶侧或底部；种子萌发时子叶出土。

本属300余种；我国有122种1亚种14变种；恩施州产8种。

分种检索表

1. 果脐凸起 ··· 1. 包果柯 *Lithocarpus cleistocarpus*
1. 果脐凹陷，至少果脐的四周边缘明显凹陷。
　　2. 壳斗包着坚果的绝大部分，常有个别全包坚果 ··· 2. 圆锥柯 *Lithocarpus paniculatus*

2. 壳斗包着坚果的底部，或有甚少数包着坚果将近一半。
    3. 当年生枝、花序轴及叶背均被毛，叶背的毛常早落。
        4. 叶背被星状毛及单毛 ·· 3. 枇杷叶柯 Lithocarpus eriobotryoides
        4. 叶背无星状毛 ··· 4. 柯 Lithocarpus glaber
    3. 当年生枝及叶背均无毛。
        5. 叶的侧脉在叶面裂缝状凹陷，或侧脉之间叶肉部分隆起 ································· 5. 灰柯 Lithocarpus henryi
        5. 侧脉在叶面平坦，不凹陷。
            6. 侧脉在叶边缘附近分枝并与其上下的侧脉联结，支脉一再分枝并联结成网脉，坚果淡棕黄色········6. 硬壳柯 Lithocarpus hancei
            6. 侧脉在叶缘附近隐没，若有分枝，则彼此不联结，或仅位于叶顶部的少数侧脉联结。
                7. 小苞片三角形，细小，被细片状蜡鳞 ··· 7. 木姜叶柯 Lithocarpus litseifolius
                7. 小苞片四边菱形，中央纵向肋状凸起，被微柔毛 ································ 8. 短尾柯 Lithocarpus brevicaudatus

1. 包果柯　　Lithocarpus cleistocarpus (Seem.) Rehd. et Wils. in Sarg. Pl. Wils. 3: 205. 1916.

乔木，高5~10米，树皮褐黑色，厚7~8毫米，浅纵裂，芽小，芽鳞无毛，干后常有油润的树脂，当年生枝有明显纵沟棱，枝、叶均无毛。叶革质，卵状椭圆形或长椭圆形，长9~16厘米，宽3~5厘米，萌生枝的较大，顶部渐尖，基部渐狭尖，沿叶柄下延，中脉在叶面近于平坦或稍凸起，但有裂槽状细沟下延至叶柄，全缘，侧脉每边8~12条，至叶缘附近急弯向上而隐没，或有时位于上半部的则与其上邻的支脉联结，支脉疏离，纤细，叶背有紧实的蜡鳞层，二年生叶干后叶背带灰白色，当年生新出嫩叶干后褐黑色，有油润光泽；叶柄长1.5~2.5厘米。雄穗状花序单穗或数穗集中成圆锥花序，花序轴被细片状蜡鳞；雌花3或5朵一簇散生于花序轴上，花序轴的顶部有时有少数雄花，花柱3根，长约1毫米。壳斗近圆球形，顶部平坦，宽20~25毫米，包着坚果绝大部分，小苞片近顶部的为三角形，紧贴壳壁，稍下以至基部的则与壳壁融合而仅有痕迹，被淡黄灰色细片状蜡鳞，壳壁上薄下厚，中部厚约1.5毫米；坚果顶部微凹陷、近于平坦、或稍呈圆弧状隆起，被稀疏微伏毛，果脐占坚果面积的1/2~3/4。花期6~10月，果翌年秋冬成熟。

恩施州广布，生于山坡林中；分布于陕西、四川、湖北、安徽、浙江、江西、福建、湖南、贵州。

2. 圆锥柯　　Lithocarpus paniculatus Hand.-Mazz. in Sitz. Akad. Wiss. Wien. 51. 1922.

乔木，高达15米，树皮不开裂，暗灰色，芽鳞被毛，当年生枝、花序轴及嫩叶背面沿中脉均被毛，三年生枝黑褐色，皮孔多但细小。叶硬纸质，长椭圆形或兼有倒卵状长椭圆形，长6~15厘米，宽2.5~5厘米，顶部短突尖或尾状，基部楔尖，全缘，中脉在叶面至少下半段稍凸起，侧脉每边10~14条，在叶缘附近急弯向上而隐没，支脉不明显，叶柄长6~10毫米。雄花序为穗状圆锥花序；雌花序长达20厘米，其顶部常着生雄花，雌花每3或5朵一簇，花柱长约1.5毫米。果序轴粗4~7毫米，成熟壳斗包着坚果的大部分，或有个别全包坚果，则其顶部突然收缩而略延长呈乳头凸状，小苞片向壳斗的口部下弯，壳斗扁圆或近圆球形，高8~18毫米，宽18~25毫米，壳壁薄壳质，小苞片三角形，钻状部分斜展或伏贴于壳壁，长稀超过1毫米，覆瓦状排列；坚果宽圆锥形，或略扁圆形，顶部锥尖或圆，宽16~23毫米，底部果脐口径10~14毫米，深约0.5毫米。花期7~9月，果翌年同期成熟。

产于咸丰，生于山坡林中；分布于湖南、江西、广东、广西。

3. 枇杷叶柯　*Lithocarpus eriobotryoides* Huang et Y. T. Chang. Guihaia 8: 25. 1988.

乔木，高 10~15 米，当年生枝及叶背被黄棕色星状及二分叉的长柔毛，幼嫩时红褐色，有纵沟棱。叶硬纸质，倒卵状椭圆形或倒卵形，有时兼有椭圆形，长 12~20 厘米，宽 4~7 厘米，顶部突急尖或渐尖，基部楔形而下延，或宽楔形，全缘，中脉在叶面凸起，侧脉每边 12~16 条，在叶面凹陷，在叶缘附近急弯向上，有部分与相邻侧脉连接，支脉明显，两面同色；叶柄长 1~2 厘米。雄穗状花序多穗集生成圆锥花序。下部的花穗较长，向上部渐短；雌花每 3 朵一簇。壳斗碟状，基部甚增厚，木质，高 5~8 毫米，宽 18~22 毫米，小苞片三角形或四边菱形，覆瓦状排列，紧贴，略增厚，被灰色微柔毛，坚果高略过于宽的圆锥形，或顶部略平坦的椭圆形，高 25~30 毫米，口径 10~15 毫米。花期 5~6 月，果翌年 8~10 月成熟。

恩施州广布，生于山谷林中；分布于湖北、湖南、贵州、四川。

4. 柯　*Lithocarpus glaber* (Thunb.) Nakai, Cat. Hort. Bot. Univ. Tokyo 8. 1916.

乔木，高 15 米，一年生枝、嫩叶叶柄、叶背及花序轴均密被灰黄色短绒毛，二年生枝的毛较疏且短，常变为污黑色。叶革质或厚纸质，倒卵形、倒卵状椭圆形或长椭圆形，长 6~14 厘米，宽 2.5~5.5 厘米，顶部突急尖，短尾状，或长渐尖，基部楔形，上部叶缘有 2~4 个浅裂齿或全缘，中脉在叶面微凸起，侧脉每边很少多于 10 条，支脉通常不明显，成长叶背面无毛或几无毛，有较厚的蜡鳞层；叶柄长 1~2 厘米，雄穗状花序多排成圆锥花序或单穗腋生，长达 15 厘米；雌花序常着生少数雄花，雌花每 3 朵一簇，花柱 1~1.5 毫米。果序轴通常被短柔毛；壳斗碟状或浅碗状，通常上宽下窄的倒三角形，高 5~10 毫米，宽 10~15 毫米，顶端边缘甚薄，向下甚增厚，硬木质，小苞片三角形，甚细小，紧贴，覆瓦状排列或连生成圆环，密被灰色微柔毛；坚果椭圆形，高 12~25 毫米，宽 8~15 毫米，顶端尖，或长卵形，有淡薄的白色粉霜，暗栗褐色，果脐深达 2 毫米，口径 3~5 毫米。花期 7~11 月，果翌年同期成熟。

产于利川、建始，生于山坡林中；分布于秦岭南坡以南各地，但北回归线以南极少见，海南和云南南部不产；日本也有。

5. 灰柯　*Lithocarpus henryi* (Seem.) Rehd. et Wils. in Sarg. Pl. Wils. 3: 309. 1916.

乔木，高达 20 米，芽鳞无毛，当年生嫩枝紫褐色，二年生枝有灰白色薄蜡层，枝、叶无毛。叶革质或硬纸质，狭长椭圆形，长 12~22 厘米，宽 3~6 厘米，顶部短渐尖，基部有时宽楔形，常一侧稍短且偏斜，全缘，侧脉每边 11~15 条，在叶面微凹陷，支脉不明显，叶背干后带灰色，有较厚的蜡鳞层；叶柄长1.5~3.5厘米。雄穗状花序单穗腋生；雌花序长达20厘米，花序轴被灰黄色毡、毛状微柔毛，其顶部常着生少数雄花；雌花每3朵一簇，花柱长约1毫米，壳斗浅碗斗，高6~14毫米，宽15~24毫米，包着坚果很少到一半，壳壁顶端边缘甚薄，向下逐渐增厚，基部近木质，小苞片三角形，伏贴，位于壳斗顶端边缘的常彼此分离，覆瓦状排列；坚果高12~20毫米，宽15~24毫米，顶端圆，有时略凹陷，有时顶端尖，常有淡薄的白粉，果脐深0.5~1毫米，口径10~15毫米。花期8~10月，果翌年同期成熟。

恩施州广布，生于山坡林中；分布于陕西、湖北、湖南、贵州、四川。

6. 硬壳柯 *Lithocarpus hancei* (Benth.) Rehd. in Journ. Arn. Arb. 1: 127. 1919.

乔木，高很少超过15米，除花序轴及壳斗被灰色短柔毛外各部均无毛。小枝淡黄灰色或灰色，常有很薄的透明蜡层。叶薄纸质至硬革质，卵形，倒卵形，宽椭圆形，倒卵状椭圆形，狭长椭圆形或披针形，长与宽的变异很大，顶部圆、钝、急尖或长渐尖，基部通常沿叶柄下延，全缘，或叶缘略背卷，中脉在叶面至少下半段明显凸起，侧脉纤细而密，支脉一再分枝并连接成小方格状网脉，通常在叶面或两面均明显，两面同色，有时干后在叶面及叶柄有白色粉霜，叶柄长0.5~4厘米。雄穗状花序通常多穗排成圆锥花序，长很少超过10厘米；有时下段着生雌花，上段雄花，花序轴有时扭旋，雌花序2至多条聚生于枝顶部，花柱2或3或4根，长不到1毫米，壳斗浅碗状至近于平展的浅碟状，高3~7毫米，宽10~20毫米，包着坚果不到1/3，小苞片鳞片状三角形，紧贴，常稍微增厚，覆瓦状排列或连生成数个圆环，壳斗通常3~5个一簇，也有单个散生于花序轴上，或同一果序上有单个也有3个一簇的；坚果扁圆形，近圆球形或高过于宽的圆锥形，高8~20毫米，宽6~25毫米，顶端圆至尖，很少平坦，无毛，淡棕色或淡灰黄色，果脐深1~2.5毫米，口径5~10毫米。花期4~6月，果翌年9~12月成熟。

产于宣恩，生于山坡林中；分布于秦岭南坡以南各地。

7. 木姜叶柯 *Lithocarpus litseifolius* (Hance) Chun in Journ. Arn. Arb. 9: 152. 1928.

乔木，高达20米，枝、叶无毛，有时小枝、叶柄及叶面干后有淡薄的白色粉霜。叶纸质至近革质，椭圆形、倒卵状椭圆形或卵形，很少狭长椭圆形，长8~18厘米，宽3~8厘米，顶部渐尖或短突尖，基部楔形至宽楔形，全缘，中脉在叶面凸起，侧脉每边8~11条，至叶缘附近隐没，支脉纤细，疏离，两面同色或叶背带苍灰色，有紧实鳞秕层，中脉及侧脉干后红褐色或棕黄色；叶柄长1.5~2.5厘米。雄穗状花序多穗排成圆锥花序，少有单穗腋生，花序长达25厘米；雌花序长达35厘米，有时雌雄同序，通常2~6条聚生于枝顶部，花序轴常被稀疏短毛；雌花每3~5朵一簇，花柱比花被裂片稍长，干后常油润有光泽。果序长达30厘米，果序轴纤细，粗很少超过5毫米；壳斗浅碟状或上宽下窄的短漏斗状，宽8~14毫米，顶部边缘通

常平展，甚薄，无毛，向下显明增厚呈硬木质，小苞片三角形，紧贴，覆瓦状排列，或基部的连生成圆环，坚果为顶端锥尖的宽圆锥形或近圆球形，很少为顶部平缓的扁圆形，高8～15毫米，宽12～20毫米，栗褐色或红褐色，无毛，常有淡薄的白粉，果脐深达4毫米，口径宽达11毫米。花期5～9月，果翌年6～10月成熟。

产于利川，生于山坡林中；广布秦岭南坡以南各省区；缅甸、老挝、越南也有。

8. 短尾柯 *Lithocarpus brevicaudatus* (Skan) Hayata, Gen. Ind. Fl. Form. 72. 1917.

高大乔木，树干挺直，树皮粗糙，暗灰色，当年生枝紫褐色，有纵沟棱，芽鳞被疏毛。叶革质，通常卵形，有时椭圆形、长圆形或近圆形，萌发枝的嫩叶有时长带状，通常长6～15厘米，宽4～6.5厘米，顶部短突尖，或渐尖，或长尾状，基部宽楔形或近于圆，稀浅耳垂状或短尖，有时两侧不对称，边全缘，叶背有细粉末状但紧实的蜡鳞层，中脉在叶面平坦或下半段稍凸起，侧脉每边9～13条，但近圆形的叶有侧脉6～8条，支脉纤细，网状；叶柄长2～3厘米，稀较短，花序轴及壳斗外壁均被棕或灰黄色微柔毛；雄穗状花序多个组成圆锥花序；雌花每3朵一簇，稀兼有单朵散生。壳壁碟状或浅碗状，透熟时近于平展，宽14～20毫米，高稀达7毫米，木质，小苞片鳞片状，三角形或近菱形，中央轻度肋状突起，覆瓦状排列，紧贴壳壁；坚果宽圆锥形，顶部短锥尖或平坦，宽14～22毫米，果壁厚约1毫米，常有淡薄的灰白色粉霜，果脐位于底部，口径9～12毫米。花期5～7月，果翌年9～11月成熟。

产于咸丰、利川，生于山地林中；广泛分布于长江以南各省区。

栎属 *Quercus* L.

常绿、落叶乔木，稀灌木。冬芽具数片芽鳞，覆瓦状排列。叶螺旋状互生；托叶常早落。花单性，雌雄同株；雌花序为下垂柔荑花序，花单朵散生或数朵簇生于花序轴下；花被杯形，4～7裂或更多；雄蕊与花被裂片同数或较少，花丝细长，花药2室，纵裂，退化雌蕊细小；雌花单生，簇生或排成穗状，单生于总苞内，花被5～6深裂，有时具细小退化雄蕊，子房3室，稀2或4室，每室有2枚胚珠；花柱与子房室同数，柱头侧生带状或顶生头状。壳斗包着坚果一部分稀全包坚果。壳斗外壁的小苞片鳞形、线形、钻形，覆瓦状排列，紧贴或开展。每壳斗内有1个坚果。坚果当年或翌年成熟，坚果顶端有突起柱座，底部有圆形果脐，不育胚珠位于种皮的基部，种子萌发时子叶不出土。

本属约300种；我国有51种14变种1变型；恩施州产11种1变种。

分种检索表

1. 叶冬季脱落或枯干而不落，乔木，稀灌木状。
    2. 叶片长椭圆状披针形或卵状披针形，叶缘有刺芒状锯齿；壳斗小苞片钻形、扁条形或线形，常反曲。
        3. 成长叶两面无毛或仅叶背脉上有柔毛；树皮木栓层不发达；幼枝被毛；小苞片钻形或扁条形，反曲；坚果卵形或椭圆形，直径1.5～2厘米；叶片通常宽2～6厘米 ·· 1. 麻栎 *Quercus acutissima*
        3. 成长叶背面密被灰白色星状毛；树皮木栓层发达；小枝无毛；壳斗连小苞片直径2.5～4厘米，小苞片钻形，反曲；坚果近球形，直径约1.5厘米 ·· 2. 栓皮栎 *Quercus variabilis*
    2. 叶片椭圆状倒卵形，长圆卵形或椭圆形，叶缘粗锯齿或波状齿；壳斗小苞片窄披针形、三角形或瘤状。
        4. 壳斗小苞片窄披针形，直立或反曲，长约1厘米，背面无毛；叶片倒卵形或长倒卵形 ·· 3. 槲树 *Quercus dentata*
        4. 壳斗小苞片三角形、长三角形、长卵形或卵状披针形，长不超过4毫米，紧贴壳斗壁。
            5. 成长叶背被灰褐色或灰黄色星状毛 ·· 4. 白栎 *Quercus fabri*

壳斗科
Fagaceae

  5. 成长叶背不被灰褐色或灰黄色星状毛。
    6. 叶缘有腺状锯齿，成长叶背面无毛或被伏贴单毛或在变种中有星状毛·············· 5. 枹栎 *Quercus serrata*
    6. 叶缘具波状齿，齿无腺。
      7. 叶缘具波状钝齿，叶背被灰棕色细绒毛 ······································· 6. 槲栎 *Quercus aliena*
      7. 叶缘具粗大锯齿，齿端尖锐，内弯，叶背密被灰色细绒毛 ············ 7. 锐齿槲栎 *Quercus aliena* var. *acuteserrata*
1. 叶常绿或半常绿，乔木或灌木状。
  8. 叶片椭圆形、长椭圆形、倒卵状椭圆形有时近圆形，顶端圆钝，稀凹缺或具短尖，叶基圆或浅耳垂形，叶全缘或具硬刺状锯齿，中脉中部以上呈之字形曲折延伸，叶背有毛或光滑无毛 ·· 8. 刺叶高山栎 *Quercus spinosa*
  8. 叶片顶端尖，基部楔形、圆形或浅耳垂形，叶缘锯齿不成硬刺状，稀全缘，中脉自基部至顶端成直线延伸；若叶片顶端钝，则叶片为倒匙形。
    9. 壳斗小苞片线状披针形或钻形，弯或反曲 ··································· 9. 匙叶栎 *Quercus dolicholepis*
    9. 壳斗小苞片鳞片状、三角形、卵形、椭圆形，紧贴稀不紧贴壳斗壁。
      10. 叶柄长 1~3 厘米 ···10. 巴东栎 *Quercus engleriana*
      10. 叶柄很短，长 2~8 毫米，稀达 10 毫米。
        11. 成长叶背面密被灰黄色星状绒毛，遮蔽侧脉；坚果长椭圆形 ··············· 11. 岩栎 *Quercus acrodonta*
        11. 成长叶背无毛、几无毛或仅叶脉中脉被毛，侧脉支脉明显可见 ············ 12. 乌冈栎 *Quercus phillyraeoides*

1. 麻栎 *Quercus acutissima* Carruth. in Journ. Linn. Soc. Bot. 6: 33. 1862.

落叶乔木，高达 30 米，树皮深灰褐色，深纵裂。幼枝被灰黄色柔毛，后渐脱落，老时灰黄色，具淡黄色皮孔。冬芽圆锥形，被柔毛。叶片通常为长椭圆状披针形，长 8~19 厘米，宽 2~6 厘米，顶端长渐尖，基部圆形或宽楔形，叶缘有刺芒状锯齿，叶片两面同色，幼时被柔毛，老时无毛或叶背面脉上有柔毛，侧脉每边 13~18 条；叶柄长 1~5 厘米，幼时被柔毛，后渐脱落。雄花序常数个集生于当年生枝下部叶腋，有花 1~3 朵，花柱 30 根，壳斗杯形，包着坚果约 1/2，连小苞片直径 2~4 厘米，高约 1.5 厘米；小苞片钻形或扁条形，向外反曲，被灰白色绒毛。坚果卵形或椭圆形，直径 1.5~2 厘米，高 1.7~2.2 厘米，顶端圆形，果脐突起。花期 3~4 月，果期翌年 9~10 月。

恩施州广布，生于山坡林中或灌丛中；分布于辽宁、河北、山西、山东、江苏、安徽、浙江、江西、福建、河南、湖北、湖南、广东、海南、广西、四川、贵州、云南等省区；朝鲜、日本、越南、印度也有分布。

2. 栓皮栎 *Quercus variabilis* Bl. in Mus. Bot. Lugd. -Bat. 1: 297. 1850.

落叶乔木，高达 30 米，树皮黑褐色，深纵裂，木栓层发达。小枝灰棕色，无毛；芽圆锥形，芽鳞褐色，具缘毛。叶片卵状披针形或长椭圆形，长 8~20 厘米，宽 2~8 厘米，顶端渐尖，基部圆形或宽楔形，叶缘具刺芒状锯齿，叶背密被灰白色星状绒毛，侧脉每边 13~18 条，直达齿端；叶柄长 1~5 厘米，无毛。雄花序长达 14 厘米，花序轴密被褐色绒毛，花被 4~6 裂，雄蕊 10 枚或较多；雌花序生于新枝上端叶腋，花柱 3 根，壳斗杯形，包着坚果2/3，连小苞片直径2.5~4厘米，高约1.5厘米；小苞片钻形，反曲，被短毛。坚果近球形或宽卵形，高、直径约1.5厘米，顶端圆，果脐突起。花期3~4月，果期翌年9~10月。

恩施州广布，生于山坡林中；分布于辽宁、河北、山西、陕西、甘肃、山东、江苏、安徽、浙江、江西、福建、台湾、河南、湖北、湖南、广东、广西、四川、贵州、云南等省区。

3. 槲树　*Quercus dentata* Thunb., Fl. Jap. 177. 1784.

落叶乔木，高达25米，树皮暗灰褐色，深纵裂。小枝粗壮，有沟槽，密被灰黄色星状绒毛。芽宽卵形，密被黄褐色绒毛。叶片倒卵形或长倒卵形，长10~30厘米，宽6~20厘米，顶端短钝尖，叶面深绿色，基部耳形，叶缘波状裂片或粗锯齿，幼时被毛，后渐脱落，叶背面密被灰褐色星状绒毛，侧脉每边4~10条；托叶线状披针形，长1.5厘米；叶柄长2~5毫米，密被棕色绒毛。雄花序生于新枝叶腋，长4~10厘米，花序轴密被淡褐色绒毛，花数朵簇生于花序轴上；花被7~8裂，雄蕊通常8~10枚；雌花序生于新枝上部叶腋，长1~3厘米。壳斗杯形，包着坚果1/3~1/2，连小苞片直径2~5厘米，高0.2~2厘米；小苞片革质，窄披针形，长约1厘米，反曲或直立，红棕色，外面被褐色丝状毛，内面无毛。坚果卵形至宽卵形，直径1.2~1.5厘米，高1.5~2.3厘米，无毛，有宿存花柱。花期4~5月，果期9~10月。

产于利川，生于山坡林中；分布于黑龙江、吉林、辽宁、河北、山西、陕西、甘肃、山东、江苏、安徽、浙江、台湾、河南、湖北、湖南、四川、贵州、云南等省；朝鲜、日本也有分布。

4. 白栎　*Quercus fabri* Hance in Journ. Linn. Soc. Bot. 10: 202. 1869.

落叶乔木或灌木状，高达20米，树皮灰褐色，深纵裂。小枝密生灰色至灰褐色绒毛；冬芽卵状圆锥形，芽长4~6毫米，芽鳞多数，被疏毛。叶片倒卵形、椭圆状倒卵形，长7~15厘米，宽3~8厘米，顶端钝或短渐尖，基部楔形或窄圆形，叶缘具波状锯齿或粗钝锯齿，幼时两面被灰黄色星状毛，侧脉每边8~12条，叶背支脉明显；叶柄长3~5毫米，被棕黄色绒毛。雄花序长6~9厘米，花序轴被绒毛，雌花序长1~4厘米，生2~4朵花，壳斗杯形，包着坚果约1/3，直径0.8~1.1厘米，高4~8毫米；小苞片卵状披针形，排列紧密，在口缘处稍伸出。坚果长椭圆形或卵状长椭圆形，直径0.7~1.2厘米，高1.7~2厘米，无毛，果脐突起。花期4月，果期10月。

恩施州广布，生于山坡林中；分布于陕西、江苏、安徽、浙江、江西、福建、河南、湖北、湖南、广东、广西、四川、贵州、云南等省区。

5. 枹栎　*Quercus serrata* Thunb., Fl. Jap. 176. 1784.

落叶乔木，高达25米，树皮灰褐色，深纵裂。幼枝被柔毛，不久即脱落；冬芽长卵形，长5~7毫米，芽鳞多数，棕色，无毛或有极少毛。叶片薄革质，倒卵形或倒卵状椭圆形，长7~17厘米，宽3~9厘米，顶端渐尖或急尖，基部楔形或近圆形，叶缘有腺状锯齿，幼时被伏贴单毛，老时及叶背被平伏单毛或无毛，侧脉每边7～12条；叶柄长1～3厘米，无毛。雄花序长8～12厘米，花序轴密被白毛，雄蕊8枚；雌花序长1.5～3厘米。壳斗杯状，包着坚果1/4～1/3，直径1～1.2厘米，高5～8毫米；小苞片长三角形，贴生，边缘具柔毛。坚果卵形至卵圆形，直径0.8～1.2厘米，高1.7～2厘米，果脐平坦。花期3～4月，果期9～10月。

恩施州广布；生于沟谷林中或山地林中；分布于辽宁、山西、陕西、甘肃、山东、江苏、安徽、河南、湖北、湖南、广东、广西、四川、贵州、云南等省区；日本、朝鲜也有分布。

6. 槲栎 *Quercus aliena* Bl. in Mus. Bot. Lugd. -Bat. 1: 298. 1850.

落叶乔木，高达30米；树皮暗灰色，深纵裂。小枝灰褐色，近无毛，具圆形淡褐色皮孔；芽卵形，芽鳞具缘毛。叶片长椭圆状倒卵形至倒卵形，长10～30厘米，宽5～16厘米，顶端微钝或短渐尖，基部楔形或圆形，叶缘具波状钝齿，叶背被灰棕色细绒毛，侧脉每边10～15条，叶面中脉侧脉不凹陷；叶柄长1～1.3厘米，无毛。雄花序长4～8厘米，雄花单生或数朵簇生于花序轴，微有毛，花被6裂，雄蕊通常10枚；雌花序生于新枝叶腋，单生或2～3朵簇生。壳斗杯形，包着坚果约1/2，直径1.2～2厘米，高1～1.5厘米；小苞片卵状披针形，长约2毫米，排列紧密，被灰白色短柔毛。坚果椭圆形至卵形，直径1.3～1.8厘米，高1.7～2.5厘米，果脐微突起。花期3～5月，果期9～10月。

恩施州广布，生于山坡林中；分布于陕西、山东、江苏、安徽、浙江、江西、河南、湖北、湖南、广东、广西、四川、贵州、云南。

7. 锐齿槲栎（变种） *Quercus aliena* Bl. var. *acuteserrata* Maxim. ex Wenz. in Jahrb. Bot. Gart. Berlin 4: 219. 1886.

本变种与槲栎 *Q. aliena* 不同处为叶缘具粗大锯齿，齿端尖锐，内弯，叶背密被灰色细绒毛，叶片形状变异较大。花期3～4月，果期10～11月。

恩施州广布，生于山地林中；分布于辽宁、河北、山西、陕西、甘肃、山东、江苏、安徽、浙江、江西、台湾、河南、湖北、湖南、广东、广西、四川、贵州、云南等省区。

8. 刺叶高山栎 *Quercus spinosa* David ex Franch. Plant. David. 1 Part. 274. 1884.

常绿乔木或灌木，高达15米。小枝幼时被黄

色星状毛，后渐脱落。叶面皱褶不平，叶片倒卵形、椭圆形，长2.5~7厘米，宽1.5~4厘米，顶端圆钝，基部圆形或心形，叶缘有刺状锯齿或全缘，幼叶两面被腺状单毛和束毛，老叶仅叶背中脉下段被灰黄色星状毛，其余无毛，中脉、侧脉在叶面均凹陷，中脉之字形曲折，侧脉每边4~8条；叶柄长2~3毫米。雄花序长4~6厘米，花序轴被疏毛；雌花序长1~3厘米。壳斗杯形，包着坚果1/4~1/3，直径1~1.5厘米，高6~9毫米；小苞片三角形，长1~1.5毫米，排列紧密。坚果卵形至椭圆形，直径1~1.3厘米，高1.6~2厘米。花期5~6月，果期翌年9~10月。

恩施州广布，生于山坡、山谷林中；分布于陕西、甘肃、江西、福建、台湾、湖北、四川、贵州、云南等省；缅甸也有分布。

9. 匙叶栎　*Quercus dolicholepis* A. Camus, Chenes Texte 3 (2): 1215. 1953.

常绿乔木，高达16米。小枝幼时被灰黄色星状柔毛，后渐脱落。叶革质，叶片倒卵状匙形、倒卵状长椭圆形，长2~8厘米，宽1.5~4厘米，顶端圆形或钝尖，基部宽楔形、圆形或心形，叶缘上部有锯齿或全缘，幼叶两面有黄色单毛或束毛，老时叶背有毛或脱落，侧脉每边7~8条；叶柄长4~5毫米，有绒毛。雄花序长3~8厘米，花序轴被苍黄色绒毛。壳斗杯形，包着坚果2/3~3/4，连小苞片直径约2厘米，高约1厘米；小苞片线状披针形，长约5毫米，赭褐色，被灰白色柔毛，先端向外反曲。坚果卵形至近球形，直径1.3~1.5厘米，高1.2~1.7厘米，顶端有绒毛，果脐微突起。花期3~5月，果期翌年10月。

恩施州广布，生于山坡林中；分布于山西、陕西、甘肃、河南、湖北、四川、贵州、云南等省。

10. 巴东栎　*Quercus engleriana* Seem. in Bot. Jahrb. 23, Beibl. 57: 47. 1897.

常绿或半常绿乔木，高达25米，树皮灰褐色，条状开裂。小枝幼时被灰黄色绒毛，后渐脱落。叶片椭圆形、卵形、卵状披针形，长6~16厘米，宽2.5~5.5厘米，顶端渐尖，基部圆形或宽楔形、稀为浅心形，叶缘中部以上有锯齿，有时全缘，叶片幼时两面密被棕黄色短绒毛，后渐无毛或仅叶背脉腋有簇生毛，叶面中脉、侧脉平坦，有时凹陷，侧脉每边10~13条；叶柄长1~2厘米，幼时被绒毛，后渐无毛；托叶线形，长约1厘米，背面被黄色绒毛。雄花序生于新枝基部，长约7厘米，花序轴被绒毛，雄蕊4~6枚；雌花序生于新枝上端叶腋，长1~3厘米。壳斗碗形，包着坚果1/3~1/2，直径0.8~1.2厘米，高4~7毫米；小苞片卵状披针形，长约1毫米，中下部被灰褐色柔毛，顶端紫红色，无毛。坚果长卵形，直径0.6~1厘米，高1~2厘米，无毛，柱座长2~3毫米，果脐突起，直径3~5毫米。花期4~5月，果期11月。

恩施州广布，生于山坡林中；分布于陕西、江西、福建、河南、湖北、湖南、广西、四川、贵州、云南、西藏等省区。

11. 岩栎　　*Quercus acrodonta* Seem. in Bot. Jahrb. 23, Beibl. 57: 48. 1897.

常绿乔木，高达 15 米，有时灌木状。小枝幼时密被灰黄色短星状绒毛。叶片椭圆形、椭圆状披针形或长倒卵形，长 2~6 厘米，宽 1~2.5 厘米，顶端短渐尖，基部圆形或近心形，叶片中部以上有刺状疏锯齿，叶背密被灰黄色星状绒毛，侧脉每边 7~11 条，由于毛遮蔽叶片两面侧脉均不明显；叶柄长 3~5 毫米，密被灰黄色绒毛。雄花序长 2~4 厘米，花序轴纤细，被疏毛，花被近无毛；雌花序生于枝顶叶腋，着生 2~3 朵花，花序轴被黄色绒毛。壳斗杯形，包着坚果 1/2，直径 1~1.5 厘米，高 5~8 毫米；小苞片椭圆形，长约 1.5 毫米，覆瓦状排列紧密，除顶端红色无毛外被灰白色绒毛。坚果长椭圆形，直径 5~8 毫米，高 8~10 毫米，顶端被灰黄色绒毛，有宿存花柱；果脐微突起，直径 2 毫米。花期 3~4 月，果期 9~10 月。

产于巴东，生于山坡林中；分布于陕西、甘肃、河南、湖北、四川、贵州和云南等省。

12. 乌冈栎　　*Quercus phillyraeoides* A. Gray in Mem. Am. Acad. Arts. Sic. 6: 406. 1859.

常绿灌木或小乔木，高达 10 米。小枝纤细，灰褐色，幼时有短绒毛，后渐无毛。叶片革质，倒卵形或窄椭圆形，长 2~8 厘米，宽 1.5~3 厘米，顶端钝尖或短渐尖，基部圆形或近心形，叶缘中部以上具疏锯齿，两面同为绿色，老叶两面无毛或仅叶背中脉被疏柔毛，侧脉每边 8~13 条；叶柄长 3~5 毫米，被疏柔毛。雄花序长 2.5~4 厘米，纤细，花序轴被黄褐色绒毛；雌花序长 1~4 厘米，花柱长 1.5 毫米，柱头 2~5 裂。壳斗杯形，包着坚果 1/2~2/3，直径 1~1.2 厘米，高 6~8 毫米；小苞片三角形，长约 1 毫米，覆瓦状排列紧密，除顶端外被灰白色柔毛，果长椭圆形，高 1.5~1.8 厘米，直径约 8 毫米，果脐平坦或微突起，直径 3~4 毫米。花期 3~4 月，果期 9~10 月。

恩施州广布，生于山坡林中；分布于陕西、浙江、江西、安徽、福建、河南、湖北、湖南、广东、广西、四川、贵州、云南等省区；日本也有。

青冈属　　*Cyclobalanopsis* Oerst.

常绿乔木，稀灌木，树皮通常平滑，稀深裂。冬芽芽鳞多数，覆瓦状排列。叶螺旋状互生，全缘或有锯齿，羽状脉。花单性，雌雄同株；雄花序为下垂柔荑花序，雄花单朵散生或数朵簇生于花序轴，花被通常 5~6 深裂，雄蕊与花被裂片同数，有时较少，花丝细长，花药 2 室，退化雌蕊细小；雌花单生或排成穗状，雌花单生于总苞内，花被具 5~6 裂片，有时有细小的退化雄蕊，子房 3 室，每室有 2 枚胚珠，花柱 2~4 根，通常 3 根。果实成熟时发育的总苞称为壳斗，壳斗呈碟形、杯形、碗形、钟形，包着坚果一部分至大部分，稀全包，壳斗上的小苞片轮状排列，愈合成为同心环带，环带全缘或具裂齿，每一壳斗内通常只有 1 个坚果。坚果当年成熟或翌年成熟，近球形至椭圆形，顶端有突起的柱座，底部圆形疤痕为果脐，不孕胚珠位于种子的近顶部。种子具肉质子叶，富含淀粉，发芽时子叶不出土。

本属约 150 种；我国有 77 种 3 变种；恩施州产 9 种。

分种检索表

1. 叶片全缘、叶缘波浪状或近顶端有 1～4 个浅齿,稀较多。
   2. 叶片长 14 厘米以上,宽 3.5 厘米稀 3 厘米 ··· 1. 大叶青冈 Cyclobalanopsis jenseniana
   2. 叶片长 14 厘米以下,宽 1～3.5 厘米,稀达 4 厘米。
      3. 叶片椭圆状披针形或窄披针形,顶端圆钝、微凹或短突尖 ······················· 2. 竹叶青冈 Cyclobalanopsis bambusaefolia
      3. 叶片长椭圆形或披针状长椭圆形,顶端渐尖至尾尖,不为圆钝或微凹 ············· 3. 云山青冈 Cyclobalanopsis sessilifolia
1. 叶缘有尖锐锯齿,至少叶片近顶端有锯齿。
   4. 叶片长 14 厘米以上,宽 5～10 厘米。
      5. 叶背有灰白色或黄白色粉及平伏单毛和分叉毛;壳斗有 6～8 条环带,环带边缘粗齿状 ······ 4. 曼青冈 Cyclobalanopsis oxyodon
      5. 叶背被单毛或无毛;侧脉每边 10～15 条 ·· 5. 多脉青冈 Cyclobalanopsis multinervis
   4. 叶片长 14 厘米以下,宽 5 厘米以下,稀较长或较宽。
      6. 叶缘有锯齿,至少叶缘 1/3 以上有锯齿。
         7. 叶片宽 1～3 厘米,叶缘有细尖锯齿;壳斗环带常有裂齿 ·············· 6. 细叶青冈 Cyclobalanopsis gracilis
         7. 叶片宽 3～6 厘米。
            8. 侧脉每边有 9～13 条;芽近无毛;果当年成熟 ··· 7. 青冈 Cyclobalanopsis glauca
            8. 侧脉每边有 10～15 条;芽被毛;果翌年成熟 ··· 5. 多脉青冈 Cyclobalanopsis multinervis
      6. 叶缘中部以上或近顶端有锯齿。
         9. 侧脉每边 7～10 条 ··· 8. 褐叶青冈 Cyclobalanopsis stewardiana
         9. 侧脉每边 8～20 条 ··· 9. 小叶青冈 Cyclobalanopsis myrsinifolia

1. 大叶青冈 *Cyclobalanopsis jenseniana* (Hand.-Mazz.) Cheng et T. Hong ex Q. F. Zheng. Fl. Fujianica 1: 406. 1982.

常绿乔木,高达 30 米,树皮灰褐色,粗糙。小枝粗壮,有沟槽;无毛,密生淡褐色皮孔。叶片薄革质,长椭圆形或倒卵状长椭圆形,长 12～30 厘米,宽 6～12 厘米,顶端尾尖或渐尖,基部宽楔形或近圆形,全缘,无毛,中脉在叶面凹陷,在叶背凸起,侧脉每边 12～17 条,近叶缘处向上弯曲;叶柄长 3～4 厘米,上面有沟槽,无毛。雄花序密集,长 5～8 厘米,花序轴及花被有疏毛;雌花序长 3～9 厘米,花序轴有淡褐色长圆形皮孔,花柱 4～5 裂。壳斗杯形,包着坚果 1/3～1/2,直径 1.3～1.5 厘米,高 0.8～1 厘米,无毛;小苞片合生成 6～9 条同心环带,环带边缘有裂齿。坚果长卵形或倒卵形,直径 1.3～1.5 厘米,高 1.7～2.2 厘米,无毛。花期 4～6 月,果期翌年 10～11 月。

产于利川、咸丰,生于山坡林中;分布于浙江、江西、福建、湖北、湖南、广东、广西、贵州及云南等省区。

2. 竹叶青冈 *Cyclobalanopsis bambusaefolia* (Hance) Y. C. Hsu et H. W. Jen in Journ. Forest. Univ. 15 (4): 44. 1993.

常绿乔木,高达 20 米,树皮灰黑色,平滑。小枝幼时被灰褐色丝质长柔毛,后渐脱落。叶片薄革质,集生于枝顶,窄披针形或椭圆状披针形,长 3～11 厘米,宽 0.5～1.8 厘米,顶端钝圆,基部楔形,全缘或顶部有 1～2 对不明显钝齿,中脉在叶面微凸起或平坦,侧脉每边 7～14 条,不甚明显,叶背带粉白色,无毛或基部有残存长柔毛;叶柄长 2～5 毫米,无毛。雄花序长 1.5～5 厘米;雌花序长 0.5～1 厘米,着生花 2 至数朵,花序轴幼时被黄色绒毛,花柱 3～4 根,长约 1 毫米。果序长 5～10 毫米,通常有果 1 个。壳斗盘形或杯形,包着坚果基部,直径 1.3～1.8 厘米,高 0.5～1 厘米,内壁有棕色绒毛,外壁被灰棕色短绒毛;小苞片合生成

4～6条同心环带，环带全缘或有三角形裂齿。坚果倒卵形或椭圆形，直径1～1.6厘米，高1.5～2.5厘米，初被微柔毛，后渐脱落，柱座明显；果脐微凸起，直径5～7毫米。花期2～3月，果期翌年8～11月。

产于宣恩，属湖北省新记录，生于山坡林中；分布于广东、海南、广西等省区；越南也有。

3. 云山青冈　　*Cyclobalanopsis sessilifolia* (Bl.) Schott. in Bot. Jahrb. 47: 652. 1912.

常绿乔木，高达25米。小枝初时被毛，后无毛，有灰白色蜡层和淡褐色圆形皮孔。冬芽圆锥形，长1～1.5厘米，芽鳞多数，褐色，无毛。叶片革质，长椭圆形至披针状长椭圆形，长7～14厘米，宽1.5～4厘米，顶端急尖或短渐尖，基部楔形，全缘或顶端有2～4锯齿，侧脉不明显，每边10～14条，两面近同色，无毛；叶柄长0.5～1厘米，无毛。雄花序长5厘米，花序轴被苍黄色绒毛；雌花序长约1.5厘米，花柱3裂。壳斗杯形，包着坚果约1/3，直径1～1.5厘米，高0.5～1厘米，被灰褐色绒毛，具5～7条同心环带，除下面2～3环有裂齿外，其余近全缘。坚果倒卵形至长椭圆状倒卵形，直径0.8～1.5厘米，高1.7～2.4厘米，柱座凸起，基部有几条环纹；果脐微凸起，直径5～7毫米。花期4～5月，果期10～11月。

产于咸丰、宣恩，生于山地林中；分布于江苏、浙江、江西、福建、台湾、湖北、湖南、广东、广西、四川、贵州等省区；日本也有。

4. 曼青冈　　*Cyclobalanopsis oxyodon* (Miq.) Oerst. in Vid. Medd. Nat. For. Kjoeb. 18: 71. 1866.

常绿乔木，高达20米。幼枝被绒毛，不久脱落。叶长椭圆形至长椭圆状披针形，长13～22厘米，宽3～8厘米，顶端渐尖或尾尖，基部圆或宽楔形，常略偏斜，叶缘有锯齿，中脉在叶面凹陷，在叶背显著凸起，侧脉每边16～24条，叶面绿色，叶背被灰白色或黄白色粉及平伏单毛和分叉毛，不久即脱净；叶柄长2.5～4厘米。雄花序长6～10厘米，有疏毛；雌花序长2～5厘米。壳斗杯形，包着坚果1/2以上，直径1.5～2厘米，被灰褐色绒毛；小苞片合生成6～8条同心环带，环带边缘粗齿状。坚果卵形至近球形，直径1.4～1.7厘米，高1.6～2.2厘米，无毛，或顶端微有毛；果脐微凸起，直径约8毫米。花期5～6月，果期9～10月。

恩施州广布，生于山坡林中；分布于陕西、浙江、江西、湖北、湖南、广东、广西、四川、贵州、云南、西藏等省区；印度、尼泊尔、缅甸均有。

5. 多脉青冈　　*Cyclobalanopsis multinervis* Cheng et T. Hong in Sci. Silvae 8 (1): 10. 1963.

常绿乔木，高12米，树皮黑褐色。芽有毛。叶片长椭圆形或椭圆状披针形，长7.5～15.5厘米，宽2.5～5.5厘米，顶端突尖或渐尖，基部楔形或近圆形，叶缘1/3以上有尖锯齿，侧脉每边10～15条，叶背被伏贴单毛及易脱落的蜡粉层，脱落后带灰绿色；叶柄长1～2.7厘米。果序长1～2厘米，着生2～6个果。壳斗杯形，包着坚果1/2以下，直径1～1.5厘米，高约8毫米；小苞片合生成6～7条同心环带，环带近全缘。坚果长卵形，直径约1厘米，高1.8厘米，无毛；果脐平坦，直径3～5毫米。花期4～6月，果期翌年10～11月。

恩施州广布，生于山坡林中；分布于安徽、江西、福建、湖北、湖南、广西及四川。

6. 细叶青冈 *Cyclobalanopsis gracilis* (Rehd. et Wils.) Cheng et T. Hong, Sci. Silvae Sin. 8 (1): 11. 1963.

常绿乔木，高达15米，树皮灰褐色。小枝幼时被绒毛，后渐脱落。叶片长卵形至卵状披针形，长4.5~9厘米，宽1.5~3厘米，顶端渐尖至尾尖，基部楔形或近圆形，叶缘1/3以上有细尖锯齿，侧脉每边7~13条，不甚明显；尤其近叶缘处更不明显，叶背支脉极不明显，叶面亮绿色，叶背灰白色，有伏贴单毛；叶柄长1~1.5厘米。雄花序长5~7厘米，花序轴被疏毛；雌花序长1~1.5厘米，顶端着生2~3朵花，花序轴及苞片被绒毛。壳斗碗形，包着坚果1/3~1/2，直径1~1.3厘米，高6~8毫米，外壁被伏贴灰黄色绒毛；小苞片合生成6~9条同心环带，环带边缘通常有裂齿，尤以下部2环更明显。坚果椭圆形，直径约1厘米，高1.5~2厘米，有短柱座，顶端被毛，果脐微凸起。花期3~4月，果期10~11月。

恩施州广布，生于山坡林中；分布于河南、陕西、甘肃、江苏、安徽、浙江、江西、福建、湖北、湖南、广东、广西、四川、贵州等省区。

7. 青冈 *Cyclobalanopsis glauca* (Thunb.) Oerst. in Vid. Medd. Nat. For. Kjoeb. 18: 70. 1866.

常绿乔木，高达20米。小枝无毛。叶片革质，倒卵状椭圆形或长椭圆形，长6~13厘米，宽2~5.5厘米，顶端渐尖或短尾状，基部圆形或宽楔形，叶缘中部以上有疏锯齿，侧脉每边9~13条，叶背支脉明显，叶面无毛，叶背有整齐平伏白色单毛，老时渐脱落，常有白色鳞秕；叶柄长1~3厘米。雄花序长5~6厘米，花序轴被苍色绒毛。果序长1.5~3厘米，着生果2~3个。壳斗碗形，包着坚果1/3~1/2，直径0.9~1.4厘米，高0.6~0.8厘米，被薄毛；小苞片合生成5~6条同心环带，环带全缘或有细缺刻，排列紧密。坚果卵形、长卵形或椭圆形，直径0.9~1.4厘米，高1~1.6厘米，无毛或被薄毛，果脐平坦或微凸起。花期4~5月，果期10月。

恩施州广布，生于山坡林中；分布于陕西、甘肃、江苏、安徽、浙江、江西、福建、台湾、河南、湖北、湖南、广东、广西、四川、贵州、云南、西藏等省；朝鲜、日本、印度也有。

8. 褐叶青冈 *Cyclobalanopsis stewardiana* (A. Camus) Y. C. Hsu et H. W. Jen in Acta Bot. Yunnan. 1: 148. 1979.

常绿乔木，高12米。小枝无毛。叶片椭圆状披针形或长椭圆形，长6~12厘米，宽2~4厘米，顶端尾尖或渐尖，基部楔形，叶缘中部以上有疏浅锯齿，侧脉每边8~10条，在叶面不明显，在叶背凸起，幼叶两面被丝状单毛，老时无毛或仅叶背有疏毛，叶面深绿色，叶背灰白色，干后带褐色；叶柄长1.5~3厘米，无毛。雄花序生于新枝基部，长5~7厘米，花序轴密生棕色绒毛；雌花序生于新枝叶腋，长约2厘米，花序轴及苞片被棕色绒毛。壳斗杯形，包着坚果1/2，直径1~1.5厘米，高6~8毫米，内壁被灰褐色绒毛，外壁被灰白色柔毛，老时渐脱落；小苞片合生成5~9条同心环带，环带常排列松弛，边缘有粗齿。坚果宽卵形，高、直径0.8~1.5厘米，无毛，顶端有宿存短花柱，果脐凸起。花期7月，果期翌年10月。

产于宣恩，生于山坡林中；分布于浙江、江西、湖北、湖南、广东、广西、四川、贵州等省区。

9. 小叶青冈 *Cyclobalanopsis myrsinifolia* (Bl.) Oerst. in Vid. Selsk. 9, 6: 387. 1871.

常绿乔木，高20米。小枝无毛，被凸起淡褐色长圆形皮孔。叶卵状披针形或椭圆状披针形，长6~11厘米，宽1.8~4厘米，顶端长渐尖或短尾状，基部楔形或近圆形，叶缘中部以上有细锯齿，侧脉每边9~14条，常不达叶缘，叶背支脉不明显，叶面绿色，叶背粉白色，干后为暗灰色，无毛；叶柄长1~2.5厘米，无毛。雄花序长4~6厘米；雌花序长1.5~3厘米。壳斗杯形，包着坚果1/3~1/2，直径1~1.8厘米，高5~8毫米，壁薄而脆，内壁无毛，外壁被灰白色细柔毛；小苞片合生成6~9条同心环带，环带全缘。坚果卵形或椭圆形，直径1~1.5厘米，高1.4~2.5厘米，无毛，顶端圆，柱座明显，有5~6条环纹；果脐平坦，直径约6毫米。花期6月，果期10月。

恩施州广布，生于山坡林中；广布我国各省区；越南、老挝、日本均有。

榆科
Ulmaceae

乔木或灌木；芽具鳞片，稀裸露，顶芽通常早死，枝端萎缩成一小距状或瘤状凸起，残存或脱落，其下的腋芽代替顶芽。单叶，常绿或落叶，互生，稀对生，常2列，有锯齿或全缘，基部偏斜或对称，羽状脉或基部三出脉，稀基部五出脉或掌状三出脉，有柄；托叶常呈膜质，侧生或生柄内，分离或连合，或基部合生，早落。单被花两性，稀单性或杂性，雌雄异株或同株，少数或多数排成疏或密的聚伞花序，或因花序轴短缩而似簇生状，或单生，生于当年生枝或去年生枝的叶腋，或生于当年生枝下部或近基部的无叶部分的苞腋；花被浅裂或深裂，花被裂片常4~8片，覆瓦状排列，宿存或脱落；雄蕊着生于花被的基底，在蕾中直立，稀内曲，常与花被裂片同数而对生，稀较多，花丝明显，花药2室，纵裂，外向或内向；雌蕊由2个心皮连合而成，花柱极短，柱头2个，条形，其内侧为柱头面，子房上位，通常1室，稀2室，无柄或有柄，胚珠1枚，倒生，珠被2层。果为翅果、核果、小坚果或有时具翅或具附属物，顶端常有宿存的柱头；胚直立、弯曲或内卷，胚乳缺或少量，子叶扁平、折叠或弯曲，发芽时出土。

本科16属约230种；我国产8属46种10变种；恩施州产6属14种3变种。

分属检索表

1. 果为翅果。
　2. 叶基部三出脉，基出的1对侧脉近直伸达叶的上部，侧脉先端在未达叶缘前弧曲，不伸入锯齿；花单性同株，雄花数朵簇生于当年生枝的下部叶腋，花药先端有毛，雌花单生于当年生枝的上部叶腋；小坚果周围有翅，具长梗 ················· 1. 青檀属 *Pteroceltis*

2. 叶具羽状脉，侧脉直，脉端伸入锯齿；花两性或杂性，花药先端无毛 ·············· 2. 榆属 Ulmus
1. 果为核果。
  3. 叶具羽状脉 ··· 3. 榉属 Zelkova
  3. 叶基部三出脉，稀基部五出脉、掌状三出脉或羽状脉。
    4. 叶的侧脉直，先端伸入锯齿 ·· 4. 糙叶树属 Aphananthe
    4. 叶的侧脉先端在未达叶缘前弧曲，不伸入锯齿。
      5. 花具短梗；果较小，直径 1.5～4 毫米，具宿存花被片和柱头，果梗极短 ·············· 5. 山黄麻属 Trema
      5. 花具长梗；果较大，直径 5～15 毫米，无宿存花被片和柱头，无宿存花被片和柱头，果梗较长 ········ 6. 朴属 Celtis

青檀属 *Pteroceltis* Maxim.

落叶乔木。叶互生，有锯齿，基部三出脉，侧脉先端在未达叶缘前弧曲，不伸入锯齿；托叶早落。花单性、同株，雄花数朵簇生于当年生枝的下部叶腋，花被 5 深裂，裂片覆瓦状排列，雄蕊 5 枚，花丝直立，花药顶端有毛，退化子房缺；雌花单生于当年生枝的上部叶腋，花被 4 深裂，裂片披针形，子房侧向压扁，花柱短，柱头 2 个，条形，胚珠倒垂。坚果具长梗，近球状，围绕以宽的翅，内果皮骨质；种子具很少胚乳，胚弯曲，子叶宽。

本属 1 种，特产我国；恩施州产 1 种。

青檀 *Pteroceltis tatarinowii* Maxim. in Bull. Acad. Sci. St. Petersb. 18: 293. 1873.

乔木，高达 20 米；树皮灰色或深灰色，不规则的长片状剥落；小枝黄绿色，干时变栗褐色，疏被短柔毛，后渐脱落，皮孔明显，椭圆形或近圆形；冬芽卵形。叶纸质，宽卵形至长卵形，长 3～10 厘米，宽 2～5 厘米，先端渐尖至尾状渐尖，基部不对称，楔形、圆形或截形，边缘有不整齐的锯齿，基部三出脉，侧出的一对近直伸达叶的上部，侧脉 4～6 对，叶面绿，幼时被短硬毛，后脱落常残留有圆点，光滑或稍粗糙，叶背淡绿，在脉上有稀疏的或较密的短柔毛，脉腋有簇毛，其余近光滑无毛；叶柄长 5～15 毫米，被短柔毛。翅果状坚果近圆形或近四方形，直径 10～17 毫米，黄绿色或黄褐色，翅宽，稍带木质，有放射线条纹，下端截形或浅心形，顶端有凹缺，果实外面无毛或多少被曲柔毛，常有不规则的皱纹，有时具耳状附属物，具宿存的花柱和花被，果梗纤细，长 1～2 厘米，被短柔毛。花期 3～5 月，果期 8～12 月。

恩施州广布，生于石灰岩林中；分布于辽宁、河北、山西、陕西、甘肃、青海、山东、江苏、安徽、浙江、江西、福建、河南、湖北、湖南、广东、广西、四川和贵州。

榆属 *Ulmus* L.

乔木，稀灌木；树皮不规则纵裂，粗糙，稀裂成块片或薄片脱落；小枝无刺，有时具对生扁平的木栓翅，或具周围膨大而不规则纵裂的木栓层；顶芽早死，枝端萎缩成小距状残存，其下的腋芽代替顶芽，芽鳞覆瓦状，无毛或有毛。叶互生，2 列，边缘具重锯齿或单锯齿，羽状脉直或上部分叉，脉端伸入锯齿，上面中脉常凹陷，侧脉微凹或平，下面叶脉隆起，基部多少偏斜，稀近对称，有柄；托叶膜质，早落。花两性，春季先叶开放，稀秋季或冬季开放，常自花芽抽出，在去年生枝的叶腋排成簇状聚伞花序、短聚伞花序、总状聚伞花序或呈簇生状，或花自混合芽抽出，散生于新枝基部或近基部的苞片的腋部；花被钟形，稀较长而下部渐窄成管状，或花被上部杯状，下部急缩成管状，4～9 浅裂或裂至杯状花被的基部或近基部，裂片等大或不等大，膜质，先端常丝裂，宿存，稀裂片脱落或残存；雄蕊与花被裂片同数而对生，花丝细直，扁平，多少外伸，花药矩圆形，先端微凹，基部近心脏形，中下部着生，外向，2室，纵裂；子房扁平，无柄或有柄，无毛或被毛，1室（稀2室），花柱极短，稀较长而2裂，柱头2个，条形，柱头面被毛，胚珠横生；花梗较花被为短或近等长，稀长达2至数倍，被毛，稀无毛，基部有1片膜质小苞片，花梗与花被之间有关节；花后数周果即成熟。果为扁平的翅果，圆形、倒卵形、矩圆形或椭圆形，稀梭形，两面及边缘无毛或有毛，或仅果核部分有毛，或两面有疏毛而边缘密生睫毛，或仅边缘有睫毛，果核部分位于翅果的中部至上部，果翅膜质，稀稍厚，常较果核部分为宽或近等宽，稀较窄，顶端具宿存的柱头及缺口，缺裂先端喙状，内缘被毛，稀花柱明显，2裂，柱头细长，基部无子房柄，或具或短或长的子房柄；种子扁或微凸，种皮薄，无胚乳，胚直立，子叶扁平或微凸。

本属30余种；我国有25种6变种；恩施州产5种2变种。

分种检索表

1. 花被片裂至杯状花被的基部或中下部 ··· 1. 榔榆 *Ulmus parvifolia*
1. 花被片裂至杯状花的近中部。
  2. 果核部分位于翅果的上部、中上部或中部，上端接近缺口。
    3. 叶下面及叶柄密被柔毛，基部常明显偏斜，侧脉每边24～35条 ··· 2. 多脉榆 *Ulmus castaneifolia*
    3. 叶背无毛或有疏毛，或脉上有毛或脉腋处有簇生毛，但绝不密被柔毛 ····································· 3. 春榆 *Ulmus davidiana* var. *japonica*
  2. 果核部分位于翅果的中部或近中部，上端不接近缺口。
    4. 翅果两面及边缘有毛 ··· 4. 大果榆 *Ulmus macrocarpa*
    4. 翅果除顶端缺口柱头面被毛外，余处无毛。
      5. 叶长2～8厘米，宽1～3.3厘米，先端渐尖或骤凸；冬鳞边缘密被白色长柔毛；翅果成熟前后果核部分与果翅同色，果梗较宿存花被为短 ··· 5. 榆树 *Ulmus pumila*
      5. 叶长5～18厘米，宽3～8.5厘米，先端渐窄长尖、骤凸长尖或尾状；芽鳞边缘无毛或有疏毛；翅果成熟时果核部分褐色或淡黄褐色，果翅淡黄白色，稀果核部分与果翅同色。
        6. 叶背无毛或脉腋处具簇生毛；叶柄无毛或几无毛 ··· 6. 兴山榆 *Ulmus bergmanniana*
        6. 叶背密被弯曲之柔毛；叶柄通常密生短毛 ··· 7. 蜀榆 *Ulmus bergmanniana* var. *lasiophylla*

1. 榔榆   *Ulmus parvifolia* Jacq. Pl. Rar. Hort. Schoenbr. 3: 6. t. 262. 1798.

落叶乔木，高达25米；树冠广圆形，树干基部有时成板状根，树皮灰色或灰褐，裂成不规则鳞状薄片剥落，露出红褐色内皮，近平滑，微凹凸不平；当年生枝密被短柔毛，深褐色；冬芽卵圆形，红褐色，无毛。叶质地厚，披针状卵形或窄椭圆形，稀卵形或倒卵形，中脉两侧长宽不等，长1.7～8厘米，宽0.8～3厘米，先端尖或钝，基部偏斜，楔形或一边圆，叶面深绿色，有光泽，除中脉凹陷处有疏柔毛外，余处无毛，侧脉不凹陷，叶背色较浅，幼时被短柔毛，后变无毛或沿脉有疏毛，或脉腋有簇生毛，边缘从基部至先端有钝而整齐的单锯齿，稀重锯齿，侧脉每边10～15条，细脉在两面均明显，叶柄长2～6毫米，仅上面有毛。花秋季开放，3～6束在叶腋簇生或排成簇状聚伞花序，花被上部杯状，下部管状，花被片4片，深裂至杯状花被的基部或近基部，花梗极短，被疏毛。翅果椭圆形或卵状椭圆形，长10～13毫米，宽6～8毫米，除顶端缺口柱头面被毛外，余处无毛，果翅稍厚，基部的柄长约2毫米，两侧的翅较果核部分为窄，果核部分位于翅果的中上部，上端接近缺口，花被片脱落或残存，果梗较管状花被为短，长1～3毫米，有疏生短毛。花期、果期均为8～10月。

恩施州广布，生于山坡林中；分布于河北、山东、江苏、安徽、浙江、福建、台湾、江西、广东、广西、湖南、湖北、贵州、四川、陕西、河南等省区；日本、朝鲜也有。

2. 多脉榆 Ulmus castaneifolia Hemsl. in Journ. Linn. Soc. Bot. 26 (177): 446. p. 10. 1894.

落叶乔木，高达20米；树皮厚，木栓层发达，淡灰色至黑褐色，纵裂成条状或成长圆状块片脱落；小枝较粗，无木栓翅及膨大的木栓层，当年生枝密被白色至红褐色或锈褐色长柔毛，毛曲或直，有时长短不等，去年生枝多少被毛，稀无毛，淡灰褐色或暗褐灰色，具散生黄色或褐黄色皮孔；冬芽卵圆形，常稍扁，芽鳞两面均有密毛。叶长圆状椭圆形、长椭圆形、长圆状卵形、倒卵状长圆形或倒卵状椭圆形，质地通常较厚，长8～15厘米，宽3.5～6.5厘米，先端长尖或骤凸，基部常明显地偏斜，一边耳状或半心脏形，一边圆或楔形，较长的一边往往覆盖叶柄，长为叶柄之半或几等长，叶面幼时密生硬毛，后渐脱落，平滑或微粗糙，主侧脉凹陷处常多少有毛，叶背密被长柔毛，脉腋有簇生毛，边缘具重锯齿，侧脉每边16～35条，叶柄长3～10毫米，密被柔毛。花在去年生枝上排成簇状聚伞花序。翅果长圆状倒卵形、倒三角状倒卵形或倒卵形，长1.5～3.3厘米，宽1～1.6厘米，除顶端缺口柱头面有毛外，余处无毛，果核部分位于翅果上部，上端接近缺口，宿存花被无毛，4～5浅裂，裂片边缘有毛，果梗较花被为短，密生短毛。花期、果期均为3～4月。

产于利川、巴东、宣恩，生于山坡林中；分布于湖北、四川、云南、贵州、湖南、广西、广东、江西、安徽、福建及浙江。

3. 春榆（变种） Ulmus davidiana Planch. var. japonica (Rehd.) Nakai Fl. Sylv. Kor. 19: 26. t. 9. 1932.

落叶乔木或灌木状，高达15米；树皮浅灰色或灰色，纵裂成不规则条伏，幼枝被或密或疏的柔毛，当年生枝无毛或多少被毛，小枝有时具向四周膨大而不规则纵裂的木栓层；冬芽卵圆形，芽鳞背面被覆部分有毛。叶倒卵形或倒卵状椭圆形，稀卵形或椭圆形，长4～9厘米，宽1.5～4厘米，先端尾状渐尖或渐尖，基部歪斜，一边楔形或圆形，一边近圆形至耳状，叶面幼时有散生硬毛，后脱落无毛，常留有圆形毛迹，不粗糙，叶背幼时有密毛，后变无毛，脉腋常有簇生毛，边缘具重锯齿，侧脉每边12～22条，叶柄长5～10毫米，全被毛或

仅上面有毛。花在去年生枝上排成簇状聚伞花序。翅果倒卵形或近倒卵形，长10～19毫米，宽7～14毫米，无毛。花期4～5月，果期5～6月。

恩施州广布，生于山坡林下；分布于黑龙江、吉林、辽宁、内蒙古、河北、山东、浙江、山西、安徽、河南、湖北、陕西、甘肃及青海等省区；朝鲜、日本也有分布。

可作家具、器具、室内装修、车辆、造船、地板等用材；枝皮可代麻制绳，枝条可编筐。

4. 大果榆 *Ulmus macrocarpa* Hance in Journ. Bot. 6: 332. 1868.

落叶乔木或灌木，高达20米；树皮暗灰色或灰黑色，纵裂，粗糙，小枝有时两侧具对生而扁平的木栓翅，间或上下亦有微凸起的木栓翅，稀在较老的小枝上有4片几等宽而扁平的木栓翅；幼枝有疏毛，一、二年生枝淡褐黄色或淡黄褐色，稀淡红褐色，无毛或一年生枝有疏毛，具散生皮孔；冬芽卵圆形或近球形，芽鳞背面多少被短毛或无毛，边缘有毛。叶宽倒卵形、倒卵状圆形、倒卵状菱形或倒卵形，稀椭圆形，厚革质，大小变异很大，通常长5~9厘米，宽3.5~5厘米，先端短尾状，稀骤凸，基部渐窄至圆，偏斜或近对称，多少心脏形或一边楔形，两面粗糙，叶面密生硬毛或有凸起的毛迹，叶背常有疏毛，脉上较密，脉腋常有簇生毛，侧脉每边6~16条，边缘具大而浅钝的重锯齿，或兼有单锯齿，叶柄长2~10毫米，仅上面有毛或下面有疏毛。花自花芽或混合芽抽出，在去年生枝上排成簇状聚伞花序或散生于新枝的基部。翅果宽倒卵状圆形、近圆形或宽椭圆形，长1.5~4.7厘米，宽1~3.9厘米，基部多少偏斜或近对称，微狭或圆，有时子房柄较明显，顶端凹或圆，缺口内缘柱头面被毛，两面及边缘有毛，果核部分位于翅果中部，宿存花被钟形，外被短毛或几无毛，上部5浅裂，裂片边缘有毛，果梗长2~4毫米，被短毛。花期、果期均为4~5月。

产于宣恩、鹤峰，生于山坡林中；分布于黑龙江、吉林、辽宁、内蒙古、河北、山东、江苏、安徽、河南、山西、陕西、甘肃及青海；朝鲜及俄罗斯也有。

5. 榆树 *Ulmus pumila* L. Sp. Pl. 326. 1753.

落叶乔木，高达25米；幼树树皮平滑，灰褐色或浅灰色，大树之皮暗灰色，不规则深纵裂，粗糙；小枝无毛或有毛，淡黄灰色、淡褐灰色或灰色，稀淡褐黄色或黄色，有散生皮孔，无膨大的木栓层及凸起的木栓翅；冬芽近球形或卵圆形，芽鳞背面无毛，内层芽鳞的边缘具白色长柔毛。叶椭圆状卵形、长卵形、椭圆状披针形或卵状披针形，长2~8厘米，宽1.2~3.5厘米，先端渐尖或长渐尖，基部偏斜或近对称，一侧楔形至圆，另一侧圆至半心脏形，叶面平滑无毛，叶背幼时有短柔毛，后变无毛或部分脉腋有簇生毛，边缘具重锯齿或单锯齿，侧脉每边9~16条，叶柄长4~10毫米，通常仅上面有短柔毛。花先叶开放，在去年生枝的叶腋成簇生状。翅果近圆形，稀倒卵状圆形，长1.2~2厘米，除顶端缺口柱头面被毛外，余处无毛，果核部分位于翅果的中部，上端不接近或接近缺口，成熟前后其色与果翅相同，初淡绿色，后白黄色，宿存花被无毛，4浅裂，裂片边缘有毛，果梗较花被短，长1~2毫米，被短柔毛。花果期3~6月。

产于利川，生于山坡林中；分布于东北、华北、西北及西南各省区。

树皮、叶及翅果均可药用，能安神、利小便。

6. 兴山榆　　*Ulmus bergmanniana* Schneid. Illustr. Handb. Laubholzk. 2: 902. f. 565 a-b. 566 a-b. 1912.

落叶乔木，高达 26 米；树皮灰白色、深灰色或灰褐色，纵裂，粗糙；当年生枝无毛，小枝无木栓翅；冬芽卵圆形或长圆状卵圆形，芽鳞背面的露出部分及边缘无毛。叶椭圆形、长圆状椭圆形、长椭圆形、倒卵状矩圆形或卵形，长 6～16 厘米，宽 3～8.5 厘米，先端渐窄长尖或骤凸长尖，或尾状，尖头边缘有明显的锯齿，基部多少偏斜，圆、心脏形、耳形或楔形，上面幼时密生硬毛，后脱落无毛，有时沿主脉凹陷处有毛，平滑或微粗糙，下面除脉腋有簇生毛外，余处无毛，平滑，侧脉每边 17～26 条，边缘具重锯齿，叶柄长 3～13 毫米，近无毛。花自花芽抽出，在去年生枝上排成簇状聚伞花序，稀出自混合芽而密集于当年生枝基部。翅果宽倒卵形、倒卵状圆形、近圆形或长圆状圆形，长 1.2～1.8 厘米，宽 1～1.6 厘米，除先端缺口柱头面有毛外，余处无毛，果核部分位于翅果的中部或稍偏下，宿存花被钟形，稀下部渐窄成长管状，无毛，上端 4～5 浅裂，裂片边缘有毛，果梗较花被为短，稀近等长，多少被毛，或下部具极短之毛，上部无毛或几无毛。花果期 3～5 月。

产于利川，生于山坡林中；分布于甘肃、陕西、山西、河南、安徽、浙江、江西、湖南、湖北、四川及云南。

7. 蜀榆（变种）　　*Ulmus bergmanniana* var. *lasiophylla* Schneid. in Sarg. Pl. Wilson. 3 (2): 241. 1916.

本变种与兴山榆 *U. bergmanniana* 的区别仅在于叶背密被弯曲之柔毛。花果期 3～5 月。

产于利川，生于山坡林中；分布于四川、云南与西藏。

榉属　*Zelkova* Spach

落叶乔木。叶互生，具短柄，有圆齿状锯齿，羽状脉，脉端直达齿尖；托叶成对离生，膜质，狭窄，早落。花杂性，几乎与叶同时开放，雄花数朵簇生于幼枝的下部叶腋，雌花或两性花通常单生于幼枝的上部叶腋；雄花的花被钟形，4～7 浅裂，雄蕊与花被裂片同数，花丝短而直立，退化子房缺；雌花或两性花的花被 4～6 深裂，裂片覆瓦状排列，退化雄蕊缺或多少发育，稀具发育的雄蕊，子房无柄，花柱短，柱头 2 个，条形，偏生，胚珠倒垂，稍弯生。果为核果，偏斜，宿存的柱头呈喙状，在背面具龙骨状凸起，内果皮多少坚硬；种子上下多少压扁，顶端凹陷，胚乳缺，胚弯曲，子叶宽，近等长，先端微缺或 2 浅裂。

本属约 10 种；我国有 3 种；恩施州产 1 种。

榉树　　*Zelkova serrata* (Thunb.) Makino in Bot. Mag. Tokyo 17: 13. 1903.

乔木，高达 30 米；树皮灰白色或褐灰色，呈不规则的片状剥落；当年生枝紫褐色或棕褐色，疏被短柔毛，后渐脱落；冬芽圆锥状卵形或椭圆状球形。叶薄纸质至厚纸质，卵形、椭圆形或卵状披针形，长 3～10 厘米，宽 1.5～5 厘米，先端渐尖或尾状渐尖，基部有的稍偏斜，圆形或浅心形，稀宽楔形，叶面

榆科
Ulmaceae

绿，干后绿或深绿，稀暗褐色，稀带光泽，幼时疏生糙毛，后脱落变平滑，叶背浅绿，幼时被短柔毛，后脱落或仅沿主脉两侧残留有稀疏的柔毛，边缘有圆齿状锯齿，具短尖头，侧脉5～14对；叶柄粗短，长2～6毫米，被短柔毛；托叶膜质，紫褐色，披针形，长7～9毫米。雄花具极短的梗，直径约3毫米，花被裂至中部，花被裂片5～8片，不等大，外面被细毛，退化子房缺；雌花近无梗，直径约1.5毫米，花被片4～6片，外面被细毛，子房被细毛。核果几乎无梗，淡绿色，斜卵状圆锥形，上面偏斜，凹陷，直径2.5～3.5毫米，具背腹脊，网肋明显，表面被柔毛，具宿存的花被。花期4月，果期9～11月。

恩施州广布，生于山坡林中；分布于辽宁、陕西、甘肃、山东、江苏、安徽、浙江、江西、福建、台湾、河南、湖北、湖南和广东；在日本和朝鲜也有分布。

糙叶树属 *Aphananthe* Planch.

落叶或半常绿乔木或灌木。叶互生，纸质或革质，有锯齿或全缘，具羽状脉或基出三脉；托叶侧生，分离，早落。花与叶同时生出，单性，雌雄同株，雄花排成密集的聚伞花序，腋生，雌花单生于叶腋；雄花的花被5～4深裂，裂片多少成覆瓦状排列，雄蕊与花被裂片同数，花丝直立或在顶部内折，花药矩圆形，退化子房缺或在中央的一簇毛中不明显；雌花的花被4～5深裂，裂片较窄，覆瓦状排列，花柱短，柱头2个，条形。核果卵状或近球状，外果皮多少肉质，内果皮骨质。种子具薄的胚乳或无，胚内卷，子叶窄。

本属约5种；我国产2种1变种；恩施州产1种。

糙叶树 *Aphananthe aspera* (Thunb.) Planch. in DC. Prodr. 17: 208. 1873.

落叶乔木，高达25米，稀灌木状；树皮带褐色或灰褐色，有灰色斑纹，纵裂，粗糙，当年生枝黄绿色，疏生细伏毛，一年生枝红褐色，毛脱落，老枝灰褐色，皮孔明显，圆形。叶纸质，卵形或卵状椭圆形，长5～10厘米，宽3～5厘米，先端渐尖或长渐尖，基部宽楔形或浅心形，有的稍偏斜，边缘锯齿有尾状尖头，基部三出脉，其侧生的一对直伸达叶的中部边缘，侧脉6～10对，近平行地斜直伸达齿尖，叶背疏生细伏毛，叶面被刚伏毛，粗糙；叶柄长5～15毫米，被细伏毛；托叶膜质，条形，长5～8毫米。雄聚伞花序生于新枝的下部叶腋，雄花被裂片倒卵状圆形，内凹陷呈盔状，长约1.5毫米，中央有一簇毛；雌花单生于新枝的上部叶腋，花被裂片条状披针形，长约2毫米，子房被毛。核果近球形、椭圆形或卵状球形，长8～13毫米，直径6～9毫米，由绿变黑，被细伏毛，具宿存的花被和柱头，果梗长5～10毫米，疏被细伏毛。花期3～5月，果期8～10月。

恩施州广布，生于山坡路边；分布于山西、山东、江苏、安徽、浙江、江西、福建、台湾、湖南、湖北、广东、广西、四川、贵州和云南；朝鲜、日本和越南也有。

山黄麻属 *Trema* Lour.

小乔木或大灌木。叶互生，卵形至狭披针形，边缘有细锯齿，基部三出脉，稀五出脉或羽状脉；托叶离生，早落。花单性或杂性，有短梗，多数密集成聚伞花序而成对生于叶腋；雄花的花被片5片，裂片内曲，镊合状排列或稍覆瓦状排列，雄蕊与花被片同数，花丝直立，退化子房常存在；雌花的花被片5片，子房无柄，在其基部常有一环细曲柔毛，花柱短，柱头2个，条形，柱头面有毛，胚珠单生，下垂。核果小，直立，卵圆形或近球形，具宿存的花被片和柱头，稀花被脱落，外果皮多少肉质，内果皮骨质；种子具肉质胚乳，胚弯曲或内卷，子叶狭窄。

本属约15种；我国有6种1变种；恩施州产1种1变种。

分种检索表

1. 小枝黄绿色，叶膜质 ·· 1. 光叶山黄麻 *Trema cannabina*
1. 小枝紫红色，叶薄纸质 ·· 2. 山油麻 *Trema cannabina* var. *dielsiana*

1. 光叶山黄麻　*Trema cannabina* Lour. Fl. Cochinch. 562. 1790.

灌木或小乔木；小枝纤细，黄绿色，被贴生的短柔毛，后渐脱落。叶近膜质，卵形或卵状矩圆形，稀披针形，长4~9厘米，宽1.5~4厘米，先端尾状渐尖或渐尖，基部圆或浅心形，稀宽楔形，边缘具圆齿状锯齿，叶面绿色，近光滑，稀稍粗糙，疏生的糙毛常早脱落，有时留有不明显的乳凸状的毛痕，叶背浅绿，只在脉上疏生柔毛，其他处无毛，基部有明显的三出脉；其侧生的2条长达叶的中上部，侧脉2~3对；叶柄纤细，长4~8毫米，被贴生短柔毛。花单性，雌雄同株，雌花序常生于花枝的上部叶腋，雄花序常生于花枝的下部叶腋，或雌雄同序，聚伞花序一般长不过叶柄；雄花具梗，直径约1毫米，花被片5片，倒卵形，外面无毛或疏生微柔毛。核果近球形或阔卵圆形，微压扁，直径2~3毫米，熟时橘红色，有宿存花被。花期3~6月，果期9~10月。

产于巴东，属湖北省新记录，生于山坡灌丛中；分布于浙江、江西、福建、台湾、湖南、贵州、广东、海南、广西和四川；印度、缅甸、马来半岛、印度尼西亚、日本等也有。

2. 山油麻（变种）　*Trema cannabina* Lour. var. *dielsiana* (Hand.-Mazz.) C. J. Chen in Acta Phytotax. Sin. 17 (1): 50. 1979.

灌木或小乔木；小枝紫红色，后渐变棕色，密被斜伸的粗毛。叶薄纸质，卵形或卵状矩圆形，稀披针形，长4~9厘米，宽1.5~4厘米，先端尾状渐尖或渐尖，基部圆或浅心形，稀宽楔形，边缘具圆齿状锯齿，叶面被糙毛，粗糙，叶背密被柔毛，在脉上有粗毛；叶柄被伸展的粗毛；叶柄纤细，长4~8毫米，被贴生短柔毛。花单性，雌雄同株，雌花序常生于花枝的上部叶腋，雄花序常生于花枝的下部叶腋，或雌雄同序；雄聚伞花序长过叶柄；雄花被片卵形，外面被细糙毛和多少明显的紫色斑点。核果近球形或阔卵圆形，微压扁，直径 2～3 毫米，熟时橘红色，有宿存花被。花期 4～5 月，果期 7～10 月。

恩施州广布，生于山坡路边；分布于江苏、安徽、浙江、江西、福建、湖北、湖南、广东、广西、四川和贵州。

朴属 *Celtis* L.

乔木，芽具鳞片或否。叶互生，常绿或落叶，有锯齿或全缘，具三出脉或 3～5 对羽状脉，在后者情况下，由于基生 1 对侧脉比较强壮也似为三出脉，有柄；托叶膜质或厚纸质，早落或顶生者晚落而包着冬芽。花小，两性或单性，有柄，集成小聚伞花序或圆锥花序，或因总梗短缩而化成簇状，或因退化而花序仅具一两性花或雌花；花序生于当年生小枝上，雄花序多生于小枝下部无叶处或下部的叶腋，在杂性花序中，两性花或雌花多生于花序顶端；花被片 4～5 片，仅基部稍合生，脱落；雄蕊与花被片同数，着生于通常具柔毛的花托上；雌蕊具短花柱，柱头 2 个，线形，先端全缘或 2 裂，子房 1 室，具 1 枚倒生胚珠。果为核果，内果皮骨质，表面有网孔状凹陷或近平滑；种子充满核内，胚乳少量或无，胚弯，子叶宽。

本属约 60 种；我国有 11 种 2 变种；恩施州产 5 种。

分种检索表

1. 冬芽的内层芽鳞密被较长的柔毛。
  2. 果较小，直径约 5 毫米，幼时被疏或密的柔毛，成熟后脱净；总梗常短缩，因此很像果梗双生于叶腋，总梗连同果梗共长 1～2 厘米 ·· 1. 紫弹树 *Celtis biondii*
  2. 果较大，长 10～17 毫米，幼时无毛；果梗常单生叶腋，长 1.5～3.5 厘米。
    3. 当年生小枝和叶下面密生短柔毛 ·· 2. 珊瑚朴 *Celtis julianae*
    3. 当年生小枝和叶下面无毛 ··· 3. 西川朴 *Celtis vandervoetiana*
1. 冬芽的内层芽鳞无毛或仅被微毛。
  4. 果梗 2～4 倍长于其邻近的叶柄 ·· 4. 黑弹树 *Celtis bungeana*
  4. 果梗 1.5～2 倍长于其邻近的叶柄 ··· 5. 朴树 *Celtis sinensis*

1. 紫弹树 *Celtis biondii* Pamp. in Nuov. Giorn. Bot. Ital. n. ser. 17: 252. f. 3. 1910.

落叶小乔木至乔木，高达 18 米，树皮暗灰色；当年生小枝幼时黄褐色，密被短柔毛，后渐脱落，至结果时为褐色，有散生皮孔，毛几可脱净；冬芽黑褐色，芽鳞被柔毛，内部鳞片的毛长而密。叶宽卵形、卵形至卵状椭圆形，长 2.5～7 厘米，宽 2～3.5 厘米，基部钝至近圆形，稍偏斜，先端渐尖至尾状渐尖，在中部以上疏具浅齿，薄革质，边稍反卷，上面脉纹多下陷，被毛的情况变异较大，两面被微糙毛，或叶面无毛，仅叶背脉上有毛，或下面除糙毛外还密被柔毛；叶柄长 3～6 毫米，幼时有毛，老后几脱净。托叶条状披针形，被毛，比较迟落，往往到叶完全长成后才脱落。果序单生叶腋，通常具 2 枚果，由于总梗极短，很像果梗双生于叶腋，总梗连同果梗长 1～2 厘米，被糙毛；果幼时被疏或密的柔毛，

后毛逐渐脱净，黄色至橘红色，近球形，直径约 5 毫米，核两侧稍压扁，侧面观近圆形，直径约 4 毫米，具 4 肋，表面具明显的网孔状。花期 4～5 月，果期 9～10 月。

恩施州广布，生于山坡林中；分布于广东、广西、贵州、云南、四川、甘肃、陕西、河南、湖北、福建、浙江、台湾、江西、浙江、江苏、安徽；日本、朝鲜也有。

2. 珊瑚朴　*Celtis julianae* Schneid. in Sarg. Pl. Wilson. 3: 265. 1916.

落叶乔木，高达 30 米，树皮淡灰色至深灰色；当年生小枝、叶柄、果柄老后深褐色，密生褐黄色茸毛，去年生小枝色更深，毛常脱净，毛孔不十分明显；冬芽褐棕色，内鳞片有红棕柔毛。叶厚纸质，宽卵形至尖卵状椭圆形，长 6～12 厘米，宽 3.5～8 厘米，基部近圆形或两侧稍不对称，一侧圆形，一侧宽楔形，先端具突然收缩的短渐尖至尾尖，叶面粗糙至稍粗糙，叶背密生短柔毛，近全缘至上部以上具浅钝齿；叶柄长 7～15 毫米，较粗壮；萌发枝上的叶面具短糙毛，叶背在短柔毛中也夹有短糙毛。果单生叶腋，果梗粗壮，长 1～3 厘米，果椭圆形至近球形，长 10～12 毫米，金黄色至橙黄色；核乳白色，倒卵形至倒宽卵形，长 7～9 毫米，上部有 2 条较明显的肋，两侧或仅下部稍压扁，基部尖至略钝，表面略有网孔状凹陷。花期 3～4 月，果期 9～10 月。

恩施州广布，生于山谷林中；分布于四川、贵州、湖南、广东、福建、江西、浙江、安徽、河南、湖北、陕西。

3. 西川朴　*Celtis vandervoetiana* Schneid. in Sarg. Pl. Wilson. 3: 267. 1916.

落叶乔木，高达 20 米，树皮灰色至褐灰色；当年生小枝、叶柄和果梗老后褐棕色，无毛，有散生狭椭圆形至椭圆形皮孔；冬芽的内部鳞片具棕色柔毛。叶厚纸质，卵状椭圆形至卵状长圆形，长 8～13 厘米，宽 3.5～7.5 厘米，基部稍不对称，近圆形，一边稍高，一边稍低，先端渐尖至短尾尖，自下部 2/3 以上具锯齿或钝齿，无毛或仅叶背中脉和侧脉间有簇毛；叶柄较粗壮，长 10～20 毫米。果单生叶腋，果梗粗壮，长 17～35 毫米，果球形或球状椭圆形，成熟时黄色，长 15～17 毫米；果核乳白色至淡黄色，近球形至宽倒卵形，直径 8～9 毫米，具 4 条纵肋，表面有网孔状凹陷。花期 4 月，果期 9～10 月。

恩施州广布，生于山谷林中；分布于云南、广西、广东、福建、浙江、江西、湖南、贵州、四川。

4. 黑弹树　*Celtis bungeana* Bl. Mus. Bot. Lugd.-Bat. 2: 71. 1852.

落叶乔木，高达 10 米，树皮灰色或暗灰色；当年生小枝淡棕色，老后色较深，无毛，散生椭圆形皮孔，去年生小枝灰褐色；冬芽棕色或暗棕色，鳞片无毛。叶厚纸质，狭卵形、长圆形、卵状椭圆形至卵形，长3～15厘米，宽2～5厘米，基部宽楔形至近圆形，稍偏斜至几乎不偏斜，先端尖至渐尖，中部以上疏具不规则浅齿，有时一侧近全缘，无毛；叶柄淡黄色，长5～15毫米，上面有沟槽，幼时槽中有短毛，老后脱净；萌发枝上的叶形变异较大，先端可具尾尖且有糙毛。果单生叶腋，果柄较细软，无毛，长10～25毫米，果成熟时蓝黑色，近球形，直径6～8毫米；核近球形，肋不明显，表面极大部分近平滑或略具网孔状凹陷，直径4～5毫米。花期4～5月，果期10～11月。

恩施州广布，生于山坡路边；分布于辽宁、河北、山东、山西、内蒙古、甘肃、宁夏、青海、陕西、河南、安徽、江苏、浙江、湖南、江西、湖北、四川、云南、西藏；朝鲜也有。

5. 朴树 *Celtis sinensis* Pers. Syn. 1: 292. 1805.

乔木，高达30米，树皮灰白色；当年生小枝幼时密被黄褐色短柔毛，老后毛常脱落，去年生小枝褐色至深褐色，有时还可残留柔毛；冬芽棕色，鳞片无毛。叶厚纸质至近革质，叶多为卵形或卵状椭圆形，但不带菱形，基部几乎不偏斜或仅稍偏斜，先端尖至渐尖，但不为尾状渐尖，长5～13厘米，宽3～5.5厘米，幼时叶背常和幼枝、叶柄一样，密生黄褐色短柔毛，老时或脱净或残存，变异也较大。果梗常2～3枚生于叶腋，其中一枚果梗常有2枚果，其他的具1枚果，无毛或被短柔毛，长7～17毫米；果成熟时黄色至橙黄色，近球形，直径约8毫米；核近球形，直径5～7毫米，很少有达8毫米的，具4肋，表面有网孔状凹陷。花期3～4月，果期9～10月。

恩施州广布，生于山谷林中或山坡疏林中；分布于山东、河南、江苏、安徽、浙江、福建、江西、湖南、湖北、四川、贵州、广西、广东、台湾。

桑科
Moraceae

乔木或灌木，藤本，稀为草本，通常具乳液，有刺或无刺。叶互生稀对生，全缘或具锯齿，分裂或不分裂，叶脉掌状或为羽状，有或无钟乳体；托叶2片，通常早落。花小，单性，雌雄同株或异株，无花瓣；花序腋生，典型成对，总状、圆锥状、头状、穗状或壶状，稀为聚伞状，花序托有时为肉质，增厚或封闭而为隐头花序或开张而为头状或圆柱状。雄花：花被片2～4片，有时仅为1片或更多至8片，分离或合生，覆瓦状或镊合状排列，宿存；雄蕊通常与花被片同数而对生，花丝在芽时内折或直立，花药具尖头，或小而2浅裂无尖头，从新月形至陀螺形，退化雌蕊有或无。雌花花被片4片，稀更多或更少，宿存；子房1室，稀为2室，上位、下位或半下位，或埋藏于花序轴上的陷穴中，每室有倒生或弯生胚珠1枚，着生于子房室的顶部或近顶部；花柱2裂或单一，具1或2个柱头臂，柱头非头状或盾形。果为瘦果或核果状，围以肉质变厚的花被，或藏于其内形成聚花果，或隐藏于壶形花序托内壁，形成隐花果，或陷入发达的花序轴内，形成大型的聚花果。种子大或小，包于内果皮中；种皮膜质或不存；胚悬垂，弯或直；幼根长或短，背倚子叶紧贴；子叶褶皱，对折或扁平。

本科约53属1400种；我国约产12属153种，并有变种及变型59个；恩施州产7属20种6变种1变型。

分属检索表

1. 草本，不具乳液；花为聚伞花序或集合为圆锥花序。
  2. 攀援性多年生草本；茎具6棱；叶对生 ·· 1. 葎草属 Humulus
  2. 一年生直立草本；叶互生或下部之叶对生 ·· 2. 大麻属 Cannabis
1. 乔木，灌木，攀援性或直立草本，有或无乳液；雄蕊在芽时直立稀内折，花药内向稀外向。
  3. 乔木或灌木，具乳液；雌雄花序均生于中空的花序托内，或花序托盘状或圆锥状或为舟状。
    4. 花为聚伞花序，雌雄花混生或雌花单生；草本 ······································· 3. 水蛇麻属 Fatoua
    4. 花为穗状、总状或聚伞状花序，雌雄同株或异株；木本植物。
      5. 雌雄花序均为假穗状或荑葇花序 ··· 4. 桑属 Morus
      5. 雄花序假穗状或总状，雌花序为球形头状花序 ································ 5. 构属 Broussonetia
  3. 乔木，灌木，攀援性或直立草本，有或无乳液；雄蕊在芽时直立稀内折，花药内向稀外向。
    6. 花序托盘状或为圆柱状或头状；雌雄花序均为球形头状花序 ···················· 6. 柘属 Maclura
    6. 花生于壶形花序托内壁；隐头花序 ··· 7. 榕属 Ficus

葎草属 *Humulus* Linn.

一年生或多年生草本，茎粗糙，具棱。叶对生，3~7裂。花单性，雌雄异株；雄花为圆锥花序式的总状花序；花被5裂，雄蕊5枚，在花芽时直立，雌花少数，生于宿存覆瓦状排列的苞片内，排成一假柔荑花序，结果时苞片增大，变成球果状体，每花有一全缘苞片包围子房，花柱2根。果为扁平的瘦果。

本属3种；我国产3种；恩施州产1种。

葎草 *Humulus scandens* (Lour.) Merr. in Trans. Amer. Philip. Soc. n. ser. 24. -2: 138.

缠绕草本，茎、枝、叶柄均具倒钩刺。叶纸质，肾状五角形，掌状5~7深裂稀为3裂，长、宽7~10厘米，基部心脏形，表面粗糙，疏生糙伏毛，背面有柔毛和黄色腺体，裂片卵状三角形，边缘具锯齿；叶柄长5~10厘米。雄花小，黄绿色，圆锥花序，长15~25厘米；雌花序球果状，直径约5毫米，苞片纸质，三角形，顶端渐尖，具白色绒毛；子房为苞片包围，柱头2

个，伸出苞片外。瘦果成熟时露出苞片外。花期春、夏，秋季结果。

恩施州广布，生于沟边、林缘；我国除新疆、青海外，南北各省区均有分布；日本、越南也有。

大麻属 *Cannabis* Linn.

一年生直立草本。叶互生或下部为对生，掌状全裂，上部叶具裂片1～3片，下部叶具裂片5～11片，通常裂片为狭披针形，边缘具锯齿；托叶侧生，分离。花单性异株，稀同株；雄花为疏散大圆锥花序，腋生或顶生；小花柄纤细，下垂；花被片5片，覆瓦状排列；雄蕊5枚，花丝极短，在芽时直立，退化子房小；雌花丛生于叶腋，每花有1片叶状苞片；花被退化，膜质，贴于子房，子房无柄，花柱2根，柱头丝状，早落，胚珠悬垂。瘦果单生于苞片内，卵形，两侧扁平，宿存花被紧贴，外包以苞片；种子扁平，胚乳肉质，胚弯曲，子叶厚肉质。

本属仅1种；我国南北各地均有栽培。

大麻 *Cannabis sativa* Linn. Sp. Pl. 1: 1027. 1753.

一年生直立草本，高1～3米，枝具纵沟槽，密生灰白色贴伏毛。叶掌状全裂，裂片披针形或线状披针形，长7～15厘米，中裂片最长，宽0.5～2厘米，先端渐尖，基部狭楔形，表面深绿，微被糙毛，背面幼时密被灰白色贴状毛后变无毛，边缘具向内弯的粗锯齿，中脉及侧脉在表面微下陷，背面隆起；叶柄长3～15厘米，密被灰白色贴伏毛；托叶线形。雄花序长达25厘米；花黄绿色，花被5片，膜质，外面被细伏贴毛，雄蕊5枚，花丝极短，花药长圆形；小花柄长2～4毫米；雌花绿色；花被1片，紧包子房，略被小毛；子房近球形，外面包于苞片。瘦果为宿存黄褐色苞片所包，果皮坚脆，表面具细网纹。花期5～6月，果期7月。

恩施州有栽培；原产锡金、不丹、印度和中亚细亚，现各国均有野生或栽培；我国各地也有栽培或沦为野生。

果实入药，性平，味甘，主治大便燥结。花称"麻勃"，主治恶风、经闭、健忘；果壳和苞片有毒，治劳伤、破积、散脓，多服令人发狂；叶含麻醉性树脂可以配制麻醉剂。

水蛇麻属 *Fatoua* Gaud.

草本。叶互生，边缘具锯齿；托叶早落。花单性同株，雌雄花混生，组成腋生头状聚伞花序，具小苞片；雄花，花被片4深裂，裂片镊合状排列；雄蕊4枚，花丝在花芽时内折；退化雌蕊很小；雌花；花被4～6裂，裂片排列与雄花同，子房歪斜，花柱稍侧生，柱头2裂，丝状，胚珠倒生。瘦果小，斜球形，微扁，为宿存花被包围，果皮稍壳质；种皮膜质，无胚乳，内曲，子叶宽，相等，胚根长，向上内弯。

本属有2种；我国均产；恩施州栽培1种。

水蛇麻 *Fatoua villosa* (Thunb.) Nakai in Bot. Mag. Tokyo 41: 516. 1927.

一年生草本，高30～80厘米，枝直立，纤细，少分枝或不分枝，幼时绿色后变黑色，微被长柔毛。叶膜质，卵圆形至宽卵圆形，长5～10厘米，宽3～5厘米，先端急尖，基部心形至楔形，边缘

锯齿三角形，微钝，两面被粗糙贴伏柔毛，侧脉每边3~4条；叶片在基部稍下延成叶柄；叶柄被柔毛。花单性，聚伞花序腋生，直径约5毫米；雄花钟形；花被裂片长约1毫米，雄蕊伸出花被片外，与花被片对生；雌花花被片宽舟状，稍长于雄花被片，子房近扁球形，花柱侧生，丝状，长1~1.5毫米，约长于子房的2倍。瘦果略扁，具3棱，表面散生细小瘤体；种子1粒。花期5~8月，果期8~11月。

恩施州广布，生于山谷林中；分布于河北、江苏、浙江、江西、福建、湖北、台湾、广东、海南、广西、云南、贵州；菲律宾、印度尼西亚、巴布亚新几内亚也有。

桑属 *Morus* Linn.

落叶乔木或灌木，无刺；冬芽具3~6片芽鳞，呈覆瓦状排列。叶互生，边缘具锯齿，全缘至深裂，基生叶脉3~5条，侧脉羽状；托叶侧生，早落。花雌雄异株或同株或同株异序，雌雄花序均为穗状；雄花花被片4片，覆瓦状排列，雄蕊4枚，与花被片对生，在花芽时内折，退化雌蕊陀螺形；雌花花被片4片，覆瓦状排列，结果时增厚为肉质，子房1室，花柱有或无，柱头2裂，内面被毛或为乳头状突起；聚花果为多数包藏于肉质花被片内的核果组成，外果皮肉质，内果皮壳质。种子近球形，胚乳丰富，胚内弯，子叶椭圆形，胚根向上内弯。

本属约16种；我国产11种；恩施州产5种。

分种检索表

1. 雌花无花柱，或具极短的花柱。
  2. 聚花果长4~16厘米 ······ 1. 长穗桑 *Morus wittiorum*
  2. 聚花果短，一般不超过2.5厘米。
    3. 柱头内侧具乳头状突起，叶背脉腋具毛 ······ 2. 桑 *Morus alba*
    3. 柱头内侧明显具毛，叶背具密或疏的柔毛 ······ 3. 华桑 *Morus cathayana*
1. 雌花具明显的花柱。
  4. 叶缘锯齿齿端不具刺芒，柱头内侧具毛；叶形变化很大 ······ 4. 鸡桑 *Morus australis*
  4. 叶缘锯齿齿端具刺芒，柱头内侧具乳头状突起 ······ 5. 蒙桑 *Morus mongolica*

1. 长穗桑 *Morus wittiorum* Hand.-Mazz. Kaiserl. Akad. Wiss. Wien, Math.-Naturwiss. Kl., Anz. 58: 88. 1921.

落叶乔木或灌木，高4~12米；树皮灰白色，幼枝亮褐色，皮孔明显；冬芽卵圆形。叶纸质，长圆形至宽椭圆形，长8~12厘米，宽5~9厘米，表面绿色，背面浅绿色，两面无毛，或幼时叶背主脉和侧脉上生短柔毛，边缘上部具粗浅牙齿或近全缘，先端尖尾状，基部圆形或宽楔形，基生叶脉3条，侧生2脉延长至中部以上，侧脉3~4对；叶柄长1.5~3.5厘米，上面有浅槽；托叶狭卵形，长4毫米。花雌雄异株，穗状花序具柄；雄花序腋生，总花梗短，雄花花被片近圆形，绿色；雌花序长9~15厘米，总花梗长2~3厘米，雌花无梗，花被片黄绿色，覆瓦状排列，

子房1室，花柱极短，柱头2裂。聚花果狭圆筒形，长10~16厘米，核果卵圆形。花期4~5月，果期5~6月。

产于鹤峰、利川，生于山坡林中；分布于湖北、湖南、广西、广东、贵州。

2. 桑　　*Morus alba* Linn. Sp. Pl. ed 1: 986. 1753.

乔木或为灌木，高3～10米或更高，树皮厚，灰色，具不规则浅纵裂；冬芽红褐色，卵形，芽鳞覆瓦状排列，灰褐色，有细毛；小枝有细毛。叶卵形或广卵形，长5～15厘米，宽5～12厘米，先端急尖、渐尖或圆钝，基部圆形至浅心形，边缘锯齿粗钝，有时叶为各种分裂，表面鲜绿色，无毛，背面沿脉有疏毛，脉腋有簇毛；叶柄长1.5～5.5厘米，具柔毛；托叶披针形，早落，外面密被细硬毛。花单性，腋生或生于芽鳞腋内，与叶同时生出；雄花序下垂，长2～3.5厘米，密被白色柔毛，雄花。花被片宽椭圆形，淡绿色。花丝在芽时内折，花药2室，球形至肾形，纵裂；雌花序长1～2厘米，被毛，总花梗长5～10毫米被柔毛，雌花无梗，花被片倒卵形，顶端圆钝，外面和边缘被毛，两侧紧抱子房，无花柱，柱头2裂，内面有乳头状突起。聚花果卵状椭圆形，长1～2.5厘米，成熟时红色或暗紫色。花期4～5月，果期5～8月。

恩施州广布；生于山坡林中；我们各地均有栽培；印度、越南、朝鲜、日本、蒙古、俄罗斯、欧洲等地均有栽培。

3. 华桑　　*Morus cathayana* Hemsl. in Journ. Linn. Soc. Bot. 26: 456. 1899.

小乔木或为灌木状；树皮灰白色，平滑；小枝幼时被细毛，成长后脱落，皮孔明显。叶厚纸质，广卵形或近圆形，长8～20厘米，宽6～13厘米，先端渐尖或短尖，基部心形或截形，略偏斜，边缘具疏浅锯齿或钝锯齿，有时分裂，表面粗糙，疏生短伏毛，基部沿叶脉被柔毛，背面密被白色柔毛；叶柄长2～5厘米，粗壮，被柔毛；托叶披针形。花雌雄同株异序，雄花序长3～5厘米，雄花花被片4片，黄绿色，长卵形，外面被毛，雄蕊4枚，退化雌蕊小；雌花序长1～3厘米，雌花花被片倒卵形，先端被毛，花柱短，柱头2裂，内面被毛。聚花果圆筒形，长2～3厘米，成熟时白色、红色或紫黑色。花期4～5月，果期5～6月。

恩施州广布，生于山坡林中；分布于河北、山东、河南、江苏、陕西、湖北、安徽、浙江、湖南、四川等地；朝鲜、日本也有。

4. 鸡桑　　*Morus australis* Poir. Encycl. Meth. 4: 380. 1796.

灌木或小乔木，树皮灰褐色，冬芽大，圆锥状卵圆形。叶卵形，长5～14厘米，宽3.5～12厘米，先端急尖或尾状，基部楔形或心形，边缘具粗锯齿，不分裂或3～5裂，表面粗糙，密生短刺毛，背面疏被粗毛；叶柄长1～1.5厘米，被毛；托叶线状披针形，早落。雄花序长1～1.5厘米，被柔毛，雄花绿色，具短梗，花

被片卵形，花药黄色；雌花序球形，长约1厘米，密被白色柔毛，雌花花被片长圆形，暗绿色，花柱很长，柱头2裂，内面被柔毛。聚花果短椭圆形，直径约1厘米，成熟时红色或暗紫色。花期3~4月，果期4~5月。花期3~4月，果期4~5月。

恩施州广布，生于山谷林中；分布辽宁、河北、陕西、甘肃、山东、安徽、浙江、江西、福建、台湾、河南、湖北、湖南、广东、广西、四川、贵州、云南、西藏等省区；朝鲜、日本、斯里兰卡、不丹、尼泊尔及印度也有。

5. 蒙桑 *Morus mongolica* (Bur.) Schneid. in Sarg. Pl. Wils. 3: 296. 1916.

小乔木或灌木，树皮灰褐色，纵裂；小枝暗红色，老枝灰黑色；冬芽卵圆形，灰褐色。叶长椭圆状卵形，长8~15厘米，宽5~8厘米，先端尾尖，基部心形，边缘具三角形单锯齿，稀为重锯齿，齿尖有长刺芒，两面无毛；叶柄长2.5~3.5厘米。雄花序长3厘米，雄花花被暗黄色，外面及边缘被长柔毛，花药2室，纵裂；雌花序短圆柱状，长1~1.5厘米，总花梗纤细，长1~1.5厘米。雌花花被片外面上部疏被柔毛，或近无毛；花柱长，柱头2裂，内面密生乳头状突起。聚花果长1.5厘米，成熟时红色至紫黑色。花期3~4月，果期4~5月。

产于利川，生于山坡林中；分布于黑龙江、吉林、辽宁、内蒙古、新疆、青海、河北、山西、河南、山东、陕西、安徽、江苏、湖北、四川、贵州、云南等地区；蒙古和朝鲜也有分布。

韧皮纤维系高级造纸原料，脱胶后可作纺织原料；根皮入药。

构属 *Broussonetia* L'Hert. ex Vent.

乔木或灌木，或为攀援藤状灌木；有乳液，冬芽小。叶互生，分裂或不分裂，边缘具锯齿，基生叶脉3条，侧脉羽状；托叶侧生，分离，卵状披针形，早落。花雌雄异株或同株；雄花为下垂柔荑花序或球形头状花序，花被片3或4裂，雄蕊与花被裂片同数而对生，在花芽时内折，退化雌蕊小；雌花密集成球形头状花序，苞片棍棒状，宿存，花被管状，顶端3~4裂或全缘，宿存，子房内藏，具柄，花柱侧生，线形，胚珠自室顶垂悬。聚花果球形，胚弯曲，子叶圆形，扁平或对褶。

本属约4种；我国均产；恩施州产2种1变种。

分种检索表

1. 灌木或蔓生灌木，枝纤细；叶卵状椭圆形至斜卵形，不裂或3裂，叶柄长5~20毫米；托叶小，线状披针形，渐尖；花雌雄同株或异株；雄花序球形或短圆柱状；聚花果直径8~10毫米；瘦果具短柄，花柱仅在近中部有小突起。
  2. 蔓生藤状灌木，小枝显著伸长；花雌雄异株；雄花序短圆柱状，长1.5~2.5厘米，叶近对称的卵状椭圆形、基心形或心状截形，边缘锯齿细 ·· 1. 藤构 *Broussonetia kaempferi* var. *australis*
  2. 直立灌木；花雌雄同株，雄花序球形头状，直径8~10毫米；叶斜卵形或卵形，基部圆至截形，边缘锯齿粗 ·· 2. 楮 *Broussonetia kazinoki*
1. 高大乔木，枝粗而直；叶广卵形至长椭圆状卵形，背面密被细绒毛，不裂或3~5裂，叶柄长2~3.8厘米；托叶卵形，狭渐尖；花雌雄异株，雄花序粗壮，长3~8厘米；聚花果直径1.5~3厘米；瘦果具与之等长的长柄；花柱单生 ··· 3. 构树 *Broussonetia papyrifera*

1. 藤构（变种） *Broussonetia kaempferi* Sieb. var. *australis* Suzuki in Trans. Nat. Hist. Formosa 24: 433. 1934.

蔓生藤状灌木；树皮黑褐色；小枝显著伸长，幼时被浅褐色柔毛，成长脱落。叶互生，螺旋状排列，近对称的卵状椭圆形，长3.5~8厘米，宽2~3厘米，先端渐尖至尾尖，基部心形或截形，边缘锯齿细，齿尖具腺体，不裂，稀为2~3裂，表面无毛，稍粗糙；叶柄长8~10毫米，被毛。花雌雄异株，雄花序短穗状，长1.5~2.5厘米，花序轴约1厘米；雄花花被片3~4片，裂片外面被毛，雄蕊3~4枚，花药黄色，椭圆球形，退化雌蕊小；雌花集生为球形头状花序。聚花果直径1厘米，花柱线形，延长。花期4~6月，果期5~7月。

恩施州广布，生于山坡路边；分布于浙江、湖北、湖南、安徽、江西、福建、广东、广西、云南、四川、贵州、台湾等省区。

2. 楮 *Broussonetia kazinoki* Sieb. in Verh. Bot. Genoot. 7: 28. 1830.

灌木，高2~4米；小枝斜上，幼时被毛，成长脱落。叶卵形至斜卵形，长3~7厘米，宽3~4.5厘米，先端渐尖至尾尖，基部近圆形或斜圆形，边缘具三角形锯齿，不裂或3裂，表面粗糙，背面近无毛；叶柄长约1厘米；托叶小，线状披针形，渐尖，长3~5毫米，宽0.5~1毫米。花雌雄同株；雄花序球形头状，直径8~10毫米，雄花花被3~4裂，裂片三角形，外面被毛，雄蕊3~4枚，花药椭圆形；雌花序球形，被柔毛，花被管状，顶端齿裂，或近全缘，花柱单生，仅在近中部有小突起。聚花果球形，直径8~10毫米；瘦果扁球形，外果皮壳质，表面具瘤体。

恩施州广布，生于山坡林缘或山沟边；广泛分布于台湾及华中、华南、西南各省区；日本、朝鲜也有分布。

3. 构树 *Broussonetia papyrifera* (Linn.) L'Hert. ex Vent. Tableau Regn. Veget. 3: 458. 1799.

乔木，高10~20米；树皮暗灰色；小枝密生柔毛。叶螺旋状排列，广卵形至长椭圆状卵形，长6~18厘米，宽5~9厘米，先端渐尖，基部心形，两侧常不相等，边缘具粗锯齿，不分裂或3~5裂，小树之叶常有明显分裂，表面粗糙，疏生糙毛，背面密被绒毛，基生叶脉3条，侧脉6~7对；叶柄长2.5~8厘米，密被糙毛；托叶大，卵形，狭渐尖，长1.5~2厘米，宽0.8~1厘米。花雌雄异株；雄花序为柔荑花序，粗壮，长3~8厘米，苞片披针形，被毛，花被4裂，裂片三角状卵形，被毛，雄蕊4枚，花药近球形，退化雌蕊小；雌花序球形头状，苞片棍棒状，顶端被毛，花被管状，顶端与花柱紧贴，子

房卵圆形，柱头线形，被毛。聚花果直径1.5～3厘米，成熟时橙红色，肉质；瘦果具与等长的柄，表面有小瘤，龙骨双层，外果皮壳质。花期4～5月，果期6～7月。

恩施州广布，生于山坡路边、村庄边；我国南北各地均有分布；锡金、缅甸、泰国、越南、马来西亚、日本、朝鲜也有。

柘属 *Maclura* Nuttall.

乔木或小乔木或为攀援藤状灌木，有乳液，具无叶的腋生刺以代替短枝。叶互生，全缘；托叶2片，侧生。花雌雄异株，均为具苞片的球形头状花序，苞片锥形、披针形至盾形，具2个埋藏的黄色腺体，常每花2～4片苞片，附着于花被片上，通常在头状长序基部，有许多不孕苞片，花被片通常为4片，分离或下半部合生，每片具2～7个埋藏的黄色腺体，覆瓦状排列；雄蕊与花被片同数，芽时直立，退化雌蕊锥形或无；雌花无梗，花被片肉质，盾形，顶部厚，分离或下部合生，花柱短，2裂或不分裂；子房有时埋藏于花托的陷穴中。聚花果肉质；小核果卵圆形，果皮壳质，为肉质花被片包围。

本属约6种；我国产5种；恩施州产2种。

分种检索表

1. 攀援藤状灌木，叶椭圆状披针形或长圆形，全缘 ··· 1. 构棘 *Maclura cochinchinensis*
1. 直立小乔木或为灌木状；叶全缘或为3裂，卵形或为菱卵形 ······························ 2. 柘树 *Maclura tricuspidata*

1. 构棘 *Maclura cochinchinensis* (Lour.) Corner

直立或攀援状灌木；枝无毛，具粗壮弯曲无叶的腋生刺，刺长约1厘米。叶革质，椭圆状披针形或长圆形，长3～8厘米，宽2～2.5厘米，全缘，先端钝或短渐尖，基部楔形，两面无毛，侧脉7～10对；叶柄长约1厘米。花雌雄异株，雌雄花序均为具苞片的球形头状花序，每花具2～4片苞片，苞片锥形，内面具2个黄色腺体，苞片常附着于花被片上；雄花序直径6～10毫米，花被片4片，不相等，雄蕊4枚，花药短，在芽时直立，退化雌蕊锥形或盾或形；雌花序微被毛，花被片顶部厚，分离或万部合生，基有2个黄色腺体。聚合果肉质，直径2～5厘米，表面微被毛，成熟时橙红色，核果卵圆形，成熟时褐色，光滑。花期4～5月，果期6～7月。

产于利川，生于山坡林中；我国东南部至西南部的亚热带地区均有分布；斯里兰卡、印度、尼泊尔、不丹、缅甸、越南、马来西亚、菲律宾、日本等地也有分布。

2. 柘树 *Maclura tricuspidata* (Carr.) Bur. ex Lavallee, Arb. Segrez. 243. 1877.

落叶灌木或小乔木，高1～7米；树皮灰褐色，小枝无毛，略具棱，有棘刺，刺长5～20毫米；冬芽赤褐色。叶卵形或菱状卵形，偶为3裂，长5～14厘米，宽3～6厘米，先端渐尖，基部楔形至圆形，表面深绿色，背面绿白色，无毛或被柔毛，侧脉4～6对；叶柄长1～2厘米，被微柔毛。雌雄异株，雌雄花序均为球形头状花序，单生或成对腋生，具短总花梗；雄花序直径0.5厘米，雄花有苞片2片，附着于花被片上，花被片4片，肉质，先端肥厚，内卷，内面有黄色腺体2个，雄蕊4枚，与花被片对生，花丝在花芽时直立，退化雌蕊锥形；雌花序直径1～1.5厘米，花被片与雄花同数，花被片先端盾形，内卷，内面下部有2个黄色腺体，子房埋于花被片下部。聚花果近球形，直径约2.5厘米，肉质，成熟时橘红色。花期5～6月，果期6～7月。

恩施州广布，生于山坡林中；分布华北、华东、中南、西南各省区；朝鲜也有。

榕属 *Ficus* Linn.

乔木或灌木，有时为攀援状或为附生，具乳液。叶互生，稀对生，全缘或具锯齿或分裂，无毛或被毛，有或无钟乳体；托叶合生，包围顶芽，早落，遗留环状疤痕。花雌雄同株或异株，生于肉质壶形花序托内壁；雌雄同株的花序托内有雄花、瘿花和雌花；雌雄异株的花序托内则雄花、瘿花同生于一花序托内，而雌花或不育花则生于另一植株花序托内壁（具有雄花、瘿花或雌花的花序托为隐花果，以下简称榕果）；雄花花被片2～6片，雄蕊1～3枚，稀更多，花在花芽时直立，退化雌蕊缺；雌花花被片与雄花同数或不完全或缺，子房直生或偏斜，花柱顶生或侧生；瘿花相似于雌花。榕果腋生或生于老茎，口部苞片覆瓦状排列，基生苞片3片，早落或宿存，有时苞片侧生，有或无总梗。

本属约1000种；我国约98种3亚种43变种2变型；恩施州产8种5变种1变型。

分种检索表

1. 雌雄同株，花间具苞片 ············· 1. 黄葛树 *Ficus virens*
1. 雌雄异株，花间无苞片。
  2. 乔木或灌木，有时附生，绞杀或攀援植物（稀为根攀援）；瘦果不为长圆形，毛不具隔，腺毛不为盾状。
    3. 雄蕊1枚，如为2枚则榕果具侧生苞片，或无基生苞片；叶常不对称 ············· 2. 岩木瓜 *Ficus tsiangii*
    3. 雄蕊2枚或更多，稀为1枚；榕果无侧生苞片，具3片基生苞片；叶对称。
      4. 叶两面具钟乳体 ············· 3. 尖叶榕 *Ficus henryi*
      4. 仅叶背面具钟乳体。
        5. 雄花集中在榕果孔口；叶掌状分裂，有锯齿 ············· 4. 无花果 *Ficus carica*
        5. 雄花在榕果内散生；叶不为掌状分裂，多无锯齿。
          6. 瘿花无柄；花被远较子房为短，雌花也一样 ············· 5. 地果 *Ficus tikoua*
          6. 瘿花无柄或有柄；花被与子等长，雌花花被片长或短。
            7. 叶片基部圆形或浅心形；榕果成熟时紫黑色 ············· 6. 异叶榕 *Ficus heteromorpha*
            7. 叶片基部楔形；榕果成熟时略为红色。
              8. 叶倒卵形，厚纸质至亚革质；瘿花花被片倒披针形 ············· 7. 菱叶冠毛榕 *Ficus gasparriniana* var. *laceratifolia*
              8. 叶膜质，倒披针形；瘿花花被片舟状 ············· 8. 台湾榕 *Ficus formosana*
  2. 根攀援植物，瘦果长圆形，毛一般具隔，具盾状腺毛。
    9. 叶二型，基出侧脉达叶的1/2；果枝上的叶卵状椭圆形，顶端圆钝，营养枝上的叶卵状心形；榕果大型；雌花果球形，瘿花果梨形，直径3～5厘米 ············· 9. 薜荔 *Ficus pumila*
    9. 叶同型，先端急尖或渐尖，基出侧脉不延长，榕果小，直径一般不超过2.5厘米。
      10. 叶背面密被褐色柔毛或长柔毛 ············· 10. 珍珠莲 *Ficus sarmentosa* var. *henryi*
      10. 叶背面无毛或疏被柔毛。
        11. 叶两面绿色，披针状卵形 ············· 11. 尾尖爬藤榕 *Ficus sarmentosa* var. *lacrymans*
        11. 叶背面黄褐色，长椭圆状披针形或披针形。
          12. 叶片披针形，基部宽楔形 ············· 12. 爬藤榕 *Ficus sarmentosa* var. *impressa*
          12. 叶片长椭圆状披针形，基部狭楔形。
            13. 榕果具短柄 ············· 13. 长柄爬藤榕 *Ficus sarmentosa* var. *luducca*
            13. 榕果无柄 ············· 14. 无柄爬藤榕 *Ficus sarmentosa* var. *luducca* f. *sessilis*

1. 黄葛树　　*Ficus virens* Ait. Hort. Kew. 3: 451. 1789.

落叶或半落叶乔木，有板根或支柱根，幼时附生。叶薄革质或皮纸质，卵状披针形至椭圆状卵形，长10~15厘米，宽4~7厘米，先端短渐尖，基部钝圆或楔形至浅心形，全缘，干后表面无光泽，基生叶脉短，侧脉7~10对，背面突起，网脉稍明显；叶柄长2~5厘米；托叶披针状卵形，先端急尖，长可达10厘米。榕果单生或成对腋生或簇生于已落叶枝叶腋，球形，直径7~12毫米，成熟时紫红色，基生苞片3片，细小；有总梗。雄花、瘿花、雌花生于同一榕果内；雄花，无柄，少数，生榕果内壁近口部，花被片4~5片，披针形，雄蕊1枚，花药广卵形，花丝短；瘿花具柄，花被片3~4片，花柱侧生，短于子房；雌花与瘿花相似，花柱长于子房。瘦果表面有皱纹。花果期4~7月。

恩施州广泛栽培；分布于云南、广东、海南、广西、福建、台湾、浙江；斯里兰卡、印度、不丹、缅甸、泰国、越南、马来西亚等也有。

2. 岩木瓜　　*Ficus tsiangii* Merr. ex Corner in Gard. Bull. Sing. 18: 25. 1960.

灌木或乔木，高4~6米，树皮灰褐色，粗糙，分枝稀疏，小枝节间长，直径3~4毫米，密生灰白色至黄褐色硬毛。叶螺旋状排列，纸质，卵形至倒卵椭圆形，长8~23厘米，宽5~15厘米，先端稍宽，渐尖为尾状；尾长7~13毫米，基部圆形至浅心形或宽楔形，表面很粗糙，被粗糙硬毛，背面有钟乳体，密被灰白色或褐色糙毛，基生侧脉延伸至叶片中部以上，侧脉每边4~5条，叶基有2个腺体；叶柄细长，3~12厘米；托叶早落，披针形，长5~6毫米，被贴伏柔毛。榕果簇生于老茎基部或落叶瘤状短枝上，卵圆形至球状椭圆形，长2~3.5厘米，宽1.5~2厘米，被粗糙短硬毛，成熟红色，表面有侧生苞片，顶生苞片直立，总梗长2~4厘米，榕果内壁有刚毛；雄花两型，生内壁口部或散生，无柄雄花生于口部；有柄雄花散生，花被片3~5片，线状披针形，雄蕊2枚，稀为1枚，花丝基部有毛，花药无短尖；雌花；子房无柄，柱头浅2裂；散生刚毛；不育花小。瘦果透镜状，背面微具龙骨。花期5~8月。

产于巴东，生于山谷沟边；分布于贵州、云南、四川、广西、湖北、湖南等地。

3. 尖叶榕　　*Ficus henryi* Warb. ex Diels in Engl. Bot. Jahrb. 29: 299. 1900.

小乔木，高3~10米；幼枝黄褐色，无毛，具薄翅。叶倒卵状长圆形至长圆状披针形，长7~16厘米，宽2.5~5厘米，先端渐尖或尾尖，基部楔形，表面深绿色，背面色稍淡，两面均被点状钟乳体，侧脉5~7对，网脉在背面明显，全缘或从中部以上有疏锯齿；叶柄长1~1.5厘米。榕果单生叶腋，球形至椭圆形，直径1~2厘米，总梗长5~6毫米，顶生苞片脐状突起，基生苞片3片；雄花生于榕果内壁的口部或散生，具长梗，花被片4~5片，白色，倒披针形，被微毛，雄蕊4~3枚，花药椭圆形；瘿花生于雌花下部，具柄，花被片5片，卵状披针形；雌花生于另一植株榕果内壁，子房卵圆形，花柱侧生，柱头2裂。榕果成熟橙红色；瘦果卵圆形，光滑，背面龙骨状。花期5~6月，果期7~9月。

恩施州广布，生于山谷林中；分布于云南、四川、贵州、广西、湖南、湖北；越南也有。

4. 无花果　　*Ficus carica* Linn. Sp. Pl. 2: 1059. 1753.

落叶灌木，高3~10米，多分枝；树皮灰褐色，皮孔明显；小枝直立，粗壮。叶互生，厚纸质，广卵圆形，长宽近相等，10~20厘米，通常3~5裂，小裂片卵形，边缘具不规则钝齿，表面粗糙，背面密生细小钟乳体及灰色短柔毛，基部浅心形，基生侧脉3~5条，侧脉5~7对；叶柄长2~5厘米，粗壮；托叶卵状披针形，长约1厘米，红色。雌雄异株，雄花和瘿花同生于一榕果内壁，雄花生内壁口部，花被片4~5片，雄蕊3枚，有时1或5枚，瘿花花柱侧生，短；雌花花被与雄花同，子房卵圆形，光滑，花柱侧生，柱头2裂，线形。榕果单生叶腋，大而梨形，直径3~5厘米，顶部下陷，成熟时紫红色或黄色，基生苞片3片，卵形；瘦果透镜状。花果期5~7月。

恩施州广泛栽培；原产地中海沿岸；我国唐代即从波斯传入，现南北均有栽培，新疆南部尤多。

5. 地果　　*Ficus tikoua* Bur. in Journ. Bot. 2: 213. t. 7. 1888.

匍匐木质藤本，茎上生细长不定根，节膨大；幼枝偶有直立的，高达30~40厘米，叶坚纸质，倒卵状椭圆形，长2~8厘米，宽1.5~4厘米，先端急尖，基部圆形至浅心形，边缘具波状疏浅圆锯齿，基生侧脉较短，侧脉3~4对，表面被短刺毛，背面沿脉有细毛；叶柄长1~2厘米，直径立幼枝的叶柄长达6厘米；托叶披针形，长约5毫米，被柔毛。榕果成对或簇生于匍匐茎上，常埋于土中，球形至卵球形，直径1~2厘米，基部收缩成狭柄，成熟时深红色，表面多圆形瘤点，基生苞片3片，细小；雄花生榕果内壁孔口部，无柄，花被片2~6片，雄蕊1~3枚；雌花生另一植株榕果内壁，有短柄。无花被，有黏膜包被子房。瘦果卵球形，表面有瘤体，花柱侧生，长，柱头2裂。花期5~6月，果期7月。

恩施州广布；分布于湖南、湖北、广西、贵州、云南、西藏、四川、甘肃、陕西；印度、越南、老挝也有。

6. 异叶榕　　*Ficus heteromorpha* Hemsl. in Hook. IC. Pl. 26: t. 2533. 1897.

落叶灌木或小乔木，高2~5米；树皮灰褐色；小枝红褐色，节短。叶多形，琴形、椭圆形、椭圆状披针形，长10~18厘米，宽2~7厘米，先端渐尖或为尾状，基部圆形或浅心形，表面略粗糙，背面有细小钟乳体，全缘或微波状，基生侧脉较短，侧脉6~15对，红色；叶柄长1.5~6厘米，红色；托叶披针形，长约1厘米。榕果成对生短枝叶腋，稀单生，无总梗，球形或圆锥状球形，光滑，直径6~10毫米，成熟时紫黑色，顶生苞片脐状，基生苞片3片，卵圆形，雄花和瘿花同生于一榕果中；雄花散生内壁，花被片4~5片，匙形，雄蕊2~3枚；瘿花花被片5~6片，子房光滑，花柱短；雌花花被片4~5

片，包围子房，花柱侧生，柱头画笔状，被柔毛。瘦果光滑。花期4~5月，果期5~7月。

恩施州广布，生于山谷林中；分布于长江流域中下游及华南地区，北至陕西、湖北、河南。

7. 菱叶冠毛榕（变种） Ficus gasparriniana Miq. var. laceratifolia (Levl. et Vant.) Corner in Gard. Bull. Sing. 17: 428. 1960.

灌木，小枝纤细，节短，幼嫩部分被糙毛，后近于无毛。叶倒卵形，厚纸质至亚革质，长6~10厘米，宽2~3厘米，先端急尖至渐尖，基部楔形，微钝，叶上半部具数个不规则齿裂，表面粗糙，具瘤体，叶背白绿色，微被柔毛或近无毛，基脉短，侧脉3~5对；叶柄长约1厘米，被柔毛；托叶披针形，长约10毫米。榕果成对腋生或单生叶腋，具柄，柄长不超过10毫米，幼时卵状椭圆形，被柔毛，后成椭圆状球形，有白斑，长10~14毫米，直径8~12毫米，成熟时紫红色，顶生苞片脐状凸起，红色，基生苞片3片，宽卵形；雄花具柄，花被片3片，被毛，雄蕊2~3枚；瘿花花被片3~4片，被毛，倒披针形，子房斜卵圆形，花柱侧生，浅2裂；雌花花被片4片，先端被毛。瘦果卵球形，光滑，瘦果直径2.5~3.5毫米，花柱侧生，长，弯曲。花期5~7月。

产于咸丰、建始，生于灌丛中；分布于贵州、四川、云南、广西、湖北、福建。

8. 台湾榕 Ficus formosana Maxim. in Bull. Acad. St. Sci. Petersb. 27: 546. 1881.

灌木，高1.5~3米；小枝、叶柄、叶脉幼时疏被短柔毛；枝纤细，节短。叶膜质，倒披针形，长4~11厘米，宽1.5~3.5厘米，全缘或在中部以上有疏钝齿裂，顶部渐尖，中部以下渐窄，至基部成狭楔形，干后表面墨绿色，背面淡绿色，中脉不明显。榕果单生叶腋，卵状球形，直径6~9毫米，成熟时绿带红色，顶部脐状突起，基部收缩为纤细短柄，基生苞片3片，边缘齿状，总梗长2~3毫米，纤细；雄花散生榕果内壁，有或无柄，花被片3~4片，卵形，雄蕊2枚，稀为3枚，花药长过花丝；瘿花，花被片4~5片，舟状，子房球形，有柄，花柱短，侧生；雌花，有柄或无柄，花被片4片，花柱长，柱头漏斗形。瘦果球形，光滑。花期4~7月。

产于利川，属湖北省新记录，生于溪边；分布于台湾、浙江、福建、江西、湖南、广东、海南、广西、贵州；越南也有。

9. 薜荔 Ficus pumila Linn. Sp. Pl. 1060. 1753.

攀援或匍匐灌木，叶两型，不结果枝节上生不定根，叶卵状心形，长约2.5厘米，薄革质，基部稍不对称，尖端渐尖，叶柄很短；结果枝上无不定根，革质，卵状椭圆形，长5～10厘米，宽2～3.5厘米，先端急尖至钝形，基部圆形至浅心形，全缘，上面无毛，背面被黄褐色柔毛，基生叶脉延长，网脉3～4对，在表面下陷，背面凸起，网脉甚明显，呈蜂窝状；叶柄长5～10毫米；托叶2片，披针形，被黄褐色丝状毛。榕果单生叶腋，瘿花果梨形，雌花果近球形，长4～8厘米，直径3～5厘米，顶部截平，略具短钝头或为脐状凸起，基部收窄成一短柄，基生苞片宿存，三角状卵形，密被长柔毛，榕果幼时被黄色短柔毛，成熟黄绿色或微红，总便粗短；雄花生榕果内壁口部，多数，排为几行，有柄，花被片2～3片，线形，雄蕊2枚，花丝短；瘿花具柄，花被片3～4片，线形，花柱侧生，短；雌花生另一植株榕果内壁，花柄长，花被片4～5片。瘦果近球形，有黏液。花果期5～8月。

恩施州广布，附生于树上或石壁上；分布于福建、江西、浙江、安徽、江苏、台湾、湖南、广东、广西、贵州、云南、四川及陕西；日本、越南也有。

10. 珍珠莲（变种） *Ficus sarmentosa* Buch.-Ham. ex J. E. Sm. var. *henryi* (King) Corner in Gard. Bull. Sing. 18: 6. 1960.

木质攀援匍匐藤状灌木，幼枝密被褐色长柔毛，叶革质，卵状椭圆形，长8～10厘米，宽3～4厘米，先端渐尖，基部圆形至楔形，表面无毛，背面密被褐色柔毛或长柔毛，基生侧脉延长，侧脉5～7对，小脉网结成蜂窝状；叶柄长5～10毫米，被毛。榕果成对腋生，圆锥形，直径1～1.5厘米，表面密被褐色长柔毛，成长后脱落，顶生苞片直立，长约3毫米，基生苞片卵状披针形，长3～6毫米。榕果无总梗或具短梗。花期4～5月，果期9～12月。

恩施州广布，生于路边；分布于台湾、浙江、江西、福建、广西、广东、湖南、湖北、贵州、云南、四川、陕西、甘肃。

11. 尾尖爬藤榕（变种） *Ficus sarmentosa* Buch.-Ham. ex J. E. Sm. var. *lacrymans* (Levl. Vant.) Corner in Gard. Bull. Sing. 18: 6. 1960.

藤状匍匐灌木。叶薄革质，披针状卵形，长4～8厘米，宽2～2.5厘米，先端渐尖至尾尖，基部楔形，两面绿色，干后绿白色至黄绿色，侧脉5～6对，网脉两面平；叶柄长约5毫米。榕果成对腋生或生于落叶枝叶腋，球形，直径5～9毫米，表面无毛或薄被柔毛。花期4～5月，果期6～7月。

恩施州广布，附生于树干或石壁上；分布于福建、江西、广东、广西、湖南、湖北、贵州、云南、四川、甘肃；越南也有。

12. 爬藤榕（变种） *Ficus sarmentosa* Buch.-Ham. ex J. E. Sm. var. *impressa* (Champ.) Corner in Gard. Bull. Sing. 18: 6. 1960.

藤状匍匐灌木。叶革质，披针形，长4～7厘米，宽1～2厘米，先端渐尖，基部钝，背面白色至浅灰褐色，侧脉6～8对，网脉明显；叶柄长5～10毫米。榕果成对腋生或生于落叶枝叶腋，球形，直径7～10毫米，幼时被柔毛。花期4～5月，果期6～7月。

恩施州广布，生于谷边或溪边；分布于浙江、安徽、广东、广西、海南、贵州、云南、河南、陕西、甘肃；印度、越南也有。

13. 长柄爬藤榕（变种）

Ficus sarmentosa Buch.-Ham. ex J. E. Sm. var. *luducca* (Roxb.) Corner in Gard. Bull. Sing. 18: 7. 1960.

藤状匍匐灌木，幼枝近无毛，小枝有明显皮孔。叶长椭圆状披针形，长4～10厘米，宽4～5厘米，先端渐尖为尾状，基部楔形，背面黄褐色，基生叶脉短，侧脉10～12对，网脉蜂窝状；叶柄长2.5～3.5厘米，粗壮。榕果腋生，球形，直径8～12毫米，表面疏生瘤状体，总梗短。花期7月。

恩施州广布，生于溪边；分布于广东、广西、贵州、云南、西藏、湖北，喜马拉雅山区也有。

14. 无柄爬藤榕（变型）

Ficus sarmentosa Buch.-Ham. ex J. E. Sm. var. *luducca* (Roxb.) Corner f. *sessilis* Corner in Gard. Bull. Sing. 18: 7. 1960.

攀援或匍匐木质藤状灌木；小枝无毛，干后灰白色，具纵槽。叶排为2列，近革质，卵形至长椭圆形，长8～12厘米，宽3～4厘米，先端急尖至渐尖，基部圆形或宽楔形，全缘，表面无毛，背面干后绿白色或浅黄色，疏被褐色柔毛或无毛，侧脉7～9对，背面突起，网脉成蜂窝状；叶柄长约1厘米，近无毛；托叶披针状卵形，薄膜质，长约8毫米。榕果单生叶腋，稀成对腋生，球形或近球形，微扁压，成熟紫黑色，光滑无毛，直径7～9毫米，顶部微下陷，基生苞片3片，三角形，榕果无总梗，榕果内壁刚毛少或丰富，雄花、瘿花同生于一榕果内壁，雌花生于另一植株榕果内；雄花生内壁近口部，具柄，花被片3～4片；倒披针形，雄蕊2枚，花药有短尖，花丝极短；瘿花具柄，花被片4片，倒卵状匙形，子房椭圆形，花柱短，柱头浅漏斗形；雌花和瘿花相似，具柄，花被片匙形，子房倒卵圆形，花柱近顶生，柱头细长。瘦果卵状椭圆形，外被黏液层。花期5～7月。

产于宣恩，生于溪边；分布于湖北、江西、四川、陕西、贵州、云南、西藏。

荨麻科 Urticaceae

草本、亚灌木或灌木，稀乔木或攀援藤本，有时有刺毛；钟乳体点状、杆状或条形，在叶或有时在茎和花被的表皮细胞内隆起。茎常富含纤维，有时肉质。叶互生或对生，单叶；托叶存在，稀缺。花极小，单性，稀两性，风媒传粉，花被单层，稀2层；花序雌雄同株或异株，若同株时常为单性，有时两性，稀具两性花而成杂性，由若干小的团伞花序排成聚伞状、圆锥状、总状、伞房状、穗状、串珠式穗状、头状，有时花序轴上端发育成球状、杯状或盘状多少肉质的花序托，稀退化成单花。雄花花被片4～5片，有时2或3片，稀1片，覆瓦状排列或镊合状排列；雄蕊与花被片同数，花药2室，成熟时药壁纤维层细胞不等收缩，引起药壁破裂，并与花丝内表皮垫状细胞膨胀运动协调作用，将花粉向上弹射出；退化雌蕊常存在。雌花花被片5～9片，稀2片或缺，分生或多少合生，花后常增大，宿存；退化雄蕊鳞片状，或缺；雌蕊由1个心皮构成，子房1室，与花被离生或贴生，具雌蕊柄或无柄；花柱单一或无花柱，柱头头状、画笔头状、钻形、丝形、舌状或盾形；胚珠1枚，直立。果实为瘦果，有时为肉质核果状，常包被于宿存的花被内。种子具直生的胚；胚乳常为油质或缺；子叶肉质，卵形、椭圆形或圆形。

本科约 47 属 1300 余种；我国有 25 属 352 种 26 亚种 63 变种 3 变型；恩施州产 15 属 46 种 3 亚种 2 变种。

分属检索表

1. 植物有刺毛；雌花无退化雄蕊。
  2. 瘦果直立不歪斜，无雌蕊柄；柱头画笔头状；托叶侧生。
    3. 叶对生；雌花被片外面 2 片比内面 2 片小 ·· 1. 荨麻属 Urtica
    3. 叶互生；雌花被片外面 2 片比内面 2 片大 ·· 2. 花点草属 Nanocnide
  2. 瘦果歪斜，具雌蕊柄；柱头丝形、舌状或钻状；叶互生；托叶柄内生。
    4. 雌花被片 4 片，常交互对生，彼此分生或合生至下部 ·· 3. 艾麻属 Laportea
    4. 雌花被片 3～4 片，背腹生，其中 2～3 片在背面合生成盔状或鞘，顶端 2～3 齿，腹生的 1 片较小，条形或退化得不明显 ·· 4. 蝎子草属 Girardinia
1. 植物无刺毛；雌花常有退化雄蕊或无。
  5. 雌蕊无花柱；柱头画笔头状；雌花花被片分生或基部合生，有退化雄蕊；钟乳体条形或纺锤形，稀点状。
    6. 叶对生；叶片两侧对称或近对称。
      7. 花成松散或密集的聚伞花序，有时排成穗状或头状；瘦果边缘无鸡冠状附属物 ··············· 5. 冷水花属 Pilea
      7. 花生在盘状或钟状多少肉质的花序托上；瘦果顶端或上部边缘有马蹄形或鸡冠状突起的附属物 ······ 6. 假楼梯草属 Lecanthus
    6. 叶互生，2 列，如为对生则同对的叶极不等大，其中小的 1 片常退化成托叶状或消失；叶片两侧常偏斜，狭侧面在上，宽侧面在下。
      8. 雌花被片比子房长，外面先端下常有角状突起；瘦果具小条状或小瘤状突起；雄花序聚伞状 ············· 7. 赤车属 Pellionia
      8. 雌花花被片 3 片，很小，比子房短，或极度退化，外面先端无角状突起；瘦果多有 6～10 条纵肋；雄花序大多数具花序托，稀为聚伞花序；雌花序具盘状花序托，边缘有总苞 ······················· 8. 楼梯草属 Elatostema
  5. 雌蕊大多数有花柱；柱头多样，一般不呈画笔头状；雌花花被常合生成管状，稀极度退化或不存在，无退化雄蕊；钟乳体点状。
    9. 柱头舌状或丝形。
      10. 柱头在果时宿存；团伞花序常排成穗状或圆锥形，有时簇生于叶腋；瘦果果皮薄，无光泽 ············ 9. 苎麻属 Boehmeria
      10. 柱头花后脱落；团伞花序腋生；瘦果果皮硬壳质，常有光泽。
        11. 雄花被背面凸圆；叶边缘有锯齿；叶基出三脉，其侧出的一对在上部分枝，不达叶尖 ········ 10. 雾水葛属 Pouzolzia
        11. 雄花被在中上部成直角内弯曲，故花芽顶部截平，呈陀螺形，在背面内弯处，具一环绕花被的冠状物或长毛；叶基出三脉，其侧出的一对不分枝，直达叶尖 ·· 11. 糯米团属 Gonostegia
    9. 柱头多样，头状、画笔头状、环状、盾状、卵状等，但不呈丝形。
      12. 雌花被在果时干燥或膜质；瘦果果皮硬壳质，有光泽；团伞花序簇生或聚伞状。
        13. 柱头很小，近卵形，被须毛；花单性；雌花被管状，顶端 4 个短齿；叶对生，有锯齿；托叶显著 ··· 12. 微柱麻属 Chamabainia
        13. 柱头画笔头状或匙形；花两性或单性；两性花花被片 4 深裂，雌花花被 4 浅裂；叶互生，全缘；托叶不存在 ·· 13. 墙草属 Parietaria
      12. 雌花被在果时多少肉质；瘦果多少肉质核果状；团伞花序头状或团块状，排成二歧聚伞或圆锥状花序。
        14. 柱头画笔头状或环状；雌花与果无肉质花托 ·· 14. 水麻属 Debregeasia
        14. 柱头盾状，有纤毛；雌花与果基部或下部，有时几乎全部围以肉质透明的盘状或壳斗状花托；瘦果包于干燥或微肉质的花被管之内 ··· 15. 紫麻属 Oreocnide

荨麻属 *Urtica* L.

一年生或多年生草本，稀灌木，具刺毛。茎常具 4 棱。叶对生，边缘有齿或分裂，基出脉 3～7 条，钟乳体点状或条形；托叶侧生于叶柄间，分生或合生。花单性，雌雄同株或异株；花序单性或雌雄同序，成对腋生，数朵花聚集成小的团伞花簇，在序轴上排列成穗状、总状或圆锥状，稀头状；雄花花被片 4 片，裂片覆瓦状排列，内凹，雄蕊 4 枚，退化雌蕊常杯状或碗状，透明；雌花花被片 4 片，离生或多少合生，不等大，内面 2 片较大，紧包子房，花后显著增大，紧包被着果实，外面 2 片较小，常开展，子房直立，花柱无或很短，柱头画笔头状。瘦果直立，两侧压扁，光滑或有疣状突起。种子直立，胚乳少量，子叶近圆形，肉质，富含油质。

本属约35种；我国产16种6亚种1变种；恩施州产2种。

分种检索表

1. 托叶每节2片，合生；花序常圆锥状 ·· 1. 荨麻 *Urtica fissa*
1. 托叶每节4片，彼此分生；花序穗状或圆锥状 ·· 2. 宽叶荨麻 *Urtice laetevirens*

1. 荨麻 *Urtica fissa* E. Pritz. in Bot. Jahrb. 29: 301. 1900.

多年生草本，有横走的根状茎。茎自基部多出，高40～100厘米，四棱形，密生刺毛和被微柔毛，分枝少。叶近膜质，宽卵形、椭圆形、五角形或近圆形轮廓，长5～15厘米，宽3～14厘米，先端渐尖或锐尖，基部截形或心形，边缘有5～7对浅裂片或掌状3深裂，裂片自下向上逐渐增大，三角形或长圆形，长1～5厘米，先端锐尖或尾状，边缘有数枚不整齐的牙齿状锯齿，上面绿色或深绿色，疏生刺毛和糙伏毛，下面浅绿色，被稍密的短柔毛，在脉上生较密的短柔毛和刺毛，钟乳体杆状、稀近点状，基出脉5条，上面一对伸达中上部裂齿尖，侧脉3～6对；叶柄长2～8厘米，密生刺毛和微柔毛；托叶草质，绿色，2片在叶柄间合生，宽矩圆状卵形至矩圆形，长10～20毫米，先端钝圆，被微柔毛和钟乳体，有纵肋10～12条。雌雄同株，雌花序生上部叶腋，雄的生下部叶腋，稀雌雄异株；花序圆锥状，具少数分枝，有时近穗状，长达10厘米，序轴被微柔毛和疏生刺毛。雄花具短梗，在芽时直径约1.4毫米，开放后直径约2.5毫米；花被片4片，在中下部合生，裂片常矩圆状卵形，外面疏生微柔毛；退化雌蕊碗状，无柄，常白色透明；雌花小，几乎无梗；瘦果近圆形，稍双凸透镜状，长约1毫米，表面有带褐红色的细疣点；宿存花被片4片，内面2片近圆形，与果近等大，外面2片近圆形，较内面的短约4倍，边缘薄，外面被细硬毛。花期8～10月，果期9～11月。

恩施州广布，生于山坡路旁；分布于安徽、浙江、福建、广西、湖南、湖北、河南、陕西、甘肃、四川、贵州、云南；越南也有。

全草入药，有祛风除湿和止咳之效。

2. 宽叶荨麻 *Urtica laetevirens* Maxim. in Bull. Acad. Sci. St. Petersb. 22: 236. 1877.

多年生草本，根状茎匍匐。茎纤细，高30～100厘米，节间常较长，四棱形，近无刺毛或有稀疏的刺毛和疏生细糙毛，在节上密生细糙毛，不分枝或少分枝。叶常近膜质，卵形或披针形，向上的常渐变狭，长4～10厘米，宽2～6厘米，先端短渐尖至尾状渐尖，基部圆形或宽楔形，边缘除基部和先端全缘外，有锐或钝的牙齿或牙齿状锯齿，两面疏生刺毛和细糙毛，钟乳体常短杆状，有时点状，基出脉3条，其侧出的一对多少

荨麻科
Urticaceae

弧曲，伸达叶上部齿尖或与侧脉网结，侧脉 2~3 对；叶柄纤细，长 1.5~7 厘米，向上的渐变短，疏生刺毛和细糙毛；托叶每节 4 片，离生或有时上部的多少合生，条状披针形或长圆形，长 3~8 毫米，被微柔毛。雌雄同株，稀异株，雄花序近穗状，纤细，生上部叶腋，长达 8 厘米；雌花序近穗状，生下部叶腋，较短，纤细，稀缩短成簇生状，小团伞花簇稀疏地着生于序轴上。雄花无梗或具短梗，在芽时直径约 1 毫米，开放后直径约 2 毫米；花被片 4 片，在近中部合生，裂片卵形，内凹，外面疏生微糙毛；退化雌蕊近杯状，顶端凹陷至中空，中央有柱头残迹，基部多少具柄；雌花具短梗。瘦果卵形，双凸透镜状，长近 1 毫米，顶端稍钝，熟时变灰褐色，多少有疣点，果梗上部有关节；宿存花被片 4 片，在基部合生，外面疏生微糙毛，内面 2 片椭圆状卵形，与果近等大，外面 2 片狭卵形，或倒卵形，伸达内面花被片的中下部。花期 6~8 月，果期 8~9 月。

产于利川，生于山坡林下；分布于辽宁、内蒙古、山西、河北、山东、河南、陕西、甘肃、青海、安徽、四川、湖北、湖南、云南和西藏；日本、朝鲜和俄罗斯也有。

花点草属 *Nanocnide* Bl.

一年生或多年生草本，具刺毛。茎下部常匍匐，丛生状。叶互生，膜质，具柄，边缘具粗齿或近于浅窄裂，基出脉不规则 3~5 条，侧脉二叉状分枝，钟乳体短杆状；托叶侧生，分离。花单性，雌雄同株；雄聚伞花序，疏松，具梗，腋生；雌花序团伞状，无梗或具短梗，腋生。雄花花被 5 裂，稀 4 裂，稍覆瓦状排列，裂片背面近先端处常有较明显的角状突起；雄蕊与花被裂片同数；退化雌蕊宽倒卵形，透明。雌花花被不等 4 深裂，外面一对较大，背面具龙骨状突起，内面一对较窄小而平；子房直立，椭圆形；花柱缺，柱头画笔头状。瘦果宽卵形，两侧压扁，有疣点状突起。

本属有 2 种；我国均产；恩施州产 2 种。

分种检索表

1. 茎常直立，被向上倾的毛；雄花序长过叶 ··· 1. 花点草 *Nanocnide japonica*
1. 茎较柔软，常上升或平卧，被向下倾的毛；雄花序短于叶 ································ 2. 毛花点草 *Nanocnide lobata*

1. 花点草　*Nanocnide japonica* Bl. Mus. Bot. Lugd.-Bat. 2: 155, t. 17. 1856.

多年生小草本。茎直立，自基部分枝，下部多少匍匐，高 10~25 厘米，常半透明，黄绿色，有时上部带紫色，被向上倾斜的微硬毛。叶三角状卵形或近扇形，长 1.5~4 厘米，宽 1.3~4 厘米，先端钝圆，基部宽楔形、圆形或近截形，边缘每边具 4~7 枚圆齿或粗牙齿，茎下部的叶较小，扇形或三角形，基部截形或浅心形，上面翠绿色，疏生紧贴的小刺毛，下面浅绿色，有时带紫色，疏生短柔毛，钟乳体短杆状，两面均明显，基出脉 3~5 条，次级脉与细脉呈二叉状分枝；茎下部的叶柄较长；托叶膜质，宽卵形，长 1~1.5 毫米，具缘毛。雄花序为多回二歧聚伞花序，生于枝的顶部叶腋，直径 1.5~4 厘米，疏松，具长梗，长过叶，花序梗被向上倾斜的毛；雌花序密集成团伞花序，直径 3~6 毫米，具短梗。雄花具梗，紫红色，直径 2~3 毫米；花被 5 深裂，裂片卵形，长约 1.5 毫米，背面近中部有横向的鸡冠状突起物，其上缘生长毛；雄蕊 5 枚，退化雌蕊宽倒卵形，长约 0.5 毫米。雌花长约 1 毫米，花被绿色，不等 4 深裂，外面一对生于雌蕊的背腹面，较大，倒卵状船形，稍长于子房，具龙骨状突起，先端有 1~2 根透明长刺毛，背面和边缘疏生短毛；内面一对裂片，生于雌蕊的两侧，长倒卵形，较窄小，顶生一根透明长刺毛。瘦果卵形，黄褐色，长约 1 毫米，有疣点状突起。花期 4~5 月，果期 6~7 月。

产于巴东、利川，生于山谷林下；分布于台湾、福建、浙江、江苏、安徽、江西、湖北、湖南、贵州、云南、四川、陕西和甘肃；也分布于日本和朝鲜。

2. 毛花点草 *Nanocnide lobata* Wedd. in DC. Prodr. 16 (1): 69. 1869.

一年生或多年生草本。茎柔软，铺散丛生，自基部分枝，长 17~40 厘米，常半透明，有时下部带紫色，被向下弯曲的微硬毛。叶膜质，宽卵形至三角状卵形，长 1.5~2 厘米，宽 1.3~1.8 厘米，先端钝或锐尖，基部近截形至宽楔形，边缘每边具 4~7 枚不等大的粗圆齿或近裂片状粗齿，齿三角状卵形，顶端锐尖或钝，长 2~5 毫米，先端的一枚常较大，稀全绿，茎下部的叶较小，扇形，先端钝或圆形，基部近截形或浅心形，上面深绿色，疏生小刺毛和短柔毛，下面浅绿色，略带光泽，在脉上密生紧贴的短柔毛，基出脉 3~5 条，两面散生短杆状钟乳体；叶柄在茎下部的长过叶片，茎上部的短于叶片，被向下弯曲的短柔毛；托叶膜质，卵形，长约 1 毫米，具缘毛。雄花序常生于枝的上部叶腋，稀数朵雄花散生于雌花序的下部，具短梗，长 5~12 毫米；雌花序由多数花组成团聚伞花序，生于枝的顶部叶腋或茎下部裸茎的叶腋内，直径 3~7 毫米，具短梗或无梗。雄花淡绿色；花被 4~5 深裂，裂片卵形，长约 1.5 毫米，背面上部有鸡冠突起，其边缘疏生白色小刺毛；雄蕊 4~5 枚，长 2~2.5 毫米；退化雌蕊宽倒卵形，长约 0.5 毫米，透明。雌花长 1~1.5 毫米；花被片绿色，不等 4 深裂，外面一对较大，近舟形，长过子房，在背部龙骨上和边缘密生小刺毛，内面一对裂片较小，狭卵形，与子房近等长。瘦果卵形，压扁，褐色，长约 1 毫米，有疣点状突起，外面围以稍大的宿存花被片。花期 4~6 月，果期 6~8 月。

恩施州广布，生于山谷路旁；分布于云南、四川、贵州、湖北、湖南、广西、广东、台湾、福建、江西、浙江、江苏、安徽等省区；也分布于越南。

全草入药。有清热解毒之效，可用于治疗烧烫伤、热毒疮、湿疹、肺热咳嗽、痰中带血等症。

苎麻属 *Laportea* Gaudich.

草本或半灌木，稀灌木，有刺毛。叶互生，具柄，草质或纸质，有时膜质，边缘有齿，基出三脉或具羽状脉，钟乳体点状或短杆状；托叶于叶柄内合生，膜质，先端 2 裂，不久脱落。花单性，雌雄同株，稀雌雄异株；花序聚伞圆锥状，稀总状或穗状。雄花花被片 4 或 5 片，近镊合状排列；雄蕊 4 或 5 枚，退化雌蕊明显。雌花花被片 4 片，极不等大，离生，有时下部合生，侧生 2 片最大，同形等大，背腹 2 片异形，其中腹生的 1 片最小；退化雄蕊缺；子房直立，不久偏斜，柱头丝形、舌形，稀分枝，具雌蕊柄。瘦果偏斜，两侧压扁，在基部常紧缩成柄，着生于雌蕊柄上，宿存柱头向下弯折；花柄两侧或背腹侧扩大成翅状。稀无翅。

本属约 28 种；我国有 7 种 2 亚种；恩施州产 2 种。

荨麻科
Urticaceae

分种检索表

1. 雌花花梗在果时无翅；瘦果双凸透镜状，光滑；花序单性，雌花序长穗状，顶生或近顶生；钟乳体细点状·· 1. 艾麻 *Laportea cuspidate*
1. 雌花花梗果时在两侧膨大成明显的膜质翅；瘦果不洼陷；钟乳体细点状·················· 2. 珠芽艾麻 *Laportea bulbifera*

1. 艾麻 *Laportea cuspidata* (Wedd.) Friis in Kew Bull. 36 (1): 156. 1981.

多年生草本。根数条丛生，纺锤状，肥厚，一般长5~10厘米，粗3~5毫米。茎下部多少木质化，不分枝或分枝，高40~150厘米，粗4~15毫米，直立，在上部呈"之"字形，具5纵棱，有时带紫红色，疏生刺毛和短柔毛。有时生于叶腋的木质珠芽数个。叶近膜质至纸质，卵形、椭圆形或近圆形，长7~22厘米，宽3.5~17厘米，先端长尾状，基部心形或圆形，有时近截形，边缘具粗大的锐牙齿，牙齿自下向上渐变大，有时具重牙齿，两面疏生刺毛和短柔毛，有时近光滑，钟乳体细点状，在上面稍明显，基出脉3条，稀离基三出脉，其侧出的一对近直伸达中部齿尖，侧脉2~4对，斜出达齿尖；叶柄长3~14厘米，被毛同茎上部；托叶卵状三角形，长3~4毫米，先端2裂，以后脱落。花序雌雄同株，雄花序圆锥状，生雌花序之下部叶腋，直立，长8~17厘米；雌花序长穗状，生于茎梢叶腋，在果时长15~25厘米，小团伞花簇稀疏着生于单一的序轴上，花序梗较短，长2~8厘米，疏生刺毛和短柔毛。

雄花具短梗或近无梗，在芽时扁圆球形，直径约1.5毫米；花被片5片，狭椭圆形，外面上部无角状突起，疏生微毛；雄蕊5枚，花丝下部贴生于花被片；退化雌蕊倒圆锥形，长约0.4毫米。雌花具梗；花被片4片，不等大，侧生2片紧包被着子房，长圆状卵形，长约0.7毫米，在果时显著增大，外面有微毛，背生的1片圆卵形，内凹，长约0.6毫米，腹生1片宽卵形，长约0.4毫米；柱头丝形，长约0.2毫米；雌蕊柄短，在果时显著增长。瘦果卵形，歪斜，双凸透镜状，长近2毫米，绿褐色，光滑，具短的弯折的柄，着生于近直立的雌蕊柄上，雌蕊柄长1~2毫米；花梗无翅；宿存花被侧生的2片圆卵形，长1.5~1.8毫米，背面中肋显著隆起。花期6~7月，果期8~9月。

恩施州广布，生于溪边；分布于河北、山西、河南、安徽、江西、湖南、湖北、陕西、甘肃、四川、贵州、广西、云南、西藏；日本和缅甸也有。

根药用，有祛风湿，解毒消肿之效。

2. 珠芽艾麻 *Laportea bulbifera* (Sieb. et Zucc.) Wedd. Monogr. Urtic. 139. 1856.

多年生草本。根数条，丛生，纺锤状，红褐色。茎下部多少木质化，高50~150厘米，不分枝或少分枝，在上部常呈"之"字形弯曲，具5纵棱，有短柔毛和稀疏的刺毛，以后渐脱落；珠芽1~3个，常生于不生长花序的叶腋，木质化，球形，直径3~6毫米，多数植株无珠芽。叶卵形至披针形，有时宽卵形，长6~16厘米，宽2~8厘米，先端渐尖，基部宽楔形或圆形，稀浅心形，边缘自基部以上有牙齿或锯齿，上面生糙伏毛和稀疏的刺毛，下面脉上生短柔毛和稀疏的刺毛，尤其主脉上

的刺毛较长，钟乳体细点状，上面明显，基出脉3条，其侧出的一对稍弧曲，伸达中部边缘，侧脉4~6对，伸向齿尖；叶柄长1.5~10厘米，毛被同茎上部；托叶长圆状披针形，长5~10毫米，先端2浅裂，背面肋上生糙毛。花序雌雄同株，稀异株，圆锥状，序轴上生短柔毛和稀疏的刺毛；雄花序生茎顶部以下的叶腋，具短梗，长3~10厘米，分枝多，开展；雌花序生茎顶部或近顶部叶腋，长10~25厘米，花序梗长5~12厘米，分枝较短，常着生于序轴的一侧。雄花具短梗或无梗，在芽时扁圆球形，直径约1毫米，花被片5片，长圆状卵形，内凹，外面近先端无角状突起物，外面有微毛；雄蕊5枚，退化雌蕊倒梨形，长约0.4毫米；小苞片三角状卵形，长约0.7毫米。雌花具梗，花被片4片，不等大，分生，侧生的2片较大，紧包被着子房，长圆状卵形或狭倒卵形，长约1毫米，以后增大，外面多少被短糙毛，背生的1片圆卵形，兜状，长约0.5毫米，腹生的1片最短，三角状卵形，长约0.3毫米；子房具雌蕊柄，直立，后弯曲；柱头丝形，长2~4毫米，周围密生短毛。瘦果圆状倒卵形或近半圆形，偏斜，扁平，长2~3毫米，光滑，有紫褐色细斑点；雌蕊柄增长到约0.5毫米，下弯；宿存花被片侧生的2片长约1.5毫米，伸达果的近中部，外面生短糙毛，有时近光滑；花梗长2~4毫米，在两侧面扁化成膜质翅，有时果序枝也扁化成翅，匙形，顶端有深的凹缺。花期6~8月，果期8~12月。

恩施州广布，生于山坡林下；分布于黑龙江、吉林、辽宁、山东、河北、山西、河南、安徽、陕西、甘肃、四川、西藏、云南、贵州、广西、广东、湖南、湖北、江西、浙江和福建；日本、朝鲜、俄罗斯、印度、斯里兰卡等也有。

蝎子草属 *Girardinia* Gaudich.

一年生或多年生高大草本，具刺毛；茎合轴分枝，呈"之"字形，常五棱形。叶互生，边缘有齿或分裂，通常具异形叶，基出脉3条，钟乳体点状；托叶在叶柄内合生，先端2裂，不久脱落。花单性，雌雄同株或异株；花序成对生于叶腋，雄花序穗状，二叉状分枝或圆锥状；雌团伞花序密集或稀疏呈蝎尾状着生于序轴上，排列成穗状、圆锥状或蝎尾状，受精后急剧增长，小团伞花序轴上密生刺毛。雄花花被片4~5片，裂片镊合状排列；雄蕊4~5枚，退化雌蕊球状、杯状或短柱状。雌花花被片3~4片，其中2~3片在背面合生成近管状或盔状，顶端2~3齿，花后增大，腹生的1片很小，条形或卵形，有时败育；子房直立，花后渐变偏斜，粗具短柄；柱头线形，花后下弯，宿存。果为瘦果，压扁，稍偏斜，宿存花被包被着增粗的雌蕊柄。种子直立，具少量胚乳或无，子叶宽，富含油质。

本属有5种；我国有4种2亚种；恩施州产1种1亚种。

分种检索表

1. 雌花序圆锥状，稀长穗状，在果时一般长过叶或稍短于叶；叶掌状3~7裂；托叶大，长15~30毫米……… 1. 大蝎子草 *Girardinia diversifolia*
1. 雄花序短穗状，雌花序短穗状、圆柱状或蝎尾状；叶常近圆形或圆卵形，稀具3浅裂；叶柄与叶脉绿色；雌花序轴生短硬毛……………………………………………………………………………………………… 2. 蝎子草 *Girardinia diversifolia* susp. *suborbiculata*

荨麻科
Urticaceae

1. 大蝎子草 Girardinia diversifolia (Link) Friis in Kew Bull. 36 (1): 145, f. 3-4. 1981.

多年生高大草本，茎下部常木质化；茎高达 2 米，具 5 棱，生刺毛和细糙毛或伸展的柔毛，多分枝。叶片轮廓宽卵形、扁圆形或五角形，茎干的叶较大，分枝上的叶较小，长和宽均 8~25 厘米，基部宽心形或近截形，具 3~7 深裂片，稀、不裂，边缘有不规则的牙齿或重牙齿，上面疏生刺毛和糙伏毛，下面生糙伏毛或短硬毛和在脉上疏生刺毛，基生脉 3 条；叶柄长 3~15 厘米，毛被同茎上的；托叶大，长圆状卵形，长 10~30 毫米，外面疏生细糙伏毛。花雌雄异株或同株，雌花序生上部叶腋，雄花序生下部叶腋，多次二叉状分枝排成总状或近圆锥状，长 5~11 厘米；雌花序总状或近圆锥状，稀长穗状，在果时长 10~25 厘米，序轴上具糙伏毛和伸展的粗毛，小团伞花枝上密生刺毛和细粗毛。雄花近无梗：在芽时直径约 1 毫米，花被片 4 片，卵形，内凹，外面疏生细糙毛；退化雌蕊杯状。雌花长约 0.5 毫米：花被片大的 1 片舟形，长约 0.4 毫米，先端有 3 齿，背面疏生细糙毛，小的 1 片条形，较短；子房狭长圆状卵形。瘦果近心形，稍扁，长 2.5~3 毫米，熟时变棕黑色，表面有粗疣点。花期 9~10 月，果期 10~11 月。

产于来凤、巴东，生于山谷林下；分布于西藏、云南、贵州、四川、湖北；尼泊尔、印度等也有。

2. 蝎子草（亚种） Girardinia diversifolia (Link) Friis subsp. suborbiculata (C. J. Chen) C. J. Chen.

一年生草本。茎高 30~100 厘米，麦秆色或紫红色疏生刺毛和细糙伏毛，几不分枝。叶膜质，宽卵形或近圆形，长 5~19 厘米，宽 4~18 厘米，先端短尾状或短渐尖，基部近圆形、截形或浅心形，稀宽楔形，边缘有 8~13 枚缺刻状的粗牙齿或重牙齿，稀在中部 3 浅裂，上面疏生纤细的糙伏毛，下面有稀疏的微糙毛，两面生很少刺毛，基出脉 3 条，侧脉 3~5 对，稍弧曲，在边缘处彼此不明显的网结；叶柄长 2~11 厘米，疏生刺毛和细糙伏毛；托叶披针形或三角状披针形，长 6~10 毫米，外面疏生细伏毛。花雌雄同株，雌花序单个或雌雄花序成对生于叶腋；雄花序穗状，长 1~2 厘米；雌花序短穗状，常在下部有一短分枝，长 1~6 厘米；团伞花序枝密生刺毛，连同主轴生近贴生的短硬毛。雄花具梗，在芽时直径约 1 毫米；花被片 4 深裂卵形，内凹，外面疏生短硬毛；退化雌蕊杯状。雌花近无梗，花被片大的 1 片近盔状，顶端 3 齿，长约 0.4 毫米，在果时增长至约 0.8 毫米。外面疏生短刚毛，小的 1 片小，条形，长及大的 1 片的约一半，有时败育。瘦果宽卵形，双凸透镜状，长约 2 毫米，熟时灰褐色，有不规则的粗疣点。花期 7~9 月，果期 9~11 月。

产于建始、巴东，生于山谷林下；分布于吉林、辽宁、河北、内蒙古、河南、陕西；朝鲜也有分布。

冷水花属 Pilea Lindl.

草本或亚灌木，稀灌木，无刺毛。叶对生，具柄，稀同对的一片近无柄，叶片同对的近等大或极不等大，对称，有时不对称，边缘具齿或全缘，具三出脉，稀羽状脉，钟乳体条形、纺锤形或短杆状，稀点状；托叶膜质鳞片状或草质叶状，在柄内合生。花雌雄同株或异株，花序单生或成对腋生，聚伞状、聚伞总状、聚伞圆锥状、穗状、串珠状、头状，稀雄的盘状；苞片小，生于花的基部。花单性，稀杂性；雄花 4 基数或 5 基数，稀 2 基数，花被片合生至中部或基部，镊合状排列，稀覆瓦状排列，在外面近先端处常有角状突起；雄蕊与花被片同数；退化雌蕊小。雌花通常 3 基数，有时 5、4 或 2 基数，花被片分生或多少合生，在果时增大，常不等大，有时近等大，当 3 基数时，中间的 1 片常较大，外面近先端常有角状突起或呈帽状，有时背面呈龙骨状；退化雄蕊内折，鳞片状，花后增大，明显或不明显；

子房直立，顶端多少歪斜；柱头呈画笔头状。瘦果卵形或近圆形，稀长圆形，多少压扁，常稍偏斜，表面平滑或有瘤状突起，稀隆起呈鱼眼状。种子无胚乳；子叶宽。

本属约有 400 种；我国约 90 种；恩施州产 10 种 2 亚种 1 变种。

分种检索表

1. 雌花花被片 5 片，近等大；雄花花被片 5 片，覆瓦状排列，雄蕊 5 枚 ·················· 1. 山冷水花 *Pilea japonica*
1. 雌花花被片 4、3 或 2 片，常不等大；雄花花被片 4 片，稀 5、3 或 2 片，常镊合状排列。
  2. 雄花花被片与雄蕊 29 枚，稀 3 或 4 枚；聚伞花序蝎尾状。
    3. 雌花花被片条形，果时长不过果或与果近等长 ·················· 2. 透茎冷水花 *Pilea pumila*
    3. 雌花被片较宽，在果时卵状或倒卵状长圆形，侧生的 2 片或 1 片常稍长过果，中间的 1 片较侧生的短约 1 倍 ·················· 3. 荫地冷水花 *Pilea pumila* var. *hamaoi*
  2. 雄花花被片与雄蕊 4 枚；花序各式，但不为蝎尾聚伞状。
    4. 雄花序头状或近头状，有时短穗状，或头状花簇稀疏着生于总状分枝上 ·················· 4. 波缘冷水花 *Pilea cavaleriei*
    4. 雄花序二歧聚伞状、聚伞圆锥状或串珠状，但不为头状。
      5. 雄花序为数枚团伞花簇稀疏着生于单一的序轴上，呈串珠状；雌花序总状、穗状、串珠状或近头状；托叶小，三角形，长约 1 毫米 ·················· 5. 念珠冷水花 *Pilea monilifera*
      5. 花序二歧聚伞状或聚伞圆锥状。
        6. 雌花花被片不等大，常离生，先端常锐尖。
          7. 雌花序二歧聚伞状，有时紧缩成簇生状雄花序二歧聚伞状，有时聚伞圆锥状；瘦果圆卵形或近圆形；叶的基出脉在上面隆起。
            8. 托叶小，三角形，长 1~2 毫米 ·················· 6. 隆脉冷水花 *Pilea lomatogramma*
            8. 托叶心形或宽卵形，长 3~8 毫米；雄花序聚伞圆锥状 ·················· 7. 短角湿生冷水花 *Pilea aquarum* subsp. *brevicornuta*
          7. 雌雄花序均聚伞圆锥状，常单生于叶腋；瘦果卵形或椭圆形。
            10. 托叶长圆形或长圆状披针形；钟乳体条形 ·················· 8. 大叶冷水花 *Pilea martinii*
            10. 托叶小，三角形，长 1~3 毫米；钟乳体近点状、杆状或条形。
              11. 叶边缘有齿 ·················· 9. 喙萼冷水花 *Pilea symmeria*
              11. 叶边缘全缘或上部有少数不明显的小齿 ·················· 10. 石筋草 *Pilea plataniflora*
        6. 雌花花被片等大或近等大，多少合生，先端常钝圆。
          12. 托叶小，三角形，长 1~4 毫米，宿存；雄花花被片先端钝圆 ·················· 11. 粗齿冷水花 *Pilea sinofasciata*
          12. 托叶较大，长圆形，长 7~20 毫米，半宿存或不久脱落；雄花被片先端锐尖。
            13. 叶草质或膜质，钟乳体纺锤形，长 0.3~0.4 毫米；瘦果长 1.2~1.6 毫米 ···12. 华中冷水花 *Pilea angulata* subsp. *latiuscula*
            13. 叶纸质，卵形或卵状披针形，边缘有浅锯齿，钟乳体在叶两面肉眼可见，条形，长 0.5~0.6 毫米；瘦果长 0.8 毫米 ·················· 13. 冷水花 *Pilea notata*

1. 山冷水花　　*Pilea japonica* (Maxim.) Hand.-Mazz. Symb. Sin. 7: 141. 1929.

草本。茎肉质，无毛，高 5~60 厘米，不分枝或具分枝。叶对生，在茎顶部的叶密集成近轮生，同对的叶不等大，菱状卵形或卵形，稀三角状卵形或卵状披针形，长 1~10 厘米，宽 0.8~5 厘米，先端常锐尖，有时钝尖或粗尾状渐尖，基部楔形，稀近圆形或近截形，稍不对称，边缘具短睫毛，下部全缘，其余每侧有数枚圆锯齿或钝齿，下部的叶有时全缘，两面生极稀疏的短毛，基出脉 3 条，其侧生的一对弧曲，伸达叶中上部齿尖，或与最下部的侧脉在近边缘处环结，侧脉 2~5 对，钟乳体细条形，长 0.3~0.4 毫米，在上面明显；叶柄纤细，长 0.5~5 厘米，光滑无毛；托叶膜质，淡绿色，长圆形，长 3～5 毫米，半宿存。花单性，雌雄同株，常混生，或异株，雄聚伞花序具细梗，常紧缩成头状或近头状，长 1～1.5 厘米；雌聚伞花序具纤细的长梗，连同总梗长 1～5 厘米，团伞花簇常紧缩成头状或近头状，一两个或数个疏松排列于花枝上，序轴近于无毛或具微柔毛；苞片卵形，长约 0.4 毫米。雄花具梗，在芽时倒卵形或倒圆锥形，长约 1 毫米；花被片 5 片，覆瓦状排列，合生至中部，倒卵形，内凹，在外面近先端处有短角，其中 2 片较长；雄蕊 5 枚；退化雌蕊明显，长圆锥状，长约 0.5 毫米。雌花具梗；花被片 5 片，近等大，长圆状披针形，与子房近等长，其中 2～3 片在背面常有龙骨状突起，先端生稀疏短刚毛；子房卵形；退化雄蕊明显，鳞片状，长圆状披针形，在果时长约 0.8 毫米。瘦果卵形，稍扁，长 1～1.4 毫米，熟时灰褐色，外面有疣状突起，几乎被宿存花被包裹。花期 7～9 月，果期 8～11 月。

产于利川，生于山坡林下；分布于吉林、辽宁、河北、河南、陕西、甘肃、四川、贵州、云南、广西、广东、湖南、湖北、江西、安徽、浙江、福建和台湾；俄罗斯、朝鲜和日本也有分布。

全草入药，有清热解毒，渗湿利尿之效。

2. 透茎冷水花　　Pilea pumila (L.) A. Gray, Man. Bot. North. Un. St. ed. 1. 437. 1848.

一年生草本。茎肉质，直立，高 5～50 厘米，无毛，分枝或不分枝。叶近膜质，同对的近等大，近平展，菱状卵形或宽卵形，长 1～9 厘米，宽 0.6～5 厘米，先端渐尖、短渐尖、锐尖或微钝，基部常宽楔形，有时钝圆，边缘除基部全缘外，其上有牙齿或牙状锯齿，稀近全缘，两面疏生透明硬毛，钟乳体条形，长约 0.3 毫米，基出脉 3 条，侧出的一对微弧曲，伸达上部与侧脉网结或达齿尖，侧脉数对，不明显，上部的几对常网结；叶柄长 0.5～4.5 厘米，上部近叶片基部常疏生短毛；托叶卵状长圆形，长 2～3 毫米，后脱落。花雌雄同株

并常同序，雄花常生于花序的下部，花序蝎尾状，密集，生于几乎每个叶腋，长 0.5～5 厘米，雌花枝在果时增长。雄花具短梗或无梗，在芽时倒卵形，长 0.6～1 毫米；花被片常 2 片，有时 3～4 片，近船形，外面近先端处有短角突起；雄蕊 2 枚；退化雌蕊不明显。雌花花被片 3 片，近等大，或侧生的 2 片较大，中间的 1 片较小，条形，在果时长不过果实或与果实近等长，而不育的雌花花被片更长；退化雄蕊在果时增大，椭圆状长圆形，长及花被片的一半。瘦果三角状卵形，扁，长 1.2～1.8 毫米，初时光滑，常有褐色或深棕色斑点，熟时色斑多少隆起。花期 6～8 月，果期 8～10 月。

恩施州广布，生于山坡林下；除新疆、青海、台湾和海南外，分布几遍及全国；俄罗斯、蒙古、朝鲜、日本等广泛分布。

根、茎药用，有利尿解热和安胎之效。

3. 荫地冷水花（变种）　　Pilea pumila (L.) A. Gray var. hamaoi (Makino) C. J. Chen in Bull. Bot. Res. (Harbin) 2 (3): 103. 1982.

本变种与透茎冷水花 P. pumila 不同，主要在于雌花被片较宽，在果时卵状或倒卵状长圆形，侧生的 2 片或 1 片常稍长过果，中肋明显，中间的 1 片较侧生的短约 1 倍，不育雌花的花被片明显增长，中央有一条绿色带，边缘膜质，透明；叶先端常锐尖或微钝，稀短渐尖。花期 6～8 月，果期 8～10 月。

产于咸丰、利川，生于溪边阴湿处；分布于黑龙江、吉林、河北；日本有分布。

4. 波缘冷水花　　Pilea cavaleriei Levl. in Repert. Spec. Nov. Regni Veg. 11: 65. 1912.

草本，无毛。根状茎匍匐，地上茎直立，多分枝，高 5～30 厘米，粗 1.5～2.5 毫米，下部裸露，节间

较长，上部节间密集，干时变蓝绿色，密布杆状钟乳体。叶集生于枝顶部，同对的常不等大，多汁，宽卵形、菱状卵形或近圆形，长8~20毫米，宽6~18毫米，先端钝，近圆形或锐尖，基部宽楔形、近圆形或近截形，在近叶柄处常有不对称的小耳突，边缘全缘，稀波状，上面绿色，下面灰绿色，呈蜂巢状，钟乳体仅分布于叶上面，条形，纤细，长约0.3毫米，在边缘常整齐纵行排列一圈，基出脉3条，不明显，有时在下面稍隆起，其侧出的一对达中部边缘，侧脉2~4对，斜伸出，常不明显，细脉末端在下面常膨大呈腺点状；叶柄纤细，长5~20毫米；托叶小，三角形，长约1毫米，宿存。雌雄同株；聚伞花序常密集成近头状，有时具少数分枝，雄花序梗纤细，长1~2厘米，雌花序梗长0.2~1厘米，稀近无梗；苞片三角状卵形，长约0.4毫米。雄花具短梗或无梗，淡黄色，在芽时长约1.8毫米；花被片4片，倒卵状长圆形，内弯，外面近先端几乎无短角突起；雄蕊4枚，花丝下部贴生于花被；退化雌蕊小，长圆锥形。雌花近无梗或具短梗，长约0.5毫米；花被片3片，不等大，果时中间1片长圆状船形，边缘薄，干时带紫褐色，中央增厚，淡绿色，长及果的一半，侧生2片较薄，卵形，比长的1片短约一半；退化雄蕊不明显。瘦果卵形，稍扁，顶端稍歪斜，边缘变薄，长约0.7毫米，光滑。花期5~8月，果期8~10月。

产于鹤峰、恩施，生于林下阴湿处；分布于福建、浙江、江西、广东、广西、湖南、贵州、湖北、四川；不丹有分布。

全草入药，有解毒消肿之效。

5. 念珠冷水花 *Pilea monilifera* Hand.-Mazz. Symb. Sin. 7: 124, Taf. 3, Abb. 2. 1929.

草本，具匍匐根状茎。茎肉质，高50~150厘米，粗4~8毫米，无毛，节间多少膨大，单一或有少数分枝。叶近膜质，同对的不等大，椭圆形、卵状椭圆形，或卵状长圆形，常不对称，长5~13厘米，宽3~7厘米，先端渐尖或尾状渐尖，基部圆形或浅心形，边缘在基部全缘，在其以上有粗圆齿状锯齿或牙齿状锯齿，上面深绿色，疏生白色硬毛，下面浅绿色，无毛，钟乳体条形，长约0.3毫米，在下面较明显，基出脉3条，其侧出的一对弧曲，伸达近先端的齿尖，侧脉多数，整齐横向，细脉末端和近齿尖处有腺点；叶柄长1~5厘米，顶端有短柔毛；托叶狭三角形，长1~2毫米，早落。雌雄异株或同株；雄花序单个生于叶腋，长3~10厘米，团伞花簇2~8个稀疏着生于单一的序轴上，呈串珠状排列，序轴无毛或疏生短柔毛；雌花序长1~3.5厘米，团伞花簇数个，呈串珠状着生于序轴上或密集排列成穗状，有时有少数分枝。雄花具梗，在芽时三角状卵形，长2~2.5毫米，花被片4片，不等大，三角状卵形，先端常收缩成喙状，基部内凹或膨大呈兜状，大的2片长1.5~2毫米，小的2片长1.2~1.5毫米，有时近等大，中肋明显，外面有钟乳体，疏生短毛或无毛；雄蕊4枚，退化雌蕊极小，不明显。雌花近无梗，长约1毫米；花被片3片，不等大，果时中间1片近长圆状帽形，增厚，长0.5~1毫米，侧生2片小，膜质，三角形，长约0.2毫米；退化雄蕊长圆形，长约0.4毫米。瘦果卵形，几不歪斜，扁，长约1.8毫米，熟时褐色，光滑，有稀疏的钟乳体。花期6~8月，果期7~9月。

产于宣恩，生于山谷林下；分布于云南、贵州、四川、湖北、湖南、江西和广西。

6. 隆脉冷水花 *Pilea lomatogramma* Hand.-Mazz. Symb. Sin. 7; 135. 1929.

多年生草本，无毛，具匍匐地下茎；茎稍肉质，干时坚硬，高10~25厘米，粗1~2毫米，下部方形，带红色，干时变棕褐色，分枝或不分枝。叶亚革质，同对的近等大，椭圆形、狭卵形或卵形，有时宽菱状卵形或卵状披针形，长1~4厘米，宽0.7~2.5厘米，下部的叶较小，不久脱落，先端锐尖或钝，基部圆形或宽楔形，边缘有圆齿状锯齿，齿有短尖头，上面墨绿色，干时灰绿色，下面淡绿或带紫红色，两面极光滑无毛，钟乳体仅在上面近边缘和下面稍明显，梭形，长约0.2毫米，基出脉3条，在上面显著隆起，下面近压平，其侧出的2条稍弧曲，伸达上部，不整齐，仅上部的较明显；叶柄长0.5~2.5厘米；托叶小，宽三角形，长1~2毫米。雌雄同株或异株；雄花序聚伞状，长过叶，花序梗长2~5厘米，具少数短的分枝，有时雄花密集成近头状生于花序梗顶端；雌聚伞花序密集，具短梗，长0.5~1厘米。

雄花几无梗，在芽时长约1.5毫米；花被片4片，卵状长圆形，外面近先端有不明显的短角；雄蕊4枚，退化雌蕊小，圆锥形。雌花无梗，花被片3片，不等大，三角状卵形，稍增厚，在果时中间的1片长及果的约1/3，侧生的2片更短。瘦果长圆状卵形，双凸透镜状，顶端歪斜，钝圆，长约0.8毫米，表面有不明显的细疣点突起。花期4~9月，果期6~10月。

恩施州广布，生于林下路边；分布于云南、四川、湖北、福建。

7. 短角湿生冷水花（亚种） *Pilea aquarum* Dunn subsp. *brevicornuta* (Hayata) C. J. Chen in Bull. Bot. Res. (Harbin) 2 (3): 62. 1982.

多年生草本，茎地下部分匍匐，地上部分高10~50厘米；叶卵状披针形或椭圆状披针形，有时卵形，先端渐尖，边缘有圆齿状锯齿；花雌雄异株或同株，雌聚伞花序具梗，一般5~30毫米；瘦果熟时有短刺状突起。花期3~5月，果期4~6月。

产于恩施，属湖北省新记录，生于山谷溪边；分布于台湾、福建、广东、海南、湖南、贵州、广西、云南；日本和越南也有。

8. 大叶冷水花 *Pilea martinii* (Levl.) Hand.-Mazz. Symb. Sin. 7: 131. 1929.

多年生草本。茎肉质，高30~100厘米，粗3~10毫米，节间下部有数条棱，在节间中部多少膨大，无毛或上部有短柔毛，单一或有分枝。叶近膜质，同对的常不等大，卵形、狭卵形或卵状披针形，两侧常不对称，长7~20厘米，宽3.5~12厘米，先端长渐尖，基部圆形或浅心形，稀钝形，边缘自基部直到先端尾部有锯齿状牙齿，上面绿色，疏生透明硬毛，下面浅绿色，无毛或幼时有疏柔毛，后渐脱落，钟乳体条形，长约0.3毫米，基出脉3条，其侧出的2条弧曲，伸达先端的齿尖，侧脉多数，近横展，整齐；叶柄长1~8厘米，无毛或上部有稀疏的短柔毛；托叶薄膜质，褐色，披针形，长4~8毫米，后脱落。花雌雄异株，有时雌雄同株；花序聚伞圆锥状，单生于叶腋，长4~10厘米，花序梗长2~6厘米，有时雌花序呈聚伞总状，长1~2厘米，具短的花序梗。雄花无梗或有短梗，淡红色，在芽时长约1.2毫米；花被片4片，长圆状卵形，其中2片外面近先端有明显的短角；雄蕊4枚，退化雌蕊小，圆锥状。雌花花被片3片，不等大，果时中间的1片船形，长及果的1/2~2/3，侧生的2片三角状卵形，比中间的1片短1/2~2/3；退化雄蕊长圆形，比中间的1片花被片稍短。瘦果狭卵形，顶端

歪斜，两侧微扁，长1毫米，熟时带绿褐色，光滑。花期5～9月，果期8～10月。

恩施州广布，生于山坡林下；分布于江西、广西、湖北、湖南、陕西、甘肃、四川、贵州、云南、西藏；尼泊尔和锡金也有。

9. 喙萼冷水花 *Pilea symmeria* Wedd. Monogr. Urtic. 246. 1856.

多年生草本，无毛。茎下部多少木质化，上部肉质，高30～120厘米，无毛，分枝或不分枝。叶卵形、卵状披针形，或长圆状披针形，有时微偏斜，长4～14厘米，宽2～7厘米，先端尾状渐尖，基部浅心形或圆形，边缘自基部至先端有锯齿或圆齿状锯齿，上面疏生透明白粗毛，后渐脱落，下面仅基部有短柔毛，钟乳体极小，不明显，杆状，长近1毫米，基出脉3条，侧脉多数，横展；叶柄长1～5厘米，无毛，托叶小，三角形，长1～2毫米，常在叶柄间合生成一耳突，宿存。花雌雄异株或同株；花序单生于叶腋，聚伞圆锥状，具长梗或短梗，雄的与叶近等长，雌的较短；苞片三角状卵形，明显，长1～1.5毫米。雄花具梗，在芽时长1.5～2毫米；花被4深裂，带粉红色，干时灰绿色，光滑，裂片外面近先端有角状突起或呈喙状；雄蕊4枚，退化雌蕊小，钻形或圆锥形。雌花长约1毫米，花被片3片，不等大，下部合生。瘦果卵形，顶端偏斜，微扁，长1.2～1.5毫米，光滑，有时有不规则的深紫色斑。花期6～7月，果期8～9月。

恩施州广布，生于林下；分布于西藏；尼泊尔、锡金、不丹和印度有分布。

10. 石筋草 *Pilea plataniflora* C. H. Wright in Journ. Linn. Soc. Bot. 26: 4. 77. 1899.

多年生草本，无毛，根茎长，匍匐生，多少木质化，生根，纤维状。茎肉质，高10～70厘米，粗1.5～5毫米，基部常多少木质化，干时带蓝绿色，常被灰白色腊质，下部裸露，节间距0.5～3厘米，分枝或几无分枝。叶薄纸质或近膜质，同对的不等大或近等大，形状大小变异很大，卵形、卵状披针形、椭圆状披针形、卵状或倒卵状长圆形，长1～15厘米，宽0.6～5厘米，先端尾状渐尖或长尾状渐尖，基部常偏斜，圆形、浅心形或心形，有时变狭近楔形，边缘稍厚，全缘，有时波状，干后上面暗绿色或蓝绿色，下面淡绿色，常呈细蜂窠状，

疏生腺点，钟乳体梭形，长0.3～0.4毫米，在上面明显，基出脉3～5条，其侧出的一对弧曲，伸达近先端网结或消失，侧脉多数，常不规则地结成网脉，外向的二级脉在远离边缘处彼此网结，有时二级脉不明显；叶柄长0.5～7厘米；托叶很小，三角形，长1～2毫米，渐脱落。花雌雄同株或异株，有时雌雄同序；花序聚伞圆锥状，有时仅有少数分枝，呈总状，雄花序稍长过叶或近等长，花序梗长，纤细，团伞花序疏松着生于花枝上；雌花序在雌雄异株时常聚伞圆锥状，与叶近等长或稍短，花序梗长，纤细，团伞花序较密地着生于花枝上，在雌雄同株时，常仅有少数分枝，呈总状，与叶柄近等长，花序梗较短。雄花带绿黄色或紫红色，近无梗，在芽时长约1.5毫米；花被片4片，合生至中部，倒卵形，内凹，外面近先端有短角突起；雄蕊4枚；退化雌蕊极小，圆锥形；雌花带绿色，近无梗；花被片3片，不等大，

果时中间1片卵状长圆形，背面增厚略呈龙骨状，长及果的1/2或更长；侧生的2片三角形，稍增厚，比长的1片短1/2或更长，退化雄蕊椭圆状长圆形，略长过短的花被片。瘦果卵形，顶端稍歪斜，双凸透镜状，长0.5～0.6毫米，熟时深褐色，有细疣点。花期4～9月或6～9月，果期7～10月。

恩施州广布，生于林下石壁上；分布于云南、四川、甘肃、陕西、湖北、贵州、广西、海南、台湾；越南也有。

全草入药，有舒筋活血、消肿和利尿之效。

11. 粗齿冷水花　　Pilea sinofasciata C. J. Chen in Bull. Bot. Res. (Harbin) 2 (3): 85. 1982.

草本。茎肉质，高25～100厘米，有时上部有短柔毛，几乎不分枝。叶同对近等大，椭圆形、卵形、椭圆状或长圆状披针形、稀卵形，长2～17厘米，宽1～7厘米，先端常长尾状渐尖，稀锐尖或渐尖，基部楔形或钝圆形，边缘在基部以上有粗大的牙齿或牙齿状锯齿；下部的叶常渐变小，倒卵形或扇形，先端锐尖或近圆形，有数枚粗钝齿，上面沿着中脉常有2条白斑带，疏生透明短毛，后渐脱落，下面近无毛或有时在脉上有短柔毛，钟乳体蠕虫形，长0.2～0.3毫米，不明显，常在下面围着细脉增大的结节点排成星状，基出脉3条，其侧生的2条与中脉成20°～30°的夹角并伸达上部与邻近侧脉环结，侧脉下部的数对不明显，上部的3～4对明显增粗结成网状；叶柄长0.5～5厘米，在其上部常有短毛，有时整个叶柄生短柔毛；托叶小，膜质，三角形，长约2毫米，宿存。花雌雄异株或同株；花序聚伞圆锥状，具短梗，长不过叶柄。雄花具短梗，在芽时长1～1.5毫米；花被片4片，合生至中下部，椭圆形，内凹，先端钝圆，其中2片在外面近先端处有不明显的短角状突起，有时有较明显的短角；雄蕊4枚，退化雌蕊小，圆锥状。雌花小，长约0.5毫米；花被片3片，近等大。瘦果圆卵形，顶端歪斜，长约0.7毫米，熟时外面常有细疣点，宿存花被片在下部合生，宽卵形，先端钝圆，边缘膜质，长约及果的一半；退化雄蕊长圆形，长约0.4毫米。花期6～7月，果期8～10月。

恩施州广布，生于山坡林下；分布于浙江、安徽、江西、广东、广西、湖南、湖北、陕西、甘肃、四川、贵州和云南。

12. 华中冷水花（亚种）　　Pilea angulata (Bl.) Bl. subsp. latiuscula C. J. Chen in Bull. Bot. Res. (Harbin) 2 (3): 83, pl. 6 (9-11). 1982.

多年生草本，具匍匐地下茎。茎高30～40厘米，粗2～4毫米。叶近膜质，卵形或圆卵形，下部的常心形，长3.5～10厘米，宽3～5厘米，先端渐尖，基部心形，稀圆形；托叶薄膜质，褐色，长圆形，长7～10毫米，近宿存。花雌雄异株；雄花较小，长近1毫米，红色，花被片外面近先端几乎无短角状突起；宿存的雌花被片长仅及果的1/4。花期6～7月，果期9～11月。

产于利川，生于林下阴湿处；分布于湖北、江苏、江西、湖南、贵州、四川和云南。

13. 冷水花　*Pilea notata* C. H. Wright in Journ. Linn. Soc. Bot. 26: 470. 1899.

多年生草本，具匍匐茎。茎肉质，纤细，中部稍膨大，高 25～70 厘米，粗 2～4 毫米，无毛，稀上部有短柔毛，密布条形钟乳体。叶纸质，同对的近等大，狭卵形、卵状披针形或卵形，长 4～11 厘米，宽 1.5～4.5 厘米，先端尾状渐尖或渐尖，基部圆形，稀宽楔形，边缘自下部至先端有浅锯齿，稀有重锯齿，上面深绿，有光泽，下面浅绿色，钟乳体条形，长 0.5～0.6 毫米，两面密布，明显，基出脉 3 条，其侧出的 2 条弧曲，伸达上部与侧脉环结，侧脉 8～13 对，稍斜展呈网脉；叶柄纤细，长 17 厘米，常无毛，稀有短柔毛；托叶大，带绿色，长圆形，长 8～12 毫米，脱落。花雌雄异株；雄花序聚伞总状，长 2～5 厘米，有少数分枝，团伞花簇疏生于花枝上；雌聚伞花序较短而密集。雄花具梗或近无梗，在芽时长约 1 毫米；花被片绿黄色，4 深裂，卵状长圆形，先端锐尖，外面近先端处有短角状突起；雄蕊 4 枚，花药白色或带粉红色，花丝与药隔红色；退化雌蕊小，圆锥状。瘦果小，圆卵形，顶端歪斜，长近 0.8 毫米，熟时绿褐色，有明显刺状小疣点突起；宿存花被片 3 深裂，等大，卵状长圆形，先端钝，长约及果的 1/3。花期 6～9 月，果期 9～11 月。

恩施州广布，生于山谷林下；分布于广东、广西、湖南、湖北、贵州、四川、甘肃、陕西、河南、安徽、江西、浙江、福建和台湾；日本有分布。

全草药用，有清热利湿、生津止渴和退黄护肝之效。

假楼梯草属　*Lecanthus* Wedd.

草本，无刺毛。叶对生，具柄，边缘有锯齿，具基出三脉，钟乳体条形；托叶膜质，在柄内合生，脱落。花单性，花序盘状，花生于多少肉质的花序托上，稀雄花序不具花序托；总苞片 1 或 2 列生于花序托盘的边缘。雄花花被片 4～5 片；雄蕊 4～5 枚，退化雌蕊小，不明显。雌花花被片 0～5 片，常不等大，外面近先端常具角状突起；柱头画笔头状，受精后迅速脱落；退化雄蕊鳞片状，内折。瘦果顶端或在上部的背腹面边缘有一隆起成马蹄形或鸡冠状的棱，表面常有疣状突起。种子具少量胚乳；子叶肥厚，椭圆形。

本属 3 种；我国 3 种均产；恩施州产 1 种。

假楼梯草　*Lecanthus peduncularis* (Wall. ex Royle) Wedd. in DC. Prodr. 16 (1): 164. 1869.

草本。茎肉质，下部常匍匐，高 25～70 厘米，常分枝，上部有短柔毛。叶同对的常不等大，卵形，稀卵状披针形，长 4～15 厘米，宽 2～6.5 厘米，先端渐尖，基部稍偏斜，圆形，有时宽楔形，边缘有牙齿或牙齿状锯齿，上面疏生透明硬毛，下面脉上疏生短柔毛，钟乳体条形，两面明显，具基出三脉，其侧生的一对弧曲，其中一条达近顶部齿尖，另一条仅达中部与一条二级脉在中部环结，二级脉多数，在上部近边缘环结；叶柄长 2～8 厘米，疏生短柔毛；托叶膜质，长圆形或狭卵形，长

3～8毫米，顶端钝。花序雌雄同株或异株，单生于叶腋，具盘状花序托，花着生其上；雄花序托盘状，直径8～18毫米，花序梗长5～20厘米；雌花序托盘直径5～10毫米，花序梗长3～12厘米，在分枝上的花序托较小，总花梗较短而纤细；总苞片生于序托盘的边缘，膜质，卵形或近三角形，长约1毫米。雄花具梗，花被片5片，外面近先端常有角状突起；雄蕊5枚；退化雌蕊很小，近圆锥形。雌花具短梗，长约1毫米，花被片4～5片，近等大，长圆状倒卵形，其中2片外面先端的下面有短角状突起；退化雄蕊明显，椭圆状长圆形，长约0.8毫米。瘦果椭圆状卵形，长0.8～1毫米，熟时褐灰色，表面散生疣点，上部背腹侧有一条略隆起的脊。花期7～8月，果期9～10月。

产于恩施、利川，属湖北省新记录，生于山谷林下；分布于西藏、云南、四川、湖南、广西、广东、江西、福建和台湾；印度、尼泊尔等也有。

赤车属 *Pellionia* Gaudich.

草本或亚灌木。叶互生，2列，两侧不相等，狭侧向上，宽侧向下，边缘全缘或有齿，具三出脉、半离基三出脉或羽状脉；钟乳体纺锤形，有时不存在；托叶2片；退化叶小，存在或不存在。花序雌雄同株或异株；雄花序聚伞状，多少稀疏分枝，常具梗；雌花序无梗或具梗，由于分枝密集而呈球状，并具密集的苞片，偶尔具花序托，同时多数苞片在花序托边缘形成总苞。雄花花被片4～5片，在花蕾中呈覆瓦状排列，椭圆形，基部合生，在外面顶部之下有角状突起；雄蕊与花被片同数并与之对生；退化雌蕊小，圆锥形。雌花花被片4～5片，分生，长于子房或与子房等长，狭长圆形，常不等大，通常2～3片较大，外面顶端之下有角状突起，其他的较小，无突起，偶尔所有花被片均无突起；退化雄蕊与花被片同数，并与之对生，鳞片状；子房椭圆形，柱头画笔头状，花柱不存在。瘦果小，卵形或椭圆形，稍扁，常有小瘤状突起。

本属约70种；我国约有24种；恩施州产3种。

分种检索表

1. 叶基部盾形，具半离基三出脉 ·· 1. 绿赤车 *Pellionia viridis*
1. 叶基部不呈盾形。
　2. 叶长2.4～8厘米，宽达2.4厘米 ··· 2. 赤车 *Pellionia radicans*
　2. 叶长达9毫米，宽达3.5厘米 ·· 3. 蔓赤车 *Pellionia scabra*

1. 绿赤车　*Pellionia viridis* C. H. Wright in Journ. Linn. Soc. Bot. 23: 481. 1899.

多年生草本或亚灌木。茎高25～70厘米，基部木质，分枝，无毛。叶互生，无毛；叶片草质，稍斜，狭长圆形或披针形，长5～15厘米，宽1.6～5厘米，顶端渐尖或长渐尖，基部钝或圆形，对称，稍盾形，边缘下部全缘，其上有浅波状钝齿，钟乳体明显，密，长0.2～0.4毫米，不等离基三出脉，侧脉在狭侧2～3条，在宽侧3～5条；叶柄长4～16毫米；托叶钻形，长约3.5毫米。花序雌雄异株或同株。雄花序为聚伞花序，长0.8～2.2厘米；花序梗长5～18毫米，无毛；苞片三角形或条状披针形，长约2毫米，边缘有短睫毛。雄花花被片5片，船状椭圆形，长1.6～2毫米，基部合生，其他分生，外面顶端之下有长0.5～1毫米的角状突起，有疏毛；雄蕊5枚；退化雌蕊极小，近棒状。雌花序近球形，直径3～5毫米，有多数密集的花；花序梗长1.5～5毫米；苞片条形或狭条形，长1～2毫米。雌花花被片5片，不等大，狭长圆形或狭披针形，长0.5～1毫米，有1～3片呈船形，外面顶端之下有长0.5～0.8毫米的角状突起，边缘有疏毛。瘦果狭卵球形，长约1毫米，有小瘤状突起。花期6～8月，果期7～8月。

产于巴东，生于山地林下阴湿处；分布于云南、四川、湖北。

2. 赤车　*Pellionia radicans* (Sieb. et Zucc.) Wedd. in DC. Prodr. 16 (1): 167. 1869.

多年生草本。茎下部卧地，偶尔木质，在节处生根，上部渐升，长20~60厘米，通常分枝，无毛或疏被长约0.1毫米的小毛。叶具极短柄或无柄；叶片草质，斜狭菱状卵形或披针形，长1.2~8厘米，宽0.9~2.7厘米，顶端短渐尖至长渐尖，基部在狭侧钝，在宽侧耳形，边缘自基部之上有小牙齿，两面无毛或近无毛，钟乳体稍明显或不明显，密或稀疏，长约0.3毫米，半离基三出脉，侧脉在狭侧2~3条，在宽侧3~4条；叶柄长1~4毫米；托叶钻形，长1~4.2毫米，宽约0.2毫米。花序通常雌雄异株。雄花序为稀疏的聚伞花序，长1~8厘米；花序梗长4~70毫米，与分枝无毛或有乳头状小毛；苞片狭条形或钻形，长1.5~2毫米。雄花花被片5片，椭圆形，长约1.5毫米，外面无毛或有短毛，顶部的角状突起长0.4~0.8毫米；雄蕊5枚，退化雌蕊狭圆锥形，长约0.6毫米。雌花序通常有短梗，直径3~5毫米，有多数密集的花；花序梗长0.5~25毫米，有少数极短的毛；苞片条状披针形，长约1.6毫米。雌花花被片5片，长约0.4毫米，果期长0.8毫米，3片较大，船状长圆形，外面顶部有长约0.6毫米的角状突起，2片较小，狭长圆形，平，无突起；子房与花被片近等长。瘦果近椭圆球形，长约0.9毫米，有小瘤状突起。花期5~10月，果期7~8月。

恩施州广布，生于山谷林下；分布于云南、广西、广东、福建、台湾、江西、湖南、贵州、四川、湖北、安徽；越南、朝鲜、日本有分布。

全草药用，有消肿、祛瘀、止血之效。

3. 蔓赤车　*Pellionia scabra* Benth. Fl. Hongk. 330. 1861.

亚灌木。茎直立或渐升，高30~100厘米，基部木质，通常分枝，上部有开展的糙毛，毛长0.3~1毫米。叶具短柄或近无柄；叶片草质，斜狭菱状倒披针形或斜狭长圆形，长3.2~10厘米，宽0.7~4厘米，顶端渐尖、长渐尖或尾状，基部在狭侧微钝，在宽侧宽楔形、圆形或耳形，边缘下部全缘，其上有少数小牙齿，上面有少数贴伏的短硬毛，沿中脉有短糙毛，下面有密或疏的短糙毛，钟乳体不明显或稍明显，密，长0.2~0.4毫米，半离基三出脉，侧脉在狭侧2~3条，在宽侧3~5条，或叶脉近羽状；叶柄长0.5~2毫米；托叶钻形，长1.5~3毫米。花序通常雌雄异株。雄花为稀疏的聚伞花序，长达4.5厘米；花序梗长0.3~3.6厘米，与花序分枝有密或疏的短毛；苞片条状披针形，长2.5~4毫米。雄花花被片5片，椭圆形，长约1.5毫米，基部合生，3片较大，顶部有角状突起，2片较小，无突起，雄蕊5枚，退化雌蕊钻形，长约0.3毫米。雌花序近无梗或有梗，直径2~14毫米，有多数密集的花；花序梗长1~4毫米，密被短毛；苞片条形，长约1毫米，有疏毛。雌花花被片4~5片，狭长圆形，长约0.5毫米，其中2~3片较大，船形，外面顶部有短或长的角状突起，其余的较小，平，无突起；退化雄蕊极小。瘦果近椭圆球形，长约0.8毫米，有小瘤状突起。花期4~7月，果期7~9月。

荨麻科
Urticaceae

产于鹤峰，生于山谷溪边；分布于云南东、广西、广东、贵州、四川、湖南、江西、安徽、浙江、福建、台湾；越南、日本也有。

楼梯草属 *Elatostema* J. R. et G. Forst.

小灌木，亚灌木或草本。叶互生，在茎上排成2列，具短柄或无柄，两侧不对称，狭侧向上，宽侧向下，边缘具齿，稀全缘，具三出脉、半离基三出脉或羽状脉，钟乳体纺锤形或线形，稀点状或不存在，托叶存在；退化叶有时存在。花序雌雄同株或异株，无梗或有梗，雄花序有时分枝呈聚伞状，通常雄、雌花序均不分枝，具明显或不明显的花序托，有多数或少数花；花序托常呈盘形，稀呈梨形；苞片少数或多数，沿花序托边缘形成总苞，稀不存在；在花之间有小苞片。雄花花被片3~5片，椭圆形，基部合生，在外面顶部之下常有角状突起；雄蕊与花被片同数，并与之对生；退化雌蕊小或不存在。雌花花被片极小，长在子房长度的一半以下，3~4片，无角状突起，常不存在；退化雄蕊小，常3枚，狭条形；子房椭圆形，柱头小，画笔头状，花柱不存在。瘦果狭卵球形或椭圆球形，稍扁，常有6~8条细纵肋，稀光滑或有小瘤状突起。

本属约350种；我国约有137种；恩施州产10种。

分种检索表

1. 雄花序分枝，无花序托，苞片互生，不形成总苞 ··· 1. 长圆楼梯草 *Elatostema oblongifolium*
1. 雄花序不分枝，形成不明显或明显的花序托，苞片多少合生，形成总苞，稀不存在。
  2. 雄花序托极小，不明显，不呈盘状或梨状。
    3. 雌花序的花序托不明显，有1~2朵花，无小苞片；瘦果长2~2.2毫米 ············· 2. 钝叶楼梯草 *Elatostema obtusum*
    3. 雌花序托有明显的花序托和多数密集的雌花（30朵以上）和小苞片；瘦果长在1毫米以下，有纵肋或有小瘤状突起。
      4. 叶具羽状脉。
        5. 雄花序无梗或近无梗 ··· 3. 庐山楼梯草 *Elatostema stewardii*
        5. 雄花序有长梗 ·· 4. 楼梯草 *Elatostema involucratum*
      4. 叶具三出脉或半离基三出脉。
        6. 雌花序有细长梗，花序梗长达12毫米，花序托长约2毫米 ················ 5. 疣果楼梯草 *Elatostema trichocarpum*
        6. 雌花序无梗或具短梗。
          7. 雄花序有超过花序本身的长花序梗，雄花序苞片近等大，排成一轮 ············ 6. 托叶楼梯草 *Elatostema nasutum*
          7. 雄花序无梗或具短梗 ··· 7. 宜昌楼梯草 *Elatostema ichangense*
  2. 雄花序的花序托明显，呈盘状或梨状。
    8. 雄花序托呈梨形，后不规则开裂并展开；瘦果有纵肋；叶脉羽状 ················ 8. 梨序楼梯草 *Elatostema ficoides*
    8. 雄花序托平，通常盘状。
      9. 叶下面无毛，托叶白色，条形，宽2~3毫米；雌花被片不明显 ············· 9. 骤尖楼梯草 *Elatostema cuspidatum*
      9. 叶上面有短伏毛，通常具三出脉；雌花序苞片有角状突起；瘦果无瘤状突起 ······ 10. 锐齿楼梯草 *Elatostema cyrtandrifolium*

1. 长圆楼梯草 *Elatostema oblongifolium* Fu ex W. T. Wang in Bull. Bot. Lab. N.-E. For. Inst. 7: 26. 1980.

多年生草本。茎高约30厘米，有少数分枝或不分枝，无毛。叶具短柄或无柄；叶片草质或纸质，斜狭长圆形，长6~14厘米，宽1.4~3.5厘米，顶端长渐尖或渐尖，基部在狭侧钝或楔形、在宽侧圆形或浅心形，边缘下部全缘，其上至顶端有浅钝齿，无毛，稀在上面有少数散生的糙伏毛，钟乳体稍明显，极密，长0.1~0.2毫米，叶脉羽状，侧脉每侧约6条，下部叶较小，斜椭圆形；叶柄长0.5~2毫米，无毛；托叶狭三角形至钻形，长2.5~5毫米，宽0.2~0.5毫米，无毛。花序雌雄异株或同株。雄花序具极短梗，聚伞状，直径6~15毫米，无毛或近无毛，分枝下部合生；花序梗长0.5~3毫米；苞片卵形、披针形或条形，长2~3毫米。雄花无毛，花梗长达3毫米；花被片5片，狭椭圆形，长约2毫米，基部合

生，无突起；雄蕊 5 枚，退化雌蕊不明显。雌花序具短梗，2 条腋生，近长方形，长 3～9 毫米，常 3～4 深裂，边缘有苞片；花序梗长约 1 毫米；苞片披针形、狭三角形或条形，长约 1 毫米，有疏睫毛；小苞片披针形，长 0.5～1 毫米，有疏睫毛。雌花花梗长约 0.8 毫米；花被很小；子房卵形，长约 0.4 毫米。瘦果椭圆球形或卵球形，长 0.8～1 毫米，约有 8 条纵肋。花期 4～5 月。

产于利川，生于山谷阴湿处；分布于贵州、四川、湖南、湖北。

2. 钝叶楼梯草 *Elatostema obtusum* Wedd. in Ann. Sci. Nat. ser. 4, 1: 190. 1854.

草本。茎平卧或渐升，长 10～40 厘米，分枝或不分枝，有反曲的短糙毛。叶无柄或具极短柄；叶片草质，斜倒卵形或斜倒卵状椭圆形，长 0.5～3 厘米，宽 0.4～1.6 厘米，顶端钝，基部在狭侧楔形，在宽侧心形或近耳形，边缘在狭侧上部有 1～2 钝齿，在宽侧中部以上或上部有 2～4 钝齿，两面无毛或上面疏被短伏毛，钟乳体明显或不明显，长 0.3～0.5 毫米，基出脉 3 条，狭侧的 1 条沿边缘向上超过中部，侧脉 1 对，不明显；叶柄长达 1.5 毫米；托叶披针状狭条形，长约 2 毫米。花序雌雄异株。雄花序有梗，有 3～7 朵花；花序梗长 0.2～6.5 厘米，无毛；花序托极小；苞片 2 片，卵形，长 2.5 毫米，有短毛。雄花：花梗长达 4 毫米；花被片 4 片，倒卵形，长约 3 毫米，基部合生，外面有疏毛，顶端之下有长约 0.8 毫米的角状突起；雄蕊 4 枚，长约 4 毫米，花药长约 0.8 毫米，基部叉开；退化雌蕊三角形，长约 0.2 毫米。雌花序无梗，生茎上部叶腋，有 1～2 朵花；苞片 2 片，狭长圆形、披针形或狭卵形，长约 2 毫米，外面有疏毛，常骤尖。雌花：花被不明显；子房狭长圆形，长约 1.6 毫米；退化雄蕊 5 枚，近圆形，长约 0.2 毫米。瘦果狭卵球形，稍扁，长 2～2.2 毫米，光滑。花期 6～9 月，果期 6～8 月。

恩施州广布，生于山地林下；分布于西藏、云南、四川、湖南、湖北、甘肃、陕西；不丹、尼泊尔、印度也有。

3. 庐山楼梯草 *Elatostema stewardii* Merr. in Philip. Journ. Sci. 27: 161. 1925.

多年生草本。茎高 24～40 厘米，不分枝，无毛或近无毛，常具球形或卵球形珠芽。叶具短柄；叶片草质或薄纸质，斜椭圆状倒卵形、斜椭圆形或斜长圆形，长 7～12.5 厘米，宽 2.8～4.5 厘米，顶端骤尖，基部在狭侧楔形或钝，在宽侧耳形或圆形，边缘下部全缘，其上有牙齿，无毛或上面散生短硬毛，钟乳体明显，密，长 0.1～0.4 毫米，叶脉羽状，侧脉在狭侧 4～6 条，在宽侧 5～7 条；叶柄长 1～4 毫米，无毛；托叶狭三角形或钻形，长约 4 毫米，无毛。花序雌雄异株，单生叶腋。雄花序具短梗，直径7~10毫米；花序梗长1.5~3毫米；花序托小；苞片6片，外方2片较大，宽卵形，长2毫米，宽3毫米，顶端有长角状突起，其他苞片较小，顶端有短突起；小苞片膜质，宽条形至狭条形，长2~3毫米，有疏睫毛。雄花花被片5片，椭圆形，长约1.8毫米，下部合生，外面顶端之下有短角状突起，有短睫毛；雄蕊5枚，退化雌蕊极小。雌花序无梗；花序托近长方形，长约3毫米；苞片多数，三角形，长约0.5毫米，密被短柔毛，较大的具角状突起；小苞片密集，匙形或狭倒披针形，长0.5~0.8毫米，边缘上部密被短柔毛。瘦果卵球形，长约0.6毫米，纵肋不明显。花期7~9月，果期8~9月。

产于恩施、利川，生于山谷林下；分布于湖南、江西、福建、浙江、安徽、四川、陕西、河南。

全草药用，可活血、祛瘀、消肿、解毒。

4. 楼梯草 *Elatostema involucratum* Franch. et Sav. Enum. Pl. Jap. 1: 439. 1875.

多年生草本。茎肉质，高25~60厘米，不分枝或有1个分枝，无毛，稀上部有疏柔毛。叶无柄或近无柄；叶片草质，斜倒披针状长圆形或斜长圆形，有时稍镰状弯曲，长4.5~19厘米，宽2.2~6厘米，顶端骤尖，基部在狭侧楔形，在宽侧圆形或浅心形，边缘在基部之上有较多牙齿，上面有少数短糙伏毛，下面无毛或沿脉有短毛，钟乳体明显，密，长0.3~0.4毫米，叶脉羽状，侧脉每侧5~8条；托叶狭条形或狭三角形，长3~5毫米，无毛。花序雌雄同株或异株。雄花序有梗，直径3~9毫米；花序梗长4~32毫米，无毛或稀有短毛；花序

托不明显，稀明显；苞片少数，狭卵形或卵形，长约2毫米；小苞片条形，长约1.5毫米。雄花有梗；花被片5片，椭圆形，长约1.8毫米，下部合生，顶端之下有不明显突起；雄蕊5枚。雌花序具极短梗，直径1.5~13毫米；花序托通常很小，周围有卵形苞片；小苞片条形，长约0.8毫米，有睫毛。瘦果卵球形，长约0.8毫米，有少数不明显纵肋。花期8~9月，果期9~10月。

恩施州广布，生于山谷林下；分布于云南、贵州、四川、湖南、广西、广东、江西、福建、浙江、江苏、安徽、湖北、河南、陕西、甘肃；日本也有分布。

全草药用，有活血化瘀、利尿、消肿之效。

5. 疣果楼梯草 *Elatostema trichocarpum* Hand.-Mazz. Symb. Sin 7: 148. 1929.

多年生草本。茎直立或渐升，高12~25厘米，无毛或有伏毛，不分枝或分枝。叶具短柄；叶片草质，茎下部叶小，长8~10毫米，上部的较大，斜椭圆状卵形或斜椭圆形，长2~4.8厘米，宽1.2~1.7厘米，顶端微尖或微钝，基部在狭侧钝，在宽侧心形或近耳形，边缘下部或中部之下全缘，其上有小牙齿，上面散生少数糙伏毛，下面无毛，钟乳体不明显，长约0.2毫米，半离基三出脉，侧脉在狭侧约2条，在宽侧约3条；叶柄长0.5~2毫米，无毛；托叶钻形，长0.6~1毫米，速落。花序雌雄同株或异株，单生叶腋。雄花序无梗，直径5~10毫米；苞片约12片，长圆状三角形，长达5毫米，在顶端之下有角状突起，有疏柔毛。雄花花梗长约5毫米；花被片4片，椭圆

形，长约 1.5 毫米，下部合生；雄蕊 4 枚。雌花序上部的无梗，下部的具长梗，直径 2～5 毫米，有多数密集的花；花序梗长 2～12 毫米，有短柔毛；花序托小；苞片 10 余片，狭卵形至狭披针形，长 1.2～2 毫米；小苞片披针状条形，长约 1 毫米，上部有长睫毛。雌花花被片约 3 片，披针形，长约 0.3 毫米。瘦果狭卵球形，长约 1 毫米，有数条不明显的纵肋和不明显的小突起，有疏毛或无毛。花期 5～6 月，果期 7 月。

产于宣恩、建始，生于山坡林地阴湿处；分布于云南、贵州、四川、湖北。

6. 托叶楼梯草　*Elatostema nasutum* Hook. f. Fl. Brit. Ind. 5: 571. 1888.

多年生草本。茎直立或渐升，高 16～40 厘米，不分枝或分枝，无毛。叶具短柄；叶片草质，干时常变黑，斜椭圆形或斜椭圆状卵形，长 3.5～15.5 厘米，宽 2～6.5 厘米，顶端渐尖，基部在狭侧近楔形，在宽侧心形或近耳形，边缘在狭侧中部之上、在宽侧基部之上有牙齿，无毛或上面疏被少数短硬伏毛，钟乳体不太明显，稀疏或稍密，长 0.2～0.4 毫米，叶脉三出，稀半离基三出，侧脉在狭侧约 1 条，在宽侧约 3 条；叶柄长 1～4 毫米，无毛；托叶膜质，狭卵形至条形，长 9～18 毫米，宽 1.5～4.5 毫米，无毛。花序雌雄异株。雄花序有梗，直径 4～10 毫米，有多数密集的花；花序梗长 0.3～3.6 厘米，无毛；花序托小；苞片约 6 片，船状卵形，长 2～5 毫米，顶端有角状突起，近无毛或有短睫毛；小苞片长 1.5～3 毫米，似苞片或条形，有睫毛，顶端有长或短的角状突起。雄花无毛：花梗长达 2.5 毫米；花被片 4 片，船状椭圆形，长约 1.2 毫米，基部合生，外面顶端之下有角状突起；雄蕊 4 枚，退化雌蕊长达 0.1 毫米。雌花序无梗或具极短梗，直径 3～9 毫米，有多数密集的花；花序托明显，周围有苞片；苞片正三角形，长约 3 毫米，顶端有长角状突起，被睫毛；小苞片狭长圆形，长约 2 毫米，顶端有角状突起。瘦果椭圆球形，长 0.8～1 毫米，约有 10 条纵肋。花期 7～10 月。

产于利川，生于山地林下；分布于西藏、云南、广西、贵州、湖南、江西、湖北、四川；尼泊尔、不丹也有。

7. 宜昌楼梯草　*Elatostema ichangense* H. Schroter in Repert. Spec. Nov. Regni Veg. 47: 220. 1939.

多年生草本。茎高约 25 厘米，不分枝，无毛。叶具短柄或无柄，无毛；叶片草质或薄纸质，斜倒卵状长圆形或斜长圆形，长 6～12.4 厘米，宽 2～3 厘米，顶端尾状渐尖，基部在狭侧楔形或钝，在宽侧钝或圆形，边缘下部或中部之下全缘，其上有浅牙齿，钟乳体明显或稍明显，密，长 0.2～0.4 毫米，半离基三出脉或近三出脉，侧脉在狭侧 1～2 条，在宽侧约 3 条；叶柄长达 1.5 毫米；托叶条形或长圆形，长 2～3.5 毫米。花序雌雄异株或同株。雄花序无梗或近无梗，直径 3～6 毫米，有 10 余朵花；花序托小；苞片约 6 片，卵形或正三角形，长 3～4 毫米，无毛，2 片较大，其顶端的角状突起

长 3.5～7 毫米，其他的较小，其顶端突起长 1～1.5 毫米；小苞片膜质，匙形或匙状条形或船状条形，长 2～2.5 毫米，顶部有疏睫毛。雄花无毛；花梗长达 2.5 毫米；花被片 5 片，狭椭圆形，长约 1.6 毫米，下

部合生，外面顶端之下有长 0.1～0.3 毫米的角状突起。雌花序有梗；花序梗长达 4 毫米；花序托近方形或长方形，有时 2 裂呈蝴蝶形，长 3～8 毫米；苞片三角形、或宽或扁三角形，长 0.5～1 毫米，顶端有短角状突起，有时少数苞片具长 1.5～2 毫米的长角状突起；小苞片多数，密集，楔状或匙状条形，长 0.6～0.9 毫米，顶端密被短柔毛。瘦果椭圆球形，长约 0.6 毫米，约有 8 条纵肋。花期 8～9 月。

产于宣恩，生于山坡林下；分布于广西、湖南、贵州、湖北、四川。

8. 梨序楼梯草　*Elatostema ficoides* Wedd. in Arch. Mus. Hist. Nat. Paris 9: 306, t. 10. 1856.

多年生草本。茎高 45～100 厘米，不分枝或分枝，无毛。叶具短柄或无柄；叶片薄草质，斜倒披针状长圆形，斜长圆形或狭椭圆形，长 10～23 厘米，宽 3.5～8 厘米，顶端突渐尖，基部在狭侧狭楔形，在宽侧圆形或耳形，边缘在基部之上有密牙齿，上面散生少数短糙毛，下面无毛，钟乳体明显或不明显，通常密，长 0.1～0.3 毫米，叶脉羽状，侧脉在狭侧 5～7 条，在宽侧 6～9 条；叶柄长 2～4 毫米，无毛；托叶膜质，条形或披针状条形，长 7～10 毫米，无毛。花序雌雄同株或异株。雄花序单生或与雌花序同生叶腋，有长梗；花序梗长 5~9.8 厘米，无毛；花序托初期梨形或似无花果，
后开展呈蝴蝶形，宽 2～2.8 厘米，2 深裂，裂片又 2 浅裂，无毛，边缘苞片不明显；小苞片多数，条形或狭条形，长约 1.8 毫米，疏被睫毛。雄花有短梗，无毛，花被片 4～5 片，长圆形，长约 1.2 毫米，下部合生，外面顶端之下有短突起；雄蕊 4～5 枚；退化雌蕊小，长约 0.2 毫米。雌花序常成对生茎上部叶腋，无梗，近圆形，直径约 2 毫米，有多数花；花序托明显，边缘有多数苞片；苞片正三角形、狭卵形或三角形，长约 0.5 毫米，边缘有疏睫毛；小苞片多数，密集，狭条形或匙状条形，长 0.4～0.5 毫米，上部密被短睫毛。雌花子房椭圆形，长约 0.3 毫米，柱头小。花期 8～9 月。

恩施州广布，生于山谷林下；分布于广西、贵州、四川、云南；尼泊尔、印度也有分布。

9. 骤尖楼梯草　*Elatostema cuspidatum* Wight, Ic. Pl. Ind. Or. 6: 11, t. 1983. 1853.

多年生草本。茎高 25～90 厘米，不分枝或有少数分枝，无毛。叶无柄或近无柄；叶片草质，斜椭圆形或斜长圆形，有时稍镰状弯曲，长 4.5～23 厘米，宽 1.8～8 厘米，顶端骤尖或长骤尖，基部在狭侧楔形或钝，在宽侧宽楔形、圆形或近耳形，边缘在狭侧中部以上，在宽侧自基部之上有尖牙齿，无毛或上面疏被短伏毛，钟乳体稍明显，密，长 0.3～0.5 毫米，半离基三出脉，侧脉在狭侧约 2 条，在宽侧 3～5 条；托叶膜质，白色，条形或条状披针形，长 5～20 毫米，宽 2～3 毫米，无毛，中脉绿色。花序雌雄同株或异株，单生叶腋。雄花序具短梗；花序梗长 1.5～4 毫米；花序托长圆形或近圆形，长 6～11 毫米，宽 5～7 毫米，常 2 浅裂，无毛；苞片约 6 片，扁卵形或正三角形，长 0.5～1.6 毫米，顶端具长 0.6～2 毫米的粗角状突起，边缘有短睫毛；小苞片长圆形或船状长圆形，长 1.5～2.5 毫米，有或无突起。雄花具梗；花被片 4 片，椭圆形，长约 1.6 毫米，下部合生，顶端之下有角状突起。雌花序具极短梗；花序托椭圆形或近圆形，长 5～7 毫米，无毛；苞片多数，扁宽卵形或三角形，长约 0.6 毫米，顶端有绿色细角状突起；小苞片多数，密集，狭条形，长约 1.2 毫米，被短柔毛。雌花花被片不明显；子房卵形，长约 0.6 毫米。瘦果狭椭圆球形，长约 1 毫米，约有 8 条纵肋。花期 5～8 月。

恩施州广布，生于山谷林下；分布于西藏、云南、四川、贵州、广西、湖南、湖北、江西；尼泊尔、印度也有。

10. 锐齿楼梯草　*Elatostema cyrtandrifolium* (Zoll. et Mor.) Miq. Pl. Jungh. 21. 1851.

多年生草本。茎高 14～40 厘米，分枝或不分枝，疏被短柔毛或无毛。叶具短柄或无柄；叶片草质或膜质，斜椭圆形或斜狭椭圆形，长 5～12 厘米，宽 2.2～4.7 厘米，顶端长渐尖或渐尖，基部在狭侧楔形，在宽侧宽楔形或圆形，边缘在基部之上有牙齿，上面散生少数短硬毛，下面沿中脉及侧脉有少数短毛或变无毛，钟乳体稍明显，密，长 0.2～0.4 毫米，具半离基三出脉或三出脉，侧脉在每侧 3～4 条；叶柄长 0.5～2 毫米；托叶狭披针形或钻形，长约 4 毫米。花序雌雄异株。雄花序单生叶腋，有梗，直径约 9 毫米；花序梗长约 6 毫米，有短毛；花序托直径约 6 毫米，2 浅裂；苞片大，约 5 片，宽卵形，长约 2.5 毫米，疏被短柔毛；小苞片多数，密集，膜质，白色，船形，长约 2 毫米，无毛。雄花蕾直径约 1.2 毫米，4 基数，无毛。雌花序近无梗或有短梗；花序梗长达 2 毫米；花序托宽椭圆形或椭圆形，长 5～9 毫米，不分裂或 2 浅裂；苞片三角状卵形或宽卵形，长约 1 毫米，多有角状突起；小苞片多数，密集，条状披针形或匙形，长约 0.8 毫米，顶部有白色短毛。瘦果褐色，卵球形，长约 0.8 毫米，有 6 条或更多的纵肋。花期 4～9 月。

产于利川，生于山谷林中；分布于云南、广西、广东、台湾、福建、江西、湖南、贵州、湖北、四川、甘肃；喜马拉雅南麓山区、中南半岛、印度尼西亚也有分布。

苎麻属　*Boehmeria* Jacq.

灌木、小乔木、亚灌木或多年生草本。叶互生或对生，边缘有牙齿，不分裂，稀 2～3 裂，表面平滑或粗糙，基出脉 3 条，钟乳体点状；托叶通常分生，脱落。团伞花序生于叶腋或排列成穗状花序或圆锥花序；苞片膜质，小。雄花花被片 3～6 片，镊合状排列，下部常合生，椭圆形；雄蕊与花被片同数；退化雌蕊椭圆球形或倒卵球形。雌花花被管状，顶端缢缩，有 2～4 个小齿，在果期稍增大，通常无纵肋；子房通常卵形，包于花被中，柱头丝形，密被柔毛，通常宿存。瘦果通常卵形，包于宿存花被之中，果皮薄，通常无光泽，无柄或有柄或有翅。

本属约 120 种；我国约有 32 种；恩施州产 7 种 1 变种。

分种检索表

```
1. 穗状花序顶端有叶；亚灌木或多年生草本·········································· 1. 序叶苎麻 Boehmeria clidemioides var. diffusa
1. 穗状花序或圆锥花序无叶。
  2. 叶互生；团伞花序组成圆锥花序；退化雌蕊顶端有短尖头；瘦果基部缩成细柄·········· 2. 苎麻 Boehmeria nivea
  2. 叶对生，偶尔顶部叶互生；团伞花序组成穗状花序或圆锥花序；退化雌蕊顶端无短尖头；瘦果无柄或有柄。
    3. 叶顶端 3～5 裂，裂片有骤尖头；亚灌木或多年生草本。
      4. 叶较小，草质，边缘的牙齿长在 10 毫米以下；穗状花序不分枝········································· 3. 赤麻 Boehmeria silvestrii
      4. 叶对生，大，通常纸质，宽 7～22 厘米，边缘牙齿长 10～20 毫米。
        5. 叶卵形或宽卵形，顶部渐变狭，基部常宽楔形；花序为穗状花序，稀分枝············ 4. 野线麻 Boehmeria japonica
        5. 叶扁五角形或扁圆卵形，顶部近截形，基部截形或浅心形；花序为圆锥花序，有时雌花序为不分枝的穗状花序··········································································· 5. 悬铃叶苎麻 Boehmeria tricuspis
    3. 叶顶端不分裂，对生。
      6. 叶披针形，长 14～29 厘米，宽 2.2～5.5 厘米·················································· 6. 长叶苎麻 Boehmeria penduliflora
      6. 叶卵形或近圆形。
        7. 叶卵状菱形或近菱形，每侧有 3～8 个狭三角形牙齿；多年生草本················ 7. 小赤麻 Boehmeria spicata
        7. 叶卵形或近圆形。
          8. 叶边缘每侧有 7～12 个粗牙齿，上部的牙齿比下部的长 3～5 倍················ 4. 野线麻 Boehmeria japonica
          8. 叶边缘有较多较小的牙齿，牙齿近等大；叶两面均有密或稍密的毛··········· 8. 密球苎麻 Boehmeria densiglomerata
```

荨麻科
Urticaceae

1. 序叶苎麻（变种） *Boehmeria clidemioides* Miq. var. *diffusa* (Wedd.) Hand. -Mazz. Symb. Sin. 7: 152. 1929.

多年生草本或亚灌木；茎高0.9~3米，常多分枝，上部多少密被短伏毛。叶互生，或有时茎下部少数叶对生；叶片纸质或草质，卵形、狭卵形或长圆形，长5~14厘米，宽2.5~7厘米，顶端长渐尖或骤尖，基部圆形，稍偏斜，边缘自中部以上有小或粗牙齿，两面有短伏毛，上面常粗糙，基出脉3条，侧脉2~3对；叶柄长0.7~6.8厘米。穗状花序单生叶腋，通常雌雄异株，长4~12.5厘米，顶部有2~4片叶；叶狭卵形，长1.5~6厘米；团伞花序直径2~3毫米，除在穗状花序上着生外，也常生于叶腋。雄花无梗，花被片4片，椭圆形，长约1.2毫米，下部合生，外面有疏毛；雄蕊4枚，长约2毫米，花药长约0.6毫米；退化雌蕊椭圆形，长约0.5毫米。雌花花被椭圆形或狭倒卵形，长0.6~1毫米，果期长约1.5毫米，顶端有2~3个小齿，外面上部有短毛；柱头长0.7~1.8毫米。花期6~8月，果期8~9月。

恩施州广布，生于山谷林中；分布于云南、贵州、广西、广东、福建、浙江、安徽、江西、湖南、湖北、四川、甘肃和陕西；越南、老挝、缅甸、印度、锡金、尼泊尔也有。

全草或根供药用，治风湿、筋骨痛等症。

2. 苎麻 *Boehmeria nivea* (L.) Gaudich. in Frey. Voy. Bot. 499. 1830.

亚灌木或灌木，高0.5~1.5米；茎上部与叶柄均密被开展的长硬毛和近开展和贴伏的短糙毛。叶互生；叶片草质，通常圆卵形或宽卵形，少数卵形，长6~15厘米，宽4~11厘米，顶端骤尖，基部近截形或宽楔形，边缘在基部之上有牙齿，上面稍粗糙，疏被短伏毛，下面密被雪白色毡毛，侧脉约3对；叶柄长2.5~9.5厘米；托叶分生，钻状披针形，长7~11毫米，背面被毛。圆锥花序腋生，或植株上部的为雌性，其下的为雄性，或同一植株的全为雌性，长2~9厘米；雄团伞花序直径1~3毫米，有少数雄花；雌团伞花序直径0.5~2毫米，有多数密集的雌花。雄花花被片4片，狭椭圆形，长约1.5毫米，合生至中部，顶端急尖，外面有疏柔毛；雄蕊4枚，长约2毫米，花药长约0.6毫米；退化雌蕊狭倒卵球形，长约0.7毫米，顶端有短柱头。雌花花被椭圆形，长0.6~1毫米，顶端有2~3个小齿，外面有短柔毛，果期菱状倒披针形，长0.8~1.2毫米；柱头丝形，长0.5~0.6毫米。瘦果近球形，长约0.6毫米，光滑，基部突缩成细柄。花期8~10月，果期10~12月。

恩施州广布，生于山坡灌丛中；分布于云南、贵州、广西、广东、福建、江西、台湾、浙江、湖北、四川、甘肃、陕西、河南；越南、老挝等地也有。

根为利尿解热药，并有安胎作用；叶为止血剂，治创伤出血；根、叶并用治急性淋浊、尿道炎出血等症。嫩叶可养蚕，作饲料。种子可榨油，供制肥皂和食用。

3. 赤麻 *Boehmeria silvestrii* (Pamp.) W. T. Wang in Acta Phytotax. Sin. 20 (2): 204. 1982.

多年生草本或亚灌木；茎高60~100厘米，分枝或不分枝，下部无毛，上部疏被短伏毛。叶对生，同

一对叶不等大或近等大；叶片薄草质，茎中部的近五角形或圆卵形，长5~13厘米，宽4.8~13厘米，顶端3或5骤尖，基部宽楔形或截状楔形，茎上部叶渐变小，常为卵形，顶部3或1骤尖，边缘自基部之上有牙齿，两面疏被短伏毛，下面有时近无毛，侧脉1~2对；叶柄长达4~8厘米。穗状花序单生叶腋，雌雄异株，或雌雄同株，此时，茎上部的雌性，下部的雄性或两性，长4~20厘米，不分枝；团伞花序直径1~3毫米；苞片三角形或狭披针形，长达1.5毫米。雄花无梗或有短梗，花梗长0.5~2毫米；花被片4片，船状椭圆形，长约1.5毫米，合生至中部，外面疏被短柔毛；雄蕊4枚，长约2毫米，花药长约0.5毫米；退化雌蕊椭圆形，长约0.8毫米。雌花花被狭椭圆形或椭圆形，长约0.8毫米，顶端有2个小齿，外面密被短柔毛，果期呈菱状倒卵形，长约1.5毫米；柱头长0.8~2毫米。瘦果近卵球形或椭圆球形，长约1毫米，光滑，基部具短柄。花期6~8月，果期8~10月。

恩施州广布，生于山地灌丛中；分布于四川、湖北、甘肃、陕西、河南、河北、山东、辽宁、吉林；朝鲜、日本也有。

4. 野线麻　*Boehmeria japonica* (L. f.) Miq.

亚灌木或多年生草本，高0.6~1.5米，上部通常有较密的开展或贴伏的糙毛。叶对生，同一对叶等大或稍不等大；叶片纸质，近圆形、圆卵形或卵形，长7~26厘米，宽5.5~20厘米，顶端骤尖，有时不明显3骤尖，基部宽楔形或截形，边缘在基部之上有牙齿，上面粗糙，有短糙伏毛，下面沿脉网有短柔毛，侧脉1~2对；叶柄长达6~8厘米。穗状花序单生叶腋，雌雄异株，不分枝，有时具少数分枝，雄的长约3厘米，雌的长7~30厘米；雄团伞花序直径约1.5毫米，约有3朵花，雌团伞花序直径2~4毫米，有极多数雌花；苞片卵状三角形或狭披针形，长0.8~1.5毫米。雄花花被片4片，椭圆形，长约1毫米，基部合生，外面被短糙伏毛；雄蕊4枚，花药长约0.5毫米；退化雌蕊椭圆形，长约0.5毫米。雌花花被倒卵状纺锤形，长1~1.2毫米，顶端有2个小齿，上部密被糙毛，果期呈菱状倒卵形，长约2毫米；柱头长1.2~1.5毫米。瘦果倒卵球形，长约1毫米，光滑。

产于来凤，生于山地灌丛中；分布于广东、广西、贵州、湖南、江西、福建、台湾、浙江、江苏、安徽、湖北、四川、陕西、河南、山东；日本也有。

叶供药用，可清热解毒、消肿，治疮疖。

5. 悬铃叶苎麻　*Boehmeria tricuspis* (Hance) Makino in Bot. Mag. Tokyo 26: 387. 1912.

亚灌木或多年生草本；茎高50~150厘米，中部以上与叶柄和花序轴密被短毛。叶对生，稀互生；叶片纸质，扁五角形或扁圆卵形，茎上部叶常为卵形，长8~18厘米，宽7~22厘米，顶部3骤尖或3浅裂，基部截形、浅心形或宽楔形，边缘有粗牙齿，上面粗糙，有糙伏毛，下面密被短柔毛，侧脉2对；叶柄长1.5~10厘米。穗状花序单生叶腋，或同一植株的全为雌性，或茎上部的雌性，其下的为雄性，雌的长5.5~24厘米，分枝呈圆锥状或不分枝，雄的长8~17厘米，分枝呈圆锥状；团伞花序直径1~2.5毫米。雄花花被片4片，椭圆形，长约1毫米，下部合生，外面上部疏被短毛；雄蕊4片，长约1.6毫米，花药长约0.6毫米；退化雌蕊椭圆形，长约0.6毫米。雌花花被椭圆形，长0.5~0.6毫米，齿不明显，外面有密柔毛，果期呈楔形至倒卵状菱形，长约1.2毫米；柱头长1~1.6毫米。花、果期均为7~8月。

恩施州广布，生于山谷林下；分布于广东、广西、贵州、湖南、江西、福建、浙江、江苏、安徽、湖北、四川、甘肃、陕西、河南、山西、山东、河北；朝鲜、日本也有。

根、叶药用，治外伤出血、跌打肿痛、风疹、荨麻疹等症。

6. 长叶苎麻 *Boehmeria penduliflora* Wedd. in Ann. Sci. Nat. Ser. 4, 1: 199. 1854.

灌木，直立，有时枝条蔓生，高1.5~4.5米；小枝多少密被短伏毛，近方形，有浅纵沟。叶对生；叶片厚纸质，披针形或条状披针形，长8~29厘米，宽1.4~5.2厘米，顶端长渐尖或尾状，基部钝、圆形或不明显心形，边缘自基部之上有多数小钝牙齿，上面脉网下陷，常有小泡状隆起，粗糙，无毛或有疏短毛，很快变无毛，下面沿隆起的脉网有疏或密的短毛，侧脉3~4对；叶柄长0.6~3厘米；托叶钻形，长达1.5厘米。穗状花序通常雌雄异株，有时枝上部的雌性，单生叶腋，长6~32厘米，其下的为雄性，常2条生叶腋，长4.5~8厘米；雄团伞花序直径1~2毫米，有少数雄花，雌团伞花序直径2.5~6毫米，有极多数密集的雌花。雄花花被片4片，椭圆形，长约1.2毫米，下部合生，外面有短毛；雄蕊4枚，长约1.8毫米，花药长约0.6毫米；退化雌蕊椭圆形，长约0.5毫米。雌花花被倒披针形或狭倒披针形，长1.2~2.2毫米，顶端圆形，突缢缩成2个小齿，外面上部疏被短毛，有时近无毛；柱头长0.7~2.2毫米。瘦果本身椭圆球形或卵球形，长约0.5毫米，周围具翅，并具长约1.2毫米的柄。花期7~10月。

产于利川，属湖北省新记录，生于山谷林中；分布于西藏、四川、云南、贵州、广西；越南、老挝、泰国、缅甸、不丹、尼泊尔、印度也有。

根药用，治感冒、风湿关节炎等症。

7. 小赤麻 *Boehmeria spicata* (Thunb.) Thunb. in Trans. Linn. Soc. 2: 330. 1794.

多年生草本或亚灌木；茎高40~100厘米，常分枝，疏被短伏毛或近无毛。叶对生；叶片薄草质，卵状菱形或卵状宽菱形，长2.4~7.5厘米，宽1.5~5厘米，顶端长骤尖，基部宽楔形，边缘每侧在基部之上有3~8个大牙齿，两面疏被短伏毛或近无毛，侧脉1~2对；叶柄长1~6.5厘米。穗状花序单生叶腋，雌雄异株，或雌雄同株，此时，茎上部的为雌性，其下的为雄性，雄的长约2.5厘米，雌的长4~10厘米。雄花无梗，花被片3~4片，椭圆形，长约1毫米，下部合生，外面有稀疏短毛；雄蕊3~4枚，花药近圆形；退化雌蕊椭圆形，长约0.5毫米。雌花花被近狭椭圆形，长约0.6毫米，齿不明显，外面有短柔毛，果期呈菱状倒卵形或宽菱形，长约1毫米；柱头长1~1.2毫米。花期6~8月，果期9~10月。

恩施州广布，生于山地草坡上；分布于江西、浙江、江苏、湖北、河南、山东；朝鲜、日本也有。

8. 密球苎麻 *Boehmeria densiglomerata* W. T. Wang in Acta Bot. Yunnan. 3 (4): 408, Pl. 1,1-2. 1981.

多年生草本。茎高32~46厘米，分枝或不分枝，上部疏被短糙伏毛，下部无毛。叶对生；叶片草质，心形或圆卵形，长5~9.4厘米，宽5.2~8厘米，顶端渐尖，基部近心形或心形，边缘具牙齿，两面有稍密的短糙伏毛，基出脉3条，侧脉2~3对；叶柄长2.5~6.9厘米，疏被短糙伏毛；托叶钻状三角形，长约7毫米。花序长2.5~5.5厘米，两性花序下部或近基部有少数分枝，稀不分枝，雄性花序分枝，雌性花序不分枝，穗状；雄团伞花序直径约2毫米，雌团伞花序直径2~2.5毫米，互相邻接；苞片狭三角形，长1.2~2毫米。雄花花被片4片，椭圆形，长约1毫米，基部合生，外面疏被短糙伏毛；雄蕊4枚，花丝长1.6毫米，花药直径0.6毫米；退化雌蕊倒卵球形，长约0.5毫米。雌花花被纺锤形，狭倒卵形或倒卵形，长约0.7毫米，果期长1~1.3毫米，顶端有2个小齿，外面被短糙伏毛；柱头长约1毫米。瘦果卵球形或狭倒卵球形，长1~1.2毫米，光滑。花期6~8月。

产于咸丰，生于山谷沟边；分布于云南、四川、湖南、贵州、广西、广东、江西、福建。

雾水葛属 *Pouzolzia* Gaudich.

灌木、亚灌木或多年生草本。叶互生，稀对生，边缘有牙齿或全缘，基出脉3条，钟乳体点状；托叶分生，常宿存。团伞花序通常两性，有时单性，生于叶腋，稀形成穗状花序；苞片膜质，小。雄花花被片3~5片，镊合状排列，基部合生，通常合生至中部，椭圆形；雄蕊与花被片对生；退化雌蕊倒卵形或棒状。雌花花被管状，常卵形，顶端缢缩，有2~4个小齿，果期多少增大，有时具纵翅。瘦果卵球形，果皮壳质，常有光泽。

本属约60种；我国有8种；恩施州产2种。

分种检索表

1. 灌木；叶互生，边缘有齿，侧脉1~3对；雄花被片合生至中部 ·················· 1. 红雾水葛 *Pouzolzia sanguinea*
1. 草本植物；叶边缘全缘，侧脉1~2对；雄花被片只在基部合生 ·················· 2. 雾水葛 *Pouzolzia zeylanica*

1. 红雾水葛 *Pouzolzia sanguinea* (Bl.) Merr. in Journ. Straits Branch Roy. Asiat. Soc. 84: 233. 1921.

灌木，高0.5~3米；小枝有浅纵沟，密或疏被贴伏或开展的短糙毛，偶尔顶部有数节无叶，只生团伞花序。叶互生；叶片薄纸质或纸质，狭卵形、椭圆状卵形或卵形，稀长圆形或披针形，长2.6~17厘米，宽1.5~9厘米，顶端短渐尖至长渐尖，基部圆形、宽楔形或钝，边缘在基部之上有多数小牙齿，两面均稍粗糙，均被短糙毛，毛通常贴伏，有时稍开展，在较密并贴伏时，叶下面带银灰色并有光泽，侧脉2对；叶柄长0.4~2.5厘米。团伞花序单性或两性，直径2~6毫米；苞片钻形或三角形，长达2.5~4毫米。雄花花被片4片，船状椭圆形，长约1.6毫米，合生至中部，顶端急尖，外面有糙毛；雄蕊4枚，

荨麻科
Urticaceae

长约 2 毫米，花药长 0.6 毫米；退、化雌蕊狭倒卵形，长约 0.6 毫米，基部周围有白色柔毛。雌花花被宽椭圆形或菱形，长 0.8～1.2 毫米，顶端约有 3 个小齿，外面有稍密的毛，果期长约 2 毫米；柱头长 0.8～1.5 毫米。瘦果卵球形，长约 1.6 毫米，淡黄白色。花期 4～6 月，果期 7～9 月。

产于利川、巴东，生于山谷林中；分布于海南、广西、贵州、四川、云南、西藏；越南、老挝、马来西亚、泰国、缅甸、印度、尼泊尔也有分布。

2. 雾水葛　*Pouzolzia zeylanica* (L.) Benn. Pl. Jav. Rav. 67. 1838.

多年生草本；茎直立或渐升，高 12～40 厘米，不分枝，通常在基部或下部有 1～3 对对生的长分枝，枝条不分枝或有少数极短的分枝，有短伏毛，或混有开展的疏柔毛。叶全部对生，或茎顶部的对生；叶片草质，卵形或宽卵形，长 1.2～3.8 厘米，宽 0.8～2.6 厘米，短分枝的叶很小，长约 6 毫米，顶端短渐尖或微钝，基部圆形，边缘全缘，两面有疏伏毛，或有时下面的毛较密，侧脉 1 对；叶柄长 0.3～1.6 厘米。团伞花序通常两性，直径 1～2.5 毫米；苞片三角形，长 2～3 毫米，顶端骤尖，背面有毛。雄花有短梗，花被片 4 枚，狭长圆形或长圆状倒披针形，长约 1.5 毫米，基部稍合生，外面有疏毛；雄蕊 4 枚，长约 1.8 毫米，花药长约 0.5 毫米；退化雌蕊狭倒卵形，长约 0.4 毫米。雌花花被椭圆形或近菱形，长约 0.8 毫米，顶端有 2 个小齿，外面密被柔毛，果期呈菱状卵形，长约 1.5 毫米；柱头长 1.2～2 毫米。瘦果卵球形，长约 1.2 毫米，淡黄白色，上部褐色，或全部黑色，有光泽。花期 4～6 月，果期 7～9 月。

产于鹤峰、利川，生于路边灌丛中；分布于云南、广西、广东、福建、江西、浙江、安徽、湖北、湖南、四川、甘肃。

糯米团属　*Gonostegia* Turcz.

多年生草本或亚灌木。叶对生或在同一植株上部的互生，下部的对生，边缘全缘，基出脉 3～5 条，钟乳体点状；托叶分生或合生。团伞花序两性或单性，生于叶腋；苞片膜质，小。雄花花被片 3～5 片，镊合状排列，通常分生，长圆形，在中部之上成直角向内弯曲，因此花蕾顶部截平，呈陀螺形；雄蕊与花被片同数，并对生；退化雌蕊极小。雌花花被管状，有 2～4 个小齿，在果期有数条至 12 条纵肋，有时有纵翅；子房卵形，柱头丝形，有密柔毛，脱落。瘦果卵球形，果皮硬壳质，常有光泽。

本属约 12 种；我国有 4 种；恩施州产 1 种。

糯米团　*Gonostegia hirta* (Bl.) Miq. in Ann. Mus. Bot. Lugd.-Bat. 4: 303. 1868.

多年生草本，有时茎基部变木质；茎蔓生、铺地或渐升，长 50～160 厘米，基部粗 1～2.5 毫米，不分枝或分枝，上部带四棱形，有短柔毛。叶对生；叶片草质或纸质，宽披针形至狭披针形、狭卵形、稀卵形或椭圆形，长 1～10 厘米，宽 0.7～2.8 厘米，顶端长渐尖至短渐尖，基部浅心形或圆形，边缘全缘，上面稍粗糙，有稀疏短伏毛或近无毛，下面沿脉有疏毛或近无毛，基出脉 3～5 条；叶柄长 1～4 毫米；托叶钻

形，长约2.5毫米。团伞花序腋生，通常两性，有时单性，雌雄异株，直径2~9毫米；苞片三角形，长约2毫米。雄花花梗长1~4毫米；花蕾直径约2毫米，在内折线上有稀疏长柔毛；花被片5枚，分生，倒披针形，长2~2.5毫米，顶端短骤尖；雄蕊5枚，花丝条形，长2~2.5毫米，花药长约1毫米；退化雌蕊极小，圆锥状。雌花花被菱状狭卵形，长约1毫米，顶端有2个小齿，有疏毛，果期呈卵形，长约1.6毫米，有10条纵肋；柱头长约3毫米，有密毛。瘦果卵球形，长约1.5毫米，白色或黑色，有光泽。花期5~9月，果期8~10月。

恩施州广布，生于低山林中；自西藏东南部、云南、华南至陕西南部及河南南部广部；亚洲热带和亚热带地区及澳大利亚也广布。

全草药用，治消化不良、食积胃痛等症，外用治血管神经性水肿、疔疮疖肿、乳腺炎、外伤出血等症。

微柱麻属　*Chamabainia* Wight

多年生草本。叶对生，边缘有牙齿，基出脉3条，钟乳体点状；托叶分生，膜质，宿存。团伞花序单性，雌雄同株或雌雄异株，稀两性；苞片膜质，小。雄花花被片3~4片，镊合状排列，下部合生，椭圆形，顶部有角状突起；雄蕊与花被片对生；退化雌蕊倒卵形。雌花花被管状；子房包于花被内，柱头近无柄，小，近卵形，有密毛。瘦果近椭圆球形，包于宿存花被内，果皮硬壳质，稍带光泽。

本属1种；我国产1种；恩施州1种。

微柱麻　*Chamabainia cuspidata* Wight, Ic. Pl. Ind. Or. 6: t. 1981. 1853.

多年生草本；茎直立或渐升，高12~60厘米，不明显四棱形，有4条浅纵沟，不分枝或分枝，有短曲柔毛，有时还混生开展的长柔毛，在上部毛较密。叶对生；叶片草质，菱状卵形或卵形，稀狭卵形，长1~6.5厘米，宽0.6~3厘米，顶端通常骤尖，稀短渐尖或急尖，基部宽楔形，边缘在下部全缘，其上每侧有3~10个小牙齿，两面均有稀疏的短柔毛，侧脉约2对；叶柄长2~10毫米；托叶膜质，斜三角形，长4~6毫米，常包围团伞花序，中肋在顶端伸出成短尖头。团伞花序单性，雌雄异株，通常雌雄同株，茎顶部的雄性，其下的雌性，有多数密集的花；雄花序的苞片卵形、三角形至披针形，长1~1.5毫米，雌苞片极小，钻形或狭披针形，长0.6~1毫米。雄花花梗长达3毫米；花被片

3~4片，狭椭圆形，长1.5~2毫米，合生至中部，顶端尾状渐尖，外面上部有疏毛，在顶端之下有短角状突起；雄蕊3~4枚，长约2毫米；退化雌蕊倒卵形或长椭圆形，长约0.3毫米。雌花花被椭圆形或倒卵形，长0.6~0.8毫米，顶部有短毛，果期菱状宽倒卵形或倒卵形，长1~1.2毫米，周围有狭翅；柱头长约0.2毫米。瘦果近椭圆球形，长约1毫米，暗褐色，稍带光泽。花期6~8月。

恩施州广布，生于山谷林中；分布于西藏、云南、广西、贵州、四川、湖北、湖南、江西、福建、台湾；尼泊尔、印度、斯里兰卡、缅甸、越南也有。

全草或根在民间药用，治胃腹疼痛等症。

墙草属 *Parietaria* L.

草本，稀亚灌木。叶互生，全缘，具基出三脉或离基三出脉，钟乳体点状；托叶缺。聚伞花序腋生，常有少数几朵花组成，具短梗或无梗；苞片萼状，条形。花杂性，两性花，花被片4深裂，镊合状排列；雄蕊4枚。雄花花被片4片；雄蕊4枚。雌花花被片4片，合生成管状，4浅裂；子房直立；花柱短或无；柱头画笔头状或匙形；退化雄蕊不存在。瘦果卵形，稍压扁，果皮壳质，有光泽，包藏于宿存的花被内。种子具胚乳，子叶长圆状卵形。

本属约20种；我国有1种；恩施州产1种。

墙草 *Parietaria micrantha* Ledeb. Ic. Pl. Ross. Alt. 1: 7, t. 22. 1829.

一年生铺散草本，长10～40厘米。茎上升平卧或直立，肉质，纤细，多分枝，被短柔毛。叶膜质，卵形或卵状心形，长0.5～3厘米，宽0.4～2.2厘米，先端锐尖或钝尖，基部圆形或浅心形，稀宽楔形或骤狭，上面疏生短糙伏毛，下面疏生柔毛，钟乳体点状，在上面明显，基出脉3条，侧出的一对稍弧曲，伸达中部边缘，侧脉常1对，常从叶的近基部伸出达上部，在近边缘消失；叶柄纤细，长0.4～2厘米，被短柔毛。花杂性，聚伞花序数朵，具短梗或近簇生状；苞片条形，单生于花梗的基部或3片在基部合生呈轮生状，着生于花被的基部，绿色，外面被腺毛，在果时伸长达1.5毫米。两性花具梗，长约0.6毫米，花被片4深裂，褐绿色，外面有毛，膜质，裂片长圆状卵形；雄蕊4枚，花丝纤细，花药近球形，淡黄色；柱头画笔头状。雌花具短梗或近无梗；花被片合生成钟状，4浅裂，浅褐色，薄膜质，裂片三角形。果实坚果状，卵形，长1～1.3毫米，黑色，极光滑，有光泽，具宿存的花被和苞片。花期6～7月，果期8～10月。

产于巴东，生于山坡草地；分布于新疆、青海、西藏、云南、贵州、湖南、湖北、安徽、四川、甘肃、陕西、山西、河北、内蒙古、辽宁、吉林、黑龙江；日本、朝鲜、蒙古、俄罗斯、印度、不丹、尼泊尔等也有分布。

全草药用，有拔脓消肿之效。

水麻属 *Debregeasia* Gaudich.

灌木或小乔木，无刺毛。叶互生，具柄，边缘具细牙齿或细锯齿，基出三脉，下面被白色或灰白色毡毛，钟乳体点状；托叶干膜质，柄内合生，顶端2裂，不久脱落。花单性，雌雄同株或异株，雄的团伞花簇常由10余朵花组成，雌的球形，多数花组成，着生于每分枝的顶端，花序二歧聚伞状分枝或二歧分枝，稀单生，成对生于叶腋。雄花花被片3～5片，镊合状排列；雄蕊3～5枚；退化雌蕊常倒卵形，在基部围以白绵毛。雌花花被合生成管状，顶端紧缩，有3～4齿，包被着子房，果时膜质与果实离生，或增厚变肉质，贴生于果实；柱头画笔头状，具帚刷状的长毛柱头组织，宿存。瘦果浆果状，常梨形或壶形，在下部常紧缩成柄，内果皮多少骨质化，外果皮肉质；宿存花被增厚变肉质，贴生于果实而在柄处则离生，或膜质，与果实离生；种子倒卵形，多少压扁，胚乳常丰富，子叶圆形。

本属约6种；我国6种均产；恩施州产2种。

分种检索表

1. 花序生于当年生枝，上年生枝和老枝上，7～9月开花；小枝与叶柄密生伸展的粗毛 ·········· 1. 长叶水麻 *Debregeasia longifolia*
1. 花序仅生于上年生枝和老枝上，早春开花；小枝与叶柄被贴生的短柔毛·········· 2. 水麻 *Debregeasia orientalis*

1. 长叶水麻 Debregeasia longifolia (Burm. f.) Wedd. in DC. Prodr. 16 (1): 235. 1869.

小乔木或灌木，高3~6米。小枝纤细，多少延伸，棕红色或褐紫色，密被伸展的灰色或褐色的微粗毛，以后渐脱落。叶纸质或薄纸质，长圆状或倒卵状披针形，有时近条形或长圆状椭圆形，稀狭卵形，先端渐尖，基部圆形或微缺，稀宽楔形，长7~23厘米，宽1.5~6.5厘米，边缘具细牙齿或细锯齿，上面深绿色，疏生细糙毛，有泡状隆起，下面灰绿色，在脉网内被一层灰白色的短毡毛，在脉上密生灰色或褐色粗毛，基出脉3条，侧出的2条近直伸达中部边缘，侧脉5~10对，在近边缘网结，并向外分出细脉达齿尖，细脉交互横生结成细网，各级脉在下面隆起；叶柄长1~4厘米，毛被同幼枝；托叶长圆状披针形，长6~10毫米，先端2裂至上部的近1/3处，背面被短柔毛。花序雌雄异株，稀同株，生当年生枝、上年生枝和老枝的叶腋，二至四回的二歧分枝，在花枝最上部的常二叉分枝或单生，长1~2.5厘米，花序梗近无或长至1厘米，序轴上密被伸展的短柔毛，团伞花簇直径3~4毫米；苞片长三角状卵形，长约1毫米，背面被短柔毛，雄花在芽时微扁球形，具短梗，直径1.2~1.5毫米；花被片4片，在中部合生，三角状卵形，背面稀疏的贴生细毛；雄蕊4枚；退化雌蕊倒卵珠形，近无柄，密生雪白色的长绵毛。雌花几无梗，倒卵珠形，压扁，下部紧缩成柄，长约0.8毫米；花被薄膜质，倒卵珠形，顶端4齿，包被着雌蕊而离生；子房倒卵珠形，压扁，具短柄；柱头短圆锥状，其上着生画笔头状的长毛柱头组织，宿存。瘦果带红色或金黄色，干时变铁锈色，葫芦状，下半部紧缩成柄，长1~1.5毫米，宿存花被与果实贴生。花期7~9月，果期9月至翌年2月。

恩施州广布，生于沟谷溪边；分布于西藏、云南、广西、广东、贵州、四川、陕西、甘肃和湖北；印度、尼泊尔、不丹、斯里兰卡、缅甸、越南、老挝、菲律宾等也有。

2. 水麻 Debregeasia orientalis C. J. Chen in Novon 1: 56. 1991.

灌木，高达1~4米，小枝纤细，暗红色，常被贴生的白色短柔毛，以后渐变无毛。叶纸质或薄纸质，干时硬膜质，长圆状狭披针形或条状披针形，先端渐尖或短渐尖，基部圆形或宽楔形，长5~25厘米，宽1~3.5厘米，边缘有不等的细锯齿或细牙齿，上面暗绿色，常有泡状隆起，疏生短糙毛，钟乳体点状，背面被白色或灰绿色毡毛，在脉上疏生短柔毛，基出脉3条，其侧出2条达中部边缘，近直伸，二级脉3~5对；细脉结成细网，各级脉在背面突起；叶柄短，长3~10毫米，稀更长，毛被同幼枝；托叶披针形，长6~8毫米，顶端浅2裂，背面纵肋上疏生短柔毛。花序雌雄异株，稀同株，生上年生枝和老枝的叶腋，二回二歧分枝或二叉分枝，具短梗或无梗，长1~1.5厘米，每分枝的顶端各生一球状团伞花簇，雄的团伞花簇直径4~6毫米，雌的直径3~5毫米；苞片宽倒卵形，长约2毫米。雄花在芽时扁球形，直径1.5~2毫米；花被片4片，在下部合生，裂片三角状卵形，背面疏生微柔毛；雄蕊4枚；退化雌蕊倒卵形，长约0.5毫米，在基部密生雪白色绵毛。雌花几无梗，倒卵形，长约0.7毫米；花被薄膜质紧贴于子房，倒卵形，顶端有4齿，外面近无毛；柱头画笔头状，从一小圆锥体上生出一束柱头毛。瘦果小浆果状，倒卵形，长约1毫米，鲜时橙黄色，宿存花被肉质紧贴生于果实。花期3～4月，果期5～7月。

恩施州广布，生于沟谷溪边；分布于西藏、云南、广西、贵州、四川、甘肃、陕西、湖北、湖南、台湾；日本也有。

紫麻属　Oreocnide Miq.

灌木和乔木，无刺毛。叶互生，基出三脉或羽状脉，钟乳体点状；托叶干膜质，离生于柄的两侧，脱落。花单性，雌雄异株；花序二至四回二歧聚伞状分枝、二叉分枝，稀呈簇生状，团伞花序生于分枝的顶端，密集成头状。雄花花被片3～4片，镊合状排列；雄蕊3～4枚，退化雌蕊多少被绵毛。雌花花被片合生成管状，稍肉质，贴生于子房，在口部紧缩，有不明显的3～4个小齿；柱头盘状或盾状，在边缘有多数长毛，以后渐脱落。瘦果的内果皮多少骨质，外果皮与花被贴生，多少肉质，花托肉质透明，盘状至壳斗状，在果时常增大，位于果的基部或包被着果的大部分。种子具油质胚乳，子叶卵形或宽卵圆形。

本属约19种；我国有10种；恩施州产1种。

紫麻　*Oreocnide frutescens* (Thunb.) Miq. in Ann. Mus. Bot. Lugd. -Bat. 3: 131. 1867.

灌木稀小乔木，高1～3米；小枝褐紫色或淡褐色，上部常有粗毛或近贴生的柔毛，稀被灰白色毡毛，以后渐脱落。叶常生于枝的上部，草质，以后有时变纸质，卵形、狭卵形、稀倒卵形，长3～15厘米，宽1.5～6厘米，先端渐尖或尾状渐尖，基部圆形，稀宽楔形，边缘自下部以上有锯齿或粗牙齿，上面常疏生糙伏毛，有时近平滑，下面常被灰白色毡毛，以后渐脱落，或只生柔毛或多少短伏毛，基出脉3条，其侧出的一对，稍弧曲，与最下一对侧脉环结，侧脉2～3对，在近边缘处彼此环结；叶柄长1～7厘米，被粗毛；托叶条状披针形，长约10毫米，先端尾状渐尖，背面中肋疏生粗毛。花序生于上年生枝和老枝上，几无梗，呈簇生状，团伞花簇直径3～5毫米。雄花在芽时直径约1.5毫米；花被片3片，在下部合生，长圆状卵形，内弯，外面上部有毛；雄蕊3枚；退化雌蕊棒状，长约0.6毫米，被白色绵毛。雌花无梗，长1毫米。瘦果卵球状，两侧稍压扁，长约1.2毫米；宿存花被变深褐色，外面疏生微毛，内果皮稍骨质，表面有多数细注点；肉质花托浅盘状，围以果的基部，熟时则常增大呈壳斗状，包围着果的大部分。花期3～5月，果期6～10月。

恩施州广布，生于山谷林下；分布于浙江、安徽、江西、福建、广东、广西、湖南、湖北、陕西、甘肃、四川和云南；中南半岛和日本也有分布。

山龙眼科 Proteaceae

乔木或灌木，稀为多年生草本。叶互生，稀对生或轮生，全缘或各式分裂；无托叶。花两性，稀单性，辐射对称或两侧对称，排成总状、穗状或头状花序，腋生或顶生，有时生于茎上；苞片小，通常早落，有时大，也有花后增大变木质，组成球果状，小苞片1~2片或无，微小；花被片4片，花蕾时花被管细长，顶部球形、卵球形或椭圆状，开花时分离或花被管一侧开裂或下半部不裂；雄蕊4枚，着生花被片上，花丝短，花药2室，纵裂，药隔常突出；腺体或腺鳞通常4个，与花被片互生，或连生为各式的花盘，稀无；心皮1个，子房上位，1室，侧膜胎座、基生胎座或顶生胎座，胚珠1~2枚或多枚，花柱细长，不分裂，顶部增粗，柱头小，顶生或侧生。蓇葖果、坚果、核果或蒴果。种子1~2粒或多粒，有的具翅，胚直，子叶肉质，胚根短，无胚乳。

本科约60属1300种；我国有4属24种2变种；恩施州产2属2种。

分属检索表

1. 叶二次羽状分裂，花两性，蓇葖果，种子盘状，边缘具翅（栽培） ·················· 1. 银桦属 *Grevillea*
1. 叶不分裂或具多裂至羽状分裂，坚果，种子球形或半球形，无翅 ·················· 2. 山龙眼属 *Helicia*

银桦属 *Grevillea* R. Br.

乔木或灌木。叶互生，不分裂或羽状分裂。总状花序，通常再集成圆锥花序，顶生或腋生，常被紧贴的丁字毛，稀被叉状毛；花两性，花梗双生或单生；苞片小，有时仅具痕迹；花蕾时花被管细长，直立或上半部下弯，顶部近球状，常偏斜，开花时花被管下半部先分裂，花被片分离，外卷；雄蕊4枚，着生于花被片檐部，花丝几无，花药卵球形或椭圆状，药隔不突出；花盘半环状，侧生，肉质，稀环状或无；子房具柄或近无柄，花柱通常细长，开花时一部分先自花被管裂缝拱出，上半部后伸出，顶部稍膨大，圆盘状或呈偏斜圆盘状，柱头位于其中央，小；侧膜胎座，胚珠2枚，并列、倒生。蓇葖果，通常偏斜，沿腹缝线开裂，稀分裂为2片果片，果皮革质或近木质；种子1~2粒，盘状或长盘状，边缘具膜质翅。

本属约160种；我国普遍栽培的仅1种。

银桦 *Grevillea robusta* A. Cunn. ex R. Br. Prot. Nov. 24. 1830.

乔木，高10~25米；树皮暗灰色或暗褐色，具浅皱纵裂；嫩枝被锈色绒毛。叶长15~30厘米，二次羽状深裂，裂片7~15对，上面无毛或具稀疏丝状绢毛，下面被褐色绒毛和银灰色绢状毛，边缘背卷；叶柄被绒毛。总状花序，长7~14厘米，腋生，或排成少分枝的顶生圆锥花序，花序梗被绒毛；花梗长1~1.4厘米；花橙色或黄褐色，花被管长约1厘米，顶部卵球形，下弯；花药卵球状，长1.5毫米；花盘半环状，子房具子房柄，花柱顶部圆盘状，稍偏于一侧，柱头锥状。果卵状椭圆形，稍偏斜，长约1.5厘米，直径约7毫米，果皮革质，黑色，宿存花柱弯；种子长盘状，边缘具窄薄翅。花期3~5月，果期6~8月。

恩施州有栽培；云南、四川、广西、广东、福建、江西、浙江、台湾等省区的城镇栽培作行道树或风景树；原产于澳大利亚东部，全世界热带、亚热带地区有栽种。

山龙眼属　*Helicia* Lour.

乔木或灌木。叶互生，稀近对生或近轮生，全缘或边缘具齿，叶柄长或几无。总状花序，腋生或生于枝上，稀近顶生。花两性，辐射对称；花梗通常双生，分离或下半部彼此贴生；苞片通常小，卵状披针形至钻形，稀叶状，宿存或早落；小苞片微小；花被管花蕾时直立，细长，顶部棒状至近球形，开花时花被片分离，外卷；雄蕊4枚，着生于花被片檐部，花丝短或几无，花药椭圆状，药隔稍突出，短尖；花粉粒外壁近平滑；腺体4个，离生或基部合生，或具环状或杯状花盘；子房无柄，花柱细长，顶部棒状，柱头小，顶生，基生胎座或侧膜胎座，胚珠2枚，倒生。坚果，不分裂，稀沿腹缝线不规则开裂，果皮革质或树皮质，稀外层肉质、内层革质或木质；种子1~2粒，近球形或半球形，种皮膜质，子叶肉质，上半部具皱纹。

本属约90种；我国产18种2变种；恩施州产1种。

小果山龙眼　*Helicia cochinchinensis* Lour. Fl. Cochinch. 83. 1790.

乔木或灌木，高4~20米，树皮灰褐色或暗褐色；枝和叶均无毛。叶薄革质或纸质，长圆形、倒卵状椭圆形、长椭圆形或披针形，长5~15厘米，宽2.5~5厘米，顶端短渐尖、尖头或钝，基部楔形，稍下延，全缘或上半部叶缘具疏生浅锯齿；侧脉6~7对，两面均明显；叶柄长0.5~1.5厘米。总状花序，腋生，长8~20厘米，无毛，有时花序轴和花梗初被白色短毛，后全脱落；花梗常双生，长3~4毫米；苞片三角形，长约1毫米；小苞片披针形，长0.5毫米；花被管长10~12毫米，白色或淡黄色；花药长2毫米；腺体4个，有时连生呈4深裂的花盘；子房无毛。果椭圆状，长1~1.5厘米，直径0.8~1厘米，果皮干后薄革质，厚不及0.5毫米，蓝黑色或黑色。花期6~10月，果期11月至翌年3月。

产于恩施，生于山地林中；分布于云南、四川、广西、广东、湖南、湖北、江西、福建、浙江、台湾；越南、日本也有分布。

铁青树科
Olacaceae

常绿或落叶乔木、灌木或藤本。单叶、互生，稀对生，全缘，稀叶退化为鳞片状；羽状脉，稀三或五出脉；无托叶。花小、通常两性，辐射对称，排成总状花序状、穗状花序状、圆锥花序状、头状花序状或伞形花序状的聚伞花序或二歧聚伞花序，稀花单生；花萼筒小，杯状或碟状，花后不增大或增大，顶端具3~6个小裂齿，或顶端截平，下部无副萼或有副萼；花瓣4~5片，稀3或6片，离生或部分花瓣合生或合生成花冠管，花蕾时通常成镊合状排列；花盘环状；雄蕊为花瓣数的2~3倍或与花瓣同数并与其对生，花丝长或短，稀合生成单体雄蕊，花药2室，纵裂，稀孔裂，背着，有时部分雄蕊退化；子房上位，基部与花盘合生或子房半埋在花盘内并与花盘合生而成半下位，1～5室或基部2～5室、上部1室，每室具倒生或直生胚珠1～4枚；中轴胎座、特立中央胎座或顶生胎座，胚珠悬垂于胎座或子房室顶端；胚珠无珠被，稀有1～2层珠被；花柱单一，顶端不裂或具2～5裂。核果或坚果，成熟时花萼筒不增大亦不包围果实，或增大半包围或全包围果实；成熟种子1粒，胚小而直，胚乳丰富。

本科约26属260余种；我国产5属9种1变种；恩施州产1属1种。

青皮木属　*Schoepfia* Schreb.

小乔木或灌木。叶互生，叶脉羽状。花排成腋生的蝎尾状或螺旋状的聚伞花序，稀花单生；花萼筒与子房贴生，结实时增大，顶端有4～6片小萼齿或截平；副萼小，杯状，上端有2～3个小裂齿，结实时不增大或无副萼而花基部有膨大的"基座"；花冠管状，冠檐具4～6片裂片，雄蕊与花冠裂片同数，着生于花冠管上，且与花冠裂片对生；花丝极短，不明显，花药小，2室，纵裂；子房半下位，半埋在肉质隆起的花盘中，下部3室、上部1室，每室具胚珠1枚，自特立中央胎座顶端向下悬垂，柱头3浅裂。坚果，成熟时几全部被增大成壶状的花萼筒所包围，果实顶端常有环状的花萼裂齿和花冠着生处的残迹；成熟种子1枚，胚乳丰富。

本属约40种；我国3种1变种；恩施州产1种。

青皮木　*Schoepfia jasminodora* Sieb. et Zucc. in Abh. Akad. Wiss. Muench. 4 (3) : 135. 1846.

落叶小乔木或灌木，高3～14米；树皮灰褐色；具短枝，新枝自去年生短枝上抽出，嫩时红色，老枝灰褐色，小枝干后栗褐色。叶纸质，卵形或长卵形，长3.5～10厘米，宽2～5厘米，顶端近尾状或长尖，基部圆形，稀微凹或宽楔形，叶上面绿色，背面淡绿色，干后上面黑色，背面淡黄褐色；侧脉每边4～5条，略呈红色；叶柄长2～3毫米，红色。花无梗，2～9朵排成穗状花序状的螺旋状聚伞花序，花序长2～6厘米，总花梗长1～2.5厘米，红色，果时可增长到4～5厘米；花萼筒杯状，上端有4～5片小萼齿；无副萼，花冠钟形或宽钟形，白色或浅黄色，长5～7毫米，宽3～4毫米，先端具4～5个小裂齿，裂齿长三角形，长1～2毫米，外卷，雄蕊着生在花冠管上，花冠内面着生雄蕊处的下部各有一束短毛；子房半埋在花盘中，下部3室、上部1室，每室具1枚胚珠；柱头通常伸出花冠管外。果椭圆状或长圆形，长1～1.2厘米，直径5～8毫米，成熟时几全部为增大成壶状的花萼筒所包围。花期3～5月，果期4～6月。

产于利川、宣恩，生于山谷林中；分布于甘肃、陕西、河南、四川、云南、贵州、湖北、湖南、广西、广东、江苏、安徽、江西、浙江、福建、台湾等省区；日本也有。

檀香科
Santalaceae

草本或灌木，稀小乔木，常为寄生或半寄生，稀重寄生植物。单叶，互生或对生，有时退化呈鳞片

檀香科
Santalaceae

状，无托叶。苞片多少与花梗贴生，小苞片单生或成对，通常离生或与苞片连生呈总苞状。花小，辐射对称，两性，单性或败育的雌雄异株，稀雌雄同株，集成聚伞花序、伞形花序、圆锥花序、总状花序、穗状花序或簇生，有时单花，腋生；花被一轮，常稍肉质；雄花花被裂片3～4片，稀5～8片，花蕾时呈镊合状排列或稍呈覆瓦状排列，开花时顶端内弯或平展，内面位于雄蕊着生处有疏毛或舌状物；雄蕊与花被裂片同数且对生，常着生于花被裂片基部，花丝丝状，花药基着或近基部背着，2室，平行或开叉，纵裂或斜裂；花盘上位或周位，边缘弯缺或分裂，有时离生呈腺体状或鳞片状，有时花盘缺；雌花或两性花具下位或半下位子房，子房1室或5～12室；花被管通常比雄花的长，花柱常不分枝，柱头小，头状、截平或稍分裂；胚珠1～5枚，无珠被，着生于特立中央胎座顶端或自顶端悬垂。核果或小坚果，具肉质外果皮和脆骨质或硬骨质内果皮；种子1粒，无种皮，胚小，圆柱状，直立，外面平滑或粗糙或有多数深沟槽，胚乳丰富，肉质，通常白色，常分裂。

本科约30属400种；我国产8属35种6变种；恩施产2属2种。

分属检索表

1. 木本植物；核果，外果皮常多少肉质；果实顶端有叶状苞片4～5片；花盘边缘弯缺；花单性，单生或集成伞形花序，雌雄异株 ··· 1. 米面蓊属 *Buckleya*
1. 草本植物；通常有叶，叶线形，稀退化为鳞片；花两性，花被裂片内面有丛毛；子房下位；坚果具干燥的外果皮 ··· 2. 百蕊草属 *Thesium*

米面蓊属 *Buckleya* Torr.

半寄生落叶灌木；芽顶端锐尖，有鳞片2～5对。叶对生，厚膜质，无柄或有柄，全缘或近全缘，具羽状脉并有网脉。花单性，雌雄异株；雄花小，钟形，集成腋生或顶生的聚伞花序或伞形花序，无苞片；花被4～5裂，内面在雄蕊后面无疏毛；雄蕊短，4～5枚，着生于花盘的弯缺内，花丝线状，花药室平行，纵裂，花盘上位，贴生于花被管的内壁，边缘弯缺；雌花单生，顶生，有时腋生，4～5数；苞片4～5片，叶状，与花被裂片互生，开展，花后增大，宿存，花被管与子房合生，花被裂片4枚，微小，退化雄蕊不存在；子房下位，有8棱或幼嫩时平滑无棱，花柱短，柱头2～4裂；胚珠3～4枚。果为核果，顶端有苞片；苞片4片，偶5片，呈星芒状开展；花被裂片在果熟时有时脱落；外果皮肉质，稍薄，内果皮脆骨质。

本属约4种；我国有2种；恩施产1种。

米面蓊 *Buckleya lanceolate* (Sieb. et Zucc.) Miq. Cat. Mus. Bot. Lugd-Bat. 79. 1870.

灌木，高1～2.5米。茎直立；多分枝，枝多少被微柔毛或无毛，幼嫩时有棱或有条纹。叶薄膜质，近无柄，下部枝的叶呈阔卵形，上部枝的叶呈披针形，长3～9厘米，宽1.5～2.5厘米，顶端尾状渐尖，基部楔形或狭楔形，全缘，中脉稍隆起，嫩时两面被疏毛，侧脉不明显，5～12对。雄花序顶生和腋生；雄花浅黄棕色，卵形，直径4～4.5毫米；花梗纤细，长3～6毫米；花被裂片卵状长圆形，长约2毫米，被稀疏短柔毛；雄蕊4枚，内藏；雌花单一，顶生或腋生；花梗细长或很短；花被漏斗形，长7～8毫米，外面被微柔毛或近无毛，裂片小，三角状卵形或卵形，顶端锐尖；苞片4片，披针形，长约1.5毫米；花柱黄色。核果椭圆状或倒圆锥状，长1.5厘米，直径约1厘米，无毛，宿存苞片叶状，披针形或倒披针形，长3～4厘米，宽8～9

毫米，干膜质，有明显的羽脉；果柄细长，棒状，顶端有节，长8～15毫米。花期6月，果期9～10月。

产于建始，生于山坡林中；分布于甘肃、陕西、山西、四川、河南、湖北、安徽、浙江等省；日本也有。

鲜叶有毒，外用治皮肤瘙痒；树皮也有毒，碎片对人体皮肤有刺激作用。

百蕊草属 *Thesium* L.

纤细或细长的多年生或一年生草本，偶呈亚灌木状。叶互生，通常狭长，具1～3脉，有时呈鳞片状。花序通常为总状花序，常集成圆锥花序式，有时呈小聚伞花序或具腋生单花，有花梗；苞片通常呈叶状，有时部分与花梗贴生；小苞片1片或2片对生，少有4片，位于花下，有时不存在。花两性，通常黄绿色，花被与子房合生，花被管延伸于子房之上呈钟状、圆筒状、漏斗状或管状，常深裂，裂片4～5片，镊合状排列，内面或在雄蕊之后常具丛毛一撮；雄蕊4～5枚，着生于花被裂片的基部，花丝内藏，花药卵形或长圆形，药室平行纵裂；花盘上位，不明显或与花被管基部连生；子房下位，子房柄存或不存；花柱长或短，柱头头状或不明显3裂；胚珠2～3枚，自胎座顶端悬垂，常呈蜿蜒状或卷褶状坚果，小，顶端有宿存花被，外果皮膜质，很少略带肉质，内果皮骨质或稍硬，常有棱；种子的胚圆柱状，位于肉质胚乳中央，直立或稍弯曲，常歪斜，胚根与子叶等长或稍长于子叶。

本属约300种；我国产14种1变种；恩施产1种。

百蕊草 *Thesium chinense* Turcz. in Bull. Soc. Nat. Mosc. 10 (7): 157. 1837.

多年生柔弱草本，高15～40厘米，全株多少被白粉，无毛；茎细长，簇生，基部以上疏分枝，斜升，有纵沟。叶线形，长1.5～3.5厘米，宽0.5～1.5毫米，顶端急尖或渐尖，具单脉。花单一，5数，腋生；花梗短或很短，长3～3.5毫米；苞片1片，线状披针形；小苞片2片，线形，长2～6毫米，边缘粗糙；花被绿白色，长2.5～3毫米，花被管呈管状，花被裂片，顶端锐尖，内弯，内面的微毛不明显；雄蕊不外伸；子房无柄，花柱很短。坚果椭圆状或近球形，长或宽2～2.5毫米，淡绿色，表面有明显、隆起的网脉，顶端的宿存花被近球形，长约2毫米；果柄长3.5毫米。花期4～5月，果期6～7月。

产于鹤峰，生于山谷溪边；我国大部省区均产；日本和朝鲜也有。

桑寄生科 Loranthaceae

半寄生性灌木，亚灌木，稀草本，寄生于木本植物的茎或枝上，稀寄生于根部为陆生小乔木或灌木。叶对生，稀互生或轮生，叶片全缘或叶退化呈鳞片状；无托叶。花两性或单性，雌雄同株或雌雄异株，辐射对称或两侧对称，排成总状、穗状、聚伞状或伞形花序等，有时单朵，腋生或顶生，具苞片，有的具小苞片；花托卵球形至坛状或辐状；副萼短，全缘或具齿缺，或无副萼；花被片3～8片，花瓣状或萼片状，镊合状排列，离生或不同程度合生成冠管；雄蕊与花被片等数，对生，且着生其上，花丝短或缺，花药2～4室或1室，多室；心皮3～6个，子房下位，贴生于花托，1室，稀3～4室，特立中央胎座或基生胎座，稀不形成胎座，无胚珠，由胎座或在子房室基部的造孢细胞发育成1至数个胚囊，花柱1根，线状、柱状或短至几无，柱头钝或头状。果实为浆果，稀核果，外果皮革质或肉质，中果皮具黏胶质。种子1粒，稀2～3粒，贴生于内果皮，无种皮，胚乳通常丰富，胚1个，圆柱状，有时具胚2～3个，子叶2片，稀3～4片。

本科约65属1300余种；我国产11属64种10变种；恩施州产4属8种1变种。

桑寄生科
Loranthaceae

分属检索表

1. 花两性，稀单性；副萼杯状或环状，全缘或具齿，花被花瓣状，花被片离生或不同程度合生成冠管。
   2. 花冠无冠管，花瓣离生，花柱柱状 ··· 1. 桑寄生属 *Loranthus*
   2. 花冠具冠管，冠管顶部分裂成裂片，花柱线状 ··· 2. 钝果寄生属 *Taxillus*
1. 花单性，雌雄同株或异株；副萼无，花被萼片状，花被片离生，稀合生，小。
   3. 花药多室，孔裂；叶对生，具叶片或退化呈鳞片状；雌雄同株或异株，聚伞式花序，腋生或顶生 ············ 3. 槲寄生属 *Viscum*
   3. 小枝扁平；雌雄同株，聚伞式花序，簇生于叶腋，花的基部有毛围绕；花药2室，纵裂，合生为聚药雄蕊 ··· 4. 栗寄生属 *Korthalsella*

桑寄生属 *Loranthus* Jacq.

寄生性灌木，嫩枝、叶均无毛。叶对生或近对生，侧脉羽状。穗状花序，腋生或顶生，花序轴在花着生处通常稍下陷；花两性或单性，5～6数，辐射对称，每朵花具苞片1片；花托通常卵球形；副萼环状；花冠长不及1厘米，花蕾时棒状或倒卵球形，直立，花瓣离生；雄蕊着生于花瓣上，花丝短，花药近球形或近双球形，4室，稀2室，纵裂；子房1室，基生胎座，花柱柱状，柱头头状或钝。浆果卵球形或近球形，顶端具宿存副萼，外果皮平滑，中果皮具黏胶质；种子1粒，胚乳丰富。

本属约10种；我国产6种；恩施州产1种。

椆树桑寄生　*Loranthus delavayi* Van Tiegh. in Bull. Soc. Bot. France 41: 535. 1894.

灌木，高0.5～1米，全株无毛；小枝淡黑色，具散生皮孔，有时具白色蜡被。叶对生或近对生，纸质或革质，卵形至长椭圆形，稀长圆状披针形，长5～10厘米，宽2.5～3.5厘米，顶端圆钝或钝尖，基部阔楔形，稀楔形，稍下延；侧脉5～6对，明显；叶柄长0.5～1厘米。雌雄异株；穗状花序，1～3条腋生或生于小枝已落叶腋叶，长1～4厘米，具花8～16朵，花单性，对生或近对生，黄绿色；苞片杓状，长约0.5毫米；花托杯状，长约1毫米，副萼环状；花瓣6片；雄花花蕾时棒状，花瓣匙状披针形，长4～5毫米，上半部反折；花丝着生于花瓣中部，长1～2毫米，花药长1～1.5毫米，4室；不育雌蕊的花柱纤细或柱状，长1.5～2毫米，顶端渐尖或浅2裂，稀急尖；雌花花蕾时柱状，花瓣披针形，长2.5～3毫米，开展；不育雄蕊长1～1.5毫米，花药线状；花柱柱状，长约2.5毫米，4棱，柱头头状。果椭圆状或卵球形，长约5毫米，直径4毫米，淡黄色，果皮平滑。花期1～3月，果期9～10月。

产于鹤峰，寄生于植物上；分布于西藏、云南、四川、甘肃、陕西、湖北、湖南、贵州、广西、广东、江西、福建、浙江、台湾；缅甸、越南也有。

钝果寄生属 *Taxillus* Van Tiegh.

寄生性灌木；嫩枝、叶通常被绒毛。叶对生或互生；侧脉羽状。伞形花序，稀总状花序，腋生，具花2～5朵；花4～5数，两侧对称，每朵花具苞片1片；花托椭圆状或卵球形，稀近球形，基部圆钝；副萼环状，全缘或具齿；花冠在成长的花蕾时管状，稍弯，下半部多少膨胀，顶部椭圆状或卵球形，开花时顶部分裂，下面一裂缺较深，裂片4～5片，反折；雄蕊着生于裂片的基部，花丝短，花药4室，药室具横隔或无；子房1室，基生胎座，花柱线状，约与花冠等长，具棱，柱头通常头状。浆果椭圆状或卵球形，稀近球形，顶端具宿存副萼，基部圆钝，外果皮革质，具颗粒状体或小瘤体，稀平滑，被毛或无毛，中果皮具黏胶质；种子1粒。

本属约25种；我国产15种5变种；恩施州产4种1变种。

分种检索表

1. 叶互生或在短枝上簇生；伞形花序，花冠无毛，花蕾顶部椭圆状，花冠裂片披针形。
   2. 花托无毛；花冠长 3 厘米 ·· 1. 黄杉钝果寄生 Taxillus kaempferi var. grandiflorus
   2. 花托被绒毛，花冠长 2～2.7 厘米 ·· 2. 松柏钝果寄生 Taxillus caloreas
1. 叶对生或近对生，稀互生；花冠被毛。
   3. 花蕾顶部卵球形，花冠裂片匙形 ·· 3. 锈毛钝果寄生 Taxillus levinei
   3. 花蕾顶部椭圆状，花冠裂片披针形。
      4. 成长叶两面无毛，嫩叶被毛；伞形花序 ·· 4. 木兰寄生 Taxillus limprichtii
      4. 叶下面被褐色或红褐色绒毛 ·· 5. 桑寄生 Taxillus sutchuenensis

1. 黄杉钝果寄生（变种）
Taxillus kaempferi (DC.) Danser var. *grandiflorus* H. S. Kiu in Act. Phytotax. Sinica 21: 177. 1983.

灌木，高 0.5～1 米；嫩枝、叶密被褐色星状毛，稍后毛全脱落，小枝灰褐色，具小瘤体和疏生皮孔。叶小，革质，互生或 2～4 片簇生于短枝上，线形，长 3～3.5 厘米，宽 4～5.5 毫米，基部阔楔形，顶端圆钝，干后暗褐色，中脉略明显；叶柄长长 1 毫米或几无。伞形花序，1～2 条腋生，具花 2～3 朵，总花梗长 1.5～2 毫米；花梗长 1.5～2 毫米；苞片兜状，长约 1 毫米，顶端常 3 浅裂；花红色，无毛，花托椭圆状，长 2 毫米；副萼环状，具 4 裂缺；花冠花蕾时管状，长约 3 厘米，顶部椭圆状，裂片 4 片，披针形，长约 5 毫米，反折；花丝长约 1 毫米，花药长约 4 毫米；花柱线状，柱头头状。果卵球形，直径 4～5 毫米，红色，果皮具颗粒状体。花期 7～8 月，果期翌年 5～6 月。

恩施州广布，寄生于黄杉属植物上；分布于四川、湖北。

2. 松柏钝果寄生
Taxillus caloreas (Diels) Danser in Verh. Kon. Ned. Akad. Wetensch. Afd. Natuurk. sect. 2, 29 (6) : 123. 1933.

灌木，高 0.5～1 米；嫩枝、叶密被褐色星状毛，稍后毛全脱落，小枝黑褐色，具瘤体。叶互生或簇生于短枝上，革质，近匙形或线形，长 2～3 厘米，宽 3～7 毫米，顶端圆钝，基部楔形，干后，暗褐色，中脉明显；叶柄长 1～2.5 毫米。伞形花序，1～2 条腋生，具花 2～3 朵，总花梗长 1～3 毫米或几无；花梗长 1～2 毫米；苞片阔三角形或阔卵形，长约 1 毫米，顶端急尖，稀 3 浅裂；花鲜红色，花托卵球形，长约 1.5 毫米，被褐色绒毛；副萼环状，近全缘或具裂缺；花冠花蕾时管状，长 2～2.7 毫米，无毛，稍弯，下半部稍膨胀，顶部椭圆状，裂片 4 片，披针形，长 7～8 毫米，反折；花丝长约 2 毫米，花药长 4 毫米；花柱线状，柱头头状。果近球形，长 4～5 毫米，直径 3～5 毫米，紫红色，果皮具颗粒状体。花期 7～8 月，果期翌年 4～5 月。

产于恩施、利川，寄生于树上；分布于西藏、云南、四川、贵州、湖北、广西、广东、福建、台湾等省区；不丹也有。

枝、叶作药用，民间用于治风湿性关节炎、胃痛等。

3. 锈毛钝果寄生
Taxillus levinei (Merr.) H. S. Kiu in Act. Phytotax. Sin. 21: 181. 1983.

灌木，高 0.5～2 米；嫩枝、叶、花序和花均密被锈色、稀褐色的叠生星状毛和星状毛；小枝灰褐色或暗褐色，无毛，具散生皮孔。叶互生或近对生，革质，卵形，稀椭圆形或长圆形，长 4～10 厘米，宽 1.5～4.5 厘米，顶端圆钝，稀急尖，基部近圆形，上面无毛，干后榄绿色或暗黄色，下面被绒毛，侧脉 4～6 对，在叶上面明显；叶柄长 6～15 毫米，被绒毛。伞形花序，1～2 条腋生或生于小枝已落叶腋部，具花 1～3 朵，总花梗长 2.5～5 毫米；花梗长 1～2 毫米；苞片三角形，长 0.5～1 毫米；花红色，花托卵球形，长约 2 毫米；副萼环状，稍内卷；花冠花蕾时管状，长 1.8～2.2 厘米，稍弯，冠管膨胀，顶部卵球形，裂片 4 片，匙形，长 5～7 毫米，反折；花丝长 2.5～3 毫米，花药长 1.5～2 毫米；花盘环状；花柱线状，柱头头状。果卵球形，长约 6 毫米，直径 4 毫米，两端圆钝，黄色，果皮具颗粒状体，被星状毛。花期 9～12 月，果期翌年 4～5 月。

产于巴东，寄生于树上；分布于云南、广西、广东、湖南、湖北、江西、安徽、浙江、福建。全株药用，有祛风除湿功效。

4. 木兰寄生　　*Taxillus limprichtii* (Grun.) H. S. Kiu in Act. Phytotax. Sin. 21: 178. 1983.

灌木，高 1~1.3 米；嫩枝密被黄褐色星状毛，小枝灰褐色，无毛，具散生皮孔。叶对生或近对生，革质，卵状长圆形或倒卵形，常稍偏斜，长 4~12 厘米，宽 2.5~6 厘米，顶端圆钝，基部楔形，常稍下延，两面无毛；侧脉 4~5 对，干后，侧脉在叶上面不明显或稍凹入，叶缘稍背卷；叶柄长 5~12 毫米。伞形花序，1~3 条腋生或生于小枝已落叶腋部，具花 3~6 朵，总花梗长 3~5 毫米，花序和花均被黄褐色星状毛，稍后毛渐稀疏；花梗长约 3 毫米；苞片卵形，长约 1 毫米；花红色或橙色，花托长卵球形，长 1.5~2.5 毫米；副萼环状，全缘或具 4 个小齿；花冠花蕾时管状，长 2.7~3 厘米，稍弯，下半部膨胀，顶部椭圆状，裂片 4 片，披针形，长约 9 毫米，反折；花丝长 2 毫米，花药长 4~5 毫米；花柱线状，柱头头状。果椭圆状，两端钝圆，果皮具小瘤体，被疏毛，成熟时长 7 毫米，直径 3~4 毫米，浅黄色或淡红黄色，果皮不平坦，无毛。花期 10 月至翌年 3 月，果期翌年 6~7 月。

产于来凤，属湖北省新记录，寄生于树上；分布于云南、贵州、广西、广东、四川、湖南、江西、福建、台湾。

5. 桑寄生　　*Taxillus sutchuenensis* (Lecomte) Danser in Bull. Jard. Bot. Buitenzorg ser. 3, 10: 355. 1929.

灌木，高 0.5~1 米；嫩枝、叶密被褐色或红褐色星状毛，有时具散生叠生星状毛，小枝黑色，无毛，具散生皮孔。叶近对生或互生，革质，卵形、长卵形或椭圆形，长 5~8 厘米，宽 3~4.5 厘米，顶端圆钝，基部近圆形，上面无毛，下面被绒毛；侧脉 4~5 对，在叶上面明显；叶柄长 6~12 毫米，无毛。总状花序，1~3 条生于小枝已落叶腋部或叶腋，具花 2~5 朵，密集呈伞形，花序和花均密被褐色星状毛，总花梗和花序轴共长 1~3 毫米；花梗长 2~3 毫米；苞片卵状三角形，长约 1 毫米；花红色，花托椭圆状，长 2~3 毫米；副萼环状，具 4 齿；花冠花蕾时管状，长 2.2~2.8 厘米，稍弯，下半部膨胀，顶部椭圆状，裂片 4 片，披针形，长 6~9 毫米，反折，开花后毛变稀疏；花丝长约 2 毫米，花长 3~4 毫米，药室常具横隔；花柱线状，柱头圆锥状。果椭圆状，长 6~7 毫米，直径 3~4 毫米，两端均圆钝，黄绿色，果皮具颗粒状体，被疏毛。花、果期均为 4 月至翌年 1 月。

恩施州广布，寄生于树上；分布于云南、四川、甘肃、陕西、山西、河南、贵州、湖北、湖南、广

西、广东、江西、浙江、福建、台湾。

全株入药，有治风湿痹痛，腰痛，胎动，胎漏等功效。

槲寄生属 *Viscum* L.

寄生性灌木或亚灌木；茎、枝圆柱状或扁平，具明显的节，相邻的节间互相垂直；枝对生或二歧地分枝。叶对生，具基出脉或叶退化呈鳞片状。雌雄同株或异株；聚伞式花序，顶生或腋生，通常具花3~7朵，总花梗短或无，常具2个苞片组成的舟形总苞；花单性，小，花梗无，具苞片1~2片或无；副萼无；花被萼片状；雄花花托辐状；萼片通常4片；雄蕊贴生于萼片上，花丝无，花药圆形或椭圆形，多室，药室大小不等，孔裂；雌花花托卵球形至椭圆状；萼片4片，稀3片，通常花后凋落；子房1室，基生胎座，花柱短或几无，柱头乳头状或垫状。浆果近球形或卵球形或椭圆状，常具宿存花柱，外果皮平滑或具小瘤体，中果皮具黏胶质。种子1粒，胚乳肉质，胚1~3个。

本属约70种；我国产11种1变种；恩施州产2种。

分种检索表

1. 茎、枝均明显地扁平；枝的节间宽2~3.5毫米，干后边缘薄，纵肋3条，果球形，直径3~4毫米，白色或青白色 ··· 1. 扁枝槲寄生 *Viscum articulatum*
1. 茎近圆柱状或圆柱状；小枝的节间稍扁平，宽2~2.5毫米，干后具纵肋2~3条，果椭圆状或卵球形，长4~5毫米，黄色或橙色，果皮平滑 ··· 2. 棱枝槲寄生 *Viscum diospyrosicolum*

1. 扁枝槲寄生 *Viscum articulatum* Burm. f. Fl. Ind. 211. 1768.

亚灌木，高0.3~0.5米，直立或披散，茎基部近圆柱状，枝和小枝均扁平；枝交叉对生或二歧地分枝，节间长1.5~2.5厘米，宽2~3毫米，稀长3~4厘米，宽3.5毫米，干后边缘薄，具纵肋3条，中肋明显。叶退化呈鳞片状。聚伞花序，1~3条腋生，总花梗几无，总苞舟形，长约1.5毫米，具花1~3朵，中央1朵为雌花，侧生的为雄花，通常仅具1朵雌花或1朵雄花；雄花花蕾时球形，长0.5~1毫米，萼片4片；花药圆形，贴生于萼片下半部；雌花花蕾时椭圆状，长1~1.5毫米，基部具环状苞片；花托卵球形；萼片4片，三角形，长约0.5毫米；柱头垫状。果球形，直径3~4毫米，白色或青白色，果皮平滑。花、果期几全年

恩施州广布，寄生于树上；分布于云南、广西、广东。

2. 棱枝槲寄生 *Viscum diospyrosicolum* Hayata, Ic. Pl. Formos. 5: 192, f. 67, 68. 1915.

亚灌木，高0.3~0.5米，直立或披散，枝交叉对生或二歧地分枝，位于茎基部或中部以下的节间近圆柱状，小枝的节间稍扁平，长1.5~3.5厘米，宽2~2.5毫米，干后具明显的纵肋2~3条。幼苗期具叶2~3对，叶片薄革质，椭圆形或长卵形，长1~2厘米，宽3.5~6毫米，顶端钝，基部狭楔形；基出脉3条；成长植株的叶退化呈鳞片状。聚伞花序，1~3条腋生，总花梗几无；总苞舟形，长1~1.5毫米，具花1~3朵；3朵花时中央1朵为雌花，侧生的为雄花，通常仅具1朵雌花或雄花；雄花：花蕾时卵球形，长1~1.5毫米，萼片4片，三角形；花药圆形，贴生于萼片下半部；雌花：花蕾时椭圆状，长1.5~2毫米，基部具环状苞片或无；花托椭圆状；萼片4片，三角形，长约0.5毫米；柱头乳头状。果椭圆状或卵球形，长4~5毫米，直径3~4毫米，黄色或橙色，果皮平滑。花、果期4~12月。

产于利川，寄生于树上；分布于西藏、云南、贵州、四川、甘肃、

湖北、湖南、广西、广东、江西、福建、浙江、陕西、台湾。

全株治儿童发热、咳嗽。

栗寄生属 *Korthalsella* Van Tiegh.

寄生性小灌木或亚灌木；茎通常扁平，相邻的节间排列在同一水平面上；枝对生或二歧地分枝。叶退化呈鳞片状，对生，成对地基部或大部分合生呈环状。聚伞花序，腋生，初具花一朵，后熟性花陆续出现时，密集呈团伞花序；花单性，小，雌雄同株，花梗几无，苞片缺，基部具毛围绕，副萼无，花被萼片状；雄花花托辐状；萼片3片；雄蕊与萼片对生，花丝无，花药2室，聚合成球形的聚药雄蕊，药室内向，纵裂；雌花花托卵球形，萼片3片；子房1室，特立中央胎座，花柱缺，柱头乳头状。浆果椭圆状或梨形，具宿萼，外果皮平滑，中果皮具黏胶质。种子1粒，胚乳丰富，胚柱状。

本属约25种；我国产1种1变种；恩施州产1种。

栗寄生 *Korthalsella japonica* (Thunb.) Engl. in Engl. u. Prantl. Nat. Pflanzenfam. Nachtr. 1: 138. 1897.

亚灌木，高5~15厘米；小枝扁平，通常对生，节间狭倒卵形至倒卵状披针形，长7~17毫米，宽3~6毫米，干后中肋明显。叶退化呈鳞片状，成对合生呈环状。花淡绿色，有具节的毛围绕于基部；雄花花蕾时近球形，长约0.5毫米，萼片3片，三角形；聚药雄蕊扁球形；花梗短；雌花花蕾时椭圆状，花托椭圆状，长约0.5毫米；萼片3片，阔三角形，小；柱头乳头状。果椭圆状或梨形，长约2毫米，直径约1.5毫米，淡黄色。花、果期几全年。

产于巴东，寄生于树上；分布于西藏、云南、贵州、四川、湖北、广西、广东、福建、浙江、台湾等省区。

马兜铃科 Aristolochiaceae

草质或木质藤本、灌木或多年生草本，稀乔木；根、茎和叶常有油细胞。单叶、互生，具柄，叶片全缘或3~5裂，基部常心形，无托叶。花两性，有花梗，单生、簇生或排成总状、聚伞状或伞房花序，顶生、腋生或生于老茎上，花色通常艳丽而有腐肉臭味；花被辐射对称或两侧对称，花瓣状，1轮，稀2轮，花被管钟状、瓶状、管状、球状或其他形状；檐部圆盘状、壶状或圆柱状，具整齐或不整齐3裂，或为向一侧延伸成1~2个舌片，裂片镊合状排列；雄蕊6枚至多数，1或2轮；花丝短，离生或与花柱、药隔合生成合蕊柱；花药2室，平行，外向纵裂；子房下位，稀半下位或上位，4~6室或为不完全的子房室，稀心皮离生或仅基部合生；花柱短而粗厚，离生或合生而顶端3~6裂；胚珠每室多颗，倒生，常1~2行叠置，中轴胎座或侧膜胎座内侵。蒴果蓇葖果状、长角果状或为浆果状；种子多数，常藏于内果皮中，通常长圆状倒卵形、倒圆锥形、椭圆形、钝三棱形，扁平或背面凸而腹面凹入，种皮脆骨质或稍坚硬，平滑、具皱纹或疣状突起，种脊海绵状增厚或翅状，胚乳丰富，胚小。

本科约8属600余种；我国产4属71种6变种4变型；恩施州产2属13种。

分属检索表

1. 花被两侧对称，花被管通常弯曲，裂片常偏斜或单侧 ·················· 1. 马兜铃属 *Aristolochia*
1. 花被辐射对称，裂片整齐 ··· 2. 细辛属 *Asarum*

马兜铃属 Aristolochia L.

草质或木质藤本，稀亚灌木或小乔木，常具块状根。叶互生，全缘或3~5裂，基部常心形；羽状脉或掌状三至七出脉，无托叶，具叶柄。花排成总状花序，稀单生，腋生或生于老茎上；苞片着生于总花梗和花梗基部或近中部；花被1轮，花被管基部常膨大，形状各种，中部管状，劲直或各种弯曲，檐部展开或成各种形状，常边缘3裂，稀2~6裂，或一侧分裂成1或2个舌片，形状和大小变异极大，颜色艳丽而常有腐肉味；雄蕊6枚，稀4或10枚或更多，围绕合蕊柱排成一轮，常成对或逐个与合蕊柱裂片对生，花丝缺；花药外向，纵裂；子房下位，6室，稀4或5室或子房室不完整；侧膜胎座稍突起或常于子房中央靠合或连接；合蕊柱肉质，顶端3~6裂，稀多裂，裂片短而粗厚，稀线形；胚珠甚多，排成2行或在侧膜胎座两边单行叠生。蒴果室间开裂或沿侧膜处开裂；种子常多颗，扁平或背面凸起，腹面凹入，常藏于内果皮中，很少埋藏于海绵状纤维质体内，种脊有时增厚或呈翅状，种皮脆壳质或坚硬，胚乳肉质，丰富，胚小。

本属约350种；我国产39种2变种3变型；恩施州产3种。

分种检索表

1. 木质藤本，稀草质藤本或亚灌木；花被管中部急速弯曲，檐部顶端或边缘常3裂，稀2裂或具5~6齿；合蕊柱顶端3裂，裂片顶端极少再2裂；花药长圆形，成对与合蕊柱裂片对生；果长圆柱形至卵球形，由上而下开裂·········1. 大叶马兜铃 Aristolochia kaempferi
1. 草质藤本；花被管直或稍弯，基部或其稍上方急遽扩大呈球形，檐部一侧极短，另一侧延伸成长舌片；合蕊柱顶端6裂；花药卵形，单个与合蕊柱裂片对生；果实卵球形或球形，由基部向上开裂。
    2. 叶卵状三角形或戟状披针形，长为宽的1~2倍；种子钝三角形，边缘有膜质宽翅················2. 马兜铃 Aristolochia debilis
    2. 叶肾形或心形等，但不为上述形状，长宽近相等或长不超过宽的1倍；种子卵形，无翅···3. 管花马兜铃 Aristolochia tubiflora

1. 大叶马兜铃 Aristolochia kaempferi Willd. Sp Pl. 4 (1) : 152. 1805.

草质藤本；根圆柱形，外皮黄褐色，揉之有芳香，味苦；嫩枝细长，密被倒生长柔毛，毛渐脱落，老枝无毛，明显具纵槽纹。叶纸质，叶形各式、卵形、卵状心形、卵状披针形或戟状耳形，长5~18厘米，下部宽4~8厘米，中部宽2~5厘米，顶端短尖或渐尖，基部浅心形或耳形，边全缘或因下部向外扩展而有2片圆裂片，叶上面嫩时疏生白色短柔毛；侧脉每边3~4条；叶柄长1.5~6厘米，密被长柔毛。花单生，稀2朵聚生于叶腋；花梗长2~7厘米，常向下弯垂，近中部或近基部具小苞片；小苞片卵形或披针形，长5~10毫米，无毛，无柄或具短柄，有网脉，下面密被短柔毛；花被管中部急遽弯曲，下部长圆柱形，长2~2.5厘米，直径3~8毫米，弯曲处至檐部较下部狭而稍短，外面黄绿色，有纵脉10条，密被白色长柔毛，内面无毛；檐部盘状，近圆形，直径2~3厘米，边缘3浅裂，裂片平展，阔卵形，近等大或在下一片稍大，顶端短尖，黄绿色，基部具紫色短线条，具网脉，外面疏被短柔毛，内面仅近基部稍被毛，其余无毛，喉部黄色；花药长圆形，成对贴生于合蕊柱近基部，并与其裂片对生；子房圆柱形，长6~12毫米，6棱，密被长绒毛；合蕊柱顶端3裂；裂片顶端圆形，有时再2裂，边缘向下延伸，有时稍翻卷，具疣状突起。蒴果长圆状或卵形，长3~7厘米，近无毛，成熟时暗褐色；种子倒卵形，长3~4毫米，宽2~3毫米，背面平凸状，腹面凹入，中间具种脊。花期4~5月，果期6~8月。

恩施州广布，生于山坡灌丛中；分布于台湾、福建、江苏、江西、广东、广西、贵州、云南。

2. 马兜铃 Aristolochia debilis Sieb. et Zucc., Abh. Bayer. Akad. Wiss. Math. Phys. 4 (3): 197. 1864.

草质藤本；根圆柱形，直径3~15毫米，外皮黄褐色；茎柔弱，无毛，暗紫色或绿色，有腐肉味。叶纸质，卵状三角形、长圆状卵形或戟形，长3~6厘米，基部宽1.5~3.5厘米，上部宽1.5~2.5厘

马兜铃科
Aristolochiaceae

米,顶端钝圆或短渐尖,基部心形,两侧裂片圆形,下垂或稍扩展,长1~1.5厘米,两面无毛;基出脉5~7条,邻近中脉的两侧脉平行向上,略开叉,其余向侧边延伸,各级叶脉在两面均明显;叶柄长1~2厘米,柔弱。花单生或2朵聚生于叶腋;花梗长1~1.5厘米,开花后期近顶端常稍弯,基部具小苞片;小苞片三角形,长2~3毫米,易脱落;花被长3~5.5厘米,基部膨大呈球形,与子房连接处具关节,直径3~6毫米,向上收狭成一长管,管长2~2.5厘米,直径2~3毫米,管口扩大呈漏斗状,黄绿色,口部有紫斑,外面无毛,内面有腺体状毛;檐部一侧极短,另一侧渐延伸成舌片;舌片卵状披针形,向上渐狭,长2~3厘米,顶端钝;花药卵形,贴生于合蕊柱近基部,并单个与其裂片对生;子房圆柱形,长约10毫米,6棱;合蕊柱顶端6裂,稍具乳头状凸起,裂片顶端钝,向下延伸形成波状圆环。蒴果近球形,顶端圆形而微凹,长约6厘米,直径约4厘米,具6棱,成熟时黄绿色,由基部向上沿室间6瓣开裂;果梗长2.5~5厘米,常撕裂成6条;种子扁平,钝三角形,长宽均约4毫米,边缘具白色膜质宽翅。花期7~8月,果期9~10月。

产于恩施、利川,生于山谷林中;分布于长江流域以南各省区以及山东、河南等地;日本亦产。

本种药用,茎叶有行气治血、止痛、利尿之效。果有清热降气、止咳平喘之效。根有小毒,具健胃、理气止痛之效,并有降血压作用。

3. 管花马兜铃 *Aristolochia tubiflora* Dunn in Journ. Linn. Soc. Bot. 38: 364. 1908.

草质藤本;根圆柱形,细长,黄褐色,内面白色;茎无毛,干后有槽纹,嫩枝、叶柄折断后渗出微红色汁液。叶纸质或近膜质,卵状心形或卵状三角形,极少近肾形,长3~15厘米,宽3~16厘米,顶端钝而具凸尖,基部浅心形至深心形,两侧裂片下垂,广展或内弯,湾缺通常深2~4厘米,边全缘,上面深绿色,下面浅绿色或粉绿色,两面无毛或有时下面有短柔毛或粗糙,常密布小油点;基出脉7条,叶脉干后常呈红色;叶柄长2~10厘米,柔弱。花单生或2朵聚生于叶腋;花梗纤细,长1~2厘米,基部有小苞片;小苞片卵形,长3~8毫米,无柄;花被全长3~4厘米,基部膨大呈球形,直径约5毫米,向上急遽收狭成一长管,宽2~4毫米,管口扩大呈漏斗状;檐部一侧极短,另一侧渐延伸成舌片;舌片卵状狭长圆形,基部宽5~8毫米,顶端钝,凹入或具短尖头,深紫色,具平行脉纹;花药卵形,贴生于合蕊柱近基部,并单个与其裂片对生;子房圆柱形,长约5毫米,5~6棱;合蕊柱顶端6裂,裂片顶端骤狭,向下延伸成波状的圆环。蒴果长圆形,长约2.5厘米,直径约1.5厘米,6棱,成熟时黄褐色,由基部向上6瓣开裂;果梗常随果实开裂成6条;种子卵形或卵状三角形,长约4毫米,宽约3.5毫米,背面凸起,具疣状突起小点,腹面凹入,中间具种脊,褐色。花期4~8月,果期10~12月。

恩施州广布,生于山谷林下;分布于河南、湖北、湖南、四川、贵州、广西、广东、江西、浙江、福建等省区。

根和果实入药,有清肺热、止咳、平喘之效。

细辛属 *Asarum* L.

多年生草本;根状茎长而匍匐横生,或向上斜伸,或短而近直立;茎无或短;根常稍肉质,有芳香气和辛辣味。叶仅1~2片或4片,基生、互生或对生,叶片通常心形或近心形,全缘不裂;叶柄基部常具薄膜质芽苞叶。花单生于叶腋，多贴近地面，花梗直立或向下弯垂，花被整齐，1轮，紫绿色或淡绿色，基部多少与子房合生，子房以上分离或形成明显的花被管，花被裂片3片，直立或平展，或外折；雄蕊通常12枚，2轮，稀减少，或具1～3枚细小或瓣状不育雄蕊，花丝比花药长或短，花药通常外向纵裂，或外轮稍向内纵裂；子房下位或半下位，稀近上位，通常6室，中轴胎座，胚珠多数，花柱分离，顶端完整或2裂，或合生成柱状，顶端石裂，柱头顶生或侧生。蒴果浆果状，近球形，果皮革质，有时于腐烂时不规则开裂；种子多数，椭圆状或椭圆状卵形，背面凸，腹面平坦，有肉质附属物。

本属约90种；我国有30种4变种1变型；恩施州产10种。

分种检索表

1. 花被在子房以上分离，无明显的花被管，或仅基部合生成一极短的管；雄蕊通常具较长的花丝；花柱合生成柱状，顶端分裂成辐射状6短枝或6裂片，柱头通常顶生。
  2. 花被裂片完全分离，直立或反折。
    3. 花被裂片在开花时直立，顶端伸长成长尖头或尾状 ························· 1. 尾花细辛 *Asarum caudigerum*
    3. 花被裂片在开花时反折，顶端急尖或短渐尖。
      4. 植株密生白色长柔毛，干后毛变黑棕色；雄蕊和花柱不超出花被；柱头顶生；叶片卵状心形或宽卵形，先端急尖或渐尖 ··· 2. 长毛细辛 *Asarum pulchellum*
      4. 植株疏被白色柔毛；雄蕊和花柱超出花被之外；花柱分枝顶端内凹成倒心形，柱头着生在凹裂外侧；叶片近心形，先端具尖头 ··· 3. 双叶细辛 *Asarum caulescens*
  2. 花被在子房以上合生成极短的花被管。
    5. 花被裂片无尖尾；叶背散生柔毛，两侧叶缘不向内弯；花被裂片在开花时反折；花柱细长，柱头顶生，不下延；花梗细长；叶互生，疏离，叶片心形，先端渐尖；根状茎细长 ······················ 4. 单叶细辛 *Asarum himalaicum*
    5. 花被裂片顶端有长1～4毫米的短尖尾；叶背仅脉上有毛，两侧叶缘在近中部常向内弯。
      6. 植株高10～15厘米；叶片先端急尖或钝；花被裂片的尾尖长约1毫米；雄蕊12枚或减少，药隔通常不伸出，稀略伸出 ··· 5. 铜钱细辛 *Asarum debile*
      6. 植株高20～30厘米；叶片先端渐尖；花被裂片的尾尖长3～4毫米，常向内弯；雄蕊12枚，药隔伸出呈尖舌状··············
        6. 短尾细辛 *Asarum caudigerellum*
1. 花被在子房以上合生成各种形状的花被管；雄蕊的花丝短或近无，稀有明显花丝；花柱6根，离生或仅基部合生，顶端通常2裂，柱头着生在裂缝外侧，稀顶生。
  7. 雄蕊着生于子房上，花丝明显，与花药近等长；子房近上位或半下位，花柱短；花被管喉部无膜环；花被裂片基部平滑，无乳突或垫状斑块 ·· 7. 细辛 *Asarum sieboldii*
  7. 雄蕊不着生在子房上，花丝远比花药短；子房下位或半下位，极少近上位，花柱通常较长；花被管喉部通常有膜环；花被裂片基部有乳突或垫状斑块，稀无。
    8. 花柱顶端不裂，柱头着生花柱顶端或近顶端··· 8. 川北细辛 *Asarum chinense*
    8. 花柱顶端二叉状分枝，柱头着生裂缝外侧下方。
      9. 花被管较宽短，浅杯状或半球状，喉孔大，直径约1.5厘米，膜环不明显；叶卵状心形、长卵形或近戟形 ·· 9. 青城细辛 *Asarum splendens*
      9. 花被管中部膨胀成圆环，花被裂片基部具垫状斑块，向下具横列乳突状皱褶；喉孔宽大，圆形；叶背无油点 ·· 10. 大叶马蹄香 *Asarum maximum*

1. 尾花细辛　*Asarum caudigerum* Hance in Journ. Bot. 19: 142. 1881.

多年生草本，全株被散生柔毛；根状茎粗壮，节间短或较长，有多条纤维根。叶片阔卵形、三角状卵形或卵状心形，长4～10厘米，宽3.5～10厘米，先端急尖至长渐尖，基部耳状或心形，叶面深绿色，脉两旁偶有白色云斑，疏被长柔毛，叶背浅绿色，稀稍带红色，被较密的毛；叶柄长5～20厘米，有毛；芽苞叶卵形或卵状披针形，长8～13厘米，宽4～6毫米，背面和边缘密生柔毛。花被绿色，被紫红色圆点状短毛丛；

马兜铃科
Aristolochiaceae

花梗长1~2厘米，有柔毛；花被裂片直立，下部靠合如管，直径8~10毫米，喉部稍缢缩，内壁有柔毛和纵纹，花被裂片上部卵状长圆形，先端骤窄成细长尾尖，尾长可达1.2厘米，外面被柔毛；雄蕊比花柱长，花丝比花药长，药隔伸出，锥尖或舌状；子房下位，具6棱，花柱合生，顶端6裂，柱头顶生。果近球状，直径约1.8厘米，具宿存花被。花期4~5月。

恩施州广布，生于林下、溪边或路边阴湿处；分布于浙江、江西、福建、台湾、湖北、湖南、广东、广西、四川、贵州、云南等省区；越南也有。

2. 长毛细辛 *Asarum pulchellum* Hemsl. in Gard. Chron: ser. 3, 7: 422. 1890.

多年生草本，全株密生白色长柔毛；根状茎长可达50厘米，斜升或横走，地上茎长3~7厘米，多分枝。叶对生，1~2对，叶片卵状心形或阔卵形，长5~8厘米，宽5~9.5厘米，先端急尖或渐尖，基部心形，两侧裂片长1~2.5厘米，宽2~3厘米，顶端圆形，两面密生长柔毛；叶柄长10~22厘米，有长柔毛；芽苞叶卵形，长1.5~2厘米，宽约1厘米，叶背及边缘密生长柔毛。花紫绿色；花梗长1~2.5厘米，被毛；花被裂片卵形，长约10毫米，宽约7毫米，外面被柔毛，紫色，先端黄白色，上部反折；雄蕊与花柱近等长，花

丝长于花药约2倍，药隔短舌状；子房半下位，具6棱，被柔毛；花柱合生，顶端辐射6裂，柱头顶生。果近球状，直径约1.5厘米。花期4~5月，果期6~8月。

恩施州广布，生于山谷林下；分布于安徽、江西、湖北、四川、贵州及云南。

3. 双叶细辛 *Asarum caulescens* Maxim. in Bull. Acad. Sci. Sci. Petersb. 17: 162. 1872.

多年生草本；根状茎横走，节间长3~5厘米，有多条须根；地上茎匍匐，有1~2对叶。叶片近心形，长4~9厘米，宽5~10厘米，先端常具长1~2厘米的尖头，基部心形，两侧裂片长1.5~2.5厘米，宽2.5~4厘米，顶端圆形，常向内弯接近叶柄，两面散生柔毛，叶背毛较密；叶柄长6~12厘米，无毛；芽苞叶近圆形，长宽各约13毫米，边缘密生睫毛，花紫色，花梗长1~2厘米，被柔毛；花被裂片三角状卵形，长约10毫米，宽约8毫米，开花时上部向下反折；雄蕊和花柱上部常伸出花被之外，花丝比花药长约2倍，药隔锥尖；子房近下位，略成球状，有6条纵棱，花柱合生，顶端6裂，裂片倒心形，柱头着生于裂缝外侧。果近球状，直径约1厘米。花期4~5月，果期6~8月。

恩施州广布，生于山谷林下；分布于陕西、甘肃、湖北、四川、贵州；日本也有。

4. 单叶细辛 *Asarum himalaicum* Hook. f. et Thoms. ex Klotzsch. in Monatsb. Akad. Wiss. eBrl. 1: 385. 1859.

多年生草本；根状茎细长，直径1~2毫米，节间长2~3厘米，有多条纤维根。叶互生，疏离，叶片心形或圆心形，长4~8厘米，宽6.5~11厘米，先端渐尖或短渐尖，基部心形，两侧裂片长2~4厘米，宽2.5~5厘米，顶端圆形，两面散生柔毛，叶背和叶缘的毛较长；叶柄长10~25厘米，有毛；芽苞叶卵圆形，长5~10毫米，宽约5毫米。花深紫红色；花梗细长，长3~7厘米，有毛，毛渐脱落；花被在子房以上有短管，裂片长圆卵形，长和宽均约7毫米，上部外折，外折部分三角形，深紫色；雄蕊与花柱等长或稍长，花丝比花药长约2倍，药隔伸出，短锥形；子房半下位，具6棱，花柱合生，顶端辐射状6裂，柱头顶生。果近球状，直径约1.2厘米。花期4~6月，果期6~8月。

恩施州广布，生于林下阴湿处；分布于湖北、陕西、甘肃、四川、贵州、云南、西藏；印度也有。

5. 铜钱细辛 *Asarum debile* Franch. in Journ. de Bot. 12: 305. 1898.

多年生草本，植株通常矮小，高10~15厘米；根状茎横走，粗1~2毫米；根纤维状。叶2片对生于枝顶，叶片心形，长2.5~4厘米，宽3~6厘米，先端急尖或钝，基部心形，两侧裂片长7~20毫米，宽10~25毫米，顶端圆形，叶缘在中部常内弯，叶面深绿色，散生柔毛，脉上较密，叶背浅绿色，光滑或脉上有毛；叶柄长5~12厘米；芽苞叶卵形，长约10毫米，宽约7毫米，边缘密生睫毛。花紫色；花梗长1~1.5厘米，无毛；花被在子房以上合生成短管，直径约8毫米，裂片宽卵形，被长柔毛，长约10毫米，宽8毫米，先端渐窄，有时成长约1毫米的短尖头；雄蕊12枚，稀较少，与花柱近等长，花丝比花药长约1.5倍，药隔通常不伸出，稀略伸出；子房下位，近球状，具6棱，初有柔毛，后逐渐脱落，花柱合生，顶端辐射6裂，柱头顶生。花期5~6月，果期6~8月。

产于巴东、宣恩，生于林下阴湿处；分布于安徽、湖北、陕西、四川。

6. 短尾细辛 *Asarum caudigerellum* C. Y. Cheng et C. S. Yang in Journ. Arn. Arb. 64: 571. f. 2. 1983.

多年生草本，高20~30厘米；根状茎横走，粗约4毫米，节间甚长；根多条，纤细；地上茎长2~5厘米，斜升。叶对生，叶片心形，长3~7厘米，宽4~10厘米，先端渐尖或长渐尖，基部心形，两侧裂片长1~3厘米，宽2~4厘米，叶面深绿色，散生柔毛，脉上较密，叶背仅脉上有毛，叶缘两侧在中部常向内弯；叶柄长4~18厘米；芽苞叶阔卵形，长约2厘米，宽1~1.5厘米。花被在子房以上合生成直径约1厘米的短管，裂片三角状卵形，被长柔毛，长约10毫米，宽约7毫米，先端常具短尖尾，长3～4毫米，通常向内弯曲；雄蕊长于花柱，花丝比花药稍长，药隔伸出成尖舌状；子房下位，近球状，有6条纵棱，被长柔毛，花柱合生，顶端辐射状6裂。果肉质，近球状，直径约1.5厘米。花期4～5月。

恩施州广布，生于林下阴湿处；分布于湖北、四川、贵州、云南。

7. 细辛 *Asarum sieboldii* Miq. in Ann. Mus. Bot. Lugd. -Bat. 2: 134. 1865.

多年生草本；根状茎直立或横走，直径2～3毫米，节间长1～2厘米，有多条须根。叶通常2片，叶片心形或卵状心形，长4～11厘米，宽4.5～13.5厘米，先端渐尖或急尖，基部深心形，两侧裂片长1.5～4厘米，宽2～5.5厘米，顶端圆形，叶面疏生短毛，脉上较密，叶背仅脉上被毛；叶柄长8～18厘米，光滑无毛；芽苞叶肾圆形，长与宽各约13毫米，边缘疏被柔毛。花紫黑色；花梗长2～4厘米；花被管钟状，直径1～1.5厘米，内壁有疏离纵行脊皱；花被裂片三角状卵形，长约7毫米，宽约10毫米，直立或近平展；雄蕊着生子房中部，花丝与花药近等长或稍长，药隔突出，短锥形；子房半下位或几近上位，球状，花柱6根，较短，顶端2裂，柱头侧生。果近球状，直径约1.5厘米，棕黄色。花期4～5月，果期6～8月。

恩施州广布，生于林下阴湿处；分布于山东、安徽、浙江、江西、河南、湖北、陕西、四川；日本和朝鲜也有。

8. 川北细辛 *Asarum chinense* Franch. in Journ. de Bot. 12: 303. 1898.

多年生草本；根状茎细长横走，直径约1毫米，节间长约2厘米，根通常细长。叶片椭圆形或卵形，稀心形，长3～7厘米，宽2.5～6厘米，先端渐尖，基部耳状心形，两侧裂片长1.5～2厘米，宽1.5～2.5厘米，叶面绿色，或叶脉周围白色，形成白色网纹，稀中脉两旁有白色云斑，疏被短毛，叶背浅绿色或紫红色；叶柄长5～15厘米；芽苞叶卵形，长10～15毫米，宽约8毫米，边缘有睫毛。花紫色或紫绿色；花梗长约1.5厘米；花被管球状或卵球状，长约8毫米，直径约1厘米，喉部缢缩并逐渐扩展成一短颈，膜环宽约1毫米，内壁有格状网眼，有时横向皱褶不明显，花被裂片宽卵形，长和宽各约1厘米，基部有密生细乳突排列成半圆形；花丝极短，药隔不伸出或稍伸出；子房近上位或半下位，花柱离生，柱头着生花柱顶端，稀顶端浅内凹，柱头近侧生。花期4～5月，果期6～8月。

产于恩施，生于山谷阴湿处；分布于湖北、四川。

9. 青城细辛 *Asarum splendens* (Maekawa) C. Y. Cheng et C. S. Yang in Fl. Reipubl. Popul. Sin. 24: 180. 1988.

多年生草本；根状茎横走，直径2～3毫米，节间长约1.5厘米；根稍肉质，直径2～3毫米。叶片卵状心形、长卵形或近戟形，长6～10厘米，宽5～9厘米，先端急尖，基部耳状深裂或近心形，两侧裂片长3～5厘米，宽2.5～5厘米，叶面中脉两旁有白色云斑，脉上和近边缘有短毛，叶背绿色，无毛；叶柄长

6～18厘米；芽苞叶长卵形，长约2厘米，宽约1.5厘米，有睫毛。花紫绿色，直径5～6厘米；花梗长约1厘米；花被管浅杯状或半球状，长约1.4厘米，直径约2厘米，喉部稍缢缩，有宽大喉孔，喉孔直径约1.5厘米，膜环不明显，内壁有格状网眼，花被裂片宽卵形，长约2厘米，宽约2.5厘米，基部有半圆形乳突皱褶区；雄蕊药隔伸出，钝圆形；子房近上位，花柱顶端2裂或稍下凹，柱头卵状，侧生。花期4～5月，果期6～8月。

产于利川，生于林下阴湿地；分布于湖北、四川、贵州及云南。

10. 大叶马蹄香 *Asarum maximum* Hemsl. in Gard Chron. ser. 3, 7: 422. 1890.

多年生草本，植株粗壮；根状茎匍匐，长可达7厘米，直径2～3毫米，根稍肉质，直径2～3毫米。叶片长卵形、阔卵形或近戟形，长6～13厘米，宽7～15厘米，先端急尖，基部心形，两侧裂片长3～7厘米，宽3.5～6厘米，叶面深绿色，偶有白色云斑，脉上和近边缘有短毛，叶背浅绿色；叶柄长10～23厘米；芽苞叶卵形，长约18毫米，宽约7毫米，边缘密生睫毛。花紫黑色，直径4～6厘米；花梗长1～5厘米；花被管钟状，长约2.5厘米，直径1.5～2厘米，在与花柱等高处向外膨胀形成一带状环突，喉部不缢缩或稍缢缩，喉孔直径约1厘米，无膜环或仅有膜环状的横向间断的皱褶，内壁具纵行脊状皱褶，花被裂片宽卵形，长2～4厘米，宽2～3厘米，中部以下有半圆状污白色斑块，干后淡棕色，向下具有数行横列的乳突状皱褶；药隔伸出，钝尖；子房半下位，花柱6根，顶端2裂，柱头侧生。花期4～5月，果期6～8月。

产于利川、巴东，生于山谷林下；分布于湖北、四川。

蛇菰科 Balanophoraceae

一年生或多年生肉质草本，无正常根，靠根茎上的吸盘寄生于寄主植物的根上。根茎粗，通常分枝，表面常有疣瘤或星芒状皮孔，顶端具开裂的裂鞘。花茎圆柱状，出自根茎顶端，常为裂鞘所包着；鳞片状苞片互生、2列或近对生，有时轮生、旋生、稀聚生、散生或不存在；花序顶生，肉穗状或头状，花单性，雌雄花同株或异株；雄花常比雌花大，有梗或无梗，与雌花同序时，常混杂于雌花丛中或着生于花序顶部、中部或较多地在基部，花被存在时3～14裂，裂片在芽期呈镊合状排列；雄蕊在无花被花中1～2枚，在具花被花中常与花被裂片同数且对生，很少多数；花丝离生或合生，花药离生或连合，2至多室，药室短裂、斜裂、纵裂或横裂。雌花微小，与附属体混生或着生于附属体的基部，无花被或花被与子房合生；子房上位，1～3室，花柱1～2根，顶生，柱头不开叉或呈头状，很少呈盘状；胚珠每室1枚，无珠被或具单层珠被，珠柄很短或不存在。坚果小，脆骨质或革质，1室，有种子1粒；种子球形，通常与果皮贴生，种皮薄或不存在，很少厚质；胚乳丰富，颗粒状，多油质，很少粉质；胚通常微小，未分化。

本科18属约120种；我国产2属约20种；恩施州产1属3种。

蛇菰科
Balanophoraceae

蛇菰属 *Balanophora* Forst. et Forst. f.

肉质草本，具多年生或一次结果的习性。根茎分枝或不分枝，表面具疣瘤、星芒状皮孔和方格状突起，皱褶或皱缩，很少平滑或仅有小凸体。鳞苞片无柄，肉质、膜质或草质，互生、旋生、交互对生、近对生或近2列，很少轮生。肉穗花序仅具单性花或雌花、雄花同株，花茎直立，通常圆柱状；花小，有梗或无梗；花序轴卵圆形、球形、穗状或圆柱状，常具色，雌雄花同株时，雄花与雌花混生，但常见雄花位于花序轴基部；雄花较大，下部常有短截形的苞片；花被管圆筒状，坚实，花被裂片3~6片，卵形至披针形或近圆形，内凹，同形，偶异形，在芽时呈镊合状排列，花期开展或外折；雄蕊常与花被裂片同数并彼此对生，通常聚生成聚药雄蕊，花丝离生或合生呈短柱状，花药3~6个或更多，在雄蕊数目较多时则花药纵裂或横裂而形成多数的小药室，花粉近三角状球形，很少椭圆状，平滑或呈泡状；雌花密集于花序轴上，无花被，子房椭圆形或纺锤形，压扁，1室，两端渐狭，基部有时具短柄，胚珠倒生，花柱细长，宿存，附属体远比子房大，棍棒状或钻状，很少呈线形而顶端略大，与子房混生或基部与子房柄贴生。果坚果状，外果皮脆骨质。

本属约80种；我国产19种；恩施州产3种。

分种检索表

1. 雄花4~6数，聚药雄蕊通常长大于宽，筒状至椭圆状，花药纵裂、斜裂或短裂 ································ 1. 多蕊蛇菰 *Balanophora polyandra*
1. 雄花3数，聚药雄蕊宽大于长，常呈盘状，无总柄，花药横裂。
  2. 鳞苞片轮生，基部连合呈筒鞘状 ·· 2. 筒鞘蛇菰 *Balanophora involucrata*
  2. 鳞苞片旋生于花茎上 ··· 3. 红冬蛇菰 *Balanophora harlandii*

1. 多蕊蛇菰　*Balanophora polyandra* Griff. in Proc. Linn. Soc. Lond. 1: 220. 1844.

草本，高5~25厘米，全株带红色至橙黄色；根茎块茎状，常分枝，直径2~3.5厘米，表面有纵纹，密被颗粒状小疣瘤并疏生带灰白色的星芒状小皮孔；花茎深红色，长2.8~8厘米，直径5~10毫米；鳞苞片4~12片，卵状长圆形，在花茎下部的旋生，在花茎上部的互生，有时呈卵形，长约2厘米，宽1~1.2厘米，顶端略圆形。花雌雄异株；雄花序圆柱状，长12~15厘米；雄花两侧对称，花被裂片6片，开展，直径约1厘米，两侧裂片三角形至卵形，顶端尖，上下两裂片长圆形，顶端截形，长3~4毫米，宽2~2.5毫米；聚药雄蕊近圆盘状，中央呈脐状突起，直径4~5毫米，花药短裂，分裂为20~60个小药室；雌花序卵圆形或长圆状卵形，长2~3厘米；子房呈伸长的卵形，基部渐狭或近圆柱形，花柱丝状；附属体倒圆锥形或近棍棒状，长7~8毫米，宽约4毫米。花期8~10月。

产于宣恩，生于林下；分布于西藏、云南、四川、湖北、广西、广东；尼泊尔、印度、缅甸也有分布。

2. 筒鞘蛇菰　*Balanophora involucrata* Hook. f. in Trans. Linn. Soc. Lond. 22: 30. t. 4-7. 1859.

药名"文王一支笔"，草本，高5~15厘米；根茎肥厚，干时脆壳质，近球形，不分枝或偶分枝，直径2.5~5.5厘米，黄褐色，很少呈红棕色，表面密集颗粒状小疣瘤和浅黄色或黄白色星芒状皮孔，顶端裂鞘2~4裂，裂片呈不规则三角形或短三角形，长1~2厘米；花茎长3~10厘米，直径0.6~1厘米，大部呈红色，很少呈黄红色；鳞苞片2~5片，轮生，基部连合呈筒鞘状，顶端离生呈撕裂状，常包着花茎中部。花雌雄异株；花序均呈

卵球形，长 1.4~2.4 厘米，直径 1.2~2 厘米；雄花较大，直径约 4 毫米，3 数；花被裂片卵形或短三角形，宽不到 2 毫米，开展；聚药雄蕊无柄，呈扁盘状，花药横裂；具短梗；雌花子房卵圆形，有细长的花柱和子房柄；附属体倒圆锥形，顶端截形或稍圆形，长 0.7 毫米。花期 7~8 月。

产于利川，生于林中；分布于西藏、四川、云南、贵州、湖南；印度也有。

全株入药，有止血、镇痛和消炎等功效，民间用以治疗痔疮和胃病等症。

3. 红冬蛇菰 *Balanophora harlandii* Hook.f.

草本，高 3~8 厘米；根茎灰褐色，呈不规则的球形或扁球形，干时脆壳质，直径 2.5~5 厘米，通常分枝，表面粗糙、密被小斑点，呈近脑状皱缩，常散生着星芒状小皮孔；花茎长 1~6 厘米，红色或红黄色；鳞苞片约 7 片，红色，卵形至长圆状椭圆形，长 1.5~2.5 厘米，宽 0.8~1 厘米，旋生于花茎上。花雌雄异株；花序同型，阔卵形或卵圆形，直径约 2 厘米；雄花直径约 4 毫米；花被裂片 3 片，近圆形或阔三角形，长约 2 毫米，宽约 3 毫米；聚药雄蕊有花药 3 个；花梗初时不明显或很短，后渐伸长，长达 3 毫米；雌花的子房卵圆形，有柄或无柄，大部着生于附属体的周围，连花柱长约 1 毫米；附属体深褐色，倒卵状长圆形，很少线状长圆形，顶端近截形，有短柄，长约 1.3 毫米，宽 0.7 毫米。

产于恩施、巴东，生于山谷林下；分布于广东、广西、贵州、湖北、四川、陕西。

蓼科 Polygonaceae

草本稀灌木或小乔木。茎直立、平卧、攀援或缠绕，通常具膨大的节，稀膝曲，具沟槽或条棱，有时中空。叶为单叶，互生，稀对生或轮生，边缘通常全缘，有时分裂，具叶柄或近无柄；托叶通常联合成鞘状，膜质，褐色或白色，顶端偏斜、截形或 2 裂，宿存或脱落。花序穗状、总状、头状或圆锥状，顶生或腋生；花较小，两性，稀单性，雌雄异株或雌雄同株，辐射对称；花梗通常具关节；花被 3~5 深裂，覆瓦状或花被片 6 片，成 2 轮，宿存，内花被片有时增大，背部具翅、刺或小瘤；雄蕊 6~9 枚，稀较少或较多，花丝离生或基部贴生，花药背着，2 室，纵裂；花盘环状、腺状或缺，子房上位，1 室，心皮通常 3 个，稀 2~4 个，合生，花柱 2~3 根，稀 4 根，离生或下部合生，柱头头状、盾状或画笔状，胚珠 1 枚，直生，极少倒生。瘦果卵形或椭圆形，具 3 棱或双凸镜状，极少具 4 棱，有时具翅或刺，包于宿存花被内或外露；胚直立或弯曲，通常偏于一侧，胚乳丰富，粉末状。

本科约 50 属 1150 余种；我国有 13 属 235 种 37 变种；恩施州产 7 属 51 种 4 变种。

分属检索表

1. 瘦果具翅；花被片 6 片·· 1. 大黄属 *Rheum*
1. 瘦果无翅。

蓼科 Polygonaceae

2. 花被片 6 片；柱头画笔状 ··· 2. 酸模属 *Rumex*
2. 花被片 5 片，稀 4 片；柱头头状。
　　3. 花柱 2 根，果时伸长，硬化，顶端呈钩状，宿存 ·· 3. 金线草属 *Antenoron*
　　3. 花柱 3 根稀 2 根，果时非上述情况。
　　　　4. 茎缠绕或直立，花被片外面 3 片，果时增大，背部具翅或龙骨状突起，稀不增大，无翅无龙骨状突起。
　　　　　　5. 茎缠绕；花两性；柱头头状 ··· 4. 何首乌属 *Fallopia*
　　　　　　5. 茎直立；花单性，雌雄异株；柱头流苏状 ··· 5. 虎杖属 *Reynoutria*
　　　　4. 茎直立；花被果时不增大，稀增大呈肉质。
　　　　　　6. 瘦果具 3 棱，明显比宿存花被长，稀近等长 ·· 6. 荞麦属 *Fagopyrum*
　　　　　　6. 瘦果具 3 棱或双凸镜状，比宿存花被短，稀较长 ·· 7. 蓼属 *Polygonum*

大黄属　*Rheum* L.

　　多年生高大草本，稀较矮小。根粗壮，内部多为黄色。根状茎顶端常残存有棕褐色膜质托叶鞘；茎直立，中空，具细纵棱，光滑或被糙毛，节明显膨大稀无茎。基生叶成密集或稀疏莲座状，茎生叶互生，稀无茎生叶；托叶鞘发达，大型，稀不显著；叶片多宽大，全缘、皱波或不同深度的分裂；主脉掌状或掌羽状。花小，白绿色或紫红色，通常排列成密或稀疏的圆锥花序或稀为穗状及圆头状，花在枝上簇生，花梗细弱丝状，具关节；花被片 6 片，排成 2 轮，雄蕊 9 枚，罕 7～8 枚，花药背着，内向，花盘薄；雌蕊 3 个心皮，1 室，1 枚基生的直生胚珠；花柱 3 根，较短，开展反邮柱头多膨大，头状、近盾状或如意状。瘦果三棱状，棱缘具翅，翅上各具 1 条明显纵脉，宿存花被不增大或稍增大。种子具丰富胚乳，胚直，偏于一侧，子叶平坦。

　　本属约 60 种；我国 39 种 2 变种；恩施州产 3 种。

分种检索表

1. 叶全缘，具强或弱稀极弱皱波 ··· 1. 波叶大黄 *Rheum rhabarbarum*
1. 叶浅裂、深裂到条裂。
　　2. 叶浅裂，裂片大齿形或宽三角形；花较大，白色，花蕾椭圆形；果枝开展 ············· 2. 药用大黄 *Rheum officinale*
　　2. 叶浅裂到半裂，裂片成较窄三角形；花较小，红紫色或带红色，花蕾倒金字塔形；果枝聚拢 ····· 3. 掌叶大黄 *Rheum palmatum*

1. 波叶大黄　*Rheum rhabarbarum* L. Sp. ed. 2: 531. 1762.

　　高大草本，高 1～1.5 米，茎粗壮，中空，光滑无毛，只近节部稍具糙毛。基生叶大，叶片三角状卵形或近卵形，长 30～40 厘米，宽 20～30 厘米，顶端钝尖或钝急尖，常扭向一侧，基部心形，边缘具强皱波，基出脉 5～7 条，于叶下面凸起，叶上面深绿色，光滑无毛或在叶脉处具稀疏短毛，下面浅绿色，被毛；叶柄粗壮，宽扁半圆柱状，通常短于叶片，被有短毛；上部叶较小多三角形或卵状三角形。大型圆锥花序，花白绿色，5～8 朵簇生；花梗长 2.5～4 毫米，关节位于下部；花被片不开展，外轮 3 片稍小而窄，内轮 3 片稍大，椭圆形，长近 2 毫米；雄蕊与花被等长；子房略为菱椭圆形，花柱较短，向外反曲，柱头膨大，较平坦。果实三角状卵形到近卵形，长 8～9 毫米，宽 6.5～7.5 毫米，顶端钝，基部心形，翅较窄，宽 1.5～2 毫米，纵脉位于翅的中间部分。种子卵形，棕褐色，稍具光泽。花期 6 月，果期 7 月以后。

　　产于鹤峰、巴东，生于山地；分布于黑龙江、吉林、内蒙古；俄罗斯、蒙古也有。

2. 药用大黄　*Rheum officinale* Baill. in Adanson. 10: 246. 1871.

　　高大草本，高 1.5～2 米，根及根状茎粗壮，内部黄色。茎粗壮，基部直径 2～4 厘米，中空，具细沟棱，被白色短毛，上部及节部较密。基生叶大型，叶片近圆形，稀极宽卵圆形，直径 30～50 厘米，或

长稍大于宽，顶端近急尖形，基部近心形，掌状浅裂，裂片大齿状三角形，基出脉5~7条，叶上面光滑无毛，偶在脉上有疏短毛，下面具淡棕色短毛；叶柄粗圆柱状，与叶片等长或稍短，具楞棱线，被短毛；茎生叶向上逐渐变小，上部叶腋具花序分枝；托叶鞘宽大，长可达15厘米，初时抱茎，后开裂，内面光滑无毛，外面密被短毛。大型圆锥花序，分枝开展，花4~10朵成簇互生，绿色到黄白色；花梗细长，长3~3.5毫米，关节在中下部；花被片6片，内外轮近等大，椭圆形或稍窄椭圆形，长2~2.5毫米，宽1.2~1.5毫米，边缘稍不整齐；雄蕊9枚，不外露；花盘薄，瓣状；子房卵形或卵圆形，花柱反曲，柱头圆头状。果实长圆状椭圆形，长8~10毫米，宽7~9毫米，顶端圆，中央微下凹，基部浅心形，翅宽约3毫米，纵脉靠近翅的边缘。种子宽卵形。花期5~6月，果期8~9月。

产于利川，生于山沟；分布于陕西、四川、湖北、贵州、云南等省及河南西南部与湖北交界处。

3. 掌叶大黄　　*Rheum palmatum* L. Syst. ed. 10: 1010. 1759.

高大粗壮草本，高1.5~2米，根及根状茎粗壮木质。茎直立中空，叶片长宽近相等，长达40~60厘米，有时长稍大于宽，顶端窄渐尖或窄急尖，基部近心形，通常成掌状半5裂，每一大裂片又分为近羽状的窄三角形小裂片，基出脉多为5条，叶上面粗糙到具乳突状毛，下面及边缘密被短毛；叶柄粗壮，圆柱状，与叶片近等长，密被锈乳突状毛；茎生叶向上渐小，柄亦渐短；托叶鞘大，长达15厘米，内面光滑，外表粗糙。大型圆锥花序，分枝较聚拢，密被粗糙短毛；花小，通常为紫红色，有时黄白色；花梗长2~2.5毫米，关节位于中部以下；花被片6片，外轮3片较窄小，内轮3片较大，宽椭圆形到近圆形，长1~1.5毫米；雄蕊9枚，不外露；花盘薄，与花丝基部黏连；子房菱状宽卵形，花柱略反曲，柱头头状。果实矩圆状椭圆形到矩圆形，长8~9毫米，宽7~7.5毫米，两端均下凹，翅宽约2.5毫米，纵脉靠近翅的边缘。种子宽卵形，棕黑色。花期6月，果期8月。

恩施州广布，生于山谷湿地；分布于甘肃、四川、青海、云南、西藏等省区。

酸模属　　*Rumex* L.

一年生或多年生草本，稀为灌木。根通常粗壮，有时具根状茎。茎直立，通常具沟槽，分枝或上部分枝。叶基生和茎生，茎生叶互生，边缘全缘或波状，托叶鞘膜质，易破裂而早落。花序圆锥状，多花簇生成轮。花两性，有时杂性，稀单性，雌雄异株。花梗具关节；花被片6片，成2轮，宿存，外轮3片果时不增大，内轮3片果时增大，边缘全缘，具齿或针刺，背部具小瘤或无小瘤；雄蕊6枚，花药基着；子房卵形，具3棱，1室，含1枚胚珠，花柱3根，柱头画笔状。瘦果卵形或椭圆形，具3条锐棱，包于增大的内花被片内。

本属约150种；我国有26种2变种；恩施州产7种。

蓼科
Polygonaceae

分种检索表

1. 多年生草本。
    2. 花单性，雌雄异株；叶戟形或箭形 ·· 1. 酸模 *Rumex acetosa*
    2. 花两性；基生叶为其他形状。
        3. 内花被片果时无小瘤 ·· 2. 水生酸模 *Rumex aquaticus*
        3. 内花被片果时一部或全部具小瘤。
            4. 内花被片果时边缘近全缘 ·· 3. 巴天酸模 *Rumex patientia*
            4. 内花被片果时边缘具齿或刺状齿。
                5. 内花被片果时全部具小瘤，宽心形，顶端渐尖，基部心形，边缘具不整齐的小齿，齿长 0.3~0.5 毫米 ··· 4. 羊蹄 *Rumex japonicas*
                5. 内花被片果时一部或全部具小瘤，边缘具刺状齿，刺状齿长 2~3 毫米，顶端钩状 ·········· 5. 尼泊尔酸模 *Rumex nepalensis*
1. 一年生草本。
    6. 内花被片果时，边缘每侧具 1 个针刺，针刺长 3~4 毫米 ·································· 6. 长刺酸模 *Rumex trisetifer*
    6. 花梗中下部具关节；内花被片果时长 3.5~4 毫米，顶端急尖；刺状齿长 1.5~2 毫米 ········· 7. 齿果酸模 *Rumex dentatus*

1. 酸模　*Rumex acetosa* L. Sp. Pl. 337. 1753.

多年生草本。根为须根。茎直立，高 40~100 厘米，具深沟槽，通常不分枝。基生叶和茎下部叶箭形，长 3~12 厘米，宽 2~4 厘米，顶端急尖或圆钝，基部裂片急尖，全缘或微波状；叶柄长 2~10 厘米；茎上部叶较小，具短叶柄或无柄；托叶鞘膜质，易破裂。花序狭圆锥状，顶生，分枝稀疏；花单性，雌雄异株；花梗中部具关节；花被片 6 片，成 2 轮，雄蕊内花被片椭圆形，长约 3 毫米，外花被片较小，雄蕊 6 枚；雌花内花被片果时增大，近圆形，直径 3.5~4 毫米，全缘，基部心形，网脉明显，基部具极小的小瘤，外花被片椭圆形，

反折，瘦果椭圆形，具 3 条锐棱，两端尖，长约 2 毫米，黑褐色，有光泽。花期 5~7 月，果期 6~8 月。

恩施州广布，生于山坡；我国南北各省区均有；朝鲜、日本、高加索、哈萨克斯坦、俄罗斯、欧洲及美洲也有。

全草供药用，有凉血、解毒之效；嫩茎、叶可作蔬菜及饲料。

2. 水生酸模　*Rumex aquaticus* L. Sp. Pl. 336. 1753.

多年生草本。茎直立，高 30~120 厘米，通常上部分枝，具沟槽。基生叶长圆状卵形或卵形，长 10~30 厘米，宽 4~13 厘米，顶端尖，基部心形，边缘波状，两面无毛或下面沿叶脉具乳头状突起；叶柄与叶片近等长，无毛或具乳头状突起；茎生叶较小，长圆形或宽披针形，托叶鞘膜质，易破裂。花序圆锥状，狭窄，分枝近直立；花两性；花梗纤细，丝状，中下部具关节，关节果时不明显；外花被片长圆形，长约 2 毫米，内花被片果时增大，卵形，长 5~8 毫米，宽 4~6 毫米，顶端尖，基部近

截形，边缘近全缘，全部无小瘤。瘦果椭圆形，两端尖，具3条锐棱，长3~4毫米，褐色，有光泽。花期5~6月，果期6~7月。

恩施州广布，生于山谷溪边；分布于黑龙江、吉林、山西、陕西、宁夏、甘肃、青海、新疆、湖北、四川；日本、蒙古、俄罗斯、欧洲也有。

3. 巴天酸模 *Rumex patientia* L. Sp. Pl. 333. 1753.

多年生草本。根肥厚，直径可达3厘米；茎直立，粗壮，高90~150厘米，上部分枝，具深沟槽。基生叶长圆形或长圆状披针形，长15~30厘米，宽5~10厘米，顶端急尖，基部圆形或近心形，边缘波状；叶柄粗壮，长5~15厘米；茎上部叶披针形，较小，具短叶柄或近无柄；托叶鞘筒状，膜质，长2~4厘米，易破裂。花序圆锥状，大型；花两性；花梗细弱，中下部具关节；关节果时稍膨大，外花被片长圆形，长约1.5毫米，内花被片果时增大，宽心形，长6~7毫米，顶端圆钝，基部深心形，边缘近全缘，具网脉，全部或一部具小瘤；小瘤长卵形，通常不能全部发育。瘦果卵形，具3条锐棱，顶端渐尖，褐色，有光泽，长2.5~3毫米。花期5~6月，果期6~7月。

产于宣恩、巴东，生于沟边；分布于东北、华北、西北、山东、河南、湖南、湖北、四川及西藏；俄罗斯、蒙古及欧洲也有。

4. 羊蹄 *Rumex japonicus* Houtt. in Nat. Hist. 2 (8): 394. 1777.

多年生草本。茎直立，高50~100厘米，上部分枝，具沟槽。基生叶长圆形或披针状长圆形，长8~25厘米，宽3~10厘米，顶端急尖，基部圆形或心形，边缘微波状，下面沿叶脉具小突起；茎上部叶狭长圆形；叶柄长2~12厘米；托叶鞘膜质，易破裂。花序圆锥状，花两性，多花轮生；花梗细长，中下部具关节；花被片6片，淡绿色，外花被片椭圆形，长1.5~2毫米，内花被片果时增大，宽心形，长4~5毫米，顶端渐尖，基部心形，网脉明显，边缘具不整齐的小齿，齿长0.3~0.5毫米，全部具小瘤，小瘤长卵形，长2~2.5毫米。瘦果宽卵形，具3条锐棱，长约2.5毫米，两端尖，暗褐色，有光泽。花期5~6月，果期6~7月。

恩施州广布，生于田边或沟边；分布于东北、华北、陕西、华东、华中、华南、四川及贵州；朝鲜、日本、俄罗斯也有。

根入药，清热凉血。

5. 尼泊尔酸模 *Rumex nepalensis* Spreng. Syst. Veg. 2: 159. 1825.

多年生草本。根粗壮。茎直立，高50~100厘米，具沟槽，无毛，上部分枝。基生叶长圆状卵形，长10~15厘米，宽4~8厘米，顶端急尖，基部心形，边缘全缘，两面无毛或下面沿叶脉具小突起；茎生叶卵状披针形；叶柄长3~10厘米；托叶鞘膜质，易破裂。花序圆锥状；花两性；花梗中下部具关节；花被片6片，成2轮，外轮花被片椭圆形，长约1.5毫米，内花被片果时增大，宽卵形，长5~6厘米，顶端急尖，基部截形，边缘每侧具

7～8个刺状齿，齿长2～3毫米，顶端成钩状，一部或全部具小瘤。瘦果卵形，具3条锐棱，顶端急尖，长约3毫米，褐色，有光泽。花期4～5月，果期6～7月。

恩施州广布，生于山坡路旁；分布于陕西、甘肃、青海、湖南、湖北、江西、四川、广西、贵州、云南及西藏；伊朗、阿富汗、印度、巴基斯坦、尼泊尔、缅甸、越南、印度尼西亚也有。

根、叶入药，具有止血、止痛的功效。

6. 长刺酸模　*Rumex trisetifer* Stokes in Bot. Mat. Med. 2: 305. 1814.

一年生草本。根粗壮，红褐色。茎直立，高30～80厘米，褐色或红褐色，具沟槽，分枝开展。茎下部叶长圆形或披针状长圆形，长8～20厘米，宽2～5厘米，顶端急尖，基部楔形，边缘波状，茎上部的叶较小，狭披针形；叶柄长1～5厘米；托叶鞘膜质，早落。花序总状，顶生和腋生，具叶，再组成大型圆锥状花序。花两性，多花轮生，上部较紧密，下部稀疏，间断；花梗细长，近基部具关节；花被片6片，2轮，黄绿色，外花被片披针形，较小内花被片果时增大，狭三角状卵形，长3～4毫米，宽1.5～2毫米，顶端狭窄，急尖，基部截形，全部具小瘤，边缘每侧具1个针刺，针刺长3～4毫米，直伸或微弯。瘦果椭圆形，具3条锐棱，两端尖，长1.5～2毫米，黄褐色，有光泽。花期5～6月，果期6～7月。

产于利川，生于田边；分布于陕西、江苏、浙江、安徽、江西、湖南、湖北、四川、台湾、福建、广东、海南、广西、贵州、云南；越南、老挝、泰国、印度也有。

7. 齿果酸模　*Rumex dentatus* L. Mant. Pl. 2: 226. 1771.

一年生草本。茎直立，高30～70厘米，自基部分枝，枝斜上，具浅沟槽。茎下部叶长圆形或长椭圆形，长4～12厘米，宽1.5～3厘米，顶端圆钝或急尖，基部圆形或近心形，边缘浅波状，茎生叶较小；叶柄长1.5～5厘米。花序总状，顶生和腋生，具叶由数个再组成圆锥状花序，长达35厘米，多花，轮状排列，花轮间断；花梗中下部具关节；外花被片椭圆形，长约2毫米；内花被片果时增大，三角状卵形，长3.5～4毫米，宽2～2.5毫米，顶端急尖，基部近圆形，网纹明显，全部具小瘤，小瘤长1.5～2毫米，边缘每侧具2～4个刺状齿，齿长1.5～2毫米，瘦果卵形，具3条锐棱，长2～2.5毫米，两端尖，黄褐色，有光泽。花期5～6月，果期6～7月。

恩施州广布，生于沟边、山坡路边；分布于华北、西北、华东、华中、四川、贵州、云南；尼泊尔、印度、阿富汗、哈萨克斯坦也有。

金线草属　*Antenoron* Rafin.

多年生草本。根状茎粗壮。茎直立，不分枝或上部分枝。叶互生，叶片椭圆形或倒卵形；托叶鞘膜质。总状花序呈穗状，顶生或腋生；花两性，花被4深裂；雄蕊5枚；花柱2根，果时伸长，硬化，顶端呈钩状，宿存。瘦果卵形，双凸镜状。

本属约3种；我国有1种；恩施州产1种1变种。

分种检索表

1. 叶片两面具糙伏毛·· 1. 金线草 *Antenoron filiforme*
1. 叶片面具短糙伏毛·· 2. 短毛金线草 *Antenoron filiforme* var. *neofiliforme*

1. 金线草 *Antenoron filiforme* (Thunb.) Rob. et Vaut. in Boissiera 10: 35. 1964.

多年生草本。根状茎粗壮。茎直立，高 50~80 厘米，具糙伏毛，有纵沟，节部膨大。叶椭圆形或长椭圆形，长 6~15 厘米，宽 4~8 厘米，顶端短渐尖或急尖，基部楔形，全缘，两面均具糙伏毛；叶柄长 1~1.5 厘米，具糙伏毛；托叶鞘筒状，膜质，褐色，长 5~10 毫米，具短缘毛。总状花序呈穗状，通常数个，顶生或腋生，花序轴延伸，花排列稀疏；花梗长 3~4 毫米；苞片漏斗状，绿色，边缘膜质，具缘毛；花被 4 深裂，红色，花被片卵形，果时稍增大；雄蕊 5 枚；花柱 2 根，果时伸长，硬化，长 3.5~4 毫米，顶端呈钩状，宿存，伸出花被之外。瘦果卵形，双凸镜状，褐色，有光泽，长约 3 毫米，包于宿存花被内。花期 7~8 月，果期 9~10 月。

恩施州广布，生于山坡林缘；分布于陕西、甘肃、华东、华中、华南及西南地区；朝鲜、日本、越南也有。

2. 短毛金线草（变种） *Antenoron filiforme* (Thunb.) Rob. et Vaut. var. *neofiliforme* (Nakai) A. J. Li in Fl. Reipubl. Popul. Sin. 25 (1): 108. 1998.

本变种与原变种的主要区别是叶顶端长渐尖，两面疏生短糙伏毛。花期 7~8 月，果期 9~10 月。

产于利川、恩施、宣恩，生于山坡林缘；分布于甘肃、陕西、华东、华中、华南及西南地区；朝鲜、日本也有。

何首乌属 *Fallopia* Adans.

一年生或多年生草本，稀半灌木。茎缠绕；叶互生、卵形或心形，具叶柄；托叶鞘筒状，顶端截形或偏斜。花序总状或圆锥状，顶生或腋生；花两性，花被 5 深裂，外面 3 片具翅或龙骨状突起，果时增大，稀无翅无龙骨状突起；雄蕊通常 8 枚，花丝丝状，花药卵形；子房药卵形，具 3 根棱，花柱 3 根，较短，柱头头状。瘦果卵形，具 3 棱，包于宿存花被内。

本属约 20 种；我国有 7 种 2 变种；恩施州产 4 种 1 变种。

分种检索表

1. 一年生草本；花序总状；花被片的翅边缘具齿；瘦果密被小颗粒，微有光泽 ················· 1. 齿翅蓼 *Fallopia dentatoalata*
1. 多年生草本或半灌木；花序圆锥状。
  2. 半灌木；叶通常簇生 ··· 2. 木藤蓼 *Fallopia aubertii*
  2. 多年生草本；叶单生。
    3. 花被片背部无翅，果时不增大 ··· 3. 牛皮消蓼 *Fallopia cynanchoides*
    3. 花被片外面 3 片背部具翅，果时增大。
      4. 叶下面无小突起 ··· 4. 何首乌 *Fallopia multiflora*
      4. 叶下面沿叶脉具小突起 ··· 5. 毛脉蓼 *Fallopia multiflora* var. *ciliinerve*

蓼科
Polygonaceae

1. 齿翅蓼　　*Fallopia dentatoalata* (F. Schm.) Holub in Folia Geobot. Phyt. 6: 176. 1971.

一年生草本。茎缠绕，长1～2米，分枝，无毛，具纵棱，沿棱密生小突起。有时茎下部小突起脱落。叶卵形或心形，长3～6厘米，宽2.5～4厘米，顶端渐尖，基部心形，两面无毛，沿叶脉具小突起，边缘全缘，具小突起；叶柄长2～4厘米，具纵棱及小突起；托叶鞘短，偏斜，膜质，无缘毛，长3～4毫米。花序总状，腋生或顶生，长4～12厘米，花排列稀疏，间断，具小叶；苞片漏斗状，膜质，长2～3毫米，偏斜，顶端急尖，无缘毛，每苞内具4～5朵花；花被5深裂，红色；花被片外面3片背部具翅，果时增大，翅通常具齿，基部沿花梗明显下延；花被果时外形呈倒卵形，长8～9毫米，直径5～6毫米；花梗细弱，果后延长，长可达6毫米，中下部具关节；雄蕊8枚，比花被短；花柱3根，极短，柱头头状。瘦果椭圆形，具3棱，长4～4.5毫米，黑色，密被小颗粒，微有光泽，包于宿存花被内。花期7～8月，果期9～10月。

产于利川，生于山坡草丛中；分布于东北、华北、陕西、甘肃、青海、江苏、安徽、河南、湖北、四川、贵州、云南；也分布于俄罗斯、朝鲜、日本。

2. 木藤蓼　　*Fallopia aubertii* (L. Henry) Holub in Folia Geobot. Phyt. 6: 176. 1971.

半灌木。茎缠绕，长1～4米，灰褐色，无毛。叶簇生稀互生，叶片长卵形或卵形，长2.5～5厘米，宽1.5～3厘米，近革质，顶端急尖，基部近心形，两面均无毛；叶柄长1.5～2.5厘米；托叶鞘膜质，偏斜，褐色，易破裂。花序圆锥状，少分枝，稀疏，腋生或顶生，花序梗具小突起；苞片膜质，顶端急尖，每苞内具3～6朵花；花梗细，长3～4毫米，下部具关节；花被5深裂，淡绿色或白色，花被片外面3片较大，背部具翅，果时增大，基部下延；花被果时外形呈倒卵形，长6～7毫米，宽4～5毫米；雄蕊8枚，比花被短，花丝中下部较宽，基部具柔毛；花柱3根，极短，柱头头状。瘦果卵形，具3棱，长3.5～4毫米，黑褐色，密被小颗粒，微有光泽，包于宿存花被内。花期7～8月，果期8～9月。

产于建始，生于山坡草地；分布于内蒙古、山西、河南、陕西、甘肃、宁夏、青海、湖北、四川、贵州、云南、西藏。

3. 牛皮消蓼　　*Fallopia cynanchoides* (Hemsl.) Harald. in Symb. Bot. Upsl. 22 (2): 78. 1978.

多年生草本。茎缠绕，长1～1.5米，无纵棱，密被褐色短柔毛及稀疏的倒生长硬毛。叶宽心形或宽戟状心形，长5～10厘米，宽3～8厘米，顶端渐尖，基部深心形，侧生裂片圆钝，或急尖，边缘全缘，具缘毛，上面疏生短糙伏毛，下面密被褐色长柔毛；叶柄长3～5厘米，密被褐色短柔毛及稀疏的长硬毛；托叶鞘膜质，偏斜，顶端尖，密生硬毛。花序圆锥状，腋生或顶生，长10～15厘米，密被短柔毛及稀疏的倒生长硬毛；苞片卵形，长1～1.5毫米，顶端渐尖，被硬毛，每苞内具2～4朵花；花被5深裂，淡绿色，花被片宽椭圆形，长1.5～2毫米；花梗粗壮，长2～2.5毫米，上中部具关节，疏被短柔毛；雄蕊8枚，比花被短，花丝基部较宽；花柱3根，粗壮，基部合生；柱头头状，密被小突起。瘦果卵形，具3棱，长2～2.5毫米，黑色，有光泽，包于宿存花被内。花期8~9月，果期9~10月。

产于利川，生于山坡林下；分布于陕西、甘肃、湖南、湖北、四川、贵州及云南。

4. 何首乌　Fallopia multiflora (Thunb.) Harald. in Symb. Bot. Upsl. 22 (2): 77. 1978.

多年生草本。块根肥厚，长椭圆形，黑褐色。茎缠绕，长2~4米，多分枝，具纵棱，无毛，微粗糙，下部木质化。叶卵形或长卵形，长3~7厘米，宽2~5厘米，顶端渐尖，基部心形或近心形，两面粗糙，边缘全缘；叶柄长1.5~3厘米；托叶鞘膜质，偏斜，无毛，长3~5毫米。花序圆锥状，顶生或腋生，长10~20厘米，分枝开展，具细纵棱，沿棱密被小突起；苞片三角状卵形，具小突起，顶端尖，每苞内具2~4朵花；花梗细弱，长2~3毫米，下部具关节，果时延长；花被5深裂，白色或淡绿色，花被片椭圆形，大小不相等，外面3片较大背部具翅，果时增大，花被果时外形近圆形，直径6~7毫米；雄蕊8枚，花丝下部较宽；花柱3根，极短，柱头头状。瘦果卵形，具3棱，长2.5~3毫米，黑褐色，有光泽，包于宿存花被内。花期8~9月，果期9~10月。

恩施州广布，生于山坡林下或路边；分布于陕西、甘肃、华东、华中、华南、四川、云南及贵州；日本也有。

块根入药，安神、养血、活络。

5. 毛脉蓼（变种）　Fallopia multiflora (Thunb.) Harald. var. ciliinerve (Nakai) Yonek. & H. Ohashi, J. Jap. Bot. 72: 158. 1997.

本变种与何首乌 F. multiflora 不同是叶下面沿叶脉具乳头状突起。花期8~9月，果期9~10月。

恩施州广布，生于山谷灌丛或路边；分布于吉林、辽宁、河南、陕西、甘肃、青海、湖北、四川、贵州及云南。

块根入药，清热解毒，抗菌消炎。

虎杖属　Reynoutria Houtt.

多年生草本。根状茎横走；茎直立，中空。叶互生，卵形或卵状椭圆形，全缘，具叶柄；托叶鞘膜质，偏斜，早落。花序圆锥状，腋生；花单性，雌雄异株，花被5深裂；雄蕊6~8枚；花柱3根，柱头流苏状。雌花花被片，外面3片果时增大，背部具翅。瘦果卵形，具3棱。

本属约3种；我国有1种；恩施州产1种。

虎杖　Reynoutria japonica Houtt. Nat. Hist. 2 (8): 640. T. 51, f. 1. 1777.

多年生草本。根状茎粗壮，横走。茎直立，高1~2米，粗壮，空心，具明显的纵棱，具小突起，无毛，散生红色或紫红斑点。叶宽卵形或卵状椭圆形，长5~12厘米，宽4~9厘米，近革质，顶端渐尖，基部宽楔形、截形或近圆形，边缘全缘，疏生小突起，两面无毛，沿叶脉具小突起；叶柄长1~2厘米，具小突起；托叶鞘膜质，偏斜，长3~5毫米，褐色，具纵脉，无毛，顶端截形，无缘毛，常破裂，早落。花单性，雌雄异株，花序圆锥状，长3~8厘米，腋生；苞片漏斗状，长1.5~2毫米，顶端渐尖，无缘毛，每苞内具2~4朵花；花梗长2~4毫米，中下部具关节；花被5深裂，淡绿色，雄花花被片具绿色中脉，无翅，雄蕊

蓼科
Polygonaceae

8枚，比花被长；雌花花被片外面3片背部具翅，果时增大，翅扩展下延，花柱3根，柱头流苏状。瘦果卵形，具3棱，长4～5毫米，黑褐色，有光泽，包于宿存花被内。花期8～9月，果期9～10月。

恩施州广布，生于山坡路旁；分布于陕西、甘肃、华东、华中、华南、四川、云南及贵州；朝鲜、日本也有。

根状茎供药用，有活血、散瘀、通经、镇咳等功效。

荞麦属 Fagopyrum Mill.

一年生或多年生草本，稀半灌木。茎直立，无毛或具短柔毛。叶三角形、心形、宽卵形、箭形或线形；托叶鞘膜质，偏斜，顶端急尖或截形。花两性，花序总状或伞房状；花被5深裂，果时不增大；雄蕊8枚，排成2轮，外轮5枚，内轮3枚；花柱3根，柱头头状，花盘腺体状。瘦果具3棱，比宿存花被长。

本属约有15种；我国有10种1变种；恩施州产4种。

分种检索表

1. 多年生草本 ·· 1. 金荞麦 Fagopyrum dibotrys
1. 一年生草本。
  2. 瘦果具3条纵沟，上部棱角锐利，下部圆钝，有时具波状齿；花梗中部具关节 ············ 2. 苦荞麦 Fagopyrum tataricum
  2. 瘦果平滑，棱角锐利；花梗顶部具关节或无关节。
    3. 花序紧密，不间断；花梗无关节；瘦果长5～6毫米，栽培 ················ 3. 荞麦 Fagopyrum esculentum
    3. 花序稀疏，间断；花梗顶部具关节；瘦果长约3毫米，野生 ············ 4. 细柄野荞麦 Fagopyrum gracilipes

1. 金荞麦 *Fagopyrum dibotrys* (D. Don) Hara, Fl. E. Him. 69. 1966.

多年生草本。根状茎木质化，黑褐色。茎直立，高50～100厘米，分枝，具纵棱，无毛。有时一侧沿棱被柔毛。叶三角形，长4～12厘米，宽3～11厘米，顶端渐尖，基部近戟形，边缘全缘，两面具乳头状突起或被柔毛；叶柄长可达10厘米；托叶鞘筒状，膜质，褐色，长5～10毫米，偏斜，顶端截形，无缘毛。花序伞房状，顶生或腋生；苞片卵状披针形，顶端尖，边缘膜质，长约3毫米，每苞内具2～4朵花；花梗中部具关节，与苞片近等长；花被5深裂，白色，花被片长椭圆形，长约2.5毫米，雄蕊8枚，比花被短，花柱3根，柱头头状。瘦果宽卵形，具3条锐棱，长6～8毫米，黑褐色，无光泽，超出宿存花被2～3倍。花期7～9月，果期8～10月。

恩施州广布，生于山坡灌丛；分布于陕西、华东、华中、华南及西南；印度、尼泊尔、越南、泰国也有。

块根供药用，清热解毒、排脓去瘀。

2. 苦荞麦 *Fagopyrum tataricum* (L.) Gaertn. Fruct. Sem. 2: 182. t. 119. f. 6. 1791.

一年生草本。茎直立，高30～70厘米，分枝，绿色或微逞紫色，有细纵棱，一侧具乳头状突起，叶宽

三角形，长2~7厘米，两面沿叶脉具乳头状突起，下部叶具长叶柄，上部叶较小具短柄；托叶鞘偏斜，膜质，黄褐色，长约5毫米。花序总状，顶生或腋生，花排列稀疏；苞片卵形，长2~3毫米，每苞内具2~4朵花，花梗中部具关节；花被5深裂，白色或淡红色，花被片椭圆形，长约2毫米；雄蕊8枚，比花被短；花柱3根，短，柱头头状。瘦果长卵形，长5~6毫米，具3棱及3条纵沟，上部棱角锐利，下部圆钝有时具波状齿，黑褐色，无光泽，比宿存花被长。花期6~9月，果期8~10月。

恩施州广布，生于田边、路旁；我国东北、华北、西北、西南山区有栽培，有时为野生；亚洲、欧洲及美洲也有。

根供药用，理气止痛，健脾利湿。

3. 荞麦 *Fagopyrum esculentum* Moench, Moth. Pl. 290. 1794.

一年生草本。茎直立，高30~90厘米，上部分枝，绿色或红色，具纵棱，无毛或于一侧沿纵棱具乳头状突起。叶三角形或卵状三角形，长2.5~7厘米，宽2~5厘米，顶端渐尖，基部心形，两面沿叶脉具乳头状突起；下部叶具长叶柄，上部较小近无梗；托叶鞘膜质，短筒状，长约5毫米，顶端偏斜，无缘毛，易破裂脱落。花序总状或伞房状，顶生或腋生，花序梗一侧具小突起；苞片卵形，长约2.5毫米，绿色，边缘膜质，每苞内具3~5朵花；花梗比苞片长，无关节，花被5深裂，白色或淡红色，花被片椭圆形，长3~4毫米；雄蕊8枚，比花被短，花药淡红色；花柱3根，柱头头状。瘦果卵形，具3条锐棱，顶端渐尖，长5~6毫米，暗褐色，无光泽，比宿存花被长。花期5~9月，果期6~10月。

恩施州广泛栽培，我国各地有栽培。

全草入药，治高血压、视网膜出血、肺出血。

4. 细柄野荞麦 *Fagopyrum gracilipes* (Hemsl.) Damm. ex Diels in Bot. Jahrb. 29: 31. 1900.

一年生草本。茎直立，高20~70厘米，自基部分枝，具纵棱，疏被短糙伏毛。叶卵状三角形，长2~4厘米，宽1.5~3厘米，顶端渐尖，基部心形，两面疏生短糙伏毛，下部叶叶柄长1.5~3厘米，具短糙伏毛，上部叶叶柄较短或近无梗；托叶鞘膜质，偏斜，具短糙伏毛，长4~5毫米，顶端尖。花序总状，腋生或顶生，极稀疏，间断，长2~4厘米，花序梗细弱，俯垂；苞片漏斗状，上部近缘膜质，中下部草质，绿色，每苞内具2~3朵花，花梗细弱，长2~3毫米，比苞片长，顶部具关节；花被5深裂，淡红色，花被片椭圆形，长2~2.5毫米，背部具绿色脉，果时花被稍增大；雄蕊8枚，比花被短；花柱3根，柱头头状。瘦果宽卵形，长约3毫米，具3条锐棱，有时沿棱生狭翅，有光泽，突出花被之外。花期6~9月，果期8~10月。

蓼科
Polygonaceae

恩施州广布，生山坡草地；分布于河南、陕西、甘肃、湖北、四川、云南及贵州。

蓼属 *Polygonum* L.

一年生或多年生草本，稀为半灌木或小灌木。茎直立、平卧或上升，无毛、被毛或具倒生钩刺，通常节部膨大。叶互生，线形、披针形、卵形、椭圆形、箭形或戟形，全缘，稀具裂片；托叶鞘膜质或草质，筒状，顶端截形或偏斜，全缘或分裂，有缘毛或无缘毛。花序穗状、总状、头状或圆锥状，顶生或腋生，稀为花簇，生于叶腋；花两性稀单性，簇生稀为单生；苞片及小苞片为膜质；花梗具关节；花被5深裂稀4裂，宿存；花盘腺状、环状，有时无花盘；雄蕊8枚，稀4~7枚；子房卵形；花柱2~3根，离生或中下部合生；柱头头状。瘦果卵形，具3棱或双凸镜状，包于宿存花被内或突出花被之外。

本属约230种；我国有113种26变种；恩施州产31种2变种。

分种检索表

1. 花单生或数朵成簇，生于叶腋，稀生于枝顶上部成总状花序；叶基部具关节；托叶鞘2裂，以后撕裂；花丝基部扩大或仅内侧者扩大。
  2. 花梗中部具关节；瘦果平滑，有光泽 ·················· 1. 习见蓼 *Polygonum plebeium*
  2. 花梗顶部具关节；瘦果密被小点或由小点组成的细条纹，无光泽或微有光泽 ·········· 2. 萹蓄 *Polygonum aviculare*
1. 花序总状、头状或圆锥状；托叶鞘既不为2裂也不为撕裂；叶基部无关节；花丝基部不扩大。
  3. 茎、叶柄具倒生皮刺。
    4. 托叶鞘叶状或边缘具叶状翅。
      5. 叶柄盾状着生；花被果时增大，肉质 ·················· 3. 杠板归 *Polygonum perfoliatum*
      5. 叶柄不为盾状着生；花被果时不增大，不为肉质。
        6. 叶戟形或长戟形 ·················· 4. 戟叶蓼 *Polygonum thunbergii*
        6. 叶三角形或长三角形。
          7. 托叶鞘边缘具叶状翅，翅肾圆形；花序梗被腺毛 ·················· 5. 刺蓼 *Polygonum senticosum*
          7. 托叶鞘边缘具1对叶状耳，耳披针形；花序梗无腺毛 ·················· 6. 大箭叶蓼 *Polygonum darrisii*
    4. 托叶鞘不为叶状，边缘无叶状翅。
      8. 托叶鞘顶端截形，具长缘毛 ·················· 7. 小蓼花 *Polygonum muricatum*
      8. 托叶鞘顶端偏斜，顶端具短缘毛或无毛。
        9. 苞片漏斗状，包围花序轴 ·················· 8. 稀花蓼 *Polygonum dissitiflorum*
        9. 苞片椭圆形，不包围花序轴，托叶鞘顶端无缘毛 ·················· 9. 箭叶蓼 *Polygonum sieboldii*
  3. 茎、叶柄无倒生皮刺。
    10. 花序圆锥状 ·················· 10. 松林蓼 *Polygonum pinetorum*
    10. 花序不为圆锥状。
      11. 花序头状。
        12. 一年生草本；叶疏生黄色透明腺点；叶柄具明显的翅；苞片无毛 ·················· 11. 尼泊尔蓼 *Polygonum nepalense*
        12. 多年生草本。
          13. 托叶鞘无毛，长1.5~3厘米，顶端偏斜，无缘毛；花被果时增大，呈肉质 ·················· 12. 火炭母 *Polygonum chinense*
          13. 托叶鞘具腺毛或柔毛，长不超过1.2厘米，顶端截形，具缘毛；花被果时不增大。
            14. 茎匍匐或平卧；茎基部木质化丛生；叶卵形或椭圆形；叶柄极短；托叶鞘具腺毛 ·················· 13. 头花蓼 *Polygonum capitatum*
            14. 茎直立或外倾。
              15. 叶全缘 ·················· 14. 小头蓼 *Polygonum microcephalum*
              15. 叶羽裂。
                16. 叶具1~3对侧生裂片；头状花序直径1~1.5厘米，通常成对 ·················· 15. 羽叶蓼 *Polygonum runcinatum*
                16. 叶具1对侧生裂片；头状花序直径5~7毫米，通常数个集成圆锥状 ··· 16. 赤胫散 *Polygonum runcinatum* var. *sinense*
      11. 总状花序呈穗状。
        17. 茎不分枝，稀上部分枝，具基部叶；根状茎粗壮，木质；托叶鞘顶端偏斜，无缘毛。

18. 花序下部生珠芽 ··· 17. 珠芽蓼 *Polygonum viviparum*
18. 花序不生珠芽。
　19. 基生叶宽披针形或狭卵形，基部沿叶柄下延成翅或微下延 ············· 18. 拳参 *Polygonum bistorta*
　19. 基生叶基部不下延。
　　20. 茎不分枝；基生叶不为卵形 ··· 19. 圆穗蓼 *Polygonum macrophyllum*
　　20. 茎分枝或不分枝；基生叶卵形。
　　　21. 根状茎横走，不为念珠状；茎粗壮；叶边缘稍外卷 ············· 20. 抱茎蓼 *Polygonum amplexicaule*
　　　21. 根状茎通常呈念珠状；茎细弱；叶边缘不外卷。
　　　　22. 花序紧密 ··· 21. 支柱蓼 *Polygonum suffultum*
　　　　22. 花序稀疏，细弱，下部间断 ················· 22. 细穗支柱蓼 *Polygonum suffultum* var. *pergracile*
17. 茎分枝，无基生叶；无根状茎或具细长的非木质根状茎；托叶鞘顶端截形，具缘毛。
　23. 多年生草本。
　　24. 托叶鞘密被长柔毛及长硬伏毛，缘毛长 1.5～2 厘米；茎被柔毛；叶两面被短柔毛；瘦果长 1.5～2 毫米 ··· 23. 毛蓼 *Polygonum barbatum*
　　24. 托叶鞘疏被短硬伏毛或短柔毛，缘毛长 1～1.2 厘米；茎无毛有时疏被短硬伏毛；叶两面疏被短硬伏毛；瘦果长 2.5～3 毫米 ·· 24. 蚕茧草 *Polygonum japonicum*
　23. 一年生草本。
　　25. 植株完全无毛 ·· 25. 光蓼 *Polygonum glabrum*
　　25. 植株被毛或仅沿叶脉及托叶鞘被毛。
　　　26. 花序梗被腺毛或腺体。
　　　　27. 花序梗疏被短腺毛；茎、枝疏生柔毛或近无毛；瘦果双凸镜状，稀具 3 棱 ·············26. 春蓼 *Polygonum persicaria*
　　　　27. 花序梗被腺体。
　　　　　28. 花被 5 深裂；瘦果卵形，具 3 棱 ·· 27. 黏蓼 *Polygonum viscoferum*
　　　　　28. 花被 4 深裂，稀 5 深裂；瘦果宽卵形，双凹 ··········· 28. 酸模叶蓼 *Polygonum lapathifolium*
　　　26. 花序梗无腺毛、腺体。
　　　　29. 托叶鞘顶端通常具缘色的翅；叶宽 5～12 厘米 ··················· 29. 红蓼 *Polygonum orientale*
　　　　29. 托叶鞘顶端无翅；叶宽不超过 4 厘米。
　　　　　30. 花被具腺点 ·· 30. 水蓼 *Polygonum hydropiper*
　　　　　30. 花被无腺点。
　　　　　　31. 叶基部楔形，长 6～10 厘米；花序紧密，不间断 ··········· 31. 愉悦蓼 *Polygonum jucundum*
　　　　　　31. 花序细弱，全部间断或下部间断。
　　　　　　　32. 叶卵状披针形或卵形，顶端尾状渐尖，基部宽楔形 ········ 32. 丛枝蓼 *Polygonum posumbu*
　　　　　　　32. 叶披针形，宽披针形或狭披针形，基部楔形 ·············· 33. 长鬃蓼 *Polygonum longisetum*

1. 习见蓼　*Polygonum plebeium* R. Br. Prodr. Fl. Nov. Holl. 420. 1810.

一年生草本。茎平卧，自基部分枝，长 10～40 厘米，具纵棱，沿棱具小突起，通常小枝的节间比叶片短。叶狭椭圆形或倒披针形，长 0.5～1.5 厘米，宽 2～4 毫米，顶端钝或急尖，基部狭楔形，两面无毛，侧脉不明显；叶柄极短或近无柄；托叶鞘膜质，白色，透明，长 2.5～3 毫米，顶端撕裂，花 3～6 朵，簇生于叶腋，遍布于全植株；苞片膜质；花梗中部具关节，比苞片短；花被 5 深裂；花被片长椭圆形，绿色，背部稍隆起，边缘白色或淡红色，长 1～1.5 毫米；雄蕊 5 枚，花丝基部稍扩展，比花被短；花柱 3 根，稀 2 根，极短，柱头头状。瘦果宽卵形，具 3 条锐棱或双凸镜状，长 1.5～2 毫米，黑褐色，平滑，有光泽，包于宿存花被内。花期 5～8 月，果期 6～9 月。

产于巴东，生于田边、路边；除西藏外，分布几遍全国；日本、印度、大洋洲、欧洲及非洲也有。

2. 萹蓄 *Polygonum aviculare* L. Sp. Pl. 362. 1753.

一年生草本。茎平卧、上升或直立，高 10～40 厘米，自基部多分枝，具纵棱。叶椭圆形，狭椭圆形或披针形，长 1～4 厘米，宽 3～12 毫米，顶端钝圆或急尖，基部楔形，边缘全缘，两面无毛，下面侧脉明显；叶柄短或近无柄，基部具关节；托叶鞘膜质，下部褐色，上部白色，撕裂脉明显。花单生或数朵簇生于叶腋，遍布于植株；苞片薄膜质；花梗细，顶部具关节；花被 5 深裂，花被片椭圆形，长 2～2.5 毫米，绿色，边缘白色或淡红色；雄蕊 8 枚，花丝基部扩展；花柱 3 根，柱头头状。瘦果卵形，具 3 棱，长 2.5～3 毫米，黑褐色，密被由小点组成的细条纹，无光泽，与宿存花被近等长或稍超过。花期 5～7 月，果期 6～8 月。

恩施州广布，生于田边路边；全国各地均有；北温带广泛分布。

全草供药用，有通经利尿、清热解毒功效。

3. 杠板归 *Polygonum perfoliatum* L. Sp. Pl. ed. 2. 521. 1762.

一年生草本。茎攀援，多分枝，长 1～2 米，具纵棱，沿棱具稀疏的倒生皮刺。叶三角形，长 3～7 厘米，宽 2～5 厘米，顶端钝或微尖，基部截形或微心形，薄纸质，上面无毛，下面沿叶脉疏生皮刺；叶柄与叶片近等长，具倒生皮刺，盾状着生于叶片的近基部；托叶鞘叶状，草质，绿色，圆形或近圆形，穿叶，直径 1.5～3 厘米。总状花序呈短穗状，不分枝顶生或腋生，长 1～3 厘米；苞片卵圆形，每苞片内具花 2～4 朵；花被 5 深裂，白色或淡红色，花被片椭圆形，长约 3 毫米，果时增大，呈肉质，深蓝色；雄蕊 8 枚，略短于花被；花柱 3 根，中上部合生；柱头头状。瘦果球形，直径 3～4 毫米，黑色，有光泽，包于宿存花被内。花期 6～8 月，果期 7～10 月。

恩施州广布，生于路旁；分布于黑龙江、吉林、辽宁、河北、山东、河南、陕西、甘肃、江苏、浙江、安徽、江西、湖南、湖北、四川、贵州、福建、台湾、广东、海南、广西、云南；朝鲜、日本、印度尼西亚、菲律宾、印度及俄罗斯也有。

4. 戟叶蓼 *Potygonum thunbergii* Sieb. et Zucc. in Abh. Math.-Phys. Cl. Konigl. Bayer. Akad. Wiss. 4 (3): 208. 1846.

一年生草本。茎直立或上升，具纵棱，沿棱具倒生皮刺，基部外倾，节部生根，高 30～90 厘米。叶戟形，长 4～8 厘米，宽 2～4 厘米，顶端渐尖，基部截形或近心形，两面疏生刺毛，极少具稀疏的星状毛，边缘具短缘毛，中部裂片卵形或宽卵形，侧生裂片较小，卵形，叶柄长 2～5 厘米，具倒生皮刺，通

常具狭翅；托叶鞘膜质，边缘具叶状翅，翅近全缘，具粗缘毛。花序头状，顶生或腋生，分枝，花序梗具腺毛及短柔毛；苞片披针形，顶端渐尖，边缘具缘毛，每苞内具2~3朵花；花梗无毛，比苞片短，花被5深裂，淡红色或白色，花被片椭圆形，长3~4毫米；雄蕊8枚，成2轮，比花被短；花柱3根，中下部合生，柱头头状。瘦果宽卵形，具3棱，黄褐色，无光泽，长3~3.5毫米，包于宿存花被内。花期7~9月，果期8~10月。

恩施州广布，生于山谷沟边、山坡草丛中；广泛分布于我国各省；朝鲜、日本、俄罗斯也有。

5. 刺蓼 *Polygonum senticosum* (Meisn.) Franch. et Sav. Enum. Pl. Jap. 1: 401. 1875.

茎攀援，长1~1.5米，多分枝，被短柔毛，四棱形，沿棱具倒生皮刺。叶片三角形或长三角形，长4~8厘米，宽2~7厘米，顶端急尖或渐尖，基部戟形，两面被短柔毛，下面沿叶脉具稀疏的倒生皮刺，边缘具缘毛；叶柄粗壮，长2~7厘米，具倒生皮刺；托叶鞘筒状，边缘具叶状翅，翅肾圆形，草质，绿色，具短缘毛。花序头状，顶生或腋生，花序梗分枝，密被短腺毛；苞片长卵形，淡绿色，边缘膜质，具短缘毛，每苞内具花2~3朵；花梗粗壮，比苞片短；花被5深裂，淡红色，花被片椭圆形，长3~4毫米；雄蕊8枚，成2轮，比花被短；花柱3根，中下部合生；柱头头状。瘦果近球形，微具3棱，黑褐色，无光泽，长2.5~3毫米，包于宿存花被内。花期6~7月，果期7~9月。

恩施州广布，生于山坡林下；分布于东北、河北、河南、山东、江苏、浙江、安徽、湖南、湖北、台湾、福建、广东、广西、贵州和云南；日本、朝鲜也有。

6. 大箭叶蓼 *Polygonum darrisii* Levl. in Fedde, Rep. Sp. Nov. 11: 297. 1912.

一年生草本。茎蔓生，长1~2米，暗红色，四棱形，沿棱具稀疏的倒生皮刺。叶长三角形或三角状箭形，长4~10厘米，宽3~5厘米，顶端渐尖，基部箭形，边缘疏生刺状缘毛，上面无毛，下面沿中脉疏生皮刺；叶柄长3~6厘米，具倒生皮刺；托叶鞘筒状，边缘具1对叶状耳，耳披针形，草质，绿色，长0.6~1.5厘米。总状花序头状，顶生或腋生，花序梗通常不分枝，无腺毛，具稀疏的倒生短皮刺；苞片长卵形，顶端渐尖，每苞内通常具2朵花；花梗短，比苞片短；花被5深裂，白色或淡红色，花被片椭圆形，雄蕊8枚，比花被短；花柱3根，中下部合生，柱头头状。瘦果近球形，微具3棱，黑褐色，有光泽，长约3毫米，包于宿存花被内。花期6~8月，果期7~10月。

恩施州广布，生于山地路旁；分布于河南、陕西、甘肃、江苏、浙江、安徽、江西、湖南、湖北、福建、广东、广西、四川、贵州和云南。

7. 小蓼花　*Polygonum muricatum* Meisn. Monogr. 74. 1826.

一年生草本。茎上升，多分枝，具纵棱，棱上有极稀疏的倒生短皮刺，皮刺长 0.5～1 毫米，基部近平卧，节部生根，高 80～100 厘米。叶卵形或长圆状卵形，长 2.5～6 厘米，宽 1.5～3 厘米，顶端渐尖或急尖，基部宽截形、圆形或近心形，上面通常无毛或疏生短柔毛，极少具稀疏的短星状毛，下面疏生短星状毛及短柔毛，沿中脉具倒生短皮刺或糙伏毛，边缘密生短缘毛；叶柄长 0.7～2 厘米，疏被倒生短皮刺；托叶鞘筒状，膜质，长 1～2 厘米，无毛，具数条明显的脉，顶端截形，具长缘毛。总状花序呈穗状，极短，由数个穗状花序再组成圆锥状，花序梗密被短柔毛及稀疏的腺毛；苞片宽椭圆形或卵形，具缘毛，每苞片内具 2 朵花；花梗长约 2 毫米，比苞片短；花被 5 深裂，白色或淡紫红色，花被片宽椭圆形，长 2～3 毫米；雄蕊通常 6～8 枚，花柱 3 根；柱头头状。瘦果卵形，具 3 棱，黄褐色，平滑，有光泽，长 2～2.5 毫米，包于宿存花被内。花期 7～8 月，果期 9～10 月。

产于建始、利川，生于山谷水边；分布于吉林、黑龙江、陕西、华东、华中、华南、四川、贵州和云南；朝鲜、日本、印度、尼泊尔、泰国也有。

8. 稀花蓼　*Polygonum dissitiflorum* Hemsl. in Journ. Linn. Soc. 26: 338. 1891.

一年生草本。茎直立或下部平卧，分枝，具稀疏的倒生短皮刺，通常疏生星状毛，高 70～100 厘米。叶卵状椭圆形，长 4～14 厘米，宽 3～7 厘米，顶端渐尖，基部戟形或心形，边缘具短缘毛，上面绿色，疏生星状毛及刺毛，下面淡绿色，疏生星状毛，沿中脉具倒生皮刺；叶柄长 2～5 厘米，通常具星状毛及倒生皮刺；托叶鞘膜质，长 0.6～1.5 厘米，偏斜，具短缘毛。花序圆锥状，顶生或腋生，花稀疏，间断，花序梗细，紫红色，密被紫红色腺毛；苞片漏斗状，包围花序轴，长 2.5～3 毫米，绿色，具缘毛，每苞内具 1～2 朵花；花梗无毛，与苞片近等长；花被 5 深裂，淡红色，花被片椭圆形，长约 3 毫米；雄蕊 7～8 枚，比花被短；花柱 3 根，中下部合生。瘦果近球形，顶端微具 3 棱，暗褐色，长 3～3.5 毫米，包于宿存花被内。花期 6～8 月，果期 7～9 月。

产于利川，生于河边湿地、山谷沟边；广泛分布于东北、河北、山西、华东、华中、陕西、甘肃、四川及贵州；朝鲜、俄罗斯也有。

9. 箭叶蓼　*Polygonum sieboldii* Meisn. in DC. Prodr. 14 (1): 133. 1856.

一年生草本。茎基部外倾，上部近直立，有分枝，无毛，四棱形，沿棱具倒生皮刺。叶宽披针形或长圆形，长 2.5～8 厘米，宽 1～2.5 厘米，顶端急尖，基部箭形，上面绿色，下面淡绿色，两面无毛，下面沿中脉具倒生短皮刺，边缘全缘，无缘毛；叶柄长 1～2 厘米，具倒生皮刺；托叶鞘膜质，偏斜，无缘毛，长 0.5～1.3 厘米。花序头状，通常成对，顶生或腋生，花序梗细长，疏生短皮刺；苞片椭圆形，顶端急尖，背部绿色，边缘膜质，每苞内具 2～3 朵花；花梗短，长 1～1.5 毫米，比苞片短；花被 5 深裂，白色或淡紫红色，花被片长圆形，长约 3 毫米；雄蕊 8 枚，比花被短；花柱 3 根，中下部合生。瘦果宽卵形，具 3 棱，黑色，无光泽，长约 2.5 毫米，包于宿存花被内。花期6~9月，果期8~10月。

产于利川、巴东，生于山谷水边；分布于东北、华北、华东、华中、陕西、甘肃、四川、贵州、云南；朝鲜、日本、俄罗斯也有。

全草供药用，有清热解毒，止痒功效。

10. 松林蓼 Polygonum pinetorum Hemsl. in Journ. Linn. Soc. Bot. 26: 345. 1891.

多年生草本。茎直立，高50~120厘米，具明显的纵棱，自上部分枝，被短柔毛，下部毛常脱落。叶椭圆形或椭圆状披针形，长7~12厘米，宽2~5厘米，顶端长渐尖，通常下部两侧收缩，基部截形或楔形，边缘全缘，密生短缘毛，薄纸质，上面绿色，下面淡绿色，两面疏生短柔毛；叶柄长1~1.5厘米，具短柔毛；托叶鞘膜质，褐色，偏斜，长1~2厘米，沿脉生柔毛，开裂。花序圆锥状，顶生或腋生，长可达10厘米，花序轴及分枝具柔毛；苞片卵形，较小，长1~1.5毫米，每苞内具1朵花；花梗细弱，长3~4毫米，被短柔毛，顶部具关节；花被白色或淡红色，5深裂，花被片宽倒卵形，不等大，长3~4毫米，易自节部脱落；雄蕊8枚，比花被短；花柱3根，丝形，长1.5~2毫米，柱头头状。瘦果宽卵形，具3棱，长3~4毫米，深褐色，微有光泽，与宿存花被近等长。花期5~7月，果期7~9月。

产于鹤峰、巴东，生于山谷林下；分布于陕西、甘肃、湖北、四川及云南。

11. 尼泊尔蓼 Polygonum nepalense Meisn. Monogr. Polyg. 84. t. 7. f. 2. 1826.

一年生草本。茎外倾或斜上，自基部多分枝，无毛或在节部疏生腺毛，高20~40厘米。茎下部叶卵形或三角状卵形，长3~5厘米，宽2~4厘米，顶端急尖，基部宽楔形，沿叶柄下延成翅，两面无毛或疏被刺毛，疏生黄色透明腺点，茎上部较小；叶柄长1~3厘米，或近无柄，抱茎；托叶鞘筒状，长5~10毫米，膜质，淡褐色，顶端斜截形，无缘毛，基部具刺毛。花序头状，顶生或腋生，基部常具一叶状总苞片，花序梗细长，上部具腺毛；苞片卵状椭圆形，通常无毛，边缘膜质，每苞内具1朵花；花梗比苞片短；花被通常4裂，淡紫红色或白色，花被片长圆形，长2~3毫米，顶端圆钝；雄蕊5~6枚，与花被近等长，花药暗紫色；花柱2根，下部合生，柱头头状。瘦果宽卵形，双凸镜状，长2~2.5毫米，黑色，密生洼点。无光泽，包于宿存花被内。花期5~8月，果期7~10月。

恩施州广布，生于山坡路旁；除新疆外，全国有分布；朝鲜、日本、俄罗斯、阿富汗、巴基斯坦、印度、尼泊尔、菲律宾、印度尼西亚及非洲也有。

12. 火炭母 *Polygonum chinense* L. Sp. Pl. 363. 1753.

多年生草本，基部近木质。根状茎粗壮。茎直立，高70～100厘米，通常无毛，具纵棱，多分枝，斜上。叶卵形或长卵形，长4～10厘米，宽2～4厘米，顶端短渐尖，基部截形或宽心形，边缘全缘，两面无毛，有时下面沿叶脉疏生短柔毛，下部叶具叶柄，叶柄长1～2厘米，通常基部具叶耳，上部叶近无柄或抱茎；托叶鞘膜质，无毛，长1.5～2.5厘米，具脉纹，顶端偏斜，无缘毛。花序头状，通常数个排成圆锥状，顶生或腋生，花序梗被腺毛；苞片宽卵形，每苞内具1～3朵花；花被5深裂，白色或淡红色，裂片卵形，果时增大，呈肉质，蓝黑色；雄蕊8枚，比花被短；花柱3根，中下部合生。瘦果宽卵形，具3棱，长3～4毫米，黑色，无光泽，包于宿存的花被。花期7～9月，果期8～10月。

恩施州广布，生于山坡草地；分布于陕西、甘肃、华东、华中、华南和西南；日本、菲律宾、马来西亚、印度也有。

根状茎供药用，清热解毒、散瘀消肿。

13. 头花蓼 *Polygonum capitatum* Buch.-Ham. ex D. Don Prodr. Fl. Nep. 73. 1825.

多年生草本。茎匍匐，丛生，基部木质化，节部生根，节间比叶片短，多分枝，疏生腺毛或近无毛，一年生枝近直立，具纵棱，疏生腺毛。叶卵形或椭圆形，长1.5～3厘米，宽1～2.5厘米，顶端尖，基部楔形，全缘，边缘具腺毛，两面疏生腺毛，上面有时具黑褐色新月形斑点；叶柄长2～3毫米，基部有时具叶耳；托叶鞘筒状，膜质，长5～8毫米，松散，具腺毛，顶端截形，有缘毛。花序头状，直径6～10毫米，单生或成对，顶生；花序梗具腺毛；苞片长卵形，膜质；花梗极短；花被5深裂，淡红色，花被片椭圆形，长2～3毫米；雄蕊8枚，比花被短；花柱3根，中下部合生，与花被近等长；柱头头状。瘦果长卵形，具3棱，长1.5～2毫米，黑褐色，密生小点，微有光泽，包于宿存花被内。花期6～9月，果期8～10月。

恩施州广布，生于山谷林下；分布于江西、湖南、湖北、四川、贵州、广东、广西、云南、西藏；印度、尼泊尔、不丹、缅甸、越南也有。

全草入药，治尿道感染、肾盂肾炎。

14. 小头蓼 *Polygonum microcephalum* D. Don, Prodr. Fl. Nep. 72. 1825.

多年生草本，具根状茎。茎直立或外倾，高40～60厘米，具纵棱，分枝。叶宽卵形或三角状卵形，长6～10厘米，宽2～4厘米，顶端渐尖，基部近圆形，沿叶柄下延，无毛或疏生柔毛；叶柄具翅；托叶

鞘筒状，松散，长7~10毫米，被柔毛，顶端截形，有缘毛。花序头状，直径5~7毫米，顶生，通常成对，花序梗无毛；苞片卵形，顶端尖；花被5深裂，白色，花被片椭圆形，长2~3毫米；雄蕊8枚，比花被短；花3朵，中下部合生，柱头头状。瘦果宽卵形，具3棱，长2~2.5毫米，黑褐色，具小点，无光泽。花期5~9月，果期7~11月。

恩施州广布，生于山坡林下；分布于陕西、甘肃、湖北、湖南、四川、贵州、云南及西藏；印度、尼泊尔、不丹也有。

15. 羽叶蓼　　*Polygonum runcinatum* Buch.-Ham. ex D. Don. Prodr. Fl. Nep. 73. 1825.

多年生草本，具根状茎。茎近直立或上升，高30~60厘米，具纵棱，有毛或近无毛，节部通常具倒生伏毛，叶羽裂，长4~8厘米，宽2~4厘米，顶生裂片较大，三角状卵形，顶端渐尖，侧生裂片1~3对，两面疏生糙伏毛，具短缘毛，下部叶叶柄具狭翅，基部有耳，上部叶叶柄较短或近无柄；托叶鞘膜质，筒状，松散，长约1厘米，有柔毛，顶端截形，具缘毛。花序头状，紧密，直径1~1.5厘米，顶生通常成对，花序梗具腺毛；苞片长卵形，边缘膜质；花梗细弱，比苞片短；花被5深裂，淡红色或白色，花被片长卵形，长3~3.5毫米；雄蕊

通常8枚，比花被短，花药紫色；花柱3根，中下部合生。瘦果卵形，具3棱，长2~3毫米，黑褐色，无光泽，包于宿存花被内。花期4~8月，果期6~10月。

产于来凤、利川，生于山坡路旁；分布于湖南、湖北、四川、贵州、台湾、广西、云南及西藏；印度、尼泊尔、缅甸、泰国、菲律宾、马来西亚也有。

16. 赤胫散（变种）　　*Polygonum runcinatum* Buch.-Ham. ex D. Don var. *sinense* Hemsl. in Journ. Linn. Soc. Bot. 26: 347. 1891.

本变种与羽叶蓼 *P. runcinatum* 的主要区别是头状花序较小，直径5~7毫米，数个再集成圆锥状；叶基部通常具1对裂片，两面无毛或疏生短糙伏毛。花期4~8月，果期6~10月。

恩施州广布，生于山坡；分布于河南、陕西、甘肃、浙江、安徽、湖北、湖南、广西、四川、贵州、云南及西藏。

根状茎及全草入药，清热解毒、活血止血。

17. 珠芽蓼　　*Polygonum viviparum* L. Sp. Pl. 360. 1753.

多年生草本。根状茎粗壮，弯曲，黑褐色，直径1~2厘米。茎直立，高15~60厘米，不分枝，通常2~4条自根状茎发出。基生叶长圆形或卵状披针形，长3~10厘米，宽0.5~3厘米，顶端尖或渐尖，

基部圆形、近心形或楔形，两面无毛，边缘脉端增厚。外卷，具长叶柄；茎生叶较小披针形，近无柄；托叶鞘筒状，膜质，下部绿色，上部褐色，偏斜，开裂，无缘毛。总状花序呈穗状，顶生，紧密，下部生珠芽；苞片卵形，膜质，每苞内具1~2朵花；花梗细弱；花被5深裂，白色或淡红色。花被片椭圆形，长2~3毫米；雄蕊8枚，花丝不等长；花柱3根，下部合生，柱头头状。瘦果卵形，具3棱，深褐色，有光泽，长约2毫米，包于宿存花被内。花期5~7月，果期7~9月。

恩施州广布，生于山坡林下，广泛分布于黄河以北；朝鲜、日本、蒙古、印度、欧洲及北美也有。

根状茎入药，清热解毒，止血散瘀。

18. 拳参 *Polygonum bistorta* L. Sp. Pl. 360. 1753.

多年生草本。根状茎肥厚，直径1~3厘米，弯曲，黑褐色。茎直立，高50~90厘米，不分枝，无毛，通常2~3条自根状茎发出。基生叶宽披针形或狭卵形，纸质，长4~18厘米，宽2~5厘米；顶端渐尖或急尖，基部截形或近心形，沿叶柄下延成翅，两面无毛或下面被短柔毛，边缘外卷，微呈波状，叶柄长10~20厘米；茎生叶披针形或线形，无柄；托叶筒状，膜质，下部绿色，上部褐色，顶端偏斜，开裂至中部，无缘毛。总状花序呈穗状，顶生，长4~9厘米，直径0.8~1.2厘米，紧密；苞片卵形，顶端渐尖，膜质，淡褐色，中脉明显，每苞片内含3~4朵花；花梗细弱，开展，长5~7毫米，比苞片长；花被5深裂，白色或淡红色，花被片椭圆形，长2~3毫米；雄蕊8枚，花柱3根，柱头头状。瘦果椭圆形，两端尖，褐色，有光泽，长约3.5毫米，稍长于宿存的花被。花期6~7月，果期8~9月。

产于恩施、巴东，生于山坡草地；分布于东北、华北、陕西、宁夏、甘肃、山东、河南、江苏、浙江、江西、湖南、湖北、安徽；日本、蒙古、俄罗斯也有。

根状茎入药，清热解毒，散结消肿。

19. 圆穗蓼 *Polygonum macrophyllum* D. Don, Prodr. Fl. Nep. 70. 1825.

多年生草本。根状茎粗壮，弯曲，直径1~2厘米。茎直立，高8~30厘米，不分枝，2~3条自根状茎发出。基生叶长圆形或披针形，长3~11厘米，宽1~3厘米，顶端急尖，基部近心形，上面绿色，下面灰绿色，有时疏生柔毛，边缘叶脉增厚，外卷；叶柄长3~8厘米；茎生叶较小狭披针形或线形，叶柄短或近无柄；托叶鞘筒状，膜质，下部绿色，上部褐色，顶端偏斜，开裂，无缘毛。总状花序呈短穗状，顶生，长1.5~2.5厘米，直径1~1.5厘米；苞片膜质，卵形，顶端渐尖，长3~4毫米，每苞内具2~3朵花；花梗细弱，比苞片长；花被5深裂，淡红色或白色，花被片椭圆形，长2.5~3毫米；雄蕊8枚，比花被长，花药黑紫色；花柱3根，基部合生，柱头头状。瘦果卵形，具3棱，长2.5~3毫米，黄褐色，有光泽，包于宿存花被内。花期7~8月，果期9~10月。

产于巴东，生于山坡草地；分布于陕西、甘肃、青海、湖北、四川、云南、贵州和西藏；印度、尼泊尔、不丹也有。

20. 抱茎蓼 *Polygonum amplexicaule* D. Don, Prodr. Fl. Nep. 70. 1825.

多年生草本。根状茎粗壮，横走，紫褐色，长可达15厘米。茎直立，粗壮，分枝，高20~60厘米，通常数朵。基生叶卵形或卵形，长4~10厘米，宽2~5厘米，顶端长渐尖，基部心形，边缘脉端微增厚，稍外卷，上面绿色，无毛，下面淡绿色，有时沿叶脉具短柔毛，叶柄比叶片长或近等长；茎生叶长卵形，较小具短柄，上部叶近无柄或抱茎；托叶鞘筒状，膜质，褐色，长2~4厘米，开裂至基部，无缘毛。总状花序呈穗状，紧密，顶生或腋生，长2~4厘米，直径1~1.3厘米；苞片卵圆形，膜质，褐色，具2~3朵花；花梗细弱，比苞片长；花被深红色，5深裂，花被片椭圆形，长4~5毫米，宽2~2.5毫米；雄蕊8枚；花柱3根，离生，柱头头状。瘦果椭圆形，两端尖，黑褐色，有光泽，长4~5毫米，稍突出花被之外。花期8~9月，果期9~10月。

恩施州广布，生于山坡林下、山谷草地；分布于湖北、四川、云南、西藏；尼泊尔、印度、不丹、巴基斯坦也有。

根状茎供药用，顺气解痉、散瘀止血。

21. 支柱蓼 *Polygonum suffultum* Maxim. in Bull. Acad. Sci. St. Petersb. 22: 233. 1876.

多年生草本。根状茎粗壮，通常呈念珠状，黑褐色，茎直立或斜上，细弱，上部分枝或不分枝，通常数条自根状茎发，高10~40厘米，基生叶卵形或长卵形，长5~12厘米，宽3~6厘米，顶端渐尖或急尖，基部心形，全缘，疏生短缘毛，两面无毛或疏生短柔毛，叶柄长4~15厘米；茎生叶卵形，较小具短柄，最上部的叶无柄，抱茎；托叶鞘膜质，筒状，褐色，长2~4厘米，顶端偏斜，开裂，无缘毛。总状花序呈穗状，紧密，顶生或腋生，长1~2厘米；苞片膜质，长卵形，顶端渐尖，长约3毫米，每苞内具2~4朵花；花梗细弱，长2~2.5毫米，比苞片短；

花被5深裂，白色或淡红色，花被片倒卵形或椭圆形，长3~3.5毫米；雄蕊8枚，比花被长；花柱3根，基部合生，柱头头状。瘦果宽椭圆形，具3条锐棱，长3.5~4毫米，黄褐色，有光泽，稍长于宿存花被。花期6~7月，果期7~10月。

恩施州广布，生于山坡路边或林下阴湿处；分布于河北、山西、河南、陕西、甘肃、青海、宁夏、浙江、安徽、江西、湖南、湖北、四川、贵州及云南；日本、朝鲜也有。

根状茎入药，活血止痛，散瘀消肿。

蓼科
Polygonaceae

22. 细穗支柱蓼（变种） *Polygonum suffultum* Maxim. var. *pergracile* (Hemsl.) Sam. in Hand. -Mazz. Symb. Sin. 7: 176. 1929.

本变种与支柱蓼 *P. suffultum* 的区别是花序稀疏，细弱，下部间断。花期 6～7 月，果期 7～10 月。

恩施州广布，生于路边和山谷林下；分布于陕西、甘肃、浙江、安徽、湖北、四川、云南、贵州及西藏。

23. 毛蓼 *Polygonum barbatum* L. Sp. Pl. 362. 1753.

多年生草本，根状茎横走；茎直立，粗壮，高 40～90 厘米，具短柔毛，不分枝或上部分枝。叶披针形或椭圆状披针形，长 7～15 厘米，宽 1.5～4 厘米，顶端渐尖，基部楔形，边缘具缘毛，两面疏被短柔毛；叶柄长 5～8 毫米，密生细刚毛；托叶鞘筒状，长 1.5～2 厘米，密被细刚毛，顶端截形，缘毛粗壮，长 1.5～2 厘米。总状花序呈穗状，紧密，直立，长 4～8 厘米，顶生或腋生，通常数个组成圆锥状，稀单生；苞片漏斗状，无毛，边缘具粗缘毛，每苞内具 3～5 朵花，花梗短；花被 5 深裂，白色或淡绿色，花被片椭圆形，长 1.5～2 毫米，雄蕊 5～8 枚；花柱 3 根，柱头头状。瘦果卵形，具 3 棱，黑色，有光泽，长 1.5～2 毫米，包于宿存花被内。花期 8～9 月，果期 9～10 月。

产于来凤，生于山谷林下；分布于江西、湖北、湖南、台湾、福建、广东、海南、广西、四川、贵州、云南；印度、缅甸、菲律宾也有。

24. 蚕茧草 *Polygonum japonicum* Meisn. in DC. Prodr. 14 (1): 112. 1856.

多年生草本；根状茎横走。茎直立，淡红色，无毛有时具稀疏的短硬伏毛，节部膨大，高 50～100 厘米。叶披针形，近薄革质，坚硬，长 7～15 厘米，宽 1～2 厘米，顶端渐尖，基部楔形，全缘，两面疏生短硬伏毛，中脉上毛较密，边缘具刺状缘毛；叶柄短或近无柄；托叶鞘筒状，膜质，长 1.5～2 厘米，具硬伏毛，顶端截形，缘毛长 1～1.2 厘米。总状花序呈穗状，长 6～12 厘米，顶生，通常数个再集成圆锥状；苞片漏斗状，绿色，上部淡红色，具缘毛，每苞内具 3～6 朵花；花梗长 2.5～4 毫米；雌雄异株，花被 5 深裂，白

色或淡红色，花被片长椭圆形，长 2.5～3 毫米，雄花雄蕊 8 枚，雄蕊比花被长，雌花花柱 2～3 根，中下部合生，花柱比花被长。瘦果卵形，具 3 棱或双凸镜状，长 2.5～3 毫米，黑色，有光泽，包于宿存花被内。夏秋间开花，秋季结果。

恩施州广布，生于山谷林下；分布于山东、河南、陕西、江苏、浙江、安徽、江西、湖南、湖北、四川、贵州、福建、台湾、广东、广西、云南、西藏；朝鲜、日本也有。

全草供药用，散寒、活血、止痢。

25. 光蓼 *Polygonum glabrum* Willd. Sp. Pl. 2: 477. 1799.

一年生草本。茎直立，高 70～100 厘米，少分枝，无毛，节部膨大。叶披针形或长圆状披针形，长 81～18 厘米，宽 1.5～3 厘米，顶端狭渐尖，基部狭楔形，两面无毛，边缘全缘，无缘毛；叶柄粗壮，长 8～10 毫米；托叶鞘筒状，膜质，具数条纵脉，无毛，长 1～3 厘米，顶端截形，无缘毛。总状花序呈穗状，顶生或腋生，长 4～12 厘米，花排列紧密，通常数个穗状花序再组成圆锥状；苞片漏斗状，无缘毛，每苞具 3～4 朵花；花梗粗壮，顶部具关节，比苞片长；花被 5 深裂，白色或淡红色，花被片椭圆形，长

3~4毫米,脉细弱,顶端叉分,不外弯,雄蕊6~8枚;花柱2根,中下部合生。瘦果卵形,双凸镜状,长2.5~3毫米,黑褐色,有光泽,包于宿存花被内。花期6~8月,果期7~9月。

产于巴东,生于山谷沟边或池塘边;分布于湖南、湖北、福建、广东、海南、广西;印度、越南、缅甸、泰国等也有。

26. 春蓼 *Polygonum persicaria* L. Sp. Pl. 361. 1753.

一年生草本。茎直立或上升,分枝或不分枝,疏生柔毛或近无毛,高40~80厘米。叶披针形或椭圆形,长4~15厘米,宽1~2.5厘米,顶端渐尖或急尖,基部狭楔形,两面疏生短硬伏毛,下面中脉上毛较密,上面近中部有时具黑褐色斑点,边缘具粗缘毛;叶柄长5~8毫米,被硬伏毛;托叶鞘筒状,膜质,长1~2厘米,疏生柔毛,顶端截形,缘毛长1~3毫米。总状花序呈穗状,顶生或腋生,较紧密,长2~6厘米,通常数个再集成圆锥状,花序梗具腺毛或无毛;苞片漏斗状,紫红色,具缘毛,每苞内含5~7朵花;花梗长2.5~3毫米,花被通常5深裂,紫红色,花被片长圆形,长2.5~3毫米,脉明显;雄蕊6~7枚,花柱2根,偶3根,中下部合生,瘦果近圆形或卵形,双凸镜状,稀具3棱,长2~2.5毫米,黑褐色,平滑,有光泽,包于宿存花被内。花期6~9月,果期7~10月。

产于宣恩,生于山谷沟边;分布于东北、华北、西北、华中、广西、四川及贵州;欧洲、非洲及北美也有。

27. 粘蓼 *Polygonum viscoferum* Mak. in Bot. Mag. Tokyo 17: 115. 1903.

一年生草本。茎直立30~70厘米,通常自基分枝,节间上部具柔毛。叶披针形或宽披针形,长4~10厘米,宽1~2厘米,顶端渐尖,基部圆形或楔形,边缘具长缘毛,两面疏生糙硬毛,中脉上的毛较密;叶柄极短或近无柄;托叶鞘筒状,膜质,长6~12毫米,具长糙硬毛,顶端截形,具长缘毛。总状花序呈穗状,细弱,顶生或腋生,长4~7厘米,通常数个再组成圆锥状,花稀疏或密生,下部间断,花序梗无毛,疏生分泌黏液的腺体;苞片漏斗状,绿色,无毛,边缘膜质,具缘毛,每苞内含花3~5朵,花梗比苞片长;花被4~5深裂,淡绿色,花被片椭圆形,长1~1.5毫米;雄蕊7~8枚,比花被短;花柱3根,中下部合生。瘦果椭圆形,具3棱,黑褐色,平滑,有光泽。长约1.5毫米。包于宿存花被内。花期7~9月,果期8~10月。

恩施州广布,生于山谷沟边或路边湿地;分布于东北、河北、华东、华中、四川及贵州;朝鲜、日本、俄罗斯也有。

28. 酸模叶蓼 *Polygonum lapathifolium* L. Sp. Pl. 360. 1753.

一年生草本,高40~90厘米。茎直立,具分枝,无毛,节部膨大。叶披针形或宽披针形,长5~15厘米,宽1~3厘米,顶端渐尖或急尖,基部楔形,上面绿色,常有一个大的黑褐色新月形斑点,两面沿中脉被短硬伏毛,全缘,边缘具粗缘毛;叶柄短,具短硬伏毛;托叶鞘筒状,长1.5~3厘米,膜质,淡褐色,无毛,具多数脉,顶端截形,无缘毛,稀具短缘毛。总状花序呈穗状,顶生

或腋生，近直立，花紧密，通常由数个花穗再组成圆锥状，花序梗被腺体；苞片漏斗状，边缘具稀疏短缘毛；花被淡红色或白色，4~5深裂，花被片椭圆形，外面两面较大，脉粗壮，顶端叉分，外弯；雄蕊通常6枚。瘦果宽卵形，双凹，长2~3毫米，黑褐色，有光泽，包于宿存花被内。花期6~8月，果期7~9月。

恩施州广布，生于路旁或田、池塘里；广布于我国南北各省区；朝鲜、日本、蒙古、菲律宾、印度、巴基斯坦及欧洲也有。

29. 红蓼 *Polygonum orientale* L. Sp. Pl. 362. 1753.

一年生草本。茎直立，粗壮，高1~2米，上部多分枝，密被开展的长柔毛。叶宽卵形、宽椭圆形或卵状披针形，长10~20厘米，宽5~12厘米，顶端渐尖，基部圆形或近心形，微下延，边缘全缘，密生缘毛，两面密生短柔毛，叶脉上密生长柔毛；叶柄长2~10厘米，具开展的长柔毛；托叶鞘筒状，膜质，长1~2厘米，被长柔毛，具长缘毛，通常沿顶端具草质、绿色的翅。总状花序呈穗状，顶生或腋生，长3~7厘米，花紧密，微下垂，通常数个再组成圆锥状；苞片宽漏斗状，长3~5毫米，草质，绿色，被短柔毛，边缘具长缘毛，每苞内具3~5朵花；花梗比苞片长；花被5深裂，淡红色或白色；花被片椭圆形，长3~4毫米；雄蕊7枚，比花被长；花盘明显；花柱2根，中下部合生，比花被长，柱头头状。瘦果近圆形，双凹，直径3~3.5毫米，黑褐色，有光泽，包于宿存花被内。花期6~9月，果期8~10月。

产于利川、鹤峰，生于村边路旁；除西藏外，广布于全国各地；朝鲜、日本、俄罗斯、菲律宾、印度、欧洲和大洋洲也有。

果实入药，有活血、止痛、消积、利尿功效。

30. 水蓼 *Polygonum hydropiper* L. Sp. Pl. 361. 1753.

一年生草本，高40~70厘米。茎直立，多分枝，无毛，节部膨大。叶披针形或椭圆状披针形，长4~8厘米，宽0.5~2.5厘米，顶端渐尖，基部楔形，边缘全缘，具缘毛，两面无毛，被褐色小点，有时沿中脉具短硬伏毛，具辛辣味，叶腋具闭花受精花；叶柄长4~8毫米；托叶鞘筒状，膜质，褐色，长1~1.5厘米，疏生短硬伏毛，顶端截形，具短缘毛，通常托叶鞘内藏有花簇。总状花序呈穗状，顶生或腋生，长3~8厘米，通常下垂，花稀疏，下部间断；苞片漏斗状，长2~3毫米，绿色，边缘膜质，疏生短缘毛，每苞内具3~5朵花；花梗比苞片长；花被5深裂，稀4裂，绿色，上部白色或淡红色，被黄褐色透明腺点，花被片椭圆形，长3~3.5毫米；雄蕊6枚，稀8枚，比花被短；花柱2~3根，柱头头状。瘦果卵形，长2~3毫米，双凸镜状或具3棱，密被小点，黑褐色，无光泽，包于宿存花被内。花期5~9月，果期6~10月。

恩施州广布，生于山谷林中或路边、田中；我国南北各省区均有；朝鲜、日本、印度尼西亚、印度、欧洲及北美也有。

全草入药，消肿解毒、利尿、止痢。古代为常用调味剂。

31. 愉悦蓼　*Polygonum jucundum* Meisn. Monogr. Polyg. 71. 1826.

一年生草本。茎直立，基部近平卧，多分枝，无毛，高60~90厘米。叶椭圆状披针形，长6~10厘米，宽1.5~2.5厘米，两面疏生硬伏毛或近无毛，顶端渐尖基部楔形，边缘全缘，具短缘毛；叶柄长3~6毫米；托叶鞘膜质，淡褐色，筒状，0.5~1厘米，疏生硬伏毛，顶端截形，缘毛长5~11毫米。总状花序呈穗状，顶生或腋生，长3~6厘米，花排列紧密；苞片漏斗状，绿色，缘毛长1.5~2毫米，每苞内具3~5朵花；花梗长4~6毫米，明显比苞片长；花被5深裂，花被片长圆形，长2~3毫米；雄蕊7~8枚；花柱3根，下部合生，柱头头状。瘦果卵形，具3棱，黑色，有光泽，长约2.5毫米，包于宿存花被内。花期8~9月，果期9~11月。

产于巴东，生于山坡草地或路边；分布于陕西、甘肃、江苏、浙江、安徽、江西、湖南、湖北、四川、贵州、福建、广东、广西和云南。

32. 丛枝蓼　*Polygonum posumbu* Buch.-Ham. ex D. Don, Prodr. Fl. Nep. 71. Feb. 1825.

一年生草本。茎细弱，无毛，具纵棱，高30~70厘米，下部多分枝，外倾。叶卵状披针形或卵形，长3~8厘米，宽1~3厘米，顶端尾状渐尖，基部宽楔形，纸质，两面疏生硬伏毛或近无毛，下面中脉稍凸出，边缘具缘毛；叶柄长5~7毫米，具硬伏毛；托叶鞘筒状，薄膜质，长4~6毫米，具硬伏毛，顶端截形，缘毛粗壮，长7~8毫米。总状花序呈穗状，顶生或腋生，细弱，下部间断，花稀疏，长5~10厘米；苞片漏斗状，无毛，淡绿色，边缘具缘毛，每苞片内含3~4朵花；花梗短，花被5深裂，淡红色，花被片椭圆形，长2~2.5毫米；雄蕊8枚，比花被短；花柱3根，下部合生，柱头头状。瘦果卵形，具3棱，长2~2.5毫米，黑褐色，有光泽，包于宿存花被内。花期6~9月，果期7~10月。

恩施州广布，生于山坡林下；分布于陕西、甘肃、东北、华东、华中、华南及西南；朝鲜、日本、印度尼西亚及印度也有。

33. 长鬃蓼　*Polygonum longisetum* De Br. in Miq. Pl. Jungh. 307. 1854.

一年生草本。茎直立、上升或基部近平卧，自基部分枝，高30~60厘米，无毛，节部稍膨大。叶披针形或宽披针形，长5~13厘米，宽1~2厘米，顶端急尖或狭尖，基部楔形，上面近无毛，下面沿叶脉具短伏毛，边缘具缘毛；叶柄短或近无柄；托叶鞘筒状，长7~8毫米，疏生柔毛，顶端截形，缘毛。长6~7毫米。总状花序呈穗状，顶生或腋生，细弱，下部间断，直立，长2~4厘米；苞片漏斗状，无毛，边缘具长缘毛，每苞内具5~6朵花；花梗长2~2.5毫米，与苞片近等长；花被5深裂，淡红色或紫红色，花被片椭圆形，长1.5~2毫米；雄蕊6~8枚；花柱3根；中下部合生，柱头头状。瘦果宽卵形，具3棱，黑色，有光泽，长约2毫米，包于宿存花被内。花期6~8月，果期7~9月。

恩施州广布，生于山谷沟边；分布于东北、华北、陕西、甘肃、华东、华中、华南、四川、贵州和云南；日本、朝鲜、菲律宾、马来西亚、缅甸、印度也有。

藜科 Chenopodiaceae

一年生草本、半灌木、灌木，较少为多年生草本或小乔木，茎和枝有时具关节。叶互生或对生，扁平或圆柱状及半圆柱状，较少退化成鳞片状，有柄或无柄；无托叶。花为单被花，两性，较少为杂性或单性，如为单性时，雌雄同株，极少雌雄异株；有苞片或无苞片，或苞片与叶近同形；小苞片2片，舟状至鳞片状，或无小苞片；花被膜质、草质或肉质，3~5深裂或全裂，花被片覆瓦状，很少排列成2轮，果时常常增大，变硬，或在背面生出翅状、刺状、疣状附属物，较少无显著变化；雄蕊与花被片同数对生或较少，着生于花被基部或花盘上，花丝钻形或条形，离生或基部合生，花药背着，在芽中内曲，2室，外向纵裂或侧面纵裂，顶端钝或药隔突出形成附属物；花盘或有或无；子房上位，卵形至球形，由2~5个心皮合成，离生，极少基部与花被合生，1室；花柱顶生，通常极短；柱头通常2个，很少3~5个，丝形或钻形，很少近于头状，四周或仅内侧面具颗粒状或毛状突起；胚珠1枚，弯生。果实为胞果，很少为盖果；果皮膜质、革质或肉质，与种子贴生或贴伏。种子直立、横生或斜生，扁平圆形、双凸镜形、肾形或斜卵形；种皮壳质、革质、膜质或肉质，内种皮一膜质或无；胚乳为外胚乳，粉质或肉质，或无胚乳，胚环形、半环形或螺旋形，子叶通常狭细。

本科约100属1400余种；我国有39属约186种；恩施州产5属8种。

分属检索表

1. 果为盖果，成熟时盖裂 ·· 1. 千针苋属 Acroglochin
1. 果为胞果，成熟时不开裂，或为不规则开裂。
　2. 花被的下部与子房合生，合生部分果时增厚并硬化 ··· 2. 甜菜属 Beta
　2. 花被与子房离生，果时不增厚，不硬化。
　　3. 花单性，雌雄异株 ··· 3. 菠菜属 Spinacia
　　3. 花两性。
　　　4. 植物体无柔毛；花下无小苞片 ··· 4. 藜属 Chenopodium
　　　4. 植物体有柔毛；花被附属物翅状 ·· 5. 地肤属 Kochia

千针苋属 *Acroglochin* Schrad.

一年生草本，无毛，稍分枝。叶互生，具长柄，卵形，边缘具不整齐锯齿。复二歧聚伞状花序腋生，最末端的分枝针刺状。花两性，无花梗，不具苞片和小苞片；花被草质，5深裂，裂片卵状矩圆形，等大或不等大，先端微尖，果时开展；雄蕊1~3枚，花丝丝状而向基部稍扩展；子房近球形，花柱短；柱头2个，钻状；胚珠具短珠柄。果实为盖果，顶面平或微凸，果皮革质，周围具稍加厚的环边，成熟时由环边盖裂。种子横生，双凸镜形或略呈肾形；种皮壳质，黑色，有光泽；胚环形，胚乳粉状。

本属仅1种，分布于我国及印度；恩施州产1种。

千针苋 *Acroglochin persicarioides* (Poir.) Moq. in DC. Prodr. 13 (2): 254. 1849.

直立,高 30~80 厘米。茎通常单一,具条棱及条纹,上部多分枝,枝斜伸。叶片卵形至狭卵形,长 3~7 厘米,宽 2~5 厘米,先端急尖,基部楔形,边缘不整齐羽状浅裂,裂片具锐锯齿;叶柄长 2~4 厘米;上部叶渐小,无裂片。复二歧聚伞花序遍生叶腋,基部分枝或不分枝,长 1~6 厘米,直立或斜上,末端针刺状的分枝不生花。花被直径约 1 毫米,5 裂至近基部;裂片长卵形至矩圆形,先端钝或急尖,边缘膜质,背部稍肥厚并具微隆脊;雄蕊通常 1 枚,花药细小,开花时稍伸出花被外,不具附属物。盖果半球形,直径约 1.5 毫米,顶面具宿存的花柱,果皮与种皮分离。种子直径略大于 1 毫米,稍现点网纹,边缘钝。花果期 6~11 月。

产于巴东、利川,生于田边;分布于湖南、湖北、河南、陕西、甘肃、贵州、云南、四川至西藏;印度也有。

甜菜属 *Beta* L.

一年生或多年生草本,平滑无毛。茎直立或略平卧,具条棱。叶互生,近全缘。花两性,无小苞片,单生或 2~3 朵花团集,于枝上部排列成顶生穗状花序;花被坛状,5 裂,基部与子房合生,果时变硬,裂片直立或向内弯曲,背面具纵隆脊;雄蕊 5 枚,周位,花丝钻状,花药矩圆形;柱头 2~3 个,很少较多,内侧面有乳头状突起;胚珠几无柄。胞果的下部与花被的基部合生,上部肥厚多汁或硬化。种子顶基扁,圆形,横生;种皮壳质,有光泽,与果皮分离;胚环形或近环形,具多量胚乳。

本属约 10 种;我国产 1 种;恩施州栽培 1 种。

甜菜 *Beta vulgaris* L. Sp. Pl. ed. 1, 222. 1753.

二年生草本,根圆锥状至纺锤状,多汁。茎直立,多少有分枝,具条棱及色条。基生叶矩圆形,长 20~30 厘米,宽 10~15 厘米,具长叶柄,上面皱缩不平,略有光泽,下面有粗壮凸出的叶脉,全缘或略呈波状,先端钝,基部楔形、截形或略呈心形;叶柄粗壮,下面凸,上面平或具槽;茎生叶互生,较小,卵形或披针状矩圆形,先端渐尖,基部渐狭入短柄。花 2~3 朵团集,果时花被基底部彼此合生;花被裂片条形或狭矩圆形,果时变为革质并向内拱曲。胞果下部陷在硬化的花被内,上部稍肉质。种子双凸镜形,直径 2~3 毫米,红褐色,有光泽;胚环形,苍白色;胚乳粉状,白色。花期 5~6 月,果期 7 月。

恩施州广泛栽培;我国普遍栽培。

菠菜属 *Spinacia* L.

一年生草本,平滑无毛,直立。叶为平面叶,互生,有叶柄;叶片三角状卵形或戟形,全缘或具缺刻。花单性,集成团伞花序,雌雄异株。雄花通常再排列成顶生有间断的穗状圆锥花序;花被 4~5 深裂,裂片矩圆形,先端钝,不具附属物;雄蕊与花被裂片同数,着生于花被基部,花丝毛发状,花药外伸。雌花生于叶腋,无花被,子房着生于 2 片合生的小苞片内,苞片在果时革质或硬化;子房近球形,柱头 4~5 个,

藜科 Chenopodiaceae

丝状，胚珠近无柄。胞果扁，圆形；果皮膜质，与种皮贴生。种子直立，胚环形；胚乳丰富，粉质。

本属共3种，分布于地中海地区；我国仅有1栽培种；恩施州栽培1种。

菠菜 *Spinacia oleracea* L. Sp. Pl. 1027. 1753.

植物高可达1米，无粉。根圆锥状，带红色，较少为白色。茎直立，中空，脆弱多汁，不分枝或有少数分枝。叶戟形至卵形，鲜绿色，柔嫩多汁，稍有光泽，全缘或有少数牙齿状裂片。雄花集成球形团伞花序，再于枝和茎的上部排列成有间断的穗状圆锥花序；花被片通常4片，花丝丝形，扁平，花药不具附属物；雌花团集于叶腋；小苞片两侧稍扁，顶端残留2小齿，背面通常各具一棘状附属物；子房球形，柱头4或5个，外伸。胞果卵形或近圆形，直径约2.5毫米，两侧扁；果皮褐色。花期春夏间，果期秋季。

恩施州广泛栽培；我国普遍栽培。

其为极常见的蔬菜之一。富含维生素及磷、铁。

藜属 *Chenogodium* L.

一年生或多年生草本，很少为半灌木，有囊状毛（粉）或圆柱状毛，较少为腺毛或完全无毛，很少有气味。叶互生，有柄；叶片通常宽阔扁平，全缘或具不整齐锯齿或浅裂片。花两性或兼有雌性，不具苞片和小苞片，通常数花聚集成团伞花序，较少为单生，并再排列成腋生或顶生的穗状，圆锥状或复二歧式聚伞状的花序；花被球形，绿色，5裂，较少为3~4裂，裂片腹面凹，背面中央稍肥厚或具纵隆脊，果时花被不变化，较少增大或变为多汁，无附属物；雄蕊5枚或较少，与花被裂片对生，下位或近周位，花丝基部有时合生；花药矩圆形，不具附属物；花盘通常不存在；子房球形，顶基稍扁，较少为卵形；柱头2个，很少3~5个，丝状或毛发状，花柱不明显极少有短花柱；胚珠几无柄。胞果卵形，双凸镜形或扁球形；果皮薄膜质或稍肉质，与种子贴生，不开裂。种子横生，较少为斜生或直立；种皮壳质，平滑或具点洼，有光泽；胚环形，半环形或马蹄形；胚乳丰富，粉质。

本属约250种；我国产19种2亚种；恩施州产4种。

分种检索表

1. 叶下面具黄色腺点，有强烈香味 ·· 1. 土荆芥 *Chenopodium ambrosioides*
1. 叶下面不具腺点，无气味。
  2. 叶缘多少有齿 ··· 2. 藜 *Chenopodium album*
  2. 叶全缘或在中部以下仅具1对不裂或2裂的侧裂片。
    3. 花在花序上排列紧密，花序轴有圆柱状毛束；叶缘具狭的半透明环边；花被大多在果时增厚，并呈五角星状 ·· 3. 尖头叶藜 *Chenopodium acuminatum*
    3. 花序细瘦，花稀疏，花序轴无上述圆柱状毛束；花被果时不增厚 ············· 4. 细穗藜 *Chenopodium gracilispicum*

1. 土荆芥 *Chenopodium ambrosioides* L. Sp. Pl. 219. 1753.

一年生或多年生草本，高50~80厘米，有强烈香味。茎直立，多分枝，有色条及钝条棱；枝通常细瘦，有短柔毛并兼有具节的长柔毛，有时近于无毛。叶片矩圆状披针形至披针形，先端急尖或渐尖，边缘具稀疏不整齐的大锯齿，基部渐狭具短柄，上面平滑无毛，下面有散生油点并沿叶脉稍有毛，下部的叶长达15厘米，宽达5厘米，上部叶逐渐狭小而近全缘。花两性及雌性，通常3~5朵团集，生于上部

叶腋；花被裂片5片，较少为3片，绿色，果时通常闭合；雄蕊5枚，花药长0.5毫米；花柱不明显，柱头通常3个，较少为4个，丝形，伸出花被外。胞果扁球形，完全包于花被内。种子横生或斜生，黑色或暗红色，平滑，有光泽，边缘钝，直径约0.7毫米。

恩施州广布，生于村边、路边、河边；分布于广西、广东、福建、台湾、江苏、浙江、江西、湖南、四川等省；广布于世界热带及温带地区。

全草入药，治蛔虫病、钩虫病、蛲虫病，外用治皮肤湿疹，并能杀蛆虫。

2. 藜 Chenopodium album L. Sp. Pl. 219. 1753.

俗名灰灰菜，一年生草本，高30~150厘米。茎直立，粗壮，具条棱及绿色或紫红色色条，多分枝；枝条斜升或开展。叶片菱状卵形至宽披针形，长3~6厘米，宽2.5~5厘米，先端急尖或微钝，基部楔形至宽楔形，上面通常无粉，有时嫩叶的上面有紫红色粉，下面多少有粉，边缘具不整齐锯齿；叶柄与叶片近等长，或为叶片长度的1/2。花两性，花簇于枝上部排列成或大或小的穗状圆锥状或圆锥状花序；花被裂片5片，宽卵形至椭圆形，背面具纵隆脊，有粉，先端或微凹，边缘膜质；雄蕊5枚，花药伸出花被，柱头2个。果皮与种子贴生。种子横生，双凸镜状，直径1.2~1.5毫米，边缘钝，黑色，有光泽，表面具浅沟纹；胚环形。花果期5~10月。

恩施州广布，生于路旁；我国各地均产；分布遍及全球温带及热带。

全草可入药，能止泻痢，止痒，可治痢疾腹泻；配合野菊花煎汤外洗，治皮肤湿毒及周身发痒。

3. 尖头叶藜 Chenopodium acuminatum Willd. Neue Schrift. Gesellsch. Naturf. Berl. 2: 124. t. 5. f. 2. 1799.

一年生草本，高20~80厘米。茎直立，具条棱及绿色色条，有时色条带紫红色，多分枝；枝斜升，较细瘦。叶片宽卵形至卵形，茎上部的叶片有时呈卵状披针形，长2~4厘米，宽1~3厘米，先端急尖或短渐尖，有一短尖头，基部宽楔形、圆形或近截形，上面无粉，浅绿色，下面多少有粉，灰白色，全缘并具半透明的环边；叶柄长1.5~2.5厘米。花两性，团伞花序于枝上部排列成紧密的或有间断的穗状或穗状圆锥状花序，花序轴具圆柱状毛束；花被被扁球形，5深裂，裂片宽卵形，边缘膜质，并有红色或黄色粉粒，果时背面大多增厚并彼此合成五角星形；雄蕊5枚，花药长约0.5毫米。胞果顶基扁，圆形或卵形。种子横生，直径约1毫米，黑色，有光泽，表面略具点纹。花期6~7月，果期8~9月。

产于巴东，生于河边、田边；分布于黑龙江、吉林、辽宁、内蒙古、河北、山东、浙江、河南、山西、陕西、宁夏、甘肃、青海、新疆；日本、朝鲜、蒙古、俄罗斯也有分布。

4. 细穗藜 Chenopodium gracilispicum Kung in Acta Phytotax. Sin. 16 (4): 120. 1978.

一年生草本，高40~70厘米，稍有粉。茎直立，圆柱形，具条棱及绿色色条，上部有稀疏的细瘦分枝。叶片菱状卵形至卵形，长3~5厘米，宽2~4厘米，先端急尖或短渐尖，基部宽楔形，上面鲜绿色而近无粉，下面灰绿色，全缘或近基部的两侧各具一钝浅裂片，无半透明环边；叶柄细瘦，长0.5~2厘米。花两性，通常2~3朵团集，间断排列于长2~15毫米的细枝上构成穗状花序，生于叶腋并在茎的上部集成狭圆锥状花序；花被5深裂，裂片狭倒卵形或条形，仅基部合生，背面中心稍肉质并具纵龙骨状突起，先端钝，边缘膜质；雄蕊5枚，着生于花被基部。胞果顶基扁，双凸镜形，果皮与种子贴生。种子横生，与胞果同形，直径1.1～1.5毫米，黑色，有光泽，表面具明显的洼点。花期7月，果期8月。

产于建始，生于河边、草丛中；分布于浙江、江苏、山东、江西、广东、湖南、湖北、河南、四川、陕西、甘肃。

地肤属 *Kochia* Roth

一年生草本，很少为半灌木，有长柔毛或棉毛，很少无毛。茎直立或斜升，通常多分枝。叶互生，无柄或几无柄，圆柱状、半圆柱状，或为窄狭的平面叶，全缘。花两性，有时兼有雌性，无花梗，通常1～3朵团集于叶腋，无小苞片；花被近球形，草质，通常有毛，5深裂；裂片内曲，果时背面各具一横翅状附属物；翅状附属物膜质，有脉纹；雄蕊5枚，着生于花被基部，花丝扁平，花药宽矩圆形，外伸，花盘不存在；子房宽卵形，花柱纤细，柱头2～3个，丝状，有乳头状突起，胚珠近无柄。胞果扁球形；果皮膜质，不与种子贴生。种子横生，顶基扁，圆形或卵形，接近种脐处微凹；种皮膜质，平滑，胚细瘦，环形；胚乳较少。

本属约35种；我国产7种3变种及1变型；恩施州产1种。

地肤 *Kochia scoparia* (L.) Schrad. in Neues Journ. 3: 85. 1809.

一年生草本，高50～100厘米。根略呈纺锤形。茎直立，圆柱状，淡绿色或带紫红色，有多数条棱，稍有短柔毛或下部几无毛；分枝稀疏，斜上。叶为平面叶，披针形或条状披针形，长2～5厘米，宽3～7毫米，无毛或稍有毛，先端短渐尖，基部渐狭入短柄，通常有3条明显的主脉，边缘有疏生的锈色绢状缘毛；茎上部叶较小，无柄，1脉。花两性或雌性，通常1～3朵生于上部叶腋，构成疏穗状圆锥状花序，花下有时有锈色长柔毛；花被近球形，淡绿色，花被裂片近三角形，无毛或先端稍有毛；翅端附属物三角形至倒卵形，有时近扇形，膜质，脉不很明显，边缘微波状或具缺刻；花丝丝状，花药淡黄色；柱头2个，丝状，紫褐色，花柱极短。胞果扁球形，果皮膜质，与种子离生。种子卵形，黑褐色，长1.5～2毫米，稍有光泽；胚环形，胚乳块状。花期6～9月，果期7～10月。

恩施州广布，生于路旁；全国各地均产；分布于欧洲及亚洲。

果实入药，能清湿热、利尿，治尿痛、尿急、小便不利及荨麻疹，外用治皮肤癣及阴囊湿疹。

苋科
Amaranthaceae

一年或多年生草本，少数攀援藤本或灌木。叶互生或对生，全缘，少数有微齿，无托叶。花小，两性或单性同株或异株，或杂性，有时退化成不育花，花簇生在叶腋内，成疏散或密集的穗状花序、头状花序、总状花序或圆锥花序；苞片1片及小苞片2片，干膜质，绿色或着色；花被片3～5片，干膜质，覆瓦状排列，常和果实同脱落，少有宿存；雄蕊常和花被片等数且对生，偶较少，花丝分离，或基部合生成杯状或管状，花药2室或1室；有或无退化雄蕊；子房上位，1室，具基生胎座，胚珠1枚或多数，珠柄短或伸长，花柱1~3根，宿存，柱头头状或2~3裂。果实为胞果或小坚果，少数为浆果，果皮薄膜质，不裂、不规则开裂或顶端盖裂。种子1粒或多数，凸镜状或近肾形，光滑或有小疣点，胚环状，胚乳粉质。

本科约60属850余种；我国产13属约39种；恩施州产6属15种。

分属检索表

1. 叶互生。
2. 胚珠或种子2枚至多数，种子少有为1粒；花柱伸长 ··· 1. 青葙属 *Celosia*
2. 胚珠或种子1枚；花柱短或无 ·· 2. 苋属 *Amaranthus*
1. 叶对生或茎上部叶互生。
3. 在苞片腋部有2朵或更多朵花，其中能育两性花1至数朵，常伴有退化成钩状的不育花1至数朵 ········· 3. 杯苋属 *Cyathula*
3. 在苞片腋部有1朵花，无退化的不育花。
4. 雄蕊花药2室 ··· 4. 牛膝属 *Achyranthes*
4. 雄蕊花药1室。
5. 有退化雄蕊；柱头1个，头状 ··· 5. 莲子草属 *Alternanthera*
5. 无退化雄蕊；柱头2~3个，或2裂 ·· 6. 千日红属 *Gomphrena*

青葙属 *Celosia* L.

一年或多年生草本、亚灌木或灌木。叶互生，卵形至条形，全缘或近此，有叶柄。花两性，成顶生或腋生、密集或间断的穗状花序，简单或排列成圆锥花序，总花梗有时扁化；每花有1片苞片和2片小苞片，着色，干膜质，宿存；花被片5片，着色，干膜质，光亮，无毛，直立开展，宿存；雄蕊5枚，花丝钻状或丝状，上部离生，基部连合成杯状；无退化雄蕊；子房1室，具2枚至多数胚珠，花柱1根，宿存，柱头头状，微2~3裂，反折。胞果卵形或球形，具薄壁，盖裂。种子凸镜状肾形，黑色，光亮。

本属约60种；我国产3种；恩施州产2种。

分种检索表

1. 穗状花序塔状或圆柱状，无分枝；花被片白色或粉红色 ·· 1. 青葙 *Celosia argentea*
1. 穗状花序鸡冠状，卷冠状或羽毛状，多分枝，分枝圆锥状、矩圆形；花被片红色、紫色、黄色、橙色或红色黄色相间 ·· 2. 鸡冠花 *Celosia cristata*

1. 青葙 *Celosia argentea* L. Sp. Pl. 205. 1753.

一年生草本，高0.3~1米，全体无毛；茎直立，有分枝，绿色或红色，具显明条纹。叶片矩圆披针形、披针形或披针状条形，少数卵状矩圆形，长5~8厘米，宽1~3厘米，绿色常带红色，顶端急尖或渐尖，具小芒尖，基部渐狭；叶柄长2~15毫米，或无叶柄。花多数，密生，在茎端或枝端成单一、无分枝的塔状或圆柱状穗状花序，长3~10厘米；苞片及小苞片披针形，长3~4毫米，白色，光亮，顶端渐尖，延长成细芒，具一中脉，在背部隆起；花被片矩圆状披针形，长6~10毫米，初为白色顶端带红色，或全部粉红色，后成白色，顶端渐尖，具一中脉，在背面凸起；花丝长 5~6 毫米，分离部分长 2.5~3 毫米，花药紫色；子房有短柄，花柱紫色，长 3~5 毫米。胞果卵形，长 3~3.5 毫米，包裹在宿存花被片内。种子凸透镜状肾形。花期 5~8 月，果期 6~10 月。

恩施州广布，生于山坡、河边、田边；分布几遍全国；朝鲜、日本、俄罗斯、印度、越南、缅甸、泰国、菲律宾、马来西亚及非洲热带均有分布。

种子供药用，有清热明目作用。

2. 鸡冠花　*Celosia cristata* L. Sp. Pl. 205. 1753.

本种和青葙 *C. argentea* 极相近，但叶片卵形、卵状披针形或披针形，宽 2~6 厘米；花多数，极密生，成扁平肉质鸡冠状、卷冠状或羽毛状的穗状花序，一个大花序下面有数个较小的分枝，圆锥状矩圆形，表面羽毛状；花被片红色、紫色、黄色、橙色或红色黄色相间。花果期 7~9 月。

恩施州广泛栽培；我国南北各地均有栽培；广布于温暖地区。

花和种子供药用，为收敛剂，有止血、凉血、止泻功效。

苋属　*Amaranthus* L.

一年生草本，茎直立或伏卧。叶互生，全缘，有叶柄。花单性，雌雄同株或异株，或杂性，成无梗花簇，腋生，或腋生及顶生，再集合成单一或圆锥状穗状花序；每花有 1 片苞片及 2 片小苞片，干膜质；花被片 5 片，少数 1~4 片，大小相等或近此，绿色或着色，薄膜质，直立或倾斜开展，在果期直立，间或在花期后变硬或基部加厚；雄蕊 5 枚，少数 1~4 枚，花丝钻状或丝状，基部离生，花药 2 室；无退化雄蕊；子房具一直生胚珠，花柱极短或缺，柱头 2~3 个，钻状或条形，宿存，内面有细齿或微硬毛。胞果球形或卵形，侧扁，膜质，盖裂或不规则开裂，常为花被片包裹，或不裂，则和花被片同落。种子球形，凸镜状，侧扁，黑色或褐色，光亮，平滑，边缘锐或钝。

本属约 40 种；我国产 13 种；恩施州产 6 种。

分种检索表

1. 花成顶生及腋生穗状花序，或再合成圆锥花序；花被片 5 片；雄蕊 5 枚；果实环状横裂。
   2. 植物体有毛 ·· 1. 反枝苋 *Amaranthus retroflexus*
   2. 植物体无毛或近无毛。
      3. 圆锥花序下垂，中央花穗尾状，花穗顶端钝；苞片及花被片顶端芒刺不显明；花被片比胞果短 ···2. 尾穗苋 *Amaranthus caudatus*
      3. 圆锥花序直立，花穗顶端尖；苞片及花被片顶端芒刺显明；花被片和胞果等长 ················· 3. 繁穗苋 *Amaranthus paniculatus*
1. 花成腋生及顶生穗状花序，或全部成腋生穗状花序；花被片 2~4 片；雄蕊 3 枚；果实不裂或横裂。
   4. 果实环状横裂 ··· 4. 苋 *Amaranthus tricolor*
   4. 果实不裂。
      5. 茎通常直立，稍分枝；胞果皱缩 ··· 5. 皱果苋 *Amaranthus viridis*
      5. 茎通常伏卧上升，从基部分枝；胞果近平滑 ··· 6. 凹头苋 *Amaranthus lividus*

1. 反枝苋　*Amaranthus retroflexus* L. Sp. Pl. 991. 1753.

一年生草本，高 20~80 厘米，有时达 1 米多；茎直立，粗壮，单一或分枝，淡绿色，有时具带紫色

条纹，稍具钝棱，密生短柔毛。叶片菱状卵形或椭圆状卵形，长5~12厘米，宽2~5厘米，顶端锐尖或尖凹，有小凸尖，基部楔形，全缘或波状缘，两面及边缘有柔毛，下面毛较密；叶柄长1.5~5.5厘米，淡绿色，有时淡紫色，有柔毛。圆锥花序顶生及腋生，直立，直径2~4厘米，由多数穗状花序形成，顶生花穗较侧生者长；苞片及小苞片钻形，长4~6毫米，白色，背面有一龙骨状突起，伸出顶端成白色尖芒；花被片矩圆形或矩圆状倒卵形，长2~2.5毫米，薄膜质，白色，有一淡绿色细中脉，顶端急尖或尖凹，具凸尖；雄蕊比花被片稍长；柱头3个，有时2个。胞果扁卵形，长约1.5毫米，环状横裂，薄膜质，淡绿色，包裹在宿存花被片内。种子近球形，直径1毫米，棕色或黑色，边缘钝。花期7~8月，果期8~9月。

恩施州广布，生于田内、地旁；分布于黑龙江、吉林、辽宁、内蒙古、河北、山东、山西、河南、陕西、甘肃、宁夏、新疆；原产美洲热带，现广泛传播并归化于世界各地。

全草药用，治腹泻、痢疾、痔疮肿痛出血等症。

2. 尾穗苋 *Amaranthus caudatus* L. Sp. Pl. 990. 1753.

一年生草本，高达15米；茎直立，粗壮，具钝棱角，单一或稍分枝，绿色，或常带粉红色，幼时有短柔毛，后渐脱落。叶片菱状卵形或菱状披针形，长4~15厘米，宽2~8厘米，顶端短渐尖或圆钝，具凸尖，基部宽楔形，稍不对称，全缘或波状缘，绿色或红色，除在叶脉上稍有柔毛外，两面无毛；叶柄长1~15厘米，绿色或粉红色，疏生柔毛。圆锥花序顶生，下垂，有多数分枝，中央分枝特长，由多数穗状花序形成，顶端钝，花密集成雌花和雄花混生的花簇；苞片及小苞片披针形，长3毫米，红色，透明，顶端尾尖，边缘有疏齿，背面有一中

脉；花被片长2~2.5毫米，红色，透明，顶端具凸尖，边缘互压，有一中脉，雄花的花被片矩圆形，雌花的花被片矩圆状披针形；雄蕊稍超出；柱头3个，长不及1毫米。胞果近球形，直径3毫米，上半部红色，超出花被片。种子近球形，直径1毫米，淡棕黄色，有厚的环。花期7~8月，果期9~10月。

恩施州广泛栽培；我国各地栽培，有时逸为野生；原产热带，全世界各地栽培。

根供药用，有滋补强壮作用。

3. 繁穗苋 *Amaranthus paniculatus* L. Sp. Pl. ed. 2. 1406. 1763.

本种和尾穗苋 *A. caudatus* 相近，区别为圆锥花序直立或以后下垂，花穗顶端尖；苞片及花被片顶端芒刺显明；花被片和胞果等长。花期6~7月，果期9~10月。

恩施州广泛栽培；我国各地栽培或野生；全世界广泛分布。

4. 苋 *Amaranthus tricolor* L. Sp. Pl. 989. 1753.

一年生草本，高80~150厘米；茎粗壮，绿色或红色，常分枝，幼时有毛或无毛。叶片卵形、菱状

卵形或披针形,长4~10厘米,宽2~7厘米,绿色或常成红色,紫色或黄色,或部分绿色加杂其他颜色,顶端圆钝或尖凹,具凸尖,基部楔形,全缘或波状缘,无毛;叶柄长2~6厘米,绿色或红色。花簇腋生,直到下部叶,或同时具顶生花簇,成下垂的穗状花序;花簇球形,直径5~15毫米,雄花和雌花混生;苞片及小苞片卵状披针形,长2.5~3毫米,透明,顶端有一长芒尖,背面具一绿色或红色隆起中脉;花被片矩圆形,长3~4毫米,绿色或黄绿色,顶端有一长芒尖,背面具一绿色或紫色隆起中脉;雄蕊比花被片长或短。胞果卵状矩圆形,长2~2.5毫米,环状横裂,包裹在宿存花被片内。种子近圆形或倒卵形,直径约1毫米,黑色或黑棕色,边缘钝。花期5~8月,果期7~9月。

恩施州广泛栽培,全国各地均有栽培,有时逸为半野生;原产印度,分布于亚洲南部、中亚、日本等地。

根、果实及全草入药,有明目、利大小便、去寒热的功效。

5. 皱果苋　*Amaranthus viridis* L. Sp. Pl. ed. 2. 1405. 1763.

一年生草本,高40~80厘米,全体无毛;茎直立,有不显明棱角,稍有分枝,绿色或带紫色。叶片卵形、卵状矩圆形或卵状椭圆形,长3~9厘米,宽2.5~6厘米,顶端尖凹或凹缺,少数圆钝,有一芒尖,基部宽楔形或近截形,全缘或微呈波状缘;叶柄长3~6厘米,绿色或带紫红色。圆锥花序顶生,长6~12厘米,宽1.5~3厘米,有分枝,由穗状花序形成,圆柱形,细长,直立,顶生花穗比侧生者长;总花梗长2~2.5厘米;苞片及小苞片披针形,长不及1毫米,顶端具凸尖;花被片矩圆形或宽倒披针形,长1.2~1.5毫米,内曲,顶端急尖,背部有一绿色隆起中脉;雄蕊比花被片短;柱头3或2个。胞果扁球形,直径约2毫米,绿色,不裂,极皱缩,超出花被片。种子近球形,直径约1毫米,黑色或黑褐色,具薄且锐的环状边缘。花期6~8月,果期8~10月。

恩施州广布,生于村边、路边、田边;广泛分布于我国各省;广泛分布于两半球的温带、亚热带和热带地区。

全草入药,有清热解毒、利尿止痛的功效。

6. 凹头苋　*Amaranthus lividus* L. Sp. Pl. 990. 1753.

一年生草本,高10~30厘米,全体无毛;茎伏卧而上升,从基部分枝,淡绿色或紫红色。叶片卵形或菱状卵形,长1.5~4.5厘米,宽1~3厘米,顶端凹缺,有一芒尖,或微小不显,基部宽楔形,全缘或稍呈波状;叶柄长1~3.5厘米。花成腋生花簇,直至下部叶的腋部,生在茎端和枝端者成直立穗状花序或圆锥花序;苞片及小苞片矩圆形,长不及1毫米;花被片矩圆形或披针形,长1.2~1.5毫米,淡绿色,顶端急尖,边缘内曲,背部有一隆起中脉;雄蕊比花被片稍短;柱头3或2个,果熟时脱落。胞果扁卵形，长3毫米，不裂，微皱缩而近平滑，超出宿存花被片。种子环形，直径约12毫米，黑色至黑褐色，边缘具环状边。花期7~8月，果期8~9月。

产于利川，生于路边；除内蒙古、宁夏、青海、西藏外，全国广泛分布；日本、欧洲、非洲北部及南美也有。

全草入药，用作缓和止痛、收敛、利尿、解热剂；种子有明目、利大小便、去寒热的功效；鲜根有清热解毒作用。

杯苋属 *Cyathula* Bl.

草本或亚灌木；茎直立或伏卧。叶对生，全缘，有叶柄。花丛在总梗上成顶生总状花序，或3~6次二歧聚伞花序成花球团，在总梗上成穗状花序；每花丛有1~3朵两性花，其他为不育花，变形成尖锐硬钩毛；苞片卵形，干膜质，常具锐刺；在两性花中，花被片5片，近相等，干膜质，基部不变硬；雄蕊5枚，花药2室，矩圆形，花丝基部膜质，连合成短杯状，分离部分和较短的齿状或撕裂状的退化雄蕊互生；子房倒卵形，胚珠1枚，在长珠柄上垂生，花柱丝状，宿存，柱头球形。胞果球形、椭圆形或倒卵形，膜质，不裂，包裹在宿存花被内。种子矩圆形或椭圆形，凸镜状。

本属约27种；我国产4种；恩施州产1种。

川牛膝 *Cyathula officinalis* Kuan in Acta Phytotax. Sin. 14 (1): 60. f. 1. 1976.

多年生草本，高50~100厘米；根圆柱形，鲜时表面近白色，干后灰褐色或棕黄色，根条圆柱状，扭曲，味甘而黏，后味略苦；茎直立，稍四棱形，多分枝，疏生长糙毛。叶片椭圆形或窄椭圆形，少数倒卵形，长3~12厘米，宽1.5~5.5厘米，顶端渐尖或尾尖，基部楔形或宽楔形，全缘，上面有贴生长糙毛，下面毛较密；叶柄长5~15毫米，密生长糙毛。花丛为3~6次二歧聚伞花序，密集成花球团，花球团直径1~1.5厘米，淡绿色，干时近白色，多数在花序轴上交互对生，在枝顶端成穗状排列，密集或相距2~3厘米；在花球团内，两性花在中央，不育花在两侧；苞片长4~5毫米，光亮，顶端刺芒状或钩状；不育花的花被片常为4片，变成具钩的坚硬芒刺；两性花长3~5毫米，花被片披针形，顶端刺尖头，内侧3片较窄；雄蕊花丝基部密生节状束毛；退化雄蕊长方形，长0.3~0.4毫米，顶端齿状浅裂；子房圆筒形或倒卵形，长1.3~1.8毫米，花柱长约1.5毫米。胞果椭圆形或倒卵形，长2~3毫米，宽1~2毫米，淡黄色。种子椭圆形，透镜状，长1.5~2毫米，带红色，光亮。花期6~7月，果期8~9月。

栽培于恩施、利川；分布于四川、云南、贵州。

根供药用，生品有下降破血行瘀作用，熟品补肝肾，强腰膝。

牛膝属 *Achyranthes* L.

草本或亚灌木；茎具显明节，枝对生。叶对生，有叶柄。穗状花序顶生或腋生，在花期直立，花期后反折、平展或下倾；花两性，单生在干膜质宿存苞片基部，并有2片小苞片，小苞片有一长刺，基部加厚，两旁各有一短膜质翅；花被片4~5片，干膜质，顶端芒尖，花后变硬，包裹果实；雄蕊5枚，少数4或2枚，远短于花被片，花丝基部连合成一短杯，和5枚短退化雄蕊互生，花药2室；子房长椭圆形，1室，具1枚胚珠，花柱丝状，宿存，柱头头状。胞果卵状矩圆形、卵形或近球形，有1粒种子，和花被片及小苞片同脱落。种子矩圆形，凸镜状。

本属约15种；我国产3种；恩施州产3种。

分种检索表

1. 叶片倒卵形，椭圆形或矩圆形；退化雄蕊顶端有缘毛或细锯齿。
   2. 叶片椭圆形或椭圆状披针形，少数倒披针形，顶端尾尖；小苞片刺状，基部有2片卵形膜质小裂片 … 1. 牛膝 Achyranthes bidentata
   2. 叶片倒卵形、宽卵状倒卵形或椭圆状矩圆形，顶端圆钝，具突尖；小苞片刺状，基部有2片薄膜质翅；退化雄蕊顶端有具分枝流苏状的长缘毛 ………………………………………………………………………… 2. 土牛膝 Achyranthes aspera
1. 叶片披针形或宽披针形；退化雄蕊顶端有不显明牙齿；小苞片针状，基部有耳状薄片………… 3. 柳叶牛膝 Achyranthes longifolia

1. 牛膝 *Achyranthes bidentata* Blume, Bijdr. 545. 1825.

多年生草本，高70～120厘米；根圆柱形，直径5～10毫米，土黄色；茎有棱角或四方形，绿色或带紫色，有白色贴生或开展柔毛，或近无毛，分枝对生。叶片椭圆形或椭圆披针形，少数倒披针形，长4.5～12厘米，宽2～7.5厘米，顶端尾尖，尖长5～10毫米，基部楔形或宽楔形，两面有贴生或开展柔毛；叶柄长5～30毫米，有柔毛。穗状花序顶生及腋生，长3～5厘米，花期后反折；总花梗长1～2厘米，有白色柔毛；花多数，密生，长5毫米；苞片宽卵形，长2～3毫米，顶端长渐尖；小苞片刺状，长2.5～3毫米，顶端弯曲，基部两侧各有1片卵形膜质小裂片，长约1毫米；花被片披针形，长3～5毫米，光亮，顶端急尖，有一中脉；雄蕊长2～2.5毫米；退化雄蕊顶端平圆，稍有缺刻状细锯齿。胞果矩圆形，长2～2.5毫米，黄褐色，光滑。种子矩圆形，长1毫米，黄褐色。花期7～9月，果期9～10月。

恩施州广布，生于河边、山坡草丛中；除东北外全国广布；朝鲜、俄罗斯、印度、越南、菲律宾、马来西亚、非洲均有分布。

根入药，生用，活血通经；治产后腹痛，月经不调，闭经，鼻衄，虚火牙痛，脚气水肿；熟用，补肝肾，强腰膝；治腰膝酸痛，肝肾亏虚，跌打瘀痛。兽医用作治牛软脚症，跌伤断骨等。

2. 土牛膝 *Achyranthes aspera* L. Sp. Pl. 204. 1753.

多年生草本，高20～120厘米；根细长，直径3～5毫米，土黄色；茎四棱形，有柔毛，节部稍膨大，分枝对生。叶片纸质，宽卵状倒卵形或椭圆状矩圆形，长1.5～7厘米，宽0.4～4厘米，顶端圆钝，具突尖，基部楔形或圆形，全缘或波状缘，两面密生柔毛，或近无毛；叶柄长5～15毫米，密生柔毛或近无毛。穗状花序顶生，直立，长10～30厘米，花期后反折；总花梗具棱角，粗壮，坚硬，密生白色伏贴或开展柔毛；花长3～4毫米，疏生；苞片披针形，长3～4毫米，顶端长渐尖，小苞片刺状，长2.5～4.5毫米，坚硬，光亮，常带紫色，基部两侧各有1片薄膜质翅，长1.5～2毫米，全缘，全部贴生在刺部，但易于分离；花被片披针形，长3.5～5毫米，长渐尖，花后变硬且锐尖，具1脉；雄蕊长2.5～3.5毫米；退化雄蕊顶端截状或细圆齿状，有具分枝流苏状长缘毛。胞果卵形，长2.5～3毫米。种子卵形，不扁压，长约2毫米，棕色。花期6～8月，果期10月。

产于鹤峰，生于山坡草丛中、村边；分布于湖南、江西、福建、台湾、广东、广西、四川、云南、贵州；印度、越南、菲律宾、马来西亚等地也有分布。

根药用，有清热解毒，利尿功效，主治感冒发热，扁桃体炎，白喉，流行性腮腺炎，泌尿系结石，肾炎水肿等症。

3. 柳叶牛膝 *Achyranthes longifolia* (Makino) Makino in Bot. Mag. Tokyo 28: 180. 1914.

本种和牛膝 *A. bidentata* 相近，区别为叶片披针形或宽披针形，长10～20厘米，宽2～5厘米，顶端尾尖；小苞片针状，长3.5毫米，基部有2片耳状薄片，仅有缘毛；退化雄蕊方形，顶端有不显明牙齿。花果期9～11月。

恩施州广布，生于山坡草丛中、河边、村边；分布于陕西、浙江、江西、湖南、湖北、四川、云南、贵州、广东、台湾；日本也有。

莲子草属 *Alternanthera* Forsk.

匍匐或上升草本，茎多分枝。叶对生，全缘。花两性，成有或无总花梗的头状花序，单生在苞片腋部；苞片及小苞片干膜质，宿存；花被片5片，干膜质，常不等；雄蕊2～5枚，花丝基部连合成管状或短杯状，花药1室；退化雄蕊全缘，有齿或条裂；子房球形或卵形，胚珠1枚，垂生，花柱短或长，柱头头状。胞果球形或卵形，不裂，边缘翅状。种子凸镜状。

本属约200种；我国4种；恩施州产2种。

分种检索表

1. 头状花序有总花梗；雄蕊5枚，花丝连合成管状，花药条状长椭圆形；退化雄蕊舌状，顶端流苏状 ·· 1. 喜旱莲子草 *Alternanthera philoxeroides*
1. 头状花序无总花梗；雄蕊3～5枚，花丝连合成杯状，花药卵形；退化雄蕊小，齿状或舌状 ······ 2. 莲子草 *Alternanthera sessilis*

1. 喜旱莲子草 *Alternanthera philoxeroides* (Mart.) Griseb. Gott. Abh. 24: 36. 1879.

俗名空心莲子草，多年生草本；茎基部匍匐，上部上升，管状，不明显4棱，长55～120厘米，具分枝，幼茎及叶腋有白色或锈色柔毛，茎老时无毛，仅在两侧纵沟内保留。叶片矩圆形、矩圆状倒卵形或倒卵状披针形，长2.5～5厘米，宽7～20毫米，顶端急尖或圆钝，具短尖，基部渐狭，全缘，两面无毛或上面有贴生毛及缘毛，下面有颗粒状突起；叶柄长3～10毫米，无毛或微有柔毛。花密生，成具总花梗的头状花序，单生

在叶腋，球形，直径8～15毫米；苞片及小苞片白色，顶端渐尖，具1脉；苞片卵形，长2～2.5毫米，小苞片披针形，长2毫米；花被片矩圆形，长5～6毫米，白色，光亮，无毛，顶端急尖，背部侧扁；雄蕊花丝长2.5～3毫米，基部连合成杯状；退化雄蕊矩圆状条形，和雄蕊约等长，顶端裂成窄条；子房倒卵形，具短柄，背面侧扁，顶端圆形。花期5～10月。

恩施州各地逸为野生，生于路边、田边、湿地里；原产巴西，我国引种于北京、江苏、浙江、江西、湖南、福建，后逸为野生。

全草入药，有清热利水、凉血解毒作用；可作饲料。

2. 莲子草 *Alternanthera sessilis* (L.) DC. Cat. Hort. Monspel. 77. 1813.

多年生草本，高10～45厘米；圆锥根粗，直径可达3毫米；茎上升或匍匐，绿色或稍带紫色，有条纹及纵沟，沟内有柔毛，在节处有一行横生柔毛。叶片形状及大小有变化，条状披针形、矩圆形、倒卵形、卵状矩圆形，长1～8厘米，宽2～20毫米，顶端急尖、圆形或圆钝，基部渐狭，全缘或有不显明锯齿，两面无毛或疏生柔毛；叶柄长1～4毫米，无毛或有柔毛。头状花序1～4条，腋生，无总花梗，初为球形，后渐成圆柱形，直径3～6毫米；花密生，花轴密生白色柔毛；苞片及小苞片白色，顶端短渐尖，无毛；苞片卵状披针形，长约1毫米，小苞片

钻形，长1～1.5毫米；花被片卵形，长2～3毫米，白色，顶端渐尖或急尖，无毛，具1脉；雄蕊3枚，花丝长约0.7毫米，基部连合成杯状，花药矩圆形；退化雄蕊三角状钻形，比雄蕊短，顶端渐尖，全缘；花柱极短，柱头短裂。胞果倒心形，长2～2.5毫米，侧扁，翅状，深棕色，包在宿存花被片内。种子卵球形。花期5～7月，果期7～9月。

产于利川，生于路边、田边；分布于安徽、江苏、浙江、江西、湖南、湖北、四川、云南、贵州、福建、台湾、广东、广西；印度、缅甸、越南、马来西亚、菲律宾等地也有。

全植物入药，有散瘀消毒、清火退热功效，治牙痛，痢疾，疗肠风、下血；嫩叶作为野菜食用，又可作饲料。

千日红属 *Gomphrena* L.

草本或亚灌木。叶对生，少数互生。花两性，成球形或半球形的头状花序；花被片5片，相等或不等，有长柔毛或无毛；雄蕊5枚，花丝基部扩大，连合成管状或杯状，顶端3浅裂，中裂片具1室花药，侧裂片齿裂状、锯齿状、流苏状或2至多裂；无退化雄蕊；子房1室，有1枚垂生胚珠，柱头2～3个，条形，或2裂。胞果球形或矩圆形，侧扁，不裂。种子凸镜状，种皮革质，平滑。

本属约100种；我国有2种；恩施州产1种。

千日红 *Gomphrena globosa* L. Sp. Pl. 224. 1753.

一年生直立草本，高20～60厘米；茎粗壮，有分枝，枝略成四棱形，有灰色糙毛，幼时更密，节部稍膨大。叶片纸质，长椭圆形或矩圆状倒卵形，长3.5～13厘米，宽1.5～5厘米，顶端急尖或圆钝，凸尖，基部渐狭，边缘波状，两面有小斑点、白色长柔毛及缘毛，叶柄长1～1.5厘米，有灰色长柔毛。花多数，密生，成顶生球形或矩圆形头状花序，单一或2～3条，直径2～2.5厘米，常紫红色，有时淡紫色

或白色；总苞为 2 片绿色对生叶状苞片而成，卵形或心形，长 1~1.5 厘米，两面有灰色长柔毛；苞片卵形，长 3~5 毫米，白色，顶端紫红色；小苞片三角状披针形，长 1~1.2 厘米，紫红色，内面凹陷，顶端渐尖，背棱有细锯齿缘；花被片披针形，长 5~6 毫米，不展开，顶端渐尖，外面密生白色绵毛，花期后不变硬；雄蕊花丝连合成管状，顶端 5 浅裂，花药生在裂片的内面，微伸出；花柱条形，比雄蕊管短，柱头 2 个，叉状分枝。胞果近球形，直径 2~2.5 毫米。种子肾形，棕色，光亮。花果期 6~9 月。

恩施州广泛栽培；我国南北各省均有栽培；原产美洲热带。

供观赏；花序入药，有止咳定喘、平肝明目功效，主治支气管哮喘，急、慢性支气管炎，百日咳，肺结核咯血等症。

紫茉莉科 Nyctaginaceae

草本、灌木或乔木，有时为具刺藤状灌木。单叶，对生、互生或假轮生，全缘，具柄，无托叶。花辐射对称，两性，稀单性或杂性；单生、簇生或成聚伞花序、伞形花序；常具苞片或小苞片，有的苞片色彩鲜艳；花被单层，常为花冠状，圆筒形或漏斗状，有时钟形，下部合生成管，顶端 5~10 裂，在芽内镊合状或褶扇状排列，宿存；雄蕊 1 枚至多数，通常 3~5 枚，下位，花丝离生或基部连合，芽时内卷，花药 2 室，纵裂；子房上位，1 室，内有 1 枚胚珠，花柱单一，柱头球形，不分裂或分裂。瘦果状掺花果包在宿存花被内，有棱或槽，有时具翅，常具腺；种子有胚乳；胚直生或弯生。

本科约 30 属 300 种；我国有 7 属 11 种 1 变种；恩施州产 2 属 2 种。

分属检索表

1. 草质灌木或草本 ·· 1. 紫茉莉属 *Mirabilis*
1. 木质藤本 ·· 2. 叶子花属 *Bougainvillea*

紫茉莉属 *Mirabilis* L.

一年生或多年生草本。根肥粗，常呈倒圆锥形。单叶，对生，有柄或上部叶无柄。花两性，1 至数朵簇生枝端或腋生；每花基部包以 1 个 5 深裂的萼状总苞，裂片直立，渐尖，褶扇状，花后不扩大；花被各色，华丽，香或不香，花被筒伸长，在子房上部稍缢缩，顶端 5 裂，裂片平展，凋落；雄蕊 5~6 枚，与花被筒等长或外伸，花丝下部贴生花被筒上；子房卵球形或椭圆体形；花柱线形，与雄蕊等长或更长，伸出，柱头头状。掺花果球形或倒卵球形，革质、壳质或坚纸质，平滑或有疣状凸起；胚弯曲，子叶褶叠，包围粉质胚乳。全属约 50 种；我国栽培 1 种；恩施州产 1 种。

紫茉莉科
Nyctaginaceae

紫茉莉 *Mirabilis jalapa* L., Sp. Pl. 177. 1753.

一年生草本，高可达1米。根肥粗，倒圆锥形，黑色或黑褐色。茎直立，圆柱形，多分枝，无毛或疏生细柔毛，节稍膨大。叶片卵形或卵状三角形，长3~15厘米，宽2~9厘米，顶端渐尖，基部截形或心形，全缘，两面均无毛，脉隆起；叶柄长1~4厘米，上部叶几无柄。花常数朵簇生枝端；花梗长1~2毫米；总苞钟形，长约1厘米，5裂，裂片三角状卵形，顶端渐尖，无毛，具脉纹，果时宿存；花被紫红色、黄色、白色或杂色，高脚碟状，筒部长2~6厘米，檐部直径2.5~3厘米，5浅裂；花午后开放，有香气，次日午前凋萎；雄蕊5枚，花丝细长，常伸出花外，花药球形；花柱单生，线形，伸出花外，柱头头状。瘦果球形，直径5~8毫米，革质，黑色，表面具皱纹；种子胚乳白粉质。

恩施州广泛栽培；我国南北各地常栽培，为观赏花卉，有时逸为野生；原产热带美洲。

根、叶可供药用，有清热解毒、活血调经和滋补的功效。种子白粉可去面部癍痣粉刺。

叶子花属 *Bougainvillea* Comm. ex Juss.

灌木或小乔木，有时攀援。枝有刺。叶互生，具柄，叶片卵形或椭圆状披针形。花两性，通常3朵簇生枝端，外包3片鲜艳的叶状苞片，红色、紫色或橘色，具网脉；花梗贴生苞片中脉上；花被合生成管状，通常绿色，顶端5~6裂，裂片短，玫瑰色或黄色；雄蕊5~10枚，内藏，花丝基部合生；子房纺锤形，具柄，1室，具1枚胚珠，花柱侧生，短线形，柱头尖。瘦果圆柱形或棍棒状，具5棱；种皮薄，胚弯，子叶席卷，围绕胚乳。

本属约18种；我国有2种；恩施州产1种。

叶子花 *Bougainvillea spectabilis* Willd., Sp. Pl. 2: 348. 1799.

俗名三角梅，藤状灌木。枝、叶密生柔毛；刺腋生、下弯。叶片椭圆形或卵形，基部圆形，有柄。花序腋生或顶生；苞片椭圆状卵形，基部圆形至心形，长2.5~6.5厘米，宽1.5~4厘米，暗红色或淡紫红色；花被管狭筒形，长1.6~2.4厘米，绿色，密被柔毛，顶端5~6裂，裂片开展，黄色，长3.5~5毫米；雄蕊通常8枚；子房具柄。果实长1~1.5厘米，密生毛。花期冬春间。

恩施州广泛栽培；我国南方各省均有栽培；原产热带美洲。

商陆科 Phytolaccaceae

草本或灌木，稀为乔木。直立，稀攀援；植株通常不被毛。单叶互生，全缘，托叶无或细小。花小，两性或有时退化成单性，辐射对称或近辐射对称，排列成总状花序或聚伞花序、圆锥花序、穗状花序，腋生或顶生；花被片4~5片，分离或基部连合，大小相等或不等，叶状或花瓣状，在花蕾中覆瓦状排列，椭圆形或圆形，顶端钝，绿色或有时变色，宿存；雄蕊数目变异大，4~5枚或多数，着生花盘上，与花被片互生或对生或多数成不规则生长，花丝线形或钻状，分离或基部略相连，通常宿存，花药背着，2室，平行，纵裂；子房上位，间或下位，球形，心皮1个至多数，分离或合生，每心皮有1枚基生、横生或弯生胚珠，花柱短或无，直立或下弯，与心皮同数，宿存。果实肉质，浆果或核果，稀蒴果；种子小，侧扁，双凸镜状或肾形、球形，直立，外种皮膜质或硬脆，平滑或皱缩；胚乳丰富，粉质或油质，为一弯曲的大胚所围绕。

本科17属约120种；我国有2属5种；恩施州产1属2种。

商陆属 *Phytolacca* L.

草本，常具肥大的肉质根，或为灌木，稀为乔木，直立，稀攀援。茎、枝圆柱形，有沟槽或棱角，无毛或幼枝和花序被短柔毛。叶片卵形、椭圆形或披针形，顶端急尖或钝，常有大量的针晶体，有叶柄，稀无；托叶无。花通常两性，稀单性或雌雄异株，小形，有梗或无，排成总状花序、聚伞圆锥花序或穗状花序，花序顶生或与叶对生；花被片5片，辐射对称，草质或膜质，长圆形至卵形，顶端钝，开展或反折，宿存；雄蕊6~33枚，着生花被基部，花丝钻状或线形，分离或基部连合，内藏或伸出，花药长圆形或近圆形；子房近球形，上位，心皮5~16个，分离或连合，每心皮有1枚近于直生或弯生的胚珠，花柱钻形，直立或下弯。浆果，肉质多汁，后干燥，扁球形；种子肾形，扁压，外种皮硬脆，亮黑色，光滑，内种皮膜质；胚环形，包围粉质胚乳。

本属约35种；我国有4种；恩施州产2种。

分种检索表

1. 花序粗壮，花多而密；果序直立；心皮分离，雄蕊8~10枚；花被片通常白绿色，花后反折 ············ 1. 商陆 *Phytolacca acinosa*
1. 花序较纤细，花较少而稀；果序下垂；心皮合生，雄蕊和心皮通常均为10枚 ············ 2. 垂序商陆 *Phytolacca americana*

1. 商陆 *Phytolacca acinosa* Roxb., Hort. Beng. 35. 1814.

多年生草本，高0.5~1.5米，全株无毛。根肥大，肉质，倒圆锥形，外皮淡黄色或灰褐色，内面黄白色。茎直立，圆柱形，有纵沟，肉质，绿色或红紫色，多分枝。叶片薄纸质，椭圆形、长椭圆形或披针状椭圆形，长10~30厘米，宽4.5~15厘米，顶端急尖或渐尖，基部楔形，渐狭，两面散生细小白色斑点（针晶体），背面中脉凸起；叶柄长1.5~3厘米，粗壮，上面有槽，下面半圆形，基部稍扁宽。总状花序顶生或与叶对生，圆柱状，直立，通常比叶短，密生多花；花序梗长1~4厘米；花梗基部的苞片线形，长约1.5毫米，上部2枚小苞片线状披针形，均膜质；花梗细，长6~13毫米，基部变粗，花两性，直径约8毫米；花被片5片，白色、黄绿色，椭圆形、卵形或长圆形，顶端圆钝，长3~4毫米，宽约2毫米，大小相等，花后常反折；雄蕊8~10枚，与花被片近等长，花丝白色，钻形，基部成片状，宿存，花药椭圆形，粉红色；心皮通常为8

个，有时少至5或多至10个，分离；花柱短，直立，顶端下弯，柱头不明显。果序直立；浆果扁球形，直径约7毫米，熟时黑色；种子肾形，黑色，长约3毫米，具3棱。花期5～8月，果期6～10月。

恩施州广布，生于山谷沟边、村边；我国除东北、内蒙古、青海、新疆外均有分布；朝鲜、日本及印度也有。

根入药，以白色肥大者为佳，红根有剧毒，仅供外用。通二便，逐水、散结，治水肿、胀满、脚气、喉痹，外敷治痈肿疮毒。也可作兽药及农药。果实含鞣质，可提制栲胶。

2. 垂序商陆　*Phytolacca americana* L., Sp. Pl. 441. 1753.

多年生草本，高1～2米。根粗壮，肥大，倒圆锥形。茎直立，圆柱形，有时带紫红色。叶片椭圆状卵形或卵状披针形，长9～18厘米，宽5～10厘米，顶端急尖，基部楔形；叶柄长1～4厘米。总状花序顶生或侧生，长5～20厘米；花梗长6～8毫米；花白色，微带红晕，直径约6毫米；花被片5片，雄蕊、心皮及花柱通常均为10枚，心皮合生。果序下垂；浆果扁球形，熟时紫黑色；种子肾圆形，直径约3毫米。花期6～8月，果期8～10月。

恩施州广泛栽培；原产北美，引入栽培，遍及我国河北、陕西、山东、江苏、浙江、江西、福建、河南、湖北、广东、四川、云南。

根供药用，治水肿、白带、风湿，并有催吐作用；种子利尿；叶有解热作用，并治脚气。外用可治无名肿毒及皮肤寄生虫病。全草可作农药。

番杏科 Aizoaceae

一年生或多年生草本，或为半灌木。茎直立或平卧。单叶对生、互生或假轮生，有时肉质，有时细小，全缘，稀具疏齿；托叶干膜质，先落或无。花两性，稀杂性，辐射对称，花单生、簇生或成聚伞花序；单被或异被，花被片5片，稀4片，分离或基部合生，宿存，覆瓦状排列，花被筒与子房分离或贴生；雄蕊3～5枚或多数，周位或下位，分离或基部合生成束，外轮雄蕊有时变为花瓣状或线形，花药2室，纵裂；花托扩展成碗状，常有蜜腺，或在子房周围形成花盘；子房上位或下位，心皮2或5个或多数，合生成2至多室，稀离生，花柱同心皮数，胚珠多数，稀单生，弯生、近倒生或基生，中轴胎座或侧膜胎座。蒴果或坚果状，有时为瘦果，常为宿存花被包围；种子具细长弯胚，包围粉质胚乳，常有假种皮。

本科约 130 属 1200 种；我国有 7 属约 15 种；恩施州产 1 属 1 种。

粟米草属　Mollugo L.

一年生草本。茎铺散、斜升或直立，多分枝，无毛。单叶，基生、近对生或假轮生，全缘。花小，具梗，顶生或腋生，簇生或成聚伞花序、伞形花序；花被片 5 片，离生，草质，常具透明干膜质边缘；雄蕊 3~10 枚，与花被片互生，无退化雄蕊；心皮 3~5 个，合生，子房上位，卵球形或椭圆球形，3~5 室，每室有多数胚珠，着生中轴胎座上，花柱 3~5 根，线形。蒴果球形，果皮膜质，部分或全部包于宿存花被内，室背开裂为 3~5 片果瓣；种子多数，肾形，平滑或有颗粒状凸起或脊具凸起肋棱，无种阜和假种皮；胚环形。

本属约 20 种；我国有 4 种；恩施州产 1 种。

粟米草　*Mollugo stricta* L., Sp. Pl. ed. 2. 131. 1762.

一年生草本，高 10~30 厘米。茎纤细，多分枝，有棱角，无毛，老茎通常淡红褐色。叶 3~5 片假轮生或对生，叶片披针形或线状披针形，长 1.5~4 厘米，宽 2~7 毫米，顶端急尖或长渐尖，基部渐狭，全缘，中脉明显；叶柄短或近无柄。花极小，组成疏松聚伞花序，花序梗细长，顶生或与叶对生；花梗长 1.5~6 毫米；花被片 5 片，淡绿色，椭圆形或近圆形，长 1.5~2 毫米，脉达花被片 2/3，边缘膜质；雄蕊通常 3 枚，花丝基部稍宽；子房宽椭圆形或近圆形，3 室，花柱 3 根，短，线形。蒴果近球形，与宿存花被等长，3 瓣裂；种子多数，肾形，栗色，具多数颗粒状凸起。花期 6~8 月，果期 8~10 月。

恩施州广布，生于田边、河边；分布于秦岭、黄河以南，东南至西南各地和海岸沙地；亚洲热带和亚热带地区也有。

全草可供药用，有清热解毒功效，治腹痛泄泻、皮肤热疹、火眼及蛇伤。

马齿苋科　Portulacaceae

一年生或多年生草本，稀半灌木。单叶，互生或对生，全缘，常肉质；托叶干膜质或刚毛状，稀不存在。花两性，整齐或不整齐，腋生或顶生，单生或簇生，或成聚伞花序、总状花序、圆锥花序；萼片 2 片，稀 5 片，草质或干膜质，分离或基部连合；花瓣 4~5 片，稀更多，覆瓦状排列，分离或基部稍连合，常有鲜艳色，早落或宿存；雄蕊与花瓣同数，对生，或更多、分离或成束或与花瓣贴生，花丝线形，花药 2 室，内向纵裂；雌蕊 3~5 个心皮合生，子房上位或半下位，1 室，基生胎座或特立中央胎座，有弯生胚珠 1 至多枚，花柱线形，柱头 2~5 裂，形成内向的柱头面。蒴果近膜质，盖裂或 2~3 瓣裂，稀为坚果；种子肾形或球形，多数，稀为 2 粒，种阜有或无，胚环绕粉质胚乳，胚乳大多丰富。

本科约 19 属 580 种；我国有 2 属 7 种；恩施州产 2 属 3 种。

马齿苋科 Portulacaceae

分属检索表

1. 平卧或斜升草本；花单生或簇生，子房半下位；蒴果盖裂；种子无种阜 ················· 1. 马齿苋属 *Portulaca*
1. 直立草本或半灌木；总状或圆锥花序，子房上位；蒴果瓣裂；种子有种阜 ················· 2. 土人参属 *Talinum*

马齿苋属 *Portulaca* L.

一年生或多年生肉质草本，无毛或被疏柔毛。茎铺散，平卧或斜升。叶互生或近对生或在茎上部轮生，叶片圆柱状或扁平，托叶为膜质鳞片状或毛状的附属物，稀完全退化。花顶生，单生或簇生；花梗有或无；常具数片叶状总苞；萼片 2 片，筒状，其分离部分脱落；花瓣 4 或 5 片，离生或下部连合，花开后黏液质，先落；雄蕊 4 枚至多数，着生花瓣上；子房半下位，1 室，胚珠多数，花柱线形，上端 3～9 裂成线状柱头。蒴果盖裂；种子细小，多数，肾形或圆形，光亮，具疣状凸起。

本属约 200 种；我国有 6 种；恩施州产 2 种。

分种检索表

1. 叶片圆柱状钻形；花大，直径大于 2 厘米 ················· 1. 大花马齿苋 *Portulaca grandiflora*
1. 叶片扁平；花小，直径不及 1 厘米 ················· 2. 马齿苋 *Portulaca oleracea*

1. 大花马齿苋 *Portulaca grandiflora* Hook. in Curtis's Bot. Mag. 56: pl. 2885. 1829.

一年生草本，高 10～30 厘米。茎平卧或斜升，紫红色，多分枝，节上丛生毛。叶密集枝端，较下的叶分开，不规则互生，叶片细圆柱形，有时微弯，长 1～2.5 厘米，直径 2～3 毫米，顶端圆钝，无毛；叶柄极短或近无柄，叶腋常生一撮白色长柔毛。花单生或数朵簇生枝端，直径 2.5～4 厘米，日开夜闭；总苞 8～9 片，叶状，轮生，具白色长柔毛；萼片 2 片，淡黄绿色，卵状三角形，长 5～7 毫米，顶端急尖，多少具龙骨状凸起，两面均无毛；花瓣 5 片或重瓣，倒卵形，顶端微凹，长 12～30 毫米，红色、紫色或黄白色；雄蕊多数，长 5～8 毫米，花丝紫色，基部合生；花柱与雄蕊近等  长，柱头 5～9 裂，线形。蒴果近椭圆形，盖裂；种子细小，多数，圆肾形，直径不及 1 毫米，铅灰色、灰褐色或灰黑色，有珍珠光泽，表面有小瘤状凸起。花期 6～9 月，果期 8～11 月。

恩施州广泛栽培；原产巴西；我国公园、花圃常有栽培。

全草可供药用，有散瘀止痛、清热、解毒消肿功效，用于咽喉肿痛、烫伤、跌打损伤、疮疖肿毒。

2. 马齿苋 *Portulaca oleracea* L., Sp. Pl. 445. 1753.

一年生草本，全株无毛。茎平卧或斜倚，伏地铺散，多分枝，圆柱形，长 10～15 厘米淡绿色或带暗红色。叶互生，有时近对生，叶片扁平，肥厚，倒卵形，似马齿状，长 1～3 厘米，宽 0.6～1.5 厘米，顶端圆钝或平截，有时微凹，基部楔形，全缘，上面暗绿色，下面淡绿色或带暗红色，中脉微隆起；叶柄粗短。花无梗，直径 4～5 毫米，常 3～5 朵簇生枝端，午时盛开；苞片 2～6 片，叶状，膜质，近轮生；

萼片2片，对生，绿色，盔形，左右压扁，长约4毫米，顶端急尖，背部具龙骨状凸起，基部合生；花瓣5片，稀4片，黄色，倒卵形，长3~5毫米，顶端微凹，基部合生；雄蕊通常8枚，或更多，长约12毫米，花药黄色；子房无毛，花柱比雄蕊稍长，柱头4~6裂，线形。蒴果卵球形，长约5毫米，盖裂；种子细小，多数，偏斜球形，黑褐色，有光泽，直径不及1毫米，具小疣状凸起。花期5~8月，果期6~9月。

恩施州广布，生于菜园、农田、路旁；我国南北各地均产；广布全世界温带和热带地区。

全草供药用，有清热利湿、解毒消肿、消炎、止渴、利尿作用；种子明目；还可作兽药和农药；嫩茎叶可作蔬菜，味酸，也是很好的饲料。

土人参属 *Talinum* Adans.

一年生或多年生草本，或为半灌木，常具粗根。茎直立，肉质，无毛。叶互生或部分对生，叶片扁平，全缘，无柄或具短柄，无托叶。花小，成顶生总状花序或圆锥花序，稀单生叶腋；萼片2片，分离或基部短合生，卵形，早落，稀宿存；花瓣5片，稀多数（8~10片），红色，常早落；雄蕊5枚至多数（10~30枚），通常贴生花瓣基部；子房上位，1室，特立中央胎座，胚珠多数，花柱顶端3裂，稀2裂。蒴果常俯垂，球形、卵形或椭圆形，薄膜质，3瓣裂；种子近球形或扁球形，亮黑色，具瘤或棱，种阜淡白色。

本属约50种；我国有1种，栽培后逸生；恩施州产1种。

土人参 *Talinum paniculatum* (Jacq.) Gaertn., Fruct. et Sem. Pl. 2: 219. tab. 128. 1791.

一年生或多年生草本，全株无毛，高30~100厘米。主根粗壮，圆锥形，有少数分枝，皮黑褐色，断面乳白色。茎直立，肉质，基部近木质，多少分枝，圆柱形，有时具槽。叶互生或近对生，具短柄或近无柄，叶片稍肉质，倒卵形或倒卵状长椭圆形，长5~10厘米，宽2.5~5厘米，顶端急尖，有时微凹，具短尖头，基部狭楔形，全缘。圆锥花序顶生或腋生，较大形，常二叉状分枝，具长花序梗；花小，直径约6毫米；总苞片绿色或近红色，圆形，顶端圆钝，长3~4毫米；苞片2片，膜质，披针形，顶端急尖，长约1毫米；花梗长5~10毫米；萼片卵形，紫红色，早落；花瓣粉红色或淡紫红色，长椭圆形、倒卵形或椭圆形，长6~12毫米，顶端圆钝，稀微凹；雄蕊10~20枚，比花瓣短；花柱线形，长约2毫米，基部具关节；柱头3裂，稍开展；子房卵球形，长约2毫米。蒴果近球形，直径约4毫米，3瓣裂，坚纸质；种子多数，扁圆形，直径约1毫米，黑褐色或黑色，有光泽。花期6~8月，果期9~11月。

恩施州广泛栽培或逸生；原产热带美洲；我国中部和南部均有栽植，有的逸为野生。

根为滋补强壮药，补中益气，润肺生津。叶消肿解毒，治疗疮疖肿。

落葵科 Basellaceae

缠绕草质藤本，全株无毛。单叶，互生，全缘，稍肉质，通常有叶柄；托叶无。花小，两性，稀单性，辐射对称，通常成穗状花序、总状花序或圆锥花序，稀单生；苞片3片，早落，小苞片2片，宿存；花被片5片，离生或下部合生，通常白色或淡红色，宿存，在芽中覆瓦状排列；雄蕊5枚，与花被片对生，花丝着生花被上；雌蕊由3个心皮合生，子房上位，1室，胚珠1枚，着生子房基部，弯生，花柱单一或分叉为3根。胞果，干燥或肉质，通常被宿存的小苞片和花被包围，不开裂；种子球形，种皮膜质，胚乳丰富，围以螺旋状、半圆形或马蹄状胚。

本科约4属25种；我国栽培2属3种；恩施州产2属2种。

分属检索表

1. 穗状花序；花无梗，花被片肉质，花期几不开展，花丝在花蕾中直立；胚螺旋状……………………………… 1. 落葵属 Basella
1. 总状花序；花梗宿存，花被片薄，不肉质，花期开展，花丝在花蕾中弯曲；胚半圆形或马形……………… 2. 落葵薯属 Anredera

落葵属 Basella L.

一年生或二年生缠绕草本。叶互生。穗状花序腋生，花序轴粗壮，伸长；花小，无梗，通常淡红色或白色；苞片极小，早落；小苞片和坛状花被合生，肉质，花后膨大，卵球形，花期很少开放，花后肉质，包围果实；花被短5裂，钝圆，裂片有脊，但在果时不为翅状；雄蕊5枚，内藏，与花被片对生，着生花被筒近顶部，花丝很短，在芽中直立，花药背着，丁字着生；子房上位，1室，内含1枚胚珠，花柱3根，柱头线形。胞果球形，肉质；种子直立；胚螺旋状，有少量胚乳，子叶大而薄。

本属约5种；我国栽培1种；恩施州产1种。

落葵 Basella alba L., Sp. Pl. 272. 1753.

俗名汤菜，一年生缠绕草本。茎长可达数米，无毛，肉质，绿色或略带紫红色。叶片卵形或近圆形，长3~9厘米，宽2~8厘米，顶端渐尖，基部微心形或圆形，下延成柄，全缘，背面叶脉微凸起；叶柄长1~3厘米，上有凹槽。穗状花序腋生，长3~20厘米；苞片极小，早落；小苞片2片，萼状，长圆形，宿存；花被片淡红色或淡紫色，卵状长圆形，全缘，顶端钝圆，内摺，下部白色，连合成筒；雄蕊着生花被筒口，花丝短，基部扁宽，白色，花药淡黄色；柱头椭圆形。果实球形，直径5~6毫米，红色至深红色或黑色，多汁液，外包宿存小苞片及花被。花期5~9月，果期7~10月。

恩施州广泛栽培；原产亚洲热带地区；我国南北各地多有种植，南方有逸为野生的。

叶含有多种维生素和钙、铁，栽培作蔬菜，也可观赏。全草供药用，为缓泻剂，有滑肠、散热、

利大小便的功效；花汁有清血解毒作用，能解痘毒，外敷治痈毒及乳头破裂。果汁可作无害的食品着色剂。

落葵薯属 Anredera Juss.

多年生草质藤本。茎多分枝。叶稍肉质，无柄或具柄。总状花序腋生，稀分枝；花梗宿存，在花被下具关节，顶端具 2 片对交互对生的小苞片，下面 1 对小，合生成杯状，宿存，或离生而早落，上面 1 对凸或船形，背部常具龙骨状凸起，有时具狭翅，稀有宽翅；花被片基部合生，裂片薄，开花时伸展，以后多少加厚，包裹果实；花丝线形，基部宽，在花蕾中弯曲；花柱 3 根，柱头球形或棍棒状，有乳头。果实球形，外果皮肉质或似羊皮纸质；种子双凸镜状。

本属 5～10 种；我国栽培 2 种；恩施州产 1 种。

落葵薯 Anredera cordifolia (Tenore) Steenis, Fl. Males. ser. 1, 5 (3): 303. 1957.

缠绕藤本，长可达数米。根状茎粗壮。叶具短柄，叶片卵形至近圆形，长 2～6 厘米，宽 1.5～5.5 厘米，顶端急尖，基部圆形或心形，稍肉质，腋生小块茎（珠芽）。总状花序具多花，花序轴纤细，下垂，长 7～25 厘米；苞片狭，不超过花梗长度，宿存；花梗长 2～3 毫米，花托顶端杯状，花常由此脱落；下面 1 对小苞片宿存，宽三角形，急尖，透明，上面 1 对小苞片淡绿色，比花被短，宽椭圆形至近圆形；花直径约 5 毫米；花被片白色，渐变黑，开花时张开，卵形、长圆形至椭圆形，顶端钝圆，长约 3 毫米，宽约 2 毫米；雄蕊白色，花丝顶端在芽中反折，开花时伸出花外；花柱白色，分裂成 3 个柱头臂，每臂具一棍棒状或宽椭圆形柱头。花期 6～10 月。

恩施、利川、巴东、咸丰等地有栽培；我国江苏、浙江、福建、广东、四川、云南及北京也有栽培；原产南美热带地区。

石竹科 Caryophyllaceae

一年生或多年生草本，稀亚灌木。茎节通常膨大，具关节。单叶对生，稀互生或轮生，全缘，基部多少连合；托叶有，膜质，或缺。花辐射对称，两性，稀单性，排列成聚伞花序或聚伞圆锥花序，稀单生，少数呈总状花序、头状花序、假轮伞花序或伞形花序，有时具闭花受精花；萼片 5 片，稀 4 片，草质或膜质，宿存，覆瓦状排列或合生成筒状；花瓣 5 片，稀 4 片，无爪或具爪，瓣片全缘或分裂，通常爪和瓣片之间具 2 片状或鳞片状副花冠片，稀缺花瓣；雄蕊 10 枚，2 轮列，稀 5 或 2 枚；雌蕊 1 枚，由 2～5 个合生心皮构成，子房上位，3 室或基部 1 室，上部 3～5 室，特立中央胎座或基底胎座，具 1 枚至多数胚珠；花柱 1～5 根，有时基部合生，稀合生成单花柱。果实为蒴果，长椭圆形、圆柱形、卵形或圆球形，果皮壳质、膜质或纸质，顶端齿裂或瓣裂，开裂数与花柱同数或为其 2 倍，稀为浆果状、不规则开裂或为瘦果；种子弯生，多数或少数，稀 1 粒，肾形、卵形、圆盾形或圆形，微扁；种脐通常位于种

石竹科
Caryophyllaceae

子凹陷处，稀盾状着生；种皮纸质，表面具有以种脐为圆心的、整齐排列为数层半环形的颗粒状、短线纹或瘤状凸起，稀表面近平滑或种皮为海绵质；种脊具槽、圆钝或锐，稀具流苏状篦齿或翅；胚环形或半圆形，围绕胚乳或劲直，胚乳偏于一侧；胚乳粉质。

本科约 75 属 2000 余种；我国有 30 属约 388 种 58 变种 8 变型；恩施州产 9 属 22 种 1 亚种。

分属检索表

1. 萼片合生；花瓣具明显爪；雄蕊下位生。
    2. 花柱 3 或 5 根；花萼具连合纵脉。
        3. 蒴果不呈圆球形，整齐齿裂 ············· 1. 蝇子草属 Silene
        3. 蒴果球形，呈浆果状，成熟后干燥，果皮薄壳质，不规则开裂 ············· 2. 狗筋蔓属 Cucubalus
    2. 花柱 2 根；花萼无连合纵脉。
        4. 花萼狭卵形，基部膨大，顶端狭，具 5 棱；蒴果不完全 4 室 ············· 3. 麦蓝菜属 Vaccaria
        4. 花萼筒状或钟形，无棱；蒴果 1 室 ············· 4. 石竹属 Dianthus
1. 萼片离生，稀基部合生；花瓣近无爪，稀缺花瓣；雄蕊周位生，稀下位生。
    5. 蒴果裂齿与花柱同数；花瓣全缘，远比萼片短，稀缺花瓣 ············· 5. 漆姑草属 Sagina
    5. 蒴果裂齿为花柱数的 2 倍。
        6. 花柱 5 根。
            7. 蒴果卵形，裂瓣深达中部，顶端 2 齿裂，裂齿外弯；花瓣深 2 裂达基部 ············· 6. 鹅肠菜属 Myosoton
            7. 蒴果圆柱形或长圆形，裂齿等大；花瓣 2 裂达 1/3 或全缘 ············· 7. 卷耳属 Cerastium
        6. 花柱 2 或 3 根。
            8. 花瓣全缘，稀凹缺或具齿 ············· 8. 无心菜属 Arenaria
            8. 花瓣深 2 裂，稀多裂（有时缺花瓣）。
                9. 蒴果卵形或圆球形；花瓣 2 裂深达中部或基部，稀缺花瓣 ············· 9. 繁缕属 Stellaria
                9. 蒴果圆柱形或长圆形；花瓣分裂达 1/3 ············· 7. 卷耳属 Cerastium

蝇子草属 *Silene* L.

一、二年生或多年生草本，稀亚灌木状。茎直立、上升、俯仰或近平卧。叶对生，线形、披针形、椭圆形或卵形，近无柄；托叶无。花两性，稀单性，雌雄同株或异株，成聚伞花序或圆锥花序，稀呈头状花序或单生；花萼筒状、钟形、棒状或卵形，稀呈囊状或圆锥形，花后多少膨大，具 10、20 或 30 条纵脉，萼脉平行，稀网结状，萼齿 5 片，萼冠间具雌雄蕊柄；花瓣 5 片，白色、淡黄绿色、红色或紫色，瓣爪无毛或具缘毛，上部扩展呈耳状，稀无耳，瓣片外露，稀内藏，平展，2 裂，稀全缘或多裂，有时微凹缺；花冠喉部具 10 个片状或鳞片状副花冠，稀缺；雄蕊 10 枚，2 轮列，外轮 5 枚较长，与花瓣互生，常早熟，内轮 5 枚基部多少与瓣爪合生，花丝无毛或具缘毛；子房基部 1、3 或 5 室，具多数胚珠；花柱 3 根，稀 5（偶 4 或 6）根。蒴果基部隔膜常多变化，顶端 6 或 10 齿裂，裂齿为花柱数的 2 倍，稀 5 瓣裂，与花柱同数；种子肾形或圆肾形；种皮表面具短线条纹或小瘤，稀具棘凸，有时平滑；种脊平、圆钝，具槽或具环翅；胚环形。

本属约 400 种；我国有 112 种 2 亚种 17 变种；恩施州产 4 种。

分种检索表

1. 花序为二歧聚伞式或单歧聚伞式。
    2. 植株具簇生块根；二歧聚伞花序大型，分枝等长，具多数花；花白色，花萼近无毛或沿脉被稀疏柔毛 ············· 1. 石生蝇子草 *Silene tatarinowii*
    2. 植株无块根；二歧聚伞花序分枝不等长，具数花或单花；花瓣淡红色，爪与花萼几等长或微露出花萼，瓣片倒心形 ············· 2. 湖北蝇子草 *Silene hupehensis*

1. 花序为聚伞圆锥式，小聚伞花序轴长，对生，稀互生，常具 3~5 朵花，稀为 1 朵花，有时小聚伞花序轴短，具 1~3 朵花，或紧缩呈团伞花序、头状花序、假轮伞花序。
   3. 一、二年生植物；花萼卵状钟形，花瓣不露或微露出花萼；萼齿披针形，顶端渐尖；瓣片浅 2 裂，爪无耳 ·· 3. 女娄菜 *Silene aprica*
   3. 多年生植物；花序圆锥式，大型，小聚伞花序轴长，稀呈团伞状；花瓣淡红色；瓣片深 2 裂，裂片呈撕裂状条裂 ·· 4. 鹤草 *Silene fortunei*

1. 石生蝇子草　　*Silene tatarinowii* Regel in Bull. Soc. Nat. Moscou 34 (2): 563. 1861.

多年生草本，全株被短柔毛。根圆柱形或纺锤形，黄白色。茎上升或俯仰，长 30~80 厘米，分枝稀疏，有时基部节上生不定根。叶片披针形或卵状披针形，稀卵形，长 2~5 厘米，宽 5~20 毫米，基部宽楔形或渐狭成柄状，顶端长渐尖，两面被稀疏短柔毛，边缘具短缘毛，具 1 或 3 条基出脉。二歧聚伞花序疏松，大型；花梗细，长 8~50 毫米，被短柔毛；苞片披针形，草质；花萼筒状棒形，长 12~15 毫米，直径 3~5 毫米，纵脉绿色，稀紫色，无毛或沿脉被稀疏短柔毛，萼齿三角形，顶端急尖或渐尖，稀钝头，边缘膜质，具短缘毛；雌雄蕊柄无毛，长约 4 毫米；花瓣白色，轮廓倒披针形，爪不露或微露出花萼，无毛，无耳，瓣片倒卵形，长约 7 毫米，浅 2 裂达瓣片的 1/4，两侧中部具一线形小裂片或细齿；副花冠片椭圆状，全缘；雄蕊明显外露，花丝无毛；花柱明显外露。蒴果卵形或狭卵形，长 6~8 毫米，比宿存萼短；种子肾形，长约 1 毫米，红褐色至灰褐色，脊圆钝。花期 7~8 月，果期 8~10 月。

恩施州广布，生于山坡灌丛中；分布于河北、内蒙古、山西、河南、湖北、湖南、陕西、甘肃、宁夏、四川、贵州。

2. 湖北蝇子草　　*Silene hupehensis* C. L. Tang in Act. Bot. Yunnan. 2: 438. 1980.

多年生草本，高 10~30 厘米，全株无毛。茎丛生，直立或上升，不分枝，基部常簇生不育茎。基生叶，叶片线形，长 5~8 厘米，宽 2~3.5 毫米，基部微抱茎，顶端渐尖，边缘具缘毛，中脉明显；茎生叶少数，较小。聚伞花序常具 2~5 朵花，稀多数或单生；花直立，直径 15~20 毫米；花梗细，长 2~5 厘米；苞片线状披针形，具缘毛；花萼钟形，长 12~15 毫米，无毛，基部圆形，纵脉紫色，不明显，连合在萼齿脉端，

萼齿三角状卵形，长2~4毫米，顶端圆或钝头，边缘膜质，具短缘毛；雌雄蕊柄被柔毛；花瓣淡红色，长15~20毫米，爪倒披针形，长8~10毫米，不露或微露出花萼，无缘毛，耳不明显，瓣片轮廓倒心形或宽倒卵形，长7~9毫米，浅2裂，稀深达瓣片的中部，裂片近卵形，微波状或具不明显的缺刻，有时瓣片两侧基部各具一线形小裂片或钝齿；副花冠片近肾形或披针形，长1~3毫米，常具不规则裂齿；雄蕊微外露，花丝无毛；花柱微外露。蒴果卵形；种子圆肾形，长约1.5毫米，黑褐色。花期7月，果期8月。

产于巴东，生于山坡林下；分布于湖北、河南、陕西、甘肃、四川。

3. 女娄菜 *Silene aprica* Turcz. ex Fisch. et Mey. InSem. Hort. Petrop. Ind. 1, 1: 38. 1835.

一年生或二年生草本，高30~70厘米，全株密被灰色短柔毛。主根较粗壮，稍木质。茎单生或数个，直立，分枝或不分枝。基生叶叶片倒披针形或狭匙形，长4~7厘米，宽4~8毫米，基部渐狭成长柄状，顶端急尖，中脉明显；茎生叶叶片倒披针形、披针形或线状披针形，比基生叶稍小。圆锥花序较大型；花梗长5~20毫米，直立；苞片披针形，草质，渐尖，具缘毛；花萼卵状钟形，长6~8毫米，近草质，密被短柔毛，纵脉绿色，脉端多少联结，萼齿三角状披针形，边缘膜质，具缘毛；雌雄蕊柄极短或近无，被短柔毛；花瓣白色或淡红色，倒披针形，长7~9毫米，微露出花萼或与花萼近等长，爪具缘毛，
瓣片倒卵形，2裂；副花冠片舌状；雄蕊不外露，花丝基部具缘毛；花柱不外露，基部具短毛。蒴果卵形，长8~9毫米，与宿存萼近等长或微长；种子圆肾形，灰褐色，肥厚，具小瘤。花期5~7月，果期6~8月。

产于利川，生于山坡草地；我国各省区均有；朝鲜、日本、蒙古和俄罗斯也有。

全草入药，治乳汁少、体虚浮肿等。

4. 鹤草 *Silene fortunei* Vis. in Linnaea 24: 181. 1851.

多年生草本，高50~80厘米。根粗壮，木质化。茎丛生，直立，多分枝，被短柔毛或近无毛，分泌黏液。基生叶叶片倒披针形或披针形，长3~8厘米，宽7~12毫米，基部渐狭，下延成柄状，顶端急尖，两面无毛或早期被微柔毛，边缘具缘毛，中脉明显。聚伞状圆锥花序，小聚伞花序对生，具1~3朵花，有黏质，花梗细，长3~12毫米；苞片线形，长5~10毫米，被微柔毛；花萼长筒状，长22~30毫米，直径约3毫米，无毛，基部截形，果期上部微膨大呈筒状棒形，长25~30毫米，纵脉紫色，萼齿三角状卵形，长1.5~2毫米，顶端圆钝，边缘膜质，具短缘毛；雌雄蕊柄无毛，果期长10~15毫米；花瓣淡红色，爪微露出花萼，倒披针形，长10~15毫米，无毛，瓣片平展，轮廓楔状倒卵形，长约15毫米，2裂达瓣片的1/2或更深，裂片呈撕裂状条裂副花冠片小，舌状；雄蕊微外露，花丝无毛；花柱微外露。蒴果长圆形，长12~15毫米，直径约4毫米，比宿存萼短或近等长；种子圆肾形，微侧扁，深褐色，长约1毫米。花期6~8月，果期7~9月。

产于巴东，生于草丛中；我国长江以南各省区均有。

全草入药，治痢疾、肠炎、蝮蛇咬伤、挫伤、扭伤等。

狗筋蔓属 *Cucubalus* L.

多年生草本。根簇生，稍肉质。茎铺散，俯仰，分枝。叶对生，叶片卵形或卵状披针形；托叶缺。花两性，单生，具1对叶状苞片，或成疏圆锥花序；花萼宽钟形，果期膨大成半圆球形，纵脉10条，萼齿5片，较大；雌雄蕊柄极短；花瓣5片，白色，爪狭长，瓣片2裂；副花冠有雄蕊10枚，2轮列，外轮5枚基部与爪微合生成短筒状；子房1室，具多数胚珠；花柱3根，细长。蒴果球形，呈浆果状，后期干燥，薄壳质，不规则开裂；种子多数，肾形，平滑，具光泽；胚环形。

本属仅1种，广布欧洲和亚洲；我国亦产；恩施州产1种。

狗筋蔓 *Cucubalus baccifer* L., Sp. Pl. 414. 1753.

多年生草本，全株被逆向短绵毛。根簇生，长纺锤形，白色，断面黄色，稍肉质；根颈粗壮，多头。茎铺散，俯仰，长50~150厘米，多分枝。叶片卵形、卵状披针形或长椭圆形，长1.5~13厘米，宽0.8~4厘米，基部渐狭成柄状，顶端急尖，边缘具短缘毛，两面沿脉被毛。圆锥花序疏松；花梗细，具1对叶状苞片；花萼宽钟形，长9~11毫米，草质，后期膨大呈半圆球形，沿纵脉多少被短毛，萼齿卵状三角形，与萼筒近等长，边缘膜质，果期反折；雌雄蕊柄长约1.5毫米，无毛；花瓣白色，轮廓倒披针形，长约15毫米，宽约2.5毫米，爪狭长，瓣片叉状浅2裂；副花冠片不明显微呈乳头状；雄蕊不外露，花丝无毛；花柱细长，不外露。蒴果圆球形，呈浆果状，直径6~8毫米，成熟时薄壳质，黑色，具光泽，不规则开裂；种子圆肾形，肥厚，长约1.5毫米，黑色，平滑，有光泽。花期6~8月，果期7~9月或7~10月。

恩施州广布，生于山坡林中；分布于辽宁、河北、山西、陕西、宁夏、甘肃、新疆、江苏、安徽、浙江、福建、台湾、河南、湖北、广西至西南；朝鲜、日本、俄罗斯、哈萨克斯坦也有。

根或全草入药，用于骨折、跌打损伤和风湿关节痛等。

麦蓝菜属 *Vaccaria* Medic.

一年生草本，全株无毛，呈灰绿色。茎直立，二歧分枝。叶对生，叶片卵状披针形至披针形，基部微抱茎；托叶缺。花两性，成伞房花序或圆锥花序；花萼狭卵形，具5条翅状棱，花后下部膨大，萼齿5片；雌雄蕊柄极短；花瓣5片，淡红色，微凹缺或全缘，具长爪；副花冠缺；雄蕊10枚，通常不外露；子房1室，具多数胚珠；花柱2根。蒴果卵形，基部4室，顶端4齿裂；种子多数，近圆球形，具小瘤。

本属约4种；我国有1种；恩施州产1种。

石竹科
Caryophyllaceae

麦蓝菜 *Vaccaria segetalis* (Neck.) Garcke in Aschers. Fl. Prov. Brandenb. 1: 84. 1864.

一年生或二年生草本，高 30~70 厘米，全株无毛，微被白粉，呈灰绿色。根为主根系。茎单生，直立，上部分枝。叶片卵状披针形或披针形，长 3~9 厘米，宽 1.5~4 厘米，基部圆形或近心形，微抱茎，顶端急尖，具 3 条基出脉。伞房花序稀疏；花梗细，长 1~4 厘米；苞片披针形，着生花梗中上部；花萼卵状圆锥形，长 10~15 毫米，宽 5~9 毫米，后期微膨大呈球形，棱绿色，棱间绿白色，近膜质，萼齿小，三角形，顶端急尖，边缘膜质；雌雄蕊柄极短；花瓣淡红色，长 14~17 毫米，宽 2~3 毫米，爪狭楔形，淡绿色，瓣片狭倒卵形，斜展或平展，微凹缺，有时具不明显的缺刻；雄蕊内藏；花柱线形，微外露。蒴果宽卵形或近圆球形，长 8~10 毫米；种子近圆球形，直径约 2 毫米，红褐色至黑色。花期 5~7 月，果期 6~8 月。

恩施州广布，生于路边；我国除华南外，全国都产；广布于欧洲和亚洲。

种子入药，治经闭、乳汁不通、乳腺炎和痈疖肿痛。

石竹属 *Dianthus* L.

多年生草本，稀一年生。根有时木质化。茎多丛生，圆柱形或具棱，有关节，节处膨大。叶禾草状，对生，叶片线形或披针形，常苍白色，脉平行，边缘粗糙，基部微合生。花红色、粉红色、紫色或白色，单生或成聚伞花序，有时簇生成头状，围以总苞片；花萼圆筒状，5 齿裂，无干膜质接着面，有脉 7、9 或 11 条，基部贴生苞片 1~4 对；花瓣 5 片，具长爪，瓣片边缘具齿或繸状细裂，稀全缘；雄蕊 10 枚；花柱 2 根，子房 1 室，具多数胚珠，有长子房柄。蒴果圆筒形或长圆形，稀卵球形，顶端 4 齿裂或瓣裂；种子多数，圆形或盾状；胚直生，胚乳常偏于一侧。

本属约 600 种；我国有 16 种 10 变种；恩施州产 2 种。

分种检索表

1. 花瓣顶缘浅裂成不规则牙齿 ··· 1. 石竹 *Dianthus chinensis*
1. 花瓣繸状深裂成狭条或细丝 ··· 2. 瞿麦 *Dianthus superbus*

1. 石竹 *Dianthus chinensis* L., Sp. Pl. 411. 1753.

多年生草本，高 30~50 厘米，全株无毛，呈粉绿色。茎由根颈生出，疏丛生，直立，上部分枝。叶片线状披针形，长 3~5 厘米，宽 2~4 毫米，顶端渐尖，基部稍狭，全缘或有细小齿，中脉较显。花单生枝端或数花集成聚伞花序；花梗长 1~3 厘米；苞片 4 片，卵形，顶端长渐尖，长达花萼 1/2 以上，边缘膜质，有缘毛；花萼圆筒形，长 15~25 毫米，直径 4~5 毫米，有纵条纹，萼齿披针形，长约 5 毫米，直伸，顶端尖，有缘毛；花瓣长 16～18 毫米，瓣片倒卵状三角形，长 13～15 毫米，紫红色、粉红色、鲜红色或白色，顶缘不整齐齿裂，喉部有斑纹，疏生髯毛；雄蕊露出喉部外，花药蓝色；子房长圆形，花柱线形。蒴果圆筒形，包于宿存萼内，顶端 4 裂；种子黑色，扁圆形。花期 5～6 月，果期 7～9 月。

栽培于恩施、巴东；原产我国北方，现在南北普遍生长；俄罗斯和朝鲜也有。

根和全草入药，清热利尿，破血通经，散瘀消肿。

2. 瞿麦　*Dianthus superbus* L., Fl. Suec. ed. 2. 146. 1755.

多年生草本，高 50～60 厘米，有时更高。茎丛生，直立，绿色，无毛，上部分枝。叶片线状披针形，长 5～10 厘米，宽 3～5 毫米，顶端锐尖，中脉特显，基部合生成鞘状，绿色，有时呈粉绿色。花 1 或 2 朵生枝端，有时顶下腋生；苞片 2～3 对，倒卵形，长 6～10 毫米，约为花萼 1/4，宽 4～5 毫米，顶端长尖；花萼圆筒形，长 2.5～3 厘米，直径 3～6 毫米，常染紫红色晕，萼齿披针形，长 4～5 毫米；花瓣长 4～5 厘米，爪长 1.5～3 厘米，包于萼筒内，瓣片宽倒卵形，边缘繸裂至中部或中部以上，通常淡红色或带紫色，稀白色，喉部具丝毛状鳞片；雄蕊和花柱微外露。蒴果圆筒形，与宿存萼等长或微长，顶端 4 裂；种子扁卵圆形，长约 2 毫米，黑色，有光泽。花期 6～9 月，果期 8～10 月。

产于巴东，生于山坡林下；分布于东北、华北、西北及山东、江苏、浙江、江西、河南、湖北、四川、贵州、新疆；北欧、中欧、西伯利亚、哈萨克斯坦、蒙古、朝鲜、日本也有。

全草入药，有清热、利尿、破血通经功效。也可作农药，能杀虫。

漆姑草属　*Sagina* L.

一年生或多年生小草本。茎多丛生。叶线形或线状锥形，基部合生成鞘状；托叶无；花小，单生叶腋或顶生成聚伞花序，通常具长梗；萼片 4～5 片，顶端圆钝；花瓣白色，4～5 片，有时无花瓣，通常较萼片短，稀等长，全缘或顶端微凹缺；雄蕊 4～5 枚，有时为 8 或 10 枚；子房 1 室，含多数胚珠；花柱 4～5 根，与萼片互生。蒴果卵圆形，4～5 瓣裂，裂瓣与萼片对生；种子细小，肾形，表面有小凸起或平滑。

本属约 30 种；我国有 4 种；恩施州产 1 种。

漆姑草　*Sagina japonica* (Sw.) Ohwi in Journ. Jap. Bot. 13: 438. 1937.

一年生小草本，高 5～20 厘米，上部被稀疏腺柔毛。茎丛生，稍铺散。叶片线形，长 5～20 毫米，宽 0.8～1.5 毫米，顶端急尖，无毛。花小形，单生枝端；花梗细，长 1～2 厘米，被稀疏短柔毛；萼片 5 片，卵状椭圆形，长约 2 毫米，顶端尖或钝，外面疏生短腺柔毛，边缘膜质；花瓣 5 片，狭卵形，稍短于萼片，白色，顶端圆钝，全缘；雄蕊 5 枚，短于花瓣；子房卵圆形，花柱 5 根，线形。蒴果卵圆形，微长于宿存萼，5 瓣裂；种子细，圆肾形，微扁，褐色，表面具尖瘤状凸起。花期 3～5 月，果期 5～6 月。

恩施州广布，生于路旁草地；分布于东北、华北、西北、华东、华中和西南；俄罗斯、朝鲜、日本、印度、尼泊尔也有。

全草可供药用，有退热解毒之效，鲜叶揉汁涂漆疮有效；嫩时可作猪饲料。

鹅肠菜属 *Myosoton* Moench

二年生或多年生草本。茎下部匍匐，无毛，上部直立，被腺毛。叶对生。花两性，白色，排列成顶生二歧聚伞花序；萼片5片；花瓣5片，比萼片短，2深裂至基部；雄蕊10枚；子房1室，花柱5根。蒴果卵形，比萼片稍长，5瓣裂至中部，裂瓣顶端再2齿裂；种子肾状圆形，种脊具疣状凸起。

本属仅1种；我国产1种；恩施州产1种。

鹅肠菜 *Myosoton aquaticum* (L.) Moench, Meth. Pl. 225. 1794.

二年生或多年生草本，具须根。茎上升，多分枝，长50~80厘米，上部被腺毛。叶片卵形或宽卵形，长2.5~5.5厘米，宽1~3厘米，顶端急尖，基部稍心形，有时边缘具毛；叶柄长5~15毫米，上部叶常无柄或具短柄，疏生柔毛。顶生二歧聚伞花序；苞片叶状，边缘具腺毛；花梗细，长1~2厘米，花后伸长并向下弯，密被腺毛；萼片卵状披针形或长卵形，长4~5毫米，果期长达7毫米，顶端较钝，边缘狭膜质，外面被腺柔毛，脉纹不明显；花瓣白色，2深裂至基部，裂片线形或披针状线形，长3~3.5毫米，宽约1毫米；雄蕊10

枚，稍短于花瓣；子房长圆形，花柱短，线形。蒴果卵圆形，稍长于宿存萼；种子近肾形，直径约1毫米，稍扁，褐色，具小疣。花期5~8月，果期6~9月。

恩施州广布，生于山谷路边；我国南北各省均有；北半球温带、亚热带以及北非也有。

全草供药用，祛风解毒，外敷治疔疮；幼苗可作野菜和饲料。

卷耳属 *Cerastium* L.

一年生或多年生草本，多数被柔毛或腺毛。叶对生，叶片卵形或长椭圆形至披针形。二歧聚伞花序，顶生；萼片5片，稀为4片，离生；花瓣5片，稀4片，白色，顶端2裂，稀全缘或微凹；雄蕊10枚，稀5枚，花丝无毛或被毛；子房1室，具多数胚珠；花柱通常5根，稀3根，与萼片对生。蒴果圆柱形，薄壳质，露出宿萼外，顶端裂齿为花柱数的2倍；种子多数，近肾形，稍扁，常具疣状凸起。

本属约100种；我国有17种1亚种3变种；恩施州产2种1亚种。

分种检索表

1. 花瓣长等于或短于萼片；萼片长圆状披针形；花瓣倒卵状长圆形，等长或微短于萼片，无毛···
   ··· 1. 簇生卷耳 *Cerastium fontanum* subsp. *triviale*
1. 花瓣明显长于萼片。
   2. 叶片顶端钝圆；花梗短，长1~3毫米；萼片披针形；花瓣线状长圆形，与萼片近等长或微长，基部被疏柔毛···················
      ··· 2. 球序卷耳 *Cerastium glomeratum*
   2. 茎生叶叶片卵状椭圆形，长1.5~2.5厘米，宽8~12毫米，顶端凸尖；花瓣狭倒卵形，顶端2裂 ··· 3. 鄂西卷耳 *Cerastium wilsonii*

1. 簇生卷耳（亚种） *Cerastium fontanum* Baumg. subsp. *triviale* (Link) Jalas in Arch. Soc. Zool. -Bot. Fenn. Vanamo 18: 63. 1963.

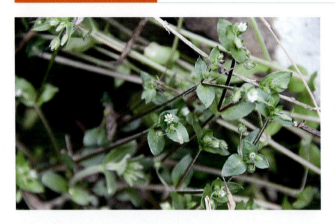

多年生或一、二年生草本，高15～30厘米。茎单生或丛生，近直立，被白色短柔毛和腺毛。基生叶叶片近匙形或倒卵状披针形，基部渐狭呈柄状，两面被短柔毛；茎生叶近无柄，叶片卵形、狭卵状长圆形或披针形，长1～4厘米，宽3～12毫米，顶端急尖或钝尖，两面均被短柔毛，边缘具缘毛。聚伞花序顶生；苞片草质；花梗细，长5～25毫米，密被长腺毛，花后弯垂；萼片5片，长圆状披针形，长5.5～6.5毫米，外面密被长腺毛，边缘中部以上膜质；花瓣5片，白色，倒卵状长圆形，等长或微短于萼片，顶端2浅裂，基部渐狭，无毛；雄蕊短于花瓣，花丝扁线形，无毛；花柱5根，短线形。蒴果圆柱形，长8～10毫米，长为宿存萼的2倍，顶端10齿裂；种子褐色，具瘤状凸起。花期5～6月，果期6～7月。

恩施州广布，生于林缘路边；分布于河北、山西、陕西、宁夏、甘肃、青海、新疆、河南、江苏、安徽、福建、浙江、湖北、湖南、四川、云南；蒙古、朝鲜、日本、越南、印度、伊朗也有。

2. 球序卷耳 *Cerastium glomeratum* Thuill., Fl. Env. Paris ed. 2. 226. 1800.

一年生草本，高10～20厘米。茎单生或丛生，密被长柔毛，上部混生腺毛。茎下部叶叶片匙形，顶端钝，基部渐狭成柄状；上部茎生叶叶片倒卵状椭圆形，长1.5～2.5厘米，宽5～10毫米，顶端急尖，基部渐狭成短柄状，两面皆被长柔毛，边缘具缘毛，中脉明显。聚伞花序呈簇生状或呈头状；花序轴密被腺柔毛；苞片草质，卵状椭圆形，密被柔毛；花梗细，长1～3毫米，密被柔毛；萼片5片，披针形，长约4毫米，顶端尖，外面密被长腺毛，边缘狭膜质；花瓣5片，白色，线状长圆形，与萼片近等长或微长，顶端2浅裂，基部被疏柔毛；雄蕊明显短于萼；花柱5根。蒴果长圆柱形，长于宿存萼0.5～1倍，顶端10齿裂；种子褐色，扁三角形，具疣状凸起。花期3～4月，果期5～6月。

产于利川、巴东，生于田边阴凉处；分布于山东、江苏、浙江、湖北、湖南、江西、福建、云南、西藏；全世界几全有分布。

3. 鄂西卷耳 *Cerastium wilsonii* Takeda in Kew Bull. 1910: 381. 1910.

多年生草本，高25～35厘米。根细长。茎上升，近无毛。基生叶叶片匙形，基部渐狭成长柄状；茎生叶叶片卵状椭圆形，无柄，长1.5～2.5厘米，宽8～12毫米，顶端急尖，沿中脉和基部被长毛。聚伞花序顶生，具多数花，花序梗细长，具腺柔毛；苞片草质，小形，被柔毛；花梗细，具腺柔毛，长短不等，可达3厘米；萼片5片，披针形或宽披针形，长约6毫米，顶端急尖，边缘膜质，外面被短柔毛；花瓣5片，白色，狭倒卵形，长为萼片2倍，2裂至中部，裂片披针形，顶端尖，无毛；雄蕊稍长于萼片，无毛；花柱5根，线形。蒴果圆柱形，长为宿存萼的1~2倍，裂齿10个，直伸；种子近三角状球形，直径约1毫米，稍扁，褐色，具疣状凸起。花期4~5月，果期6~7月。

恩施州广布，生于山坡林下或草丛中；分布于陕西、甘肃、安徽、河南、湖北、四川、云南。

无心菜属 *Arenaria* L.

一年生或多年生草本。茎直立，稀铺散，常丛生。单叶对生，叶片全缘，扁平，卵形、椭圆形至线形。花单生或多数，常为聚伞花序；花5数，稀4数；萼片全缘，稀顶端微凹；花瓣全缘或顶端齿裂至穗裂；雄蕊10枚，稀8或5枚；子房1室，含多数胚珠，花柱3根，稀2根。蒴果卵形，通常短于宿存萼，稀较长或近等长，裂瓣为花柱的同数或2倍；种子稍扁，肾形或近圆卵形，具疣状凸起，平滑或具狭翅。

本属300余种；我国有104种12变种4变型；恩施州产1种。

无心菜 Arenaria serpyllifolia L., Sp. Pl. 423. 1753.

一年生或二年生草本，高10~30厘米。主根细长，支根较多而纤细。茎丛生，直立或铺散，密生白色短柔毛，节间长0.5~2.5厘米。叶片卵形，长4~12毫米，宽3~7毫米，基部狭，无柄，边缘具缘毛，顶端急尖，两面近无毛或疏生柔毛，下面具3条脉，茎下部的叶较大，茎上部的叶较小。聚伞花序，具多花；苞片草质，卵形，长3~7毫米，通常密生柔毛；花梗长约1厘米，纤细，密生柔毛或腺毛；萼片5片，披针形，长3~4毫米，边缘膜质，顶端尖，外面被柔毛，具显著的3脉；花瓣5片，白色，倒卵形，长为萼片的1/3~1/2，顶端钝圆；雄蕊10枚，短于萼片；子房卵圆形，无毛，花柱3根，线形。蒴果卵圆形，与宿存萼等长，顶端6裂；种子小，肾形，表面粗糙，淡褐色。花期6~8月，果期8~9月。

恩施州广布，生于田边阴湿处；分布于全国各地；广泛分布于温带欧洲、北非、亚洲和北美洲。

全草入药，清热解毒，治麦粒肿和咽喉痛等病。

繁缕属 *Stellaria* L.

一年生或多年生草本。叶扁平，有各种形状，但很少针形。花小，多数组成顶生聚伞花序，稀单生叶腋；萼片5片，稀4片；花瓣5片，稀4片，白色，稀绿色，2深裂，稀微凹或多裂，有时无花瓣；雄蕊10枚，有时少数；子房1室，稀幼时3室，胚珠多数，稀仅数枚，1~2枚成熟；花柱3根，稀2根。蒴果圆球形或卵形，裂齿数为花柱数的2倍；种子多数，稀1~2粒，近肾形，微扁，具瘤或平滑；胚环形。

本属约120种；我国产63种15变种2变型；恩施州产9种。

分种检索表

1. 萼片在基部多少合生成倒圆锥形；雄蕊周位。
　2. 叶片较宽，通常狭卵形至披针形，基部半抱茎；雄蕊5~7枚；植株全无毛 ················ 1. 雀舌草 Stellaria uliginosa
　2. 叶片较狭，线形至线状披针形；花梗丝状，较长。
　　3. 叶线形，长5~40毫米，叶缘无缘毛 ·· 2. 禾叶繁缕 Stellaria graminea

3. 叶缘全部或至少在其基部具缘毛；种子圆肾形，具瘤状凸起·················· 3. 多花繁缕 *Stellaria nipponica*
　1. 萼片全部离生；雄蕊下位或周位。
　　4. 叶片较狭，通常线状披针形或披针形，全部无柄或近无柄，基部常半抱茎 ············ 4. 湖北繁缕 *Stellaria henryi*
　　4. 叶片较宽，通常卵形或卵状披针形。
　　　5. 叶全部无柄或近无柄，有时基部微抱茎··························· 5. 峨眉繁缕 *Stellaria omeiensis*
　　　5. 全部叶或仅茎下部叶具柄。
　　　　6. 聚伞花序具少数花；花瓣稍长于萼片，顶端2深裂，几达基部，稀2浅裂 ········ 6. 巫山繁缕 *Stellaria wushanensis*
　　　　6. 聚伞花序具多数花；花瓣短于萼片或近等长，有时很小或缺。
　　　　　7. 植株全部被星状毛或部分长柔毛，稀无毛。
　　　　　　8. 植株被星状毛 ··· 7. 箐姑草 *Stellaria vestita*
　　　　　　8. 植株被长柔毛或仅沿叶柄被长柔毛，稀无毛；叶片卵形至卵状披针形，两面无毛，有时显粉绿色 ··· 8. 中国繁缕 *Stellaria chinensis*
　　　　　7. 植株仅茎被1~2列毛；花瓣短于萼片；雄蕊3~5枚；种子直径约1毫米，表面具半球形凸起········ 9. 繁缕 *Stellaria media*

1. 雀舌草　*Stellaria uliginosa* Murr., Prodr. Stirp. Gotting. 55. 1770.

　　二年生草本，高15~25厘米，全株无毛。须根细。茎丛生，稍铺散，上升，多分枝。叶无柄，叶片披针形至长圆状披针形，长5~20毫米，宽2~4毫米，顶端渐尖，基部楔形，半抱茎，边缘软骨质，呈微波状，基部具疏缘毛，两面微显粉绿色。聚伞花序通常具3~5朵花，顶生或花单生叶腋；花梗细，长5~20毫米，无毛，果时稍下弯，基部有时具2片披针形苞片；萼片5片，披针形，长2~4毫米，顶端渐尖，边缘膜质，中脉明显，无毛；花瓣5片，白色，短于萼片或近等长，2深裂几达基部，裂片条形，钝头；雄蕊5~10枚，有时6~7枚，微短于花瓣；子房卵形，花柱3根（有时为2根），短线形。蒴果卵圆形，与宿存萼等长或稍长，6齿裂，含多数种子；种子肾脏形，微扁，褐色，具皱纹状凸起。花期5~6月，果期7~8月。

　　产于巴东，生于湿地中；分布于内蒙古、甘肃、河南、安徽、江苏、浙江、江西、台湾、福建、湖南、湖北、广东、广西、贵州、四川、云南、西藏；北温带广布。

　　全株药用，可强筋骨，治刀伤。

2. 禾叶繁缕　*Stellaria graminea* L., Sp. Pl. 422. 1753.

　　多年生草本，高10~30厘米，全株无毛。茎细弱，密丛生，近直立，具4棱。叶无柄，叶片线形，长0.5~5厘米，宽1.5~4毫米，顶端尖，基部稍狭，微粉绿色，边缘基部有疏缘毛，中脉不明显，下部叶腋生出不育枝。聚伞花序顶生或腋生，有时具少数花；苞片披针形，长2~5毫米，边缘膜质，中脉明显；花梗纤细，长0.5~2.5厘米；花直径约8毫米；萼片5片，披针形或狭披针形，长4~4.5毫米，具3脉，绿色，有光泽，顶端渐尖，边缘膜质；花瓣5片，稍短于萼片，白色，2深裂；

雄蕊10枚，花丝丝状，无毛，长4~4.5毫米，花药带褐色，小，宽椭圆形，长0.3毫米；子房卵状长圆形，花柱3根，稀4根，长约2毫米。蒴果卵状长圆形，显著长于宿存萼，长3.5毫米；种子近扁圆形，

深栗褐色，具粒状钝凸起，长约 1 毫米。花期 5~7 月，果期 8~9 月。

恩施州广布，生于田边阴湿处；分布于北京、河北、山东、山西、陕西、甘肃、青海、湖北、四川、云南、西藏、新疆；印度、俄罗斯、阿富汗及全欧洲也有。

3. 多花繁缕 *Stellaria nipponica* Ohwi in Act. Phytotax. Geobot. 3: 83. 1934.

多年生草本，高 10~20 厘米。茎近丛生，纤细，直立，有四棱，节间通常短于叶，除叶缘基部有疏短缘毛外，余均无毛。叶片线形，长 2~4.5 厘米，宽 1~2 毫米，顶端尖，基部稍狭，两面无毛，中脉明显，上面稍凹陷，下面凸起。聚伞花序 1~8 朵花，顶生，疏散；花梗直立，长 1.5~6 厘米；苞片披针形，长约 5 毫米，边缘膜质；萼片 5 片，披针形至长圆状披针形，长 4~5.5 毫米，锐尖，具 3 脉；花瓣 5 片，白色，长于萼片 1.5~2 倍，2 深裂；雄蕊 10 枚，花丝细长；花柱 3 根，长 2~3 毫米。蒴果椭圆形至卵圆形，黄色，与宿存萼等长或微短；种子扁平，圆肾形，长约 1 毫米，带褐色，脊有疣状凸起。花期 5~6 月，果期 6~8 月。

产于巴东，生于山地林下；分布于湖北；日本也有。

4. 湖北繁缕 *Stellaria henryi* Williams in Journ. Linn. Soc. Bot. 34: 434. 1899.

一年生草本，高 15~30 厘米。茎单生，近直立，细弱，上部分枝，无毛或被疏柔毛。叶片线状披针形，长 1~2 厘米，宽 3~5 毫米，顶端渐尖，基部宽楔形，两面无毛，具单脉，边缘有时微波状；叶柄短，长约 2 毫米。花单生或为聚伞花序，由叶腋生出；花梗长 1~2.5 厘米；萼片 5 片，披针形，有时散生紫色硬毛；花瓣 5 片，2 深裂，长为花萼的 1.5 倍；雄蕊 5 枚，花丝细；子房椭圆形；花柱 3 根，短线形，略短于子房。蒴果圆球形，6 裂。花期 4~5 月，果期 6~9 月。

产于巴东，生于山坡石缝中；分布于四川、湖北。

种子供药用，有生津止渴、平喘顺气之功效。

5. 峨眉繁缕 *Stellaria omeiensis* C. Y. Wu et Y. W. Tsui ex P. Ke in Fl. Hupeh. 1: 392. f. 403. 1967.

一年生草本，高 20~30 厘米。根纤细。茎单生，具四棱，上部分枝，被疏长柔毛。叶片卵形、圆卵形或卵状披针形，长 1.5~4.5 厘米，宽 8~15 毫米，顶端渐尖，基部圆形，无柄，边缘基部具缘毛，上面近无毛，下面被疏毛，中脉明显凸起，沿中脉毛较密。聚伞花序顶生，疏散，具多数花；苞片卵形，膜质；花梗长 1~2 厘米，近无毛；萼片 5 片，披针形，长 2~2.5 毫米，顶端渐尖，边缘膜质，中脉明显；花瓣 5 片，白色，顶端 2 深裂，短于萼片；雄蕊 10 枚，短于花瓣；花柱 3 根。蒴果长圆状

卵形，长为宿存萼的 1.5 倍，6 齿裂；种子扁圆形，褐紫色，具不明显小疣。花期 4~7 月，果期 6~8 月。

恩施州广布，生于山坡路边；分布于湖北、四川、贵州、云南。

6. 巫山繁缕 *Stellaria wushanensis* Williams in Journ. Linn. Soc. Bot. 34: 434. 1899.

一年生草本，高 10~20 厘米。茎疏丛生，基部近匍匐，上部直立，多分枝，无毛。叶片卵状心脏形至卵形，长 2~3.5 厘米，宽 1.5~2 厘米，顶端尖或急尖，基部近心脏形或急狭成长柄状，常左右不对称，下面灰绿色，有凸起，两面均无毛或上面被疏短糙毛，边缘无毛或具缘毛；叶柄长 1~2 厘米。聚伞花序具少数花，常 1~3 朵，顶生或腋生；苞片草质；花梗长 2~6 厘米，长为花萼的 4 倍，无毛或被疏柔毛；萼片 5 片，披针形，长 5.5~6 毫米，具 1 脉，顶端急尖，边缘膜质；花瓣 5 片，倒心脏形，长约 8 毫米，顶

端 2 裂深达花瓣 1/3；雄蕊 10 枚，有时 7～9 枚，短于花瓣；花柱 3 根，线形，有时为 2 或 4 根；中下部的腋生花为雌花，常无雄蕊，有时缺花瓣和雄蕊，而只有 2 根花柱。蒴果卵圆形，与宿存萼等长，具 3～5 粒种子；种子圆肾形，褐色，具尖瘤状凸起。花期 4～6 月，果期 6～7 月。

产于宣恩、利川，生于山坡林中；分布于浙江、江西、湖北、湖南、广东、广西、贵州、四川、陕西、云南。

7. 箐姑草　*Stellaria vestita* Kurz in Journ. Bot. 11: 194. 1873.

多年生草本，高 30～90 厘米，全株被星状毛。茎疏丛生，铺散或俯仰，下部分枝，上部密被星状毛。叶片卵形或椭圆形，长 1～3.5 厘米，宽 8～20 毫米，顶端急尖，稀渐尖，基部圆形，稀急狭成短柄状，全缘，两面均被星状毛，下面中脉明显。聚伞花序疏散，具长花序梗，密被星状毛；苞片草质，卵状披针形，边缘膜质；花梗细，长短不等，长 10～30 毫米，密被星状毛；萼片 5 片，披针形，长 4～6 毫米，顶端急尖，边缘膜质，外面被星状柔毛，显灰绿色，具 3 脉；花瓣 5 片，2 深裂近基部，

短于萼片或近等长；裂片线形；雄蕊 10 枚，与花瓣短或近等长；花柱 3 根，稀为 4 根。蒴果卵萼形，长 4～5 毫米，6 齿裂；种子多数，肾脏形，细扁，长约 1.5 毫米，脊具疣状凸起。花期 4～6 月，果期 6～8 月。

恩施州广布，生于林下；分布于河北、山东、陕西、甘肃、河南、浙江、江西、湖南、湖北、广西、福建、台湾、四川、贵州、云南、西藏；印度、尼泊尔、不丹、缅甸、越南、菲律宾、印度尼西亚也有。

全草供药用，可舒筋活血。

8. 中国繁缕　*Stellaria chinensis* Regel in Bull. Soc. Nat. Moscou 35 (1): 283. 1862.

多年生草本，高 30～100 厘米。茎细弱，铺散或上升，具四棱，无毛。叶片卵形至卵状披针形，长 3～4 厘米，宽 1～1.6 厘米，顶端渐尖，基部宽楔形或近圆形，全缘，两面无毛，有时带粉绿色，下面中脉明显凸起；叶柄短或近无，被长柔毛。聚伞花序疏散，具细长花序梗；苞片膜质；花梗细，长约 1 厘米或更长；萼片 5 片，披针形，长 3～4 毫米，顶端渐尖，边缘膜质；花瓣 5 片，白色，2 深裂，与萼片近等长；雄蕊 10 枚，稍短于花瓣；花柱 3 根。蒴果卵萼形，比宿存萼稍长或等长，6 齿裂；种子卵圆形，稍扁，褐色，具乳头状凸起。花期 5～6 月，果期 7～8 月。

产于宣恩、巴东，生于林下或灌丛中；分布于北京、河北、河南、陕西、甘肃、山东、江苏、安徽、浙江、福建、江西、湖北、湖南、广西、四川。

全草入药，有祛风利关节之效。

9. 繁缕 Stellaria media (L.) Cyr., Ess. Pl. Char. Comm. 36. 1784.

一年生或二年生草本，高 10～30 厘米。茎俯仰或上升，基部多少分枝，常带淡紫红色，被 1～2 列毛。叶片宽卵形或卵形，长 1.5～2.5 厘米，宽 1～1.5 厘米，顶端渐尖或急尖，基部渐狭或近心形，全缘；基生叶具长柄，上部叶常无柄或具短柄。疏聚伞花序顶生；花梗细弱，具 1 列短毛，花后伸长，下垂，长 7～14 毫米；萼片 5 片，卵状披针形，长约 4 毫米，顶端稍钝或近圆形，边缘宽膜质，外面被短腺毛；花瓣白色，长椭圆形，比萼片短，深 2 裂达基部，裂片近线形；雄蕊 3～5 枚，短于花瓣；花柱 3 根，线形。蒴果卵形，稍长于宿存萼，顶端 6 裂，具多数种子；种子卵圆形至近圆形，稍扁，红褐色，直径 1～1.2 毫米，表面具半球形瘤状凸起，脊较显著。花期 6～7 月，果期 7～8 月。

恩施州广布，生于田边；全国广布；亦为世界广布种。

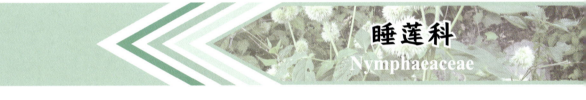

睡莲科 Nymphaeaceae

多年生或一年生，水生或沼泽生草本；根状茎沉水生。叶常二型：漂浮叶或出水叶互生，心形至盾形，芽时内卷，具长叶柄及托叶；沉水叶细弱，有时细裂。花两性，辐射对称，单生在花梗顶端；萼片 3～12 片，常 4～6 片，绿色至花瓣状，离生或附生于花托；花瓣 3 片至多数，或渐变成雄蕊；雄蕊 6 枚至多数，花药内向、侧向或外向，纵裂；心皮 3 个至多数，离生，或连合成一个多室子房，或嵌生在扩大的花托内，柱头离生，成辐射状或环状柱头盘，子房上位、半下位或下位，胚珠 1 枚至多数，直生或倒生，从子房顶端垂生或生在子房内壁上。坚果或浆果，不裂或由于种子外面胶质的膨胀成不规则开裂；种子有或无假种皮，有或无胚乳，胚有肉质子叶。

本科 8 属约 100 种；我国产 5 属约 15 种；恩施州产 3 属 3 种。

分属检索表

1. 子房上位；心皮离生，不和花托愈合，每心皮有 1～3 枚胚珠；雄蕊少数至多数，具外向药或侧向药；坚果不裂，1 室，有 1 粒种子。
  2. 萼片及花瓣皆 3～4 片，花瓣状，均宿存；雄蕊 12～18 枚，具侧向药；心皮不生在花托的穴内，每心皮有 2～3 枚胚珠；种子有内胚乳及外胚乳；叶椭圆矩形，叶柄及花梗无刺；花小形 ·················· 1. 莼属 Brasenia
  2. 萼片 4～5 片，花瓣多数，二者不同形，皆脱落；雄蕊多数，具外向药；心皮嵌生在花托的穴内，每心皮有 1～2 枚胚珠；种子无胚乳；叶圆形，叶柄及花梗常有刺；花大形、美丽 ·················· 2. 莲属 Nelumbo
1. 子房半下位；心皮合生，和花托愈合，每心皮有多数胚珠；雄蕊多数，具内向药；浆果开裂，多室，有多数种子 ·················· 3. 睡莲属 Nymphaea

莼属 Brasenia Schreb.

多年生水生草本；根状茎小，匍匐；茎细，多分枝，包在胶质鞘内。叶二型，漂浮叶互生，盾状，全缘，有长叶柄；沉水叶至少在芽时存在。叶柄及花梗有胶质物。花小，单生；萼片及花瓣均宿存；雄蕊12~18枚，花丝锥状，花药侧向；心皮6~18个，离生，生在小形花托上，花柱短，柱头侧生，胚珠垂生。坚果革质。

本属仅1种；我国产1种；恩施州产1种。

莼菜 *Brasenia schreberi* J. F. Gmel. Syst. Veg. 1: 853. 1791.

多年生水生草本；根状茎具叶及匍匐枝，后者在节部生根，并生具叶枝条及其他匍匐枝。叶椭圆状矩圆形，长3.5~6厘米，宽5~10厘米，下面蓝绿色，两面无毛，从叶脉处皱缩；叶柄长25~40厘米，和花梗均有柔毛。花直径1~2厘米，暗紫色；花梗长6~10厘米；萼片及花瓣条形，长1~1.5厘米，先端圆钝；花药条形，约长4毫米；心皮条形，具微柔毛。坚果矩圆卵形，有3个或更多成熟心皮；种子1~2粒，卵形。花期6月，果期10~11月。

产于利川，生于高山洁净池塘或沼泽；分布于江苏、浙江、江西、湖南、四川、云南；俄罗斯、日本、印度、美国、加拿大、大洋洲东部及非洲西部均有。按照国务院1999年批准的国家重点保护野生植物（第一批）名录，本种为Ⅰ级保护植物。

莲属 *Nelumbo* Adans.

多年生、水生草本；根状茎横生，粗壮。叶漂浮或高出水面，近圆形，盾状，全缘，叶脉放射状。花大，美丽，伸出水面；萼片4~5片；花瓣大，黄色、红色、粉红色或白色，内轮渐变成雄蕊；雄蕊药隔先端成一细长内曲附属物；花柱短，柱头顶生；花托海绵质，果期膨大。坚果矩圆形或球形；种子无胚乳，子叶肥厚。

本属有2种；我国产1种；恩施州产1种。

莲 *Nelumbo nucifera* Gaertn. Fruct. et Semin. Pl. 1: 73. 1788.

多年生水生草本；根状茎横生，肥厚，节间膨大，内有多数纵行通气孔道，节部缢缩，上生黑色鳞叶，下生须状不定根。叶圆形，盾状，直径25~90厘米，全缘稍呈波状，上面光滑，具白粉，下面叶脉从中央射出，有1~2次叉状分枝；叶柄粗壮，圆柱形，长1~2米，中空，外面散生小刺。花梗和叶柄等长或稍长，也散生小刺；花直径10~20厘米，美丽，芳香；花瓣红色、粉红色或白色，矩圆状椭圆形至倒卵形，长5~10厘米，宽3~5厘米，由外向内渐小，有时变成雄蕊，先端圆钝或微尖；花药条形，花丝细长，着生在花托之下；花柱极短，柱头顶生；花托直径

5~10厘米。坚果椭圆形或卵形，长1.8~2.5厘米，果皮革质，坚硬，熟时黑褐色；种子卵形或椭圆形，长1.2~1.7厘米，种皮红色或白色。花期6~8月，果期8~10月。

恩施州广泛栽培；分布于我国南北各省；俄罗斯、朝鲜、日本、印度、越南、亚洲南部和大洋洲均有分布。按照国务院1999年批准的国家重点保护野生植物（第一批）名录，本种为Ⅱ级保护植物。

睡莲属 *Nymphaea* L.

多年生水生草本；根状茎肥厚。叶二型，浮水叶圆形或卵形，基部具弯缺，心形或箭形，常无出水

叶；沉水叶薄膜质，脆弱。花大形、美丽，浮在或高出水面；萼片4片，近离生；花瓣白色、蓝色、黄色或粉红色，12~32片，成多轮，有时内轮渐变成雄蕊；药隔有或无附属物；心皮环状，贴生且半沉没在肉质杯状花托，且在下部与其部分地愈合，上部延伸成花柱，柱头成凹入柱头盘，胚珠倒生，垂生在子房内壁。浆果海绵质，不规则开裂，在水面下成熟；种子坚硬，为胶质物包裹，有肉质杯状假种皮，胚小，有少量内胚乳及丰富外胚乳。

本属约35种；我国产5种；恩施州产1种。

睡莲　*Nymphaea tetragona* Georgi, Bemerk. Reise Russ. Reiche 1: 220. 1775.

多年水生草本；根状茎短粗。叶纸质，心状卵形或卵状椭圆形，长5~12厘米，宽3.5~9厘米，基部具深弯缺，约占叶片全长的1/3，裂片急尖，稍开展或几重合，全缘，上面光亮，下面带红色或紫色，两面皆无毛，具小点；叶柄长达60厘米。花直径3~5厘米；花梗细长；花萼基部四棱形，萼片革质，宽披针形或窄卵形，长2~3.5厘米，宿存；花瓣白色，宽披针形、长圆形或倒卵形，长2~2.5厘米，内轮不变成雄蕊；雄蕊比花瓣短，花药条形，长3~5毫米；柱头具5~8条辐射线。浆果球形，直径2~2.5厘米，为宿存萼片包裹；种子椭圆形，长2~3毫米，黑色。花期6~8月，果期8~10月。

恩施州广泛栽培；在我国广泛分布；俄罗斯、朝鲜、日本、印度、越南、美国均有。

领春木科 Eupteleaceae

落叶灌木或乔木；枝有长枝、短枝之分，具散生椭圆形皮孔，基部有多数叠生环状芽鳞片痕；芽常侧生，有多数鳞片，为扩展的近鞘状叶柄基部包裹。叶互生，圆形或近卵形，边缘有锯齿，具羽状脉，有较长叶柄，无托叶。花先叶开放，小，两性，6~12朵，各单生在苞片腋部，有花梗；无花被；雄蕊多数，1轮，最后常扭捩，花丝条形，花药侧缝开裂，药隔延长成一附属物；花托扁平；心皮多数，离生，1轮，子房1室，有1~3枚倒生胚珠。翅果周围有翅，顶端圆，下端渐细成显明子房柄，有果梗；种子1~3粒，有胚乳。

本科仅1属；我国产1属；恩施州产1属1种。

领春木属　*Euptelea* Sieb. et Zucc.

属的特征同科。

领春木　*Euptelea pleiospermum* Hook. f. et Thoms. in Journ. Linn. Soc. Bot. 7: 243. pl. 2. 1864.

落叶灌木或小乔木，高2~15米；树皮紫黑色或棕灰色；小枝无毛，紫黑色或灰色；芽卵形，鳞片深褐色，光亮。叶纸质，卵形或近圆形，少数椭圆卵形或椭圆披针形，长5~14厘米，宽3~9厘米，先端渐尖，有一突生尾尖，长1~1.5厘米，基部楔形或宽楔形，边缘疏生顶端加厚的锯齿，下部或近基部全缘，上面无毛或散生柔毛后脱落，仅在脉上残存，下面无毛或脉上有伏毛，脉腋具丛毛，侧脉6~11对；叶柄长2~5

厘米，有柔毛后脱落。花丛生；花梗长3~5毫米；苞片椭圆形，早落；雄蕊6~14枚，长8~15毫米，花药红色，比花丝长，药隔附属物长0.7~2毫米；心皮6~12个，子房歪形，长2~4毫米，柱头面在腹面或远轴，斧形，具微小黏质突起，有1~4枚胚珠。翅果长5~10毫米，宽3~5毫米，棕色，子房柄长7~10毫米，果梗长8~10毫米；种子1~4粒，卵形，长1.5~2.5毫米，黑色。花期4~5月，果期7~8月。

恩施州广布，生于山谷林中；分布于河北、山西、河南、陕西、甘肃、浙江、湖北、四川、贵州、云南、西藏；印度有分布。

水青树科 Tetracentraceae

乔木，具长枝与短枝。芽细长，斜出，顶端尖。单叶，单生于短枝顶端，具掌状脉，边缘具齿；托叶与叶柄合生。花小，两性，呈穗状花序，着生于短枝顶端，与叶对生或互生，多花；苞片极小，花被片4片，覆瓦状排列；雄蕊4枚，与花被片对生，与心皮互生；雌蕊单一，子房上位，心皮4个，沿腹缝合生，侧膜胎座，每室有胚珠4~10枚；花柱4根，柱头点尖，初时外弯，最后形成基生。蓇葖果，背缝开裂，宿存花柱位于果基部；种子条状长圆形，小，有棱脊；胚小，胚乳丰富。

本科1属1种；我国均产；恩施州产1属1种。

水青树属 *Tetracentron* Oliv.

属的特征同科。

水青树 *Tetracentron sinense* Oliv. in Hooker's Icon. Pl. 19: p1. 1892. 1889.

乔木，高可达30米，全株无毛；树皮灰褐色或灰棕色而略带红色，片状脱落；长枝顶生，细长，幼时暗红褐色，短枝侧生，距状，基部有叠生环状的叶痕及芽鳞痕。叶片卵状心形，长7~15厘米，宽4~11厘米，顶端渐尖，基部心形，边缘具细锯齿，齿端具腺点，两面无毛，背面略被白霜，掌状脉5~7条，近缘边形成不明显的网络；叶柄长2~3.5厘米。花小，呈穗状花序，花序下垂，着生于短枝顶端，多花；花直径1~2毫米，花被淡绿色或黄绿色；雄蕊与花被片对生，长为花被的2.5倍，花药卵珠形，纵裂；心皮沿腹缝线合生。果长圆形，长3~5毫米，棕色，沿背缝线开裂；种子4~6粒，条形，长2~3毫米。花期6~7月，果期9~10月。

恩施州广布，生于山谷林中；分布于云南、甘肃、陕西、湖北、湖南、四川、贵州等省区；尼泊尔、缅甸、越南亦有。按照国务院1999年批准的国家重点保护野生植物（第一批）名录，本种为Ⅱ级保护植物。

连香树科
Cercidiphyllaceae

落叶乔木，树干单一或数个；枝有长枝、短枝之分，长枝具稀疏对生或近对生叶，短枝有重叠环状芽鳞片痕，有1片叶及花序；芽生短枝叶腋，卵形，有2片鳞片。叶纸质，边缘有钝锯齿，具掌状脉；有叶柄，托叶早落。花单性，雌雄异株，先叶开放；每花有1片苞片；无花被；雄花丛生，近无梗，雄蕊8~13枚，花丝细长，花药条形，红色，药隔延长成附属物；雌花4~8朵，具短梗；心皮4~8个，离生，花柱红紫色，每心皮有数胚珠。蓇葖果2~4个，有几个种子，具宿存花柱及短果梗；种子扁平，一端或两端有翅。

本科仅1属2种；我国产1属1种；恩施州产1属1种。

连香树属　*Cercidiphyllum* Sieb. et Zucc.

属的特征同科。

连香树
Cercidiphyllum japonicum Sieb. et Zucc. in Abhand. Akad. Munch. 4 (3): 238. 1846.

落叶大乔木，高10~20米；树皮灰色或棕灰色；小枝无毛，短枝在长枝上对生；芽鳞片褐色。叶生短枝上的近圆形、宽卵形或心形，生长枝上的椭圆形或三角形，长4~7厘米，宽3.5~6厘米，先端圆钝或急尖，基部心形或截形，边缘有圆钝锯齿，先端具腺体，两面无毛，下面灰绿色带粉霜，掌状脉7条直达边缘；叶柄长1~2.5厘米，无毛。雄花常4朵丛生，近无梗；苞片在花期红色，膜质，卵形；花丝长4~6毫米，花药长3~4毫米；雌花2~8朵，丛生；花柱长1~1.5厘米，上端为柱头面。蓇葖果2~4个，荚果状，长10~18毫米，宽2~3毫米，褐色或黑色，微弯曲，先端渐细，有宿存花柱；果梗长4~7毫米；种子数个，扁平四角形，长2~2.5毫米，褐色，先端有透明翅，长3~4毫米。花期4月，果期8月。

恩施州广布，生于山谷林中；分布于山西、河南、陕西、甘肃、安徽、浙江、江西、湖北及四川；日本也有分布。按照国务院1999年批准的国家重点保护野生植物（第一批）名录，本种为Ⅱ级保护植物。

毛茛科 Ranunculaceae

多年生或一年生草本，少有灌木或木质藤本。叶通常互生或基生，少数对生，单叶或复叶，通常掌状分裂，无托叶；叶脉掌状，偶尔羽状，网状联结，少有开放的两叉状分枝。花两性，少有单性，雌雄同株或雌雄异株，辐射对称，稀为两侧对称，单生或组成各种聚伞花序或总状花序。萼片下位，4~5 片，或较多，或较少，绿色，或花瓣不存在或特化成分泌器官时常较大，呈花瓣状，有颜色。花瓣存在或不存在，下位，4~5 片，或较多，常有蜜腺并常特化成分泌器官，这时常比萼片小得多，呈杯状、筒状、二唇状，基部常有囊状或筒状的距。雄蕊下位，多数，有时少数，螺旋状排列，花药 2 室，纵裂。退化雄蕊有时存在。心皮分生，少有合生，多数、少数或 1 个，在多少隆起的花托上螺旋状排列或轮生，沿花柱腹面生柱头组织，柱头不明显或明显；胚珠多数、少数至 1 枚，倒生。果实为蓇葖或瘦果，少数为蒴果或浆果。种子有小的胚和丰富胚乳。

本科约 50 属 2000 余种；我国有 42 属约 720 种；恩施州产 22 属 67 种 10 变种 1 亚种。

分属检索表

1. 子房有数颗或多数胚珠；果实为蓇葖果。
  2. 花大，直径通常在 10 厘米以上；雄蕊离心发育；花盘存在；果皮革质 ·········· 1. 芍药属 *Paeonia*
  2. 花直径在 6 厘米以下；雄蕊向心发育；花盘不存在；果皮膜质、纸质、或肉质。
    3. 花两侧对称；总状花序，花梗有 2 片小苞片。
      4. 上萼片无距；花瓣有爪 ··· 2. 乌头属 *Aconitum*
      4. 上萼片有距；花瓣无爪。
        5. 退化雄蕊 2 枚，有爪；花瓣 2 片，分生；心皮 3~7 个 ·············· 3. 翠雀属 *Delphinium*
        5. 退化雄蕊不存在；花瓣 2 片，合生；心皮 1 个 ···························· 4. 飞燕草属 *Consolida*
    3. 花辐射对称；单歧聚伞花序，如为总状花序时，小苞片不存在。
      6. 花多数组成圆锥花序或总状花序。
        7. 叶为单叶，不分裂；退化雄蕊和花瓣均不存在 ······················ 5. 铁破锣属 *Beesia*
        7. 叶为一回或二回以上三出或近羽状复叶；退化雄蕊或花瓣存在。
          8. 基生叶正常发育；花序细长；花有短梗或近无梗；退化雄蕊存在；心皮 1~8 个；蓇葖长方形，有极短柄··· 6. 升麻属 *Cimicifuga*
          8. 基生叶鳞片状；花序短；花有较长梗；花瓣存在；心皮 1 个，成熟时为浆果 ······ 7. 类叶升麻属 *Actaea*
      6. 花单独顶生或少数组成单歧聚伞花序。
        9. 叶为单叶。
          10. 花瓣不存在。
            11. 叶不分裂，心形；胚珠沿子房腹缝线全长着生 ············ 8. 驴蹄草属 *Caltha*
            11. 叶掌状全裂；胚珠着生于子房腹缝线下部 ················ 9. 鸡爪草属 *Calathodes*
          10. 花瓣存在，小，有蜜腺。
            12. 叶盾形，不分裂或浅裂；花瓣有细长爪 ················ 10. 星果草属 *Asteropyrum*
            12. 叶不为盾形，深裂或全裂；花瓣无长爪；心皮有细柄 ············ 11. 黄连属 *Coptis*
        9. 叶为一回或二回以上的三出复叶。
          13. 叶的裂片和牙齿顶端微凹，有腺体；花瓣有细长爪；心皮 2 个，基部合生 ········· 12. 人字果属 *Dichocarpum*
          13. 叶的裂片或牙齿顶端全缘，无腺体；花瓣不存在，如存在时有极短柄或无柄；心皮通常在 2 个以上，分生。
            14. 退化雄蕊存在。
              15. 花小；萼片白色；雄蕊 8~14 枚；花柱长为子房的 1/5 左右；花瓣小，杯状；一回三出复叶 ··· 13. 天葵属 *Semiaquilegia*

15. 花中等大；萼片蓝紫色；雄蕊多数；花柱长在子房的 1/2 以上。
  16. 叶为一回三出复叶或掌状 3 全裂的单叶；花瓣小，长为萼片的 1/3 左右，无距或有短距；花柱长为子房的 2 倍 ··· 14. 尾囊草属 *Urophysa*
  16. 叶为二回以上三出复叶；花瓣与萼片近等大，有距，稀无距；花柱长为子房的 1/2 左右 ········· 15. 楼斗菜属 *Aquilegia*
 14. 退化雄蕊不存在；心皮有细柄；花瓣平或杯状 ·· 11. 黄连属 *Coptis*
1. 子房有 1 枚胚珠；果实为瘦果。
 17. 叶对生。
  18. 萼片覆瓦状排列；花柱在果期不延长，不呈羽毛状；多年生直立草本 ··················· 16. 银莲花属 *Anemone*
  18. 萼片镊合状排列；花柱在果期伸长呈羽毛状 ·· 17. 铁线莲属 *Clematis*
 17. 叶互生或基生。
  19. 花瓣存在，黄色、白色、少数蓝色；萼片通常比花瓣小，多为绿色。
   20. 陆生草本，稀水生；花瓣黄色；瘦果平滑，或有刺，或有瘤状突起 ··················· 18. 毛茛属 *Ranunculus*
   20. 水生草本；花瓣白色，少有黄色；瘦果有横皱褶 ·· 19. 水毛茛属 *Batrachium*
  19. 花瓣不存在；萼片通常花瓣状，白色、黄色、蓝紫色、稀淡绿色。
   21. 花或花序之下有总苞；叶均基生。
    22. 总苞紧接于花萼之下，呈花萼状；叶浅裂；花柱在果期不伸长 ··················· 20. 獐耳细辛属 *Hepatica*
    22. 总苞与花分开。
     23. 花柱在果期不延长呈羽毛状 ·· 16. 银莲花属 *Anemone*
     23. 花柱在果期延长呈羽毛状 ··· 21. 白头翁属 *Pulsatilla*
   21. 花下无总苞；叶为复叶，偶尔基生叶为单叶；瘦果两侧有纵肋；退化雄蕊不存在；花柱在果期不呈羽毛状 ·· 22. 唐松草属 *Thalictrum*

芍药属 *Paeonia* L.

灌木、亚灌木或多年生草本。根圆柱形或具纺锤形的块根。当年生分枝基部或茎基部具数枚鳞片。叶通常为二回三出复叶，小叶片不裂而全缘或分裂、裂片常全缘。单花顶生、或数朵生枝顶、或数朵生茎顶和茎上部叶腋，有时仅顶端一朵开放，大型，直径 4 厘米以上；苞片 2~6 片，披针形，叶状，大小不等，宿存；萼片 3~5 片，宽卵形，大小不等；花瓣 5~13 片，倒卵形；雄蕊多数，离心发育，花丝狭线形，花药黄色，纵裂；花盘杯状或盘状，革质或肉质，完全包裹或半包裹心皮或仅包心皮基部；心皮多为 2~3 个，稀 4~6 个或更多，离生，有毛或无毛，向上逐渐收缩成极短的花柱，柱头扁平，向外反卷，胚珠多数，沿心皮腹缝线排成 2 列。蓇葖成熟时沿心皮的腹缝线开裂；种子数颗，黑色、深褐色，光滑无毛。

本属约 35 种；我国有 11 种；恩施州产 3 种 1 亚种。

分种检索表

1. 灌木或亚灌木；花盘发达，革质或肉质，包裹心皮达 1/3 以上 ···························· 1. 牡丹 *Paeonia suffruticosa*
1. 多年生草本；花盘不发达，肉质，仅包裹心皮基部。
 2. 花常为数朵，但有时仅顶生的发育开放；小叶狭卵形、椭圆形或披针形，边缘具骨质细齿 ············· 2. 芍药 *Paeonia lactiflora*
 2. 单花顶生；叶全缘。
  3. 小叶背面无毛，有时沿叶脉生疏柔毛 ·· 3. 草芍药 *Paeonia obovata*
  3. 叶背面密生长柔毛或绒毛；花瓣白色 ·· 4. 毛叶草芍药 *Paeonia obovata* subsp. *willmottiae*

1. 牡丹 *Paeonia suffruticosa* Andr. in Bot. Rep. 6: t. 373. 1804.

落叶灌木。茎高达 2 米；分枝短而粗。叶通常为二回三出复叶，偶尔近枝顶的叶为三小叶；顶生小

叶宽卵形，长7～8厘米，宽5.5～7厘米，3裂至中部，裂片不裂或2～3浅裂，表面绿色，无毛，背面淡绿色，有时具白粉，沿叶脉疏生短柔毛或近无毛，小叶柄长1.2～3厘米；侧生小叶狭卵形或长圆状卵形，长4.5～6.5厘米，宽2.5～4厘米，不等2裂至3浅裂或不裂，近无柄；叶柄长5～11厘米，和叶轴均无毛。花单生枝顶，直径10～17厘米；花梗长4～6厘米；苞片5片，长椭圆形，大小不等；萼片5片，绿色，宽卵形，大小不等；花瓣5片，或为重瓣，玫瑰色、红紫色、粉红色至白色，通常变异很大，倒卵形，长5～8厘米，宽4.2～6厘米，顶端呈不规则的波状；雄蕊长1～1.7厘米，花丝紫红色、粉红色，上部白色，长约1.3厘米，花药长圆形，长4毫米；花盘革质，杯状，紫红色，顶端有数个锐齿或裂片，完全包住心皮，在心皮成熟时开裂；心皮5个，稀更多，密生柔毛。蓇葖长圆形，密生黄褐色硬毛。花期5月，果期6月。

恩施州广泛栽培；我国广泛栽培。

根皮供药用，为镇痉药，能凉血散瘀，治中风、腹痛等症。

2. 芍药　*Paeonia lactiflora* Pall. Reise 3: 286. 1776.

多年生草本。根粗壮，分枝黑褐色。茎高40～70厘米，无毛。下部茎生叶为二回三出复叶，上部茎生叶为三出复叶；小叶狭卵形，椭圆形或披针形，顶端渐尖，基部楔形或偏斜，边缘具白色骨质细齿，两面无毛，背面沿叶脉疏生短柔毛。花数朵，生茎顶和叶腋，有时仅顶端一朵开放，而近顶端叶腋处有发育不好的花芽，直径8～11.5厘米；苞片4～5片，披针形，大小不等；萼片4片，宽卵形或近圆形，长1～1.5厘米，宽1～1.7厘米；花瓣9～13片，倒卵形，长3.5～6厘米，宽1.5～4.5厘米，白色，有时基部具深紫色斑块；花丝长0.7～1.2厘米，黄色；花盘浅杯状，包裹心皮基部，顶端裂片钝圆；心皮4～5个，无毛。蓇葖长2.5～3厘米，直径1.2～1.5厘米，顶端具喙。花期5～6月，果期8月。

恩施州广泛栽培；在我国东北、华北、陕西及甘肃等地有分布，在四川、贵州、安徽、山东、浙江等省广泛栽培；朝鲜、日本、蒙古及俄罗斯也有分布。

根药用，能镇痛、镇痉、祛瘀、通经；种子含油量约25%，供制皂和涂料用。

3. 草芍药　*Paeonia obovata* Maxim. in Mem. Acad. Sci. St-Petersb. 9: 29. 1859.

多年生草本。根粗壮，长圆柱形。茎高30～70厘米，无毛，基部生数枚鞘状鳞片。茎下部叶为二回三出复叶；叶片长14～28厘米；顶生小叶倒卵形或宽椭圆形，长9.5～14厘米，宽4～10厘米，顶端短尖，基部楔形，全缘，表面深绿色，背面淡绿色，无毛或沿叶脉疏生柔毛，小叶柄长1～2厘米；侧生小叶比顶生小叶小，同形，长5～10厘米，宽4.5～7厘米，具短柄或近无柄；茎上部叶为三出复叶或单叶；叶柄长5～12厘米。单花顶生，直径7～10厘米；萼片3～5片，宽卵形，长1.2～1.5厘米，淡绿色，花瓣6片，白色、红色、紫红色，倒卵形，长3～5.5厘米，宽1.8～2.8厘米；雄蕊长1～1.2厘米，花丝淡红色，花药长圆形；花盘浅杯状，包住心皮基部；心皮2～3个，无毛。蓇葖卵圆形，长2～3厘

毛茛科
Ranunculaceae

米，成熟时果皮反卷呈红色。花期5~6月中旬，果期9月。

恩施州广布，生于山坡林下；分布于四川、贵州、湖南、江西、浙江、安徽、湖北、河南、陕西、宁夏、山西、河北、东北；朝鲜、日本及俄罗斯也有。

根药用，有养血调经、凉血止痛之效。

4. 毛叶草芍药（亚种）

Paeonia obovata Maxim. subsp. *willmottiae* (Stapf) Stern in Journ. Roy. Hort. Soc. 68: 128. 1943.

本变种与草芍药 *P. obovata* 的区别是叶背面密生长柔毛或绒毛；花瓣白色。花期5~6月中旬，果期9月。

恩施州广泛栽培；分布于四川、甘肃、陕西、湖北、河南及安徽，我国广泛栽培。

根药用，有养血调经、凉血止痛之效。

乌头属 *Aconitum* L.

多年生至一年生草本。根为多年生直根，或由2至数个块根形成，或为一年生直根。茎直立或缠绕。叶为单叶，互生，有时均基生，掌状分裂，少有不分裂。花序通常总状；花梗有2片小苞片。花两性，两侧对称。萼片5片，花瓣状，紫色、蓝色或黄色，上萼片1片，船形、盔形或圆筒形，侧萼片2片，近圆形，下萼片2片，较小，近长圆形。花瓣2片，有爪，瓣片通常有唇和距，通常在距的顶部、偶沿瓣片外缘生分泌组织。退化雄蕊通常不存在。雄蕊多数，花药椭圆球形，花丝有一纵脉，下部有翅。心皮3~13个，花柱短，胚珠多数成2列生于子房室的腹缝线上。蓇葖有脉网，宿存花柱短，种子四面体形，只沿棱生翅或同时在表面生横膜翅。

本属约350种；我国约167种；恩施州产7种。

分种检索表

1. 根为多年生直根。
　2. 小苞片生花梗基部；茎生叶集中在茎近基部处，或叶全部基生 ················ 1. 花葶乌头 *Aconitum scaposum*
　2. 小苞片生花梗下部至上部，线形；叶分裂达4/5或超过之；上萼片粗约10毫米 ················ 2. 高乌头 *Aconitum sinomontanum*
1. 根由2或数个块根组成；上萼片盔形、高盔形、船形、镰刀形或近圆筒形。
　3. 茎缠绕。
　　4. 花梗有开展的毛；上萼片高盔形；叶边缘密生多数锯齿或小牙齿 ················ 3. 大麻叶乌头 *Aconitum cannabifolium*

4. 花梗有反曲并贴伏的短柔毛或无毛；花瓣的距长达 2 毫米，直 ·················· 4. 瓜叶乌头 Aconitum hemsleyanum
3. 茎直立，偶而上部外倾或蔓生，但不缠绕。
  5. 叶基生或聚集在茎基部附近，茎生叶通常少数；小苞片狭椭圆形；心皮 3 个；叶的深裂片扇状倒卵形，浅裂 ···············
    ·· 5. 巴东乌头 Aconitum ichangense
  5. 基生叶通常不存在，下部茎生叶在开花时枯萎。
    6. 叶掌状深裂，深裂片通常浅裂或有时不分裂；上萼片高盔形；下缘近平展；心皮 3 个··· 6. 长齿乌头 Aconitum lonchodontum
    6. 叶掌状全裂；叶背面有疏毛 ·· 7. 乌头 Aconitum carmichaeli

1. 花葶乌头　*Aconitum scaposum* Franch. in Morot, Journ. Bot. 8: 277. 1894.

根近圆柱形，长约 10 厘米。茎高 35~67 厘米，稍密被反曲的淡黄色短毛，不分枝或分枝。基生叶 3~4 片，具长柄；叶片肾状五角形，长 5.5~11 厘米，宽 8.5~22 厘米，基部心形，3 裂稍超过中部，中裂片倒梯状菱形，急尖，稀渐尖，不明显 3 浅裂，边缘有粗齿，侧裂片斜扇形，不等 2 浅裂，两面有短伏毛；叶柄长 13~40 厘米，基部有鞘。茎生叶小，2~4 片，有时不存在，集中在近茎基部处，长达 7 厘米，叶片长达 2 厘米，或完全退化，叶柄鞘状。总状花序长 20~40 厘米，有 15~40 朵花；苞片披针形或长圆形；花梗长 1.4~3.4 厘米，被开展的淡黄色长毛；小苞片生花梗基部，似苞片，但较短；萼片蓝紫色，外面疏被开展的微糙毛，上萼片圆筒形，高 1.3~1.8 厘米，外缘近直，与向下斜展的下缘形成尖喙；花瓣的距疏被短毛或无毛，比瓣片长 2~3 倍，拳卷；雄蕊无毛，花丝全缘；心皮 3 个，子房疏被长毛。蓇葖不等大，长 0.75~1.3 厘米；种子倒卵形，白色，密生横狭翅。花期 8~9 月。

产于巴东、宣恩，生于山谷林下；分布于四川、贵州、湖北、江西、陕西、河南。

2. 高乌头　*Aconitum sinomontanum* Nakai in Rep. lst. Sci. Exp. Manch. 4 (2) : 146, f. 9. 1935.

根长达 20 厘米，圆柱形，粗达 2 厘米。茎高 60~150 厘米，中部以下几无毛，上部近花序处被反曲的短柔毛，生 4~6 片叶，不分枝或分枝。基生叶 1 片，与茎下部叶具长柄；叶片肾形或圆肾形，长 12~14.5 厘米，宽 20~28 厘米，基部宽心形，3 深裂约至本身长度的 6/7 处，中深裂片较小，楔状狭菱形，渐尖，3 裂边缘有不整齐的三角形锐齿，侧深裂片斜扇形，不等 3 裂稍超过中部，两面疏被短柔毛或变无毛；叶柄长 20~50 厘米，具浅纵沟，几无毛。总状花序长 30~50 厘米，具密集的花；轴及花梗多少密被紧贴的短柔毛；苞片比花梗长，下部苞片叶状，其他的苞片不分裂，线形，长 0.7~1.8 厘米；下部花梗长 2~5.5 厘米，中部以上的长 0.5~1.4 厘米；小苞片通常生花梗中部，狭线形，长 3~9 毫米；萼片蓝紫色或淡紫色，外面密被短曲柔毛，上萼片圆筒形，高 1.6~2 厘米，外缘在中部之下稍缢缩，下缘长 1.1~1.5 厘米；花瓣无毛，长达 2 厘米，唇舌形，长约 3.5 毫米，距长约 6.5 毫米，向后拳卷；雄蕊无毛，花丝大多具 1~2 个小齿；心皮 3 个，无毛。蓇葖长 1.1~1.7 厘米；种子倒卵形，具

3棱，长约3毫米，褐色，密生横狭翅。花果期7～8月。

恩施州广布，生于山坡草地；分布于四川、贵州、湖北、青海、甘肃、陕西、山西、河北。

根药用，治心悸、胃气痛、跌打损伤等症。

3. 大麻叶乌头　*Aconitum cannabifolium* Franch. ex Finet et Gagnep. in Bull. Soc. Bot. Fr. 51: 503, pl. 6, f. 27. 1904.

茎缠绕，被反曲的短柔毛或变无毛，上部分枝。茎中部以上的叶有稍长柄；叶片草质，五角形，长6.8～10厘米，宽9～11厘米，3全裂，全裂片具细长柄，中央全裂片披针形或长圆状披针形，渐尖，边缘密生三角形锐齿，侧全裂片不等2裂通常达基部，有短柄或无柄，两面几无毛或表面疏生短柔毛；叶柄比叶片短，疏被反曲的短柔毛或几无毛。总状花序有3～6朵花；轴和花梗被伸展的微硬毛；苞片小，线形；花梗长1.5～3.2厘米，稍弧状弯曲；小苞片生花梗下部，小，钻形，长2～3毫米；萼片淡绿带紫色，外面被短毛，上萼片高盔形，高2.1～2.3厘米，下缘稍凹，长1.4～1.6厘米，外缘近直或在中部稍缢缩，与下缘形成短喙；花瓣无毛，唇长约4.5毫米，距长约3.5毫米，向后弯曲；雄蕊无毛，花丝全缘；心皮3个，子房疏生短柔毛。蓇葖直，长约1.5厘米；种子狭三棱形，长约3.5毫米，只在一面密生鳞状横翅。花期8～9月。

产于恩施、巴东，生于山谷林中；分布于四川、湖北、陕西。

4. 瓜叶乌头　*Aconitum hemsleyanum* Pritz. in Bot. Jahrb. 29: 329. 1900.

块根圆锥形，长1.6～3厘米。茎缠绕，无毛，常带紫色，稀疏地生叶，分枝。茎中部叶的叶片五角形或卵状五角形，长6.5～12厘米，宽8～13厘米，基部心形，3深裂至距基部0.9～3.2厘米处，中央深裂片梯状菱形或卵状菱形，短渐尖，不明显3浅裂，浅裂片具少数小裂片或卵形粗牙齿，侧深裂片斜扇形，不等2浅裂；叶柄比叶片稍短，疏被短柔毛或几无毛。总状花序生茎或分枝顶端，有2～12朵花；轴和花梗无毛或被贴伏的短柔毛；下部苞片叶状，或不分裂而为宽椭圆形，上部苞片小，线形；花梗常下垂，弧状弯曲，长2.2～6厘米；小苞片生花梗下部或上部，线形，长3～5毫米，宽约0.5毫米，无毛；萼片深蓝色，外面无毛或变无毛，上萼片高盔形或圆筒状盔形，几无爪，高2～2.4厘米，下缘长1.7～1.8厘米，直或稍凹，喙不明显，侧萼片近圆形，长1.5～1.6厘米；花瓣无毛，瓣片长约10毫米，宽约4毫米，唇长5毫米，距长约2毫米，向后弯；雄蕊无毛，花丝有2个小齿或全缘；心皮5个，无毛或偶尔子房有柔毛。蓇葖直，长1.2～1.5厘米，喙长约2.5毫米；种子三棱形，长约3毫米，沿棱有狭翅并有横膜翅。花期8～10月，果期10～11月。

恩施州广布，生于山地林中；分布于四川、湖北、湖南、江西、浙江、安徽、陕西、河南。

块根药用，治跌打损伤，关节疼痛。

5. 巴东乌头　*Aconitum ichangense* (Finet et Gagnep.) Hand.-Mazz. in Act. Hort. Gothob. 13: 111. 1939.

块根狭倒圆锥形，长约1.6厘米。茎高14～30厘米，稍之字形弯曲，有开展的柔毛，等距地生3～5片叶，上部近伞房状分枝或不分枝。基生叶1～2片，和茎下部叶有长柄；叶片肾状五角形，长2～2.8厘米，宽4～5.4厘米，3深裂至距基部3～6毫米处，各回裂片互相接近，中央深裂片菱状倒卵形，3浅裂，上部边缘有钝齿，侧深裂片斜扇形，不等2裂稍超过中部；叶柄长5～10厘米。花单生分枝顶端；小苞片椭圆形，长约7毫米；上萼片船形或船状盔形，自基部至喙长2～2.3厘米，喙尖，近平展，侧萼片圆倒卵形，长约1.6厘米，下萼片宽或狭椭圆形；心皮3个，子房有白色柔毛。

产于巴东，生于山坡草丛中；分布于湖北。

6. 长齿乌头　Aconitum lonchodontum Hand.-Mazz. in Act. Hort. Gothob. 13: 122. 1939.

块根椭圆球形，长约 1.5 厘米。茎高约 1 米，无毛，上部有短分枝。茎下部叶和中部叶有长柄；叶片心状五角形，长约达 5.8 厘米，宽约 8 厘米，3 深裂至距基部 6～9 毫米处，中央深裂片菱形，渐尖，羽状分裂近中部，小裂片狭三角形，侧深裂片斜扇形，不等 2 深裂，表面有稀疏的短曲柔毛，背面无毛；茎下部叶的叶柄比叶片长，上部的渐变短。总状花序生茎和分枝顶端，有 5～7 朵花，无毛；下部苞片叶状，其他的线形；花梗长达 3 厘米，稍弯曲；小苞片生花梗下部或中部，近钻形，长约 5 毫米；萼片蓝紫色，外面无毛，上萼片高盔形，高 2～2.5 厘米，下缘稍向上斜展，直，长约 2 厘米，喙不明显，侧萼片圆倒卵形，长约 1.8 厘米，下萼片卵形或近披针形；花瓣无毛，唇舌形，长约 7 毫米，末端 2 浅裂，距长约 4 毫米，向后近拳卷状弯曲；雄蕊无毛；心皮 3 个，无毛。花期 8 月。

恩施州广布，生于山坡草丛中；分布于湖北。

7. 乌头　Aconitum carmichaeli Debx. in Acta Soc. Linn. Bord. 33: 87. 1879.

块根倒圆锥形，长 2～4 厘米。茎高 60～200 厘米，中部之上疏被反曲的短柔毛，等距离生叶，分枝。茎下部叶在开花时枯萎。茎中部叶有长柄；叶片薄革质或纸质，五角形，长 6～11 厘米，宽 9～15 厘米，基部浅心形 3 裂达或近基部，中央全裂片宽菱形，有时倒卵状菱形或菱形，急尖，有时短渐尖近羽状分裂，二回裂片约 2 对，斜三角形，生 1～3 个牙齿，间或全缘，侧全裂片不等 2 深裂，表面疏被短伏毛，背面通常只沿脉疏被短柔毛；叶柄长 1～2.5 厘米，疏被短柔毛。顶生总状花序长 6～25 厘米；轴及花梗多少密被反曲而紧贴的短柔毛；下部苞片 3 裂，其他的狭卵形至披针形；花梗长 1.5～5.5 厘米；小苞片生花梗中部或下部，长 3～10 毫米，宽 0.5～2 毫米；萼片蓝紫色，外面被短柔毛，上萼片高盔形，高 2～2.6 厘米，自基部至喙长 1.7～2.2 厘米，下缘稍凹，喙不明显，侧萼片长 1.5～2 厘米；花瓣无毛，瓣片长约 1.1 厘米，唇长约 6 毫米，微凹，距长 1～2.5 毫米，通常拳卷；雄蕊无毛或疏被短毛，花丝有 2 个小齿或全缘；心皮 3～5 个，子房疏或密被短柔毛，稀无毛。蓇葖长 1.5～1.8 厘米；种子长 3～3.2 毫米，三棱形，只在两面密生横膜翅。花期 9～10 月。

恩施州广布，生于山坡草丛中；分布于云南、四川、湖北、贵州、湖南、广西、广东、江西、浙江、江苏、安徽、陕西、河南、山东、辽宁；越南也有分布。

翠雀属　*Delphinium* L.

多年生草本，稀为一年生或二年生草本。叶为单叶，互生，有时均基生，掌状分裂，有时近羽状分裂。花序多为总状，有时伞房状，有苞片；花梗有 2 片小苞片。花两性，两侧对称。萼片 5 片，花瓣状，紫色、蓝色、白色或黄色，卵形或椭圆形，上萼片有距，距囊形至钻形，2 片侧萼片和 2 片下萼片无距。花瓣 2 片，条形，生于上萼片与雄蕊之间，无爪，有距，黑褐色或与萼片同色，距伸到萼距中，有分泌组织。退化雄蕊 2 枚，分别生于 2 片侧萼片与雄蕊之间，黑褐色或与萼片同色，分化成瓣片和爪两部分，瓣片匙形至圆倒卵形，不分裂或 2 裂，腹面中央常有一簇黄色或白色髯毛，基部常有 2 个鸡冠状小突起。雄蕊多数，花药椭圆球形，花丝披针状线形，有 1 脉。心皮 3～7 个，花柱短，胚珠多数成 2 列生于子房室的腹缝线上。蓇葖有脉网，宿存花柱短。种子四面体形或近球形，只沿棱生膜状翅，或密生鳞状横翅，或生同心的横膜翅。

毛茛科
Ranunculaceae

本属约 300 种；我国约 113 种；恩施州产 2 种 2 变种。

分种检索表

1. 根为一年生直根；叶通常为二至三回羽状复叶；花瓣上部扇状增宽；退化雄蕊无毛，无突起；种子扁球形，有螺旋状的横膜翅和同心的横膜翅。
   2. 花长 1~2.5 厘米，萼距长 5~15 毫米 ·················· 1. 卵瓣还亮草 *Delphinium anthriscifolium* var. *calleryi*
   2. 花长 2.3~3.4 厘米，萼距长 17~24 毫米 ·················· 2. 大花还亮草 *Delphinium anthriscifolium* var. *majus*
1. 根多年生；叶掌状分裂；花瓣上部多少变狭；退化雄蕊通常腹面中央有髯毛或只有缘毛，稀无毛，基部常有 2 个突起；种子多少四面体形，只沿棱生翅或密生鳞状横翅。
   3. 茎疏被长糙毛，毛长 1.8~3 毫米，白色；萼距稍比萼片长或近等长 ·················· 3. 毛茎翠雀花 *Delphinium hirticaule*
   3. 茎无毛；叶的中央一回裂片下部边缘直，脉网不明显；退化雄蕊 2 深裂 ·················· 4. 河南翠雀花 *Delphinium honanense*

1. 卵瓣还亮草（变种）   *Delphinium anthriscifolium* Hance var. *calleryi* (Franch.) Finet et Gagnep. in Bull. Soc. Bot. Fr. 51: 471. 1904.

茎高 12~78 厘米，无毛或上部疏被反曲的短柔毛，等距地生叶，分枝。叶为二至三回近羽状复叶，间或为 3 出复叶，有较长柄或短柄，近基部叶在开花时常枯萎；叶片菱状卵形或三角状卵形，长 5~11 厘米，宽 4.5~8 厘米，羽片 2~4 对，对生，稀互生，下部羽片有细柄，狭卵形，长渐尖，通常分裂近中脉，末回裂片狭卵形或披针形，通常宽 2~4 毫米，表面疏被短柔毛，背面无毛或近无毛；叶柄长 2.5~6 厘米，无毛或近无毛。总状花序有 1~15 朵花；轴和花梗被反曲的短柔毛；基部苞片叶状，其他苞片小，披针形至披针状钻形，长 2.5~4.5 毫米；花梗长 0.4~1.2 厘米；小苞片生花梗中部，披针状线形，长 2.5~4 毫米；花长 1~2.5 厘米；萼片堇色或紫色，椭圆形至长圆形，长 6~11 毫米，外面疏被短柔毛，距钻形或圆锥状钻形，长 5~15 毫米，稍向上弯曲或近直；花瓣紫色，无毛，上部变宽；退化雄蕊与萼片同色，无毛，瓣片卵形，顶端微凹或 2 浅裂，偶而不分裂或分裂达中部；雄蕊无毛；心皮 3 个，子房疏被短柔毛或近无毛。蓇葖长 1.1~1.6 厘米；种子扁球形，直径 2~2.5 毫米，上部有螺旋状生长的横膜翅，下部约有 5 片同心的横膜翅。花期 3~5 月。

产于宣恩、利川，生于山地的林边；分布于云南、四川、广西、广东、贵州、湖南、江西、浙江、江苏、陕西；越南也有。

2. 大花还亮草（变种）   *Delphinium anthriscifolium* Hance var. *majus* Pamp. in Nouv. Giorn. Bot. Ital., n. s., 20: 288. 1915.

茎高 12~78 厘米，无毛或上部疏被反曲的短柔毛，等距地生叶，分枝。叶为二至三回近羽状复叶，间或为三出复叶，有较长柄或短柄，近基部叶在开花时常枯萎；叶片菱状卵形或三角状卵形，长 5~11 厘米，宽 4.5~8 厘米，羽片 2~4 对，对生，稀互生，下部羽片有细柄，狭卵形，长渐尖，通常分裂近中脉，末回裂片狭卵形或披针形，通常宽 2~4 毫米，表面疏被短柔毛，背面无毛或近无毛；叶柄长 2.5~6 厘米，无毛或近无毛。总状花序有

1～15朵花；轴和花梗被反曲的短柔毛；基部苞片叶状，其他苞片小，披针形至披针状钻形，长2.5～4.5毫米；花梗长0.4～1.2厘米；小苞片生花梗中部，披针状线形，长2.5～4毫米；花长2.3～3.4厘米；萼片堇色或紫色，椭圆形至长圆形，外面疏被短柔毛，距钻形或圆锥状钻形，长1.7～2.4厘米，稍向上弯曲或近直；花瓣紫色，无毛，上部变宽；退化雄蕊与萼片同色，无毛，瓣片卵形，顶端2裂至本身长度的1/4～1/3处，偶尔达中部；雄蕊无毛；心皮3个，子房疏被短柔毛或近无毛。蓇葖长1.1～1.6厘米；种子扁球形，直径2～2.5毫米，上部有螺旋状生长的横膜翅，下部约有5片同心的横膜翅。花期3～5月。

恩施州广布，生于山地林下；分布于贵州、四川、陕西、湖北、安徽。

全草可供药用，有清热解毒、祛痰止咳的作用。

3. 毛茎翠雀花　*Delphinium hirticaule* Franch. in Journ. de Bot. 8: 275. 1894.

茎高约70厘米，下部疏被开展的白色长糙毛，上部无毛，在花序之下有一分枝。基生叶在开花时枯萎，茎生叶约5片，下部的有长柄；叶片五角形，长4.8～5.6厘米，宽8.5～9.5厘米，3深裂至距基部7～9毫米处，中深裂片菱状倒卵形，下部全缘，在中部3裂，二回裂片又稍细裂，小裂片线状披针形或狭卵形，宽2～3毫米，侧深裂片斜扇形，不等2深裂，表面被短糙毛，背面疏被较长的糙毛；叶柄长达15厘米，疏被长糙毛，基部有短鞘。总状花序狭长，有5～10朵花；苞片线形，长2.5～5毫米；花梗长5～3厘米，无毛；小苞片生花梗下部，钻状线形，长2.5～4毫米；萼片蓝紫色，椭圆形，长1.2～2厘米，外面疏被短柔毛，距钻形，长1.7～2厘米，下部稍向下弯曲；花瓣蓝色，无毛，顶端圆形；退化雄蕊蓝色，瓣片倒卵形，微凹或2深裂，腹面有黄色髯毛；雄蕊无毛；心皮3个，无毛或近无毛。蓇葖长1～1.3厘米；种子倒卵球形，长1.2～1.4毫米，密生鳞状横翅。花期8月。

产于巴东，生于山坡草地；分布于四川、湖北、陕西。

4. 河南翠雀花　*Delphinium honanense* W. T. Wang, Acta Bot. Sin. 10: 146. 1962.

茎高48～58厘米，无毛，不分枝，等距地生叶。基生叶在开花时枯萎。茎下部及中部叶有较长柄；叶片五角形，长6～7厘米，宽7～10厘米，3深裂至距基部约8毫米处，中央深裂片菱形，顶端急尖或短渐尖，中部以下全缘，中部之上边缘有三角形粗牙齿，不分裂或3浅裂，侧深裂斜扇形，不等2深裂，表面有少数糙毛，背面沿脉网疏被糙毛；叶柄长为叶片的1.5～2倍，有少数开展的糙毛。总状花序长8～11厘米，约有10朵花；下部苞片3裂，其他苞片披针状线形至线形，长0.8～1.7厘米；轴和花梗被反曲的短柔毛和开展的黄色短腺毛；花梗斜上展，长0.8～2.6厘米；小苞片生花梗中部或下部，线形，长5～8毫米，宽0.5毫米；花近平展；萼片紫色，椭圆状卵形，长1.5～1.6厘米，外面疏被短柔毛，距钻形，长2～2.1厘米，基部粗3毫米，稍向下弯曲；花瓣干时黄色，无毛；退化雄蕊紫色，瓣片近方形，2深裂，腹面有黄色髯毛，爪与瓣片近等长；雄蕊无毛；心皮3个，无毛。花期5月。

产于宣恩，生于山地林下；分布于河南、陕西、湖北。

飞燕草属　*Consolida* (DC.) S. F. Gray

一年生草本。叶互生，掌状细裂。花序总状或复总状；花梗有2片小苞片。花两性，两侧对称。萼片5片，花瓣状，紫色、蓝色或白色，上萼片有距，2片侧萼片和2片下萼片无距。花瓣2片，合生，上部全缘或3～5裂，距伸入萼距之中，有分泌组织；雄蕊多数，花药椭圆球形，花丝披针状线形，有1脉。心皮1个，子房有多数胚珠。蓇葖有脉网。种子多少四面体形，有鳞状横翅。

本属40余种；我国约2种；恩施州产1种。

飞燕草　*Consolida ajacis* (L.) Schur in Verh. Sieb. Nat. ver: 4: 47. 1853.

茎高约达60厘米，与花序均被多少弯曲的短柔毛，中部以上分枝。茎下部叶有长柄，在开花时

毛茛科
Ranunculaceae

多枯萎，中部以上叶具短柄；叶片长达3厘米，掌状细裂，狭线形小裂片宽0.4～1毫米，有短柔毛。花序生茎或分枝顶端；下部苞片叶状，上部苞片小，不分裂，线形；花梗长0.7～2.8厘米；小苞片生花梗中部附近，小，条形；萼片紫色、粉红色或白色，宽卵形，长约1.2厘米，外面中央疏被短柔毛，距钻形，长约1.6厘米；花瓣的瓣片3裂，中裂片长约5毫米，先端2浅裂，侧裂片与中裂片成直角展出，卵形；花药长约1毫米。蓇葖长达1.8厘米，直，密被短柔毛，网脉稍隆起，不太明显。种子长约2毫米。花期4～5月。

恩施州广泛栽培；在我国各城市有栽培；原产欧洲南部和亚洲西南部。

铁破锣属 *Beesia* Balf. f. et W. W. Smith

多年生草本，有根状茎。叶为单叶，均基生，有长柄，心形或心状三角形，不分裂。花葶不分枝；聚伞花序无柄或几无柄，含少数花，少数或多数稀疏排列而形成外貌似总状花序的复杂花序；苞片及小苞片钻形。花辐射对称。萼片5片，花瓣状，白色，椭圆形。花瓣不存在。雄蕊多数，花药近球形，花丝近丝形。心皮1个；胚珠约10枚，排成2列而着生于腹缝线上。蓇葖狭长，扁，具横脉；种子少数，卵球形，种皮具皱褶。

本属2种；我国均产；恩施州产1种。

铁破锣 *Beesia calthifolia* (Maxim.) Ulbr. in Notizbl. Bot. Gart. Berl. 10: 872. 1929.

又名单叶开麻，根状茎斜，长约达10厘米，粗3～7毫米。花葶高14～58厘米，有少数纵沟，下部无毛，上部花序处密被开展的短柔毛。叶2～4片，长7～35厘米；叶片肾形、心形或心状卵形，长1.5～9.5厘米，宽1.8～16厘米，顶端圆形，短渐尖或急尖，基部深心形，边缘密生圆锯齿，两面无毛，稀在背面沿脉被短柔毛；叶柄长5.5～26厘米，具纵沟，基部稍变宽，无毛。花序长为花葶长度的1/6～1/4，宽1.5～2.5厘米；苞片通常钻形，有时披针形，间或匙形，长1～5毫米，无毛；花梗长5～10毫米，密被伸展的短柔毛；萼片白色或带粉红色，狭卵形或椭圆形，长3～8毫米，宽1.8～3毫米，顶端急尖或钝，无毛；雄蕊比萼片稍短，花药直径约0.3毫米；心皮长2.5～3.5毫米，基部疏被短柔毛。蓇葖长1.1～1.7厘米，扁，披针状线形，中部稍弯曲，下部宽3～4毫米，在近基部处疏被短柔毛，其余无毛，约有8条斜横脉，喙长1～2毫米；种子长约2.5毫米，种皮具斜的纵皱褶。花期5～8月，果期6～9月。

恩施州广布，生于山谷林下；分布于云南、四川、贵州、广西、湖南、湖北、陕西、甘肃；在缅甸也有分布。

根状茎入药，治风湿感冒、风湿骨痛、目赤肿痛等症。

升麻属 *Cimicifuga* L.

多年生草本。根状茎粗壮，坚实而稍带木质，外皮黑色，生多数细根。茎单一，常高大，直立，圆柱形，通常在上部少数分枝。叶为一至三回三出或近羽状复叶，有长柄；小叶卵形、菱形至狭椭圆形，边缘具粗锯齿。花序为总状花序，通常 2～30 条集成圆锥状花序；花序轴密被腺毛和柔毛；苞片钻形至狭三角形，甚小。花小，密生，辐射对称，两性或罕单性并为雌雄异株。萼片 4～5 片，白色，花瓣状、倒卵状圆形，早落。花瓣不存在。退化雄蕊位于萼片的内面，椭圆形至近圆形，顶端常有膜质的附属物，全缘、微缺或为叉状 2 深裂而带 2 个空花药，稀具蜜腺。雄蕊多数，花药宽椭圆形至近圆形，黄色，花丝狭线形至丝形。心皮 1～8 个，有柄或无柄。蓇葖长椭圆形至倒卵状椭圆形，顶端具一外弯的喙，表面有横向隆起的脉；种子少数，椭圆形至狭椭圆形，黄褐色，通常四周生膜质的鳞翅，背、腹面的横向鳞翅明显或不明显。

本属约 18 种；我国有 8 种；恩施州产 1 种。

升麻　*Cimicifuga foetida* L. Syst. Nat. ed. 12. 659. 1767.

根状茎粗壮，坚实，表面黑色，有许多内陷的圆洞状老茎残迹。茎高 1～2 米，微具槽，分枝，被短柔毛。叶为二至三回三出状羽状复叶；茎下部叶的叶片三角形，宽达 30 厘米；顶生小叶具长柄，菱形，长 7～10 厘米，宽 4～7 厘米，常浅裂，边缘有锯齿，侧生小叶具短柄或无柄，斜卵形，比顶生小叶略小，表面无毛，背面沿脉疏被白色柔毛；叶柄长达 15 厘米。上部的茎生叶较小，具短柄或无柄。花序具分枝 3～20 条，长达 45 厘米，下部的分枝长达 15 厘米；轴密被灰色或锈色的腺毛及短毛；苞片钻形，比花梗短；花两性；萼片倒卵状圆形，白色或绿白色，长 3～4 毫米；退化雄蕊宽椭圆形，长约 3 毫米，顶端微凹或 2 浅裂，几膜质；雄蕊长 4～7 毫米，花药黄色或黄白色；心皮 2～5 个，密被灰色毛，无柄或有极短的柄。蓇葖长圆形，长 8～14 毫米，宽 2.5～5 毫米，有伏毛，基部渐狭成长 2～3 毫米的柄，顶端有短喙；种子椭圆形，褐色，长 2.5～3 毫米，有横向的膜质鳞翅，四周有鳞翅。花期 7～9 月，果期 8～10 月。

恩施州广布，生于山地路边；分布于西藏、云南、四川、青海、甘肃、陕西、河南、山西；在蒙古和俄罗斯也有分布。

根状茎入药，治风热头痛、咽喉肿痛、斑疹不易透发等症；也可作土农药，消灭马铃薯块茎蛾、蝇蛆等。

类叶升麻属　*Actaea* L.

多年生草本。根状茎横走，生多数须根。茎单一，直立。基生叶鳞片状，茎生叶互生，为二至三回三出复叶，有长柄。花序为简单或分枝的总状花序。花小，辐射对称。萼片通常 4 片，白色，花瓣状，早落。花瓣 1～6 片，偶尔不存在，匙形，比萼片小，黄色，无蜜槽。雄蕊多数，花药卵圆形，黄白色，花丝狭线状丝形，有时在上部增宽。心皮 1 个，子房卵形或椭圆形，无毛，柱头无柄，扁球形。果实浆果状，近球形，成熟后紫黑色、红色或白色；种子多数，卵形并具 3 棱，褐色或黑色，干后表面微粗糙状。

本属约 8 种；我国有 2 种；恩施州产 1 种。

类叶升麻　*Actaea asiatica* Hara in Journ. Jap. Bot. 15: 313. 1939.

根状茎横走，质坚实，外皮黑褐色，生多数细长的根。茎高 30～80 厘米，圆柱形，粗 4～9 毫米，微具纵棱，下部无毛，中部以上被白色短柔毛，不分枝。叶 2～3 片，茎下部的叶为三回三出近羽状复

毛茛科
Ranunculaceae

叶，具长柄；叶片三角形，宽达27厘米；顶生小叶卵形至宽卵状菱形，长4～8.5厘米，宽3～8厘米，3裂，边缘有锐锯齿，侧生小叶卵形至斜卵形，表面近无毛，背面变无毛；叶柄长10～17厘米。茎上部叶的形状似茎下部叶，但较小，具短柄。总状花序长2.5～6厘米；轴和花梗密被白色或灰色短柔毛；苞片线状披针形，长约2毫米；花梗长5～8毫米；萼片倒卵形，长约2.5毫米，花瓣匙形，长2～2.5毫米，下部渐狭成爪；花药长约0.7毫米，花丝长3～5毫米；心皮与花瓣近等长。果序长5～17厘米，与茎上部叶等长或超出上部叶；果梗粗约1毫米；果实紫黑色，直径约6毫米；种子约6粒，卵形，有3条纵棱，长约3毫米，宽约2毫米，深褐色。花期5～6月，果期7～9月。

恩施州广布，生于山谷林下；分布于西藏、云南、四川、湖北、青海、甘肃、陕西、山西、河北、内蒙古、辽宁、吉林、黑龙江；在朝鲜、俄罗斯、日本也有分布。

驴蹄草属 Caltha L.

多年生草本植物，有须根。茎不分枝或具少数分枝。叶全部基生或同时茎生，茎生叶互生，叶片不分裂，稀茎上部叶掌状分裂，有齿或全缘，叶柄基部具鞘。花单独生于茎顶端或2朵或较多朵组成简单的或复杂的单歧聚伞花序。萼片5片或较多，花瓣状，黄色、稀白色或红色，倒卵形或椭圆形，脱落。花瓣不存在，雄蕊多数，花药椭圆形，花丝狭线形。心皮少数至多数，无柄或具短柄，顶端渐狭成短花柱；胚珠多数，成2列生子房腹缝线上。蓇葖果开裂，稀不开裂。种子椭圆球形，种皮光滑或具少数纵皱纹。

本属约20种；我国有4种；恩施州产1种。

驴蹄草 Caltha palustris L. Sp. Pl. 789. 1753.

多年生草本，全部无毛，有多数肉质须根。茎高20～48厘米，实心，具细纵沟，在中部或中部以上分枝，稀不分枝。基生叶3～7片，有长柄；叶片圆形，圆肾形或心形，长1.2～5厘米，宽2～9厘米，顶端圆形，基部深心形或基部2裂片互相覆压，边缘全部密生正三角形小牙齿；叶柄长4～24厘米。茎生叶通常向上逐渐变小，稀与基生叶近等大，圆肾形或三角状心形，具较短的叶柄或最上部叶完全不具柄。茎或分枝顶部有由2朵花组成的简单的单歧聚伞花序；苞片三角状心形，边缘生牙齿；花梗长2～10厘米；萼片5片，黄色，倒卵形或狭倒卵形，长1～2.5厘米，宽0.6～1.5厘米，顶端圆形；雄蕊长4.5～7毫米，花药长圆形，长1～1.6毫米，花丝狭线形；心皮5～12个，与雄蕊近等长，无柄，有短花柱。蓇葖长约1厘米，具横脉，喙长约1毫米；种子狭卵球形，长1.5～2毫米，黑色，有光泽，有少数纵皱纹。花期5～9月，果期6月起。

恩施州广布，属湖北省新记录，生于山谷林中；分布于西藏、云南、四川、浙江、甘肃、陕西、河南、山西、河北、内蒙古、新疆；在北半球温带及寒温带地区广布。

全草可供药用，有除风、散寒之效。

鸡爪草属 Calathodes Hook. f. et Thoms.

多年生草本，有须根。叶为单叶，基生并茎生，掌状3全裂。花单生于茎或枝端，辐射对称。萼片5片，花瓣状，黄色或白色，覆瓦状排列。花瓣不存在。雄蕊多数，花药长圆形，花丝狭线形。心皮7~50个，斜披针形，顶端渐狭成短花柱，基部常稍呈囊状；胚珠8~10枚，排成2列着生于子房室下部的腹缝线上。蓇葖亚革质，在背面常有突起。种子倒卵球形，光滑。

本属3种；我国均产；恩施州产2种。

分种检索表

1. 心皮7~15个；蓇葖的背突起位于果的中部，正三角形 ·· 1. 鸡爪草 Calathodes oxycarpa
1. 心皮30~50个；蓇葖的背突起位于果的下部，狭三角形 ·· 2. 多果鸡爪草 Calathodes polycarpa

1. 鸡爪草 Calathodes oxycarpa Sprague in Kew Bull. 1919: 403. 1919.

须根细长，密被锈色短柔毛。茎高20~45厘米，无毛，不分枝或分枝。基生叶约3片，无毛，具长柄，花期之后多枯萎；叶片五角形，长2~3厘米，宽3.2~5厘米，中央全裂片宽菱形，在中部3深裂，边缘有小裂片和锯齿，侧全裂片斜扇形，不等2深裂近基部；叶柄长6~10厘米，基部有狭鞘。茎生叶约4片，下部的有长柄，似基生叶，叶片较大，长5.5~6厘米，宽7~9厘米，上部的变小，有短柄。花直径约1.8厘米，无毛；萼片白色，倒卵形或椭圆形，长9~10毫米，宽4~6毫米，顶端圆或钝；雄蕊长3.5~7.5毫米，花药长1~2毫米；心皮7~15个，长5~6毫米，背面基部稍呈囊状。蓇葖长7~14毫米，宽约4.5毫米，喙长1~1.7毫米，直，突起位于果背面纵肋近中部处，正三角形；种子长约2毫米，黑色，有光泽。花期8月，也有的5~6月，果期7月。

产于鹤峰，生于山地林下；分布于云南、四川、湖北。

全草供药用，治风湿麻木、鸡爪风、瘰疬等症。

2. 多果鸡爪草 Calathodes polycarpa Ohwi in Act. Phytotax. Geobot. 2: 153. 1933.

茎高30~40厘米，在中部以上有少数分枝，无毛。茎生叶长4~8厘米，宽5~12厘米，中央全裂片和侧全裂片的深裂片顶端渐尖或长渐尖，上面沿脉有极短的毛；叶柄长约10厘米，无毛，基部有狭鞘。花直径约2.5厘米，无毛；萼片白色，狭倒卵形或椭圆形，长约10毫米，顶端圆形；雄蕊长约6.5毫米，花药长约2.2毫米，顶端有小尖头；心皮30~50个，长约4.5毫米，背面近基部处稍呈囊状，花柱长约1毫米。蓇葖果长7~8毫米，喙长约0.8毫米；突起位于果背面纵肋的下部，狭三角形，长3~3.5毫米，向下弯曲。花期6月，果期8月。

产于建始，生于山谷林中；分布于云南、贵州、湖北、台湾。

星果草属　*Asteropyrum* Drumm. et Hutch.

多年生小草本。根状茎很短，生多数细根。叶为单叶，全部基生，有长柄；叶片轮廓圆形或五角形；叶柄盾状着生，基部具鞘。花茎 1～3 条；苞片对生或轮生，卵形至宽卵形。花辐射对称，单一，顶生，中等大。萼片 5 片，白色，花瓣状，倒卵形。花瓣 5 片，小，长约为萼片之半，金黄色，瓣片倒卵形或近圆形，下部具细爪。雄蕊多数，花药宽椭圆形，花丝狭线形，中部以下微变宽。心皮 5～8 个，初直立，无毛。蓇葖成熟时星状展开，卵形，几革质，顶端有尖喙；种子多数，小，宽椭圆球形，棕黄色。

本属 2 种；均特产我国；恩施州产 2 种。

分种检索表

1. 植株高 12～20 厘米；叶片轮廓五角形，宽 4～14 厘米，3～5 浅裂或近深裂，叶柄通常无毛 ·· 1. 裂叶星果草 *Asteropyrum cavaleriei*
1. 植株高约 10 厘米；叶片轮廓圆形或稍呈五角形，宽 2～3 厘米，不分裂或 5 浅裂，叶柄密被倒向柔毛 ·· 2. 星果草 *Asteropyrum peltatum*

1. 裂叶星果草　*Asteropyrum cavaleriei* (Levl. et Vant.) Drumm. et Hutch. in Kew Bull. 1920: 156. 1920.

多年生草本。根状茎短，密生许多条黄褐色的细根。叶 2～7 片；叶片轮廓五角形，宽 4～14 厘米，3～5 浅裂或近深裂，顶端急尖，基部近截形，并常在中央具一浅圆缺，裂片三角形，边缘具不规则的浅波状圆缺，表面绿色，稀被贴伏的黄色短硬毛，背面淡绿色，无毛；叶柄长 6～13 厘米，无毛，基部具膜质鞘。花葶 1～3 条，通常高 12～20 厘米，无毛或疏被柔毛；苞片生于花下的 5～8 毫米处，卵形至宽卵形，长约 3 毫米，近互生或轮生；花直径 1.3～1.6 厘米；萼片椭圆形至倒卵形，长 7～8 毫米，宽 3～5 毫米，顶端圆形；花瓣长约为萼片的 1/2，

瓣片近圆形，下部具细爪；雄蕊比花瓣稍长，花药黄色，长约 1 毫米；心皮 5～8 个。蓇葖卵形，长达 8 毫米；种子椭圆球形，长约 1.5 毫米，直径约 1 毫米，棕黄色。花期 5～6 月，果期 6～7 月。

产于宣恩，生于山地林下；分布于四川、贵州、湖南、湖北、广西、云南。

2. 星果草　*Asteropyrum peltatum* (Franch.) Drumm. et Hutch. in Kew Bull. 1920: 155. 1920.

多年生小草本。根状茎短，生多条细根。叶 2～6 片；叶片圆形或近五角形，宽 2～3 厘米，不分裂或 5 浅裂，边缘具波状浅锯齿，表面绿色，疏被紧贴的短硬毛，背面浅绿色，无毛；叶柄长 2.5～6 厘米，密被倒向的长柔毛。花葶 1～3 条，高 6～10 厘米，基部粗 1～1.3 毫米，疏被倒向的长柔毛；苞片生于花下 3～8 毫米处，卵形至宽卵形，长约 3 毫米，对生或轮生；花直径 1.2～1.5 厘米；萼片倒卵形，长 6～7 毫米，宽 4～5 毫米，顶端圆形，具明显的 3～5 脉；花瓣金黄色，长约为萼片

之半，瓣片倒卵形或近圆形，下部具细爪；雄蕊11～18枚，比花瓣稍长，花药宽椭圆形，长约1毫米；心皮5～8个，长椭圆形，顶端渐狭成花柱。蓇葖卵形，长达8毫米，顶端有一尖喙；种子多数，宽椭圆形，长约1.5毫米，棕黄色，具很不明显的条纹，边缘近龙骨状。花期5～6月，果期6～7月。

产于利川，生于山地林下；分布于云南、四川、湖北。

黄连属　Coptis Salisb.

多年生草本。根状茎黄色，生多数须根。叶全部基生，有长柄，3或5全裂，有时为一至三回三出复叶。花葶1～2条，直立；花序为单歧、二歧或多歧聚伞花序，或只含单花；苞片披针形，通常羽状分裂。花小，辐射对称。萼片5片，黄绿色或白色，花瓣状，椭圆形。花瓣比萼片短，倒披针形或匙形，基部有时下延成爪，中央具或不具蜜槽。雄蕊多数，花药宽椭圆形，黄色，花丝丝形。心皮5～14个，基部有明显的柄，花柱微弯。蓇葖具柄，柄被有短毛，在花托顶端作伞形状排列；种子少数，长椭圆球形，褐色，有光泽，具不明显的条纹。

全属约16种；我国有6种；恩施州产1种。

黄连　Coptis chinensis Franch. in Morot, Journ. Bot. 2: 231. 1897.

根状茎黄色，常分枝，密生多数须根。叶有长柄；叶片稍带革质，卵状三角形，宽达10厘米，3全裂，中央全裂片卵状菱形，长3～8厘米，宽2～4厘米，顶端急尖，具长0.8～1.8厘米的细柄，3或5对羽状深裂，在下面分裂最深，深裂片彼此相距2～6毫米，边缘生具细刺尖的锐锯齿，侧全裂片具长1.5～5毫米的柄，斜卵形，比中央全裂片短，不等2深裂，两面的叶脉隆起，除表面沿脉被短柔毛外，其余无毛；叶柄长5～12厘米，无毛。花葶1～2条，高12～25厘米；二歧或多歧聚伞花序有3～8朵花；苞片披针形，3或5羽状深裂；萼片黄绿色，长椭圆状卵形，长9～12.5毫米，宽2～3毫米；花瓣线形或线状披针形，长5～6.5毫米，顶端渐尖，中央有蜜槽；雄蕊约20枚，花药长约1毫米，花丝长2～5毫米；心皮8～12个，花柱微外弯。蓇葖长6～8毫米，柄约与之等长；种子7～8粒，长椭圆形，长约2毫米，宽约0.8毫米，褐色。花期2～3月，果期4～6月。

恩施州广布，生于山地林中；分布于四川、贵州、湖南、湖北、陕西。

根状茎入药，可治急性结膜炎、急性细菌性痢疾、急性肠胃炎、吐血、痈疖疮疡等症。

人字果属　Dichocarpum W. T. Wang et Hsiao

多年生直立草本，具根状茎。叶基生及茎生，或全部基生，为鸟趾状复叶或一回三出复叶，顶生一回指片简单。花序为简单或复杂的单歧或二歧聚伞花序；苞片3浅裂至3全裂。花辐射对称，两性。萼片5片，花瓣状，通常白色，罕淡黄色或粉红色，椭圆形或倒卵形。花瓣5片，金黄色，远比萼片为小，具细长的爪，瓣片圆形或倒卵形，罕为二唇形或漏斗形，顶端全缘或微凹，偶3～4浅裂。雄蕊5～25枚，花药黄色，卵球形或宽椭圆形，花丝狭线形，有1脉。心皮2个，长椭圆形，直立，无柄，基部合生；胚珠多数，排成2列着生于腹缝线上。蓇葖2个，倒卵状线形至狭长椭圆形，顶端具细喙。二叉状或近水平状展开；种子圆球形，罕为椭圆球形，种皮褐色，有光泽，通常光滑，偶有小疣状突起，或粗糙状或有少数纵脉。

本属约 16 种；我国 9 种；恩施州产 3 种。

分种检索表

1. 花瓣自中部以下呈漏斗状；种子椭圆球形，两端微尖，表面有纵肋；中央指片扇形，长 5~12 毫米，宽 7~16 毫米；花直径 6~7.5 毫米 ················ 1. 纵肋人字果 Dichocarpum fargesii
1. 花瓣下部不合生成漏斗状；种子圆球形，少有椭圆球形，两端钝圆，光滑。
   2. 小叶较大，中央指片长 5~23 毫米，宽 6~25 毫米；花直径 11~23 毫米；蓇葖长 12~14 毫米 … 2. 人字果 Dichocarpum sutchuenense
   2. 小叶较小，中央指片长 6~12 毫米，宽 9~14 毫米；花直径 4.2~6 毫米，蓇葖长 6~10 毫米… 3. 小花人字果 Dichocarpum franchetii

1. 纵肋人字果 *Dichocarpum fargesii* (Franch.) W. T. Wang et Hsiao, Acta Phytotax. Sin. 9: 329. 1964.

植物全体无毛。茎高 14~35 厘米，中部以上分枝。根状茎粗而不明显，生多数须根。叶基生及茎生，基生叶少数，具长柄，为一回三出复叶；叶片草质，轮廓卵圆形，宽 1.8~3.5 厘米；中央指片肾形或扇形，长 5~12 毫米，宽 7~16 毫米，顶端具 5 个浅牙齿，牙齿顶端微凹，叶脉明显，侧生指片轮廓斜卵形，具 2 片不等大的小叶，上面小叶斜倒卵形，长 6~14 毫米，宽 4~10 毫米，下面小叶卵圆形，长及宽均 5~9 毫米；叶柄长 3~8 厘米，基部具鞘；茎生叶似基生叶，渐变小，对生，最下面一对的叶柄长 2 厘米。花小，直径 6~7.5 毫米；苞片无柄，3 全裂；花梗纤细，长 1~3.5 厘米；萼片白色，倒卵状椭圆形，长 4~5 毫米，顶端钝；花瓣金黄色，长约为萼片之半，瓣片近圆形，中部合生成漏斗状，顶端近截形或近圆形，下面有细长的爪；雄蕊 10 枚，花药宽椭圆形，黄白色，长约 0.3 毫米，花丝长 3~4 毫米，中部微变宽。蓇葖线形，长 1.2~1.5 厘米，顶端急尖，喙极短而不明显；种子约 9 粒，椭圆球形，长 1.5~1.8 毫米，具纵肋。花期 5~6 月，果期 7 月。

产于利川，生于山谷林下；分布于四川、贵州、湖北、河南、陕西、甘肃。

2. 人字果 *Dichocarpum sutchuenense* (Franch.) W. T. Wang et Hsiao, Acta Phytotax. Sin. 9: 328. 1964.

草本全体无毛。根状茎横走，较粗壮，直径达 6 毫米，暗褐色，密生多数细根。茎单一，高 7.5~30 厘米。基生叶少数，在花、果期时常枯萎，为鸟趾状复叶；叶片草质，长 1.5~4 厘米，宽 1.9~4.5 厘米；中央指片圆形或宽倒卵圆形，长 5~23 毫米，宽 6~25 毫米，基部宽楔形，中部以上 3~5 浅裂，浅裂片顶端微凹，侧生指片有小叶 2、4 或 6 片，小叶不等大，斜卵圆形、菱状卵形或倒卵形，具短柄或近无柄；叶柄长 3~7.5 厘米。茎生叶通常 1 片，间或不存在，似基生叶，宽 3~9 厘米，具长达 5 厘米的叶柄。复单歧聚伞花序长达 10 厘米，有 1~8 朵花；下部和中部的苞片似茎生叶，但较小，最上部的苞片 3 全裂，无柄；花梗长达 7 厘米；萼片白色，倒卵状椭圆形，长 6~11 毫米，宽 3~6 毫米，顶端钝；花瓣金黄色，长 3 毫米，瓣片近圆形，长约 0.7 毫米，顶端通常微凹，有时全缘；雄蕊 20~45 枚，长约 7 毫米，花药宽椭圆形，长约 0.8 毫米；心皮约与雄蕊等长，子房倒披针形，花柱长约 2 毫米。蓇葖狭倒卵状披针形，连同 2 毫米长的细喙共长 1.2～1.5 厘米；种子 8～10 粒，圆球形，黄褐色，直径约 1 毫米，光滑。花期 4～5 月，果期 5～6 月。

恩施州广布，生于山谷林下；分布于云南、四川、湖北及浙江。

3. 小花人字果　*Dichocarpum franchetii* (Finet et Gagnep.) W. T. Wang et Hsiao, Acta Phytotax. Sin. 9: 329. 1964.

草本全体无毛。根状茎横走，密生多数细根。茎 1～5 条，直立，高 9～26 厘米。基生叶少数，在花、果期时存在或有时枯萎，为鸟趾状复叶；叶片草质，长 1.5～3.3 厘米，宽 1.2～3.2 厘米；中央指片近扇形或近圆形，长 6～12 毫米，宽 9～14 毫米，中部以上有 5 个圆牙齿，牙齿顶端微凹，侧生指片有 4 或 6 片小叶，小叶不等大，近扇形，斜卵形或近圆形，最大的小叶比中央指片略小，最小的长及宽均约 2 毫米；叶柄长 2.5～7 厘米。茎生叶通常 1 片或不存在，似基生叶，有长达 4.5 厘米的叶柄。复单歧聚伞花序长 5～11 厘米，有 3～7 朵花；花梗纤细；下部苞片叶状，具细柄，上部苞片无柄或具短柄，3～5 全裂；花小，直径 4.2～6 毫米；萼片白色，倒卵形，长 3.5～4.5 毫米，宽约 2 毫米，顶端钝；花瓣金黄色，长 1～1.2 毫米，瓣片近圆形，顶端微凹或全缘，爪与瓣片近等长或略长；雄蕊长 2～3 毫米，花药长约 0.3 毫米；心皮长约 3 毫米。蓇葖长 7～10 毫米，倒人字状广叉开，喙约长 0.5 毫米；种子 7～8 粒，圆球形，淡黄褐色，直径约 1 毫米，光滑。花期 4～5 月，果期 5～6 月。

产于宣恩、巴东，生于山谷林下；分布于云南、四川、贵州、湖南、湖北、广西。

天葵属　*Semiaquilegia* Makino

多年生小草本，具块根。叶基生和茎生，为掌状三出复叶，基生叶具长柄，茎生叶的柄较短。花序为简单的单歧或为蝎尾状的聚伞花序；苞片小，3 深裂或不裂。花小，辐射对称。萼片 5 片，白色，花瓣状，狭椭圆形。花瓣 5 片，匙形，基部囊状。雄蕊 8～14 枚，花药宽椭圆形，黄色，花丝丝形，中部以下微变宽；退化雄蕊约 2 枚，位于雄蕊内侧，白膜质，线状披针形，与花丝近等长。心皮 3～5 个，花柱长为子房长度的 1/6～1/5。蓇葖微呈星状展开，卵状长椭圆形，先端具一小细喙，表面有横向脉纹，无毛；种子多数，小，黑褐色，有许多小瘤状突起。

本属 1 种；我国产 1 种；恩施州产 1 种。

天葵　*Semiaquilegia adoxoides* (DC.) Makino in Bot. Mag. Tokyo 16: 119. 1902.

块根长 1～2 厘米，粗 3～6 毫米，外皮棕黑色。茎 1～5 条，高 10～32 厘米，直径 1～2 毫米，被稀疏的白色柔毛，分歧。基生叶多数，为掌状三出复叶；叶片轮廓卵圆形至肾形，长 1.2～3 厘米；小叶扇状菱形或倒卵状菱形，长 0.6～2.5 厘米，宽 1～2.8 厘米，3 深裂，深裂片又有 2～3 片小裂片，两面均无毛；叶柄长 3～12 厘米，基部扩大呈鞘状。茎生叶与基生叶相似，但较小。花小，直径 4～6 毫米；苞片小，倒披针形至倒卵圆形，不裂或 3 深裂；花梗纤细，长 1～2.5 厘米，被伸展的白

色短柔毛；萼片白色，常带淡紫色，狭椭圆形，长4~6毫米，宽1.2~2.5毫米，顶端急尖；花瓣匙形，长2.5~3.5毫米，顶端近截形，基部凸起呈囊状；退化雄蕊约2枚，线状披针形，白膜质，与花丝近等长；心皮无毛。蓇葖卵状长椭圆形，长6~7毫米，宽约2毫米，表面具凸起的横向脉纹，种子卵状椭圆形，褐色至黑褐色，长约1毫米，表面有许多小瘤状突起。花期3~4月，果期4~5月。

恩施州广布，生于路旁；分布于四川、贵州、湖北、湖南、广西、江西、福建、浙江、江苏、安徽、陕西；日本也有。

根入药，有小毒，可治疗疮疖肿、乳腺炎、扁桃体炎、淋巴结核、跌打损伤等症；块根也可作土农药，防治蚜虫、红蜘蛛、稻螟等虫害。

尾囊草属 *Urophysa* Ulbr.

多年生草本。根状茎粗壮而带木质。叶均基生，呈莲座状，为单叶，掌状3全裂或近似一回三出复叶，有长柄，叶柄基部膨大呈鞘状。花葶通常数条，不分枝；聚伞花序有1或3朵花。花辐射对称，中等大，美丽。萼片5片，倒卵形至宽椭圆形，花瓣状，天蓝色或粉红白色，基部有短爪。花瓣5片，小，比萼片短3~4倍，基部囊状或有短距。雄蕊多数，花药椭圆形，花丝具1脉，下部线形，上部丝形。退化雄蕊约7枚，位于能育雄蕊之内侧，披针形，膜质。心皮5~8个，子房及花柱下部被短柔毛，花柱比子房约长2倍。蓇葖卵形，肿胀，具长而宿存的花柱；种子椭圆形，密生小疣状突起。

本属2种；均特产于我国；恩施州产1种。

尾囊草 *Urophysa henryi* (Oliv.) Ulbr. in Notizbl. Bot. Gart. Berl. 10: 870. 1929.

根状茎木质，粗壮。叶多数；叶片宽卵形，长1.4~2.2厘米，宽3~4.5厘米，基部心形，中全裂片无柄或有长达4毫米的柄，扇状倒卵形或扇状菱形，宽1.7~3厘米，上部3裂，三回裂片有少数钝齿，侧全裂片较大，斜扇形，不等2浅裂，两面疏被短柔毛；叶柄长3.6~12厘米，有开展的短柔毛。花葶与叶近等长；聚伞花序长约5厘米，通常有3朵花；苞片楔形，楔状倒卵形或匙形，长1~2.2厘米，不分裂或3浅裂；小苞片对生或近对生，线形，长6~9毫米，宽1~2.5毫米；花直径2~2.5厘米；萼片天蓝色或粉红白色，倒卵状椭圆形，长10~14毫米，宽

5~6.5毫米，外面有疏柔毛，内面无毛；花瓣长约5毫米，宽1.3毫米，长椭圆状船形，爪长1毫米；雄蕊长3.5~5.5毫米；退化雄蕊长椭圆形，长2.5~3.5毫米，渐尖；心皮5~8个。蓇葖长4~5毫米，密生横脉，有短柔毛，宿存花柱长2毫米；种子狭肾形，长约1.2毫米，密生小疣状突起。花期3~4月，果期5月。

产于巴东、来凤，生于岩石缝中；分布于四川、湖北、湖南、贵州。

根可药用，治挫伤青肿等症。

耧斗菜属 *Aquilegia* L.

多年生草本。从茎基生出多数直立的茎。基生叶为二至三回三出复叶，有长柄，叶柄基部具鞘；小叶倒卵形或近圆形，中央小叶3裂，侧面小叶常2裂；茎生叶通常存在，比基生叶小，有短柄或近无柄。花序为单歧或二歧聚伞花序。花辐射对称，中等大或较大，美丽。萼片5片，花瓣状，紫色、堇色、黄绿色或白色。花瓣5片，与萼片同色或异色，瓣片宽倒卵形、长方形或近方形，罕近缺如，下部常向下延长成距，距直或末端弯曲呈钩状，稀呈囊状或近不存在。雄蕊多数，花药椭圆形，黄色或近黑色，花

丝狭线形，上部丝形，中央有 1 脉。退化雄蕊少数，线形至披针形，白膜质，位于雄蕊内侧。心皮 5～10 个，花柱长约为子房之半；胚珠多数。蓇葖多少直立，顶端有细喙，表面有明显的网脉；种子多数，通常黑色，光滑，狭倒卵形，有光泽。

本属约 70 种；我国有 13 种；恩施州产 1 种 1 变种。

分种检索表

1. 花瓣无距或有短而细的距，距长 2～6 毫米，粗 1.5～2 毫米；花较小，萼片和花瓣均长 1～1.4 厘米，紫红色 ·· 1. 无距耧斗菜 *Aquilegia ecalcarata*
1. 花瓣有明显的长距，距粗在 5 毫米以上；萼片紫色，花瓣的瓣片黄白色；叶背面有极稀疏的柔毛或近无毛；萼片长 1.6～2.5 厘米；蓇葖长 1.2～1.7 厘米 ·· 2. 甘肃耧斗菜 *Aquilegia oxysepala* var. *kansuensis*

1. 无距耧斗菜 *Aquilegia ecalcarata* Maxim. Fl. Tang. 20. t. 8, f. 12. 1889.

根粗，圆柱形，外皮深暗褐色。茎 1～4 条，高 20～80 厘米，上部常分枝，被稀疏伸展的白色柔毛。基生叶数片，有长柄，为二回三出复叶；叶片宽 5～12 厘米，中央小叶楔状倒卵形至扇形，长 1.5～3 厘米，宽几相等或稍宽，3 深裂或 3 浅裂，裂片有 2～3 个圆齿，侧面小叶斜卵形，不等 2 裂，表面绿色，无毛，背面粉绿色，疏被柔毛或无毛；叶柄长 7～15 厘米。茎生叶 1～3 片，形状似基生叶，但较小。花 2～6 朵，直立或有时下垂，直径 1.5～2.8 厘米；苞片线形，长 4～6 毫米；花梗纤细，长达 6 厘米，被伸展的白色柔毛；萼片紫色，近平展，椭圆形，长 1～1.4 厘米，宽 4～6 毫米，顶端急尖或钝；花瓣直立，瓣片长方状椭圆形，与萼片近等长，宽 4～5 毫米，顶端近截形，无距；雄蕊长约为萼片之半，花药近黑色；心皮 4～5 个，直立，被稀疏的柔毛或近无毛。蓇葖长 8～11 毫米，宿存花柱长 3～5 毫米，疏被长柔毛；种子黑色，倒卵形，长约 1.5 毫米，表面有凸起的纵棱，光滑。花期 5～6 月，果期 6～8 月。

产于恩施、巴东，生于山坡林下；分布于西藏、四川、贵州、湖北、河南、陕西、甘肃、青海。

2. 甘肃耧斗菜（变种） *Aquilegia oxysepala* Trautv. et Mey. var. *kansuensis* Bruhl in Journ. As. Soc. Beng. 61: 285. 1892.

根粗壮，圆柱形，外皮黑褐色。茎高 40～80 厘米，粗 3～4 毫米，近无毛或被极稀疏的柔毛，上部多少分枝。基生叶数枚，为二回三出复叶；叶片宽 5.5～20 厘米，中央小叶通常具 1～2 毫米的短柄，楔

状倒卵形，长2～6厘米，宽1.8～5厘米，3浅裂或3深裂，裂片顶端圆形，常具2～3个粗圆齿，表面绿色，无毛，背面淡绿色，无毛或近无毛；叶柄长10～20厘米，被开展的白色柔毛或无毛，基部变宽呈鞘状。茎生叶数片，具短柄，向上渐变小。花3～5朵，较大而美丽，微下垂；苞片3全裂，钝；萼片紫色，稍开展，狭卵形，长1.6～2.5厘米，顶端急尖；花瓣瓣片黄白色，长1～1.3厘米，宽7～9毫米，顶端近截形，距长1.5～2厘米，末端强烈内弯呈钩状；雄蕊与瓣片近等长，花药黑色，长1.5～2毫米；心皮5个，被白色短柔毛。蓇葖长1.2～1.7厘米；种子黑色，长约2毫米。花期5～6月，果期7～8月。

产于鹤峰、巴东，生于山坡草丛；分布于云南、四川、湖北、陕西、甘肃、青海、宁夏。

银莲花属 *Anemone* L.

多年生草本，有根状茎。叶基生，少数至多数，有时不存在，或为单叶，有长柄，掌状分裂，或为三出复叶，叶脉掌状。花葶直立或渐升；花序聚伞状或伞形，或只有1朵花；苞片或数个，对生或轮生，形成总苞，与基生叶相似，或小，掌状分裂或不分裂，有柄或无柄。花规则，通常中等大。萼片5片至多数，花瓣状，白色、蓝紫色。花瓣不存在。雄蕊通常多数，花丝丝形或线形。心皮多数或少数，子房有毛或无毛，有1枚下垂的胚珠，花柱存在或不存在，柱头组织生花柱腹面或形成明显的球状柱头。瘦果卵球形或近球形，少有两侧扁。

本属约有150种；我国约52种；恩施州产5种2变种。

分种检索表

1. 心皮被长柔毛或短柔毛，或无毛，数目较少，在40个以下。
  2. 苞片有柄；花丝丝形。
    3. 苞片的柄鞘状；萼片外面顶端有密毛；心皮无毛，花柱钩状拳卷或近拳卷 ·················· 1. 草玉梅 *Anemone rivularis*
    3. 苞片的柄细长，不呈鞘状，如具翅而扁平时则心皮被短柔毛；萼片顶端无密毛；花柱不钩状弯曲 ·· 2. 西南银莲花 *Anemone davidii*
  2. 苞片无柄。
    4. 叶片薄草质；花通常2～3朵 ·················· 3. 鹅掌草 *Anemone flaccida*
    4. 叶片厚草质；花4～6朵。
      5. 花葶的毛贴伏；苞片深裂，裂片多少细裂 ·················· 4. 裂苞鹅掌草 *Anemone flaccida* var. *hofengensis*
      5. 花葶的毛开展；苞片浅裂 ·················· 5. 展毛鹅掌草 *Anemone flaccida* var. *hirtella*
1. 心皮密集呈球形，密被绵毛。
  6. 叶背面疏被短伏毛；萼片紫红色 ·················· 6. 打破碗花花 *Anemone hupehensis*
  6. 叶背面密被绒毛；萼片白色或带粉红色 ·················· 7. 大火草 *Anemone tomentosa*

1. 草玉梅　*Anemone rivularis* Buch.-Ham. ex DC. Syst. 1: 211. 1818.

植株高10～65厘米。根状茎木质，垂直或稍斜。基生叶3～5片，有长柄；叶片肾状五角形，长1.6～7.5厘米，宽2～14厘米，3全裂，中全裂片宽菱形或菱状卵形，有时宽卵形，宽0.7～7厘米，3深裂，深裂片上部有少数小裂片和牙齿，侧全裂片不等2深裂，两面都有糙伏毛；叶柄长3～22厘米，有白色柔毛，基部有短鞘。花葶1～3条，直立；聚伞花序长4～30厘米，一至三回分枝；苞片3～4片，有柄，近等大，长3.2～9厘米，似基生叶，宽菱形，3裂近基部，一回裂片多少细裂，柄扁平，膜质，长0.7～1.5厘米，宽4～6毫米；花直径1.3～3厘米；萼片6～10片，白色，倒卵形或椭圆状倒卵形，长0.6～1.4厘米，宽3.5～10毫米，外面有疏柔毛，顶端密被短柔毛；雄蕊长约为萼片之半，花药椭圆形，花丝丝形；心皮30～60个，无毛，子房狭长圆形，有拳卷的花柱。瘦果狭卵球形，稍扁，长7～8毫米，宿存花柱钩状弯曲。花期6月，果期7～8月。

产于巴东、鹤峰，生于草坡或溪边；分布于西藏、云南、广西、贵州、湖北、四川、甘肃、青海；

在尼泊尔、不丹、印度、斯里兰卡也有分布。

根状茎和叶供药用，治喉炎、扁桃腺炎、肝炎、痢疾、跌打损伤等症。

2. 西南银莲花 Anemone davidii Franch. in Nouv. Arch. Mus. Paris, ser. 2, 8: 185. 1886.

植株高20～55厘米。根状茎横走，节间缩短。基生叶0～3片，有长柄；叶片心状五角形，长2～10厘米，宽4～18厘米，3全裂，全裂片有短柄或无柄，中全裂片菱形，3深裂，边缘有不规则小裂片或粗齿，侧全裂片不等2深裂，两面疏被短毛；叶柄长13～37厘米，无毛或上部有疏毛。花葶直立；苞片3片，有柄，叶片似基生叶，长达10厘米；花梗1～3个，长2.5～17厘米，有短柔毛；萼片5片，白色，倒卵形，长1～3.8厘米，宽0.6～2.1厘米，背面有疏柔毛；雄蕊长约为萼片长度的1/4，花药狭椭圆形，花丝丝形；心皮45～70个，无毛，有稍向外弯的短花柱，柱头小，近球形。瘦果卵球形，稍扁，长约2.5毫米，顶端有不明显的短宿存花柱。花期5～6月，果期7～8月。

产于宣恩、利川，生于山谷林中；分布于西藏、云南、四川、贵州、湖南、湖北。

根状茎可供药用，治跌打损伤等症。

3. 鹅掌草 Anemone flaccida Fr. Schmidt in Mom. Ac. Sci. Petersb. ser. 7, n. 2: 103. 1868.

植株高15～40厘米。根状茎斜，近圆柱形，节间缩短。基生叶1～2片，有长柄；叶片薄草质，五角形，长3.5～7.5厘米，宽6.5～14厘米，基部深心形，3全裂，中全裂片菱形，3裂，末回裂片卵形或宽披针形，有1～3齿或全缘，侧全裂片不等2深裂，表面有疏毛，背面通常无毛或近无毛，脉平；叶柄长10～28厘米，无毛或近无毛。花葶只在上部有疏柔毛；苞片3片，似基生叶，无柄，不等大，菱状三角形或菱形，长4.5～6厘米，3深裂；花梗2～3个，长4.2～7.5厘米，有疏柔毛；萼片5片，白色，倒卵

形或椭圆形，长7～10毫米，宽4～5.5毫米，顶端钝或圆形，外面有疏柔毛；雄蕊长约萼片之半，花药椭圆形，长约0.8毫米，花丝丝形；心皮约8个，子房密被淡黄色短柔毛，无花柱，柱头近三角形。花期4～6月。

产于宣恩，生于山谷林下；分布于云南、四川、贵州、湖北、湖南、江西、浙江、江苏、陕西、甘肃；日本和俄罗斯也有。

根状茎可药用，治跌打损伤。

毛茛科
Ranunculaceae

4. 裂苞鹅掌草（变种）
Anemone flaccida Fr. Schmidt var. *hofengensis* (W. T. Wang) Ziman et B. E. Dutton in Fl. China 6: 311. 2001.

本变种与鹅掌草 *A. flaccida* 的区别为叶片较厚，草质，脉在背面隆起；花序有4～6朵花；苞片深裂，裂片多少细裂。植株常较高大，高达63厘米；基生叶长达6.2厘米，宽达12厘米。叶柄和花葶只在上部疏被短柔毛。花期4～6月。

产于鹤峰、利川，生于山谷沟边；分布于湖南、湖北、四川。

5. 展毛鹅掌草（变种）
Anemone flaccida var. *hirtella* W. T. Wang in Addenda.

本变种与鹅掌草 *A. flaccida* 的区别：叶片较厚，草质，脉在背面隆起；叶柄和花葶密被开展的微硬毛；花序有5朵花。花期4～6月。

产于利川，生于山地沟边；分布于湖北。

6. 打破碗花花
Anemone hupehensis Lem. Catalogue 176: 40. 910.

植株高20～120厘米。根状茎斜或垂直，长约10厘米，粗2～7毫米。基生叶3～5片，有长柄，通常为三出复叶，有时1～2片或全部为单叶；中央小叶有柄，长1～6.5厘米，小叶片卵形或宽卵形，长4～11厘米，宽3～10厘米，顶端急尖或渐尖，基部圆形或心形，不分裂或3～5浅裂，边缘有锯齿，两面有疏糙毛；侧生小叶较小；叶柄长3～36厘米，疏被柔毛，基部有短鞘。花葶直立，疏被柔毛；聚伞花序二至三回分枝，有较多花，偶尔不分枝，只有3朵花；苞片3片，有柄，长0.5～6厘米，稍不等大，为三出复叶，似基生叶；花梗长3～10厘米，有密或疏柔毛；萼片5片，紫红色或粉红色，倒卵形，长2～3厘米，宽1.3～2厘米，外面有短绒毛；雄蕊长约为萼片长度的1/4，花药黄色，椭圆形，花丝丝形；心皮约400个，生于球形的花托上，长约1.5毫米，子房有长柄，有短绒毛，柱头长方形。聚合果球形，直径约1.5厘米；瘦果长约3.5毫米，有细柄，密被绵毛。花期7～10月。

恩施州广布，生于山坡林中、田边路旁；分布于四川、陕西、湖北、贵州、云南、广西、广东、江西、浙江。

根状茎药用，治热性痢疾、胃炎、各种顽癣、疟疾、消化不良、跌打损伤等症。全草用作土农药，水浸液可防治稻苞虫、负泥虫、稻螟、棉蚜、菜青虫、蝇蛆等，以及小麦叶锈病、小麦秆锈病等。

7. 大火草
Anemone tomentosa (Maxim.) Pei in Contr. Biol. Lab. Sci. Soc. China, Bot. Ser., 9: 2. 1933.

植株高40～150厘米。基生叶3～4片，有长柄，为三出复叶，有时有1～2片为单叶；中央小叶有长柄，小叶片卵形至三角状卵形，长9～16厘米，宽7～12厘米，顶端急尖，基部浅心形、心形或圆形，3浅裂至3深裂，边缘有不规则小裂片和锯齿，表面有糙伏毛，背面密被白色绒毛，侧生小叶稍斜，叶柄长6～48厘米，与花葶都密被白色或淡黄色短绒毛。花葶粗3～9毫米；聚伞花序长26～38厘米，二至三回分枝；苞片3片，与基生叶相似，不等大，有时1片为单叶，3深裂；花梗长3.5~6.8厘米，有短绒毛；萼片5片，淡粉红色或白色，倒卵形、宽倒卵形或宽椭圆形，长1.5~2.2厘米，宽1~2厘米，背面有短绒毛犷雄蕊长约为萼片长度的1/4；心皮400~500个，长约1毫米，子房密被绒毛，柱头斜，无毛。聚合果球形，直径约1厘米；瘦果长约3毫米，有细柄，密被绵毛。花期7~10月。

产于巴东，生于山坡草丛中；分布于四川、青海、甘肃、陕西、湖北、河南、山西、河北。

铁线莲属 Clematis L.

多年生木质或草质藤本，或为直立灌木或草本。叶对生，或与花簇生，偶尔茎下部叶互生，三出复叶至二回羽状复叶或二回三出复叶，少数为单叶；叶片或小叶片全缘、有锯齿、牙齿或分裂；叶柄存在，有时基部扩大而连合。花两性，稀单性；聚伞花序或为总状、圆锥状聚伞花序，有时花单生或1至数朵与叶簇生；萼片4片，或6~8片，直立成钟状、管状，或开展，花蕾时常镊合状排列，花瓣不存在，雄蕊多数，有毛或无毛，药隔不突出或延长；退化雄蕊有时存在；心皮多数，有毛或无毛，每心皮内有1枚下垂胚珠。瘦果，宿存花柱伸长呈羽毛状，或不伸长而呈喙状。

本属约300种；我国约有108种；恩施州产16种3变种。

分种检索表

1. 雄蕊有毛；萼片直立或斜上展，花萼管状或钟状。
  2. 单叶，叶片全缘，稀有分裂及浅齿 ………………………………………………………………… 1. 单叶铁线莲 Clematis henryi
  2. 复叶。
    3. 二回三出复叶，叶柄基部隆起；萼处两面光滑无毛 …………………………………………… 2. 毛蕊铁线莲 Clematis lasiandra
    3. 茎近于圆柱形，无棱状凸起；一回三出复叶。
      4. 植株无毛；叶片椭圆状披针形或长卵状披针形。
        5. 花梗上有一对苞片；小叶片椭圆状披针形，边缘有锯齿；叶柄基部扁平增宽，连合抱茎成杯状；单花腋生 ………………………………………………………………………………………………… 3. 宽柄铁线莲 Clematis otophora
        5. 花梗无苞片；小叶片椭圆形，全缘，背面有白粉 ……………………………………… 4. 须蕊铁线莲 Clematis pogonandra
      4. 植株被毛；小叶片卵状椭圆形至近于圆形；聚伞花序具1至多朵花；萼片长2~3厘米，长于雄蕊2倍 …………………………………………………………………………………………… 5. 尾叶铁线莲 Clematis urophylla
1. 雄蕊无毛；萼片开展，少数斜上展而花萼呈钟状，极少萼片直立。
  6. 花通常单生而与叶簇生，基部有宿存芽鳞，极少花序有1~3朵花，不与叶簇生；小叶片或裂片有齿，少数全缘。
    7. 花与叶簇生于短枝，基部有宿存芽鳞；萼片4片 ………………………………………………… 6. 绣球藤 Clematis montana
    7. 花不与叶簇生，腋生或顶生、单生或聚伞花序有3朵花；萼片5~7片 ……………………… 7. 美花铁线莲 Clematis potaninii
  6. 花或花序腋生或顶生。
    8. 花药长，长椭圆形至长圆状线形，长2~6毫米；小叶片或裂片全缘，偶尔边缘有齿。
      9. 一至二回羽状复叶，有5~21片小叶，间有三出叶。
        10. 瘦果无毛，圆柱状锥形，黑色。
          11. 2片小叶片纸质或薄革质，两面网脉突出，上面不皱缩 ……………………………… 8. 柱果铁线莲 Clematis uncinata
          11. 小叶片革质，上面皱缩，下面网脉不突出 ………………………………………… 9. 皱叶铁线莲 Clematis uncinata var. coriacea
        10. 子房、瘦果有毛，卵形至卵圆形。
          12. 叶片干后变黑色；萼片顶端凸尖或尖；小叶片纸质，较大，长1.5~10厘米，宽1~7毫米，两面网脉不明显，下面近无毛或疏生短柔毛 …………………………………………………………………………… 10. 威灵仙 Clematis chinensis
          12. 叶片干后不为黑色，若变黑，则萼片顶端常为截形或钝；小叶片通常为狭卵形至宽卵形，顶端钝或锐尖，有时微凹或短渐尖，上面网脉不明显或明显 …………………………………… 11. 圆锥铁线莲 Clematis terniflora
      9. 全为3出复叶或间有单叶。
        13. 芽鳞小，长5~8毫米，或不明显，长三角形至三角形；瘦果较狭，镰刀状狭卵形或狭倒卵形 … 12. 山木通 Clematis finetiana
        13. 芽鳞大，长0.8~3.5厘米，三角状卵形至长圆形；瘦果扁，卵形至椭圆形；小叶片卵状披针形至卵形 …………………………………………………………………………………………… 13. 小木通 Clematis armandii

8. 花药短，椭圆形至狭长圆形，长1~2.5毫米，极少长2.5~5毫米；小叶片或裂片有齿，少数全缘。
  14. 全为三出复叶 ········· 14. 钝齿铁线莲 Clematis apiifolia var. obtusidentata
  14. 一回或一至二回羽状复叶，茎上部有时为三出叶。
    15. 一至二回羽状复叶，或二回三出复叶 ········· 15. 扬子铁线莲 Clematis puberula var. ganpiniana
    15. 除茎上部有三出叶外，通常为5片小叶，为一回羽状复叶，很少基部一对为2~3片小叶。
      16. 瘦果纺锤形至狭卵形，不扁；小叶片常全缘，偶有齿，卵形、长卵形至披针形，顶端渐尖至长渐尖 ········· 16. 小蓑衣藤 Clematis gouriana
      16. 瘦果卵形、椭圆形至宽卵形，多少扁；除C. tsaii外，叶缘多少有齿或分裂。
        17. 花梗上小苞片显著，卵形、椭圆形至披针形；小叶片卵形至卵状披针形或宽卵形，常在中部以下明显3裂 ········· 17. 金佛铁线莲 Clematis gratopsis
        17. 花梗上小苞片小，钻形或不存在。
          18. 花较小，直径1.5~2厘米；腋生花序为圆锥花序，多花，花序梗基部常有一对叶状苞片；小叶片下面疏生短柔毛至近无毛 ········· 18. 钝萼铁线莲 Clematis peterae
          18. 花较大，直径2~3.5厘米；腋生花序为聚伞花序，通常3~7朵花，花序梗基部无叶状苞片 ··· 19. 粗齿铁线莲 Clematis grandidentata

1. 单叶铁线莲　Clematis henryi Oliv. in Hooker's Ic. pl. 9 (3) t. 1819. 1889.

木质藤本。主根下部膨大成瘤状或地瓜状，粗1.5~2厘米，表面淡褐色，内部白色。单叶；叶片卵状披针形，长10~15厘米，宽3~7.5厘米，顶端渐尖，基部浅心形，边缘具刺头状的浅齿，两面无毛或背面仅叶脉上幼时被紧贴的绒毛，基出弧形中脉3~7条，在表面平坦，在背面微隆起，侧脉网状在两面均能见；叶柄长2~6厘米，幼时被毛，后脱落。聚伞花序腋生，常只有1朵花，稀有2~5朵花，花序梗细瘦，与叶柄近于等长，无毛，下部有2~4对线状苞片，交叉对生；花钟状，直径2~2.5厘米；萼片4片，较肥厚，白色或淡黄色，卵圆形或长方卵圆形，长1.5~2.2厘米，宽7~12毫米，顶端钝尖，外面疏生紧贴的绒毛，边缘具白色绒毛，内面无毛，但直的平行脉纹显著；雄蕊长1~1.2厘米，花药长椭圆形，花丝线形，具1脉，两边有长柔毛，长过花药；心皮被短柔毛，花柱被绢状毛。瘦果狭卵形，长3毫米，粗1毫米，被短柔毛，宿存花柱长达4.5厘米。花期11~12月，果期翌年3~4月。

恩施州广布，生于林下及灌丛中；分布于云南、四川、贵州、广东、广西、湖南、湖北、安徽、浙江、江苏。

膨大的根供药用，治胃痛、腹痛、跌打损伤、跌扑晕厥、支气管炎；外用治腮腺炎。根、叶供药用，行气活血、抗菌消炎，对头、胃、腹、肌肉及关节等疼痛均有止痛作用，亦治气管炎、疔疮肿毒、跌打损伤；根性微温，味甘辛，能镇咳、祛痰、定喘、消炎；治小儿高热惊风、急慢性支气管炎、咽喉炎、热毒疔疮。

2. 毛蕊铁线莲　Clematis lasiandra Maxim. in Bull. Acad. Sci. St. Petersb. 22: 213. 1876.

攀援草质藤本。老枝近于无毛，当年生枝具开展的柔毛。三出复叶、羽状复叶或二回三出复叶，连叶柄长9~15厘米，小叶3~15片；小叶片卵状披针形或窄卵形，长3~6厘米，宽1.5~2.5厘米，顶

端渐尖，基部阔楔形或圆形，常偏斜，边缘有整齐的锯齿，表面被稀疏紧贴的柔毛或两面无毛，叶脉在表面平坦，在背面隆起；小叶柄短或长达 8 毫米；叶柄长 3~6 厘米，无毛，基部膨大隆起。聚伞花序腋生，常 1~3 朵花，花序梗长 0.5~3 厘米，在花序的分枝处生一对叶状苞片，花梗长 1.5~2.5 厘米，幼时被柔毛，以后脱落；花钟状，顶端反卷、直径 2 厘米；萼片 4 片，粉红色至紫红色，直立，卵圆形至长方椭圆形，长 1~1.5 厘米，宽 5~8 毫米，两面无毛，边缘及反卷的顶端被绒毛；雄蕊微短于萼片，花丝线形，外面及两侧被紧贴的柔毛，长超过花药，内面无毛，花药内向，长方椭圆形，药隔的外面被毛；心皮在开花时短于雄蕊，被绢状毛。瘦果卵形或纺锤形，棕红色，长 3 毫米，被疏短柔毛，宿存花柱纤细，长 2~3.5 厘米，被绢状毛。花期 10 月，果期 11 月。

恩施州广布，生于山坡灌丛中；分布于云南、四川、甘肃、陕西、贵州、湖南、广西、广东、浙江、江西、安徽；日本也有。

3. 宽柄铁线莲　Clematis otophora Franch. ex Finet et Gagnep. in Bull. Soc. Bot. Fr. 50: 548, pl. 17a. 1903.

攀援草质藤本。茎圆柱形，有 6 条浅纵沟纹，干后淡棕色，光滑无毛，髓部中空，白色，有一圆形的小孔。三出复叶；小叶片纸质，老后亚革质，长方披针形，长 7~11 厘米，宽 1.5~4 厘米，顶端渐尖，基部亚心形、圆形或宽楔形，上部边缘有稀浅锯齿，下部全缘，两面无毛，基出主脉 3 条，在上面平坦，在背面突起，侧脉不显；叶柄长 7~12 厘米，基部扁平增宽，与对生的叶柄结合，抱茎，每侧宽 0.3~1 厘米。聚伞花序腋生，常 1~3 朵花，花梗长 6~9 厘米，无毛，中部有一对苞片，苞片线状披针形，长 6 毫米；萼片 4 片，黄色，长方椭圆形或长方卵圆形，

长 2~2.7 厘米，宽 9~12 毫米，顶端有小尖头，内面的顶部有疏柔毛，其余无毛，边缘密被短绒毛；雄蕊微短于萼片，花丝线形，花药内向着生，长方椭圆形，药隔顶端微有尖头状凸起，花丝基部无毛，其余全体被黄色柔毛，尤以花药及药隔上最密；心皮在开花时长仅为雄蕊之半，被黄色绢状毛。瘦果狭倒卵形或柱状菱形，长 5 毫米，宽 1~2 毫米，被黄色短柔毛，宿存花柱长达 3.5 厘米，被淡黄色长柔毛。花期 7~8 月，果期 9~10 月。

产于鹤峰、建始，生于山沟林边；分布于四川、湖北。

4. 须蕊铁线莲　Clematis pogonandra Maxim. in Act. Hort. Petrop. 11: 8. 1890.

草质藤本，长 2~3 厘米。老枝圆柱形，棕红色，幼枝淡黄色，有 6 条浅的纵沟纹，除节上有时被柔毛外，其余无毛，当年生枝基部芽鳞宿存；鳞片三角形，长达 8 毫米，仅边缘有毛。三出复叶；叶片薄纸质，卵状披针形或椭圆状披针形，长 5~10 厘米，宽 2.5~3.5 厘米，顶端渐尖，基部圆形，边缘全缘，表面绿色，背面粉绿色，两面无毛，3 条基出主脉在表面平坦，在背面隆起；小叶柄短或长达 5~10 毫米，上面有沟槽；叶柄长

2~6厘米，无毛。单花腋生，花梗细瘦，长4~7.5厘米，不具苞片，光滑无毛；花钟状，直径2~3厘米；萼片4片，淡黄色，长椭圆形或卵状披针形，长2.5~3厘米，宽5~8毫米，顶端渐尖，微黄绿色，仅顶端内面微被柔毛，边缘密被黄色绒毛，其余无毛；雄蕊与萼片近于等长，花丝宽线形，宽过花药，上部的两侧及背面被长柔毛，基部及腹面无毛，花药内向着生，窄线形，长5~7毫米，药隔密被短柔毛；心皮被短柔毛，花柱被绢状毛。瘦果倒卵形，长4~5毫米，宽2毫米，被短柔毛，宿存花柱长达3厘米，被黄色长柔毛。花期6~7月，果期7~8月。

产于巴东，生于山坡路边；分布于四川、甘肃、陕西、湖北。

5. 尾叶铁线莲　Clematis urophylla Franch. in Bull. Soc. Linn. Paris 1: 433. 1884.

木质藤本，长1~3米。茎微有6棱，淡灰色或灰棕色，被短柔毛。三出复叶；小叶片狭卵形或卵状披针形，长5~10厘米，宽2~4厘米，尖端有尖尾，基部宽楔形、圆形或亚心形，边缘有整齐的锯齿，基部全缘，两面无毛或微被稀疏紧贴的短柔毛，基出主脉3~5条，在表面平坦，在背面显著隆起；侧生小叶柄短，长仅6~7毫米，顶生小叶柄长1~2厘米；叶柄长5~7厘米，上面有浅沟。聚伞花序腋生，常1~3朵花，在花序的分枝处生一对线状披针形的苞片；花序梗长1~2厘米，无毛；花梗长1.5~4厘米，密生紧贴的短柔毛，花钟状，微开展，直径2~3厘米；萼片4片，白色，直立不反卷，卵状椭圆形或长方椭圆形，长2~3.5厘米，宽6~10毫米，外面及边缘具紧贴的短柔毛，内面仅顶端被绒毛，其余无毛；雄蕊长为萼片之半，花丝线形，外面及两侧被长柔毛，内面无毛，花药椭圆形，无毛；子房及花柱被绢状毛。瘦果纺锤形，长3~4毫米，宽2毫米，被短柔毛，宿存花柱长4.5~5厘米，被长柔毛。花期11~12月，果期翌年3~4月。

恩施州广布，生于灌丛中；分布于四川、贵州、广西、广东、湖南、湖北。

6. 绣球藤　Clematis montana Buch.-Ham. ex DC. Syst. 1: 164. 1818.

木质藤本。茎圆柱形，有纵条纹；小枝有短柔毛，后变无毛；老时外皮剥落。三出复叶，数叶与花簇生，或对生；小叶片卵形、宽卵形至椭圆形，长2~7厘米，宽1~5厘米，边缘缺刻状锯齿由多而锐至粗而钝，顶端3裂或不明显，两面疏生短柔毛，有时下面较密。花1~6朵与叶簇生，直径3~5厘米；萼片4片，开展，白色或外面带淡红色，长圆状倒卵形至倒卵形，长1.5~2.5厘米，宽0.8~1.5厘米，外面疏生短柔毛，内面无毛；雄蕊无毛。瘦果扁，卵形或卵圆形，长4~5毫米，宽3~4毫米，无毛。花期4~6月，果期7~9月。

产于恩施、巴东，生于山坡灌丛中；分布于西藏、云南、贵州、四川、甘肃、宁夏、陕西、河南、湖北、湖南、广西、江西、福建、台湾、安徽；尼泊尔及印度也有。

茎藤入药，能利水通淋、活血通经、通关顺气，主治肾炎水肿、小便涩痛、月经不调、脚气湿肿、乳汁不通等症；又可治心火旺、心烦失眠、口舌生疮等症，孕妇忌用。

7. 美花铁线莲　　*Clematis potaninii* Maxim. in Act. Hort. Petrop. 11: 9. 1890.

藤本。茎、枝有纵沟，紫褐色，有短柔毛，幼时较密，老时外皮剥落。一至二回羽状复对生，或数叶与新枝簇生，基部有三角状宿存芽鳞，有5～15枚小叶，茎上部有时为三出叶，基部2对常2～3深裂、全裂至3片小叶，顶生小叶片常不等3浅裂至深裂；小叶片薄纸质，倒卵状椭圆形、卵形至宽卵形，长1～7厘米，宽0.8～5厘米，顶端渐尖，基部楔形、圆形或微心形，有时偏斜，边缘有缺刻状锯齿，两面有贴伏短柔毛。花单生或聚伞花序有3朵花，腋生；花直径3.5～5厘米；萼片5～7片，开展，白色，楔状倒卵形或长圆状倒卵形，长1.8～3厘米，宽0.8～2.5厘米，外面有短柔毛，中间带褐色部分呈长椭圆状，内面无毛；雄蕊无毛。瘦果无毛，扁平，倒卵形或卵圆形，长4～5毫米，宿存花柱长达3厘米。花期6～8月，果期8～10月。

产于利川，属湖北省新记录，生于山谷林下；分布于西藏、云南、四川、甘肃、陕西。

茎入药，有祛风湿、清肺热、止痢、消食等效。

8. 柱果铁线莲　　*Clematis uncinata* Champ. in Kew Journ. Bot. 3: 255. 1851.

藤本，干时常带黑色，除花柱有羽状毛及萼片外面边缘有短柔毛外，其余光滑。茎圆柱形，有纵条纹。一至二回羽状复叶，有5～15片小叶，基部2对常为2～3片小叶，茎基部为单叶或三出叶；小叶片纸质或薄革质，宽卵形、卵形、长圆状卵形至卵状披针形，长3～13厘米，宽1.5～7厘米，顶端渐尖至锐尖，偶有微凹，基部圆形或宽楔形，有时浅心形或截形，全缘，上面亮绿，下面灰绿色，两面网脉突出。圆锥状聚伞花序腋生或顶生，多花；萼片4片，开展，白色，干时变褐色至黑色，线状披针形至倒披针形，长1～1.5厘米；雄蕊无毛。瘦果圆柱状钻形，干后变黑，长5～8毫米，宿存花柱长1～2厘米。花期6～7月，果期7～9月。

产于宣恩，生于林边；分布于云南、贵州、四川、甘肃、陕西、广西、广东、湖南、湖北、福建、台湾、江西、安徽、浙江、江苏；越南也有分布。

根入药，能祛风除湿、舒筋活络、镇痛，治风湿性关节痛、牙痛、骨鲠喉；叶外用治外伤出血。

9. 皱叶铁线莲（变种）

Clematis uncinata Champ. var. *coriacea* Pamp. in Nuov. Giorn. Bot. Ital. n. ser. 22: 288. 1915.

本变种与柱果铁线莲 *C. uncinata* 的区别是小叶片较厚，革质，干后上面微皱，下面叶脉不明显。花期6~7月，果期7~9月。

恩施州广布，生于灌丛中；分布于四川、甘肃、陕西、湖北、湖南。

10. 威灵仙

Clematis chinensis Osbeck, Dagbok Ostind. Resa 205. 242. 1757.

木质藤本。干后变黑色。茎、小枝近无毛或疏生短柔毛。一回羽状复叶，有5片小叶，有时3或7片，偶尔基部一对以至第二对2~3裂至2~3片小叶；小叶片纸质，卵形至卵状披针形，或为线状披针形、卵圆形，长1.5~10厘米，宽1~7厘米，顶端锐尖至渐尖，偶有微凹，基部圆形、宽楔形至浅心形，全缘，两面近无毛，或疏生短柔毛。常为圆锥状聚伞花序，多花，腋生或顶生；花直径1~2厘米；萼片4~5片，开展，白色，长圆形或长圆状倒卵形，长0.5~1.5厘米，顶端常凸尖，外面边缘密生绒毛或中间有短柔毛，雄蕊无毛。瘦果扁，3~7个，卵形至宽椭圆形，长5~7毫米，有柔毛，宿存花柱长2~5厘米。花期6~9月，果期8~11月。

产于来凤，生于灌丛中；分布于云南、贵州、四川、陕西、广西、广东、湖南、湖北、河南、福建、台湾、江西、浙江、江苏、安徽；越南也有分布。

根入药，能祛风湿、利尿、通经、镇痛，治风寒湿热、偏头疼、黄胆浮肿、鱼骨硬喉、腰膝腿脚冷痛。鲜株能治急性扁桃体炎、咽喉炎；根治丝虫病，外用治牙痛；全株可作农药，防治造桥虫、菜青虫、地老虎、灭孑孓等。

11. 圆锥铁线莲

Clematis terniflora DC. Syst. 1: 137. 1818.

木质藤本。茎、小枝有短柔毛，后近无毛。一回羽状复叶，通常5片小叶，有时7或3片，偶尔基部一对2~3裂至2~3片小叶，茎基部为单叶或三出复叶；小叶片狭卵形至宽卵形，有时卵状披针形，长2.5~8厘米，宽1~5厘米，顶端钝或锐尖，有时微凹或短渐尖，基部圆形、浅心形或为楔形，全缘，两面或沿叶脉疏生短柔毛或近无毛，上面网脉不明显或明显，下面网脉突出。圆锥状聚伞花序腋生或顶生，多花，长5~19厘米，较开展；花序梗、花梗有短柔毛；花直径1.5~3厘米；萼片通常4片，开展，白色，狭倒卵形或长圆形，顶端锐尖或钝，长0.8~2厘米，外面有短柔毛，边缘密生绒毛；雄蕊无毛。瘦果橙黄色，常5~7个，倒卵形至宽椭圆形，扁，长5~9毫米，宽3~6毫米，边缘凸出，有贴伏柔毛，宿存花柱长达4厘米。花期6~8月，果期8~11月。

产于巴东，生于路边；分布于陕西、河南、湖北、湖南、江西、浙江、江苏、安徽；朝鲜、日本也有分布。

根入药，有凉血、降火、解毒之效，治恶肿、疮瘘、蛇犬咬伤等。

12. 山木通　*Clematis finetiana* Levl. et Vant. in Bull. Soc. Bot. Fr. 51: 219. 1904.

木质藤本，无毛。茎圆柱形，有纵条纹，小枝有棱。三出复叶，基部有时为单叶；小叶片薄革质或革质，卵状披针形、狭卵形至卵形，长3～13厘米，宽1.5～5.5厘米，顶端锐尖至渐尖，基部圆形、浅心形或斜肾形，全缘，两面无毛。花常单生，或为聚伞花序、总状聚伞花序，腋生或顶生，有1～7朵花，少数7朵以上而成圆锥状聚伞花序，通常比叶长或近等长；在叶腋分枝处常有多数长三角形至三角形宿存芽鳞，长5～8毫米；苞片小，钻形，有时下部苞片为宽线形至三角状披针形，顶端3裂；萼片4～6片，开展，白色，狭椭圆形或披针形，长1～2.5厘米，外面边缘密生短绒毛；雄蕊无毛，药隔明显。瘦果镰刀状狭卵，长约5毫米，有柔毛，宿存花柱长达3厘米，有黄褐色长柔毛。花期4～6月，果期7～11月。

恩施州广布，生于路旁灌丛中；分布于云南、四川、贵州、河南、湖北、湖南、广东、广西、福建、江西、浙江、江苏、安徽。

全株清热解毒、止痛、活血、利尿，治感冒、膀胱炎、尿道炎、跌打劳伤；花可治扁桃体炎、咽喉炎；又能祛风利湿、活血解毒，治风湿关节肿痛、肠胃炎、疟疾、乳痈、牙疳、目生星翳。

13. 小木通　*Clematis armandii* Franch. in Nouv. Arch. Mus. Hist. Nat. Paris, ser. 2, 8: 184. 1885.

木质藤本，高达6米。茎圆柱形，有纵条纹，小枝有棱，有白色短柔毛，后脱落。三出复叶；小叶片革质，卵状披针形、长椭圆状卵形至卵形，长4～16厘米，宽2～8厘米，顶端渐尖，基部圆形、心形或宽楔形，全缘，两面无毛。聚伞花序或圆锥状聚伞花序，腋生或顶生，通常比叶长或近等长；腋生花序基部有多数宿存芽鳞，为三角状卵形、卵形至长圆形，长0.8～3.5厘米；花序下部苞片近长圆形，常3浅裂，上部苞片渐小，披针形至钻形；萼片4～5片，开展，白色，偶带淡红色，长圆形或长椭圆形，大小变异极大，长1～4厘米，

宽0.3～2厘米，外面边缘密生短绒毛至稀疏，雄蕊无毛。瘦果扁，卵形至椭圆形，长4～7毫米，疏生柔毛，宿存花柱长达5厘米，有白色长柔毛。花期3～4月，果期4～7月。

恩施州广布，生于路边灌丛中；分布于西藏、云南、贵州、四川、甘肃、陕西、湖北、湖南、广东、广西、福建；越南也有。

藤茎能利尿消肿、通经下乳，治尿路感染、小便不利、肾炎水肿、闭经、乳汁不通。又茎能除湿活络、治风湿、月经不调、胃痛、小儿麻痹后遗症；茎藤能去腐肉、引气活血，治外伤后的腐肉及腰腿痛，但患肠胃溃疡者禁服；鲜茎汁可点赤眼；花治乳娥；全草可制农药，防治桥虫、菜青虫、地老虎、瓢虫等。

14. 钝齿铁线莲（变种）　*Clematis apiifolia* DC. var. *obtusidentata* Rehd. et Wils. in Sarg. pl. Wils. 1: 336. 1913.

藤本。小枝和花序梗、花梗密生贴伏短柔毛。三出复叶，连叶柄长5～17厘米，叶柄长3～7厘米；小叶

片卵形或宽卵形，长5~13厘米，宽3~9厘米，常有不明显3浅裂，边缘有少数钝牙齿，上面疏生贴伏短柔毛或无毛，下面密生短柔毛。圆锥状聚伞花序多花；花直径约1.5厘米；萼片4片，开展，白色，狭倒卵形，长约8毫米，两面有短柔毛，外面较密；雄蕊无毛，花丝比花药长5倍。瘦果纺锤形或狭卵形，长3~5毫米，顶端渐尖，不扁，有柔毛，宿存花柱长约1.5厘米。花期7~9月，果期9~10月。

恩施州广布，生于山坡林中；分布于云南、四川、甘肃、陕西、贵州、广西、广东、湖南、湖北、江西、浙江、江苏、安徽。

茎药用，治尿路感染、小便不利、肾炎水肿、闭经、乳汁不通。

15. 扬子铁线莲（变种） *Clematis puberula* Hook. f. et Thomson var. *ganpiniana* (H. Lév. et Vaniot) W. T. Wang

藤本。枝有棱，小枝近无毛或稍有短柔毛。一至二回羽状复叶，或二回三出复叶，有5~21片小叶，基部2对常为3片小叶或2~3裂，茎上部有时为三出叶；小叶片长卵形、卵形或宽卵形，有时卵状披针形，长1.5~10厘米，宽0.8~5厘米，顶端锐尖、短渐尖至长渐尖，基部圆形、心形或宽楔形，边缘有粗锯齿、牙齿或为全缘，两面近无毛或疏生短柔毛。圆锥状聚伞花序或单聚伞花序，多花或少至3朵花，腋生或顶生，常比叶短；花梗长1.5~6厘米；花直径2~3.5厘米；萼片4片，开展，白色，干时变褐色至黑色，狭倒卵形或长椭圆形，长0.5~1.8厘米，外面边缘密生短绒毛，内面无毛；雄蕊无毛，花药长1~2毫米。瘦果常为扁卵圆形，长约5毫米，宽约3毫米，无毛，宿存花柱长达3厘米。花期7~9月，果期9~10月。

产于恩施、鹤峰，生于山坡林中；分布于云南、四川、陕西、贵州、广西、广东、湖南、湖北、江西、浙江、安徽。

16. 小蓑衣藤 *Clematis gouriana* Roxb. ex DC. Syst. 1: 138. 1818.

藤本。一回羽状复叶，有5片小叶，有时3或7片，偶尔基部一对2~3片小叶；小叶片纸质，卵形、长卵形至披针形，长4~11厘米，宽1.5~5厘米，顶端渐尖或长渐尖，基部圆形或浅心形，常全缘，偶尔疏生锯齿状牙齿，两面无毛或近无毛，有时下面疏生短柔毛。圆锥状聚伞花序多花；花序梗、花梗密生短柔毛；萼片4片，开展，白色，椭圆形或倒卵形，长5~9毫米，顶端钝，两面有短柔毛；雄蕊无毛；子房有柔毛。瘦果纺锤形或狭卵形，不扁，顶端渐尖，有柔毛，长3~5毫米，宿存花柱长达3厘米。花期9~10月，果期11~12月。

恩施州广布，生于路边或灌丛中；分布于云南、贵州、四川、湖南、湖北、广西、广东；印度、缅

甸、菲律宾也有。

茎和根药用，有行气活血、祛风湿、止痛作用，治跌打损伤、瘀滞疼痛、风湿性筋骨痛、肢体麻木等。

17. 金佛铁线莲　*Clematis gratopsis* W. T. Wang, Acta Phytotax. Sin. 6 (4): 385, t. 59, f. 8. 1957.

藤本。小枝、叶柄及花序梗、花梗均有伸展的短柔毛。一回羽状复叶，有5片小叶，偶尔基部1对3全裂至3片小叶；小叶片卵形至卵状披针形或宽卵形，长2～6厘米，宽1.5～4厘米，基部心形，常在中部以下3浅裂至深裂，中间裂片卵状椭圆形至卵状披针形，顶端锐尖至渐尖，侧裂片顶端圆或锐尖，边缘有少数锯齿状牙齿，两面密生贴伏短柔毛。聚伞花序常有3～9朵花，腋生或顶生，或成顶生圆锥状聚伞花序；花梗上小苞片显著，卵形、椭圆形至披针形；花直径1.5～2厘米；萼片4片，开展，白色，倒卵状长圆形，顶端钝，长7～10毫米，外面密生绢状短柔毛，内面无毛；雄蕊无毛，花丝比花药长5倍。瘦果卵形，密生柔毛。花期8～10月，果期10～12月。

产于宣恩、利川，生于灌丛中；分布于四川、湖北、甘肃、陕西。

18. 钝萼铁线莲　*Clematis peterae* Hand.-Mazz. in Act. Hort. Gothob. 13: 213. 1939.

藤本。一回羽状复叶，有5片小叶，偶尔基部一对为3片小叶；小叶片卵形或长卵形，少数卵状披针形，长2～9厘米，宽1～4.5厘米，顶端常锐尖或短渐尖，少数长渐尖，基部圆形或浅心形，边缘疏生1至数个以至多个锯齿状牙齿或全缘，两面疏生短柔毛至近无毛。圆锥状聚伞花序多花；花序梗、花梗密生短柔毛，花序梗基部常有1对叶状苞片；花直径1.5～2厘米，萼片4片，开展，白色，倒卵形至椭圆形，长0.7～1.1厘米，顶端钝，两面有短柔毛，外面边缘密生短绒毛；雄蕊无毛；子房无毛。瘦果卵形，稍扁平，无毛或近花柱处稍有柔毛，长约4毫米，宿存花柱长达3厘米。花期6～8月，果期9～11月。

恩施州广布，生于山谷沟边；分布于云南、贵州、四川、湖北、甘肃、陕西、河南、山西、河北。

全株入药，能清热、利尿、止痛，治湿热淋病、小便不通、水肿、膀胱炎、肾盂肾炎、脚气水肿、闭经、头痛；外用治风湿性关节炎。

19. 粗齿铁线莲　*Clematis grandidentata* (Rehden et E. H. Wilson) W. T. Wang

落叶藤本。小枝密生白色短柔毛，老时外皮剥落。一回羽状复叶，有5片小叶，有时茎端为三出叶；小叶片卵形或椭圆状卵形，长5～10厘米，宽3.5～6.5厘米，顶端渐尖，基部圆形、宽楔形或微心形，常有不明显3裂，边缘有粗大锯齿状牙齿，上面疏生短柔毛，下面、密生白色短柔毛至较疏，或近无毛。腋生聚伞花序常有3～7朵花，或成顶生圆锥状聚伞花序多花，较叶短；花直径2～3.5厘米；萼片4片，开展，白色，近长圆形，长1～1.8厘米，宽约5毫米，顶端钝，两面有短柔毛，内面较疏至近无毛；雄蕊无毛。瘦

毛茛科
Ranunculaceae

果扁卵圆形，长约4毫米，有柔毛，宿存花柱长达3厘米。花期5～7月，果期7～10月。

恩施州广布，生于山坡林中；分布于云南、贵州、四川、甘肃、陕西、河南、湖北、湖南、安徽、浙江、河北及山西。

根药用，能行气活血、祛风湿、止痛，主治风湿筋骨痛、跌打损伤、血疼痛、肢体麻木等症；茎藤药用，能杀虫解毒，主治失音声嘶、杨梅疮毒、虫疮久烂等症。

毛茛属 *Ranunculus* L.

多年生或少数一年生草本，陆生或部分水生。须根纤维状簇生，或基部粗厚呈纺锤形，少数有根状茎。茎直立、斜升或有匍匐茎。叶大多基生并茎生，单叶或三出复叶，3浅裂至3深裂，或全缘及有齿；叶柄伸长，基部扩大成鞘状。花单生或成聚伞花序；花两性，整齐，萼片5片，绿色，草质，大多脱落；花瓣5片，有时6～10片，黄色，基部有爪，蜜槽呈点状或杯状袋穴，或有分离的小鳞片覆盖；雄蕊通常多数，向心发育，花药卵形或长圆形，花丝线形；心皮多数，离生，含1枚胚珠，螺旋着生于有毛或无毛的花托上；花柱腹面生有柱头组织。聚合果球形或长圆形；瘦果卵球形或两侧压扁，背腹线有纵肋，或边缘有棱至宽翼，果皮有厚壁组织而较厚，无毛或有毛，或有刺及瘤突，喙较短，直伸或外弯。

本属约400种；我国有78种9变种；恩施州产7种。

分种检索表

1. 瘦果卵球形或稍扁而腻凸，长1～2毫米，宽为厚的1～3倍，背腹线有1条纵肋；花瓣蜜槽呈点状或杯状袋穴。
  2. 茎平卧或有匍匐茎；叶全部或大部分茎生，不分裂；花常与叶对生；瘦果卵球形 ········· 1. 西南毛茛 *Ranunculus ficariifolius*
  2. 茎通常直立，叶大多基生，与茎生叶不同或相似，多有分裂；花常生于茎顶和分枝顶端。
    3. 一年生草本；瘦果极多而小，有细皱纹，喙短呈点状 ········· 2. 石龙芮 *Ranunculus sceleratus*
    3. 多年生草本；瘦果大多无皱纹，喙直升或弯 ········· 3. 猫爪草 *Ranunculus ternatus*
1. 瘦果两侧压扁，长2～5毫米，宽为厚的5倍以上，边缘有棱和宽翼；花瓣蜜槽上有分离的小鳞片。
  4. 叶片圆心形、五角形 ········· 4. 毛茛 *Ranunculus japonicas*
  4. 叶片宽卵形、肾圆形。
    5. 萼片向下反折；瘦果宽大，果喙锥状 ········· 5. 扬子毛茛 *Ranunculus sieboldii*
    5. 萼片平展，不向下反折。
      6. 小叶倒卵形，不分裂，边缘有锯齿；瘦果平滑 ········· 6. 禺毛茛 *Ranunculus cantoniensis*
      6. 小叶一至三回深裂 ········· 7. 茴茴蒜 *Ranunculus chinensis*

1. 西南毛茛

Ranunculus ficariifolius Levl. et Vant. in Bull. Soc. Bot. Fr. 51: 289. 1904.

一年生草本。须根细长簇生。茎倾斜上升，近直立，高10～30厘米，节多数，有时下部节上生根，贴生柔毛或无毛。基生叶与茎生叶相似，叶片不分裂，宽卵形或近菱形，长0.5～3厘米，宽5～25毫米，顶端尖，基部楔形或截形，边缘有3～9个浅齿或近全缘，无毛或贴生柔毛；叶柄长1～4厘米，无毛或生柔毛，基部鞘状。茎生叶多数，最上部叶较小，披针形，叶柄短至无柄。花直径8～10毫米；花梗与叶对生，长2～5

厘米，细而下弯，贴生柔毛；萼片卵圆形，长2~3毫米，常无毛，开展；花瓣5枚，长圆形，长4~5毫米，为宽的2倍，有5~7脉，顶端圆或微凹，基部有长0.5~0.8毫米的窄爪，蜜槽点状位于爪上端；花药长约0.6毫米；花托生细柔毛。聚合果近球形，直径3~4毫米；瘦果卵球形，长约1.5毫米，宽1.2毫米，两面较扁，有疣状小突起，喙短直或弯，长约0.5毫米。花期、果期均为4~7月。

产于利川，生于林缘；分布于云南、贵州、四川、湖北。

茎叶入药可治疟疾。

2. 石龙芮 *Ranunculus sceleratus* L. Sp. pl. 551. 1753.

一年生草本。须根簇生。茎直立，高10~50厘米，直径2~5毫米，有时粗达1厘米，上部多分枝，具多数节，下部节上有时生根，无毛或疏生柔毛。基生叶多数；叶片肾状圆形，长1~4厘米，宽1.5~5厘米，基部心形，3深裂不达基部，裂片倒卵状楔形，不等地2~3裂，顶端钝圆，有粗圆齿，无毛；叶柄长3~15厘米，近无毛。茎生叶多数，下部叶与基生叶相似；上部叶较小，3全裂，裂片披针形至线形，全缘，无毛，顶端钝圆，基部扩大成膜质宽鞘抱茎。聚伞花序有多数花；花小，直径4~8毫米；花梗长1~2厘米，无毛；萼片椭圆形，长2~3.5毫米，外面有短柔毛，花瓣5片，倒卵形，等长或稍长于花萼，基部有短爪，蜜槽呈棱状袋穴；雄蕊10多枚，花药卵形，长约0.2毫米；花托在果期伸长增大呈圆柱形，长3~10毫米，直径1~3毫米，生短柔毛。聚合果长圆形，长8~12毫米，为宽的2~3倍；瘦果极多数，近百枚，紧密排列，倒卵球形，稍扁，长1~1.2毫米，无毛，喙短至近无，长0.1~0.2毫米。花果期5~8月。

恩施州广布，生于湿地中；全国各地均有分布；在亚洲、欧洲、北美洲的亚热带至温带地区广布。

全草有毒，药用能消结核、截疟及治痈肿、疮毒、蛇毒和风寒湿痹。

3. 猫爪草 *Ranunculus ternatus* Thunb. Fl. Jap. 241. 1784.

一年生草本。簇生多数肉质小块根，块根卵球形或纺锤形，顶端质硬，形似猫爪，直径3~5毫米。茎铺散，高5~20厘米，多分枝，较柔软，大多无毛。基生叶有长柄；叶片形状多变，单叶或三出复叶，宽卵形至圆肾形，长5~40毫米，宽4~25毫米，小叶3浅裂至3深裂或多次细裂，末回裂片倒卵形至线形，无毛；叶柄长6~10厘米。茎生叶无柄，叶片较小，全裂或细裂，裂片线形，宽1~3毫米。花单生茎顶和分枝顶端，直径1~1.5厘米；萼片5~7片，长3~4毫米，外面疏生柔毛；花瓣5~7片或更多，黄色或后变白色，倒卵形，长6~8毫米，基部有长约0.8毫米的爪，蜜槽棱形；花药长约1毫米；花托无毛。聚合果近球形，直径约6毫米；瘦果卵球形，长约1.5毫米，无毛，边缘有纵肋，喙细短，长约0.5毫米。花期3月，果期4~7月。

恩施州广布，生于田边；分布于广西、台湾、江苏、浙江、江西、湖南、安徽、湖北、河南等省；日本也有。

块根药用，内服或外敷，能散结消瘀，主治淋巴结核。

4. 毛茛 *Ranunculus japonicus* Thunb. in Trans. Linn. Soc. 2: 337. 1794.

多年生草本。须根多数簇生。茎直立，高30~70厘米，中空，有槽，具分枝，生开展或贴伏的柔毛。基生叶多数；叶片圆心形或五角形，长及宽为3~10厘米，基部心形或截形，通常3深裂不达基部，中裂片倒卵状楔形或宽卵圆形或菱形，3浅裂，边缘有粗齿或缺刻，侧裂片不等地2裂，两面贴生柔毛，下面或幼时的毛较密；叶柄长达15厘米，生开展柔毛。下部叶与基生叶相似，渐向上叶柄变短，叶片较小，3深裂，裂片披针形，有尖齿牙或再分裂；最上部叶线形，全缘，无柄。聚伞花序有多数花，疏散；花直径1.5～2.2厘米；花梗长达8厘米，贴生柔毛；萼片椭圆形，长4～6毫米，生白柔毛；花瓣5片，倒卵状圆形，长6～11毫米，宽4～8毫米，基部有长约0.5毫米的爪，蜜槽鳞片长1～2毫米；花药长约1.5毫米；花托短小，无毛。聚合果近球形，直径6～8毫米；瘦果扁平，长2～2.5毫米，上部最宽处与长近相等，为厚的5倍以上，边缘有宽约0.2毫米的棱，无毛，喙短直或外弯，长约0.5毫米。花果期4～9月。

恩施州广布，生于林缘路边；除西藏外，在我国各省区广布；朝鲜、日本、俄罗斯也有。

全草有毒，为发泡剂和杀菌剂，捣碎外敷，可截疟、消肿及治疮癣。

5. 扬子毛茛 *Ranunculus sieboldii* Miq. in Ann. Mus. Bot. Lugd.-Bat. 3: 5. 1876.

多年生草本。须根伸长簇生。茎铺散，斜升，高20～50厘米，下部节偃地生根，多分枝，密生开展的白色或淡黄色柔毛。基生叶与茎生叶相似，为三出复叶；叶片圆肾形至宽卵形，长2～5厘米，宽3～6厘米，基部心形，中央小叶宽卵形或菱状卵形，3浅裂至较深裂，边缘有锯齿，小叶柄长1～5毫米，生开展柔毛；侧生小叶不等地2裂，背面或两面疏生柔毛；叶柄长2～5厘米，密生开展的柔毛，基部扩大成褐色膜质的宽鞘抱茎上部叶较小，叶柄也较短。花与叶对生，直径1.2～1.8厘米；花梗长3～8厘米，密生柔毛；萼片狭卵形，长4～6毫米，为宽的2倍，外面生柔毛，花期向下反折，迟落；花瓣5片，黄色或上面变白色，狭倒卵形至椭圆形，长6～10毫米，宽3～5毫米，有5～9条或深色脉纹，下部渐窄成长爪，蜜槽小鳞片位于爪的基部；雄蕊20余枚，花药长约2毫米；花托粗短，密生白柔毛。聚合果圆球形，直径约1厘米；瘦果扁平，长3～5毫米，宽3～3.5毫米，为厚的5倍以上，无毛，边缘有宽约0.4毫米的宽棱，喙长约1毫米，成锥状外弯。花果期5～10月。

恩施州广布，生于山坡林边；分布于四川、云南、贵州、广西、湖南、湖北、江西、江苏、浙江、福建、陕西、甘肃等省；日本也有。

全草药用，捣碎外敷，发泡截疟及治疮毒，腹水浮肿。

6. 禺毛茛 *Ranunculus cantoniensis* DC. Prodr. 1: 43. 1824.

多年生草本。须根伸长簇生。茎直立，高25～80厘米，上部有分枝，与叶柄均密生开展的黄白色糙毛。叶为三出复叶，基生叶和下部叶有长达15厘米的叶柄；叶片宽卵形至肾圆形，长3～6厘米，宽3～9厘米，小叶卵形至宽卵形，宽2～4厘米，2～3中裂，边缘密生锯齿或齿牙，顶端稍尖，两面贴生糙毛；小叶柄长1～2厘米，侧生小叶柄较短，生开展糙毛，基部有膜质耳状宽鞘。上部叶渐

小，3 全裂，有短柄至无柄。花序有较多花，疏生；花梗长 2~5 厘米，与萼片均生糙毛；花直径 1~1.2 厘米，生茎顶和分枝顶端；萼片卵形，长 3 毫米，开展；花瓣 5 片，椭圆形，长 5~6 毫米，约为宽的 2 倍，基部狭窄成爪，蜜槽上有倒卵形小鳞片；花药长约 1 毫米；花托长圆形，生白色短毛。聚合果近球形，直径约 1 厘米；瘦果扁平，长约 3 毫米，宽约 2 毫米，为厚的 5 倍以上，无毛，边缘有宽约 0.3 毫米的棱翼，喙基部宽扁，顶端弯钩状，长约 1 毫米。花果期 4~7 月。

恩施州广布，生于沟旁；分布于云南、四川、贵州、广西、广东、福建、台湾、浙江、江西、湖南、湖北、江苏、浙江等省区；印度、越南、朝鲜、日本也有。

全草入药，捣敷发泡，治黄疸，目疾。

7. 茴茴蒜 *Ranunculus chinensis* Bunge, Enum. pl. Chin. Bor. 3. 1831.

一年生草本。须根多数簇生。茎直立粗壮，高 20~70 厘米，中空，有纵条纹，分枝多，与叶柄均密生开展的淡黄色糙毛。基生叶与下部叶有长达 12 厘米的叶柄，为三出复叶，叶片宽卵形至三角形，长 3~12 厘米，小叶 2~3 深裂，裂片倒披针状楔形，宽 5~10 毫米，上部有不等的粗齿或缺刻或 2~3 裂，顶端尖，两面伏生糙毛，小叶柄长 1~2 厘米或侧生小叶柄较短，生开展的糙毛。上部叶较小和叶柄较短，叶片 3 全裂，裂片有粗齿牙或再分裂。花序有较多疏生的花，花梗贴生糙毛；花直径 6~12 毫米；萼片狭卵形，长 3~5 毫米，外面生柔毛；花瓣 5 片，宽卵圆形，与萼片近等长或稍长，黄色或上面白色，基部有短爪，蜜槽有卵形小鳞片；花药长约 1 毫米；花托在果期显著伸长，圆柱形，长达 1 厘米，密生白短毛。聚合果长圆形，直径 6~10 毫米；瘦果扁平，长 3~3.5 毫米，宽约 2 毫米，为厚的 5 倍以上，无毛，边缘有宽约 0.2 毫米的棱，喙极短，呈点状，长 0.1~0.2 毫米。

恩施州广布，生于湿地中；我国均有分布；印度、朝鲜、日本也有。

全草药用，外敷引赤发泡，有消炎、退肿、截疟及杀虫之效。

水毛茛属 *Batrachium* S. F. Gray

多年生水生草本植物。茎细长，柔弱，沉于水中，常分枝。叶为单叶，沉水叶二至六回 2~3 细裂成丝形小裂片，浮水叶掌状浅裂。花对叶单生；花梗较粗长，伸出水面开花；萼片 5 片，草质，通常无毛，脱落；花瓣 5 片，白色，或下部黄色，少有全部黄色，基部渐窄成爪，蜜槽呈点状凹穴；雄蕊 10 余枚至较多，花药卵形、椭圆形或长圆形，花丝丝形；心皮多数至少数，螺旋状着生于通常有柔毛的花托上。聚合果圆球形；瘦果卵球形，稍两侧扁，果皮较厚，有数条横皱纹，有毛或无毛，喙细，直或弯。

本属约 30 种；我国有 7 种；恩施州产 1 种。

毛柄水毛茛 *Batrachium trichophyllum* (Chaix) Bossche, Proar. Fl. Bat. 7. 1850.

多年生沉水草本。茎长 30 厘米以上，无毛或在节上有疏毛。叶有极短柄；叶片轮廓近半圆形，直径 1~2 厘米，三至四回 2~3 裂，小裂片近丝形，在水外叉开，无毛；叶柄长约 2.5 毫米，或只有鞘状部分，有密或疏的短伏毛。花直径 1.1~1.5 厘米；花梗长 2~3.5 厘米，无毛；萼片近椭圆形，长 2.5~3.5 毫米，边缘膜质，反折，无毛；花瓣白色，下部黄色，宽倒卵形或倒卵形，长 6~7 毫米，基部有短爪，蜜槽点状；雄蕊约 15 枚，花药长 0.6~1 毫米；花托近圆球形，有毛。聚合果卵球形，直径约 4 毫米；瘦果椭圆形，长约 1 毫米，有横皱纹。花期 6~7 月，果期 6~8 月。

产于鹤峰，生于湿地中；分布于黑龙江；在亚洲北部、欧洲及北美洲广布。

獐耳细辛属 *Hepatica* Mill

多年生草本，有短根状茎。叶都基生，为单叶，有长柄，不明显或明显地 3~5 浅裂，裂片边缘全缘或有牙齿。花葶不分枝；苞片 3 片，轮生，形成总苞，分生，与花靠近而呈萼片状。花单生花葶顶端，两性；萼片5～10片，稀更多，花瓣状，狭倒卵形或长圆形；花瓣不存在；雄蕊多数，花药椭圆形，花丝狭线形；心皮多数，有短花柱，子房有1颗胚珠。瘦果卵球形。

本属约7种；我国有2种；恩施州产1种。

川鄂獐耳细辛　Hepatica henryi (Oliv.) Steward in Rhodora 29: 53. 1927.

植株高4～6厘米。根状茎长约2.5厘米，粗约3毫米，密生须根。基生叶约6片，有长柄；叶片宽卵形或圆肾形，长1.5～5.5厘米，宽2～8.5厘米，基部心形，不明显3浅裂或3裂近中部，裂片顶端急尖，边缘有1～2个牙齿，两面有长柔毛，变无毛；叶柄长4～12厘米，稍密被柔毛。花葶1～2条，近直立，有柔毛；苞片3片，卵形，长5～11毫米，宽3～6毫米，顶端急尖，全缘或有3个小齿，有疏柔毛；萼片6片，倒卵状长圆形或狭椭圆形，长8～12毫米，宽3～5.5毫米，外面有疏柔毛；雄蕊长2～3.5毫米，花药椭圆形，长约0.5毫米，花丝近丝形；心皮约10个，子房有长柔毛，花柱短，稍向外弯。花期4～5月。

产于巴东，生于山谷林下；分布于四川、湖北。

白头翁属　Pulsatilla Adans.

多年生草本，有根状茎，常有长柔毛。叶均基生，有长柄，掌状或羽状分裂，有掌状脉。花葶有总苞；苞片3片，分生，有柄，或无柄，基部合生成筒，掌状细裂。花单生花葶顶端，两性；花托近球形。萼片5或6片，花瓣状，卵形、狭卵形或椭圆形，蓝紫色或黄色；雄蕊多数，花药椭圆形，花丝狭线形，有1条纵脉，雄蕊全部发育或最外层的转变成小的退化雄蕊；心皮多数，子房有1枚胚珠，花柱长，丝形，有柔毛。聚合果球形；瘦果小，近纺锤形，有柔毛，宿存花柱强烈增长，羽毛状。

本属约43种；我国有11种；恩施州产1种。

白头翁　Pulsatilla chinensis (Bunge) Regel, Tent. Fl. Ussur. 5, t. 2, f. B. 1861.

植株高15～35厘米。根状茎粗0.8～1.5厘米。基生叶4～5片，通常在开花时刚刚生出，有长柄；叶片宽卵形，长4.5～14厘米，宽6.5～16厘米，3全裂，中全裂片有柄或近无柄，宽卵形，3深裂，中深裂片楔状倒卵形，少有狭楔形或倒梯形，全缘或有齿，侧深裂片不等2浅裂，侧全裂片无柄或近无柄，不等3深裂，表面变无毛，背面有长柔毛；叶柄长7～15厘米，有密长柔毛。花葶1～2条，有柔毛；苞片3片，基部合生成长3～10毫米的筒，3深裂，深裂片线形，不分裂或上部3浅裂，背面密被长柔毛；花梗长2.5～5.5厘米，结果时长达23厘米；花直立；萼片蓝紫色，长圆状卵形，长2.8～4.4厘米，宽0.9～2厘米，背面有密柔毛；

雄蕊长约为萼片之半。聚合果直径9～12厘米；瘦果纺锤形，扁，长3.5～4毫米，有长柔毛，宿存花柱长3.5～6.5厘米，有向上斜展的长柔毛。花期3～4月，果期4～5月。

产于巴东，生于山坡草坡中；分布于四川、湖北、江苏、安徽、河南、甘肃、陕西、山西、山东、河北、内蒙古、辽宁、吉林、黑龙江；在朝鲜和俄罗斯也有分布。

根状茎药用，治热毒血痢、温疟、鼻衄、痔疮出血等症；根状茎水浸液可作土农药、能防治地老虎、蚜虫、蝇蛆、孑孓，以及小麦锈病、马铃薯晚疫病等病虫害。

唐松草属 *Thalictrum* L.

多年生草本植物，有须根，常无毛。茎圆柱形或有棱，通常分枝。叶基生并茎生，少有全部基生或茎生，为一至五回三出复叶；小叶通常掌状浅裂，有少数牙齿，少有不分裂；叶柄基部稍变宽成鞘；托叶存在或不存在。花序通常为由少数或较多花组成的单歧聚伞花序，花数目很多时呈圆锥状，少有为总状花序。花通常两性，有时单性，雌雄异株。萼片4～5片，椭圆形或狭卵形，通常较小，早落，黄绿色或白色，有时较大，粉红色或紫色，呈花瓣状。花瓣不存在。雄蕊通常多数，偶尔少数；药隔顶端钝或突起成小尖头；花丝狭线形，丝形或上部变粗。心皮2～68个，无柄或有柄；花柱短或长；在花柱腹面有不明显的柱头组织或形成明显的柱头，或柱头向两侧延长成翅而呈三角形或箭头形。瘦果椭圆球形或狭卵形，常稍两侧扁，有时扁平，有纵肋。

本属约有200种；我国约67种；恩施州产8种2变种。

分种检索表

```
1. 小叶盾形··········································································································· 1. 盾叶唐松草 Thalictrum ichangense
1. 小叶不为盾形。
  2. 花柱拳卷，常呈钩状，腹面上部生一狭条柱头组织，没有形成明显的柱头。
    3. 花序有毛。
      4. 小叶无毛，卵形，长5～8厘米；心皮无柄················································ 2. 疏序唐松草 Thalictrum laxum
      4. 小叶背面有毛。
        5. 小叶长1.6～3厘米；心皮有短柄，被短柔毛············································ 3. 弯柱唐松草 Thalictrum uncinulatum
        5. 小叶卵形或狭卵形，长3～8厘米，顶端急尖或短渐尖，边缘有锐齿；心皮无柄······ 4. 粗壮唐松草 Thalictrum robustum
    3. 植株全部无毛。
      6. 单歧聚伞花序常多回二歧状分枝；瘦果狭椭圆形···································· 5. 爪哇唐松草 Thalictrum javanicum
      6. 圆锥状花序有稀疏分枝；瘦果狭卵球形···················································· 6. 兴山唐松草 Thalictrum xingshanicum
  2. 花柱直，腹面上部或全部密生柱头组织，形成明显的柱头，柱头有时向两侧延宽成翅。
    7. 花丝上部倒披针形或棒形，下部渐变细呈丝形。
      8. 花柱明显，在腹面上部形成柱头；雄蕊30～45枚；果梗直································ 7. 长柄唐松草 Thalictrum przewalskii
      8. 心皮有细柄，花柱极短，腹面全部密生柱头组织；多歧聚伞花序的分枝密集，似伞形花序；瘦果长达1.8毫米··········
         ································································································· 8. 小果唐松草 Thalictrum microgynum
    7. 花丝狭线形或丝形，有时顶部稍微变宽或变粗。
      9. 茎生叶向上直展；花序狭塔形，分枝近向上直展；柱头正三角形············ 9. 短梗箭头唐松草 Thalictrum simplex var. brevipes
      9. 茎生叶和花序分枝都斜上展；花序塔形··················································· 10. 东亚唐松草 Thalictrum minus var. hypoleucum
```

1. 盾叶唐松草 *Thalictrum ichangense* Lecoy. ex Oliv. in Hook. Ic. Pl. 18: t. 1765. 1888.

植株全部无毛。根状茎斜，密生须根；须根有纺锤形小块根。茎高14～32厘米，不分枝或上部分枝。基生叶长8～25厘米，有长柄，为一至三回三出复叶；叶片长4～14厘米；小叶草质，顶生小叶卵形、宽卵形、宽椭圆形或近圆形，长2～4厘米，宽1.5～4厘米，顶端微钝至圆形，基部圆形或近截形，3浅裂，边缘有疏齿，两面脉平，小叶柄盾状着生，长1.5～2.5厘米；叶柄长5～12厘米。茎生叶1～3片，渐变小。复单歧聚伞花序有稀疏分枝；花梗丝形，长0.3～2厘米；萼片白色，卵形，长约3毫米，早落；雄蕊长4～6毫米，花药椭圆形，长约0.6毫米，花丝上部倒披针形，比花药宽，下部丝形；心皮5～16个，有细子房柄，柱头近球形，无柄。瘦果近镰刀形，长约4.5毫米，有约8条细纵肋，柄长约1.5毫米。花期5～7月，果期7～9月。

恩施州广布，生于路边或沟边；分布于云南、四川、贵州、湖北、陕西、浙江、辽宁；在越南、朝鲜也有分布。

根可治小儿抽风、小儿白口疮；全草药用，有散寒除风湿、去目雾、消浮肿等作用。

2. 疏序唐松草　*Thalictrum laxum* Ulbr. in Notizbl. Bot. Gart. Berl. 9: 225. 1925.

茎高约70厘米，无毛，中部以上分枝。叶无毛，茎上部叶为二回三出复叶；顶生小叶有长小叶柄，小叶片狭卵形或卵形，长5～8厘米，宽3～5厘米，顶端微尖，基部浅心形、圆形或近截形，边缘每侧有2～6个常不等大的钝牙齿，侧生小叶较小，有短柄。花序圆锥状，顶生或腋生，长达7.5厘米，不等二叉状分枝，分枝有短柔毛；苞片线形，长2～5毫米；花小，萼片早落；雄蕊多数，花丝近丝形，长2～3毫米，花药线形，长约1毫米；心皮

6～8个，无柄，长圆状卵形，长约2毫米，花柱长约1毫米，拳卷。花期3月，果期5～7月。

产于宣恩，生于灌丛或草丛中；分布于湖北。

3. 弯柱唐松草　*Thalictrum uncinulatum* Franch. in Nouv. Arch. Mus. Hist. Nat. Paris, ser. 2, 8: 187. 1885.

茎高60～120厘米，疏被短柔毛，上部近二歧状分枝。基生叶在开花时枯萎。茎下部叶有稍长柄，为三回三出复叶；叶片长10～21厘米；小叶纸质，顶生小叶卵形，长1.6～3厘米，宽1.3～2.9厘米，顶端微钝，有短尖，基部心形或圆形，3浅裂，边缘有钝牙齿，表面脉平，近无毛，背面脉隆起，脉网明显，有短柔毛；叶柄长2.5～7厘米，疏被短柔毛，基部稍变宽，托叶不规则分裂或呈波状，有柔毛。花序圆锥状，有密集的花；花梗长1.5～3.5毫米，密被短柔毛；萼片白色，椭圆形，长约2.5毫米，外面有少数柔毛或近无毛，早落；雄蕊长约5毫米，花药长圆形，长约1毫米，花丝与花药等宽或稍窄，上部倒披针状线形，下部丝形；心皮6～8个，花柱拳卷，上部腹面密生柱头组织。瘦果狭椭圆球形，长2～2.2毫米，具6条纵肋，基部有短心皮柄，宿存花柱长约0.5毫米，拳卷。花期7月，果期8月。

产于恩施、巴东，生于草坡中；分布于四川、贵州、湖北、甘肃、陕西。

4. 粗壮唐松草　*Thalictrum robustum* Maxim. in Acta Hort. Petrop. 11: 18. 1890.

茎高50～150厘米，有稀疏短柔毛或无毛，上部分枝。基生叶和茎下部叶在开花时枯萎。茎中部叶为二

至三回三出复叶；叶片长达25厘米；小叶纸质或草质，顶生小叶卵形，长3～8.5厘米，宽1.3～5厘米，顶端短渐尖，或急尖，基部浅心形或圆形，3浅裂，边缘有不等的粗齿，背面稍密被短柔毛，脉在背面隆起，脉网明显，小叶柄长0.6～2厘米；叶柄长3～7厘米；托叶膜质，上部不规则分裂。花序圆锥状，有多数花；花梗长1.5～3毫米，有短柔毛；萼片4片，早落，椭圆形，长约3毫米；雄蕊多数，花药狭长圆形，长约1毫米，顶端微钝，花丝比花药稍窄，线状倒披针形，下部丝形；心皮6～16个，无毛或近无毛，花柱拳卷。瘦果无柄，长圆形，长1.5～3毫米，有7～8条纵肋，宿存花柱长0.6～0.8毫米。花期6～7月，果期8～10月。

产于巴东，生于山地林中；分布于四川、湖北、甘肃、陕西、河南。

5. 爪哇唐松草　*Thalictrum javanicum* Bl. Bijdr. 2. 1825.

植株全部无毛。茎高30～100厘米，中部以上分枝。基生叶在开花时枯萎。茎生叶4～6片，为三至四回三出复叶；叶片长6～25厘米，小叶纸质，顶生小叶倒卵形、椭圆形、或近圆形，长1.2～2.5厘米，宽1～1.8厘米，基部宽楔形、圆形或浅心形，3浅裂，有圆齿，背面脉隆起，脉网明显，小叶柄长0.5～1.4厘米；叶柄长达5.5厘米，托叶棕色，膜质，边缘流苏状分裂，宽2～3毫米。花序近二歧状分枝，伞房状或圆锥状，有少数或多数花；花梗长3～10毫米；萼片4片，长2.5～3毫米，早落；雄蕊多数，长2～5毫米，花药长0.6～1毫米，花丝上部倒披针形，比花药稍宽，下部丝形；心皮8～15个。瘦果狭椭圆形，长2～3毫米，有6～8条纵肋，宿存花柱长0.6～1毫米，顶端拳卷。花期4～7月，果期8月。

恩施州广布，生于林中、沟边；分布于西藏、云南、四川、甘肃、湖北、贵州、江西、浙江、台湾、广东；在尼泊尔、印度、斯里兰卡、印度尼西亚也有分布。

全草可治关节炎；根可解热、治跌打等症。

6. 兴山唐松草　*Thalictrum xingshanicum* G. F. Tao, Acta Phytotax. Sin. 22 (5): 423-424, pl. 1. 1984.

植株全部无毛。根状茎粗壮，下部密生粗须根。茎高45～65厘米，分枝。基生叶和茎下部叶有较长柄，上部叶有短柄，为二至三回三出复叶；叶片长9.5～13厘米，宽达15厘米；小叶草质，顶生小叶圆菱形或宽倒卵形，偶尔椭圆形，长2～4厘米，宽2.5～4厘米，顶端圆形，基部圆形或浅心形，3浅裂，有圆牙齿，表面脉平，背面脉平或中脉稍隆起，脉网不明显，小叶柄细，长0.9～1.6厘米；叶柄长达8厘米，基部稍增宽成鞘，托叶薄膜质，全缘。圆锥状花序有稀疏分枝；花梗长1.2～3.2厘米；萼片白色，椭圆形，长约3.5毫米，早落；雄蕊长约4毫米，花药长椭圆形，长0.8～1毫米，花丝比花药稍宽或等宽，上部狭倒披针形；心皮10～20个，有短柄，花柱与子房近等长，拳卷。瘦果狭卵球形，长7～9毫米，基部突变成短柄，有8条纵肋，宿存花柱长约2.2毫米，拳卷。花期4～5月，果期5～6月。

产于宣恩，生于沟边；分布于湖北。

7. 长柄唐松草　*Thalictrum przewalskii* Maxim. in Bull. Acad. Sci. St. -Petersb. 23: 305. 1877.

茎高50～120厘米，无毛，通常分枝，约有9片叶。基生叶和近基部的茎生叶在开花时枯萎。茎下部叶长达25厘米，为四回三出复叶；叶片长达28厘米；小叶薄草质，顶生小叶卵形、菱状椭圆形、倒卵形或近圆形，长1～3厘米，宽0.9～2.5厘米，顶端钝或圆形，基部圆形、浅心形或宽楔形，3裂常达中部，有粗齿，背面脉稍隆起，有短毛；叶柄长约6厘米，基部具鞘；托叶膜质，半圆形，边缘不规则开裂。圆锥花序多分枝,无毛;花梗长3~5毫米;萼片白色或稍带黄绿色,狭卵形,长2.5~5毫米,宽约1.5毫米,有3脉,早落;雄蕊多数,长4.5~10毫米,花药长圆形,长约0.8毫米,比花丝宽,花丝白色,上部线状倒披针形,下部丝形;心皮4~9个,有子房柄,花柱与子房等长。瘦果扁,斜倒卵形,长0.6~1.2厘米,有4条纵肋,子房柄长0.8~3毫米,宿存花柱长约1毫米。花期6~8月。

产于巴东,生于草坡上;分布于西藏、四川、青海、甘肃、陕西、湖北、河南、山西、河北、内蒙古南。

花和果可治肝炎、肝肿大等症;根有祛风之效。

8. 小果唐松草 *Thalictrum microgynum* Lecoy. ex Oliv. in Hook. Ic. Pl. 18: t. 1766 1886.

植株全部无毛。根状茎短。须根有斜倒圆锥形的小块根。茎高20~42厘米,上部分枝。基生叶1片,为二至三回三出复叶,叶片长10~15厘米;小叶薄草质,顶生小叶有长柄,楔状倒卵形、菱形或卵形,长2~9.5厘米,宽1.5~4.8厘米,3浅裂,边缘有粗圆齿,两面脉平,不明显;叶柄长8~15厘米。茎生叶1~2片,似基生叶,但较小。花序似复伞形花序;苞片近匙形,长约1.5毫米;花梗丝形,长达1.5厘米;萼片白色,狭椭圆形,长约1.5毫米,早落;雄蕊长3.5~6.5毫米,花药长圆形,长约1毫米,顶
端有短尖,花丝上部倒披针形,比花药宽,下部丝形;心皮6~15个,有细子房柄,柱头小,无花柱。瘦果下垂,狭椭圆球形,本身长约1.8毫米,有6条细纵肋,心皮柄长约1.2毫米。花期7月,果期10月。

恩施州广布,生于沟边或林下;分布于云南、四川、湖南、湖北、陕西。

根可退热解凉,治跌打损伤等症。

9. 短梗箭头唐松草(变种) *Thalictrum simplex* var. *brevipes* Hara in Journ. Fac. Sci. Univ. Tokyo, sect. 3, 4: 56. 1952.

与箭头唐松草的区别:小叶多为楔形,小裂片狭三角形,顶端锐尖;花梗较短,长1~5毫米。

产于巴东,生于山坡中;在我国分布于四川、青海东部、甘肃、陕西、湖北西部、山西、河北、内蒙古、辽宁、吉林;在朝鲜、日本也有分布。

全草可治黄疸、泻痢等症;花和果可治肝炎、肝肿大等症。

10. 东亚唐松草(变种) *Thalictrum minus* L. var. *hypoleucum* (Sieb. et Zucc.) Miq. in Ann. Mus. Bot. Lugd. -Bat. 3: 3. 1867.

植株全部无毛。茎下部叶有稍长柄或短柄,茎中部叶有短柄或近无柄,为四回三出羽状复叶;叶片长达20厘米;小叶纸质或薄革质,顶生小叶楔状倒卵形、宽倒卵形、近圆形或狭菱形,长和宽均为

1.5～5厘米，基部楔形至圆形，3浅裂或有疏牙齿，偶而不裂，背面有白粉，粉绿色，脉隆起，脉网明显；叶柄长达4厘米，基部有狭鞘。圆锥花序长达30厘米；花梗长3～8毫米；萼片4片，淡黄绿色，脱落，狭椭圆形，长约3.5毫米；雄蕊多数，长约6毫米，花药狭长圆形，长约2毫米，顶端有短尖头，花丝丝形；心皮3～5个，无柄，柱头正三角状箭头形。瘦果狭椭圆球形，稍扁，长约3.5毫米，有8条纵肋。花期6～7月。

恩施州广布，生于沟边、林下；分布于广东、湖南、贵州、四川、湖北、安徽、江苏、河南、陕西、山西、山东、河北、内蒙古、辽宁、吉林、黑龙江；朝鲜、日本也有。

根可治牙痛、急性皮炎、湿疹等症。

木通科 Lardizabalaceae

木质藤本，很少为直立灌木。茎缠绕或攀缘，木质部有宽大的髓射线；冬芽大，有2至多片覆瓦状排列的外鳞片。叶互生，掌状或三出复叶，很少为羽状复叶，无托叶；叶柄和小柄两端膨大为节状。花辐射对称，单性，雌雄同株或异株，很少杂性，通常组成总状花序或伞房状的总状花序，少为圆锥花序，萼片花瓣状，6片，排成2轮，覆瓦状或外轮的镊合状排列，很少仅有3片；花瓣6片，蜜腺状，远较萼片小，有时无花瓣；雄蕊6枚，花丝离生或多少合生成管，花药外向，2室，纵裂，药隔常突出于药室顶端而成角状或凸头状的附属体；退化心皮3个；在雌花中有6枚退化雄蕊；心皮3个，很少6～9个，轮生在扁平花托上或心皮多数，螺旋状排列在膨大的花托上，上位，离生，柱头显著，近无花柱，胚珠多数或仅1枚，倒生或直生，纵行排列。果为肉质的骨葖果或浆果，不开裂或沿向轴的腹缝开裂；种子多数，或仅1粒，卵形或肾形，种皮脆壳质，有肉质、丰富的胚乳和小而直的胚。

本科9属约50种；我国有7属42种2亚种4变种；恩施州产6属10种2亚种。

分属检索表

1. 茎直立；奇数羽状复叶有小叶13片以上；花杂性，无花瓣，组成总状花序再复合为圆锥花序；冬芽大，只有外鳞片2片 ·· 1. 猫儿屎属 Decaisnea
1. 茎攀缘；掌状复叶或三出复叶；花单性，有或无花瓣，组成腋生的总状花序；冬芽具多枚覆瓦状排列的外鳞片。
  2. 三出复叶；侧小叶两侧不对称；花有6片蜜腺状花瓣；果较小，卵形，长2厘米以下。
    3. 小叶革质；心皮多数，螺旋状排列，每心皮具1枚胚珠；浆果具柄，多个着生于一球形花托上；种子单生 ·· 2. 大血藤属 Sargentodoxa
    3. 小叶纸质（开花时膜质）；心皮3个，每心皮具胚珠多数；浆果成串悬垂；种子多数 ············· 3. 串果藤属 Sinofranchetia
  2. 掌状复叶有小叶3～9片；小叶两侧对称；果较大，椭圆形、长圆形至圆柱形，长3厘米以上。
    4. 小叶边缘浅波状或全缘，顶凹入、圆或钝；肉质骨葖果沿腹缝线开裂；花丝分离，很短或近于无花丝，花药内弯··· 4. 木通属 Akebia
    4. 小叶全缘，顶部通常渐尖或尾尖；萼片6片；雄蕊分离或合生，具花丝，花药直；心皮3个。
      5. 内、外两轮萼片形状通常近似且顶端钝；蜜腺状花瓣6片，小；雄蕊分离 ················ 5. 八月瓜属 Holboellia
      5. 外轮萼片披针形，渐尖，内轮的通常线形，有6片蜜腺状花瓣或无花瓣；雄蕊花丝合生为管状或上部分离 ··· 6. 野木瓜属 Stauntonia

猫儿屎属 Decaisnea Hook. f. et Thoms.

落叶灌木。分枝少；冬芽大，卵形，有外鳞片2片。奇数羽状复叶，无托叶；叶柄基部具关节；小

木通科
Lardizabalaceae

叶对生，全缘，具短的小叶柄。花杂性，组成总状花序或再复合为顶生的圆锥花序；萼片6片，花瓣状，2轮，近覆瓦状排列，披针形，先端长尾状渐尖；花瓣不存在。雄花雄蕊6枚，合生为单体，花药长圆形，两缝开裂，先端具药隔伸出所成之附属体；退化心皮小，通常藏于花丝管内。雌花退化雄蕊6枚，离生或基部合生；心皮3个，离生，直立，无花柱，柱头倒卵状长圆形，胚珠多数，2行排列于心皮腹缝线两侧，胚珠间无毛状体。肉质蓇葖果圆柱形，最后沿腹缝开裂；种子多数，藏于白色果肉中，倒卵形或长圆形，压扁，外种皮骨质，黑色或深褐色。

本属1种；我国产1种；恩施州产1种。

猫儿屎 *Decaisnea insignis* (Griff.) Hook. f. et Thoms. in Proc. Linn. Soc. London 2: 349. 1855.

直立灌木，高5米。茎有圆形或椭圆形的皮孔；枝粗而脆，易断，渐变黄色，有粗大的髓部；冬芽卵形，顶端尖，鳞片外面密布小疣凸。羽状复叶长50~80厘米，有小叶13~25片；叶柄长10~20厘米；小叶膜质，卵形至卵状长圆形，长6~14厘米，宽3~7厘米，先端渐尖或尾状渐尖，基部圆或阔楔形，上面无毛，下面青白色，初时被粉末状短柔毛，渐变无毛。总状花序腋生，或数个再复合为疏松、下垂顶生的圆锥花序，长2.5~4厘米；花梗长1~2厘米；小苞片狭线形，长约6毫米；萼片卵状披针形至狭披针形，先端长渐尖，具脉纹，中脉部分略被皱波状尘状毛或无毛。雄花外轮萼片长约3厘米，内轮的长约2.5厘米；雄蕊长8~10毫米，花丝合生呈细长管状，长3~4.5毫米，花药离生，长约3.5毫米，药隔伸出于花药之上成阔而扁平、长2~2.5毫米的角状附属体，退化心皮小，通常长约为花丝管之半或稍超过，极少与花丝管等长。雌花退化雄蕊花丝短，合生呈盘状，长约1.5毫米，花药离生，药室长1.8~2毫米，顶具长1~1.8毫米的角状附属状；心皮3个，圆锥形，长5~7毫米，柱头稍大，马蹄形，偏斜。果下垂，圆柱形，蓝色，长5~10厘米，直径约2厘米，顶端截平但腹缝先端延伸为圆锥形凸头，具小疣凸，果皮表面有环状缢纹或无；种子倒卵形，黑色，扁平，长约1厘米。花期4~6月，果期7~8月。

恩施州广布，生于沟谷杂木林下；分布于我国西南部至中部地区；喜马拉雅山脉地区均有分布。

根和果药用，有清热解毒之效，并可治疝气。

大血藤属 *Sargentodoxa* Rehd. et Wils.

攀援木质藤本，落叶。冬芽卵形，具多枚鳞片。叶互生，三出复叶或单叶，具长柄；无托叶。花单性，雌雄同株，排成下垂的总状花序。雄花萼片6片，2轮，每轮3片，覆瓦状排列，绿色，花瓣状；花瓣6片，很小，鳞片状，绿色，蜜腺性；雄蕊6枚，与花瓣对生，花丝短，花药长圆形，宽药隔延伸成一个短的顶生附属物，花粉囊外向，纵向开裂；退化雌蕊4~5枚。雌花萼片及瓣片与雄花同数相似，具6枚退化雄蕊，花药不开裂；心皮多数，螺旋状排列在膨大的花托上，每心皮具有1枚胚珠，胚珠下垂，近顶生、横生至几乎倒生；花托在果期膨大，肉质。果实为多数小浆果合成的聚合果，每一小浆果具梗，含种子1粒；种子卵形，种皮光亮，内果皮不坚硬；胚小而直，胚乳丰富，贮藏淀粉和油。

本属1种；我国产1种；恩施州产1种。

大血藤 *Sargentodoxa cuneata* (Oliv.) Rehd. et Wils. in Sargent, Pl. Wils. 1: 351. 1913.

落叶木质藤本，长达到10余米。藤径粗达9厘米，全株无毛；当年枝条暗红色，老树皮有时纵裂。

三出复叶，或兼具单叶，稀全部为单叶；叶柄长与3～12厘米；小叶革质，顶生小叶近棱状倒卵圆形，长4～12.5厘米，宽3～9厘米，先端急尖，基部渐狭成6～15毫米的短柄，全缘，侧生小叶斜卵形，先端急尖，基部内面楔形，外面截形或圆形，上面绿色，下面淡绿色，干时常变为红褐色，比顶生小叶略大，无小叶柄。总状花序长6～12厘米，雄花与雌花同序或异序，同序时，雄花生于基部；花梗细，长2～5厘米；苞片1片，长卵形，膜质，长约3毫米，先端渐尖；萼片6片，花瓣状，长圆形，长0.5～1厘米，宽0.2～0.4厘米，顶端钝；花瓣6片，小，圆形，长约1毫米，蜜腺性；雄蕊长3～4毫米，花丝长仅为花药一半或更短，药隔先端略突出；退化雄蕊长约2毫米，先端较突出，不开裂；雌蕊多数，螺旋状生于卵状突起的花托上，子房瓶形，长约2毫米，花柱线形，柱头斜；退化雌蕊线形，长1毫米。每一浆果近球形，直径约1厘米，成熟时黑蓝色，小果柄长0.6～1.2厘米。种子卵球形，长约5毫米，基部截形；种皮，黑色，光亮，平滑；种脐显著。花期4～5月，果期6～9月。

恩施州广布，生于山坡灌丛中；分布于陕西、四川、贵州、湖北、湖南、云南、广西、广东、海南、江西、浙江、安徽；老挝、越南也有。

根及茎均可供药用，有通经活络、散瘀痛、理气行血、杀虫等功效。

串果藤属 *Sinofranchetia* (Diels) Hemsl.

落叶木质藤本。冬芽具数枚覆瓦状排列的鳞片。叶具长柄，有羽状3片小叶；小叶具不等长的小叶柄；顶生小叶菱状倒卵形，侧生小叶基部略偏斜。花单性，雌雄同株或有时异株，总状花序与叶同自宿存的鳞片状苞片中抽出，总状花序细长，多花；花小，单性；萼片6片，排成2轮，内、外轮萼片近等大；蜜腺状花瓣6片，与萼片对生；雄蕊6枚，离生，花丝肉质，与花瓣对生，花药长圆形，药隔不突出；退化雄蕊与雄蕊近似但较小；雌蕊具3个倒卵形的心皮，无花柱，柱头不明显，胚珠10余至20余枚于腹缝线上纵行排成2列，胚珠间无毛状体；退化心皮较心皮小。成熟心皮为椭圆状的浆果，单生、孪生或3个聚生于果序的每节上，有种子数至多数颗；种子卵形或近椭圆形、压扁，种皮无光泽。

本属1种；我国特产；恩施州产1种。

串果藤 *Sinofranchetia chinensis* (Franch.) Hemsl. in Hook. Icon. Pl. ser. 4, 9: t. 2842. 1907.

落叶木质藤本，全株无毛。幼枝被白粉；冬芽大，有覆瓦状排列的鳞片数至多枚。叶具羽状3片小叶，通常密集与花序同自芽鳞片中抽出；叶柄长10～20厘米；托叶小，早落；小叶纸质，顶生小叶菱状倒卵形，长9～15厘米，宽7～12厘米，先端渐尖，基部楔形，侧生小叶较小，基部略偏斜，上面暗绿色，下面苍白灰绿色；侧脉每边6～7条；小叶柄顶生的长1～3厘米，侧生的极短。总状花序长而纤细，下垂，长15～30厘米，基部为芽鳞片所包托；花稍密集着生于花序总轴上；花梗长2～3毫米。雄花萼片6片，绿白色，有紫色条纹，倒卵形，长约2毫米；蜜腺状花瓣6片，肉质，近倒心形，长不及1毫米；雄蕊6枚，花丝肉质，离生，花药略短于花丝，药隔不突出；退化心皮小。雌花萼片与雄花的相似，长约2.5毫米；花瓣很小；退化雄蕊与雄蕊形状相似但较小；心皮 3 个，椭圆形或倒卵状长圆形，比花瓣长，长 1.5～2 毫米，无花柱，柱头不明显，胚珠多数，2 列。成熟心皮浆果状，椭圆形，淡紫蓝色，长约 2 厘米，直径 1.5 厘米，种子多数，卵圆形，压扁，长 4～6 毫米，种皮灰黑色。花期 5～6 月，果期 9～10 月。

恩施州广布，生于山坡林下；分布于甘肃、陕西、四川、湖北、湖南、云南东、江西、广东。

木通属 *Akebia* Decne.

落叶或半常绿木质缠绕藤本。冬芽具多枚宿存的鳞片。掌状复叶互生或在短枝上簇生，具长柄，通常有小叶 3 或 5 片，很少为 6～8 片；小叶全缘或边缘波状。花单性，雌雄同株同序，多朵组成腋生的总状花序，有时花序伞房状；雄花较小而数多，生于花序上部；雌花远较雄花大，1 至数朵生于花序总轴基部；萼片 3 片（偶有 4～6 片），花瓣状，紫红色，有时为绿白色，卵圆形，近镊合状排列，开花时向外反折；花瓣缺。雄花：雄蕊 6 枚，离生，花丝极短或近于无花丝；花药外向，纵裂，开花时内弯；退化心皮小。雌花：心皮 3～12 个，圆柱形，柱头盾状，胚珠多数，着生于侧膜胎座上，胚珠间有毛状体。肉质蓇葖果长圆状圆柱形，成熟时沿腹缝开裂；种子多数，卵形，略扁平，排成多行藏于果肉中，有胚乳，胚小。

本属 4 种；我国有 3 种 2 亚种；恩施州产 2 种 1 亚种。

分种检索表

1. 叶通常有小叶 5 片，有时 6～8 片，纸质，下面青白色；雄花长 6～10 毫米 ·················· 1. 木通 *Akebia quinata*
1. 叶通常有小叶 3 片，偶有 4 或 5 片；雄花萼片为椭圆形、阔椭圆形时长 2～3.5 毫米，萼片为长圆形时长 9～12 毫米。
   2. 小叶纸质或薄革质，边缘具波状圆齿或浅裂 ························· 2. 三叶木通 *Akebia trifoliata*
   2. 小叶革质，边全缘 ······································· 3. 白木通 *Akebia trifoliata* subsp. *australis*

1. 木通 *Akebia quinata* (Houtt.) Decne. in Arch. Mus. Hist. Nat. Paris 1: 195. t. 13a. 1839.

落叶木质藤本。茎纤细，圆柱形，缠绕，茎皮灰褐色，有圆形、小而凸起的皮孔；芽鳞片覆瓦状排列，淡红褐色。掌状复叶互生或在短枝上的簇生，通常有小叶 5 片，偶有 3～4 片或 6～7 片；叶柄纤细，长 4.5～10 厘米；小叶纸质，倒卵形或倒卵状椭圆形，长 2～5 厘米，宽 1.5～2.5 厘米，先端圆或凹入，具小凸尖，基部圆或阔楔形，上面深绿色，下面青白色；中脉在上面凹入，下面凸起，侧脉每边 5～7 条，与网脉均在两面凸起；小叶柄纤细，长 8～10 毫米，中间 1 枚长可达 18 毫米。伞房花序式的总状花序腋生，长 6～12 厘米，

疏花，基部有雌花 1～2 朵，以上 4～10 朵为雄花；总花梗长 2～5 厘米；着生于缩短的侧枝上，基部为芽鳞片所包托；花略芳香。雄花：花梗纤细，长 7～10 毫米；萼片通常 3 片，有时 4 片或 5 片，淡紫色，偶有淡绿色或白色，兜状阔卵形，顶端圆形，长 6～8 毫米，宽 4～6 毫米；雄蕊 6～7 枚，离生，初时直立，后内弯，花丝极短，花药长圆形，钝头；退化心皮 3～6 个，小。雌花：花梗细长，长 2～5 厘米；萼片暗紫色，偶有绿色或白色，阔椭圆形至近圆形，长 1～2 厘米，宽 8～15 毫米；心皮 3～9 个，离生，圆柱形，柱头盾状，顶生；退化雄蕊 6～9 枚。果孪生或单生，长圆形或椭圆形，长 5～8 厘米，直径 3～4 厘米，成熟时紫色，腹缝开裂；种子多数，卵状长圆形，略扁平，不规则的多行排列，着生于白色、多汁的果肉中，种皮褐色或黑色，有光泽。花期 4～5 月，果期 6～8 月。

恩施州广布，生于灌木中；广布于长江流域各省区；日本和朝鲜有分布。

茎、根和果实药用，利尿、通乳、消炎，治风湿关节炎和腰痛。

2. 三叶木通　*Akebia trifoliata* (Thunb.) Koidz. in Bot. Mag. Tokyo 39: 310. 1925.

落叶木质藤本。茎皮灰褐色，有稀疏的皮孔及小疣点。掌状复叶互生或在短枝上的簇生；叶柄直，长7～11厘米；小叶3片，纸质或薄革质，卵形至阔卵形，长4～7.5厘米，宽2～6厘米，先端通常钝或略凹入，具小凸尖，基部截平或圆形，边缘具波状齿或浅裂，上面深绿色，下面浅绿色；侧脉每边5～6条，与网脉同在两面略凸起；中央小叶柄长2～4厘米，侧生小叶柄长6～12毫米。总状花序自短枝上簇生叶中抽出，下部有1～2朵雌花，以上约有15～30朵雄花，长6～16厘米；总花梗纤细，长约5厘米。雄花：花梗丝状，长2～5毫米；萼片3片，淡紫色，阔椭圆形或椭圆形，长2.5～3毫米；雄蕊6枚，离生，排列为杯状，花丝极短，药室在开花时内弯；退化心皮3枚，长圆状锥形。雌花：花梗稍较雄花的粗，长1.5～3厘米；萼片3片，紫褐色，近圆形，长10～12毫米，宽约10毫米，先端圆而略凹入，开花时广展反折；退化雄蕊6枚或更多，小，长圆形，无花丝；心皮3～9个，离生，圆柱形，直，长3～6毫米，柱头头状，具乳凸，橙黄色。果长圆形，长6～8厘米，直径2～4厘米，直或稍弯，成熟时灰白略带淡紫色；种子极多数，扁卵形，长5～7毫米，宽4～5毫米，种皮红褐色或黑褐色，稍有光泽。花期4～5月，果期7～8月。

恩施州广布，生于山谷林中或灌丛中；分布于河北、山西、山东、河南、陕西、甘肃至长江流域各省区；日本有分布。

根、茎和果均入药，利尿、通乳，有舒筋活络之效，治风湿关节痛。

3. 白木通（亚种）　*Akebia trifoliata* (Thunb.) Koidz. subsp. *australis* (Diels) T. Shimizu in Quart. Journ. Taiwan Mus. 14: 201. 1961.

小叶革质，卵状长圆形或卵形，长4～7厘米，宽1.5～5厘米，先端狭圆，顶微凹入而具小凸尖，基部圆、阔楔形、截平或心形，边通常全缘；有时略具少数不规则的浅缺刻。总状花序长7～9厘米，腋生或生于短枝上。雄花：萼片长2～3毫米，紫色；雄蕊6枚，离生，长约2.5毫米，红色或紫红色，干后褐色或淡褐色。雌花：直径约2厘米；萼片长9～12毫米，宽7～10毫米，暗紫色；心皮5～7个，紫色。果长圆形，长6～8厘米，直径3～5厘米，熟时黄褐色；种子卵形，黑褐色。花期4～5月，果期7～8月。

恩施州广布，生于山谷林中；广布于长江流域各省区。

八月瓜属　*Holboellia* Wall.

常绿、缠绕性木质藤本。冬芽具芽鳞片多数，数层排列。掌状复叶有小叶片3～9片，或为具羽状3片小叶的复叶，互生，通常具长柄；小叶全缘，具不等长的小叶柄。花单性，数朵组成腋生的伞房花序式的总状花序，有时成腋生的花束，很少为狭长的总状花序；萼片6片，稍厚，肉质，花瓣状，绿白色或紫色，通常长圆形，先端钝，排成2轮，外轮3片镊合状排列，内轮3片常较小；花瓣6片，退化为很小的蜜腺状，近圆形，与雄蕊对生。雄花雄蕊6枚，彼此离生，花药外向，二缝开裂，顶端有或无凸头；退化心皮3个，小，锥尖。雌花退化雄蕊6枚，小，无花丝；心皮3个，离生，圆柱状或棍棒状，直立，柱头顶生，常具皲隙，每心皮有侧膜着生的胚珠多数。果实为肉质的蓇葖果，通常长圆形或椭圆形，不开裂；种子多数，排成数列藏于果肉中。

本属约14种；我国有12种2变种；恩施州产3种。

分种检索表

1. 羽状3片小叶 ·· 1. 鹰爪枫 *Holboellia coriacea*
1. 掌状复叶有小叶3～9片。
  2. 小叶通常中部以上最阔，基部常为长楔形；花较大，雄花长2～3厘米 ············ 2. 牛姆瓜 *Holboellia grandiflora*
  2. 小叶形状变化大，通常中部以下最阔，基部钝、阔楔形或近圆形；花较小，雄花长约1.5厘米 ··· 3. 五月瓜藤 *Holboellia fargesii*

1. 鹰爪枫 *Holboellia coriacea* Diels in Bot. Jahrb. 29: 342. 1900.

常绿木质藤本。茎皮褐色。掌状复叶有小叶3片；叶柄长3.5～10厘米；小叶厚革质，椭圆形或卵状椭圆形，较少为披针形或长圆形，顶小叶有时倒卵形，长2～15厘米，宽1～8厘米，先端渐尖或微凹而有小尖头，基部圆或楔形，边缘略背卷，上面深绿色，有光泽，下面粉绿色；中脉在上面凹入，下面凸起，基部三出脉，侧脉每边4条，与网脉在嫩叶时两面凸起，叶成长时脉在上面稍下陷或两面不明显；小叶柄长5～30毫米。花雌雄同株，白绿色或紫色，组成短的伞房式总状花序；总花梗短或近于无梗，数至多个簇生于叶腋。雄花花梗长约2厘米；萼片长圆形，长约1厘米，宽约4毫米；顶端钝，内轮的较狭；花瓣极小，近圆形，直径不及1毫米；雄蕊长6～7.5毫米，药隔突出于药室之上成极短的凸头，退化心皮锥尖，长约1.5毫米。雌花：花梗稍粗，长3.5～5厘米；萼片紫色，与雄花的近似但稍大，外轮的长约12毫米，宽7～8毫米；退化雄蕊极小，无花丝；心皮卵状棒形，长约9毫米。果长圆状柱形，长5～6厘米；直径约3厘米，熟时紫色，干后黑色，外面密布小疣点；种子椭圆形，略扁平，长约8毫米，宽5～6毫米，种皮黑色，有光泽。花期4～5月，果期6～8月。

恩施州广布，生于山地杂木林或路旁灌丛中；分布于四川、陕西、湖北、贵州、湖南、江西、安徽、江苏和浙江。

根和茎皮药用，治关节炎及风湿痹痛。

2. 牛姆瓜 *Holboellia grandiflora* Reaub. in Bull. Soc. Bot. France 53: 453. 1906.

常绿木质大藤本。枝圆柱形，具线纹和皮孔；茎皮褐色。掌状复叶具长柄，有小叶3～7片；叶柄稍粗，长7～20片叶，革质或薄革质，倒卵状长圆形或长圆形，有时椭圆形或披针形，长6～14厘米，宽4～6厘米，通常中部以上最阔，先端渐尖或急尖，基部通常长楔形，边缘略背卷，上面深绿色，有光泽，干后暗淡，下面苍白色；中脉于上面凹入，侧脉每边7～9条，与网脉均在上面不明显，在下面略凸起；小叶柄长2～5厘米。花淡绿白色或淡紫色，雌雄同株，数朵组成伞房式的总状花序；总花梗长2.5～5厘米，2～4个簇生于叶腋。雄花外轮萼片长倒卵形，先端钝，基部圆或截平，长20～22毫米，宽8～10毫米，内

轮的线状长圆形,与外轮的近等长但较狭;花瓣极小,卵形或近圆形,直径约1毫米;雄蕊直,长约15毫米,花丝圆柱形,长约1厘米,药隔伸出花药顶端而成小凸头,退化心皮锥尖,长约3毫米。雌花外轮萼片阔卵形,厚,长20~25毫米,宽12~16毫米,先端急尖,基部圆,内轮萼片卵状披针形,远较狭;花瓣与雄花的相似;退化雄蕊小,近无柄,药室内弯;心皮披针状柱形,长约12毫米,柱头圆锥形,偏斜。果长圆形,常孪生,长6~9厘米;种子多数,黑色。花期4~5月,果期7~9月。

产于宣恩、利川,生于山地杂木林或沟边灌丛内;分布于四川、贵州和云南。

3. 五月瓜藤　*Holboellia fargesii* Reaub. in Bull. Soc. Bot. France 53: 454. 1906.

常绿木质藤本。茎与枝圆柱形,灰褐色,具线纹。掌状复叶有小叶3~9片;叶柄长2~5厘米;小叶近革质或革质,线状长圆形、长圆状披针形至倒披针形,长5~11厘米,宽1.2~3厘米,先端渐尖、急尖、钝或圆,有时凹入,基部钝、阔楔形或近圆形,边缘略背卷,上面绿色,有光泽,下面苍白色密布极微小的乳凸;中脉在上面凹陷,在下面凸起,侧脉每边6~10条,与基出二脉均至近叶缘处弯拱网结;网脉和侧脉在两面均明显凸起或在上面不显著在下面微凸起;小叶柄长5~25毫米。花雌雄同株,红色紫红色暗紫色绿白色或淡黄色,数朵组成伞房式的短总状花序;总花梗短,长8~20毫米,多个簇生于叶腋,基部为阔卵形的芽鳞片所包。雄花花梗长10~15毫米,外轮萼片线状长圆形,长10~15毫米,宽3~4毫米,顶端钝,内轮的较小;花瓣极小,近圆形,直径不及1毫米;雄蕊直,长约10毫米,花丝圆柱状,药隔延伸为长约0.7毫米的凸头,药室线形,退化心皮小,锥尖。雌花紫红色;花梗长3.5~5厘米,外轮萼片倒卵状圆形或广卵形,长14~16毫米,宽7~9毫米,内轮的较小;花瓣小,卵状三角形,宽0.4毫米;退化雄蕊无花丝,长约0.7毫米;心皮棍棒状,柱头头状,具鳞隙。果紫色,长圆形,长5~9厘米,顶端圆而具凸头;种子椭圆形,长5~8毫米,厚4~5毫米,种皮褐黑色,有光泽。花期4~5月,果期7~8月。

恩施州广布,生于山坡杂木林中;分布于云南、贵州、四川、湖北、湖南、陕西、安徽、广西、广东和福建。

根药用,治劳伤咳嗽,果治肾虚腰痛、疝气。

野木瓜属　*Stauntonia* DC.

常绿木质藤本。冬芽具芽鳞片多枚,芽鳞片排成数层,外层的覆瓦状排列,通常短而阔,内层的较长,舌状或带状。叶互生,掌状复叶,具长柄,有小叶3~9片;小叶全缘,具不等长的小叶柄。花单性,同株或异株,通常数朵至十余朵组成腋生的伞房式的总状花序。雄花萼片6片,花瓣状,排成2轮,外轮3片镊合状排列,卵状长圆形或披针形,先端通常渐尖,内轮3片较狭,线形;花瓣不存在或仅有6片小而不显著的蜜腺状花瓣;雄蕊6枚,花丝合生为管,有时仅于下部合生,花药2室,纵裂,药隔常突出于药室顶端而成尖角状、或较短而为凸头状的附属体；退化心皮3个，通常钻状，藏于花丝管中。雌花萼片与雄花的相似，常稍较大；退化雄蕊6枚，小，鳞片状；无花丝，着生于心皮基部，与蜜腺状花瓣对生；心皮3个，直立，无花柱，柱头顶生，胚珠极多数，排成多列着生于具毛状体或纤维状体的侧膜胎座上；成熟心皮浆果状，3个聚生、孪生或单生，卵状球形或长圆形，有时在内侧开裂。种子多数，卵形、长圆形或三角形，排成多列藏于果肉中，种皮脆壳质。

本属20余种；我国有23种2亚种；恩施州产2种1亚种。

分种检索表

1. 小叶先端急尖或圆 ··· 1. 羊瓜藤 *Stauntonia duclouxii*
1. 小叶先端长尾尖。
  2. 小叶革质 ··· 2. 尾叶那藤 *Stauntonia obovatifoliola* subsp. *urophylla*
  2. 小叶纸质 ··· 3. 黄蜡果 *Stauntonia brachyanthera*

1. 羊瓜藤 *Stauntonia duclouxii* Gagnep. in Bull. Soc. Bot. France 55: 48. 1908.

木质大藤本，全体无毛。小枝干时灰褐色，有线纹。掌状复叶有小叶5~7片；叶柄圆柱形，纤细，长2~9厘米，有线纹；小叶革质，倒卵形，有时长圆形，长4~10厘米，宽2~3.5厘米，先端急尖或圆，有钩状、小而硬的凸尖，基部楔形至阔楔形，干时上面黄绿色，下面青白色；基部具三出脉，网脉疏离，在上面不明显或略凸起，在下显著凸起；小叶柄上面稍具沟，长1~3厘米。花序与嫩叶同自芽鳞中抽出，长8~15厘米，有花3~7朵；苞片椭圆形，早落；花黄绿色或乳白色。雄花花梗  丝状，长2~3厘米；萼片长14~18毫米，肉质，稍厚；外轮的卵状披针形，宽约7毫米，内轮的线状披针形，宽3~4毫米；花瓣缺；雄蕊花丝长约5毫米，合生为筒状，顶部稍分离，花药线形，长3~3.5毫米，分离，顶端具与其等长、锥尖的角状附属体；退化心皮3个，锥尖。雌花萼片与雄花的相似但稍大，长16~22毫米，有6枚长约0.5毫米的退化雄蕊，心皮3个，卵状柱形。果长圆形，长4~7厘米，直径2~3厘米，熟时黄色，干后褐黑色，外面密布凸起的小疣点。花期4月，果期8~10月。

产于宣恩、利川，生于山坡林中；分布于云南、四川、贵州、甘肃、陕西、湖北、湖南。

2. 尾叶那藤（亚种） *Stauntonia obovatifoliola* Hayata subsp. *urophylla* (Hand.-Mazz.) H. N. Qin in Cathaya 8-9: 164. 1997.

木质藤本。茎、枝和叶柄具细线纹。掌状复叶有小叶5~7片；叶柄纤细，长3~8厘米；小叶革质，倒卵形或阔匙形，长4~10厘米，宽2~4.5厘米，基部1~2片小叶较小，先端猝然收缩为一狭而弯的长尾尖，尾尖长可达小叶长的1/4，基部狭圆或阔楔形；侧脉每边6~9条，与网脉同于两面略凸起或有时在上面凹入；小叶柄长1~3厘米。总状花序数个簇生于叶腋，每个花序有3~5朵淡黄绿色的花。雄花花梗长1~2厘米，外轮萼片卵状披针形，长10~12毫米，内轮萼片披针形，无花瓣；雄蕊花丝合生为管状，药室顶端具长约1毫米、锥尖的附属体；雌花未见。果长圆形或椭圆形，长4~6厘米，直径3~3.5厘米；种子三角形，压扁，基部稍呈心形，长约1厘米，宽约7毫米，种皮深褐色，有光泽。花期4~5月，果期9~11月。

产于宣恩、利川，属湖北省新记录，生于山谷河边；分布于福建、广东、广西、江西、湖南、浙江。

3. 黄蜡果 Stauntonia brachyanthera Hand.-Mazz. in Sitz.-Anz. Akad. Wiss. Wien. 58: 90. 1921.

高大木质藤本，全体无毛。一年生小枝绿色，有线纹，直径约3毫米，老枝深橄榄绿色，具纺锤形的皮孔。掌状复叶有小叶5~9片；叶柄长5~11厘米；小叶纸质，匙形，长5~13.5厘米，宽2~5厘米，先端骤然长尾尖，顶具丝状、长2~5毫米、易断的细尖头，上面深绿色，有光泽，下面稍呈青白色，具微小乳凸，干时两面黄绿色，上面暗淡，下面粉白；侧脉每边6~10条，离边网结，与中脉及网脉均在上面下陷，在下面略凸起；小叶柄长1.2~4厘米。总状花序长10~27厘米，1至数条与叶同自芽鳞片中抽出，外面的鳞片阔，覆瓦状排列，内面的舌状，长可达4厘米；总轴每节具1或2朵花，上部的为雄花，下面有数朵雌花；苞片锥状披针形，长约1厘米；花雌雄同株，同序或异序，白绿色，干时褐色。雄花萼片稍厚，外轮的卵状披针形，长9~12毫米，先端狭圆，顶兜状，干时卷曲，内轮3片狭线形，较短，内面有乳凸状绒毛；雄蕊花丝合生为管状，长约3.5毫米，花药内弯，长约2毫米，顶端具极微小的凸头；退化心皮小。雌花萼片与雄花相似但更厚，稍呈肉质；心皮长约5毫米，柱头马蹄形。果椭圆状，长5~7.5厘米，宽3~5厘米，果皮熟时黄色，平滑或稍具小疣凸。花期4月，果期8~11月。

产于利川，属湖北省新记录，生于山地林中；分布于湖南、广西、贵州。

小檗科
Berberidaceae

灌木或多年生草本，稀小乔木，常绿或落叶，有时具根状茎或块茎。茎具刺或无。叶互生，稀对生或基生，单叶或一至三回羽状复叶；托叶存在或缺；叶脉羽状或掌状。花序顶生或腋生，花单生、簇生或组成总状花序，穗状花序，伞形花序，聚伞花序或圆锥花序；花具花梗或无；花两性，辐射对称，小苞片存在或缺如，花被通常3基数，偶2基数，稀缺如；萼片6~9片，常花瓣状，离生，2~3轮；花瓣6片，扁平，盔状或呈距状，或变为蜜腺状，基部有蜜腺或缺；雄蕊与花瓣同数而对生，花药2室，瓣裂或纵裂；子房上位，1室，胚珠多数或少数，稀1枚，基生或侧膜胎座，花柱存在或缺，有时结果时缩存。浆果，蒴果，菁葖果或瘦果。种子1粒至多数，有时具假种皮；富含胚乳；胚大或小。

本科约17属有650种；中国有11属约320种；恩施州产7属45种1亚种1变种。

分属检索表

1. 多年生草本。
  2. 单叶；花不具密腺。
    3. 花数朵簇生，或伞形状；叶盾状，3~9深裂或浅裂；种子多数 ·················· 1. 鬼臼属 *Dysosma*

小檗科
Berberidaceae

```
  3. 聚伞花序顶生；叶顶端深 2 裂；种子少数···································· 2. 山荷叶属 Diphylleia
 2. 复叶；花具密腺。
  4. 果为蒴果；种子不裸露；总状花序或圆锥花序；根状茎横生；小叶不分裂，具齿；花瓣 4 片，通常呈距状
     ·································································································· 3. 淫羊藿属 Epimedium
  4. 果为浆果；种子熟后裸露；复聚伞花序·············································· 4. 红毛七属 Caulophyllum
1. 灌木或小乔木。
 5. 叶为单叶或羽状复叶；小叶通常具齿；花药瓣裂，外卷，基生胎座。
  6. 单叶；枝通常具刺···········································································  5. 小檗属 Berberis
  6. 羽状复叶；枝通常无刺···································································· 6. 十大功劳属 Mahonia
 5. 叶为二至三回羽状复叶；小叶全缘；花药纵裂；侧膜胎座·································· 7. 南天竹属 Nandina
```

鬼臼属　*Dysosma* Woodson

多年生草本。根状茎粗短而横走，多须根；茎直立，单生，光滑，基部覆被大鳞片。叶大，盾状。花数朵簇生或组成伞形花序，两性，下垂；萼片 6 片，膜质，早落；花瓣 6 片，暗紫红色；雄蕊 6 枚，花丝扁平，外倾，花药内向开裂，药隔宽而常延伸，单粒花粉，近球形至长球形或扁球形，具 3 条沟，有沟膜或无，表面具颗粒状或疣状纹饰；雌蕊单生，花柱显著，柱头膨大，子房 1 室，有多数胚珠。浆果，红色。种子多数，无肉质假种皮。

本属约 7 种；为中国特有属；恩施州产 4 种。

分种检索表

```
1. 叶对生，花着生于叶腋····························································· 1. 六角莲 Dysosma pleiantha
1. 叶互生，花着生于近叶基或远离叶基处。
 2. 叶偏心盾状着生，常不裂或浅裂；花瓣矩圆状条带形；果小，圆球形 ············ 2. 小八角莲 Dysosma difformis
 2. 叶盾状着生。
  3. 叶 4～9 片掌状浅裂，裂片不分裂 ················································· 3. 八角莲 Dysosma versipellis
  3. 叶 4～6 片掌状深裂，裂片 2～3 浅裂成戟形 ······························ 4. 利川八角莲 Dysosma lichuanensis
```

1. 六角莲　*Dysosma pleiantha* (Hance) Woodson in Ann. Missouri Bot. Gard. 15: 339, p. 46. 1928.

多年生草本，植株高 20～60 厘米。根状茎粗壮，横走，呈圆形结节，多须根；茎直立，单生，顶端生 2 片叶，无毛。叶近纸质，对生，盾状，轮廓近圆形，直径 16～33 厘米，5～9 浅裂，裂片宽三角状卵形，先端急尖，上面暗绿色，常有光泽，背面淡黄绿色，两面无毛，边缘具细刺齿；叶柄长 10～28 厘米，具纵条棱，无毛。花梗长 2～4 厘米，常下弯，无毛；花紫红色，下垂；萼片 6 片，椭圆状长圆形或卵状长圆形，长 1～2 厘米，宽约 8 毫米，早落；花瓣 6～9 片，紫红色，倒卵状长圆形，长 3～4 厘米，宽 1～1.3 厘米；雄蕊 6 枚，长约 2.3 厘米，常镰状弯曲，花丝扁平，长 7～8 毫米，花药长约 15 毫米，药隔先端延伸；子房长圆形，长约 13 毫米，花柱长约 3 毫米，柱头头状，胚珠多数。浆果倒卵状长圆形或椭圆形，长约 3 厘米，直径约 2 厘米，熟时紫黑色。花期 3～6 月，果期 7～9 月。

产于恩施、巴东，生于山谷林下；分布于台湾、浙江、福建、安徽、江西、湖北、湖南、广东、广西、四川、河南。

根状茎供药用，有散瘀解毒功效，主治毒蛇咬伤，痈、疮、疔、瘰以及跌打损伤等。

2. 小八角莲 Dysosma difformis (Hemsl. et Wils.) T. H. Wang ex Ying in Acta Phytotax. Sin. 17 (1) : 19. 1979.

多年生草本，植株高15～30厘米。根状茎细长，通常圆柱形，横走，多须根；茎直立，无毛，有时带紫红色。茎生叶通常2片，薄纸质，互生，不等大，形状多样，偏心盾状着生，叶片不分裂或浅裂，长5～11厘米，宽7～15厘米，基部常呈圆形，两面无毛，上面有时带紫红色，边缘疏生乳突状细齿；叶柄不等长，3～11厘米，无毛。花2～5朵着生于叶基部处，无花序梗，簇生状；花梗长1～2厘米，下弯，疏生白色柔毛；萼片6片，长圆状披针形，长2～2.5厘米，宽2～5毫米，先端渐尖，外面被柔毛，内面无毛；花瓣6片，淡赭红色，长圆状条带形，长4～5厘米，宽0.8～1厘米，无毛，先端圆钝；雄蕊6枚，长约2厘米，花丝长约8毫米，花药长约1.2厘米，药隔先端显著延伸；雌蕊长约9毫米，子房坛状，花柱长约2毫米，柱头膨大呈盾状。浆果小，圆球形。花期4～6月，果期6～9月。

恩施州广布，生于山谷林下；分布于四川、贵州、湖北、湖南、广西。

根状茎入药，有镇痛功效，主治劳伤，泡酒内服又治风湿关节炎。

3. 八角莲 Dysosma versipellis (Hance) M. Cheng ex Ying in Acta phytotax. Sin. 17 (1) : 18. 1979.

药名"江边一碗水"，多年生草本，植株高40～150厘米。根状茎粗壮，横生，多须根；茎直立，不分枝，无毛，淡绿色。茎生叶2片，薄纸质，互生，盾状，近圆形，直径达30厘米，4～9掌状浅裂，裂片阔三角形，卵形或卵状长圆形，长2.5～4厘米，基部宽5～7厘米，先端锐尖，不分裂，上面无毛，背面被柔毛，叶脉明显隆起，边缘具细齿；下部叶的柄长12～25厘米，上部叶柄长1～3厘米。花梗纤细、下弯、被柔毛；花深红色，5～8朵簇生于离叶基部不远处，下垂；萼片6片，长圆状椭圆形，长0.6～1.8厘米，宽6～8毫米，先端急尖，外面被短柔毛，内面无毛；花瓣6片，勺状倒卵形，长约2.5厘米，宽约8毫米，无毛；雄蕊6枚，长约1.8厘米，花丝短于花药，药隔先端急尖，无毛；子房椭圆形，无毛，花柱短，柱头盾状。浆果椭圆形，长约4厘米，直径约3.5厘米。种子多数。花期3～6月，果期5～9月。

恩施州广布，生于山谷林下；分布于湖南、湖北、浙江、江西、安徽、广东、广西、云南、贵州、四川、河南、陕西。

根状茎供药用，治跌打损伤，半身不遂，关节酸痛，毒蛇咬伤等。

4. 利川八角莲　　*Dysosma lichuanensis* Z. Zheng et Y. J. Su, Acta Sci. Nat. Univ. Sunyatseni 36 (2): 125. 1997.

多年生草本。根状茎粗壮，结节状，黄褐色，肉质，须根多数。茎直立，高10～30厘米，有纵棱条和细柔毛。茎生叶2片。盾状着生，近圆肾形，长约10厘米，宽约15厘米，4～6掌状深裂，裂片又2～3浅裂成戟形，上面有暗绿色或紫色晕，下面带灰紫色，有细毛，叶缘有不明显细刺齿；叶柄长7～12厘米；花2～5朵排成伞形花序，着生在叶柄上部离叶片不远处，花梗长约1厘米，有灰白色细毛，花紫色。浆果长圆形，成熟时红色。花期4～6月，果期6～9月。

产于利川，生于山谷林下；分布于湖北。本种为《中山大学学报（自然科学版）》1997年02期发表的新种，后有相关文献将其归并为贵州八角莲［*Dysosma majorensis*（Gagnep.）Ying］。

山荷叶属　*Diphylleia* Michaux

多年生草本。根状茎粗壮，横走，多须根，具节，节处有一碗状小凹；茎单一，生2片叶，稀3片叶。叶柄粗壮，叶互生，盾状着生，叶片横向长圆形至肾状圆形，呈2半裂，每半裂具浅裂，边缘具明显粗疏锯齿，具掌状脉，被柔毛。花序顶生，具总梗，聚伞花序或伞形状花序，总梗无毛或疏被柔毛；花3数，辐射对称，具花梗；萼片6片，2轮排列；花瓣6片，2轮，白色；雄蕊6枚，与花瓣对生，花药底着，纵裂，花粉外壁明显具刺状纹饰；子房上位，1室，花柱极短或缺，柱头盘状，胚珠2～11枚。浆果球形或阔椭圆形，暗紫黑色，被白粉。种子红褐色，无假种皮。

本属3种；我国产1种；恩施州产1种。

南方山荷叶　　*Diphylleia sinensis* H. L. Li in Journ. Arn. Arb. 28: 442. 1947.

多年生草本，高40～80厘米。下部叶柄长7～20厘米，上部叶柄长2.5～13厘米长；叶片盾状着生，肾形或肾状圆形至横向长圆形，下部叶片长19～40厘米，宽20～46厘米，上部叶片长6.5～31厘米，宽19～42厘米，呈2半裂，每半裂具3～6浅裂或波状，边缘具不规则锯齿，齿端具尖头，上面疏被柔毛或近无毛，背面被柔毛。聚伞花序顶生，具花10～20朵，分枝或不分枝，花序轴和花梗被短柔毛；花梗长0.4～3.7厘米；外轮萼片披针形至线状披针形，长2.3～3.5毫米，宽0.7～1.2毫米，内轮萼片宽椭圆形至近圆形，长4～4.5毫米，宽3.8～4毫米；外轮花瓣狭倒卵形至阔倒卵形，长5～8毫米，宽2.5～5毫米；内轮花瓣狭椭圆形至狭倒卵形，长5.5～8毫米，宽

2.5~3.5毫米，雄蕊长约4毫米；花丝扁平，长1.7~2毫米，花药长约2毫米；子房椭圆形，长3~4毫米，胚珠5~11枚，花柱极短，柱头盘状。浆果球形或阔椭圆形，长10~15毫米，直径6~10毫米，熟后蓝黑色，微被白粉，果梗淡红色。种子4粒，通常三角形或肾形，红褐色。花期5~6月，果期7~8月。

产于巴东、建始，生于林下；分布于湖北、陕西、甘肃、云南、四川。

根茎和须根可供药用，根茎能消热、凉血、活血、止痛以及有泻下作用；主治腰腿疼痛、风湿性关节炎、跌打损伤、月经不调等症。

淫羊藿属 *Epimedium* Linn.

多年生草本，落叶或常绿。根状茎粗短或横走，质硬、多须根，褐色；茎单生或数茎丛生，光滑，基部被有褐色鳞片。叶成熟后通常革质；单叶或一至三回羽状复叶，基生或茎生，基生叶具长柄；小叶卵形、卵状披针形或近圆形，基部心形，两侧基部通常不对称，叶缘具刺毛状细齿。花茎具1~4片叶，对生或少有互生。总状花序或圆锥花序顶生，无毛或被腺毛，具少数花至多数花；花两性；萼片8片，两轮排列，内轮花瓣状，常有颜色；花瓣4片，通常有距或囊，少有兜状或扁平；雄蕊4枚，与花瓣对生，药室瓣裂，裂瓣外卷，花粉球形，具3条孔沟；子房上位，1室，胚珠6~15枚，侧膜胎座，花柱宿存，柱头膨大。蒴果背裂。种子具肉质假种皮。

本属约50种；中国约有40种；恩施州产17种1变种。

分种检索表

1. 花瓣无距。
  2. 花茎具2片叶。
   3. 花序轴、花梗被腺毛 ·· 1. 柔毛淫羊藿 Epimedium pubescens
   3. 花序轴、花梗无毛；花瓣囊状。
    4. 叶背面被粗短伏毛或无毛，顶生小叶卵形 ························ 2. 三枝九叶草 Epimedium sagittatum
    4. 叶背面光滑无毛，顶生小叶长圆形 ·················· 3. 光叶淫羊藿 Epimedium sagittatum var. glabratum
  2. 花茎具2~4片叶。
   5. 花序具70~210朵花，内萼片卵形，花瓣橘红色 ·················· 4. 天平山淫羊藿 Epimedium myrianthum
   5. 花序具300~400朵花，内萼片披针形，花瓣淡黄色 ················· 5. 多花淫羊藿 Epimedium multiflorum
1. 花瓣有距。
  6. 圆锥花序。
   7. 二回三出复叶，花茎具2片叶，小叶9片；花白色，距较内萼片短，长约2毫米 ········· 6. 淫羊藿 Epimedium brevicornu
   7. 一回三出复叶，小叶3片或5片。
    8. 小叶5片，偶3片，基部两侧几相等或略不等，叶柄着生处被褐色柔毛 ········ 7. 宝兴淫羊藿 Epimedium davidii
    8. 小叶3片。
     9. 花序轴、花梗光滑无毛。
      10. 叶背面被毛。
       11. 叶背面被短伏毛，边缘呈皱波状；内萼片卵形、淡绿色 ············ 8. 绿药淫羊藿 Epimedium chlorandrum
       11. 叶背面被绵毛或无毛，边缘平展；内萼片阔椭圆形，淡黄色 ············ 9. 巫山淫羊藿 Epimedium wushanense
      10. 叶背面无毛，叶缘具稀疏刺锯齿；距较内萼片短，长约3毫米，高度弯曲 ········ 10. 长蕊淫羊藿 Epimedium dolichostemon
     9. 花序轴、花梗或仅花梗被腺毛。
      12. 小叶卵形至披针形，背面密被粗短伏毛 ························ 11. 粗毛淫羊藿 Epimedium acuminatum
      12. 小叶卵形，背面被柔毛或白粉。
       13. 小叶背面常被白粉，顶生小叶长圆形；距挺直 ················ 12. 湖南淫羊藿 Epimedium hunanense
       13. 小叶背面不被白粉，顶生小叶卵形；距弯曲；内萼片长披针形，长15~17毫米；距长15~20毫米，淡紫红色 ·· 13. 四川淫羊藿 Epimedium sutchuenense

小檗科
Berberidaceae

> 6. 总状花序。
> 　　14. 花茎具 1 片叶 ··· 14. 黔岭淫羊藿 *Epimedium leptorrhizum*
> 　　14. 花茎具 2 片叶。
> 　　　　15. 内萼片狭披针形，白色，高度反折；距较内萼片短 ·· 15. 川鄂淫羊藿 *Epimedium fargesii*
> 　　　　15. 内萼片卵形、狭卵形，淡黄色，不反折；距较内萼片长。
> 　　　　　　16. 小叶卵形或阔卵形；距长 7～12 毫米，不弯曲 ·· 16. 恩施淫羊藿 *Epimedium enshiense*
> 　　　　　　16. 小叶狭卵形；距长 20～25 毫米，高度弯曲。
> 　　　　　　　　17. 小叶背面被短伏毛；内萼片狭卵形，先端渐尖 ·· 17. 木鱼坪淫羊藿 *Epimedium franchetii*
> 　　　　　　　　17. 小叶背面被长柔毛，或近无毛；内萼片近长圆形，先端急尖 ······························ 18. 时珍淫羊藿 *Epimedium lishihchenii*

1. 柔毛淫羊藿　*Epimedium pubescens* Maxim. in Bull. Acad. Imp. Sci. St. Petersb. 23: 309. 1877.

多年生草本，植株高 20～70 厘米。根状茎粗短，有时伸长，被褐色鳞片。一回三出复叶基生或茎生；茎生叶 2 片对生，小叶 3 片；小叶叶柄长约 2 厘米，疏被柔毛；小叶片革质，卵形、狭卵形或披针形，长 3～15 厘米，宽 2～8 厘米，先端渐尖或短渐尖，基部深心形，有时浅心形，顶生小叶基部裂片圆形，几等大；侧生小叶基部裂片极不等大，急尖或圆形，上面深绿色，有光泽，背面密被绒毛，短柔毛和灰色柔毛，边缘具细密刺齿；花茎具 2 片对生叶。圆锥花序具 30～100 余朵花，长 10～20 厘米，通常序轴及花梗被腺毛，有时无总梗；花梗长 1～2 厘米；花直径约 1 厘米；萼片 2 轮，外萼片阔卵形，长 2～3 毫米，带紫色，内萼片披针形或狭披针形，急尖或渐尖，白色，长 5～7 毫米，宽 1.5～3.5 毫米；花瓣远较内萼片短，长约 2 毫米，囊状，淡黄色；雄蕊长约 4 毫米，外露，花药长约 2 毫米；雌蕊长约 4 毫米，花柱长约 2 毫米。蒴果长圆形，宿存花柱长喙状。花期 4～5 月，果期 5～7 月。

恩施州广布，生于山坡林下或灌丛中；分布于陕西、甘肃、湖北、四川、河南、贵州、安徽。

2. 三枝九叶草　*Epimedium sagittatum* (Sieb. et Zucc.) Maxim. in Bull. Acad. Imp. Sci. St. Petersb. 23: 310. 1877.

多年生草本，植株高 30～50 厘米。根状茎粗短，节结状，质硬，多须根。一回三出复叶基生和茎生，小叶 3 片；小叶革质，卵形至卵状披针形，长 5～19 厘米，宽 3～8 厘米，但叶片大小变化大，先端急尖或渐尖，基部心形，顶生小叶基部两侧裂片近相等，圆形，侧生小叶基部高度偏斜，外裂片远较内裂片大，三角形，急尖，内裂片圆形，上面无毛，背面疏被粗短伏毛或无毛，叶缘具刺齿；花茎具 2 片对生叶。圆锥花序长 10～30 厘米，宽 2～4 厘米，具 200 朵花，通常无毛，偶被少数腺毛；花梗长约 1 厘米，无毛；花较小，直径约 8 毫米，白色；萼片 2 轮，外萼片 4 片，先端钝圆，具紫色斑点，其中 1 对狭卵形，长约 3.5 毫米，宽 1.5

毫米，另1对长圆状卵形，长约4.5毫米，宽约2毫米，内萼片卵状三角形，先端急尖，长约4毫米，宽约2毫米，白色；花瓣囊状，淡棕黄色，先端钝圆，长1.5~2毫米；雄蕊长3~5毫米，花药长2~3毫米；雌蕊长约3毫米，花柱长于子房。蒴果长约1厘米，宿存花柱长约6毫米。花期4~5月，果期5~7月。

恩施州广布，生于山坡林下或灌丛中；分布于浙江、安徽、福建、江西、湖北、湖南、广东、广西、四川、陕西、甘肃。

全草供药用，有补精强壮、祛风湿、治阳痿、关节风湿痛、白带等症；也可作兽药，有强壮牛马性神经及补精的功效，主治牛马阳痿及神经衰弱、歇斯底里等症。

3. 光叶淫羊藿（变种） *Epimedium sagittatum* (Sieb. et Zucc.) Maxim. var. *glabratum* Ying in Acta phytotax. Sin. 13 (2) : 53, t. 8. 1975.

本变种与三枝九叶草 *E. sagittatum* 的主要区别在于叶背面光滑无毛，顶生小叶矩圆形；圆锥花序尖塔形；花黄色。花期4~5月，果期5~7月。

产于咸丰，生于山谷林下；分布于贵州、湖北。

4. 天平山淫羊藿 *Epimedium myrianthum* Stearn in Kew Bull. 53 (1): 218. f. 3. 1998.

多年生草本，植株高30~60厘米。根状茎粗短，多须根。一回三出复叶基生和茎生，具3片小叶，基生叶的小叶革质，通常卵形，长5~6厘米，宽3~4厘米，先端急尖；茎生叶的小叶通常狭卵形，有时椭圆形或披针形，长6~11厘米，宽2~6厘米，先端长渐尖，基部心形，顶生小叶基部裂片对称，圆形，侧生小叶基部裂片极不对称，圆形或急尖，上面有光泽，无毛，背面苍白色，被细小伏毛，叶缘平展，具细密刺齿；花茎具2片对生叶或3~4片轮生。圆锥花序长18~34厘米，宽7~9厘米，具70~210朵花，无毛；花梗长5~15毫米；花细小；萼片2轮，外萼片4片，早落，不等大，
一对长约2毫米，另一对长约3.5毫米，先端钝，暗黑色，内萼片4片，狭卵形，急尖，长约4毫米，宽1.5~25毫米，白色；花瓣较内萼片短，睡袋状，无距，红色和橘红色，长约2~2.5毫米，先端钝；雄蕊外露，长约4毫米，淡黄色，花丝长2毫米，花药与花丝等长；雌蕊长约5.2毫米，花柱长约2.8毫米。花期4月，果期4~5月。

产于恩施，生于林下或路边；分布于湖南、湖北、广西。

5. 多花淫羊藿 *Epimedium multiflorum* Ying in Fl. Reipubl. Popul. Sin. 29: 310. 2001.

多年生草本，植株高约80厘米。根状茎粗短。一回三出复叶基生和茎生，具3片小叶；茎生叶2片对生或3片轮生；小叶薄膜质，椭圆形或长圆形，有时狭卵形，长12~14厘米，宽5~6厘米，先端渐尖或长渐尖，基部心形；顶生小叶基部裂片对称，圆形；侧生小叶基部裂片不对称，内裂片圆形，外裂片急尖，远较内裂片大，上面绿色，无毛，背面淡绿色，被稀少白色短伏毛或无毛，叶缘具刺齿；花茎具2片对生叶或具3~4片轮生叶。圆锥花序长约25厘米，宽约15厘米，具300~400朵花，无毛，序轴基部簇生1~5个长9~11厘米、具20~30朵花的圆锥花序；花梗长0.5~1厘米，无毛；苞片披针形，长约1毫米；花小，直径约3毫米；萼片2轮，外萼片长圆形，长约3.5毫米，宽约1.5毫米，紫红色，内萼片披针形，长约3毫米，宽约1毫米，白色；花瓣长圆形，无距，囊状，长1.2~2毫米，宽0.6~1毫米，淡黄色；雄蕊长约3毫米，花丝长约1毫米，花药瓣裂；雌蕊长5~7毫米，花柱长3~4毫米。花期4月。

产于利川，属湖北省新记录，生于沟边；分布于贵州。

6. 淫羊藿 *Epimedium brevicornu* Maxim. in Acta Hort. Petrop. 11: 42. 1889.

多年生草本，植株高20~60厘米。根状茎粗短，木质化，暗棕褐色。二回三出复叶基生和茎生，具9片小叶；基生叶1~3片丛生，具长柄，茎生叶2片，对生；小叶纸质或厚纸质，卵形或阔卵形，长3~7厘米，宽2.5~6厘米，先端急尖或短渐尖，基部深心形，顶生小叶基部裂片圆形，近等大，侧生小叶基部裂片稍偏斜，急尖或圆形，上面常有光泽，网脉显著，背面苍白色，光滑或疏生少数柔毛，基出7脉，叶缘具刺齿；花茎具2片对生叶，圆锥花序长10~35厘米，具20~50朵花，序轴及花梗被腺毛；花梗长5~20毫米；花白色或淡黄色；萼片2轮，外萼片卵状三角形，暗绿色，长1~3毫米，内萼片披针形，白色或淡黄色，长约10毫米，宽约4毫米；花瓣远较内萼片短，距呈圆锥状，长仅2~3毫米，瓣片很小；雄蕊长3~4毫米，伸出，花药长约2毫米，瓣裂。蒴果长约1厘米，宿存花柱喙状，长2~3毫米。花期5~6月，果期6~8月。

恩施州偶见，生于山谷林下；分布于陕西、甘肃、山西、河南、青海、湖北、四川。

全草供药用，主治阳痿早泄，腰酸腿痛，四肢麻木，半身不遂，神经衰弱，健忘，耳鸣，目眩等症。

7. 宝兴淫羊藿 *Epimedium davidii* Franch. in Nouv. Archiv. Mus. Hist. Nat. Paris. Ser. 2. 8: 195. t. 6. 1885.

多年生草本，植株高30~50厘米。根状茎粗短，质坚硬，密生多数须根。一回三出复叶基生和茎生，基生叶通常较花茎短得多，长12~25厘米；茎生2片对生叶，小叶5或3片，纸质或革质，卵形或宽卵形，长6~12厘米，宽2~5厘米，先端钝或急尖，基部心形，两侧近相等，上面深绿色，有光泽，背面苍白色，具乳突，被稀疏柔毛，两面基出脉及网脉显著，叶缘具细密刺齿；花茎具2片对生叶，有时互生。圆锥花序长15~25厘米；花梗纤细，长1.5~2厘米，被腺毛；花淡黄色，直径2~3

厘米；萼片2轮，外萼片卵形，先端钝圆，长2～4毫米，内萼片淡红色，狭卵形，先端近急尖，长6～7毫米，宽3～4毫米；花瓣远较内萼片长，距呈钻状，长1.5～1.8厘米，内弯，花距基部瓣片呈杯状，高约7毫米；雄蕊长3～4毫米，花丝长约7毫米，扁平，花药瓣裂，裂片外卷，顶端钝尖；子房圆柱形，长约5毫米，花柱略短于子房。蒴果长1.5～2厘米，宿存花柱长约5毫米，喙状。花期4～5月，果期5～8月。

恩施州广布，生于山谷林下；分布于四川、云南、重庆、湖北。

8. 绿药淫羊藿　*Epimedium chlorandrum* Stearn in Kew Bull. 52 (3) : 660. f. 2. 1997.

多年生草本，植株高35～65厘米。根状茎粗短，多须根。一回三出复叶基生和茎生，小叶3片；小叶革质，狭卵形或近披针形，长5～11厘米，宽2～4.5厘米，先端短渐尖，基部深心形，两侧裂片圆形，但顶生小叶基部裂片几相等，侧生小叶基部裂片偏斜，内裂片小于外裂片，上面绿色，幼叶常具棕色斑点，背面苍白色，被大量短小伏毛，叶缘有时稍呈波状，具稀疏或细密刺齿；花茎具2片对生叶。圆锥花序具12～30朵花，长25～36厘米；花梗长约2.5厘米，无毛；花大，直径约4厘米；萼片2轮，外萼片长2～3毫米，绿色，早落，内萼片4片，不等大，外凸，狭卵形，外倾，不紧贴花瓣，淡绿色，外一对长约8毫米，宽约4.5毫米，内一对长约10毫米，宽约4.5毫米，上部边缘皱波状；花瓣远较内萼片长，淡黄色，距钻状，外伸，高度弯曲，长约25毫米，基部无瓣片；雄蕊外露，长约4.5毫米，花丝白色，略带粉红色，花药绿色，长约3毫米，花粉绿色。花期4月。

产于利川，属湖北省新记录，生于山坡林下；分布于四川。

9. 巫山淫羊藿　*Epimedium wushanense* Ying in Acta Phytotax. Sin. 13 (2): 55. t. 8. 1975.

多年生常绿草本，植株高50～80厘米。根状茎结节状，粗短，质地坚硬，表面被褐色鳞片，多须根。一回三出复叶基生和茎生，具长柄，小叶3片；小叶具柄，叶片革质，披针形至狭披针形，长9～23厘米，宽1.8～4.5厘米，先端渐尖或长渐尖，边缘具刺齿，基部心形，顶生小叶基部具均等的圆形裂片，侧生小叶基部的裂片偏斜，内边裂片小，圆形，外边裂片大，三角形，渐尖，上面无毛，背面被绵毛或秃净，叶缘具刺锯齿；花茎具2片对生叶。圆锥花序顶生，长15～30厘米，偶达50厘米，具多数花朵，序轴无毛；花梗长1～2厘米，疏被腺毛或无毛；花淡黄色，直径达3.5厘米；萼片2轮，外萼片近圆形，长2～5毫米，宽1.5～3毫米，内萼片阔椭圆形，长3～15毫米，宽1.5～8毫米，先端钝；花瓣呈角状距，淡黄色，向内弯曲，基部浅杯状，有时基部带紫色，长0.6～2厘米；雄蕊长约5毫米，花丝长约1毫米，花药长约4毫米，瓣裂，裂片外卷；雌蕊长约5毫米，子房斜圆柱状，有长花柱，含胚珠10～12枚。蒴果长约1.5厘米，宿存花柱喙状。花期4～5月，果期5～6月。

产于巴东，生于灌丛中；分布于四川、贵州、湖北、广西。

10. 长蕊淫羊藿 *Epimedium dolichostemon* Stearn in Kew Bull. 45 (4): 685. f. 1. 1990.

多年生草本，植株高约30厘米。地下茎短而横走。一回三出复叶基生和茎生，具3片小叶；小叶革质，卵状披针形或披针形，长达8厘米，宽达3厘米，先端渐尖，基部深心形，两侧裂片近相等，分离，先端急尖，侧生小叶基部裂片极不相等，先端渐尖，上面深绿色，背面光滑无毛，叶缘具稀疏刺锯齿；花茎具2片对生复叶。圆锥花序长约15厘米，具花约38朵，无总梗，无毛；花梗长1～1.5厘米，光滑无毛；花小；萼片2轮，外萼片早落，长2.5～3毫米，内萼片狭椭圆形，白色，长8～9毫米，宽约2.5毫米；花瓣

较内轮萼片短，紫红色，长约3毫米，短距内弯，先端圆钝；雄蕊明显伸出花瓣，长约8毫米，花丝淡黄色，长4.5～5毫米，花药长约2.5毫米，瓣裂，外卷，药隔先端突尖。花期4月。

产于利川，属湖北省新记录，生于山坡林中；分布于四川。

11. 粗毛淫羊藿 *Epimedium acuminatum* Franch. in Bull. Soc. Bot. France, 33: 109. 1886.

多年生草本，植株高30～50厘米。根状茎有时横走，多须根。一回三出复叶基生和茎生，小叶3片，薄革质，狭卵形或披针形，长3～18厘米，宽1.5～7厘米，先端长渐尖，基部心形，顶生小叶基部裂片圆形，近相等，侧生小叶基部裂片极度偏斜，上面深绿色，无毛，背面灰绿色或灰白色，密被粗短伏毛，后变稀疏，基出脉7条，明显隆起，网脉显著，叶缘具细密刺齿；花茎具2片对生叶，有时3片轮生。圆锥花序长12～25厘米，具10～50朵花，无总梗，序轴被腺毛；花梗长1～4

厘米，密被腺毛；花色变异大，黄色、白色、紫红色或淡青色；萼片2轮，外萼片4片，外面1对卵状长圆形，长约3毫米，宽约2毫米，内面1对阔倒卵形，长约4.5毫米，宽约4毫米，内萼片4片，卵状椭圆形，先端急尖，长8~12毫米，宽3~7毫米；花瓣远较内轮萼片长，呈角状距，向外弯曲，基部无瓣片，长1.5~2.5厘米；雄蕊长3~4毫米，花药长2.5毫米，瓣裂，外卷；子房圆柱形，顶端具长花柱。蒴果长约2厘米，宿存花柱长喙状；种子多数。花期4~5月，果期5~7月。

产于恩施、咸丰，生于林下或草丛中；分布于四川、贵州、云南、湖北、广西。

全草入药，用于治疗阳痿，小便失禁，风湿痛，虚劳久咳等症。

12. 湖南淫羊藿　*Epimedium hunanense* (Hand.-Mazz.) Hand.-Mazz. Symb. Sin. 7: 324. 1931.

多年生草本，植株高约40厘米。根状茎短而横走。一回三出复叶基生和茎生，基生叶几与花茎等长，具小叶3片；小叶革质，长10~13厘米，宽6厘米，顶生小叶长圆形，先端急尖，基部心形，两侧裂片对称，侧生小叶狭卵形，先端长渐尖，基部深心形，两侧裂片显著偏斜，上面深绿色，无毛，背面苍白色，或被白粉，具乳突，被稀疏短柔毛或几乎光滑无毛，叶缘具细密刺齿，花茎具2片对生复叶。圆锥花序具10~16朵花，长10~15厘米，几光滑无毛，无总梗；花梗长1~2厘米，疏被腺毛；花黄色，直径约3.5厘米；萼片2轮，外萼片长圆状椭圆形，先端钝圆，长约4毫米，宽约2毫米，内萼片阔椭圆形，先端钝圆，长5~6毫米，宽3~4毫米；花瓣远较内萼片长，距圆柱状，先端钝圆，水平开展，不弯曲，长1.5~1.8厘米，距基部瓣片呈杯状，高约8毫米；雄蕊长约4毫米，花丝长约1毫米，花药长约3毫米，瓣裂，裂片外卷。蒴果长椭圆形，长约1.3厘米，宿存花柱咏状，长2~3毫米。花期3~4月，果期4~6月。

产于利川，生于林下或草丛中；分布于湖南、湖北、广西。

13. 四川淫羊藿　*Epimedium sutchuenense* Franch. in Morot, Joum. Bot. 8: 282. 1894.

多年生草本，植株高15~30厘米。匍匐地下茎纤细，直径1~3毫米，节间长达13厘米。一回三出复叶基生和茎生，小叶3片；小叶薄革质，卵形或狭卵形，长5~13厘米，宽2~5厘米，先端长渐尖，边缘具密刺齿，基部深心形，顶生小叶基部裂片圆形，几相等，侧生小叶基部偏斜，内裂片圆形，外裂片较内裂片大，急尖，上面绿色，无毛，背面灰白色，具乳突，疏被灰色柔毛，基出脉5~7条，明显隆起，网脉显著；花茎具2片对生叶。总状花序长8~15厘米，具花4~8朵，被腺毛；花梗长1.5~2.5厘米，被腺毛；花暗红色或淡紫红色，直径3~4厘米；萼片2轮，外萼片4片，外1对卵形，长约3毫米，先端钝圆，内1对阔倒卵形，长约4毫米，内萼片4片，狭披针形，先端长渐尖，向背面反折，长1.5~1.7厘米，宽约3毫米；花瓣与内萼片等长或稍长，呈角状距，基部浅囊状，无瓣片，向先端渐细，向背面反折，长1.52厘米；雄蕊外露，长4~5毫米，花丝长1~2毫米，花药长3~4毫米，瓣裂，裂片外卷。蒴果长1.5~2厘米，宿存花柱喙状。花期3~4月，果期5~6月。

恩施州广布，生于林下；分布于于四川、贵州、湖北。

14. 黔岭淫羊藿　*Epimedium leptorrhizum* Stearn in Journ. Bot. 71: 343. 1933.

多年生草本，植株高12~30厘米。匍匐根状茎伸长达20厘米，直径1~2毫米，具节。一回三出复叶基生或茎生，叶柄被棕色柔毛；小叶柄着生处被褐色柔毛；小叶3片，革质，狭卵形或卵形，长3~10

厘米，宽 2~5 厘米，先端长渐尖，基部深心形；顶生小叶基部裂片近等大，相互近靠；侧生小叶基部裂片不等大，极偏斜，上面暗色，无毛，背面沿主脉被棕色柔毛，常被白粉，具乳突，边缘具刺齿；花茎具 2 片一回三出复叶。总状花序具 4~8 朵花，长 13~20 厘米，被腺毛；花梗长 1~2.5 厘米，被腺毛；花大，直径约 4 厘米，淡红色；萼片 2 轮，外萼片卵状长圆形，长 3~4 毫米，先端钝圆，内萼片狭椭圆形，长 11~16 毫米，宽 4~7 毫米；花瓣较内萼片长，长达 2 厘米，呈角距状，基部无瓣片；雄蕊长约 4 毫米，花药长约 3 毫米，瓣裂，裂片外卷。蒴果长圆形，长约 15 毫米，宿存花柱喙状。花期 4 月，果期 4~6 月。

产于咸丰、利川，生于林下；分布于贵州、四川、湖北、湖南。

15. 川鄂淫羊藿 *Epimedium fargesii* Franch. in Morot, Journ. de Bot. 8: 281. 1894.

多年生草本，植株高 30~70 厘米，有时可达 80 厘米。根状茎匍匐状，横走，质硬，多须根。一回三出复叶基生和茎生；茎生叶 2 片对生，每叶具小叶 3 片；小叶革质，狭卵形，长 4~15 厘米，宽 1.3~7 厘米，先端渐尖，基部深心形，顶生小叶基部裂片圆形，近等大，侧生小叶基部裂片不等大，内侧裂片圆形，外侧裂片三角形、急尖，上面暗绿色，无毛，背面苍白色，无毛或被疏柔毛，两面网脉显著，叶缘具刺锯齿；花茎具 2 片对生叶或偶有三叶轮生。总状花序具 7~15 朵花，序轴被腺毛，无总梗；花梗长 1.5~4 厘米，被腺毛；花紫红色，长约 2 厘米；萼片 2 轮，外萼片狭卵形，先端钝圆，长 3~4 毫米，宽约 1.5 毫米，带紫蓝色，内萼片狭披针形，渐尖，向下反折，长 1.5~1.8 厘米，宽约 4 毫米，白色或带粉红色；花瓣远较内萼片短，暗紫蓝色，呈钻状距，挺直，长约 7 毫米，瓣片 2~3 浅裂；雄蕊长约 9 毫米，显著伸出，花药长 3~4 毫米，紫色；子房长约 1.3 厘米。蒴果连同宿存花柱长约 2 厘米。花期 3~4 月，果期 4~6 月。

恩施州广布，生于山谷林下；分布于于四川、湖北。

16. 恩施淫羊藿 *Epimedium enshiense* B. L. Guo et Hsiao in Acta Phytotax. Sin. 31 (2): 194. F. 1, 1-7. 1993.

多年生草本，植株高 25~70 厘米。根状茎匍匐，多须根。一回三出复叶基生和茎生，通常具 3 片小叶，叶柄无毛；小叶革质，卵形或阔卵形，长 3.2~9.5 厘米，宽 2.5~6 厘米，先端急尖或短渐尖，基部心形，裂片圆形，顶生小叶基部裂片近对称，侧生小叶基部裂片稍不对称，上面暗绿色，无毛，背面苍白色，老叶被白粉，无毛或基部疏被白色细柔毛，叶缘疏生刺齿；花茎具 2 片对生叶。总状花序具 10~20 朵花，长 14~33 厘米，被腺毛；花直径 1.5~2.5 厘米；萼片 2 轮，外萼片 4 片，浅棕色，外面 1 对近圆形，长约 1.5 毫米，内面 1 对卵形，长 2.5 毫米，宽 1.5 毫米，内萼片 4 片，卵形，长 6~7 毫米，宽 3.2~3.7 毫米，先端急尖，浅黄色；花瓣角距状，长 7~12 毫米，淡黄色，基部几无瓣片；雄蕊长约 3 毫米，花药长约 2 毫米，瓣裂。蒴果长 1~1.4 厘米，宿存花柱长约 5 毫米。种子约 10 粒。花期 4~5 月，果期 5~6 月。

产于利川、恩施，生于山谷林下；分布于湖北。

17. 木鱼坪淫羊藿 *Epimedium franchetii* Stearn in Kew Bull. 51 (2) : 396. f. 2. 1996.

多年生草本，植株高20～60厘米。根状茎密集，直径约7毫米。一回三出复叶基生和茎生，具3片小叶；小叶革质，狭卵形，长9～14厘米，宽6～7厘米，先端急尖或渐尖，基部深心形，顶生小叶基部裂片几相等，钝或急尖，侧生小叶基部高度偏斜，内侧裂片小，急尖或钝，外侧裂片较长，渐尖，上面有光泽、无毛，背面苍白色，有时带淡红色，微被伏毛，叶缘具密刺齿；花茎具2片对生叶。总状花序具14～25朵花，长15～30厘米；花梗长1～3厘米，被腺毛；花直径约4.5厘米，淡黄色；萼片2轮，外萼片早落，长达5毫米，绿色，内萼片狭卵形，长约10毫米，宽4～5毫米，先端渐尖，淡黄色；花瓣远长于内萼片，淡黄色，呈钻状距，长约2厘米，显著向上弯曲，基部无瓣片；雄蕊露出，长约4.5毫米，花丝长约2毫米，淡黄色，花药淡黄色，瓣裂；雌蕊长约5毫米，花柱长于子房。花期4月。

产于利川、巴东，生于山坡林下；分布于湖北、贵州。

18. 时珍淫羊藿 *Epimedium lishihchenii* Stearn in Kew Bull. 52 (3) : 664. f. 4. 1997.

多年生草本，植株高30～40厘米。匍匐根状茎细长，直径2～3毫米。一回三出复叶基生和茎生，具3片小叶；小叶革质，狭卵形，长5～11厘米，宽3.5～5厘米，先端渐尖或急尖，基部深心形，顶生小叶基部裂片近等大，钝圆，侧生小叶基部裂片显著不等大，内裂片较小，圆形或钝形，外裂片较大，急尖或短渐尖，上面暗绿色，背面苍白色，被多细胞长毛或近无毛，叶缘具细密刺齿；花茎具2片对生叶。总状花序长7～12厘米，具5～11朵花；花梗长1～2厘米，被腺毛；花黄色，大；萼片2轮，外萼片早落，长4～5毫米，边缘白色，内萼片紧贴花瓣，卵形或狭长圆形，淡黄色，长10～11毫米，宽6～7毫米，先端急尖；花瓣远较内萼片长，淡黄色，呈钻状距，长20～25毫米，高度弯曲，基部无瓣片；雄蕊露出，长约5毫米，淡黄色，花丝长约1毫米，花药长约4毫米，瓣裂；雌蕊长约7毫米。花期4～5月。

产于利川，属湖北省新记录，生于山坡林下；分布于江西。

红毛七属 *Caulophyllum* Michaux

多年生草本，落叶，无毛。根状茎粗壮，横走，结节状，极多须根。茎直立，基部被鳞片。叶互生，二至三回三出复叶，轮廓阔卵形；小叶片卵形，倒卵形或阔披针形，全缘或分裂，边缘无齿，掌状脉或羽状脉；具柄或无柄。复聚伞花序顶生，花3数；小苞片3～4片，早落；萼片6片，花瓣状，黄色、红色、紫色或绿色；花瓣6片，很小，蜜腺状，扇形；雄蕊6枚，离生，花药瓣裂；花粉长球形，具3条孔沟，外壁具网状雕纹；心皮单一，花柱短，柱头侧生，子房含2枚基生胚珠，花后子房开裂，露出2粒球形种子。种子熟时蓝色，微具白霜。

本属3种；我国产1种；恩施州产1种。

红毛七 *Caulophyllum robustum* Maxim. Prim. Fl. Amur.: 33. 1859.

多年生草本，植株高达80厘米。根状茎粗短。茎生2枚叶，互生，二至三回三出复叶，下部叶具长柄；小叶卵形，长圆形或阔披针形，长4～8厘米，宽1.5～5厘米，先端渐尖，基部宽楔形，全缘，有时2～3裂，上面绿色，背面淡绿色或带灰白色，两面无毛；顶生小叶具柄，侧生小叶近无柄。圆锥花序顶生；

小檗科
Berberidaceae

花淡黄色，直径7~8毫米；苞片3~6片；萼片6片，倒卵形，花瓣状，长5~6毫米，宽2.5~3毫米，先端圆形；花瓣6片，远较萼片小，蜜腺状，扇形，基部缢缩呈爪；雄蕊6枚，长约2毫米，花丝稍长于花药；雌蕊单一，子房1室，具2枚基生胚珠，花后子房开裂，露出2粒球形种子。果熟时柄增粗，长7~8毫米。种子浆果状，直径6~8毫米、微被白粉，熟后蓝黑色，外被肉质假种皮。花期5~6月，果期7~9月。

恩施州广布，生于山谷林下；分布于黑龙江、吉林、辽宁、山西、陕西、甘肃、河北、河南、湖南、湖北、安徽、浙江、四川、云南、贵州、西藏；朝鲜、日本、俄罗斯也有分布。

根及根茎入药，有活血散瘀、祛风止痛、清热解毒、降压止血的功能；主治月经不调，产后淤血、腹痛，跌打损伤，关节炎，扁桃腺炎，高血压，胃痛，外痔等症。

小檗属 *Berberis* Linn.

落叶或常绿灌木。枝无毛或被绒毛；通常具刺，单生或3~5分叉；老枝常呈暗灰色或紫黑色，幼枝有时为红色，常有散生黑色疣点，内皮层和木质部均为黄色。单叶互生，着生于侧生的短枝上，通常具叶柄，叶片与叶柄连接处常有关节。花序为单生、簇生、总状、圆锥或伞形花序；花3数，小苞片通常3片，早落；萼片通常6片，2轮排列，稀3或9片，1轮或3轮排列，黄色；花瓣6片，黄色，内侧近基部具2个腺体；雄蕊6枚，与花瓣对生，花药瓣裂，花粉近球形，具螺旋状萌发孔或为合沟，外壁具网状纹饰；子房含胚珠1~12枚，稀达15枚，基生，花柱短或缺，柱头头状。浆果球形、椭圆形、长圆形、卵形或倒卵形，通常红色或蓝黑色。种子1~10粒，黄褐色至红棕色或黑色，无假种皮。

本属约500种；中国约250种；恩施州产14种。

分种检索表

1. 花单生或2至多朵簇生。
  2. 叶倒卵形或倒卵状匙形，长1~1.5厘米，叶全缘或兼具1~4个刺齿；浆果球形 ………………… 1. 金花小檗 *Berberis wilsonae*
  2. 叶缘具刺齿或刺锯齿，偶兼有全缘。
    3. 叶披针形、椭圆状披针形或倒披针形。
      4. 叶长圆状披针形或狭椭圆形，背面常微被白粉；花2~6朵簇生，萼片3轮 ………… 2. 芒齿小檗 *Berberis triacanthophora*
      4. 萼片2轮。
        5. 胚珠单一。
          6. 叶缘具6~12个刺齿；花瓣先端锐裂，浆果卵状椭圆形或卵球形 ……………… 3. 汉源小檗 *Berberis bergmanniae*
          6. 花瓣先端缺裂，浆果长圆形或椭圆形。
            7. 叶椭圆状披针形，长4~9厘米，每边具35~60个刺齿，浆果被白粉 ………… 4. 大叶小檗 *Berberis ferdinandi-coburgii*
            7. 叶缘每边具刺齿20个以下；药隔先端不延伸，浆果顶端具宿存花柱，被白粉 ………… 5. 豪猪刺 *Berberis julianae*
        5. 胚珠2~4枚；叶披针形，边缘具10~15个刺齿，花10~30朵簇生，浆果具宿存花柱 … 6. 鄂西小檗 *Berberis zanlanscianensis*
    3. 叶椭圆形、矩圆形、卵形或倒卵形。
      8. 叶椭圆形，边缘具12~16个刺齿，背面不被白粉；花2~5朵簇生，花瓣先端锐裂；浆果顶端具短宿存花柱 …………………………………………………………………………………………… 7. 兴山小檗 *Berberis silvicola*
      8. 花瓣先端缺裂。
        9. 叶缘每边具15~25个刺齿，浆果顶端不具宿存花柱，不被白粉，胚珠1~2枚；萼片3轮 …… 8. 刺黑珠 *Berberis sargentiana*
        9. 叶长4~6厘米，宽1~1.6厘米，浆果椭圆形；萼片2轮 …………………………… 9. 假小檗 *Berberis fallax*

1. 花序伞形状、总状或圆锥状。
    10. 叶上面有折皱，两面均被毛；穗状总状花序 ················· 10. 短柄小檗 Berberis brachypoda
    10. 近伞形状总状花序或总状花序。
        11. 总状花序具总梗。
            12. 叶长圆状菱形，长 3.5～8 厘米，全缘 ················· 11. 庐山小檗 Berberis virgetorum
            12. 叶具刺齿或兼具全缘。
                13. 花瓣长圆状倒卵形，先端锐裂，背面被白粉；果具明显宿存花柱 ··········· 12. 川鄂小檗 Berberis henryana
                13. 叶背面黄绿色，不被白粉，胚珠 1～2 枚；果不具宿存花柱 ··········· 13. 直穗小檗 Berberis dasystachya
        11. 总状花序不具总梗，花序紧密，花梗长 1～2 毫米，果近球状 ··········· 14. 锥花小檗 Berberis aggregata

1. 金花小檗　*Berberis wilsonae* Hemsl. in Kew Bull. 1906: 151. 1906.

半常绿灌木，高约 1 米。枝常弓弯，老枝棕灰色，幼枝暗红色，具棱，散生黑色疣点；茎刺细弱，三分叉，长 1～2 厘米，淡黄色或淡紫红色，有时单一或缺如。叶革质，倒卵形或倒卵状匙形或倒披针形，长 6～25 毫米，宽 2～6 毫米，先端圆钝或近急尖，有时短尖，基部楔形，上面暗灰绿色，网脉明显，背面灰色，常微被白粉，网脉隆起，全缘或偶有 1～2 个细刺齿；近无柄。花 4～7 朵簇生；花梗长 3～7 毫米，棕褐色；花金黄色；小苞片卵形；萼片 2 轮，外萼片卵形，长 3～4 毫米，宽 2～3 毫米，内轮萼片倒卵状圆形或倒卵形，长 5～5.5 毫米，宽 3.5～4 毫米；花瓣倒卵形，长约 4 毫米，宽约 2 毫米，先端缺裂，裂片近急尖；雄蕊长约 3 毫米，药隔先端钝尖；胚珠 3～5 枚。浆果近球形，长 6～7 毫米，直径 4～5 毫米，粉红色，顶端具明显宿存花柱，微被白粉。花期 6～9 月，果期翌年 1～2 月。

产于鹤峰、巴东，生于山坡林下；分布于云南、四川、湖北、西藏、甘肃。

根枝入药，有清热、解毒、消炎之功效；用于止痢、赤眼红肿等。

2. 芒齿小檗　*Berberis triacanthophora* Fedde in Bot. Jahrb. 36: 43. 1905.

常绿灌木，高 1～2 米。茎圆柱形，老枝暗灰色或棕褐色，幼枝带红色，具稀疏疣点；茎刺三分叉，长 1～2.5 厘米，与枝同色。叶革质，线状披针形、长圆状披针形或狭椭圆形，长 2～6 厘米，宽 2.5～8 毫米，先端渐尖或急尖，常有刺尖头，基部楔形，上面深绿色，有光泽，下面灰绿色，中脉隆起，两面侧脉和网脉不显，具乳头状突起，有时微被白粉，叶缘微向背面反卷，每边具 2～8 个刺齿，偶有全缘；近无柄。花 2～4 朵簇生；花梗长 1.5～2.5 厘米，光滑无毛；花黄色；小苞片红色，卵形、长约 1 毫米；萼片 3 轮，外萼片卵状圆形，长 2 毫米，宽 1.8 毫米，中萼片卵形，长 3.5 毫米，宽 2.5 毫米，先端急尖，内萼片倒卵形，长约 5 毫米，

小檗科
Berberidaceae

宽约4毫米，先端钝；花瓣倒卵形、长约4毫米，宽约3毫米，先端浅缺裂，基部楔形，具2个分离长圆形腺体；雄蕊长约2毫米，药隔延伸，先端平截；胚珠2~3枚。浆果椭圆形，长6~8毫米，直径4~5毫米，蓝黑色，微被白粉。花期5~6月，果期6~10月。

恩施州广布，生于山坡林中；分布于湖北、湖南、四川、贵州、陕西。

3. 汉源小檗　*Berberis bergmanniae* Schneid. in Sargent, Pl. Wils. 1: 362. 1913.

常绿灌木，高1~2米。枝具条棱，棕色或棕黄色，散生黑色疣点；茎刺三分叉，粗壮，淡黄色，长1.5~3.5厘米。叶厚革质，长圆状椭圆形至椭圆形，长3~7厘米，宽1~2厘米，先端急尖或渐尖，基部狭楔形，上面深绿色，中脉明显凹陷，背面淡绿色，中脉明显隆起，两面侧脉微隆起，但网脉不显，不被白粉，两面有光泽，叶缘加厚，微向背面反卷，不呈波状，每边具2~12个刺齿；叶柄短或近无柄。花5~20朵簇生；花梗长7~15毫米；萼片2轮，外萼片卵形，长约5.5毫米，宽约3.5毫米，内萼片倒卵形，长7毫米，宽5毫米；花瓣倒卵形，长约6毫米，宽约5毫米，先端圆形、锐裂，基部略缢缩呈爪，具2个分离腺体；雄蕊长约4.5毫米，药隔先端平截；胚珠1~2枚。果梗暗褐色，长达2厘米；浆果卵状椭圆形或卵圆形，长8~9毫米，直径约6毫米，黑色，具极明显宿存花柱，被白粉，种子1~2粒。花期3~5月，果期5~10月。

恩施州广布，生于山坡林中；分布于四川、湖北。

4. 大叶小檗　*Berberis ferdinandi-coburgii* Schneid. in Sargent, Pl. Wils. 1: 364. 1913.

常绿灌木，高约2米。老枝具棱槽，散生黑色疣点；茎刺细弱，三分叉，长7~15毫米，腹面具槽。叶革质，椭圆状倒披针形，长4~9厘米，宽1.5~2.5厘米，先端急尖，具一刺尖，基部楔形，上面栗色，有光泽，中脉和侧脉凹陷，背面棕黄色，中脉和侧脉隆起，两面网脉显著，不被白粉，叶缘平展，有时微向背面反卷，每边具35~60个刺齿；叶柄长2~4毫米。花8~18朵簇生；花梗细弱，长1~2厘米，无毛；花黄色；小苞片红色，长约1.5毫米；萼片2轮，外萼片披针形，长约3毫米，宽约1毫米，先端急尖，内萼片卵形、长约5毫米，宽约3毫米；花瓣狭倒卵形，长3.5~4.5毫米，宽1.5~2.5毫米，先端缺裂，基部缢缩呈爪，具2个分离腺体；雄蕊长约3毫米，药隔先端平截；胚珠单生，近无柄。浆果黑色，椭圆形或卵形，长7~8毫米，直径5~6毫米，顶端具明显宿存花柱，不被白粉或有时微被白粉。花果期6~10月。

产于建始、巴东，属湖北省新记录，生于山坡灌丛中；分布于云南。

根药用，用于各种热症和炎症。

5. 豪猪刺　*Berberis julianae* Schneid. in Sargent, Pl. Wils. 1: 360. 1913.

常绿灌木，高1~3米。老枝黄褐色或灰褐色，幼枝淡黄色，具条棱和稀疏黑色疣点；茎刺粗壮，三分叉，腹面具槽，与枝同色，长1~4厘米。叶革质，椭圆形，披针形或倒披针形，长3~10厘米，宽1~3厘米，先端渐尖，基部楔形，上面深绿色，中脉凹陷，侧脉微显，背面淡绿色，中脉隆起，侧脉微隆起或不显，两面网脉不显，不被白粉，叶缘平展，每边具10~20个刺齿；叶柄长1~4毫米。花10~25朵簇生；花梗长8~15毫米；花黄色；小苞片卵形，长约2.5毫米，宽1.5毫米，先端急尖；萼片2轮，外萼片卵形，长约5毫米，宽约3

毫米，先端急尖，内萼片长圆状椭圆形，长约7毫米，宽约4毫米，先端圆钝；花瓣长圆状椭圆形，长约6毫米，宽约3毫米，先端缺裂，基部缢缩呈爪，具2个长圆形腺体；胚珠单生。浆果长圆形，蓝黑色，长7～8毫米，直径3.5～4毫米，顶端具明显宿存花柱，被白粉。花期3月，果期5～11月。

恩施州广布，生于林下或灌丛中；分布于湖北、四川、贵州、湖南、广西。

根供药用，有清热解毒，消炎抗菌的功效。

6. 鄂西小檗　*Berberis zanlanscianensis* Pamp. in Nuovo Giorn. Bot. Ital. N. S., 22: 293. 1915.

常绿灌木，高1～2米。老枝具条棱，暗灰色，不具疣点，幼枝紫红色，光滑无毛；茎刺三分叉，淡黄色，长1～2.5厘米，有时缺如。叶厚革质，狭披针形，长4～11厘米，宽9～19毫米，先端渐尖，基部狭楔形，上面深绿色，中脉凹陷，侧脉微隆起，背面淡绿色或带红褐色，中脉和侧脉明显隆起，两面网脉隐约可见；不被白粉；叶缘干后稍向背面反卷，每边具10～25个刺齿；叶柄长约4毫米。花5～30朵簇生；花梗长10～20毫米，带紫红色；花瓣较外萼片长；子房含胚珠1～3枚。浆果黑色，倒卵形，长7～9毫米，直径4～5毫米，顶端具极短宿存花柱，不被白粉；含种子1～3粒。花期3～5月，果期5～9月。

产于利川，生于山坡林中；分布于湖北、四川。

7. 兴山小檗　*Berberis silvicola* Schneid. in Sargent, Pl. Wils. 3: 438. 1917.

常绿灌木，高1～3米。节间长3.5～5.5厘米；老枝深灰色，具条棱，无黑色疣点，幼枝禾秆黄色，光滑无毛；茎刺细弱，三分叉，长3～10毫米，有时无刺。叶薄革质，椭圆形或长圆形，长2～5厘米，宽1～2厘米，先端急尖，基部楔形或短渐狭，上面深绿色，有光泽，中脉明显凹陷，侧脉和网脉不显，背面淡绿色，中脉明显隆起，侧脉和网脉显著，不被白粉，叶缘平展，每边具12～16个刺齿；叶柄长1～3毫米。花2～5朵簇生；花梗细弱，长5～12毫米；小苞片卵形，长约2.5毫米，宽约1毫米，先端急尖；萼片2轮，外萼片卵形，长4毫米，宽1.8毫米，先端钝形，内萼片倒卵形，长6毫米，宽3.5毫米，先端圆形；花瓣倒卵形，长5毫米，宽约3毫米，先端锐裂，基部楔形，具2个分离腺体；雄蕊长5～8毫米，药隔先端有时微延伸，平截；子房含胚珠2枚。果柄长达15毫米；浆果长圆形，黑色，长约8毫米，直径4～5毫米，顶端具宿存短花柱，微被白粉。花期5～6月，果期7～10月。

产于巴东，生于山坡灌丛中；分布于湖北。

8. 刺黑珠　*Berberis sargentiana* Schneid. in Sargent. Pl. Wils. 1: 359. 1913.

常绿灌木，高1～3米。茎圆柱形，老枝灰棕色，幼枝带红色，通常无疣点，偶有稀疏黑色疣点，节间3~6厘米；茎刺三分叉，长1~4厘米，腹面具槽。叶厚革质，长圆状椭圆形，长4~15厘米，宽1.5~6.5厘米，先端急尖，基部楔形，上面亮深绿色，中脉凹陷，侧脉微隆起，网脉微显，背面黄绿色或淡绿色，中脉明显隆起，侧脉微隆起，网脉显著，叶缘平展，每边具15~25个刺齿；近无柄。花4~10朵簇生；花梗长1~2厘米；花黄色；小苞片红色，长、宽约2毫米；萼片3轮，外萼片卵形，长3.5毫米，宽约3毫米，先端近急尖，自基部向先端有一红色带条，中萼片菱状椭圆形，长5毫米，宽4.5毫米，内萼片倒卵形，长6.5毫米，宽5毫米；花瓣倒卵形，长6毫米，宽4.5毫米，先端缺裂，裂片先端圆形，基部楔形，具2个邻接的橙色腺体；雄蕊长约4.5毫米，药隔先端平截；子房具胚珠1~2枚。浆果长圆形或长圆状椭圆形，黑色，长6~8毫米，直径4~6毫米，顶端不具宿存花柱，不被白粉。花期4~5月，果期6~11月。

恩施州广布，生于山坡林中或路边；分布于湖北、四川。

根入药，有清热解毒，消炎抗菌功效；主治痢疾、腹泻、红肿等症。

9. 假小檗　*Berberis fallax* Schneid. in Repert. Sp. Nav. 46: 263. 1939.

常绿灌木，高1~2.5米。老枝棕灰色，幼枝棕黄色，明显具槽棱，无疣点；茎刺细弱，三分叉，长6~20毫米，腹面具槽。叶薄革质，长圆状椭圆形至披针形，长2~6厘米，宽8~16毫米，先端钝尖，具一刺尖，基部楔形，上面暗绿色，有时有光泽，中脉微凹陷，背面淡黄色，中脉明显隆起，不被白粉，两面侧脉微隆起，网脉微显，叶缘平展，每边具7~15个刺齿；近无柄。花3~7朵簇生；花梗长1~2厘米，无毛；花黄色；萼片2轮，外萼片卵形，长约4.5毫米，宽约3毫米，先端近急尖，内萼片阔椭圆形，长约6毫米，宽约4毫米；花瓣倒卵形，长约4毫米，宽约2.5毫米，先端微凹，基部缢缩呈爪，具2个分离腺体；雄蕊长约2.5毫米，药隔延伸，先端凹缺；胚珠4~5枚，近无柄。浆果椭圆形，长约8毫米，直径约5毫米，顶端具极短宿存花柱，不被白粉。花期2~3月，果期9~11月。

产于巴东，属湖北省新记录，生于山坡林中；分布于云南。

10. 短柄小檗　*Berberis brachypoda* Maxim. in Bull. Acad. Sci. St.-Petersb. 23: 308. 1877.

落叶灌木，高1~3米。老枝黄灰色，无毛或疏被柔毛，幼枝具条棱，淡褐色，无毛或被柔毛，具稀疏黑疣点；茎刺三分叉，稀单生，与枝同色，长1~3厘米，腹面具槽。叶厚纸质，椭圆形、倒卵形，或长圆状椭圆形，长3~14厘米，宽1.5~5厘米，先端急尖或钝，基部楔形，上面暗绿色，有折皱，疏被短柔毛，背面黄绿色，脉上密被长柔毛，叶缘平展，每边具20~40个刺齿；叶柄长3~10毫米，被柔毛。穗状总状花序直立或斜上，长5~12厘米，通常密生20~50朵花，具花序梗，长1.5~4厘米，无毛；花梗长约2毫米，疏被短柔毛或无毛；花淡黄色；小苞片披针形，常红色，2轮4片；萼片3轮，边缘具短毛，外萼片卵形，长约2毫米，宽1.5毫米，先端急尖，常带红色，中萼片长圆状倒卵形，长约3毫米，宽约2.5毫米，内萼片倒卵状椭圆形，长约4.5毫米，宽约3毫米，先端钝；花瓣椭圆形，长约5毫米，宽约3毫米，先端缺裂或全缘，裂片先端急尖，基部缢缩呈爪，具2个分离腺体；雄蕊长约2毫米，药隔不延伸，先端平截；胚珠1~2枚。浆果长圆形，长6~9毫米，直径约5毫米，鲜红色，顶端具明显宿存花柱，不被白粉。花期5~6月，果期7~9月。

产于巴东、建始，生于山坡林下或路边；分布于四川、陕西、甘肃、湖北、河南、山西、青海。

11. 庐山小檗　*Berberis virgetorum* Schneid. in Sargent, Pl. Wils. 3: 440. 1917.

落叶灌木，高1.5~2米。幼枝紫褐色，老枝灰黄色，具条棱，无疣点；茎刺单生，偶有三分叉，长1~4厘米，腹面具槽。叶薄纸质，长圆状菱形，长3.5~8厘米，宽1.5~4厘米，先端急尖，短渐尖或微钝，基部楔形，渐狭下延，上面暗黄绿色，中脉稍隆起，侧脉显著，弧曲斜上至近叶缘联结，背面灰白色，中脉和侧脉明显隆起，叶缘平展，全缘，有时稍呈波状；叶柄长1～2厘米。总状花序具3～15朵花，长2～5厘米，包括总梗长1～2厘米；花梗细弱，长4～8毫米，无毛；苞片披针形，先端渐尖，长1～1.5毫米；花黄色；萼片2轮，外萼片长圆状卵形，长1.5～2毫米，宽1～1.2毫米，先端急尖，内萼片长圆状倒卵形，长约4毫米，宽1～1.8毫米，先端钝；花瓣椭圆状倒卵形，长3～3.5毫米，宽1～2.5毫米，先端钝，全缘，基部缢缩呈爪，具2个分离长圆形腺体；雄蕊长约3毫米，药隔先端不延伸，钝形；胚珠单生，无柄。浆果长圆状椭圆形，长8～12毫米，直径3～4.5毫米，熟时红色，顶端不具宿存花柱，不被白粉。花期4～5月，果期6～10月。

产于宣恩、建始，生于山坡林中；分布于江西、浙江、安徽、福建、湖北、湖南、广西、广东、陕西、贵州。

根皮、茎入药，作清热泻火、抗菌消炎药。

12. 川鄂小檗 *Berberis henryana* Schneid. in Bull. Herb. Boissier, (2) 5: 664. 1905.

落叶灌木，高2～3米。老枝灰黄色或暗褐色，幼枝红色，近圆柱形，具不明显条棱；茎刺单生或三分叉，与枝同色，长1～3厘米，有时缺如。叶坚纸质，椭圆形或倒卵状椭圆形，长1.5～3厘米，宽8～18毫米，先端圆钝，基部楔形，上面暗绿色，中脉微凹陷，侧脉和网脉微显，背面灰绿色，常微被白粉，中脉隆起，侧脉和网脉显著，两面无毛，叶缘平展，每边具10～20个不明显的细刺齿；叶柄长4～15毫米。总状花序具10～20朵花，长2～6厘米，包括总梗长1～2厘米；花梗长5～10毫米，无毛；苞片长1～1.5毫米；花黄色；小苞片披针形，先端渐尖，长1～1.5毫米；萼片2轮，外萼片长圆状倒卵形，长2.5～3.5毫米，宽1.5～2毫米，内萼片倒卵形，长5～6毫米，宽4～5毫米；花瓣长圆状倒卵形，长5～6毫米，宽4～5毫米，先端锐裂，基部具2个分离腺体；雄蕊长3.5～4.5毫米，药隔不延伸，先端平截；胚珠2枚。浆果椭圆形，长约9毫米，直径约6毫米，红色，顶端具短宿存花柱，不被白粉。花期5～6月，果期7～9月。

产于巴东，生于山坡林下；分布于湖北、湖南、甘肃、陕西、四川、贵州、河南。

根供药用，有清热、解毒、消炎、抗菌功效；主治痢疾。

13. 直穗小檗 *Berberis dasystachya* Maxim. in Bull. Acad. Sci. St.-Petersb. 23: 308. 1877.

落叶灌木，高2～3米。老枝圆柱形，黄褐色，具稀疏小疣点，幼枝紫红色；茎刺单一，长5～15毫米，有时缺如或偶有三分叉，长达4厘米。叶纸质，叶片长圆状椭圆形、宽椭圆形或近圆形，长3～6厘米，宽2.5～4厘米，先端钝圆，基部骤缩，稍下延，呈楔形、圆形或心形，上面暗黄绿色，中脉和侧脉微隆起，背面黄绿色，中脉明显隆起，不被白粉，两面网脉显著，无毛，叶缘平展，每边具25～50个细小刺齿；叶柄长1～4厘米。总状花序直立，具15～30朵花，长4～7厘米，包括总梗长1～2厘米，无毛；花梗4～7毫米；花黄色；小苞片披针形，长约2毫米，宽约0.5毫米，萼片2轮，外萼片披针形，长约3.5毫米，宽约2毫米，内萼片倒卵形，长约5毫米，宽约3毫米，基部稍呈爪；花瓣倒卵形，长约4毫米，宽约2.5毫米，先端全缘，基部缢缩呈爪，具2个分离长圆状椭圆形腺体；雄蕊长约2.5毫米，药隔先端不延伸，平截；胚珠1～2枚。浆果椭圆形，长6～7毫米，直径5～5.5毫米，红色，顶端无宿存花柱，不被白粉。花期4～6月，果期6～9月。

产于巴东，生于山谷林下或山坡林下；分布于甘肃、宁夏、青海、湖北、陕西、四川、河南、河北、山西。

14. 锥花小檗　*Berberis aggregata* Schneid. in Bull. Herb. Boiss. 2, 8: 203. 1908.

半常绿或落叶灌木，高 2～3 米。老枝暗棕色，无毛，具棱槽，幼枝淡褐色，微被短柔毛，具稀疏黑色疣点；茎刺三分叉，长 8～15 毫米，淡黄色。叶近革质，倒卵状长圆形至倒卵形，长 8～25 毫米，宽 4～15 毫米，先端圆钝，具一刺尖头，基部楔形，上面暗黄绿色，中脉微凹陷或扁平，背面淡黄绿色或灰白色，中脉隆起，两面网脉显著，叶缘平展，每边具 2～8 个刺齿，有时全缘；叶柄短或近无柄。短圆锥花序具 10～30 朵花，紧密，长 1～2.5 厘米，近无总梗；花梗长 1～3 毫米；苞片稍长于花梗；花淡黄色；小苞片卵形，先端急尖，长约 1 毫米；萼片 2 轮，外萼片长约 2.5 毫米，宽约 1.8 毫米，内萼片长约 3.5 毫米，宽约 2.5 毫米，两者均为椭圆形；花瓣倒卵形，长约 3.5 毫米，宽约 2 毫米，先端缺裂，基部缢缩呈爪，具 2 个长圆形腺体；雄蕊长 2～2.5 毫米，药隔延伸，先端钝；胚珠 2 枚，近无柄。浆果近球形或卵球形，长 6～7 毫米，红色，顶端具明显宿存花柱，不被白粉。花期 5～6 月，果期 7～9 月。

产于巴东、鹤峰，生于山坡林中；分布于青海、甘肃、四川、湖北、山西。

根供药用，有清热解毒，消炎抗菌的功效；主治目赤、咽喉肿痛、腹泻、牙痛等症。

十大功劳属　*Mahonia* Nuttall

常绿灌木或小乔木，高 0.3～8 米。枝无刺。奇数羽状复叶，互生，无叶柄或具叶柄，叶柄长达 14 厘米；小叶 3～41 对，侧生小叶通常无叶柄或具小叶柄；小叶边缘具粗疏或细锯齿，或具牙齿，少有全缘。花序顶生，由 1～18 条簇生的总状花序或圆锥花序组成，长 3～35 厘米，基部具芽鳞；花梗长 1.5～2.4 毫米；苞片较花梗短或长；花黄色；萼片 3 轮，9 片；花瓣 2 轮，6 片，基部具 2 个腺体或无；雄蕊 6 枚，花药瓣裂；子房含基生胚珠 1～7 枚，花柱极短或无花柱，柱头盾状。浆果，深蓝色至黑色。

本属约 60 种；中国有 35 种；恩施州 7 种 1 亚种。

分种检索表

1. 圆锥花序 ··· 1. 细柄十大功劳 *Mahonia gracilipes*
1. 总状花序。
　2. 叶柄长 2.5～9 厘米。
　　3. 总状花序 1～2 条簇生；小叶卵形或卵状椭圆形 ······················· 2. 鄂西十大功劳 *Mahonia decipiens*
　　3. 总状花序 4～10 条簇生。
　　　4. 小叶 2～5 对；花梗与苞片等长；花瓣基部腺体显著 ··············· 3. 十大功劳 *Mahonia fortunei*
　　　4. 小叶 6～9 对；花梗远长于苞片；花瓣基部腺体不显 ··············· 4. 宽苞十大功劳 *Mahonia eurybracteata*
　2. 叶柄长 2 厘米以下或近无柄。
　　5. 小叶披针形，椭圆状披针形或卵状长圆形，6～9 对，边缘每边具 3～9 个刺齿；花瓣基部具明显腺体 ··················
　　　5. 安坪十大功劳 *Mahonia eurybracteata* subsp. *ganpinensis*

5. 小叶长圆形、卵形、阔椭圆形或菱形。
　　6. 小叶背面被白粉；浆果直径 10～12 毫米 ··· 6. 阔叶十大功劳 Mahonia bealei
　　6. 小叶背面黄绿色，不被白粉；浆果直径 10 毫米以下。
　　　　7. 花梗与苞片等长 ··· 7. 长阳十大功劳 Mahonia sheridaniana
　　　　7. 苞片长于花梗 ··· 8. 峨眉十大功劳 Mahonia polydonta

1. 细柄十大功劳　　*Mahonia gracilipes* (Oliv.) Fedde in Bot. Jahrb. Syst. 31: 128. 1901.

小灌木，高约 1 米。叶椭圆形至狭椭圆形，长 20～41 厘米，宽 7～11 厘米，具 2～3 对近无柄的小叶，最下部的小叶离叶柄基部 3.5～10 厘米，上面暗绿色，背面被白粉，两面网状脉明显隆起，节间长 5～7 厘米，叶轴粗壮，直径 2～3 毫米；最下部小叶长圆形，长 6～11 厘米，宽 2～5 厘米，上部小叶长圆形至倒披针形，长 8～13 厘米，宽 3.5～5 厘米，基部楔形，边缘中部以下全缘，以上每边具 1～5 个刺齿；顶生小叶长 8～14.5 厘米，宽 3～7.3 厘米，小叶柄长 2～5.5 厘米。总状花序分枝或不分枝，3～5 条簇生，长 6～35 厘米，花较稀疏；芽鳞披针形，长 2～2.5 厘米，宽 4～7 毫米；花梗纤细，长 1.3～2.4 厘米；苞片长 1～2 毫米；花具黄色花瓣和紫色萼片；外萼片卵形、长 2.2～3 毫米，宽 1.5～2 毫米，先端急尖，中萼片椭圆形，长 4.5～5 毫米，宽 2.1～2.8 毫米，急尖，内萼片椭圆形，长 5～5.5 毫米，宽 2.2～3.2 毫米；花瓣长圆形，长 4～5 毫米，宽 2～2.6 毫米，基部具 2 个腺体，先端微缺，裂片急尖；雄蕊长 2～3 毫米，药隔不延伸，顶端平截；子房长约 2 毫米，花柱极短，胚珠 2～4 枚。浆果球形，直径 5～8 毫米，黑色，被白粉。花期 4～8 月，果期 9～11 月。

恩施州广布，生于林下；分布于四川、湖北、云南。

根可入药，具清热解毒、散瘀消肿的功效，用于目赤肿痛、疮痈肿毒、直肠脱垂等。

2. 鄂西十大功劳　　*Mahonia decipiens* Schneid. in Sargent, Pl. Wils. 1: 379. 1913.

灌木，高 1～2 米。叶椭圆形，长 15～20 厘米，宽 7～11 厘米，具 2～7 对小叶，最下一对小叶距叶柄基部 4～6 厘米，上面暗绿色，背面淡暗绿色，两面叶脉少分枝而稍隆起，叶轴粗约 2 毫米，节间长 2.5～3.5 厘米；小叶有时邻接，卵形至卵状椭圆形，最下一对小叶长 3～5.5 厘米，宽 1.5～3 厘米，向上渐大，长 4.5～7 厘米，宽 2.5～3.5 厘米，基部近截形，边缘每边具 3～6 个刺锯齿，先端急尖，顶生小叶较大，长 7.5～9.5 厘米，3.5～5 厘米. 柄长 1.5～2 厘米。总状花序单 1 或 2 条簇生，长 4～6 厘米；芽鳞卵形或狭卵形，长 1～1.5 厘米，宽 4～7 毫米；花梗长 2.5～3 毫米；苞片卵形，长 2～2.5 毫米，宽约 1.5 毫米；花黄色；外萼片卵形，长 2.3～2.5

毫米，宽 1.5~2 毫米，中萼片阔卵形，长 3~3.5 毫米，宽 2~2.5 毫米，内萼片椭圆形，长 5~6 毫米，宽 3~4 毫米；花瓣倒卵形，长 5~5.5 毫米，宽 3.2 毫米，基部腺体显著，先端微缺裂；雄蕊长约 3 毫米，药隔不延伸，顶端平截；子房长约 2.5 毫米，花柱长约 0.3 毫米，胚珠 2 枚。花期 4~8 月。

产于巴东、利川，生于山谷林下；分布于湖北。

3. 十大功劳　　*Mahonia fortunei* (Lindl.) Fedde in Bot. Jahrb. Syst. 31: 130. 1910.

灌木，高 0.5~4 米。叶倒卵形至倒卵状披针形，长 10~28 厘米，宽 8~18 厘米，具 2~5 对小叶，最下一对小叶外形与往上小叶相似，距叶柄基部 2~9 厘米，上面暗绿至深绿色，叶脉不显，背面淡黄色，偶稍苍白色，叶脉隆起，叶轴粗 1~2 毫米，节间 1.5~4 厘米，往上渐短；小叶无柄或近无柄，狭披针形至狭椭圆形，长 4.5~14 厘米，宽 0.9~2.5 厘米，基部楔形，边缘每边具 5~10 个刺齿，先端急尖或渐尖。总状花序 4~10 条簇生，长 3~7 厘米；芽鳞披针形至三角状卵形，长 5~10 毫米，宽 3~5 毫米；花梗长 2~2.5 毫米；苞片卵形，急尖，长 1.5~2.5 毫米，宽 1~1.2 毫米；花黄色；外萼片卵形或三角状卵形，长 1.5~3 毫米，宽约 1.5 毫米，中萼片长圆状椭圆形，长 3.8~5 毫米，宽 2~3 毫米，内萼片长圆状椭圆形，长 4~5.5 毫米，宽 2.1~2.5 毫米；花瓣长圆形，长 3.5~4 毫米，宽 1.5~2 毫米，基部腺体明显，先端微缺裂，裂片急尖；雄蕊长 2~2.5 毫米，药隔不延伸，顶端平截；子房长 1.1~2 毫米，无花柱，胚珠 2 枚。浆果球形，直径 4~6 毫米，紫黑色，被白粉。花期 7~9 月，果期 9~11 月。

恩施州广布，生于灌丛或沟边；分布于广西、四川、贵州、湖北、江西、浙江。

全株可供药用，有清热解毒、滋阴强壮之功效。

4. 宽苞十大功劳　　*Mahonia eurybracteata* Fedde in Bot. Jahrb. Syst. 31: 127. 1901.

灌木，高 0.5~4 米。叶长圆状倒披针形，长 25~45 厘米，宽 8~15 厘米，具 6~9 对斜升的小叶，最下一对小叶距叶柄基部约 5 厘米或靠近基部，上面暗绿色，侧脉不显，背面淡黄绿色，叶脉开放，明显隆起，叶轴粗 2~3 毫米，节间长 3~6 厘米，往上渐短；小叶椭圆状披针形至狭卵形，最下一对小叶长 2.6 厘米，宽 0.8~1.2 厘米，往上小叶长 4~10 厘米，宽通常 2~4 厘米，基部楔形，边缘每边具 3~9 个刺齿，先端渐尖，顶生小叶稍大，长 8~10 厘米，宽 1.2~4 厘米，近无柄或长达约 3 厘米。总状花序 4~10 条簇生，长 5~10 厘米；芽鳞卵形，长 1~1.5 厘米，宽 0.6~1 厘米；花梗细弱，长 3~5 毫米；苞片卵形，长 2.5~3 毫米，宽 1.5~2 毫米；花黄色；外萼片卵形，长 2~3 毫米，宽 1~2 毫米，中萼片椭圆形，长 3~4.5 毫米，1.6~2.8 毫米，内萼片椭圆形，长 3~5 毫米，宽

1.8~3毫米；花瓣椭圆形，长3~4.3毫米，宽1~2毫米，基部腺体明显，但有时不明显，先端微缺裂；雄蕊长2~2.6毫米，药隔不延伸，先端平截；子房长约2.5毫米，柱头显著，长约0.5毫米，胚珠2枚。浆果倒卵状或长圆状，长4~5毫米，直径2~4毫米，蓝色或淡红紫色，具宿存花柱，被白粉。花期8~11月，果期11月至翌年5月。

产于利川，生于山谷林中；分布于贵州、四川、湖北、湖南、广西。

5. 安坪十大功劳（亚种） Mahonia eurybracteata Fedde subsp. *ganpinensis* (Levl.) Ying et Boufford in Fl. Reipubl. Popularis Sin. 29: 232. 2001.

本亚种与宽苞十大功劳 *M. eurybracteata* 的主要区别在于小叶较狭，宽1.5厘米以下；花梗较短，长1.5~2毫米。花期8~11月，果期11月至翌年5月。

产于利川，生于林下；分布于贵州、四川、湖北。

6. 阔叶十大功劳 Mahonia bealei (Fort.) Pynaert in Rev. Hort. Belge Etrangere 1: 156. 1875.

灌木或小乔木，高0.5~8米。叶狭倒卵形至长圆形，长27~51厘米，宽10~20厘米，具4~10对小叶，最下一对小叶距叶柄基部0.5~2.5厘米，上面暗灰绿色，背面被白霜，有时淡黄绿色或苍白色，两面叶脉不显，叶轴粗2~4毫米，节间长3~10厘米；小叶厚革质，硬直，自叶下部往上小叶渐次变长而狭，最下一对小叶卵形，长1.2~3.5厘米，宽1~2厘米，具1~2个粗锯齿，往上小叶近圆形至卵形

或长圆形，长2～10.5厘米，宽2～6厘米，基部阔楔形或圆形，偏斜，有时心形，边缘每边具2～6个粗锯齿，先端具硬尖，顶生小叶较大，长7～13厘米，宽3.5～10厘米，具柄，长1～6厘米。总状花序直立，通常3～9条簇生；芽鳞卵形至卵状披针形，长1.5～4厘米，宽0.7～1.2厘米；花梗长4～6毫米；苞片阔卵形或卵状披针形，先端钝，长3～5毫米，宽2～3毫米；花黄色；外萼片卵形，长2.3～2.5毫米，宽1.5～2.5毫米，中萼片椭圆形，长5～6毫米，宽3.5～4毫米，内萼片长圆状椭圆形，长6.5～7毫米，宽4～4.5毫米；花瓣倒卵状椭圆形，长6～7毫米，宽3～4毫米，基部腺体明显，先端微缺；雄蕊长3.2～4.5毫米，药隔不延伸，顶端圆形至截形；子房长圆状卵形，长约3.2毫米，花柱短，胚珠3～4枚。浆果卵形，长约1.5厘米，直径1～1.2厘米，深蓝色，被白粉。花期9月至翌年1月，果期翌年3～5月。

恩施州广布，生于山谷林中；分布于浙江、安徽、江西、福建、湖南、湖北、陕西、河南、广东、广西、四川。

7. 长阳十大功劳　　*Mahonia sheridaniana* Schneid. in Sargent, Pl. Wils. 1: 384. 1913.

灌木，高0.5～3米。叶椭圆形至长圆状披针形，长17～36厘米，宽8～14厘米，具4～9对小叶，最下一对小叶距叶柄基部0.7～1厘米，上面暗绿色，或稍有光泽，叶脉不显著，背面淡绿色，叶脉稍隆起，节间长1.5～5厘米；小叶厚革质，硬直，卵形至卵状披针形，最下一对小叶长1.2～3厘米，宽0.8～1.05厘米，往上小叶增大，长3～9.5厘米，宽1.5～3.6厘米，基部阔圆形至近楔形，或近心形，略偏斜，边缘每边具2～5个牙齿，先端急尖，顶生小叶长6.5～11厘米，宽2.5～4厘米，小叶柄长0.8～2.5厘米。总状花序4～10条簇生，长5～18厘米；芽鳞阔披针形至卵形，长1～2厘米，宽0.5～1.2厘米；花梗长3～5毫米；苞片卵形，长2～3.5毫米，宽1～1.7毫米；花黄色；外萼片狭卵形，卵形至卵状披针形，长2.5～4.5毫米，宽1.5～1.6毫米，中萼片卵形至卵状披针形，长4.5～6毫米，宽2～3毫米，内萼片椭圆形，长5.5～8.2毫米，宽3～3.8毫米；花瓣倒卵状椭圆形至长圆形，长5～6.5毫米，宽2～2.8毫米，基部腺体显著，先端微缺；雄蕊长3～4毫米，药隔不延伸，顶端平截；子房长2～3毫米，花柱长约0.3毫米，胚珠2～3枚。浆果卵形至椭圆形，长8～10毫米，直径4～7毫米，蓝黑色或暗紫色，被白霜，宿存花柱极短。花期3～4月，果期4～6月。

产于宣恩，生于山坡林中；分布于湖北、四川。

8. 峨眉十大功劳　　*Mahonia polydonta* Fedde in Bot. Jahrb. Syst. 31: 1. 26. 1901.

灌木，高0.5～2米。叶长圆形，长15～30厘米，宽5～10厘米，具4～8对小叶，基部一对小叶距叶柄基部0.5～4厘米，上面深绿色，微有光泽，叶脉显著，有时凹陷，背面淡黄绿色，网脉隆起，叶轴粗2～2.5毫米，节间长1.5～6厘米；小叶无柄，基部一对小叶倒卵状长圆形，长2.5～6厘米，宽1.2～2.3厘米，其余小叶椭圆形至卵状长圆形，长4～9厘米，宽2～3厘米，基部阔楔形至圆形，偏斜，叶缘每边具10～16个刺牙齿，先端渐尖，顶生小叶长8～12厘米，宽2.4～3.7厘米，其柄长约2厘米。总状花序3～5条簇生，长5～6厘米；芽鳞卵状披针形，长约2厘米，宽约1厘米；花梗长2～6毫米；苞片阔披针形，长6～11毫米，宽3～5毫米；花亮黄色至硫黄色；外萼片卵形，

长3～4毫米，宽2～2.5毫米，中萼片长圆状椭圆形，长4～4.5毫米，宽2～2.6毫米，内萼片长圆形，长约5毫米，宽2.6～3毫米；花瓣长圆形，长3.6～4.2毫米，宽2～2.1毫米，基部腺体显著，先端微缺裂，裂片圆形；雄蕊长约3毫米，花药长约1毫米，药隔不延伸，顶端截形；子房长2.7～3毫米，花柱极短，胚珠2枚。浆果倒卵形，长5～6.5毫米，直径3～4毫米，蓝黑色，微被白粉，宿存花柱长0.5～1毫米。花期3～5月，果期5～8月。

产于巴东，生于山坡林中；分布于湖北、贵州、四川、云南、西藏；缅甸和印度也有分布。

南天竹属 *Nandina* Thunb.

常绿灌木，无根状茎。叶互生，二至三回羽状复叶，叶轴具关节；小叶全缘，叶脉羽状；无托叶。大型圆锥花序顶生或腋生；花两性，3数，具小苞片；萼片多数，螺旋状排列，由外向内逐渐增大；花瓣6片，较萼片大，基部无蜜腺；雄蕊6枚，1轮，与花瓣对生，花药纵裂，花粉长球形，具3条孔沟，外壁具明显网状雕纹；子房倾斜椭圆形，近边缘胎座，花柱短，柱头全缘或偶有数小裂。浆果球形，红色或橙红色，顶端具宿存花柱。种子1～3粒，灰色或淡棕褐色，无假种皮。

本属仅有1种，分布于中国和日本；恩施州产1种。

南天竹 *Nandina domestica* Thunb. Fl. Jap.: 9. 1784.

常绿小灌木。茎常丛生而少分枝，高1～3米，光滑无毛，幼枝常为红色，老后呈灰色。叶互生，集生于茎的上部，三回羽状复叶，长30～50厘米；二至三回羽片对生；小叶薄革质，椭圆形或椭圆状披针形，长2～10厘米，宽0.5～2厘米，顶端渐尖，基部楔形，全缘，上面深绿色，冬季变红色，背面叶脉隆起，两面无毛；近无柄。圆锥花序直立，长20～35厘米；花小，白色，具芳香，直径6～7毫米；萼片多轮，外轮萼片卵状三角形，长1～2毫米，向内各轮渐大，最内轮萼片卵状长圆形，长2～4毫米；花瓣长圆形，长约4.2毫米，宽约2.5毫米，先端圆钝；雄蕊6枚，长约3.5毫米，花丝短，花药纵裂，药隔延伸；子房1室，具1～3枚胚珠。果柄长4～8毫米；浆果球形，直径5～8毫米，熟时鲜红色，稀橙红色。种子扁圆形。花期3～6月，果期5～11月。

恩施州广泛栽培；我国广泛栽培；日本也有分布，北美东南部有栽培。

根、叶具有强筋活络，消炎解毒之效，果为镇咳药。

防己科 Menispermaceae

攀援或缠绕藤本，稀直立灌木或小乔木，木质部常有车辐状髓线。叶螺旋状排列，无托叶，单叶，稀复叶，常具掌状脉，较少羽状脉；叶柄两端肿胀。聚伞花序，或由聚伞花序再作圆锥花序式、总状花序式或伞形花序式排列，极少退化为单花；苞片通常小，稀叶状。花通常小而不鲜艳，单性，雌雄异株，通常两被，较少单被；萼片通常轮生，每轮3片，较少4或2片，极少退化至1片，有时螺旋状着生，分离，较少合生，覆瓦状排列或镊合状排列；花瓣通常2轮，较少1轮，每轮3片，很少4或2片，有时退化至1片或无花瓣，通常分离，很少合生，覆瓦状排列或镊合状排列；雄蕊2枚至多数，通常6~8枚，花丝分离或合生，花药1~2室或假4室，纵裂或横裂，在雌花中有或无退化雄蕊；心皮3~6个，较少1~2个或多数，分离，子房上位，1室，常一侧肿胀，内有胚珠2枚，其中1枚早期退化，花柱顶生，柱头分裂或条裂，较少全缘，在雄花中退化雌蕊很小，或没有。核果，外果皮革质或膜质，中果皮通常肉质，内果皮骨质或有时木质，较少革质，表面有皱纹或有各式凸起，较少平坦；胎座迹半球状、球状、隔膜状或片状，有时不明显或没有；种子通常弯，种皮薄，有或无胚乳；胚通常弯，胚根小，对着花柱残迹，子叶扁平而叶状或厚而半柱状。

本科约65属350余种；我国有19属78种1亚种5变种1变型；恩施州产7属11种。

分属检索表

1. 子叶叶状，柔薄 ·· 1. 青牛胆属 Tinospora
1. 子叶非叶状，肥厚，肉质。
  2. 心皮3~6个（偶有2或1个）；雄蕊离生，如合生则不呈盾状；雌花有2轮萼片。
    3. 胎座迹非双片状。
      4. 胎座迹隔膜状 ·· 2. 秤钩风属 Diploclisia
      4. 胎座迹非隔膜状；雄花花瓣顶端2裂 ·· 3. 木防己属 Cocculus
    3. 胎座迹双片状。
      5. 萼片轮状排列 ··· 4. 风龙属 Sinomenium
      5. 萼片近螺旋状着生 ·· 5. 蝙蝠葛属 Menispermum
  2. 心皮1个；雄蕊合生成盾状；雌花有1轮萼片，或其中部分萼片退化消失。
    6. 雌花花瓣与萼片对生；雌花只有1轮萼片 ·· 6. 轮环藤属 Cyclea
    6. 雌花花瓣与萼片互生；雄花通常有2轮萼片 ·· 7. 千金藤属 Stephania

青牛胆属 *Tinospora* Miers

藤本。叶具掌状脉，基部心形，有时箭形或戟形。花序腋生或生老枝上。总状花序、聚伞花序或圆锥花序，单生或几个簇生；雄花萼片通常6片，有时更多或较少，外面的常明显较小，膜质，覆瓦状排列；花瓣6片，极少3片，基部有爪，通常两侧边缘内卷，抱着花丝；雄蕊6枚，花丝分离（或合生），花药近外向，稍偏斜的纵裂；雌花萼片与雄花相似；花瓣较小或与雄花相似；退化雄蕊6枚，比花瓣短，且与子房基部贴生；心皮3个，囊状椭圆形，花柱短而肥厚，柱头舌状盾形，边缘波状或条裂。核果1~3枚，具柄，球形或椭圆形，花柱残迹近顶生；果核近骨质，背部具棱脊，有时有小瘤体，腹面近平坦，胎座迹阔，具一球形的腔，向外穿孔；种子新月形，有嚼烂状胚乳，子叶叶状，卵形，极薄，叉开，比胚根长很多。

本属有30余种；我国有6种2变种；恩施州产1种。

青牛胆 Tinospora sagittata (Oliv.) Gagnep. in Bull. Soc. Bot. France 55: 45. 1908.

草质藤本，具连珠状块根，膨大部分常为不规则球形，黄色；枝纤细，有条纹，常被柔毛。叶纸质至薄革质，披针状箭形或有时披针状戟形，很少卵状或椭圆状箭形，长7~15厘米，有时达20厘米，宽2.4~5厘米，先端渐尖，有时尾状，基部弯缺常很深，后裂片圆、钝或短尖，常向后伸，有时向内弯以至2片裂片重叠，很少向外伸展，通常仅在脉上被短硬毛，有时上面或两面近无毛；掌状脉5条，连同网脉均在下面凸起；叶柄长2.5~5厘米或稍长，有条纹，被柔毛或近无毛。花序腋生，常数个或多个簇生，聚伞花序或分枝成疏花的圆锥状花序，长2~10厘米，有时可至15厘米或更长，总梗、分枝和花梗均丝状；小苞片2皮，紧贴花萼；萼片6片，或有时较多，常大小不等，最外面的小，常卵形或披针形，长仅1~2毫米左右，较内面的明显较大，阔卵形至倒卵形，或阔椭圆形至椭圆形，长达3.5毫米；花瓣6片，肉质，常有爪，瓣片近圆形或阔倒卵形，很少近菱形，基部边缘常反折，长1.4~2毫米；雄蕊6枚，与花瓣近等长或稍长；雌花萼片与雄花相似；花瓣楔形，长0.4毫米左右；退化雄蕊6枚，常棒状或其中3枚稍阔而扁，长约0.4毫米；心皮3个，近无毛。核果红色，近球形；果核近半球形，宽6~8毫米。花期4月。

恩施州广布，生于林下；分布于湖北、陕西、四川、西藏、贵州、湖南、江西、福建、广东、广西。块根入药，味苦性寒，功能清热解毒。

秤钩风属 *Diploclisia* Miers

木质藤本；枝常长而下垂。叶柄非盾状着生，有时近盾状着生至明显盾状着生，叶片革质，具掌状脉。聚伞花序腋上生，或由聚伞花序组成的圆锥花序生于老枝或茎上；雄花萼片6片，排成2轮，干时现黑色条状斑纹，通常内轮较外轮阔，覆瓦状排列；花瓣6片，两侧有内折的小耳抱着花丝；雄蕊6枚，分离，花丝上部肥厚，花药近球形，药室横裂；雌花萼片和花瓣与雄花相似，但花瓣顶端常2裂；退化雄蕊6枚，花药很小；心皮3个，花柱短，柱头扩大，外弯，边缘皱折状分裂。核果倒卵形或狭倒卵形而弯，花柱残迹近基生；果核骨质，基部狭，背部有棱脊，两侧有小横肋状雕纹，胎座迹隔膜状；种子马蹄形，具少量胚乳，胚狭窄，胚根比叶状子叶短很多。

本属2种；我国全产；恩施州产1种。

秤钩风 *Diploclisia affinis* (Oliv.) Diels in Engler, Pflanzenreich IV. 94: 227. 1910.

木质藤本，长可达7~8米；当年生枝草黄色，有条纹，老枝红褐色或黑褐色，有许多纵裂的皮孔，均无毛；腋芽2个，叠生。叶革质，三角状扁圆形或菱状扁圆形，有时近菱形或阔卵形，长3.5~9厘米或稍过之，宽度通常稍大于长度，顶端短尖或钝而具小凸尖，基部近截平至浅心形，有时近圆形或骤短尖，边缘具明显或不明显的波状圆齿；掌状脉常5条，最外侧的一对几不分枝，连同网脉两面均凸起；叶柄与叶片近等长或较长，在叶片的基部或紧靠基部着生。聚伞花序腋生，有花3至多朵，总梗直，长2~4厘米；雄花萼片椭圆形至阔卵圆形，长2.5~3毫米，外轮宽约1.5毫米，内轮宽2~2.5毫米；花瓣卵状菱形，长1.5~2毫米，基部两侧反折呈耳状，抱着花丝；雄蕊长2~2.5毫米。核果红色，倒卵圆形，长8~10毫米，宽约7毫米。花期4~5月，果期7~9月。

产于宣恩、利川，生于山坡林下；分布于湖北、四川、贵州、云南、广西、广东、湖南、江西、福建、浙江。

木防己属 *Cocculus* DC.

木质藤本,很少直立灌木或小乔木。叶非盾状,全缘或分裂,具掌状脉。聚伞花序或聚伞圆锥花序,腋生或顶生;雄花:萼片6片(或9片),排成2(或3)轮,外轮较小,内轮较大而凹,覆瓦状排列;花瓣6片,基部二侧内折呈小耳状,顶端2裂,裂片叉开;雄蕊6或9枚,花丝分离,药室横裂;雌花萼片和花瓣与雄花的相似;退化雄蕊6枚或没有;心皮6或3个,花柱柱状,柱头外弯伸展。核果倒卵形或近圆形,稍扁,花柱残迹近基生,果核骨质,背肋两侧有小横肋状雕纹;种子马蹄形,胚乳少,子叶线形,扁平,胚根短。

本属约8种;我国有2种;恩施州产1种。

木防己 *Cocculus orbiculatus* (Linn.) DC. Syst. 1: 523. 1817.

木质藤本;小枝被绒毛至疏柔毛,或有时近无毛,有条纹。叶片纸质至近革质,形状变异极大,自线状披针形至阔卵状近圆形、狭椭圆形至近圆形、倒披针形至倒心形,有时卵状心形,顶端短尖或钝而有小凸尖,有时微缺或2裂,边全缘或3裂,有时掌状5裂,长通常3~8厘米,很少超过10厘米,宽不等,两面被密柔毛至疏柔毛,有时除下面中脉外两面近无毛;掌状脉3条,很少5条,在下面微凸起;叶柄长1~3厘米,很少超过5厘米,被稍密的白色柔毛。聚伞花序少花,腋生,或排成多花,狭窄聚伞圆锥花序,顶生或腋生,长可达10厘米或更长,被柔毛;雄花小苞片2或1片,长约0.5毫米,紧贴花萼,被柔毛;萼片6片,外轮卵形或椭圆状卵形,长1~1.8毫米,内轮阔椭圆形至近圆形,有时阔倒卵形,长达2.5毫米或稍过之;花瓣6片,长1~2毫米,下部边缘内折,抱着花丝,顶端2裂,裂片叉开,渐尖或短尖;雄蕊6枚,比花瓣短;雌花萼片和花瓣与雄花相同;退化雄蕊6枚,微小;心皮6个,无毛。核果近球形,红色至紫红色,直径通常7~8毫米;果核骨质,直径5~6毫米,背部有小横肋状雕纹。花期5~8月,果期8~10月。

恩施州广布,生于灌丛中;我国大部分地区都有分布;广布于亚洲东南部和东部以及夏威夷群岛。

风龙属 *Sinomenium* Diels

木质藤本。叶具掌状脉,叶柄非盾状着生。圆锥花序腋生,雄花萼片6片,排成2轮,外轮较狭窄,芽时覆瓦状排列,开放时外展;花瓣6片,基部边缘内折,抱着花丝;雄蕊9枚,很少12枚,花药大,四方状球形,药室近顶部开裂;雌花萼片和花瓣与雄花的相似,退化雄蕊9枚;心皮3个,囊状半卵形,花柱外弯,柱头扩大,分裂。核果扁球形,稍歪斜,花柱残迹移至近基部;果核很扁,两边凹入部分平坦，背部沿中肋有 2 行刺状凸起，两侧各有 1 行小横肋状雕纹，胎座迹片状；种子半月形，有丰富的胚乳，缘倚子叶比胚根短。

本属 1 种，产亚洲东部；我国产 1 种；恩施州产 1 种。

风龙　Sinomenium acutum (Thunb.) Rehd. et Wils. in Sargent, Pl. Wilson. 1: 387. 1913.

木质大藤本，长可达 20 余米；老茎灰色，树皮有不规则纵裂纹，枝圆柱状，有规则的条纹，被柔毛至近无毛。叶革质至纸质，心状圆形至阔卵形，长 6～15 厘米或稍过之，顶端渐尖或短尖，基部常心形，有时近截平或近圆，边全缘、有角至 5～9 裂，裂片尖或钝圆，嫩叶被绒毛，老叶常两面无毛，或仅上面无毛，下面被柔毛；掌状脉 5 条，很少 7 条，连同网状小脉均在下面明显凸起；叶柄长 5～15 厘米左右，有条纹，无毛或被柔毛。圆锥花序长可达 30 厘米，通常不超过 20 厘米，花序轴和开展、有时平叉开的分枝均纤细，被柔毛或绒毛，苞片线状披针形。雄花：小苞片 2 片，紧贴花萼；萼片背面被柔毛，外轮长圆形至狭长圆形，长 2～2.5 毫米，内轮近卵形，与外轮近等长；花瓣稍肉质，长 0.7～1 毫米；雄蕊长 1.6～2 毫米；雌花退化雄蕊丝状；心皮无毛。核果红色至暗紫色，直径 5～6 毫米或稍过之。

恩施州广布，生于林中或林缘；分布于长江流域及其以南各省区；也分布于日本。

根、茎可治风湿关节痛。

蝙蝠葛属　Menispermum Linn.

落叶藤本。叶盾状，具掌状脉。圆锥花序腋生，雄花萼片 4～10 片，近螺旋状着生，通常凹；花瓣 6～8 片或更多，近肉质，肾状心形至近圆形，边缘内卷；雄蕊 12～18 枚，很少更多，花丝柱状，花药近球状，纵裂，雌花萼片和花瓣与雄花的相似；不育雄蕊 6～12 枚或更多，棒状；心皮 2～4 个，具心皮柄，子房囊状半卵形，花柱短，柱头大而分裂，外弯。核果近扁球形，花柱残迹近基生；果核肾状圆形或阔半月形，甚扁，两面低平部分呈肾形，背脊隆起呈鸡冠状，其上有 2 列小瘤体，背脊两侧也各有 1 列小瘤体，胎座迹片状；种子有丰富的胚乳，胚环状弯曲，子叶半柱状，比胚根稍长。

本属 3 种；我国 1 种；恩施州产 1 种。

蝙蝠葛　Menispermum dauricum DC. Syst. Veg. 1: 540. 1818.

草质、落叶藤本，根状茎褐色，垂直生，茎自位于近顶部的侧芽生出，一年生茎纤细，有条纹，无毛。叶纸质或近膜质，轮廓通常为心状扁圆形，长和宽均 3～12 厘米，边缘有 3～9 角或 3～9 裂，很少近全缘，基部心形至近截平，两面无毛，下面有白粉；掌状脉 9～12 条，其中向基部伸展的 3～5 条很纤细，均在背面凸起；叶柄长 3～10 厘米或稍长，有条纹。圆锥花序单生或有时双生，有细长的总梗，有花数朵至 20 余朵，花密集成稍疏散，花梗纤细，长 5～10 毫米；雄花萼片 4～8 片，膜质，绿黄色，倒披针形至倒卵状椭圆形，长 1.4～3.5 毫米，自外至内渐大；花瓣 6～8 片或多至 9～12 片，肉质，凹成兜状，有短爪，长 1.5～2.5 毫米；雄蕊通常 12 枚，有时稍多或较少，长 1.5～3 毫米；雌花退化雄蕊 6～12 枚，长约 1 毫米，雌蕊群具 0.5～1 毫米的柄。核果紫黑色；果核宽约10毫米，高约8毫米，基部弯缺深约3毫米。花期6~7月，果期8~9月。

产于巴东，生于林缘和灌丛中；分布于长江以北各省区；也分布于日本、朝鲜和俄罗斯。

轮环藤属 *Cyclea* Arn. ex Wight

藤本。叶具掌状脉，叶柄通常长而盾状着生。聚伞圆锥花序通常狭窄，很少阔大而疏松，腋生、顶生或生老茎上；苞片小；雄花萼片通常4~5片，很少6片，通常合生而具4~5片裂片，较少分离；花瓣4~5片，通常合生，全缘或4~8裂，较少分离，有时无花瓣；雄蕊合生成盾状聚药雄蕊，花药4~5个，着生在盾盘的边缘，横裂；雌花萼片和花瓣均1~2片，彼此对生，很少无花瓣；心皮1个，花柱很短，柱头3裂或较多裂。核果倒卵状球形或近圆球形，常稍扁，花柱残迹近基生；果核骨质，背肋两侧各有2~3列小瘤体，具马蹄形腔室，胎座迹通常为1~2个空腔，常于花柱残迹与果梗着生处之间穿一小孔；种子有胚乳；胚马蹄形，背倚子叶半柱状。

本属约29种；我国有12种1亚种1变型；恩施州产2种。

分种检索表

1. 花序轴、核果、苞片和叶均无毛；核果较大，果核长约7毫米 ·················· 1. 四川轮环藤 *Cyclea sutchuenensis*
1. 花序轴和核果均被毛；雄花花萼钟状，长2.5~4毫米；雌花萼片长2~2.5毫米 ·················· 2. 轮环藤 *Cyclea racemosa*

1. 四川轮环藤 *Cyclea sutchuenensis* Gagnep. in Bull. Soc. Bot. France 55: 37. 1908.

草质或老茎稍木质的藤本，除苞片有时被毛外全株无毛；小枝纤细，有条纹。叶薄革质或纸质，披针形或卵形，长5~15厘米，宽2~5.5厘米，顶端短尖或尾状渐尖，基部圆，全缘，干时常褐色；掌状脉3~5条，在下面凸起；网状脉稍明显；叶柄长2~6厘米，距叶片基部1~5毫米处盾状着生。花序腋生，总状花序状或有时穗状花序状，长达20厘米，花序轴常曲折，干时黑色，总花梗短，雄花序较纤弱；苞片菱状卵形或菱状披针形，长1~1.5毫米或稍过之，无毛或有时被须毛；雄花萼片4片，仅基部合生，质稍厚，椭圆形或卵状长圆形，长约2.5毫米，钝头；花瓣4片，通常合生，较少分离，长0.4~0.6毫米；聚药雄蕊长约1.5毫米，有4个花药；雌花：萼片2片，一片近圆形，边内卷，直径约1.8毫米，另一片对折，长2~2.1毫米；花瓣2片，微小，长不及1毫米，贴生在萼片的基部；心皮无毛。核果红色，果核长约7毫米，背部两侧各有3行小瘤状凸起。

产于宣恩，生于林缘和灌丛中；分布于四川、贵州、云南、湖南、广东、广西。

2. 轮环藤 *Cyclea racemosa* Oliv. in Hook. Ic. Pl. t. 1938. 1890.

藤本。老茎木质化，枝稍纤细，有条纹，被柔毛或近无毛。叶盾状或近盾状，纸质，卵状三角形或三角状近圆形，长4~9厘米或稍过之，宽3.5~8厘米，顶端短尖至尾状渐尖，基部近截平至心形，全缘，上面被疏柔毛或近无毛，下面通常密被柔毛，有时被疏柔毛；掌状脉9~11条，向下的4~5条很纤细，有时不明显，连同网状小脉均在下面凸起；叶柄较纤细，比叶片短或与之近等长，被柔毛。聚伞圆锥花序狭窄，总状花序状，密花，长3~10厘米或稍过之，花序轴较纤细，密被柔毛，分枝长通常不超过1厘米，斜升；苞片卵状披针形，长约2毫米，顶端尾状渐尖，背面被柔毛；雄花萼钟形，4深裂几达基部，2片阔卵形，长2.5~4毫米，宽2~2.5毫米，2片近长圆形，宽1.8~2毫米，均顶部反折；花冠碟状或浅杯状，全缘或2~6深裂几达基部；聚药雄蕊长约

1.5毫米，花药4个；雌花萼片2片，基部囊状，中部缢缩，上部稍扩大而反折，长1.8~2.2毫米；花瓣2或1片，微小，常近圆形，直径约0.6毫米；子房密被刚毛，柱头3裂。核果扁球形，疏被刚毛，果核直径3.5~4毫米，背部中肋两侧各有3行圆锥状小凸体，胎座迹明显球形。花期4~5月，果期8月。

恩施州广布，生于林中；分布于陕西、四川、湖北、浙江、贵州、湖南、江西、广东。

千金藤属 Stephania Lour.

草质或木质藤本，有或无块根；枝有直线纹，稍扭曲。叶柄常很长，两端肿胀，盾状着生于叶片的近基部至近中部；叶片纸质，很少膜质或近革质，三角形、三角状近圆形或三角状近卵形；叶脉掌状，自叶柄着生处放射伸出，向上和向两侧伸的粗大，向下的常很纤细。花序腋生或生于腋生、无叶或具小型叶的短枝上，很少生于老茎上，通常为伞形聚伞花序，或有时密集成头状；雄花花被辐射对称；萼片2轮，很少1轮，每轮3~4片，分离或偶有基部合生；花瓣1轮，3~4片，与内轮萼片互生，很少2轮或无花瓣；雄蕊合生成盾状聚药雄蕊，花药2~6个，通常4个，生于盾盘的边缘，横裂；雌花花被辐射对称，萼片和花瓣各1轮，每轮3~4片，或左右对称，有1片萼片和2片花瓣（偶有2片萼片和3片花瓣），生于花的一侧；心皮1个，近卵形。核果鲜时近球形，两侧稍扁，红色或橙红色，花柱残迹近基生；果核通常骨质，倒卵形至倒卵状近圆形，背部中肋两侧各有1或2行小横肋型或柱型雕纹，胎座迹两面微凹，穿孔或不穿孔；种子马蹄形，有肉质的胚乳；胚弯成马蹄形，子叶背倚，与胚根近等长或较短。

本属约60种；我国有39种1变种；恩施州产4种。

分种检索表

1. 雌花花被左右对称，极少在同一花序上偶见近辐射对称；萼片1片，偶有2或3片，鳞片状；花瓣2片，偶有3片；块根团块状，硕大，通常露于地面。
  2. 花序梗顶端有盘状总苞；雌雄花序均头状；雄花花瓣里面通常有腺体；胎座迹不穿孔或偶有1个小孔 ··· 1. 金线吊乌龟 Stephania cepharantha
  2. 花序梗顶端无盘状总苞 ··· 2. 汝兰 Stephania sinica
1. 雌花花被辐射对称，萼片和花瓣各3或4片；雌雄花序同形。
  3. 小聚伞花序和花均明显有梗，疏散；叶片阔三角形或三角状扁圆形，通常宽度大于长度 ······ 3. 草质千金藤 Stephania herbacea
  3. 小聚伞花序和花均无梗或具极短梗，紧密团集，排成复伞形聚伞花序；果核背部的雕纹每行约10条或稍多；花序和叶均无毛；胎座迹通常不穿孔或偶有穿孔 ··· 4. 千金藤 Stephania japonica

1. 金线吊乌龟 Stephania cepharantha Hayata, Ic. Pl. Formos. 3: 12. f. 8. 1913.

草质、落叶、无毛藤本，高通常1~2米或过之；块根团块状或近圆锥状，有时不规则，褐色，生有许多突起的皮孔；小枝紫红色，纤细。叶纸质，三角状扁圆形至近圆形，长通常2~6厘米，宽2.5~6.5厘米，顶端具小凸尖，基部圆或近截平，边全缘或多少浅波状；掌状脉7~9条，向下的很纤细；叶柄长1.5~7厘米，纤细。雌雄花序同形，均为头状花序，具盘状花托，雄花序总梗丝状，常于腋生、具小型叶的小枝上作总状花序式排列，雌花序总梗粗壮，单个腋生，雄花萼片6片，较少8片（或偶有4片），匙形或近楔形，长1~1.5毫米；花瓣3或4片（很少6片），近圆形或阔倒卵形，长约0.5毫米；聚药雄蕊很短；雌花萼片1片，偶有2~5片，长约0.8毫米或过之；花瓣2~4片，肉质，比萼片小。核果阔倒卵圆形，长约6.5毫米，成熟时红色；果核背部两侧各有10~12条小横肋状雕纹，胎座迹通常不穿孔。花期4~5月，果期6~7月。

产于巴东、利川，生于林中；分布地区西北至陕西汉中地区，东至浙江、江苏和台湾，西南至四川东部和东南部，贵州东部和南部，南至广西和广东。

块根为民间常用草药，味苦性寒，功能清热解毒、消肿止痛，有抗痨、治胃溃疡和矽肺等功效；又为兽医用药，称白药、白药子或白大药。

2. 汝兰　*Stephania sinica* Diels in Engler, Pflanzenreich IV. 94: 272. 1910.

稍肉质落叶藤本，全株无毛；枝肥壮，常中空，有稍粗的直纹。叶干时膜质或近纸质，三角形至三角状近圆形，长10～15厘米或过之，宽度常大于长度，顶端钝，有小凸尖，基部近截平至微圆，很少微凹，边缘浅波状至全缘；掌状脉向上的5条，向下的4～5条，稍阔而扁，在下面微凸，网脉在下面明显；叶柄长达30厘米，顶端常肥大，干时扭曲，明显盾状着生。复伞形聚伞花序腋生，总梗和伞梗均肉质，无苞片和小苞片；雄花萼片6片，稍肉质，干时透明，近倒卵状长圆形，长1～1.3毫米，内轮稍阔；花瓣3片，有时4片，短而阔的倒卵形，里面有2个大腺体，长约0.8毫米；聚药雄蕊长0.7～0.8毫米。雌花序亦为复伞形聚伞花序，但伞梗较粗短；雌花萼片1片，花瓣2片，里面的腺体有时不很明显。果序梗长5厘米或更长，伞梗长1～1.5厘米；果梗肉质，干时黑色。核果的果核长6～7毫米，背部两侧各有小横肋状雕纹15～18条，小横肋中段低凹至断裂，胎座迹不穿孔。花期6月，果期8～9月。

恩施州广布，生于山谷林中；分布于湖北、四川、贵州、云南。

3. 草质千金藤　*Stephania herbacea* Gagnep. in Bull. Soc. Bot. France 55: 40. 1908.

草质藤本；根状茎纤细，匍匐，节上生纤维状根，小枝细瘦，无毛。叶近膜质，阔三角形，长4～6厘米，宽4.5～8厘米或稍过之，顶端钝，有时有小凸尖，基部近截平，边全缘或有角，两面无毛，下面粉绿；掌状脉向上的3条，二叉状分枝，向下的4～5条或其中2条近平伸，较纤细，均在下面微凸，网状小脉稍明显；叶柄比叶片长，明显盾状着生。单伞形聚伞花序腋生，总花梗丝状，长2～4厘米，由少数小聚伞花序组成；雄花萼片6片，排成2轮，膜质，倒卵形，长1.8～2毫米，宽1.3毫米，基部渐狭或骤狭，1脉；花瓣3片，菱状圆形，长0.7～1毫米，宽约1毫米，聚药雄蕊比花瓣短；雌花萼片和花瓣通常4片，与雄花的近等大。核果近圆形，成熟时红色，长7～8毫米；果核背部中肋两侧各有约10条微凸的小横肋，胎座迹不穿孔。

产于恩施、巴东，生于路边；分布于湖北、四川、贵州。

4. 千金藤　*Stephania japonica* (Thunb.) Miers in Ann. Nat. Hist. ser. 3, 18: 14. 1866.

稍木质藤本，全株无毛；根条状，褐黄色；小枝纤细，有直线纹。叶纸质或坚纸质，通常三角状近圆形或三角状阔卵形，长6～15厘米，通常不超过10厘米，长度与宽度近相等或略小，顶端有小凸尖，基部通常微圆，下面粉白；掌状脉10～11条，下面凸起；叶柄长3～12厘米，明显盾状着生。复伞形聚伞花序腋生，通常有伞梗4～8条，小聚伞花序近无柄，密集呈头状；花近无梗，雄花萼片6或8片，膜质，倒卵状椭圆形至匙形，长1.2～1.5毫米，无毛；花瓣3或4片，黄色，稍肉质，阔倒卵形，长0.8～1毫米；聚药雄蕊长0.5～1毫米，伸出或不伸出；雌花萼片和花瓣各3～4片，形状和大小与雄花的近似或较小；心皮卵状。果倒卵形至近圆形，长约8毫米，成熟时红色；果核背部有2行小横肋状雕纹，每行8～10条，小横肋常断裂，胎座迹不穿孔或偶有一小孔。花期5～7月，果期6～8月。

产于鹤峰，生于山坡林中；分布于河南、四川、湖北、湖南、江苏、浙江、安徽、江西、福建；日本、朝鲜、菲律宾有分布。

根入药，味苦性寒，有祛风活络、利尿消肿等功效。

木兰科 Magnoliaceae

木本；叶互生、簇生或近轮生，单叶不分裂，罕分裂。花顶生、腋生、罕成为2~3朵的聚伞花序。花被片通常花瓣状；雄蕊多数，子房上位，心皮多数，离生，罕合生，虫媒传粉，胚珠着生于腹缝线，胚小、胚乳丰富。

本科18属约335种；我国有14属约165种；恩施州产7属30种2亚种。

分属检索表

1. 木质藤本。叶纸质或近膜质，罕为革质；花单性，雌雄异株或同株。成熟心皮为肉质小浆果。
  2. 雌蕊群的花托倒卵形圆或椭圆体形，发育时不伸长；聚合果球状或椭圆体状 ················· 1. 南五味子属 Kadsura
  2. 雌蕊群的花托圆柱形或圆锥形、发育时明显伸长；聚合果长穗状 ······························· 2. 五味子属 Schisandra
1. 乔木或灌木。叶革质或纸质；花两性，雌雄同株，雄花两性花异株，罕单性异株。成熟心皮为蓇葖，木质，很少为翅果状。
  3. 芽具多枚覆瓦状排列的芽鳞；无托叶；雄蕊和雌蕊轮状排列于平顶隆起的花托上；花小 ························· 3. 八角属 Illicium
  3. 芽为2片镊合状排列、合成盔帽状托叶所包围；小枝上具环状托叶痕；雄蕊和雌蕊螺旋状排列于伸长的花托上；花大、美丽。
    4. 叶4~10裂，先端近截平形或成宽阔的缺；药室外向开裂；聚合果纺锤状；成熟心皮翅果状，不开裂，全部脱落，果轴宿存；种皮附着于内果皮 ··· 4. 鹅掌楸属 Liriodendron
    4. 叶全缘，很少先端2裂；药室内向或侧向开裂；聚合果为各种形状的球形、卵形、长圆形或圆柱形，常因部分心皮不育而扭曲变形；成熟心皮为蓇葖，沿背缝或腹缝线开裂或周裂；很少连合成厚木质或肉质，不规则开裂；外种皮肉质与蓇葖果瓣分离。
      5. 花腋生，雌蕊群具显著的柄 ··· 5. 含笑属 Michelia
      5. 花顶生；雌蕊群无柄或具柄。
        6. 每心皮具3~12枚胚珠，每蓇葖具3~12粒种子 ·· 6. 木莲属 Manglietia
        6. 每心皮具2枚胚珠；每蓇葖具1~2粒种子 ··· 7. 玉兰属 Yulania

南五味子属　Kadsura Kaempf. ex Juss.

木质藤本，小枝圆柱形，干后具纵条纹；芽鳞纸质或革质，很少宿存于小枝基部。叶纸质，很少革质，全缘或有锯齿，具透明或不透明的腺体，叶缘膜质下延至叶柄；叶面中脉及侧脉常不明显。花单性，雌雄同株或有时异株，单生于叶腋，少有2~4朵聚生于新枝叶腋，很少数朵聚生于短侧枝上；花梗常具1~10片分散小苞片；花被片雌花及雄花的形态、大小基本相同，7~24片，覆瓦状排列成数轮，中轮的通常最大，具明显的脉纹，最外轮及最内轮退化变小。雄花雄蕊12~80枚，花丝细长，花丝与药隔连成棍棒状，两药室包围着药隔顶端，雄蕊群长圆柱形或椭圆体形；花丝宽扁，花丝与药隔连成宽扁四方形或倒梯形，药隔顶端横长圆形，雄蕊群近球形或卵状椭圆体形。雌花雌蕊20~300枚，螺旋状排列于倒卵形或椭圆体形的花托上，花柱钻形或侧向平扁为盾形的柱头冠，或形状不规则，雌蕊的子房壁厚薄不均匀，顶端宽厚，子房室被挤向基部，胚珠2~5（11）枚，叠生于腹缝线或从子房顶端悬垂；果时花托不伸长，小浆果肉质，顶端宽厚，常形成革质的外果皮，基部插入果轴，排成密集球形或椭圆体形的聚合果；种子2~5粒，两侧压扁，椭圆体形、肾形或卵圆形，种脐凹入，明显或不明显，侧生或顶生，种皮通常褐色，光滑，脆壳质，易碎。

本属约 28 种；我国有 10 种；恩施州产 2 种。

分种检索表

1. 雄花的花托狭卵圆形或椭圆体形，顶端伸长，凸出于雄蕊群之外 ············ 1. 异形南五味子 Kadsura heteroclita
1. 雄花的花托椭圆体形，顶端伸长，但不凸出于雄蕊群之外 ············ 2. 南五味子 Kadsura longipedunculata

1. 异形南五味子　*Kadsura heteroclita* (Roxb.) Craib, Fl. Siam. Enum. 1: 28. 1925.

常绿木质大藤本，无毛；小枝褐色，干时黑色，有明显深入的纵条纹，具椭圆形点状皮孔，老茎木栓层厚，块状纵裂。叶卵状椭圆形至阔椭圆形，长 6～15 厘米，宽 3～7 厘米，先端渐尖或急尖，基部阔楔形或近圆钝，全缘或上半部边缘有疏离的小锯齿，侧脉每边 7～11 条，网脉明显；叶柄长 0.6～2.5 厘米。花单生于叶腋，雌雄异株，花被片白色或浅黄色，11～15 片，外轮和内轮的较小，中轮的最大 1 片，椭圆形至倒卵形，长 8～16 毫米，宽 5～12 毫米；雄花花托椭圆体形，顶端伸长圆柱状，圆锥状凸出于雄蕊群外；雄蕊群椭圆体形，长 6～7 毫米，直径约 5 毫米，具雄蕊 50～65 枚；雄蕊长 0.8～1.8 毫米；花丝与药隔连成近宽扁四方形，药隔顶端横长圆形，药室约与雄蕊等长，花丝极短；花梗长 3～20 毫米，具数枚小苞片。雌花雌蕊群近球形，直径 6～8 毫米，具雌蕊 30～55 枚，子房长圆状倒卵圆形，花柱顶端具盾状的柱头冠；花梗 3～30 毫米。聚合果近球形，直径 2.5～4 厘米；成熟心皮倒卵圆形，长 10～22 毫米；干时革质而不显出种子；种子 2～3 粒，少有 4～5 粒，长圆状肾形，长 5～6 毫米，宽 3～5 毫米。花期 5～8 月，果期 8～12 月。

恩施州广布，生于山谷林中；分布于湖北、广东、海南、广西、贵州、云南；越南、老挝、缅甸、泰国、印度、斯里兰卡等也有。

藤及根药用，行气止痛，祛风除湿，治风湿骨痛、跌打损伤。

2. 南五味子　*Kadsura longipedunculata* Finet et Gagnep. in Bull. Soc. Bot. France 52: Mem. 7: 183. 1947.

藤本，各部无毛。叶长圆状披针形、倒卵状披针形或卵状长圆形，长 5～13 厘米，宽 2～6 厘米，先端渐尖或尖，基部狭楔形或宽楔形，边有疏齿，侧脉每边 5～7 条；上面具淡褐色透明腺点，叶柄长 0.6～2.5 厘米。花单生于叶腋，雌雄异株；雄花花被片白色或淡黄色，8～17 片，中轮最大 1 片，椭圆形，长 8～13 毫米，宽 4～10 毫米；花托椭圆体形，顶端伸长圆柱状，不凸出雄蕊群外；雄蕊群球形，直径 8～9 毫米，具雄蕊 30～70 枚；雄蕊长 1～2 毫米，药隔与花丝连成扁四方形，药隔顶端横长圆形，药室几与雄蕊等长，花丝极短。花梗长 0.7～4.5 厘米；雌花花被片与雄花相似，雌蕊群椭圆体形或球形，直径约 10 毫米，具雌蕊 40～60 枚；子房宽卵圆形，花柱具盾状心形的柱头冠，胚珠 3～5 枚叠生于腹缝线上。花

梗长3~13厘米。聚合果球形，直径1.5~3.5厘米；小浆果倒卵圆形，长8~14毫米，外果皮薄革质，干时显出种子。种子2~3粒，稀4~5粒，肾形或肾状椭圆体形，长4~6毫米，宽3~5毫米。花期6~9月，果期9~12月。

恩施州广布，生于山坡林中；分布于江苏、安徽、浙江、江西、福建、湖北、湖南、广东、广西、四川、云南。

根、茎、叶、种子均可入药；种子为滋补强壮剂和镇咳药，治神经衰弱、支气管炎等症。

五味子属 *Schisandra* Michx.

木质藤本，小枝具叶柄的基部两侧下延而成纵条纹状或有时呈狭翅状；有长枝和由长枝上的腋芽长出的距状短枝。芽单独腋生或2个并生或多枚集生于叶腋或短枝顶端；芽鳞6~8片，覆瓦状排列，外芽鳞三角状半圆形，常宿存，内芽鳞长圆形或圆形，通常早落，有时宿存。叶纸质，边缘膜质下延至叶柄成狭翅，叶肉具透明点；叶痕圆形，稍隆起，维管束痕3点。花单性，雌雄异株，少有同株，单生于叶腋或苞片腋，常在短枝上，由于节间密，呈数朵簇生状，少有同一花梗有2~8朵花呈聚伞状花序；花被片5~20片，通常中轮的最大，外轮和内轮的较小；雄花：雄蕊5~60枚，花丝细长或短，或贴生于花托上而无花丝；药隔狭窄或稍宽，两药室平行或稍分开；雄蕊群长圆柱形、短圆柱形、卵圆形、球形或肉质球形、扁球形；很少花丝与药隔均宽阔，放射状排列成扁平五角星形的雄蕊群。雌花：雌蕊12~120枚，离生，螺旋状紧密排列于花托上，受粉后花托逐渐伸长而变稀疏；柱头侧生于心皮近轴面，末端钻状或形成扁平的柱头冠，柱头基部下延成附属体；胚珠每室2~3枚，叠生于腹缝线上。成熟心皮为小浆果，排列于下垂肉质果托上，形成疏散或紧密的长穗状的聚合果。种子2~3粒或有时仅1粒发育，肾形，扁椭圆形或扁球形，种脐明显，通常U形，种皮淡褐色，脆壳质，光滑或具皱纹或瘤状凸起；胚小，弯曲，胚乳丰富，油质。

本属约30种；我国约有19种；恩施州产4种1亚种。

分种检索表

1. 雄花托不膨大，不压扁；雄蕊螺旋状排列形成与花托近似，而较大的雄蕊群。
  2. 雄花托顶端不伸长，无附属物；花被片淡红色；雄蕊24~32枚，果托直径4~5毫米 …… 1. 兴山五味子 *Schisandra incarnata*
  2. 雄花托顶端伸长，形成不规则头状或盾状的附属体；雄蕊螺旋状排列成球形或扁球形的雄蕊群。
    3. 内芽鳞紫红色，最大的一片长15~20毫米，宽15宽米，宿存至幼果时；幼枝有纵狭翅或锐棱；药隔宽扁，伸长超出花药 …………………………………………………………………………………… 2. 翼梗五味子 *Schisandra henryi*
    3. 内芽鳞褐色或灰褐色，较小，最大的一片长不超过10毫米，早落，很少宿存；幼枝无棱和翅；药隔与花药等长或稍长。
      4. 叶下面或仅在脉上被单一不分枝的微柔毛；中轮最大的花被片近圆形，直径7~10毫米 … 3. 毛叶五味子 *Schisandra pubescens*
      4. 叶两面无毛；种皮平滑，或仅背面微皱 …………………………………… 4. 华中五味子 *Schisandra sphenanthera*
1. 雄花托膨大、肉质或不膨大为压扁状，形成与花托同形和同大的雄蕊群 ………… 5. 铁箍散 *Schisandra propinqua* subsp. *sinensis*

1. 兴山五味子 *Schisandra incarnata* Stapf in Curtis's. Bot. Mag. 152: sub. tab. 9146. 1928.

落叶木质藤本，全株无毛，幼枝紫色或褐色，老枝灰褐色；芽鳞纸质，长圆形，最大的长6~10毫米。叶纸质，倒卵形或椭圆形，长6~12厘米，宽3~6厘米，先端渐尖或短急尖，基部楔形，2/3以上边缘具胼胝质齿尖的稀疏锯齿；叶两面近同色，中脉在上面凹或平，侧脉每边4~6条；雄花花梗长1.6~3.5厘米，花被片粉红色，膜质或薄肉质，7~8片，椭圆形至倒卵形，最大的数片长1~1.7厘米，里面2~3片较小；雄蕊群椭圆体形或倒卵圆形，雄蕊24~32枚，分离，花药长1.2~2毫米，外侧向纵裂，药隔钝，约与花药等长，下部雄蕊的花丝舌状，长 6~8 毫米，上部雄蕊的花丝短于花药；雌花雌花梗似雄花的而较粗，花被片似雄花的而较小；雌蕊群长圆状椭圆体形，长 7~8 毫米，雌蕊约 70 枚，子房椭圆形稍弯，长约 2 毫米，花柱长 0.2~0.3 毫米。聚合果长 5~9 厘米；小浆果深红色，椭圆形，长约 1 厘米，种子深褐色，扁椭圆形，平滑，长 4~4.5 毫米，宽 3~3.5 毫米，种脐斜 V 形，约与边平。种皮光滑。花期 5~6 月，果期 9 月。

产于建始，生于山坡林中；分布于湖北。

2. 翼梗五味子　*Schisandra henryi* Clarke. in Gard. Chron. II. 38: 162. f. 55. 1905.

落叶木质藤本，当年生枝淡绿色，小枝紫褐色，具宽近 1~2.5 毫米的翅棱，被白粉；内芽鳞紫红色，长圆形或椭圆形，长 8~15 毫米，宿存于新枝基部。叶宽卵形、长圆状卵形，或近圆形，长 6~11 厘米，宽 3~8 厘米，先端短渐尖或短急尖，基部阔楔形或近圆形，上部边缘具胼胝齿尖的浅锯齿或全缘，上面绿色，下面淡绿色，侧脉每边 4~6 条，侧脉和网脉在两面稍凸起；叶柄红色，长 2.5~5 厘米，具叶基下延的薄翅。雄花：花柄长 4~6 厘米，花被片黄色，8~10 片，近圆形，最大一片直径 9~12 毫米，最外与最内的 1~2 片稍较小，雄蕊群倒卵圆形，直径约 5 毫米；花托圆柱形，顶端具近圆形的盾状附属物；雄蕊 30~40 枚，花药长 1~2.5 毫米，内侧向开裂，药隔倒卵形或椭圆形，具凹入的腺点，顶端平或圆，稍长于花药，近基部雄蕊的花丝长 1~2 毫米，贴生于盾状附属的雄蕊无花丝；雌花：花梗长 7~8 厘米，花被片与雄花的相似；雌蕊群长圆状卵圆形，长约 7 毫米，具雌蕊约 50 枚，子房狭椭圆形，花柱长 0.3~0.5 毫米。小浆果红色，球形，直径 4~5 毫米，具长约 1 毫米的果柄，顶端的花柱附属物白色，种子褐黄色，扁球形，或扁长圆形，长 3~5 毫米，宽 2~4 毫米，高 2~2.5 毫米，种皮淡褐色，具乳头状凸起或皱凸起，以背面极明显，种脐斜 V 形，长为宽的 1/4~1/3。花期 5~7 月，果期 8~9 月。

恩施州广布，生于山坡林下；分布于浙江、江西、福建、河南、湖北、湖南、广东、广西、四川、贵州、云南。

茎供药用，有通经活血、强筋壮骨之效。

3. 毛叶五味子　*Schisandra pubescens* Hemsl. et Wils. in Kew Bull. Misc. Inf. 150. 1906.

落叶木质藤本，芽鳞、幼枝、叶背、叶柄被褐色短柔毛，当年生枝淡绿色，基部常宿存宽三角状半圆形、宽约 2.5 毫米的芽鳞，小枝紫褐色，具数纵皱纹；叶纸质，卵形、宽卵形或近圆形，长 8~11 厘米，宽 5~9 厘米，先端短急尖，基部宽圆或宽楔形，上部边缘具稀疏胼胝质尖的浅钝齿，具缘毛，中脉凹入延至叶柄上面，侧脉每边 4~6 条，侧脉和网脉两面凸起。雄花的花梗长 2~3 厘米，被淡褐色微毛，花被片淡黄色，6 或 8 片，外轮 3 片稍坚厚，外具微毛和缘毛，最外轮的椭圆形，长 4~6 毫米，中轮的近圆形，直径 7~10 毫米，最内面的近倒卵形，长 7~8 毫米；雄蕊群扁球形，高 5~7 毫米，花托圆柱形，长约 4 毫米，顶端圆钝，无盾状附属物；雄蕊 11~24 枚，雄蕊长 3~4 毫米，花药长约 2 毫米，两药室分离，内向，花丝长 0.5~1

毫米，近上部的雄蕊贴生于花托顶端，几无花丝，药隔伸长 0.5~1 毫米，具透明小腺点，最内层雄蕊退化变小；雌花花梗长，4~6 毫米，花被片与雄花的相似，雌蕊群近球形或卵状球形，长 5~7.5 毫米，心皮 45~55 个，卵状椭圆体形，长约 2 毫米，花柱长 0.2~0.4 毫米，柱头呈啮蚀状短缘毛，末端尖。聚合果柄长 5.5~6 厘米，聚合果长 6~10 厘米，聚合果柄、果托、果皮及小浆果柄，被淡褐色微毛；成熟小浆果球形、橘红色；种子长圆形体形，长 3~3.7 毫米，宽约 3 毫米，高 2~2.5 毫米，暗红褐色；种脐宽 V 形；稍凸出，长为宽的 1/4。花期 5~6 月，果期 7~9 月。

恩施州广布，生于山坡林中；分布于湖北、四川。

4. 华中五味子　*Schisandra sphenanthera* Rehd. et Wils. in Sargent, Pl. Wils. 1: 414. 1913.

落叶木质藤本，全株无毛，很少在叶背脉上有稀疏细柔毛。冬芽、芽鳞具长缘毛，先端无硬尖，小枝红褐色，距状短枝或伸长，具颇密而凸起的皮孔。叶纸质，倒卵形、宽倒卵形，或倒卵状长椭圆形，有时圆形，很少椭圆形，长 3~11 厘米，宽 1.5~7 厘米，先端短急尖或渐尖，基部楔形或阔楔形，干膜质边缘至叶柄成狭翅，上面深绿色，下面淡灰绿色，有白色点，1/2~2/3 以上边缘具疏离、胼胝质齿尖的波状齿，上面中脉稍凹入，侧脉每边 4~5 条，网脉密致，干时两面不明显凸起；叶柄红色，长 1~3 厘米。花生于近基部叶腋，花梗纤细，长 2~4.5 厘米，基部具长 3~4 毫米的膜质苞片，花被片 5~9 片，橙黄色，近相似，椭圆形或长圆状倒卵形，中轮的长 6~12 毫米，宽 4~8 毫米，具缘毛，背面有腺点。雄花雄蕊群倒卵圆形，直径 4~6 毫米；花托圆柱形，顶端伸长，无盾状附属物；雄蕊 11~23 枚，基部的长 1.6~2.5 毫米，药室内侧向开裂，药隔倒卵形，两药室向外倾斜，顶端分开，基部近邻接，花丝长约 1 毫米，上部 1~4 枚雄蕊与花托顶贴生，无花丝；雌花雌蕊群卵球形，直径 5~5.5 毫米，雌蕊 30~60 枚，子房近镰刀状椭圆形，长 2~2.5 毫米，柱头冠狭窄，仅花柱长 0.1~0.2 毫米，下延成不规则的附属体。聚合果托长 6~17 厘米，直径约 4 毫米，聚合果梗长 3~10 厘米，成熟小桨红色，长 8~12 毫米，宽 6~9 毫米，具短柄；种子长圆体形或肾形，长约 4 毫米，宽 3~3.8 毫米，高 2.5~3 毫米，种脐斜 V 字形，长约为种子宽的 1/3；种皮褐色光滑，或仅背面微皱。花期 4~7 月，果期 7~9 月。

恩施州广布，生于山坡林中；分布于山西、陕西、甘肃、山东、江苏、安徽、浙江、江西、福建、河南、湖北、湖南、四川、贵州、云南。

5. 铁箍散（亚种）　*Schisandra propinqua* (Wall.) Baill. subsp. *sinensis* Oliv. in Hook. Ic. on Pl. 18: pl. 1715. 1887.

落叶木质藤本，全株无毛，当年生枝褐色或变灰褐色，有银白色角质层。叶坚纸质，卵形、长圆状卵形或狭长圆状卵形，长 7~17 厘米，宽 2~5 厘米，先端渐尖或长渐尖，基部圆或阔楔形，下延至叶柄，上面干时褐色，下面带苍白色，具疏离的胼胝质齿，有时近全缘，侧脉每边 4~8 条，网脉稀疏，干时两面均凸起。花橙黄色，常单生或 2~3 朵聚生于叶腋，或 1 个花梗具数花的总状花序；花梗长 6~16 毫米，具约 2 片小苞片。雄花花被片 9~15 片，外轮 3 片绿色，椭圆形；雄蕊群黄色，近球形的肉质花托直径约 6 毫米，雄蕊 6~9 枚，每雄蕊嵌入横列的凹穴内，花丝甚短，药室内向纵裂；雌花花被片与雄花相似，雌蕊群卵球形，直径 4~6 毫米，心皮 10~30 个，倒卵圆形，长 1.7~2.1 毫米，密生腺点，花柱长约 1 毫米。聚合果的果托干时黑色，长 3~15 厘米，直径 1~2 毫米，具 10~45 个成熟心皮，成熟心皮近球形或椭圆体形，直径6~9毫米，具短柄；种子肾形，近圆形长4~4.5毫米，种皮灰白色，种脐狭V形，约为宽的1/3。花期6~7月。

恩施州广布，生于山坡林中；分布于云南、西藏；尼泊尔、不丹也有分布。

根、叶入药，有祛风去痰之效；根及茎称鸡血藤，治风湿骨痛、跌打损伤等症；种子入药主治神经衰弱。

八角属 *Illicium* Linn.

常绿乔木或灌木。全株无毛，具油细胞及黏液细胞，有芳香气味，常有顶芽，芽鳞覆瓦状排列，通常早落。叶为单叶，互生，常在小枝近顶端簇生，有时假轮生或近对生，革质或纸质，全缘，边缘稍外卷，具羽状脉，中脉在叶上面常凹下，在下面凸起或平坦，有叶柄，无托叶。花芽卵状或球状；花两性，红色或黄色，少数白色；常单生，有时2~5朵簇生，腋生或腋上生，有时近顶生，通常在小枝枝梢花较多，很少成小的复团伞花序生于老枝或树干上；花梗有时具小苞片1至数片；萼片和花瓣通常无明显区别，花被片7~33片，很少为39~55片，分离，常有腺点，常成数轮，覆瓦状排列，最外的花被片较小，有时为小苞片状，内面的较大，舌状而膜质，或为卵形至近圆形而稍肉质，最内面的花被片常变小；雄蕊4枚至多枚，1轮至数轮，直立，花丝舌状或近圆柱状，花药4药囊2室，底着内侧向，纵裂，药隔有时具腺体，常与药室长度相等或有时稍超过；心皮通常7~15个，稀更多（21）或更少（5），分离，单轮排列，侧向压扁，花柱短，钻形，子房1室，有倒生胚珠1枚，生于近基部的腹面。聚合果由数至10余个蓇葖组成，单轮排列，斜生于短的花托上，呈星状，腹缝开裂。种子椭圆状或卵状，侧向压扁，浅棕色或稻秆色，有光泽，易碎，胚乳丰富，含油，胚微小。

本属近50种；我国有28种2变种；恩施州产4种。

分种检索表

1. 内花被片薄，膜质，在花期多少松散张开，狭长圆形至舌状或披针形；花芽卵状；雄蕊16~28枚；花被片18~26片；蓇葖8~13个 ················· 1. 野八角 *Illicium simonsii*
1. 内花被片肉质至纸质，在花期不松散，仅稍张开，通常卵形至近圆形；花芽球状；中脉在叶面凹下；花粉粒具3条合沟。
    2. 心皮5~9个；花梗细长，在花期长15~50毫米；雄蕊11~14枚 ················· 2. 红茴香 *Illicium henryi*
    2. 心皮10~15个。
        3. 雄蕊6~11枚；花梗长15~50毫米 ················· 3. 红毒茴 *Illicium lanceolatum*
        3. 雄蕊12~21枚；聚合果直径常为4~4.5厘米，蓇葖11~14个；花梗长18~60毫米；叶未见褐色细小的油点 ················· 4. 大八角 *Illicium majus*

1. 野八角　*Illicium simonsii* Maxim. in Bull. Acad. Sci. St. Petersb. 32: 480. 1888.

乔木，高达9米；幼枝带褐绿色，稍具棱，老枝变灰色；芽卵形或尖卵形，外芽鳞明显具棱。叶近对生或互生，有时3~5片聚生，革质，披针形至椭圆形，或长圆状椭圆形，通常长5~10厘米，宽1.5~3.5厘米，先端急尖或短渐尖，基部渐狭楔形，下延至叶柄成窄翅；干时上面暗绿色，下面灰绿色或浅棕色；中脉在叶面凹下，至叶柄成狭沟，侧脉常不明显；叶柄长7~20毫米，在上面下凹成沟状。花有香气，淡黄色，芳香，有时为奶油色或白色，很少为粉红色，腋生，常密集于枝顶端聚生；花梗极短，在盛开时长2~8毫米，直径1.5~2毫米；花被片18~23片，很少26片，最外面的2~5片薄纸质，椭圆状长圆形，长5~11毫米，宽4~7毫米，最大的长9~15毫米，宽2~4毫米，长圆状披针形至舌状，膜质，里面的花被片渐狭，最内的几片狭舌形，长7~15毫米，宽1~3毫米；雄蕊16~28枚，2~3轮，长2.5~4.2毫米，花丝舌状，长1~2.2毫米，花药长圆形，长1.4~2.4毫米；心皮8~13个，长3~4.5毫米，子房扁卵状，长1.2~2毫米，花柱钻形，长1.5~2.5毫米。果梗长5~16毫米。蓇葖8~13个，长11~20毫米，宽6~9毫米，厚2.5~4毫米，先端具钻形尖头长3~7毫米。种子灰棕色至稻秆色，长6~7毫米，宽4~5毫米，厚2~2.5毫米。花期2~5月，(少数是2~6月)，果期6~10月。

产于宣恩，生于山谷林中；分布于四川、贵州、云南；缅甸、印度也有分布。

2. 红茴香　*Illicium henryi* Diels in Bot. Jahrb. 29: 323. 1900.

灌木或乔木，高3~8米；树皮灰褐色至灰白色。芽近卵形。叶互生或2~5片簇生，革质，倒披针形，长披针形或倒卵状椭圆形，长6~18厘米，宽1.2~6厘米，先端长渐尖，基部楔形；中脉在叶上面下凹，在下面突起，侧脉不明显；叶柄长7~20毫米，直径1~2毫米，上部有不明显的狭翅。花粉红至深红，暗红色，腋生或近顶生，单生或2~3朵簇生；花梗细长，长15~50毫米；花被片10~15片，最大的花被片长圆状椭圆形或宽椭圆形，长7~10毫米；宽4~8.5毫米；雄蕊11~14枚，长2.2~3.5毫米，花丝长1.2~2.3毫

米，药室明显凸起；心皮通常7~9个，有时可达12个，长3~5毫米，花柱钻形，长2~3.3毫米。果梗长15~55毫米；蓇葖7~9个，长12~20毫米，宽5~8毫米，厚3~4毫米，先端明显钻形，细尖，尖头长3~5毫米。种子长6.5~7.5毫米，宽5~5.5毫米，厚2.5~3毫米。花期4~6月，果期8~10月。

产于利川，生于山坡林中；分布于陕西、甘肃、安徽、江西、福建、河南、湖北、湖南、广东、广西、四川、贵州、云南等省区。

根、根皮也有毒，使用时宜慎，民间用作祛风除湿，散疲止痛，治跌打，风湿等。

3. 红毒茴　*Illicium lanceolatum* A. C. Smith in Sargentia 7: 43. f. 11. a-g. 1947.

灌木或小乔木，高3~10米；枝条纤细，树皮浅灰色至灰褐色。叶互生或稀疏地簇生于小枝近顶端或排成假轮生，革质，披针形、倒披针形或倒卵状椭圆形，长5~15厘米，宽1.5~4.5厘米，先端尾尖或渐尖、

基部窄楔形；中脉在叶面微凹陷，叶下面稍隆起，网脉不明显；叶柄纤细，长7~15毫米。花腋生或近顶生，单生或2~3朵，红色、深红色；花梗纤细，直径0.8~2毫米，长15~50毫米；花被片10~15片，肉质，最大的花被片椭圆形或长圆状倒卵形，长8~12.5毫米，宽6~8毫米；雄蕊6~11枚，长2.8~3.9毫米，花丝长1.5~2.5毫米，花药分离，长1~1.5毫米，药隔不明显截形或稍微缺，药室突起；心皮10~14个，长3.9~5.3毫米，子房长1.5~2毫米，花柱钻形，纤细，长2~3.3毫米，骤然变狭。果梗长可达6厘米（少有达8厘米），纤细，蓇葖10~14个（少有9个），轮状排列，直径3.4~4厘米，单个蓇葖长14~21毫米，宽5~9毫米，厚3~5毫米，向后弯曲的钩状尖头；种子长7~8毫米，宽5毫米，厚2~3.5毫米。花期4~6月，果期8~10月。

产于利川，生于山谷林中；分布于江苏、安徽、浙江、江西、福建、湖北、湖南、贵州。

根和根皮有毒，入药祛风除湿、散瘀止痛，治跌打损伤，风湿性关节炎，取鲜根皮加酒捣烂敷患处。

4. 大八角　*Illicium majus* Hook. f. et Thoms. in Hook. f. Fl. Brit. Ind. 1: 40. 1872.

乔木，高达20米，幼枝带棕色或带紫色，后变灰色，具皮孔；芽鳞覆瓦状，长圆状椭圆形，早落。叶3~6片排成不整齐的假轮生，近革质，长圆状披针形或倒披针形，长10~20厘米，宽2.5~7厘米，先端渐尖，尖头长8~20毫米，基部楔形，中脉在叶上面轻微凹陷，在下面突起，侧脉每边6~9条；叶柄粗壮，直径1.5~3.5毫米，长10~25毫米。花近顶生或腋生，单生或2~4朵簇生；花梗长18~60毫米；花被片15~21片，外层花被片常具透明腺点，内层花被片肉质，最大的花被片椭圆形或倒卵状长圆形，长8~15毫米，宽4~9毫米，最内层花被片6~10片，椭圆状长圆形，长6~10毫米，宽3~7毫米；雄蕊1~2轮，12~21枚，长2.3~4.3毫米，花丝舌状或近棍棒状，常肉质，长1.1~2.8毫米，药隔截形或稍微微缺，药室突起，长1~1.5毫米，心皮11~14个，极少9个，长4~5.5毫米，子房扁卵状，花柱纤细，钻形，长2~3毫米。果径4~4.5厘米，蓇葖10~14个，长12~25毫米，宽5~15毫米，厚3~5毫米，突然变狭成明显钻形尖头，长3~7毫米；种子长6~10毫米，宽4.5~7毫米，厚2~3毫米。花期4~6月，果期7~10月。

产于宣恩，属湖北省新记录，生于山坡林中；分布于湖南、广东、广西、贵州、云南等省区；越南、缅甸也有分布。

鹅掌楸属　*Liriodendron* Linn.

落叶乔木，树皮灰白色，纵裂小块状脱落；小枝具分隔的髓心。冬芽卵形，为2片黏合的托叶所包围，幼叶在芽中对折，向下弯垂。叶互生，具长柄，托叶与叶柄离生，叶片先端平截或微凹，近基部具1对或2列侧裂。花无香气，单生枝顶，与叶同时开放，两性，花被片9~17片，3片1轮，近相等，药室外向开裂；雌蕊群无柄，心皮多数，螺旋状排列，分离，最下部不育，每心皮具胚珠2颗，自子房顶端下垂。聚合果纺锤状，成熟心皮木质，种皮与内果皮愈合，顶端延伸成翅状，成熟时自花托脱落，花托宿存；种子1~2粒，具薄而干燥的种皮，胚藏于胚乳中。木材导管壁无螺纹加厚，管间纹孔对列；花粉外壁具极粗而突起的雕纹覆盖层，外壁2层，缺或甚薄。

本属 2 种；我国 1 种；恩施州产 1 种。

鹅掌楸 *Liriodendron chinense* (Hemsl.) Sargent. Trees et Shrubs 1: 103, t. 52. 1903.

乔木，高达 40 米，小枝灰色或灰褐色。叶马褂状，长 4~18 厘米，近基部每边具 1 侧裂片，先端具 2 浅裂，下面苍白色，叶柄长 4~16 厘米。花杯状，花被片 9 片，外轮 3 片绿色，萼片状，向外弯垂，内两轮 6 片、直立、花瓣状、倒卵形，长 3~4 厘米，绿色，具黄色纵条纹，花药长 10~16 毫米，花丝长 5~6 毫米，花期时雌蕊群超出花被之上，心皮黄绿色。聚合果长 7~9 厘米，具翅的小坚果长约 6 毫米，顶端钝或钝尖，具种子 1~2 粒。花期 5 月，果期 9~10 月。

恩施州广泛栽培；分布于陕西、安徽、浙江、江西、福建、湖北、湖南、广西、四川、贵州、云南；越南也有。按照国务院 1999 年批准的国家重点保护野生植物（第一批）名录，本种为 II 级保护植物。

含笑属 *Michelia* Linn.

常绿乔木或灌木。叶革质，单叶，互生，全缘；托叶膜质，盔帽状，两瓣裂，与叶柄贴生或离生，脱落后，小枝具环状托叶痕。如贴生则叶柄上亦留有托叶痕。幼叶在芽中直立、对折。花蕾单生于叶腋，由 2~4 片次第脱落的佛焰苞状苞片所包裹，花梗上有与佛焰苞状苞片同数的环状的苞片脱落痕。如苞片贴生于叶柄，则叶柄亦留有托叶痕。很少一花蕾内包裹的不同节上有 2~3 个花蕾，形成 2~3 朵花的聚伞花序。花两性，通常芳香，花被片 6~21 片，3 或 6 片一轮，近相似，或很少外轮远较小，雄蕊多数，药室伸长，侧向或近侧向开裂，花丝短或长，药隔伸出成长尖或短尖，很少不伸出；雌蕊群有柄，心皮多数或少数，腹面基部着生于花轴，上部分离，通常部分不发育，心皮背部无纵纹沟，花柱近着生于顶端，柱头面在花柱上部分或近末端，每心皮有胚珠 2 枚至数枚。聚合果为离心皮果，常因部分蓇葖不发育形成疏松的穗状聚合果；成熟蓇葖革质或木质，全部宿存于果轴，无柄或有短柄，背缝开裂或腹背为 2 瓣裂。种子 2 粒至数粒，红色或褐色。

本属 50 余种；我国约有 41 种；恩施州产 9 种。

分种检索表

1. 托叶与叶柄连生，在叶柄上留有托叶痕；花被近同形。
   2. 叶薄革质，网脉稀疏 ··· 1. 白兰 *Michelia alba*
   2. 叶革质；网脉纤细，密致，干时两面凸起
      3. 叶倒卵形，狭倒卵形、倒披针形，长 10~15 厘米，宽 3.5~7 厘米；先端短尖或短渐尖 ········ 2. 峨眉含笑 *Michelia wilsonii*
      3. 叶椭圆形、长圆形、长圆状椭圆形、狭卵状椭圆形、披针形、狭椭圆形，先端渐尖、尾状渐尖、短尖或长急尖··· 3. 多花含笑 *Michelia floribunda*
1. 托叶与叶柄离生，在叶柄上无托叶痕。花被片同形或不同形。
   4. 花被片大小近相等，6 片，排成 2 轮
      5. 芽、花梗，密被淡黄色竖起毛；叶两面无毛 ······························· 4. 黄心夜合 *Michelia martinii*
      5. 芽、花梗无毛或被平伏微柔毛或长柔毛，叶两面无毛或叶下面被柔毛 ············ 5. 乐昌含笑 *Michelia chapensis*
   4. 花被片大小不相等，9 片或 9~12 片，很少 15 片，排成 3~4 轮，很少 5 轮。
      6. 花冠杯状，花被片倒卵形、宽倒卵形、倒卵状长圆形，内凹 ··············· 6. 金叶含笑 *Michelia foveolata*
      6. 花冠狭长，花被片扁平，匙状倒卵形、狭倒卵形或匙形
         7. 叶倒卵形、椭圆状倒卵形或倒卵形，很少菱形 ························ 7. 川含笑 *Michelia szechuanica*
         7. 叶长圆形、卵状长圆形、椭圆状长圆形、椭圆形、狭椭圆形、长圆状椭圆形、菱状椭圆形
            8. 叶长圆形、椭圆状长圆形，很少卵状长圆形，长 11~18 厘米，宽 4~6 厘米 ······ 8. 阔瓣含笑 *Michelia platypetala*
            8. 叶椭圆形、狭椭圆形、长圆状椭圆形、菱状椭圆形 ····················· 9. 深山含笑 *Michelia maudiae*

木兰科
Magnoliaceae

1. 白兰　*Michelia alba* DC. Syst. 1: 449. 1818.

常绿乔木，高达17米，枝广展，呈阔伞形树冠；胸直径30厘米；树皮灰色；揉枝叶有芳香；嫩枝及芽密被淡黄白色微柔毛，老时毛渐脱落。叶薄革质，长椭圆形或披针状椭圆形，长10~27厘米，宽4~9.5厘米，先端长渐尖或尾状渐尖，基部楔形，上面无毛，下面疏生微柔毛，干时两面网脉均很明显；叶柄长1.5~2厘米，疏被微柔毛；托叶痕几达叶柄中部。花白色，极香；花被片10片，披针形，长3~4厘米，宽3~5毫米；雄蕊的药隔伸出长尖头；雌蕊群被微柔毛，雌蕊群柄长约4毫米；心皮多数，通常部分不发育，成熟时随着花托的延伸，形成蓇葖疏生的聚合果；蓇葖熟时鲜红色。花期4~9月（夏季盛花）。

恩施有栽培；我国福建、广东、广西、云南等省区栽培极盛，长江流域各省区多盆栽，在温室越冬；原产印度尼西亚爪哇，现广植于东南亚。

为著名的庭园观赏树种，多栽为行道树。花可提取香精或薰茶，也可提制浸膏供药用，有行气化浊，治咳嗽等效。鲜叶可提取香油，称"白兰叶油"，可供调配香精；根皮入药，治便秘。

2. 峨眉含笑　*Michelia wilsonii* Finet et Gagnep. in Bull. Soc. Bot. France Mem. 4: 45. pl. 7A. 1905.

乔木，高可达20米；嫩枝绿色，被淡褐色稀疏短平伏毛，老枝节间较密，具皮孔；顶芽圆柱形。叶革质，倒卵形、狭倒卵形、倒披针形，长10~15厘米，宽3.5~7厘米，先端短尖或短渐尖，基部楔形或阔楔形，上面无毛，有光泽，下面灰白色，疏被白色有光泽的平伏短毛，侧脉纤细，每边8~13条，网脉细密，干时两面凸起；叶柄长1.5~4厘米，托叶痕长2~4毫米。花黄色，芳香，直径5~6厘米；花被片带肉质，9~12片，倒卵形或倒披针形，长4~5厘米，宽1~2.5厘米，内轮的较狭小；雄蕊长15~20毫米，花药长约12毫米，内向开裂，药隔伸出长约1毫米的短尖头，花丝绿色，长约2毫米；雌蕊群圆柱形，长3.5~4厘米；雌蕊长约6毫米，子房卵状椭圆体形，密被银灰色平伏细毛，花柱约与子房等长；胚珠约14枚。花梗具2~4条苞片脱落痕。聚合果长12~15厘米，果托扭曲；蓇葖紫褐色，长圆体形或倒卵圆形，长1~2.5厘米，具灰黄色皮孔，顶端具弯曲短喙，成熟后2瓣开裂。花期3~5月，果期8~9月。

产于利川，生于山坡林中；分布于四川、湖北。按照国务院1999年批准的国家重点保护野生植物（第一批）名录，本种为国家Ⅱ级保护植物，同时也是极小种群物种。

3. 多花含笑　*Michelia floribunda* Finet et Gagnep. in Mem. Soc. Bot. France Mem 4: 46. pl. 7. f. B. 1906.

乔木，高达20米，树皮灰色，平滑，幼枝纤细，直径2~3毫米，被灰白色平伏毛。叶革质，狭卵状椭圆形、披针形、狭倒卵状椭圆形，长7~14厘米，宽2~4厘米，先端渐尖或尾状渐尖，基部阔楔形或圆，上面深绿色，有光泽，下面苍白色，被白色长平伏毛；中脉凹入，常残留有白色毛，侧脉纤细，每边8~12条，网脉细密，两面稍凸起；叶柄长1~2.5厘米，被平伏白色毛；托叶痕长为叶柄长之半或

过半。花蕾狭椭圆体形，稍弯曲，被金黄色平伏柔毛，花梗长3~7毫米，直径约3毫米，具1~2条苞片脱落痕，密被银灰色平伏细毛；花被片白色，11~13片，匙形或倒披针形，长2.5~3.5厘米，宽4~7毫米，先端常有小突尖；雄蕊长10~14毫米，药隔伸出成长尖头；雌蕊群长约1厘米，雌蕊群柄长约5毫米；雌蕊长约4毫米，子房卵圆形，长约2毫米，密被银灰色微毛，花柱约与子房等长。聚合果长2~6厘米；扭曲，蓇葖扁球形或长球体形，长6~15毫米，顶端微尖，有白色皮孔。花期2~4月，果期8~9月。

产于咸丰、利川，生于山坡林中；分布于云南、四川、湖北。

4. 黄心夜合　*Michelia martinii* (Levl.) Levl. Fl. Kouy-Tcheou 270. 1915.

乔木，高可达20米，树皮灰色，平滑；嫩枝榄青色，无毛，老枝褐色，疏生皮孔；芽卵圆形或椭圆状卵圆形，密被灰黄色或红褐色竖起长毛。叶革质，倒披针形或狭倒卵状椭圆形，长12~18厘米，宽3~5厘米，先端急尖或短尾状尖，基部楔形或阔楔形，上面深绿色，有光泽，两面无毛，上面中脉凹下，侧脉每边11~17条，近平行，叶柄长1.5~2厘米，无托叶痕。花梗粗短，长约7毫米，密被黄褐色绒毛；花淡黄色、芳香，花被片6~8片，外轮倒卵状长圆形，长4~4.5厘米，宽2~2.4厘米，内轮倒披针形，长约4厘米，宽

1.1~1.3厘米；雄蕊长1.3~1.8厘米，药室长10~12毫米，稍分离，侧向开裂，药隔伸出长约0.5毫米的尖头，花丝紫色；雌蕊群长约3厘米，淡绿色，心皮椭圆状卵圆形，长约1厘米，花柱约与心皮等长，胚珠8~12枚。聚合果长9~15厘米，扭曲；蓇葖倒卵圆形或长圆状卵圆形，长1~2厘米，成熟后腹背两缝线同时开裂，具白色皮孔，顶端具短喙。花期2~3月（有的在12月开一次花），果期8~9月。

产于利川、咸丰，生于山坡林中；分布于河南、湖北、四川、贵州、云南。

5. 乐昌含笑　*Michelia chapensis* Dandy in Journ. Bot. 67: 222. 1929.

乔木，高15~30米，胸直径1米，树皮灰色至深褐色；小枝无毛或嫩时节上被灰色微柔毛。叶薄革质，倒卵形，狭倒卵形或长圆状倒卵形，长6.5~16厘米，宽3.5~7厘米，先端骤狭短渐尖或短渐尖，尖头钝，基部楔形或阔楔形，上面深绿色，有光泽，侧脉每边9~15条，网脉稀疏；叶柄长1.5~2.5厘米，无托叶痕，上面具张开的沟，嫩时被微柔毛，后脱落无毛。花梗长4~10毫米，被平伏灰色微柔毛，具2~5条苞片脱落痕；花被片淡黄色，6片，芳香，2轮，外轮倒卵状椭圆形，

长约 3 厘米，宽约 1.5 厘米；内轮较狭；雄蕊长 1.7～2 厘米，花药长 1.1～1.5 厘米，药隔伸长成 1 毫米的尖头；雌蕊群狭圆柱形，长约 1.5 厘米，雌蕊群柄长约 7 毫米，密被银灰色平伏微柔毛；心皮卵圆形，长约 2 毫米，花柱长约 1.5 毫米；胚珠约 6 枚。聚合果长约 10 厘米，果梗长约 2 厘米；蓇葖长圆体形或卵圆形，长 1～1.5 厘米，宽约 1 厘米，顶端具短细弯尖头，基部宽；种子红色，卵形或长圆状卵圆形，长约 1 厘米，宽约 6 毫米。花期 3～4 月，果期 8～9 月。花期 3～4 月，果期 8～9 月。

恩施、利川、咸丰等地有栽培；分布于江西、湖南、广东、广西；越南也有分布。

6. 金叶含笑　*Michelia foveolata* Merr. ex Dandy in Journ. Bot. 66: 360. 1928.

乔木，高达 30 米；树皮淡灰或深灰色；芽、幼枝、叶柄、叶背、花梗、密被红褐色短绒毛。叶厚革质，长圆状椭圆形，椭圆状卵形或阔披针形，长 17～23 厘米，宽 6～11 厘米，先端渐尖或短渐尖，基部阔楔形，圆钝或近心形，通常两侧不对称，上面深绿色，有光泽，下面被红铜色短绒毛，侧脉每边 16～26 条，末端纤细，直至近叶缘开叉网结，网脉致密；叶柄长 1.5～3 厘米，无托叶痕。花梗直径约 5 毫米，具 3～4 条苞片脱落痕；花被片 9～12 片，淡黄绿色，基部带紫色，外轮 3 片阔倒卵形，长 6～7 厘米，中、内轮倒卵形，较狭小；雄蕊约 50 枚，长 2.5～3 厘米，花药长 1.5～2 厘米，花丝深紫色，长 0.7～1 厘米；雌蕊群长 2～3 厘米，雌蕊群柄长 1.7～2 厘米，被银灰色短绒毛；雌蕊长约 5 毫米，心皮长约 3 毫米，狭卵圆形，仅基部与花托合生；胚珠约 8 枚。聚合果长 7～20 厘米；蓇葖长圆状椭圆体形，长 1～2.5 厘米。花期 3～5 月，果期 9～10 月。

产于利川，生于林中；分布于贵州、湖北、湖南、江西、广东、广西、云南；越南也有。

7. 川含笑　*Michelia szechuanica* Dandy in Not. Bot. Gard. Edinb. 16: 131. 1928.

乔木，高可达 25 米，嫩枝直径约 3 毫米，被红褐色平伏柔毛。叶革质，狭倒卵形，长 9～15 厘米，宽 3～6 厘米，先端短急尾状尖，基部楔形或宽楔形，上面中脉基部常残留有红褐色平伏毛，下面灰绿色，散生红褐色竖起毛；叶柄长 1.5～3 厘米，初被红褐色毛，后无毛，无托叶痕。花蕾卵圆形，被红褐色绒毛，花被片 9 片，狭倒卵形，长 2～2.5 厘米，带黄色；雄蕊长 1～1.4 厘米，花药长约 8 毫米，稍分离，侧向开裂，药隔伸出长约 1 毫米的尖头；雌蕊群柄长约 6 毫米，被平伏黄褐色微柔毛，雌蕊长 3～4 毫米，心皮卵圆形，密被黄色平伏微柔毛，花柱约与心皮等长；花梗长约 7 毫米，直径约 5 毫米，密被红褐色柔毛，具 1～2 条苞片脱落痕。聚合果长 6～8 厘米；蓇葖扁球形，直径 0.7～1.4 厘米，2 瓣全裂。花期 4 月，果期 9 月。

产于利川，生于山坡林中；分布于湖北、四川、贵州、云南。

8. 阔瓣含笑　*Michelia platypetala* Hand. -Mazz. in Anz. Akad. Wiss. Wien Math. -Nat. 58: 89. 1921.

乔木，高达 20 米。嫩枝、芽、嫩叶均被红褐色绢毛。叶薄革质，长圆形、椭圆状长圆形，长 11～20 厘米，宽 4～7 厘米，先端渐尖，或骤狭短渐尖，基部宽楔形或圆钝，下面被灰白色或杂有红褐色平伏微

柔毛，侧脉每边8~14条；叶柄长1~3厘米，无托叶痕，被红褐色平伏毛。花梗长0.5~2厘米，通常具2条苞片脱落痕，被平伏毛；花被片9片，白色，外轮倒卵状椭圆形或椭圆形，长5~7厘米，宽2~2.5厘米，中轮稍狭，内轮狭卵状披针形，宽1.2~1.4厘米；雄蕊长约1厘米，花丝长2毫米，花药长约6毫米，药室内向开裂，药隔伸出成1~1.5毫米的长狭三角形的尖头；雌蕊群圆柱形，长6~8毫米，被灰色及金黄色微柔毛，雌蕊群柄长约5毫米；心皮卵圆形，花柱长约4毫米，胚珠约8颗。聚合果长5~15厘米；蓇葖无柄，长圆体形，很少球形或卵圆形，长1.5~2.5厘米，宽1~1.5厘米，顶端圆，有时偏上部一侧有短尖，基部无柄，有灰白色皮孔，常背腹两面全部开裂；种子淡红色，扁宽卵圆形或长圆体形，长5~8毫米。花期3~4月，果期8~9月。

产于利川，生于山坡林中；分布于湖北、湖南、广东、广西、贵州。

9. 深山含笑 *Michelia maudiae* Dunn in Journ. Linn. Soc. Bot. 38: 353. 1908.

乔木，高达20米，各部均无毛；树皮薄、浅灰色或灰褐色；芽、嫩枝、叶下面、苞片均被白粉。叶革质，长圆状椭圆形，很少卵状椭圆形，长7~18厘米，宽3.5~8.5厘米，先端骤狭短渐尖或短渐尖而尖头钝，基部楔形、阔楔形或近圆钝，上面深绿色，有光泽，下面灰绿色，被白粉，侧脉每边7~12条，直或稍曲，至近叶缘开叉网结、网眼致密。叶柄长1~3厘米，无托叶痕。花梗绿色具3条环状苞片脱落痕，佛焰苞状苞片淡褐色，薄革质，长约3厘米；花芳香，花被片9片，纯白色，基部稍呈淡红色，外轮的倒卵形，长5~7厘米，宽3.5~4厘米，顶端具短急尖，基部具长约1厘米的爪，内两轮则渐狭小；近匙形，顶端尖；雄蕊长1.5~2.2厘米，药隔伸出长1~2毫米的尖头，花丝宽扁，淡紫色，长约4毫米；雌蕊群长1.5~1.8厘米；雌蕊群柄长5~8毫米。心皮绿色，狭卵圆形，连花柱长5~6毫米。聚合果长7~15厘米，蓇葖长圆体形、倒卵圆形、卵圆形、顶端圆钝或具短突尖头。种子红色，斜卵圆形，长约1厘米，宽约5毫米，稍扁。花期2~3月，果期9~10月。

恩施、利川等地有栽培；分布于浙江、福建、湖南、广东、广西、贵州。

木材纹理直，结构细，易加工，供家具、板料、绘图版、细木工用材。叶鲜绿；花纯白艳丽，为庭园观赏树种，可提取芳香油，亦供药用。

木莲属 *Manglietia* Bl.

常绿乔木。叶革质，全缘，幼叶在芽中对折；托叶包着幼芽，下部贴生于叶柄，在叶柄上留有或长或短的托叶痕。花单生枝顶，两性，花被片通常9~13片，3片1轮，大小近相等，外轮3片常较薄而坚，近革质，常带绿色或红色；花药线形，内向开裂，花丝短而不明显，药隔伸出成短尖，雌蕊群和雄蕊群相连接；雌蕊群无柄；心皮多数，腹面儿全部与花托愈合，背面通常具1条或在近基部具数条纵沟纹，螺旋状排列，离生，每心皮具胚珠4枚或更多。聚合果紧密，球形、卵状球形、圆柱形、卵圆形或长圆状卵形，成熟蓇葖近木质，或厚木质，宿存，沿背缝线开裂，或同时沿腹缝线开裂，通常顶端具喙，具种子1~10粒。

本属30余种；我国有22种；恩施州产2种。

分种检索表

1. 叶革质，倒披针形、狭倒卵状长圆形或狭长圆形，长8~14厘米，宽2.5~4厘米，侧脉每边8~12条；聚合果长2.5~3.5厘米 ··· 1. 木莲 *Manglietia fordiana*
1. 叶薄革质，叶倒卵状椭圆形，长14~18厘米，宽3.5~7厘米；侧脉每边13~15条；心皮背面无纵沟纹 ··· 2. 巴东木莲 *Manglietia patungensis*

1. 木莲 *Manglietia fordiana* Olive Hooker's Icon. Pl. 20:t.1953. 1891.

乔木，高达8米；树皮灰褐色；枝黄褐色；除外芽鳞被金黄色平伏柔毛外余无毛。叶革质，倒披针形、狭倒卵状长圆形或狭长圆形，长8~14厘米，宽2.5~4厘米，先端稍弯的尾状渐尖或渐尖，基部阔楔形或楔形，上面深绿色，下面淡灰绿色；中脉平坦或稍凹，侧脉每边8~14条，纤细；边缘稍背卷；叶柄长1~3厘米，上面具渐宽的沟；托叶痕长3~4毫米。花梗长1.5~2厘米，直径约4毫米，具1条环苞片脱落痕；花被片9片，3轮，外轮3片带绿色，薄革质，倒卵状长圆形，长约4厘米，宽约2厘米，中轮与内轮肉质，纯白色，中轮倒卵形，

长约2.5厘米，宽约2厘米，内轮3片狭倒卵形，长约3厘米，宽约1厘米；雄蕊长4~7毫米，花药长3~5毫米，药隔伸出成近半圆形的尖头，长约1毫米；雌蕊群椭圆状卵圆形，长1.3~1.8厘米，下部心皮狭椭圆形，长7~8毫米，具3~5条纵棱，上部露出面具乳头状凸起，花柱长1~1.5毫米。聚合果卵圆形，熟时褐色，长2.5~3.5厘米。花期5月，果期9~10月。

产于利川，属湖北省新记录，生于山坡林中；分布于安徽、浙江、江西、福建、湖南、广东。

2. 巴东木莲 *Manglietia patungensis* Hu in Acta Phytotax. Sin. 1: 335. 1951.

乔木，高达25米；树皮淡灰褐色带红色；小枝带灰褐色。叶薄革质，倒卵状椭圆形，长14~20

厘米，宽3.5~7厘米，先端尾状渐尖，基部楔形。两面无毛，上面绿色，有光泽，下面淡绿色；侧脉每边13~15条，叶面中脉凹下；叶柄长2.5~3厘米；叶柄上的托叶痕长为叶柄长的1/7~1/5；花白色，有芳香，直径8.5~11厘米；花梗长约1.5厘米，花被片下5~10毫米处具1条苞片脱落痕，花被片9片，外轮3片近革质，狭长圆形，先端圆，长4.5~6厘米，宽1.5~2.5厘米，中轮及内轮肉质，倒卵形，长4.5~5.5厘米，宽2~3.5厘米，雄蕊长6~8毫米，花药紫红色，长5~6毫米，药室基部靠合，有时上端稍分开，药隔伸出成钝尖头，长约

1毫米；雌蕊群圆锥形，长约2厘米，雌蕊背面无纵沟纹，每心皮有胚珠4~8枚。聚合果圆柱状椭圆形，长5~9厘米，直径2.5~3厘米，淡紫红色。蓇葖露出面具点状凸起。花期5~6月，果期7~10月。

产于利川、巴东，生于山坡林中；分布于湖北、四川。

木兰属 *Magnolia* Linn.

乔木或灌木，树皮通常灰色，光滑，或有时粗糙具深沟，通常落叶，少数常绿；小枝具环状的托叶痕，髓心连续或分隔；芽有2型；营养芽腋生或顶生，具芽鳞2片，膜质，镊合状合成盔状托叶，包裹着一幼叶和一生长点，与叶柄连生。混合芽顶生具1至数枚次第脱落的佛焰苞状苞片，包着1至数个节间，每节间有1个腋生的营养芽，末端2节膨大，顶生着较大的花蕾；花柄上有数个环状苞片脱落痕。叶膜质或厚纸质，互生，有时密集成假轮生，全缘，稀先端2浅裂；托叶膜质，贴生于叶柄，在叶柄上留有托叶痕，幼叶在芽中直立，对折。花通常芳香，大而美丽，雌蕊常先熟，为甲壳虫传粉，单生枝顶，很少2~3朵顶生，两性，落叶种类在发叶前开放或与叶同时开放；花被片白色、粉红色或紫红色，很少黄色，9~45片，每轮3~5片，近相等，有时外轮花被片较小，带绿色或黄褐色，呈萼片状；雄蕊早落，花丝扁平，药隔延伸成短尖或长尖，很少不延伸，药室内向或侧向开裂；雌蕊群和雄蕊群相连接，无雌蕊群柄。心皮分离，多数或少数，花柱向外弯曲，沿近轴面为具乳头状突起的柱头面，每心皮有胚珠2枚（很少在下部心皮具3~4枚）。聚合果成熟时通常为长圆状圆柱形，卵状圆柱形或长圆状卵圆形，常因心皮不育而偏斜弯曲。成熟蓇葖革质或近木质，互相分离，很少互相连合，沿背缝线开裂，顶端具或短或长的喙，全部宿存于果轴。种子1~2粒，外种皮橙红色或鲜红色，肉质，含油分，内种皮坚硬，种脐有丝状假珠柄与胎座相连，悬挂种子于外。在FOC中将木兰属修订为玉兰属（*Yulania* Spach）、木兰属（*Magnolia* Linn.）和厚朴属（*Houpoëa*）等。

本属约90种；我国有31种；恩施州产8种1亚种。

分种检索表

1. 花药内向开裂，先出叶后开花；花被片近相似，外轮花被片不退化为萼片状；叶为落叶或常绿。
  2. 托叶与叶柄离生，叶柄上无托叶痕；花大，直径15~20厘米；聚合果大，圆柱状长圆体形或卵圆形，直径4~5厘米；种子近卵圆形，两侧不压扁 ·················· 1. 荷花玉兰 *Magnolia grandiflora*
  2. 托叶与叶柄连生；叶柄上留有托叶痕；种子长圆体形或心形，侧向压扁。
    3. 叶为常绿；托叶痕几达叶柄全长 ·················· 2. 山玉兰 *Magnolia delavayi*
    3. 叶为落叶，托叶痕为叶柄长的1/3~2/3，花蕾具1片佛焰苞状苞片，开花后脱落，留有1条环状苞片脱落痕。
      4. 叶先端具短急尖或圆钝 ·················· 3. 厚朴 *Magnolia officinalis*
      4. 叶先端凹缺，成2片钝圆的浅裂片 ·················· 4. 凹叶厚朴 *Magnolia officinalis* subsp. *biloba*
1. 花药内侧向开裂或侧向开裂；花先于叶开放或花叶近同时开放；外轮与内轮花被片形态近相似，大小近相等或外轮花被片极退化成萼片状；叶为落叶。
  5. 花被片大小近相等不分化为外轮萼片状和内轮为花瓣状，花先叶开放。
    6. 花被片12~14片 ·················· 5. 武当玉兰 *Magnolia sprengeri*
    6. 花被片9~12片。
      7. 乔木，花被片纯白色，有时基部外面带红色，外轮与内轮近等长；花凋谢后出叶 ·················· 6. 玉兰 *Magnolia denudata*
      7. 小乔木，花被片浅红色至深红色，外轮花被片稍短或为内轮长的2/3，但不成萼片状；花期延至出叶 ·················· 7. 二乔玉兰 *Magnolia soulangeana*
  5. 花被片外轮与内轮不相等，外轮退化变小而呈萼片状，常早落。
    8. 花先于叶开放，瓣状花被片白色、淡红色或紫色；叶片基部不下延；托叶痕不及叶柄长的1/2 ·················· 8. 望春玉兰 *Magnolia biondii*
    8. 花与叶同时或稍后于叶开放；瓣状花被片紫色或紫红色；叶片基部明显下延；叶背沿脉被柔毛，托叶痕达叶柄长的1/2 ·················· 9. 紫玉兰 *Magnolia liliflora*

木兰科
Magnoliaceae

1. 荷花玉兰　*Magnolia grandiflora* Linn. Syst. Nat. ed. 10, 2: 1802. 1759.

常绿乔木，高达 30 米；树皮淡褐色或灰色，薄鳞片状开裂；小枝粗壮，具横隔的髓心；小枝、芽、叶下面、叶柄、均密被褐色或灰褐色短绒毛（幼树的叶下面无毛）。叶厚革质，椭圆形，长圆状椭圆形或倒卵状椭圆形，长 10～20 厘米，宽 4～10 厘米，先端钝或短钝尖，基部楔形，叶面深绿色，有光泽；侧脉每边 8～10 条；叶柄长 1.5～4 厘米，无托叶痕，具深沟。花白色，有芳香，直径 15～20 厘米；花被片 9～12 片，厚肉质，倒卵形，长 6～10 厘米，宽 5～7 厘米；雄蕊长约 2 厘米，花丝扁平，紫色，花药内向，药隔伸出成短尖；雌蕊群椭圆体形，密被长绒毛；心皮卵形，长 1～1.5 厘米，花柱呈卷曲状。聚合果圆柱状长圆形或卵圆形，长 7～10 厘米，直径 4～5 厘米，密被褐色或淡灰黄色绒毛；蓇葖背裂，背面圆，顶端外侧具长喙；种子近卵圆形或卵形，长约 14 毫米，直径约 6 毫米，外种皮红色，除去外种皮的种子，顶端延长成短颈。花期 5～6 月，果期 9～10 月。

恩施州广泛栽培；我国长江流域以南各城市有栽培。

叶入药治高血压。

2. 山玉兰　*Magnolia delavayi* Franch. Pl. Delav. 33. t. 9-10. 1889.

常绿乔木，高达 12 米，胸直径 80 厘米，树皮灰色或灰黑色，粗糙而开裂。嫩枝榄绿色，被淡黄褐色平伏柔毛，老枝粗壮，具圆点状皮孔。叶厚革质，卵形，卵状长圆形，长 10～32 厘米，宽 5～20 厘米，先端圆钝，很少有微缺，基部宽圆，有时微心形，边缘波状，叶面初被卷曲长毛，后无毛，中脉在叶面平坦或凹入，残留有毛，叶背密被交织长绒毛及白粉，后仅脉上残留有毛；侧脉每边 11～16 条，网脉致密，干时两面凸起；叶柄长 5～10 厘米，初密被柔毛；托叶痕几达叶柄全长。花梗直立，长 3～4 厘米，花芳香，杯状，直径 15～20 厘米；花被片 9～10 片，外轮 3 片淡绿色，长圆形，长 6～10 厘米，宽 2～4 厘米，向外反卷，内两轮乳白色，倒卵状匙形，长 8～11 厘米，宽 2.5～3.5 厘米，内轮的较狭；雄蕊约 210 枚，长 1.8～2.5 厘米，两药室隔开，药隔伸出成三角锐尖头；雌蕊群卵圆形，顶端尖，长 3～4 厘米，具约 100 枚雌蕊，被细黄色柔毛。聚合果卵状长圆体形，长 9～20 厘米，蓇葖狭椭圆体形，背缝线两瓣全裂，被细黄色柔毛，顶端缘外弯。花期 4～6 月，果期 8～10 月。

栽培于利川，生于山坡林中；分布于四川、贵州、云南。本种在 FOC 修订中编入长喙兰属（Linianthe delavayi），本书仍按旧版处理。

3. 厚朴　*Magnolia officinalis* Rehd. et Wils. in Sargent, Pl. Wils. 1: 391. 1913.

落叶乔木，高达 20 米；树皮厚，褐色，不开裂；小枝粗壮，淡黄色或灰黄色，幼时有绢毛；顶芽

大，狭卵状圆锥形，无毛。叶大，近革质，7~9片聚生于枝端，长圆状倒卵形，长22~45厘米，宽10~24厘米，先端具短急尖或圆钝，基部楔形，全缘而微波状，上面绿色，无毛，下面灰绿色，被灰色柔毛，有白粉；叶柄粗壮，长2.5~4厘米，托叶痕长为叶柄的2/3。花白色，直径10~15厘米，芳香；花梗粗短，被长柔毛，离花被片下1厘米处具苞片脱落痕，花被片9~17片，厚肉质，外轮3片淡绿色，长圆状倒卵形，长8~10厘米，宽4~5厘米，盛开时常向外反卷，内两轮白色，倒卵状匙形，长8~8.5厘米，宽3~4.5厘米，基部具爪，最内轮7~8.5厘米，花盛开时中内轮直立；雄蕊约72枚，长2~3厘米，花药长1.2~1.5厘米，内向开裂，花丝长4~12毫米，红色；雌蕊群椭圆状卵圆形，长2.5~3厘米。聚合果长圆状卵圆形，长9~15厘米；蓇葖具长3~4毫米的喙；种子三角状倒卵形，长约1厘米。花期5~6月，果期8~10月。

恩施州广泛栽培；分布于陕西、甘肃、河南、湖北、湖南、四川、贵州。本种在FOC修订中编入厚朴属（*Houpoëa officinalis*），本书仍按旧版处理。

树皮、根皮、花、种子及芽皆可入药，以树皮为主，为著名中药，有化湿导滞、行气平喘、化食消痰、祛风镇痛之效；种子有明目益气功效。按照国务院1999年批准的国家重点保护野生植物（第一批）名录，本种为Ⅱ级保护植物。

4. 凹叶厚朴（亚种） *Magnolia officinalis* Rehd. et Wils. subsp. *biloba* (Rehd. et Wils.) Law in Sylva Sinica 1: 449. 1983.

本亚种与厚朴 *M. officinalis* 不同之处在于叶先端凹缺，成2钝圆的浅裂片，但幼苗之叶先端钝圆，并不凹缺；聚合果基部较窄。花期5~6月，果期8~10月。

恩施州广泛栽培；分布于安徽、浙江、江西、福建、湖南、广东、广西。本种在FOC修订中与厚朴归并，因考虑使用习惯，本书仍按一个独立亚种处理。按照国务院1999年批准的国家重点保护野生植物（第一批）名录，本种为Ⅱ级保护植物。

5. 武当玉兰 *Magnolia sprengeri* Pampan. in Nuov. Giorn. Bot. Ital. 22: 295. 1915.

落叶乔木，高可达21米，树皮淡灰褐色或黑褐色，老干皮具纵裂沟成小块片状脱落。小枝淡黄褐色，后变灰色，无毛。叶倒卵形，长10~18厘米，宽4.5~10厘米，先端急尖或急短渐尖，基部楔形，上面仅沿中脉及侧脉疏被平伏柔毛，下面初被平伏细柔毛，叶柄长1~3厘米；托叶痕细小。花蕾直立，被淡灰黄色绢毛，花先叶开放，杯状，有芳香，花被片12~14片，近相似，外面玫瑰红色，有深紫色纵纹，倒卵状匙形或匙形，长5~13厘米，宽2.5~3.5厘米，雄蕊长10~15毫米，花药长约5毫米，稍分离，药隔伸出成尖头，花丝紫红色，宽扁；雌蕊群圆柱形，长2~3厘米，淡绿色，花柱玫瑰红色。聚果圆柱形，长6~18厘米；蓇葖扁圆，成熟时褐色。花期3~4月，果期8~9月。

恩施州广布，生于山林中；分布于陕西、甘肃、河南、湖北、湖南、四川。原常用种白花湖北木兰，应归并为此种。

6. 玉兰 *Magnolia denudata* Desr. in Lam. Encycl. Bot. 3: 675. 1791.

落叶乔木，高达 25 米，枝广展形成宽阔的树冠；树皮深灰色，粗糙开裂；小枝稍粗壮，灰褐色；冬芽及花梗密被淡灰黄色长绢毛。叶纸质，倒卵形、宽倒卵形或、倒卵状椭圆形，基部徒长枝叶椭圆形，长 10~18 厘米，宽 6~12 厘米，先端宽圆、平截或稍凹，具短突尖，中部以下渐狭成楔形，叶上深绿色，嫩时被柔毛，后仅中脉及侧脉留有柔毛，下面淡绿色，沿脉上被柔毛，侧脉每边 8~10 条，网脉明显；叶柄长 1~2.5 厘米，被柔毛，上面具狭纵沟；托叶痕为叶柄长的 1/4~1/3。花蕾卵圆形，花先叶开放，直立，芳香，直径 10~16 厘米；花梗显著膨大，密被淡黄色长绢毛；花被片 9 片，白色，基部常带粉红色，近相似，长圆状倒卵形，长 6~10 厘米，宽 2.5~6.5 厘米；雄蕊长 7~12 毫米，花药长 6~7 毫米，侧向开裂；药隔宽约 5 毫米，顶端伸出成短尖头；雌蕊群淡绿色，无毛，圆柱形，长 2~2.5 厘米；雌蕊狭卵形，长 3~4 毫米，具长 4 毫米的锥尖花柱。聚合果圆柱形，长 12~15 厘米，直径 3.5~5 厘米；蓇葖厚木质，褐色，具白色皮孔；种子心形，侧扁，高约 9 毫米，宽约 10 毫米，外种皮红色，内种皮黑色。花期 2~3 月（亦常于 7~9 月再开一次），果期 8~9 月。

恩施州广泛栽培；分布于江西、浙江、湖南、贵州、湖北；现全国各大城市园林广泛栽培。

7. 二乔玉兰 *Magnolia soulangeana* Soul.-Bod. in Mem. Soc. Linn. Paris 269. 1826.

小乔木，高 6~10 米，小枝无毛。叶纸质，倒卵形，长 6~15 厘米，宽 4~7.5 厘米，先端短急尖，2/3 以下渐狭成楔形，上面基部中脉常残留有毛，下面多少被柔毛，侧脉每边 7~9 条，干时两面网脉凸起，叶柄长 1~1.5 厘米，被柔毛，托叶痕约为叶柄长的 1/3。花蕾卵圆形，花先叶开放，浅红色至深红色，花被片 6~9 片，外轮 3 片花被片常较短约为内轮长的 2/3；雄蕊长 1~1.2 厘米，花药长约 5 毫米，侧向开裂，药隔伸出成短尖，雌蕊群无毛，圆柱形，长约 1.5 厘米。聚合果长约 8 厘米，直径约 3 厘米；蓇葖卵圆形或倒卵圆形，长 1~1.5 厘米，熟时黑色，具白色皮孔；种子深褐色，宽倒卵圆形或倒卵圆形，侧扁。花期 2~3 月，果期 9~10 月。

恩施、利川、咸丰等地有栽培；本种是玉兰与辛夷的杂交种，杭州、广州、昆明亦有栽培；本种的花被片大小形状不等，紫色或有时近白色，芳香或无芳香。在园艺栽培约有 20 栽培种。

8. 望春玉兰 *Magnolia biondii* Pampan. in Nuov. Giorn. Bot. Ital. n. ser. 17: 275. 1910.

落叶乔木，高可达 12 米；树皮淡灰色，光滑；小枝细长，灰绿色，直径 3~4 毫米，无毛；顶芽卵圆形或宽卵圆形，长 1.7~3 厘米，密被淡黄色展开长柔毛。叶椭圆状披针形、卵状披针形、狭倒卵或卵形，长 10~18 厘米，宽 3.5~6.5 厘米，先端急尖，或短渐尖，基部阔楔形，或圆钝，边缘干膜质，下

延至叶柄，上面暗绿色，下面浅绿色，初被平伏棉毛，后无毛；侧脉每边10～15条；叶柄长1～2厘米，托叶痕为叶柄长的1/5～1/3。花先叶开放，直径6～8厘米，芳香；花梗顶端膨大，长约1厘米，具3条苞片脱落痕；花被片9片，外轮3片紫红色，近狭倒卵状条形，长约1厘米，中内2轮近匙形，白色，外面基部常紫红色，长4～5厘米，宽1.3～2.5厘米，内轮的较狭小；雄蕊长8～10毫米，花药长4～5毫米，花丝长3～4毫米，紫色；雌蕊群长1.5～2厘米。聚合果圆柱形，长8～14厘米，常因部分不育而扭曲；果梗长约1厘米，直径约7毫米，残留长绢毛；蓇葖浅褐色，近圆形，侧扁，具凸起瘤点；种子心形，外种皮鲜红色，内种皮深黑色，顶端凹陷，具V形槽，中部凸起，腹部具深沟，末端短尖不明显。花期3月，果期9月。

产于利川，生于缓坡林中；分布于陕西、甘肃、河南、湖北、四川等省。

9. 紫玉兰　*Magnolia liliflora* Desr. in Lam. Encycl. Bot. 3: 675. 1791.

落叶灌木，高达3米，常丛生，树皮灰褐色，小枝绿紫色或淡褐紫色。叶椭圆状倒卵形或倒卵形，长8～18厘米，宽3～10厘米，先端急尖或渐尖，基部渐狭沿叶柄下延至托叶痕，上面深绿色，幼嫩时疏生短柔毛，下面灰绿色，沿脉有短柔毛；侧脉每边8～10条，叶柄长8～20毫米，托叶痕约为叶柄长之半。花蕾卵圆形，被淡黄色绢毛；花叶同时开放，瓶形，直立于粗壮、被毛的花梗上，稍有香气；花被片9～12片，外轮3片萼片状，紫绿色，披针形长2～3.5厘米，常早落，内2轮肉质，外面紫色或紫红色，内面带白色，花瓣状，椭圆状倒卵形，长8～10厘米，宽3～4.5厘米；雄蕊紫红色，长8～10毫米，花药长约7毫米，侧向开裂，药隔伸出成短尖头；雌蕊群长约1.5厘米，淡紫色，无毛。聚合果深紫褐色，变褐色，圆柱形，长7～10厘米；成熟蓇葖近圆球形，顶端具短喙。花期3～4月，果期8～9月。

恩施州广泛栽培；分布于福建、湖北、四川、云南，我国各大城市都有栽培，并已引种至欧美各国都市。

树皮、叶、花蕾均可入药；主治鼻炎、头痛，作镇痛消炎剂。

蜡梅科
Calycanthaceae

落叶或常绿灌木；小枝四方形至近圆柱形；有油细胞。鳞芽或芽无鳞片而被叶柄的基部所包围。单叶对生，全缘或近全缘；羽状脉；有叶柄；无托叶。花两性，辐射对称，单生于侧枝的顶端或腋生，通

蜡梅科
Calycanthaceae

常芳香，黄色、黄白色或褐红色或粉红白色，先叶开放；花梗短；花被片多数，未明显地分化成花萼和花瓣，成螺旋状着生于杯状的花托外围，花被片形状各式，最外轮的似苞片，内轮的呈花瓣状；雄蕊2轮，外轮的能发育，内轮的败育，发育的雄蕊5～30枚，螺旋状着生于杯状的花托顶端，花丝短而离生，药室外向，2室，纵裂，药隔伸长或短尖，退化雄蕊5～25枚，线形至线状披针形，被短柔毛；心皮少数至多数，离生，着生于中空的杯状花托内面，每心皮有胚珠2枚，或1枚不发育，倒生，花柱丝状，伸长；花托杯状。聚合瘦果着生于坛状的果托之中，瘦果内有种子1粒；种子无胚乳；胚大；子叶叶状，席卷。

本科2属7种2变种；我国有2属4种1栽培种2变种；恩施州产1属1种。

蜡梅属 *Chimonanthus* Lindl.

直立灌木；小枝四方形至近圆柱形。叶对生，落叶或常绿，纸质或近革质，叶面粗糙；羽状脉，有叶柄；鳞芽裸露。花腋生，芳香，直径0.7～4厘米；花被片15～25片，黄色或黄白色，有紫红色条纹，膜质；雄蕊5～6枚，着生于杯状的花托上，花丝丝状，基部宽而连生，通常被微毛，花药2室，外向，退化雄蕊少数至多数，长圆形，被微毛，着生于雄蕊内面的花托上；心皮5～15个，离生，每心皮有胚珠2枚或1枚败育。果托坛状，被短柔毛；瘦果长圆形，内有种子1粒。

本属3种；我国均产；恩施州产1种。

蜡梅 *Chimononthus praecox* (L.) Link, Enum. Pl. Hort. Berol. 2: 66. 1822.

落叶灌木，高达4米；幼枝四方形，老枝近圆柱形，灰褐色，无毛或被疏微毛，有皮孔；鳞芽通常着生于第二年生的枝条叶腋内，芽鳞片近圆形，覆瓦状排列，外面被短柔毛。叶纸质至近革质，卵圆形、椭圆形、宽椭圆形至卵状椭圆形，有时长圆状披针形，长5～25厘米，宽2～8厘米，顶端急尖至渐尖，有时具尾尖，基部急尖至圆形，除叶背脉上被疏微毛外无毛。花着生于第二年生枝条叶腋内，先花后叶，芳香，直径2～4厘米；花被片圆形、长圆形、倒卵形、椭圆形或匙形，长5～20毫米，宽5～15毫米，无毛，内部花被片比外部花被片短，基部有爪；雄蕊长4毫米，花丝比花药长或等长，花药向内弯，无毛，药隔顶端短尖，退化雄蕊长3毫米；心皮基部被疏硬毛，花柱长达子房3倍，基部被毛。果托近木质化，坛状或倒卵状椭圆形，长2～5厘米，直径1～2.5厘米，口部收缩，并具有钻状披针形的被毛附生物。花期11月至翌年3月，果期4～11月。

产于恩施，生于山坡林中；分布于山东、江苏、安徽、浙江、福建、江西、湖南、湖北、河南、陕西、四川、贵州、云南等省；广西、广东等省区均有栽培；日本、朝鲜和欧洲、美洲均有引种栽培。

根、叶可药用，理气止痛、散寒解毒，治跌打、腰痛、风湿麻木、风寒感冒，刀伤出血；花解暑生津，治心烦口渴、气郁胸闷；花蕾油治烫伤。

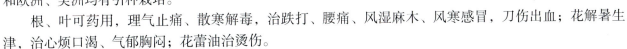

樟科 Lauraceae

　　常绿或落叶，乔木或灌木，或为缠绕性寄生草本。树皮通常曲芳香；木材十分坚硬，细致，通常黄色。鳞芽或裸芽。叶互生、对生、近对生或轮生，具柄，通常革质，有时为膜质或坚纸质，全缘，极少有分裂，与树皮一样常有多数含芳香油或黏液的细胞，羽状脉，三出脉或离基三出脉，小脉常为密网状，脉网通常在鲜时不甚明显，但干时常十分明显，上面具光泽，下面常为粉绿色，毛被若存在时通常为单细胞毛；无托叶。花序有限，稀为无限；或为圆锥状、总状或小头状，开花前全然由大苞片所包裹或近于裸露，最末端分枝为3朵花或多花的聚伞花序；或为假伞形花序，其下承有宿存的交互对生的苞片或不规则苞片。花通常小，白或绿白色，有时黄色，有时淡红而花后转红，通常芳香，花被片开花时平展或常近闭合。花两性或由于败育而成单性，雌雄同株或异株，辐射对称，通常3基数，亦有2基数。花被筒辐状，漏斗形或坛形，花被裂片6或4片呈2轮排列，或为9片而呈3轮排列，等大或外轮花被片较小，互生，脱落或宿存花后有时坚硬；花被筒或脱落或呈一果托包围果实的基部，亦有果实或完全包藏于花被筒内或子房与花被筒贴生而形成下位子房。雄蕊着生于花被筒喉部，周位或上位，数目一定或近于不定的，通常排列呈4轮，每轮2～4枚，通常最内一轮败育且退化为多少明显的退化雄蕊，稀第一、二轮雄蕊亦为败育，第三轮雄蕊通常能育，极稀为不育的，通常在花丝的每一侧有一个多少具柄的腺体或腺体的柄与花丝合生而成为近无柄或无柄腺体，极稀全部各轮雄蕊具基生的腺体；花丝存在或花药无柄；第一、二轮花药药室通常内向，第三轮花药药室通常外向，有时全部或部分具顶向或侧向药室或药室外向，雄蕊4室或由于败育而成2室，极稀为1室的，2药雄蕊的药隔通常延伸于花药之上，花药4室时，常2室在上，2室在下，亦有由于有2室侧生而排成一列或成弧形的，通常同属各种具同数药室，稀有1轮或2轮的花药有不同数的药室，药室自基部向顶部瓣裂，极稀由外方向内方瓣裂的；外轮退化雄蕊若存在时则呈花瓣状或舌状，第四轮退化雄蕊通常箭头形或心状箭头形，具柄，极稀具腺体，有时退化雄蕊微小或无，若有四轮以上雄蕊存在时，第四轮及更内轮可具腺体；腺体或小或大，充满于雄蕊间全部空隙，或腺体全然不存在；花粉简单，球形或近球形，无萌发孔，外壁薄，表面常具小刺或小刺状突起。心皮可能3个，形成一个单室子房，子房通常为上位，稀为半下位或甚至下位；胚珠单一，下垂，倒向；花柱明显，稀为不明显，柱头盘状、扩大或开裂，有时不明显，但自花柱的一侧下延而有不同颜色的组织。果为浆果或核果，外果皮肉质、菲薄或厚，有时由增大的花被筒所包藏，此时果与花被筒离生或贴生，花被筒常为木质或全然为下位，有时着生于一裸柄上，有时基部有坚硬而紧抱于果的花被片，有时基部或大部陷于果托中，有时基部有一扁平的盘状体，若有果托时，花被可能多少宿存而不变形，或花被片基部宿存或雄蕊基部宿存，因而造成果托边缘为双缘的，果托边缘或为全缘或为波状或具齿裂；果托本身通常肉质，常有圆形大疣点，果梗或为圆柱形或为肉质且着有艳色。假种皮有时存在，包被胚珠顶部。种子无胚乳，有薄的种皮；子叶大，平凸状，紧抱，胚近盾形，胚芽十分发达，具2～8片叶，常被疏柔毛，极稀有子房分裂成不完全的6～12室，每室嚼烂成子叶。

　　本科约45属2000余种；我国约20属423种43变种5变型；恩施州产9属48种5变种。

分属检索表

1. 花序成假伞形或簇状，稀为单花或总状至圆锥状，其下承有总苞，总苞片大而常为交互对生，常宿存。
    2. 花2基数，即花各部为2数或为2的倍数；雌雄异株；雄花具6枚雄蕊，排成3轮，每轮2枚，第三轮雄蕊具腺体，花药4室，

樟科 Lauraceae

　　　　　室内向；雌花具 6 枚退化雄蕊 ·· 1. 新木姜子属 Neolitsea
　　2. 花 3 基数，即花各部为 3 数或为 3 的倍数。
　　　　3. 花药 4 室 ·· 2. 木姜子属 Litsea
　　　　3. 花药 2 室 ·· 3. 山胡椒属 Lindera
1. 花序通常圆锥状，疏松，具梗，但亦有成簇状的，均无明显的总苞。
　　4. 果着生于由花被筒发育而成的或浅或深的果托上，果托只部分地包被果。
　　　　5. 花序在开花前有大而非交互对生的迟落的苞片。
　　　　　　6. 叶互生，常具浅裂 ·· 4. 檫木属 Sassafras
　　　　　　6. 叶通常轮生稀对生，全缘 ·· 5. 黄肉楠属 Actinodaphne
　　　　5. 花序在开花前有小而早落的苞片。
　　　　　　7. 花序圆锥状；花药 4 室，上下各 2 室；叶具羽状脉、三出脉或离基三出脉 ············· 6. 樟属 Cinnamomum
　　　　　　7. 花序成簇状，为团伞花序，具梗或无梗；花药 4 室几横排成一行，2 室内向 2 室侧外向，或上下各 2 室，上 2 室小得多而内向，
　　　　　　　　下 2 室较大而侧外向；叶具离基三出脉 ··· 7. 新樟属 Neocinnamomum
　　4. 果着生于无宿存花被的果梗上，若花被宿存时，则绝不成果托。
　　　　8. 果时花被直立而坚硬，紧抱果上 ··· 8. 楠属 Phoebe
　　　　8. 果时花被脱落，若宿存则绝不紧抱果上；花被裂片果时宿存，反卷或展开 ···················· 9. 润楠属 Machilus

新木姜子属　*Neolitsea* Merr.

　　常绿乔木或灌木。叶互生或簇生成轮生状，很少近对生，离基三出脉，少数为羽状脉或近离基三出脉。花单性，雌雄异株，伞形花序单生或簇生，无总梗或有短总梗；苞片大，交互对生，迟落；花被裂片 4 片，外轮 2 片，内轮 2 片。雄花能育雄蕊 6 枚，排成 3 轮，每轮 2 枚；花药 4 室，均内向瓣裂；第一、二轮花丝无腺体，第三轮基部有腺体 2 个；退化雌蕊有或无。雌花退化雄蕊 6 枚，棍棒状，第一、二轮无腺体，第三轮基部有 2 个腺体；子房上位，花柱明显，柱头盾状。果着生于稍扩大的盘状或内陷的果托上，果梗通常略增粗。

　　本属约 85 种 8 变种；我国有 45 种 8 变种；恩施州产 4 种。

分种检索表

1. 羽状叶脉或间有近似远离基三出脉。
　　2. 幼枝无毛 ·· 1. 巫山新木姜子 Neolitsea wushanica
　　2. 幼枝有锈色绒毛或贴伏短柔毛 ·· 2. 簇叶新木姜子 Neolitsea confertifolia
1. 离基三出脉或基部三出脉。
　　3. 叶下面密被金黄色绢状毛 ·· 3. 新木姜子 Neolitsea aurata
　　3. 叶片下面被黄褐色长柔毛，老时毛极稀疏，被厚白粉 ·· 4. 大叶新木姜子 Neolitsea levinei

1. 巫山新木姜子　*Neolitsea wushanica* (Chun) Merr. in Sunyatsenia 3: 250. 1937.

　　小乔木，高 4~10 米；树皮黄绿色，平滑。小枝纤细，无毛。顶芽卵圆形，鳞片排列松散，外面被锈色短柔毛。叶互生或聚生于枝顶，椭圆形或长圆状披针形，长 5~9 厘米，宽 1.7~3.5 厘米，先端急尖或近于渐尖，偶有长渐尖，基部多少有点渐尖，薄革质，上面深苍绿色，下面粉绿，具白粉，两面均无毛，羽状脉或有时近于离基三出脉，侧脉每边 8~12 条，纤细，中脉、侧脉在叶两面均突起；叶柄细长，长 1~1.5 厘米，无毛。伞形花序腋生或侧生，无总梗；苞片 4 片，近于无毛；每一花序有

雄花5朵；花梗有黄褐色丝状柔毛；花被裂片4片，卵形，外面中肋有长柔毛，内面仅基部有毛；能育雄蕊6枚，花丝长3毫米，无毛，第三轮基部腺体小；退化雌蕊细小，长约1毫米，无毛。果球形，直径6～7毫米，成熟时紫黑色；果托浅盘状；果梗长5～10毫米，顶端略增粗。花期10月，果期翌年6～7月

产于利川、鹤峰，生于山坡林中；分布于湖北、四川、贵州、陕西、广东、福建。

2. 簇叶新木姜子 *Neolitsea confertifolia* (Hemsl.) Merr. in Lingnan Sci. Journ. 15: 419. 1936.

小乔木，高3～7米；树皮灰色，平滑。小枝常轮生，黄褐色，嫩时有灰褐色短柔毛，老时脱落无毛。顶芽常数个聚生，圆锥形、鳞片外被锈色丝状柔毛。叶密集呈轮生状，长圆形、披针形至狭披针形，长5～12厘米，宽1.2～3.5厘米，先端渐尖或短渐尖，基部楔形，薄革质，边缘微呈波状，上面深绿色，有光泽，无毛，下面带绿苍白色，幼时有短柔毛，羽状脉，或有时近似远离基三出脉，侧脉每边4～6条，或更多，中脉、侧脉两面皆突起；叶柄长5～7毫米，幼时被灰褐色短柔毛。伞形花序常3～5条簇生于叶腋或节间，几无总梗；苞片4片，外面被丝状柔毛；每一花序有花4朵；花梗长约2毫米，被丝状长柔毛；花被裂片黄色，宽卵形，外面中肋有丝状柔毛，内面无毛；雄花能育雄蕊6枚，花丝基部有髯毛，第三轧基部的腺体大，具柄；退化雌蕊柱头膨大，头状；雌花子房卵形，无毛，花柱长，柱头膨大，2裂。果卵形或椭圆形，长8～12毫米，直径5～6毫米，成熟时灰蓝黑色；果托扁平盘状直径约2毫米；果梗长4～8毫米，顶端略增粗，无毛或初时有柔毛。花期4～5月，果期9～10月。

恩施州广布，生于山谷林中；分布于广东、广西、四川、贵州、陕西、河南、湖北、湖南、江西。

3. 新木姜子 *Neolitsea aurata* (Hay.) Koidz. in Bot. Mag. Tokyo 23: 256. 1918.

乔木，高达14米，胸直径达18厘米；树皮灰褐色。幼枝黄褐或红褐色，有锈色短柔毛。顶芽圆锥形，鳞片外面被丝状短柔毛，边缘有锈色睫毛。叶互生或聚生枝顶呈轮生状，长圆形、椭圆形至长圆状披针形或长圆状倒卵形，长8～14厘米，宽2.5～4厘米，先端镰刀状渐尖或渐尖，基部楔形或近圆形，革质，上面绿色，无毛，下面密被金黄色绢毛，但有些个体具棕红色绢状毛，离基三出脉，侧脉每边3～4条，最下一对离叶基2～3毫米处发出，中脉与侧脉在叶上面微突起，在下面突起，横脉两面不明显，叶柄长8～12毫米，被锈色短柔毛。伞形花序3～5条簇生于枝顶或节间；总梗短，长约1毫米；苞片圆形，外面被锈色丝状短柔毛，内面无毛；每一花序有花5朵；花梗长2毫米，有锈色柔毛；花被裂片4片，椭圆形，长约3毫米，宽约2毫米，外面中肋有锈色柔毛，内面无毛；能育雄蕊6枚，花丝基部有柔毛，第三轮基部腺体有柄；退化子房卵形，无毛。果椭圆形，长8毫米；果托浅盘状，直径3～4毫米；果梗长5～7毫米，先端略增粗，有稀疏柔毛。花期2～3月，果期9～10月。

产于宣恩、咸丰，生于山坡林中；分布于台湾、福建、江苏、江西、湖南、湖北、广东、广西、四川、贵州及云南；日本也有分布。

根供药用，可治气痛、水肿、胃脘胀痛。

4. 大叶新木姜子 Neolitsea levinei Merr. in Philip. Journ. Sci. Bot. 13: 138. 1918.

乔木，高达 22 米；树皮灰褐至深褐色，平滑。小枝圆锥形，幼时密被黄褐色柔毛，老时毛被脱落渐稀疏。顶芽大，卵圆形，鳞片外面被锈色短柔毛。叶轮生，4~5 片一轮，长圆状披针形至长圆状倒披针形或椭圆形，长 15~31 厘米，宽 4.5~9 厘米，先端短尖或突尖，基部尖锐，革质，上面深绿色，有光泽，无毛，下面带绿苍白，幼时密被黄褐色长柔毛，老时毛渐脱落较稀疏而被厚白粉，离基三出脉，侧脉每边 3~4 条，中脉、侧脉在两面均突起，横脉在叶下面明显；叶柄长 1.5~2 厘米，密被黄褐色柔毛。伞形花序数个生于枝侧，具总梗；总梗长约 2 毫米；每一花序有花 5 朵；花梗长 3 毫米，密被黄褐色柔毛；花被裂片 4 片，卵形，黄白色，长约 3 毫米，外面有稀疏柔毛，边缘有睫毛，内面无毛；雄花能育雄蕊 6 枚，花丝无毛，第三轮基部的腺体椭圆形，具柄；退化子房卵形，花柱有柔毛；雌花退化雄蕊长 3~3.2 毫米，无毛，子房卵形或卵圆形，无毛，花柱短，有柔毛，柱头头状。果椭圆形或球形，长 1.2~1.8 厘米，直径 0.8~1.5 厘米，成熟时黑色；果梗长 0.7~1 厘米，密被柔毛，顶部略增粗。花期 3~4 月，果期 8~10 月。

恩施州广布，生于山谷林中；分布于广东、广西、湖南、湖北、江西、福建、四川、贵州及云南。

本种根可入药，治妇女白带。

木姜子属 Litsea Lam.

落叶或常绿，乔木或灌木。叶互生，很少对生或轮生，羽状脉。花单性，雌雄异株；伞形花序或为伞形花序式的聚伞花序或圆锥花序，单生或簇生于叶腋；苞片 4~6 片，交互对生，开花时尚宿存，迟落，花被筒长或短；裂片通常 6 片，排成 2 轮，每轮 3 片，相等或不等，早落，很少缺或 8 片；雄花能育雄蕊 9 或 12 枚，很少较多，每轮 3 枚，外 2 轮通常无腺体，第 3 轮和最内轮若存在时两侧有腺体 2 个；花药 4 室，内向瓣裂；退化雌蕊有或无；雌花退化雄蕊与雄花中的雄蕊数目同；子房上位，花柱显著。果着生于多少增大的浅盘状或深杯状果托上，也有花被筒在结果时不增大，故无盘状或杯状果托。

本属约 200 种；我国约 72 种 18 变种 3 变型；恩施州产 9 种 2 变种。

分种检索表

1. 落叶，叶片纸质或膜质；花被裂片 6 片；花被筒在果时不增大，无杯状果托。
  2. 小枝无毛。
    3. 叶片下面无毛。
      4. 枝绿色，干后绿黑色；叶片披针形、长圆形或倒卵状长圆形，先端渐尖；每一伞形花序有花 4~6 朵；花丝中下部有毛；花梗和果梗无毛 ·· 1. 山鸡椒 Litsea cubeba
      4. 小枝黄绿色，带红色，干后红褐色；叶片椭圆形或披针状椭圆形；每一伞形花序有花 10~12 朵；花丝无毛；花梗和果梗有毛 ·· 2. 红叶木姜子 Litsea rubescens
    3. 叶片下面有毛或至少在脉腋上有毛·· 3. 宜昌木姜子 Litsea ichangensis
  2. 小枝有毛。

5. 小枝、叶下面具柔毛或绒毛，嫩枝的毛不甚脱落，二年生枝仍有较多的毛；顶芽鳞片外面被短柔毛 …… 4. 毛叶木姜子 Litsea mollis
5. 小枝、叶下面具绢毛，嫩枝的毛脱落较快，二年生枝多已秃净；顶芽鳞片外面通常无毛或仅上部有少数毛。
　　6. 嫩枝、叶下面被灰色短宽绢状毛；叶片披针形或倒卵状披针形 ……………………………… 5. 木姜子 Litsea pungens
　　6. 嫩枝、叶下面被黄色或棕色长绢毛；叶片倒卵状长圆形或倒卵形，先端急尖或钝，叶下面绢毛同色；花序总梗有毛 …………
　　　…………………………………………………………………………………………………… 6. 钝叶木姜子 Litsea veitchiana
1. 常绿，叶片革质或薄革质。
　7. 花被筒在果时不增大或稍增大，果托扁平或呈浅小碟状，完全不包住果实。
　　8. 嫩枝无毛；幼叶下面无毛 ………………………………………………………… 7. 豹皮樟 Litsea coreana var. sinensis
　　8. 嫩枝有柔毛；幼叶下面全被柔毛或沿中脉两侧有柔毛。
　　　9. 叶片倒卵状披针形、椭圆形或卵状椭圆形，长6~9厘米，先端突尖，尖头钝，基部楔形；侧脉每边9~12条；幼叶下面全被
　　　　灰黄色柔毛；叶柄全有毛 ……………………………………………………… 8. 毛豹皮樟 Litsea coreana var. lanuginosa
　　　9. 叶片狭披针形、披针形至椭圆状披针形，长10~13厘米，先端渐尖，基部近圆或楔形；侧脉较多，每边10~19条；幼叶下
　　　　面沿中脉两侧有灰白色长柔毛；叶柄仅上面散生柔毛 ………………………………… 9. 湖北木姜子 Litsea hupehana
　7. 花被筒在果时很增大，成盘状或杯状果托，多少包住果实。
　　10. 嫩枝、叶下面、叶柄及花序被灰黄色绒毛；叶片倒卵形或宽长圆形，先端多圆钝或短突尖，较宽，通常宽5~8厘米 ………
　　　………………………………………………………………………………………………… 10. 绒叶木姜子 Litsea wilsonii
　　10. 叶片披针形、窄披针形、长圆状披针形至倒披针形或长圆形至披针状椭圆形，先端渐尖、急尖或尾尖，通常较窄，多数宽在
　　　　4厘米以下 …………………………………………………………………………… 11. 黄丹木姜子 Litsea elongata

1. 山鸡椒　*Litsea cubeba* (Lour.) Pers. Syn. 2: 4. 1807.

　　落叶灌木或小乔木，高达8~10米；幼树树皮黄绿色，光滑，老树树皮灰褐色。小枝细长，绿色，无毛，枝、叶具芳香味。顶芽圆锥形，外面具柔毛。叶互生，披针形或长圆形，长4~11厘米，宽1.1~2.4厘米，先端渐尖，基部楔形，纸质，上面深绿色，下面粉绿色，两面均无毛，羽状脉，侧脉每边6~10条，纤细，中脉、侧脉在两面均突起；叶柄长6~20毫米，纤细，无毛。伞形花序单生或簇生，总梗细长，长6~10毫米；苞片边缘有睫毛；每一花序有花4~6朵，先叶开放或与叶同时开放，花被裂片6片，宽卵形；能育雄蕊9枚，花丝中下部有毛，第3轮基部的腺体具短柄；退化雌蕊无毛；雌花中退化雄蕊中下部具柔毛；子房卵形，花柱短，柱头头状。果近球形，直径约5毫米，无毛，幼时绿色，成熟时黑色，果梗长2~4毫米，先端稍增粗。花期2~3月，果期7~8月。

　　恩施州广布，生于林中路边；分布于广东、广西、福建、台湾、浙江、江苏、安徽、湖南、湖北、江西、贵州、四川、云南、西藏；东南亚各国也有。

　　根、茎、叶和果实均可入药，有祛风散寒、消肿止痛之效。

2. 红叶木姜子　*Litsea rubescens* Lec. in Nouv. Arch. Mus. Hist. Nat. Paris, 5e Ser. 5: 86. 1913.

落叶灌木或小乔木，高4～10米；树皮绿色。小枝无毛，嫩时红色。顶芽圆锥形，鳞片无毛或仅上部有稀疏短柔毛。叶互生，椭圆形或披针状椭圆形，长4～6厘米，宽1.7～3.5厘米，两端渐狭或先端圆钝，膜质，上面绿色，下面淡绿色，两面均无毛，羽状脉，侧脉每边5～7条，直展，在近叶缘处弧曲，中脉、侧脉于叶两面突起；叶柄长12～16毫米，无毛；嫩枝、叶脉、叶柄常为红色。伞形花序腋生；总梗长5～10毫米，无毛；每一花序有雄花10～12朵，先叶开放或与叶同时开放，花梗长3～4毫米，密被灰黄色柔毛；花被裂片6片，黄色，宽椭圆形，长约2毫米，先端钝圆，外面中肋有微毛或近于无毛，内面无毛；能育雄蕊9枚，花丝短，无毛，第3轮基部腺体小，黄色，退化雌蕊细小，柱头2裂。果球形，直径约8毫米；果梗长8毫米，先端稍增粗，有稀疏柔毛。花期3～4月，果期9～10月。

产于恩施，生于山谷林下；分布于湖北、湖南、四川、贵州、云南、西藏、陕西。

3. 宜昌木姜子　*Litsea ichangensis* Gamble in Sarg. Pl. Wils. 2: 77. 1914.

落叶灌木或小乔木，高达8米；树皮黄绿色。幼枝黄绿色，较纤细，无毛，老枝红褐或黑褐色。顶芽单生或3个集生，卵圆形，鳞片无毛。叶互生，倒卵形或近圆形，长2～5厘米，宽2～3厘米，先端急尖或圆钝，基部楔形，纸质，上面深绿色，无毛，下面粉绿色，幼时脉腋处有簇毛，老时变无毛，有时脉腋具腺窝穴，羽状脉，侧脉每边4～6条，纤细，通常离基部第一对侧脉与第二对侧脉之间的距离较大，中脉、侧脉在叶两面微突起；叶柄长5～15毫米，纤细，无毛。伞形花序单生或2个簇生；总梗稍粗，长约5毫米，无毛；每一花序常有花9朵，花梗长约5毫米，被丝状柔毛；花被裂片6片，黄色，倒卵形或近圆形，先端圆钝，外面有4脉，无毛或近于无毛；能育雄蕊9枚，花丝无毛，第3轮基部腺体小，黄色，近于无柄；退化雌蕊细小，无毛；雌花中退化雄蕊无毛；子房卵圆形，花柱短，柱头头状。果近球形，直径约5毫米，成熟时黑色；果梗长1～1.5厘米，无毛，先端稍增粗。花期4～7月，果期5～8月。

恩施州广布，生于山坡林中；分布于湖北、四川、湖南。

4. 毛叶木姜子　*Litsea mollis* Hemsl. in Journ. Linn. Soc. Bot. 26: 383. 1891.

落叶灌木或小乔木，高达4米；树皮绿色，光滑，有黑斑，撕破有松节油气味。顶芽圆锥形，鳞片外面有柔毛。小枝灰褐色，有柔毛。叶互生或聚生枝顶，长圆形或椭圆形，长4~12厘米，宽2~4.8厘米，先端突尖，基部楔形，纸质，上面暗绿色，无毛，下面带绿苍白色，密被白色柔毛，羽状脉，侧脉每边6~9条，纤细，中脉在叶两面突起，侧脉在上面微突，在下面突起，叶柄长1~1.5厘米，被白色柔毛。伞形花序腋生，常2~3条簇生于短枝上，短枝长1~2毫米，花序梗长6毫米，有白色短柔毛，每一花序有花4~6朵，先叶开放或与叶同时开放；花被裂片6片，黄色，宽倒卵形，能育雄蕊9枚，花丝有柔毛，第3轮基部腺体盾状心形，黄色；退化雌蕊无。果球形，直径约5毫米，成熟时蓝黑色；果梗长5~6毫米，有稀疏短柔毛。花期3~4月，果期9~10月。

恩施州广布，生于山坡林中；分布于广东、广西、湖南、湖北、四川、贵州、云南、西藏。

5. 木姜子　*Litsea pungens* Hemsl. in Journ. Linn. Soc. Bot. 26: 384. 1891.

落叶小乔木，高3~10米；树皮灰白色。幼枝黄绿色，被柔毛，老枝黑褐色，无毛。顶芽圆锥形，鳞片无毛。叶互生，常聚生于枝顶，披针形或倒卵状披针形，长4~15厘米，宽2~5.5厘米，先端短尖，基部楔形，膜质，幼叶下面具绢状柔毛，后脱落渐变无毛或沿中脉有稀疏毛，羽状脉，侧脉每边5~7条，叶脉在两面均突起；叶柄纤细，长1~2厘米，初时有柔毛，后脱落渐变无毛。伞形花序腋生；总花梗长5~8毫米，无毛；每一花序有雄花8~12朵，先叶开放；花梗长5~6毫米，被丝状柔毛；花被裂片6片，黄色，倒卵形，长2.5毫米，外面有稀疏柔毛；能育雄蕊9枚，花丝仅基部有柔毛，第3轮基部有黄色腺体，圆形；退化雌蕊细小，无毛。果球形，直径7~10毫米，成熟时蓝黑色；果梗长1~2.5厘米，先端略增粗。花期3~5月，果期7~9月。

恩施州广布，生于山坡林中；分布于湖北、湖南、广东北部、广西、四川、贵州、云南、西藏、甘肃、陕西、河南、山西、浙江。

樟科
Lauraceae

6. 钝叶木姜子 Litsea veitchiana Gamble in Sarg. Pl. Wils. 2: 76. 1914.

落叶灌木或小乔木，高达 4 米；树皮灰褐色或黑褐色。幼枝被黄白色长绢毛，以后毛脱落变无毛。顶芽圆锥形，鳞片无毛或上部被微短柔毛。叶互生，倒卵形或倒卵状长圆形，长 4～12 厘米，宽 2.5～5.5 厘米，先端急尖或钝，基部楔形或宽楔形，纸质，幼时两面密被黄白色或锈黄色长绢毛，老时毛渐脱落上面无毛或仅中脉有毛，下面有稀疏长绢毛，羽状脉，侧脉每边 6～9 条，中脉、侧脉在上面微突，在下面突起，连接侧脉之间的小脉微突；叶柄长 1～1.2 厘米，幼时密被黄白色或锈黄色长绢毛，后毛渐脱落变无毛。伞形花序生于去年枝顶，单生，先叶开放或与叶同时开放；花序总梗长 6～7 毫米，有柔毛；每一花序有花 10～13 朵，淡黄色；花梗长 5～7 毫米，密被柔毛，花被裂片 6 片，椭圆形或近圆形，有脉 3 条，具腺点；能育雄蕊 9 枚，花丝基部有柔毛，第 3 轮基部腺体大；退化子房卵形；雌花中退化雄蕊基部具柔毛；子房卵圆形，花柱短，柱头头状。果球形，直径约 5 毫米，成熟时黑色；果梗长 1.5～2 厘米，有稀疏长毛。花期 4～5 月，果期 8～9 月。

恩施州广布，生于山坡路旁；分布于湖北、四川、贵州、云南。

7. 豹皮樟（变种） Litsea coreana H. Lev. var. sinensis (Allen) Yang et P. H. Huang in Act. Phytotax. Sin. 16 (4): 49. 1978.

常绿乔木，高 8～15 米；树皮灰色，呈小鳞片状剥落，脱落后呈鹿皮斑痕。幼枝红褐色，无毛，老枝黑褐色，无毛。顶芽卵圆形，先端钝，鳞片无毛或仅上部有毛。叶互生，长圆形或披针形，长 4.5～9.5 厘米，宽 1.4～4 厘米，先端多急尖，上面较光亮，幼时基部沿中脉有柔毛，叶柄上面有柔毛，下面无毛。伞形花序腋生，无总梗或有极短的总梗；苞片 4 片，交互对生，近圆形，外面被黄褐色丝状短柔毛，内面无毛；每一花序有花 3～4 朵；花梗粗短，密被长柔毛；花被裂片 6 片，卵形或椭圆形，外面被柔毛；雄蕊 9 枚，花丝有长柔毛，腺体箭形，有柄，无退化雌蕊；雌花中子房近于球形，花柱有稀疏柔毛，柱头 2 裂；退化雄蕊丝状，有长柔毛。果近球形，直径 7～8 毫米；果托扁平，宿存有 6 裂花被裂片；果梗长约 5 毫米，颇粗壮。花期 8～9 月，果期翌年夏季。

恩施州广布，生于山坡林中；分布于浙江、江苏、安徽、河南、湖北、江西、福建。

8. 毛豹皮樟（变种） Litsea coreana H. Lev. var. lanuginosa (Migo) Yang et P. H. Huang in Act. Phytotax. Sin. 16 (4): 50. 1978.

常绿乔木，高 8～15 米；树皮灰色，呈小鳞片状剥落，脱落后呈鹿皮斑痕。嫩枝红褐色，密被灰黄色长柔毛，老枝黑褐色，无毛。顶芽卵圆形，先端钝，鳞片无毛或仅上部有毛。叶互生，倒卵状椭圆形或倒卵状披针形，长 4.5～9.5 厘米，宽 1.4～4 厘米，先端钝渐尖，基部楔形，革质，嫩叶两面均有灰黄色长柔毛，下面尤密，老叶下面仍有稀疏毛，羽状脉，侧脉每边 7～10 条，在两面微突起，中脉在两面

突起，网脉不明显；叶柄长1～2.2厘米，全面有灰黄色长柔毛。伞形花序腋生，无总梗或有极短的总梗；苞片4枚，交互对生，近圆形，外面被黄褐色丝状短柔毛，内面无毛；每一花序有花3～4朵；花梗粗短，密被长柔毛；花被裂片6片，卵形或椭圆形，外面被柔毛；雄蕊9枚，花丝有长柔毛，腺体箭形，有柄，无退化雌蕊；雌花中子房近于球形，花柱有稀疏柔毛，柱头2裂；退化雄蕊丝状，有长柔毛。果近球形，直径7～8毫米；果托扁平，宿存有6裂花被裂片；果梗长约5毫米，颇粗壮。花期2～3月，果期6～9月。

产于利川，生于山谷林中；分布于浙江、安徽、河南、江苏、福建、江西、湖南、湖北、四川、广东北部、广西、贵州、云南。

9. 湖北木姜子　Litsea hupehana Hemsl. in Journ. Linn. Soc. 26: 382. 1891.

常绿乔木或小乔木，高达10米，树皮灰色，呈小鳞片状剥落，脱落后呈鹿皮斑痕。幼枝红褐色，被灰色短柔毛，后毛脱落变无毛，老枝黑褐色，无毛。顶芽卵圆形，鳞片外面被丝状短柔毛。叶互生，狭披针形、披针形至椭圆状披针形，长10～13厘米，宽2～3.5厘米，先端渐尖或尖锐，基部近圆或楔形，薄革质，上面绿色，有光泽，中脉近基部有柔毛，下面淡绿色，具白粉，沿中脉两侧有灰白色长柔毛，羽状脉，侧脉每边10～19条，斜展，先端弧状弯曲，纤细，在叶两面略突起，中脉在上面微突，在下面突起；叶柄长1～1.8厘米，上面散生柔毛，下面无毛。伞形花序单生或2个簇生于叶腋，总梗长约2毫米，被丝状短柔毛；每一花序有雄花4～5朵；花梗长3～4毫米，被灰色丝状柔毛；花被裂片6片，卵形，长2毫米，先端渐尖，外面被丝状短柔毛；能育雄蕊9枚，长约4毫米，花丝被灰色长柔毛，腺体盾状，无柄。果近球形，直径7～8毫米；果托扁平，宿存有花被裂片6片，直立，整齐；果梗长3～4毫米，颇粗壮。花期8～9月，果期5～6月。

产于宣恩、利川，生于山坡林中；分布于湖北、四川。

10. 绒叶木姜子　Litsea wilsonii Gamble in Sarg. Pl. Wils. 2: 78. 1914.

常绿乔木，高达10米；树皮褐灰色，光滑。小枝褐色，略粗壮，有灰白色绒毛。顶芽卵圆形，鳞片外被丝状黄色柔毛。叶互生，倒卵形，长5.5～18厘米，宽3～9厘米，先端短突尖，基部渐尖或楔形，革质，幼叶刚发时两面具绒毛，老叶上面深绿色，无毛，下面黄褐色，有灰白色绒毛，羽状脉，侧脉每边6～10条，弯曲斜升至边缘处联结，小脉横走而平行，在叶下面明显，中脉、侧脉在叶上面下陷，下面突起，叶柄长1～3.5厘米，被灰白色绒毛，后毛渐脱落变无毛。伞形花序单生或2～3条集生于叶腋长2～3毫米短枝上；苞片4～6片；每一雄花序有花6朵；花序梗长 1 厘米，花梗长 5 毫米，均被绒毛；花被裂片 6 片，外面有柔毛；能育雄蕊 9 枚，花丝有柔毛，第 3 轮基部腺体黄色，具短柄。果椭圆形，长 1.3 厘米，成熟时由红色变深紫黑色，果托杯状，边缘有不规则裂片；果梗长 6～7 毫米。花期 8～9 月，果期 5～6 月。

产于恩施，属湖北省新记录，生于路边或山坡林中；分布于四川、贵州。

11. 黄丹木姜子　　*Litsea elongata* (Wall. ex Nees) Benth. et Hook. f. in Fl. Brit. India 5: 165. 1886.

常绿小乔木或中乔木，高达 12 米；树皮灰黄色或褐色。小枝黄褐至灰褐色，密被褐色绒毛。顶芽卵圆形，鳞片外面被丝状短柔毛。叶互生，长圆形、长圆状披针形至倒披针形，长 6～22 厘米，宽 2～6 厘米，先端钝或短渐尖，基部楔形或近圆，革质，上面无毛，下面被短柔毛，沿中脉及侧脉有长柔毛，羽状脉，侧脉每边 10～20 条，中脉及侧脉在叶上面平或稍下陷，在下面突起，横行小脉在下面明显突起，网脉稍突起；叶柄长 1～2.5 厘米，密被褐色绒毛。伞形花序单生，少簇生；总梗通常较粗短，长 2～5 毫米，密被褐色绒毛；每一花序有花 4～5 朵；花梗被丝状长柔毛；花被裂片 6 片，卵形，外面中肋有丝状长柔毛，雄花中能育雄蕊 9～12 枚，花丝有长柔毛；腺体圆形，无柄，退化雌蕊细小，无毛；雌花序较雄花序略小，子房卵圆形，无毛，花柱粗壮，柱头盘状；退化雄蕊细小，基部有柔毛。果长圆形，长 11～13 毫米，直径 7～8 毫米，成熟时黑紫色；果托杯状，深约 2 毫米，直径约 5 毫米；果梗长 2～3 毫米。花期 5～11 月，果期 2～6 月。

恩施州广布，生于山坡路旁；分布于广东、广西、湖南、湖北、四川、贵州、云南、西藏、安徽、浙江、江苏、江西、福建；尼泊尔、印度也有。

山胡椒属　　*Lindera* Thunb.

常绿或落叶乔、灌木，具香气。叶互生，全缘或 3 裂，羽状脉、三出脉或离基三出脉。花单性，雌雄异株，黄色或绿黄色；伞形花序在叶腋单生或在腋生缩短短枝上 2 至多数簇生；总花梗有或无；总苞片 4 枚，交互对生。花被片 6 片，有时为 7～9 片，近等大或外轮稍大，通常脱落；雄花能育雄蕊 9 枚，偶有 12 枚，通常 3 轮，花药 2 室全部内向，第三轮的花丝基部着生通常具柄的 2 个腺体；退化雌蕊细小，有时花柱、柱头不分而仅成一小凸尖；雌花子房球形或椭圆形，退化雄蕊通常 9 枚，有时达 12 或 15 枚，小，常成条形或条片形，第三轮有 2 个通常为肾形片状无柄腺体着生于退化雄蕊两侧。果圆形或椭圆形，浆果或核果，幼果绿色，熟时红色，后变紫黑色，内有种子 1 粒；花被管稍膨大成果托于果实基部或膨大成杯状包被果实基部以上至中部。

本属约 100 种；我国有 40 种 9 变种 2 变型；恩施州产 11 种 3 变种。

分种检索表

1. 叶具羽状脉。
  2. 花序在叶腋簇生状，即叶腋着生的短枝顶芽下着生多数伞形花序，发育或不发育正常枝条；常绿 ·················· 1. 香叶树 *Lindera communis*
  2. 伞形花序着生于顶芽或腋芽之下两侧各一，或为混合芽，花后此短枝发育成正常枝条。
    3. 花、果序明显具总梗；果托扩展成杯状或浅杯状，至少包被果实基部以上；能育雄蕊腺体成长柄漏斗形常绿。
      4. 叶为倒卵状披针形或椭圆形，革质或近革质；果托杯形；乔木；枝、叶无毛 ·················· 2. 黑壳楠 *Lindera megaphylla*
      4. 叶条形；果托浅杯状；灌木 ·················· 3. 四川山胡椒 *Lindera setchuenensis*

3. 花、果序无总梗或具短于花、果梗的总梗；果托不如上项扩展；能育雄蕊腺体为具柄及角突的宽肾形；落叶。
  5. 花、果序具短于花、果梗的总梗。
    6. 叶为倒披针形或倒卵形，秋后常变为红色；幼枝条灰白色或灰黄色，粗糙 ············· 4. 红果山胡椒 Lindera erythrocarpa
    6. 叶为椭圆形或宽椭圆形；幼枝条光滑，绿色后变棕黄色；果实直径不及 1 厘米，果梗无皮孔 ········ 5. 山橿 Lindera reflexa
  5. 花、果序不具总梗或具不超过 3 毫米的极短总梗 ································· 6. 山胡椒 Lindera glauca
1. 叶具三出脉或离基三出脉。
  7. 果圆球形，叶腋着生花序的短枝通常发育成正常枝条；落叶。
    8. 叶通常卵形至宽卵形，长 5 厘米以上；花序常着生于叶芽基部两侧各一 ·············· 7. 绿叶甘橿 Lindera fruticosa
    8. 叶近圆形或扁圆形，先端急尖，基部宽楔形、近圆形至心形，常 3 裂，偶 5 裂；花、果序无总梗 ··· 8. 三桠乌药 Lindera obtusiloba
  7. 果椭圆形；花序单生于当年生枝上部叶腋及下部苞片腋内，或为 1 至多条着生于大多不发育成正常枝条的短枝上；常绿。
    9. 幼枝、叶下面被或疏或密柔毛，不久脱落成无毛或几无毛。
      10. 叶脉在叶上面较下面更为凸出，至少两面相等，叶狭卵形至披针形；花丝、子房及花柱被毛或无毛。
        11. 叶下端略成菱形，先端尾状渐尖，叶缘或多或少波状，第一对侧脉不沿叶缘上行；花丝、子房及花柱被柔毛 ············
           ··· 9. 菱叶钓樟 Lindera supracostata
        11. 叶脉在叶上面较下面更为凸出，至少两面相等，叶狭卵形至披针形；花丝、子房及花柱无毛 ··· 10. 香叶子 Lindera fragrans
      10. 叶脉在叶下面较上面更为凸出；花丝、子房或花柱或多或少被毛。
        12. 叶为披针形或有时为狭卵形，先端渐尖 ································· 11. 香粉叶 Lindera pulcherrima var. attenuata
        12. 叶为椭圆形、长圆形、倒卵形，决不为披针形或卵形，先端渐尖，有时尾尖 ······ 12. 川钓樟 Lindera pulcherrima var. hemsleyana
    9. 幼枝、叶下面毛被密厚，在第二年生枝、老叶仍有较厚毛被，至少在枝桠处及叶下脉上被毛。
      13. 叶披针形，具尾尖或尾状渐尖；幼枝及叶下面被密厚贴伏白色长绢毛，老叶毛较稀疏并变污黄色，或仅残存黑色毛片；
         果实大，长可达 1.4 厘米 ·· 13. 长尾钓樟 Lindera thomsonii var. vernayana
      13. 幼枝及叶下面密被淡黄色或金黄色柔毛，老叶毛脱落成稀疏黑毛或残存黑色毛片或全部脱落成无毛；叶宽椭圆形至圆
         形，先端尾状渐尖 ··· 14. 乌药 Lindera aggregata

1. 香叶树 Lindera communis Hemsl. in Journ. Linn. Soc, Bot. 26: 387. 1891.

常绿灌木或小乔木，高 1~4 米，胸直径 25 厘米；树皮淡褐色。当年生枝条纤细，平滑，具纵条纹，绿色，干时棕褐色，或疏或密被黄白色短柔毛，基部有密集芽鳞痕，一年生枝条粗壮，无毛，皮层不规则纵裂。顶芽卵形，长约 5 毫米。叶互生，通常披针形、卵形或椭圆形，长 3~12.5，宽 1~4.5 厘米，先端渐尖、急尖、骤尖或有时近尾尖，基部宽楔形或近圆形；薄革质至厚革质；上面绿色，无毛，下面灰绿或浅黄色，被黄褐色柔毛，后渐脱落成疏柔毛或无毛，边缘内卷；羽状脉，侧脉每边 5~7 条，弧曲，与中脉上面凹陷，下面突起，被黄褐色微柔毛或近无毛；叶柄长 5~8 毫米，被黄褐色微柔毛或近无毛。伞形花序具 5~8 朵花，单生或 2 条同生于叶腋，总梗极短；总苞片 4 片，早落。雄花黄色，直径达 4 毫米，花梗长 2~2.5 毫米，略被金黄色微柔毛；花被片 6 片，卵形，近等大，长约 3 毫米，宽 1.5 毫米，先端圆形，外面略被金黄色微柔毛或近无毛；雄蕊 9 枚，长 2.5~3 毫米，花丝略被微柔毛或无毛，与花药等长，第三轮基部有 2 个具角突宽肾形腺体；退化雌蕊的子房卵形，长约 1 毫米，无毛，花柱、柱头不分，成一短凸尖。雌花黄色或黄白色，花梗长 2~2.5 毫米；花被片 6 片，卵形，长 2 毫米，外面被微柔毛；退化雄蕊 9 枚，条形，长 1.5 毫米，第三轮有 2 个腺体；子房椭圆形，长 1.5 毫米，花柱长 2 毫米，柱头盾形，具乳突。果卵形，长约 1 厘米，宽 7~8 毫米，也有时略小而近球形，无毛，成熟时红色；果梗长 4~7 毫米，被黄

褐色微柔毛。花期3~4月，果期9~11月。

恩施州广布，生于林中；分布于陕西、甘肃、湖南、湖北、江西、浙江、福建、台湾、广东、广西、云南、贵州、四川等省区；中南半岛也有。

枝叶入药，用于治疗跌打损伤及牛马癣疥等。

2. 黑壳楠 *Lindera megaphylla* Hemsl. in Journ. Linn. Soc. Bot. 26: 389. 1891.

常绿乔木，高3~25米，树皮灰黑色。枝条圆柱形，粗壮，紫黑色，无毛，散布有木栓质凸起的近圆形纵裂皮孔。顶芽大，卵形，长1.5厘米，芽鳞外面被白色微柔毛。叶互生，倒披针形至倒卵状长圆形，有时长卵形，长10~23厘米，先端急尖或渐尖，基部渐狭，革质，上面深绿色，有光泽，下面淡绿苍白色，两面无毛；羽状脉，侧脉每边15~21条；叶柄长1.5~3厘米，无毛。伞形花序多花，雄的多达16朵，雌的12朵，通常着生于叶腋长3.5毫米具顶芽的短枝上，两侧各一，

具总梗；雄花序总梗长1~1.5厘米，雌花序总梗长6毫米，两者均密被黄褐色或有时近锈色微柔毛，内面无毛。雄花黄绿色，具梗；花梗长约6毫米，密被黄褐色柔毛；花被片6片，椭圆形，外轮长4.5毫米，宽2.8毫米，外面仅下部或背部略被黄褐色小柔毛，内轮略短；花丝被疏柔毛，第三轮的基部有2个长达2毫米具柄的三角漏斗形腺体；退化雌蕊长约2.5毫米，无毛；子房卵形，花柱纤细，柱头不明显。雌花黄绿色，花梗长1.5~3毫米，密被黄褐色柔毛；花被片6片，线状匙形，长2.5毫米，宽仅1毫米，外面仅下部或略沿脊部被黄褐色柔毛，内面无毛；退化雄蕊9枚，线形或棍棒形，基部具髯毛，第三轮的中部有2个具柄三角漏斗形腺体；子房卵形，长1.5毫米，无毛，花柱极纤细，长4.5毫米，柱头盾形，具乳突。果椭圆形至卵形，长约1.8厘米，宽约1.3厘米，成熟时紫黑色，无毛，果梗长1.5厘米，向上渐粗壮，粗糙，散布有明显栓皮质皮孔；宿存果托杯状，长约8毫米，直径达1.5厘米，全缘，略成微波状。花期2~4月，果期9~12月。

恩施州广布，生于山坡林中；分布于陕西、甘肃、四川、云南、贵州、湖北、湖南、安徽、江西、福建、广东、广西等省区。

3. 四川山胡椒 *Lindera setchuenensis* Gamble in Sarg. Pl. Wils. 2: 82. 1914.

常绿灌木，高2.5米；树皮灰褐色；小枝条灰绿色，多皮孔，干后棕褐色或黑褐色。芽锥形，长0.5厘米，鳞片无毛。叶互生，常集生于枝端，条形，长9~17厘米，宽1.4~2.8厘米，先端渐尖，基部楔形，上面绿色，无毛，下面蓝绿色，被黄色柔毛，脉上较密，干后上面黑褐色，下面棕黄色，羽状脉，每边10~21条。伞形花序生于叶芽两侧各一；总苞片4片，无毛，开花时宿存，内有花5朵；总梗长4~5毫米，被微柔毛。雄花花被片倒披针形，无毛，长1.7毫米，内轮长1.5毫米；雄蕊第一、二轮较长，长2毫米，第三轮长1.5毫米，花丝纤细，无毛，第三轮的基部稍上方着生2个具长柄漏斗形腺体；退化雄蕊细小；子房椭圆形长

不及 0.5 毫米，花柱、柱头不分，成一小凸尖；花梗长 3～4 毫米，连同花被管被长柔毛。雌花花被片条形，两面无毛，外轮长 1.5 毫米，宽 0.3 毫米，内轮长 1.2 毫米，宽 0.2 毫米，有时花被片呈退化雄蕊状，并在其基部着生一棒状腺体；第一、二轮雄蕊长约 1.5 毫米，第三轮长 1.2 毫米；基部以上着生 2 个漏斗形具长柄腺体；退化雄蕊条形，上部略宽，无毛，雌蕊无毛，子房椭圆形，长 0.7 毫米，花柱长约 1.5 毫米，柱头盘状；花梗长约 3 毫米，连同花被管被长柔毛。果椭圆形，长 1.2 厘米，宽 8 毫米；果托仅包被果实基部略上，直径约 6 毫米；果梗长 5 毫米，无毛。花期 2 月，果期 9 月。

恩施州广布，生于山坡林中；分布于四川、湖北、贵州。

4. 红果山胡椒 *Lindera erythrocarpa* Makino in Bot. Mag. Tokyo 11: 219. 1897.

落叶灌木或小乔木，高可达 5 米；树皮灰褐色，幼枝条通常灰白或灰黄色，多皮孔，其木栓质突起致皮甚粗糙。冬芽角锥形，长约 1 厘米。叶互生，通常为倒披针形，偶有倒卵形，先端渐尖，基部狭楔形，常下延，长 5～15 厘米，宽 1.5～6 厘米，纸质，上面绿色，有稀疏贴服柔毛或无毛，下面带绿苍白色，被贴服柔毛，在脉上较密，羽状脉，侧脉每边 4～5 条；叶柄长 0.5～1 厘米。伞形花序着生于腋芽两侧各一，总梗长约 0.5 厘米；总苞片 4 片，具缘毛，内有花 15～17 朵。雄花花被片 6 片，黄绿色，近相等，椭圆形，先端圆，长约 2 毫米，宽约 1.5 毫米，外面被疏柔毛，内面无毛；雄蕊 9 枚，各轮近等长，长约 1.8 毫米，花丝无毛，第三轮的近基部着生 2 个具短柄宽肾形腺体，退化雄蕊呈"凸"字形；花梗被疏柔毛，长约 3.5 毫米。雌花较小，花被片 6 片，内、外轮近相等，椭圆形，先端圆，长 1.2 毫米，宽 0.6 毫米，内、外轮外面被较密柔毛，内面被贴伏疏柔毛；退化雄蕊 9 枚，条形，近等长，长约 0.8 毫米，第三轮的中下部外侧着生 2 个椭圆形无柄腺体；雌蕊长约 1 毫米，子房狭椭圆形，花柱粗，与子房近等长，柱头盘状；花梗约 1 毫米。果球形，熟时红色；果梗长 1.5～1.8 厘米，向先端渐增粗至果托，但果托并不明显扩大，直径 3～4 毫米。花期 4 月，果期 9～11 月。

产于巴东、宣恩，生于山坡林下；分布于陕西、河南、山东、江苏、安徽、浙江、江西、湖北、湖南、福建、台湾、广东、广西、四川等省区；朝鲜、日本也有分布。

5. 山橿 *Lindera reflexa* Hemsl. in Journ. Linn. Soc. Bot. 26: 391. 1891.

落叶灌木或小乔木；树皮棕褐色，有纵裂及斑点。幼枝条黄绿色，光滑、无皮孔，幼时有绢状柔毛，不久脱落。冬芽长角锥状，芽鳞红色。叶互生，通常卵形或倒卵状椭圆形，有时为狭倒卵形或狭椭圆形，长 5～16.5 厘米，宽 2.5～12.5 厘米，先端渐尖，基部圆或宽楔形，有时稍心形，纸质，上面绿色，幼时在中脉上被微柔毛，不久脱落，下面带绿苍白色，被白色柔毛，后渐脱落成几无毛，羽状脉，侧脉每边 6～10 条；叶柄长 6～30 毫米，幼时被柔毛，后脱落。伞形花序着生于叶芽两侧各一，具总梗，长约 3 毫米，红色，密被红褐色微

柔毛，果时脱落；总苞片4片，内有花约5朵。雄花花梗长4~5毫米，密被白色柔毛；花被片6片，黄色，椭圆形，近等长，长约2毫米，花丝无毛，第三轮的基部着生2个宽肾形具长柄腺体，柄基部与花丝合生；退化雌蕊细小，长约1.5毫米，狭角锥形。雌花花梗长4~5毫米，密被白柔毛；花被片黄色，宽矩圆形，长约2毫米，外轮略小，外面在背脊部被白柔毛，内面被稀疏柔毛；退化雄蕊条形，一、二轮长约1.2毫米，第三轮略短，基部着生2个腺体，腺体几与退化雄蕊等大，下部分与退化雄蕊合生，有时仅见腺体而不见退化雄蕊；雌蕊长约2毫米，子房椭圆形，花柱与子房等长，柱头盘状。果球形，直径约7毫米，熟时红色；果梗无皮孔，长约1.5厘米，被疏柔毛。花期4月，果期8月

恩施州广布，生于山坡林中；分布于河南、江苏、安徽、浙江、江西、湖南、湖北、贵州、云南、广西、广东、福建等省区。

根药用，性温，味辛，可止血、消肿、止痛；治胃气痛、疥癣、风疹、刀伤出血。

6. 山胡椒　*Lindera glauca* (Sieb. et Zucc.) Bl. Mus. Bot. Lugd. Bat. 1: 325. 1851.

落叶灌木或小乔木，高可达8米；树皮平滑，灰色或灰白色。冬芽长角锥形，长约1.5厘米，直径4毫米，芽鳞裸露部分红色，幼枝条白黄色，初有褐色毛，后脱落成无毛。叶互生，宽椭圆形、椭圆形、倒卵形到狭倒卵形，长4~9厘米，宽2~6厘米，上面深绿色，下面淡绿色，被白色柔毛，纸质，羽状脉，侧脉每侧4~6条；叶枯后不落，翌年新叶发出时落下。伞形花序腋生，总梗短或不明显，长一般不超过3毫米，生于混合芽中的总苞片绿色膜质，每总苞有3~8朵花。雄花花被片黄色，椭圆形，长约2.2毫米，内、外轮几相等，外面在背脊部被柔毛；雄蕊9枚，近等长，花丝无毛，第三轮的基部着生2个具角突宽肾形腺体，柄基部与花丝基部合生，有时第二轮雄蕊花丝也着生一较小腺体；退化雌蕊细小，椭圆形，长约1毫米，上有一小突尖；花梗长约1.2厘米，密被白色柔毛。雌花花被片黄色，椭圆或倒卵形，内、外轮几相等，长约2毫米，外面在背脊部被稀疏柔毛或仅基部有少数柔毛；退化雄蕊长约1毫米，条形，第三轮的基部着生2个长约0.5毫米具柄不规则肾形腺体，腺体柄与退化雄蕊中部以下合生；子房椭圆形，长约1.5毫米，花柱长约0.3毫米，柱头盘状；花梗长3~6毫米，熟时黑褐色；果梗长1~1.5厘米。花期3~4月，果期7~8月。

恩施州广布，生于山坡路旁；分布于山东、河南、陕西、甘肃、山西、江苏、安徽、浙江、江西、福建、台湾、广东、广西、湖北、湖南、四川等省；印度、朝鲜、日本也有。

根、枝、叶、果药用；叶可温中散寒、破气化滞、祛风消肿；根治劳伤脱力、水湿浮肿、四肢酸麻、风湿性关节炎、跌打损伤；果治胃痛。

7. 绿叶甘檀　*Lindera fruticosa* Hemsl. in Journ. Linn. Soc. Bot. 26: 388. 1891.

落叶灌木或小乔木，高达6米；树皮绿或绿褐色。幼枝青绿色，干后棕黄或棕褐色，光滑。冬芽卵形，具约1毫米长的短柄，基部着生2条花序。叶互生，卵形至宽卵形，长5~14厘米，宽2.5~8厘米，先端渐尖，基部圆形，有时宽楔形，纸质，上面深绿色，无毛，下面绿苍白色，初时密被柔毛，后毛被渐脱落，三出脉或离基三出脉，第一对侧脉如果为三出脉时较直，为离基三出脉时弧曲；叶柄长10~12毫米。伞形花序具总梗，总梗通常长约4毫米，无毛总苞片4片，具缘毛，内面基部被柔毛，内有花7~9朵。未开放时雄花花被片绿色，宽椭圆形或近圆形，先端圆，无毛，外轮长约1毫

米，花丝无毛，第三轮基部着生2个具柄阔三角状肾形腺体，有时第一、二轮花丝也有1个腺体；雌蕊凸字形，长不及1毫米。雌花花被片黄色，宽倒卵形，先端圆，无毛，外轮长约1.5毫米，内轮长约1.2毫米；退化雄蕊条形，第一、二轮长约0.8毫米，第三轮基部具2个不规则长柄腺体，腺体三角形或长圆形，大小不等；子房椭圆形，无毛；花梗长2毫米，被微柔毛。果近球形，直径6~8毫米；果梗长4~7毫米。花期4月，果期9月。

恩施州广布，生于山坡林下；分布于河南、陕西、安徽、浙江、江西、湖北、湖南、贵州、四川、云南、西藏等省。

8. 三桠乌药 *Lindera obtusiloba* Bl. Mus. Bot. Lugd. Bat. 1 (21): 325. 1851.

落叶乔木或灌木，高3~10米；树皮黑棕色。小枝黄绿色，当年枝条较平滑，有纵纹，老枝渐多木栓质皮孔、褐斑及纵裂；芽卵形，先端渐尖；外鳞片3片，革质，黄褐色，无毛，椭圆形，先端尖，长0.6~0.9厘米，宽0.6~0.7厘米；内鳞片3片，有淡棕黄色厚绢毛；有时为混合芽，内有叶芽及花芽。叶互生，近圆形至扁圆形，长5.5~10厘米，宽4.8~10.8厘米，先端急尖，全缘或3裂，常明显3裂，基部近圆形或心形，有时宽楔形，上面深绿，下面绿苍白色，有时带红色，被棕黄色柔毛或近无毛；三出脉，偶有五出脉，网脉明显；叶柄长1.5~2.8厘米，被黄白色柔毛。花序在腋生混合芽，混合芽椭圆形，先端亦急尖；外面的2片芽鳞革质，棕黄色，有皱纹，无毛，内面鳞片近革质，被贴服微柔毛；花芽内有无总梗花序5~6条，混合芽内有花芽1~2个；总苞片4片，长椭圆形，膜质，外面被长柔毛，内面无毛，内有花5朵。雄花花被片6片，长椭圆形，外被长柔毛，内面无毛；能育雄蕊9枚，花丝无毛，第三轮的基部着生2个具长柄宽肾形具角突的腺体，第二轮的基部有时也有1个腺体；退化雌蕊长椭圆形，无毛，花柱、柱头不分，成一小凸尖。雌花花被片6片，长椭圆形，长2.5毫米，宽1毫米，内轮略短，外面背脊部被长柔毛，内面无毛，退化雄蕊条片形，第一、二轮长1.7毫米，第三轮长1.5毫米，基部有2个具长柄腺体，其柄基部与退化雄蕊基部合生；子房椭圆形，长2.2毫米，直径1毫米，无毛，花柱短，长不及1毫米，花未开放时沿子房向下弯曲。果广椭圆形，长0.8厘米，直径0.5~0.6厘米，成熟时红色，后变紫黑色，干时黑褐色。花期3~4月，果期8~9月。

恩施州广布，生于山谷林中；我国大部分区域均有分布；朝鲜、日本也有。

9. 菱叶钓樟　*Lindera supracostata* Lec. in Nouv. Arch. Mus. Hist. Nat. Paris, 5e Ser. 5: 47 et 112. 1914.

常绿灌木或乔木，高 1.5~25 米，树皮褐色。枝条具纵裂纹，灰褐色。顶芽宽卵形，芽鳞外被灰白色绢质微柔毛。叶互生，椭圆形、卵形至披针形；长 5~10 厘米，宽 2.3~4 厘米；先端尾状渐尖或尾尖，基部略成菱形、楔形或宽楔形，叶缘多少呈波状；上面绿色，有光泽；下面苍白色，两面无毛，三出脉或近离基三出脉，脉在叶上面比下面更为突出，叶脉长约 1 厘米，无毛。伞形花序几无梗，1~2 条着生于当年枝条上部叶腋。雄花黄绿色，每伞花序约 5 朵；花被片 6 片，长圆形，长约 3.5 毫米，外被柔毛，雄蕊 9 枚，长约 2.5 毫米，宽约 1 毫米，花丝被柔毛，第三轮的近基部有 2 个圆球形具短柄腺体退化子房卵形，长约 1 毫米，上部被柔毛，花柱与子房几等长，被柔毛。雌花黄绿色，每伞形花序具花 3~8 朵；花被片 6 片，长圆形，长约 2 毫米；第三轮雄蕊中部有 2 个长圆球形具短柄的腺体；子房椭圆球形，长 2 毫米，宽 1.2 毫米，花柱长 1.5 毫米，连同子房上部密被柔毛，柱头盘状。果卵形，长 8~9 毫米，成熟时黑紫色；果梗长 7~11 毫米，向上渐增粗成宽 3~5 毫米盘状果托。花期 3~5 月，果期 7~9 月。

产于鹤峰、利川，生于山坡林中；分布于云南、四川、湖北、贵州。

10. 香叶子　*Lindera fragrans* Oliv. in Hook. Icon. Pl. 18(4): t. 1788. 1888.

常绿小乔木，高可达 5 米；树皮黄褐色，有纵裂及皮孔。幼枝青绿或棕黄色，纤细、光滑、有纵纹，无毛或被白色柔毛。叶互生；披针形至长狭卵形，先端渐尖，基部楔形或宽楔形；上面绿色，无毛；下面绿带苍白色，无毛或被白色微柔毛；三出脉，第一对侧脉紧沿叶缘上伸，纤细而不甚明显，但有时几与叶缘并行而近似羽状脉；叶柄长 5~8 毫米。伞形花序腋生；总苞片 4 片，内有花 2~4 朵。雄花黄色，有香味；花被片 6 片，近等长，外面密被黄褐色短柔毛；雄蕊 9 枚，花丝无毛，第三轮的基部有 2 个宽肾形几无柄的腺体；退化子房长椭圆形，柱头盘状。雌花未见。果长卵形，长 1 厘米，宽 0.7 厘米，幼时青绿，成熟时紫黑色，果梗长约 0.5~0.7 厘米，有疏柔毛，果托膨大。花期 4 月，果期 7 月。

产于鹤峰、巴东，生于山坡灌丛中；分布于陕西、湖北、四川、贵州、广西等省区。

11. 香粉叶（变种）　*Lindera pulcherrima* (Wall.) Benth. var. *attenuata* Allen in Journ. Arn. Arb. 22: 21. 1941.

常绿乔木，高 7~10 米；枝条绿色，平滑，有细纵条纹，初被白色柔毛，后渐脱落；芽大，椭圆形，长 7~8 毫米，芽鳞密被白色贴伏柔毛。叶互生，长卵形、长圆形到长圆状披针形，长 8~13 厘米，宽 2~4.5 厘米，叶先端渐尖或有时尾状渐尖，而不为长尾尖。芽小，卵状长圆形，长约 4 毫米，芽鳞被白色柔毛。可长 2~3 厘米，基部圆或宽楔形，上面绿色，干后仍绿色，下面蓝灰色，幼叶两面被白色疏柔毛，不久脱落成无毛或近无毛；三出脉，中、侧脉黄色，在叶上面略凸出，下面明显凸出；叶柄长 8~12 毫米，

被白色柔毛。伞形花序无总梗或具极短总梗，3~5条生于叶腋长1~3毫米的短枝先端，短枝偶有发育成正常枝。雄花花梗被白色柔毛，花被片6片，近等长，椭圆形，外面背脊部被白色疏柔毛，内面无毛；能育雄蕊9枚，花丝被白色柔毛，第三轮花丝基部以上着生2个具柄肾形腺体；退化雌蕊子房无毛；花柱密被白色柔毛。果椭圆形，幼果仍被稀疏白色柔毛，幼果顶部及未脱落的花柱密被白色柔毛，近成熟果长8毫米，直径6毫米。果期6~8月。

恩施州广布，生于山坡林中；分布于广东、广西、湖南、湖北、云南、贵州、四川等省区。

12. 川钓樟（变种） *Lindera pulcherrima* (Wall.) Benth. var. *hemsleyana* (Diels) H. P. Tsui in Act. Phytotax. Sin. 16 (4): 67. 1978.

本变种与香粉叶 *L. pulcherrima* var. *attenuata* 不同在于叶通常椭圆形、倒卵形、狭椭圆形、长圆形，少有椭圆状披针形，不为卵形或披针形，偶具长尾尖。花期3月，果期6~8月。

恩施州广布，生于山坡灌丛中；分布于陕西、四川、湖北、湖南、广西、贵州、云南等省区。

13. 长尾钓樟（变种） *Lindera thomsonii* Allen var. *vernayana* (Allen) H. P. Tsui in Act. Phytotax. Sin. 16 (4): 68. 1978.

常绿乔木，高3~10米；树皮褐色。枝条圆柱形，具细纵条纹，淡绿色或带红色，皮孔明显，嫩枝密被绢毛，后脱落成无毛。顶芽卵形，芽鳞褐色，外面密被绢状微柔毛、叶互生，狭卵形至披针形，先端具长尾尖，尖头长可2~3厘米，基部急尖或近圆形，坚纸质，上面有时被稀绢质柔毛，下面被密厚贴服白色绢质毛，至老时毛被渐脱落成较稀疏灰色或黑色残存毛片，三出脉或离基三出脉，第一对侧脉斜伸至叶中部以上，叶脉两面凸出，明显，叶柄长7~15毫米。雄伞形花序腋生，有3~10朵花，总梗长2~3毫米，总苞早落；雄花黄色，花梗长3~4毫米，被灰色微柔毛；花被片6片，卵状披针形，长3.5~4毫米，花丝被疏柔毛，第三轮雄蕊近基部有2个圆肾形具短柄腺体；退化雌蕊长约4毫米，花柱被灰色微柔毛。雌伞形花序腋生，有4~12朵花；总梗长约2毫米；总苞片早落；雌花白色、黄色或黄绿色，花梗长4~5毫米，被灰色微柔毛；退化雄蕊9枚，长约2.5毫米，第三轮有时花瓣状，基部具2个圆肾形近无柄腺体；子房椭圆形，长约2毫米，与花柱近等长，均被灰色微柔毛。果椭圆形，长1~1.4厘米，直径7~10毫米，成熟时由红色变黑色；果托直径2毫米；果梗长1~1.5厘米，被微柔毛。花期2~3月，果期6~9月。

恩施州广布，属湖北省新记录，生于山坡林中；分布于云南；缅甸也有。

14. 乌药 *Lindera aggregata* (Sims) Kostermin Reinwardtia 9 (1): 98. 1974.

常绿灌木或小乔木，高可达5米；树皮灰褐色；根有纺锤状或结节状膨胀，外面棕黄色至棕黑色，表面有细皱纹，有香味，微苦，有刺激性清凉感。幼枝青绿色，具纵向细条纹，密被金黄色绢毛，后渐脱落，老时无毛，干时褐色。顶芽长椭圆形。叶互生，卵形、椭圆形至近圆形，通常长2.7~5厘米，宽1.5~4厘米，先端长渐尖或尾尖，基部圆形，革质或有时近革质，上面绿色，有光泽，下面苍白色，幼时密被棕褐色柔毛，后渐脱落，偶见残存斑块状黑褐色毛片，两面有小凹窝，三出脉，中脉及第一对侧脉上面通常凹下，少有凸出，下面明显凸出；叶柄长0.5~1厘米，有褐色柔毛，后毛被渐脱落。伞形花序腋生，无总梗，常6~8条花序集生于短枝上，每花序有一苞片；花被片6片，近等长，外面被白色柔毛，内面无毛，黄色或黄绿色，偶有外乳白内紫红色；花梗长约0.4毫米，被柔毛。雄花花被片长约4毫米，宽约2毫米；雄蕊长3～4毫米，花丝被疏柔毛，第三轮的有2个宽肾形具柄腺体，着生花丝基部，有时第二轮的也有腺体1～2个；退化雌蕊坛状。雌花花被片长约2.5毫米，宽约2毫米，退化雄蕊长条片状，被疏柔毛，长约1.5毫米，第三轮基部着生2个具柄腺体；子房椭圆形，长约1.5毫米，被褐色短柔毛，柱头头状。果卵形或有时近圆形，长0.6～1厘米，直径4～7毫米。花期3～4月，果期6～11月。

恩施州广布，生于山坡林中；分布于浙江、江西、福建、安徽、湖南、湖北、广东、广西、台湾等省区；越南、菲律宾也有分布。

根药用，为散寒理气健胃药；根、种子磨粉可杀虫。

檫木属 *Sassafras* Trew

落叶乔木。顶芽大，具鳞片，鳞片近圆形，外面密被绢毛。叶互生，聚集于枝顶，坚纸质，具羽状脉或离基三出脉，异型，不分裂或2～3浅裂。花通常雌雄异株，通常单性，或明显两性但功能上为单性，具梗。总状花序顶生，少花，疏松，下垂，具梗，基部有迟落互生的总苞片；苞片线形至丝状。花被黄色，花被筒短，花被裂片6片，排成2轮，近相等，在基部以上脱落。雄花能育雄蕊9枚，着生于花被筒喉部，呈3轮排列，近相等，花丝丝状，被柔毛，长于花药，扁平，第一、二轮花丝无腺体，第三轮花丝基部有一对具短柄的腺体，花药卵圆状长圆形，先端钝但常为微凹，或全部为4室，上下2室相叠排列，上方2室较小，或第一轮花药有时为3室而上方1室不育但有时为2室而各室能育，第二、三轮花药全部均为2室，药室均为内向或第三轮花药下2室侧向；退化雄蕊3枚或无，存在时位于最内轮，与第三轮雄蕊互生，三角状钻形，具柄；退化雌蕊有或无。雌花退化雄蕊6枚，排成2轮，或为12枚，排成4轮，后种情况类似于雄花的能育雄蕊及退化雄蕊；子房卵珠形，几无梗地着生于短花被筒中，花柱纤细，柱头盘状增大。果为核果，卵球形，深蓝色，基部有浅杯状的果托；果梗伸长，上端渐增粗，无毛。种子长圆形，先端有尖头，种皮薄；胚近球形，直立。

本属3种；我国有2种；恩施州产1种。

檫木 *Sassafras tzumu* (Hemsl.) Hemsl. in Kew Bull. 55. 1907.

落叶乔木，高可达35米；树皮幼时黄绿色，平滑，老时变灰褐色，呈不规则纵裂。顶芽大，椭圆形，长达1.3厘米，芽鳞近圆形，外面密被黄色绢毛。枝条粗壮，近圆柱形，多少具棱角，无毛，初时带红色，干后变黑色。叶互生，聚集于枝顶，卵形或倒卵形，长9～18厘米，宽6～10厘米，先端渐尖，基部楔形，全缘或2～3浅裂，裂片先端略钝，坚纸质，上面绿色，晦暗或略光亮，下面灰绿色，两面无毛或下面尤其是沿脉网疏被短硬毛，羽状脉或离基三出脉，中脉、侧脉及支脉两面稍明显，最下方一对侧脉对生，十分发达，向叶缘一方生出多数支脉，支脉向叶缘弧状网结；叶柄纤细，长2～7厘米，鲜时常带红色，腹平背凸，无毛或略被短硬毛。花序顶生，先叶开放，长4～5厘米，多花，具梗，梗长不及1厘米，与序轴密被棕褐色柔毛，基部承有迟落互生的总苞片；苞片线形至丝状，长1～8毫米，位于花序最下部者最长。花黄色，长约4毫米，雌雄异株；花梗纤细，长4.5～6毫米，密被棕褐色柔毛。雄花花被筒极短，花被裂片6片，披针形，近相等，长约3.5毫米，先端稍钝，外面疏被柔毛，内面近于无毛；能育雄蕊9枚，成3轮排列，近相等，长约3毫米，花丝扁平，被柔毛，第一、二轮雄蕊花丝无腺体，第三轮雄蕊花丝近基部有1对具短柄的腺体，花药均为卵圆状长圆形，4室，上方2室较小，药室均内向，退化雄蕊3枚，长1.5毫米，三角状钻形，具柄；退化雌蕊明显。雌花退化雄蕊12枚，排成4轮，体态上类似雄花的能育雄蕊及退化雄蕊；子房卵珠形，长约1毫米，无毛，花柱长约1.2毫米，等粗，柱头盘状。果近球形，直径达8毫米，成熟时蓝黑色而带有白蜡粉，着生于浅杯状的果托上，果梗长1.5～2厘米，上端渐增粗，无毛，与果托呈红色。花期3～4月，果期5～9月。

恩施州广布，生于山坡林中；分布于浙江、江苏、安徽、江西、福建、广东、广西、湖南、湖北、四川、贵州及云南等省区。

根和树皮入药，功能活血散瘀，祛风去湿，治扭挫伤和腰肌劳伤。

黄肉楠属 *Actinodaphne* Nees

常绿乔木或灌木。叶通常簇生或近轮生，少数为互生或对生，羽状脉，少数为离基三出脉。花单性，雌雄异株，伞形花序单生或簇生，或由伞形花序组成圆锥状或总状；苞片覆瓦状排列，早落；花被筒短；花被裂片6片，排成2轮，每轮3片，近相等，少宿存。雄花能育雄蕊通常9枚，排成3轮，每轮3枚，花药4室，均内向瓣裂，第一、二轮花丝无腺体，第三轮花丝基部有2个腺体；退化雌蕊细小或无。雌花退化雄蕊常为9枚，排成3轮，每轮3枚，棍棒状，第一、二轮无腺体，第三轮基部有腺体2个；子房上位，柱头盾状。果着生于浅的或深的杯状或盘状果托内。

本属约100种；我国19种；恩施州产1种。

红果黄肉楠 *Actinodaphne cupularis* (Hemsl.) Gamble in Sarg. Pl. Wils. 2: 75. 1914.

灌木或小乔木，高2～10米。小枝细，灰褐色，幼时有灰色或灰褐色微柔毛。顶芽卵圆形或圆锥形，鳞片外面被锈色丝状短柔毛，边缘有睫毛。叶通常5～6片簇生于枝端成轮生状，长圆形至长圆状披针形，长5.5～13.5厘米，宽1.5～2.7厘米，两端渐尖或急尖，革质，上面绿色，有光泽，无毛，下面粉绿色，有灰色或灰褐色短柔毛，后毛被渐脱落，羽状脉，中脉在叶上面下陷，在下面突起，侧脉每边8～13条，斜展，纤细，在叶上面不甚明显，稍下陷，在下面明显，且突起，横脉不甚明显；叶柄长3～8毫米，有沟槽，被灰色或灰褐色短柔毛。伞形花序单生或数个簇生于枝侧，无总梗；苞片5～6片，外被锈色丝状短柔毛；每一雄花序有雄花6～7朵；花梗及花被筒密被黄褐色长柔毛；花被裂片6～8片，卵形，长约2毫米，宽约1.5毫米，外面中肋有柔毛，内面无毛；能育雄蕊9枚，花丝长约4毫米，无毛，第三轮基部两侧的2个腺体有柄；退化雌蕊细小，无毛；雌花序常有雌花5朵；子房椭圆形，无毛，花柱长1.5毫米，外露，柱头2裂。果卵形或卵圆形，长12～14毫米，直径约10毫米，先端有短尖，无毛，成熟时红色，着生于杯状果托上；果托深4～5毫米，外面有皱褶，边缘全缘或为粗波状缘。花期10～11月，果期8～9月。

产于恩施，生于山坡密林中；分布于湖北、湖南、四川、广西、云南、贵州。

根、叶入药，治脚癣、烫火伤及痔疮等。

樟属 *Cinnamomum* Trew

常绿乔木或灌木；树皮、小枝和叶极芳香。芽裸露或具鳞片，具鳞片时鳞片明显或不明显，覆瓦状排列。叶互生、近对生或对生，有时聚生于枝顶，革质，离基三出脉或三出脉，亦有羽状脉。花小或中等大，黄色或白色，两性，稀为杂性，组成腋生或近顶生、顶生的圆锥花序，由1~3至多花的聚伞花序所组成。花被筒短，杯状或钟状，花被裂片6片，近等大，花后完全脱落，或上部脱落而下部留存在花被筒的边缘上，极稀宿存。能育雄蕊9枚，稀较少或较多，排列成三轮，第一、二轮花丝无腺体，第三轮花丝近基部有一对具柄或无柄的腺体，花药4室，稀第三轮为2室，第一、二轮花药药室内向，第三轮花药药室外向。退化雄蕊3枚，位于最内轮，心形或箭头形，具短柄。花柱与子房等长，纤细，柱头头状或盘状，有时具3圆裂。果肉质，有果托；果托杯状、钟状或圆锥状，截平或边缘波状，或有不规则小齿，有时有由花被片基部形成的平头裂片6片。

本属约250种；我国约有46种1变型；恩施州产8种。

分种检索表

1. 果时花被片完全脱落；芽鳞明显，覆瓦状；叶互生，羽状脉、近离基三出脉或稀为离基三出脉，侧脉脉腋通常在下面有腺窝上面有明显或不明显的泡状隆起。
   2. 叶老时两面或下面明显被毛，毛被各式，若叶老时下面变无毛，则叶先端呈尾状渐尖。
      3. 圆锥花序密被毛；小枝、叶下面及果序密被白色绢毛；叶下面细脉多少明显可见且略呈浅蜂巢状，侧脉脉腋上面微凸起下面呈浅窝穴状；果无毛 ················ 1. 银木 *Cinnamomum septentrionale*
      3. 叶上面幼时被极细的微柔毛，其后变无毛，下面被极密的绢状微柔毛，中脉及侧脉两面近明显，叶下面侧脉脉腋有明显的腺窝；圆锥花序长10~15厘米，多花，总梗与各级序轴无毛，花梗被绢状微柔毛；花被裂片外面近无毛，内面被白色绢毛 ················ 2. 猴樟 *Cinnamomum bodinieri*
   2. 叶老时两面无毛或近无毛。
      4. 叶卵状椭圆形，下面干时常带白色，离基三出脉，侧脉及支脉脉腋下面有明显的腺窝 ················ 3. 樟 *Cinnamomum camphora*
      4. 叶革质，干时上面呈黄绿色而下面略淡或淡绿色，下面侧脉脉腋腺窝只有一个窝穴 ······ 4. 云南樟 *Cinnamomum glanduliferum*
1. 果时花被片宿存，或上部脱落下部留存在花被筒的边缘上；芽裸露或芽鳞不明显；叶对生或近对生，三出脉或离基三出脉，侧脉脉腋下面无腺窝上面无明显泡状隆起。
   5. 叶两面尤其是下面幼时无毛或略被毛老时明显无毛或变无毛。
      6. 花序少花，常为近伞形成伞房状；花被外面全然无毛，边缘具乳突小纤毛，内面被丝毛… 5. 野黄桂 *Cinnamomum jensenianum*
      6. 圆锥花序短小，长3~6厘米，比叶短很多，被灰白微柔毛；果卵球形，长约8毫米，宽约5毫米… 6. 阴香 *Cinnamomum burmannii*
   5. 叶两面尤其是下面幼时明显被毛，毛被各式，老时全然不脱落或渐变稀薄，极稀最后变无毛。
      7. 花梗丝伏，长6~20毫米；叶卵圆形或卵状长圆形，长8.5~18厘米，宽3.2~5.3厘米，先端渐尖，尖头钝，基部渐狭下延至叶柄但有时为近圆形，革质，上面绿色，光亮，无毛，下面灰绿色，幼时明显被白色丝毛但最后变无毛，离基三出脉，叶柄长10~15毫米；圆锥花序长3~9厘米，少花，被丝状微柔毛，单一或多数密集于叶腋内 ······ 7. 川桂 *Cinnamomum wilsonii*
      7. 叶革质，椭圆形、卵状椭圆形至披针形，较小，老叶通常长在10厘米以下，宽在5厘米以下；枝、叶下面及花序被黄色平伏绢状短柔毛，叶下面毛被渐脱落而变稀薄，侧脉脉腋有时下面呈不明显囊状而上面略为泡状隆起 ······ 8. 香桂 *Cinnamomum subavenium*

1. 银木 *Cinnamomum septentrionale* Hand. -Mazz in Oerst. Bot. Zeit. 85(3): 213. 1936.

乔木，高16~25米；树皮灰色，光滑。枝条稍粗壮，具棱，被白色绢毛。芽卵珠形，芽鳞先端微凹，具小突尖，被白色绢毛。叶互生，椭圆形或椭圆状倒披针形，长10~15厘米，宽5~7厘米，先端短渐尖，基部楔形，近革质，上面被短柔毛，下面尤其是在脉上明显被白色绢毛，羽状脉，侧脉每边约4条，弧曲上升，在叶缘之内消失，与中脉两面凸起，侧脉脉腋在上面微凸起下面呈浅窝穴状，横脉两面

多少明显，细脉网结状，两面在放大镜下呈浅蜂巢状；叶柄长2～3厘米，腹平背凸，初时被白色绢毛，后变无毛。圆锥花序腋生，长达15厘米，多花密集，具分枝，分枝细弱，叉开，末端为3～7朵花的聚伞花序，总轴细长，长达6厘米，与序轴被绢毛。花开放时长约2.5毫米；花梗长1～2毫米，被绢毛。花被筒倒锥形，外面密被白色绢毛，长约1毫米，花被裂片6片，近等大，宽卵圆形，长约1.5毫米，宽约1.2毫米，先端锐尖，外面疏被内面密被白色绢毛，具腺点。能育雄蕊9枚，花丝被柔毛，第一、二轮雄蕊长1.2毫米，花药宽卵圆形，药室内向，花丝与花药近等长，无腺体，第三轮雄蕊长约1.5毫米，花药卵圆状长圆形，药室外向，花丝基部有一对圆状肾形腺体。退化雄蕊3枚，位于最内轮，长三角状钻形，具短柄，被柔毛。子房卵珠形，长0.5毫米，花柱伸长，长1.1厘米，柱头盘状，明显。果球形，直径不及1厘米，无毛，果托长5毫米，先端增大成盘状，宽达4毫米。花期5～6月，果期7～9月。

产于利川、咸丰，生于山谷林下；分布于四川、湖北、陕西、甘肃。

2. 猴樟 *Cinnamomum bodinieri* Levl. in Fedde, Repert. Sp. Nov. 10: 369. 1912.

乔木，高达16米；树皮灰褐色。枝条圆柱形，紫褐色，无毛，嫩时多少具棱角。芽小，卵圆形，芽鳞疏被绢毛。叶互生，卵圆形或椭圆状卵圆形，长8～17厘米，宽3～10厘米，先端短渐尖，基部锐尖、宽楔形至圆形，坚纸质，上面光亮，幼时被极细的微柔毛老时变无毛，下面苍白，极密被绢状微柔毛，中脉在上面平坦下面凸起，侧脉每边4～6条，最基部的一对近对生，其余的均为互生，斜升，两面近明显，侧脉脉腋在下面有明显的腺窝，上面相应处明显呈泡状隆起，横脉及细脉网状，两面不明显，叶柄长2～3厘米，腹凹背凸，略被微柔毛。圆锥花序在幼枝上腋生或侧生，同时亦有近侧生，有时基部具苞叶，长5～15厘米，多分枝，分枝两歧状，具棱角，总梗圆柱形，长4～6厘米，与各级序轴均无毛。花绿白色，长约2.5毫米，花梗丝状，长2～4毫米，被绢状微柔毛。花被筒倒锥形，外面近无毛，花被裂片6片，卵圆形，长约1.2毫米，外面近无毛，内面被白色绢毛，反折，很快脱落。能育雄蕊9枚，第一、二轮雄蕊长约1毫米，花药近圆形，花丝无腺体，第三轮雄蕊稍长，花丝近基部有一对肾形大腺体。退化雄蕊3枚，位于最内轮，心形，近无柄，长约0.5毫米。子房卵珠形，长约1.2毫米，无毛，花柱长1毫米，柱头头状。果球形，直径7～8毫米，绿色，无毛；果托浅杯状，顶端宽6毫米。花期5～6月，果期7～8月。

恩施州广布，生于山谷林中；分布于贵州、四川、湖北、湖南。

3. 樟 *Cinnamomum camphora* (Linn.) Presl Priorz, Rostlin 2: 36 et 47-56, t. 8. 1825.

常绿大乔木，高可达30米；枝、叶及木材均有樟脑气味；树皮黄褐色，有不规则的纵裂。顶芽广卵形或圆球形，鳞片宽卵形或近圆形，外面略被绢状毛。枝条圆柱形，淡褐色，无毛。叶互生，卵状椭圆形，长6～12厘米，宽2.5～5.5厘米，先端急尖，基部宽楔形至近圆形，边缘全缘，软骨质，有时呈微波状，上面绿色或黄绿色，有光泽，下面黄绿色或灰绿色，晦暗，两面无毛或下面幼时略被微柔毛，具离基三出脉，有时过渡到基部具不显的5脉，中脉两面明显，上部每边有侧脉1～7条，基生侧脉向叶缘一侧有少数支脉，侧脉及支脉脉腋上面明显隆起下面有明显腺窝，窝内常被柔毛；叶柄纤细，长2～3厘米，腹凹背凸，无毛。圆锥花序腋生，长3.5～7厘米，具梗，总梗长2.5～4.5厘米，与各级序轴均无毛或被灰白至黄褐色微柔毛，被毛时往往在节上尤为明显。花绿白或带黄色，长约3毫米；花梗长1～2毫米，无毛。花被外面无毛或被微柔毛，内面密被短柔毛，花被筒倒锥形，长约1毫米，花被裂片椭圆形，长约2毫米。能育雄蕊9枚，长约2毫米，花丝被短柔毛。退化雄蕊3枚，位于最内轮，箭头形，长约1毫米，被短柔毛。子房球形，长约1毫米，无毛，花柱长约1毫米。果卵球形或近球形，直径6～8毫米，紫黑色；果托杯状，长约5毫米，顶端截平，宽达4毫米，基部宽约1毫米，具纵向沟纹。花期4～5月，果期8～11月。

恩施州广布，生于沟边或山坡上；分布于长江以南各省区；越南、朝鲜、日本也有分布。

根、果、枝和叶入药，有祛风散寒、强心镇痉和杀虫等功能。按照国务院1999年批准的国家重点保护野生植物（第一批）名录，本种为Ⅱ级保护植物。

4. 云南樟　*Cinnamomum glanduliferum* (Wall.) Nees in Wall. Pl. Asiat. Rar. 2: 72. 1831.

常绿乔木，高5～20米；树皮灰褐色，深纵裂，小片脱落，内皮红褐色，具有樟脑气味。枝条粗壮，圆柱形，绿褐色，小枝具棱角。芽卵形，大，鳞片近圆形，密被绢状毛。叶互生，叶形变化很大，椭圆形至卵状椭圆形或披针形，长6～15厘米，宽4～6.5厘米，在花枝上的稍小，先端通常急尖至短渐尖，基部楔形、宽楔形至近圆形，两侧有时不相等，革质，上面深绿色，有光泽，下面通常粉绿色，幼时仅下面被微柔毛，老时两面无毛或上面无毛下面多少被微柔毛，羽状脉或偶有近离基三出脉，侧脉每边4～5条，与中脉两面明显，斜展，在叶缘之内渐消失，侧脉脉腋在上面明显隆起下面有明显的腺窝，窝穴内被毛或变无毛，细脉与小脉网状，微细而不明显；叶柄长1.5～3.5厘米，粗壮，腹凹背凸，近无毛。圆锥花序腋生，均比叶短，长4～10厘米，具梗，总梗长2～4厘米，与各级序轴均无毛。花小，长达3毫米，淡黄色；花梗短，长1～2毫米，无毛。花被外面疏被白色微柔毛，内面被短柔毛，花被筒倒锥形，长约1毫米，花被裂片6片，宽卵圆形，近等大，长约2毫米，宽达1.7毫米，先端锐尖。能育雄蕊9枚，花丝被短柔毛，第一、二轮雄蕊长约1.4毫米，花药卵圆形，与扁平的花丝近等长，4药室，内向，花丝无腺体，第三轮雄蕊长约1.6毫米，花药长圆形，长约1毫米，4药室，外向，花丝近基部有一对具短柄的心形腺体。退化雄蕊3枚，位于最内轮，长三角形，连柄长不及1毫米，柄被短柔毛。子房卵珠形，长约1.2毫米，无毛，花柱纤细，长约1.2毫米，柱头盘状，具不明显的3圆裂。果球形，直径达1厘米，黑色；果托狭长倒锥形，长约1厘米，基部宽约1毫米，顶部宽达6毫米，边缘波状，红色，有纵长条纹。花期3～5月，果期7～9月。

产于咸丰、利川，生于山坡林中；分布于云南、四川、湖北、贵州、西藏；印度、尼泊尔、缅甸至马来西亚也有。

树皮及根可入药，有祛风、散寒之效。

5. 野黄桂　*Cinnamomum jenseninanum* Hand.-Mazz. inAnz. Akad. Wiss. Wien, Math.-Nat. 58: 63. 1921.

小乔木，高不达 6 米；树皮灰褐色，有桂皮香味。枝条曲折，二年生枝褐色，密布皮孔，一年生枝具棱角，当年生枝与总梗及花梗干时变黑而极无毛。芽纺锤形，芽鳞硬壳质，长 6 毫米，先端锐尖，外面被极短的绢状毛。叶常近对生，披针形或长圆状披针形，长 5~20 厘米，宽 1.5~6 厘米，先端尾状渐尖，基部宽楔形至近圆形，厚革质，上面绿色，光亮，无毛，下面幼时被粉状微柔毛但老时常极无毛，晦暗，被蜡粉，但鲜时几不灰白色，边缘增厚，与中脉和侧脉一样带黄色，离基三出脉，中脉与侧脉两面凸起，最基部一对侧脉自叶基 2~18 毫米处伸出，至叶片上部 1/3 向叶缘接近且几贯入叶端，极稀有分出基生的近叶缘的小支脉，横脉多数，弧曲状，上面纤细，下面几不凸起，或两面不明显。花序伞房状，具 2~5 朵花，通常长 3~4 厘米，常远离，或在常几不伸长的当年生枝条基部有成对的花或单花，总梗通常长 1.5~2.5 厘米，纤细，近无毛；苞片及小苞片长约 2 毫米，早落。花黄色或白色，长约 4 毫米；花梗长 5~20 毫米，直伸，向上渐增大。花被外面极无毛，内面被丝毛，边缘具乳突小纤毛，花被筒极短，长 1.5~2 毫米，花被裂片 6 片，倒卵圆形，近等大，长 2.5~6 毫米，宽约 1.7 毫米，先端锐尖。能育雄蕊 9 枚，第一、二轮雄蕊花丝宽而扁平，最基部被疏柔毛，无腺体，稍长于花药，花药卵圆状长圆形，无毛，第三轮雄蕊花丝细长，被疏柔毛，近中部有一对盘状腺体，花药长圆形，宽约为第一、二轮者之半，略被柔毛。退化雄蕊 3 枚，位于最内轮，三角形，长 1.75~2.2 毫米，具柄，柄被柔毛。子房卵珠形，花柱长约为子房长之 1 倍，无毛，柱头盘状，具不规则圆裂。果卵球形，长达 1~1.2 厘米，直径达 6~7 毫米，先端具小突尖，无毛；果托倒卵形，长达 6 毫米，宽 8 毫米，具齿裂，齿的顶端截平。花期 4~6 月，果期 7~8 月。

产于来凤，生于山坡林地；分布于湖南、湖北、四川、江西、广东及福建等地。

6. 阴香　*Cinnamomum burmannii* (C. G. et Th. Nees) Bl. Bijdr. 569. 1826.

乔木，高达 14 米；树皮光滑，灰褐色至黑褐色，内皮红色，味似肉桂。枝条纤细，绿色或褐绿色，具纵向细条纹，无毛。叶互生或近对生，稀对生，卵圆形、长圆形至披针形，长 5.5~10.5 厘米，宽 2~5 厘米，先端短渐尖，基部宽楔形，革质，上面绿色，光亮，下面粉绿色，晦暗，两面无毛，具离基三出脉，中脉及侧脉在上面明显，下面十分凸起，侧脉自叶基 3~8 毫米处生出，向叶端消失，横脉及细脉两面微隆起，多少呈网状；叶柄长 0.5~1.2 厘米，腹平背凸，近无毛。圆锥花序腋生或近顶生，比叶短，长 2~6 厘米，少花，疏散，密被灰白微柔毛，最末分枝为 3 朵花的聚伞花序。花绿白色，长约 5 毫米；花梗纤细，长 4~6 毫米，被灰白微柔毛。花被内外两面密被灰白微柔毛，花被筒短小，倒锥形，长约 2 毫米，花被裂片长圆状卵圆形，先端锐尖。能育雄蕊 9 枚，花丝全长及花药背面被微柔毛，第一、二轮雄蕊长 2.5 毫米，花丝稍长于花药，无腺体，花药长圆形，4

室，室内向，第三轮雄蕊长2.7毫米，花丝稍长于花药，中部有一对近无柄的圆形腺体，花药长圆形，4室，室外向。退化雄蕊3枚，位于最内轮，长三角形，长约1毫米，具柄，柄长约0.7毫米，被微柔毛。子房近球形，长约1.5毫米，略被微柔毛，花柱长2毫米，具棱角，略被微柔毛，柱头盘状。果卵球形，长约8毫米，宽5毫米；果托长4毫米，顶端宽3毫米，具齿裂，齿顶端截平。

恩施州有栽培；长江以南各省区常见栽培；印度、缅甸、越南、菲律宾也有。

7. 川桂 *Cinnamomum wilsonii* Gamble in Sarg. Pl. Wils. 2: 66. 1914.

乔木，高25米。枝条圆柱形，干时深褐色或紫褐色。叶互生或近对生，卵圆形或卵圆状长圆形，长8.5~18厘米，宽3.2~5.3厘米，先端渐尖，尖头钝，基部渐狭下延至叶柄，但有时为近圆形，革质，边缘软骨质而内卷，上面绿色，光亮，无毛，下面灰绿色，晦暗，幼时明显被白色丝毛但最后变无毛，离基三出脉，中脉与侧脉两面凸起，干时均呈淡黄色，侧脉自离叶基5~15毫米处生出，向上弧曲，至叶端渐消失，外侧有时具3~10条支脉但常无明显的支脉，支脉弧曲且与叶缘的肋连接，横脉弧曲状，多数，纤细，下面多少明显；叶柄长10~15毫米，腹面略具槽，无毛。圆锥花序腋生，长3~9厘米，单一或多数密集，少花，近总状或为2~5朵花的聚伞状，具梗，总梗纤细，长1.5~6厘米，与序轴均无毛或疏被短柔毛。花白色，长约6.5毫米；花梗丝状，长6~20毫米，被细微柔毛。花被内外两面被丝状微柔毛，花被筒倒锥形，长约1.5毫米，花被裂片卵圆形，先端锐尖，近等大，长4~5毫米，宽约1毫米。能育雄蕊9枚，花丝被柔毛，第一、二轮雄蕊长3毫米，花丝稍长于花药，花药卵圆状长圆形，先端钝，4药室，内向，第三轮雄蕊长约3.5毫米，花丝长约为花药的1.5倍，中部有一对肾形无柄的腺体，花药长圆形，4药室，外向。退化雄蕊3枚，位于最内轮，卵圆状心形，先端锐尖，长2.8毫米，具柄。子房卵球形，长近1毫米，花柱增粗，长3毫米，柱头宽大，头状。花期4~5月，果期6月以后。

恩施州广布，生于山坡林中；分布于陕西、四川、湖北、湖南、广西、广东及江西。

树皮入药，功效补肾和散寒祛风，治风湿筋骨痛、跌打及腹痛吐泻等症。

8. 香桂 *Cinnamomum subavenium* Miq. Fl. Ind. Bat. 1 (1): 902. 1858.

乔木，高达20米；树皮灰色，平滑。小枝纤细，密被黄色平伏绢状短柔毛。叶在幼枝上近对生，在老枝上互生，椭圆形、卵状椭圆形至披针形，长4~13.5厘米，宽2~6厘米，先端渐尖或短尖，基部楔形至圆形，上面深绿色，光亮，幼时被黄色平伏绢状短柔毛，老时毛被渐脱落至无毛，下面黄绿色，晦暗，密被黄色平伏绢状短柔毛，老时毛被渐脱落但仍明显可见，革质，三出脉或近离基三出脉，中脉及侧脉在上面凹陷，下面显著凸起，侧脉自叶基0~4毫米处生出，斜上升，直贯叶端，侧脉脉腋有时下面呈不明显囊状而上面略为泡状隆起，横脉及细脉两面不明显；叶柄长5~15毫米，密被黄色平伏绢状短柔毛。花淡黄色，长3~4毫米；花梗长2~3毫米，密被黄色平伏绢状短柔毛。花被内外两面密被

短柔毛，花被筒倒锥形，短小，长约1毫米，花被裂片6片，外轮较狭，长圆状披针形或披针形，长3毫米，宽1.5毫米，内轮卵圆状长圆形，长3毫米，宽1.7毫米。能育雄蕊9枚，花丝全长及花药背面被柔毛，第一、二轮雄蕊长2.4毫米，花药与花丝近等长，4室，室内向，第三轮雄蕊长2.7毫米，花丝近基部有一对具短柄的圆状肾形腺体，花药4室，室外向。退化雄蕊3枚，位于最内轮，长1.2毫米，具柄，被柔毛。子房球形，直径约1毫米，无毛，花柱长2.5毫米，略弯曲，柱头增大，盘状。果椭圆形，长约7毫米，宽5毫米，熟时蓝黑色；果托杯状，顶端全缘，宽达5毫米。花期6~7月，果期8~10月

恩施州广布，生于林中；分布于云南、贵州、四川、湖北、广西、广东、安徽、浙江、江西、福建及台湾等省区；印度、缅甸经中南半岛及马来西亚至印度尼西亚也有。

新樟属 *Neocinnamomum* Liou

灌木或小乔木。芽小，锥形，芽鳞厚而常被毛。叶互生，全缘，排成左右2列，坚纸质或近革质，三出脉。花小，由1至多花组成团伞花序，团伞花序可理解为序轴十分退化的圆锥花序，具梗或近无梗，腋生或多数疏离组成不分枝或有少数挺直分枝的腋生或顶生圆锥花序。花小，具梗。花被筒十分短小，花被裂片6片，近等大，果时厚而稍带肉质。能育雄蕊9枚，均具花丝，第一、二轮雄蕊花丝无腺体，第三轮雄蕊花丝基部有一对腺体，花药4室，上2室内向或外向或全部侧向，下2室较大，侧向，但有时，药室几水平向横排成一列。退化雄蕊具柄，略大。子房梨形，无柄，向上渐狭成略短的花柱，柱头盘状。果为浆果状核果，椭圆形或圆球形；果托大而浅，肉质增厚，高脚杯状，花被片宿存而略增大，直伸或开展；果梗纤细，向上渐增大。

本属约7种；我国有5种；恩施州产1种。

川鄂新樟 *Neocinnamomum fargesii* (Lec.) Kosterm. in Reinwardtia 9 (1): 91. 1974.

灌木或小乔木，高2~7米。枝条圆柱形，有纵向细条纹和褐色斑点，无毛。叶互生，宽卵圆形、卵状披针形或菱状卵圆形，长4~6.5厘米，宽3~4厘米，先端稍渐尖，尖头近锐尖，基部楔形至宽楔形，坚纸质，两面无毛，上面绿色，下面淡绿或白绿色，边缘软骨质，内卷，在中部以上明显呈波状，三出脉或近三出脉，中脉及侧脉在上面凹陷下面凸起，基生侧脉在近叶缘一侧常具支脉，细脉两面明显，呈网状；叶柄长0.6~0.8厘米，腹凹背凸，无毛。团伞花序腋生，1~4朵花，近无梗，近伞形；苞片卵圆形，长1.3毫米，略被微柔毛。花浅绿色，小，长约2毫米；花梗长1~4毫米，略被微柔毛或近无毛。花被裂片6片，两面被微柔毛，近等大，宽卵圆形，长约1.3毫米，宽约1.2毫米，先端锐尖。能育雄蕊9枚，长约1毫米，被柔毛，第一、二轮雄蕊无腺体，花药卵圆形，与花丝等长，4室，上2室内向，下2室侧内向，第三轮雄蕊有一对腺体，花药较狭，4室，下2室大，外向，上2室小，侧外向。退化雄蕊小，三角形，具短柄，被柔毛。子房椭圆状卵球形，长约1.5毫米，花柱短，柱头盘状，顶端微凹。果近球形，先端具小突尖，成熟时红色；果托高脚杯状，顶端宽0.5~1.2厘米，花被片宿存，凋萎状；果梗向上略增粗，长0.5~1.5厘米。花期6~8月，果期9~11月。

产于巴东，生于灌丛中；分布于四川、湖北。

楠属 *Phoebe* Nees

常绿乔木或灌木。叶通常聚生枝顶，互生，羽状脉。花两性；聚伞状圆锥花序或近总状花序，生于当年生枝中、下部叶腋，少为顶生；花被裂片6片；相等或外轮略小，花后变革质或木质，直立；能育

雄蕊9枚，3轮，花药4室，第一、二轮雄蕊的花药内向，第三轮的外向，基部或基部略上方有具柄或无柄腺体2个，退化雄蕊三角形或箭头形；子房多为卵珠形及球形，花柱直或弯，柱头钻状或头状。果卵珠形、椭圆形及球形，少为长圆形，基部为宿存花被片所包围；宿存花被片紧贴或松散或先端外倾，但不反卷或极少略反卷；果梗不增粗或明显增粗。

本属约94种；我国有34种3变种；恩施州产10种。

分种检索表

1. 花被外面及花序完全无毛或被紧贴微柔毛。
　2. 中脉在上面全部突起；小枝及叶下面明显被白粉；叶椭圆形，长8~11厘米，宽3~4厘米，两面无毛，上面十分光亮；叶柄长1.5~3厘米；花序长6~10厘米 ·················· 1. 利川楠 Phoebe lichuanensis
　2. 中脉在上面全部下陷，或下半部明显下陷。
　　3. 果球形或近球形。
　　　4. 花大，长5~6毫米；花序长8~17厘米，花序梗极粗，直径达2.5~3毫米；叶长11~20厘米，宽3~5.5厘米；叶柄粗，长达4厘米 ·················· 2. 山楠 Phoebe chinensis
　　　4. 花较小，长2.5~3.5毫米；叶柄较细，长不超过2.5厘米 ·················· 3. 竹叶楠 Phoebe faberi
　　3. 果卵形。
　　　5. 嫩叶下面密被紧贴白色绢状毛；叶倒阔披针形或倒卵状披针形，长7.5~18厘米，宽3~4.5厘米，下面苍白色，侧脉通常每边10~14条，粗壮；花序长8~14厘米；花被片明显具缘毛 ·················· 4. 湘楠 Phoebe hunanensis
　　　5. 嫩叶下面无毛或疏被短柔毛，绝不为紧贴白色绢状毛；花被片无缘毛或缘毛不明显 ·················· 5. 光枝楠 Phoebe neuranthoides
1. 花被外面及花序密被短柔毛、长柔毛或绒毛。
　6. 侧脉极纤细，在下面明显或略明显，横脉及小脉在下面近于消失或完全消失；叶下面被紧贴灰白色柔毛；叶椭圆形或椭圆状披针形，长5~8厘米，宽1.5~3厘米；圆锥花序长4~8厘米；果椭圆形，长1~1.4厘米，直径6~9毫米 ·················· 6. 细叶楠 Phoebe hui
　6. 侧脉较粗，与横脉及小脉在下面明显或十分明显，小脉绝不近于消失，叶下面毛不紧贴。
　　7. 果较大，长1.1~1.5厘米，椭圆状卵形、椭圆形至近长圆形；宿存花被片紧贴于果的基部。
　　　8. 叶革质，披针形或倒披针形，长7~13厘米，宽2~3厘米，横脉及小脉在下面十分明显，结成小网格状，叶柄长5~11毫米；花序长3~7厘米，通常3~4条，为紧缩不开展的圆锥花序，最下部分枝长2~2.5厘米；小枝被毛或有时近于无毛 ··· 7. 闽楠 Phoebe bournei
　　　8. 叶多为薄革质，椭圆形，少为披针形，长7~11厘米，宽2.5~4厘米，横脉及小脉在下面不明显或略明显，不构成小网格状，叶柄长1~2.2厘米；花序长7.5~12厘米，多分枝，为十分开展的聚伞状圆锥花序，最下部分枝通常长2.5~4厘米；小枝始终密被黄褐色或灰褐色柔毛 ·················· 8. 楠木 Phoebe zhennan
　　7. 果较小，长1厘米以下，卵形；宿存花被片多少松散或明显松散，有时先端外倾。
　　　9. 老叶下面中脉和果梗近于无毛或疏被短柔毛；小枝、叶下面在结果时与果序无毛或近于无毛；果梗不增粗或略增粗，直径绝不达2毫米 ·················· 9. 白楠 Phoebe neurantha
　　　9. 老叶下面、小枝、花序及果梗通常密被长柔毛或绒毛；叶倒卵形，椭圆状倒卵形或倒阔披针形，长8~27厘米，宽4~7厘米，侧脉每边8~13条 ·················· 10. 紫楠 Phoebe sheareri

1. 利川楠　*Phoebe lichuanensis* S. Lee in Act. Phytotax. Sin. 17(2): 57. Pl. 5, f. 6. 1979.

乔木，高10余米。小枝被白粉，干时有纵棱，除花被内面外，全体光滑无毛。叶革质，椭圆形，长8~10厘米，宽3~4厘米，先端渐尖，基部楔形，上面十分发亮，下面有浓的白色粉状物，中脉上面突起或平坦，侧脉每边7~8条，下面明显突起，横脉及小脉在下面密集，结成隐约可见的蜂窝状；叶柄长1.5~3厘米，纤细。圆锥花序生于新枝中、下部，长6~10厘米，在顶部分枝；花大，长4.5~5毫米，花梗长5~7毫米；花被片近等大，卵形或长卵形，长4~4.5毫米，宽2~2.2毫米，先端钝或锐尖，外面完全无毛或近于无毛，内面密被灰黄色柔毛；能育雄蕊长3.5毫米，花丝扁平，被毛，第三轮较密，腺体生于第三轮花丝近中部，肾形，无柄或具极短柄，退化雄蕊三角形，长约2毫米，柄被灰黄色长柔毛；子房球形，直径约2毫米；花柱细，直或略弯，无毛，柱头帽状。花期5月，果期6月。

产于利川、宣恩，生于山谷林中；分布于湖北。

2. 山楠　*Phoebe chinensis* Chun, Chinese Econ. Trees 158. 1921.

大乔木，高15～20米。顶芽卵珠形或近球形，直径5～8毫米，除边缘外，近无毛，干时黑色。小枝圆柱状，无毛，干后变黑褐色。叶革质或厚革质，倒阔披针形、阔披针形或长圆状披针形，长11～20厘米，宽3～5.5厘米，先端短尖或急渐尖，少为钝尖，基部楔形，两面无毛或下面有微柔毛，中脉粗壮，上面下陷，下面十分突起，侧脉两面均不明显或有时下面略明显，横脉及小脉在两面模糊或完全消失；叶柄粗，长2～4厘米，无毛，干时变黑色。花序数条，粗壮，生于枝端或新枝基部，长8～17厘米，无毛，在中部以上分枝，总梗长5～9厘米；花黄绿色，长5～6毫米，花梗长约3毫米，花被片卵状长圆形，外面无毛或有细微柔毛，内面及边缘有毛；花丝无毛或仅基部有毛，第三轮花丝基部腺体有长柄，子房卵珠形，花柱纤细，柱头略扩大。果球形或近球形，直径约1厘米；果梗长约6毫米，红褐色；宿存花被片紧贴或松散，下半部略变硬，上半部通常不变硬，也不脱落。花期4～5月，果期6～7月。

恩施州广布，生于山谷林中；分布于甘肃、陕西、湖北、贵州、四川、西藏、云南。

3. 竹叶楠　*Phoebe faberi* (Hemsl.) Chun in Contr. Biol. Lab. Sci. Soc. China 1(5): 31-32. 1925.

乔木，通常高10～15米。小枝粗壮，干后变黑色或黑褐色，无毛。叶厚革质或革质，长圆状披针形或椭圆形，长7～15厘米，宽2～4.5厘米，先端钝头或短尖，少为短渐尖，基部楔形或圆钝，通常歪斜，上面光滑无毛，下面苍白色或苍绿色，无毛或嫩叶下面有灰白贴伏柔毛，中脉上面下陷，下面突起，侧脉每边12～15条，横脉及小脉两面不明显，叶缘外反，叶柄长1～2.5厘米。花序多条，生于新枝下部叶腋，长5～12厘米，无毛，中部以上分枝，每伞形花序有花3～5朵；花黄绿色，长2.5～3毫米，花梗长4～5毫米；花被片卵圆形，外面无毛，内面及边缘有毛；花丝无毛或仅基部有毛，第三轮花丝基部腺体有短柄或近无柄；子房卵形，无毛，花柱纤细，柱头不明显。果球形，直径7～9毫米；果梗长约8毫米，微增粗；宿存花被片卵形，革质，略紧贴或松散，先端外倾。花期4～5月，果期6～7月。

恩施州广布，生于山坡林中；分布于陕西、四川、湖北、贵州及云南。

樟科
Lauraceae

4. 湘楠　*Phoebe hunanensis* Hand.-Mazz. in Anz. Akad. Wiss. Wien, Math. Nat. 58: 146. 1921.

灌木或小乔木，通常高 3~8 米。小枝干时常为红褐色或红黑色，有棱，无毛。叶革质或近革质，倒阔披针形，少为倒卵状披针形，长 7.5~23 厘米，宽 3~6.5 厘米，先端短渐尖，有时尖头呈镰状，基部楔形或狭楔形，老叶上面无毛，发亮，下面无毛或有紧贴短柔毛，苍白色或被白粉，幼叶下面密被贴伏银白绢状柔毛，上面有时带红紫色，中脉粗壮，在上面下陷极少为平坦，下面极明显突起，侧脉每边 6~14 条，多数为 10~12 条，下面十分突起，横脉及小脉下面明显；叶柄长 7~24 毫米，无毛。花序生当年生枝上部，很细弱，长 8~14 厘米，近于总状或在上部分枝，无毛；花长 4~5 毫米，花梗约与花等长；花被片有缘毛，外轮稍短，外面无毛，内面有毛，内轮外面无毛或上半部有微柔毛，内面密或疏被柔毛；能育雄蕊各轮花丝无毛或仅基部有毛，第三轮花丝基部的腺体无柄；子房扁球形，无毛，柱头帽状或略扩大。果卵形，长 1~1.2 厘米，直径约 7 毫米；果梗略增粗；宿存花被片卵形，纵脉明显，松散，常可见到缘毛。花期 5~6 月，果期 8~9 月。

产于利川，生于山谷沟边；分布于甘肃、陕西、江西、江苏、湖北、湖南、贵州。

5. 光枝楠　*Phoebe neuranthoides* S. Lee et F, N. Wei in Act. Phytotax. Sin. 17 (2): 58. pl. 6, f. 1. 1979.

大灌木至小乔木，高达 11 米。顶芽卵球形，有黄褐色贴伏柔毛。小枝有棱，干时黑褐色，或褐色，极无毛。叶薄革质，倒披针形或披针形，长 10~17 厘米，宽 2~4 厘米，先端渐尖或长渐尖，基部渐狭，有时下延，上面完全无毛，下面近于无毛或被贴伏小柔毛，通常为苍白色，中脉在上面下陷，至少下半部下陷，侧脉纤细，上面不明显，下面明显，每边 10~13 条，斜展，在叶缘网结，横脉及小脉极细，在下面稍明显或完全不可见；叶柄细，长 1~1.7 厘米，无毛。花序纤细，生于新枝中部，近于总状或在上部分枝，长 6~13 厘米，总梗长 3~5 厘米，与各级序轴无毛花少数，长 3~3.5 毫米，花梗长 7~9 毫米，无毛；花被片

卵形，外轮较小，长约 3 毫米，内轮较大，长约 3.5 毫米，宽约 2 毫米，外面完全无毛或内轮仅尖端有细微柔毛，内面密被长柔毛，无缘毛或缘毛不明显；能育雄蕊长约 2.5 毫米，花药长方形，花丝与花药近等长，第一、二轮花丝近无毛，第三轮有疏柔毛，基部的腺体近心形，具极短柄，退化雄蕊箭头形，柄疏被柔毛；子房卵形，无毛，柱头明显扩大。果卵形，长约 1 厘米，直径 5～6 毫米；果梗长约 9 毫米，微增粗；宿存花被片卵形，长约 3.5～4.5 毫米，革质，松散。花期 4～5 月，果期 9～10 月。

产于利川，生于山地密林中；分布于陕西、四川、湖北、贵州、湖南。

6. 细叶楠 *Phoebe hui* Cheng ex Yang in Journ. West China Bord. Res. Soc. 15 Ser. B: 74. 1945.

大乔木，高达 25 米；树皮暗灰色，平滑。新、老枝均纤细，新枝有棱，初时密被灰白色或灰褐色柔毛，后毛渐脱落。叶革质，椭圆形、椭圆状倒披针形或椭圆状披针形，长 5～10 厘米，宽 1.5～3 厘米，先端渐尖或尾状渐尖，尖头作镰状，基部狭楔形，上面无毛或沿中脉有小柔毛或嫩时全有毛，下面密被贴伏小柔毛，中脉细，上面下陷，侧脉极纤细，每边 10～12 条，上面不明显，下面明显，横脉及小脉在下面隐约可见或完全消失，叶柄长 6～16 毫米，细，被柔毛。圆锥花序生新枝上部，长 4～8 厘米，纤弱，在顶端分枝，被柔毛；花小，长 2.5～3 毫米，花梗约与花等长；花被裂片卵形，两面密被灰白色长柔毛；能育雄蕊各轮花丝被毛，第三轮花丝基部腺体无柄或近无柄；子房卵形，花柱无毛，柱头盘状。果椭圆形，长 1.1～1.4 厘米；果梗不增粗；宿存花被片紧贴。花期 4～5 月，果期 8～9 月。

产于宣恩，属湖北省新记录，生于山坡林中；分布于陕西、四川、云南。

7. 闽楠 *Phoebe bournei* (Hemsl.) Yang in Journ. West China Bord. Res. Soc. 15 Ser. B: 73. 1945.

大乔木，高达 15～20 米，树干通直，分枝少；老的树皮灰白色，新的树皮带黄褐色。小枝有毛或近无毛。叶革质或厚革质，披针形或倒披针形，长 7～15 厘米，宽 2～4 厘米，先端渐尖或长渐尖，基部渐狭或楔形，上面发亮，下面有短柔毛，脉上被伸展长柔毛，有时具缘毛，中脉上面下陷，侧脉每边 10～14 条，上面平坦或下陷，下面突起，横脉及小脉多而密，在下面结成十分明显的网格状；叶柄长 5～20 毫米。花序生于新枝中、下部，被毛，长 3～10 厘米，通常 3～4 条，为紧缩不开展的圆锥花序，最下部分枝长 2～2.5 厘米；花被片卵形，长约 4 毫米，宽约 3 毫米，两面被短柔毛；第一、二轮花丝疏被柔毛，第三轮密被长柔毛，基部的腺体近无柄，退化雄蕊三角形，具柄，有长柔毛；子房近球形，与花柱无毛，或上半部与花柱疏被柔毛，柱头帽状。果椭圆形或长圆形，长 1.1～1.5 厘米，直径 6～7 毫米；宿存花被片被毛，紧贴。花期 4 月，果期 10～11 月。

产于利川、恩施，生于山谷林中；分布于江西、福建、浙江、广东、广西、湖南、湖北、贵州。按照国务院 1999 年批准的国家重点保护野生植物（第一批）名录，本种为 II 级保护植物。

8. 楠木 *Phoebe zhennan* S. Lee et F. N. Wei in Act. Phytotax. Sin. 17 (2): 61. pl. 12, f. 6. 1979.

大乔木，高达 30 余米，树干通直。芽鳞被灰黄色贴伏长毛。小枝通常较细，有棱或近于圆柱形，被灰黄色或灰褐色长柔毛或短柔毛。叶革质，椭圆形，少为披针形或倒披针形，长 7～13 厘米，宽 2.5～4 厘米，先端渐尖，尖头直或呈镰状，基部楔形，最末端钝或尖，上面光亮无毛或沿中脉下半部有柔毛，下面密被短柔毛，脉上被长柔毛，中脉在上面下陷成沟，下面明显突起，侧脉每边 8～13 条，斜伸，上面不明显，下面明显，近边缘网结，并渐消失，横脉在下面略明显或不明显，小脉几乎看不见，不与横脉构成网格状或很少呈模糊的小网格状；叶柄细，长1～2.2厘米，被毛。聚伞状圆锥花序十分开展，被毛，长6～12厘米，纤细，在中部以上分枝，最下部分枝通常长2.5～4厘米，每伞形花序有花3～6朵，一般为5朵；花中等大，长3～4毫米，花梗与花等长；花被片近等大，长3～3.5毫米，宽2～2.5毫米，外轮卵形，内轮卵状长圆形，先端钝，两面被灰黄色长或短柔毛，内面较密；第一、二轮花丝长约2毫米，第三轮长2.3毫米，均被毛，第三轮花丝基部的腺体无柄，退化雄蕊三角形，具柄，被毛；子房球形，无毛或上半部与花柱被疏柔毛，柱头盘状。果椭圆形，长1.1～1.4厘米，直径6～7毫米；果梗微增粗；宿存花被片卵形，革质、紧贴，两面被短柔毛或外面被微柔毛。花期4～5月，果期9～10月。

恩施州广布，生于山坡林中；分布于湖北、贵州、四川。按照国务院1999年批准的国家重点保护野生植物（第一批）名录，本种为Ⅱ级保护植物。

9. 白楠　*Phoebe neurantha* (Hemsl.) Gamble in Sarg. Pl. Wils. 2: 72. 1914.

大灌木至乔木，通常高3～14米；树皮灰黑色。小枝初时疏被短柔毛或密被长柔毛，后变近无毛。叶革质，狭披针形、披针形或倒披针形，长8～16厘米，宽1.5～5厘米，先端尾状渐尖或渐尖，基部渐狭下延，极少为楔形，上面无毛或嫩时有毛，下面绿色或有时苍白色，初时疏或密被灰白色柔毛，后渐变为仅被散生短柔毛或近于无毛，中脉上面下陷，侧脉通常每边8～12条，下面明显突起，横脉及小脉略明显；叶柄长7～15毫米，被柔毛或近于无毛。圆锥花序长4～12厘米，在近顶部分枝，被柔毛，结果时近无毛或无毛；花长4～5毫米，花梗被毛，长3～5毫米；花被片卵状长圆形，外轮较短而狭，内轮较长而宽，先端钝，两面被毛，内面毛被特别密；各轮花丝被长柔毛，腺体无柄，着生在第三轮花丝基部，退化雄蕊具柄，被长柔毛；子房球形，花柱伸长，柱头盘状。果卵形，长约1厘米；果梗不增粗或略增粗；宿存花被片革质，松散，有时先端外倾，具明显纵脉。花期5月，果期8～10月。

恩施州广布，生于山地密林中；分布于江西、湖北、湖南、广西、贵州、陕西、甘肃、四川、云南。

10. 紫楠　*Phoebe sheareri* (Hemsl.) Gamble in Sarg. Pl. Wils. 2: 72. 1914.

大灌木至乔木，高5～15米；树皮灰白色。小枝、叶柄及花序密被黄褐色或灰黑色柔毛或绒毛。叶革质，倒卵形、椭圆状倒卵形或阔倒披针形，长8～27厘米，宽3.5～9厘米，先端突渐尖或

突尾状渐尖，基部渐狭，上面完全无毛或沿脉上有毛，下面密被黄褐色长柔毛，少为短柔毛，中脉和侧脉上面下陷，侧脉每边8~13条，弧形，在边缘联结，横脉及小脉多而密集，结成明显网格状；叶柄长1~2.5厘米。圆锥花序长7~18厘米，在顶端分枝；花长4~5毫米；花被片近等大，卵形，两面被毛；能育雄蕊各轮花丝被毛，至少在基部被毛，第三轮特别密，腺体无柄，生于第三轮花丝基部，退化雄蕊花丝全被毛；子房球形，无毛，花柱通常直，柱头不明显或盘状。果卵形，长约1厘米，直径5~6毫米，果梗略增粗，被毛；宿存花被片卵形，两面被毛，松散；种子单胚性，两侧对称。花期4~5月，果期9~10月。

产于巴东，生于山坡林中；分布于长江流域及以南地区。

润楠属　*Machilus* Nees

常绿乔木或灌木。芽大或小，常具覆瓦状排列的鳞片。叶互生，全缘，具羽状脉。圆锥花序顶生或近顶生，密花而近无总梗或疏松而具长总梗；花两性，小或较大；花被筒短；花被裂片6片，排成2轮，近等大或外轮的较小，花后不脱落；能育雄蕊9枚，排成3轮，花药4室，外面2轮无腺体，少数种类有变异而具腺体，花丝较长或较短，花药内向，第三轮雄蕊有腺体，腺体有柄，花药外向，有时下面2室外向，上面2室内向或侧向，第四轮为退化雄蕊，短小，有短柄，先端箭头形；子房无柄，柱头小或盘状或头状。果肉质，球形或少有椭圆形，果下有宿存反曲的花被裂片；果梗不增粗或略微增粗。

本属约有100种；我国约68种3变种；恩施州产3种。

分种检索表

1. 花被裂片外面有绒毛或有小柔毛、绢毛
2. 叶下面有小柔毛、微柔毛或绢毛，在放大镜下可见；叶较小，通常长约16厘米，宽约4厘米，侧脉每边12~17条；果球形 ··· 1. 宜昌润楠 *Machilus ichangensis*
2. 叶下面有柔毛、小柔毛，肉眼可见；叶下面的棕色柔毛初时浓密，老时中脉和侧脉两侧仍有浓密柔毛，叶椭圆形或狭卵形，长7.5~11厘米，宽2~4厘米，侧脉每边8~12条；果扁球形 ············· 2. 利川润楠 *Machilus lichuanensis*
1. 花被裂片外面无毛 ·· 3. 小果润楠 *Machilus microcarpa*

1. 宜昌润楠　*Machilus ichangensis* Rehd. et Wils. in Sarg. Pl. Wils. 2: 621. 1916.

乔木，高7~15米，很少较高，树冠卵形。小枝纤细而短，无毛，褐红色，极少褐灰色。顶芽近球形，芽鳞近圆形，先端有小尖，外面有灰白色很快脱落小柔毛，边缘常有浓密的缘毛。叶常集生当年生枝上，长圆状披针形至长圆状倒披针形，长10~24厘米，宽2~6厘米，通常长约16厘米，宽约4厘米，先端短渐尖，有时尖头稍呈镰形，基部楔形，坚纸质，上面无毛，稍光亮，下面带粉白色，有贴伏小绢毛或变无毛，中脉上面凹下，下面明显突起，侧脉纤细，每边12~17条，上面稍凸起，下面较上面为明显，侧脉间有不规则的横行脉联结，小

脉很纤细，结成细密网状，两面均稍突起，有时在上面构成蜂巢状浅窝穴；叶柄纤细，长0.8~2厘米。圆锥花序生自当年生枝基部脱落苞片的腋内，长5~9厘米，有灰黄色贴伏小绢毛或变无毛，总梗纤细，长2.2~5厘米，带紫红色，约在中部分枝，下部分枝有花2~3朵，较上部的有花1朵；花梗长5~9毫米，有贴伏小绢毛；花白色，花被裂片长5~6毫米，外面和内面上端有贴伏小绢毛，先端钝圆，外轮的稍狭；雄蕊较花被稍短，近等长，花丝长约2.5毫米，无毛；花药长圆形，长约1.5毫米，第三轮雄蕊腺体近球形，有柄；退化雄蕊三角形，稍尖，基部平截，连柄长约1.8毫米；子房近球形，无毛；花柱长3毫米，柱头小，头状。果序长6~9厘米；果近球形，直径约1厘米，黑色，有小尖头；果梗不增大。花期4月，果期8月。

恩施州广布，生于山坡林中；分布于湖北、四川、陕西、甘肃。

2. 利川润楠　　Machilus lichuanensis Cheng ex S. Lee in Act. Phytotax. Sin. 17 (2): 51. Pl. 5. f. 1. 1979.

高大乔木，高达32米。枝紫褐色或紫黑色，有少数纵裂唇形小皮孔，当年生、一年生枝的基部有顶芽芽鳞的疤痕，嫩枝、叶柄、叶下面、花序密被淡棕色柔毛，当年生枝的基部和其下肿胀的节有锈色绒毛。芽卵形或卵状球形，有锈色绒毛，下部的鳞片近圆形。叶椭圆形或狭倒卵形，长7.5~15厘米，宽2~5厘米，先端短渐尖至急尖，基部楔形，革质，上面绿色，稍光亮，仅幼时下端或下端中脉上密被淡棕色柔毛，下面幼时密被棕色柔毛，老叶下面的毛被渐薄，但中脉和侧脉的两侧仍密被柔毛，侧脉每边8~12条，上面不明显或仅稍微浮突，下面稍明显；叶柄纤细，长1~2厘米，变无毛。聚伞状圆锥花序生当年生枝下端，长4~10厘米，自中部或上端分枝，有灰黄色小柔毛；花被裂片等长，长约4毫米，两面都密被小柔毛；花丝无毛，花梗纤细，长5~7毫米，有小柔毛。果序长5~10厘米，被微小柔毛；果扁球形，直径约7毫米。花期5月，果期9月。

产于利川、来凤，生于山坡、山谷林中；分布于湖北、贵州。

3. 小果润楠　　Machilus microcarpa Hemsl. in Journ. Linn. Soc. 26: 376. 1891.

乔木，高达8米或更高。小枝纤细，无毛。顶芽卵形，芽鳞宽，早落，密被绢毛。叶倒卵形、倒披针形至椭圆形或长椭圆形，长5~9厘米，宽3~5厘米，先端尾状渐尖，基部楔形，革质，上面光亮，下面带粉绿色，中脉上面凹下，下面明显凸起，侧脉每边8~10条，纤弱，但在两面上可见，小脉在两面结成密网状；叶柄细弱，长8~15毫米，无毛。圆锥花序集生小枝枝端，较叶为短，长3.5~9厘米；花梗与花等长或较长；花被裂片近等长，卵状长圆形，长4~5毫米，先端很钝，外面无毛，内面基部有柔毛，有纵脉；花丝无毛，第三轮雄蕊腺体近肾形，有柄，基部有柔毛；子房近球形；花柱略蜿蜒弯曲，柱头盘状。果球形，直径5~7毫米。花期3~4月，果期7月。

产于宣恩、利川，生于山坡林中；分布于四川、湖北、贵州。

罂粟科 Papaveraceae

本或稀为亚灌木、小灌木或灌木,极稀乔木状,一年生、二年生或多年生,无毛或被长柔毛,有时具刺毛,常有乳汁或有色液汁。主根明显,稀纤维状或形成块根,稀有块茎。基生叶通常莲座状,茎生叶互生,稀上部对生或近轮生状,全缘或分裂,有时具卷须,无托叶。花单生或排列成总状花序、聚伞花序或圆锥花序。花两性,规则的辐射对称至极不规则的两侧对称;萼片2片或不常为3~4片,通常分离,覆瓦状排列,早脱;花瓣通常2倍于花萼,4~8片,排列成2轮,稀无,覆瓦状排列,芽时皱褶,有时花瓣外面的2或1片呈囊状或成距,分离或顶端黏合,大多具鲜艳的颜色,稀无色;雄蕊多数,分离,排列成数轮,源于向心系列,或4枚分离,或6枚合成2束,花丝通常丝状,或稀翅状或披针形或3深裂,花药直立,2室,药隔薄,纵裂,花粉粒2或3核,3至多孔,少为2孔,极稀具内孔;子房上位,2至多数合生心皮组成,标准的为1室,侧膜胎座,心皮于果时分离,或胎座的隔膜延伸到轴而成数室,或假隔膜联合而成2室,胚珠多数,稀少数或1枚,倒生至有时横生或弯生,直立或平伸,具2层珠被,厚珠心,珠孔向内,珠脊向上或侧向,花柱单生,或短或长,有时近无,柱头通常与胎座同数,当柱头分离时,则与胎座互生,当柱头合生时,则贴生于花往上面或子房先端成具辐射状裂片的盘,裂片与胎座对生。果为蒴果,瓣裂或顶孔开裂,稀成熟心皮分离开裂或不裂或横裂为单种子的小节,稀有蓇葖果或坚果。种子细小、球形、卵圆形或近肾形;种皮平滑、蜂窝状或具网纹;种脊有时具鸡冠状种阜;胚小,胚乳油质,子叶不分裂或分裂。

本科约38属700多种;我国有18属362种;恩施产9属26种2变种。

分属检索表

1. 雄蕊6枚合成2束;雌蕊2个心皮;花瓣不同形;蒴果或坚果;植株无浆汁。
  2. 直立草本;无卷须;花纵轴两侧对称;蒴果2瓣裂 ········· 1. 荷包牡丹属 Dicentra
  2. 花横轴两侧对称;蒴果2瓣裂或不开裂的坚果,线形至卵圆形,稀圆形;种子2粒至多数,具鸡冠状种阜 ··· 2. 紫堇属 Corydalis
1. 雄蕊多数,分离;雌蕊多心皮至2个心皮;花冠辐射对称,花瓣同形,无距;蒴果瓣裂或稀顶孔开裂;植株具浆汁。
  3. 花瓣无;花极多,排列成大型圆锥花序;亚灌木;茎中空;叶宽卵形至近圆形,基部心形;蒴果狭倒卵形或近圆形 ········ 3. 博落回属 Macleaya
  3. 花瓣4片,稀较多。
    4. 花单生或组成总状花序;种子无鸡冠状种阜。
      5. 花柱通常明显,柱头棒状或头状,分离或连合,呈辐射状下延;蒴果3~12瓣自先端开裂;植株具黄色液汁 ········ 4. 绿绒蒿属 Meconopsis
      5. 花柱无,柱头辐射状连合成平扁或尖塔形的盘状体;蒴果顶孔开裂;植株具白色液汁 ········ 5. 罂粟属 Papaver
    4. 花通常排列成伞房花序或圆锥花序;种子具鸡冠状种阜。
      6. 茎花葶状;叶全部基生,叶片心形,边缘浅波状 ········ 6. 血水草属 Eomecon
      6. 茎不为花葶状;叶茎生和基生,叶片不为心形,边缘具齿至羽状分裂。
        7. 叶互生于茎上下部;茎聚伞状分枝;果近念珠状 ········ 7. 白屈菜属 Chelidonium
        7. 叶近对生于茎先端;茎不分枝;果不为念珠状。
          8. 花具苞片,数朵排成伞房花序;子房被短柔毛;蒴果自先端向基部2~4瓣裂 ········ 8. 金罂粟属 Stylophorum
          8. 花无苞片,1~3朵花排列成伞房花序;子房无毛;蒴果自基部向先端2瓣裂 ········ 9. 荷青花属 Hylomecon

荷包牡丹属 *Dicentra* Bernh.

多年生直立草本，无毛，具根状茎。茎直立或近无茎，单轴或合轴。叶多回羽状分裂或为三出复叶。总状花序，有时呈聚伞状，稀单花，基生、顶生或腋生；具草质苞片。花纵轴两侧对称，直立或下垂；萼片2片，鳞片状，早落；花瓣4片，白色、黄色、粉红色或紫红色，外面2瓣先端向外反曲，基部囊状或距状，里面2瓣较小，花瓣片提琴形或倒卵状圆形，先端黏合，背部具鸡冠状突起，基部具爪；雄蕊6枚，合成2束，与外面的花瓣对生；子房1室，线形或长圆状椭圆形，胚珠多数，生于2个侧膜胎座上，花柱线形，柱头四方形或长方形，具4个乳突。蒴果线形至椭圆形，2瓣裂。种子多数，具鸡冠状种阜。

本属约12种；我国产2种；恩施州产2种。

分种检索表

1. 叶的小裂片通常全缘；花组成总状花序，于花轴一侧下垂；花长2.5~3厘米，长为宽的1~1.5倍，外花瓣紫红色至粉红色 ·· 1. 荷包牡丹 *Dicentra spectabilis*
1. 叶的小裂片具4~8个粗齿；花组成聚伞状总状花序；花长4~5厘米，长为宽的4~5倍，外花瓣淡黄绿色或绿白色 ·· 2. 大花荷包牡丹 *Dicentra macrantha*

1. 荷包牡丹 *Dicentra spectabilis* (L.) Lem. Fl. des Serres 1, 3: pl. 258. 1847.

直立草本，高30~60厘米。茎圆柱形，带紫红色。叶片轮廓三角形，长10~40厘米，宽10~20厘米，二回三出全裂，第一回裂片具长柄，中裂片的柄较侧裂片的长，第二回裂片近无柄，2或3裂，小裂片通常全缘，表面绿色，背面具白粉，两面叶脉明显；叶柄长约10厘米。总状花序长约15厘米，有5~15朵花，于花序轴的一侧下垂；花梗长1~1.5厘米；苞片钻形或线状长圆形，长3~10毫米，宽约1毫米。花优美，长2.5~3厘米，宽约2厘米，长为宽的1~1.5倍，基部心形；萼片披针形，长3~4毫米，玫瑰色，于花开前脱落；外花瓣紫红色至粉红色，稀白色，下部囊状，囊长约1.5厘米，宽约1厘米，具数条脉纹，上部变狭并向下反曲，长约1厘米，宽约2毫米，内花瓣长约2.2厘米，花瓣片略呈匙形，长1~1.5厘米，先端圆形部分紫色，背部鸡冠状突起自先端延伸至瓣片基部，高达3毫米，爪长圆形至倒卵形，长约1.5厘米，宽2~5毫米，白色；雄蕊束弧曲上升，花药长圆形；子房狭长圆形，长1~1.2厘米，粗1~1.5毫米，胚珠数枚，2行排列于子房的下半部，花柱细，长0.5~1.1厘米，每边具一沟槽，柱头狭长方形，长约1毫米，宽约0.5毫米，顶端2裂，基部近箭形。花期4~6月。

恩施州广布，生于山谷林下；分布于辽宁、河北、甘肃、四川、湖北、云南；日本、朝鲜、俄罗斯有分布。

全草入药，有镇痛、解痉、利尿、调经、散血、和血、除风、消疮毒等功效。

2. 大花荷包牡丹 *Dicentra macrantha* Oliv. in Hook. Ic. Pl. 20: pl. 1937. 1890.

直立草本，高60~90厘米。根状茎横走，具多数有分枝的侧根，色黄，味苦。茎圆柱形，黄绿色，基部直径0.5~1.3厘米。叶2~4片，互生于茎上部，叶片轮廓卵形，长10~20厘米，三回三出分裂，第一回裂片具长柄，第二回裂片具短柄，第三回裂片具极短柄或无柄，小裂片卵形或菱状卵形或披针形，长3~

8厘米，宽2~6厘米，先端渐尖或急尖，齿端具尖头，边缘具4~8个粗齿，表面绿色，背面具白粉，中脉突起，具约7对平行的侧脉；叶柄长5~9厘米。总状花序聚伞状，腋生或有时腋外生，3~14朵花，下垂；花梗长1~1.5厘米；苞片钻形，长3~8毫米。花美丽，长4~5厘米，宽1~1.5厘米，长为宽的4~5倍，基部近平截；萼片狭长圆状披针形，长1.2~2厘米，宽2~5毫米；外花瓣舟状，长3.5~4.5厘米，宽0.8~1.5厘米，淡黄绿色或绿白色，中部缢缩，上部长圆形，具网状横脉，下部椭圆形，具数条纵脉，纵脉自基部向外弧曲上升，至先端汇合，内花瓣长3.5~4.5厘米，花瓣片长2~2.5厘米，宽约3毫米，上半部披针形，下半部长圆形，背部鸡冠状突起高约3毫米，爪线形至条形，长1.5~2厘米；花丝线状披针形，花药狭长圆形，长约2毫米；子房狭椭圆形，长2.5~2.8厘米，中部粗约5毫米，胚珠多数，花柱圆柱形，基部略加粗，向上渐狭，长0.7~1厘米，柱头近提琴状长方形，长约3毫米，四角均突出。蒴果狭椭圆形，长3~4厘米，粗5~7毫米，具宿存花柱。种子近圆形，直径1~1.5毫米，黑色，具光泽。花果期4~7月。

产于建始、宣恩，生于山谷林下；分布于湖北、四川、云南、贵州；缅甸也有分布。

紫堇属 *Corydalis* DC.

一年生、二年生或多年生草本，或草本状半灌木，无乳汁。主根圆柱状或芜菁状增粗，有时空心或分解成马尾状，如为簇生的须根，则须根纺锤状增粗、棒状增粗或纤维状；根茎缩短或横走，有时呈块茎状，块茎空心或逐年更新。茎分枝或不分枝，直立、上升或斜生，单轴或合轴分枝。基生叶少数或多数，早凋或残留宿存的叶鞘或叶柄基。茎生叶1至多数，稀无叶，互生或稀对生，叶片一至多回羽状分裂或掌状分裂或三出，极稀全缘，全裂时裂片大多具柄，有时无柄。花排列成顶生、腋生或对叶生的总状花序，稀为伞房状或穗状至圆锥状，极稀形似单花腋生；苞片分裂或全缘，长短不等，无小苞片；花梗纤细。萼片2片，通常小，膜质，早落或稀宿存；花冠两侧对称，花瓣4片，紫色、蓝色、黄色、玫瑰色或稀白色，上花瓣前端扩展成伸展的花瓣片，后部成圆筒形、圆锥形或短囊状的距，极稀于返祖现象中无距，下花瓣大多具爪，基部有时呈囊状或具小囊，两侧内花瓣同形，先端黏合，明显具爪，有时具囊，极稀成距状；雄蕊6枚，合生成2束，中间花药2室，两侧花药1室，花丝长圆形或披针形，基部延伸成线形的或长或短、先端尖或钝的蜜腺体伸入距内，极稀蜜腺退化至无；子房1室，2个心皮，胚珠少数至多数，排成1列或2列，花柱伸长，柱头各式，上端常具数目不等的乳突，乳突有时并生或具柄。果多蒴果，形状多样，通常线形或圆柱形，极稀圆而囊状、不裂，个别种向上卷裂，裂后留下框架。种子肾形或近圆形，黑色或棕褐色，通常平滑且有光泽；种阜各式，通常紧贴种子。

本属约428种；我国有298种；恩施州产14种。

分种检索表

1. 具块茎。茎下部具或不具鳞片状低出叶。子叶1片 ··· 1. 延胡索 *Corydalis yanhusuo*
1. 不具块茎。具主根、根茎、须根或肉质膨大的贮藏须根。少数类群尚伴生有匍匐茎。茎下部无鳞片状低出叶。子叶通常2片。
  2. 不具主根。
    3. 具或长或短、通常横走而单轴生长的根茎；下花瓣不具囊；柱头圆形或近四方形，常不分裂，具乳突；蒴果圆柱形。

4. 距短于花瓣片或与之近等长；花梗长于苞片或与之近等长；蜜腺体贯穿距的 1/4~1/3；叶末回侧生裂片基部两侧不对称 ………………………………………………………………………………………… 2. 大叶紫堇 *Corydalis temulifolia*
4. 距长于花瓣片，占上花瓣长的 3/5；花梗短于苞片；蜜腺体较长；叶末回侧生裂片基部不偏斜 … 3. 地锦苗 *Corydalis shearri*
3. 须根纺锤状肉质增粗，无柄或具柄。茎通常仅 1 条，不分枝；茎生叶通常 1 片；总状花序常少花而疏离，有时甚至呈伞状；叶无毛，茎生叶小裂片卵形至披针形；上花瓣长 1.5~1.8 厘米，距近圆锥形稍长于花瓣片 ……… 4. 尖瓣紫堇 *Corydalis oxypetala*
2. 具主根。
5. 距圆筒形，约与瓣片等长或稍长，少数稍短于瓣片。
6. 主根通常较短，簇生或散生纤维状须根。花枝常腋生。苞片分裂或具缺刻。外花瓣顶端不下凹；距约与瓣片等长或稍长；柱头四方形，顶端具 4 个乳突。
7. 果实线形至长圆形，具 1 列种子；外花瓣顶端稍后具陡峭的鸡冠状突起 ………………………… 5. 刻叶紫堇 *Corydalis incisa*
7. 果实较宽展，卵圆形至披针状长圆形，具 2 列种子；下花瓣全缘，后半部常形成前后大小不等的 2 个囊状突起 …… 6. 巴东紫堇 *Corydalis hemsleyana*
6. 主根细长；花枝对叶生；苞片全缘；外花瓣顶端微凹，距短于瓣片，柱头横向纺锤形，上缘具槽，两端各具 1 个乳突 …… 7. 紫堇 *Corydalis edulis*
5. 距短囊状，占上花瓣全长的 1/5~1/3。
8. 蒴果常呈念珠状；苞片较大，下部的常呈叶状；花较长，长约 2 毫米；柱头 2 深裂，各枝具 3~4 个单生乳突；种子表面密被圆锥状突起 ……………………………………………………………………………………………… 8. 黄堇 *Corydalis pallida*
8. 蒴果通常线形。苞片小，全缘，通常为钻形，少数例外。花小，长 0.9~1.5 厘米。
9. 花较大，长 2 厘米以上，伸展；柱头二叉状分裂，各枝顶端具 2~3 个并生乳突；叶常为一回羽状全裂，末回裂片较大；喜石灰岩生植物。
10. 花较大，长 2~2.5 厘米；果实线形，较狭长；叶的末回羽片较大而质薄。
11. 外花瓣具高而仅限于龙骨突起之上的鸡冠状突起，不伸达顶端；苞片较大，明显长于花梗；果实无明显的棱 ……… 9. 石生黄堇 *Corydalis saxicola*
11. 外花瓣无或仅具浅而伸达顶端的鸡冠状突起；苞片约与花梗等长或稍短；果实具 4 棱 …… 10. 川鄂黄堇 *Corydalis wilsonii*
10. 植株具白色短绒毛；花长约 1.7 厘米，果实线形，明显较长；叶的末回羽片较小而厚 ……… 11. 毛黄堇 *Corydalis tomentella*
9. 花较小，长 1~1.5 厘米，多少呈 S 形；柱头短柱状 4 裂，外侧两枝多少下延后再弧形上弯；叶二回羽状全裂，末回裂片较小；林缘喜阴多年生至一年生草本。
12. 基生叶多数，约与茎等长；茎花葶状，发自基生叶腋；总状花序常伴生有无距的败育花；叶的一回羽片约 10 对，末回裂片较狭；花长 1.2~1.6 厘米，距约占花瓣全长的 1/3 ……………………… 12. 地柏枝 *Corydalis cheilanthifolia*
12. 基生叶少或早枯；茎发自根的顶端，分枝，具叶，枝条类花葶状；花小，距短而平展或上升不明显。
13. 果实蛇形弯曲；花较大，长 9~12 毫米，距约占花瓣全长的 1/3 ………… 13. 蛇果黄堇 *Corydalis ophiocarpa*
13. 果实线形，不蛇形弯曲；花较小，长 6~7 毫米；外花瓣较狭，距约占花瓣全长的 1/5；种子具短刺状突起 ……… 14. 小花黄堇 *Corydalis racemosa*

1. 延胡索 *Corydalis yanhusuo* W. T. Wang ex Z. Y. Su et C. Y. Wu in Act. Bot. Yunnan. 7 (3): 260. 1985.

多年生草本，高 10~30 厘米。块茎圆球形，直径 0.5~2.5 厘米，质黄。茎直立，常分枝，基部以上具 1 枚鳞片，有时具 2 片鳞片，通常具 3~4 片茎生叶，鳞片和下部茎生叶常具腋生块茎。叶二回三出或近三回三出，小叶 3 裂或 3 深裂，具全缘的披针形裂片，裂片长 2~2.5 厘米，宽 5~8 毫米；下部茎生叶常具长柄；叶柄基部具鞘。总状花序疏生 5~15 朵花。苞片披针形或狭卵圆形，全缘，有时下部的稍分裂，长约 8 毫米。花梗花期长约 1 厘米，果期长约 2 厘米。花紫红色。萼片小，早落。外花瓣宽展，具齿，顶端微凹，具短尖。上花

瓣长1.5～2.2厘米，瓣片与距常上弯；距圆筒形，长1.1～1.3厘米；蜜腺体约贯穿距长的1/2，末端钝。下花瓣具短爪，向前渐增大成宽展的瓣片。内花瓣长8～9毫米，爪长于瓣片。柱头近圆形，具较长的8个乳突。蒴果线形，长2～2.8厘米，具1列种子。花期4月，果期5月。

产于巴东，生于林缘草丛中；分布于安徽、江苏、浙江、湖北、河南。

块茎为著名的常用中药，用于行气止痛、活血散瘀、跌打损伤等。

2. 大叶紫堇 *Corydalis temulifolia* Franch. in Morot Journ. de Bot. 8: 290. 1894.

多年生草本，高20～90厘米。根纤细，具多数纤维状细根；根茎粗壮，密盖以残枯的叶柄基。茎2～3条，淡红绿色，5棱，不分枝或分枝，具叶，有时被微柔毛。基生叶数枚，叶柄长6～37厘米，通常粗壮，基部膨大，叶片轮廓三角形，长4～18厘米，二回三出羽状全裂，第一回全裂片具长柄，宽卵形至三角形，第二回全裂片具短柄或近无柄，卵形或宽卵形，先端急尖，基部顶生者楔形，个别植株中部分叶片顶裂片多少深齿状或再分裂成狭矩圆形锐尖的更小裂片，侧生者通常两侧不对称，边缘上半部为圆齿状锯齿，齿端具小尖头，下半部全缘；茎生叶2～4片，与基生叶同形，但叶片较小和具较短的叶柄。总状花序生于茎及分枝先端，长3～12厘米，多花，排列稀疏；苞片卵形或倒卵形，上半部具圆齿状锯齿，下半部全缘；花梗粗壮，劲直，长于或等长于苞片。萼片鳞片状，撕裂状分裂，早落；花瓣紫蓝色，平伸，上花瓣长2.5～3厘米，花瓣片舟状菱形，先端具小尖头，边缘开展，背部鸡冠状突起矮且短或无，有时则高且宽，变异较大，距劲直，圆锥形，略短于花瓣片或与之等长，下花瓣匙形，长1.5～1.8厘米，花瓣片小，先端具小尖头，边缘开展，背部具鸡冠状突起，爪狭楔形，长为花瓣片的3～4倍，内花瓣提琴形，长1.3～1.6厘米，花瓣片倒卵状长圆形，先端圆或微凹，具短尖，基部平截，具一侧生囊，背部具鸡冠状突起，爪线形，上端弯曲，长为花瓣片的2倍；雄蕊束长1.2～1.5厘米，花药小，花丝披针形，蜜腺体贯穿距的1/4～1/3，先端棒状；子房线形，长1～1.2厘米，胚珠约20枚，花柱短，长约为子房的1/4，柱头双卵形，具10个乳突。蒴果线状圆柱形，长4～5厘米，粗1.5～2毫米，劲直，近念珠状。种子近圆形，直径1～1.5毫米，黑色，具光泽。花、果期均为3～6月。

产于鹤峰，生于山坡草地；分布于陕西、甘肃、湖北、四川。

全草药用，止痛止血，常用于治坐板疮。

3. 地锦苗 *Corydalis sheareri* S. Moore in Journ. Bot. 225. 1875.

多年生草本，高10～60厘米。主根明显，具多数纤维根，棕褐色；根茎粗壮，干时黑褐色，被以残枯的叶柄基。茎1～2条，绿色，有时带红色，多汁液，上部具分枝，下部裸露。基生叶数片，长12～30厘米，具带紫色的长柄，叶片轮廓三角形或卵状三角形，长3～13厘米，二回羽状全裂，第一回全裂片具柄，第二回无柄，卵形，中部以上具圆齿状深齿，下部宽楔形，表面绿色，背面灰绿色，叶脉在表面明显，背面稍凸起；茎生叶数枚，互生于茎上部，与基生叶同形，但较小和具较短柄。总状花序生于茎及分枝先端，长4～10厘米，有10～20朵花，通常排列稀疏；苞片下部者近圆形，3～5深裂，中部者倒卵形，3浅裂，上部者狭倒卵形至倒披针形，全缘；花梗通常短于苞片。萼片鳞片状，近圆形，具缺刻状流苏；花瓣紫红色，平伸，上花瓣长2～3厘米，花瓣片舟状卵形，边缘有时反卷，背部具短鸡冠状突起，鸡冠超出瓣片先端，边缘具不规则的齿裂，距圆锥形，末端极尖，长为花瓣片的1.5倍，下花瓣长1.2～1.8厘米，匙形，花瓣片近圆形，边缘

有时反卷，先端具小尖突，背部鸡冠状突起月牙形，超出花瓣，边缘具不规则的齿裂，爪条形，长约为花瓣片的2倍，内花瓣提琴形，长1.1~1.6厘米，花瓣片倒卵形，具一侧生囊，爪狭楔形，长于花瓣片；雄蕊束长1~1.4厘米，花药小，绿色，花丝披针形，蜜腺体贯穿距的2/5；子房狭椭圆形，长5~7毫米，具2列胚珠，花柱稍短于子房，柱头双卵形，绿色，具8~10个乳突。蒴果狭圆柱形，长2~3厘米，粗1.5~2毫米。种子近圆形，直径约1毫米，黑色，具光泽，表面具多数乳突。花、果期均为3~6月。

恩施州广布，生于山谷林下；分布于江苏、安徽、浙江、江西、福建、湖北、湖南、广东、香港、广西、陕西、四川、贵州、云南。

全草入药，治淤血。

4. 尖瓣紫堇 *Corydalis oxypetala* Franch. in Bull. Soc. Bot. Franch. 33: 392. 1886.

无毛草本，高15~30厘米。须根多数成簇，纺锤状肉质增粗，长1~1.5厘米。茎1~2条，不分枝，中部具叶，下部裸露，基部线形。基生叶1~2片，叶柄长10~20厘米，纤细，基部变狭，叶片轮廓三角形至圆形，长2~3.5厘米，3全裂，顶生裂片具长柄，侧生裂片具短柄或近无柄，全裂片近圆形至扇形，再次3深裂或扇状浅裂，小裂片先端圆或钝，具小尖头，表面绿色，背面具白粉；茎生叶1片，生于茎上部，近无柄或具短柄，叶片轮廓三角形，3全裂，全裂片2~3深裂或浅裂，小裂片卵形至披针形，全缘。总状花序顶生，长3~6厘米，有6~15朵花，稀疏；苞片披针形，全缘；花梗纤细，长于或短于苞片。萼片极小，鳞片状，边缘具流苏；花瓣蓝色，上花瓣长1.5~1.8厘米，花瓣片卵形，背部具矮鸡冠状突起，距近圆锥形，稍长于花瓣片，下花瓣长0.9~1.1厘米，倒披针形，鸡冠状突起矮小，内花瓣长0.8~1厘米，花瓣片先端圆，具一侧生囊，基部耳垂，爪狭楔形，与花瓣片近等长；雄蕊束长6~8毫米，花药长圆形，花丝狭椭圆形；子房线形，长3~5毫米，具1列胚珠，花柱长2~3毫米，先端弯曲，柱头双卵形，上端具2个乳突。蒴果狭圆柱形，长1~1.2厘米。花期5~7月，果期7~9月。

产于宣恩，属湖北省新记录，生于山坡草地；分布于云南。

5. 刻叶紫堇 *Corydalis incisa* (Thunb.) Pers. Syn. Pl. 2: 269. 1807.

灰绿色直立草本，高15~60厘米。根茎短而肥厚，椭圆形，约长1厘米，粗5毫米，具束生的须根。茎不分枝或少分枝，具叶。叶具长柄，基部具鞘，叶片二回三出，第一回羽片具短柄，第二回羽片近无柄，菱形或宽楔形，约长2厘米，宽1厘米，3深裂，裂片具缺刻状齿。总状花序长3~12厘米，多花，先密集，后疏离。苞片约与花梗等长，菱形或楔形，具缺刻状齿。花梗长约1厘米。萼片小，长约1毫米，丝状深裂。花紫红色至紫色，稀淡蓝色至苍白色，平展，大小的变异幅度较大。外花瓣顶端圆钝，

平截至多少下凹，顶端稍后具陡峭的鸡冠状突起。上花瓣长1.6~2.5厘米；距圆筒形，近直，约与瓣片等长或稍短；蜜腺体短，约占距长的1/4~1/3，末端稍圆钝。下花瓣基部常具小距或浅囊，有时发育不明显。内花瓣顶端深紫色。柱头近扁四方形，顶端具4个短柱状乳突，侧面具2对无柄的双生乳突。蒴果线形至长圆形，长1.5~2厘米，具1列种子。花、果期均为4~9月。

产于宣恩、利川，生于路边；分布于河北、山西、河南、陕西、甘肃、四川、湖北、湖南、广西、安徽、江苏、浙江、福建、台湾；日本和朝鲜有分布。

全草药用，解毒杀虫，治疮癣、蛇咬伤。

6. 巴东紫堇 *Corydalis hemsleyana* Franch. ex Prain in Journ. Asiat. Soc. Beng. 65(2): 29. 1896.

灰绿色草本，高15~30厘米。根茎粗短，长约1厘米，顶端常分裂，具基生叶和并发数条菱软的茎。茎具叶，不分枝至具少数腋生小枝。茎生叶互生，具长柄；叶柄基部具鞘；叶片绿色，下面灰绿色，二回三出，第一回羽片具短柄，第二回羽片近无柄，卵状长圆形，基部楔形，下延，长1~1.5厘米，宽5~10毫米，具缺刻状齿或圆齿，齿端急尖或多少具短尖。总状花序具4~8朵花，较疏离。下部苞片叶状，具柄，明显长于花梗，上部的3深裂至长圆状楔形，具缺刻状齿，约与花梗等长至短于花梗。花梗纤细，长1~2厘米。萼片小，近条裂达基部。花淡紫色，近平展，长1.8~2厘米。上花瓣渐尖，瓣片具波状圆齿，顶端稍后具鸡冠状突起；距圆筒形，向后稍变狭，长约1.2厘米，明显长于瓣片；蜜腺体短，长约3毫米，末端稍增粗。下花瓣非常特殊，瓣片近爪渐缢缩，多少下弯；爪明显长于瓣片，向后渐宽展，前后形成大小不等的2个囊。内花瓣顶端着色较深。柱头扁四方形，宽度大于长度，前端稍下凹，具4个乳突，两侧稍下延，具2对双生乳突。蒴果宽卵圆形，约长1.2厘米，宽3~5毫米，两端渐尖。

恩施州广布，生于山坡林下；分布于湖北、四川。

7. 紫堇 *Corydalis edulis* Maxim. in Bull. Acad. Sci. St. Petersb. 24: 30. 1877.

一年生灰绿色草本，高20~50厘米，具主根。茎分枝，具叶；花枝花葶状，常与叶对生。基生叶具长柄，叶片近三角形，长5~9厘米，上面绿色，下面苍白色，一至二回羽状全裂，第一回羽片2~3对，具短柄，第二回羽片近无柄，倒卵圆形，羽状分裂，裂片狭卵圆形，顶端钝，近具短尖。茎生叶与基生叶同形。总状花序疏具3~10朵花。苞片狭卵圆形至披针形，渐尖，全缘，有时下部的疏具齿，约与花梗等长或稍长。花梗长约5毫米。萼片小，近圆形，直径约1.5毫米，具齿。花粉红色至紫红色，平展。外花瓣较宽展，顶端微凹，无鸡冠状突起。上花瓣长 1.5～2 厘米；距圆筒形，基部稍下弯，约占花瓣全长的 1/3；蜜腺体长，近伸达距末端，大部分与距贴生，末端不变狭。下花瓣近基部渐狭。内花瓣具鸡冠状突起；爪纤细，稍长于瓣片。柱头横向纺锤形，两端各具 1 个乳突，上面具沟槽，槽内具极细小的乳突。蒴果线形，下垂，长 3～3.5 厘米，具 1 列种子。种子直径约 1.5 毫米，密生环状小凹点；种阜小，紧贴种子。花、果期均为 4～7 月。

产于宣恩，生于山谷林下；分布于辽宁、北京、河北、山西、河南、陕西、甘肃、四川、云南、贵州、湖北、江西、安徽、江苏、浙江、福建；日本有分布。

全草药用，能清热解毒，止痒，收敛，固精，润肺，止咳。

8. 黄堇 *Corydalis pallida* (Thunb.) Pers. Syn. Pl. 2: 270. 1807.

灰绿色丛生草本，高 20～60 厘米，具主根，少数侧根发达，呈须根状。茎 1 至多条，发自基生叶腋，具棱，常上部分枝。基生叶多数，莲座状，花期枯萎。茎生叶稍密集，下部的具柄，上部的近无柄，上面绿色，下面苍白色，二回羽状全裂，第一回羽片 4～6 对，具短柄至无柄，第二回羽片无柄，卵圆形至长圆形，顶生的较大，长 1.5～2 厘米，宽 1.2～1.5 厘米，3 深裂，裂片边缘具圆齿状裂片，裂片顶端圆钝，近具短尖，侧生的较小，常具 4～5 个圆齿。总状花顶生和腋生，有时对叶生，长约 5 厘米，疏具多花和或长或短的花序轴。苞片披针形至长圆形，具短尖，约与花梗等长。花梗长 4～7 毫米。花黄色至淡黄色，较粗大，平展。萼片近圆形，中央着生，直径约 1 毫米，边缘具齿。外花瓣顶端勺状，具短尖，无鸡冠状突起，或有时仅上花瓣具浅鸡冠状突起。上花瓣长 1.7～2.3 厘米；距约占花瓣全长的 1/3，背部平直，腹部下垂，稍下弯；蜜腺体约占距长的 2/3，末端钩状弯曲。下花瓣长约 1.4 厘米。内花瓣长约 1.3 厘米，具鸡冠状突起，爪约与瓣片等长。雄蕊束披针形。子房线形；柱头具横向伸出的两臂，各枝顶端具 3 个乳突。蒴果线形，念珠状，长 2～4 厘米，宽约 2 毫米，斜伸至下垂，具 1 列种子。种子黑亮，直径约 2 毫米，表面密具圆锥状突起，中部较低平；种阜帽状，约包裹种子的 1/2。花期 3～4 月，果期 5～6 月。

产于鹤峰、巴东，生于路边；分布于黑龙江、吉林、辽宁、河北、内蒙古、山西、山东、河南、陕西、湖北、江西、安徽、江苏、浙江、福建、台湾；朝鲜、日本及俄罗斯有分布。

9. 石生黄堇 *Corydalis saxicola* Bunting in Baileya 13: 172. 1956.

淡绿色易萎软草本，高 30～40 厘米，具粗大主根和单头至多头的根茎。茎分枝或不分枝；枝条与叶对生，花葶状。基生叶长 10～15 厘米，具长柄，叶片约与叶柄等长，一至二回羽状全裂，末回羽片楔形至倒卵形，长 2～4 厘米，宽 2～3 厘米，不等大 2～3 裂或边缘具粗圆齿。总状花序长 7～15 厘米，多花，先密集，后疏离。苞片椭圆形至披针形，全缘，下部的约长 1.5 厘米，宽 1 厘米，上部的渐狭小，全部长于花梗。花梗长约 5 毫米。花金黄色，平展。萼片近三角形，全缘，长约 2 毫米。外花瓣较宽展，渐尖，鸡冠状突起仅限于龙骨状突起之上，不伸达顶端。上花瓣长约 2.5 厘米；距约占花瓣全长的 1/4，稍下弯，末端囊状；蜜腺体短，约贯穿距长的 1/2。下花瓣长约 1.8 厘米，基部近具小瘤状突起。内花瓣长约 1.5 厘米，具厚而伸出顶端的鸡冠状突起。雄蕊束披针形，中部以上渐缢缩。柱头二叉状分裂，各枝顶端具 2 裂的乳突。蒴果线形，下弯，长约 2.5 厘米，具 1 列种子。花果期 4～5 月。

产于巴东，生于石缝中；分布于浙江、湖北、陕西、四川、云南、贵州、广西。

全草药用，根黄味苦，根或全草煎服有清热止痛、消毒消炎、健胃止血等作用。

10. 川鄂黄堇 Corydalis wilsonii N. E. Brown in Gard. Chron. 2: 123. 1903.

灰绿色多年生草本，具主根，高约15～30厘米。基生叶莲座状丛生。初生茎花葶状，无叶或仅下部具叶，有时节间偶尔伸长，腋生枝条再形成新的莲座丛，与顶生的花葶相似，次生花葶常高于初生花葶，有明显合轴分枝式样。叶灰绿色，长7.5～10厘米，具长柄，叶片二回羽状全裂，第一回羽片4～6对，具短柄至无柄，第二回羽片常3片，顶生的较大，倒卵圆形，长2～2.5厘米，宽1.5～2厘米，3裂，有时顶生裂片再3浅裂，侧生裂片较小，长圆状卵圆形，全缘，或有时具1缺刻。总状花序密具多花，后期变疏离，具较长的花序轴。苞片披针形，约与花梗等长或稍短，顶端渐狭成芒状。花梗长5～10毫米。花金黄色，外花瓣顶端带绿色。萼片卵圆形，棕色，全缘，长4～6毫米，具尾状短尖。外花瓣渐尖，顶端常反卷，通常无至具浅而全缘的伸达顶端的鸡冠状突起。上花瓣长约2厘米；距圆钝，约占花瓣全长的1/3，多少弧形下弯；蜜腺体短，约占距长的1/2。下花瓣长约1.5毫米，宽展，向后渐变狭。内花瓣匙状倒卵形，具粗厚的伸出顶端的鸡冠状突起，爪较短。子房线形，约与花柱等长；柱头二叉状分裂，各枝顶端具2个乳突。蒴果线形，多少弧形弯曲，具4棱，长2.5～3厘米，具1列种子。种子小，光亮，平滑。花期4～5月，果期5～7月。

产于巴东，生于石缝中；分布于湖北。

11. 毛黄堇 Corydalis tomentella Franch. in Morot, Journ. de Bot. 8: 292. 1894.

丛生草本，高20～25厘米，具白色而卷曲的短绒毛。主根顶端常具少数叶残基。茎花葶状，约与叶等长，不分枝或少分枝，无叶或下部具少数叶。基生叶具长柄，基部具鞘，叶片披针形，二回羽状全裂；一回羽片5～6对，疏离，具短柄；第二回羽片近无柄，卵圆形至近圆形，顶生的较大，约长1厘米，宽1.2厘米，3深裂，侧生的长5～6毫米，宽5毫米，全缘至2～3裂。总状花序约具10朵花，先密集，后疏离。苞片披针形，长约9毫米，具短绒毛。花梗长5～10毫米，花黄色，近平展。萼片卵圆形，长约1.5毫米，全缘或下部多少具齿。外花瓣顶端多少微凹，无或具浅鸡冠状突起。上花瓣长1.5～1.7厘米；距圆钝，约占花瓣全长的1/4；蜜腺体约贯穿距长的1/2，末端近渐尖。下花瓣长约1.2厘米。内花瓣长约1厘米，具高而伸出顶端的鸡冠状突起。子房线形，具细长的花柱；柱头二叉状分裂，各枝顶端具2～3个并生乳突。蒴果线形，长3～4厘米，被毛。种子黑亮，平滑。花期4月，果期5～7月。

产于巴东，生于石缝中；分布于湖北、四川、重庆、陕西。

12. 地柏枝 Corydalis cheilanthifolia Hemsl. in Journ, Linn. Soc. Bot. 29: 302. 1892.

丛生草本，高10～45厘米，具主根。茎花葶状，约与叶等长或稍长，分枝或不分枝，无叶，侧枝基部具苞片。基生叶具长柄，叶片披针形，宽约5厘米，二回羽状全裂，第一回羽片约10对，近无柄，第二回羽片5~7对，无柄，卵圆形至披针形，下部的3~5裂，上部的全缘。总状花序疏具多花。苞片狭披针形，约与花梗等长或稍长。花黄色，长1.2~1.6厘米，近U字形，有时伴生有较小的败育的无距花。外花瓣渐尖，无鸡冠状突起；距向上斜伸，约占花瓣全长的1/3；蜜腺体占距长的1/2以上。内花瓣具浅鸡冠状突起，爪短于瓣片。雄蕊束披针形。子房线形，约与花柱等长；柱头宽浅，具4个乳突，顶生2枚广角状叉分，侧生2枚两臂状伸向两侧，先下延，后弧形上弯。蒴果线形，伸展或弧形下弯，具1列种子。

恩施州广布，生于石缝中；分布于湖北、贵州、四川、甘肃。

13. 蛇果黄堇 *Corydalis ophiocarpa* Hook. f. et Thoms. Fl. Ind. 1: 259. 1855.

丛生灰绿色草本，高30~120厘米，具主根。茎常多条，具叶，分枝，枝条花葶状，对叶生。基生叶多数，长10~50厘米；叶柄约与叶片等长，边缘具膜质翅，延伸叶片基部；叶片长圆形，一至二回羽状全裂，第一回羽片4~5对，具短柄，第二回羽片2~3对，无柄，倒卵圆形至长圆形，3~5裂，裂片长3~10毫米，宽1~5毫米，具短尖。茎生叶与基生叶同形，下部的具长柄，上部的具短柄，近一回羽状全裂；叶柄边缘延伸至叶片基部的翅较基生叶更明显。总状花序长10~30厘米，多花，具短花序轴。苞片线状披针形，长约5毫米。花梗长5~7毫米。花淡黄色至苍白色，平展。外花瓣顶端着色较深，渐尖。上花瓣长9~12毫米；距短囊状，占花瓣全长的1/4~1/3，多少上升；蜜腺体约贯穿距长的1/2。下花瓣舟状，多少向前伸出。内花瓣顶端暗紫红色至暗绿色，具伸出顶端的鸡冠状突起，爪短于瓣片。雄蕊束披针形，上部缢缩成丝状。子房线形，稍长于花柱；柱头宽浅，具4个乳突，顶生2枚呈广角状叉分，侧生2枚呈两臂状伸出，先下弯再弧形上伸。蒴果线形，长1.5~2.5厘米，宽约1毫米，蛇形弯曲，具1列种子。种子小，黑亮，具伸展狭直的种阜。花期4~5月，果期5~9月。

产于巴东，生于山谷林下；分布于西藏、云南、贵州、四川、青海、甘肃、宁夏、陕西、山西、河北、河南、湖北、湖南、江西、安徽、台湾；不丹、日本有分布。

14. 小花黄堇 *Corydalis racemosa* (Thunb.) Pers. Syn. Pl. 2: 270. 1807.

灰绿色丛生草本，高30~50厘米，具主根。茎具棱，分枝，具叶，枝条花葶状，对叶生。基生叶具长柄，常早枯萎。茎生叶具短柄，叶片三角形，上面绿色，下面灰白色，二回羽状全裂，第一回羽片3~4对，具短柄，第二回羽片1~2对，卵圆形至宽卵圆形，约长2厘米，宽1.5厘米，通常2回3深裂，末回裂片圆钝，近具短尖。总状花序长3~10厘米，密具多花，后渐疏离。苞片披针形至钻形，渐尖至具短尖，约与花梗等长。花梗长3~5毫米。花黄色至淡黄色。萼片小，卵圆形，早落。外花瓣不宽展，无鸡冠状突起，顶端通常近圆，具宽短尖，有时近下凹，有时具较长的短尖。上花瓣长6~7毫米；距短囊状，占花瓣

全长的 1/6～1/5；蜜腺体约占距长的 1/2。子房线形，近扭曲，约与花柱等长；柱头宽浅，具 4 个乳突，顶生 2 枚呈广角状叉分，侧生的先下弯再弧形上升。蒴果线形，具 1 列种子。种子黑亮，近肾形，具短刺状突起，种阜三角形。花期 4～8 月，果期 5～9 月。

产于利川，生于山谷林下；分布于甘肃、陕西、河南、四川、贵州、湖南、湖北、江西、安徽、江苏、浙江、福建、广东、香港、广西、云南、西藏、台湾；日本有分布。

全草入药，有杀虫解毒、外敷治疮疥和蛇伤的作用。

博落回属 *Macleaya* R. Br.

多年生直立草本．基部木质化，高 0.8～4 米，具黄色乳状浆汁，有剧毒。根匍匐。茎圆柱形，中空，草质，光滑，具白粉。叶互生，叶片宽卵形或近圆形，先端急尖、钝、渐尖或圆形，基部心形，通常 7 或 9 裂，裂片波状至具细齿，表面绿色，无毛，背面多白粉，具绒毛或无毛，基出脉通常 5 条，侧脉 1～3 对，细脉网状；具叶柄。花多数，于茎和分枝先端排列成大型圆锥花序；花梗细长。花芽棍棒状或圆柱形；萼片 2 片，乳白色；花瓣无；雄蕊 8～12 枚或 24～30 枚，花丝丝状，等长于或短于花药，花药条形；子房 1 室，2 个心皮，胚珠 1 枚或 4～6 枚，基着或生于缝线两侧，花柱极短，柱头 2 裂。蒴果狭倒卵形、倒披针形或近圆形，具短柄，2 瓣裂。种子 1 粒基着或 4～6 粒着生于缝线两侧，卵珠形。

本属 2 种；我国产 2 种；恩施州产 2 种。

分种检索表

1. 花芽棒状；雄蕊 24～30 枚，花丝与花药近等长；蒴果狭倒卵形或倒披针形；种子 4～6 粒，生于缝线两侧……1. 博落回 *Macleaya cordata*
1. 花芽圆柱形；雄蕊 8～12 枚，花丝远短于花药；蒴果近圆形；种子 1 粒，基着……………… 2. 小果博落回 *Macleaya microcarpa*

1. 博落回 *Macleaya cordata* (Willd.) R. Br. in App. Danh. et Clapp. Trav. North.-a. Centr.-Afric. 218. 1826.

直立草本，基部木质化，具乳黄色浆汁。茎高 1～4 米，绿色，光滑，多白粉，中空，上部多分枝。叶片宽卵形或近圆形，长 5～27 厘米，宽 5～25 厘米，先端急尖、渐尖、钝或圆形，通常 7 或 9 深裂或浅裂，裂片半圆形、方形、兰角形或其他，边缘波状、缺刻状、粗齿或多细齿，表面绿色，无毛，背面多白粉，被易脱落的细绒毛，基出脉通常 5 条，侧脉 2 对，稀 3 对，细脉网状，常呈淡红色；叶柄长 1～12 厘米，上面具浅沟槽。大型圆锥花序多花，长 15～40 厘米，顶生和腋生；花梗长 2～7 毫米；苞片狭披针形。花芽棒状，近白色，长约 1 厘米；萼片倒卵状长圆形，长约 1 厘米，舟状，黄白色；花瓣无；雄蕊 24～30 枚，花丝丝状，长约 5 毫米，花药条形，与花丝等长；子房倒卵形至狭倒卵形，长 2～4 毫米，先端圆，基部渐狭，花柱长约 1 毫米，柱头 2 裂，下延于花柱上。蒴果狭倒卵形或倒披针形，长 1.3～3 厘米．粗 5～7 毫米，先端圆或钝，基部渐狭，无毛。种子 4～8 粒，卵珠形，长 1.5～2 毫米，生于缝线两侧，无柄，种皮具排成行的整齐的蜂窝状孔穴，有狭的种阜。花、果期均为 6～11 月。

恩施州广布，生于山坡灌丛中；我国长江以南、南岭以北省区均有分布。

全草有大毒，不可内服，入药治跌打损伤、关节炎、汗斑、恶疮、蜂螫伤及麻醉镇痛、消肿；作农药可防治稻椿象、稻苞虫、钉螺等。

2. 小果博落回   Macleaya microcarpa (Maxim.) Fedde in Engl. Bot. Hahrb. 36, Beibl. 82, 45. 1905.

直立草本，基部木质化，具乳黄色浆汁。茎高 0.8~1 米，通常淡黄绿色，光滑，多白粉，中空，上部多分枝。叶片宽卵形或近圆形，长 5~14 厘米，宽 5~12 厘米，先端急尖、钝或圆形，基部心形，通常 7 或 9 深裂或浅裂，裂片半圆形、扇形或其他，边缘波状、缺刻状、粗齿或多细齿，表面绿色，无毛，背面多白粉，被绒毛，基出脉通常 5 条，侧脉 1 对，稀 2 对，细脉网状；叶柄长 4~11 厘米，上面平坦，通常不具沟槽。大型圆锥花序多花，长 15~30 厘米，生于茎和分枝顶端；花梗长 2~10 毫米。花芽圆柱形，长约 5 毫米；萼片狭长圆形，长约 5 毫米，舟状；花瓣无；雄蕊 8~12 枚，花丝丝状，极短，花药条形，长 3~4 毫米；子房倒卵形，长 1~3 毫米，花柱极短，柱头 2 裂。蒴果近圆形，直径约 5 毫米。种子 1 粒，卵珠形，基着，直立，长约 1.5 毫米，种皮具孔状雕纹，无种阜。花、果期均为 6~10 月。

产于巴东，生于草地或灌丛中；分布于山西、江苏、江西、河南、湖北、陕西、甘肃、四川等地。

全草入药，有毒，不能内服，外用治一切恶疮及皮肤病；也可作农药。

绿绒蒿属   Meconopsis Vig.

一年生或多年生草本，具黄色液汁。主根明显，肥厚而延长或萝卜状增粗。茎分枝或不分枝，或为基生花葶，被刺毛、硬毛、柔毛或无毛。叶全部基生成莲座状或也生于茎上，莲座状叶在冬季通常宿存；叶片全缘、具锯齿、羽状浅裂至羽状全裂，无毛至具刺毛；基生叶和下部茎生叶具长柄，上部茎生叶具短柄或无柄，有时抱茎。花生于花葶上或生于无苞片或具苞片的花序上，单生或总状、圆锥状排列。花大而美丽，蓝色、紫色、红色或黄色，稀白色；萼片 2 片，极稀在顶生花上为 3~4 片，早落；花瓣通常 4 片，有时 5~10 片；雄蕊多数，花丝大多丝状，稀下部或整个为条形；子房近球形、卵形、倒卵形至狭圆柱形，1 室，3 至多个心皮，胚珠多数，花柱明显，通常短，有时近消失，上下等粗或基部扩大成盘而盖于子房上，柱头分离或连合，头状或棒状，常呈辐射状下延，与胎座对生。蒴果近球形、卵形、倒卵形、椭圆形至狭圆柱形，被刺毛、硬毛或无毛，3~12 瓣自顶端向基部微裂或开裂至全长的 1/3 或更多，稀裂至基部。种子多数，卵形、肾形、镰状长圆形或长椭圆形，平滑或具纵凹痕，无种阜。

本属 49 种；我国有 38 种；恩施州产 2 种。

分种检索表

1. 叶基生及茎生；多花组成聚伞状或总状圆锥花序或具苞片的总状花序；子房狭长圆形或近圆柱形，无毛；蒴果近圆柱形 ·· 1. 柱果绿绒蒿 Meconopsis oliverana
1. 叶全部基生，无茎生叶；花数朵排列成无苞片的总状花序或单生于基生花葶上；子房和蒴果密被紧贴的刚毛 ·· 2. 五脉绿绒蒿 Meconopsis quintuplinervia

1. 柱果绿绒蒿   Meconopsis oliverana Franch. et Prain ex Prain in Journ. As. Soc. Bengal 64, 2: 312. 1896.

多年生草本，高 50~100 厘米，具无色透明的液汁。根细而多；根茎被以宿存的叶基和密被黄棕色具多短分枝的刚毛。茎直立，分枝，具明显的沟槽，近基部疏被刚毛。基生叶卵形或长卵形，长 5~10 厘米，宽 3~5 厘米，近基部羽状全裂，近顶部羽状浅裂，裂片 3~5 片，疏离，具柄至近无柄，羽状分裂，小裂片卵形至倒卵形，先端钝圆，基部宽楔形、平截或稍心形，表面深绿色，背面具白粉，两面疏被黄棕色长硬毛，具叶柄，叶柄被黄棕色的长硬毛；茎生叶下部者与基生叶同形，具柄，上部者较小，无柄或近无柄，略抱茎。花 1 或 2 朵生于茎和分枝最上部的叶腋内，组成聚伞状圆锥花序；花梗细，长 5~10 厘米。花芽球形或卵形；萼片 2 片，椭圆形，长 7~10 毫米，无毛；花瓣 4 片，宽卵形至圆形，长

1~2厘米，宽0.8~2厘米，黄色；雄蕊多数，花丝丝状，长4~7毫米，花药长卵形，长约1毫米，黄色；子房狭长圆形或近圆柱形，长约8毫米，粗约1毫米，无毛，花柱极短，柱头4~5裂，裂片略下延。蒴果狭长圆形或近圆柱形，长3~4厘米，粗3~4毫米，无毛，具隆起的肋，4~5瓣自顶端向下微裂。种子多数，椭圆状卵形，长约1毫米，棕褐色，具光泽，种皮明显具纵条纹及窗格状凹痕。花、果期均为5~9月。

产于巴东，生于山坡林下；分布于河南、湖北、陕西、四川。

2. 五脉绿绒蒿　Meconopsis quintuplinervia Regel in Gartenflora 25: 291, tab. 880, f. 1. b-d. 1876.

多年生草本，高30~50厘米，基部盖以宿存的叶基，其上密被淡黄色或棕褐色、具多短分枝的硬毛。须根纤维状，细长。叶全部基生，莲座状，叶片倒卵形至披针形，长2~9厘米，宽1~3厘米，先端急尖或钝，基部渐狭并下延入叶柄，边缘全缘，两面密被淡黄色或棕褐色、具多短分枝的硬毛，明显具3~5条纵脉；叶柄长3~6厘米。花葶1~3条，具肋，被棕黄色、具分枝且反折的硬毛，上部毛较密。花单生于基生花葶上，下垂。花芽宽卵形；萼片长约2厘米，宽约1.5厘米，外面密被棕黄色、具分枝的硬毛；花

瓣4~6片，倒卵形或近圆形，长3~4厘米，宽2.5~3.7厘米，淡蓝色或紫色；花丝丝状，长1.5~2厘米，与花瓣同色或白色，花药长圆形，长1~1.5毫米，淡黄色；子房近球形、卵珠形或长圆形，长5~8毫米，密被棕黄色、具分枝的刚毛，花柱短，长1~1.5毫米，柱头头状，3~6裂。果椭圆形或长圆状椭圆形，长1.5~2.5厘米，密被紧贴的刚毛，3~6枚自顶端微裂。种子狭卵形，长约3毫米，黑褐色，种皮具网纹和皱褶。花、果期均为6~9月。

产于巴东，生于草地；分布于湖北、四川、西藏、青海、甘肃、陕西。

全草入药，清热解毒、消炎、定喘，治小儿惊风、肺炎、咳喘。

罂粟属　Papaver L.

一年生、二年生或多年生草本，稀亚灌木。根纺锤形或渐狭，单式。茎1条或多条，圆柱形，不分枝或分枝，极缩短或延长，直立或上升，通常被刚毛，稀无毛，具乳白色、恶臭的液汁，具叶或不具叶。基生叶形状多样，羽状浅裂、深裂、全裂或二回羽状分裂，有时为各种缺刻、锯齿或圆齿，极稀全缘，表面通常具白粉，两面被刚毛，具叶柄；茎生叶若有，则与基生叶同形，但无柄，有时抱茎。花单生，稀为聚伞状总状花序；具总花梗或有时为花葶，延长，直立，通常被刚毛。花蕾下垂，卵形或球形；萼片2片，极稀3片，开花前即脱落，大多被刚毛；花瓣4片，极稀5或6片，着生于短花托上，通常倒卵形，2轮排列，外轮较大，大多红色，稀白色、黄色、橙黄色或淡紫色，鲜艳而美丽，常早落；雄蕊多数，花丝大多丝状，白色、黄色、绿色或深紫色，花药近球形或长圆形；子房1室，上位，通常卵珠形，稀圆柱状长圆形，心皮4~8个，连合，被刚毛或无毛，胚珠多数，花柱无，柱头4~18个，辐射状，连合成扁平或尖塔形的盘状体盖于子房之上；盘状体边缘圆齿状或分裂。蒴果狭圆柱形、倒卵形或球形，

罂粟科
Papaveraceae

被刚毛或无毛，稀具刺，明显具肋或无肋，于辐射状柱头下孔裂。种子多数，小，肾形，黑色、褐色、深灰色或白色，具纵向条纹或蜂窝状；胚乳白色、肉质且富含油分；胚藏于胚乳中。

本属约100种；我国有7种3变种3变型；恩施州产2种。

分种检索表

1. 植株无毛或散生小刚毛；茎不分枝，1朵花或少花；茎生叶抱茎，边缘为不规则的浅波状齿；花丝白色 …… 1. 罂粟 *Papaver somniferum*
1. 植株被刚毛；茎分枝，常多花；茎生叶不抱茎，羽状分裂；花丝紫红或深紫色；子房和蒴果无毛；花蕾长圆状倒卵形；叶片二回羽状深裂 ……… 2. 虞美人 *Papaver rhoeas*

1. 罂粟 *Papaver somniferum* L. Sp. pl. ed. 1: 508. 1753.

俗名"鸦片"为国家禁种植物。一年生草本，无毛或稀在植株下部或总花梗上被极少的刚毛，高30～100厘米。主根近圆锥状，垂直。茎直立，不分枝，无毛，具白粉。叶互生，叶片卵形或长卵形，长7～25厘米，先端渐尖至钝，基部心形，边缘为不规则的波状锯齿，两面无毛，具白粉，叶脉明显，略突起；下部叶具短柄，上部叶无柄、抱茎。花单生；花梗长达25厘米，无毛或稀散生刚毛。花蕾卵圆状长圆形或宽卵形，长1.5～3.5厘米，宽1～3厘米，无毛；萼片2片，宽卵形，绿色，边缘膜质；花瓣4片，近圆形或近扇形，长4～7厘米，宽3～11厘米，边缘浅波状或各式分裂，白色、粉红色、红色、紫色或杂色；雄蕊多数，花丝线形，长1～1.5厘米，白色，花药长圆形，长3～6毫米，淡黄色；子房球形，直径1～2厘米，绿色，无毛，柱头5～18个，辐射状，连合成扁平的盘状体，盘边缘深裂，裂片具细圆齿。蒴果球形或长圆状椭圆形，长4～7厘米，直径4～5厘米，无毛，成熟时褐色。种子多数，黑色或深灰色，表面呈蜂窝状。花期3～11月，果期3～11月。

恩施州栽培；原产南欧，我国有栽培；印度、缅甸、老挝及泰国也有栽培。

果入药，有敛肺、涩肠、止咳、止痛和催眠等功效，治久咳、久泻、久痢、脱肛、心腹筋骨诸痛。

2. 虞美人 *Papaver rhoeas* L. Sp. pl. ed. 1: 507. 1753.

一年生草本，全体被伸展的刚毛，稀无毛。茎直立，高25～90厘米，具分枝，被淡黄色刚毛。叶互生，叶片轮廓披针形或狭卵形，长3～15厘米，宽1～6厘米，羽状分裂，下部全裂，全裂片披针形和二回羽状浅裂，上部深裂或浅裂、裂片披针形，最上部粗齿状羽状浅裂，顶生裂片通常较大，小裂片先端均渐尖，两面被淡黄色刚毛，叶脉在背面突起，在表面略凹；下部叶具柄，上部叶无柄。花单生于茎和分枝顶端；花梗长10～15厘米，被淡黄色平展的刚毛。花蕾长圆状倒卵形，下垂；萼片2片，宽椭圆形，长1～1.8厘米，绿色，外面被刚毛；花瓣4片，圆形、横向宽椭圆形或宽倒卵形，长2.5～4.5厘米，全缘，稀圆齿状或顶端缺刻状，紫红色，基部通常具深紫色斑点；雄蕊多数，花丝丝状，长约 8 毫米，深紫红色，花药长圆形，长约 1 毫米，黄色；子房倒卵形，长 7~10 毫米，无毛，柱头 5~18 个，辐射状，连合成扁平、边缘圆齿状的盘状体。蒴果宽倒卵形，长 1~2.2 厘米，无毛，具不明显的肋。种子多数，肾状长圆形，长约 1 毫米。花、果期均为 3~8 月。

恩施州广泛栽培；我国各地常见栽培，为观赏植物；原产欧洲。

花和全株入药，有镇咳、止泻、镇痛、镇静等功效。

血水草属 *Eomecon* Hance

多年生草本，具红黄色液汁。根茎匍匐，多分枝。叶数枚，全部基生，叶片心形，质薄，具掌状脉，叶柄长。花葶直立，花于花葶先端排列成聚伞状伞房花序。萼片 2 片，舟状，膜质，合生成一佛焰苞状，先端渐尖，早落。花瓣 4 片，白色，倒卵形，芽时 2 列覆瓦状排列；雄蕊多数，70 枚以上，花丝丝状，花药长圆形，2 室，纵裂，药隔宽；子房 2 个心皮，1 室，具多数胚珠，花柱明显，柱头 2 裂，与胎座互生。蒴果狭椭圆形。种子具种阜。

本属 1 种；特产我国长江以南各省区和西南山区；恩施州产 1 种。

血水草 *Eomecon chionantha* Hance in Morot Journ. Bot. 22: 346. 1884.

多年生无毛草本，具红黄色液汁。根橙黄色，根茎匍匐。叶全部基生，叶片心形或心状肾形，稀心状箭形，长 5~26 厘米，宽 5~20 厘米，先端渐尖或急尖，基部耳垂，边缘呈波状，表面绿色，背面灰绿色，掌状脉 5~7 条，网脉细，明显；叶柄条形或狭条形，长 10~30 厘米，带蓝灰色，基部略扩大成狭鞘。花葶灰绿色略带紫红色，高 20~40 厘米，有 3~5 朵花，排列成聚伞状伞房花序；苞片和小苞片卵状披针形，长 2~10 毫米，先端渐尖，边缘薄膜质；花梗直立，长 0.5~5 厘米。花芽卵珠形，长约 1 厘米，先端渐尖；萼片长 0.5~1 厘米，无毛；花瓣倒卵形，长 1~2.5 厘米，宽 0.7~1.8 厘米，白色；花丝长 5~7 毫米，花药黄色，长约 3 毫米；子房卵形或狭卵形，长 0.5~1 厘米，无毛，花柱长 3~5 毫米，柱头 2 裂，下延于花柱上。蒴果狭椭圆形，长约 2 厘米，宽约 0.5 厘米，花柱延长达 1 厘米。花期 3~6 月，果期 6~10 月。

恩施州广布，生于林下、灌丛下或溪边、路旁；分布于安徽、浙江、江西、福建、广东、广西、湖南、湖北、四川、贵州、云南。

全草入药，有毒；治劳伤咳嗽、跌打损伤、毒蛇咬伤、便血、痢疾等症。

白屈菜属 *Chelidonium* L.

多年生直立草本，具黄色液汁，蓝灰色。根茎褐色。茎直立，圆柱形，聚伞状分枝。基生叶羽状全裂，裂片倒卵状长圆形、宽倒卵形或披针形，边缘圆齿状或齿状浅裂或近羽状全裂；具长柄；茎生叶互生，叶片同基生叶，具短柄。花多数，排列成腋生的伞形花序；具苞片。花芽卵球形；萼片 2 片，黄绿色；花瓣 4 枚，黄色，2 轮；雄蕊多数；子房圆柱形，1 室，2 个心皮，无毛，花柱明显，柱头 2 裂。蒴果狭圆柱形，近念珠状，无毛，成熟时自基部向先端开裂成 2 果瓣，柱头宿存。种子多数，小，具光泽，表面具网纹，有鸡冠状种阜。

本属 1 种；我国产 1 种；恩施州产 1 种。

罂粟科
Papaveraceae

白屈菜　*Chelidonium majus* L. Sp. pl. 505. 1753.

多年生草本，高30～100厘米。主根粗壮，圆锥形，侧根多，暗褐色。茎聚伞状多分枝，分枝常被短柔毛，节上较密，后变无毛。基生叶少，早凋落，叶片倒卵状长圆形或宽倒卵形，长8～20厘米，羽状全裂，全裂片2～4对，倒卵状长圆形，具不规则的深裂或浅裂，裂片边缘圆齿状，表面绿色，无毛，背面具白粉，疏被短柔毛；叶柄长2～5厘米，被柔毛或无毛，基部扩大成鞘；茎生叶叶片长2～8厘米，宽1～5厘米；叶柄长0.5～1.5厘米，其他同基生叶。伞形花序多花；花梗纤细，长2～8厘米，幼时被长柔毛，后变无毛；苞片小，卵形，长1～2毫米。花芽卵圆形，直径5～8毫米；萼片卵圆形，舟状，长5～8毫米，无毛或疏生柔毛，早落；花瓣倒卵形，长约1厘米，全缘，黄色；雄蕊长约8毫米，花丝丝状，黄色，花药长圆形，长约1毫米；子房线形，长约8毫米，绿色，无毛，花柱长约1毫米，柱头2裂。蒴果狭圆柱形，长2～5厘米，粗2～3毫米，具通常比果短的柄。种子卵形，长约1毫米或更小，暗褐色，具光泽及蜂窝状小格。花、果期均为4～9月。

产于巴东，生于草地；我国大部分省区均有分布；朝鲜、日本、俄罗斯及欧洲也有分布。

全草入药，有毒，有镇痛、止咳、消肿、利尿、解毒之功效，治胃肠疼痛、痛经、黄疸、疥癣疮肿、蛇虫咬伤，外用消肿，亦可作农药。

金罂粟属　*Stylophorum* Nutt.

多年生草本，具黄色或血红色液汁。茎1～3条，直立，圆柱形，具条纹，被柔毛或无毛。基生叶少数，具长柄，叶片羽状深裂或全裂，裂片深波状或为不规则的锯齿；茎生叶2～3片或4～7片，具短柄，顶端2叶（稀3叶）近对生，或于总花梗下生出而近于顶生，具短柄或无柄，叶片同基生叶。花排列成伞房状花序或伞形花序，具花序梗和苞片。萼片2片，宽卵形，被长柔毛，早落；花瓣4片，黄色，近圆形，覆瓦状排列；雄蕊多数，花丝丝状，花药长圆形或线状长圆形，2室，纵裂；子房卵球形或圆柱形，被短柔毛，1室，2～4个心皮，花柱圆柱形，柱头头状，2～4浅裂，裂片与胎座互生，胚珠多数。蒴果狭卵形或狭长圆形，被短柔毛，2～4瓣自先端向基部开裂，具多数种子。种子小，具网纹和鸡冠状种阜。

本属3种；我国产2种；恩施产1种。

金罂粟　*Stylophorum lasiocarpum* (Oliv.) Fedde in Engl. Pflanzenr. 4: 209, f. 25. N-O. 1909.

草本，高30～100厘米，真血红色液汁。茎直立，通常不分枝，无毛。基生叶数片，叶片轮廓倒长卵形，大头羽状深裂，长13～25厘米，裂片4～7对，疏离，侧裂片卵状长圆形，长3～5厘米，具有不规则的锯齿或圆齿状锯齿，下部羽片较小，顶生裂片宽卵形，长7～10厘米，宽5～7厘米，边缘具有不等的粗齿，表面绿色，背面具白粉，两面无毛；叶柄长7～10厘米，无毛；茎生叶2～3片，生于茎上部，近对生或近轮生，叶片同基生叶，叶柄较短。花4～7朵，于茎先端排列成伞形花序；花梗长5~15厘米；苞片狭卵形，渐尖，长1~1.5厘米。萼片卵形，长约1厘米，急尖，外面被短柔毛；花瓣黄色，倒卵状圆形，长约2厘米；雄蕊长约1.2厘米，花丝丝状，花药长圆形，长约1.5毫米；子房圆柱形，长约1.2厘米，被短毛，花柱长约3毫米，柱头2裂，裂片大，近平展。蒴果狭圆柱形，长5~8厘米，粗约5毫米，被短柔毛。种子多数，卵圆形，长约1毫米，具网纹，有鸡冠状的种阜。花期4~8月，果期6~9月。

产于巴东；分布于湖北、陕西。

全草入药，治崩漏，煎水可洗疮毒；根和叶治外伤出血。陕西用全草或根治跌打损伤、外伤出血、劳伤、月经不调、疔疮。

荷青花属 *Hylomecon* Maxim.

多年生草本，具黄色液汁。根茎短，斜生，密盖褐色、膜质、圆形的鳞片，果时呈肉质、橙黄色。茎直立，柔弱，不分枝，下部无叶或稀具1~2片叶。基生叶少数，叶片羽状全裂，裂片2~3对，最下部1对较小；具长柄；茎生叶2片，生于茎上部，对生或近互生，稀3片，叶片同基生叶，具短柄。花1~3朵，组成伞房状花序，顶生或腋生。萼片2片，覆瓦状排列，极早落；花瓣4片，黄色，具短爪；雄蕊多数，花药直立；子房圆柱状长圆形，无毛，1室，2个心皮，胚珠多数，花柱短，柱头2裂，肥厚，与胎座互生。蒴果狭圆柱形，自基部向上2瓣裂。种子小，多数，具种阜。

本属1种2变种；我国均产；恩施州产1种2变种。

分种检索表

1. 叶片羽状全裂，裂片2~3对，宽披针状菱形、倒卵状菱形或近椭圆形，边缘具不规则的圆齿状锯齿或重锯齿 ················ 1. 荷青花 *Hylomecon japonica*
1. 叶片裂片深裂。
　2. 叶最下部的全裂，裂片通常一侧或两侧具深裂或缺刻 ················ 2. 锐裂荷青花 *Hylomecon japonica* var. *subincisa*
　2. 叶全裂，裂片羽状深裂，裂片再次不整齐的锐裂 ················ 3. 多裂荷青花 *Hylomecon japonica* var. *dissecta*

1. 荷青花

Hylomecon japonica (Thunb.) Prantl et Kundig in Engl. et Prantl Nat. Pflanzenfam. 3, 2: 139. 1889.

多年生草本，高15~40厘米，具黄色液汁，疏生柔毛，老时无毛。根茎斜生，长2~5厘米，白色，果时橙黄色，肉质，盖以褐色、膜质的鳞片，鳞片圆形，直径4~8毫米。茎直立，不分枝，具条纹，无毛，草质，绿色转红色至紫色。基生叶少数，叶片长10~20厘米，羽状全裂，裂片2~3对，宽披针状菱形、倒卵状菱形或近椭圆形，长3~10厘米，宽1~5厘米，先端渐尖，基部楔形，边缘具不规则的圆齿状锯齿或重锯齿，表面深绿色，背面淡绿色，两面无毛；具长柄；茎生叶通常2片，稀3片，叶片同基生叶，具短柄。花1~3朵排列成伞房状，顶生，有时也腋生；花梗直立，纤细，长3.5~7厘米。花芽卵圆形，长8~10毫米，无毛或疏被毛；萼片卵形，长1~1.5厘米，外面散生卷毛或无毛，芽时覆瓦状排列，花期脱落；花瓣倒卵圆形或近圆形，长1.5~2厘米，芽时覆瓦状排列，花期突然增大，基部具短爪；雄蕊黄色，长约6毫米，花丝丝状，花药圆形或长圆形；子房长约7毫米，花柱极短，柱头2裂。蒴果长5~8厘米，粗约3毫米，无毛，2瓣裂，具长达1厘米的宿存花柱。种子卵形，长约1.5毫米。花期4~7月，果期5~8月。

山柑科
Capparaceae

产于巴东，生于山谷林下；我国东北至华中、华东地区均有；朝鲜、日本及俄罗斯也有分布。

根茎药用，具祛风湿、止血、止痛、舒筋活络、散瘀消肿等功效，治劳伤过度、风湿性关节炎、跌打损伤及经血不调。

2. 锐裂荷青花（变种） *Hylomecon japonica* (Thunb.) Prantl var. *subincisa* Fedde in Engl. Pflanzenr. 4: 210. 1909.

本种与荷青花 *H. japonica* 的区别在于叶最下部的全裂片通常一侧或两侧具深裂或缺刻。花期4～7月，果期5～8月。

产于宣恩、巴东，生于山谷林中；分布于华北和华中。

根茎药用，具祛风湿、止血、止痛、舒筋活络、散瘀消肿等功效，治劳伤过度、风湿性关节炎、跌打损伤及经血不调。

3. 多裂荷青花（变种） *Hylomecon japonica* (Thunb.) Prantl var. *dissecta* (Franch. et Savat.) Fedde in Engl. Pflanzenr. 4: 210. 1909.

本变种与荷青花 *H. japonica* 的区别在于叶全裂片羽状深裂，裂片再次不整齐的锐裂。花期4～7月，果期5～8月。

产于宣恩、巴东，生于山谷林下；分布于湖北、陕西、四川；日本也有分布。

山柑科 Capparaceae

草本，灌木或乔木，常为木质藤本，毛被存在时分枝或不分枝，如为草本常具腺毛和有特殊气味。叶互生，很少对生，单叶或掌状复叶；托叶刺状，细小或不存在。花序为总状、伞房状、亚伞形或圆锥花序，或1～10朵花排成一短纵列，腋上生，少有单花腋生；花两性，有时杂性或单性，辐射对称或两侧对称，常有苞片，但常早落；萼片4～8片，常为4片，排成2轮或1轮，相等或不相等，分离或基部连生，少有外轮或全部萼片连生成帽状；花瓣4～8片，常为4片，与萼片互生，在芽中的排列为闭合式或开放式，分离，无柄或有爪，有时无花瓣；花托扁平或锥形，或常延伸为长或短的雌雄蕊柄，常有各式花盘或腺体；雄蕊4～6枚至多数，花丝分离，在芽中时内折或成螺旋形，着生在花托上或雌雄蕊柄顶上；花药以背部近基部着生在花丝顶上，2室，内向，纵裂；雌蕊由2～8个心皮组成，常有长或短的雌蕊柄，子房卵球形或圆柱形，1室有2至数个侧膜胎座，少有3～6室而具中轴胎座；花柱不明显，有时丝状，少有花柱3根；柱头头状或不明显；胚珠常多数，弯生，珠被2层。果为有坚韧外果皮的浆果或瓣裂蒴果，球形或伸长，有时近念珠状；种子1粒至多数，肾形至多角形，种皮平滑或有各种雕刻状花纹；胚弯曲，胚乳少量或不存在。

本科约42属700～900种；我国有5属约44种1变种；恩施州产1属1种。

白花菜属 *Cleome* L.

一年生或多年生草本，很少亚灌木或攀援植物，常被黏质柔毛或腺毛和有特殊气味，有时具刺。叶有柄，互生，掌状复叶，少有单叶，小叶3～9片，全缘或有齿；无托叶或托叶废退，很少成刺状。总状花序顶生或再组成圆锥花序，有时花序下部的花腋生，少有单花腋生，常有苞片；花两性，有时雄花与两性花同株；萼片4片，1轮，分离或基部连生，与花瓣互生；花瓣4片，相等或不相等，常有爪，全缘，很少顶端微缺或分裂，在芽中时的卷叠为开放式或闭合式；花盘常存在，环形或单侧，蜜腺各式；雄蕊4~30枚，少有更多，完全能育或有时部分不育，花丝等长或有时稍不等长，着生在长或短的雌雄蕊柄顶上，有时不具雌雄蕊柄；雌蕊有柄或无柄，子房1室，侧膜胎座2个，胚珠多数，花柱短或不存在，有的细长，常宿存，柱头头状。蒴果伸长，圆柱形，顶端常有喙，自基部向上或自顶端向下少有从旁侧2瓣裂开，有宿存胎座框。种子少数至多数，肾形，常具开张的爪，背部有细疣状突起或雕刻状细皱纹，有时光滑，假种皮有或无。

本属约150种；我国有6种1变种；恩施州产1种。

醉蝶花 *Cleome spinosa* Jacq. Enum. Pl. Carib. 26. 1760.

一年生强壮草本，高1~1.5米，全株被黏质腺毛，有特殊臭味，有托叶刺，刺长达4毫米，尖利，外弯。叶为具5~7片小叶的掌状复叶，小叶草质，椭圆状披针形或倒披针形，中央小叶盛大，长6~8厘米，宽1.5~2.5厘米，最外侧的最小，长约2厘米，宽约5毫米，基部楔形，狭延成小叶柄，与叶柄相连处稍呈蹼状，顶端渐狭或急尖，有短尖头，两面被毛，背面中脉有时也在侧脉上常有刺，侧脉10~15对；叶柄长2~8厘米，常有淡黄色皮刺。总状花序长达40厘米，密被黏质腺毛；苞片单一，叶状，卵状长圆形，长5~20毫米，无柄或近无柄，基部多少心形；花蕾圆筒形，长约2.5厘米，直径4毫米，无毛；花梗长2~3厘米，被短腺毛，单生于苞片腋内；萼片4片，长的6毫米，长圆状椭圆形，顶端渐尖，外被腺毛；花瓣粉红色，少见白色，在芽中时覆瓦状排列，无毛，爪长5~12毫米，瓣片倒卵伏匙形，长10~15毫米，宽4~6毫米，顶端圆形，基部渐狭；雄蕊6枚，花丝长3.5~4厘米，花药线形，长7~8毫米；雌雄蕊柄长1~3毫米；雌蕊柄长4厘米，果时略有增长；子房线柱形，长3~4毫米，无毛；几无花柱，柱头头状。果圆柱形，长5.5~6.5厘米，中部直径约4毫米，两端梢钝，表面近平坦或徽呈念珠状，有细而密且不甚清晰的脉纹。种子直径约2毫米，表面近平滑或有小疣状突起，不具假种皮。

恩施州广泛栽培；我国各大城市常见栽培；原产热带美洲。

十字花科
Cruciferae

一年生、二年生或多年生植物，常具有辛辣气味，多数是草本，很少呈亚灌木状。植株具有各式的毛，毛为单毛、分枝毛、星状毛或腺毛，也有无毛的。根有时膨大成肥厚的块根。茎直立或铺散，有时茎短缩，它的形态在本科中变化较大。叶有二型基生叶呈旋叠状或莲座状；茎生叶通常互生，有柄或无柄，单叶全缘、有齿或分裂，基部有时抱茎或半抱茎，有时呈各式深浅不等的羽状分裂或羽状复叶；通常无托叶。花整齐，两性，少有退化成单性的；花多数聚集成一总状花序，顶生或腋生，偶有单生的，当花刚开放时，花序近似伞房状，以后花序轴逐渐伸长而呈总状花序，每花下无苞或有苞；萼片4片，

十字花科 Cruciferae

分离，排成 2 轮，直立或开展，有时基部呈囊状；花瓣 4 片，分离，成十字形排列，花瓣白色、黄色、粉红色、淡紫色、淡紫红色或紫色，基部有时具爪，少数种类花瓣退化或缺少，有的花瓣不等大；雄蕊通常 6 枚，也排列成 2 轮，外轮的 2 枚具较短的花丝，内轮的 4 枚具较长的花丝，这种 4 枚长 2 枚短的雄蕊称为"四强雄蕊"，有时雄蕊退化至 4 枚或 2 枚，或多至 16 枚，花丝有时成对连合，有时向基部加宽或扩大呈翅状；在花丝基部常具蜜腺，在短雄蕊基部周围的，称"侧蜜腺"，在 2 枚长雄蕊基部外围或中间的，称"中蜜腺"，有时无中蜜腺；雌蕊 1 枚，子房上位，由于假隔膜的形成，子房 2 室，少数无假隔膜时，子房 1 室，每室有胚珠 1 至多枚，排列成 1 或 2 行，生在胎座框上，形成侧膜胎座，花柱短或缺，柱头单一或 2 裂。果实为长角果或短角果，有翅或无翅，有刺或无刺，或有其他附属物；角果成熟后自下而上成 2 果瓣开裂，也有成 4 果瓣开裂的；有的角果成一节一节地横断分裂，每节有 1 粒种子，有的种类果实迟裂或不裂；有的果实变为坚果状；果瓣扁平或突起、或呈舟状，无脉或有 1～3 脉；少数顶端具或长或短的喙。种子一般较小，表面光滑或具纹理，边缘有翅或无翅，有的湿时发黏，无胚乳。

本科有 300 属以上约 3200 种；我国有 95 属 425 种 124 变种 9 个变型；恩施州产 14 属 29 种 8 变种。

分属检索表

1. 复叶。
  2. 草本有根状茎、鳞茎或珠芽；种子 1 行；长雄蕊花丝不成翅状，上端直立 ·················· 1. 碎米荠属 Cardamine
  2. 草本无根状茎、鳞茎或珠芽；种子 1～2 行；长角果近圆柱形。
    3. 长角果近圆柱形；花白色或蓝紫色 ··· 2. 豆瓣菜属 Nasturtium
    3. 短角果卵形、圆形或椭圆形；花白色，少数黄色或紫色 ····························· 3. 岩荠属 Cochlearia
1. 单叶。
  4. 叶羽状半裂、深裂、全裂或大头羽裂。
    5. 短角果。
      6. 果实卵形、圆形或椭圆形；种子 2 行，长圆形，潮湿时不发黏 ················ 3. 岩荠属 Cochlearia
      6. 短角果倒三角形或倒心状三角形 ··· 4. 荠属 Capsella
    5. 长角果。
      7. 叶为羽状半裂、浅裂或深裂；花黄色；果实线状圆柱形、椭圆形，或个别种成球形，无喙 ········ 5. 蔊菜属 Rorippa
      7. 叶为大头羽裂。
        8. 花黄色或乳黄色，少有白色；内萼片基部成囊状，果瓣具 1 脉，喙圆形 ········ 6. 芸苔属 Brassica
        8. 花白色、淡红色或紫色。
          9. 上部叶不抱茎；长角果肉质，圆筒状，果皮在相当于种子间处缢缩，成熟时裂成几个含 1 粒种子的节，或裂成几部分 ··· 7. 萝卜属 Raphanus
          9. 上部叶抱茎；长角果干燥，线形，具 4 棱，成熟时 2 瓣裂 ·················· 8. 诸葛菜属 Orychophragmus
  4. 叶全缘或有锯齿。
    10. 植株无毛或有单毛。
      11. 长角果。
        12. 茎短缩或茎部无叶；矮小草本；总状花序疏松；基生叶心形或肾形，边缘具圆齿，有凸尖，具长叶柄；长角果直，不成念珠状 ·· 9. 堇叶芥属 Neomartinella
        12. 茎伸长。
          13. 花紫色、粉红色或白色；长角果线形，2 室；果梗直立或上弯；叶不裂或分裂，全缘、波状或有锯齿；花成总状花序 ·· 1. 碎米荠属 Cardamine
          13. 花瓣黄色，有时退化或不存在；基生叶长圆形或倒卵状披针形 ················ 5. 蔊菜属 Rorippa
      11. 短角果。
        14. 短角果不裂，短角果稍有翅至具显著的翅，翅比果室薄 ······················· 10. 菘蓝属 Isatis
        14. 短角果开裂。
          15. 总状花序有苞片；角果基部无囊状物；花瓣白色 ······················· 11. 山萮菜属 Eutrema
          15. 总状花序无苞片。

16. 短角果倒三角形或倒心状三角形；茎上部叶抱茎 ··· 4. 荠属 Capsella
16. 茎及枝不成丝状；短角果卵形、圆形或椭圆形；一年、二年或多年生草本，高达 1 米 ············ 3. 岩荠属 Cochlearia
10. 植株有单毛及分叉毛或星状毛。
17. 短角果；总状花序伞房状；花黄色或带白色；短角果卵形、近球形、椭圆形或披针形 ············ 12. 葶苈属 Draba
17. 长角果。
18. 植株有腺毛；花瓣紫红色、淡红色或白色；无花柱，柱头背部加厚 ····································· 13. 紫罗兰属 Matthiola
18. 植株无腺毛；茎生叶基部耳状，抱茎；果瓣有一显明中脉；种子无翅或有翅 ························ 14. 南芥属 Arabis

碎米荠属 *Cardamine* L.

一年生、二年生或多年生草本，有单毛或无毛。地下根状茎不明显，密被纤维状须根，或根状茎显著，直生或匍匐延伸，带肉质，有时多少具鳞片，偶有小球状的块茎；有或无匍匐茎。茎单一，不分枝或自基部、上部分枝。叶为单叶或为各种羽裂，或为羽状复叶，具叶柄，很少无柄。总状花序通常无苞片，花初开时排列成伞房状；萼片直立或稍开展，卵形或长圆形，边缘膜质，基部等大，内轮萼片的基部多呈囊状；花瓣白色、淡紫红色或紫色，倒卵形或倒心形，有时具爪；雄蕊花丝直立，细弱或扁平，稍扩大；侧蜜腺环状或半环状，有时成二鳞片状，中蜜腺单一，乳突状或鳞片状；雌蕊柱状。长角果线形，扁平，果瓣平坦，无脉或基部有 1 条不明显的脉，成熟时常自下而上开裂或弹裂卷起。种子每室 1 行，压扁状，椭圆形或长圆形，无翅或有窄的膜质翅；子叶扁平，通常缘倚胚根。

本属约有 160 种；我国约有 39 种 29 变种；恩施州产 12 种。

分种检索表

1. 基生叶与茎生叶全为单叶，稀有 1~3 对小叶；无匍匐茎；茎通常单一不分枝或偶有分枝。
  2. 茎生叶与基生叶相似，具长柄，边缘有锯齿
    3. 花瓣卵形或椭圆形，4~8 毫米 ×1.5~4 毫米 ·· 1. 露珠碎米荠 *Cardamine circaeoides*
    3. 花瓣宽倒卵形，8~10 毫米 ×7~9 毫米 ·· 2. 壶瓶山碎米荠 *Cardamine hupingshanensis*
  2. 茎生叶与基生叶不同，基部渐狭而无柄，全缘 ··· 3. 堇色碎米荠 *Cardamine violacea*
1. 基生叶与茎生叶多为羽状复叶或为 3 片小叶，偶或间有单叶；有或无匍匐茎；茎通常分枝。
  4. 叶多数为 3 片小叶，偶有 5 片小叶或间有单叶 ·· 4. 三小叶碎米荠 *Cardamine trifoliolata*
  4. 叶为羽状复叶。
    5. 叶片无柄，至少茎中、上部的叶片无柄，最下 1 对小叶耳状抱茎。
      6. 花白色。
        7. 种子边缘显著有膜质翅；茎生叶有 2~7 对小叶，生于匍匐茎上的叶为单叶 ················· 5. 水田碎米荠 *Cardamine lyrata*
        7. 茎生叶常有 1 对小叶，形小，顶生小叶特大，肾形或宽卵形，边缘具 3~7 个波状圆齿；种子一端有窄翅 ··· 6. 光头山碎米荠 *Cardamine engleriana*
      6. 花紫色与淡红色；茎生叶有小叶 2~5 对，顶生小叶近圆形与卵形，长 7~25 毫米，宽 5~13 毫米 ··· 7. 山芥碎米荠 *Cardamine griffithii*
    5. 叶片有或长或短的叶柄。
      8. 茎生叶叶柄稍扩大抱茎或延伸呈耳状；长角果熟时自下而上弹性开裂 ······················· 8. 弹裂碎米荠 *Cardamine impatiens*
      8. 茎生叶叶柄不扩大，即使稍有翅，但基部从不延伸呈耳状。
        9. 大形羽状复叶，茎生叶的顶生小叶长 4~11 厘米，近卵形或披针形。
          10. 花白色；长角果长 1~2 厘米；子叶柄极短 ··· 9. 白花碎米荠 *Cardamine leucantha*
          10. 花紫色；长角果长 3~4.5 厘米；子叶柄长于胚根近 1 倍；小叶卵形、椭圆形或卵状披针形，顶端钝或短尖，有时最上 1 对小叶基部略下延成翅状 ·· 10. 大叶碎米荠 *Cardamine macrophylla*
        9. 小形羽状复叶，茎生叶的顶生小叶长 0.2~3 厘米，形状多样。
          11. 茎较曲折；基生叶的顶生小叶菱状卵形，3 齿裂，其余小叶几全为卵形、长卵形或线形；果序轴曲折，角果与果梗均开展 ·· 11. 弯曲碎米荠 *Cardamine flexuosa*

11. 茎不曲折；基生叶少数，顶生小叶稍大，茎生叶上、下部小叶不同形，下部的小叶较圆，有或无小叶柄，上部的小叶卵形、长卵形至线形 ·· 12. 碎米荠 Cardamine hirsuta

1. 露珠碎米荠 Cardamine circaeoides Hook. f. et Thoms. in Journ. Linn. Soc. Bot. 5: 144. 1861.

一年或多年生草本，高6~30厘米。根状茎细长，向下倾斜或匍匐生长。茎细弱，直立，不分枝或偶有分枝，无毛。叶全为单叶、膜质；基生叶有长柄，叶片心形或卵状心形，长1.2~4厘米，宽1.2~3.2厘米，顶端钝或微凸，有细小短尖头，基部心形，边缘有浅波状圆齿，上面绿色，有时散生短柔毛，下面有时为紫色，无毛；茎生叶有柄，与基生叶相似，长2~5.2厘米，宽1.4~4厘米。总状花序花少数；花萼长椭圆形，长约2.5毫米，边缘膜质；花瓣白色，狭长椭圆状楔形，长约3毫米；花丝扩大；雌蕊柱状，花柱短，柱头比花柱稍宽。长角果线形，长13~30毫米，宽约1毫米；果瓣于种子间下陷；果梗直立开展或水平开展，或向下弯曲，长4~5毫米。种子椭圆形或长圆形，长约1毫米，淡褐色。花期4~10月，果期4~10月。

产于咸丰、鹤峰，属湖北省新记录，生于山谷林下；分布于湖南、云南；也分布于喜马拉雅山东南部。

2. 壶瓶山碎米荠 Cardamine hupingshanensis K. M. Liu et L. B. Chen et H. F. Bai et L. H. Liu, Novon: A Journal for Botanical Nomenclature, 18(2):135-137. 2008.

多年水生草本，高30~100厘米，全株光滑无毛。根状茎短粗，常有珠芽。茎直立或弯曲，圆柱形，不分枝或偶有从上部或基部分枝；基生叶为单叶，有长柄，莲座状，肾形或近圆形，掌状脉，叶边具圆锯齿或波状锯齿，叶片大小4~13厘米×5~14厘米，叶柄长3~12厘米，有时具退化或少数2~4对侧生小叶；茎生叶边缘具锯齿或圆锯齿，与基生叶相似；基生叶在花期枯萎。花萼卵圆形，5~6毫米×3~4毫米，边缘膜质；花瓣白色，具脉，宽倒卵形，8~10毫米×7~9毫米；基部具一退化的小爪，长1.5~2毫米。雄蕊6枚，中间一对花丝长5~6毫米，侧面的花丝长3~4毫米，花粉囊约2毫米；雌蕊光滑，花柱圆柱形，长5~6毫米，柱头圆锥形。果梗细长直立或偏向一侧，长1~2厘米。长角果线形，开裂，20~30毫米×1.5~2毫米，种子无翅，宽椭圆形，1.2~1.8毫米×0.9~1.3毫米，棕色、黄色或绿色。花期7月。花期4~5月，果期6~7月。

产于恩施、鹤峰，生于山谷小溪边，属湖北省新记录；分布于湖南、浙江。

3. 堇色碎米荠 Cardamine violacea (D. Don) Wall. ex Hook. f. et Thoms. in Journ. Linn. Soc. Bot. 5: 145. 1861.

多年生草本，高25~70厘米。根状茎粗壮，着生多数纤维状须根。茎不分枝，直立，较粗壮，表面有多数细棱，无毛。基生叶不分裂，有长叶柄，叶片肾状圆形或近心状宽卵形，长3.5~6厘米，宽4~6.5厘米，全缘或带微波状；茎生叶不分裂，无叶柄，叶片披针形或卵状披针形，长 5～13 厘米，宽 1.2～3.5 厘米，顶端渐尖，边缘全缘，具小斑点状的细齿，基部稍狭、渐狭或骤狭而呈钝圆或箭形的耳状抱茎；叶片上面有贴伏短柔毛，下面较稀少。总状花序顶生，有花 10～25 朵，花梗长约 1.5 厘米，直立开展；外轮萼片长椭圆形，内轮萼片卵形，顶端略尖，基部囊状，长 6～7 毫米；花瓣紫色，倒卵状楔形，长 10～14 毫米；花丝略宽，花药长椭圆形；雌蕊柱状，略比花柱扩大。长角果线形而扁，长 40～45 毫米，宽约 2 毫米，无毛，花柱短，柱头扁压状，中央微凹。种子椭圆形，长约 2 毫米。表面有纵皱细纹。花期 5～8 月，果期 7～9 月。

产于咸丰、宣恩，生于草坡中；分布于云南、湖北；印度、尼泊尔有分布。

4. 三小叶碎米荠　Cardamine trifoliolata Hook. f. et Thoms. in Journ. Linn. Soc. Bot. 5: 145. 1861.

多年生草本，高 12～20 厘米；根状茎短，具须根。茎直立或斜升，不分枝或稍分枝，无毛或基部有疏单毛。叶少数，茎下部的叶长 4～4.5 厘米，有小叶 1 对，顶生小叶宽卵形，长约 10 毫米，宽约 13 毫米，边缘上端呈微波状 3 钝裂，裂片顶端有小尖头，基部浅心形或近截形，小叶柄长约 5 毫米，侧生小叶近卵形，长、宽各约 5 毫米，小叶柄极短；中部叶长 3～4 厘米，有小叶 2 对，顶生小叶倒卵形，上端 3 齿裂，基部楔形，侧生小叶向下渐次变小；上部小叶长 2～3 厘米，单一或成对，线形，顶端渐尖，全缘或具 1 齿，基部狭细；全部小叶上面散生白色单毛，下面毛较少，并具缘毛。总状花序生于枝端，花少，疏生，花梗丝状，长约 4 毫米；萼片长卵形，长约 2.5 毫米，边缘白色膜质，外面疏生单毛，内轮萼片基部稍呈囊状；花瓣白色、粉红色或紫色，倒卵形，长约 5 毫米，顶端钝圆、截平或微凹；花丝扁平而扩大；子房圆柱形，被有单毛，柱头扁压状，微 2 裂。未成熟长角果线形，果瓣平，有稀疏单毛。花、果期均为 5～6 月。

产于宣恩，生于山坡林下或山谷沟边；分布于湖北、湖南、四川、云南、西藏；不丹有分布。

5. 水田碎米荠　Cardamine lyrata Bunge in Mem. Acad. Sci. St. Petersb. 2: 79. 1833.

多年生草本，高 30～70 厘米，无毛。根状茎较短，丛生多数须根。茎直立，不分枝，表面有沟棱，通常从近根状茎处的叶腋或茎下部叶腋生出细长柔软的匍匐茎。生于匍匐茎上的叶为单叶，心形或圆肾形，长 1～3 厘米，宽 7～23 毫米，顶端圆或微凹，基部心形，边缘具波状圆齿或近于全缘，有叶柄，柄长 3～12 毫米，有时有小叶 1～2 对；茎生叶无柄，羽状复叶，小叶 2～9 对，顶生小叶大，圆形或卵形，长 12～25 毫米，宽 7～23 毫米，顶端圆或微凹，基部心形、截形或宽楔形，边缘有波状圆齿或近于全缘，侧生小叶比顶生小叶小，卵形、近圆形或菱状卵形，长 5～13 毫米，宽 4～10 毫米，边缘具有少数粗大钝齿或近于全裂，基部两侧不对称，楔形而无柄或有极短的柄，着生于最下的 1 对小叶全缘，向下弯曲成耳状抱茎。总状花序顶生，花梗长 5～20 毫米；萼片长卵形，长约 4.5 毫米，边缘膜质，内轮萼片基部呈囊状；花瓣白色，倒卵形，长约 8 毫米，顶端截平或微凹，基部楔形渐狭；雌蕊圆柱形，花柱

长约为子房之半，柱头球形，比花柱宽。长角果线形，长2～3厘米，宽约2毫米；果瓣平，自基部有1条不明显的中脉；果梗水平开展，长12～22毫米。种子椭圆形，长约1.6毫米，宽约1毫米，边缘有显著的膜质宽翅。花期4～6月，果期5～7月。

恩施州广布，生于湿地中；分布于黑龙江、吉林、辽宁、河北、河南、安徽、江苏、湖南、湖北、江西、广西等省区；朝鲜、日本均有分布。

茎叶入药，有清热去湿之效。

6. 光头山碎米荠　Cardamine engleriana O. E. Schulz in Engl. Bot. Jahrb. 32: 407. 1903.

多年生草本，高达26厘米，有1至数条线形根状匍匐茎。茎单一，通常不分枝，有时自根状茎处丛生，直立或仅基部稍倾斜，表面有沟棱，下部有白色柔毛，上部光滑无毛。生于匍匐茎上的叶小，单叶，肾形，长3.5～6毫米，宽6～8毫米；边缘波状，质薄，叶柄柔弱，长2～10毫米；基生叶亦为单叶，肾形，长6～12毫米，宽6～16毫米，边缘波状，叶柄长10～12毫米；茎生叶无柄，3片小叶，顶生小叶大，肾形、心形或卵形，长1～9厘米，宽1.1～4.5厘米，顶端钝圆，基部心形或阔楔形，通常向叶柄下延，边缘有3～7个波状圆齿，顶端有小尖头，侧生的1对小叶着生于顶生小叶的基部，形小，略呈菱状卵形，有时肾形，边缘具波状钝齿；全部小叶无毛。总状花序有花3～10朵，花梗细，长5～16毫米；萼片卵形，长约2.5毫米，边缘膜质，内轮萼片基部呈囊状；花瓣白色，倒卵状楔形，长约7毫米；雌蕊柱状，花柱细，与子房近于等长，柱头头状，比花柱宽大。长角果稍扁平，长15～20毫米，宽约1毫米，无毛；果梗纤细，直立或微弯，长11～16毫米。种子长圆形，稍扁平，长约1.8厘米，宽约0.7毫米，黄褐色，一端有窄翅。花期4～6月，果期6～7月。

恩施州广布，生于山坡林下阴处或山谷沟边；分布于湖北、湖南、陕西、甘肃、四川。

7. 山芥碎米荠　Cardamine griffithii Hook. f. et Thoms. in Journ. Linn. Soc. Bot. 5: 146. 1861.

多年生草本，高20～70厘米，全体无毛。根状茎匍匐，有少数匍匐茎，生有多数须根。茎直立，不分枝，表面有纵棱。叶为羽状复叶，基生叶有叶柄，小叶2～4对；着生于茎中部以上的叶无柄，小叶2～5对，顶生小叶近圆形或卵形，长7～25毫米，宽5～13毫米，顶端钝圆，基部宽楔形，全缘或有3～5个钝齿，小叶柄长2～10毫米，侧生小叶近圆形或卵形，长5～14毫米，宽4～10毫米，顶端圆，基部圆或宽楔形，全缘或呈浅波状，生于叶柄基部的1对小叶抱茎。总状花序顶生，花梗长4～7毫米；萼片卵形，长约3毫米，内轮萼片基部囊状；花瓣紫色或淡红色，倒卵形，顶端微凹，基部狭窄成楔形；雌蕊与长雄蕊近于等长，柱头扁球形，比花柱宽。长角果线形而扁，长2.5～4厘米，宽约1毫米；果梗长1～2厘米，直立或稍弯、平展或上举。种子椭圆形或长圆形，长约1.5毫米。花期5～6月，果期6～7月。

产于咸丰、宣恩，生于山坡林下、山沟溪边、多岩石的阴湿处；分布于湖北、四川、贵州、云南及西藏；印度、不丹也有分布。

全草供药用，有清火解热的效能。

8. 弹裂碎米荠　Cardamine impatiens L. Sp. Pl. 655. 1753.

二年或一年生草木，高 20~60 厘米。茎直立，不分枝或有时上部分枝，表面有沟棱，有少数短柔毛或无毛，着生多数羽状复叶。基生叶叶柄长 1~3 厘米，两缘通常有短柔毛，基部稍扩大，有 1 对托叶状耳，小叶 2~8 对，顶生小叶卵形，长 6~13 毫米，宽 4~8 毫米，边缘有不整齐钝齿状浅裂，基部楔形，小叶柄显著，侧生小叶与顶生的相似，自上而下渐小，通常生于最下的 1~2 对近于披针形，全缘，都有显著的小叶柄；茎生叶有柄，基部也有抱茎线形弯曲的耳，长 3~8 毫米，顶端渐尖，缘毛显著，小叶 5~8 对，顶生小叶卵形或卵状披针形，侧生小叶与之相似，但较小；最上部的茎生叶小叶片较狭，边缘少齿裂或近于全缘；全部小叶散生短柔毛，有时无毛，边缘均有缘毛。总状花序顶生和腋生，花多数，形小，直径约 2 毫米，果期花序极延长，花梗纤细，长 2~6 毫米；萼片长椭圆形，长约 2 毫米；花瓣白色，狭长椭圆形，长 2~3 毫米，基部稍狭；雌蕊柱状，无毛，花柱极短，柱头较花柱稍宽。长角果狭条形而扁，长 20~28 毫米；果瓣无毛，成熟时自下而上弹性开裂；果梗直立开展或水平开展，长 10~15 毫米，无毛。种子椭圆形，长约 1.3 毫米，边缘有极狭的翅。花期 4~6 月，果期 5~7 月。

产于巴东、利川，生于路旁、山坡、沟谷、水边或阴湿地；分布于吉林、辽宁、山西、山东、河南、安徽、江苏、浙江、湖北、江西、广西、陕西、甘肃、新疆、四川、贵州、云南、西藏等省区；朝鲜、日本、俄罗斯及欧洲均有分布。

全草可供药用，治妇女经血不调。

9. 白花碎米荠　Cardamine leucantha (Tausch) O. E. Schulz in Engl. Bot. Jahrb. 32: 403. 1903.

多年生草本，高 30~75 厘米。根状茎短而匍匐，着生多数粗线状、长短不一的匍匐茎，其上生有须根。茎单一，不分枝，有时上部有少数分枝，表面有沟棱、密被短绵毛或柔毛。基生叶有长叶柄，小叶 2~3 对，顶生小叶卵形至长卵状披针形，长 3.5~5 厘米，宽 1~2 厘米，顶端渐尖，边缘有不整齐的钝齿或锯齿，基部楔形或阔楔形，小叶柄长 5~13 毫米，侧生小叶的大小、形态和顶生相似，但基部不等、有或无小叶柄；茎中部叶有较长的叶柄，通常有小叶 2 对；茎上部叶有小叶 1~2 对，小叶阔披针形，较小；全部小叶干后带膜质而半透明，两面均有柔毛，尤以下面较多。总状花序顶生，分枝或不分枝，花后伸长；花梗细弱，长约 6 毫米；

萼片长椭圆形，长 2.5~3.5 毫米，边缘膜质，外面有毛；花瓣白色，长圆状楔形，长 5~8 毫米；花丝稍扩大；雌蕊细长；子房有长柔毛，柱头扁球形。长角果线形，长 1~2 厘米，宽约 1 毫米，花柱长约 5 毫米；果瓣散生柔毛，毛易脱落；果梗直立开展，长 1~2 厘米。种子长圆形，长约 2 毫米，栗褐色，边缘具窄翅或无。花期 4~7 月，果期 6~7 月。

产于利川，山坡湿草地、杂木林下及山谷沟边阴湿处；分布于东北及河北、山西、河南、安徽、江苏、浙江、湖北、江西、陕西、甘肃等省；日本、朝鲜、俄罗斯均有分布。

根状茎可治气管炎；全草及根状茎能清热解毒，化痰止咳。

10. 大叶碎米荠 *Cardamine macrophylla* Willd. Sp. Pl. 3: 484. 1800.

多年生草本，高30~100厘米。根状茎匍匐延伸，密被纤维状的须根。茎较粗壮，圆柱形，直立，有时基部倾卧，不分枝或上部分枝，表面有沟棱。茎生叶通常4~5片，有叶柄，长2.5~5厘米；小叶4~5对，顶生小叶与侧生小叶的形状及大小相似，小叶椭圆形或卵状披针形，长4~9厘米，宽1~2.5厘米，顶端钝或短渐尖，边缘具比较整齐的锐锯齿或钝锯齿，顶生小叶基部楔形，无小叶柄，侧生小叶基部稍不等，生于最上部的1对小叶基部常下延，生于最下部的1对有时有极短的柄；小叶上面毛少、下面散生短柔毛，有时两面均无毛。总状花序多花，花梗长10~14毫米；外轮萼片淡红色，长椭圆形，长5~6.5毫米，边缘膜质，外面有毛或无毛，内轮萼片基部囊状；花瓣淡紫色、紫红色，少有白色，倒卵形，长9~14毫米，顶端圆或微凹，向基部渐狭成爪；花丝扁平；子房柱状，花柱短。长角果扁平，长35~45毫米，宽2~3毫米；果瓣平坦无毛，有时带紫色，花柱很短，柱头微凹；果梗直立开展，长10~25毫米。种子椭圆形，长约3毫米，褐色。花期5~6月，果期7~8月。

恩施州广布，生于山坡灌木林下、沟边、石隙、高山草坡水湿处；分布于内蒙古、河北、山西、湖北、陕西、甘肃、青海、四川、贵州、云南、西藏等省区；俄罗斯、日本、印度也有分布。

全草药用，利小便、止痛及治败血病。

11. 弯曲碎米荠 *Cardamine flexuosa* With. in Bot. Arrang. Brit. Fl. ed. 3. 3: 578. 1796.

一年或二年生草本，高达30厘米。茎自基部多分枝，斜升呈铺散状，表面疏生柔毛。基生叶有叶柄，小叶3~7对，顶生小叶卵形，倒卵形或长圆形，长与宽各为2~5毫米，顶端3齿裂，基部宽楔形，有小叶柄，侧生小叶卵形，较顶生的形小，1~3齿裂，有小叶柄；茎生叶有小叶3~5对，小叶多为长卵形或线形，1~3裂或全缘，小叶柄有或无，全部小叶近于无毛。总状花序多数，生于枝顶，花小，花梗纤细，长2~4毫米；萼片长椭圆形，长约2.5毫米，边缘膜质；花瓣白色，倒卵状楔形，长约3.5毫米；花丝不扩大；雌蕊柱状，花柱极短，柱头扁球状。长角果线形，扁平，长12~20毫米，宽约1毫米，与果序轴近于平行排列，果序轴左右弯曲，果梗直立开展，长3~9毫米。种子长圆形而扁，长约1毫米，黄绿色，顶端有极窄的翅。花期3~5月，果期4~6月。

恩施州广布，生于田边、路旁；分布几遍全国；朝鲜、日本、俄罗斯、欧洲、北美洲均有分布。

全草入药，能清热、利湿、健胃、止泻。

12. 碎米荠 *Cardamine hirsuta* L. Sp. Pl. 655. 1753.

一年生小草本，高15~35厘米。茎直立或斜升，分枝或不分枝，下部有时淡紫色，被较密柔毛，上部

毛渐少。基生叶具叶柄，有小叶2~5对，顶生小叶肾形或肾圆形，长4~10毫米，宽5~13毫米，边缘有3~5个圆齿，小叶柄明显，侧生小叶卵形或圆形，较顶生的形小，基部楔形而两侧稍歪斜，边缘有2~3个圆齿，有或无小叶柄；茎生叶具短柄，有小叶3~6对，生于茎下部的与基生叶相似，生于茎上部的顶生小叶菱状长卵形，顶端3齿裂，侧生小叶长卵形至线形，多数全缘；全部小叶两面稍有毛。总状花序生于枝顶，花小，直径约3毫米，花梗纤细，长2.5~4毫米；萼片绿色或淡紫色，长椭圆形，长约2毫米，边缘膜质，外面有疏毛；花瓣白色，倒卵形，长3~5毫米，顶端钝，向基部渐狭；花丝稍扩大；雌蕊柱状，花柱极短，柱头扁球形。长角果线形，稍扁，无毛，长达30毫米；果梗纤细，直立开展，长4~12毫米。种子椭圆形，宽约1毫米，顶端有的具明显的翅。花期2~4月，果期4~6月。

产于宣恩、利川，生于山坡、路旁草丛中；分布几遍全国；广布于全球温带地区。

全草可作野菜食用；也供药用，能清热去湿。

豆瓣菜属 *Nasturtium* R. Br.

一年生或多年生草本，具多数分枝，水生或陆生，植株光滑无毛或具糙毛。羽状复叶或为单叶，叶片篦齿状深裂或为全缘。总状花序顶生，短缩或花后延长，花白色或白带紫色。长角果近圆柱形或稍与假隔膜呈平行方向压扁。种子每室1~2行，多数；子叶缘倚胚根。

本属2种；我国均产；恩施州产1种。

豆瓣菜 *Nasturtium officinale* R. Br. in Ait Hort. Kew ed. 2, 4, 110. 1812.

多年生水生草本，高20~40厘米，全体光滑无毛。茎匍匐或浮水生，多分枝，节上生不定根。单数羽状复叶，小叶片3~9片，宽卵形、长圆形或近圆形，顶端1片较大，长2~3厘米，宽1.5~2.5厘米，钝头或微凹，近全缘或呈浅波状，基部截平，小叶柄细而扁，侧生小叶与顶生的相似，基部不等称，叶柄基部成耳状，略抱茎。总状花序顶生，花多数；萼片长卵形，长2~3毫米，宽约1毫米，边缘膜质，基部略呈囊状；花瓣白色，倒卵形或宽匙形，具脉纹，长3~4毫米，宽1~1.5毫米，顶端圆，基部渐狭成细爪。长角果圆柱形而扁，长15~20毫米，宽1.5~2毫米；果柄纤细，开展或微弯；花柱短。种子每室2行。卵形，直径约1毫米，红褐色，表面具网纹。花期4~5月，果期6~7月。

产于利川，生于水沟边、河边；分布于黑龙江、河北、山西、山东、河南、湖北、安徽、江苏、广东、广西、陕西、四川、贵州、云南、西藏；欧洲、亚洲及北美均有分布。

全草也可药用，有解热、利尿的效能。

岩荠属　*Cochlearia* L.

一年、二年或多年生草本；茎直立或近直立，无毛或有单毛、分叉毛。叶常肉质，单叶不裂或羽裂，或为具3~9片小叶的羽状复叶，小叶全缘或具弯缺。总状花序成伞房状，具少数至多数花，有或无苞片；花梗上升或开展，丝状，在果期伸长且屈曲；萼片开展，有白色边缘，基部不成囊状；花瓣白色，少数黄色或浅蔷薇红色，倒卵形或长圆形，有爪；侧蜜腺成对，短，稍成三角形，无中蜜腺；子房2室，有少数至多数胚珠，花柱短，具头状柱头。短角果卵形、球形或椭圆形，稍膨胀，开裂，果瓣有1条明显中脉及网脉，无翅。种子2行，长圆形，稍扁压，棕色；子叶缘倚胚根。

本属约35种；我国有13种；恩施州产2种。

分种检索表

1. 植株有白色长柔毛；顶生小叶菱状卵形，长1.5~2厘米，羽状深裂，裂片顶端圆钝，基部宽楔形；叶柄长1.5~6厘米，不成翅状；短角果长圆形或长圆状卵形，长约2毫米 ································· 1. 柔毛岩荠 *Cochlearia henryi*
1. 植株有短硬毛；顶生小叶卵状菱形，长4~6厘米，不裂，顶端渐尖，基部楔形成翅状；叶柄长2.5~3.5毫米，翅状；短角果长圆形，长4~5毫米 ································· 2. 翅柄岩荠 *Cochlearia alatipes*

1. 柔毛岩荠　*Cochlearia henryi* (Oliv.) O. E. Schulz in Notizbl. Bot. Gart. Berlin 8: 546. 1923.

一年生草本，高20~30厘米，具白色长柔毛；茎外倾，分枝。基生叶为具3或5片小叶的羽状复叶，顶生小叶菱状卵形，长1.5~2厘米，羽状深裂，裂片卵形或椭圆形，顶端圆钝，基部宽楔形，边缘有钝齿，侧生小叶较小，长6~10毫米，渐狭成长2~3毫米的小叶柄，或无柄；叶柄长1.5~6厘米。总状花序顶生，伸长，总梗之字形；花白色，直径约1.5毫米；花梗长2~3毫米；萼片长圆形，长约1毫米；花瓣倒卵形，长1.5~2毫米，顶端圆形。短角果长圆形或长圆状卵形，长约2毫米。宽约1毫米，初有毛，后脱落；果瓣舟形；花柱长约1毫米；果梗开展，长5~8毫米。种子每室2粒，卵形，长约0.5毫米，棕色。花、果期均为6~7月。

产于恩施、咸丰，生于石壁上；分布于湖北、四川、贵州。

2. 翅柄岩荠　*Cochlearia alatipes* Hand. -Mazz. Symb. Sin. 7(2): 371. f. 9. 1931.

多年生草本，高50~100厘米；根状茎匍匐，短粗。茎多数，直立，上部成圆锥状分枝，肉质，直径3~6毫米，稍弧曲，匍匐枝状。茎生叶疏生，在匍匐枝上的具3片小叶，在下部的具5片小叶，顶端的为单叶；小叶卵状菱形，顶生小叶长4~6厘米，侧生的长4~5.5厘米，顶端渐尖，基部楔形成翅状，边缘有不整齐钝齿，具小短尖，两面有短硬毛，下面较多；叶柄长 2.5~3.5 厘米，宽 2~3 毫米，翅状；小叶柄长 5~10 毫米，翅状。总状花序顶生，长达 10 厘米；苞片叶状，早落；花梗直立开展，长 3~9 毫米；花白色，直径 3~4 毫米；萼片椭圆形，长 3~4 毫米；花瓣宽倒卵状楔形，长 6~8 毫米，顶端微缺。短角果长圆形，长 4~5 毫米，果瓣两侧隆起，网脉显明；花柱粗，长约 1 毫米；花梗长 6~10 毫米。种子 2 粒，长圆形，长 1~1.5 毫米，黑褐色。花、果期均为 5~6 月。

产于咸丰、宣恩，生于山谷林下；分布于浙江、湖南、湖北、江西、广东、广西、贵州、云南。

荠属 Capsella Medic.

一年或二年生草本；茎直立或近直立，单一或从基部分枝，无毛、具单毛或分叉毛。基生叶莲座状，羽状分裂至全缘，有叶柄；茎上部叶无柄，叶边缘具弯缺牙齿至全缘，基部耳状，抱茎。总状花序伞房状，花疏生，果期延长；花梗丝状，果期上升；萼片近直立，长圆形，基部不成囊状；花瓣白色或带粉红色，匙形；花丝线形，花药卵形，蜜腺成对，半月形，常有一外生附属物，子房 2 室，有 12~24 枚胚珠，花柱极短。短角果倒三角形或倒心状三角形，扁平，开裂，无翅，无毛，果瓣近顶端最宽，具网状脉，隔膜窄椭圆形，膜质，无脉。种子每室 6~12 粒，椭圆形，棕色；子叶背倚胚根。

本属约 5 种；我国产 1 种；恩施州产 1 种。

荠 Capsella bursa-pastoris (L.) Medic. Pflanzengatt. 1: 85. 1792.

一年或二年生草本，高 7~50 厘米，无毛、有单毛或分叉毛；茎直立，单一或从下部分枝。基生叶丛生呈莲座状，大头羽状分裂，长可达 12 厘米，宽可达 2.5 厘米，顶裂片卵形至长圆形，长 5~30 毫米，宽 2~20 毫米，侧裂片 3~8 对，长圆形至卵形，长 5~15 毫米，顶端渐尖，浅裂，或有不规则粗锯齿或近全缘，叶柄长 5~40 毫米；茎生叶窄披针形或披针形，长 5~6.5 毫米，宽 2~15 毫米，基部箭形，抱茎，边缘有缺刻或锯齿。总状花序顶生及腋生，果期延长达 20 厘米；花梗长 3~8 毫米；萼片长圆形，长 1.5~2 毫米；花瓣白色，卵形，长 2~3 毫米，有短爪。短角果倒三角形或倒心状三角形，长 5~8 毫米，宽 4~7 毫米，扁平，无毛，顶端微凹，裂瓣具网脉；花柱长约 0.5 毫米；果梗长 5~15 毫米。种子 2 行，长椭圆形，长约 1 毫米，浅褐色。花、果期均为 4~6 月。

恩施州广布，生于山坡、田边及路旁；分布几遍全国；全世界温带地区广布。

全草入药，有利尿、止血、清热、明目、消积功效。

蔊菜属 Rorippa Scop.

一、二年生或多年生草本，植株无毛或具单毛。茎直立或呈铺散状，多数有分枝。叶全缘，浅裂或羽状分裂。花小，多数，黄色，总状花序顶生，有时每花生于叶状苞片腋部；萼片 4 片，开展，长圆形或宽披针形；花瓣 4 片或有时缺，倒卵形，基部较狭，稀具爪；雄蕊 6 枚或较少。长角果多数呈细圆柱形，也有短角果呈椭圆形或球形的，直立或微弯，果瓣凸出，无脉或仅基部具明显的中脉，有时成 4 瓣裂；柱头全缘或 2 裂。种子细小，多数，每室 1 行或 2 行；子叶缘倚胚根。

本属约 90 种；我国有 9 种；恩施州产 2 种。

十字花科 Cruciferae

分种检索表

1. 具黄色花瓣；叶片通常大头羽裂，具长柄；上部叶具短柄，基部耳状抱茎；种子每室2行 ················ 1. 蔊菜 *Rorippa indica*
1. 无花瓣；种子每室1行 ··· 2. 无瓣蔊菜 *Rorippa dubia*

1. 蔊菜 *Rorippa indica* (L.) Hiern in Cat. Afr. Pl. Welw. 1: 26. 1896.

一、二年生直立草本，高20~40厘米，植株较粗壮，无毛或具疏毛。茎单一或分枝，表面具纵沟。叶互生，基生叶及茎下部叶具长柄，叶形多变化，通常大头羽状分裂，长4~10厘米，宽1.5~2.5厘米，顶端裂片大，卵状披针形，边缘具不整齐牙齿，侧裂片1~5对；茎上部叶片宽披针形或匙形，边缘具疏齿，具短柄或基部耳状抱茎。总状花序顶生或侧生，花小，多数，具细花梗；萼片4片，卵状长圆形，长3~4毫米；花瓣4片，黄色，匙形，基部渐狭成短爪，与萼片近等长；雄蕊6枚，2枚稍短。长角果线状圆柱形，短而粗，长1~2厘米，宽1~1.5毫米，

直立或稍内弯，成熟时果瓣隆起；果梗纤细，长3~5毫米，斜升或近水平开展。种子每室2行，多数，细小，卵圆形而扁，一端微凹，表面褐色，具细网纹；子叶缘倚胚根。花期4~6月，果期6~8月。

产于来凤、宣恩，生于路边；分布于山东、河南、江苏、浙江、福建、台湾、湖南、湖北、江西、广东、陕西、甘肃、四川、云南；日本、朝鲜、菲律宾、印度等也有分布。

全草入药，内服有解表健胃、止咳化痰、平喘、清热解毒、散热消肿等效；外用治痈肿疮毒及烫火伤。

2. 无瓣蔊菜 *Rorippa dubia* (Pers.) Hara in Journ. Jap. Bot. 30 (7): 196. 1955.

一年生草本，高10~30厘米；植株较柔弱，光滑无毛，直立或呈铺散状分枝，表面具纵沟。单叶互生，基生叶与茎下部叶倒卵形或倒卵状披针形，长3~8厘米，宽1.5~3.5厘米，多数呈大头羽状分裂，顶裂片大，边缘具不规则锯齿，下部具1~2对小裂片，稀不裂，叶质薄；茎上部叶卵状披针形或长圆形，边缘具波状齿，上下部叶形及大小均多变化，具短柄或无柄。总状花序顶生或侧生，花小，多数，具细花梗；萼片4片，直立，披针形至线形，长约3毫米，宽约1毫米，边缘膜质；无花瓣（偶有不完全花瓣）；雄蕊6枚，2枚较短。长角果线形，长2~3.5厘米，宽约1毫米，细而直；果梗纤细，斜升或近水平开展。种子每室1行，多数，细小，种子褐色，近卵形，一端尖而微凹，表面具细网纹；子叶缘筒胚根。花期4~6月，果期6~8月。

产于咸丰、利川，生于山坡路旁、山谷、河边湿地；分布于安徽、江苏、浙江、福建、湖北、湖南、江西、广东、广西、陕西、甘肃、四川、贵州、云南、西藏；日本、菲律宾、印度尼西亚、印度均有。

全草入药，内服有解表健胃、止咳化痰、平喘、清热解毒、散热消肿等功效；外用治痈肿疮毒及烫火伤。

芸苔属 *Brassica* L.

一年、二年或多年生草木，无毛或有单毛；根细或成块状。基生叶常成莲座状，茎生有柄或抱茎。总状花序伞房状，结果时延长；花中等大，黄色，少数白色；萼片近相等，内轮基部囊状；侧蜜腺柱状，中蜜腺近球形、长圆形或丝状。子房有 5~45 枚胚珠。长角果线形或长圆形，圆筒状，少有近压扁，常稍扭曲，喙多为锥状，喙部有 1~3 粒种子或无种子；果瓣无毛，有 1 条明显中脉，柱头头状，近 2 裂；隔膜完全，透明。种子每室 1 行，球形或少数卵形，棕色，网孔状；子叶对折。

本属约 40 种；我国有 14 栽培种 11 变种 1 变型；恩施州产 3 种 8 变种。

分种检索表

1. 二年或多年生草本；叶厚，肉质，粉蓝色或蓝绿色；花大，直径 1.5~2.5 厘米，白色至浅黄色，有长爪。
  2. 叶大且厚，肉质；部分或全部茎生叶无柄或抱茎；茎不肥厚成块茎。
    3. 叶层层包裹成球状体 ·· 1. 甘蓝 *Brassica oleracea* var. *capitata*
    3. 叶不包裹成球状体
      4. 由总花梗、花梗和未发育的花芽密集成乳白色肉质头状体 ·········· 2. 花椰菜 *Brassica oleracea* var. *botrytis*
      4. 花序正常，不形成肉质头状体；茎上的叶腋无柔软的叶芽；叶皱缩，呈白黄、黄绿、粉红或红紫色 ··· 3. 羽衣甘蓝 *Brassica oleracea* var. *acephala* f. *tricolor*
  2. 叶较小且薄；茎生叶有细柄；茎在近地面处肥厚成块茎 ··············· 4. 擘蓝 *Brassica oleracea* var. *gongylodes*
1. 多为一年生草本；花小，直径 4~20 毫米，鲜黄色或浅黄色，花瓣具不明显爪。
  5. 种子具显明窠孔；长角果皱缩或具突出的果瓣及很短的喙；长角果宽 2~3.5 毫米；植株有辛辣味 ········ 5. 芥菜 *Brassica juncea*
  5. 种子不具显明窠孔；长角果不成念珠状；植株无辛辣味。
    6. 块根下部生根；二年生草本；茎生叶多具细齿，抱茎，但不成耳状 ··············· 6. 芜青 *Brassica rapa*
    6. 无块根。
      7. 植物具粉霜；基生叶丛不太发育或长存；至少有些茎生叶基部成耳状。
        8. 茎、叶片、叶柄、花序轴及果瓣均不带紫色 ················· 7. 芸苔 *Brassica rapa* var. *oleifera*
        8. 茎、叶片、叶柄、花序轴及果瓣均带紫色 ············· 8. 紫菜苔 *Brassica campestris* var. *purpuraria*
      7. 植物绿色或稍具粉霜；基生叶丛发育，茎生叶抱茎但不成耳状。
        9. 基生叶及下部茎生叶的叶柄很宽、扁平，边缘有具缺刻的翅；二年生草本 ········· 9. 白菜 *Brassica rapa* var. *glabra*
        9. 基生叶及下部茎生叶的叶柄厚，但无明显的翅；二年成一年生草本。
          10. 基生叶有不明显圆齿或全缘，幼时无毛 ························ 10. 青菜 *Brassica chinensis*
          10. 基生叶有不明显钝齿或全缘，幼时有单毛 ·············· 11. 油白菜 *Brassica chinensis* var. *oleifera*

1. 甘蓝（变种） *Brassica oleracea* L. var. *capitata* L. Sp. Pl. 667. 1753.

俗名"包菜"，二年生草本，被粉霜。矮且粗壮一年生茎肉质，不分枝，绿色或灰绿色。基生叶多数，质厚，层层包裹成球状体，扁球形，直径 10~30 厘米或更大，乳白色或淡绿色；二年生茎有分枝，具茎生叶。基生叶及下部茎生叶长圆状倒卵形至圆形，长和宽达 30 厘米。顶端圆形，基部骤窄成极短有宽翅的叶柄，边缘有波状不显明锯齿；上部茎生叶卵形或长圆状卵形，长 8~13.5 厘米，宽 3.5~7 厘米，基部抱茎；最上部叶长圆形，长约 4.5 厘米，宽约 1 厘米，抱茎。总状花序顶生及腋生；花淡黄色，直径 2~2.5 厘米；花梗长 7~15 毫米；萼片直立，线状长圆形，长 5~7 毫米；花瓣宽椭圆状倒卵形或近圆形，长 13~15 毫米，脉纹显明，顶端微缺，基部骤变窄成爪，爪长 5~7 毫米。长角果圆柱形，长 6~9 厘米，宽 4~5 毫米，两侧稍压扁，中脉突出，喙圆锥形，长 6~10 毫米；果梗粗，直立开展，长 2.5~3.5 厘米。种子球形，直径 1.5~2 毫米，棕色。花期 4 月，果期 5 月。

恩施州广泛栽培；全国各地均有栽培。

作蔬菜及饲料用；叶的浓汁用于治疗胃及十二指肠溃疡。

2. 花椰菜（变种） Brassica oleracea L. var. botrytis L. Sp. Pl. 667. 1753.

俗名"花菜"，二年生草本，高 60~90 厘米，被粉霜。茎直立，粗壮，有分枝。基生叶及下部叶长圆形至椭圆形，长 2~3.5 厘米，灰绿色，顶端圆形，开展，不卷心，全缘或具细牙齿，有时叶片下延，具数片小裂片，并成翅状；叶柄长 2~3 厘米；茎中上部叶较小且无柄，长圆形至披针形，抱茎。茎顶端有一个由总花梗、花梗和未发育的花芽密集成的乳白色肉质头状体；总状花序顶生及腋生；花淡黄色，后变成白色。长角果圆柱形，长 3~4 厘米，有一中脉，喙下部粗上部细，长 10~12 毫米。种子宽椭圆形，长近 2 毫米，棕色。花期 4 月，果期 5 月。

恩施州广泛栽培；我国各地均有栽培。

头状体作蔬菜食用。

3. 羽衣甘蓝（变种） Brassica oleracea L. var. acephala DC. f. tricolor in Syst. Nat. 2: 583. 1821.

本变种与甘蓝 B. oleracea var. capitata 的差别在于叶皱缩，呈白黄、黄绿、粉红或红紫等色，有长叶柄。花期 4 月，果期 5 月。

恩施州广泛栽培；我国大城市公园有栽培。

4. 擘蓝（变种） Brassica oleracea L. var. gongylodes L.

二年生草本，高 30~60 厘米，全体无毛，带粉霜；茎短，在离地面 2~4 厘米处膨大成 1 个实心长圆球体或扁球体，绿色，其上生叶。叶略厚，宽卵形至长圆形，长 13.5~20 厘米，基部在两侧各有 1 片裂片，或仅在一侧有 1 片裂片，边缘有不规则裂齿；叶柄长 6.5~20 厘米，常有少数小裂片；茎生叶长圆形至线状长圆形，边缘具浅波状齿。总状花序顶生；花直径 1.5~2.5 厘米。花及长角果和甘蓝的相似，但喙常很短，且基部膨大；种子直径 1~2 毫米，有棱角。花期 4 月，果期 6 月。

恩施州广泛栽培；我国各省区均有栽培。

叶及种子药用，能消食积，治疗十二指肠溃疡。

5. 芥菜 Brassica juncea (L.) Czern. et Coss. in Czern. Conspect. Fl. Chark. 8. 1859.

一年生草本，高 30~150 厘米，常无毛，有时幼茎及叶具刺毛，带粉霜，有辣味；茎直立，有分枝。基生叶宽卵形至倒卵形，长 15~35 厘米，顶端圆钝，基部楔形，大头羽裂，具 2~3 对裂片，或不裂，边缘均有缺刻或牙齿，叶柄长 3~9 厘米，具小裂片；茎下部叶较小，边缘有缺刻或牙齿，有时具圆钝锯齿，不抱茎；茎上部叶窄披针形，长 2.5~5 厘米，宽 4~9 毫米，边缘具不明显疏齿或全缘。总状花序顶生，花后延长；花黄色，直径 7~10 毫米；花梗长 4~9 毫米；萼片淡黄色，长圆状椭圆形，长 4~5 毫米，

直立开展；花瓣倒卵形，长8~10毫米，长4~5毫米。长角果线形，长3~5.5厘米，宽2~3.5毫米，果瓣具一突出中脉；喙长6~12毫米；果梗长5~15毫米。种子球形，直径约1毫米，紫褐色。花期3~5月，果期5~6月。

恩施州广泛栽培；全国各地均有栽培。

种子及全草供药用，能化痰平喘，消肿止痛。

6. 芜青 *Brassica rapa* L. Sp. Pl. 666. 1753.

二年生草本，高达100厘米；块根肉质，球形、扁圆形或长圆形，外皮白色、黄色或红色，根肉质白色或黄色，无辣味；茎直立，有分枝，下部稍有毛，上部无毛。基生叶大头羽裂或为复叶，长20~34厘米，顶裂片或小叶很大，边缘波状或浅裂，侧裂片或小叶约5对，向下渐变小，上面有少数散生刺毛，下面有白色尖锐刺毛；叶柄长10~16厘米，有小裂片；中部及上部茎生叶长圆披针形，长3~12厘米，无毛，带粉霜，基部宽心形，至少半抱茎，无柄。总状花序顶生；花直径4~5毫米；花梗长10~15毫米；萼片长圆形，长4~6毫米；花瓣鲜黄色，倒披针形，长4~8毫米，有短爪。长角果线形，长3.5~8厘米，果瓣具一明显中脉；喙长10~20毫米；果梗长达3厘米。种子球形，直径约1.8毫米，浅黄棕色，近种脐处黑色，有细网状窠穴。花期3~4月，果期5~6月。

恩施州广泛栽培；全国各地均有栽培。

7. 芸苔 *Brassica rapa* var. *oleifera* de Candolle

俗名"油菜"，二年生草本，高30~90厘米；茎粗壮，直立，分枝或不分枝，无毛或近无毛，稍带粉霜。基生叶大头羽裂，顶裂片圆形或卵形，边缘有不整齐弯缺牙齿，侧裂片1至数对，卵形；叶柄宽，长2~6厘米，基部抱茎；下部茎生叶羽状半裂，长6~10厘米，基部扩展且抱茎，两面有硬毛及缘毛；上部茎生叶长圆状倒卵形、长圆形或长圆状披针形，长2.5~15厘米，宽0.5~5厘米，基部心形，抱茎，两侧有垂耳，全缘或有波状细齿。总状花序在花期成伞房状，以后伸长；花鲜黄色，直径7~10毫米；萼片长圆形，长3~5毫米，直立开展，顶端圆形，边缘透明，稍有毛；花瓣倒卵形，长7~9毫米，顶端近微缺，基部有爪。长角果线形，长3~8厘米，宽2~4毫米，果瓣有中脉及网纹，萼直立，长9~24毫米；果梗长5~15毫米。种子球形，直径约1.5毫米。紫褐色。花期3~4月，果期5月

恩施州广泛栽培；我国各地均有栽培。

种子药用，能行血散结消肿；叶可外敷痈肿。

8. 紫菜苔（变种） *Brassica campestris* L. var. *purpuraria* L. H. Bailey in Gent. Herb. 2: 248. f. 131. 1930.

本变种与芸苔 *B. rapa* var. *Oleifera* 相似，不同在于茎、叶片、叶柄、花序轴及果瓣均带紫色，基生叶大头羽状分裂，下部茎生叶三角状卵形或披针状长圆形，上部叶略抱茎。花期 3~4 月，果期 5 月。

恩施州广泛栽培；全国各地栽培。

9. 白菜（变种） *Brassica rapa* L. var. *glabra* Regel

二年生草本，高 40~60 厘米，常全株无毛，有时叶下面中脉上有少数刺毛。基生叶多数，大形，倒卵状长圆形至宽倒卵形，长 30~60 厘米，宽不及长的一半，顶端圆钝，边缘皱缩，波状，有时具不显明牙齿，中脉白色，很宽，有多数粗壮侧脉；叶柄白色，扁平，长 5~9 厘米，宽 2~8 厘米，边缘有具缺刻的宽薄翅；上部茎生叶长圆状卵形、长圆披针形至长披针形，长 2.5~7 厘米，顶端圆钝至短急尖，全缘或有裂齿，有柄或抱茎，有粉霜。花鲜黄色，直径 1.2~1.5 厘米；花梗长 4~6 毫米；萼片长圆形或卵状披针形，长 4~5 毫米，直立，淡绿色至黄色；花瓣倒卵形，长 7~8 毫米，基部渐窄成爪。长角果较粗短，长 3~6 厘米，宽约 3 毫米，两侧压扁，直立，喙长 4~10 毫米，宽约 1 毫米，顶端圆；果梗开展或上升，长 2.5~3 厘米，较粗。种子球形，直径 1~1.5 毫米，棕色。花期 5 月，果期 6 月。

恩施州广泛栽培；我国各地广泛栽培。

10. 青菜 *Brassica chinensis* L. Gent. Pl. 1: 19. 1755.

一年或二年生草本，高 25~70 厘米，无毛，带粉霜；根粗，坚硬，常成纺锤形块根，顶端常有短根颈；基直立，有分枝。基生叶倒卵形或宽倒卵形，长 20~30 厘米，坚实，深绿色，有光泽，基部渐狭成宽柄。全缘或有不显明圆齿或波状齿。中脉白色。宽达 1.5 厘米，有多条纵脉；叶柄长 3~5 厘米，有或无窄边；下部茎生叶和基生叶相似，基部渐狭成叶柄；上部茎生叶倒卵形或椭圆形，长 3~7 厘米，宽 1~3.5 厘米，基部抱茎，宽展，两侧有垂耳，全缘，微带粉霜。总状花序顶生，呈圆锥状；花浅黄色，长约 1 厘米，授粉后长达 1.5 厘米；花梗细，和花等长或较短；萼片长圆形，长 3~4 毫米，直立开展，白色或黄色；花瓣长圆形，长约 5 毫米，顶端圆钝，有脉纹，具宽爪。长角果线形，长 2~6 厘米，宽 3~4 毫米，坚硬，无毛，果瓣有明显中脉及网结侧脉；喙顶端细，基部宽，长 8~12 毫米；果梗长 8~30 毫米。种子球形，直径 1~1.5 毫米，紫褐色，有蜂窝纹。花期 4 月，果期 5 月。

恩施州广泛栽培；我国南北各省栽培；原产亚洲。

11. 油白菜（变种） *Brassica chinensis* L. var. *oleifera* Makino et Nemoto, Fl. Jap. 2nd. ed. 393. 1931.

本变种与青菜 *B. chinensis* 的主要差别在于基生叶倒卵形，全缘或有不显明钝齿，幼时有单毛。花期 4 月，果期 5 月。

恩施州广泛栽培；我国长江以南地区多有栽培。

萝卜属 *Raphanus* L.

一年或多年生草本，有时具肉质根；茎直立，常有单毛。叶大头羽状半裂，上部多具单齿。总状花序伞房状；无苞片；花大，白色或紫色；萼片直立，长圆形，近相等，内轮基部稍成囊状；花瓣倒卵形，常有紫色脉纹，具长爪；侧蜜腺微小，凹陷，中蜜腺近球形或柄状；子房钻状，2节，具2～21枚胚珠，柱头头状。长角果圆筒形，下节极短，无种子，上节伸长，在相当种子间处稍缢缩，顶端成1细喙，成熟时裂成含1粒种子的节，或裂成几个不开裂的部分。种子1行，球形或卵形，棕色；子叶对折。

本属约8种；我国有2种2变种；恩施州产1种。

萝卜 Raphanus sativus L. Sp. Pl. 669. 1753.

二年或一年生草本，高20～100厘米；直根肉质，长圆形、球形或圆锥形，外皮绿色、白色或红色；茎有分枝，无毛，稍具粉霜。基生叶和下部茎生叶大头羽状半裂，长8～30厘米，宽3～5厘米，顶裂片卵形，侧裂片4～6对，长圆形，有钝齿，疏生粗毛，上部叶长圆形，有锯齿或近全缘。总状花序顶生及腋生；花白色或粉红色，直径1.5～2厘米；花梗长5～15毫米；萼片长圆形，长5～7毫米；花瓣倒卵形，长1～1.5厘米，具紫纹，下部有长5毫米的爪。长角果圆柱形，长3～6厘米，宽10～12毫米，在相当种子间处缢缩，并形成海绵质横隔；顶端喙长1～1.5厘米；果梗长1～1.5厘米。种子1～6粒，卵形，微扁，长约3毫米，红棕色，有细网纹。花期4～5月，果期5～6月。

恩施州广泛栽培；全国各地普遍栽培。

种子、鲜根、枯根、叶皆入药；种子消食化痰；鲜根止渴、助消化，枯根利二便；叶治初痢，并预防痢疾。

诸葛菜属 *Orychophragmus* Bunge

一年或二年生草本，无毛或稍有细柔毛；茎单一或从基部分枝。基生叶及下部茎生叶大头羽状分裂，有长柄，上部茎生叶基部耳状，抱茎，有短柄或无柄。花大，美丽，紫色或淡红色，具长花梗，成疏松总状花序；花萼合生，内轮萼片基部稍成或成深囊状，边缘透明；花瓣宽倒卵形，基部成窄长爪；雄蕊全部离生，或长雄蕊花丝成对地合生达顶端；侧蜜腺近三角形，无中蜜腺；花柱短，柱头2裂。长角果线形，4棱或压扁，熟时2瓣裂，果瓣具锐脊，顶端有长喙。种子1行，扁平；子叶对折。

本属2种；我国有1种3变种；恩施州产1种。

诸葛菜 Orychophragmus violaceus (L.) O. E. Schulz in Bot. Jahrb. 54: Beibl. 119. 56. 1916.

一年或二年生草本，高10～50厘米，无毛；茎单一，直立，基部或上部稍有分枝，浅绿色或带紫色。基生叶及下部茎生叶大头羽状全裂，顶裂片近圆形或短卵形，长3～7厘米，宽2～3.5厘米，顶端钝，基部心形，有钝齿，侧裂片2～6对，卵形或三角状卵形，长3～10毫米，越向下越小，偶在叶轴上杂有极小裂片，全缘或有牙齿，叶柄长2～4厘米，疏生细柔毛；上部叶长圆形或窄卵形，长4～9厘米，顶端急尖，基部耳状，抱茎，边缘有不整齐牙齿。花紫色、浅红色或褪成白色，直径2～4厘米；花梗长5～10毫米；花萼筒状，紫色，萼片长约3毫米；花瓣宽倒卵形，长1～1.5厘米，宽7～15毫米，密生细脉纹，爪长3～6毫米。长角果线形，长7～10厘米。具4棱，裂瓣有一凸出中脊，喙长1.5～2.5厘米；果梗长8～15毫米。种子卵形至长圆形，长约2毫米。稍扁平，黑棕色，有纵条纹。花期4～5月，果期5～6月。

产于利川,生于山地、路旁;分布于辽宁、河北、山西、山东、河南、安徽、江苏、浙江、湖北、江西、陕西、甘肃、四川;朝鲜有分布。

堇叶芥属 *Neomartinella* Pilger

一年生或多年生矮小草本,全株无毛。根茎短,主根粗壮。无茎。叶全部基生,有长柄;单叶,心形至肾形,边缘具圆齿,顶端微凹,有凸尖。总状花序,花排列疏松;萼片分离,卵形;花瓣白色,倒卵形,顶端深凹,向基部渐尖;雄蕊6枚,长雄蕊花丝基部呈翅状,花药短,卵形;侧生蜜腺半环状,中央蜜腺近似圆形突起;雌蕊长椭圆形。长角果线形,果瓣略膨大,具细中脉。种子每室1行,卵形至圆形,无边缘。

我国特有属,仅有1种;恩施州产1种。

堇叶芥 *Neomartinella violifolia* (Levl.) Pilger in Engl. et Prantl, Nat. Pflanzenfam. 1. Aufl. 3. Nacht. 134. 1908.

一年生矮小草本,高5~9厘米。主根细长。叶全部基生,单叶,心形至肾形,长1.8~4厘米,宽1.7~3.8厘米,叶脉掌状,顶端微凹,边缘具波状圆齿,每一齿缺处均具短尖头;叶柄长3~8厘米。总状花序数个,花排列疏松;萼片卵形,长约1.8毫米,内轮萼片基部不呈囊状;花白色,倒卵形至长圆形,长约3.5毫米,顶端深凹;雄蕊花丝基部呈翅状;雌蕊长椭圆形,花柱短,柱头头状。长角果弯弓状线形,果瓣宽,具中脉;果梗细长,长1.5~2厘米,直立向上。种子椭圆形。花、果期均为3月。

产于巴东、利川,生于石缝中;分布于湖南、湖北、贵州、云南。

菘蓝属 *Isatis* L.

一年、二年或多年生草本,无毛或具单毛;茎常多分枝。基生叶有柄,茎生叶无柄,叶基部箭形或耳形,抱茎或半抱茎,全缘。总状花序成圆锥花序状,果期延长;萼片近直立,略相同,基部不成囊状;花瓣黄色、白色或紫白色,长圆状倒卵形或倒披针形;侧蜜腺几成环状,向内侧常略弯曲,中蜜腺窄,连接侧蜜腺;子房1室,具1~2枚垂生胚珠,柱头几无柄,近2裂。短角果长圆形、长圆状楔形或近圆形,压扁,不开裂,至少在上部有翅,无毛或有毛,顶端平截或尖凹,果瓣常有一明显中脉。种子常1粒,长圆形,带棕色;子叶背倚胚根。

本属约30种;我国产6种1变种;恩施州产1种。

菘蓝 *Isatis indigotica* Fortune in Journ. Hort. Soc. London 1: 270. 1846.

二年生草本,高40~100厘米;茎直立,绿色,顶部多分枝,植株光滑无毛,带白粉霜。基生叶莲座状,长圆形至宽倒披针形,长5~15厘米,宽1.5~4厘米,顶端钝或尖,基部渐狭,全缘或稍具波状齿,具柄;基生叶蓝绿色,长椭圆形或长圆状披针形,长7~15厘米,宽1~4厘米,基部叶耳不明显或为圆形。萼片宽卵形或宽披针形,长2~2.5毫米;花瓣黄白,宽楔形,长3~4毫米,顶端近平截,具短爪。短角果近长圆形,扁平,无毛,边缘有翅;果梗细长,微下垂。种子长圆形,长3~3.5毫米,淡褐色。花期4~5月,果期5~6月。

恩施州广泛栽培;全国各地均有栽培;原产我国。

根、叶均供药用,有清热解毒、凉血消斑、利咽止痛的功效。

山萮菜属 *Eutrema* R. Br.

多年生草本，无毛或有单毛。叶为单叶，不裂，基生叶具长柄；茎生叶有柄或无柄。萼片直立，外轮的宽长圆形或卵形，内轮的宽卵形，顶端钝，基部均等，边缘膜质；花瓣白色，很少带红色，卵形，顶端钝，基部具短爪；雄蕊花丝近基部或多或少变宽，花药长圆形；侧蜜腺半环状，向内开口，外侧常成波状，中蜜腺位于长雄蕊内侧，近圆锥形，二者汇合；雌蕊花柱多数短，柱头扁头状，稍2裂。角果短，条状长圆形、披针形、棒状或近圆筒状，有的略成念珠状，2室，开裂；果瓣中脉明显，常呈龙骨状隆起，两侧可见网状脉；假隔膜常穿孔。种子椭圆形；子叶背倚胚根，或近缘倚胚根。

本属16种；我国有10种3变种；恩施州产1种。

山萮菜 *Eutrema yunnanense* Franch. Pl. Delay. 161. 1889.

多年生草本，高30~80厘米。根茎横卧，粗约1厘米，具多数须根。近地面处生数茎，直立或斜上升，表面有纵沟，下部无毛，上部有单毛。基生叶具柄，长25~35厘米；叶片近圆形，长7~16厘米，宽7~10厘米，基部深心形，边缘具波状齿或牙齿；茎生叶具柄，柄长5~30毫米，向上渐短，叶片向上渐小，长卵形或卵状三角形，顶端渐尖，基部浅心形，边缘有波状齿或锯齿。花序密集呈伞房状，果期伸长；花梗长5~10毫米；萼片卵形，长约1.5毫米；花瓣白色，长圆形，长3.5~6毫米，顶端钝圆，有短爪。角果长圆筒状，长7~15毫米，宽1~2毫米，两端渐窄；果瓣中脉明显；果梗纤细，长8~16毫米，向下反折，角果常翘起。种子长圆形，长2.2~2.5毫米，褐色。花期3~4月，果期5月。

产于利川，生于草丛中；分布于江苏、浙江、湖北、湖南、陕西、甘肃、四川、云南。

葶苈属 *Draba* L.

一年、二年或多年生草本，植株矮小，丛生成稠密或疏松的草丛。茎和叶通常有毛；分单毛、叉状毛；星状毛和分枝毛。叶为单叶，基生叶常呈莲座状，有柄或无柄；茎生叶通常无柄。总状花序短或伸长，无或有苞片。花小，外轮萼片长圆形或椭圆形，内轮较宽，顶端都为圆形或稍钝，基部不呈或略呈囊状，边缘白色，透明；花瓣黄色或白色，少有玫瑰色或紫色，倒卵楔形，顶端常微凹，基部大多成狭爪；雄蕊通常6枚（偶有4枚），花药卵形或长圆形，花丝细或基部扩大，通常在短雄蕊基部有侧蜜腺1对；雌蕊瓶状，罕有圆柱形，无柄；花柱圆锥形或丝状，有的近于不发育，有的伸长；柱头头状或呈浅2裂。果实为短角果，大多呈卵形或披针形，一部分为长圆形或条形，直或弯，或扭转；2室，具隔膜；果瓣2瓣，扁平或稍隆起，熟时开裂。种子小，2行，每室数粒至多数，卵形或椭圆形；子叶缘倚胚根。

本属约300种；我国约有54种25变种3变型；恩施州产1种。

苞序葶苈 *Draba ladyginii* Pohle in Bull. Jard. Bot. Petersb. 14: 472. 1914.

多年生丛生草本，高10~30厘米。根茎分枝多，基部宿存纤维状枯叶，上部簇生莲座状叶。茎直立，单一或在上部分枝，密被叉状毛、星状毛或单毛。基生叶椭圆状披针形，长1~1.5厘米，宽2~2.7毫米，顶端钝或渐尖，基部渐窄，全缘或每缘各有一锯齿，密生单毛和星状毛；茎生叶卵形或长卵形，长4~16毫米，宽3~4毫米，顶端急尖，基部宽，无柄，每缘各有1~3个锯齿，有单毛、星状毛或分枝毛。总状花序下部数花具叶状苞片；花瓣白色或淡黄色，倒卵形，长约3毫米，基部楔形，顶端微凹；雄蕊长1.8~2毫米；子房条形，无毛。短角果条形，长7~12毫米，宽约1.2毫米，无毛，直或扭转，果梗与果序轴成直角向上开展；花柱长0.5~1毫米；种子褐色，椭圆形。花期5~6月，果期7~8月。

产于巴东，生于草丛中；分布于内蒙古、河北、山西、湖北、陕西、甘肃、宁夏、青海、新疆、四川、云南、西藏；俄罗斯有分布。

紫罗兰属 *Matthiola* R. Br.

一年生、二年生或多年生草本，有时呈亚灌木状，密被灰白色具柄的分枝毛。叶全缘或羽状分裂。花紫色、白色、淡红色或带黄色，排列成总状花序，顶生或腋生；萼片直立，内轮的基部呈囊状；花瓣开展，具长爪；柱头显著2裂，裂片开展或两侧增厚而下延，在背面通常有一膨胀处或角状突出物，通常无花柱。长角果狭条形而扁或为圆筒形，隔膜厚，膜壁网状，果瓣有明显中脉。种子每室1行，扁平，具有薄膜质的翅；子叶缘倚胚根。

本属约50种；我国有2种；恩施州产1种。

紫罗兰 *Matthiola incana* (L.) R. Br., Hortus Kew. 4: 119. 1812.

二年生或多年生草本，高达60厘米，全株密被灰白色具柄的分枝柔毛。茎直立，多分枝，基部稍木质化。叶片长圆形至倒披针形或匙形，连叶柄长6~14厘米，宽1.2~2.5厘米，全缘或呈微波状，顶端钝圆或罕具短尖头，基部渐狭成柄。总状花序顶生和腋生，花多数，较大，花序轴果期伸长；花梗粗壮，斜上开展，长达1.5毫米；萼片直立，长椭圆形，长约15毫米，内轮萼片基部呈囊状，边缘膜质，白色透明；花瓣紫红、淡红或白色，近卵形，长约12毫米，顶端浅2裂或微凹，边缘波状，下部具长爪；花丝向基部逐渐扩大；子房圆柱形，柱头微2裂。长角果圆柱形，长7~8厘米，直径约3毫米，果瓣中脉明显，顶端浅裂；果梗粗壮，长10~15毫米。种子近圆形，直径约2毫米，扁平，深褐色，边缘具有白色膜质的翅。花期4~5月，果期6~7月。

恩施州广泛栽培；原产欧洲南部；我国各省区常有引种。

南芥属 *Arabis* L.

一年生、二年生或多年生草本，很少呈半灌木状。茎直立或匍匐，有单毛、2~3叉毛、星状毛或分枝毛。基生叶簇生，有或无叶柄；叶多为长椭圆形，全缘、有齿牙或疏齿；茎生叶有短柄或无柄，基部楔形，有时呈钝形或箭形的叶耳抱茎、半抱茎或不抱茎。总状花序顶生或腋生；萼片直立，卵形至长椭圆形，内轮基部呈囊状，边缘白膜质、背面有毛或无毛；花瓣白色、很少紫色、蓝紫色或淡红色，倒卵形至楔形，顶端钝，有时略凹入，基部呈爪状；雄蕊6枚，花药顶端常反曲；子房具多数胚珠（20~60枚），柱头头状或2浅裂。长角果线形，顶端钝或渐尖，直立或下垂，果瓣扁平，开裂，具中脉或无。种子每室1~2行，边缘有翅或无翅，有时表面具小颗粒状突起；子叶缘倚胚根。

本属100多种；我国有21种8变种；恩施州产1种。

圆锥南芥 *Arabis paniculata* Franch. Pl. Delav. 57. 1889.

二年生草本，高30~60厘米。茎直立，自中部以上常呈圆锥状分枝，被2~3叉毛及星状毛。基生叶簇生，叶片长椭圆形，长3~8厘米，宽1.5~2厘米，与茎生叶均为顶端渐尖，边缘具疏锯齿，基部下延成有翅的叶柄；茎生叶多数，叶片长椭圆形至倒披针形，长1.5~7.5厘米，宽10~25毫米，基部呈心形或肾形，半抱茎或抱茎，两面密生2~3叉毛及星状毛；无柄。总状花序顶生或腋生呈圆

锥状；萼片长卵形至披针形，长2～3.5毫米，背面近无毛；花瓣白色，长匙形，长4～6毫米，基部呈爪状；柱头头状。长角果线形，长3～5厘米，宽约1毫米，排列疏松，斜向外展；果瓣具中脉，顶端宿存花柱短；果梗长约1.4厘米。种子椭圆形或不规则，长约1.2毫米，黄褐色，具狭翅，表面密具小颗粒而呈条纹状。花期5～6月，果期7～9月。

产于宣恩，生于山坡林下；分布于云南、贵州、湖北。

伯乐树科 Bretschneideraceae

乔木。叶互生，奇数羽状复叶；小叶对生或下部的互生，有小叶柄，全缘，羽状脉；无托叶。花大，两性，两侧对称，组成顶生、直立的总状花序；花萼阔钟状，5浅裂；花瓣5片，分离，覆瓦状排列，不相等，后面的2片较小，着生在花萼上部；雄蕊8枚，基部连合，着生在花萼下部，较花瓣略短，花丝丝状，花药背着；雌蕊1枚，子房无柄，上位，3～5室，中轴胎座，每室有悬垂的胚珠2枚，花柱较雄蕊稍长，柱头头状，小。果为蒴果，3～5瓣裂，果瓣厚，木质；种子大。

本科1属1种；我国均产；恩施州产1属1种。

伯乐树属 *Bretschneidera* Hemsl.

属的特征同科。

伯乐树 *Bretschneidera sinensis* Hemsl. in Hk. Icon. Pl. 28: pl. 2708. 1901.

又名"钟萼木"，乔木，高10～20米；树皮灰褐色；小枝有较明显的皮孔。羽状复叶通常长25～45厘米，总轴有疏短柔毛或无毛；叶柄长10～18厘米，小叶7～15片，纸质或革质，狭椭圆形，菱状长圆形，长圆状披针形或卵状披针形，多少偏斜，长6～26厘米，宽3～9厘米，全缘，顶端渐尖或急短渐尖，基部钝圆或短尖、楔形，叶面绿色，无毛，叶背粉绿色或灰白色，有短柔毛，常在中脉和侧脉两侧较密；叶脉在叶背明显，侧脉8～15对；小叶柄长2～10毫米，无毛。花序长20～36厘米；总花梗、花梗、花萼外面有棕色短绒毛；花淡红色，直径约4厘米，花梗长2～3厘米；花萼直径约2厘米，长1.2～1.7厘米，顶端具短的5齿，内面有疏柔毛或无毛，花瓣阔匙形或倒卵楔形，顶端浑圆，长1.8～2厘米，宽1～1.5厘米，无毛，内面有红色纵条纹；花丝长2.5～3厘米，基部有小柔毛；子房有光亮、白色的柔毛，花柱有柔毛。果椭圆球形、近球形或阔卵形，长3～5.5厘米，直径2～3.5厘米，被极短的棕褐色毛和常混生疏白色小柔毛，有或无明显的黄褐色小瘤体，果瓣厚1.2～5毫米；果柄长2.5～3.5厘米，有或无毛；种子椭圆球形，平滑，成熟时长约1.8厘米，直径约1.3厘米。花期3～9月，果期5月至翌年4月。

恩施州广布，生于山地林中；分布于四川、云南、贵州、广西、广东、湖南、湖北、江西、浙江、福建等省区；越南也有。按照国务院1999年批准的国家重点保护野生植物（第一批）名录，本种为Ⅰ级保护植物。

景天科 Crassulaceae

草本、半灌木或灌木，常有肥厚、肉质的茎、叶，无毛或有毛。叶不具托叶，互生、对生或轮生，常为单叶，全缘或稍有缺刻，少有为浅裂或为单数羽状复叶的。常为聚伞花序，或为伞房状、穗状、总状或圆锥状花序，有时单生。花两性，或为单性而雌雄异株，辐射对称，花各部常为5数或其倍数，少有为3、4或6~32数或其倍数；萼片自基部分离，少有在基部以上合生，宿存；花瓣分离，或多少合生；雄蕊1轮或2轮，与萼片或花瓣同数或为其2倍，分离，或与花瓣或花冠筒部多少合生，花丝丝状或钻形，少有变宽的，花药基生，少有为背着，内向开裂；心皮常与萼片或花瓣同数，分离或基部合生，常在基部外侧有腺状鳞片1片，花柱钻形，柱头头状或不显著，胚珠倒生，有2层珠被，常多数，排成2行沿腹缝线排列，稀少数或1个。蓇葖有膜质或革质的皮，稀为蒴果；种子小，长椭圆形，种皮有皱纹或微乳头状突起，或有沟槽，胚乳不发达或缺。

本科34属1500余种；我国有10属242种；恩施州产4属19种。

分属检索表

1. 心皮有柄或基部渐狭，全部分离，直立；不具根生叶；花两性，花瓣分离，基部渐狭；花序外形呈半圆球形至圆锥形，花序伞房状 ·· 1. 八宝属 *Hylotelephium*
1. 心皮无柄，基部不为渐狭或渐狭，常为基部合生，在景天属中有少数为离心皮的。
  2. 根生叶鳞片状；花单性或两性，花瓣分离或几分离；心皮直立 ·· 2. 红景天属 *Rhodiola*
  2. 基部茎生或根生的鳞片状叶缺；花两性，极少有为单性的，心皮先端反曲。
    3. 基生的茎生叶在花茎上形成明显的莲座；花红色或白色；雄蕊1轮 ······························· 3. 石莲属 *Sinocrassula*
    3. 根生叶常不存在，如存在则花瓣全然分离，而花序自莲座中央发出；雄蕊1轮或2轮 ················· 4. 景天属 *Sedum*

八宝属 *Hylotelephium* H. Ohba

多年生草本。根状茎肉质、短；新枝不为鳞片包被，茎自基部脱落或宿存而下部木质化，自其上部或旁边发出新枝。叶互生、对生或3~5片叶轮生，不具距，扁平，无毛，花序复伞房状、伞房圆锥状、伞状伞房状，小花序聚伞状，有密生的花，顶生，有苞；花两性，5基数的，少有为4基数或退化为单性的；萼片不具距，常较花瓣为短，基部多少合生；花瓣通常、离生，先端通常不具短尖，白色、粉红色、紫色，或淡黄色、绿黄色，雄蕊10枚，较花瓣长或短，对瓣雄蕊着生在花瓣近基部处；鳞长圆状楔形至线状长圆形，先端圆或稍有微缺；成熟心皮几直立，分离，腹面不隆起，基部狭，近有柄。蓇葖种子多数；种子有狭翅。

本属约30种；我国有15种2变种；恩施州产4种。

分种检索表

1. 植株有基生叶2片 ·· 1. 川鄂八宝 *Hylotelephium bonnafousii*
1. 植株不具上述基生叶。
  2. 茎倾斜的，长不及20厘米；叶圆扇形，3片叶轮生 ·· 2. 圆扇八宝 *Hylotelephium sieboldii*
  2. 茎挺直，长30厘米以上。
    3. 叶常为3~5片叶轮生，有时下部2片叶对生，叶长圆状披针形至卵状披针形，叶腋常有肉质白色珠芽；子房稍呈倒卵形 ··· 3. 轮叶八宝 *Hylotelephium verticillatum*
    3. 叶对生或互生，叶腋不具珠芽；子房椭圆形；雄蕊不超出花冠之上 ····························· 4. 八宝 *Hylotelephium erythrostictum*

1. 川鄂八宝　*Hylotelephium bonnafousii* (Hamet) H. Ohba in Bot. Mag. Tokyo 90: 48. 1977.

多年生草本。根状茎粗壮，先端常有2片叶对生，叶圆长圆形或宽圆卵形，长4~10厘米，几全缘至有牙齿。茎直立，细弱，高10~30厘米。叶互生，倒卵状长圆形，长8~10毫米，宽2.5~4.5毫米，先端急尖，基部无柄，全缘。圆锥花序花疏生，高8~15厘米，宽4~8厘米，顶生；萼片5枚，三角状披针形，长1.2~2毫米，宽1~1.5毫米，先端急尖；花瓣5片，卵状长圆形，长4.25~5.75毫米，宽1.6~2.25毫米，先端急尖，有短尖；雄蕊10枚，长3~5毫米，无毛；鳞片5片，倒卵状近四方形，长0.5毫米，宽0.4~0.6毫米，先端有微缺。蓇葖直立，卵状披针形，长达6毫米，先端渐尖，基部狭；种子倒卵状长圆形，长0.8毫米，宽0.25毫米。

产于巴东，生于山谷石壁上；分布于湖北、四川。

2. 圆扇八宝　*Hylotelephium sieboldii* (Sweet ex Hk.) H. Ohba in Bot. Mag. Tokyo 90: 52. f. la. 1977.

多年生草本。块根肉质，细长，如胡萝卜。茎高10~15厘米，匍匐上升。3片叶轮生，叶圆形至圆扇形，长10~15毫米，宽12~20毫米，先端钝急尖至钝圆，基部楔形至宽楔形，边缘稍呈波状或几全缘，几无柄。伞形聚伞花序顶生，直径2~4厘米；苞片卵形，花梗长3~5毫米；萼片5片，三角形，长1.5毫米，基部合生；花瓣5片，浅红色，长圆状披针形，长4~5毫米，宽2毫米，先端急尖；雄蕊10枚，对瓣的与花瓣稍同长，对萼的比花瓣长，花药黄色；鳞片5片，长圆状匙形，长0.8毫米，先端截形，或稍有微缺；心皮5个，直立，狭卵形，长4~4.5毫米，花柱长1.5毫米在内。花期9月。

产于咸丰、利川，生于山谷石壁上；分布于湖北；日本也有。

3. 轮叶八宝　*Hylotelephium verticillatum* (L.) H. Ohba in Bot. Mag. Tokyo 90: 54. f. 3f. 1977.

多年生草本。须根细。茎高40~500厘米，直立，不分枝。4片叶，少有5片叶轮生，下部的常为3片叶轮生或对生，叶比节间长，长圆状披针形至卵状披针形，长4~8厘米，宽2.5~3.5厘米，先端急尖，钝，基部楔形，边缘有整齐的疏牙齿，叶下面常带苍白色，叶有柄。聚伞状伞房花序顶生；花密生，顶半圆球形，直径2~6厘米；苞片卵形；萼片5片，三角状卵形，长0.5~1毫米，基部稍合生；花瓣5片，淡绿色至黄白色，长圆状椭圆形，长3.5~5毫米，先端急尖，基部渐狭，分离；雄蕊10枚，对萼的较花瓣稍长，对瓣的稍短；鳞片5片，线状楔形，长约1毫米，先端有微缺；心皮5个，倒卵形至长圆形，长2.5~5毫米，有短柄，花柱短。种子狭长圆形，长0.7毫米，淡褐色。花期7~8月，果期9月。

产于建始、巴东，生于山谷林下；分布于四川、湖北、安徽、江苏、浙江、甘肃、陕西、河南、山东、山西、河北、辽宁、吉林；朝鲜、日本、俄罗斯也有。

全草药用，外敷，可止痛止血。

4. 八宝　*Hylotelephium erythrostictum* (Miq.) H. Ohba in Bot. Mag. Tokyo 90: 50. f. 1f. 1977.

多年生草本。块根胡萝卜状。茎直立，高30~70厘米，不分枝。叶对生，少有互生或3片叶轮生，长圆形至卵状长圆形，长4.5~7厘米，宽2~3.5厘米，先端急尖，钝，基部渐狭，边缘有疏锯齿，无柄。伞房状花序顶生；花密生，直径约1厘米，花梗稍短或同长；萼片5片，卵形，长1.5毫米；花瓣5片，白色或粉红色，宽披针形，长5~6毫米，渐尖；雄蕊10枚，与花瓣同长或稍短，花药紫色；鳞片5片，长圆状楔形，长1毫米，先端有微缺；心皮5个，直立，基部几分离。花期8~10月。

恩施州广布，生于沟边或草地；分布于云南、贵州、四川、湖北、安徽、浙江、江苏、陕西、河南、山东、山西、河北、辽宁、吉林、黑龙江；朝鲜、日本也有。

全草药用，有清热解毒、散瘀消肿之效，治喉炎、热疖及跌打损伤。

红景天属 Rhodiola L.

多年生草本。根颈肉质，粗或细，被基生叶或鳞片状叶，先端部分通常出土的。花茎发自基生叶或鳞片状叶的腋部，一年生，老茎有时宿存，茎不分枝，多叶。茎生叶互生，厚，无托叶，不分裂。花序顶生，通常为复出或简单的伞房状或二歧聚伞状，少有为螺状聚伞花序，更少有为花单生，通常有苞片，有总梗及花梗。花辐射对称，雌雄异株或两性；萼3~6裂；花瓣几分离，与萼片同数；雄蕊2轮，常为花瓣数的2倍，对瓣雄蕊贴生在花瓣下部，花药2室，底着，极少有为背着的，一般在开花前花药紫色，花药开裂后黄色；腺状鳞片线形、长圆形、半圆形或近正方形；心皮基部合生，与花瓣同数，子房上位。蓇葖有种子多数。

本属约90种；我国有73种2亚种7变种；恩施州产1种。

云南红景天 Rhodiola yunnanensis (Franch.) S. H. Fu, Acta Phytotax. Sin., Addit. 1: 126. 1965.

多年生草本。根颈粗，长，直径可达2厘米，不分枝或少分枝，先端被卵状三角形鳞片。花茎单生或少数着生，无毛，高可达100厘米，直立，圆。3片叶轮生，稀对生，卵状披针形、椭圆形、卵状长圆形至宽卵形，长4~9厘米，宽2~6厘米，先端钝，基部圆楔形，边缘多少有疏锯齿，稀近全缘，下面苍白绿色，无柄。聚伞圆锥花序，长5~15厘米，宽2.5~8厘米，多次三叉分枝；雌雄异株，稀两性花；雄花小，多，萼片4片，披针形，长0.5毫米；花瓣4片，黄绿色，匙形，长1.5毫米；雄蕊8枚，较花瓣短；鳞片4片，楔状四方形，长0.3毫米；心皮4个，小；雌花萼片、花瓣各4片，绿色或紫色，线形，长1.2毫米，鳞片4片，近半圆形，长0.5毫米；心皮4个，卵形，叉开的，长1.5毫米，基部合生。蓇葖星芒状排列，长3~3.2毫米，基部1毫米合生，喙长1毫米。花期5~7月，果期7~8月。

恩施州广布，生于山坡林下；分布于西藏、云南、贵州、湖北、四川。

全草药用，有消炎、消肿、接筋骨之效。

石莲属 Sinocrassula Berger

植株有莲座丛，二年生或多年生植物，无毛或被微乳头状突起状的毛，多少遍布红棕色细条纹或斑点。叶厚，钝或渐尖。花茎直立，多少伸长，有疏松排列的叶状苞片；圆锥状聚伞花序，分枝长，下部的几为对生，少有不分枝呈总状的；花在分枝先端密集，有梗，直立，稍呈球状坛形，白色，上部紫红色，尤以背面龙骨处如此；花5基数的；萼在基部半球形合生；萼片三角形或三角状披针形，直立；花瓣纵剖看呈S形，分离或几分离，直立，坛状合生，上部向外弓状弯曲，有时在先端以下变厚而基部凹入；雄蕊5枚，萼片上着生而稍短于花瓣，花丝常稍加宽；鳞片四方形或半圆形，全缘、有微缺或有齿；心皮稍宽，向短的花柱突狭，柱头头状。种子多数。

本属7种；我国产6种5变种；恩施州产1种。

石莲 Sinocrassula indica (Decne.) Berger in Engl. et Prantl, Nat. Pflanzenfam. 2. Aufl. 18a: 463. 1930.

二年生草本，无毛。根须状。花茎高 15~60 厘米，直立，常被微乳头状突起。基生叶莲座状，匙状长圆形，长 3.5~6 厘米，宽 1~1.5 厘米；茎生叶互生，宽倒披针状线形至近倒卵形，上部的渐缩小，长 2.5~3 厘米，宽 4~10 毫米，渐尖。花序圆锥状或近伞房状，总梗长 5~6 厘米；苞片似叶而小；萼片 5 片，宽三角形，长 2 毫米，宽 1 毫米，先端稍急尖，花瓣 5 片，红色，披针形至卵形，长 4~5 毫米，宽 2 毫米，先端常反折；雄蕊 5 枚，长 3~4 毫米；鳞片 5 片，正方形，长 0.5 毫米，先端有微缺；心皮 5 个，基部 0.5~1 毫米合生，卵形，长 2.5~3 毫米，先端急狭，花柱长不及 1 毫米。蓇葖的喙反曲；种子平滑。花期 7~10 月。

恩施州广布，生于山坡林下；分布于西藏、云南、广西、贵州、四川、湖南、湖北、陕西、甘肃；尼泊尔、印度也有。

全草药用，活血散瘀，提伤止痛，治跌打损伤及外伤肿痛。

景天属　Sedum L.

一年生或多年生草本，少有茎基部呈木质，无毛或被毛，肉质，直立或外倾的，有时丛生或藓状。叶各式，对生、互生或轮生，全缘或有锯齿，少有线形的。花序聚伞状或伞房状，腋生或顶生；花白色、黄色、红色、紫色；常为两性，稀退化为单性；常为不等 5 基数，少有 4~9 基数；花瓣分离或基部合生；雄蕊通常为花瓣数的 2 倍，对瓣雄蕊贴生在花瓣基部或稍上处；鳞片全缘或有微缺；心皮分离，或在基部合生，基部宽阔，无柄，花柱短。蓇葖有种子多数或少数。

本属 470 种左右；我国有 124 种 1 亚种 14 变种 1 变型；恩施州产 13 种。

分种检索表

1. 花有梗，心皮直立，基部宽广，多少合生；蓇葖腹面不作浅囊状。
  2. 植株被腺状毛；二年生，茎褐色，略呈木质；叶小，长 1~1.5 厘米，宽 7~9 毫米 ············ 1. 繁缕景天 Sedum stellariifolium
  2. 植株无毛。
    3. 心皮密被小乳头状突起，基部宽广；茎外倾的，分枝多；叶全缘 ············ 2. 细叶景天 Sedum elatinoides
    3. 心皮无毛，长圆形。
      4. 花紫色，花茎分枝，高 20 厘米 ············ 3. 小山飘风 Sedum filipes
      4. 花白色，茎不分枝，高 10 厘米 ············ 4. 山飘风 Sedum major
1. 花无梗或几无梗，心皮基部多少合生，在成熟时至少上部叉开的至星芒状排列；蓇葖的腹面浅囊状。
  5. 植株直立的；叶通常不具距或有短距；萼不具距。
    6. 花序有叶状苞片；花小，萼片长 1 毫米左右。
      7. 叶有长柄，叶片稍宽；苞片圆形，或稍长；叶菱状椭圆形，长 3~6 厘米，先端渐狭 ············ 5. 大苞景天 Sedum oligospermum
      7. 叶基部渐狭，不具明显的柄，叶片狭；鳞片及心皮各为 3 枚；叶轮生，匙状长圆形 ············ 6. 三芒景天 Sedum triactina
    6. 花序不具苞片，花大，花萼、花瓣、心皮长 2~5 毫米或更长。
      8. 块根胡萝卜状，根状茎短粗；茎少数，直立，或弯曲，高达 80 厘米；花序聚伞状，平顶，花密生；心皮 5 个 ············ 7. 费菜 Sedum aizoon
      8. 不具胡萝卜状块根，根状茎匍匐的；茎多数，斜上的，高达 40 厘米；花序伞房状，或伞形聚伞状，花疏生，不呈平顶或稍平顶；叶长圆形，有假叶柄 ············ 8. 齿叶景天 Sedum odontophyllum
  5. 植株多少为平卧的，上升或外倾的名叶常有距；萼有距，常不等长。
    9. 叶常为轮生。
      10. 叶长不及 11 毫米；叶先端钝，鳞片长方状楔形 ············ 9. 短蕊景天 Sedum yvesii
      10. 叶长常在 12 毫米以上；叶倒披针形至椭圆状长圆形 ············ 10. 垂盆草 Sedum sarmentosum

景天科
Crassulaceae

9. 叶互生或对生。
　　11. 植株上部的叶腋有珠芽 ·· 11. 珠芽景天 Sedum bulbiferum
　　11. 植株叶腋不具珠芽。
　　　　12. 茎有分枝，小枝弧曲的；叶互生或少有为3片叶轮生 ····················· 12. 东南景天 Sedum alfredii
　　　　12. 茎常不分枝，或下部少有分枝而节上生根；叶对生；先端有微缺 ··········· 13. 凹叶景天 Sedum emarginatum

1. 繁缕景天　Sedum stellariifolium Franch. in Nuov. Arch. Mus. Hist. Nat. Paris II 7: 10. 1883.

一年生或二年生草本。植株被腺毛。茎直立，有多数斜上的分枝，基部呈木质，高10～15厘米，褐色，被腺毛。叶互生，正三角形或三角状宽卵形，长7～15毫米，宽5～10毫米，先端急尖，基部宽楔形至截形，入于叶柄，柄长4～8毫米，全缘。总状聚伞花序；花顶生，花梗长5～10毫米，萼片5片，披针形至长圆形，长1～2毫米，先端渐尖；花瓣5片，黄色，披针状长圆形，长3～5毫米，先端渐尖；雄蕊10枚，较花瓣短；鳞片5片，宽匙形至宽楔形，长0.3毫米，先端有微缺；心皮5个，近直立，长圆形，长约4毫米，花柱短。蓇葖下部合生，上部略叉开；种子长圆状卵形，长0.3毫米，有纵纹，褐色。

产于宣恩，生于山坡石壁上；分布于云南、贵州、四川、湖北、湖南、甘肃、陕西、河南、山东、山西、河北、辽宁、台湾。

2. 细叶景天　Sedum elatinoides Franch. in Nouv. Arch. Mus. Hist. Nat. Paris II. 5: pl. 16. f. 2. 1883.

一年生草本，无毛，有须根。茎单生或丛生，高5～30厘米。3～6片叶轮生，叶狭倒披针形，长8～20毫米，宽2～4毫米，先端急尖，基部渐狭，全缘，无柄或几无柄。花序圆锥状或伞房状，分枝长，下部叶腋也生有花序；花稀疏；花梗长5～8毫米，细；萼片5片，狭三角形至卵状披针形，长1～1.5毫米，先端近急尖；花瓣5片，白色，披针状卵形，长2～3毫米，急尖；雄蕊10枚，较花瓣短；鳞片5片，宽匙形，长0.5毫米，先端有缺刻；心皮5个，近直立，椭圆形，下部合生，有微乳头状突起。蓇葖成熟时上半部斜展；种子卵形，长0.4毫米。花期5～7月，果期8～9月。

产于恩施，生于山坡石壁上；分布于云南、四川、湖北、陕西、甘肃、山西；缅甸也有。

全草药用，清热解毒，治痢疾。

3. 小山飘风　Sedum filipes Hemsl. in Journ. Linn. Soc. Bot. 23: 284. pl. 7A. f. 1-3. 1887.

一年生或二年生草本，全株无毛。花茎常分枝，直立或上升，高10～30厘米。叶对生，或3～4片叶轮生，宽卵形至近圆形，长1.5～3厘米，宽1.2～2厘米，先端圆，基部有距，全缘，有假叶柄长达1.5厘米。伞房状花序顶生及上部腋生，宽5～10厘米；花梗长3～5毫米；萼片5片，披针状三角形，长1～1.2毫米，钝；花瓣5片，淡红紫色，卵状长圆形，长3～4毫米，先端钝；雄蕊10枚，长3～5毫米；鳞片5片，匙形，微小，先端有微缺；心皮5个，披针形，近直立，长3～4毫米，花柱长1

毫米在内。蓇葖有种子3~4粒；种子倒卵形，长1毫米，棕色。花期8~10月初，果期10月。

产于恩施、巴东，生于山坡林下；分布于云南、四川、湖北、浙江、江苏、陕西、河南。

4. 山飘风　*Sedum major* (Hemsl.) Migo in Bull. Shanghai Sci. Inst. 14: 293. 1944.

小草本，高10厘米，基部分枝或不分枝。4片叶轮生，叶圆形至卵状圆形，一对大的长宽各4厘米，小的一对常稍小或较小，先端圆或钝，基部急狭，入于假叶柄，或几无柄，全缘。伞房状花序，总梗长1.5~3厘米；花梗长3~5毫米；萼片5片，近正三角形，长0.5毫米，钝；花瓣5片，白色，长圆状披针形，长3~4毫米，宽1~1.2毫米；雄蕊10枚，长3毫米；鳞片5片，长方形，长0.8毫米；心皮5个，椭圆状披针形，长3~4毫米，直立，基部1毫米合生。种子少数。花、果期7~10月。

恩施州广布，生于林下石壁上；分布于西藏、云南、四川、湖北、陕西。

全草药用，煎水服，治鼻出血。

5. 大苞景天　*Sedum oligospermum* Maire in Bull. Soc. Hist. Nat. Afrique N. 30: 278. 1939.

一年生草本。茎高15~50厘米。叶互生，上部为3片叶轮生，下部叶常脱落，叶菱状椭圆形，长3~6厘米，宽1~2厘米，两端渐狭，钝，常聚生在花序下，有叶柄，长达1厘米。苞片圆形或稍长，与花略同长。聚伞花序常三歧分枝，每枝有1~4朵花，无梗；萼片5片，宽三角形，长0.5~0.7毫米，有钝头；花瓣5片，黄色，长圆形，长5~6毫米，宽1~1.5毫米，近急尖，中脉不显；雄蕊10或5枚，较花瓣稍短；鳞片5片，近长方形至长圆状匙形，长0.7~0.8毫米；心皮5个，略叉开，基部2毫米合生，长5毫米，花柱长。蓇葖有种子1~2粒；种子大，纺锤形，长2~3毫米，有微乳头状突起。花期6~9月，果期8~11月。

恩施州广布，生于山谷林下；分布于云南、贵州、四川、湖北、湖南、甘肃、陕西、河南；缅甸也有。

6. 三芒景天　*Sedum triactina* Berger in Engl. et Prantl, Nat. Pflanzenfam. 2. Aufl. 18a: 460. 1930.

细弱草本。花茎长7~35厘米。叶常3片叶轮生或对生，中部叶常宿存，叶匙状长圆形，长7~35毫米，宽达7毫米，先端钝圆或有缺，基部狭楔形。聚伞花序，花疏生；苞片倒卵圆形至近圆形，长5~10毫米，宽达6毫米；萼片5片，狭三角状长圆形，长1毫米，宽0.3~0.4毫米，先端钝；花瓣5片，黄色，狭长圆形，长4~6.5毫米，宽2~3毫米，先端钝；雄蕊10枚，较花瓣稍短，对瓣的着生基部上0.5~0.8毫米处；鳞片3片，线形，长0.6~0.7毫米；心皮3个，略叉开，腹面稍呈浅囊状，基部1.5~2.5毫米合生，全长5毫米，花柱长1毫米在内。蓇葖略叉开，种子每心皮中1~2粒，长圆状卵形，长0.6毫米，有微乳头状突起。花期6~7月，果期8月。

产于宣恩，属湖北省新记录，生于山坡林下；分布于西藏、云南、四川。

景天科 Crassulaceae

7. 费菜　　*Sedum aizoon* (L.)'t Hart

多年生草本。根状茎短，粗茎高 20~50 厘米，有 1~3 条茎，直立，无毛，不分枝。叶互生，狭披针形、椭圆状披针形至卵状倒披针形，长 3.5~8 厘米，宽 1.2~2 厘米，先端渐尖，基部楔形，边缘有不整齐的锯齿；叶坚实，近革质。聚伞花序有多花，水平分枝，平展，下托以苞叶。萼片 5 片，线形，肉质，不等长，长 3~5 毫米，先端钝；花瓣 5 片，黄色，长圆形至椭圆状披针形，长 6~10 毫米，有短尖；雄蕊 10 枚，较花瓣短；鳞片 5 片，近正方形，长 0.3 毫米，心皮 5 个，卵状长圆形，基部合生，腹面凸出，花柱长钻形。蓇葖星芒状排列，长 7 毫米；种子椭圆形，长约 1 毫米。花期 6~7 月，果期 8~9 月。

恩施州广布，生于林下石壁上；分布于四川、湖北、江西、安徽、浙江、江苏、青海、宁夏、甘肃、内蒙古、宁夏、河南、山西、陕西、河北、山东、辽宁、吉林、黑龙江；蒙古、日本、朝鲜也有。

根或全草药用，有止血散瘀，安神镇痛之效。本种在 FOC 修订中归入新的费菜属（Phedimus），本书仍按景天属处理。

8. 齿叶景天　　*Sedum odontophyllum* Frod. in Acta Hort. Gothob. 7. Append.: 117. pl. 67-68. f. 977-985. 1932.

多年生草本，无毛，须根长，或幼时匍匐。不育枝斜升的，长 5~10 厘米，叶对生或 3 片叶轮生，常聚生枝顶。花茎在基部生根，弧状直立，高 10~30 厘米。叶互生或对生，卵形或椭圆形，长 2~5 厘米，宽 12~28 毫米，先端稍急尖或钝，边缘有疏而不规则的牙齿，基部急狭，入于假叶柄，假叶柄长 11~18 毫米。聚伞状花序，分枝蝎尾状；花无梗，萼片 5~6 片，三角状线形，长 2~2.5 毫米，先端钝，基部扩大，无距；花瓣 5~6 片，黄色，披针状长圆形，或几为卵形，长 5~7 毫米，宽 1.7~2 毫米，先端有长的短尖头，基部稍狭；鳞片 5~6 片，近四方形，长 0.5 毫米，宽 0.4~0.6 毫米，先端稍扩大，有微缺，心皮 5~6 个，近直立，卵状长圆形，长 3~4 毫米，基部 0.5~0.7 毫米合生，腹面稍呈浅囊状。蓇葖横展，长 5 毫米，基部 1 毫米合生，腹面囊状隆起；种子多数。花期 4~6 月，果期 6 月底。

产于巴东、利川，生于山坡石壁上；分布于四川、湖北。本种在 FOC 修订中归入新的费菜属（Phedimus），本书仍按景天属处理。

全草药用，能行血、散瘀，治跌打损伤，骨折扭伤，青肿疼痛。

9. 短蕊景天　*Sedum yvesii* Hamet in Repert. Sp. Nov. 8: 27. 1910.

草本。不育枝长4～8厘米，根须状。花茎直立，长7～13厘米，基部分枝，无毛。4片叶轮生，宽线形至倒披针状线形，长5～10毫米，宽1～2毫米，先端钝，基部有距，无柄，全缘。伞房状花序，长8～15毫米，宽1.5～2.5厘米，花少数；苞片与叶相似；花梗长1～1.5毫米；萼片5片，宽线形至倒披针形，不等长，长3～6毫米，宽1～1.4毫米，先端钝；花瓣5片，黄色，长圆状卵形，长5毫米，宽2毫米；雄蕊10枚，对萼的长3毫米，对瓣的着生基部稍上处，长2毫米；鳞片10片，长方状楔形，长0.4毫米，先端稍平或稍有缺；心皮5个，长圆形，长3毫米，基部0.5～1毫米合生，花柱长1毫米。蓇葖稍叉开，腹面浅囊状隆起，种子多数，种子披针状长圆形，长1毫米，褐色，被微乳头状突起。花期4～5月，果期5月。

产于利川，生于沟边阴湿石上；分布于贵州、四川、湖北。

10. 垂盆草　*Sedum sarmentosum* Bunge in Mem. Acad. Sci. St. Petersb. Sav. Etrang. 2: 104. 1833.

多年生草本。不育枝及花茎细，匍匐而节上生根，直到花序之下，长10～25厘米。3片叶轮生，叶倒披针形至长圆形，长15～28毫米，宽3～7毫米，先端近急尖，基部急狭，有距。聚伞花序，有3～5个分枝，花少，宽5～6厘米；花无梗；萼片5片，披针形至长圆形，长3.5～5毫米，先端钝，基部无距；花瓣5片，黄色，披针形至长圆形，长5～8毫米，先端有稍长的短尖；雄蕊10枚，较花瓣短；鳞片10片，楔状四方形，长0.5毫米，先端稍有微缺；心皮5个，长圆形，长5～6毫米，略叉开，有长花柱。种子卵形，长0.5毫米。花期5～7月，果期8月。

恩施州广布，生于山坡林下；分布于福建、贵州、四川、湖北、湖南、江西、安徽、浙江、江苏、甘肃、陕西、河南、山东、山西、河北、辽宁、吉林、北京；朝鲜、日本也有。

全草药用，能清热解毒。

11. 珠芽景天　*Sedum bulbiferum* Makino, Ill. Fl. Jap. 1: 107. pl. 60. 1891.

多年生草本。根须状。茎高7～22厘米，茎下部常横卧。叶腋常有圆球形、肉质、小形珠芽着生。基部叶常对生，上部的互生，下部叶卵状匙形，上部叶匙状倒披针形，长10～15毫米，宽2～4毫米，先端钝，基部渐狭。花序聚伞状，分枝3个，常再二歧分枝；萼片5片，披针形至倒披针形，长3～4毫米，宽达1毫米，有短距，先端钝；花瓣5片，黄色，披针形，长4～5毫米，宽1.25毫米，先端有短尖；雄蕊10枚，长3毫米；心皮5个，略叉开，基部1毫米合生，全长4毫米，连花柱长1毫米在内。花期4～5月。

产于来凤，生于林下；分布于广西、广东、福建、四川、湖北、湖南、江西、安徽、浙江、江苏。

12. 东南景天　*Sedum alfredii* Hance in Journ. Bot. 8: 7. 1870.

多年生草本。茎斜上，单生或上部有分枝，高10～20厘米。叶互生，下部叶常脱落，上部叶常聚生，线状楔形、匙形至匙状倒卵形，长1.2～3厘米，宽2～6毫米，先端钝，有时有微缺，基部狭楔形，有距，全缘。聚伞花序宽5～8厘米，有多花；苞片似叶而小；花无梗，直径1厘米；萼片5片，线状匙形，长3～5毫米，宽1～1.5毫米，基部有距；花瓣5片，黄色，披针形至披针状长圆形，长4～6毫米，宽1.6～1.8毫米，有短尖，基部稍合生；雄蕊10枚，对瓣的长2.5毫米，在基部上1～1.5毫米处着生，对萼的长4毫米；鳞片5片，匙状正方形，长1.2毫米，先端钝截形；心皮5个，卵状披针形，直立，基部合生，全长4毫米，花柱长1毫米在内。蓇葖斜叉开；种子多数，长0.6毫米，褐色。花期4～5月，果期6～8月。

恩施州广布，生于山坡林下阴湿石上；分布于广西、广东、台湾、福建、贵州、四川、湖北、湖南、江西、安徽、浙江、江苏；朝鲜、日本也有。

13. 凹叶景天　*Sedum emarginatum* Migo in Journ. Shanghai Sci. Inst. III. 3: 224. 1937.

多年生草本。茎细弱，高10～15厘米。叶对生，匙状倒卵形至宽卵形，长1～2厘米，宽5～10毫米，先端圆，有微缺，基部渐狭，有短距。花序聚伞状，顶生，宽3～6毫米，有多花，常有3个分枝；花无梗；萼片5片，披针形至狭长圆形，长2～5毫米，宽0.7～2毫米，先端钝；基部有短距；花瓣5片，黄色，线状披针形至披针形，长6～8毫米，宽1.5～2毫米；鳞片5片，长圆形，长0.6毫米，钝圆，心皮5个，长圆形，长4～5毫米，基部合生。蓇葖略叉开，腹面有浅囊状隆起；种子细小，褐色。花期5～6月，果期6月。

恩施州广布，生于山坡阴湿处；分布于云南、四川、湖北、湖南、江西、安徽、浙江、江苏、甘肃、陕西。

全草药用，可清热解毒，散瘀消肿，治跌打损伤、热疖、疮毒等。

虎耳草科 Saxifragaceae

草本、灌木、小乔木或藤本。单叶或复叶，互生或对生，一般无托叶。通常为聚伞状、圆锥状或总状花序，稀单花；花两性，稀单性，下位或多少上位，稀周位，一般为双被，稀单被；花被片4～5基数，稀6～10基数，覆瓦状、镊合状或旋转状排列；萼片有时花瓣状；花冠辐射对称，稀两侧对称，花瓣一般离生；雄蕊4～10枚，或多数，一般外轮对瓣，或为单轮，如与花瓣同数，则与之互生，花丝离生，花药2室，有时具退化雄蕊；心皮2个，稀3～10个，通常多少合生；子房上位、半下位至下位，多室而具中轴胎座，或1室且具侧膜胎座，稀具顶生胎座，胚珠具厚珠心或薄珠心，有时为过渡型，通常多数，2列至多列，稀1枚，具1～2层珠被，孢原通常为单细胞；花柱离生或多少合生。蒴果，浆果，小蓇葖果或核果；种子具丰富胚乳，稀无胚乳；胚乳为细胞型，稀核型；胚小。导管在木本植物中，通常具梯状穿孔板；而在草本植物中则通常具单穿孔板。

本科约80属1200余种；我国有28属约500种；恩施州产17属45种2变种。

分属检索表

1. 草本；叶膜质；花瓣5片，稀6~8片或不存在；雄蕊10枚，稀12~16枚，2轮；心皮5个，稀6~8个，下部合生，上部分离；胚珠具厚珠心，珠被2层；导管具梯状穿孔板 ·················· 1. 扯根菜属 *Penthorum*
1. 草本或木本；叶通常非膜质；花瓣4~5片，稀6~10片或3~1枚至不存在；雄蕊4~14枚，或多数，1至数轮；心皮2~5个，稀6~10个，分离或合生；胚珠具厚珠心或薄珠心至过渡型珠心，珠被1或2层。
   2. 草本，叶通常互生。
      3. 花单生于茎顶；萼片、花瓣和雄蕊均为5枚；退化雄蕊5枚，宽展呈片状，上部常分裂，与花瓣对生；子房1室；胚珠具薄珠心 ·················· 2. 梅花草属 *Parnassia*
      3. 花通常组成聚伞花序、总状花序或圆锥花序，有时单生；萼片5片，稀4~6片；花瓣与萼片同数，稀退化减数成3~1枚，或不存在；雄蕊4~14枚，无退化雄蕊；子房1~5室；胚珠具厚珠心。
         4. 通常为复叶，稀单叶。花瓣4~5片，有时1~3片，或不存在；心皮2~4个；子房2~4室，中轴胎座，或为1室，具边缘胎座。
            5. 二至四回三出复叶，稀单叶。具苞片；萼片5片；花瓣1~5片，有时更多或不存在；雄蕊8~10枚；子房2室，具中轴胎座，或为1室，具边缘胎座 ·················· 3. 落新妇属 *Astilbe*
            5. 掌状复叶或羽状复叶。无苞片；萼片4~7片；花瓣通常不存在，稀1~2或5片；雄蕊10~14枚；子房2~3室，中轴胎座 ·················· 4. 鬼灯檠属 *Rodgersia*
         4. 单叶。花瓣5片，或不存在；心皮2个；子房2室，中轴胎座，若为1室，则具边缘胎座或具2个侧膜胎座，有时上部具边缘胎座而下部具2个顶生状侧膜胎座。
            6. 萼片5片；花瓣5片；雄蕊10枚；子房2室，具中轴胎座，或为1室且具边缘胎座。蒴果，稀蓇葖果 ·················· 5. 虎耳草属 *Saxifraga*
            6. 萼片4~5片；花瓣5片，或不存在；雄蕊4~10枚；子房通常1室，具2个侧膜胎座，或上部1室，边缘胎座，而下部2室，中轴胎座。
               7. 具托叶；萼片5片；花瓣5片，有时不存在；雄蕊10枚 ·················· 6. 黄水枝属 *Tiarella*
               7. 无托叶。萼片4~5片；花瓣不存在，雄蕊4~10枚 ·················· 7. 金腰属 *Chrysosplenium*
   2. 木本或草本，叶通常对生或互生，稀近轮生或丛生。
      8. 萼片、花瓣与雄蕊同数，均为5或4枚，稀更多。
         9. 萼片5片，非花瓣状；花瓣5片，狭窄；子房2室；蒴果 ·················· 8. 鼠刺属 *Itea*
         9. 萼片5片，稀4片，通常呈花瓣状；花瓣5片或不存在，常呈鳞片状；子房1室；浆果 ·················· 9. 茶藨子属 *Ribes*
      8. 萼片和花瓣均为4或5片，稀达10片；雄蕊为萼片之2倍，有时为其多倍。
         10. 花丝扁平，钻形，有时具齿；灌木；花序全为孕性花，花萼裂片绝不增大呈花瓣状。
            11. 叶通常被星状毛；花瓣5片，雄蕊10~15枚；蒴果3~5瓣裂 ·················· 10. 溲疏属 *Deutzia*
            11. 叶无星状毛；花瓣4片，雄蕊20~40枚；蒴果4瓣裂 ·················· 11. 山梅花属 *Philadelphus*
         10. 花丝非扁平，线形，无齿；草本，直立或攀援灌木；花序全为孕性花或兼具不育花，花萼裂片增大或不增大呈花瓣状。
            12. 花序具不育花和孕性花；不育花的花萼裂片增大呈花瓣状，稀不增大的。
               13. 叶互生；花药倒心形，药隔宽，花柱粗短 ·················· 12. 草绣球属 *Cardiandra*
               13. 叶对生或近轮生；花药非倒心形，药隔狭，花柱细长。
                  14. 灌木或亚灌木，稀小乔木和木质藤本，茎多分枝；花瓣镊合状排列，花柱2~5根分离或仅基部合生 ·················· 13. 绣球属 *Hydrangea*
                  14. 不育花的萼片非盾状着生；雄蕊10枚，花柱单生；蒴果成熟时棱间开裂 ·················· 14. 钻地风属 *Schizophragma*
            12. 花序全为孕性花，其花萼裂片绝不增大呈花瓣状。
               15. 直立灌木或亚灌木；花柱3~6根，细长，柱头长圆形或圆形；浆果，略干燥 ·················· 15. 常山属 *Dichroa*
               15. 攀援灌木，以气生根攀附于他物上；花柱1根；粗短，柱头膨大呈圆锥状或盘状；蒴果。
                  16. 花萼裂片和花瓣7~10片，雄蕊20~30枚，花瓣离生，柱头扁盘状 ·················· 16. 赤壁木属 *Decumaria*
                  16. 花萼裂片和花瓣4~5片，雄蕊8~10枚；花瓣上部连合成冠盖花冠，早落，柱头圆锥状 ·················· 17. 冠盖藤属 *Pileostegia*

虎耳草科
Saxifragaceae

扯根菜属 Penthorum Gronov. ex L.

多年生草木。茎直立。叶互生，膜质，狭披针形或披针形。螺状聚伞花序；花两性，多数，小形；萼片5片；花瓣5片，或不存在；雄蕊2轮，10枚；心皮5个，下部合生，花柱短，胚珠多数。蒴果5个，浅裂，裂瓣先端喙形，成熟后喙下环状横裂；种子多数，细小。

本属约2种；我国产1种；恩施州产1种。

扯根菜 *Penthorum chinense* Pursh, Fl. Amer. Sept. 1:323. 1814.

多年生草本，高40~90厘米。根状茎分枝；茎不分枝，稀基部分枝，具多数叶，中下部无毛，上部疏生黑褐色腺毛。叶互生，无柄或近无柄，披针形至狭披针形，长4~10厘米，宽0.4~1.2厘米，先端渐尖，边缘具细重锯齿，无毛。聚伞花序具多花，长1.5~4厘米；花序分枝与花梗均被褐色腺毛；苞片小，卵形至狭卵形；花梗长1~2.2毫米；花小型，黄白色；萼片5片，革质，三角形，长约1.5毫米，宽约1.1毫米，无毛，单脉；无花瓣；雄蕊10枚，长约2.5毫米；雌蕊长约3.1毫米，心皮5~6个，下部合生；子房5~6室，胚珠多数，花柱5~6根，较粗。蒴果红紫色，直径4~5毫米；种子多数，卵状长圆形，表面具小丘状突起。花、果期7~10月。

产于利川、恩施，生于林下；分布于黑龙江、吉林、辽宁、河北、陕西、甘肃、江苏、安徽、浙江、江西、河南、湖北、湖南、广东、广西、四川、贵州、云南等省区；日本、朝鲜均有。

全草入药；甘、温；利水除湿，祛瘀止痛；主治黄疸、水肿、跌打损伤等。

梅花草属 *Parnassia* Linn.

多年生草本，无毛；具粗厚合轴根状茎和较多细长之根。茎不分枝，1或几条；常在中部具1或2片至数片叶，稀裸露。基生叶2片至数片或较多呈莲座状；具长柄，有托叶，叶片全缘；茎生叶无柄，常半抱茎。花单生茎顶；萼筒离生或下半部与子房合生，裂片5片，覆瓦状排列；花瓣5片，覆瓦状排列，白色或淡黄色，稀淡绿色，边缘全边流苏状或啮蚀状，下部流苏状或啮蚀状和全缘；雄蕊5枚，与萼片对生，周位花或近下位花；退化雄蕊5枚，与花瓣对生，形状多样，呈柱状；顶端不裂或分裂；呈扁平状；顶端3~7浅至中裂，稀深裂或5~7齿；呈分枝状：2~5或7~23枝，顶端带腺体；雌蕊1枚，子房3~4室；胚珠多数，具薄珠心，柱头联合。蒴果有时带棱，上位或半下位，室背开裂，有3~4裂瓣；种子多数，沿整个腹缝线着生，倒卵球形或长圆体，平滑，褐色；胚乳很薄或缺如。

本属70余种；我国约60种；恩施州产2种。

分种检索表

1. 退化雄蕊近3中裂，通常裂片长度达全长2/5或1/2；基生叶片肾形或近圆形 ………… 1. 突隔梅花草 *Parnassia delavayi*
1. 退化雄蕊5裂，浅裂至中裂，裂片近等长，花瓣白色；基生叶片宽心形，长度和宽度几相等；茎生叶与基生叶同形……………………………………………………………………………………… 2. 鸡[腊]梅花草 *Parnassia wightiana*

1. 突隔梅花草　　*Parnassia delavayi* Franch. in Journ. de Bot. 10: 267. 1896.

多年生草本，高 12～35 厘米。根状茎形状多样，其上部有褐色鳞片，下部有不甚发达纤维状根。基生叶 3～7 片，具长柄；叶片肾形或近圆形，长 2～4 厘米，宽 2.5～4.5 厘米，先端圆，带突起圆头或急尖头，基部弯缺甚深呈深心形，全缘，上面褐绿色，下面灰绿色，有突起 5～9 脉；叶柄长 3～16 厘米，扁平，两侧有窄膜；托叶膜质，灰白色，边有褐色流苏状毛。茎 1 条，中部以下或近中部具 1 片茎生叶，与基生叶同形，有时较小，有时近等大，偶有比基生叶大者，常在其基部有 2～3 个铁锈色附属物，无柄半抱茎；花单生于茎顶，直径 3～3.5 厘米；萼筒倒圆锥形；萼片长圆形、卵形或倒卵形，长 6～8 毫米，宽 4～6 毫米，先端圆钝，全缘，通常 3～7 脉，有明显密集褐色小点；花瓣白色，长圆倒卵形或匙状倒卵形，长 1～2.5 厘米，宽 6～9 毫米，先端圆或急尖，基部渐窄成长约 5 毫米之爪，上半部 1/3 有短而疏流苏状毛，通常有 5 条紫褐色脉，并密被紫褐色小点；雄蕊 5 枚，花丝长短不等，长者可达 5.5 毫米，短的长仅 1 毫米，向基部逐渐加宽，花药椭圆形，顶生，侧裂，药隔连合伸长，呈匕首状，长可达 5 毫米；退化雄蕊 5 枚，长 3.5～4 毫米，先端 3 裂，裂片长 1.5～1.8 毫米，偶达中裂，两侧裂先端微向内弯，渐尖，中间裂片比两侧裂片窄，偶有稍短，先端截形，偶有顶端带球状趋势者；子房上位，顶端压扁球形，花柱长约 1.8 毫米，通常伸出退化雄蕊之外，偶有不伸出者，柱头 3 裂，裂片倒卵形，花后反折。蒴果 3 裂；种子多数，褐色，有光泽。花期 7～8 月，果期 9 月开始。

产于恩施，生于湿地中；分布于湖北、陕西、甘肃、四川和云南。

2. 鸡[膆]梅花草　　*Parnassia wightiana* Wall. ex Wight et Arn. Prodr. Fl. Penins. Ind. Or. 35. 1834.

多年生草本，高 18～30 厘米。根状茎粗大，块状，其上有残存褐色鳞片，下部和周围长出多数密集而细长的根。基生叶 2～4 片，具长柄；叶片宽心形，长 2.5～5 厘米，宽 3.8～5.5 厘米，先端圆或有突尖头，基部弯缺深浅不等，呈微心形或心形，边薄，全缘，向外反卷，上面深绿色，下面淡绿色，有 7～9 脉；叶柄长 3～13 厘米，扁平，两侧膜质，并有褐色小条点；托叶膜质，大部贴生于叶柄，边有疏的流苏状毛，早落。茎 2～7 条，近中部或偏上具单个茎生叶，与基生叶同形，边缘薄而形成一圈膜质，基部具多数长约 1 毫米铁锈色的附属物，有时结合成小片状膜，无柄半抱茎。花单生于茎顶，直径 2～3.5 厘米；萼片卵状披针形或卵形，长 5～9 毫米，宽 3～5.5 毫米，先端圆钝，边全缘，主脉明显，密被紫褐色小点，在其基部常有 2～3 个铁锈色附属物；花瓣白色，长圆形、倒卵形或似琴形，长 8～11 毫米，宽 4～9 毫米，先端急尖，基部楔形消失成长 1.5～2.5 毫米之爪，边缘上半部波状或齿状，稀深缺刻状，下半部具长流苏状毛，毛长可达 5 毫米；雄蕊 5 枚，花丝长 5～7 毫米，扁平，向基部加宽，先端尖，花药长约 1.5 毫米，长圆形，稍侧生；退化雄蕊 5 枚，长 3～5 毫米，扁平，5 浅裂至中裂，裂片深度不超过 1/2，

偶在顶端有不明显腺体；子房倒卵球形，被褐色小点，花柱长约1.5毫米，先端3裂，裂片长圆形，花后反折。蒴果倒卵球形，褐色，具有多数种子；种子长圆形，褐色，有光泽。花期7~8月，果期9月。

恩施州广布，生于湿地中；分布于陕西、湖北、湖南、广东、广西、贵州、四川、云南和西藏；印度、不丹也有分布。

落新妇属 *Astilbe* Buch. -Ham. ex D. Don

多年生草本。根状茎粗壮。茎基部具褐色膜质鳞片状毛或长柔毛。叶互生，二至四回三出复叶，稀单叶，具长柄，托叶膜质；小叶片披针形、卵形、阔卵形至阔椭圆形，边缘具齿。圆锥花序顶生，具苞片；花小，白色、淡紫色或紫红色，两性或单性，稀杂性或雌雄异株；萼片通常5片，稀4片；花瓣通常1~5片，有时更多或不存在；雄蕊通常8~10枚，稀5枚；心皮2~3个，多少合生或离生；子房近上位或半下位，2~3室，具中轴胎座，或为1室，具边缘胎座；胚珠多数。蒴果或蓇葖果；种子小。

本属约18种；我国有7种；恩施州产2种1变种。

分种检索表

1. 萼片4~5片，背面无毛；无花瓣 ··· 1. 多花落新妇 *Astilbe rivularis* var. *myriantha*
1. 具正常花瓣5片；花序之花较密。
  2. 花序轴密被褐色卷曲长柔毛；圆锥花序之宽通常不超过12厘米，第一回分枝与花序轴通常成15~30度角斜上；叶片先端通常短渐尖至急尖 ··· 2. 落新妇 *Astilbe chinensis*
  2. 花序轴被腺毛；圆锥花序之宽可达17厘米，第一回分枝与花序轴通常成30~50度角斜上；小叶片通常短渐尖至渐尖 ··· 3. 大落新妇 *Astilbe grandis*

1. 多花落新妇（变种） *Astilbe rivularis* Buch. -Ham. var. *myriantha* (Diels) J. T. Pan in Acta Phytotax. Sin. 23(6): 438. f. 1:35-37. 1985.

多年生草本，高0.6~2.5米。茎被褐色长腺柔毛。二至三回羽状复叶；叶轴与小叶柄均被褐色长柔毛；小叶片通常卵形、阔卵形至阔椭圆形长4~14.5厘米，宽1.7~8.4厘米，基部偏斜状心形、圆形至楔形，边缘有重锯齿，先端渐尖，腹面疏生褐色腺糙伏毛，背面沿脉具褐色长柔毛和腺毛。圆锥花序长41~42厘米，多花；花序分枝长1~18厘米；苞片3片，近椭圆形，长1.1~1.4毫米，宽0.2~0.6毫米，全缘或具齿牙，边缘疏生褐色柔毛；花梗长0.6~1.8毫米，与花序轴均被褐色卷曲腺柔毛；萼片4~5片，近膜质，绿色，卵形、椭圆形至长圆形，长1.2~1.5毫米，宽约1毫米，内面稍凹陷，外面略弓凸，无毛，单脉；无花瓣或有时具1片退化花瓣；雄蕊5~10枚，长0.5~2.4毫米；雌蕊长约2毫米，心皮2个，基部合生，子房近上位，花柱叉开。花果期7~11月。

产于宣恩、建始，生于山谷林下；分布于陕西、甘肃、河南、湖北、四川、贵州等省。

根状茎入药；祛风镇痛，治伤风感冒、头痛、偏头痛等。

2. 落新妇 *Astilbe chinensis* (Maxim.) Franch. et Savat. Enum. Pl. Jap. 1: 144. 1875.

多年生草本，高50~100厘米。根状茎暗褐色，粗壮，须根多数。茎无毛。基生叶为二至三回三出羽状复叶；顶生小叶片菱状椭圆形，侧生小叶片卵形至椭圆形，长1.8~8厘米，宽1.1~4厘米，先端短渐尖至急尖，边缘有重锯齿，基部楔形、浅心形至圆形，腹面沿脉生硬毛，背面沿脉疏生硬毛和小腺毛；叶轴仅于叶腋部具褐色柔毛；茎生叶2~3片，较小。圆锥花序长8~37厘米，宽3~12厘米；下部第一回分枝长 4~11.5 厘米，通常与花序轴成 15~30 度角斜上；花序轴密被褐色卷曲长柔毛；苞片卵形，几无花梗；花密集；萼片 5 枚，卵形，长 1~1.5 毫米，宽约 0.7 毫米，两面无毛，边缘中部以上生微腺毛；花瓣 5 片，淡紫色至紫红色，线形，长 4.5~5 毫米，宽 0.5~1 毫米，单脉；雄蕊 10 枚，长 2~2.5 毫米；心皮 2 个，仅基部合生，长约 1.6 毫米。蒴果长约 3 毫米；种子褐色，长约 1.5 毫米。花果期 6~9 月。

恩施州广布，生于山谷林下；分布于黑龙江、吉林、辽宁、河北、山西、陕西、甘肃、青海、山东、浙江、江西、河南、湖北、湖南、四川、云南等省；俄罗斯、朝鲜和日本也有。

根状茎入药；辛、苦，温；散瘀止痛，祛风除湿，清热止咳。

3. 大落新妇 *Astilbe grandis* Stapf ex Wils. in Gard. Chron. Ser. 3. 38: 426. 1905.

多年生草本，高 0.4~1.2 米。根状茎粗壮。茎通常不分枝，被褐色长柔毛和腺毛。二至三回三出复叶至羽状复叶；叶轴长 3.5~32.5 厘米，与小叶柄均多少被腺毛，叶腋近旁具长柔毛；小叶片卵形、狭卵形至长圆形，顶生者有时为菱状椭圆形，长 1.3~9.8 厘米，宽 1~5 厘米，先端短渐尖至渐尖，边缘有重锯齿，基部心形、偏斜圆形至楔形，腹面被糙伏腺毛，背面沿脉生短腺毛，有时亦杂有长柔毛；小叶柄长 0.2~2.2 厘米。圆锥花序顶生，通常塔形，长 16~40 厘米，宽 3~17 厘米；下部第一回分枝长 2.5~14.5 厘米，与花序轴成 35~50 度角斜上；花序轴与花梗均被腺毛；小苞片狭卵形，长约 2.1 毫米，宽约 1 毫米，全缘或具齿；花梗长 1~1.2 毫米；萼片 5 枚，卵形、阔卵形至椭圆形，长 1~2 毫米，宽 1~1.2 毫米，先端钝或微凹且具微腺毛、边缘膜质、两面无毛；花瓣 5 片，白色或紫色，线形，长 2~4.5 毫米，宽 0.2~0.5 毫米，先端急尖，单脉；雄蕊 10 枚，长 1.3~5 毫米；雌蕊长 3.1~4 毫米，心皮 2 个，仅基部合生，子房半下位，花柱稍叉开。幼果长约 5 毫米。花果期 6~9 月。

恩施州广布，生于山坡林下；分布于黑龙江、吉林、辽宁、山西、山东、安徽、浙江、江西、福建、广东、广西、四川、湖北、贵州等省区。

根状茎入药，治筋骨酸痛等症。

虎耳草科
Saxifragaceae

鬼灯檠属 *Rodgersia* Gray

多年生草本。根状茎粗壮，具鳞片，通常横走。掌状复叶或羽状复叶具长柄；小叶 3~10 片，先端通常短渐尖，边缘有重锯齿，基部近无柄；托叶膜质。聚伞花序圆锥状，无苞片，具多花；萼片 4~7 片，开展，白色、粉红色或红色；花瓣通常不存在，稀 1~2 或 5 片；雄蕊 10~14 枚；子房近上位，稀半下位，2~3 室，中轴胎座，胚珠多数；花柱 2~3 根。蒴果 2~3 室。

本属 5 种；我国有 4 种；恩施州产 1 种。

七叶鬼灯檠 *Rodgersia aesculifolia* Batalin in Acta Hort. Peterop. 13: 96. 1893.

多年生草本，高 0.8~1.2 米。根状茎圆柱形，横生，直径 3~4 厘米，内部微紫红色。茎具棱，近无毛。掌状复叶具长柄，柄长 15~40 厘米，基部扩大呈鞘状，具长柔毛，腋部和近小叶处，毛较多；小叶片 5~7 片，草质，倒卵形至倒披针形，长 7.5~30 厘米，宽 2.7~12 厘米，先端短渐尖，基部楔形，边缘具重锯齿，腹面沿脉疏生近无柄之腺毛，背面沿脉具长柔毛，基部无柄。多歧聚伞花序圆锥状，长约 26 厘米，花序轴和花梗均被白色膜片状毛，并混有少量腺毛；花梗长 0.5~1 毫米；萼片 5~6 片，开展，近三角形，长 1.5~2 毫米，宽约 1.8 毫米，先端短渐尖，腹面无毛或具极少（1~3 片）近无柄之腺毛，背面和边缘具柔毛和短腺毛，具羽状脉和弧曲脉，脉于先端不汇合、半汇合至汇合（同时存在）；雄蕊长 1.2~2.6 毫米；子房近上位，长约 1 毫米，花柱 2 根，长 0.8~1 毫米。蒴果卵形，具喙；种子多数，褐色，纺锤形，微扁，长 1.8~2 毫米。花果期 5~10 月。

恩施州广布，生于山坡阴湿处；分布于陕西、宁夏、甘肃、河南、湖北、四川和云南。

可制酒、醋、酱油。叶含鞣质，可制栲胶。此外，根状茎还含蒽醌、强心甙、鞣质等；其 10% 浸出液有广谱抗病毒作用。无毒；清热化湿，止血生肌。

虎耳草属 *Saxifraga* Tourn. ex L.

多年生、稀一年生或二年生草本。茎通常丛生，或单一。单叶全部基生或兼茎生，有柄或无柄，叶片全缘、具齿或分裂；茎生叶通常互生，稀对生。花通常两性，有时单性，辐射对称，稀两侧对称，黄色、白色、红色或紫红色，多组成聚伞花序，有时单生，具苞片；花托杯状，或扁平；萼片 5 片；花瓣 5 片，通常全缘，脉显著，具痂体或无痂体；雄蕊 10 枚，花丝棒状或钻形；心皮 2 个，通常下部合生，有时近离生；子房近上位至半下位，通常 2 室，具中轴胎座，有时 1 室而具边缘胎座，胚珠多数；蜜腺隐藏在子房基部或花盘周围。通常为蒴果，稀蓇葖果；种子多数。

本属 400 余种；我国有 203 种；恩施州产 5 种。

分种检索表

1. 小主轴通常多分枝，有时叠结呈坐垫状；通常具莲座叶丛和茎生叶；花辐射对称；花瓣通常具 4~6 个痂体；萼片腹面无毛，背面和边缘具腺柔毛·· 1. 秦岭虎耳草 *Saxifraga giraldiana*
1. 小主轴通常不分枝。通常无茎生叶，稀具茎生叶 1~3 片。花辐射对称或两侧对称；花瓣无痂体；花丝棒状或钻形。
   2. 花辐射对称。

3. 花丝棒状·· 2. 双喙虎耳草 Saxifraga davidii
　　3. 花丝钻形·· 3. 球茎虎耳草 Saxifraga sibirica
2. 花两侧对称。
　　4. 无鞭匐枝，花瓣通常具弧曲脉序，无明显花盘·················· 4. 红毛虎耳草 Saxifraga rufescens
　　4. 具鞭匐枝；花瓣具羽状脉序；花盘半围绕于子房一侧，半环状，具小瘤突·········· 5. 虎耳草 Saxifraga stolonifera

1. 秦岭虎耳草　*Saxifraga giraldiana* Engl. in Bot. Jahrb. 29:365. 1901.

多年生草本，丛生，高 8.5~21.5 厘米。茎被褐色卷曲长柔毛。基生叶和下部茎生叶于花期枯凋；中部以上茎生叶全部具柄，阔卵形、卵形、狭卵形至线状长圆形，长 0.5~1.3 厘米，宽 0.2~1.15 厘米，先端急尖，基部圆形至楔形，两面无毛或多少被腺柔毛，边缘疏生褐色卷曲长腺毛，叶柄长 0.25~1.2 厘米，边缘具褐色长腺毛，以基部毛较多。单花生于茎顶，或聚伞花序伞房状，长 1.2~1.7 厘米，具 2~6 朵花；花梗长 0.3~1.6 厘米，密被褐色腺柔毛；萼片在花期开展，于果期变反曲，卵形至狭卵形，长 2.5~3.6 毫米，宽 1~2 毫米，先端钝，腹面无毛，背面和边缘多少具腺柔毛，3~5 脉于先端不汇合；花瓣黄色，具褐色斑点，卵形、椭圆形至长圆形，长 5.6~7.1 毫米，宽 3~3.8 毫米，先端急尖或钝，基部狭缩成长 0.6~1.2 毫米之爪，3~7 脉，侧脉旁具 2~6 个痂体；雄蕊长 4.5~5.5 毫米，花丝钻形；子房上位，椭球形至卵球形，长 2.6~4 毫米，花柱 2 根，长 1.2~1.3 毫米。花果期 7~10 月。

产于巴东，生于林下石壁上；分布于陕西、湖北、四川、云南。

2. 双喙虎耳草　*Saxifraga davidii* Franch. in Nouv. Arch. Mus. Hist. Nat. Paris ser. 2. 8: 229. 1886.

多年生草本，高 7.5~29 厘米。茎被白色卷曲腺柔毛，花葶状。叶均基生，具宽柄；叶片倒卵形，长 2.5~8.5 厘米，宽 1.5~4 厘米，先端钝，边缘具圆钝齿，基部楔形，两面和边缘均被腺柔毛，具羽状达缘脉序；叶柄长约 1.5 厘米，边缘具长柔毛。多歧聚伞花序总状或圆锥状，具 7~30 朵花；花序分枝长达 4.5 厘米，被腺柔毛；花梗长约 8 毫米，被白色腺柔毛；萼片在花期反曲，近三角形至卵形，长约 2 毫米，宽 1.1~1.2 毫米，先端急尖或稍钝，无毛，3 脉于先端汇合成 1 个疣点；花瓣白色，基部具 1 个黄色斑点，椭圆形至卵形，长 3.2~3.6 毫米，宽 1.3~1.6 毫米，先端钝或微凹，基部具长 0.2~0.3 毫米之爪，3~4 脉；雄蕊长约 2.3 毫米，花药棕色，花丝棒状；2 个心皮近离生，长约 2.6 毫米；子房近上位，狭卵球形。蒴果，2 果瓣成熟后叉开。花期 4~5 月。

产于宣恩，属湖北省新记录，生于山沟石壁上；分布于四川。

3. 球茎虎耳草　*Saxifraga sibirica* L. Sp. Pl. ed. 2. 577. 1762.

多年生草本，高 6.5~25 厘米，具鳞茎。茎密被腺柔毛。基生叶具长柄，叶片肾形，长 0.7~1.8 厘米，宽 1~27 厘米，7~9 浅裂，裂片卵形、阔卵形至扁圆形，两面和边缘均具腺柔毛，叶柄长 1.2~4.5 厘米，基部扩大，被腺柔毛；茎生叶肾形、阔卵形至扁圆形，长 0.45~1.5 厘米，宽 0.5~2 厘米，基部肾形、截形至楔形，5~9 浅裂，两面和边缘均具腺毛，叶柄长 1~9 毫米。聚伞花序伞房状，长 2.3~17 厘米，具 2~13 朵花，稀单花；花梗纤细，长1.5~4厘米，被腺柔毛；萼片直立，披针形至长圆形，长3~4毫米，宽0.6~1.8毫米，先端急尖或钝，腹面无毛，背面和边缘具腺柔毛，3~5脉于先端不汇合、半汇合至汇合；花瓣白色，倒卵形至狭倒卵形，长6~14.5毫米，宽1.5~4.7毫米，基部渐狭呈爪，3~8脉，无痂体；雄蕊长2.5~5.5毫米，花丝钻形；2个心皮中下部合生，长2.6~4.9毫米；子房卵球形，长1.8~3毫米，花柱2根，长0.8~2毫米，柱头小。花果期5~11月。

产于巴东，生于林下石壁上；分布于黑龙江、河北、山西、陕西、甘肃、新疆、山东、湖北、湖南、四川、云南、西藏；蒙古、尼泊尔、印度等也有。

4. 红毛虎耳草 *Saxifraga rufescens* Balf. f. in Trans. Bot. Soc. 27: 74. 1916.

多年生草本，高16~40厘米。根状茎较长。叶均基生，叶片肾形、圆肾形至心形，长2.4~10厘米，宽3.2~12厘米，先端钝，基部心形，9~11浅裂，裂片阔卵形，具齿牙，有时再次3浅裂，两面和边缘均被腺毛；叶柄长3.7~15.5厘米，被红褐色长腺毛。花葶密被红褐色长腺毛。多歧聚伞花序圆锥状，长6~18厘米，具10~31朵花；花序分枝纤细，长2.2~9厘米，具2~4朵花，被腺毛；花梗长0.6~3.5厘米，被腺毛；苞片线形，长2.3~6毫米，宽0.5~1.1毫米，边缘具长腺毛；萼片在花期开展至反曲，卵形至狭卵形，长1.3~4毫米，宽0.5~1.8毫米，先端钝或短渐尖，腹面无毛，背面和边缘具腺毛，3脉于先端汇合；花瓣白色至粉红色，5片，其中4片较短，披针形至狭披针形，长4~4.5毫米，宽1~2.3毫米，先端稍渐尖，边缘多少具腺睫毛，基部具长0.3~0.6毫米之爪，具3~7脉，为弧曲脉序，其中1条最长，披针形至线形，长9.6~18.8毫米，宽1.3~4.6毫米，先端钝或渐尖，边缘多少具腺睫毛，基部具长0.8~1毫米之爪，3~9脉，通常为弧曲脉序；雄蕊长4.5~5.5毫米，花丝棒状；子房上位，卵球形，长1.3~2.5毫米，花柱长1.6~3毫米。蒴果弯垂，长4~4.5毫米。花果期7~8月。

恩施州广布，生于山谷林下；分布于湖北、四川、云南、西藏。

5. 虎耳草 *Saxifraga stolonifera* Curt. in Philos. Trans. London B. 64. 1. 308, No. 2541. 1774.

多年生草本，高8~45厘米。鞭匍枝细长，密被卷曲长腺毛，具鳞片状叶。茎被长腺毛，具1~4片苞片状叶。基生叶具长柄，叶片近心形、肾形至扁圆形，长1.5~7.5厘米，宽2~12厘米，先端钝或急尖，基部近截形、圆形至心形，5~11浅裂，裂片边缘具不规则齿牙和腺睫毛，腹面绿色，被腺毛，背面通常红紫色，被腺毛，有斑点，具掌状达缘脉序，叶柄长1.5~21厘米，被长腺毛；茎生叶披针形，长约6毫米，宽约2毫米。聚伞花序圆锥状，长7.3~26厘米，具7~61朵花；花序分枝长2.5~8厘米，被腺毛，具2~5朵花；花梗长0.5~1.6厘米，细弱，被腺毛；花两侧对称；萼片在花期开展至反曲，卵形，长1.5~3.5毫米，宽1~1.8毫米，先端急尖，边缘具腺睫毛，腹面无毛，背面被褐色腺毛，3脉于先端汇合成1个疣点；花瓣白色，中上部具紫红色斑点，基部具黄色斑点，5片，其中3片较短，卵形，长2~4.4毫米，宽1.3~2毫米，先端急尖，基部具长0.1~0.6毫米之爪，羽状脉序，具二级脉2~6条，另2片较长，披针形至长圆形，长6.2~14.5毫米，宽2~4毫米，先端急尖，基部具长0.2~0.8毫米之爪，羽状脉序，具二级脉5~11条。雄蕊长4~5.2毫米，花丝棒状；花盘半环状，围绕于子房一侧，边缘具瘤突；2 个心皮下部合生，长 3.8～6 毫米；子房卵球形，花柱 2 根，叉开。花果期 4～11 月。

恩施州广布，生于林下阴湿岩隙；分布于河北、陕西、甘肃、江苏、安徽、浙江、江西、福建、台湾、河南、湖北、湖南、广东、广西、四川、贵州、云南；朝鲜、日本也有。

全草入药；微苦、辛，寒，有小毒；祛风清热，凉血解毒。

黄水枝属 Tiarella L.

多年生草本。根状茎短，具鳞片。叶大多基生，单叶，掌状分裂，或为复叶，具 3 片小叶；茎生叶少数；托叶小型。花序总状或圆锥状，顶生或腋生；苞片小；花小；托杯内壁下部与子房愈合；萼片 5 片，通常呈花瓣状；花瓣 5 片，有时不存在；雄蕊 10 枚，伸出花冠外；心皮 2 个，大部合生；子房 1 室，具 2 个近于基生之侧膜胎座；花柱 2 根，丝状。蒴果之 2 果瓣不等大，下部合生，上部离生，各具种子 6～12 粒，成熟时腹部纵裂。

本属有 5 种；我国产 1 种；恩施州产 1 种。

黄水枝 Tiarella polyphylla D. Don, Prodr. Fl. Nepal. 210. 1825.

多年生草本，高 20～45 厘米；根状茎横走，深褐色，直径 3～6 毫米。茎不分枝，密被腺毛。基生叶具长柄，叶片心形，长 2～8 厘米，宽 2.5～10 厘米，先端急尖，基部心形，掌状 3～5 浅裂，边缘具不规则浅齿，两面密被腺毛；叶柄长 2～12 厘米，基部扩大呈鞘状，密被腺毛；托叶褐色；茎生叶通常 2～3 片，与基生叶同型，叶柄较短。总状花序长 8～25 厘米，密被腺毛；花梗长达 1 厘米，被腺毛；萼片在花期直立，卵形，长约 1.5 毫米，宽约 0.8 毫米，先端稍渐尖，腹面无毛，背面和边缘具短腺毛，3 至多条脉；无花瓣；雄蕊长约 2.5 毫米，花丝钻形；心皮 2 个，不等大，下部合生，子房近上位，花柱 2 根。蒴果长 7～12 毫米；种子黑褐色，椭圆球形，长约 1 毫米。花果期 4～11 月。

恩施州广布，生于林下阴湿地；分布于陕西、甘肃、江西、台湾、湖北、湖南、广东、广西、四川、贵州、云南、西藏；日本、缅甸、不丹、尼泊尔也有。

全草入药；苦，寒；清热解毒，活血祛瘀，消肿止痛；主治痈疖肿毒、跌打损伤及咳嗽气喘等。

金腰属 Chrysosplenium Tourn. ex L.

多年生小草本，通常具鞭匐枝或鳞茎。单叶，互生或对生，具柄，无托叶。通常为聚伞花序，围有苞叶，稀单花；花小型，绿色、黄色、白色或带紫色；托杯内壁通常多少与子房愈合；萼片 4 片，稀 5 片，在芽中覆瓦状排列；无花瓣，花盘极不明显或无，或明显（4）8 裂，有时其周围具褐色乳头状突起；雄蕊 8（10）或 4 枚；花丝钻形，花药 2 室，侧裂，花粉粒微细，具 3 条拟孔沟，并具华美网纹；2 个心皮通常中下部合生，子房近上位、半下位或近下位，1 室，胚珠多数，具 2 个侧膜胎座，花柱 2 根，离生，柱头具斑点。蒴果之 2 果瓣近等大或明显不等大；种子多数，卵球形至椭圆球形，有时光滑无毛，有时具微乳头状突起、微柔毛或微瘤突，有时具纵肋，肋上具横纹、乳头状突起或微瘤突等。

本属有 65 种；我国有 35 种；恩施州产 6 种 1 变种。

虎耳草科
Saxifragaceae

分种检索表

1. 叶对生。
    2. 蒴果之 2 果瓣明显不等大。
        3. 种子具微乳头突起或微柔毛 ················· 1. 中华金腰 Chrysosplenium sinicum
        3. 种子具纵沟和纵肋，肋上具微乳头突起 ················· 2. 毛金腰 Chrysosplenium pilosum
    2. 蒴果先端近平截而微凹，2 果瓣近等大，近水平状叉开；茎生叶阔卵形；近圆形至扇形，背面疏生褐色乳头突起；苞叶背面疏生褐色乳头突起；萼片近扁圆形，先端微凹，凹处具 1 个褐色乳头突起 ················· 3. 肾萼金腰 Chrysosplenium delavayi
1. 叶互生，或仅具茎生叶 1 片，或无茎生叶。
    4. 花盘极不明显或无；子房通常半下位。
        5. 基生叶阔卵形至近阔椭圆形，长 2.1~4.2 厘米，宽 2~3.7 厘米，边缘具 13~17 个圆齿，基部通常近截形至稍心形，两面和边缘均具褐色长柔毛；萼片通常近圆形，先端钝圆或微凹；雄蕊与萼片近等高，长 1~2 毫米；果喙长约 1 毫米 ················· 4. 锈毛金腰 Chrysosplenium davidianum
        5. 基生叶倒卵形，长 2.3~19 厘米，宽 1.3~11.5 厘米，先端钝圆，全缘或具微波状小圆齿，基部楔形，腹面疏生褐色柔毛，背面无毛；萼片近卵形至阔卵形，先端微凹；雄蕊明显高出萼片，长 4~6.5 毫米；果喙长 3~4 毫米 ················· 5. 大叶金腰 Chrysosplenium macrophyllum
    4. 有花盘；如花盘退化，其周围必密生褐色乳头突起；子房近下位，或有时半下位。
        6. 花盘通常 8 裂，稀 4 裂，其周围无褐色乳头突起；子房半下位或近下位；种子具微乳头突起或柔毛 ················· 6. 峨眉金腰 Chrysosplenium hydrocotylifolium var. emeiense
        6. 花盘通常退化，其周围密生褐色乳头突起；子房通常近下位；种子具微乳头突起；萼片先端钝或短渐尖 ················· 7. 绵毛金腰 Chrysosplenium lanuginosum

1. 中华金腰 Chrysosplenium sinicum Maxim. in Bull. Acad. St. -Petersb. 23: 348. 1877.

多年生草本，高 3~33 厘米；不育枝发达，出自茎基部叶腋，无毛，其叶对生，叶片通常阔卵形、近圆形，稀倒卵形，长约 4 厘米，先端钝，边缘具 11~29 个钝齿（稀为锯齿），基部宽楔形至近圆形，两面无毛，有时顶生叶背面疏生褐色乳头突起，叶柄长 0.5~17 毫米，顶生叶之腋部具长 0.2~2.5 毫米之褐色卷曲髯毛。花茎无毛。叶通常对生，叶片近圆形至阔卵形，长 6~10.5 毫米，宽 7.5~11.5 毫米，先端钝圆，边缘具 12~16 个钝齿，基部宽楔形，无毛；叶柄长 6~10 毫米；近叶腋部有时具褐色乳头突起。聚伞花序长 2.2~3.8 厘米，具 4~10 朵花；花序分枝无毛；苞叶阔卵形、卵形至近狭卵形，长 4~18 毫米，宽 9~10 毫米，边缘具 5~16 个钝齿，基部宽楔形至偏斜形，无毛，柄长 1~7 毫米，近苞腋部具褐色乳头突起；花梗无毛；花黄绿色；萼片在花期直立，阔卵形至近阔椭圆形，长 0.8~2.1 毫米，宽 1~2.4 毫米，先端钝；雄蕊 8 枚，长约 1 毫米；子房半下位，花柱长约 0.4 毫米；无花盘。蒴果长 7~10 毫米，2 果瓣明显不等大，叉开，喙长 0.3~1.2 毫米；种子黑褐色，椭球形至阔卵球形，长 0.6~0.9 毫米，被微乳头突起，有光泽。花果期 4~8 月。

恩施州广布，生于林下阴湿处；分布于黑龙江、吉林、辽宁、河北、山西、陕西、甘肃、青海、安徽、江西、河南、湖北、四川等省；朝鲜、俄罗斯、蒙古也有。

2. 毛金腰 Chrysosplenium pilosum Maxim. Prim. Fl. Amur. 122. 1859.

多年生草本，高 14~16 厘米；不育枝出自茎基部叶腋，密被褐色柔毛，其叶对生，具褐色斑点，近扇形，长 0.7~1.6 厘米，宽 0.7~2 厘米，先端钝圆，边缘具不明显的 5~9 个波状圆齿，基部宽楔形，腹面疏生褐色柔毛，背面无毛，边缘具褐色睫毛，叶柄长 4~8 毫米，具褐色柔毛，顶生者阔卵形至近圆形，长 5.8~6 毫米，宽 6.5~6.6 毫米，边缘具不明显波状圆齿，两面无毛。花茎疏生褐色柔毛。茎生叶对生，扇形，长约 8.5 毫米，宽约 10.5 毫米，先端近截形，具不明显的 6 个波状圆齿，基部楔形，两面无毛，叶柄长约 3.5 毫米，具褐色柔毛。聚伞花序长约 2 厘米；花序分枝无毛；苞叶近扇形，长 0.95~1.3 厘米，先端钝圆至近截形，边缘具 3~5 个波状圆齿，两面无毛，柄长 1~2 毫米，疏生褐色柔毛；花梗无毛；萼片具褐色斑点，阔卵形至近阔椭圆形，长 1.8~2.2 毫米，宽约 2 毫米，先端钝；雄蕊 8 枚，长约 1 毫米；子房半下位，花柱长约 1 毫米；无花盘。蒴果长约 5.5 毫米，2 果瓣不等大，喙长 1~1.1 毫米；种子黑褐色，阔椭球形，长约 1 毫米，具纵沟和纵肋，纵沟较深，纵肋 17 条，肋上具微乳头突起。花期 4~6 月，果期 6~7 月。

产于咸丰，生于林下阴湿处；分布于黑龙江、吉林、湖北、辽宁；朝鲜、俄罗斯也有。

3. 肾萼金腰 Chrysosplenium delavayi Franch. in Bull. Soc. Bot. France 32: 7. 1885.

多年生草本，高 4.5~13 厘米；不育枝出自茎下部叶腋，其叶对生，近扁圆形，长约 7 毫米，宽 8.2~9.2 毫米，先端钝圆，边缘具 8 个圆齿，基部宽楔形，两面无毛，叶柄长约 5 毫米，叶腋具褐色乳头突起，顶生者阔卵形、阔椭圆形至近扁圆形，长 0.95~1.1 厘米，宽 1~1.25 厘米，先端钝，边缘具 7~10 个圆齿，基部宽楔形至稍心形，腹面无毛，背面疏生褐色乳头突起，叶柄长 0.5~3 毫米，叶腋及近旁具褐色乳头突起。花茎无毛。茎生叶对生，叶片阔卵形、近圆形至扇形，长 0.22~1.5 厘米，宽 0.3~1.6 厘米，先端钝，边缘具 7~12 个圆齿，基部宽楔形，腹面无毛，背面疏生褐色乳头突起；叶柄长 3~7 毫米，叶腋具褐色柔毛和乳头突起。单花；或聚伞花序具 2~5 朵花，长 1~1.4 厘米；花序分枝无毛；苞叶通常阔卵形，长 2~5 毫米，宽 2.4~5 毫米，先端钝，边缘具 6~9 个圆齿，腹面无毛，但偶尔疏生褐色乳头突起，背面疏生褐色乳头突起，柄长 2~5.6 毫米，苞腋及其近旁具褐色乳头突起；花梗长 2.5~19 毫米，无毛；花黄绿色，直径约 8.7 毫米；萼片在花期开展，近扁圆形，长 1.9~3 毫米，宽 3~5 毫米，先端微凹，凹处具 1 个褐色乳头突起，其边缘有时相互叠接；雄蕊 8 枚，长约 0.6 毫米；子房近下位，花柱长约 0.4 毫米；花盘 8 裂，周围疏生褐色乳头突起。蒴果先端近平截而微凹，2 果瓣近等大且水平状叉开，喙长约 0.4 毫米；种子黑褐色，卵球形，长 0.7~1 毫米，具纵肋 13~15 条，肋上有横纹。花果期 3~6 月。

产于利川，生于山谷林下；分布于台湾、湖北、湖南、广西、四川、贵州、云南等省区；缅甸也有。

4. 锈毛金腰 Chrysosplenium davidianum Decne. ex Maxim. in Bull. Acad. Sci. St. -Petersb. 23: 343. 1877.

多年生草本，高 1~19 厘米，丛生；根状茎横走，密被褐色长柔毛；不育枝发达。茎被褐色卷曲柔毛。基生叶具柄，叶片阔卵形至近阔椭圆形，长 0.5~4.2 厘米，宽 0.7~3.7 厘米，先端钝圆，边缘具 7~17 个圆齿，基部近截形至稍心形，两面和边缘具褐色长柔毛；叶柄长 1~3 厘米，密被褐色卷曲长柔毛；茎生叶 1~5 枚，互生，向下渐变小，叶片阔卵形至近扇形，长 3~7 毫米，宽 3.5~7 毫米，先端钝圆，边缘具 7~9 个圆齿，基部宽楔形，两面和边缘均疏生褐色柔毛，叶柄长 5~6 毫米，被褐色柔毛。聚伞花序长 0.5~4 厘米，具多花；苞叶圆状扇形，长 3.1~11.2 毫米，宽 3.1~9 毫米，边缘具 3~7 个圆齿，基部宽楔形，疏生柔毛至近无毛，柄长 1.2~3.5 毫米，疏生柔毛；花梗长 1~5 毫米，被褐色柔毛；花黄色；萼片通常近圆形，长

1～2.6毫米，宽1.1～3.1毫米，先端钝圆或微凹，无毛；雄蕊8枚，长1～2毫米；子房半下位，花柱长0.8～2毫米；无花盘。蒴果长约3.8毫米，先端近平截而微凹，2果瓣近等大且水平状叉开，喙长约1毫米；种子黑棕色，卵球形，长约1毫米，被微乳头突起。花果期4～8月。

产于恩施，属湖北省新记录，生于山谷林下；分布于四川、云南。

5. 大叶金腰 *Chrysosplenium macrophyllum* Oliv. in Hook. Icon. Pl. 18: t. 1744. 1888.

多年生草本，高17～21厘米；不育枝长23～35厘米，其叶互生，具柄，叶片阔卵形至近圆形，长0.3～1.8厘米，宽0.4～1.2厘米，边缘具11～13个圆齿，腹面疏生褐色柔毛，背面无毛，叶柄长0.8～1厘米，具褐色柔毛。花茎疏生褐色长柔毛。基生叶数枚，具柄，叶片革质，倒卵形，长2.3～19厘米，宽1.3～11.5厘米，先端钝圆，全缘或具不明显之微波状小圆齿，基部楔形，腹面疏生褐色柔毛，背面无毛；茎生叶通常1片，叶片狭椭圆形，长1.2～1.7厘米，宽0.5～0.75厘米，边缘通常具13个圆齿，背面无毛，腹面和边缘疏生褐色柔毛。

多歧聚伞花序长3～4.5厘米；花序分枝疏生褐色柔毛或近无毛；苞叶卵形至阔卵形，长0.6～2厘米，宽0.5～1.4厘米，先端钝状急尖，边缘通常具9～15个圆齿，基部楔形，柄长3～10毫米；萼片近卵形至阔卵形，长3～3.2毫米，宽2.5～3.9毫米，先端微凹，无毛；雄蕊高出萼片，长4～6.5毫米；子房半下位，花柱长约5毫米，近直上；无花盘。蒴果长4～4.5毫米，先端近平截而微凹，2果瓣近等大，喙长3～4毫米；种子黑褐色，近卵球形，长约0.7毫米，密被微乳头突起。花果期4～6月。

恩施州广布，生于林下或沟旁阴湿处；分布于陕西、安徽、浙江、江西、湖北、湖南、广东、四川、贵州、云南。

可入药，治小儿惊风和肺、耳部疾病。

6. 峨眉金腰（变种） *Chrysosplenium hydrocotylifolium* Levl. et Vant. var. *emeiense* J. T. Pan in Acta Phytotax. Sin. 24(2): 94. 1986.

多年生草本，高约27厘米。茎通常无叶，被褐色柔毛。基生叶具长柄，叶片近圆形，长2.3～8.5厘米，宽2.4～8.5厘米，先端钝圆，边缘波状，或具34～37个圆齿，基部肾形，上面无毛，下面被柔毛；叶柄长2.5～14厘米，最下部具褐色长柔毛。多歧聚伞花序长10～12厘米；花序分枝长达7.5厘米，疏生褐色柔毛；苞叶阔卵形，长0.5～1.6厘米，宽0.5～1.4厘米，边缘具5～8个圆齿，基部楔形，被柔毛，柄长3.5～9毫米，苞腋具褐色长柔毛；花绿色，直径5～6毫米；萼片在花期开展，扁圆形，长约1.8毫米，宽约2.4毫米，先端钝圆且具1个褐色疣点，无毛，但具褐色单宁质斑点；雄蕊8枚，花丝长约0.3毫米；子房近下位，花柱长约0.3毫米；花盘8裂。蒴果长5～5.5毫米，先端近平截而微凹，2果瓣近等大，喙长约0.2毫米；种子黑褐色，近卵球形，长约1毫米，具微乳头突起，有光泽。花果期4～7月。

恩施栽培；分布于四川。

7. 绵毛金腰 *Chrysosplenium lanuginosum* Hook. f. et Thoms. in Journ. Linn. Soc. Bot. 2: 74. 1857.

多年生草本，高8～22厘米；根状茎直下或横走，长达20厘米；不育枝出自基生叶腋部，长5～25厘米，被褐色长柔毛，其叶互生，自下而上渐变大，叶片卵形、阔卵形至近扇形，长2.8～25毫米，宽2.5～17毫米，边缘具5～12个圆齿，基部楔形，两面和边缘均具褐色长柔毛，叶柄长0.7～1厘米，密被褐色长柔毛。茎被褐色柔毛或近无毛。基生叶卵形、阔卵形至近椭圆形，长1.3～4.5厘米，宽1.2～2.9厘米，先端钝圆，边缘具不明显的9～17个波状圆齿，基部通常宽楔形，稀稍心形，两面和边缘均多少具褐色柔毛，叶柄长0.8～5厘米，密被褐色柔毛；茎生叶1～3片，互生，阔卵形、扇形至椭圆形，长0.2～1厘米，宽0.16～1厘米，边缘具5～9个圆齿，基部楔形，两面和边缘多少具褐色柔毛，有时背面无毛，叶柄长0.5～1.7厘米，密被褐色柔毛。聚伞花序长5～9.5厘米；花序分枝无毛或疏生柔毛；苞叶偏斜状阔卵形、近扇形至倒卵形，长0.3～1.1厘米，宽0.4～1.2厘米，边缘具5～11个圆齿，基部宽楔形至截形，通常两面无毛，柄长1.5～7毫米，无毛或疏生柔毛，最下部1片苞叶，其腹面被褐色柔毛；花较疏，绿色，直径4.2～6.2毫米；萼片在花期开展，具褐色单宁质斑点，肾状扁圆形至阔卵形，长1.5～2.2毫米，宽2.2～3毫米，先端钝或短渐尖，雄蕊8枚，长约0.8毫米；子房近下位，花柱长0.6～0.7毫米；花盘退化，周围具1圈褐色乳头突起。蒴果长3.2～3.5毫米，先端近平截而微凹，2果瓣近等大，喙长约0.8毫米；种子黑褐色，近卵球形，长0.6～1毫米，具微乳头突起。花果期4～6月。

产于宣恩、利川，生于山谷石隙阴湿处；分布于湖北、四川、贵州、云南和西藏；缅甸、不丹、尼泊尔、印度均有。

鼠刺属 *Itea* Linn.

灌木或乔木，常绿或落叶。单叶互生，具柄，边缘常具腺齿或刺状齿，稀圆齿状或全缘；托叶小，早落；羽状脉。花小，白色，辐射对称，两性或杂性，多数，排列成顶生或腋生总状花序或总状圆锥花序；萼筒杯状，基部与子房合生；萼片5片，宿存；花瓣5片，镊合状排列，花期直立或反折；雄蕊5枚，着生于花盘边缘而与花瓣互生；花丝钻形；子房上位或半下位，具2～3个心皮，紧贴或仅下部紧贴花盘；花柱单生，有纵沟，或有时中部分离；柱头头状；胚珠多数，2列，生于中轴胎座上。蒴果先端2裂，仅基部合生，具宿存的萼片及花瓣；种子多数，狭纺锤形，或少数，长圆形，扁平；种皮壳质，有光泽；胚大，圆柱形。

本属约29种；我国17种1变种；恩施州产1种。

冬青叶鼠刺 *Itea ilicifolia* Oliv. in Hook. Ic. Pl. 6(2): pl. 1538. 1886.

灌木，高2～4米；小枝无毛。叶厚革质，阔椭圆形至椭圆状长圆形，稀近圆形，长5～9.5厘米，宽3～6厘米，先端锐尖或尖刺状，基部圆形或楔形，边缘具较疏而坚硬刺状锯齿，干时，常反卷，上面深绿色，有光泽，下面淡绿色，两面无毛，或下面仅脉腋具簇毛；侧脉5～6对，斜上，中脉及侧脉在下面明显突起，网脉不明显；叶柄

长5～10毫米，无毛。顶生总状花序，下垂，长达25～30厘米；花序轴被短柔毛；苞片钻形，长约1毫米；花多数，通常3个簇生；花梗短，长约1.5毫米，无毛；萼筒浅钟状，萼片三角状披针形，长约1毫米；花瓣黄绿色，线状披针形，长2.5毫米，顶端具硬小尖，花开放后，直立；雄蕊短于花瓣约为花瓣之半；花丝无毛，长约1.5毫米；花药长圆形；子房半下位，心皮2个，紧贴；花柱单生，柱头头状。蒴果卵状披针形，长约5毫米，下垂，无毛。花期5～6月，果期7～11月。

恩施州广布，生于路边或灌丛中；分布于陕西、湖北、四川、贵州。

茶藨子属 *Ribes* Linn.

落叶，稀常绿或半常绿灌木；枝平滑无刺或有刺，皮剥落或不剥落；芽具数片干膜质或草质鳞片。叶具柄，单叶互生，稀丛生，常3～7掌状分裂，稀不分裂，在芽中折叠，稀席卷，无托叶。花两性或单性而雌雄异株，5数，稀4数；总状花序，有时花数朵组成伞房花序或几无总梗的伞形花序，或花数朵簇生，稀单生；苞片卵形、近圆形、椭圆形、长圆形、披针形，稀舌形或线形；萼筒辐状、碟形、盆形、杯形、钟形、圆筒形或管形，下部与子房合生，上部直接转变为萼片；萼片4～5片，常呈花瓣状，直立、开展或反折，多数与花瓣同色；花瓣4～5片，小，与萼片互生，有时退化为鳞片状，稀缺花瓣；雄蕊4～5枚，与萼片对生，与花瓣互生，着生于萼片的基部或稍下方，花丝分离，花药2室；花柱通常先端2浅裂或深裂至中部或中部以下，稀不分裂；子房下位，极稀半下位，具短柄，光滑或具柔毛，有时具腺毛或小刺，1室具2个侧膜胎座，含多数胚珠，胚珠具2层珠被。果实为多汁的浆果，顶端具宿存花萼，成熟时从果梗脱落；种子多数，具胚乳，有小圆筒状的胚，内种皮坚硬，外部有胶质外种皮。

本属有160余种；我国产59种30变种；恩施州产7种。

分种检索表

1. 花两性；苞片短小，卵圆形或近圆形，极稀舌形、长圆形或披针形。
  2. 枝无刺；萼筒钟状短圆筒形，雄蕊和花柱长于萼片；总状花序疏松，长15～25厘米，雄蕊着生在低于花瓣处 ············· 1. 长序茶藨子 *Ribes longiracemosum*
  2. 枝具刺。
    3. 子房和果实具腺毛，无小刺；叶下部的节上着生3枚粗壮刺；花柱分裂至中部，花药先端具1个蜜腺 ············· 2. 长刺茶藨子 *Ribes alpestre*
    3. 子房和果实具小刺，无腺毛；叶下部的节上着生3～7枚轮状排列的粗壮刺；花柱仅先端2浅裂，花药先端无蜜腺 ············· 3. 刺果茶藨子 *Ribes burejense*
1. 花单性，雌雄异株；苞片狭长，舌形、长圆形、椭圆形、披针形或线形。
  4. 叶倒卵状椭圆形或宽椭圆形，长2～5厘米，叶边不裂；叶柄长0.5～1厘米，具腺毛；花萼绿白色或浅黄绿色 ············· 4. 革叶茶藨子 *Ribes davidii*
  4. 落叶灌木，枝无刺或在节上具2枚小刺；叶边分裂。
    5. 花序轴和花梗无毛；叶两面被粗伏毛，顶生裂片先端渐尖；花萼黄褐色，萼筒碟形 ······ 5. 尖叶茶藨子 *Ribes maximowiczianum*
    5. 花序轴和花梗具柔毛和腺毛。
      6. 小枝和叶柄无柔毛或仅具疏腺毛；叶长卵形，稀近圆形，顶生裂片比侧生裂片长1～2倍，先端渐尖至尾尖，基部截形至心脏形；萼筒碟形，萼片舌形或卵形 ············· 6. 细枝茶藨子 *Ribes tenue*
      6. 叶基部圆形至近截形；萼筒浅杯形，花萼红褐色；叶长卵形，稀近圆形，顶生裂片比侧生裂片长2～3倍，先端长渐尖，边缘具粗大单锯齿或混生少数重锯齿；萼片卵圆形或舌形 ············· 7. 冰川茶藨子 *Ribes glaciale*

1. 长序茶藨子　*Ribes longiracemosum* Franch. in Nouv. Arch. Mus. Hist. Nat. Paris ser. 2, 8: 238. 1886.

落叶灌木，高2～3米；枝较粗壮，小枝灰褐色或黄褐色，皮稍剥裂或不裂，嫩枝褐红色至紫红色，无毛，无刺；芽卵圆形或长圆形，长4～6毫米，宽2～3毫米，先端急尖或微钝，具数枚褐色鳞片，外面无毛。叶卵圆形，长5～12厘米，宽几与长相似，基部深心脏形，两面无毛，极稀下面在基部脉腋间稍有短柔毛，常掌状3裂，稀5裂，裂片卵圆形或三角状卵圆形，顶生裂片长于侧生裂片，先端渐尖，侧生裂片先端急尖至短渐尖，边缘具不整齐粗锯齿并杂以少数重锯齿；叶柄长4.5~10厘米，无毛或幼时具稀疏短柔毛，有时近基部有疏腺毛。花两性，开花时直径5~6毫米；总状花序长15~30厘米，下垂，具花15~25朵，花朵排列疏松，间隔1或1厘米以上；花序轴和花梗具稀疏短柔毛；花梗长短不一，通常长4~7毫米，位于花序下部者稍长，长可达10毫米，位于花序上部者，长仅3~4毫米；苞片形状和大小也不一致，位于花序下部的苞片为卵圆形或卵状披针形，稀长圆形，长3~5毫米，先端急尖，无毛或微具短柔毛，位于花序上部者较小，卵圆形或近圆形，长1.5~3毫米，先端圆钝，稀微尖；花萼绿色带紫红色，外面无毛；萼筒钟状短圆筒形，带红色，长4~6毫米，宽3~5毫米，萼片绿色，长圆形或近舌形，长2~3毫米，宽1~2毫米，先端圆钝，稀微凹，边缘无睫毛，直立；花瓣近扇形，长约萼片之半，先端圆钝或平截，下面无突出体；雄蕊长于萼片，着生在低于花瓣处，即萼筒的一半高处，花丝丝形，花药扁圆形，白色，子房无毛；花柱比雄蕊稍长，稀近等长，先端不分裂或仅柱头2浅裂。果实球形，直径7~9毫米，黑色，无毛，可供食用及制作饮料和果酒等。花期4~5月，果期7~8月。

产于巴东，生于山谷林下；分布于湖北、四川、云南。

2. 长刺茶藨子　Ribes alpestre Wall. ex Decne. in Jacq. Voy. Inde 4: 64. tab. 75. 1844.

落叶灌木，高1~3米；老枝灰黑色，无毛，皮呈条状或片状剥落，小枝灰黑色至灰棕色，幼时被细柔毛，在叶下部的节上着生3枚粗壮刺，刺长1~2厘米，节间常疏生细小针刺或腺毛；芽卵圆形，小，具数枚干膜质鳞片。叶宽卵圆形，长1.5~3厘米，宽2~4厘米，不育枝上的叶更宽大，基部近截形至心脏形，两面被细柔毛，沿叶脉毛较密，老时近无毛，3~5裂，裂片先端钝，顶生裂片稍长于侧生裂片或几等长，边缘具缺刻状粗钝锯齿或重锯齿；叶柄长2~3.5厘米，被细柔毛或疏生腺毛。花两性，2~3朵组成短总状花序或花单生于叶腋；花序轴短，长5~7毫米，具腺毛；花梗长5~8毫米，无毛或具疏腺毛；苞片常成对着生于花梗的节上，宽卵圆形或卵状三角形，长2~3毫米，宽几与长相似；先端急尖或稍圆钝，边缘有稀疏腺毛，具3脉；花萼绿褐色或红褐色，外面具柔毛，常混生稀疏腺毛，稀近无毛；萼筒钟形，长5~6毫米，宽几与长相似，萼片长圆形或舌形，长5~7毫米，宽2~3毫米，先端圆钝，花期向外反折，果期常直立；花瓣椭圆形或长圆形，稀倒卵圆形，长2.5~3.5毫米，宽1.5~2毫米，先端钝或急尖，色较浅，带白色；花托内部无毛；雄蕊长4~5毫米，伸出花瓣之上，花丝白色，花药卵圆形，先端常具1个杯状蜜腺；子房无柔毛，具腺毛；花柱棒状，长于雄蕊，无毛，约分裂至中部。果实近球形或椭圆形，长12~15毫米，直径10~12毫米，紫红色，无柔毛，具腺毛，味酸。花期4~6月，果期6~9月。

产于巴东，生于灌丛中；分布于山西、陕西、甘肃、青海、四川、湖北、云南、西藏；克什米尔、不丹、阿富汗也有分布。

3. 刺果茶藨子　Ribes burejense Fr. Schmidt in Mem. Acad. Sci. St. Petersb. Sav. Etrang. ser. 7. 12 (2): 42. 1868.

落叶灌木，高1~2米；老枝较平滑，灰黑色或灰褐色，小枝灰棕色，幼时具柔毛，在叶下部的节上着生3~7枚长达1厘米的粗刺，节间密生长短不等的细针刺；芽长圆形，先端急尖，具数枚干膜质鳞片。叶宽卵圆形，长1.5~4厘米，宽1.5~5厘米，不育枝上的叶较大，基部截形至心脏形，幼时两面被短柔毛，老时渐脱落，下面沿叶脉有时具少数腺毛，掌状3~5深裂，裂片先端圆钝或急尖，边缘有粗钝锯齿；叶柄长1.5~3厘米，具柔毛，老时脱落近无毛，常有稀疏腺毛。花两性，单生于叶腋或2~3朵组成短总状花序；花序轴长 4~7 毫米，具疏柔毛或几无毛，或具疏腺毛；花梗长 5~10 毫米，疏生柔毛或近无毛，有时疏生腺毛；苞片宽卵圆形，长 3~4 毫米，宽约 3 毫米，先端急尖或稍钝，被柔毛，具 3 条脉；花萼浅褐色至红褐色，疏生柔毛或近无毛；萼筒宽钟形，长 3~4 毫米，宽稍大于长，萼片长圆形或匙形，长 6~7 毫米，宽 1.5~3 毫米，先端圆钝，在花期开展或反折，果期常直立；花瓣匙形或长圆形，长 4~5 毫米，宽 1.5~3 毫米，先端圆钝，浅红色或白色；雄蕊较花瓣长或几等长，花药卵状椭圆形，先端常无密腺；子房梨形，无柔毛，具黄褐色小刺；花柱无毛，几与雄蕊等长，先端 2 浅裂。果实圆球形，直径约 1 厘米，未熟时浅绿色至浅黄绿色，熟后转变为暗红黑色，具多数黄褐色小刺。花期 5~6 月，果期 7~8 月。

产于巴东，生于山坡灌丛中；分布于黑龙江、吉林、辽宁、内蒙古、河北、山西、陕西、湖北、甘肃、河南；蒙古、朝鲜也有分布。

4. 革叶茶藨子 *Ribes davidii* Franch. Pl. David. 2: 58. pl. 7. f. B. 1888.

常绿矮灌木，高 0.3~1 米；小枝灰色至灰褐色，皮稍条状或片状剥离，嫩枝短，褐色或红褐色，光滑无毛，无刺，枝顶常具叶 2~5 片；芽卵圆形或长卵圆形，长 3~6 毫米，先端急尖至短渐尖，鳞片草质，外面无毛。叶倒卵状椭圆形或宽椭圆形，革质，长 2~5 厘米，宽 1.5~3 厘米，先端微尖或稍钝，具突尖头，基部楔形，上面暗绿色，有光泽，下面苍白色，两面无毛，不分裂，边缘自中部以上具圆钝粗锯齿，齿顶有突尖头，基部具明显三出脉；叶柄粗短，长 0.5~1.5 厘米，具腺毛。花单性，雌雄异株，形成总状花序；雄花序直立，长 2~6 厘米，具花 5~18 朵；雌花序常腋生，长 2~3 厘米，具花 2~3 朵，稀达 7 朵；果序具果 1~2 枚；花序轴具柔毛和腺毛；花梗长 3~6 毫米，幼时被稀疏柔毛和腺毛，逐渐脱落至老时无毛；苞片椭圆形或宽椭圆形，长 7~9 毫米，宽 3~5 毫米，先端微尖或稍钝，无毛，边缘常疏生短腺毛，具单脉；花萼绿白色或浅黄绿色，外面无毛；萼筒盆形，长 2~4 毫米，宽 5~7 毫米；萼片宽卵圆形或倒卵状长圆形，长 2.5~4 毫米，宽 2~3 毫米，先端钝；花瓣楔状匙形或倒卵圆形，长约为萼片之半，先端截形或圆状截形；雄蕊短于或约与花瓣近等长，花药圆形，雌花中的雄蕊几无花丝，花粉不育；子房光滑无毛，雄花无子房；花柱先端 2 裂，柱头头状。果实椭圆形，稀近圆形，长 8~11 毫米，宽 6~8 毫米，紫红色，无毛，具 20~25 粒细小种子。花期 4~5 月，果期 6~7 月。

产于鹤峰、恩施，生于山坡灌丛中；分布于湖北、湖南、四川、贵州、云南。

5. 尖叶茶藨子 *Ribes maximowiczianum* Kom. in Acta Hort. Petrop. 22: 443. 1903.

落叶小灌木，高约 1 米；枝细瘦，小枝灰褐色或灰色，皮纵向剥裂，嫩枝棕褐色，无毛，无刺；芽长卵圆形或长圆形，长 4~7 毫米，先端渐尖，具数片棕褐色鳞片，外面无毛或仅边缘微具短柔毛。叶宽卵圆形或近圆形，长 2.5~5 厘米，宽 2~4 厘米，基部宽楔形至圆形，稀截形，上面深绿色，散生粗伏柔毛，下面色较浅，常沿叶脉具粗伏柔毛，掌状 3 裂，顶生裂片近菱形，长于侧生裂片，先端渐尖，侧生裂片卵状三角形，先端急尖，边缘具粗钝锯齿；叶柄长 5~10 毫米，无毛或具疏腺毛。花单性，雌雄异株，组成短总状花序；雄花序长 2~4 厘米，具花

10余朵；雌花序较短，具花10朵以下；花序轴和花梗疏生短腺毛，无柔毛；花梗长1~3毫米；苞片椭圆状披针形，长3~5毫米，宽1~2毫米，外面无毛或边缘具腺毛；花萼黄褐色，外面无毛；萼筒碟形，长1.5~2毫米，宽大于长；萼片长卵圆形，长1.5~2.5毫米，先端圆钝，直立；花瓣极小，倒卵圆形；雄蕊比花瓣稍长或几等长，花药和花丝近等长；雌花的退化雄蕊棒状；子房无毛，雄花的子房不发育；花柱先端2裂。果实近球形，直径6~8毫米，红色，无毛。花期5~6月，果期8~9月。

产于巴东，生于山坡林下或林缘灌丛中；分布于黑龙江、吉林、辽宁、湖北；朝鲜、日本也有分布。

6. 细枝茶藨子　*Ribes tenue* Jancz. in Bull. Intern. Acad. Sci. Cracovie Cl. Sci. Math. Nat. 1906: 290. 1906.

落叶灌木，高1~4米；枝细瘦，小枝灰褐色或灰棕色，皮长条状或薄片状撕裂，幼枝暗紫褐色或暗红褐色，无柔毛，常具腺毛，无刺；芽卵圆形或长卵圆形，长4~6毫米，先端急尖，具数枚紫褐色鳞片。叶长卵圆形，稀近圆形，长2~5.5厘米，宽2~5厘米，基部截形至心脏形，上面无毛或幼时具短柔毛和紧贴短腺毛，成长时逐渐脱落。下面幼时具短柔毛，老时近无毛，掌状3~5裂，顶生裂片菱状卵圆形，先端渐尖至尾尖，比侧生裂片长1~2倍，侧生裂片卵圆形或菱状卵圆形，先端急尖至短渐尖，边缘具深裂或缺刻状重锯齿，或混生少数粗锐单锯齿；叶柄长1~3厘米，无柔毛或具稀疏腺毛。花单性，雌雄异株，组成直立总状花序；雄花序长3~5厘米，生于侧生小枝顶端，具花10~20朵；雌花序较短，长1~3厘米，具花5~15朵；花序轴和花梗具短柔毛和疏腺毛；花梗长2~6毫米；苞片披针形或长圆状披针形，长4~7毫米，宽1~2.5毫米，先端急尖，褐色，边缘常具短腺毛，老时脱落，具单脉；花萼近辐状，红褐色，外面无毛；萼筒碟形，长1~1.5毫米，宽大于长；萼片舌形或卵圆形，长2~3.5毫米，先端钝，直立；花瓣楔状匙形或近倒卵圆形，长约1毫米或稍长，先端圆钝，暗红色；雄蕊短，几与花瓣等长或稍短，花丝约与花药等长，花药近圆形，白色带粉红色，雌花的花药不发育；子房光滑无毛；花柱先端2裂；雄花中花柱退化成短棒状，子房败育。果实球形，直径4~7毫米，暗红色，无毛。花期5~6月，果期8~9月。

恩施州广布，生于山坡林中；分布于陕西、甘肃、河南、湖北、湖南、四川、云南；喜马拉雅山区也有分布。

7. 冰川茶藨子　*Ribes glaciale* Wall. in Roxb. Fl. Ind. 2: 513. 1824.

落叶灌木，高2~5米；小枝深褐灰色或棕灰色，皮长条状剥落，嫩枝红褐色，无毛或微具短柔毛，无刺；芽长圆形，长4~7毫米，先端急尖，鳞片数枚，草质，褐红色，外面无毛。叶长卵圆形，稀近圆形，长3~5厘米，宽2~4厘米，基部圆形或近截形，上面无毛或疏生腺毛，下面无毛或沿叶脉微具短柔毛，掌状3~5裂，顶生裂片三角状长卵圆形，先端长渐尖，比侧生裂片长2~3倍，侧生裂片卵圆形，先端急尖，边缘具粗大单锯齿，有时混生少数重锯齿；叶柄长1~2厘米，浅红色，无毛，稀疏生腺毛。花单性，雌雄异株，组成直立

总状花序；雄花序长 2~5 厘米，具花 10~30 朵；雌花序短，长 1~3 厘米，具花 4~10 朵；花序轴和花梗具短柔毛和短腺毛；花梗长 2~4 毫米；苞片卵状披针形或长圆状披针形，长 3~5 毫米，宽 1~1.5 毫米，先端急尖或微钝，边缘有短腺毛，具单脉；花萼近辐状，褐红色，外面无毛；萼筒浅杯形，长 1~2 毫米，宽大于长；萼片卵圆形或舌形，长 1~2.5 毫米，宽 0.7~1.3 毫米，先端圆钝或微尖，直立；花瓣近扇形或楔状匙形，短于萼片，先端圆钝；雄蕊稍长于花瓣或几与花瓣近等长，花丝红色，花药圆形，紫红色或紫褐色；雌花的雄蕊退化，长约 0.4 毫米，花药无花粉；子房倒卵状长圆形，无柔毛，稀微具腺毛，雄花中子房退化；花柱先端 2 裂。果实近球形或倒卵状球形，红色，无毛。花期 4~6 月，果期 7~9 月。

产于巴东，生于山坡林中；分布于陕西、甘肃、河南、湖北、四川、贵州、云南、西藏；缅甸、不丹也有分布。

溲疏属 *Deutzia* Thunb.

落叶灌木，稀半常绿，通常被星状毛。小枝中空或具疏松髓心，表皮通常片状脱落；芽具数枚鳞片，覆瓦状排列。叶对生，具叶柄，边缘具锯齿，无托叶。花两性，组成圆锥花序，伞房花序、聚伞花序或总状花序，稀单花，顶生或腋生；萼筒钟状，与子房壁合生，木质化，裂片 5 片，直立，内弯或外反，果时宿存；花瓣 5 片，花蕾时内向镊合状或覆瓦状排列，白色，粉红色或紫色；雄蕊 10 枚，稀 12~15 枚，常成形状和大小不等的两轮，花丝常具翅，先端 2 齿，浅裂或钻形；花药常具柄，着生于花丝裂齿间或内侧近中部；花盘环状，扁平；子房下位，稀半下位，3~5 室，每室具胚珠多颗，中轴胎座；花柱 3~5 根，离生，柱头常下延。蒴果 3~5 室，室背开裂；种子多粒，胚小，微扁，具短喙和网纹。

本属约 60 种；我国有 53 种 1 亚种 19 变种；恩施州产 3 种。

分种检索表

1. 花瓣阔卵形、倒卵形或圆形，花蕾时覆瓦状排列；子房下位；叶长圆形或卵状长圆形，稀披针形，先端急尖 ··· 1. 粉红溲疏 *Deutzia rubens*
1. 花瓣长圆形或椭圆形，稀卵状长圆形或倒卵形，花蕾时内向镊合状排列，子房下位或半下位。
  2. 花丝内外轮形状相同，先端均具齿，稀外轮无齿，齿长不达花药，花丝齿尖；叶椭圆状披针形或长圆状披针形，长 5~10 厘米，宽 2~3 厘米，下面灰绿色 ·· 2. 异色溲疏 *Deutzia discolor*
  2. 花丝内外轮形状不同，稀相同，外轮先端具齿，齿长达到或超过花药，稀不达花药；叶下面黄绿色或淡绿色，网脉不隆起；花瓣长 8~12 毫米 ·· 3. 四川溲疏 *Deutzia setchuenensis*

1. 粉红溲疏 *Deutzia rubens* Rehd. in Sargent, Pl. Wils. 1: 13. 1911.

灌木，高约 1 米；老枝褐色，无毛，花枝长 4~6 厘米，具 4 片叶，红褐色，被星状短柔毛，表皮常片状剥落。叶膜质，长圆形或卵状长圆形，长 4~7 厘米，宽 1.5~3 厘米，先端急尖，基部阔楔形或近圆形，边缘具细锯齿，齿端紫色，上面疏被 4~5 辐线星状毛，下面被 5~7 辐线星状毛，两面均稍粗糙；叶柄长 2~4 毫米，疏被 5~6 辐线星状毛。伞房状聚伞花序直径 3~6 厘米，有花 6~10 朵；花序梗和轴均无毛；花蕾球形或倒卵形；花冠直径 1.5~2 厘米；花梗纤细，长 1~2 厘米，疏被星状毛；萼筒杯状，高约 4.5 毫米，直径约 4 毫米，被 8~12 辐线星状毛，裂片卵形，与萼筒等长或较短，紫色；花瓣粉红色，倒卵形，长 5~10 毫米，宽 7~8 毫米，先端圆形，基部收狭，疏被星状毛，花蕾时覆瓦状排例；外轮雄蕊长约 7 毫米，花丝先端 2 齿，花药柄极短，生于花丝内侧裂齿间或稍下，较花丝齿短或近等长，内轮雄蕊较短，花丝先端钝圆或浅 2 裂，花药生于花丝内侧中部以下；花柱 3 根，与雄蕊近等长。蒴果半球形，直径 4~5 毫米。花期 5~6 月，果期 8~10 月。

恩施州广布，生于山坡灌丛中；分布于陕西、甘肃、湖北、四川。

2. 异色溲疏 *Deutzia discolor* Hemsl. in Forb. et Hemsl. Journ. Linn. Soc. Bot. 23: 275. 1887.

灌木，高2~3米；老枝圆柱形，褐色或灰褐色，疏被星状毛或无毛，表皮片状脱落，花枝长5~15厘米，具2~6片叶，浅褐色，疏被星状毛。叶纸质，椭圆状披针形或长圆状披针形，长5~10厘米，宽2~3厘米，先端急尖，基部楔形或阔楔形，边缘具细锯齿，齿端角质，上面绿色，疏被4~6辐线星状毛，下面灰绿色，密被10~20辐线星状毛，两面均具中央长辐线，侧脉每边5~6条，网脉不明显；叶柄长3~6毫米，被星状毛。聚伞花序长6~10厘米，直径5~8厘米，有花12~20多朵；花蕾长圆形；花冠直径1.5~2厘米；花梗长1~1.5厘米，柔弱；萼筒杯状，高3~3.5毫米，直径3.5~4毫米，密被10~12辐线星状毛，裂片长圆状披针形，先端渐尖，与萼筒等长或稍长，绿色，被毛较稀疏；花瓣白色，椭圆形，长10~12毫米，宽5~6毫米，先端圆形，外面疏被星状毛，花蕾时内向镊合状排列；外轮雄蕊长5.5~7毫米，花丝先端2齿，齿长不达花药，花药卵形或球形，具长柄，药隔常被星状毛，内轮雄蕊长3.5~5毫米，形状与外轮相似；花柱3~4根，与雄蕊等长或稍长。蒴果半球形，直径4.5~6毫米，褐色，宿存萼裂片外反。花期6~7月，果期8~10月。

产于恩施、巴东，生于山坡灌丛中；分布于陕西、甘肃、河南、湖北和四川。

3. 四川溲疏 *Deutzia setchuenensis* Franch. in Morot, Journ. de Bot. 10: 282. 1896.

灌木，高约2米；老枝灰色或灰褐色，表皮常片状脱落，无毛；花枝长8~20厘米，具4~6片叶，褐色或黄褐色，疏被紧贴星状毛。叶纸质或膜质，卵形、卵状长圆形或卵状披针形，长2~8厘米，宽1~5厘米，先端渐尖或尾状，基部圆形或阔楔形，边缘具细锯齿，上面深绿色，被3~6辐线星状毛，沿叶脉稀具中央长辐线，下面干后黄绿色，被4~8辐线星状毛，侧脉每边3~4条，下面明显隆起，网脉不明显隆起；叶柄长3~5毫米，被星状毛。伞房状聚伞花序长1.5~4厘米，直径2~5厘米，有花6~20朵；花序梗柔弱，被星状毛；花蕾长圆形或卵状长圆形；花冠直径1.5~1.8厘米；花梗长3~10毫米；花瓣白色，卵状长圆形，长5~8厘米，宽2~3厘米；萼筒杯状，长宽均约3毫米，密被10~12辐线星状毛，裂片阔三角形，长约1.5毫米，宽2~3毫米，先端急尖，外面密被星状毛；花蕾时内向镊合状排列；外轮雄蕊长5~6毫米，花丝先端2齿，齿长圆形，扩展，约与花药等长或较长，花药具短柄，从花丝裂齿间伸出，内轮雄蕊较短，花丝先端2浅裂，花药从花丝内侧近中部伸出；花柱3根，长约3毫米。蒴果球形，直径4~5毫米，宿存萼裂片内弯。花期4~7月，果期6~9月。

恩施州广布，生于山地灌丛中；分布于江西、福建、湖北、湖南、广东、广西、贵州、四川和云南。

山梅花属 *Philadelphus* Linn.

直立灌木，稀攀援，少具刺；小枝对生，树皮常脱落。叶对生，全缘或具齿，离基三或五出脉；托叶缺；芽常具鳞片或无鳞片包裹。总状花序，常下部分枝呈聚伞状或圆锥状排列，稀单花；花白色，芳香，筒陀螺状或钟状，贴生于子房上；萼裂片4～5片；花瓣4～5片，旋转覆瓦状排列；雄蕊13～90枚，花丝扁平，分离，稀基部联合，花药卵形或长圆形，稀球形；子房下位或半下位，4～5室，胚珠多枚，悬垂，中轴胎座；花柱3～5根，合生，稀部分或全部离生，柱头槌形、棒形、匙形或桨形。蒴果4～5枚，瓣裂，外果皮纸质，内果皮木栓质；种子极多，种皮前端冠以白色流苏，末端延伸成尾或渐尖，胚小，陷入胚乳中。

本属约70多种；我国有22种17变种；恩施州产2种。

分种检索表

1. 花柱纤细，柱头槌形，稀棒形，长1～1.5毫米，较花药短而狭，总状花序通常有花3～7朵，下部分枝先端具1朵花，稀3朵花；花药无毛··1. 山梅花 Philadelphus incanus
1. 花柱粗壮，柱头棒形、桨形或匙形，长1.5～2毫米，较花药长或近相等，总状花序有花7～11朵；叶椭圆形或椭圆状披针形，下面稀疏被毛或仅沿叶脉被毛··2. 绢毛山梅花 Philadelphus sericanthus

1. 山梅花　*Philadelphus incanus* Koehne in Gartenfl. 45: 562. 1896.

灌木，高1.5～3.5米；二年生小枝灰褐色，表皮呈片状脱落，当年生小枝浅褐色或紫红色，被微柔毛或有时无毛。叶卵形或阔卵形，长6～12.5厘米，宽8～10厘米，先端急尖，基部圆形，花枝上叶较小，卵形、椭圆形至卵状披针形，长4～8.5厘米，宽3.5～6厘米，先端渐尖，基部阔楔形或近圆形，边缘具疏锯齿，上面被刚毛，下面密被白色长粗毛，叶脉离基出3～5条；叶柄长5～10毫米。总状花序有花5～11朵，下部的分枝有时具叶；花序轴长5～7厘米，疏被长柔毛或无毛；花梗长5～10毫米，上部密被白色长柔毛；花萼外面密被紧贴糙伏毛；萼筒钟形，裂片卵形，长约5毫米，宽约3.5毫米，先端骤渐尖；花冠盘状，直径2.5～3厘米，花瓣白色，卵形或近圆形，基部急收狭，长13～15毫米，宽8～13毫米；雄蕊30～35枚，最长的长达10毫米；花盘无毛；花柱长约5毫米，无毛，近先端稍分裂，柱头棒形，长约1.5毫米，较花药小。蒴果倒卵形，长7～9毫米，直径4～7毫米；种子长1.5～2.5毫米，具短尾。花期5～6月，果期7～8月。

产于巴东、宣恩，生于灌丛中；分布于山西、陕西、甘肃、河南、湖北、安徽和四川。

2. 绢毛山梅花　*Philadelphus sericanthus* Koehne in Gartenfl. 45. 561. 1891.

灌木，高1～3米；二年生小枝黄褐色，表皮纵裂，片状脱落，当年生小枝褐色，无毛或疏被毛。叶纸质，椭圆形或椭圆状披针形，长3～11厘米，宽1.5～5厘米，先端渐尖，基部楔形或阔楔形，边缘具锯齿，齿端具角质小圆点，上面疏被糙伏毛，下面仅沿主脉和脉腋被长硬毛；叶脉稍离基3～5条；叶柄长8～12毫米，疏被毛。总状花序有花7～30朵，下面1～3对分枝，顶端具3～5朵花，成聚伞状排列；花序轴长5～15厘米，疏被毛；花梗长6～14毫米，被糙伏毛；花萼褐色，外面疏被糙伏毛，裂片卵形，长6～7毫米，宽约3毫米，先端渐尖，尖头长约1.5毫米；花冠盘状，直径2.5～3厘米；花瓣白色，倒卵形或长圆形，长1.2～1.5厘米，宽8～10毫米，外面基部常疏被毛，顶端圆形，有时不规则齿缺；雄蕊30～35枚，最长的长达7毫米，花药长圆形，长约1.5毫米；花盘和花柱均无毛或稀疏被白色刚毛；花柱长约6毫米，上部稍分裂，柱头桨形或匙形，长1.5～2毫米。蒴果倒卵形，长约7毫米，直径约5毫米；种子长3～3.5毫米，具短尾。花期5～6月，果期8～9月。

恩施州广布，生于林下或灌丛中；分布于陕西、甘肃、江苏、安徽、浙江、江西、河南、湖北、湖南、广西、四川、贵州、云南。

草绣球属 Cardiandra Sieb. et Zucc.

亚灌木至灌木，具地下茎；地上茎通常单生。叶单片分散互生于茎上或4～8片聚生于茎的中上部或下部，具锯齿或粗齿；托叶缺。伞房状聚伞花序或圆锥花序顶生；花二型，不育花大，着生于花序外侧；萼片2～3片，花瓣状，分离或基部稍连合，具脉纹；孕性花小，着生于花序内侧，萼筒半球状，与子房贴生，先端4～5裂，萼齿小，卵状三角形，镊合状排列；花瓣5片，覆瓦状排列；雄蕊多数，多轮排列，花丝丝状，花药倒心形，顶端近截平，2药室，纵裂，线形，下部稍扩大，药隔宽，倒三角形，扁平；子房近下位，具不完全的2～3室，胚珠多数，排成多列，着生于内弯的胎座上；花柱2～3根，柱头小，内倾，近头状。蒴果卵球形，近下位，顶端冠以宿存的萼齿和花柱，成熟时于花柱基部间孔裂；种子多数，小，长圆形，扁平，表面具脉纹，两端具翅；胚小，生于肉质胚乳中部。

本属有5种1变种；我国有3种1变种；恩施州产1种。

草绣球 *Cardiandra moellendorffii* (Hance) Migo in Journ. Jap. Bot. 18: 419. 1942.

亚灌木，高0.4～1米；茎单生，干后淡褐色，稍具纵条纹。叶通常单片、分散互生于茎上，纸质，椭圆形或倒长卵形，长6～13厘米，宽3～6厘米，先端渐尖或短渐尖，具短尖头，基部沿叶柄两侧下延成楔形，边缘有粗长牙齿状锯齿，上面被短糙伏毛，下面疏被短柔毛或仅脉上有疏毛；侧脉7～9对，弯拱，下面微凸，小脉纤细，稀疏网状，下面明显；叶柄长1～3厘米，茎上部的渐短或几乎无柄。伞房状聚伞花序顶生，苞片和小苞片线形或狭披针形，宿存；不育花萼片2～3片，较小，近等大，阔卵形至近圆形，长5～15毫米，先端圆或略尖，基部近截平，膜质，白色或粉红色；孕性花萼筒杯状，长1.5～2毫米，萼齿阔卵形，先端钝；花瓣阔椭圆形至近圆形，长2.5～3毫米，淡红色或白色；雄蕊15～25枚，稍短于花瓣；子房近下位，3室，花柱3根，结果时长约1毫米。蒴果近球形或卵球形，不连花柱长3～3.5毫米，宽2.5～3毫米；种子棕褐色，长圆形或椭圆形，扁平，连翅长1～1.4毫米，两端的翅颜色较深，与种子同色，不透明。花期7～8月，果期9～10月。

产于鹤峰、宣恩，生于山坡林下；分布于安徽、浙江、湖北、江西和福建。

虎耳草科 Saxifragaceae

绣球属 *Hydrangea* Linn.

常绿或落叶亚灌木、灌木或小乔木，少数为木质藤本或藤状灌木；落叶种类常具冬芽，冬芽有鳞片 2~3 对。叶常 2 片对生或少数种类兼有 3 片轮生，边缘有小齿或锯齿，有时全缘；托叶缺。聚伞花序排成伞形状、伞房状或圆锥状，顶生；苞片早落；花二型，极少一型，不育花存在或缺，具长柄，生于花序外侧，花瓣和雄蕊缺或极退化，萼片大，花瓣状，2~5 片，分离，偶有基部稍连合；孕性花较小，具短柄，生于花序内侧，花萼筒状，与子房贴生，顶端 4~5 裂，萼齿小；花瓣 4~5 片，分离，镊合状排列，早落或迟落，或少数种类连合成冠盖状花冠，花冠因雄蕊的伸长而整个被推落；雄蕊通常 10 枚，有时 8 枚或多达 25 枚，着生于花盘边缘下侧，花丝线形，花药长圆形或近圆形；子房 1/3~2/3 上位或完全下位，3~4 室，有时 2~5 室，胚珠多数，生于子房室的内侧上，花柱 2~4 根，少有 5 根，分离或基部连合，具顶生或内斜的柱头，宿存。蒴果 2~5 室，于顶端花柱基部间孔裂，顶端截平或突出于萼筒；种子多数，细小，两端或周边具翅或无翅，种皮膜质，具脉纹。

本属约 73 种；我国有 46 种 10 变种；恩施州产 9 种。

分种检索表

1. 子房 1/3~2/3 上位；蒴果顶端突出。
  2. 蒴果顶端突出部分非圆锥形；花瓣分离，基部通常具爪；种子具网状脉纹，通常无翅或罕有极短的翅；雄蕊近等长，较长的于花蕾时不内折。
    3. 蒴果顶端突出部分稍长于萼筒 ································· 1. 中国绣球 *Hydrangea chinensis*
    3. 蒴果顶端突出部分等长于萼筒 ································· 2. 临桂绣球 *Hydrangea linkweiensis*
  2. 蒴果顶端突出部分圆锥形；花瓣分离，基部截平；种子具纵脉纹，两端具长翅；雄蕊不等长，较长的在花蕾时反折。
    4. 叶下面的腺体颗粒状，极小；花柱通常钻状 ·························3. 白背绣球 *Hydrangea hypoglauca*
    4. 叶下面无腺体；叶下面被灰白色长柔毛，或后变近无毛 ···············4. 东陵绣球 *Hydrangea bretschneideri*
1. 子房完全下位；蒴果顶端截平。
  5. 花瓣连合成冠盖状；种子周边具翅；攀援藤本 ·····························5. 冠盖绣球 *Hydrangea anomala*
  5. 花瓣分离，基部截平；种子两端具翅。
    6. 叶下面密被颗粒状腺体和灰白色糙伏毛；花柱 2 根 ·······················6. 蜡莲绣球 *Hydrangea strigosa*
    6. 叶下无颗粒状腺体。
      7. 伞房状聚伞花序分枝疏散，远离，彼此间隔较长；种子两端的翅较短，其长不超过 0.3 毫米 ······7. 粗枝绣球 *Hydrangea robusta*
      7. 伞房状聚伞花序分枝密集，紧靠，彼此间隔短，一般长 5~20 毫米，有时也有个别较长的。
        8. 叶下面密被灰白色短绒毛，脉上的毛较长，常带黄褐色；小枝和总花梗较粗，常具钝棱，密被灰白色或黄褐色短柔毛和粗长毛 ···8. 柔毛绣球 *Hydrangea villosa*
        8. 孕性花玫瑰红色；叶披针形，下面密被长柔毛，中脉和叶柄无毛 ···············9. 马桑绣球 *Hydrangea aspera*

1. 中国绣球 *Hydrangea chinensis* Maxim. in Mem. Acad. Sci. St. Petersb. ser. 7, 10 (16): 1867.

灌木，高 0.5~2 米；一年生或二年生小枝红褐色或褐色，初时被短柔毛，后渐变无毛，老后树皮呈薄片状剥落。叶薄纸质至纸质，长圆形或狭椭圆形，有时近倒披针形，长 6~12 厘米，宽 2~4 厘米，先端渐尖或短渐尖，具尾状尖头或短尖头，基部楔形，边缘近中部以上具疏钝齿或小齿，两面被疏短柔毛或仅脉上被毛，下面脉腋间常有髯毛；侧脉 6~7 对，纤细，弯拱，下面稍凸起，小脉稀疏网状，下面较明显；叶柄长 0.5~2 厘米，被短柔毛。伞形状或伞房状聚伞花序顶生，长和宽 3~7 厘米，顶端截平或微拱；分枝 5 或 3 个，如分枝 5 个，其长短、粗细相若，被短柔毛；不育花萼片 3~4 片，椭圆形、卵圆形、倒卵形或扁圆形，结果时长 1.1~3 厘米，宽 1~3 厘米，全缘或具数小齿；孕性花萼筒杯状，长约 1 毫米，宽约 1.5 毫米，萼齿披针形或三角状卵形，长 0.5~2 毫米；花瓣黄色，椭圆形或倒披针形，长 3~3.5 毫米，先端略尖，基部具短爪；雄

蕊 10～11 枚，近等长，盛开时长 3～4.5 毫米，花蕾时不内折；子房近半下位，花柱 3～4 根，结果时长 1～2 毫米，直立或稍扩展，柱头通常增大呈半环状。蒴果卵球形，不连花柱长 3.5～5 毫米，宽 3～3.5 毫米，顶端突出部分长 2～2.5 毫米，稍长于萼筒；种子淡褐色，椭圆形、卵形或近圆形，长 0.5～1 毫米，宽 0.4～0.5 毫米，略扁，无翅，具网状脉纹。花期 5～6 月，果期 9～10 月。

恩施州广布，属湖北省新记录，生于山谷溪边林下；分布于台湾、福建、浙江、安徽、江西、湖南、广西。

2. 临桂绣球　*Hydrangea linkweiensis* Chun in Acta Phytotax. Sin.3 (2): 125.1954.

亚灌木至灌木，高达 3 米；一年生或二年生小枝暗紫褐色，初时被疏柔毛，后渐变无毛，第二年树皮呈薄片状剥落。叶薄纸质，狭披针形、披针形或有时卵状披针形，长 5～14 厘米，宽 1.7～4 厘米，两侧略微不对称，一侧常稍弯拱，先端渐尖成镰状或尾状尖头，基部阔楔形或钝，边缘有疏离小齿或锯齿，干后两面常呈暗红褐色或下面色稍淡，上面近无毛，下面无微柔毛；侧脉约 7 对，纤细，弯拱，下面明显，小脉稀疏网状，下面稍明显；叶柄细，长 4～10 毫米，基部略扩大，几乎无毛。伞房状聚伞花序具 3～5 厘米长的总花梗，顶端截平，

分枝 3 个，中间的常短小，两侧的较粗长，长 5～8 厘米，扩展，被贴伏短柔毛；不育花萼片 3 片，三角状卵形或阔卵形，不等大，结果时长 1.5～2.5 厘米，宽 1.5～2.7 厘米，先端略尖或钝，基部近截平，全缘，孕性花黄色，萼筒杯状，长约 1 毫米，宽约 1.5 毫米，被疏柔毛，萼齿卵状披针形，长 1.5～2.5 毫米；花瓣倒披针形或长倒卵形，先端略尖，具短细尖头，基部渐狭，具长约 0.5 毫米的短爪，具一中脉，近宿存，花后与萼齿常反折；雄蕊近等长，短于或稍长于花瓣，花药长圆形，长 1～1.2 毫米；子房半下位，花柱 3～4 根，结果时长 1.5～2 毫米，稍扩展，柱头增厚，沿花柱内侧下延。蒴果椭圆状，较小，不连花柱长约 3 毫米，宽约 2.3 毫米，顶端突出部分等长于萼筒；萼筒无毛；种子褐色，长圆形、倒卵形或近圆形，长约 0.55 毫米，宽 0.3～0.5 毫米，无翅，具网状脉纹。花期 5～6 月，果期 8～9 月。

产于利川、宣恩，生于山坡灌丛中；分布于湖北。

3. 白背绣球　*Hydrangea hypoglauca* Rehd. in Sargent, Pl. Wils. 1: 26. 1911.

灌木，高 1～3 米；枝红褐色，无毛或被疏散粗伏毛，老后树皮呈薄片状剥落。叶纸质，卵形或长卵形，长 7～12 厘米，宽 2.8～6.5 厘米，先端渐尖，基部圆或略钝，边缘有具短尖头的小锯齿，齿尖向上，上面无毛或脉上有稀疏、紧贴的短粗毛，下面灰绿白色，有密集的颗粒状小腺体，无毛或近无毛，仅脉上密被紧贴短粗毛，脉腋间有时具髯毛；侧脉 7～8 对，直斜向上，近边缘稍弯拱，彼此以小横脉相连，并有支脉直达各个齿端，上面平坦，下面凸起，小脉纤细，网状，稠密，下面稍明显；叶柄纤细，长 1.5～3 厘米。伞房状聚伞花序有或无总花梗，直径 10～14 厘米，顶端稍弯拱，分枝 2～3 个，具多回分枝，疏被粗长伏毛；不育花直径 2～4 厘米；萼片 4 片，少有 3 片，阔卵形、倒卵形或扁圆形，稍不等大，长和宽 1.1～2 厘米，先端圆或略尖，白

色；孕性花密集，萼筒钟状，长约1毫米，萼齿卵状三角形，长0.5~1毫米，渐尖；花瓣白色，长卵形，长2~2.5毫米，内凹；雄蕊不等长，短的与花瓣近等长，长的长约3毫米，花蕾时内折，花药近圆形，长不及0.5毫米；子房半下位或略超过一半下位，花柱3根，长约1毫米，钻状，基部连合，柱头不增大。蒴果卵球形，连花柱长4~4.5毫米，宽约3毫米，顶端突出部分圆锥形，长约1.5毫米，等于或略短于萼筒；种子淡褐色，轮廓纺锤形，略扁，不连翅长约1毫米，具纵脉纹，两端各具0.5~0.7毫米的狭翅。花期6~7月，果期9~10月。

恩施州广布，生于山坡林中；分布于湖北、湖南、贵州。

4. 东陵绣球 *Hydrangea bretschneideri* Dipp. Handb. Laubh. 3: 320. f. 171. 1893.

灌木，高1~3米；当年生小枝栗红色至栗褐色或淡褐色，初时疏被长柔毛，很快变无毛，二年生小枝色稍淡，通常无皮孔，树皮较薄，常呈薄片状剥落。叶薄纸质或纸质，卵形至长卵形、倒长卵形或长椭圆形，长7~16厘米，宽2.5~7厘米，先端渐尖，具短尖头，基部阔楔形或近圆形，边缘有具硬尖头的锯形小齿或粗齿，干后上面常呈暗褐色，无毛或有少许散生短柔毛，脉上常被疏短柔毛，下面灰褐色，密被灰白色、卷曲稍短的细柔毛和近直较粗的长柔毛或后变近无毛；中脉在下面凸起，侧脉7~8对，较细，直斜向上，近边缘微弯，下面稍凸起，三级脉不明显或稍明显，小脉网状，网眼较大，不甚明显；叶柄1~3.5厘米，初时被柔毛。伞房状聚伞花序较短小，直径8~15厘米，顶端截平或微拱；分枝3个，近等粗，稍不等长，中间1枝常较短，密被短柔毛；不育花萼片4片，广椭圆形、卵形、倒卵形或近圆形，近等大，长1.3~1.7厘米，宽1~1.6厘米，钝头，全缘；孕性花萼筒杯状，长约1毫米，萼齿三角形，长1~1.5毫米；花瓣白色，卵状披针形或长圆形，长2.5~3毫米；雄蕊10枚，不等长，短的约等于花瓣，长的长4~6毫米，花药近圆形，长0.5~0.6毫米；子房略超过一半下位，花柱3根，结果时长1~1.5毫米，上部略尖，直立或稍扩展，基部连合，柱头近头状。蒴果卵球形，连花柱长4.5~5毫米，宽3~3.5毫米，顶端突出部分圆锥形，长约1.5毫米，稍短于萼筒；种子淡褐色，狭椭圆形或长圆形，不连翅长0.8~1毫米，略扁，具纵脉纹，两端各具长0.5~0.6毫米的狭翅。花期6~7月，果期9~10月。

产于巴东，生于山坡林中；分布于河北、山西、陕西、宁夏、甘肃、青海、湖北、河南等省区。

5. 冠盖绣球 *Hydrangea anomala* D. Don, Prodr. Fl. Nepal. 211. 1825.

攀援藤本，长2~4米或更长；小枝粗壮，淡灰褐色，无毛，树皮薄而疏松，老后呈片状剥落。叶纸质，椭圆形、长卵形或卵圆形，长6~17厘米，宽3~10厘米，先端渐尖，基部楔形、近圆形或有时浅心形，边缘有密而小的锯齿，上面绿色，下面浅绿色，干后呈黄褐色，两面无毛或有时于中脉、侧脉上被少许淡褐色短柔毛，下面脉腋间常具髯毛；侧脉6~8对，上面微凹或平坦，下面凸起，小脉密集，网状，下面凸起；叶柄长2~8厘米，无毛或被疏长柔毛。伞房状聚伞花序较大，结果时直径达30厘米，

顶端弯拱，初时花序轴及分枝密被短柔毛，后其下部的毛逐渐脱落；不育花萼片4片，阔倒卵形或近圆形，长和宽1~2.2厘米，边全缘或微波状或有时顶部具数个圆钝齿，初时略被微柔毛；孕性花多数，密集，萼筒钟状，长1~1.5毫米，基部略尖，无毛，萼齿阔卵形或三角形，长0.5~0.8毫米，先端钝；花瓣连合成一冠盖状花冠，顶端圆或有时略尖，花后整个冠盖立即脱落；雄蕊9~18枚，近等长，花药小，近圆形；子房下位，花柱2根，少有3根，结果时长约1.5毫米，外反。蒴果坛状，不连花柱长3~4.5毫米，宽4~5.5毫米，顶端截平；种子淡褐色，椭圆形或长圆形，长0.7~1毫米，扁平，周边具薄翅。花期5~6月，果期9~10月。

恩施州广布，生于山谷林中；分布于甘肃、陕西、安徽、浙江、江西、福建、台湾、河南、湖北、湖南、广东、广西、贵州、四川、云南和西藏；印度、尼泊尔、不丹以及缅甸均有。

本种的叶可入药，有清热抗疟作用。

6. 蜡莲绣球 *Hydrangea strigosa* Rehd. in Sargent, Pl. Wils. 1: 31. 1911.

灌木，高1~3米；小枝圆柱形或微具四钝棱，灰褐色，密被糙伏毛，无皮孔，老后色较淡，树皮常呈薄片状剥落。叶纸质，长圆形、卵状披针形或倒卵状倒披针形，长8~28厘米，宽2~10厘米，先端渐尖，基部楔形、钝或圆形，边缘有具硬尖头的小齿或小锯齿，干后上面黑褐色，被稀疏糙伏毛或近无毛，下面灰棕色，新鲜时有时呈淡紫红色或淡红色，密被灰棕色颗粒状腺体和灰白色糙伏毛，脉上的毛更密；中脉粗壮，上面平坦，下面隆起，侧脉7~10对，弯拱，沿边缘长延伸，上面平坦，下面凸起，小脉网状，下面微凸；叶柄长1~7厘米，被糙伏毛。伞房状聚伞花序大，直径达28厘米，顶端稍  拱，分枝扩展，密被灰白色糙伏毛；不育花萼片4~5片，阔卵形、阔椭圆形或近圆形，结果时长1.3~2.7厘米，宽1.1~2.5厘米，先端钝头渐尖或近截平，基部具爪，边全缘或具数齿，白色或淡紫红色；孕性花淡紫红色，萼筒钟状，长约2毫米，萼齿三角形，长约0.5毫米；花瓣长卵形，长2~2.5毫米，初时顶端稍连合，后分离，早落；雄蕊不等长，较长的长约6毫米，较短的长约3毫米，花药长圆形，长约0.5毫米；子房下位，花柱2根，结果时长约2毫米，近棒状，直立或外弯。蒴果坛状，不连花柱长和宽3~3.5毫米，顶端截平，基部圆；种子褐色，阔椭圆形，不连翅长0.35~0.5毫米，具纵脉纹，两端各具长0.2~0.25毫米的翅，先端的翅宽而扁平，基部的收狭呈短柄状。花期7~8月，果期11~12月。

恩施州广布，生于山坡林中；分布于陕西、四川、云南、贵州、湖北和湖南。

7. 粗枝绣球 *Hydrangea robusta* S. D. Hooker & Thomson.

灌木或小乔木，高2~3米；小枝具4棱或棱不明显，褐色，密被黄褐色短粗毛或扩展的粗长毛，或者后渐变近无毛。叶纸质，阔卵形至长卵形或椭圆形至阔椭圆形，长9~35厘米，宽5~22厘米，先端急尖或渐尖，基部截平、微心形、圆形或钝，边缘具不规则的细齿或粗齿，有时具重齿，上面疏被糙伏

毛，下面密被灰白色短柔毛或淡褐色短疏粗毛，脉上特别是中脉上有时被黄褐色、扩展且易脱落的粗长毛；侧脉9~13对，微弯，斜举或基部数对几近平展，下面微凸，小脉网状，下面稍凸起；叶柄长3~15厘米，被毛或后渐变近无毛。伞房状聚伞花序较大，结果时直径达30厘米，顶端稍弯拱或截平，花序轴粗壮，有时具明显4棱，密被灰黄色或褐色短粗毛或长粗毛；分枝多而疏散，彼此间隔较宽；不育花淡紫色或白色；萼片4~5片，阔卵形、圆形或扁圆形，结果时长1.2~2.8厘米，宽1.5~3.3厘米，边缘具齿或近全缘；孕性花萼筒杯状，长1~1.5毫米，宽约2毫米，萼齿卵状三角形或阔三角形，长0.5~1毫米；花瓣紫色，卵状披针形，长2~3毫米，初时顶部稍连合，后分离；雄蕊10~14枚，不等长，较短的稍长过花瓣，较长的长6~6.5毫米，花后期长达10毫米；子房下位，花柱2根，结果时长1~2毫米，扩展或外反。蒴果杯状，不连花柱长3~3.5毫米，宽3.5~4.5毫米，顶端截平；种子红褐色，椭圆形或近圆形，长0.4~0.6毫米，略扁，具稍凸起的纵脉纹，两端各长0.1~0.3毫米的短翅，先端的翅稍长而宽。

产于巴东、宣恩，生于山坡林中；分布于四川、云南、贵州、广西、广东、湖南、湖北、江西、安徽、浙江、福建。

8. 柔毛绣球　　*Hydrangea villosa* Rehd. in Sargent, Pl. Wils. 1: 29. 1911.

灌木，高1~4米；小枝常具钝棱，与其叶柄、花序密被灰白色短柔毛或黄褐色、扩展的粗长毛。叶纸质，披针形、卵状披针形、卵形或长椭圆形，长5~23厘米，宽2~8厘米，先端渐尖，基部阔楔形或圆形，两侧略不相等或明显不相等，且一侧稍弯拱，边缘具密的小齿，上面密被糙伏毛，下面密被灰白色短绒毛，脉上特别是中脉上的毛较长，有时稍带黄褐色，极易脱落；侧脉6~10对，弯拱，下面稍凸起，叶柄长1~4.5厘米。伞房状聚伞花序直径10~20厘米，顶端常弯拱，总花梗粗壮，分枝较短，密集，紧靠，彼此间隔小，一般长0.5~2厘米，个别的有时较长；不育花萼片4片，少有5片，淡红色，倒卵圆形或卵圆形，长1~3.3厘米，宽0.9~2.7厘米，边缘常具圆齿或细齿；孕性花紫蓝色或紫红色，萼筒钟状，长约1毫米，被毛，萼齿卵状三角形，长约0.5毫米；花瓣卵形或长卵形，长2~2.2毫米，先端略尖，基部截平；雄蕊10枚，不等长，较短的与花瓣近等长，较长的长4~5毫米；子房下位，花柱2根，结果时长约1毫米，扩展或稍外弯，柱头近半环状。蒴果坛状，不连花柱长和宽约3毫米，顶端截平，基部圆，具棱；种子褐色，椭圆形或纺锤形，长0.4~0.5毫米，稍扁，具凸起的纵脉纹，两端各具0.15~0.25毫米长的翅，先端的翅较长，扁平，基部的较狭。花期7~8月，果期9~10月。

恩施州广布，生于山谷林下；分布于甘肃、陕西、江苏、湖北、湖南、广西、贵州、四川、云南。本种在FOC修订中并入马桑绣球，因恩施地区分布广泛，使用已久，故本书仍将其作为一个独立的种处理。

9. 马桑绣球　*Hydrangea aspera* D. Don

灌木，高约1米；小枝圆柱形，较细，无毛或近无毛，老时淡黄珍珠灰色，树皮不剥落。叶披针形，长6~12厘米，宽2~3厘米，先端渐尖，基部阔楔形或圆形，边缘有具硬尖头的锯形小齿，上面暗黄绿色，密被小糙伏毛，下面苍白色，密被长柔毛，但中脉上几无毛；叶柄细小，长1.5~4厘米，无毛，仅上面凹槽边被稀疏短柔毛。伞房状聚伞花序直径8~10厘米，顶端平或稍弯拱，分枝短，密集，紧靠，彼此间间隔小，被糙伏毛；不育花萼片4片，红色，阔倒卵形，先端微凹，全缘；孕性花玫瑰红色，萼筒半球状，基部被疏柔毛，萼齿三角形，短小；花瓣长卵形，长约1.5毫米；雄蕊不等长，较长的长约4毫米；子房下位，花柱2根。

产于恩施、巴东，生于山坡林中；分布于湖北。

钻地风属　*Schizophragma* Sieb. et Zucc.

落叶木质藤本；茎平卧或藉气生根高攀；嫩枝的表皮紧贴，平滑，老枝具纵条纹，表皮疏松，片状剥落；冬芽栗褐色，被柔毛，有外鳞2~4对。叶对生，具长柄，全缘或稍有小齿或锯齿。伞房状或圆锥状聚伞花序顶生，花二型或一型，不育花存在或缺；萼片单生或偶尔间有孪生，大，花瓣状，全缘；孕性花小，萼筒与子房贴生，萼齿三角形，宿存；花瓣分离，镊合状排列，早落；雄蕊10枚，分离，花丝丝状，略扁平，花药广椭圆形；子房近下位，倒圆锥状或陀螺状，4~5室，胚珠多数，垂直，着生于中轴胎座上；花柱单生，短，柱头大，头状，4~5裂。蒴果倒圆锥状或陀螺状，4~5室，具棱，顶端突出于萼筒外或截平，突出部分常呈圆锥状，成熟时于棱间自基部往上纵裂，除两端外，果爿与中轴分离；种子极多数，纺锤状，两端具狭长翅。

本属约10种；我国有9种3变种；恩施州产1种。

钻地风　*Schizophragma integrifolium* Oliv. in Hook. Icon. Pl. 20: Pl. 1934. 1890.

木质藤本或藤状灌木；小枝褐色，无毛，具细条纹。叶纸质，椭圆形或长椭圆形或阔卵形，长8~20厘米，宽3.5~12.5厘米，先端渐尖或急尖，具狭长或阔短尖头，基部阔楔形、圆形至浅心形，边全缘或上部或多或少具仅有硬尖头的小齿，上面无毛，下面有时沿脉被疏短柔毛，后渐变近无毛，脉腋间常具髯毛；侧脉7~9对，弯拱或下部稍直，下面凸起，小脉网状，较密，下面微凸；叶柄长2~9厘米，无毛。伞房状聚伞花序密被褐色、紧贴短柔毛，结果时毛渐稀少；不育花萼片单生或偶有2~3片聚生于花柄上，卵状披针

形、披针形或阔椭圆形，结果时长3~7厘米，宽2~5厘米，黄白色；孕性花萼筒陀螺状，长1.5~2毫米，宽1~1.5毫米，基部略尖，萼齿三角形，长约0.5毫米；花瓣长卵形，长2~3毫米，先端钝；雄蕊近等长，盛开时长4.5~6毫米，花药近圆形，长约0.5毫米；子房近下位，花柱和柱头长约1毫米。蒴果钟状或陀螺状，较小，全长6.5~8毫米，宽3.5~4.5毫米，基部稍宽，阔楔形，顶端突出部分短圆锥形，长约1.5毫米；种子褐色，连翅轮廓纺锤形或近纺锤形，扁，长3~4毫米，宽0.6~0.9毫米，两端的翅近相等，长1~1.5毫米。花期6~7月，果期10~11月。

恩施州广布，生于山谷林下；分布于四川、云南、贵州、广西、广东、海南、湖南、湖北、江西、福建、江苏、浙江、安徽等省区。

常山属 *Dichroa* Lour.

落叶灌木。叶对生，稀上部互生。花两性，一型，无不孕花，排成伞房状圆锥花序或聚伞花序；萼筒倒圆锥形，贴生于子房上，裂片5~6片；花瓣5~6片，彼此分离，稍肉质，顶端常具内向的短角尖，花蕾时摄合状排列；雄蕊4~5枚或10~20枚，花丝线形或钻形，花药卵形或椭圆形，2室，药室纵裂，花丝在花蕾时常有半数弯曲而使花药倒悬；子房近下位或半下位，上部一室，下部有不连接或近连接的隔膜4~6层，胚珠多数，生于向内伸展的侧膜胎座上；花柱2~6根，分离或仅基部合生，开展，柱头长圆形或近球形。浆果，略干燥，不开裂；种子多数，细小，无翅，具网纹。

本属约有12种；我国产6种；恩施州产1种。

常山 *Dichroa febrifuga* Lour. Fl. Cochinch. 301. 1970.

灌木，高1~2米；小枝圆柱状或稍具四棱，无毛或被稀疏短柔毛，常呈紫红色。叶形状大小变异大，常椭圆形、倒卵形、椭圆状长圆形或披针形，长6~25厘米，宽2~10厘米，先端渐尖，基部楔形，边缘具锯齿或粗齿，稀波状，两面绿色或一至两面紫色，无毛或仅叶脉被皱卷短柔毛，稀下面被长柔毛，侧脉每边8~10条，网脉稀疏；叶柄长1.5~5厘米，无毛或疏被毛。伞房状圆锥花序顶生，有时叶腋有侧生花序，直径3~20厘米，花蓝色或白色；花蕾倒卵形，盛开时直径6~10毫米；花梗长3~5毫米；花萼倒圆锥形，4~6裂；裂片阔三角形，急尖，无毛或被毛；花瓣长圆状椭圆形，稍肉质，花后反折；雄蕊10~20枚，一半与花瓣对生，花丝线形，扁平，初与花瓣合生，后分离，花药椭圆形；花柱4~6根，棒状，柱头长圆形，子房3/4下位。浆果直径3~7毫米，蓝色，干时黑色；种子长约1毫米，具网纹。花期2~4月，果期5~8月。

恩施州广布，生于林中；分布于陕西、甘肃、江苏、安徽、浙江、江西、福建、台湾、湖北、湖南、广东、广西、四川、贵州、云南和西藏；印度、越南、缅甸、马来西亚、印度尼西亚、菲律宾和日本亦有分布。

赤壁木属 *Decumaria* Linn.

常绿攀援状灌木，常具气生根；芽无明显鳞片包裹。叶对生，易脱落，边缘具锯齿或近全缘，具叶柄，无托叶。伞房状圆锥花序顶生；花两性，小，花冠一型，无不孕花；萼筒与子房贴生，裂片7~10片，细小；花瓣7~10片，花蕾时镊合状排列；雄蕊20~30枚；花丝线形，花药2室，药室纵裂；子房下位，5~10室，胚珠多数，生于中央胎座上；花柱粗短，柱头扁盘状，7~10裂。蒴果室背棱脊间开裂，果瓣除两端外，与中轴分离；种子多颗，微小，两端有膜翅。

本属有2种；我国产1种；恩施州产1种。

赤壁木 *Decumaria sinensis* Oliv. in Hook. Icon. Pl. 18. pl. 1741. 1888.

攀援灌木，长2~5米；小枝圆柱形，灰棕色，嫩枝疏被长柔毛，老枝无毛，节稍肿胀。叶薄革质，倒卵形、椭圆形或倒披针状椭圆形，长3.5~7厘米，宽2~3.5厘米，先端钝或急尖，基部楔形，边全缘或上部有时具疏离锯齿或波状，近无毛或嫩叶疏被长柔毛，侧脉每边4~6条，常纤细而不明显；叶柄长1~2厘米。伞房状圆锥花序长3~4厘米，宽4~5厘米；花序梗长1~3厘米，疏被长柔毛；花白色，芳香；花梗长5~10毫米，果期更长，疏被长柔毛；萼筒陀螺形，高约2毫米，无毛，裂片卵形或卵状三角形，长约1毫米；花瓣长圆状椭圆形，长3~4毫米；雄蕊20~30枚，花丝纤细，长3~4毫米，花药卵形或近球形；花柱粗短，长不及1毫米，柱头扁盘状，7~9裂。蒴果钟状或陀螺状，长约6毫米，直径约5毫米，先端截形，具宿存花柱和柱头，暗褐色，有隆起的脉纹或棱条10~12条；种子细小，两端尖，长约3毫米，有白翅。花期3~5月，果期8~10月。

产于建始，生于山坡灌丛中；分布于陕西、甘肃、湖北、四川、贵州。

冠盖藤属 *Pileostegia* Hook. f. et Thoms.

常绿攀援状灌木，常以气生根攀附于他物上。叶对生，革质，边全缘或具波状锯齿，具叶柄，无托叶。伞房状圆锥花序，常具二歧分枝；花两性，小；花冠一型，无不孕花，常数朵聚生；萼筒与子房贴生，萼裂片4~5片；花瓣4~5片，花蕾时覆瓦状排列，上部联合成冠盖状，早落；雄蕊8~10枚；花丝纤细，花药近球形，2室，药室纵裂；子房下位，4~6室，胚珠多枚，着生于中央胎座上，花柱粗短，柱头圆锥状，4~6浅裂，受粉部分边缘彼此连接。蒴果陀螺状，平顶，具宿存花柱和柱头，沿棱脊间开裂；种子极多，微小，纺锤状，一端或两端具膜质翅。本属有2种；我国2种均产；恩施州产1种。

冠盖藤 *Pileostegia viburnoides* Hook. f. et Thoms. in Journ. Linn. Soc. Bot. 2: 76. t. 2. 1857.

常绿攀援状灌木，长达15米；小枝圆柱形，灰色或灰褐色，无毛。叶对生，薄革质，椭圆状倒披针形或长椭圆形，长10~18厘米，宽3~7厘米，先端渐尖或急尖，基部楔形或阔楔形，边全缘或稍波状，常稍背卷，有时近先端有稀疏蜿蜒状齿缺，上面绿色或暗绿色，具光泽，无毛，下面干后黄绿色，无毛或主脉和侧脉交接处穴孔内有长柔毛，少具稀疏星状柔毛，侧脉每边7~10对，上面凹入或平坦，下面明显隆起，第三级小脉不明显或稀疏；叶柄长1~3厘米。伞房状圆锥花序顶生，长7~20厘米，宽5~25厘米，无毛或稍被褐锈色微柔毛；苞片和小苞片线状披针形，长4~5厘米，宽1~3毫米，无毛，褐色；花白色；花梗长3~5毫米；萼筒圆锥状，长约1.5毫米，裂片三角形，无毛；花瓣卵形，长约2.5毫米，雄蕊8~10枚；花丝纤细，长4~6毫米；花柱长约1毫米，无毛，柱头圆锥形，4~6裂。蒴果圆锥形，长2~3毫米，5~10条肋纹或棱，具宿存花柱和柱头；种子连翅长约2毫米。花期7~8月，果期9~12月。

恩施州广布，生于山谷林中；分布于安徽、浙江、江西、福建、台湾、湖北、湖南、广东、广西、四川、贵州和云南；印度、越南和日本亦有分布。

海桐花科 Pittosporaceae

常绿乔木或灌木，秃净或被毛，偶或有刺。叶互生或偶为对生，多数革质，全缘，稀有齿或分裂，无托叶。花通常两性，有时杂性，辐射对称，稀为左右对称，除子房外，花的各轮均为5数，单生或为伞形花序、伞房花序或圆锥花序，有苞片及小苞片；萼片常分离，或略连合；花瓣分离或连合，白色、黄色、蓝色或红色；雄蕊与萼片对生、花丝线形，花药基部或背部着生，2室，纵裂或孔开；子房上位，子房柄存在或缺，心皮2~3个，有时5个，通常1室或不完全2~5室，倒生胚珠通常多数，侧膜胎座、中轴胎座或基生胎座，花柱短，不裂或2~5裂，宿存或脱落。蒴果沿腹缝裂开，或为浆果；种子通常多数，常有黏质或油质包在外面，种皮薄，胚乳发达，胚小。

本科9属约360种；我国只有1属44种；恩施州产1属10种1变种。

海桐花属 *Pittosporum* Banks

常绿乔木或灌木，有时呈侏儒状灌木，被毛或秃净。叶互生，常簇生于枝顶呈对生或假轮生状，全缘或有波状浅齿或皱折，革质有时为膜质。花两性，稀为杂性，单生或排成伞形、伞房或圆锥花序，生于枝顶或枝顶叶腋；萼片5片，通常短小而离生；花瓣5片，分离或部分合生；雄蕊5枚，花丝无毛，花药背部着生，多少呈箭形，直裂；子房上位，被毛或秃净，常有子房柄，心皮2~3个，稀为4~5个，1室或不完全2~5室；胚珠多数，有时1~4枚；侧膜胎座与心皮同数，通常纵向分于心皮内侧中肋上，或因胚珠减少而形成基生胎座；花柱短，不裂或2~5裂，常宿存。蒴果椭圆形或圆球形，有时压扁，2~5片裂开，果片木质或革质，内侧常有横条；种子有黏质或油状物包着。

本属约300种；中国有44种8变种；恩施州产10种1变种。

分种检索表

1. 胎座2个，位于果片下半部或基部，并在基部相联结；蒴果多少压扁，2片裂开；花序伞形或圆锥状，稀为总状花序。
  2. 花序为单伞形，总状或伞房状。
    3. 嫩枝被柔毛或微毛；叶菱形或倒卵形，先端短急尖，种子16~18粒，嫩枝被灰毛 ………… 1. 崖花子 *Pittosporum truncatum*
    3. 嫩枝秃净无毛；花序无毛，萼片连成浅杯状，无毛，花冠合瓣 …………………………… 2. 管花海桐 *Pittosporum tubiflorum*
  2. 花序为复式伞房或圆锥花序。
    4. 叶矩圆形或椭圆形，长10~20厘米，宽4~8厘米，花序长于5厘米，种子17~23颗 … 3. 大叶海桐 *Pittosporum adaphniphylloides*
    4. 叶倒卵状矩圆形，倒披针形或矩圆状倒披针形，长8~15厘米，宽2~6厘米，花序长3~4厘米，种子7~10粒 …………………………………………………………………………………… 4. 短萼海桐 *Pittosporum brevicalyx*
1. 胎座3~5个，稀2个，位于果片中部，蒴果3~5片；花序伞形。
  5. 胎座2个，果片2片，或有时3数；叶长6~13厘米，果长1.2厘米 …………………… 5. 突肋海桐 *Pittosporum elevaticostatum*
  5. 胎座3~5个，果片3~5片。
    6. 果片木质，厚1~2.5毫米，种子长2~4毫米。
      7. 蒴果宽1.5~2厘米，无毛，叶先端尖 …………………………………………… 6. 厚圆果海桐 *Pittosporum rehderianum*
      7. 蒴果直径1.2厘米，有毛，叶先端圆或纯；花序被毛 ………………………………… 7. 海桐 *Pittosporum tobira*
    6. 果片薄革质，厚不及1毫米，种子长3~7毫米。
      8. 蒴果圆球形，或略呈三角球形；叶倒卵状披针形，宽2.5~4.5厘米，萼片长约2毫米，果柄长2~4厘米 …………………………………………………………………………………… 8. 海金子 *Pittosporum illicioides*
      8. 蒴果椭圆形、倒卵形或长筒形。

9. 子房无毛，或仅有稀疏微毛；叶带状或狭披针形，长 6～18 厘米，宽 1～2 厘米，蒴果长 2～2.5 厘米 ··· 9. 狭叶海桐 *Pittosporum glabratum* var. *neriifolium*
9. 子房被密柔毛。
　10. 蒴果有长 5 毫米的子房柄，花瓣长 1.7 厘米，种子长 6～7 毫米 ············· 10. 柄果海桐 *Pittosporum podocarpum*
　10. 子房柄长 1～2 毫米，花瓣长 1.2 厘米，种子长 5～6 毫米 ························ 11. 稜果海桐 *Pittosporum trigonocarpum*

1. 崖花子　*Pittosporum truncatum* Pritz. in Engler Bot. Jahrb. 29: 379. 1900.

常绿灌木，高 2～3 米，多分枝，嫩枝有灰毛，不久变秃净。叶簇生于枝顶，硬革质，倒卵形或菱形，长 5～8 厘米，宽 2.5～3.5 厘米，中部以上最宽；先端宽而有一个短急尖，有时有浅裂，中部以下急剧收窄而下延；上面深绿色，发亮，下面初时有白毛，不久变秃净；侧脉 7～8 对，在上面明显，在下面稍突起，网脉在上面不明显，在下面能见；叶柄长 5～8 毫米。花单生或数朵成伞状，生于枝顶叶腋内，花梗纤细，无毛，或略有白绒毛，长 1.5～2 厘米；萼片卵形，长 2 毫米，无毛，边缘有睫毛；花瓣倒披针形，长 8 毫米；雄蕊长 6 毫米；子房被褐毛，卵圆形，侧膜胎座 2 个，胚珠 16～18 枚。蒴果短椭圆形，长 9 毫米，宽 7 毫米，2 片裂开，果片薄，内侧有小横格；种子 16～18 粒，种柄扁而细，长 1.5 毫米。花期 3～5 月，果期 6～10 月。

恩施州广布，生于山坡林中；分布于湖北、四川、陕西、甘肃、云南及贵州等省区。

2. 管花海桐　*Pittosporum tubiflorum* Chang et Yan in Acta Phytotax. Sin. 16(4): 89. 1978.

灌木高 2 米，嫩枝无毛，干后黑褐色，老枝灰褐色。叶簇生于枝顶，二年生，革质，倒披针形，长 6.5～9 厘米，宽 1.3～2.6 厘米；先端渐尖或急锐尖，基部楔形；上面绿色，发亮，干后棕黄色，下面无毛，浅黄绿色；侧脉 5～7 对，在上面隐约可见，在下面稍为突起，网脉在上下两面均不明显；边缘平坦，不整齐，稍有浅波；叶柄长 3～6 毫米。伞形花序常 3～5 条簇生于枝顶，每个伞形花序有花多朵；苞片阔卵形，长 2 毫米，小苞片披针形，长 1～1.5 毫米；花序柄长 2～3 毫米；花梗长约 1 厘米，纤细，无毛；萼片长 2.5～3 毫米，合生成浅杯

状，裂片卵状三角形，无毛或有睫毛，花瓣长 1.2 厘米，连成管状，上部 1/3 分离，开花时平展；雄蕊长 8 毫米；雌蕊比雄蕊长，子房长筒形，被毛，子房壁薄，子房柄长 1.5 毫米，花柱长 3～4 毫米，侧膜胎座 2 个，胚珠 4～8 枚。果序有蒴果 7～14 个，果梗长 7～12 毫米；蒴果长椭圆形，长 1.2～1.5 厘米，宽 6～7 毫米，子房柄长 3 毫米，2 片裂开，果片薄木质，厚不过 1 毫米；种子 5～7 粒，胎座位于果片中部至基部，种柄极短；宿存花柱长 3～4 毫米。花期 3～5 月，果期 6～10 月。

产于利川，属湖北省新记录，生于山坡林中；分布于四川、湖南。

海桐花科
Pittosporaceae

3. 大叶海桐 *Pittosporum adaphniphylloides* Hu et Wang in Bull. Pan Mem. Inst. Biol. n. ser. 1: 101. 1943.

常绿小乔木，高达5米，当年枝粗壮，直径5毫米，无毛。叶簇生于枝顶，二年生，初时薄革质，两面无毛，以后变厚革质，矩圆形或椭圆形，稀为倒卵状矩圆形，长12~20厘米，宽4~8厘米；先端收窄而急尖，尖头钝或略尖，基部阔楔形；上面绿色，发亮，下面淡绿色；中脉粗大，宽2毫米，在下面强烈突起；侧脉9~11对，在上面能见，在下面突起；网脉在下面稍突起，网眼宽2.5毫米；叶柄粗大，长1.5~3.5厘米。复伞房花序3~7条组成复伞形花序，生于枝顶叶腋内，长4~6厘米，被毛，总花序柄极短或不存在，每个伞房花序的花序柄长3~4.5厘米，次级花序柄长8~13毫米，花梗长4~7毫米，苞片早落；花黄色；萼片卵形，长1.5~2毫米，外侧有柔毛；花瓣窄矩圆形，分离，长约7毫米；雄蕊比花瓣略短或几等长；子房卵形，被柔毛，花柱长2毫米；侧膜胎座2个，偶有为3个，胚珠24枚。蒴果近圆球形，稍压扁，长9毫米，宽8毫米；基部有不明显的子房柄，2片裂开，果片薄木质，内侧有多数细小的横格，胎座稍超出果片中部；种子17~23粒，红色，干后变黑，多角形，长约2毫米，外侧有黏质；种柄极短。果期8月。

恩施州广布，生于山坡灌丛中；分布于四川、湖北、贵州。

4. 短萼海桐 *Pittosporum brevicalyx* (Oliv.) Gagnep. in Bull. Soc. Bot. France 55: 545. 1908.

常绿灌木或小乔木，高达10米，小枝无毛，或幼嫩时有微毛。叶簇生于枝顶，二年生，薄革质，倒卵状披针形，稀为倒卵形或矩圆形，长5~12厘米，宽2~4厘米；先端渐尖，或急剧收窄而长尖，基部楔形；上面深绿色，发亮，下面幼时有微毛，不久变秃净；侧脉9~11对，在上面明显，在下面略突起；边缘平展；叶柄长1~1.5厘米，有时更长。伞房花序3~5条生于枝顶叶腋内，长3~4厘米，被微毛，花序柄长1~1.5厘米，花梗长约1厘米，苞片狭窄披针形，长4~6毫米，有微毛；萼片长约2毫米，卵状披针形，有微毛；花瓣长6~8毫米，分离；雄蕊比花瓣略短，有时仅为花瓣的一半；子房卵形，被毛，花柱往往有微毛，侧膜胎座2个，胚珠7~10枚。蒴果近圆球形，压扁，直径7~8毫米，2片裂开，果片薄，胎座位于果片下半部；种子7~10粒，长约3毫米，种柄极短。花期3~5月，果期6~11月。

恩施州广布，生于山坡林下；分布于湖北、湖南、江西、广东、广西、贵州、云南、西藏。

5. 突肋海桐　*Pittosporum elevaticostatum* Chang et Yan. in Acta phytotax. Sin. 16: 87. 1978.

灌木高2米，当年枝无毛，老枝褐色，皮孔细小。叶簇生于枝顶，呈对生或轮生状，革质，狭窄倒披针形，长6～13厘米，宽2～3厘米；先端急剧收窄而长尖，基部窄楔形；上面稍发亮，下面无毛；中肋在上面突起，侧脉8～10对，在上面隐约可见，在下面突起，网脉陷下，在下面不明显；叶柄长1厘米。花序伞形，顶生或近于顶生，花梗长1～1.7厘米，无毛；萼片卵形，长2.5～3毫米，先端钝，基部略相连，秃净，有睫毛；花瓣长7毫米；雄蕊长5毫米；雌蕊与雄蕊等长；子房有毛，侧膜胎座2个，偶为3个，胚珠8～15颗，花柱长2.5毫米。果序有蒴果1～2个，果梗长1～2.5厘米；蒴果近于长球形，长1.2厘米，宽1厘米，子房柄长2毫米，宿存花柱长2.5毫米，通常2片裂开，稀为3片，果片厚1毫米，胎座纵长分布，种子10～15粒，长3毫米，种柄长约2毫米。花期3～5月，果期7～10月。

产于利川，生于山坡林中；分布于贵州、四川、湖北。

6. 厚圆果海桐　*Pittosporum rehderianum* Gowda in Journ. Arn. Arb. 32: 297. 1951.

常绿灌木，高3米，嫩枝无毛，干后暗褐色，老枝灰褐色，有皮孔。叶簇生于枝顶，4～5片排成假轮生状，二年生，革质，倒披针形，长5～12厘米，宽2～4厘米，先端渐尖，基部楔形，上面深绿色，发亮，干后仍有光泽，下面淡绿色，干后带棕色，无毛；侧脉6～9对，干后在上面不明显，在下面略能见，网脉在上下两面均不明显，边缘平展，叶柄长6～12毫米。伞形花序顶生，无毛；苞片细小，卵形，

长1～4毫米，无毛；花梗长5～10毫米；萼片长约2毫米，三角状卵形，基部稍连合，无毛；花瓣分离，黄色，长10～12毫米；雄蕊比花瓣短，长7～8毫米；雌蕊约与雄蕊等长，子房无毛，侧膜胎座3个，胚珠24～27枚。蒴果圆球形，宽1.5～2厘米，有棱，3片裂开，果片木质，厚1～2毫米，阔卵形，种柄长3毫米；种子23粒，红色，长3.5毫米，干后变黑色。花期3～5月，果期5～11月。

恩施州广布，生于山坡林中；分布于四川、湖北、陕西、甘肃。

7. 海桐　*Pittosporum tobira* (Thunb.) Ait. in Hort. Kew. ed 2, 2: 37. 1811.

常绿灌木或小乔木，高达6米，嫩枝被褐色柔毛，有皮孔。叶聚生于枝顶，二年生，革质，嫩时上下两面有柔毛，以后变秃净，倒卵形或倒卵状披针形，长4～9厘米，宽1.5～4厘米，上面深绿色，发亮、干后暗晦无光，先端圆形或钝，常微凹入或为微心形，基部窄楔形，侧脉6～8对，在靠近边缘处相结合，有时因侧脉间的支脉较明显而呈多脉状，网脉稍明显，网眼细小，全缘，干后反卷，叶柄长达2厘米。伞形花序或伞房状伞形花序顶生或近顶生，密被黄褐色柔毛，花梗长1～2厘米；苞片披针形，长4～5毫米，小苞片长2～3毫米，均被褐毛。花白色，有芳香，后变黄色；萼片卵形，长3～4毫米，被柔毛；花瓣倒披针形，长1～1.2

海桐花科
Pittosporaceae

厘米，离生；雄蕊2型，退化雄蕊的花丝长2～3毫米，花药近于不育；正常雄蕊的花丝长5～6毫米，花药长圆形，长2毫米，黄色；子房长卵形，密被柔毛，侧膜胎座3个，胚珠多数，2列着生于胎座中段。蒴果圆球形，有棱或呈三角形，直径12毫米，多少有毛，子房柄长1～2毫米，3片裂开，果片木质，厚1.5毫米，内侧黄褐色，有光泽，具横格；种子多数，长4毫米，多角形，红色，种柄长约2毫米。花期3～5月，果期5～10月。

恩施州广泛栽培；我国各省区均有栽培。

8. 海金子　　 *Pittosporum illicioides* Mak. in Bot. Mag. Tokyo 14: 31. 1900.

常绿灌木，高达5米，嫩枝无毛，老枝有皮孔。叶生于枝顶，3～8片簇生呈假轮生状，薄革质，倒卵状披针形或倒披针形，5～10厘米，宽2.5～4.5厘米，先端渐尖，基部窄楔形，常向下延，上面深绿色，干后仍发亮，下面浅绿色，无毛；侧脉6～8对，在上面不明显，在下面稍突起，网脉在下面明显，边缘平展，或略皱折；叶柄长7～15毫米。伞形花序顶生，有花2～10朵，花梗长1.5～3.5厘米，纤细，无毛，常向下弯；苞片细小，早落；萼片卵形，长2毫米，先端钝，无毛；花瓣长8～9毫米；雄蕊长6毫米；子房长卵形，被糠秕或有微毛，子房柄短；侧膜胎座3个，每个胎座有胚珠5～8枚，生于子房内壁的中部。蒴果近圆形，长9～12毫米，多少三角形，或有纵沟3条，子房柄长1.5毫米，3片裂开，果片薄木质；种子8～15粒，长约3毫米，种柄短而扁平，长1.5毫米；果梗纤细，长2～4厘米，常向下弯。花期3～5月，果期6～11月。

恩施州广布，生于山坡灌丛中；分布于福建，台湾、浙江、江苏、安徽、江西、湖北、湖南、贵州等省；日本也有。

9. 狭叶海桐（变种）　　*Pittosporum glabratum* Lindl. var. *neriifolium* Rehd. et Wils. 3: 328. 1917.

常绿灌木，高1.5米，嫩枝无毛，叶带状或狭窄披针形，长6～18厘米，或更长，宽1～2厘米，无毛，叶柄长5～12毫米。伞形花序顶生，有花多朵，花梗长约1厘米，有微毛，萼片长2毫米，有睫毛；花瓣长8～12毫米；雄蕊比花瓣短；子房无毛。蒴果长2～2.5厘米，子房柄不明显，3片裂开，种子红色，长6毫米。花期3～5月，果期6～11月。

恩施州广布，生于山坡林中；分布于广东、广西、江西、湖南、贵州、湖北等省区。

根有消炎镇痛功效，贵州用全株入药，清热除湿。

10. 柄果海桐　*Pittosporum podocarpum* Gagnep. in Lec. Not. Syst. 8: 311. 1939.

常绿灌木，高约2米，嫩枝无毛，老枝有皮孔。叶簇生于枝顶，二年生或一年生，薄革质，倒卵形或倒披针形，稀为矩圆形，长7～13厘米，宽2～4厘米，先端渐尖或短急尖，基部收窄，楔形，常向下延，上面绿色，发亮，干后变黄绿色，下面无毛，侧脉6～8对，在上面明显，在下面突起，网脉不明显，全缘而平展，叶柄长8～15毫米。花1～4朵生于枝顶叶腋内，花梗长2～3厘米，无毛，苞片细小，早落；萼片卵形，长3毫米，无毛或有睫毛；花瓣长约17毫米，宽2～3毫米；雄蕊长10～14毫米；雌蕊长1厘米，子房长卵形，密被褐色柔毛，花柱长3～4毫米，无毛，子房柄长2.5毫米，侧膜胎座3个，

有时心皮2个，具2个胎座，有胚珠8～10枚。蒴果梨形或椭圆形，长2～3厘米，子房柄长5毫米，最长可达8毫米，3片裂开，有时为2片裂开，果片薄，革质，外表粗糙，内侧有横格，每片有种子3～4粒；种子长6～7毫米，扁圆形，干后淡红色，种柄长3～4毫米。花期2～5月，果期5～10月。

产于利川，生于山坡林中；分布于四川、云南、贵州、湖北、甘肃等省区；亦见于缅甸、越南、印度。

11. 稜果海桐　*Pittosporum trigonocarpum* Levl. in Fedde, Rep. Spec. Nov. 11: 492. 1913.

常绿灌木、嫩枝无毛，嫩芽有短柔毛，老枝灰色，有皮孔。叶簇生于枝顶，二年生，革质，倒卵形或矩圆倒披针形，长7～14厘米，宽2.5～4厘米，先端急短尖，基部窄楔形，上面绿色、发亮，干后褐绿色，下面浅褐色，无毛；侧脉约6对，与网脉在上下两面均不明显，边缘平展，叶柄长约1厘米。伞形花序3～5枝顶生，花多数；花梗长1～2.5厘米，纤细，无毛；萼片卵形，长2毫米，有睫毛；花瓣长1.2厘米，分离，或部分联合；雄蕊长8毫米，雌蕊与雄蕊等长，子房有柔毛，侧膜胎座3个，胚珠9～15枚。蒴果常单生，椭圆形，干后三角形或圆形，长2.7厘米，有毛，子房柄短，长不过2毫米，宿存花柱长3毫米，果梗长约1厘米，有柔毛，3片裂开，果片薄，革质，表面粗糙，每片有种子3～5粒；种子红色，长5～6厘米，种柄长2毫米，压扁，散生于纵长的胎座上。花期3～5月，果期6～10月。

恩施州广布，属湖北省新记录，生于山坡林中；分布于贵州南部。

根皮入药，治哮喘。

金缕梅科
Hamamelidaceae

常绿或落叶乔木和灌木。叶互生，很少是对生的，全缘或有锯齿，或为掌状分裂，具羽状脉或掌状

脉；通常有明显的叶柄；托叶线形，或为苞片状，早落、少数无托叶。花排成头状花序、穗状花序或总状花序，两性，或单性而雌雄同株，稀雌雄异株，有时杂性；异被，放射对称，或缺花瓣，少数无花被；常为周位花或上位花，亦有为下位花；萼筒与子房分离或多少合生，萼裂片4~5数，镊合状或覆瓦状排列；花瓣与萼裂片同数，线形、匙形或鳞片状；雄蕊4~5数，或更多，有为不定数的，花药通常2室，直裂或瓣裂，药隔突出；退化雄蕊存在或缺；子房半下位或下位，亦有为上位，2室，上半部分离；花柱2根，有时伸长，柱头尖细或扩大；胚珠多数，着生于中轴胎座上，或只有1枚而垂生。果为蒴果，常室间及室背裂开为4片，外果皮木质或革质，内果皮角质或骨质；种子多数，常为多角形，扁平或有窄翅，或单独而呈椭圆卵形，并有明显的种脐；胚乳肉质，胚直生，子叶矩圆形，胚根与子叶等长。

全世界27属约140种；我国有17属75种16变种；恩施州产9属18种1变种。

分属检索表

1. 胚珠及种子多枚，花序呈头状或肉质穗状，叶常具掌状脉；叶掌状3~5裂。 ········· 1. 枫香树属 Liquidambar
1. 胚珠及种子1枚，具总状或穗状花序，叶具羽状脉，不分裂。
  2. 花无花瓣，两性花或单性花，萼筒壶形，雄蕊定数或不定数，子房上位或近于上位二。
    3. 穗状花序长，萼筒长，萼齿及雄蕊为整齐5数，叶的第一对侧脉有第二次分支侧脉 ············ 2. 山白树属 Sinowilsonia
    3. 穗状花序短，萼筒短，萼0~6片，不整正，雄蕊1~10枚，不定数，第一对侧脉无第二次分支侧脉。
      4. 周位花，萼筒较大，花后增大，包住蒴果 ············ 3. 水丝梨属 Sycopsis
      4. 下位花，萼筒极短，花后脱落，蒴果无宿存萼筒包着 ············ 4. 蚊母树属 Distylium
  2. 花有花瓣，两性花，萼筒倒圆锥形，雄蕊有定数，子房半下位，稀为上位。
    5. 花瓣倒卵形，或退化为鳞片状，5数，退化雄蕊有或无，花序总状或穗状，常伸长。
      6. 花瓣匙形，有退化雄蕊，蒴果近无柄，宿存花柱向外弯 ············ 5. 蜡瓣花属 Corylopsis
      6. 花瓣鳞片状，无退化雄蕊，蒴果有柄，先端伸直，尖锐 ············ 6. 牛鼻栓属 Fortunearia
    5. 花瓣长线形，4或5数，退化雄蕊常呈鳞片状，花序短穗状，果序近于头状。
      7. 花药有4个花粉囊，2瓣裂开，叶全缘 ············ 7. 檵木属 Loropetalum
      7. 花药有2个花粉囊，单瓣裂开，叶有明显锯齿 ············ 8. 金缕梅属 Hamamelis

枫香树属 *Liquidambar* Linn.

落叶乔木。叶互生，有长柄，掌状分裂，具掌状脉，边缘有锯齿，托叶线形，或多或少与叶柄基部连生，早落。花单性，雌雄同株，无花瓣。雄花多数，排成头状或穗状花序，再排成总状花序；每一雄花头状花序有苞片4片，无萼片及花瓣；雄蕊多而密集，花丝与花药等长，花药卵形，先端圆而凹入，2室，纵裂。雌花多数，聚生在圆球形头状花序上，有苞片1片；萼筒与子房合生，萼裂针状，宿存，有时或缺；退化雄蕊有或无；子房半下位，2室，藏在头状花序轴内，花柱2根，柱头线形，有多数细小乳头状突起；胚珠多数，着生于中轴胎座。头状果序圆球形，有蒴果多数；蒴果木质，室间裂开为2片，果皮薄，有宿存花柱或萼齿；种子多数，在胎座最下部的数个完全发育，有窄翅，种皮坚硬，胚乳薄，胚直立。

本属5种；我国有2种1变种；恩施州产2种。

分种检索表

1. 雌花及蒴果有尖锐的萼齿，头状果序有蒴果24~43枚 ············ 1. 枫香树 *Liquidambar formosana*
1. 雌花及蒴果无萼齿，或仅有极短萼齿，头状果序有雌花15~26朵，果序松脆易碎 ············ 2. 缺萼枫香树 *Liquidambar acalycina*

1. 枫香树　*Liquidambar formosana* Hance in Ann. Sci. Nat. ser. 5, 5: 215. 1866.

落叶乔木，高达30米，树皮灰褐色，方块状剥落；小枝干后灰色，被柔毛，略有皮孔；芽体卵形，长约1厘米，略被微毛，鳞状苞片敷有树脂，干后棕黑色，有光泽。叶薄革质，阔卵形，掌状3裂，中央裂片较长，先端尾状渐尖；两侧裂片平展；基部心形；上面绿色，干后灰绿色，不发亮；下面有短柔毛，或变秃净仅在脉腋间有毛；掌状脉3~5条，在上下两面均显著，网脉明显可见；边缘有锯齿，齿尖有腺状突；叶柄长达11厘米，常有短柔毛；托叶线形，游离，或略与叶柄连生，长1~1.4厘米，红褐色，被毛，早落。雄性短穗状花序常多个排成总状，雄蕊多数，花丝不等长，花药比花丝略短。雌性头状花序有花24~43朵，花序柄长3~6厘米，偶有皮孔，无腺体；萼齿4~7片，针形，长4~8毫米，子房下半部藏在头状花序轴内，上半部游离，有柔毛，花柱长6~10毫米，先端常卷曲。头状果序圆球形，木质，直径3~4厘米；蒴果下半部藏于花序轴内，有宿存花柱及针刺状萼齿。种子多数，褐色，多角形或有窄翅。花期5~6月，果期7~9月。

恩施州广布，生于山坡林中；广布于我国秦岭及淮河以南各省；越南、老挝、朝鲜也有。

树脂供药用，能解毒止痛，止血生肌；根、叶及果实亦入药，有祛风除湿，通络活血功效。

2. 缺萼枫香树　*Liquidambar acalycina* Chang, Acta Sci. Nat. Univ. Sunyatseni 1959 (2): 33. 1959.

落叶乔木，高达25米，树皮黑褐色；小枝无毛，有皮孔，干后黑褐色。叶阔卵形，掌状3裂，长8~13厘米，宽8~15厘米，中央裂片较长，先端尾状渐尖，两侧裂片三角卵形，稍平展；上下两面均无毛，暗晦无光泽，或幼嫩时基部有柔毛，下面有时稍带灰色；掌状脉3~5条，在上面很显著，在下面突起，网脉在上下两面均明显；边缘有锯齿，齿尖有腺状突；叶柄长4~8厘米；托叶线形，长3~10毫米，着生于叶柄基部，有褐色绒毛。雄性短穗状花序多个排成总状花序，花序柄长约3厘米，花丝长1.5毫米，花药卵圆形。雌性头状花序单生于短枝的叶腋内，有雌花15~26朵，花序柄长3~6厘米，略被短柔毛；萼齿不存

在，或为鳞片状，有时极短，花柱长5~7毫米，被褐色短柔毛，先端卷曲。头状果序宽2.5厘米，干后变黑褐色，疏松易碎，宿存花柱粗而短，稍弯曲，不具萼齿；种子多数，褐色，有棱。花期3~6月，果期7~9月。

产于宣恩、利川，生于山坡林中；分布于四川、安徽、湖北、江苏、浙江、江西、广东、广西及贵州等省区。

山白树属　*Sinowilsonia* Hemsl.

落叶灌木或小乔木；嫩枝及叶背均有星状绒毛，芽体裸露。叶互生，有柄，倒卵形或椭圆形，羽状

脉，第一对侧脉有第二次分支侧脉，托叶线形，早落。花单性、雌雄同株，稀两性花，排成总状或穗状花序，有苞片及小苞片。雄花有短柄，萼筒壶形，有星状绒毛，萼齿5片，窄匙形；花瓣不存在；雄蕊5枚，与萼齿对生，花丝极短，花药椭圆形，纵裂；无退化子房。雌花序穗状，花无柄，萼筒壶形，萼齿5片，窄匙形，无花瓣；退化雄蕊5枚，有发育不全的花药；子房近于上位，2室，每室有1枚垂生胚珠，花柱2根，稍伸长，突出萼筒外。蒴果木质，卵圆形，有星状绒毛，下半部被宿存萼筒所包裹，2片裂开，内果皮骨质，与外果皮分离。种子1粒，长椭圆形，种皮角质，胚乳肉质。

本属共1种；我国有1种；恩施州产1种。

山白树 Sinowilsonia henryi Hemsl. Icon. Pl. 29: pl. 2817 1906.

落叶灌木或小乔木，高约8米；嫩枝有灰黄色星状绒毛；老枝秃净，略有皮孔；芽体无鳞状苞片，有星状绒毛。叶纸质或膜质，倒卵形，稀为椭圆形，长10～18厘米，宽6～10厘米，先端急尖，基部圆形或微心形，稍不等侧，上面绿色，脉上略有毛，下面有柔毛；侧脉7～9对，第一对侧脉有不强烈第二次分支侧脉，在上面很明显，在下面突起，网脉明显；边缘密生小齿突，叶柄长8～15毫米，有星毛；托叶线形，长8毫米，早落。雄花总状花序无正常叶片，萼筒极短，萼齿匙形；雄蕊近于无柄，花丝极短，与萼齿基部合生，花药2室，长约1毫米。雌花穗状花序长6～8厘米，基部有1～2片叶子，花序柄长3厘米，与花序轴均有星状绒毛；苞片披针形，长2毫米，小苞片窄披针形，长1.5毫米，均有星状绒毛；萼筒壶形，长约3毫米，萼齿长1.5毫米，均有星毛；退化雄蕊5枚，无正常发育的花药，子房上位，有星毛，藏于萼筒内，花柱长3～5毫米，突出萼筒外。果序长10～20厘米，花序轴稍增厚，有不规则棱状突起，被星状绒毛。蒴果无柄，卵圆形，长1厘米，先端尖，被灰黄色长丝毛，宿存萼筒长4～5毫米，被褐色星状绒毛，与蒴果离生。种子长8毫米，黑色，有光泽，种脐灰白色。花期3～5月，果期6～9月。

产于巴东，生于山坡林中；分布于湖北、四川、河南、陕西及甘肃等省。

水丝梨属 Sycopsis Oliver

常绿灌木或小乔木；小枝无毛，或有鳞垢及星状毛。叶革质，互生，具柄，全缘或有小锯齿，羽状脉或兼具三出脉；托叶细小，早落。花杂性，通常雄花和两性花同株，排成穗状或总状花序，有时雄花排成短穗状或假头状花序；总苞片卵圆形，或窄卵形，3～4片，被毛，苞片及小苞片披针形。两性花或雌花的萼筒壶形，有鳞垢或星毛，萼齿1～5片，细小，不整齐；花瓣不存在；雄蕊4～10枚，或部分发育不全，或畸形变异为不规则多体雄蕊，周位着生于萼筒边缘；子房上位，与萼筒分离，2室，每室有1枚垂生胚珠，花柱2根，分离，先端尖。雄花的萼筒极短，萼齿不规则，无花瓣，雄蕊7～11枚，插生于萼筒边缘，花丝等长或不等长，花药2室，红色，直裂，药隔突出，退化子房存在或缺。蒴果木质，有绒毛，2片裂开，每片2浅裂，宿存萼筒比蒴果短，二者分离，有鳞垢，不规则裂开。种子长卵形，种皮角质，胚乳厚，胚直立。

本属9种；中国有7种；恩施州产1种。

水丝梨 Sycopsis sinensis Oliver in Hook. f. Ic. Pl. 20: t. 1931. 1890.

常绿乔木高 14 米；嫩枝被鳞垢；老枝暗褐色，秃净无毛；顶芽裸露。叶革质，长卵形或披针形，长 5~12 厘米，宽 2.5~4 厘米，先端渐尖，基部楔形或钝；上面深绿色，发亮，秃净无毛，下面橄榄绿色，略有稀疏星状柔毛，通常嫩叶两面有星状柔毛、兼有鳞垢，老叶秃净无毛；侧脉 6~7 对，在上面干后轻微下陷，在下面不显著；全缘或中部以上有几个小锯齿；叶柄长 8~18 毫米，被鳞垢。雄花穗状花序密集，近似头状，长 1.5 厘米，有花 8~10 朵，花序柄长 4 毫米，苞片红褐色，卵圆形，长 6~8 毫米，有星毛；萼筒极短，萼齿细小，卵形；雄蕊 10~11 枚，花丝长 1~1.2 厘米，纤细，花药长 2 毫米，先端尖锐，红色；退化雌蕊有丝毛，花柱长 3~5 毫米，反卷。雌花或两性花 6~14 朵排成短穗状花序，花序柄长 2~4 毫米；萼筒壶形，长 2 毫米，有丝毛，子房上位，有毛，花柱长 3~5 毫米，被毛。蒴果长 8~10 毫米，有长丝毛，宿存萼筒长 4 毫米，被鳞垢，不规则裂开，宿存花柱短，长 1~2 毫米。种子褐色，长约 6 毫米。花期 4~6 月，果期 7~9 月。

恩施州广布，生于山地林中；分布于陕西、四川、云南、贵州、湖北、安徽、浙江、江西、福建、台湾、湖南、广东、广西等省区。

蚊母树属 Distylium Sieb. et Zucc.

常绿灌木或小乔木，嫩枝有星状绒毛或鳞毛，芽体裸露无鳞苞。叶革质，互生，具短柄，羽状脉，全缘，偶有小齿密，托叶披针形，早落。花单性或杂性，雄花常与两性花同株，排成腋生穗状花序；苞片及小苞片披针形，早落；萼筒极短，花后脱落，萼齿 2~6 片，稀不存在，常不规则排列，或偏于一侧，卵形或披针形，大小不相等；无花瓣；雄蕊 4~8 枚，花丝线形，长短不一，花药椭圆形，2 室，纵裂，药隔突出；雄花不具退化雌蕊，或有相当发达的子房。雌花及两性花的子房上位，2 室，有鳞片或星状绒毛，花柱 2 根，柱头尖锐，胚珠每室 1 枚。蒴果木质，卵圆形，有星状绒毛，上半部 2 片裂开，每片 2 裂，先端尖锐，基部无宿存萼筒。种子 1 粒，长卵形，种子角质，褐色，有光泽。

本属 18 种；中国 12 种 3 变种；恩施州产 4 种。

分种检索表

1. 顶芽、嫩枝及叶下面有鳞垢或鳞毛；叶面干后浅绿色，暗晦，先端有几个小齿突 ············ 1. 杨梅叶蚊母树 Distylium myricoides
1. 顶芽及嫩枝有星状绒毛，叶背有毛或无毛。
  2. 叶薄革质，全缘，卵形或卵状披针形，先端尾状渐尖，基部近圆形 ············ 2. 屏边蚊母树 Distylium pingpienense
  2. 叶披针形，稀为倒卵披针形，或窄矩圆形，通常长 2~6 厘米，稀 10 厘米，宽 1~2 厘米，下面往往秃净无毛。
    3. 叶长 2~4 厘米，先端每边有 2~3 个齿突 ············ 3. 中华蚊母树 Distylium chinense
    3. 叶倒卵披针形或倒卵矩圆形，先端锐尖，侧脉明显，长 2~5 厘米，全缘，或先端每边仅有 1 个小齿突 ············ 4. 小叶蚊母树 Distylium buxifolium

1. 杨梅叶蚊母树 Distylium myricoides Hemsl. in Hooker's Icon. Pl. 29: t. 2835 1909.

常绿灌木或小乔木，嫩枝有鳞垢，老枝无毛，有皮孔，干后灰褐色；芽体无鳞状苞片，外面有鳞垢。

金缕梅科
Hamamelidaceae

叶革质,矩圆形或倒披针形,长5~11厘米,宽2~4厘米,先端锐尖,基部楔形,上面绿色,干后暗晦无光泽,下面秃净无毛;侧脉约6对,干后在上面下陷,在下面突起,网脉在上面不明显,在下面能见;边缘上半部有数个小齿突;叶柄长5~8毫米,有鳞垢;托叶早落。总状花序腋生,长1~3厘米,雄花与两性花同在1条花序上,两性花位于花序顶端,花序轴有鳞垢,苞片披针形,长2~3毫米;萼筒极短,萼齿3~5片,披针形,长约3毫米,有鳞垢;雄蕊3~8枚,花药长约3毫米,红色,花丝长不及2毫米;子房上位,有星毛,花柱长6~8毫米。雄花的萼筒很短,雄蕊长短不一,无退化子房。蒴果卵圆形,长1~1.2厘米,有黄褐色星毛,先端尖,裂为4片,基部无宿存萼筒。种子长6~7毫米,褐色,有光泽。

产于鹤峰,属湖北省新记录,生于山坡林中;分布于四川、安徽、浙江、福建、江西、广东、广西、湖南、贵州。

2. 屏边蚊母树 *Distylium pingpienense* (Hu) Walk. in Journ. Arn. Arb. 25: 331, f. 3, α. 1944.

常绿灌木,高3米;嫩枝有褐色星状绒毛,老枝秃净,有皮孔,干后褐色;芽体有褐色绒毛。叶薄革质,卵状披针形或披针形,长7~14厘米,宽2.5~3.5厘米,先端尾状渐尖,尾部长1.5~2.5厘米,基部圆形,稍不整正;上面深绿色,发亮,下面有褐色星状绒毛,侧脉约6对,在上面略下陷,在下面突起;网脉在上面隐约可见,在下面稍明显,边缘无锯齿;叶柄长7~10毫米,有星毛;托叶早落。花未见。总状果序腋生,长3~4厘米,有褐色星状绒毛。蒴果卵圆形,长1.2厘米,外面有褐色星状绒毛,先端尖,沿室间2片裂开,每片2浅裂,基部无宿存萼筒,果梗长3~4毫米,被毛。种子卵圆形,长5~6毫米;褐色,有光泽。花期4~6月,果期6~8月。

产于巴东,生于山谷林中;分布于云南、湖北。

3. 中华蚊母树 *Distylium chinense* (Fr.) Diels in Engler, Bot. Jahrb. 29: 380. 1900.

常绿灌木,高约1米;嫩枝粗壮,节间长2~4毫米,被褐色柔毛,老枝暗褐色,秃净无毛;芽体裸露、有柔毛。叶革质,矩圆形,长2~4厘米,宽约1厘米,先端略尖,基部阔楔形,上面绿色,稍发亮,下面秃净无毛;侧脉5对,在上面不明显,在下面隐约可见,网脉在上下两面均不明显;边缘在靠

近先端处有2~3个小锯齿；叶柄长2毫米，略有柔毛；托叶披针形，早落。雄花穗状花序长1~1.5厘米，花无柄；萼筒极短，萼齿卵形或披针形，长1.5毫米；雄蕊2~7枚，长4~7毫米，花丝纤细，花药卵圆形。蒴果卵圆形，长7~8毫米，外面有褐色星状柔毛，宿存花柱长1~2毫米，干后4片裂开。种子长3~4毫米，褐色，有光泽。花期4~6月，果期6~8月。

产于巴东，生于山谷林中；分布于湖北、四川。

4. 小叶蚊母树 Distylium buxifolium (Hance) Merr. in Sunyatsenia 3: 251. 1937.

常绿灌木，高1~2米；嫩枝秃净或略有柔毛，纤细，节间长1~2.5厘米；老枝无毛，有皮孔，干后灰褐色；芽体有褐色柔毛。叶薄革质，倒披针形或矩圆状倒披针形，长3~5厘米，宽1~1.5厘米，先端锐尖，基部狭窄下延；上面绿色，干后暗晦无光泽，下面秃净无毛，干后稍带褐色；侧脉4~6对，在上面不明显，在下面略突起，网脉在两面均不显著；边缘无锯齿，仅在最尖端有由中肋突出的小尖突；叶柄极短，长不到1毫米，无毛；托叶短小，早落。雌花或两性花的穗状花序腋生，长1~3厘米，花序轴有毛，苞片线状披针形，长2~3毫米；萼筒极短，萼齿披针形，长2毫米，雄蕊未见；子房有星毛，花柱

长5~6毫米。蒴果卵圆形，长7~8毫米，有褐色星状绒毛，先端尖锐，宿存花柱长1~2毫米。种子褐色，长4~5毫米，发亮。花期4~5月，果期6~8月。

恩施州广布，生于山谷溪边；分布于四川、湖北、湖南、福建、广东、广西等省区。

蜡瓣花属 Corylopsis Sieb. et Zucc.

落叶或半常绿灌木或小乔木；混合芽有多数总苞状鳞片。叶互生，革质，卵形至倒卵形，不等侧心形或圆形，羽状脉最下面的1对侧脉有第二次分支侧脉，边缘有锯齿，齿尖突出，有叶柄，托叶叶状，早落。花两性，常先于叶片开放，总状花序常下垂，总苞状鳞片卵形，苞片及小苞片卵形至矩圆形，花序柄基部常有2~3片正常叶片；萼筒与子房合生或稍分离，萼齿5片，卵状三角形，宿存或脱落；花瓣5片，匙形或倒卵形，有柄，黄色，周位着生；雄蕊5枚，花丝线形，花药2室，直裂；退化雄蕊5枚，不裂或2裂，与雄蕊互生；子房半下位，少数上位并与萼筒分离，2室，花柱线形，柱头尖锐或稍膨大，胚珠每室1枚，垂生。蒴果木质，卵圆形，下半部常与萼筒合生，室间及室背离开为4片，具宿存花柱。种子长椭圆形，种皮骨质，白色、褐色或黑色；胚乳肉质，胚直立。

本属29种；中国有20种6个变种；恩施州产6种。

分种检索表

1. 子房与萼筒分离，蒴果与宿存萼筒部分分离。
    2. 萼筒及子房有星毛，叶下面亦有星毛 ·· 1. 星毛蜡瓣花 Corylopsis stelligera
    2. 萼筒及子房均无毛，叶下面无毛或仅背脉有毛；花瓣窄匙形，长6~7毫米，花柱与花瓣平齐··· 2. 鄂西蜡瓣花 Corylopsis henryi
1. 子房与萼筒合生，表现为半下位。
    3. 退化雄蕊不分裂。
        4. 花有短花梗，花瓣狭窄倒披针形，蒴果坚硬木质；嫩枝有柔毛，叶下面多少有毛 ·················· 3. 瑞木 Corylopsis multiflora

金缕梅科
Hamamelidaceae

449

> 4. 花无花梗,花瓣倒卵形或斧形；叶卵形或阔卵形,长6~10厘米,先端短急尖 ………… 4. 阔蜡瓣花 *Corylopsis platypetala*
> 3. 退化雄蕊2裂。
> 5. 萼齿无毛,雄蕊比花瓣短,总苞状鳞片被毛；叶长5~9厘米,蒴果长7~9毫米 ………… 5. 蜡瓣花 *Corylopsis sinensis*
> 5. 萼齿有毛,雄蕊比花瓣长,红褐色,总苞状鳞片无毛,叶下面无毛 ………… 6. 红药蜡瓣花 *Corylopsis veitchiana*

1. 星毛蜡瓣花 *Corylopsis stelligera* Guill. in Lecomte, Not. Syst. 3: 25. 1914.

落叶灌木或小乔木；嫩枝有毛,灰褐色,具皮孔；顶芽椭圆形,长2厘米,鳞苞外侧秃净无毛。叶倒卵形或倒卵状椭圆形,长5~12厘米,宽3~7厘米,上面绿色,除中肋及侧脉被毛外秃净无毛,下面有星状柔毛,或至少在脉上有星毛；先端尖锐,基部心形,不等侧,第一对侧脉第二次分支侧脉较强烈；侧脉7~8对；边缘上半部有齿突；叶柄长约1厘米,有星毛；托叶早落。总状花序长3~4厘米,花序轴长2~3厘米,有绒毛；总苞状鳞片5~6片,卵形,长1~1.3厘米,外侧无毛,内侧有长丝毛；苞片1片,卵形,

长4毫米,内外两面均有绒毛；小苞片2片,矩状披针形,长2毫米,有毛；花序柄长1厘米,基部有叶子2~3片,花黄色,萼筒有星毛,萼齿卵形,先端圆,秃净无毛；花瓣匙形,长5毫米；雄蕊长6毫米,突出花冠外；退化雄蕊2裂,先端尖,约与萼齿等长；子房上位,与萼齿分离,有星毛,花柱约与雄蕊同长。果序长5~6厘米,蒴果近圆球形,长6~7毫米,有星毛,具宿存花柱。种子卵状椭圆形,长约4毫米,黑色,有光泽,种脐白色。花期4~6月,果期6~8月。

产于利川,生于山谷林下；分布于我国西南各省。

2. 鄂西蜡瓣花 *Corylopsis henryi* Hemsl. in Hook. f. Ic. Pl. t. 2819. 1906.

落叶灌木,小枝秃净,灰褐色,皮孔细小。顶芽长椭圆形,长约1厘米,鳞苞长卵形,外面无毛。叶倒卵圆形,长6~8厘米,宽4~6厘米,先端短急尖,基部心形,不等侧；上面绿色,无毛,下面浅灰褐色,脉上有稀疏短柔毛或近秃净；侧脉8~10对,第一对侧脉第二次分支侧脉不强烈；小脉平行,与羽状侧脉相垂直,排列密致；边缘有波状锯齿,齿尖突出呈刺毛状；叶柄长约1厘米,略有毛；托叶矩圆形,长约2厘米,外面无毛。总状花序长3~4.5厘米,总苞状鳞片4~5片,卵形,长1.8厘米,外侧无毛；苞片卵形,长7毫米,外侧无毛；小苞片矩圆形,长5毫米,外侧无毛；花序柄长1.5厘米,被毛；花序轴长2.5~3.5厘米,被绒毛,花序柄基部有叶片1~2片；萼筒无毛,萼齿卵形,先端圆；花瓣窄匙形,长6~7毫米,宽3~3.5毫米,黄色；退化雄蕊2裂,先端尖,比萼齿短；雄蕊长5~6毫米,或与花瓣等长；子房与萼筒分离,无毛,花柱长6毫米,稍超出雄蕊。果序长5~6厘米,蒴果卵圆形,长6~7毫米。种子长5毫米,黑色,种脐白色,种皮骨质,发亮。

产于宣恩、利川,生于山坡林中；分布于湖

北、四川。花期4～6月，果期7～9月。

3. 瑞木 Corylopsis multiflora Hance in Ann. Nat. Bot. IV. 15: 224. 1861.

落叶或半常绿灌木，有时为小乔木；嫩枝有绒毛；老枝秃净，灰褐色，有细小皮孔；芽体有灰白色绒毛。叶薄革质，倒卵形，倒卵状椭圆形，或为卵圆形，长7～15厘米，宽4～8厘米，先端尖锐或渐尖，基部心形，近于等侧；上面干后绿色，略有光泽，脉上常有柔毛，下面带灰白色，有星毛，或仅脉上有星毛；侧脉7～9对，在上面下陷，在下面突起，第一对侧脉较靠近叶的基部，第二次分支侧脉不强烈，边缘有锯齿，齿尖突出；叶柄长1～1.5厘米，有星毛；托叶矩圆形，长2厘米，有绒毛，早落。总

状花序长2～4厘米，基部有1～5片叶；总苞状鳞片卵形，长1.5～2厘米，外面有灰白色柔毛；苞片卵形，长6～7毫米，有毛；小苞片1片，矩圆形，长5毫米，有毛；花序轴及花序柄均被毛；花梗短，长约1毫米，花后稍伸长；萼筒无毛，萼齿卵形，长1～1.5毫米；花瓣倒披针形，长4～5毫米，宽1.5～2毫米；雄蕊长6～7毫米，突出花冠外；退化雄蕊不分裂，先端截形，约与萼齿等长；子房半下位，厚壁，无毛，半下部与萼筒合生，花柱比雄蕊稍短。果序长5～6厘米；蒴果硬木质，果皮厚，长1.2～2厘米，宽8～14毫米，无毛，有短柄，颇粗壮。种子黑色，长达1厘米。花期4～6月，果期6～9月。

恩施州广布，生于山谷林下；分布于福建、台湾、广东、广西、贵州、湖南、湖北、云南等。

4. 阔蜡瓣花 Corylopsis platypetala Rehd. et Wils. in Sarg. Pl. Wils. 1: 426. 1913.

落叶灌木，高2.5米；嫩枝无毛，有时具腺毛，老枝无毛，灰褐色，有皮孔；芽体外侧无毛。叶卵形或广卵形，长7～10厘米，宽4～7厘米，先端短急尖，基部不等侧心形或微心形，嫩叶上下两面均略有长毛，不久变秃净，老叶上面绿色，下面灰绿色；侧脉6～10对，在上面下陷，在下面突起，第一对侧脉第二次分支侧脉稍强烈；边缘有波状齿，齿尖突出；叶柄长约1.5厘米，无毛，有时有腺毛，托叶矩圆形或矩圆状披针形，长2～3厘米，先端尖，外侧无毛，内侧有长丝毛。总状花序有花8～20朵，花序柄近于秃净，长1.5～2厘米；花序轴长2～2.5厘米，有稀疏长毛；总苞状鳞片多数，早落；苞片1片，矩圆形，长5毫米，略有柔毛；小苞片早落；萼筒无毛，萼齿卵形，先端钝，无毛；花瓣匙形，有短柄，长3～4毫米，宽约4毫米；雄蕊比花瓣稍短；退化雄蕊简单，比萼齿稍短；子房无毛，下半部完全与萼筒合生，花柱比雄蕊短。蒴果无毛，长7～9毫米。种子长4～5毫米，种脐白色。花期4～7月，果期7～9月。

产于宣恩，生于山谷林中；分布于安徽、湖北及四川。

5. 蜡瓣花 Corylopsis sinensis Hemsl. in Gard. Chron. ser. 3, 39: f. 12. 1916.

落叶灌木；嫩枝有柔毛，老枝秃净，有皮孔；芽体椭圆形，外面有柔毛。叶薄革质，倒卵圆形或倒卵形，有时为长倒卵形，长5～9厘米，宽3～6厘米；先端急短尖或略钝，基部不等侧心形；上面秃净无毛，或仅在中肋有毛，下面有灰褐色星状柔毛；侧脉7～8对，最下一对侧脉靠近基部，第二次分支侧脉不强烈；边缘有锯齿，齿尖刺毛状；叶柄长约1厘米，有星毛；托叶窄矩形，长约2厘米，略有

毛。总状花序长 3~4 厘米；花序柄长约 1.5 厘米，被毛，花序轴长 1.5~2.5 厘米，有长绒毛；总苞状鳞片卵圆形，长约 1 厘米，外面有柔毛，内面有长丝毛；苞片卵形，长 5 毫米，外面有毛；小苞片矩圆形，长 3 毫米；萼筒有星状绒毛，萼齿卵形，先端略钝，无毛；花瓣匙形，长 5~6 毫米，宽约 4 毫米；雄蕊比花瓣略短，长 4~5 毫米；退化雄蕊 2 裂，先端尖，与萼齿等长或略超出；子房有星毛，花柱长 6~7 毫米，基部有毛。果序长 4~6 厘米；蒴果近圆球形，长 7~9 毫米，被褐色柔毛。种子黑色，长 5 毫米。花期 5~7 月，果期 7~9 月。

恩施州广布，生于山坡林中；分布于湖北、安徽、浙江、福建、江西、湖南、广东、广西、贵州等省区。

6. 红药蜡瓣花 *Corylopsis veitchiana* Bean in Curtis's Bot. Mag. t. 8349. 1910.

落叶灌木；嫩枝无毛，老枝暗褐色，有皮孔；芽体长椭圆形，外侧无毛。叶倒卵形或椭圆形，长 5~10 厘米，宽 3~6 厘米，先端急短尖，基部不等侧心形；上面秃净无毛，下面带灰色，脉上有毛或秃净无毛；侧脉 6~8 对，第一对侧脉离基部稍远，第二次分支侧脉较强烈；边缘有锯齿，齿尖刺毛状；叶柄长 5~8 毫米，无毛；托叶矩圆披针形，长 2.5 厘米。总状花序长 3~4 厘米，总苞状鳞片卵圆形，2~4 片，长 1.3 厘米，外面无毛；苞片卵形，长 5~6 毫米，有绒毛；小苞片 2 片，矩圆形，有毛；花序柄长 1 厘米，花序轴长 2~3 厘米，均有绒毛，基部有 1~2 片叶片；萼筒有星毛，萼齿卵形，先端圆，外面有毛，兼有睫毛；花瓣匙形，长 5~6 毫米，宽 3~4 毫米；雄蕊稍突出花冠外，花药红褐色；退化雄蕊 2 深裂，先端尖，比萼齿稍长；子房有星状绒毛，与萼筒合生，花柱长 5~6 毫米。果序长 5~6 厘米，蒴果近圆卵形，长 7~8 毫米，有星毛。种子长 4~5 毫米，黑色，有光泽，种脐白色。花期 4~6 月，果期 6~8 月。

恩施州广布，生于山谷林中；分布于安徽、湖北及四川。

牛鼻栓属　*Fortunearia* Rehd. et Wils.

落叶灌木或小乔木；小枝有星毛。叶倒卵形，互生，具柄，具羽状脉，第一对侧脉有第二次分支侧脉；托叶细小，早落。花单性或杂性，排成总状花序。两性花的总状花序顶生，基部有数片叶子；苞片及小苞片细小，早落；萼筒倒锥形，被毛，萼齿 5 裂，脱落性；花瓣 5 片，退化为针状，细小；雄蕊 5 枚，花丝极短，花药 2 室，侧面裂开；子房半下位，2 室，每室有胚珠 1 枚；花柱 2 根，分离，线形，反卷。雄花葇荑花序基部无叶片，缺乏总苞，雄蕊有短花丝，花药卵形，有退化子房。蒴果木质，具柄，室间及室背裂开，宿存萼筒与蒴果合生，长为蒴果之半，内果皮角质，与外果皮常分离。种子长卵形，种皮骨质；胚乳薄，胚直立，子叶扁平，基部微心形。

本属共 1 种；我国产 1 种；恩施州产 1 种。

牛鼻栓 *Fortunearia sinensis* Rehd. et Wils. Pl. Wilson. 1: 428 1913.

落叶灌木或小乔木，高 5 米；嫩枝有灰褐色柔毛；老枝秃净无毛，有稀疏皮孔，干后褐色或灰褐色；芽体细小，无鳞状苞片，被星毛。叶膜质，倒卵形或倒卵状椭圆形，长 7~16 厘米，宽 4~10 厘米，先端锐尖，基部圆形或钝，稍偏斜，上面深绿色，除中肋外秃净无毛，下面浅绿色，脉上有长毛；侧脉 6~10 对，第一对侧脉第二次分支侧脉不强烈；边缘有锯齿，齿尖稍向下弯；叶柄长 4~10 毫米，有毛；托叶早落。两性花的总状花序长 4~8 厘米，花序柄长 1~1.5 厘米，花序轴长 4~7 厘米，均有绒毛；苞片及小苞片披针形，长约 2 毫米，有星毛；萼筒长 1 毫米，无毛；萼齿卵形，长 1.5 毫米，先端有毛；花瓣狭披针形，比萼齿为短；雄蕊近于无柄，花药卵形，长 1 毫米；子房略有毛，花柱长 1.5 毫米，反卷；花梗长 1~2 毫米，有星毛。蒴果卵圆形，长 1.5 厘米，外面无毛，有白色皮孔，沿室间 2 片裂开，每片 2 浅裂，果瓣先端尖，果梗长 5~10 毫米。种子卵圆形，长约 1 厘米，宽 5~6 毫米，褐色，有光泽，种脐马鞍形，稍带白色。花期 3~4 月，果期 5~6 月。

产于巴东，生于山坡林中；分布于陕西、河南、四川、湖北、安徽、江苏、江西及浙江等省。

檵木属 *Loropetalum* R. Brown

常绿或半落叶灌木至小乔木，芽体无鳞苞。叶互生，革质，卵形，全缘，稍偏斜，有短柄，托叶膜质。花 4~8 朵排成头状或短穗状花序，两性，4 数；萼筒倒锥形，与子房合生，外侧被星毛，萼齿卵形，脱落性；花瓣带状，白色，在花芽时向内卷曲；雄蕊周位着生，花丝极短，花药有 4 个花粉囊，瓣裂，药隔突出；退化雄蕊鳞片状，与雄蕊互生；子房半下位，2 室，被星毛，花柱 2 根；胚珠每室 1 枚，垂生。蒴果木质，卵圆形，被星毛，上半部 2 片裂开，每片 2 浅裂，下半部被宿存萼筒所包裹，并完全合生，果梗极短或不存在。种子 1 粒，长卵形，黑色，有光泽，种脐白色；种皮角质，胚乳肉质。

本属约 4 种 1 变种；我国有 3 种 1 变种；恩施州产 1 种 1 变种。

分种检索表

1. 花白色 ··· 1. 檵木 *Loropetalum chinense*
1. 花红色 ·· 2. 红花檵木 *Loropetalum chinense* var. *rubrum*

1. 檵木 *Loropetalum chinense* (R. Br.) Oliver in Trans. Linn. Soc. 23: 459. f. 4. 1862.

灌木，有时为小乔木，多分枝，小枝有星毛。叶革质，卵形，长 2~5 厘米，宽 1.5~2.5 厘米，先端尖锐，基部钝，不等侧，上面略有粗毛或秃净，干后暗绿色，无光泽，下面被星毛，稍带灰白色，侧脉约 5 对，在上面明显，在下面突起，全缘；叶柄长 2~5 毫米，有星毛；托叶膜质，三角状披针形，长 3~4 毫米，宽 1.5~2 毫米，早落。花 3~8 朵簇生，有短花梗，白色，比新叶先开放，或与嫩叶同时开放，花序柄长约 1 厘米，被毛；苞片线形，长 3 毫米；萼筒杯状，被星毛，萼齿卵形，长约 2 毫米，花后脱落；花瓣

金缕梅科
Hamamelidaceae

4片，带状，长1～2厘米，先端圆或钝；雄蕊4枚，花丝极短，药隔突出成角状；退化雄蕊4枚，鳞片状，与雄蕊互生；子房完全下位，被星毛；花柱极短，长约1毫米；胚珠1枚，垂生于心皮内上角。蒴果卵圆形，长7～8毫米，宽6～7毫米，先端圆，被褐色星状绒毛，萼筒长为蒴果的2/3。种子圆卵形，长4～5毫米，黑色，发亮。花期3～4月，果期7～8月。

恩施州广布，生于山坡林下或灌丛中；分布于我国中部、南部及西南各省；亦见于日本及印度。

本种植物可供药用。叶用于止血，根及叶用于跌打损伤，有祛瘀生新功效。

2. 红花檵木（变种）
Loropetalum chinense Oliver var. *rubrum* Yieh, China: Bull. Hort. Special Issue 1942 (2): 33. 1942.

本变种与檵木 *L. chinense* 的主要区别是花紫红色，长2厘米。花期3～4月，果期8月。

恩施州广泛栽培；我国各地区均有栽培。

金缕梅属 *Hamamelis* Gronov. ex Linn.

落叶灌木或小乔木；嫩枝有绒毛。芽体裸露，有绒毛。叶阔卵形，薄革质或纸质，不等侧，常为心形，羽状脉，第一对侧脉通常有第二次分支侧脉，全缘或有波状齿，有叶柄，托叶披针形，早落。花聚成头状或短穗状花序，两性，4数；萼筒与子房多少合生，萼齿卵形，4片，被星毛；花瓣带状，4片，黄色或淡红色，在花芽时皱折；雄蕊4枚，花丝极短，花药卵形，2室，单瓣裂开；退化雄蕊4枚，鳞片状，与雄蕊互生；子房近于上位或半下位，2室；花柱2根，极短；胚珠每室1枚，垂生于心皮室的内上角。蒴果木质，卵圆形，上半部2片裂开，每片2浅裂；内果皮骨质，常与木质外果皮分离。种子长椭圆形，种皮角质，发亮；胚乳肉质。

本属6种；中国2种；恩施州产1种。

金缕梅
Hamamelis mollis Oliver in Hook. f. Ic. Pl. 18: t. 1742. 1888.

落叶灌木或小乔木，高达8米；嫩枝有星状绒毛；老枝秃净；芽体长卵形，有灰黄色绒毛。叶纸质或薄革质，阔倒卵圆形，长8～15厘米，宽6～10厘米，先端短急尖，基部不等侧心形，上面稍粗糙，有稀疏星状毛，不发亮，下面密生灰色星状绒毛；侧脉6～8对，最下面1对侧脉有明显的第二次侧脉，在上面很显著，在下面突起；边缘有波状钝齿；叶柄长6～10毫米，被绒毛，托叶早落。头状或短穗状

花序腋生，有花数朵，无花梗，苞片卵形，花序柄短，长不到 5 毫米；萼筒短，与子房合生，萼齿卵形，长 3 毫米，宿存，均被星状绒毛；花瓣带状，长约 1.5 厘米，黄白色；雄蕊 4 枚，花丝长 2 毫米，花药与花丝几等长；退化雄蕊 4 枚，先端平截；子房有绒毛，花柱长 1～1.5 毫米。蒴果卵圆形，长 1.2 厘米，宽 1 厘米，密被黄褐色星状绒毛，萼筒长约为蒴果 1/3。种子椭圆形，长约 8 毫米，黑色，发亮。花期 4～5 月，果期 7 月。

产于鹤峰、利川，生于山坡林中；分布于四川、湖北、安徽、浙江、江西、湖南、广西等省区。

杜仲科 Eucommiaceae

落叶乔木。叶互生，单叶，具羽状脉，边缘有锯齿，具柄，无托叶。花雌雄异株，无花被，先叶开放，或与新叶同时从鳞芽长出。雄花簇生，有短柄，具小苞片；雄蕊 5～10 枚，线形，花丝极短，花药 4 室，纵裂。雌花单生于小枝下部，有苞片，具短花梗，子房 1 室，由合生心皮组成，有子房柄，扁平，顶端 2 裂，柱头位于裂口内侧，先端反折，胚珠 2 枚，并立、倒生，下垂。果为不开裂，扁平，长椭圆形的翅果先端 2 裂，果皮薄革质，果梗极短；种子 1 粒，垂生于顶端；胚乳丰富；胚直立，与胚乳同长；子叶肉质，扁平；外种皮膜质。

本科 1 属 1 种，中国特有；恩施州产 1 属 1 种。

杜仲属 *Eucommia* Oliver

属的特征同科。

杜仲 *Eucommia ulmoides* Oliv. in Hooker's Icon. Pl. 20: t. 1950. 1890.

落叶乔木，高达 20 米；树皮灰褐色，粗糙，内含橡胶，折断拉开有多数细丝。嫩枝有黄褐色毛，不久变秃净，老枝有明显的皮孔。芽体卵圆形，外面发亮，红褐色，有鳞片 6～8 片，边缘有微毛。叶椭圆形、卵形或矩圆形，薄革质，长 6～15 厘米，宽 3.5～6.5 厘米；基部圆形或阔楔形，先端渐尖；上面暗绿色，初时有褐色柔毛，不久变秃净，老叶略有皱纹，下面淡绿，初时有褐毛，以后仅在脉上有毛；侧脉 6～9 对，与网脉在上面下陷，在下面稍突起；边缘有锯齿；叶柄长 1～2 厘米，上面有槽，被散生长毛。花生于当年枝基部，雄花无花被；花梗长约 3 毫米，无毛；苞片倒卵状匙形，长 6～8 毫米，顶端圆形，边缘有睫毛，早落；

雄蕊长约1厘米，无毛，花丝长约1毫米，药隔突出，花粉囊细长，无退化雌蕊。雌花单生，苞片倒卵形，花梗长8毫米，子房无毛，1室，扁而长，先端2裂，子房柄极短。翅果扁平，长椭圆形，长3~3.5厘米，宽1~1.3厘米，先端2裂，基部楔形，周围具薄翅；坚果位于中央，稍突起，子房柄长2~3毫米，与果梗相接处有关节。种子扁平，线形，长1.4~1.5厘米，宽3毫米，两端圆形。早春开花，秋后果实成熟。

恩施州广泛栽培；分布于陕西、甘肃、河南、湖北、四川、云南、贵州、湖南及浙江等省区，现各地广泛栽种。

树皮药用，作为强壮剂及降血压，并能医腰膝疼痛，风湿及习惯性流产等。

悬铃木科 Platanaceae

落叶乔木，枝叶被树枝状及星状绒毛，树皮苍白色，薄片状剥落，表面平滑；侧芽卵圆形，先端稍尖，有单独一块鳞片包着，包藏于膨大叶柄的基部，不具顶芽。叶互生，大形单叶，有长柄，具掌状脉，掌状分裂，偶有羽状脉而全缘，具短柄，边缘有裂片状粗齿；托叶明显，边缘开张，基部鞘状，早落。花单性，雌雄同株，排成紧密球形的头状花序，雌雄花序同形，生于不同的花枝上，雄花头状花序无苞片，雌花头状花序有苞片；萼片3~8片，三角形，有短柔毛；花瓣与萼片同数，倒披针形；雄花有雄蕊3~8枚，花丝短，药隔顶端增大成圆盾状鳞片；雌花有3~8个离生心皮，子房长卵形，1室，有1~2枚垂生胚珠，花柱伸长，突出头状花序外，柱头位于内面。果为聚合果，由多数狭长倒锥形的小坚果组成，基部围以长毛，每个坚果有种子1粒；种子线形，胚乳薄，胚有不等形的线形子叶。

本科有1属约有11种；我国栽培1属3种；恩施州产1属1种1杂交种。

悬铃木属 *Platanus* Linn.

属的特征同科。

分种检索表

1. 果枝有球状果序3条以上，叶深裂，中央裂片长度大于宽度，托叶小于1厘米，花4数，坚果之间有突出的绒毛··· 1. 三球悬铃木 *Platanus orientalis*
1. 果枝有球状果序1~2条，稀3条；叶5~7掌状深裂，花4数，果序常为2条，稀1或3条······ 2. 二球悬铃木 *Platanus × acerifolia*

1. 三球悬铃木 *Platanus orientalis* Linn. Sp. Pl. 417. 1753.

落叶大乔木，高达30米，树皮薄片状脱落；嫩枝被黄褐色绒毛，老枝秃净，干后红褐色，有细小皮孔。叶大，轮廓阔卵形，宽9~18厘米，长8~16厘米，基部浅三角状心形，或近于平截，上部掌状5~7裂，稀为3裂，中央裂片深裂过半，长7~9厘米，宽4~6厘米，两侧裂片稍短，边缘有少数裂片状粗齿，上下两面初时被灰黄色毛被，以后脱落，仅在背脉上有毛，掌状脉5条或3条，从基部发出；叶柄长3~8厘米，圆柱形，被绒毛，基

部膨大；托叶小，短于1厘米，基部鞘状。花4数；雄性球状花序无柄，基部有长绒毛，萼片短小，雄蕊远比花瓣为长，花丝极短，花药伸长，顶端盾片稍扩大；雌性球状花序常有柄，萼片被毛，花瓣倒披针形，心皮4个，花柱伸长，先端卷曲。果枝长10～15厘米，有圆球形头状果序3～5条，稀为2条；头状果序直径2～2.5厘米，宿存花柱突出呈刺状，长3～4毫米，小坚果之间有黄色绒毛，突出头状果序外。花期3～5月，果期6～10月。

恩施州广泛栽培；原产欧洲东南部及亚洲西部，现广泛栽培。

2. 二球悬铃木（杂交种） *Platanus* × *acerifolia* (Ait.) Willd. Sp. Pl. 4: 474, 1797.

落叶大乔木，高30余米，树皮光滑，大片块状脱落；嫩枝密生灰黄色绒毛；老枝秃净，红褐色。叶阔卵形，宽12～25厘米，长10～24厘米，上下两面嫩时有灰黄色毛被，下面的毛被更厚而密，以后变秃净，仅在背脉腋内有毛；基部截形或微心形，上部掌状5裂，有时7裂或3裂；中央裂片阔三角形，宽度与长度约相等；裂片全缘或有1～2个粗大锯齿；掌状脉3条，稀为5条，常离基部数毫米，或为基出；叶柄长3～10厘米，密生黄褐色毛被；托叶中等大，长1～1.5厘米，基部鞘状，上部开裂。花通常4数。雄花的萼片卵形，被毛；花瓣矩圆形，长为萼片的2倍；雄蕊比花瓣长，盾形药隔有毛。果枝有头状果序1～2条，稀为3条，常下垂；头状果序直径约2.5厘米，宿存花柱长2～3毫米，刺状，坚果之间无突出的绒毛，或有极短的毛。花期3～5月，果期6～10月。

恩施州广泛栽培；我国东北、华中及华南均有引种。

蔷薇科 Rosaceae

草本、灌木或乔木，落叶或常绿，有刺或无刺。冬芽常具数片鳞片，有时仅具2片。叶互生，稀对生，单叶或复叶，有显明托叶，稀无托叶。花两性，稀单性。通常整齐，周位花或上位花；花轴上端发育成碟状、钟状、杯状、坛状或圆筒状的花托，在花托边缘着生萼片、花瓣和雄蕊；萼片和花瓣同数，通常4～5片，覆瓦状排列，稀无花瓣，萼片有时具副萼；雄蕊5枚至多数，稀1或2枚，花丝离生，稀合生；心皮1个至多数，离生或合生，有时与花托连合，每心皮有1至数枚直立的或悬垂的倒生胚珠；花柱与心皮同数，有时连合，顶生、侧生或基生。果实为蓇葖果、瘦果、梨果或核果，稀蒴果；种子通常不含胚乳，极稀具少量胚乳；子叶为肉质，背部隆起，稀对褶或呈席卷状。

本科约有124属3300余种；我国约有51属1000余种；恩施州产33属186种16变种5变型1杂交种。

分属检索表

1. 果实为开裂的蓇葖果，稀蒴果；心皮1～12个；托叶或有或无。
   2. 果实为蒴果；种子有翅；花形较大，直径在2厘米以上；单叶，无托叶 ·············· 1. 白鹃梅属 *Exochorda*

2. 果实为蓇葖果，开裂；种子无翅；花形较小，直径不超过2厘米。
    3. 心皮5个，稀1~4个。
      4. 单叶；花序伞形、伞形总状、伞房状或圆锥状；心皮离生；叶边常有锯齿或裂片，稀全缘 ······ 2. 绣线菊属 Spiraea
      4. 羽状复叶；大型圆锥花序。
        5. 多年生草本；一至三回羽状复叶，无托叶；心皮3~8个，离生 ······ 3. 假升麻属 Aruncus
        5. 灌木；一回羽状复叶，有托叶；心皮5个，基部合生 ······ 4. 珍珠梅属 Sorbaria
    3. 心皮1~2个；单叶，有托叶，早落。
      6. 花序总状或圆锥状；萼筒钟状至筒状；蓇葖果有2~12粒种子 ······ 5. 绣线梅属 Neillia
      6. 花序圆锥状；萼筒杯状；蓇葖果有1~2粒种子 ······ 6. 小米空木属 Stephanandra
1. 果实不开裂，全有托叶。
  7. 子房下位、半下位，稀上位；心皮1~5个，多数与杯状花托内壁连合；梨果或浆果状，稀小核果状。
    8. 心皮在成熟时变为坚硬骨质，果实内含1~5个小核。
      9. 叶边全缘；枝条无刺 ······ 7. 栒子属 Cotoneaster
      9. 叶边有锯齿或裂片，稀全缘；枝条常有刺。
        10. 叶常绿；心皮5个，各有成熟的胚珠2枚 ······ 8. 火棘属 Pyracantha
        10. 叶凋落，稀半常绿；心皮1~5个，各有成熟的胚珠1枚 ······ 9. 山楂属 Crataegus
    8. 心皮在成熟时变为革质或纸质，梨果1~5室，各室有1或多粒种子。
      11. 伞形或总状花序，有时花单生。
        12. 各心皮内含种子3至多数；萼筒外面无毛，萼片脱落；子房每室含多数胚珠 ······ 10. 木瓜属 Chaenomeles
        12. 各心皮内含种子1~2粒。
          13. 花柱离生；果实常有多数石细胞 ······ 11. 梨属 Pyrus
          13. 花柱基部合生；果实多无石细胞 ······ 12. 苹果属 Malus
      11. 复伞房花序或圆锥花序，有花多朵。
        14. 单叶或复叶均凋落；总花梗及花梗无瘤状突起；心皮2~5个，全部或一部分与萼筒合生，子房下位或半下位；果期萼片宿存或脱落 ······ 13. 花楸属 Sorbus
        14. 单叶常绿，稀凋落。
          15. 心皮全部合生，子房下位 ······ 14. 枇杷属 Eriobotrya
          15. 心皮一部分离生，子房半下位。
            16. 叶片全缘或有细锯齿；总花梗及花梗无瘤状突起；心皮在果实成熟时上半部与萼筒分离，裂开成为5瓣 ······ 15. 红果树属 Stranvaesia
            16. 叶片有锯齿，稀全缘；总花梗及花梗常有瘤状突起；心皮在果实成熟时仅顶端与萼筒分离，不裂开 ··· 16. 石楠属 Photinia
  7. 子房上位，少数下位。
    17. 心皮常多数；瘦果；萼宿存；常具复叶，极稀单叶。
      18. 瘦果，生在杯状或坛状花托里面。
        19. 雌蕊多数；花托成熟时肉质而有色泽；羽状复叶极稀单叶；灌木，枝常有刺 ······ 17. 蔷薇属 Rosa
        19. 雌蕊1~4枚；花托成熟时干燥坚硬。
          20. 花瓣黄色；花萼下有钩刺；雄蕊5~15枚 ······ 18. 龙牙草属 Agrimonia
          20. 复叶羽状；花瓣无，萼片覆瓦状排列，无副萼；雄蕊4~15枚；花柱顶生；花两性，稀部分单性雌雄同株，常成穗状或头状花序 ······ 19. 地榆属 Sanguisorba
      18. 瘦果或小核果，着生在扁平或隆起的花托上。
        21. 托叶不与叶柄连合；雌蕊4~15枚，生在扁平或微凹的花托基部 ······ 20. 棣棠花属 Kerria
        21. 托叶常与叶柄连合；雌蕊数枚至多数，生在球形或圆锥形花托上。
          22. 小核果相互聚合成聚合果，心皮各含胚珠2枚；茎常有刺，稀无刺 ······ 21. 悬钩子属 Rubus
          22. 瘦果相互分离；心皮各有胚珠1枚。
            23. 花柱顶生或近顶生，在果期延长，常有钩刺或羽状毛。
              24. 花柱在果实上宿存；花柱上部有关节，成熟时于关节处脱落，宿存部分顶端弯曲 ······ 22. 路边青属 Geum
              24. 花柱凋落；矮小草本；基生叶为羽状复叶，有多数小叶片；雌蕊多数，雄蕊宿存 ······ 23. 无尾果属 Coluria

23. 花柱侧生或基生或近顶生，在果期不延长或稍微延长。
　25. 花托在成熟时干燥；草本或灌木；叶茎生或基生，小叶3片至多数 ·· 24. 委陵菜属 *Potentilla*
　25. 花托在成熟时膨大或变为肉质；草本；叶基生，小叶3片，稀5片。
　　26. 花白色，副萼片比萼片小 ·· 25. 草莓属 *Fragaria*
　　26. 花黄色，副萼片比萼片大 ·· 26. 蛇莓属 *Duchesnea*
17. 心皮常为1个，少数2或5个；核果；萼常脱落；单叶。
　27. 幼叶多为席卷式，少数为对折式；果实有沟，外面被毛或被蜡粉。
　　28. 花瓣和萼片多细小，通常不易分清，10~12片；落叶乔木或灌木，叶边有锯齿；托叶发达；单性花，心皮2个 ··· 27. 臭樱属 *Maddenia*
　　28. 花瓣和萼片均大形，各5片。
　　　29. 侧芽3个，两侧为花芽，具顶芽；花1~2朵，常无柄，稀有柄；子房和果实常被短柔毛，极稀无毛；核常有孔穴，极稀光滑；叶片为对折式；花先叶开 ··· 28. 桃属 *Amygdalus*
　　　29. 侧芽单生，顶芽缺。核常光滑或有不明显孔穴。
　　　　30. 子房和果实常被短柔毛；花常无柄或有短柄，花先叶开 ··· 29. 杏属 *Armeniaca*
　　　　30. 子房和果实均光滑无毛，常被蜡粉；花常有柄，花叶同开 ·· 30. 李属 *Prunus*
　27. 幼叶常为对折式，果实无沟，不被蜡粉，枝有顶芽。
　　31. 花单生或数朵着生在短总状或伞房状花序，基部常有明显苞片；子房光滑；核平滑，有沟，稀有孔穴 ··· 31. 樱属 *Cerasus*
　　31. 花小形，10朵至多朵着生在总状花序上，苞片小形。
　　　32. 叶冬季凋落，花序顶生，花序梗上常有叶片，稀无叶 ·· 32. 稠李属 *Padus*
　　　32. 叶常绿，花序腋生，花序梗上无叶片 ·· 33. 桂樱属 *Laurocerasus*

白鹃梅属　*Exochorda* Lindl.

落叶灌木；冬芽卵形，无毛，具有数枚覆瓦状排列鳞片。单叶，互生，全缘或有锯齿，有叶柄，不具托叶或具早落性托叶。两性花，多大形，顶生总状花序；萼筒钟状，萼片5片，短而宽；花瓣5片，白色，宽倒卵形，有爪，覆瓦状排列；雄蕊15~30枚，花丝较短，着生在花盘边缘；心皮5个，合生，花柱分离，子房上位。蒴果具5条脊，倒圆锥形，5室，沿背腹两缝开裂，每室具种子1~2粒；种子扁平有翅。

本属4种；我国有3种；恩施州产2种。

分种检索表

1. 花梗长5~15毫米；花瓣基部急缩成短爪；雄蕊15~20枚；叶柄长5~15毫米 ·············· 白鹃梅 *Exochorda racemosa*
1. 花梗短或近于无梗；花瓣基部渐狭成长爪；雄蕊25~30枚；叶柄长15~25毫米 ············ 红柄白鹃梅 *Exochorda giraldii*

1. 白鹃梅　*Exochorda racemosa* (Lindl.) Rehd. in Sarg. Pl. Wils. 1: 456. 1913.

灌木，高达3~5米，枝条细弱开展；小枝圆柱形，微有棱角，无毛，幼时红褐色，老时褐色；冬芽三角卵形，先端钝，平滑无毛，暗紫红色。叶片椭圆形，长椭圆形至长圆倒卵形，长3.5~6.5厘米，宽1.5~3.5厘米，先端圆钝或急尖稀有突尖，基部楔形或宽楔形，全缘，稀中部以上有钝锯齿，上下两面均无毛；叶柄短，长5~15毫米，或近于无柄；不具托叶。总状花序，有花6~10朵，无毛；花梗长3~8毫米，基部花梗较顶部稍长，无毛；苞片小，宽披针形；花直径2.5~3.5厘米；萼筒浅钟状，无毛；萼片宽三角形，长约 2 毫米，先端急尖或钝，边缘有尖锐细锯齿，无毛，黄绿色；花瓣倒卵形，长约 1.5 厘米，宽约 1 厘米，先端钝，基部有短爪，白色；雄蕊 15~20 枚，3~4 枚一束着生在花盘边缘，与花瓣对生；心皮 5 个，花柱分离。蒴果，倒圆锥形，无毛，有 5 条脊，果梗长 3~8 毫米。花期 5 月，果期 6~8 月。

产于巴东，生于灌丛中；分布于河南、江西、江苏、浙江、湖北。

2. 红柄白鹃梅　*Exochorda giraldii* Hesse in Mitt. Deutsch. Dendr. Ges. 1908(17): 191. 219. 1908.

落叶灌木，高达 3~5 米；小枝细弱，开展，圆柱形，无毛，幼时绿色，老时红褐色；冬芽卵形，先端钝，红褐色，边缘微被短柔毛。叶片椭圆形、长椭圆形、稀长倒卵形，长 3~4 厘米，宽 1.5~3 厘米，先端急尖，突尖或圆钝，基部楔形、宽楔形至圆形，稀偏斜，全缘，稀中部以上有钝锯齿，上下两面均无毛或下面被柔毛；叶柄长 1.5~2.5 厘米，常红色，无毛，不具托叶。总状花序，有花 6~10 朵，无毛，花梗短或近于无梗；苞片线状披针形，全缘，长约 3 毫米，两面均无毛；

花直径 3~4.5 厘米；萼筒浅钟状，内外两面均无毛；萼片短而宽，近于半圆形，先端圆钝，全缘；花瓣倒卵形或长圆倒卵形，长 2~2.5 厘米，宽约 1.5 厘米，先端圆钝，基部有长爪，白色；雄蕊 25~30 枚，着生在花盘边缘；心皮 5 个，花柱分离。蒴果倒圆锥形，具 5 条脊，无毛。花期 5 月，果期 7~8 月。

产于建始，生于山坡灌丛中；分布于河北、河南、山西、陕西、甘肃、安徽、江苏、浙江、湖北、四川。

绣线菊属　*Spiraea* L.

落叶灌木；冬芽小，具 2~8 片外露的鳞片。单叶互生，边缘有锯齿或缺刻，有时分裂。稀全缘，羽状叶脉，或基部有三至五出脉，通常具短叶柄，无托叶。花两性，稀杂性，成伞形、伞形总状、伞房或圆锥花序；萼筒钟状；萼片 5 片，通常稍短于萼筒；花瓣 5 片，常圆形，较萼片长；雄蕊 15~60 枚，着生在花盘和萼片之间；心皮 5 个，离生。蓇葖果 5 个，常沿腹缝线开裂，内具数粒细小种子；种子线形至长圆形，种皮膜质，胚乳少或无。

本属有 100 余种；我国有 50 余种；恩施州产 14 种 2 变种。

分种检索表

1. 花序由去年生枝上的芽发生，着生在有叶或无叶的短枝顶端。
  2. 雄蕊长于花瓣，稀与花瓣近等长；伞形总状花序；叶片卵形或椭圆卵形，有单锯齿或缺刻状重锯齿，无毛或在下面脉腋间簇生柔毛 ··· 1. 华西绣线菊 *Spiraea laeta*
  2. 雄蕊短于花瓣或几与花瓣等长；萼片在果期直立或开展；伞形花序。
    3. 叶片、花序和蓇葖果无毛。
      4. 叶片菱状披针形至菱状长圆形，有羽状叶脉；叶片先端急尖 ················ 2. 麻叶绣线菊 *Spiraea cantoniensis*
      4. 叶片菱状卵形至倒卵形，基部楔形，具羽状叶脉或不显著三出脉；叶片先端圆钝 ············ 3. 绣球绣线菊 *Spiraea blumei*
    3. 叶片下面有毛。
      5. 花序无毛；叶片菱状卵形至椭圆形，先端急尖，基部宽楔形；蓇葖果除腹缝外全无毛 ······ 4. 土庄绣线菊 *Spiraea pubescens*
      5. 花序和蓇葖果具毛。
        6. 叶片下面被短柔毛；花序被柔毛。
          7. 叶片倒卵形、椭圆形、稀卵圆形，基部楔形 ··· 5. 疏毛绣线菊 *Spiraea hirsute*

```
    7. 叶片卵形，基部宽楔形至圆形 ································································· 6. 圆叶疏毛绣线菊 Spiraea hirsute var. rotundifolia
    6. 萼片卵状披针形；叶片菱状卵形至倒卵形，锯齿尖锐，下面密被黄色绒毛 ················· 7. 中华绣线菊 Spiraea chinensis
1. 花序着生在当年生具叶长枝的顶端，长枝自灌木基部或老枝上发生，或自去年生的枝上发生。
  8. 复伞房花序顶生于当年生直立的新枝上。
    9. 花序被短柔毛，花常粉红色稀紫红色；蓇葖果成熟时略分开，无毛，稀仅沿腹缝具疏柔毛 ······ 8. 粉花绣线菊 Spiraea japonica
    9. 花序无毛，花白色；蓇葖果直立，无毛或在腹缝上有毛 ························· 9. 华北绣线菊 Spiraea fritschiana
  8. 复伞房花序发生在去年生枝上的侧生短枝上。
    10. 冬芽先端急尖至渐尖，具 2 片外露鳞片。
      11. 蓇葖果具稀疏柔毛或无毛 ······················································ 10. 长芽绣线菊 Spiraea longigemmis
      11. 蓇葖果密被短柔毛 ······························································ 11. 兴山绣线菊 Spiraea hingshanensis
    10. 冬芽先端钝，具数个外露鳞片。
      12. 雄蕊长于花瓣 2~3 倍；蓇葖果外被短绒毛；叶边有重锯齿 ·········· 12. 无毛长蕊绣线菊 Spiraea miyabei var. glabrata
      12. 雄蕊短于花瓣或几与花瓣等长。
        13. 叶片全缘或仅先端具少数锯齿。
          14. 花序无毛；叶片仅下面具短柔毛或无毛 ·································· 13. 广椭绣线菊 Spiraea ovalis
          14. 花序被稀疏柔毛；叶片两面具柔毛 ······································ 14. 陕西绣线菊 Spiraea wilsonii
        13. 叶片至少在近顶处有锯齿。
          15. 叶片至少在近顶处有锯齿；下面密生细长柔毛 ·························· 15. 翠蓝绣线菊 Spiraea henryi
          15. 叶片全缘或仅先端具少数锯齿；叶片下面具短柔毛 ······················ 16. 鄂西绣线菊 Spiraea veitchii
```

1. 华西绣线菊　　*Spiraea laeta* Rehd. in Sarg. Pl. Wils. 1: 442. 1913.

灌木，高达 1.5 米；小枝常直立，有时呈之字形弯曲，嫩枝稍带棱角，多无毛，浅褐黄色；冬芽长圆形，先端急尖或短渐尖，有数枚外露鳞片。叶片卵形或椭圆卵形，长 1.5~5.5 厘米，宽 1.4~3.5 厘米，先端急尖，基部楔形至圆形，边缘自基部或中部以上有不整齐单锯齿，有时不孕枝上叶片具缺刻状重锯齿，无毛或在下面基部脉腋间簇生柔毛；叶柄长 4~6 毫米，无毛或疏生短柔毛。伞形总状花序直径 2~3 厘米，无毛，具花 6~15 朵；花梗长 8~17 毫米；苞片线形，无毛；花直径 6~10 毫米；花萼外面无毛；萼筒钟状，内面密生短柔毛；萼片宽三角形，先端急尖，内面有稀疏短柔毛；花瓣宽卵圆形或近圆形，先端钝，长 2.5~4 毫米，宽 2~4.5 毫米，白色；雄蕊 30~40 枚，比花瓣稍长；花盘环形，呈浅圆锯齿状；子房腹面稍具短柔毛，花柱比雄蕊短。蓇葖果半开张，无毛或沿腹缝稍具短柔毛，花柱顶生，稍倾斜开展或近直立，常具反折萼片。花期 4~6 月，果期 7~10 月。

产于巴东，生于山坡灌丛中；分布于湖北、四川、云南。

2. 麻叶绣线菊　　*Spiraea cantoniensis* Lour. Fl. Cochinch. 1: 322. 1790.

灌木，高达 1.5 米；小枝细瘦，圆柱形，呈拱形弯曲，幼时暗红褐色，无毛；冬芽小，卵形，先端尖，无毛，有数枚外露鳞片。叶片菱状披针形至菱状长圆形，长 3~5 厘米，宽 1.5~2 厘米，先端急尖，基部楔形，边缘自近中部以上有缺刻状锯齿，上面深绿色，下面灰蓝色，两面无毛，有羽状叶脉；叶柄长 4~7 毫米，无毛。伞形花序具多数花朵；花梗长 8~14 毫米，无毛；苞片线形，无毛；花直径 5~7 毫米；萼筒钟状，外面无毛，内面被短柔毛；萼片三角形或卵状三角形，先端急尖或短渐尖，内面微被短柔毛；花瓣近圆形或倒卵形，先端微凹或圆钝，长与宽各2.5~4毫米，白色；雄蕊20~28枚，稍短于花瓣或几与花瓣等长；花盘由大小不等的近圆形裂片组成，裂片先端有时微凹，排列成圆环形；子房近无毛，花柱短于雄蕊。蓇葖果直立开张，无毛，花柱顶生，常倾斜开展，具直立开张萼片。花期4~5月，果期7~9月。

产于利川，生于路边灌丛；分布于广东、广西、福建、浙江、江西，在河北、河南、山东、陕西、安徽、湖北、江苏、四川均有栽培；日本也有记录。

3. 绣球绣线菊　*Spiraea blumei* G. Don, Gen. Hist. Dichlam. Pl. 2: 518. 1832.

灌木，高1~2米；小枝细，开张，稍弯曲，深红褐色或暗灰褐色，无毛；冬芽小，卵形，先端急尖或圆钝，无毛，有数个外露鳞片。叶片菱状卵形至倒卵形，长2~3.5厘米，宽1~1.8厘米，先端圆钝或微尖，基部楔形，边缘自近中部以上有少数圆钝缺刻状锯齿或3~5浅裂，两面无毛，下面浅蓝绿色，基部具有不显明3脉或羽状脉。伞形花序有总梗，无毛，具花10~25朵；花梗长6~10毫米，无毛；苞片披针形，无毛；花直径5~8毫米；萼筒钟状，外面无毛，内面具短柔毛；萼片三角形或卵状三角形，先端急尖或短渐尖，内面疏生短柔毛；花瓣宽倒卵形，先端微凹，长2~3.5毫米，宽几与长相等，白色；雄蕊18~20枚，较花瓣短；花盘由8~10片较薄的裂片组成，裂片先端有时微凹；子房无毛或仅在腹部微具短柔毛，花柱短于雄蕊。蓇葖果较直立，无毛，花柱位于背部先端，倾斜开展，萼片直立。花期4~6月，果期8~10月。

产于利川，生于山坡林中；分布于辽宁、内蒙古、河北、河南、山西、陕西、甘肃、湖北、江西、山东、江苏、浙江、安徽、四川、广东、广西、福建；日本和朝鲜也有分布。

4. 土庄绣线菊　*Spiraea pubescens* Turcz. in Bull. Soc. Nat. Moscou 5: 190. 1832.

灌木，高1~2米；小枝开展，稍弯曲，嫩时被短柔毛，褐黄色，老时无毛，灰褐色；冬芽卵形或近球形，先端急尖或圆钝，具短柔毛，外被数个鳞片。叶片菱状卵形至椭圆形，长2~4.5厘米，宽1.3~2.5厘米，先端急尖，基部宽楔形，边缘自中部以上有深刻锯齿，有时3裂，上面有稀疏柔毛，下面被灰色短柔毛；叶柄长2~4毫米，被短柔毛。伞形花序具总梗，有花15~20朵；花梗长7~12毫米，无毛；苞片线形，被短柔毛；花直径5~7毫米；萼筒钟状，外面无毛，内面有灰白色短柔毛；萼片卵状三角形，先端急尖，内面疏生短柔毛；花瓣卵形、宽倒卵形或近圆形，先端圆钝或微凹，长与宽各2~3毫米，白色；雄蕊25~30枚，约与花瓣等长；花盘圆环形，具10片裂片，裂片先端稍凹陷；子房无毛或仅在腹部及基部有短柔毛，花柱短于雄蕊。蓇葖果开张，仅在腹缝微被短柔毛，花柱顶生，稍倾斜开展或几直立，多数具直立萼片。花期5~6月，果期7~8月。

产于巴东，生于山坡林中；分布于黑龙江、吉林、辽宁、内蒙古、河北、河南、山西、陕西、甘肃、山东、湖北、安徽；蒙古、俄罗斯和朝鲜也有分布。

5. 疏毛绣线菊　*Spiraea hirsuta* (Hemsl.) Schneid. in Bull. Herb. Boiss. ser. 2, 5: 342. 1905.

灌木，高1~1.5米；枝条圆柱形，稍呈之字形弯曲，嫩时具短柔毛，棕褐色，老时灰褐色或暗红褐色；冬芽小，卵形，有数枚鳞片。叶片倒卵形、椭圆形，稀卵圆形，长1.5~3.5厘米，宽1~2

厘米，先端圆钝，基部楔形，边缘自中部以上或先端有钝锯齿或稍锐锯齿，上面具稀疏柔毛，下面蓝绿色，具稀疏短柔毛，叶脉明显；叶柄长约，毫米，具短柔毛。伞形花序直径3.5~4.5厘米，被短柔毛，具20余朵花；花梗密集，长1.2~2.2厘米；苞片线形，花直径6~8毫米；萼筒钟状，内外两面均被短柔毛；萼片三角形或卵状三角形，先端急尖，内外两面均具短柔毛；花瓣宽倒卵形，稀近圆形，长2.5~3毫米，宽3~4毫米，白色；雄蕊18~20枚，短于花瓣；花盘具10片肥厚的裂片，裂片先端微凹；子房微具短柔毛，花柱短于雄蕊。蓇葖果稍开张，具稀疏短柔毛，花柱顶生于背部，倾斜开展，常具直立萼片。花期5月，果期7~8月。

恩施州广布，生于山坡灌丛中；分布于甘肃、陕西、河北、河南、山西、湖北、湖南、江西、浙江、四川。

6. 圆叶疏毛绣线菊（变种） *Spiraea hirsuta* (Hemsl.) Schneid. var. *rotundifolia* (Hemal.) Rehd. in Sarg. Pl. Wils. 1: 445. 1913.

本变种与疏毛绣线菊 *S. hirsuta* 的区别在于叶片卵形，基部宽楔形至圆形。花期5月，果期7~8月。

产于巴东，生于山坡灌丛中；分布于陕西、湖北、四川。

7. 中华绣线菊 *Spiraea chinensis* Maxim. in Acta Hon. Petrop. 6: 193. 1879.

灌木，高1.5~3米；小枝呈拱形弯曲，红褐色，幼时被黄色绒毛，有时无毛；冬芽卵形，先端急尖，有数枚鳞片，外被柔毛。叶片菱状卵形至倒卵形，长2.5~6厘米，宽1.5~3厘米，先端急尖或圆钝，基部宽楔形或圆形，边缘有缺刻状粗锯齿，或具不显明3裂，上面暗绿色，被短柔毛，脉纹深陷，下面密被黄色绒毛，脉纹突起；叶柄长4~10毫米，被短绒毛。伞形花序具花16~25朵；花梗长5~10毫米，具短绒毛；苞片线形，被短柔毛；花直径3~4毫米；萼筒钟状，外面有稀疏柔毛，内面密被柔毛；萼片卵状披针形，先端长渐尖，内面有短柔毛；花瓣近圆形，先端微凹或圆钝，长与宽2~3毫米，白色；雄蕊22~25枚，短于花瓣或与花瓣等长；花盘波状圆环形或具不整齐的裂片；子房具短柔毛，花柱短于雄蕊。蓇葖果开张，全体被短柔毛，花柱顶生，直立或稍倾斜，具直立，稀反折萼片。花期3~6月，果期6~10月。

恩施州广布，生于山坡林中；分布于内蒙古、河北、河南、陕西、湖北、湖南、安徽、江西、江苏、浙江、贵州、四川、云南、福建、广东、广西。

8. 粉花绣线菊 *Spiraea japonica* L. f. Suppl. Pl. 262. 1781.

直立灌木，高达1.5米；枝条细长，开展，小枝近圆柱形，无毛或幼时被短柔毛；冬芽卵形，先端急尖，有数枚鳞片。叶片卵形至卵状椭圆形，长2~8厘米，宽1~3厘米，先端急尖至短渐尖，基部楔形，边缘有缺刻状重锯齿或单锯齿，上面暗绿色，无毛或沿叶脉微具短柔毛，下面色浅或有白霜，通常沿叶脉有短柔毛；叶柄长1～3毫米，具短柔毛。复伞房花序生于当年生的直立新枝顶端，花朵密集，密被短柔毛；花梗长4～6毫米；苞片披针形至线状披针形，下面微被柔毛；花直径4～7毫米；花萼外面有稀疏短柔毛，萼筒钟状，内面有短柔毛；萼片三角形，先端急尖，内面近先端有短柔毛；花瓣卵形至圆形，先端通常圆钝，长2.5～3.5毫米，宽2～3毫米，粉红色；雄蕊25～30枚，远较花瓣长；花盘圆环形，约有10片不整齐的裂片。蓇葖果半开张，无毛或沿腹缝有稀疏柔毛，花柱顶生，稍倾斜开展，萼片常直立。花期6～7月，果期8～9月。

恩施州广泛分布；原产日本、朝鲜，我国各地栽培供观赏。

9. 华北绣线菊　*Spiraea fritschiana* Schneid. in Bull. Herb. Boiss. ser. 2. 5: 347. 1905.

灌木，高1～2米；枝条粗壮，小枝具明显棱角，有光泽，嫩枝无毛或具稀疏短柔毛，紫褐色至浅褐色；冬芽卵形，先端渐尖或急尖，有数枚外露褐色鳞片，幼时具稀疏短柔毛。叶片卵形、椭圆卵形或椭圆长圆形，长3～8厘米，宽1.5～3.5厘米，先端急尖或渐尖，基部宽楔形，边缘有不整齐重锯齿或单锯齿，上面深绿色，无毛，稀沿叶脉有稀疏短柔毛，下面浅绿色，具短柔毛；叶柄长2～5毫米，幼时具短柔毛。复伞房花序顶生于当年生直立新枝上，多花，无毛；花梗长4～7毫米；苞片披针形或线形，微被短柔毛；花直径5～6毫米；萼筒钟状，内面密被短柔毛；萼片三角形，先端急尖，内面近先端有短柔毛；花瓣卵形，先端圆钝，长2～3毫米，宽2～2.5毫米，白色，在芽中呈粉红色；雄蕊25～30枚，长于花瓣；花盘圆环状，有8～10片大小不等的裂片，裂片先端微凹；子房具短柔毛，花柱短于雄蕊。蓇葖果几直立，开张，无毛或仅沿腹缝有短柔毛，花柱顶生，直立或稍倾斜，常具反折萼片。花期6月，果期7～8月。

产于利川，生于山坡灌丛中；分布于河南、陕西、山东、江苏、浙江、湖北；也分布于朝鲜。

10. 长芽绣线菊　*Spiraea longigemmis* Maxim. in Acta Hort. Petrop. 6: 205. 1879.

灌木，高达2.5米；小枝细长，稍弯曲，幼时微被细柔毛，浅棕褐色，老时无毛，褐色至灰褐色；冬芽长卵形，先端渐尖，较叶柄长或几与叶柄等长，外面无毛，有2片外露鳞片。叶片长卵形、卵状披针形至长圆披针形，长2～4厘米，宽1～2厘米，先端急尖，基部宽楔形或圆形，有缺刻状重锯齿或单锯齿，上面幼时具稀疏柔毛，老时脱落，下面无毛或在叶脉上有稀疏柔毛；叶柄长2～5毫米，无毛。复伞房花序着生在侧枝顶端，直径4～6厘米，多花，被稀疏短柔毛或近无毛；花梗长4～6毫米；苞片线状披针形，幼时两面有短柔毛；花直径5～6毫米；花萼外被短柔

毛，萼筒钟状，内面有柔毛萼片三角形，先端急尖，内面被短柔毛；花瓣几圆形，先端钝，长与宽各2~2.5毫米；白色；雄蕊15~20枚，长于花瓣；花盘圆环形，有10片整齐裂片；子房具短柔毛，花柱短于雄蕊。蓇葖果半开张，有稀疏短柔毛或无毛，花柱顶生于背部，倾斜开展，萼片直立或反折。花期5~7月，果期8~10月。

恩施州广布，生长山坡灌丛或路边；分布于陕西、甘肃、四川、云南、湖北。

11. 兴山绣线菊　　*Spiraea hingshanensis* T. T. Yu et L. T. Lu, Acta Phytotax. Sin. 13(1): 99. 1975.

灌木，高1~2米，小枝棕褐色，无毛；冬芽卵形，无毛，具2片外露鳞片。叶片卵形至卵状椭圆形，长5~7.5厘米，宽2.5~3.5厘米，先端急尖至短渐尖，基部宽楔形，边缘具有稍钝单锯齿或重锯齿，上面无毛，下面沿叶脉及脉腋间具柔毛；叶柄长5~7厘米，无毛。复伞房花序和花萼均无毛；花直径3~4毫米；萼筒钟状，萼裂片三角形；花瓣近圆形，长宽约2毫米，白色；雄蕊甚长于花瓣；花盘呈圆锯齿状；子房密被柔毛。蓇葖果开展，密被短柔毛，花柱顶生，倾斜开展，有宿存直立的萼片。花期6月，果期7月。

产于咸丰，生于山坡灌木中；分布于湖北。

12. 无毛长蕊绣线菊（变种）　　*Spiraea miyabei* Koidz. var. *glabrata* Rehd. in Sarg. Pl. Wils. 1: 454. 1913.

灌木，高1~2米；枝条圆柱形，无毛，一年生小枝被短柔毛，圆柱形或稍具棱角；冬芽卵形，长1毫米，先端稍钝，有数枚鳞片。叶片薄膜质，卵形、长圆卵形至宽披针形，长5~7厘米，宽2~3.5厘米，先端急尖或渐尖，基部圆钝至宽楔形，边缘有尖锐锯齿，或有近重锯齿状或缺刻状锯齿，两面无毛，同色，下面有稍突起的中脉；叶柄长2~5毫米，无毛。花序为复伞房状，直径7~8厘米，多花；总花梗无毛，苞片线形；花直径6~7毫米；萼筒钟状或倒圆锥形，外面无毛，内面具短柔毛；萼片三角状卵形，与萼筒等长，外面无毛，内面有短柔毛；花瓣圆形或倒卵形，白色，具短爪，较萼片长1~1.5倍；雄蕊20~25枚，花丝丝状，长于花瓣2~3倍；花盘边缘呈圆钝锯齿状，内面有疏柔毛；子房纺锤状，微有绒毛，具顶生花柱，花柱与子房等长。蓇葖果坚脆，微具灰色绒毛，长1.5~1.8毫米，宽0.8毫米，背部有外曲花柱并具开展萼片。种子线形。花期6月，果期7~8月。

产于利川、巴东，生于山坡沟边；分布于湖北、陕西。

13. 广椭绣线菊　　*Spiraea ovalis* Rehd. in Sarg. Pl. Wils. 1: 446. 1913.

灌木，高2~3米；枝条细瘦，开张，小枝圆柱形，嫩时无毛，暗红褐色，老时稍带棕褐色；冬芽小，卵形，先端通常圆钝，有数枚覆瓦状排列的鳞片，幼时具短柔毛。叶片广椭圆形、长圆形、稀倒卵形，长1.5~3.5厘米，宽1~2厘米，先端圆钝，稀急尖，基部宽楔形或近圆形，全缘，稀先端有少数浅锯齿，上面暗绿色，下面浅绿色，两面无毛或仅下面沿叶脉被稀疏短柔毛；叶柄长3~5毫米，无毛或微被短柔毛。复伞房花序着生在侧生小枝顶端，直径3.5~5.5厘米，多花，无毛；花梗长4~7毫米；苞片椭圆形至披针形，无毛；花直径约5毫米；萼筒钟状，外面无毛，内面被短柔毛；萼片卵状三角形，先端急尖，内面先端有短柔毛；花瓣宽卵形或近圆形，先端圆钝，长1.5毫米，宽2毫米，白色；雄蕊20枚，稍长于花瓣或与花瓣近等长；花盘圆环形，有10片肥厚裂片；子房被短柔毛，花柱短于雄蕊。蓇葖果开张，微具短柔毛，花柱生于背部顶端，有直立萼片。花期5~6月，果期8月。

产于巴东，生于山坡山地中；分布于河南、陕西、甘肃、湖北、四川、西藏。

蔷薇科
Rosaceae

14. 陕西绣线菊　　*Spiraea wilsonii* Duthie in Veitch, Hort. Veitch. 379. 1906.

灌木，高 1.5~2.5 米；枝条开展，小枝圆柱形，呈拱形弯曲，嫩时被短柔毛，浅褐色或稍带紫红色，老时无毛，紫褐色或灰褐色；冬芽小，卵形，先端钝，具数枚外露鳞片，外被短柔毛。叶片长圆形、倒卵形或椭圆长圆形，长 1~3 厘米，宽 5~9 毫米，先端急尖稀圆钝，基部楔形，全缘，稀先端有少数锯齿，上面被稀疏柔毛，下面带灰绿色，被长柔毛，沿叶脉较多；叶柄长 2~5 毫米，被长柔毛。复伞房花序着生在侧生小枝顶端，直径 3~4.5 厘米，被长柔毛；花梗长 4~6 毫米；苞片椭圆长圆形或卵状披针形，先端急尖或圆钝，基部楔形，长 4~6 毫米，宽 1.5~3.5 毫米，全缘，两面被长柔毛；花直径 6~7 毫米；萼筒钟状，外面被长柔毛，内面被柔毛；萼片三角形，先端急尖，内面稍具柔毛；花瓣宽倒卵形至近圆形，先端微凹或稍钝，长 2~3 毫米，宽几与长相等；雄蕊 20 枚，几与花瓣等长；花盘圆环形，具 10 片裂片，裂片先端有时微凹；子房密被柔毛，花柱比雄蕊短。蓇葖果开张，密被短柔毛，花柱生于背部顶端，稍倾斜开展，具直立萼片。花期 5~7 月，果期 8~9 月。

产于宣恩、建始，生于山谷林中；分布于陕西、甘肃、湖北、四川、云南。

15. 翠蓝绣线菊　　*Spiraea henryi* Hemsl. in Journ. Linn. Soc. Bot. 23: 225. t. 6. 1887.

灌木，高 1~3 米；枝条开展，小枝圆柱形，幼时被短柔毛，以后脱落近无毛；冬芽卵形，先端通常圆钝，稀急尖，有数枚外露鳞片，幼时棕褐色，被短柔毛。叶片椭圆形、椭圆状长圆形或倒卵状长圆形，长 2~7 厘米，宽 0.8~2.3 厘米，先端急尖或稍圆钝，基部楔形，有时具少数粗锯齿，有时全缘，上面深绿色，无毛或疏生柔毛，下面密生细长柔毛，沿叶脉较多；叶柄长 2~5 毫米，有短柔毛。复伞房花序密集在侧生短枝顶

端，直径 4~6 厘米，多花，具长柔毛；花梗长 5~8 毫米；苞片披针形，上面有稀疏柔毛，下面毛较密；花直径 5~6 毫米；萼筒钟状，内外两面均被细长柔毛；萼片卵状三角形，先端急尖，外面近无毛，内面被细长柔毛；花瓣宽倒卵形至近圆形，先端常微凹，稀圆钝，长 2~2.5 毫米，宽 2~3 毫米，白色；雄蕊 20 枚，几与花瓣等长；花盘有 10 片肥厚的圆球形裂片；子房具有细长柔毛，花柱短于雄蕊。蓇葖果开张，具细长柔毛，花柱顶生，稍向外倾斜开展，具直立萼片。花期 4~5 月，果期 7~8 月。

恩施州广布，生于山坡林中；分布于陕西、甘肃、湖北、四川、贵州、云南。

16. 鄂西绣线菊　　*Spiraea veitchii* Hemsl. in Gard. Chron. ser. 3. 33: 258. 1903.

灌木，高达 4 米；枝条细长，呈拱形弯曲，幼时被短柔毛，红褐色，稍有棱角，老时无毛，圆柱形，灰褐色或暗红色；冬芽小，卵形，先端急尖或圆钝，外被短柔毛，有数枚外露鳞片。叶片长圆形、椭圆形或倒卵形，长 1.5~3 厘米，宽 7~10 毫米，先端圆钝或有微尖，基部楔形，全缘，上面绿色，通常无毛，下面灰绿色，具白霜，有时被极细短柔毛，具不明显的羽状脉；叶柄长约 2 毫米，具细短柔毛。复伞房花序着生在侧生小枝顶端，直

径 4.5~6 厘米，花小而密集，密被极细短柔毛；花梗短，长 3~4 毫米；花直径约 4 毫米；萼筒钟状，内外两面被细短柔毛；萼片三角形，先端急尖，内面先端有细柔毛；花瓣卵形或近圆形，先端圆钝，长 1~1.5 毫米，宽 1~2 毫米；雄蕊约 20 枚，稍长于花瓣；花盘约有 10 片裂片，排列成环形，裂片先端常稍凹陷；子房几无毛，花柱短于雄蕊。蓇葖果小，开张，无毛，花柱生于背部顶端，倾斜开展，萼片直立。花期 5~7 月，果期 7~10 月。

产于巴东、宣恩，生于山坡林中；分布于陕西、湖北、四川、云南。

假升麻属 Aruncus Adans.

多年生草本，根茎粗大。叶互生，大型，一至三回羽状复叶，稀掌状复叶，小叶边缘有锯齿，不具托叶。花单性，雌雄异株，成大型穗状圆锥花序，无梗或近于无梗；萼筒杯状，5 裂；花瓣 5 片，白色；雄蕊 15~30 枚，花丝细长，约为花瓣的 1 倍，雌花中具有短花丝和不发育的花药；心皮 3~4 个，稀 5~8 个，与萼片互生，子房 1 室，雄花中有退化雌蕊。蓇葖果沿腹缝开裂，通常具棍棒状种子 2 粒，有少量胚乳。

本属约有 6 种；我国产 2 种；恩施州产 1 种。

假升麻 Aruncus sylvester Kostel. Ind. Hort. Prag. 15. 1844.

多年生草本，基部木质化，高达 1~3 米；茎圆柱形，无毛，带暗紫色。大型羽状复叶，通常二回稀三回，总叶柄无毛；小叶片 3~9 片，菱状卵形、卵状披针形或长椭圆形，长 5~13 厘米，宽 2~8 厘米，先端渐尖，稀尾尖，基部宽楔形，稀圆形，边缘有不规则的尖锐重锯齿，近于无毛或沿叶边具疏生柔毛；小叶柄长 4~10 毫米或近于无柄；不具托叶。大型穗状圆锥花序，长 10~40 厘米，直径 7~17 厘米，外被柔毛与稀疏星状毛，逐渐脱落，果期较少；花梗长约 2 毫米；苞片线状披针形，微被柔毛；花直径 2~4 毫米；萼筒杯状，微具毛；萼片三角形，先端急尖，全缘，近于无毛；花瓣倒卵形，先端圆钝，白色；雄花具雄蕊 20 枚，着生在萼筒边缘，花丝比花瓣长约 1 倍，有退化雌蕊；花盘盘状，边缘有 10 个圆形突起；雌花心皮 3~4 个，稀 5~8 个，花柱顶生，微倾斜于背部，雄蕊短于花瓣。蓇葖果并立，无毛，果梗下垂；萼片宿存，开展稀直立。花期 6 月，果期 8~9 月。

恩施州广布，生于山坡林下；分布于黑龙江、吉林、辽宁、河南、甘肃、陕西、湖南、湖北、江西、安徽、浙江、四川、云南、广西、西藏；也分布于俄罗斯、日本、朝鲜等地。

珍珠梅属 Sorbaria (Ser.) A. Br. ex Aschers.

落叶灌木；冬芽卵形，具数枚互生外露的鳞片。羽状复叶，互生，小叶有锯齿，具托叶。花小型成顶生圆锥花序；萼筒钟状，萼片 5 片，反折；花瓣 5 片，白色，覆瓦状排列；雄蕊 20~50 枚；心皮 5 个，基部合生，与萼片对生。蓇葖果沿腹缝线开裂，含种子数枚。

本属约 9 种；我国有 4 种；恩施州产 1 种 1 变种。

分种检索表

1. 叶片、叶轴和花序被柔毛···1. 高丛珍珠梅 Sorbaria arborea
1. 叶片、叶轴和花序均平滑无毛··2. 光叶高丛珍珠梅 Sorbaria arborea var. glabrata

蔷薇科 Rosaceae

1. 高丛珍珠梅 *Sorbaria arborea* Schneid. Ill. Handb. Laubh. 1: 490. 1905.

落叶灌木，高达 6 米，枝条开展；小枝圆柱形，稍有棱角，幼时黄绿色，微被星状毛或柔毛，老时暗红褐色，无毛；冬芽卵形或近长圆形，先端圆钝，紫褐色，具数枚外露鳞片，外被绒毛。羽状复叶，小叶片 13~17 片，连叶柄长 20~32 厘米，微被短柔毛或无毛；小叶片对生，相距 2.5~3.5 厘米，披针形至长圆披针形，长 4~9 厘米，宽 1~3 厘米，先端渐尖，基部宽楔形或圆形，边缘有重锯齿，上下两面无毛或下面微具星状绒毛，羽状网脉，侧脉 20~25 对，下面显著；小叶柄短或几无柄；托叶三角卵形，长 8~10 毫米，宽 4~5 毫米，先端渐尖，基部宽楔形，两面无毛或近于无毛。顶生大型圆锥花序，分枝开展，直径 15~25 厘米，长 20~30 厘米，花梗长 2~3 毫米，总花梗与花梗微具星状柔毛；苞片线状披针形至披针形，长 4~5 毫米，微被短柔毛；花直径 6~7 毫米；萼筒浅钟状，内外两面无毛，萼片长圆形至卵形，先端钝，稍短于萼筒；花瓣近圆形，先端钝，基部楔形，长 3~4 毫米，白色；雄蕊 20~30 枚，着生在花盘边缘，约长于花瓣 1.5 倍；心皮 5 个；无毛，花柱长不及雄蕊的一半。蓇葖果圆柱形，无毛，花柱在顶端稍下方向外弯曲；萼片宿存，反折，果梗弯曲，果实下垂。花期 6~7 月，果期 9~10 月。

产于宣恩、建始，生于山坡路边；分布于陕西、甘肃、新疆、湖北、江西、四川、云南、贵州、西藏。

2. 光叶高丛珍珠梅（变种） *Sorbaria arborea* Schneid. var. *glabrata* Rehd. in Sarg. Pl. Wils. 1: 48. 1911.

本变种与高丛珍珠梅 *S. arborea* 的差别为叶片、叶轴和花序均平滑无毛。花期 7 月，果期 7~8 月。

产于巴东，生于溪边；分布于湖北、甘肃、陕西、云南、四川。

绣线梅属 *Neillia* D. Don

落叶灌木，稀亚灌木；枝条开展。冬芽卵形，有数枚互生外露的鳞片。单叶互生，常成 2 行排列，边缘有重锯齿或分裂，常有显著托叶。顶生总状花序或圆锥花序，两性花，苞片早落；萼筒钟状至筒状，萼片 5 片，直立；花瓣 5 片，白色或粉红色，约与萼片等长；雄蕊 10~30 枚，生于萼筒边缘；心皮 1~5 个。具 2~12 枚胚珠，成 2 列，花柱直立。蓇葖果藏于宿存萼筒内，成熟时沿腹缝线开裂，内有种子数粒。种子倒卵球形，种皮有光泽，种脊突起，胚乳丰富，子叶平凸。

本属约有 12 种；我国有 10 种；恩施州产 3 种 1 变种。

分种检索表

1. 顶生圆锥花序，花白色；萼筒钟状，外面被稀疏柔毛，子房无毛或仅在缝上有少数柔毛，内含胚珠 8~12 枚；叶脉下面有柔毛或近于无毛 ··· 1. 绣线梅 *Neillia thyrsiflora*
1. 顶生总状花序，花常淡粉红色，稀白色。
   2. 小枝、叶柄及叶片近于无毛，叶片分裂较浅，花梗长 3~10 毫米，萼筒长 10~12 毫米，花瓣淡粉色。
      3. 叶片先端长渐尖；花萼片先端尾尖 ··· 2. 中华绣线梅 *Neillia sinensis*
      3. 叶片先端尾状渐尖；花萼片先端尾状渐尖ꞏꞏꞏꞏꞏꞏꞏꞏꞏꞏꞏꞏꞏꞏꞏꞏꞏꞏꞏꞏꞏꞏꞏꞏꞏꞏꞏꞏꞏꞏꞏ 3. 尾尖叶中华绣线梅 *Neillia sinensis* var. *caudata*
   2. 小枝、叶柄及叶脉下面密被柔毛，叶片分裂较深，花梗长 3~4 毫米，萼筒长 8~9 毫米，花瓣白色或淡粉色 ··· 4. 毛叶绣线梅 *Neillia ribesioides*

1. 绣线梅 *Neillia thyrsiflora* D. Don, Prodr. Fl. Nepal. 288. 1825.

直立灌木，高达 2 米；小枝细弱，有棱角，红褐色，微被柔毛或近于无毛；冬芽卵形，先端稍钝，红褐色，有 2～4 片外露的鳞片，边缘微被柔毛，在开花枝上叶腋间常 2～3 个芽迭生。叶片卵形至卵状椭圆形，近花序叶片常呈卵状披针形，长 6～8.5 厘米，宽 4～6 厘米，先端长渐尖，基部圆形或近心形，通常基部 3 深裂，稀有不规则的 3～5 浅裂，边缘有尖锐重锯齿，下面沿叶脉有稀疏柔毛或近于无毛；叶柄长 1～1.5 厘米，微被毛或近于无毛；托叶卵状披针形，有稀疏锯齿，长约 6 毫米，两面近于无毛。顶生圆锥花序，直径 6～15.5 厘米，花梗长约 3 毫米，总花梗和花梗均微被柔毛；苞片小，卵状披针形，内外被毛；花直径约 4 毫米；萼筒钟状，长 2～3 毫米，外面微被短柔毛；萼片三角形，先端尾尖，约与萼筒等长，内外两面微被短柔毛；花瓣倒卵形，白色，长约 2 毫米；雄蕊 10～15 枚，花丝短，着生在萼筒边缘；子房无毛或在缝上微被毛，内含胚珠 8～12 枚。蓇葖果长圆形，宿萼外面密被柔毛和稀疏长腺毛；种子 8～10 粒，卵形，亮褐色，长约 1.5 毫米。花期 7 月，果期 9～10 月。

产于宣恩，属湖北省新记录，生于山坡林中；分布于云南；印度、缅甸、尼泊尔、不丹、印度尼西亚均有分布。

2. 中华绣线梅 *Neillia sinensis* Oliv. in Hook. Ic. Pl. 16: t. 1540. 1886.

灌木，高达 2 米；小枝圆柱形，无毛，幼时紫褐色，老时暗灰褐色；冬芽卵形，先端钝，微被短柔毛或近于无毛，红褐色。叶片卵形至卵状长椭圆形，长 5～11 厘米，宽 3～6 厘米，先端长渐尖，基部圆形或近心形，稀宽楔形，边缘有重锯齿，常不规则分裂，稀不裂，两面无毛或在下面脉腋有柔毛；叶柄长 7～15 毫米，微被毛或近于无毛；托叶线状披针形或卵状披针形，先端渐尖或急尖，全缘，长 0.8～1 厘米，早落。顶生总状花序，长 4～9 厘米，花梗长 3～10 毫米，无毛；花直径 6～8 毫米；萼筒筒状，长 1～1.2 厘米，外面无毛，内面被短柔毛；萼片三角形，先端尾尖，全缘，长 3～4 毫米；花瓣倒卵形，长约 3 毫米，宽约 2 毫米，先端圆钝，淡粉色；雄蕊 10～15 枚，花丝不等长，着生于萼筒边缘，排成不规则的 2 轮；心皮 1～2 个，子房顶端有毛，花柱直立，内含 4～5 枚胚珠。蓇葖果长椭圆形，萼筒宿存，外被疏生长腺毛。花期 5～6 月，果期 8～9 月。

恩施州广布，生于山坡林中；分布于河南、陕西、甘肃、湖北、湖南、江西、广东、广西、四川、云南、贵州。

3. 尾尖叶中华绣线梅（变种） *Neillia sinensis* Oliv. var. *caudata* Rehd. in Sarg. Pl. Wils. 1: 436. 1913.

本变种与中华绣线梅 *N. sinensis* 的区别在于叶片分裂较深，基部一对裂片较长，先端尾状渐尖；花梗长 2～3 毫米；萼筒长 8 毫米，具腺毛，萼片先端尾状渐尖。

产于宣恩，属湖北省新记录，生于山坡林中；分布于云南。

4. 毛叶绣线梅　*Neillia ribesioides* Rehd. in Sarg. Pl. Wils. 1: 435. 1913.

灌木，高达1～2米；小枝圆柱形，微屈曲，密被短柔毛，幼时黄褐色，老时暗灰褐色；冬芽卵形，顶端微尖，深褐色，具2～4片外露鳞片。叶片三角形至卵状三角形，长4～6厘米，宽3.5～4厘米，先端渐尖，基部截形至近心形，边缘有5～7片浅裂片和尖锐重锯齿，上面具稀疏平铺柔毛，下面密被柔毛，在中脉和侧脉上更为显著；叶柄长约5毫米，密被短柔毛；托叶长圆形至披针形，长5～10毫米，先端钝或急尖，全缘或具少数锯齿，微具短柔毛。顶生总状花序，有花10～15朵，长4～5厘米；苞片线状披针形，长约6毫米，两面微被柔毛；花梗长3～4毫米，近于无毛；花直径约6毫米；萼筒筒状，长8～9毫米，外面无毛，基部具少数腺毛，内面具柔毛；萼片三角形，先端尾尖，长约2毫米，内面被柔毛；花瓣倒卵形，先端圆钝，白色或淡粉色，稍长于萼片；雄蕊10～15枚，花丝短，药紫色，着生在萼筒边缘；子房仅顶端微具柔毛，内含4～5枚胚珠。蓇葖果长椭圆形，萼宿存，外被疏生腺毛。花期5月，果期7～9月。

产于巴东、利川，生于山坡林中；分布于湖北、四川、云南、陕西、甘肃。

小米空木属　*Stephanandra* Sieb. & Zucc.

落叶灌木；冬芽小形，常2～3个芽迭生，有2～4片外露鳞片。单叶，互生，边缘有锯齿和分裂，具叶柄与托叶。顶生圆锥花序稀伞房花序；花小形，两性；萼筒杯状，萼片5片；花瓣5片，约与萼片等长；雄蕊10～20枚，花丝短；心皮1个，花柱顶生，有2枚倒生胚珠。蓇葖果偏斜，近球形，熟时自基部开裂，含1～2粒球形光亮种子；种子近球形，种皮坚脆，胚乳丰富，子叶圆形。

本属5种；我国产2种；恩施州产1种。

华空木　*Stephanandra chinensis* Hance in Journ. Bot. 20: 210. 1882.

灌木，高达1.5米；小枝细弱，圆柱形，微具柔毛，红褐色；冬芽小，卵形，先端稍钝，红褐色，鳞片边缘微被柔毛。叶片卵形至长椭圆形，长5～7厘米。宽2～3厘米，先端渐尖，稀尾尖，基部近心形、圆形、稀宽楔形，边缘常浅裂并有重锯齿，两面无毛，或下面沿叶脉微具柔毛，侧脉7～10对，斜出；

叶柄长6～8毫米，近于无毛；托叶线状披针形至椭圆披针形，长6～8毫米，先端渐尖，全缘或有锯齿，两面近于无毛。顶生疏松的圆锥花序，长5～8厘米，直径2～3厘米；花梗长3～6毫米，总花梗和花梗均无毛；苞片小，披针形至线状披针形；萼筒杯状，无毛；萼片三角卵形，长约2毫米，先端钝，有短尖，全缘；花瓣倒卵形，稀长圆形，长约2毫米，先端钝，白色；雄蕊10枚，着生在萼筒边缘，较花瓣短约一半；心皮1个，子房外被柔毛，花柱顶生，直立。蓇葖果近球形，直径约2毫米，被稀疏柔毛，具宿存直立的萼片；种子1粒，卵球形。花期5月，果期7～8月。

恩施州广布，生于山坡林中或灌丛中；分布于河南、湖北、江西、湖南、安徽、江苏、浙江、四川、广东、福建。

栒子属 *Cotoneaster* B. Ehrhart

落叶、常绿或半常绿灌木，有时为小乔木状；冬芽小形，具数个覆瓦状鳞片。叶互生，有时成两列状，柄短，全缘；托叶细小，脱落很早。花单生，2~3朵或多朵成聚伞花序，腋生或着生在短枝顶端；萼筒钟状、筒状或陀螺状，有短萼片5片；花瓣5片，白色、粉红色或红色，直立或开张，在花芽中覆瓦状排列；雄蕊常20枚，稀5~25枚；花柱2~5根，离生，心皮背面与萼筒连合，腹面分离，每心皮具2枚胚珠；子房下位或半下位。果实小形梨果状，红色、褐红色至紫黑色，先端有宿存萼片，内含1~5个小核；小核骨质，常具1粒种子；种子扁平，子叶平凸。

本属有90余种；我国有50余种；恩施州产16种2变种。

分种检索表

1. 密集的复聚伞花序，花多数在20朵以上；花瓣白色，开花时平铺展开；叶片多大形，长2.5~12厘米。
  2. 叶片革质，上面有浅皱纹，下面有绒毛及白霜；果实红色，近球形，小核2~3个 ············ 1. 柳叶栒子 *Cotoneaster salicifolius*
  2. 叶片革质或草质，下面无毛或最初有毛，以后脱落近于无毛，长圆披针形至长圆倒披针形，先端渐尖或急尖；果实红色，稀黑色，球形，小核2个 ············ 2. 光叶栒子 *Cotoneaster glabratus*
1. 花单生或稀疏的聚伞花序，花朵常在20以下。
  3. 花多数3~15朵，极稀到20朵；叶片中形，长1~10厘米；落叶极稀半常绿灌木。
    4. 花瓣白色，在开花时平铺展开；果实红色。
      5. 叶片先端多急尖，下面具灰色绒毛；萼筒外被长柔毛；果实近球形，小核1~2个 ············ 3. 华中栒子 *Cotoneaster silvestrii*
    4. 花瓣粉红色，开花时直立；果实红色或黑色。
      5. 叶片下面无毛或具稀疏柔毛。
        6. 花5~13朵；萼筒外面无毛；叶片长圆卵形或椭圆卵形，上面无毛有显著皱起；果实球形或倒卵形，直径6~8毫米，小核4~5个 ············ 4. 泡叶栒子 *Cotoneaster bullatus*
        6. 果实黑色；花2~25朵。
          7. 萼筒外面无毛或近于无毛；花5~10朵；叶片下面叶脉密被柔毛；果实卵形或近球形，小核2~3个，稀4~5个 ············ 5. 川康栒子 *Cotoneaster ambiguus*
          7. 萼筒外面被柔毛。
            8. 叶片先端多渐尖，下面被短柔毛，上面叶脉微下陷；果实具3~5个小核；花3~7朵；果实近球形，有点纹 ············ 6. 麻核栒子 *Cotoneaster foveolatus*
            8. 叶片先端多渐尖，下面被短柔毛；果实具3~5个小核。
              9. 花萼片外面具短柔毛 ············ 7. 灰栒子 *Cotoneaster acutifolius*
              9. 花萼外面也密被长柔毛 ············ 8. 密毛灰栒子 *Cotoneaster acutifolius* var. *villosulus*
      5. 叶片下面密被绒毛或短柔毛；果实红色稀黑色。
        10. 萼筒外面无毛或有稀疏柔毛；叶片长圆卵形或椭圆卵形，下面具稀柔毛或近无毛；花4~13朵；果实球形或倒卵形，红色，小核4~5个 ············ 4. 泡叶栒子 *Cotoneaster bullatus*
        10. 萼筒外面密被绒毛或短柔毛。
          11. 果实桔红色至深红色，近球形或倒卵形，3~5个小核；叶片椭圆形至卵形，下面密被绒毛 ··· 9. 木帚栒子 *Cotoneaster dielsianus*
          11. 叶片先端圆钝稀急尖，上面具短柔毛，下面具绒毛。
            12. 果实红色，小核2~3个。
              13. 叶片椭圆形至卵形；花序3~13朵花；果实倒卵形至近球形，2个小核 ············ 10. 西北栒子 *Cotoneaster zabelii*
              13. 叶片宽卵形至近圆形；花序10~15朵花；果实长圆形，3个小核 ············ 11. 恩施栒子 *Cotoneaster fangianus*
            12. 果实黑色，卵形，小核1~2个；花序2~4朵花；叶片卵形、椭圆形至狭椭圆形 ··· 12. 细枝栒子 *Cotoneaster tenuipes*
  3. 花单生，稀2~7朵簇生；叶片多小形，长不足2厘米，先端圆钝或急尖。
    14. 花瓣白色，在开花时平铺展开；果实红色，4~5个小核；平铺或矮生常绿灌木 ············ 13. 矮生栒子 *Cotoneaster dammeri*

14. 花瓣红色，在开花时直立；果实红色，稀紫黑色，2～3个小核，稀4或1个；平铺或直立，落叶或半常绿灌木。
   15. 萼筒外面无毛；叶片近圆形、圆卵形，稀倒卵形，先端有短尖，两面无毛或仅下面脉上稍具柔毛；花粉色 ·· 14. 细尖枸子 *Cotoneaster apiculatus*
   15. 萼筒外面微具柔毛。
      16. 直立灌木；花2～4朵；叶片椭圆形或宽椭圆形，稀倒卵形，先端急尖稀圆钝，上面无毛，仅下面微有柔毛；果实有短柄，2个小核 ·· 15. 散生枸子 *Cotoneaster divaricatus*
      16. 平铺矮生灌木；花1～2朵。
         17. 茎丛生地上，不规则分枝；叶片宽卵形至椭圆形，薄纸质，叶边呈波状起伏；果实近球形，直径6～7毫米，小核2个 ··· 16. 匍匐枸子 *Cotoneaster adpressus*
         17. 茎水平散开，呈规则地两列分枝；叶片近圆形或宽椭圆形，叶边平，无波状起伏；果实近球形，直径4～6毫米，小核3个，稀2个。
            18. 叶长5～14毫米，果实近球形，长4～6毫米 ··············· 17. 平枝枸子 *Cotoneaster horizontalis*
            18. 叶长6～8毫米，果实椭圆形，长5～6毫米 ············ 18. 小叶平枝枸子 *Cotoneaster horizontalis* var. *perpusillus*

1. 柳叶枸子　*Cotoneaster salicifolius* Franch. in Nouv. Arch. Mus. Hist. Nat. Paris ser. 2. 8: 225. 1885.

半常绿或常绿灌木，高达5米；枝条开张，小枝灰褐色，一年生枝红褐色，嫩时被绒毛，老时脱落。叶片椭圆长圆形至卵状披针形，长4～8.5厘米，宽1.5～2.5厘米，先端急尖或渐尖，基部楔形，全缘，上面无毛，侧脉12～16对，下陷，具浅皱纹，下面被灰白色绒毛及白霜，叶脉显明突起；叶柄粗壮，长4～5毫米，具绒毛，通常红色。花多而密生成复聚伞花序，总花梗和花梗密被灰白色绒毛，长3～5厘米；苞片细小，线形，微具柔毛，早落；花梗长2～4

毫米；花直径5～6毫米；萼筒钟状，外面密生灰白色绒毛，内面无毛；萼片三角形，先端短渐尖，外面密被灰白色绒毛，内面无毛或仅先端有少许柔毛；花瓣平展，卵形或近圆形，直径3～4毫米，先端圆钝，基部有短爪，白色；雄蕊20枚，稍长于花瓣或与花瓣近等长，花药紫色；花柱2～3根，离生，比雄蕊稍短；子房顶端具柔毛。果实近球形，直径5～7毫米，深红色，小核2～3个。花期6月，果期9～10月。

恩施州广布，生于山坡灌丛中；分布于湖北、湖南、四川、贵州、云南。

2. 光叶枸子　*Cotoneaster glabratus* Rehd. & Wils. in Sarg. Pl. Wils. 1: 171. 1912.

半常绿灌木，高3～5米；枝粗壮，小枝圆柱形，微具棱角，紫红色，幼时具稀疏平贴柔毛，不久即脱落无毛。叶片革质，长圆披针形至长圆倒披针形，长4～9厘米，宽1.5～3.3厘米，先端渐尖或急尖，基部楔形，上面光亮无毛，中脉下陷，下面有白霜，初时微具柔毛，最后脱落，侧脉7～10对，中脉稍突起；叶柄长5～7毫米，幼时微具柔毛，以后无毛；托叶膜质，早落。复聚伞花序有多数密集花朵，总花梗和花梗被稀疏柔毛；总花梗长1.5～2.5

厘米，花梗长2~3毫米；苞片膜质，披针形，早落；花直径7~8毫米；萼筒钟状，外面有稀疏柔毛，内面无毛；萼片卵状三角形，先端急尖，外面几无毛，内面无毛；花瓣平展，卵形或近圆形，长约3毫米，先端圆形，基部具极短爪，无毛，白色；雄蕊20枚，长短不一，花药紫色；花柱2根，离生，稍短于雄蕊；子房顶端微具柔毛。果实球形，直径4~5毫米，红色，常具2个小核。花期6~7月，果期9~10月。

产于利川，生于山坡林中；分布于四川、贵州、云南、湖北。

3. 华中栒子　*Cotoneaster silvestrii* Pamp. in Nouv. Gior. Bot. Ital. 17: 288. 1910.

落叶灌木，高1~2米；枝条开张，小枝细瘦，呈拱形弯曲，棕红色，嫩时具短柔毛，不久即脱落。叶片椭圆形至卵形，长1.5~3.5厘米，宽1~1.8厘米，先端急尖或圆钝，稀微凹。基部圆形或宽楔形，上面无毛或幼时微具平铺柔毛，下面被薄层灰色绒毛；侧脉4~5对，上面微陷，下面突起；叶柄细，长3~5毫米，具绒毛；托叶线形，微具细柔毛，早落。聚伞花序有花3~9朵，总花梗和花梗被细柔毛；总花梗长1~2厘米，花梗长1~3毫米；花直径9~10毫米；萼筒钟状，外被细长柔毛，内面无毛；萼片三角形，先端急尖，外面有细柔毛，内面近无毛；花瓣平展，近圆形，直径4~5毫米，先端微凹，基部有短爪，内面近基部有白色细柔毛，白色；雄蕊20枚，稍短于花瓣，花药黄色；花柱2根，离生，比雄蕊短；子房先端有白色柔毛。果实近球形，直径8毫米，红色，通常2个小核连合为1个。花期6月，果期9月。

产于宣恩、巴东，生于山坡林中；分布于河南、湖北、安徽、江西、江苏、四川、甘肃。

4. 泡叶栒子　*Cotoneaster bullatus* Bois in Vilm. & Bois, Frutic. Vilm. 119. 2. f. 1904.

落叶灌木，高达2米；小枝粗壮，圆柱形，稍弯曲，灰黑色，幼嫩时被糙伏毛。叶片长圆卵形或椭圆卵形，长3.5~7厘米，宽2~4厘米，先端渐尖，有时急尖，基部楔形或圆形，全缘，上面有明显皱纹并呈泡状隆起，无毛或微具柔毛，下面具疏生柔毛，沿叶脉毛较密，有时近无毛；叶柄长3~6毫米，具柔毛；托叶披针形，有柔毛，早落。花5~13朵成聚伞花序，总花梗和花梗均具柔毛；花梗长1~3毫米；花直径7~8毫米；萼筒钟状，外面无毛或具稀疏柔毛，内面无毛；萼片三角形，先端急尖，外面无毛或有稀疏柔毛，内面仅先端具柔毛；花瓣直立，倒卵形，长约4.5毫米，先端圆钝，浅红色；雄蕊20~22枚，比花瓣短；花柱4~5根，离生，甚短；子房顶端具柔毛。果实球形或倒卵形，长6~8毫米，直径6~8毫米，红色，4~5个小核。花期5~6月，果期8~9月。

恩施州广布，生于山谷林中；分布于湖北、四川、云南、西藏。

5. 川康栒子　*Cotoneaster ambiguus* Rehd. et Wils. in Sarg. Pl. Wils. 1: 159. 1912.

落叶灌木，高达2米；枝条弯曲，小枝细瘦，灰褐色，幼时被糙伏毛，不久即脱落无毛或近无毛。

叶片椭圆卵形至菱状卵形，长 2.5~6 厘米，宽 1.5~3 厘米，先端渐尖至急尖，基部宽楔形，全缘，上面幼嫩时具疏生柔毛，不久脱落，下面具柔毛，老时具稀疏柔毛；叶柄长 2~5 毫米，微有柔毛；托叶线状披针形，多数脱落，有稀疏柔毛。聚伞花序有花 5~10 朵，总花梗和花梗疏生柔毛；苞片披针形，稍具柔毛，早落；花梗长 4~5 毫米；萼筒钟状，外面无毛或稍有柔毛，内面无毛；萼片三角形，先端急尖，外面无毛或仅沿边缘微具柔毛，内面常无毛；花瓣直立，宽卵形或近圆形，长与宽各 3~4 毫米，先端圆钝，基部具短爪，白色带粉红；雄蕊 20 枚，稍短于花瓣；花柱 2~5 根，离生，较雄蕊稍短；子房先端密生柔毛。果实卵形或近球形，长 8~10 毫米，直径 6~7 毫米，黑色，先端微具柔毛，常具 2~5 个小核。花期 5~6 月，果期 9~10 月。

恩施州广布，生于山坡林中；分布于陕西、甘肃、四川、贵州、云南、湖北。

6. 麻核栒子 *Cotoneaster foveolatus* Rehd. et Wils. in Sarg. Pl. Wils. 1: 162. 1912.

落叶灌木，高达 3 米；枝条开张，小枝圆柱形，暗红褐色，嫩时密被黄色糙伏毛，成长后脱落无毛。叶片椭圆形、椭圆卵形或椭圆倒卵形，长 3.5~10 厘米，宽 1.5~4.5 厘米，先端渐尖或急尖，基部宽楔形或近圆形，全缘，上面被稀疏短柔毛，老时脱落，叶脉微下陷，下面被短柔毛，在叶脉上毛较多，成长时逐渐脱落，老时近无毛，叶脉显著突起；叶柄长 2~4 毫米，常具短柔毛；托叶线形，具柔毛，部分宿存。聚伞花序有花 3~7 朵，总花梗和花梗被柔毛；苞片线形，有柔毛；花梗长 3~4 毫米；花直径约 7 毫米；萼筒钟状，外面密被柔毛，内面无毛；萼片三角形，先端急尖，外面疏生柔毛，内面仅沿边缘具柔毛；花瓣直立，倒卵形或近圆形，长约 4 毫米，宽 3 毫米，先端圆钝，粉红色；雄蕊 15~17 枚，短于花瓣；花柱通常 3 根，甚短，离生，子房顶部密生柔毛。果实近球形，直径 8~9 毫米，黑色；小核 3~4 个，背部有槽和浅凹点。花期 6 月，果期 9~10 月。

产于恩施、巴东，生于山坡灌丛中；分布于陕西、甘肃、湖北、湖南、四川、云南、贵州。

7. 灰栒子 *Cotoneaster acutifolius* Turcz. in Bull. Soc. Nat. Moscou 5: 190. 1832.

落叶灌木，高 2~4 米；枝条开张，小枝细瘦，圆柱形，棕褐色或红褐色，幼时被长柔毛。叶片椭圆卵形至长圆卵形，长 2.5~5 厘米，宽 1.2~2 厘米，先端急尖，稀渐尖，基部宽楔形，全缘，幼时两面均被长柔毛，下面较密，老时逐渐脱落，最后常近无毛；叶柄长 2~5 毫米，具短柔毛；托叶线状披针形，脱落。花 2~5 朵成聚伞花序，总花梗和花梗被长柔毛；苞片线状披针形，微具柔毛；花梗长 3~5 毫米；花直径 7~8 毫米；萼筒钟状或短筒状，外面被短柔毛，内面无毛；萼片三角形，先端急尖或稍钝，外面具短柔毛，内面先端微具柔毛；花瓣直立，宽倒卵形或长圆形，长约4毫米，宽3毫米，先端圆钝，白色外带红晕；雄蕊10~15枚，比花瓣短；花柱通常2根，离生，短于雄蕊，子房先端密被短柔毛。果实椭圆形稀倒卵形，直径7~8毫米，黑色，内有小核2~3个。花期5~6月，果期9~10月。

恩施州广布，生于山坡林中；分布于内蒙古、河北、山西、河南、湖北、陕西、甘肃、青海、西藏；蒙古也有分布。

8. 密毛灰栒子（变种） *Cotoneaster acutifolius* Turcz. var. *villosulus* Rehd. et Wils. in Sarg. Pl. Wils. 1: 158. 1912.

本变种与灰栒子 *C. acutifolius* 的差别在于叶片较大，下面密被长柔毛，花萼外面也密被长柔毛，果实疏生短柔毛。花期5~6月，果期9~10月。

恩施州广布，生于山坡灌丛中；分布于河北、陕西、甘肃、湖北、四川。

9. 木帚栒子 *Cotoneaster dielsianus* Pritz. in Engler, Bot. Jahrb. 29: 385. 1900.

落叶灌木，高1~2米，枝条开展下垂；小枝通常细瘦，圆柱形，灰黑色或黑褐色，幼时密被长柔毛。叶片椭圆形至卵形，长1~2.5厘米，宽0.8~1.5厘米，先端多数急尖，稀圆钝或缺凹，基部宽楔形或圆形，全缘，上面微具稀疏柔毛，下面密被带黄色或灰色绒毛；叶柄长1~2毫米，被绒毛；托叶线状披针形，幼时有毛，至果期部分宿存。花3~7朵，成聚伞花序，总花梗和花梗具柔毛；花梗长1~3毫米；花直径6~7毫米；萼筒钟状，外面被柔毛；萼片三角形，先端急尖，外面被柔毛，内面先端有少数柔毛；花瓣直立，几圆形或宽倒卵形，长与宽各3~4毫米，先端圆钝，浅红色；雄蕊15~20枚，比花瓣短；花柱通常3根，甚短，离生；子房顶部有柔毛。果实近球形或倒卵形，直径5~6毫米，红色，具3~5个小核。花期6~7月，果期9~10月。

恩施州广布，生于灌木丛中；分布于湖北、四川、云南、西藏。

10. 西北栒子 *Cotoneaster zabelii* Schneid. Ill. Handb. Laubh. 1: 479. f. 420, f-h. 422, i-k. 1906.

落叶灌木，高达2米；枝条细瘦开张，小枝圆柱形，深红褐色，幼时密被带黄色柔毛，老时无毛。叶片椭圆形至卵形，长1.2~3厘米，宽1~2厘米，先端多数圆钝，稀微缺，基部圆形或宽楔形，全缘，上面具稀疏柔毛，下面密被带黄色或带灰色绒毛；叶柄长1~3毫米，被绒毛；托叶披针形，有毛，在果期多数脱落。花3~13朵成下垂聚伞花序，总花梗和花梗被柔毛；花梗长2~4毫米；萼筒钟状，外面被柔毛；萼片三角形，先端稍钝或具短尖头，外面具柔毛，内面几无毛或仅沿边缘有少数柔毛；花瓣直立，倒卵形或近圆形，直径2~3毫米，先端圆钝，浅红色；雄蕊18~20枚，较花瓣短；花柱2根，离生，短于雄蕊，子房先端具柔毛。果实倒卵形至卵球形，直径7~8毫米，鲜红色，常具2个小核。花期5~6月，果期8~9月。

产于恩施、宣恩，生于山坡灌丛中；分布于河北、山西、山东、河南、陕西、甘肃、宁夏、青海、湖北、湖南。

蔷薇科
Rosaceae

11. 恩施栒子　*Cotoneaster fangianus* Yu, Acta Phytotax. Sin. 8: 219. 1963.

落叶灌木；小枝细瘦，圆柱形，红褐色至灰褐色，幼时密被黄色糙伏毛，成长时脱落至老时近无毛。叶片宽卵形至近圆形，长1～2厘米，宽1～1.5厘米，先端多数圆钝，稀急尖，基部圆形，上面无毛，中脉及侧脉3～5对，微陷，下面密被浅黄色绒毛；叶柄粗短，长2～3毫米，具黄色柔毛；托叶线状披针形，部分宿存。花10～15朵成聚伞花序，直径2～2.5厘米，长1.5～2.5厘米；总花梗和花梗具柔毛；花梗长1～2毫米；花直径4～5毫米；萼筒外面微具柔毛或几无毛；萼片三角形，先端钝，稀急尖，外面微具短柔毛，内面仅沿边缘有柔毛；花瓣直立，近圆形或宽倒卵形，长1～2毫米，宽几与长相等，先端微凹圆钝，基部具短爪，粉红色；雄蕊20枚，稍短于花瓣；花柱3根，稍短或几与花瓣等长，离生；子房顶部有柔毛。果实长圆形，有3个小核。花期5～6月。

产于恩施、利川，生于河岸边；分布于湖北。

12. 细枝栒子　*Cotoneaster tenuipes* Rehd. & Wils. in Sarg. Pl. Wils. 1: 171. 1912.

落叶灌木，高1～2米；小枝细瘦，圆柱形，褐红色，幼时具灰黄色平贴柔毛，不久即脱落，一年生枝无毛。叶片卵形、椭圆卵形至狭椭圆卵形，长1.5～3.5厘米，宽1.2～2厘米，先端急尖或稍钝，基部宽楔形，全缘，上面幼时具稀疏柔毛，老时近无毛，叶脉微下陷，下面被灰白色平贴绒毛，叶脉稍突起；叶柄长3～5毫米，具柔毛；托叶披针形，微具柔毛，脱落或部分宿存。花2～4朵成聚伞花序，总花梗和花梗密生平贴柔毛；苞片线状披针形，微具柔毛；花梗细弱，长1～3毫米；花直径约7毫米；萼筒钟状，外面密被平贴柔毛，内面无毛；萼片卵状三角形，先端急尖，外面密生柔毛，内面除边缘外均无毛；花瓣直立，卵形或近圆形，长3～4毫米，宽约与长相等，先端圆钝，基部有爪，白色有红晕；雄蕊约15枚，比花瓣短；花柱2根，离生，短于雄蕊；子房先端微具柔毛。果实卵形，直径5～6毫米，长8～9毫米，紫黑色，有1～2个小核。花期5月，果期9～10月。

产于恩施、利川，属湖北省新记录，生于山坡林中；分布于甘肃、青海、四川、云南。

13. 矮生栒子　*Cotoneaster dammerii* Schneid. Ill. Handb. Laubh. 1: 760. f. 429, h-k. 1906.

常绿灌木，枝匍匐地面，常生不定根；小枝暗灰褐色，幼时微被淡黄色平贴柔毛，不久即脱落无毛。叶片厚革质，椭圆形至椭圆长圆形，长1～3厘米，宽0.7～2.2厘米，先端圆钝、微缺或急尖，基部宽楔形至圆形，上面光亮无毛，叶脉下陷，下面微带苍白色，幼时具平贴柔毛，不久即脱落，侧脉4～6对，微有突起；叶柄长2～3毫米，幼时具淡黄色柔毛，以后逐渐脱落无毛；托叶线状披针形，微具柔毛，多数脱落。花通常单生，直径约1厘米，有时2～3朵；花梗长4～5毫米，有时长达1厘米，具稀疏柔

毛；萼筒钟状，外面微具柔毛，内面无毛；萼片三角形，先端通常急尖，外面疏生柔毛，内面无毛或仅先端沿边缘微具稀柔毛；花瓣平展，近圆形或宽卵形，直径4～5毫米，先端圆钝，基部具短爪，白色；雄蕊20枚，长短不一，有的几与花瓣等长，有的短于花瓣；花药紫色；花柱5根，离生，约与雄蕊等长；子房顶端具柔毛。果实近球形，直径6～7毫米，鲜红色，通常具4～5个小核。花期5～6月，果期10月。

恩施州广布，生于山坡灌丛中；分布于湖北、四川、贵州、云南。

14. 细尖栒子　*Cotoneaster apiculatus* Rehd. et Wils. in Sarg. Pl. Wils. 1: 156. 1912.

落叶直立灌木，高1.5～2米，呈不规则分枝，小枝圆柱形，暗灰红色，幼嫩时被糙伏毛，老时脱落。叶片近圆形、圆卵形，稀宽倒卵形，长6～15毫米，宽5～13毫米，先端有细尖，极稀有凹缺，基部宽楔形或圆形，全缘，上面光亮，无毛，下面幼时沿叶脉有伏生柔毛，老时脱落近无毛，中脉及侧脉2对在上面微陷，下面稍隆起；叶柄长1～3毫米，幼嫩时具柔毛，老时无毛；托叶线状披针形，成长时脱落或部分宿存。花单生，具短梗；萼筒外面无毛或几无毛，萼片短渐尖；花瓣直立，淡粉色。果实单生，近球形，几无柄，直立，直径7～8毫米，红色，通常具3个小核。花期6月，果期9～10月。

产于巴东，生于山坡路边；分布于甘肃、湖北、四川、云南、湖北。

15. 散生栒子　*Cotoneaster divaricatus* Rehd. & Wils. in Sarg. Pl. Wils. 1: 157. 1912.

落叶直立灌木，高1～2米，分枝稀疏开展；枝条细瘦开张，小枝圆柱形，暗红褐色或暗灰褐色，幼嫩时具糙伏毛，成长时脱落，老时无毛。叶片椭圆形或宽椭圆形，稀倒卵形，长7～20毫米，宽5～10毫米，先端急尖，稀稍钝，基部宽楔形，全缘，幼时上下两面有短柔毛，老时上面脱落近于无毛；叶柄长1～2毫米，具短柔毛；托叶线状披针形，早落。花2～4朵，直径5～6毫米，花梗长1～2毫米；萼筒钟状，外面有稀疏短柔毛，内面无毛；萼片三角形，先端急尖，外面有短柔

毛，内面仅先端具少数柔毛；花瓣直立，卵形或长圆形，先端圆钝，长4毫米，宽3毫米，粉红色；雄蕊10～15枚，比花瓣短；花柱2根，离生，短于雄蕊；子房顶端有短柔毛。果实椭圆形，直径5～7毫米，红色，有稀疏毛，具1～3个核，通常有2个小核。花期4～6月，果期9～10月。

产于利川，生于山沟灌木丛中；分布于陕西、甘肃、湖北、江西、四川、云南、西藏。

16. 匍匐栒子　*Cotoneaster adpressus* Bois in Vilm. et Bois, Frutic. Vilm. 116. f. 1904.

落叶匍匐灌木，茎不规则分枝，平铺地上；小枝细瘦，圆柱形，幼嫩时具糙伏毛，逐渐脱落，红褐色至暗灰色。叶片宽卵形或倒卵形，稀椭圆形，长5～15毫米，宽4～10毫米，先端圆钝或稍急尖，基部楔形，边缘全缘而呈波状，上面无毛，下面具稀疏短柔毛或无毛；叶柄长1～2毫米，无毛；托叶钻形，成长时脱落。花1～2朵，几无梗，直径7～8毫米；萼筒钟状，外具稀疏短柔毛，内面无毛；萼片

卵状三角形，先端急尖，外面有稀疏短柔毛，内面常无毛；花瓣直立，倒卵形，长约 4.5 毫米，宽几与长相等，先端微凹或圆钝，粉红色；雄蕊 10~15 枚，短于花瓣；花柱 2 根，离生，比雄蕊短；子房顶部有短柔毛。果实近球形，直径 6~7 毫米，鲜红色，无毛，通常有 2 个小核，稀 3 个小核。花期 5~6 月，果期 8~9 月。

产于利川、巴东，生于山坡灌丛中；分布于陕西、甘肃、青海、湖北、四川、贵州、云南、西藏；印度、缅甸、尼泊尔均有分布。

17. 平枝栒子　*Cotoneaster horizontalis* Dcne. in Fl. Serr. 22: 168. 1877.

落叶或半常绿匍匐灌木，高不超过 0.5 米，枝水平开张成整齐两列状；小枝圆柱形，幼时外被糙伏毛，老时脱落，黑褐色。叶片近圆形或宽椭圆形，稀倒卵形，长 5~14 毫米，宽 4~9 毫米，先端多数急尖，基部楔形，全缘，上面无毛，下面有稀疏平贴柔毛；叶柄长 1~3 毫米，被柔毛；托叶钻形，早落。花 1~2 朵，近无梗，直径 5~7 毫米；萼筒钟状，外面有稀疏短柔毛，内面无毛；萼片三角形，先端急尖，外面微具短柔毛，内面边缘有柔毛；花瓣直立，倒卵形，先端圆钝，长约 4 毫米，宽 3 毫米，粉红色；雄蕊约 12 枚，短于花瓣；花柱常为 3 根，有时为 2 根，离生，短于雄蕊；子房顶端有柔毛。果实近球形，直径 4~6 毫米，鲜红色，常具 3 个小核，稀 2 个小核。花期 5~6 月，果期 9~10 月。

恩施州广布，生于灌木丛中；分布于陕西、甘肃、湖北、湖南、四川、贵州、云南；尼泊尔也有分布。

18. 小叶平枝栒子（变种）　*Cotoneaster horizontalis* Dcne. var. *perpusillus* Schneid. Ill. Handb. Laubh. 1: 745. f. 419, e2. 1906.

本变种与平枝栒子 *C. horizontalis* 的不同在于枝干平铺，叶形较小，长 6~8 毫米，果实椭圆形，长 5~6 毫米。花期 5~6 月，果期 9~10 月。

恩施州广布，生于山坡灌丛中；分布于湖北、陕西、四川、贵州。

火棘属 *Pyracantha* Roem.

常绿灌木或小乔木，常具枝刺；芽细小，被短柔毛。单叶互生，具短叶柄，边缘有圆钝锯齿、细锯齿或全缘；托叶细小，早落。花白色，成复伞房花序；萼筒短，萼片5片；花瓣5片，近圆形，开展；雄蕊15~20枚，花药黄色；心皮5个，在腹面离生，在背面约1/2与萼筒相连，每心皮具2枚胚珠，子房半下位。梨果小，球形，顶端萼片宿存，内含小核5个。

本属共10种；中国有7种；恩施州产4种。

分种检索表

1. 叶片下面与花萼外面密被绒毛，叶边全缘或近全缘 ················· 1. 窄叶火棘 *Pyracantha angustifolia*
1. 叶片下面无毛或有短柔毛。
　2. 叶片长圆形至倒披针形，稀卵状披针形，先端常急尖或有尖刺，边缘有细圆锯齿 ·········· 2. 细圆齿火棘 *Pyracantha crenulata*
　2. 叶片通常倒卵形至倒卵状长圆形，先端圆钝或微凹。
　　3. 叶边有圆钝锯齿，中部以上最宽，下面绿色 ···························· 3. 火棘 *Pyracantha fortuneana*
　　3. 叶边通常全缘，有时带细锯齿，中部或近中部最宽 ··············· 4. 全缘火棘 *Pyracantha atalantioides*

1. 窄叶火棘 *Pyracantha angustifolia* (Franch.) Schneid. Ill. Handb. Laubh. 1: 761. f. 430, a-b. 431, a-c. 1906.

常绿灌木或小乔木，高达4米，多枝刺，小枝密被灰黄色绒毛，老枝紫褐色，绒毛逐渐减少。叶片窄长圆形至倒披针状长圆形，长1.5~5厘米，宽4~8毫米，先端圆钝而有短尖或微凹，基部楔形，叶边全缘，微向下卷，上面初时有灰色绒毛，逐渐脱落，暗绿色，下面密生灰白色绒毛；叶柄密被绒毛，长1~3毫米。复伞房花序，直径2~4厘米，总花梗、花梗、萼筒和萼片均密被灰白色绒毛；萼筒钟状，萼片三角形；花瓣近圆形，直径约2.5毫米，白色；雄蕊20枚，花丝长1.5~2毫米；花柱5根，与雄蕊等长，子房上具白色绒毛。果实扁球形，直径5~6毫米，砖红色，顶端具宿存萼片。花期5~6月，果期10~12月。

产于恩施，生于山坡灌丛中；分布于湖北、云南、四川、西藏。

2. 细圆齿火棘 *Pyracantha crenulata* (D. Don) Roem. Fam. Nat. Reg. Veg. Syn. 3: 220. 1847.

常绿灌木或小乔木，高达5米，有时具短枝刺，嫩枝有锈色柔毛，老时脱落，暗褐色，无毛。叶片长圆形或倒披针形，稀卵状披针形，长2~7厘米，宽0.8~1.8厘米，先端通常急尖或钝，有时具短尖头，基部宽楔形或稍圆形，边缘有细圆锯齿，或具稀疏锯齿，两面无毛，上面光滑，中脉下陷，下面淡绿色，中脉凸起；叶柄短，嫩时有黄褐色柔毛，老时脱落。复伞房花序生于主枝和侧枝顶端，花序直径3~5厘米，总花梗幼时基部有褐色

柔毛，老时无毛；花梗长4~10毫米，无毛；花直径6~9毫米；萼筒钟状，无毛；萼片三角形，先端急尖，微具柔毛；花瓣圆形，长4~5毫米，宽3~4毫米，有短爪；雄蕊20枚，花药黄色；花柱5根，离生，与雄蕊等长，子房上部密生白色柔毛。梨果几球形，直径3~8毫米，熟时橘黄色至橘红色。花期3~5月，果期9~12月。

恩施州广布，生于山坡、路边、沟旁或草地；分布于陕西、江苏、湖北、湖南、广东、广西、贵州、四川、云南；印度、不丹、尼泊尔也有分布。

3. 火棘 *Pyracantha fortuneana* (Maxim.) Li in Journ. Arn. Arb. 25: 420. 1944.

常绿灌木，高达3米；侧枝短，先端成刺状，嫩枝外被锈色短柔毛，老枝暗褐色，无毛；芽小，外被短柔毛。叶片倒卵形或倒卵状长圆形，长1.5~6厘米，宽0.5~2厘米，先端圆钝或微凹，有时具短尖头，基部楔形，下延连于叶柄，边缘有钝锯齿，齿尖向内弯，近基部全缘，两面皆无毛；叶柄短，无毛或嫩时有柔毛。花集成复伞房花序，直径3~4厘米，花梗和总花梗近于无毛，花梗长约1厘米；花直径约1厘米；萼筒钟状，无毛；萼片三角卵形，先端钝；花瓣白色，近圆形，长约4毫米，宽约3毫米；雄蕊20枚，花丝长3~4毫米，药黄色；花柱5根，离生，与雄蕊等长，子房上部密生白色柔毛。果实近球形，直径约5毫米，橘红色或深红色。花期3~5月，果期8~11月。

恩施州广布，生于山地灌丛中；分布于陕西、河南、江苏、浙江、福建、湖北、湖南、广西、贵州、云南、四川、西藏。

4. 全缘火棘 *Pyracantha atalantioides* (Hance) Stapf in Curtis's Bot. Mag. 151: t. 9099. f. 1-4. 1926.

常绿灌木或小乔木，高达6米；通常有枝刺，稀无刺；嫩枝有黄褐色或灰色柔毛，老枝无毛。叶片椭圆形或长圆形，稀长圆倒卵形，长1.5~4厘米，宽1~1.6厘米，先端微尖或圆钝，有时具刺尖头，基部宽楔形或圆形，叶边通常全缘或有时具不显明的细锯齿，幼时有黄褐色柔毛，老时两面无毛，上面光亮，叶脉明显，下面微带白霜，中脉明显突起；叶柄长2~5毫米，通常无毛，有时具柔毛。花成复伞房花序，直径3~4厘米，花梗和花萼外被黄褐色柔毛；花梗长5~10毫米，花直径

7~9毫米；萼筒钟状，外被柔毛；萼片浅裂，广卵形，先端钝，外被稀疏柔毛；花瓣白色，卵形，长4~5毫米，宽3~4毫米，先端微尖，基部具短爪；雄蕊20枚，花丝长约3毫米，花药黄色；花柱5根，与雄蕊等长，子房上部密生白色绒毛。梨果扁球形，直径4~6毫米，亮红色。花期4~5月，果期9~11月。

恩施州广布，生于山坡林中；分布于陕西、湖北、湖南、四川、贵州、广东、广西。

山楂属 *Crataegus* L.

落叶稀半常绿灌木或小乔木，通常具刺，很少无刺；冬芽卵形或近圆形。单叶互生，有锯齿，深裂或浅裂，稀不裂，有叶柄与托叶。伞房花序或伞形花序，极少单生；萼筒钟状，萼片5片；花瓣5片，白色，极少数粉红色；雄蕊5～25枚；心皮1～5个，大部分与花托合生，仅先端和腹面分离，子房下位至半下位，每室具2枚胚珠，其中1枚常不发育。梨果，先端有宿存萼片；心皮熟时为骨质，成小核状，各具1粒种子；种子直立，扁，子叶平凸。

本属1000余种；我国约17种；恩施州产3种。

分种检索表

1. 叶边锯齿圆钝，中部以上有1～4对浅裂片，基部宽楔形；花梗及总花梗无毛；果实球形，暗红色，直径2.5厘米，小核5个 ··· 1. 湖北山楂 *Crataegus hupehensis*
1. 叶边锯齿尖锐，常具3～7对裂片，稀仅顶端3浅裂。
   2. 叶片宽倒卵形至倒卵长圆形，基部楔形，顶端有缺刻或3～7浅裂，下面具稀疏柔毛；果实近球形或扁球形，红色或黄色；小核4～5个，内面两侧平滑 ·· 2. 野山楂 *Crataegus cuneata*
   2. 叶片基部宽楔形至圆形，叶边有3～7对裂片；小核内面两侧有凹痕；果实椭圆形，直径6～7毫米，外面无毛；小核1～3个 ··· 3. 华中山楂 *Crataegus wilsonii*

1. 湖北山楂 *Crataegus hupehensis* Sarg. Pl. Wils. 1: 178. 1912.

乔木或灌木，高达3～5米，枝条开展；刺少，直立，长约1.5厘米，也常无刺；小枝圆柱形，无毛，紫褐色，有疏生浅褐色皮孔，二年生枝条灰褐色；冬芽三角卵形至卵形，先端急尖，无毛，紫褐色。叶片卵形至卵状长圆形，长4～9厘米，宽4～7厘米，先端短渐尖，基部宽楔形或近圆形，边缘有圆钝锯齿，上半部具2～4对浅裂片，裂片卵形，先端短渐尖，无毛或仅下部脉腋有髯毛；叶柄长3.5～5厘米，无毛；托叶草质，披针形或镰刀形，边缘具腺齿，早落。伞房花序，直径3～4厘米，具多花；总花梗和花梗均无毛，花梗长4～5毫米；苞片膜质，线状披针形，边缘有齿，早落；花直径约1厘米；萼筒钟状，外面无毛；萼片三角卵形，先端尾状渐尖，全缘，长3～4毫米，稍短于萼筒，内外两面皆无毛；花瓣卵形，长约8毫米，宽约6毫米，白色；雄蕊20枚，花药紫色，比花瓣稍短；花柱5根，基部被白色绒毛，柱头头状。果实近球形，直径2.5厘米，深红色，有斑点，萼片宿存，反折；小核5个，两侧平滑。花期5～6月，果期8～9月。

产于巴东，生于山坡林中；分布于湖北、湖南、江西、江苏、浙江、四川、陕西、山西、河南。果可食或作山楂糕及酿酒，湖北、浙江有栽培。

2. 野山楂 *Crataegus cuneata* Sieb. & Zucc. in Abh. Akad. Wiss. Munch 4(2): 130. 1845.

落叶灌木，高达15米，分枝密，通常具细刺，刺长5～8毫米；小枝细弱，圆柱形，有棱，幼时被柔毛，一年生枝紫褐色，无毛，老枝灰褐色，散生长圆形皮孔；冬芽三角卵形，先端圆钝，无毛，紫褐色。叶片宽倒卵形至倒卵状长圆形，长2～6厘米，宽1～4.5厘米，先端急尖，基部楔形，下延连于叶柄，边缘有不规则重锯齿，顶端常有3片或稀5～7片浅裂片，上面无毛，有光泽，下面具稀疏柔毛，沿叶脉较密，以后脱落，叶脉显著；叶柄两侧有叶翼，长4～15毫米；托叶大形，草质，镰刀状，边缘有齿。伞房花序，直径2～2.5厘米，具花5～7朵，总花梗和花梗均被柔毛。花梗长约1厘米；苞片草质，披针形，条裂或有锯齿，长8～12毫米，脱落很迟；花直径约1.5厘米；萼筒钟状，外被长柔毛，萼片三角卵形，长约4毫米，约与萼筒等长，先端尾状渐尖，全缘或有齿，内外两面均具柔毛；

花瓣近圆形或倒卵形，长6～7毫米，白色，基部有短爪；雄蕊20枚；花药红色；花柱4～5根，基部被绒毛。果实近球形或扁球形，直径1～1.2厘米，红色或黄色，常具有宿存反折萼片或1片苞片；小核4～5个，内面两侧平滑。花期5～6月，果期9～11月。

产于鹤峰，生于山地灌丛中；分布于河南、湖北、江西、湖南、安徽、江苏、浙江、云南、贵州、广东、广西、福建；也分布于日本。

果实入药有健胃、消积化滞之效。

3. 华中山楂 *Crataegus wilsonii* Sarg. Pl. Wils. 1: 180. 1912.

落叶灌木，高达7米；刺粗壮，光滑，直立或微弯曲，长1～2.5厘米；小枝圆柱形，稍有棱角，当年生枝被白色柔毛，深黄褐色，老枝灰褐色或暗褐色，无毛或近于无毛，疏生浅色长圆形皮孔；冬芽三角卵形，先端急尖，无毛，紫褐色。叶片卵形或倒卵形，稀三角卵形，长4～6.5厘米，宽3.5～5.5厘米，先端急尖或圆钝，基部圆形、楔形或心脏形，边缘有尖锐锯齿，幼时齿尖有腺，通常在中部以上有3～5对浅裂片，裂片近圆形或卵形，先端急尖或圆钝，幼嫩时上面散生柔毛，下面中脉或沿侧脉微具柔毛；叶柄长2～2.5厘米，有窄叶翼，幼时被白色柔毛，以后脱落；托叶披针形、镰刀形或卵形，边缘有腺齿，脱落很早。伞房花序具多花，直径3～4厘米；总花梗和花梗均被白色绒毛；花梗长4～7毫米；苞片草质至膜质，披针形，先端渐尖，边缘有腺齿，脱落较迟；花直径1～1.5厘米；萼筒钟状，外面通常被白色柔毛或无毛；萼片卵形或三角卵形，长3～4毫米，稍短于萼筒，先端急尖，边缘具齿，外面被柔毛；花瓣近圆形，长6～7毫米，宽5～6毫米，白色；雄蕊20枚，花药玫瑰紫色；花柱2～3根，稀1根，基部有白色绒毛，比雄蕊稍短。果实椭圆形，直径6～7毫米，红色，肉质，外面光滑无毛；萼片宿存，反折；小核1～3个，两侧有深凹痕。花期5月，果期8～9月。

产于巴东，生于山坡林中；分布于河南、湖北、陕西、甘肃、浙江、云南、四川。

木瓜属 *Chaenomeles* Lindl.

落叶或半常绿，灌木或小乔木，有刺或无刺；冬芽小，具2片外露鳞片。单叶，互生，具齿或全缘，有短柄与托叶。花单生或簇生。先于叶开放或迟于叶开放；萼片5片，全缘或有齿；花瓣5片，大形，雄蕊20枚或多数排成2轮；花柱5根，基部合生，子房5室，每室具有多数胚珠排成2行。梨果大形，萼片脱落，花柱常宿存，内含多数褐色种子；种皮革质，无胚乳。

本属约5种；我国均产；恩施州产4种。

分种检索表

1. 枝无刺；花单生，后于叶开放；萼片有齿，反折；叶边有刺芒状锯齿，齿尖、叶柄均有腺；托叶膜质，卵状披针形，边有腺齿………………………………………………………………………………………… 1. 木瓜 Chaenomeles sinensis
1. 枝有刺；花簇生，先于叶或与叶同时开放；萼片全缘或近全缘，直立稀反折；叶边有锯齿稀全缘；托叶草质，肾形或耳形，有锯齿。
　　2. 小枝平滑，二年生枝无疣状突起；果实中型到大型，直径5~8厘米，成熟期迟。
　　　　3. 叶片卵形至长椭圆形，幼时下面无毛或有短柔毛，叶边有尖锐锯齿；枝条初期直立，不久展开；花柱基部无毛或稍有毛……………………………………………………………………………………… 2. 皱皮木瓜 Chaenomeles speciosa
　　　　3. 叶片椭圆形或披针形，幼时下面密被褐色绒毛，叶边有刺芒状锯齿；枝条坚硬，直立；花柱基部常被柔毛或绵毛………………………………………………………………………………………… 3. 毛叶木瓜 Chaenomeles cathayensis
　　2. 小枝粗糙，二年生枝有疣状突起；果实小型，直径3~4厘米，成熟期较早；叶片倒卵形至匙形，下面无毛，叶边有圆钝锯齿；花柱无毛………………………………………………………………… 4. 日本木瓜 Chaenomeles japonica

1. 木瓜　*Chaenomeles sinensis* (Thouin) Koehne, Gatt. Pomac. 29. 1890.

灌木或小乔木，高达5~10米，树皮成片状脱落；小枝无刺，圆柱形，幼时被柔毛，不久即脱落，紫红色，二年生枝无毛，紫褐色；冬芽半圆形，先端圆钝，无毛，紫褐色。叶片椭圆卵形或椭圆长圆形，稀倒卵形，长5~8厘米，宽3.5~5.5厘米，先端急尖，基部宽楔形或圆形，边缘有刺芒状尖锐锯齿，齿尖有腺，幼时下面密被黄白色绒毛，不久即脱落无毛；叶柄长5~10毫米，微被柔毛，有腺齿；托叶膜质，卵状披针形，先端渐尖，边缘具腺齿，长约7毫米。花单生于叶腋，花梗短粗，长5~10毫米，无毛；花直径2.5~3厘米；萼筒钟状外面无毛；萼片三角披针形，长6~10毫米，先端渐尖，边缘有腺齿，外面无毛，内面密被浅褐色绒毛，反折；花瓣倒卵形，淡粉红色；雄蕊多数，长不及花瓣之半；花柱3~5根，基部合生，被柔毛，柱头头状，有不显明分裂，约与雄蕊等长或稍长。果实长椭圆形，长10~15厘米，暗黄色，木质，味芳香，果梗短。花期4月，果期9~10月。

恩施州广泛栽培；栽培于山东、陕西、湖北、江西、安徽、江苏、浙江、广东、广西。

果实入药有解酒、祛痰、顺气、止痢之效。

2. 皱皮木瓜　*Chaenomeles speciosa* (Sweet) Nakai in Jap. Journ. Bot. 4: 331. 1929.

俗称"贴梗海棠"，落叶灌木，高达2米，枝条直立开展，有刺；小枝圆柱形，微屈曲，无毛，紫褐色或黑褐色，有疏生浅褐色皮孔；冬芽三角卵形，先端急尖，近于无毛或在鳞片边缘具短柔毛，紫褐色。叶片卵形至椭圆形，稀长椭圆形，长3~9厘米，宽1.5~5厘米，先端急尖稀圆钝，基部楔形至宽楔形，边缘具有尖锐锯齿，齿尖开展，无毛或在萌蘖上沿下面叶脉有短柔毛；叶柄长约1厘米；托叶

蔷薇科
Rosaceae

大形，草质，肾形或半圆形，稀卵形，长5~10毫米，宽12~20毫米，边缘有尖锐重锯齿，无毛。花先叶开放，3~5朵簇生于二年生老枝上；花梗短粗，长约3毫米或近于无柄；花直径3~5厘米；萼筒钟状，外面无毛；萼片直立，半圆形稀卵形，长3~4毫米，宽4~5毫米，长约萼筒之半，先端圆钝，全缘或有波状齿，及黄褐色睫毛；花瓣倒卵形或近圆形，基部延伸成短爪，长10~15毫米，宽8~13毫米，猩红色，稀淡红色或白色；雄蕊45~50枚，长约花瓣之半；花柱5根，基部合生，无毛或稍有毛，柱头头状，有不显明分裂，约与雄蕊等长。果实球形或卵球形，
直径4~6厘米，黄色或带黄绿色，有稀疏不显明斑点，味芳香；萼片脱落，果梗短或近于无梗。花期3~5月，果期9~10月。

产于鹤峰、建始，生于山坡林中；分布于陕西、甘肃、四川、贵州、云南、广东、湖北；缅甸亦有分布。

果实入药，有祛风、舒筋、活络、镇痛、消肿、顺气之效。

3. 毛叶木瓜 *Chaenomeles cathayensis* (Hemsl.) Schneid. Ill. Handb. Laubh. 1: 730. f. 405 p2. f. 406, e-f. 1906.

落叶灌木至小乔木，高2~6米；枝条直立，具短枝刺；小枝圆柱形，微屈曲，无毛，紫褐色，有疏生浅褐色皮孔；冬芽三角卵形，先端急尖，无毛，紫褐色。叶片椭圆形、披针形至倒卵披针形，长5~11厘米，宽2~4厘米，先端急尖或渐尖，基部楔形至宽楔形，边缘有芒状细尖锯齿，上半部有时形成重锯齿，下半部锯齿较稀，有时近全缘，幼时上面无毛，下面密被褐色绒毛，以后脱落近于无毛；叶柄长约1厘米，有毛或无毛；托叶草质，肾形、耳形或半圆形，边缘有芒状细锯齿，下面被褐色绒毛。花先叶开放，2~3朵簇生于二年生枝上，花梗短粗或近于无梗；花直径2~4厘米；萼筒钟状，外面无毛或稍有短柔毛；萼片直立，卵圆形至椭圆形，长3~5毫米，宽3~4毫米，先端圆钝至截形，全缘或有浅齿及黄褐色睫毛；花瓣倒卵形或近圆形，长10~15毫米，宽8~15毫米，淡红色或白色；雄蕊45~50枚，长约花瓣之半；花柱5根，基部合生，下半部被柔毛或绵毛，柱头头状。果实卵球形或近圆柱形，先端有突起，长8~12厘米，宽6~7厘米，黄色有红晕，味芳香。花期3~5月，果期9~10月。

恩施州广布，生于山坡林中；分布于陕西、甘肃、江西、湖北、湖南、四川、云南、贵州、广西。

4. 日本木瓜 *Chaenomeles japonica* (Thunb.) Lindl. ex Spach, Hist. Nat. Veg. Phan. 2: 159. 1834.

矮灌木，高约1米，枝条广开，有细刺；小枝粗糙，圆柱形，幼时具绒毛，紫红色，二年生枝条有疣状突起，黑褐色，无毛；冬芽三角卵形，先端急尖，无毛，紫褐色。叶片倒卵形、匙形至宽卵形，长3~5厘米，宽2~3厘米，先端圆钝，稀微有急尖，基部楔形或宽楔形，边缘有圆钝锯齿，齿尖向内合拢，无毛；叶柄长约5毫米，无毛；托叶肾形有圆齿，长1厘米，宽1.5~2厘米。花3~5朵簇生，花梗短或近于无梗，无

毛；花直径2.5~4厘米；萼筒钟状，外面无毛；萼片卵形，稀半圆形，长4~5毫米，比萼筒约短一半，先端急尖或圆钝，边缘有不显明锯齿，外面无毛，内面基部有褐色短柔毛和睫毛；花瓣倒卵形或近圆形，基部延伸成短爪，长约2厘米，宽约1.5厘米，砖红色；雄蕊40~60枚，长约花瓣之半；花柱5根，基部合生，无毛，柱头头状，有不显明分裂，约与雄蕊等长。果实近球形，直径3~4毫米，黄色，萼片脱落。花期3~6月，果期8~10月。

恩施州广泛栽培；原产日本，我国常见栽培。

梨属 *Pyrus* L.

落叶乔木或灌木，稀半常绿乔木，有时具刺。单叶，互生，有锯齿或全缘，稀分裂，在芽中呈席卷状，有叶柄与托叶。花先于叶开放或同时开放，伞形总状花序；萼片5片，反折或开展；花瓣5片，具爪，白色稀粉红色；雄蕊15~30枚，花药通常深红色或紫色；花柱2~5根，离生，子房2~5室，每室有2枚胚珠。梨果，果肉多汁，富石细胞，子房壁软骨质；种子黑色或黑褐色，种皮软骨质，子叶平凸。

本属约有25种；中国有14种；恩施州产4种。

分种检索表

1. 果实上有萼片宿存；花柱3~5根；果实近球形或倒卵形，褐色，3~4室，果梗先端不肥厚，长3~4厘米 ⋯ 1. 麻梨 *Pyrus serrulata*
1. 果实上萼片多数脱落或少数部分宿存；花柱2~5根。
 2. 叶边有不带刺芒的尖锐锯齿或圆钝锯齿；花柱2~3根；果实褐色。
  3. 叶边有圆钝锯齿⋯⋯⋯⋯⋯⋯⋯⋯⋯⋯⋯⋯⋯⋯⋯⋯⋯⋯⋯⋯⋯⋯⋯⋯⋯⋯⋯⋯ 2. 豆梨 *Pyrus calleryana*
  3. 叶边有尖锐锯齿⋯⋯⋯⋯⋯⋯⋯⋯⋯⋯⋯⋯⋯⋯⋯⋯⋯⋯⋯⋯⋯⋯⋯⋯⋯⋯⋯⋯⋯ 3. 杜梨 *Pyrus betulifolia*
 2. 叶边具有带刺芒的尖锐锯齿；花柱4~5根⋯⋯⋯⋯⋯⋯⋯⋯⋯⋯⋯⋯⋯⋯⋯⋯⋯⋯ 4. 沙梨 *Pyrus pyrifolia*

1. 麻梨 *Pyrus serrulata* Rehd. in Proc. Am. Acad. Arts Sci. 50: 234. 1915.

乔木，高达8~10米；小枝圆柱形，微带棱角，在幼嫩时具褐色绒毛，以后脱落无毛，二年生枝紫褐色，具稀疏白色皮孔；冬芽肥大，卵形，先端急尖，鳞片内面具有黄褐色绒毛。叶片卵形至长卵形，长5~11厘米，宽3.5~7.5厘米，先端渐尖，基部宽楔形或圆形，边缘有细锐锯齿，齿尖常向内合拢，下面在幼嫩时被褐色绒毛，以后脱落，侧脉7~13对，网脉显明；叶柄长3.5~7.5厘米，嫩时有褐色绒毛，不久脱落；托叶膜质，线状披针形，先端渐尖，内面有褐色绒毛，早落。伞形总状花序，有花6~11朵，花梗长3~5厘米，总花梗和花梗均被褐色绵毛，逐渐脱落；苞片膜质，线状披针形，长5~10毫米，先端渐尖，边缘有腺齿，内面具褐色绵毛；花直径2~3厘米；萼筒外面有稀疏绒毛；萼片三角卵形，长约3毫米，先端渐尖或急尖，边缘具有腺齿，外面具有稀疏绒毛，内面密生绒毛；花瓣宽卵形，长10~12厘米，先端圆钝，基部具有短爪，白色；

雄蕊20枚，约短于花瓣之半；花柱3根，稀4根，和雄蕊近等长，基部具稀疏柔毛。果实近球形或倒卵形，长1.5～2.2厘米，深褐色，有浅褐色果点，3～4室，萼片宿存，或有时部分脱落，果梗长3～4厘米。花期4月，果期6～8月。

产于恩施，生于山坡林中；分布于湖北、湖南、江西、浙江、四川、广东、广西。

2. 豆梨 *Pyrus calleryana* Dcne. Jard. Fruit. 1: 329. 1871.

乔木，高5～8米；小枝粗壮，圆柱形，在幼嫩时有绒毛，不久脱落，二年生枝条灰褐色；冬芽三角卵形，先端短渐尖，微具绒毛。叶片宽卵形至卵形，稀长椭卵形，长4～8厘米，宽3.5～6厘米，先端渐尖，稀短尖，基部圆形至宽楔形，边缘有钝锯齿，两面无毛；叶柄长2～4厘米，无毛；托叶叶质，线状披针形，长4～7毫米，无毛。伞形总状花序，具花6～12朵，直径4～6毫米，总花梗和花梗均无毛，花梗长1.5～3厘米米；苞片膜质，线状披针形，长8～13毫米，内面具绒毛；长约，毫米，花直径2～2.5厘米；萼筒无毛；萼片披针形，先端渐尖，全缘，外面无毛，内面具绒毛，边缘较密；花瓣卵形，长约13毫米，宽约10毫米，基部具短爪，白色；雄蕊20枚，稍短于花瓣；花柱2根，稀3根，基部无毛。梨果球形，直径约1厘米，黑褐色，有斑点，萼片脱落，2～3室，有细长果梗。花期4月，果期8～9月。

产于巴东，生于山坡林中；分布于山东、河南、江苏、浙江、江西、安徽、湖北、湖南、福建、广东、广西；越南也有。

3. 杜梨 *Pyrus betulifolia* Bge. in Mem. Div. Sav. Acad. Sci. St. Petersb. 2: 101. 1835.

乔木，高达10米，树冠开展，枝常具刺；小枝嫩时密被灰白色绒毛，二年生枝条具稀疏绒毛或近于无毛，紫褐色；冬芽卵形，先端渐尖，外被灰白色绒毛。叶片菱状卵形至长圆卵形，长4～8厘米，宽2.5～3.5厘米，先端渐尖，基部宽楔形，稀近圆形，边缘有粗锐锯齿，幼叶上下两面均密被灰白色绒毛，成长后脱落，老叶上面无毛而有光泽，下面微被绒毛或近于无毛；叶柄长2～3厘米，被灰白色绒毛；托叶膜质，线状披针形，长约2毫米，两面均被绒毛，早落。伞形总状花序，有花10～15朵，总花梗和花梗均被灰白色绒毛，花梗长2～2.5厘米；苞片膜质，线形，长5～8毫米，两面均微被绒毛，早落；花直径1.5～2厘米；萼筒外密被灰白色绒毛；萼片三角卵形，长约3毫米，先端急尖，全缘，内外两面均密被绒毛，花瓣宽卵形，长5～8毫米，宽3～4毫米，先端圆钝，基部具有短爪。白色；雄蕊20枚，花药紫色，长约花瓣之半；花柱2～3根，基部微具毛。果实近球形，直径5～10毫米，2～3室，褐色，有淡色斑点，萼片脱落，基部具带绒毛果梗。花期4月，果期8～9月。

产于利川，生于山坡林中；分布于辽宁、河北、河南、山东、山西、陕西、甘肃、湖北、江苏、安徽、江西。

树皮含鞣质，可提制栲胶并入药。

4. 沙梨 *Pyrus pyrifolia* (Burm. f.) Nakai in Bot. Mag. Tokyo 40: 564. 1926.

乔木，高达7～15米；小枝嫩时具黄褐色长柔毛或绒毛，不久脱落，二年生枝紫褐色或暗褐色，具稀疏皮孔；冬芽长卵形，先端圆钝，鳞片边缘和先端稍具长绒毛。叶片卵状椭圆形或卵形，长7～12厘米，

宽4～6.5厘米，先端长尖，基部圆形或近心形，稀宽楔形，边缘有刺芒锯齿，微向内合拢，上下两面无毛或嫩时有褐色绵毛；叶柄长3～4.5厘米，嫩时被绒毛，不久脱落；托叶膜质，线状披针形，长1～1.5厘米，先端渐尖，全缘，边缘具有长柔毛，早落。伞形总状花序，具花6～9朵，直径5～7厘米；总花梗和花梗幼时微具柔毛，花梗长3.5～5厘米；苞片膜质，线形，边缘有长柔毛；花直径2.5～3.5厘米；萼片三角卵形，长约5毫米，先端渐尖，边缘有腺齿；外面无毛，内面密被褐色绒毛；花瓣卵形，长15～17毫米，先端啮齿状，基部具短爪，白色；雄蕊20枚，长约等于花瓣之半；花柱5根，稀4根，光滑无毛，约与雄蕊等长。果实近球形，浅褐色，有浅色斑点，先端微向下陷，萼片脱落；种子卵形，微扁，长8～10毫米，深褐色。花期4月，果期8月。

恩施州广泛栽培；分布于安徽、江苏、浙江、江西、湖北、湖南、贵州、四川、云南、广东、广西、福建。

苹果属 *Malus* Mill.

落叶稀半常绿乔木或灌木，通常不具刺；冬芽卵形，外被数枚覆瓦状鳞片。单叶互生，叶片有齿或分裂，在芽中呈席卷状或对折状，有叶柄和托叶。伞形总状花序；花瓣近圆形或倒卵形，白色、浅红至艳红色；雄蕊15～50枚，具有黄色花药和白色花丝；花柱3～5根，基部合生，无毛或有毛，子房下位，3～5室，每室有2枚胚珠。梨果，通常不具石细胞或少数种类有石细胞，萼片宿存或脱落，子房壁软骨质，3～5室，每室有1～2粒种子；种皮褐色或近黑色，子叶平凸。

本属约有35种；我国有20余种；恩施州产7种1变种1变型。

分种检索表

1. 叶片不分裂，在芽中呈席卷状；果实内无石细胞。
　2. 萼片脱落；花柱3～5根；果实较小，直径多在1.5厘米以下。
　　3. 萼片披针形，比萼筒长；叶柄、叶脉、花梗和萼筒外部均光滑无毛；果实近球形 ················· 1. 山荆子 *Malus baccata*
　　3. 萼片三角卵形，与萼筒等长或稍短，嫩枝有短柔毛，不久脱落。
　　　4. 叶边有细锐锯齿；萼片先端渐尖或急尖；花柱3根，稀4根；果实椭圆形或近球形 ·········· 2. 湖北海棠 *Malus hupehensis*
　　　4. 叶边有钝细锯齿；萼片先端圆钝；花柱4或5根；果实梨形或倒卵形 ····················· 3. 垂丝海棠 *Malus halliana*
　2. 萼片永存；花柱4～5根；果实较大，直径常在2厘米以上。
　　5. 叶边有钝锯齿；果实扁球形或球形，先端常有隆起，萼洼下陷 ························· 4. 苹果 *Malus pumila*
　　5. 叶边锯齿常较尖锐；果实卵形，先端渐狭，不或稍隆起，萼洼微突 ······················ 5. 花红 *Malus asiatica*
1. 叶片常分裂，稀不分裂，在芽中呈对折状；果实内无石细胞或有少数石细胞。
　6. 萼片脱落。
　　7. 花柱基部有长柔毛；果实近球形，无石细胞；叶片不裂或在发育枝上者常具3～5浅裂 ········· 6. 三叶海棠 *Malus sieboldii*
　　7. 花柱基部无毛；果实椭圆形或倒卵形，稀近球形；叶裂片三角卵形；叶基圆形或截形 ········· 7. 光叶陇东海棠 *Malus kansuensis* f. *calva*
　6. 萼片宿存。
　　8. 叶片下面具短柔毛；萼筒和花梗外面具稀疏柔毛；花柱3～4根 ·························· 8. 河南海棠 *Malus honanensis*
　　8. 叶片下面密被绒毛；萼筒和花梗外面被绒毛；花柱5根 ····························· 9. 川鄂滇池海棠 *Malus yunnanensis* var. *veitchii*

蔷薇科
Rosaceae

1. 山荆子　*Malus baccata* (L.) Borkh. Theor. -Prakt. Handb. Forst. 2: 1280. 1803.

乔木，高达10~14米，树冠广圆形，幼枝细弱，微屈曲，圆柱形，无毛，红褐色，老枝暗褐色；冬芽卵形，先端渐尖，鳞片边缘微具绒毛，红褐色。叶片椭圆形或卵形，长3~8厘米，宽2~3.5厘米，先端渐尖，稀尾状渐尖，基部楔形或圆形，边缘有细锐锯齿，嫩时稍有短柔毛或完全无毛；叶柄长2~5厘米，幼时有短柔毛及少数腺体，不久即全部脱落，无毛；托叶膜质，披针形，长约3毫米，全缘或有腺齿，早落。伞形花序，具花4~6朵，无总梗，集生在小枝顶端，直径5~7厘米；花梗细长，1.5~4厘米，无毛；苞片膜质，线状披针形，边缘具有腺齿，无毛，早落；花直径3~3.5厘米；萼筒外面无毛；萼片披针形，先端渐尖，全缘，长5~7毫米，外面无毛，内面被绒毛，长于萼筒；花瓣倒卵形，长2~2.5厘米，先端圆钝，基部有短爪，白色；雄蕊15~20枚，长短不齐，约等于花瓣之半；花柱5或4根，基部有长柔毛，较雄蕊长。果实近球形，直径8~10毫米，红色或黄色，柄洼及萼洼稍微陷入，萼片脱落；果梗长3~4厘米。花期4~6月，果期9~10月。

产于巴东，生于山坡林中，属湖北省新记录；分布于辽宁、吉林、黑龙江、内蒙古、河北、山西、山东、陕西、甘肃；也分布于蒙古、朝鲜、俄罗斯西伯利亚等地。

2. 湖北海棠　*Malus hupehensis* (Pamp.) Rehd. in Journ. Arn. Arb. 14: 207. 1933.

乔木，高达8米；小枝最初有短柔毛，不久脱落，老枝紫色至紫褐色；冬芽卵形，先端急尖，鳞片边缘有疏生短柔毛，暗紫色。叶片卵形至卵状椭圆形，长5~10厘米，宽2.5~4厘米，先端渐尖，基部宽楔形，稀近圆形，边缘有细锐锯齿，嫩时具稀疏短柔毛，不久脱落无毛，常呈紫红色；叶柄长1~3厘米，嫩时有稀疏短柔毛，逐渐脱落；托叶草质至膜质，线状披针形，先端渐尖，有疏生柔毛，早落。伞房花序，具花4~6朵，花梗长3~6厘米，无毛或稍有长柔毛；苞片膜质，披针形，早落；花直径3.5~4厘米；萼筒外面无毛或稍有长柔毛；萼片三角卵形，先端渐尖或急尖，长4~5毫米，外面无毛，

内面有柔毛，略带紫色，与萼筒等长或稍短；花瓣倒卵形，长约1.5厘米，基部有短爪，粉白色或近白色；雄蕊20枚，花丝长短不齐，约等于花瓣之半；花柱3根，稀4根，基部有长绒毛，较雄蕊稍长。果实椭圆形或近球形，直径约1厘米，黄绿色稍带红晕，萼片脱落；果梗长2～4厘米。花期4～5月，果期8～9月。

恩施州广布，生于山坡林中；分布于湖北、湖南、江西、江苏、浙江、安徽、福建、广东、甘肃、陕西、河南、山西、山东、四川、云南、贵州。

3. 垂丝海棠　　*Malus halliana* Koehne, Gatt. Pomac. 27. 1890.

乔木，高达5米，树冠开展；小枝细弱，微弯曲，圆柱形，最初有毛，不久脱落，紫色或紫褐色；冬芽卵形，先端渐尖，无毛或仅在鳞片边缘具柔毛，紫色。叶片卵形或椭圆形至长椭卵形，长3.5～8厘米，宽2.5～4.5厘米，先端长渐尖，基部楔形至近圆形，边缘有圆钝细锯齿，中脉有时具短柔毛，其余部分均无毛，上面深绿色，有光泽并常带紫晕；叶柄长5～25毫米，幼时被稀疏柔毛，老时近于无毛；托叶小，膜质，披针形，内面有毛，早落。伞房花序，具花4～6朵，花梗细弱，长2～4厘米，下垂，有稀疏柔毛，紫色；花直径3～3.5厘米；萼筒外面无毛；萼片三角卵形，长3～5毫米，先端钝，全缘，外面无毛，内面密被绒毛，与萼筒等长或稍短；花瓣倒卵形，长约1.5厘米，基部有短爪，粉红色，常在5数以上；雄蕊20～25枚，花丝长短不齐，约等于花瓣之半；花柱4或5根，较雄蕊为长，基部有长绒毛，顶花有时缺少雌蕊。果实梨形或倒卵形，直径6～8毫米，略带紫色，成熟很迟，萼片脱落；果梗长2～5厘米。花期3～4月，果期9～10月。

产于建始，生于山坡林中；分布于江苏、浙江、安徽、陕西、四川、云南、湖北。

4. 苹果　　*Malus pumila* Mill. Gard. Dict. ed. 8. M. no. 3. 1768.

乔木，高可达15米，多具有圆形树冠和短主干；小枝短而粗，圆柱形，幼嫩时密被绒毛，老枝紫褐色，无毛；冬芽卵形，先端钝，密被短柔毛。叶片椭圆形、卵形至宽椭圆形，长4.5～10厘米，宽3～5.5厘米，先端急尖，基部宽楔形或圆形，边缘具有圆钝锯齿，幼嫩时两面具短柔毛，长成后上面无毛；叶柄粗壮，长1.5～3厘米，被短柔毛；托叶草质，披针形，先端渐尖，全缘，密被短柔毛，早落。伞房花序，具花3～7朵，集生于小枝顶端，花梗长1～2.5厘米，密被绒毛；苞片膜质，线状披针形，先端渐尖，全缘，被绒毛；花直径3～4厘米；萼筒外面密被绒毛；萼片三角披针形或三角卵形，长6～8毫米，先端渐尖，全缘，内外两面均密被绒毛，萼片比萼筒长；花瓣倒卵形，长15～18毫米，基部具短爪，白色，含苞未放时带粉红色；雄蕊20枚，花丝长短不齐，约等于花瓣之半；花柱5根，下半部密被灰白色绒毛，较雄蕊稍长。果实扁球形，直径在2厘米以上，先端常有隆起，萼洼下

陷，萼片永存，果梗短粗。花期5月，果期7～10月。

恩施州广泛栽培；辽宁、河北、山西、山东、陕西、甘肃、四川、云南、西藏常见栽培；原产欧洲及亚洲中部。

5. 花红 *Malus asiatica* Nakai in Matsumura, Ic. Pl. Koisik. 3: t. 155. 1915.

小乔木，高4～6米；小枝粗壮，圆柱形，嫩枝密被柔毛，老枝暗紫褐色，无毛，有稀疏浅色皮孔；冬芽卵形，先端急尖，初时密被柔毛，逐渐脱落，灰红色。叶片卵形或椭圆形，长5～11厘米，宽4～5.5厘米，先端急尖或渐尖，基部圆形或宽楔形，边缘有细锐锯齿，上面有短柔毛，逐渐脱落，下面密被短柔毛；叶柄长1.5～5厘米，具短柔毛；托叶小，膜质，披针形，早落。伞房花序，具花4～7朵，集生在小枝顶端；花梗长1.5～2厘米，密被柔毛；花直径3～4厘米；萼筒钟状，外面密被柔毛；萼片三角披针形，长4～5毫米，先端渐尖，全缘，内外两面密被柔毛，萼片比萼筒稍长；花瓣倒卵形或长圆倒卵形，长8～13毫米，宽4～7毫米，基部有短爪，淡粉色；雄蕊17～20枚，花丝长短不等，比花瓣短；花柱4～5根，基部具长绒毛，比雄蕊较长。果实卵形或近球形，直径4～5厘米，黄色或红色，先端渐狭，不具隆起，基部陷入，宿存萼肥厚隆起。花期4～5月，果期8～9月。

恩施州广布，生于山坡林中；分布于内蒙古、辽宁、河北、河南、山东、山西、陕西、甘肃、湖北、四川、贵州、云南、新疆。

6. 三叶海棠 *Malus sieboldii* (Regel) Rehd. in Sarg. Pl. Wils. 2: 293. 1915.

灌木，高2～6米，枝条开展；小枝圆柱形，稍有棱角，嫩时被短柔毛，老时脱落，暗紫色或紫褐色；冬芽卵形，先端较钝，无毛或仅在先端鳞片边缘微有短柔毛，紫褐色。叶片卵形、椭圆形或长椭圆形，长3～7.5厘米，宽2～4厘米，先端急尖，基部圆形或宽楔形，边缘有尖锐锯齿，在新枝上的叶片锯齿粗锐，常3裂，稀5浅裂，幼叶上下两面均被短柔毛，老叶上面近于无毛，下面沿中肋及侧脉有短柔毛；叶柄长1～2.5厘米，有短柔毛；托叶草质，窄披针形，先端渐尖，全缘，微被短柔毛。花4～8朵，集生于小枝顶端，花梗长2～2.5厘米，有柔毛或近于无毛；苞片膜质，线状披针形，先端渐尖，全缘，内面被柔毛，早落；花直径2～3厘米；萼筒外面近无毛或有柔毛；萼片三角卵形，先端尾状渐尖，全缘，长5～6毫米，外面无毛，内面密被绒毛，约与萼筒等长或稍长；花瓣长椭倒卵形，长1.5～1.8厘米，基部有短爪，淡粉红色，在花蕾时颜色较深；雄蕊20枚，花丝长短不齐，约等于花瓣之半；花柱3～5根，基部有长柔毛，较雄蕊稍长。果实近球形，直径6～8毫米，红色或褐黄色，萼片脱落，果梗长2～3厘米。花期4～5月，果期8～9月。

产于巴东，生于山坡林中；分布于辽宁、山东、陕西、甘肃、江西、浙江、湖北、湖南、四川、贵州、福建、广东、广西；也分布于日本、朝鲜等地。

7. 光叶陇东海棠（变型） *Malus kansuensis* (Batal.) Schneid. f. *calva* Rehd. in Journ. Arn. Arb. 2: 50. 1920.

灌木至小乔木，高3～5米；小枝粗壮，圆柱形，嫩时有短柔毛，不久脱落。老时紫褐色或暗褐色；冬芽卵形，先端钝，鳞片边缘具绒毛，暗紫色。叶片卵形或宽卵形，长5～8厘米，宽4～6厘米，先端急尖或渐尖，基部圆形或截形，边缘有细锐重锯齿，通常3浅裂，稀有不规则分裂或不裂，裂片三角卵形，先端急尖，下面无毛；叶柄长1.5～4厘米，有疏生短柔毛；托叶草质，线状披针形，先端渐尖，边缘有疏生腺齿，长6~10毫米，稍有柔毛。伞形总状花序，具花4~10朵，直径5~6.5厘米，总花梗无毛，花梗长2.5~3.5厘米；苞片膜质，线状披针形，很早脱落；花直径1.5~2厘米；萼筒外面无毛；萼片三角卵形至三角披针形，先端渐尖，全缘，外面无毛，内面具长柔毛，与萼筒等长或稍长；花瓣宽倒卵形，基部有短爪，内面上部有稀疏长柔毛，白色；雄蕊20枚，花丝长短不一，约等于花瓣之半；花柱3根，稀4或2根，基部无毛，比雄蕊稍长。果实椭圆形或倒卵形，直径1~1.5厘米，黄红色，有少数石细胞，萼片脱落，果梗长2~3.5厘米。花期6月，果期8月下旬。

产于巴东，生于山坡林中；分布于陕西、湖北、四川。

8. 河南海棠　*Malus honanensis* Rehd. in Jouan. Arn. Arb. 2: 51. 1920.

灌木或小乔木，高达5~7米；小枝细弱，圆柱形，嫩时被稀疏绒毛，不久脱落，老枝红褐色，无毛，具稀疏褐色皮孔；冬芽卵形，先端钝，鳞片边缘被长柔毛，红褐色。叶片宽卵形至长椭卵形，长4~7厘米，宽3.5~6厘米，先端急尖，基部圆形、心形或截形，边缘有尖锐重锯齿，两侧具有3~6浅裂，裂片宽卵形，先端急尖，两面具柔毛，上面不久脱落；叶柄长1.5~2.5厘米，被柔毛；托叶膜质，线状披针形，早落。伞形总状花序，具花5~10朵，花梗细，长1.5~3厘米，嫩时被柔毛，不久脱落；花直径约1.5厘米；萼筒外被稀疏柔毛；萼片三角卵形，先端急尖，全缘，长约2毫米，外面无毛，内面密被长柔毛，比萼筒短；花瓣卵形，长7~8毫米，基部近心形，有短爪，两面无毛，粉白色；雄蕊约20枚；花柱3~4根，基部合生，无毛。果实近球形，直径约8毫米，黄红色，萼片宿存。花期5月，果期8~9月。

恩施州广布，生于山坡林中；分布于河南、河北、山西、陕西、甘肃、湖北。

9. 川鄂滇池海棠（变种）　*Malus yunnanensis* (Franch.) Schneid. var. *veitchii* (Veitch) Rehd. in Journ. Arn. Arb. 4: 115. 1923.

乔木，高达10米；小枝粗壮，圆柱形，微带棱条，幼时密被绒毛，老时逐渐脱落减少，暗紫色或紫褐色；冬芽较肥大，卵形，先端钝，无毛或仅在鳞片边缘微具短柔毛，暗紫色。叶片卵形，基部多心形，叶边具有显著短渐尖裂片，长6~12厘米，宽4~7厘米，上面近于无毛，下面最后几无毛；叶柄长2~3.5厘米，具绒毛；托叶膜质，线形，长6~8毫米，先端急尖，边缘有疏生腺齿，内面被白色绒毛。伞形总状花序，具花8~12朵，总花梗和花梗均被绒毛，花梗长1.5~3厘米；苞片膜质，线状披针形，先端渐尖，边缘有疏生腺齿，内面具绒毛；花直径约 1.5 厘米；萼筒钟状，外面密被绒毛；萼片三角卵形，长 3~4 毫米，先端渐尖，全缘，内外两面被绒毛，约与萼筒等长；花瓣近圆形，长约 8 毫米，基部有短爪，上面基部具毛，白色；雄蕊 20~25 枚，花丝长短不等，比花瓣稍短；花柱 5 根，基部无毛，约与雄蕊等长。果实球形，直径 1~1.5 厘米，红色，有白点，萼片宿存；果梗长 2~3 厘米。花期 5 月，果期 8~9 月。

产于巴东，生于山坡林中；分布于湖北、四川、贵州。

花楸属 *Sorbus* L.

落叶乔木或灌木；冬芽大形，具多数覆瓦状鳞片。叶互生，有托叶，单叶或奇数羽状复叶，在芽中为对折状，稀席卷状。花两性，多数成顶生复伞房花序；萼片和花瓣各 5 片；雄蕊 15~25 枚；心皮 2~5 个，部分离生或全部合生；子房半下位或下位，2~5 室，每室具 2 枚胚珠。果实为 2~5 室小形梨果，子房壁成软骨质，各室具 1~2 粒种子。

本属有 80 余种；中国产 50 余种；恩施州产 9 种。

分种检索表

1. 羽状复叶；果实上有宿存的萼片；心皮 2~4 个，稀 5 个，大部分与花托合生；花柱 2~4 根，通常离生。
    2. 小叶片 7~21 对；小叶片 8~12 对，全部边缘有锯齿，下面近于无毛；叶轴和花序有稀疏白色柔毛 ⋯ 1. 陕甘花楸 *Sorbus koehneana*
    2. 小叶片 2~9 对。
        3. 托叶膜质，脱落早；果实白色或红色 ⋯⋯⋯⋯⋯⋯⋯⋯⋯⋯⋯⋯⋯⋯⋯⋯⋯⋯ 2. 湖北花楸 *Sorbus hupehensis*
        3. 托叶草质，脱落迟；果实红色、黄色稀白色 ⋯⋯⋯⋯⋯⋯⋯⋯⋯⋯⋯⋯⋯⋯⋯ 3. 华西花楸 *Sorbus wilsoniana*
1. 单叶，叶边有锯齿或浅裂片。
    4. 果实上有宿存的萼片；心皮 2~3 个，稀 4 个，大部分与花托合生，仅先端游离；花柱 2~4 根，基部合生 ⋯⋯ 4. 大果花楸 *Sorbus megalocarpa*
    4. 果实上无宿存的萼片，全部脱落；心皮 2~3 个，稀 4~5 个，全部与花托合生；花柱 2~5 根，基部合生。
        5. 叶片下面被绒毛。
            6. 果实椭圆形，近平滑；中脉、侧脉和叶柄上均被白色绒毛 ⋯⋯⋯⋯⋯⋯⋯⋯⋯ 5. 石灰花楸 *Sorbus folgneri*
            6. 果实近球形，有少数斑点；叶片下面被灰白色绒毛，中脉和侧脉无毛，叶柄无毛或微具绒毛；花梗和萼筒外有白色绒毛 ⋯⋯⋯⋯⋯⋯⋯⋯⋯⋯⋯⋯⋯⋯⋯⋯⋯⋯⋯⋯⋯⋯⋯⋯⋯⋯⋯⋯⋯⋯⋯⋯⋯⋯⋯⋯⋯ 6. 江南花楸 *Sorbus hemsleyi*
        5. 叶片下面无毛或微具毛。
            7. 叶脉 7~11 对，在叶边略为弯曲；花序具白色绒毛；叶片倒卵形或长圆倒卵形，下面具绒毛，不久脱落，叶边锯齿较钝 ⋯⋯ 7. 毛序花楸 *Sorbus keissleri*
            7. 叶脉 10~20 对，直达叶边锯齿尖端。
                8. 叶柄长 1.5~3 厘米；果实椭圆形或卵形，2 室，不具斑点；叶边具尖锐重锯齿 ⋯⋯⋯⋯⋯⋯ 8. 水榆花楸 *Sorbus alnifolia*
                8. 叶柄长 0.5~2 厘米；果实近球形，3~5 室，有斑点 ⋯⋯⋯⋯⋯⋯⋯⋯⋯⋯⋯ 9. 美脉花楸 *Sorbus caloneura*

1. 陕甘花楸　*Sorbus koehneana* Schneid. in Bull. Herb. Boiss. ser. 2. 6: 316. 1906.

灌木或小乔木，高达 4 米；小枝圆柱形，暗灰色或黑灰色，具少数不明显皮孔，无毛；冬芽长卵形，先端急尖或稍钝，外被数枚红褐色鳞片，无毛或仅先端有褐色柔毛。奇数羽状复叶，连叶柄共长 10~16 厘米，叶柄长 1~2 厘米；小叶片 8~12 对，间隔 7~12 毫米，长圆形至长圆披针形，长 1.5~3 厘米，宽 0.5~1 厘米，先端圆钝或急尖，基部偏斜圆形，边缘每侧有尖锐锯齿 10~14 个，全部有锯齿或仅基部全缘，上面无毛，下面灰绿色，仅

在中脉上有稀疏柔毛或近无毛，不具乳头状突起；叶轴两面微具窄翅，有极稀疏柔毛或近无毛，上面有浅沟；托叶草质，少数近于膜质，披针形，有锯齿，早落。复伞房花序多生在侧生短枝上，具多数花朵，总花梗和花梗有稀疏白色柔毛；花梗长1~2毫米；萼筒钟状，内外两面均无毛；萼片三角形，先端圆钝，外面无毛，内面微具柔毛；花瓣宽卵形，长4~6毫米，宽3~4毫米，先端圆钝，白色，内面微具柔毛或近无毛；雄蕊20枚，长约为花瓣的1/3；花柱5根，几与雄蕊等长，基部微具柔毛或无毛。果实球形，直径6~8毫米，白色，先端具宿存闭合萼片。花期6月，果期9月。

产于巴东，生于山坡林中；分布于山西、河南、陕西、甘肃、青海、湖北、四川。

2. 湖北花楸　*Sorbus hupehensis* Schneid. in Bull. Herb. Boiss. ser. 2. 6: 316. 1906.

乔木，高5~10米；小枝圆柱形，暗灰褐色，具少数皮孔，幼时微被白色绒毛，不久脱落；冬芽长卵形，先端急尖或短渐尖，外被数枚红褐色鳞片，无毛。奇数羽状复叶，连叶柄共长10~15厘米，叶柄长1.5~3.5厘米；小叶片4~8对，间隔0.5~1.5厘米，基部和顶端的小叶片较中部的稍长，长圆披针形或卵状披针形，长3~5厘米，宽1~1.8厘米，先端急尖、圆钝或短渐尖，边缘有尖锐锯齿，近基部1/3或1/2几为全缘；上面无毛，下面沿中脉有白色绒毛，逐渐脱落无毛，侧脉7~16对，几乎直达叶边锯齿；叶轴上面有沟，初期被绒毛，以后脱落；托叶膜质，线状披针形，早落。复伞房花序具多数花朵，总花梗和花梗无毛或被稀疏白色柔毛；花梗长3~5毫米；花直径5~7毫米；萼筒钟状，外面无毛，内面几无毛；萼片三角形，先端急尖，外面无毛，内面近先端微具柔毛；花瓣卵形，长3~4毫米，宽约3毫米，先端圆钝，白色；雄蕊20枚，长约为花瓣的1/3；花柱4~5根，基部有灰白色柔毛，稍短于雄蕊或几与雄蕊等长。果实球形，直径5~8毫米，白色，有时带粉红晕，先端具宿存闭合萼片。花期5~7月，果期8~9月。

恩施州广布，生于山坡密林内；分布于湖北、江西、安徽、山东、四川、贵州、陕西、甘肃、青海。

3. 华西花楸　*Sorbus wilsoniana* Schneid. in Bull. Herb. Boiss. ser. 2. 6: 312. 1906.

乔木，高5~10米；小枝粗壮，圆柱形，暗灰色，有皮孔，无毛；冬芽长卵形，肥大，先端急尖，外被数枚红褐色鳞片，无毛或先端具柔毛。奇数羽状复叶，连叶柄长20~25厘米，叶柄长5~6厘米；小叶片6~7对，间隔1.5~3厘米，顶端和基部的小叶片常较中部的稍小，长圆椭圆形或长圆披针形，长5~8.5厘米，宽1.8~2.5厘米，先端急尖或渐尖，基部宽楔形或圆形，边缘每侧有8~20个细锯齿，基部近于全缘，上下两面均无毛或仅在

下面沿中脉附近有短柔毛，侧脉 17～20 对，在边缘稍弯曲；叶轴上面有浅沟，下面无毛或在小叶着生处有短柔毛；托叶发达，草质，半圆形，有锐锯齿，开花后有时脱落。复伞房花序具多数密集的花朵，总花梗和花梗均被短柔毛；花梗长 2～4 毫米；花直径 6～7 毫米；萼筒钟状，外面有短柔毛，内面无毛；萼片三角形，先端稍钝，外面微具短柔毛或无毛，内面无毛；花瓣卵形，长与宽各 3～3.5 毫米，先端圆钝，稀微凹，白色，内面无毛或微有柔毛；雄蕊 20 枚，短于花瓣；花柱 3～5 根，较雄蕊短，基部密具柔毛。果实卵形，直径 5～8 毫米，橘红色，先端有宿存闭合萼片。花期 5 月，果期 9 月。

恩施州广布，生于山地林中；分布于湖北、湖南、四川、贵州、云南、广西。

4. 大果花楸　*Sorbus megalocarpa* Rehd. in. Sarg. Pl. Wils. 2: 266. 1915.

灌木或小乔木，高 5～8 米，有时附生在其他乔木枝干上面；小枝粗壮，圆柱形，具明显皮孔，幼嫩时微被短柔毛，老时脱落，黑褐色；冬芽膨大，卵形，先端稍钝，外被多数棕褐色鳞片，无毛。叶片椭圆倒卵形或倒卵状长椭圆形，长 10～18 厘米，宽 5～9 厘米，先端渐尖，基部楔形或近圆形，边缘有浅裂片和圆钝细锯齿，上下两面均无毛，有时下面脉腋间有少数柔毛，侧脉 14～20 对，直达叶边锯齿尖端，上面微下陷，下面突起；叶柄长 1～1.8 厘米，无毛。复伞房花序具多花，总花梗和花梗被短柔毛；花梗长 5～8 毫米；花直径 5～8 毫米；萼筒钟状，外面被短柔毛，内面近无毛；萼片宽三角形，先端急尖，外面微具短柔毛，内面无毛；花瓣宽卵形至近圆形，长约 3 毫米，宽几与长相等，先端圆钝；雄蕊 20 枚，约与花瓣等长；花柱 3～4 根，基部合生，与雄蕊等长，无毛。果实卵球形或扁圆形，直径 1～1.5 厘米，有时达 2 厘米，长 2～3.5 厘米，暗褐色，密被锈色斑点，3～4 室，萼片残存在果实先端呈短筒状。花期 4 月，果期 7～8 月。

产于利川，生于山坡林中；分布于湖北、湖南、四川、贵州、云南、广西。

5. 石灰花楸　*Sorbus folgneri* (Schneid.) Rehd. in Sarg. Pl. Wils. 2: 271. 1915.

乔木，高达 10 米；小枝圆柱形，具少数皮孔，黑褐色，幼时被白色绒毛；冬芽卵形，先端急尖，外具数枚褐色鳞片。叶片卵形至椭圆卵形，长 5～8 厘米，宽 2～3.5 厘米，先端急尖或短渐尖，基部宽楔形或圆形，边缘有细锯齿或在新枝上的叶片有重锯齿和浅裂片，上面深绿色，无毛，下面密被白色绒毛，中脉和侧脉上也具绒毛，侧脉通常 8～15 对，直达叶边锯齿顶端；叶柄长 5～15 毫米，密被白色绒毛。复伞房花序具多花，总花梗和花梗均被白色绒毛；花梗长 5～8 毫米；花直径 7～10 毫米；萼筒钟状，外被白色绒毛，内面稍具绒毛；萼片三角卵形，先端急尖，外面被绒毛，内面微有绒毛；花瓣卵形，长 3～4 毫米，宽 3～3.5 毫米，先端圆钝，白色；雄蕊 18～20 枚，几与花瓣等长或稍长；花柱 2～3 根，近基部合生并有绒毛，短于雄蕊。果实椭圆形，直径 6～7 毫米，长 9～13 毫米，红色，近平滑或有极少数不显明的细小斑点，2～3 室，先端萼片脱落后留有圆穴。花期 4～5 月，果期 7～8 月。

恩施州广布，生于山坡林中；分布于陕西、甘肃、河南、湖北、湖南、江西、安徽、广东、广西、贵州、四川、云南。

6. 江南花楸　*Sorbus hemsleyi* (Schneid.) Rehd. in Sarg. Pl. Wils. 2: 276. 1915.

乔木或灌木，高 7～10 米；小枝圆柱形，暗红褐色，有显明皮孔，无毛，棕褐色；冬芽卵形，先端急尖，外被数枚暗红色鳞片，无毛。叶片卵形至长椭圆形，稀长椭圆倒卵形，长 5～11 厘米，宽 2.5～5.5

厘米，先端急尖或短渐尖，基部楔形，稀圆形，边缘有细锯齿并微向下卷，上面深绿色，无毛，下面除中脉和侧脉外均有灰白色绒毛，侧脉12~14对，直达叶边齿端；叶柄通常长1~2厘米，无毛或微有绒毛。复伞房花序有花20~30朵；花梗长5~12毫米，被白色绒毛；花直径10~12毫米；萼筒钟状，外面密被白色绒毛，内面微有柔毛；萼片三角卵形，先端急尖，外被白色绒毛，内面微有绒毛；花瓣宽卵形，长4~5毫米，先端圆钝，白色，内面微有绒毛；雄蕊20枚，长短不齐，长者几与花瓣等长；花柱2根，基部合生，并有白色绒毛，短于雄蕊。果实近球形，直径5~8毫米，有少数斑点，先端萼片脱落后留有圆斑。花期5月，果期8~9月。

恩施州广布，生于山坡林中；分布于湖北、湖南、江西、安徽、浙江、广西、四川、贵州、云南。

7. 毛序花楸　*Sorbus keissleri* (Schneid.) Rehd. in Sarg. Pl. Wils. 2: 269. 1915.

乔木，高达15米；小枝圆柱形，嫩时具白色绒毛，不久脱落；二年生枝黑褐色，具显著皮孔；冬芽卵形，先端稍急尖，外有数枚暗褐色鳞片，无毛。叶片倒卵形或长圆倒卵形，长7~11.5厘米，宽3.5~6厘米，先端短渐尖，基部楔形，边缘有圆钝细锯齿，近基部全缘，上下两面均有绒毛，不久脱落，或仅在下面主脉上残存稀疏绒毛，侧脉8~10对，在叶边缘分枝成网状；叶柄长约5毫米，幼时具灰白色绒毛，以后逐渐脱落。复伞房花序有多数密集花朵，总花梗和花梗密被灰白色绒毛；花梗长2~5毫米；萼筒钟状，外面微具绒毛，内面无毛；萼片三角卵形，先端稍圆钝，内外两面无毛；

花瓣卵形或近圆形，长约3毫米，宽几与长相等，先端圆钝，白色；雄蕊20枚，几与花瓣等长；花柱2~3根，通常3根，中部以下合生，光滑无毛，稍短于雄蕊。果实卵形，直径约1厘米，外面有少数不显著的细小斑点，2~3室，先端萼片脱落后残留圆穴。花期5月，果期8~9月。

恩施州广布，生于山坡林中；分布于江西、湖北、湖南、广西、四川、贵州、云南、西藏。

8. 水榆花楸　*Sorbus alnifolia* (Sieb. et Zucc.) K. Koch in Ann. Mus. Bot. Lugd. -Bat. 1: 249. 1864.

乔木，高达20米；小枝圆柱形，具灰白色皮孔，幼时微具柔毛，二年生枝暗红褐色，老枝暗灰褐色，无毛；冬芽卵形，先端急尖，外具数枚暗红褐色无毛鳞片。叶片卵形至椭圆卵形，长5~10厘米，宽3~6厘米，先端短渐尖，基部宽楔形至圆形，边缘有不整齐的尖锐重锯齿，有时微浅裂，上下两面无毛或在下面的中脉和侧脉上微具短柔毛，侧脉6~14对，直达叶边齿尖；叶柄长1.5~3厘米，无毛或微具稀疏柔毛。复伞房花序较疏松，具花6~25朵，总花梗和花梗具稀疏柔毛；花梗长6~12毫米；花直径10~18毫米；萼筒钟状，外面无毛，内面近无毛；萼片三角形，先端急尖，外面无毛，内面密被白色绒毛；花瓣卵形或近圆形，长5~7毫米，宽3.5~6毫米，先端圆钝，白色；雄蕊20枚，短于花瓣；花柱2根，基部或中部以下合生，光滑无毛，短于雄蕊。果实椭圆形或卵形，直径7~10毫米，红色或黄色，不具斑点或具极少数细小斑点，2室，萼片脱落后果实先端残留圆斑。花期5月，果期8~9月。

恩施州广布，生于山坡林中；分布于黑龙江、吉林、辽宁、河北、河南、陕西、甘肃、山东、安徽、湖北、江西、浙江、四川；朝鲜和日本也有分布。

9. 美脉花楸　Sorbus caloneura (Stapf) Rehd. in Sarg. Pl. Wils. 2: 269. 1915.

乔木或灌木，高达10米；小枝圆柱形，具少数不显明皮孔，暗红褐色，幼时无毛；冬芽卵形，外被数枚褐色鳞片，无毛。叶片长椭圆形、长椭卵形至长椭倒卵形，长7~12厘米，宽3~5.5厘米，先端渐尖，基部宽楔形至圆形，边缘有圆钝锯齿，上面常无毛，下面叶脉上有稀疏柔毛，侧脉10~18对，直达叶边齿尖；叶柄长1~2厘米，无毛。复伞房花序有多花，总花梗和花梗被稀疏黄色柔毛；花梗长5~8毫米；花直径6~10毫米；萼筒钟状，外面具稀疏柔毛，内面无毛；萼片三角卵形，先端急尖，外面被稀疏柔毛，内面近无毛；花瓣宽卵形，长3~4毫米，宽几与长相等，先端圆钝，白色；雄蕊20枚，稍短于花瓣；花柱4~5根，中部以下部分合生，无毛，短于雄蕊。果实球形，稀倒卵形，直径约1厘米，长1~1.4厘米，褐色，外被显著斑点，4~5室，萼片脱落后残留圆斑。花期4月，果期8~10月。

恩施州广布，生于山地林中；分布于湖北、湖南、四川、贵州、云南、广东、广西；越南也有。

枇杷属　*Eriobotrya* Lindl.

常绿乔木或灌木。单叶互生，边缘有锯齿或近全缘，羽状网脉显明；通常有叶柄或近无柄；托叶多早落。花成顶生圆锥花序，常有绒毛；萼筒杯状或倒圆锥状，萼片5片，宿存；花瓣5片，倒卵形或圆形，无毛或有毛，芽时呈卷旋状或双盖覆瓦状排列；雄蕊20~40枚；花柱2~5根，基部合生，常有毛，子房下位，合生，2~5室，每室有2枚胚珠。梨果肉质或干燥，内果皮膜质，有1或数粒大种子。

本属约有30种；我国产13种；恩施州产2种。

分种检索表

1. 幼叶下面有疏柔毛或绒毛，老时仍不脱落；叶片披针形、倒披针形、倒卵形或椭圆长圆形，长12~30厘米，宽3~9厘米，上面多皱，下面密生灰棕色绒毛；花柱5根·················· 1. 枇杷 *Eriobotrya japonica*
1. 幼叶下面有棕色或棕黄色绒毛，老时脱落近无毛；叶边不外卷，有浅锐锯齿；叶柄长1.5~2.5厘米；总花梗和花梗疏生短柔毛或近无毛·················· 2. 大花枇杷 *Eriobotrya cavaleriei*

1. 枇杷　*Eriobotrya japonica* (Thunb.) Lindl. in Trans. Linn. Soc. 13: 102. 1822.

常绿小乔木，高可达10米；小枝粗壮，黄褐色，密生锈色或灰棕色绒毛。叶片革质，披针形、倒披针形、倒卵形或椭圆长圆形，长12~30厘米，宽3~9厘米，先端急尖或渐尖，基部楔形或渐狭成叶柄，上部边缘有疏锯齿，基部全缘，上面光亮，多皱，下面密生灰棕色绒毛，侧脉11~21对；叶柄短或几无柄，长6~10毫米，有灰棕色绒毛；托叶钻形，长1~1.5厘米，先端急尖，有毛。圆锥花序顶生，长

10~19厘米，具多花；总花梗和花梗密生锈色绒毛；花梗长 2~8 毫米；苞片钻形，长 2~5 毫米，密生锈色绒毛；花直径 12~20 毫米；萼筒浅杯状，长 4~5 毫米，萼片三角卵形，长 2~3 毫米，先端急尖，萼筒及萼片外面有锈色绒毛；花瓣白色，长圆形或卵形，长 5~9 毫米，宽 4~6 毫米，基部具爪，有锈色绒毛；雄蕊 20 枚，远短于花瓣，花丝基部扩展；花柱 5 根，离生，柱头头状，无毛，子房顶端有锈色柔毛，5 室，每室有 2 枚胚珠。果实球形或长圆形，直径 2~5 厘米，黄色或橘黄色，外有锈色柔毛，不久脱落；种子 1~5 粒，球形或扁球形，直径 1~1.5 厘米，褐色，光亮，种皮纸质。花期 10~12 月，果期 5~6 月。

恩施州广泛栽培；分布于甘肃、陕西、河南、江苏、安徽、浙江、江西、湖北、湖南、四川、云南、贵州、广西、广东、福建、台湾，各地广为栽培；日本、印度、越南、缅甸、泰国也有栽培。

叶药用，有化痰止咳，和胃降气之效。

2. 大花枇杷 *Eriobotrya cavaleriei* (Levl.) Rehd. in Journ. Arn. Arb. 13: 307. 1932.

常绿乔木，高 4~6 米；小枝粗壮，棕黄色，无毛。叶片集生枝顶，长圆形、长圆披针形或长圆倒披针形，长 7~18 厘米，宽 2.5~7 厘米，先端渐尖，基部渐狭，边缘具疏生内曲浅锐锯齿；近基部全缘，上面光亮，无毛，下面近无毛，中脉在两面凸起，侧脉 7~14 对，网脉在下面显著；叶柄长 1.5~4 厘米，无毛。圆锥花序顶生，直径 9~12 厘米；总花梗和花梗有稀疏棕色短柔毛；花梗粗壮，长 3~10 毫米；花直径 1.5~2.5 厘米；萼筒浅杯状，长 3~5 毫米，外面有稀疏棕色短柔毛；萼片三角卵形，长 2~3 毫米，先端钝，沿边缘有棕色绒毛；花瓣白色，倒卵形，长 8~10 毫米，微缺，无毛；雄蕊 20 枚；长 4~5 毫米；花柱 2~3 根，基部合生，长 4 毫米，中部以下有白色长柔毛，子房无毛。果实椭圆形或近球形，直径 1~1.5 厘米，橘红色，肉质，具颗粒状突起，无毛或微有柔毛，顶端有反折宿存萼片。花期 4~5 月，果期 7~8 月。

产于咸丰、利川，生于山坡林中；分布于四川、贵州、湖北、湖南、江西、福建、广西、广东；越南也有分布。

红果树属 *Stranvaesia* Lindl.

常绿乔木或灌木；冬芽小，卵形，有少数外露鳞片。单叶，互生，革质，全缘或有锯齿，有叶柄与托叶。顶生伞房花序；苞片早落；萼筒钟状，萼片 5 片；花瓣 5 片，白色，基部有短爪；雄蕊 20 枚；花柱 5 根，大部分连合成束，仅顶端部分离生；子房半下位，基部与萼筒合生，上半部离生，5 室，每室具 2 枚胚珠。梨果小，成熟后心皮与萼筒分离，沿心皮背部开裂，萼片宿存；种子长椭圆形，种皮软骨质，子叶扁平。

本属约有 5 种；我国约有 4 种；恩施州产 2 种。

分种检索表

1. 叶边有锯齿，叶片椭圆形、长圆形至长圆倒卵形，长 4~10 厘米；伞房花序，具花 3~9 朵；果实卵形，红黄色，直径 1~1.4 厘米 ·············· 1. 毛萼红果树 *Stranvaesia amphidoxa*
1. 叶边全缘，叶片长圆形、长圆披针形至倒披针形，长 5~12 厘米；复伞房花序，密具多花；果实近球形，橘红色，直径 7~8 毫米 ·············· 2. 红果树 *Stranvaesia davidiana*

1. 毛萼红果树 *Stranvaesia amphidoxa* Schneid. in Bull. Herb. Boiss. ser. 2. 6: 319. 1906.

灌木或小乔木，高达2～4米，分枝较密；小枝粗壮，有棱条，幼时被黄褐色柔毛，以后脱落，当年生枝紫褐色，老枝黑褐色，疏生浅褐色皮孔；冬芽卵形，先端急尖，红褐色，鳞片边缘具柔毛。叶片椭圆形、长圆形或长圆倒卵形，长4～10厘米，宽2～4厘米，先端渐尖或尾状渐尖，基部楔形或宽楔形，稀近圆形，边缘有带短芒的细锐锯齿，上面深绿色，无毛或近于无毛，中脉和6～8对侧脉均下陷，下面褐黄色，沿中脉具柔毛，中脉和侧脉均显著突起；叶柄宽短，长2～4毫米，有柔毛；托叶很小，早落。顶生伞房花序，直径2.5～4厘米，具花3～9朵；总花梗和花梗均密被褐黄色绒毛，花梗长4～10毫米；苞片及小苞片膜质，钻形，早落；花直径约8毫米；萼筒钟状，萼筒和萼片外面密被黄色绒毛；萼片三角卵形，长2～3毫米，比萼筒约短一半，先端急尖，全缘；花瓣白色，近圆形，直径5～7毫米，基部具短爪；雄蕊20枚，花药黄褐色，比花瓣稍短；花柱5根，大部分合生，外被黄白色绒毛，柱头头状，比雄蕊稍短。果实卵形，红黄色，直径1～1.4厘米，外面常微有柔毛，具浅色斑点；萼片宿存，直立或内弯，外被柔毛。花期5～6月，果期9～10月。

恩施州广布，生于山坡、路旁灌木丛中；分布于浙江、江西、湖北、湖南、四川、云南、贵州、广西。

2. 红果树 *Stranvaesia davidiana* Dcne. in Nouv. Arch. Mus. Hist. Nat. Paris 10: 179. 1874.

灌木或小乔木，高达1～10米，枝条密集；小枝粗壮，圆柱形，幼时密被长柔毛，逐渐脱落，当年枝条紫褐色，老枝灰褐色，有稀疏不显明皮孔；冬芽长卵形，先端短渐尖，红褐色，近于无毛或在鳞片边缘有短柔毛。叶片长圆形、长圆披针形或倒披针形，长5～12厘米，宽2～4.5厘米，先端急尖或突尖，基部楔形至宽楔形，全缘，上面中脉下陷，沿中脉被灰褐色柔毛，下面中脉突起，侧脉8～16对，不明显，沿中脉有稀疏柔毛；叶柄长1.2～2厘米，被柔毛，逐渐脱落；托叶膜质，钻形，长5～6毫米，早落。复伞房花序，直径5～9厘米，密具多花；总花梗和花梗均被柔毛，花梗短，长2～4毫米；苞片与小苞片均膜质，卵状披针形，早落；花直径5～10毫米；萼筒外面有稀疏柔毛；萼片三角卵形，先端急尖，全缘，长2～3毫米，长不及萼筒之半，外被少数柔毛；花瓣近圆形，直径约4毫米，基部有短爪，白色；雄蕊20枚，花药紫红色；花柱5根，大部分连合，柱头头状，比雄蕊稍短；子房顶端被绒毛。果实近球形，橘红色，直径7～8毫米；萼片宿存，直立；种子长椭圆形。花期5～6月，果期9～10月。

产于恩施、巴东，生于山坡灌丛中；分布于云南、广西、贵州、四川、湖北、江西、陕西、甘肃；越南也有。

石楠属 *Photinia* Lindl.

落叶或常绿乔木或灌木；冬芽小，具覆瓦状鳞片。叶互生，革质或纸质，多数有锯齿，稀全缘，有托叶。花两性，多数，成顶生伞形、伞房或复伞房花序，稀成聚伞花序；萼筒杯状、钟状或筒状，有短萼片5片；花瓣5片，开展，在芽中成覆瓦状或卷旋状排列；雄蕊20枚，稀较多或较少；心皮2个，稀3~5个，花柱离生或基部合生，子房半下位，2~5室，每室2枚胚珠。果实为2~5室小梨果，微肉质，成熟时不裂开，先端或三分之一部分与萼筒分离，有宿存萼片，每室有1~2粒种子；种子直立，子叶平凸。

本属有60余种；我国约40种；恩施州产7种1变种。

分种检索表

1. 叶常绿；花序复伞房状；总花梗和花梗在果期无疣点。
　2. 花序有绒毛、绵毛或密生柔毛 ··· 1. 贵州石楠 Photinia bodinieri
　2. 花序无毛或疏生柔毛。
　　3. 叶柄长2~4厘米；叶片长椭圆形、长倒卵形或倒卵状椭圆形 ······················ 2. 石楠 Photinia serratifolia
　　3. 叶柄长0.5~2厘米；叶片椭圆形、长圆形或长圆倒卵形，先端渐尖 ············ 3. 光叶石楠 Photinia glabra
1. 叶在冬季凋落；花序伞形、伞房或复伞房状，稀为聚伞状；总花梗和花梗在果期有显明疣点。
　4. 花序具少数花，通常6~10朵，伞形、伞房状或聚伞状 ····························· 4. 小叶石楠 Photinia parvifolia
　4. 花序具多数花，通常在10朵以上，伞房状或复伞房状。
　　5. 花序无毛。
　　　6. 叶片长圆形、倒卵状长圆形或卵状披针形，长5~10厘米，宽2~4.5厘米，先端突渐尖，基部圆形或楔形，侧脉9~14对 ·· 5. 中华石楠 Photinia beauverdiana
　　　6. 叶片较短，卵形、椭圆形至倒卵形，长3~6厘米，宽1.5~3.5厘米，先端短尾状渐尖，基部圆形，侧脉6~8对 ·· 6. 短叶中华石楠 Photinia beauverdiana var. brevifolia
　　5. 花序有毛。
　　　7. 叶片下面绒毛永存，侧脉10~15对；叶片长椭圆形或长圆披针形 ············ 7. 绒毛石楠 Photinia schneideriana
　　　7. 叶片下面被绒毛或柔毛，不久即脱落；叶片倒卵形或长圆倒卵形，成熟时仅下面叶脉有柔毛，侧脉5~7对 ·· 8. 毛叶石楠 Photinia villosa

1. 贵州石楠　*Photinia bodinieri* H. Lév.

原椤木石楠，并入贵州石楠。常绿乔木，高6~15米；幼枝黄红色，后成紫褐色，有稀疏平贴柔毛，老时灰色，无毛，有时具刺。叶片革质，长圆形、倒披针形、或稀为椭圆形，长5~15厘米，宽2~5厘米，先端急尖或渐尖，有短尖头，基部楔形，边缘稍反卷，有具腺的细锯齿，上面光亮，中脉初有贴生柔毛，后渐脱落无毛，侧脉10~12对；叶柄长8~15毫米，无毛。花多数，密集成顶生复伞房花序，直径10~12毫米；总花梗和花梗有平贴短柔毛，花梗长5~7毫米；苞片和小苞片微小，早落；花直径10~12毫米；萼筒浅杯状，直径2~3毫米，外面有疏生平贴短柔毛；萼片阔三角形，长约1毫米，先端急尖，有柔毛；花瓣圆形，直径3.5~4毫米，先端圆钝，基部有极短爪，内外两面皆无毛；雄蕊20枚，较花瓣短；花柱2根，基部合生并密被白色长柔毛。果实球形或卵形，直径7~10毫米，黄红色，无毛；种子2~4粒，卵形，长4~5毫米，褐色。花期5月，果期9~10月。

产于咸丰、利川，生于山坡林中；分布于陕西、江苏、安徽、浙江、江西、湖南、湖北、四川、云南、福建、广东、广西；越南、缅甸、泰国也有。

2. 石楠　*Photinia serratifolia* (Desf.) kalkman

常绿灌木或小乔木，高4~6米；枝褐灰色，无毛；冬芽卵形，鳞片褐色，无毛。叶片革质，长椭圆形、长倒卵形或倒卵状椭圆形，长9~22厘米，宽3~6.5厘米，先端尾尖，基部圆形或宽楔形，边缘有疏生具腺细锯齿，近基部全缘，上面光亮，幼时中脉有绒毛，成熟后两面皆无毛，中脉显著，侧脉25~30对；叶柄粗壮，长2~4厘米，幼时有绒毛，以后无毛。复伞房花序顶生，直径10~16厘米；总花梗和花梗无毛，花梗长3~5毫米；花密生，直径6~8毫米；萼筒杯状，长约1毫米，无毛；萼片阔三角形，长约1毫米，先端急尖，无毛；花瓣白色，近圆形，直径3~4毫米，内外两面皆无毛；雄蕊20枚，外轮较花瓣长，内轮较花瓣短，花药带紫色；花柱2根，有时为3根，基部合生，柱头头状，子房顶端有柔毛。果实球形，直径5~6毫米，红色，后成褐紫色，有1粒种子；种子卵形，长2毫米，棕色，平滑。花期4~5月，果期10月。

产于恩施、宣恩，生于杂木林中；分布于陕西、甘肃、河南、江苏、安徽、浙江、江西、湖南、湖北、福建、台湾、广东、广西、四川、云南、贵州；日本、印度尼西亚也有分布。

3. 光叶石楠　*Photinia glabra* (Thunb.) Maxim. in Bull. Acad. Sci. St. Petersb. 19: 178. 1873.

常绿乔木，高3~5米；老枝灰黑色，无毛，皮孔棕黑色，近圆形，散生。叶片革质，幼时及老时皆呈红色，椭圆形、长圆形或长圆倒卵形，长5~9厘米，宽2~4厘米，先端渐尖，基部楔形，边缘有疏生浅钝细锯齿，两面无毛，侧脉10~18对；叶柄长1~1.5厘米，无毛。花多数，成顶生复伞房花序，直径5~10厘米；总花梗和花梗均无毛；花直径7~8毫米；萼筒杯状，无毛；萼片三角形，长1毫米，先端急尖，外面无毛，内面有柔毛；花瓣白色，反卷，倒卵形，长约3毫米，先端圆钝，内面近基部有白色绒毛，基部有短爪；雄蕊20枚，约与花瓣等长或较短；花柱2根，稀为3根，离生或下部合生，柱头头状，子房顶端有柔毛。果实卵形，长约5毫米，红色，无毛。花期4~5月，果期9~10月。

产于宣恩、利川，生于山坡林中；分布于安徽、江苏、浙江、江西、湖南、湖北、福建、广东、广西、四川、云南、贵州；日本、泰国、缅甸也有。

叶供药用，有解热、利尿、镇痛作用。

4. 小叶石楠　*Photinia parvifolia* (Pritz.) Schneid. Ill. Handb. Laubh. 1: 711. f. 392. 1906.

落叶灌木，高1~3米；枝纤细，小枝红褐色，无毛，有黄色散生皮孔；冬芽卵形，长3~4毫米，先端急尖。叶片草质，椭圆形、椭圆卵形或菱状卵形，长4~8厘米，宽1~3.5厘米，先端渐尖或尾尖，基部宽楔形或近圆形，边缘有具腺尖锐锯齿，上面光亮，初疏生柔毛，以后无毛，下面无毛，侧脉4~6对；叶柄长1~2毫米，无毛。花2~9朵，成伞形花序，生于侧枝顶端，无总花梗；苞片及小苞片钻形，早落；花梗细，长1~2.5厘米，无毛，有疣点；花直径0.5~1.5厘米；萼筒杯状，直径约3毫米，无毛；萼片卵形，长约1毫米，先端急尖，外面无毛，内面疏生柔毛；花瓣白色，圆形，直径4～5毫米，先端钝，有极短爪，内面基部疏生长柔毛；雄蕊20枚，较花瓣短；花柱2～3根，中部以下合生，较雄蕊稍长，子房顶端密生长柔毛。果实椭圆形或卵形，长9～12毫米，直径5～7毫米，橘红色或紫色，无毛，有直立宿存萼片，内含2～3粒卵形种子；果梗长1～2.5厘米，密布疣点。花期4～5月，果期7～8月。

恩施州广布，生于山坡林中；分布于河南、江苏、安徽、浙江、江西、湖南、湖北、四川、贵州、台湾、广东、广西。

根、枝、叶供药用，有行血止血、止痛功效。

5. 中华石楠　*Photinia beauverdiana* Schneid. in Bull. Herb. Boiss. ser. 2. 6: 319. 1908.

落叶灌木或小乔木，高3～10米；小枝无毛，紫褐色，有散生灰色皮孔。叶片薄纸质，长圆形、倒卵状长圆形或卵状披针形，长5～10厘米，宽2～4.5厘米，先端突渐尖，基部圆形或楔形，边缘有疏生具腺锯齿，上面光亮，无毛，下面中脉疏生柔毛，侧脉9～14对；叶柄长5～10毫米，微有柔毛。花多数，成复伞房花序，直径5～7厘米；总花梗和花梗无毛，密生疣点，花梗长7～15毫米；花直径5～7毫米；萼筒杯状，长1～1.5毫米，外面微有毛；萼片三角卵形，长1毫米；花瓣白色，卵形或倒卵形，长2毫米，先端圆钝，无毛；雄蕊20枚；花柱2～3根，基部合生。果实卵形，长7～8毫米，直径5～6毫米，紫红色，无毛，微有疣点，先端有宿存萼片；果梗长1～2厘米。花期5月，果期7～8月。

恩施州广布，生于山坡林中；分布于陕西、河南、江苏、安徽、浙江、江西、湖南、湖北、四川、云南、贵州、广东、广西、福建。

6. 短叶中华石楠（变种）　*Photinia beauverdiana* Schneid. var. *brevifolia* Card. in Lecomte, Not. Syst. 3: 378. 1918.

本变种与中华石楠 *P. beauverdiana* 的区别在于叶片较短，卵形、椭圆形至倒卵形，长3～6厘米，宽1.5～3.5厘米，先端短尾状渐尖，基部圆形，侧脉6～8对，不显著；花柱3根，合生。花期5月，果期7～8月。

恩施州广布，生于山坡林中；分布于陕西、江苏、浙江、江西、湖北、湖南、四川。

7. 绒毛石楠　Photinia schneideriana Rehd. & Wils. in Sarg. Pl. Wils. 1: 188. 1912.

灌木或小乔木，高达 7 米；幼枝有稀疏长柔毛，以后脱落近无毛，一年生枝紫褐色，老时带灰褐色，具梭形皮孔；冬芽卵形，先端急尖，鳞片深褐色，无毛。叶片长圆披针形或长椭圆形，长 6~11 厘米，宽 2~5.5 厘米，先端渐尖，基部宽楔形，边缘有锐锯齿，上面初疏生长柔毛，以后脱落，下面永被稀疏绒毛，侧脉 10~15 对，微凸起；叶柄长 6~10 毫米，初被柔毛，以后脱落。花多数，成顶生复伞房花序，直径 5~7 厘米；总花梗和分枝疏生长柔毛；花梗长 3~8 毫米，无毛；萼筒杯状，长 4 毫米，外面无毛；萼片直立、开

展，圆形，长约 1 毫米，先端具短尖头，内面上部有疏柔毛；花瓣白色，近圆形，直径约 4 毫米，先端钝，无毛，基部有短爪；雄蕊 20 枚，约和花瓣等长；花柱 2~3 根，基部连合，子房顶端有柔毛。果实卵形，长 10 毫米，直径约 8 毫米，带红色，无毛，有小疣点，顶端具宿存萼片；种子 2~3 粒，卵形，长 5~6 毫米，两端尖，黑褐色。花期 5 月，果期 10 月。

恩施州广布，生于山坡疏林中；分布于浙江、江西、湖南、湖北、四川、贵州、福建、广东。

8. 毛叶石楠　Photinia villosa (Thunb.) DC. Prodr. 2: 631. 1825.

落叶灌木或小乔木，高 2~5 米；小枝幼时有白色长柔毛，以后脱落无毛，灰褐色，有散生皮孔；冬芽卵形，长 2 毫米，鳞片褐色，无毛。叶片草质，倒卵形或长圆倒卵形，长 3~8 厘米，宽 2~4 厘米，先端尾尖，基部楔形，边缘上半部具密生尖锐锯齿，两面初有白色长柔毛，以后上面逐渐脱落几无毛，仅下面叶脉有柔毛，侧脉 5~7 对；叶柄长 1~5 毫米，有长柔毛。花 10~20 朵，成顶生伞房花序，直径 3~5 厘米；总花梗和花梗有长柔毛；花梗长 1.5~2.5 厘米，在果期具疣点；苞片和小苞片钻形，长 1~2 毫米，早落；花直径 7~12 毫米；萼筒杯状，长 2~3 毫米，外面有白色长柔毛；萼片三角卵形，长 2~3 毫米，先端钝，外面有长柔毛，内面有毛或无毛；花瓣白色，近圆形，直径 4~5 毫米，外面无毛，内面基部具柔毛，有短爪；雄蕊 20 枚，较花瓣短；花柱 3 根，离生，无毛，子房顶端密生白色柔毛。果实椭圆形或卵形，长 8~10 毫米，直径 6~8 毫米，红色或黄红色，稍有柔毛，顶端有直立宿存萼片。花期 4 月，果期 8~9 月。

产于宣恩，生于山坡灌丛中；分布于甘肃、河南、山东、江苏、安徽、浙江、江西、湖南、湖北、贵州、云南、福建、广东；朝鲜、日本也有分布。

根、果供药用，有除湿热、止吐泻作用。

蔷薇属　Rosa L.

直立、蔓延或攀援灌木，多数被有皮刺、针刺或刺毛，稀无刺，有毛、无毛或有腺毛。叶互生，奇

数羽状复叶，稀单叶；小叶边缘有锯齿；托叶贴生或着生于叶柄上，稀无托叶。花单生或成伞房状，稀复伞房状或圆锥状花序；萼筒（花托）球形、坛形至杯形、颈部缢缩；萼片5片，稀4片，开展，覆瓦状排列，有时呈羽状分裂；花瓣5片，稀4片，开展，覆瓦状排列，白色、黄色、粉红色至红色；花盘环绕萼筒口部；雄蕊多数分为数轮，着生在花盘周围；心皮多数，稀少数，着生在萼筒内，无柄极稀有柄，离生；花柱顶生至侧生，外伸，离生或上部合生；胚珠单生，下垂。瘦果木质，多数稀少数，着生在肉质萼筒内形成蔷薇果；种子下垂。

本属约有200种；我国产82种；恩施州产18种2变种1变型。

分种检索表

1. 萼筒杯状；瘦果着生在基部突起的花托上；花柱离生不外伸。
  2. 花瓣重瓣至半重瓣 ·· 1. 缫丝花 Rosa roxburghii
  2. 花为单瓣 ·· 2. 单瓣缫丝花 Rosa roxburghii f. normalis
1. 萼筒坛状；瘦果着生在萼筒边周及基部。
  3. 托叶离生或近离生，早落。
    4. 花梗和萼筒被针刺；花大，白色，单生；小叶有齿 ······································· 3. 金樱子 Rosa laevigata
    4. 花梗和萼筒均光滑；花小，黄色或白色，多花成花序；托叶钻形。
      5. 伞房花序；萼片全缘。
        6. 花瓣重瓣至半重瓣，白色 ·· 4. 木香花 Rosa banksiae
        6. 花白色，单瓣 ··· 5. 单瓣白木香 Rosa banksiae var. normalis
      5. 复伞房花序；萼片有羽状裂片 ··· 6. 小果蔷薇 Rosa cymosa
  3. 托叶大部分贴生叶柄上，宿存。
    7. 花柱离生，不外伸或稍外伸，比雄蕊短。
      8. 花单生，无苞片，稀有数花。
        9. 小叶边缘为单锯齿，下面无腺；小叶9~17片，长圆形或椭圆长圆形，全边有锯齿，下面无毛或在中脉上有短柔毛；花瓣白色，果倒卵球形，红色或黄色 ·· 7. 峨眉蔷薇 Rosa omeiensis
        9. 小叶边缘为重锯齿，下面及重锯齿均有腺 ··· 8. 川西蔷薇 Rosa sikangensis
      8. 花多数成伞房花序或单生均有苞片，小叶5~11片。
        10. 花单生或少数；小叶通常7片，近圆形，倒卵形或椭圆形，叶边有尖锐锯齿，下面被短柔毛；花粉红色，直径2.5~3厘米，花梗有腺毛 ·· 9. 陕西蔷薇 Rosa giraldii
        10. 小叶长1.5~7厘米，先端急尖，伞房花序，多花，稀少或单花。
          11. 伞房花序多花。
            12. 萼片羽裂，小叶边缘常为重锯齿，齿尖常带腺；小叶7~9片，下面常有腺，无毛或脉上有柔毛；花直径3~5厘米，果长圆卵形，有颈，长约2.5厘米 ················· 10. 刺梗蔷薇 Rosa setipoda
            12. 萼片全缘。
              13. 小叶3~5片，稀7片，下面有毛或无毛，重据齿，或单锯齿而有部分重锯齿；近伞形伞房花序；果近球形或卵球形 ·· 11. 伞房蔷薇 Rosa corymbulosa
              13. 小叶7~11片。
                14. 小叶下面无毛或近于无毛，单锯齿，花红色，伞房花序。
                  15. 小叶片长3~7厘米，全边有锯齿；花梗长1.5~4厘米，密被腺毛，稀无毛；花直径3.5~5厘米 ··· 12. 尾萼蔷薇 Rosa caudata
                  15. 小叶片长1~2.5厘米，中部以下近全缘；花梗长1.5~3厘米，光滑无毛或有稀疏腺毛，花直径2~3.5厘米 ·· 13. 钝叶蔷薇 Rosa sertata
                14. 花柱不伸出；花直径2~3厘米，花粉红色，花梗细长，花托光滑，稀有腺毛；小叶7~9片，下面有短柔毛稀无毛 ··· 14. 拟木香 Rosa banksiopsis
          11. 单花或少花；小枝和皮刺被绒毛；小叶质地较厚，上面有明显褶皱，下面密被绒毛和腺体 ············ 15. 玫瑰 Rosa rugosa
    7. 花柱外伸。
      16. 花柱离生，短于雄蕊；小叶常3~5片 ·································· 16. 月季花 Rosa chinensis

蔷薇科

Rosaceae

16. 花柱合生，结合成柱，约与雄蕊等长；小叶 5～9 片。
    17. 托叶篦齿状或有不规则锯齿。
        18. 花瓣白色 ·· 17. 野蔷薇 *Rosa multiflora*
        18. 花为粉红色 ··· 18. 粉团蔷薇 *Rosa multiflora* var. *cathayensis*
    17. 托叶全缘，常有腺毛。
        19. 小叶片两面无毛或下面仅沿脉微有柔毛 ····································· 19. 软条七蔷薇 *Rosa henryi*
        19. 小叶两面被毛或仅下面被毛。
            20. 小叶 7～9 片，长圆卵形至卵状披针形，长 2.5～4.5 厘米，先端短渐尖或急尖，下面沿脉被短柔毛；萼片卵状披针形，边缘常有羽裂片 ··· 20. 卵果蔷薇 *Rosa helenae*
            20. 小叶通常 5 片，稀 7 片，卵状椭圆形至倒卵形，长 3～6 厘米，先端尾状渐尖，下面全部被短柔毛；萼片披针形，通常全缘 ··· 21. 悬钩子蔷薇 *Rosa rubus*

1. 缫丝花　　*Rosa roxburghii* Tratt. Ros. Monogr. 1823: 233. 1823.

开展灌木，高 1～2.5 米；树皮灰褐色，成片状剥落；小枝圆柱形，斜向上升，有基部稍扁而成对皮刺。小叶 9～15 片，连叶柄长 5～11 厘米，小叶片椭圆形或长圆形，稀倒卵形，长 1～2 厘米，宽 6～12 毫米，先端急尖或圆钝，基部宽楔形，边缘有细锐锯齿，两面无毛，下面叶脉突起，网脉明显，叶轴和叶柄有散生小皮刺；托叶大部贴生于叶柄，离生部分呈钻形，边缘有腺毛。花单生或 2～3 朵，生于短枝顶端；花直径 5～6 厘米；花梗短；小苞片 2～3 片，卵形，边缘有腺毛；萼片通常宽卵形，先端渐尖，有羽状裂片，内面密被绒毛，外面密被针刺；花瓣重瓣至半重瓣，淡红色或粉红色，微香，倒卵形，外轮花瓣大，内轮较小；雄蕊多数着生在杯状萼筒边缘；心皮多数，着生在花托底部；花柱离生，被毛，不外伸，短于雄蕊。果扁球形，直径 3～4 厘米，绿红色，外面密生针刺；萼片宿存，直立。花期 5～7 月，果期 8～10 月。

恩施州广布，生于村边或路边；分布于陕西、甘肃、江西、安徽、浙江、福建、湖南、湖北、四川、云南、贵州、西藏等省区；也见于日本。

根煮水治痢疾。

2. 单瓣缫丝花（变型）　　*Rosa roxburghii* Tratt. f. *normalis* Rehd. et Wils. in Sarg. Pl. Wils. 2: 319. 1915.

本变型与缫丝花 *R. roxburghii* 的区别在于花为单瓣，粉红色，直径 4～6 厘米。花期 5～7 月，果期 8～10 月。

恩施州广布，生于山谷灌丛中；分布于陕西、甘肃、江西、福建、广西、湖北、四川、云南、贵州。

3. 金樱子　　*Rosa laevigata* Michx. Fl. Bor. Am. 1: 295. 1803.

常绿攀援灌木，高可达 5 米；小枝粗壮，散生扁弯皮刺，无毛，幼时被腺毛，老时逐渐脱落减少。小叶革质，通常 3 片，稀 5 片，连叶柄长 5~10 厘米；小叶片椭圆状卵形、倒卵形或披针状卵形，长 2~6 厘米，宽 1.2~3.5 厘米，先端急尖或圆钝，稀尾状渐尖，边缘有锐锯齿，上面亮绿色，无毛，下面黄绿色，幼时沿中肋有腺毛，老时逐渐脱落无毛；小叶柄和叶轴有皮刺和腺毛；托叶离生或基部与叶柄合生，披针形，边缘有细齿，齿尖有腺体，早落。花单生于叶腋，直径 5~7 厘米；花梗长 1.8~2.5 厘米，偶有 3 厘米者，花梗和萼筒密被腺毛，随果实成长变为针刺；萼片卵状披针形，先端呈叶状，边缘羽状浅裂或全缘，常有刺毛和腺毛，内面密被柔毛，比花瓣稍短；花瓣白色，宽倒卵形，先端微凹；雄蕊多数；心皮多数，花柱离生，有毛，比雄蕊短很多。果梨形、倒卵形，稀近球形，紫褐色，外面密被刺毛，果梗长约 3 厘米，萼片宿存。花期 4~6 月，果期 7~11 月。

恩施州广布，生于山坡、田边、溪畔灌木丛中；分布于陕西、安徽、江西、江苏、浙江、湖北、湖南、广东、广西、台湾、福建、四川、云南、贵州等省区。

根、叶、果均入药，根有活血散瘀、祛风除湿、解毒收敛及杀虫等功效；叶外用治疮疖、烧烫伤；果能止腹泻并对流感病毒有抑制作用。

4. 木香花　　*Rosa banksiae* Ait. Hort. Kew. ed 2. 3: 258. 1811.

攀援小灌木，高可达 6 米；小枝圆柱形，无毛，有短小皮刺；老枝上的皮刺较大，坚硬。小叶 3~5 片，稀 7 片，连叶柄长 4~6 厘米；小叶片椭圆状卵形或长圆披针形，长 2~5 厘米，宽 8~18 毫米，先端急尖或稍钝，基部近圆形或宽楔形，边缘有紧贴细锯齿，上面无毛，深绿色，下面淡绿色，中脉突起，沿脉有柔毛；小叶柄和叶轴有稀疏柔毛和散生小皮刺；托叶线状披针形，膜质，离生，早落。花小形，多朵成伞形花序，花直径 1.5~2.5 厘米；花梗长 2~3 厘米，无毛；萼片卵形，先端长渐尖，全缘，萼筒和萼片外面均无毛，内面被白色柔毛；花瓣重瓣至半重瓣，白色，倒卵形，先端圆，基部楔形；心皮多数，花柱离生，密被柔毛，比雄蕊短很多。花期 4~5 月。

产于来凤，生于路边灌丛中；分布于四川、云南、湖北，全国各地均有栽培。

蔷薇科
Rosaceae

5. 单瓣白木香（变种） *Rosa banksiae* Ait. var. *normalis* Regel in Acta Hort. Petrop. 5: 376. 1878.

攀援小灌木，高可达6米；小枝圆柱形，无毛，有短小皮刺；老枝上的皮刺较大，坚硬，经栽培后有时枝条无刺。小叶3~5片，稀7片，连叶柄长4~6厘米；小叶片椭圆状卵形或长圆披针形，长2~5厘米，宽8~18毫米，先端急尖或稍钝，基部近圆形或宽楔形，边缘有紧贴细锯齿，上面无毛，深绿色，下面淡绿色，中脉突起，沿脉有柔毛；小叶柄和叶轴有稀疏柔毛和散生小皮刺；托叶线状披针形，膜质，离生，早落。花小形，多朵成伞形花序，花直径1.5~2.5厘米；花梗长2~3厘米，无毛；萼片卵形，先端长渐尖，全缘，萼筒和萼片外面均无毛，内面被白色柔毛；花瓣单瓣，白色，倒卵形，先端圆，基部楔形；心皮多数，花柱离生，密被柔毛，比雄蕊短很多；果球形至卵球形，直径5~7毫米，红黄色至黑褐色，萼片脱落。

产于咸丰、巴东，生于山沟谷中；分布于河南、甘肃、陕西、湖北、四川、云南、贵州。

根皮供药用，能活血、调经、消肿。

6. 小果蔷薇 *Rosa cymosa* Tratt. Ros. Monogr. 1: 87. 1823.

攀援灌木，高2~5米；小枝圆柱形，无毛或稍有柔毛，有钩状皮刺。小叶3~5片，稀7片；连叶柄长5~10厘米；小叶片卵状披针形或椭圆形，稀长圆披针形，长2.5~6厘米，宽8~25毫米，先端渐尖，基部近圆形，边缘有紧贴或尖锐细锯齿，两面均无毛，上面亮绿色，下面颜色较淡，中脉突起，沿脉有稀疏长柔毛；小叶柄和叶轴无毛或有柔毛，有稀疏皮刺和腺毛；托叶膜质，离生，线形，早落。花多朵成复伞房花序；花直径2~2.5厘米，花梗长约1.5厘米，幼时密被长柔毛，老时逐渐脱落近于无毛；萼片卵形，先端渐尖，常有羽状裂片，外面近无毛，稀有刺毛，内面被稀疏白色绒毛，沿边缘较密；花瓣白色，倒卵形，先端凹，基部楔形；花柱离生，稍伸出花托口外，与雄蕊近等长，密被白色柔毛。果球形，直径4~7毫米，红色至黑褐色，萼片脱落。花期5~6月，果期7~11月。

恩施州广布，生于山坡、路旁；分布于江西、江苏、浙江、安徽、湖南、湖北、四川、云南、贵州、福建、广东、广西、台湾等省区。

7. 峨眉蔷薇 *Rosa omeiensis* Rolfe in Curtis's Bot. Mag. 138: t. 8471. 1912.

直立灌木，高3~4米；小枝细弱，无刺或有扁而基部膨大皮刺，幼嫩时常密被针刺或无针刺。小叶9~17片，连叶柄长3~6厘米；小叶片长圆形或椭圆状长圆形，长8~30毫米，宽4~10毫米，先端急尖或圆钝，基部圆钝或宽楔形，边缘有锐锯齿，上面无毛，中脉下陷，下面无毛或在中脉有疏柔毛，中脉突起；叶轴和叶柄有散生小皮刺；托叶大部贴生于叶柄，顶端离生部分呈三角状卵形，边缘有齿或全缘，有时有腺。花单生于叶腋，无苞片；花梗长6~20毫米，无毛；花直径2.5~3.5厘米；萼片

4片，披针形，全缘，先端渐尖或长尾尖，外面近无毛，内面有稀疏柔毛；花瓣4片，白色，倒三角状卵形，先端微凹，基部宽楔形；花柱离生，被长柔毛，比雄蕊短很多。果倒卵球形或梨形，直径8～15毫米，亮红色，果成熟时果梗肥大，萼片直立宿存。花期5～6月，果期7～9月。

产于巴东，生于山坡灌丛中；分布于云南、四川、湖北、陕西、宁夏、甘肃、青海、西藏。

根皮入药，有止血、止痢、涩精之效。

8. 川西蔷薇 *Rosa sikangensis* Yu et Ku, Acta Phytotax. Sin. 18(4): 501. 1980.

小灌木，高1～1.5米；小枝近无毛；有成对或散生皮刺，混生细密针刺，针刺幼时顶端有腺。小叶7～13片，连叶柄长3～5厘米；小叶片长圆形或倒卵形，长6～10毫米，宽4～8毫米，先端圆钝或截形，基部近圆形或宽楔形，边缘有细密重锯齿，上面无毛或有毛，下面有毛有腺；小叶柄和叶轴有柔毛和腺；托叶宽，大部贴生于叶柄，离生部分卵形或镰刀状，边缘有腺，有毛或无毛。花单生，无苞片；果梗短，长8～12毫米，有腺毛；花直径约2.5厘米；萼筒卵球形，

无毛，萼片4片，卵状披针形，先端长渐尖，全缘，内面密被柔毛，外面较少而有腺毛；花瓣4片，白色，倒卵形，先端微凹，基部宽楔形；花柱离生，被长柔毛，比雄蕊短很多。果近球形，直径约1厘米，红色，外面有腺毛；果梗细，有腺毛。花期5～6月，果期7～9月。

产于宣恩，属湖北省新记录，生于山坡灌丛中；分布于四川、云南、西藏。

9. 陕西蔷薇 *Rosa giraldii* Crep. in Bull. Soc. Bot. Ital. 1897: 232. 1897.

灌木，高达2米；小枝细弱，直立而开展，有疏生直立皮刺。小叶7～9片，连叶柄长4～8厘米；小叶片近圆形，倒卵形，卵形或椭圆形，长1～2.5厘米，宽6～15毫米，先端圆钝或急尖，基部圆形或宽楔形，边缘有锐单锯齿，基部近全缘，上面无毛，下面有短柔毛或至少在中肋上有短柔毛，小叶柄和叶轴有散生的柔毛、腺毛和小皮刺；托叶大部贴生于叶柄，离生部分卵形，边缘有腺齿。花单生或2～3朵簇生；苞片1～2片，卵形，先端急尖或短尾尖，边缘有腺齿，无毛；花梗短，长不超过1厘米，花梗和萼筒有腺毛；花直径2～3厘米；萼片卵状披针形，先端延长成尾状，全缘或有1～2片裂片，外面有腺毛，内面被短柔毛；花瓣粉红色，宽倒卵形，先端微凹，基部楔形；花柱离生，密被黄色柔毛，

比雄蕊短。果卵球形，直径约1厘米，先端有短颈，暗红色，有或无腺毛，萼片常直立宿存。花期5～7月，果期7～10月。

产于巴东，生于山坡灌丛中；分布于山西、河南、陕西、甘肃、湖北、四川等省。

10. 刺梗蔷薇 *Rose setipoda* Hemsl. et Wils. in Kew Bull. 1906: 158. 1906.

灌木，高可达3米；小枝圆柱形，微弓曲，无毛，散生宽扁皮刺，稀无刺。小叶5～9片，连叶柄长8～19厘米；小叶片卵形、椭圆形或广椭圆形，长2.5～5.2厘米，宽1.2～3厘米，先端急尖或圆钝，基部近圆形或宽楔形，边缘有重锯齿，齿尖常带腺体，上面无毛，下面中脉和侧脉均突起，有柔毛和腺体；小叶柄和叶轴密被腺毛或有稀疏的小皮刺；托叶宽平，大部贴生于叶柄，离生部分耳状，三角状披针形，先端渐尖，边缘及下面有腺体。花为稀疏伞房花序，花序基部苞片2～3片，苞片卵形，先端渐尖，边缘有不规则的齿和腺体，下面有明显网脉、柔毛和腺体；花梗长1.3～2.4厘米，被腺毛；花直径3.5～5厘米；萼片卵形，先端扩展成叶状，边缘具羽状裂片或有锯齿，齿尖带腺体，外面有腺毛，内面密被绒毛；花瓣粉红色或玫瑰紫色，宽倒卵形，外面微被柔毛；花柱离生，被柔毛，比雄蕊短很多。果长圆状卵球形，先端有短颈，直径1～2厘米，深红色，有腺毛或无腺毛，萼片直立宿存。花期5～7月，果期7～10月。

产于巴东，生于山坡灌丛中；分布于湖北、四川。

11. 伞房蔷薇 *Rosa corymbulosa* Rolfe in Cvrtis's Bot. Mag. 140: t. 8566. 1914.

小灌木，高1.3～2米；小枝圆柱形，直立或稍弯曲，无毛，无刺或有散生小皮刺。小叶3～5片，稀7片，连叶柄长5～13厘米；小叶片卵状长圆形或椭圆形，长2.5～6厘米，宽1.5～3.5厘米，先端急尖或圆钝，基部楔形或近圆形，边缘有重锯齿或单锯齿，上面深绿色，无毛，下面灰白色，有柔毛，沿中脉和侧脉较密；小叶柄和叶轴有稀疏短柔毛和腺毛，有散生小皮刺；托叶扁平，大部贴生于叶柄，离生部分卵形，边缘有腺毛。花多朵或数朵，排列成伞形的伞房花序，稀单生；苞片卵形或卵状披针形，先端长渐尖，边缘有腺毛；花梗长2～4厘米，有柔毛和腺毛；花直径2～2.5厘米；萼片卵状披针形，先端扩展成叶状，全缘或有不明显锯齿和腺毛，内外两面均有柔毛，内面较密；花瓣红色，基部白色，宽倒心形，先端有凹缺，比萼片短；花柱密被黄白色长柔毛，与雄蕊近等长或稍短。果近球形或卵球形，直径约8毫米，猩红色或暗红色，萼片直立宿存。花期6～7月，果期8～10月。

产于恩施、巴东，生于山坡灌丛中；分布于湖北、四川、陕西、甘肃。

12. 尾萼蔷薇 *Rosa caudata* Baker in Willmott, Gen. Ros. 2: 495. 1914.

灌木，高可达4米；小枝圆柱形，开展，无毛，有散生、直立、肥厚三角形皮刺。小叶7～9片，连叶柄长10～20厘米；小叶片卵形、长圆状卵形或椭圆卵形，长3～7厘米，宽1～3厘米，先端急尖

或短渐尖，基部圆形或宽楔形，边缘有单锯齿，上下两面无毛或下面沿脉有稀疏短柔毛，中脉和侧脉均突起；小叶柄和叶轴无毛，有散生腺毛和小皮刺；托叶宽平，大部贴生于叶柄，离生部分卵形，先端渐尖，全缘，有或无腺毛。花多朵成伞房状，有数个苞片，苞片卵形，先端尾尖，边缘有腺体或无腺体；花梗长1.5~4厘米，无毛，密被腺毛或完全无腺；花直径3.5~5厘米；萼筒长圆形，密被腺毛或近光滑，萼片长可达3厘米，三角状卵形，先端伸展成叶状，全缘，外面无毛，内面密被短柔毛；花瓣红色，宽倒卵形，先端微凹，基部宽楔形；花柱离生，被柔毛。果长圆形，长2~25厘米，橘红色；萼片常直立宿存。花期6~7月，果期7~11月。

产于鹤峰，生于山坡灌丛中；分布于湖北、四川、陕西。

13. 钝叶蔷薇　*Rosa sertata* Rolfe in Curtis's Bot. Mag. 139: t. 8473. 1913.

灌木，高1~2米；小枝圆柱形，细弱，无毛，散生直立皮刺或无刺。小叶7~11片，连叶柄长5~8厘米，小叶片广椭圆形至卵状椭圆形，长1~2.5厘米，宽7~15毫米，先端急尖或圆钝，基部近圆形，边缘有尖锐单锯齿，近基部全缘，两面无毛，或下面沿中脉有稀疏柔毛，中脉和侧脉均突起；小叶柄和叶轴有稀疏柔毛，腺毛和小皮刺；托叶大部贴生于叶柄，离生部分耳状，卵形，无毛，边缘有腺毛。花单生或3~5朵，排成伞房状；小苞片1~3片，苞片卵形，先端短渐尖，边缘有腺毛，无毛；花梗长1.5~3厘米，花梗和萼筒无毛，或有稀疏腺

毛；花直径2~3.5厘米；萼片卵状披针形，先端延长成叶状，全缘，外面无毛，内面密被黄白色柔毛，边缘较密；花瓣粉红色或玫瑰色，宽倒卵形，先端微凹，基部宽楔形，比萼片短；花柱离生，被柔毛，比雄蕊短。果卵球形，顶端有短颈，长1.2~2厘米，直径约1厘米，深红色。花期6月，果期8~10月。

产于恩施，生于山坡灌丛中；分布于甘肃、陕西、山西、河南、安徽、江苏、浙江、江西、湖北、四川、云南等省。

14. 拟木香　*Rosa banksiopsis* Baker in Willmott, Gen. Ros. 2: 503. 1914.

小灌木，高1~3米；小枝圆柱形，有稀疏散生皮刺或无刺。小叶7~9片，连叶柄长5~13厘米；小叶片卵形或长圆形，稀长椭圆形，长2~4.3厘米，宽1~2.2厘米，先端急尖或短渐尖，基部圆形或宽楔形，边缘有尖锐单锯齿，上面深绿色，无毛，中脉和侧脉下陷，下面黄绿色，无毛或有稀疏柔毛，中脉和侧脉明显突起；小叶柄和叶轴无毛或被稀疏小皮刺和腺毛；托叶大部贴生于叶柄，离生部分耳状，卵形，边缘有腺齿或全缘，无毛。花

多数，组成伞房花序；苞片卵形或披针形，先端尾状渐尖，边缘有腺齿或全缘，有稀疏短柔毛；花梗长1~2.5厘米，花梗和萼筒光滑无毛或有稀疏短柔毛和腺毛；花直径2~3厘米；萼片卵状披针形，先端延长成叶状，外面无毛或有稀疏柔毛，有腺毛，内面密被柔毛，边缘较密；花瓣粉、红色或玫瑰红色，倒卵形，先端微凹；花柱离生稍伸出，密被长柔毛，比雄蕊短很多。果卵球形，直径约8毫米，先端有短颈，橘红色，光滑，萼片直立宿存。花期6~7月，果期7~9月。

产于巴东，生于山坡灌丛中；分布于湖北、四川、江西、陕西和甘肃等省。

15. 玫瑰　　Rosa rugosa Thunb. Fl. Jap. 213. 1784.

直立灌木，高可达2米；茎粗壮，丛生；小枝密被绒毛，并有针刺和腺毛，有直立或弯曲、淡黄色的皮刺，皮刺外被绒毛。小叶5~9片，连叶柄长5~13厘米；小叶片椭圆形或椭圆状倒卵形，长1.5~4.5厘米，宽1~2.5厘米，先端急尖或圆钝，基部圆形或宽楔形，边缘有尖锐锯齿，上面深绿色，无毛，叶脉下陷，有褶皱，下面灰绿色，中脉突起，网脉明显，密被绒毛和腺毛，有时腺毛不明显；叶柄和叶轴密被绒毛和腺毛；托叶大部贴生于叶柄，离生部分卵形，边缘有带腺锯齿，下面被绒毛。花单生于叶腋，或数朵簇生，苞片卵形，边缘有腺毛，外被绒毛；花梗长5~22.5毫米，密被绒毛和腺毛；花直径4~5.5厘米；萼片卵状披针形，先端尾状渐尖，常有羽状裂片而扩展成叶状，上面有稀疏柔毛，下面密被柔毛和腺毛；花瓣倒卵形，重瓣至半重瓣，芳香，紫红色至白色；花柱离生，被毛，稍伸出萼筒口外，比雄蕊短很多。果扁球形，直径2~2.5厘米，砖红色，肉质，平滑，萼片宿存。花期5~6月，果期8~9月。

恩施州广泛栽培；原产我国华北以及日本和朝鲜，我国各地均有栽培。

花蕾入药治肝、胃气痛、胸腹胀满和月经不调。

16. 月季花　　Rosa chinensis Jacq. Obs. Bot. 3: 7. t. 55. 1768.

直立灌木，高1~2米；小枝粗壮，圆柱形，近无毛，有短粗的钩状皮刺或无刺。小叶3~5片，稀7片，连叶柄长5~11厘米，小叶片宽卵形至卵状长圆形，长2.5~6厘米，宽1~3厘米，先端长渐尖或渐尖，基部近圆形或宽楔形，边缘有锐锯齿，两面近无毛，上面暗绿色，常带光泽，下面颜色较浅，顶生小叶片有柄，侧生小叶片近无柄，总叶柄较长，有散生皮刺和腺毛；托叶大部贴生于叶柄，仅顶端分离部分成耳状，边缘常有腺毛。花几朵集生，稀单生，直径4~5厘米；花梗长2.5~6厘米，近无毛或有腺毛，萼片卵形，先端尾状渐尖，有时呈叶状，边缘常有羽状裂片，稀全缘，外面无毛，内面密被长柔毛；花瓣重瓣至半重瓣，红色、粉红色至白色，倒卵形，先端有凹缺，基部楔形；花柱离生，伸出萼筒口外，约与雄蕊等长。果卵球形或梨形，长1~2厘米，红色，萼片脱落。花期4~9月，果期6~11月。

恩施州广泛栽培；原产中国，各地普遍栽培。

花、根、叶均入药；花治月经不调、痛经、痈疖肿毒；叶治跌打损伤；鲜花或叶外用，捣烂敷患处。

17. 野蔷薇　*Rosa multiflora* Thunb. Fl. Jap. 214. 1784.

攀援灌木；小枝圆柱形，通常无毛，有短、粗稍弯曲皮束。小叶5～9片，近花序的小叶有时3片，连叶柄长5～10厘米；小叶片倒卵形、长圆形或卵形，长1.5～5厘米，宽8～28毫米，先端急尖或圆钝，基部近圆形或楔形，边缘有尖锐单锯齿，稀混有重锯齿，上面无毛，下面有柔毛；小叶柄和叶轴有柔毛或无毛，有散生腺毛；托叶篦齿状，大部贴生于叶柄，边缘有或无腺毛。花多朵，排成圆锥状花序，花梗长1.5～2.5厘米，无毛或有腺毛，有时基部有篦齿状小苞片；花直径1.5～2厘米，萼片披针形，有时中部具2片线形裂片，外面无毛，内面有柔毛；花瓣白色，宽倒卵形，先端微凹，基部楔形；花柱结合成束，无毛，比雄蕊稍长。果近球形，直径6～8毫米，红褐色或紫褐色，有光泽，无毛，萼片脱落。花期4～5月，果期9～10月。

恩施州广布，生于路边、溪边、山坡中；分布于江苏、山东、河南等省；日本、朝鲜也有。

18. 粉团蔷薇（变种）　*Rosa multiflora* Thunb. var. *cathayensis* Rehd. et Wils. in Sara. Pl. Wils. 2: 304. 1915.

本变种与野蔷薇 *R. multiflora* 不同在于花为粉红色，单瓣。

恩施州广布，生于山坡灌丛中；分布于河北、河南、山东、安徽、浙江、甘肃、陕西、江西、湖北、广东、福建。

根、叶、花和种子均入药，根能活血通络收敛，叶外用治肿毒，种子能利水通经。

19. 软条七蔷薇　*Rosa henryi* Bouleng. in Ann. Soc. Sci. Bruxell. ser B. 53: 143. 1933.

灌木，高3～5米，有长匍枝；小枝有短扁、弯曲皮刺或无刺。小叶通常5片，近花序小叶片常为3片，连叶柄长9～14厘米；小叶片长圆形、卵形、椭圆形或椭圆状卵形，长3.5～9厘米，宽1.5～5厘米，先端长渐尖或尾尖，基部近圆形或宽楔形，边缘有锐锯齿，两面均无毛，下面中脉突起；小叶柄和叶轴无毛，有散生小皮刺；托叶大部贴生于叶柄，离生部分披针形，先端渐尖，全缘，无毛，或有稀疏腺毛。花5～15朵，成伞形伞房状花序；花直径3～4厘米；花梗和萼筒无毛，有时具腺毛，萼片披针形，先端渐尖，全缘，有少数裂片，外面近无毛而有稀疏腺点，内面有长柔毛；花瓣白色，宽倒卵形，先端微凹，基部宽楔形；花柱结合成柱，被柔毛，比雄蕊稍长。果近球形，直径8～10毫米，成熟后褐红色，有光泽，果梗有稀疏腺点；萼片脱落。花期4～7月，果期7～9月。

恩施州广布，生于山坡灌丛中；分布于陕西、河南、安徽、江苏、浙江、江西、福建、广东、广西、湖北、湖南、四川、云南、贵州等省区。

20. 卵果蔷薇　　*Rosa helenae* Rehd. et Wils. in Sara. Pl. Wils. 2: 310. 1915.

铺散灌木，有长匍枝；枝条粗壮，紫褐色，当年小枝红褐色，无毛；皮刺短粗，基部膨大，稍弯曲，带黄色。小叶5～9片，连叶柄长8～17厘米，小叶片长圆卵形或卵状披针形，长2.5～4.5厘米，宽1～2.5厘米，先端急尖或短渐尖，基部圆形或宽楔形，边缘有紧贴锐锯齿，上面无毛，深绿色，下面有毛，沿叶脉较密，淡绿色，叶脉突起；叶柄有柔毛和小皮刺。托叶长1.5～2.5厘米，大部贴生于叶柄，仅顶端离生，离生部分耳状，边缘有腺毛。顶生伞房花序，部分密集近伞形，直径6～15厘米；苞片膜质，狭披针形，很早脱落；花梗长1.5～2厘米，总花梗和花梗均密被柔毛和腺毛；萼筒卵球形、椭圆形或倒卵球形，外被柔毛和腺毛；萼片卵状披针形，先端渐尖，常有裂片，外面有长柔毛和腺毛，内面密被长柔毛；花瓣倒卵形，白色，有香味，长约1.5厘米，先端微凹，基部楔形；花柱结合成束，伸出，密被长柔毛，约与雄蕊等长。果实卵球形、椭圆形或倒卵球形，长1～1.5厘米，直径8～10毫米，深者红色，有光泽，果梗长约2厘米，近无毛，密被腺毛；萼片花后反折，以后脱落。花期5～7月，果期9～10月。

恩施州广布，生于山坡灌丛中；分布于湖北、陕西、甘肃、四川、云南、贵川等省。

21. 悬钩子蔷薇　　*Rosa rubus* Levl. et Vant. in Bull. Soc. Bot. Fr. 55: 55. 1908.

匍匐灌木，高可达5～6米；小枝圆柱形，通常被柔毛，幼时较密，老时脱落；皮刺短粗、弯曲。小叶通常5片，近花序偶有3片，连叶柄长8～15厘米；小叶片卵状椭圆形、倒卵形或和圆形，长3～9厘米，宽2～4.5厘米，先端尾尖、急尖或渐尖，基部近圆形或宽楔形，边缘有尖锐锯齿，向基部浅而稀，上面深绿色，通常无毛或偶有柔毛，下面密被柔毛或有稀疏柔毛；小叶柄和叶轴有柔毛和散生的小沟状皮刺；托叶大部贴生于叶柄，离生部分披针形，先端渐尖，全缘常带腺体，有毛。花10～25朵，排成圆锥状伞房花序；花梗长1.5～2厘米，总花梗和花梗均被柔毛和稀疏腺毛，花直径2.5～3厘米；萼筒球形至倒卵球形，外被柔毛和腺毛；萼片披针形，先端长渐尖，通常全缘，两面均密被柔毛；花瓣白色，倒卵形，先端微凹，基部宽楔形，花柱结合成柱，比雄蕊稍长，外被柔毛。果近球形，直径8～10毫米，猩红色至紫褐色，有光泽，花后萼片反折，以后脱落。花期5～6月，果期7～8月。

恩施州广布，生于山坡灌丛中或路旁；分布于甘肃、陕西、湖北、四川、云南，贵州、广西、广东、江西、福建、浙江等省区。

龙芽草属 *Agrimonia* L.

多年生草本。根状茎倾斜，常有地下芽，奇数羽状复叶，有托叶。花小，两性，成顶生穗状总状花序；萼筒陀螺状，有棱，顶端有数层钩刺，花后靠合、开展或反折；萼片5片，覆瓦状排列；花瓣5片，黄色；花盘边缘增厚，环绕萼筒口部；雄蕊5~15枚或更多，成一列着生在花盘外面；雌蕊通常2枚，包藏在萼筒内，花柱顶生，丝状，伸出萼筒外，柱头微扩大；胚珠每心皮1个，下垂。瘦果1~2个，包藏在具钩刺的萼筒内。种子1粒。

本属有10余种；我国有4种；恩施州产1种。

龙芽草 *Agrimonia pilosa* Ldb. in Ind. Sern. Hort. Dorpat. Suppl. 1. 1823.

多年生草本。根多呈块茎状，周围长出若干侧根，根茎短，基部常有1至数个地下芽。茎高30~120厘米，被疏柔毛及短柔毛，稀下部被稀疏长硬毛。叶为间断奇数羽状复叶，通常有小叶3~4对，稀2对，向上减少至3片小叶，叶柄被稀疏柔毛或短柔毛；小叶片无柄或有短柄，倒卵形，倒卵椭圆形或倒卵披针形，长1.5~5厘米，宽1~2.5厘米，顶端急尖至圆钝，稀渐尖，基部楔形至宽楔形，边缘有急尖到圆钝锯齿，上面被疏柔毛，稀脱落几无毛，下面通常脉上伏生疏柔毛，稀脱落几无毛，有显著腺点；托叶草质，绿色，镰形，稀卵形，顶端急尖或渐尖，边缘有尖锐锯齿或裂片，稀全缘，茎下部托叶有时卵状披针形，常全缘。花序穗状总状顶生，分枝或不分枝，花序轴被柔毛，花梗长1~5毫米，被柔毛；苞片通常深3裂，裂片带形，小苞片对生，卵形，全缘或边缘分裂；花直径6~9毫米；萼片5片，三角卵形；花瓣黄色，长圆形；雄蕊5~15枚；花柱2根，丝状，柱头头状。果实倒卵圆锥形，外面有10肋，被疏柔毛，顶端有数层钩刺，幼时直立，成熟时靠合，连钩刺长7~8毫米，最宽处直径3~4毫米。花果期5~12月。

恩施州广布，生于溪边、路旁、草地、灌丛、林缘及疏林下；我国南北各省区均产；欧洲中部以及俄罗斯、蒙古、朝鲜、日本和越南均有分布。

全草供药用，为收敛止血药，兼有强心作用；可作农药，捣烂水浸液喷洒，有防治蚜虫及小麦锈病之效。

地榆属 *Sanguisorba* L.

多年生草本，根粗壮，下部长出若干纺锤形、圆柱形或细长条形根。叶为奇数羽状复叶。花两性，稀单性，密集成穗状或头状花序；萼筒喉部缢缩，有4~7片萼片，覆瓦状排列，紫色、红色或白色，稀带绿色，如花瓣状；花瓣无；雄蕊通常4枚，稀更多，花丝通常分离，稀下部联合，插生于花盘外面，花盘贴生于萼筒喉部；心皮通常1个，稀2个，包藏在萼筒内，花柱顶生，柱头扩大呈画笔状；胚珠1枚，下垂。瘦果小，包藏在宿存的萼筒内；种子1粒，子叶平凸。

本属30余种；我国有7种；恩施州产1种。

地榆 *Sanguisorba officinalis* L. Sp. Pl. 116. 1753.

多年生草本，高30~120厘米。根粗壮，多呈纺锤形，稀圆柱形，表面棕褐色或紫褐色，有纵皱

及横裂纹，横切面黄白或紫红色，较平正。茎直立，有棱，无毛或基部有稀疏腺毛。基生叶为羽状复叶，有小叶4~6对，叶柄无毛或基部有稀疏腺毛；小叶片有短柄，卵形或长圆状卵形，长1~7厘米，宽0.5~4厘米，顶端圆钝稀急尖，基部心形至浅心形，边缘有多数粗大圆钝稀急尖的锯齿，两面绿色，无毛；茎生叶较少，小叶片有短柄至几无柄，长圆形至长圆披针形，狭长，基部微心形至圆形，顶端急尖；基生叶托叶膜质，褐色，外面无毛或被稀疏腺毛，茎生叶托叶大，草质，半卵形，外侧边缘有尖锐锯齿。穗状花序椭圆形，圆柱形或卵球形，直立，通常长1~4厘米，横径0.5~1厘米，从花序顶端向下开放，花序梗光滑或偶有稀疏腺毛；苞片膜质，披针形，顶端渐尖至尾尖，比萼片短或近等长，背面及边缘有柔毛；萼片4片，紫红色，椭圆形至宽卵形，背面被疏柔毛，中央微有纵棱脊，顶端常具短尖头；雄蕊4枚，花丝丝状，不扩大，与萼片近等长或稍短；子房外面无毛或基部微被毛，柱头顶端扩大，盘形，边缘具流苏状乳头。果实包藏在宿存萼筒内，外面有斗棱。花、果期均为7~10月。

　　恩施州广布，生于山坡草地；分布于黑龙江、吉林、辽宁、内蒙古、河北、山西、陕西、甘肃、青海、新疆、山东、河南、江西、江苏、浙江、安徽、湖南、湖北、广西、四川、贵州、云南、西藏；广布于欧洲、亚洲北温带。

　　根为止血药及治疗烧伤、烫伤。

棣棠花属　*Kerria* DC.

　　灌木，小枝细长，冬芽具数个鳞片。单叶，互生，具重锯齿；托叶钻形，早落；花两性，大而单生；萼筒短，碟形，萼片5片，覆瓦状排列；花瓣黄色，长圆形或近圆形，具短爪；雄蕊多数，排列成数组，花盘环状，被疏柔毛；雌蕊5~8枚，分离，生于萼筒内；花柱顶生，直立，细长，顶端截形；每心皮有1枚胚珠，侧生于缝合线中部。瘦果侧扁，无毛。

　　本属仅有1种，产于中国和日本；恩施州产1种1变型。

分种检索表

1. 花单瓣 ·· 1. 棣棠花 *Kerria japonica*
1. 花重瓣 ··· 2. 重瓣棣棠花 *Kerria japonica* f. *pleniflora*

1. 棣棠花　*Kerria japonica* (L.) DC. in Trans. Linn. Soc. 12: 157. 1817.

落叶灌木，高1~2米；小枝绿色，圆柱形，无毛，常拱垂，嫩枝有棱角。叶互生，三角状卵形或卵圆形，顶端长渐尖，基部圆形、截形或微心形，边缘有尖锐重锯齿，两面绿色，上面无毛或有稀疏柔毛，下面沿脉或脉腋有柔毛；叶柄长5~10毫米，无毛；托叶膜质，带状披针形，有缘毛，早落。单花，着生在当年生侧枝顶端，花梗无毛；花直径2.5~6厘米；萼片卵状椭圆形，顶端急尖，有小尖头，全缘，无毛，果时宿存；花瓣黄色，宽椭圆形，顶端下凹，比萼片长1~4倍。瘦果倒卵形至半球形，褐色或黑褐色，表面无毛，有皱褶。花期4~6月，果期6~8月。

恩施州广布，生于山坡灌丛中；分布于甘肃、陕西、山东、河南、湖北、江苏、安徽、浙江、福建、江西、湖南、四川、贵州、云南；日本也有分布。

茎髓入药，有催乳利尿之效。

2. 重瓣棣棠花（变型）   *Kerria japonica* (L.) DC. f. *pleniflora* (Witte) Rehder in Bib. of Cul. trees and shrubs 1949. 284. 1949.

本变型与棣棠花 *K. japonica* 的差别在于花重瓣。花期4~6月，果期6~8月。

产于利川，生于山坡灌丛中；分布于湖南、四川、云南、湖北。

悬钩子属 *Rubus* L.

落叶稀常绿灌木、半灌木或多年生匍匐草本；茎直立、攀援、平铺、拱曲或匍匐，具皮刺、针刺或刺毛及腺毛，稀无刺。叶互生，单叶、掌状复叶或羽状复叶，边缘常具锯齿或裂片，有叶柄；托叶与叶柄合生，常较狭窄，线形，钻形或披针形，不分裂，宿存，或着生于叶柄基部及茎上，离生，较宽大，常分裂，宿存或脱落。花两性，稀单性而雌雄异株，组成聚伞状圆锥花序、总状花序、伞房花序或数朵簇生及单生；花萼5裂，稀3~7裂；萼片直立或反折，果时宿存；花瓣5片，稀缺，直立或开展，白色或红色；雄蕊多数，直立或开展，着生在花萼上部；心皮多数，有时仅数枚，分离，着生于球形或圆锥形的花托上，花柱近顶生，子房1室，每室2枚胚珠。果实为由小核果集生于花托上而成聚合果，或与花托连合成一体而实心，或与花托分离而空心，多浆或干燥，红色、黄色或黑色，无毛或被毛；种子下垂，种皮膜质，子叶平凸。

本属700余种；我国有194种；恩施州产41种4变种。

分种检索表

1. 匍匐草本或半灌木，无皮刺或有针刺或刺毛；单叶；花萼外常具针刺或刺毛；心皮常在20个以上，稀较少 ··· 1. 黄泡 *Rubus pectinellus*
1. 托叶不分裂，仅顶端或边缘有锯齿或全缘；叶片心状圆卵形或近圆形，下面具柔毛。
2. 托叶着生于叶柄并其基部以上部分与叶柄合生，极稀离生，较狭窄，稀较宽大，全缘，不分裂，极稀浅裂，宿存。
   3. 单叶。
      4. 心皮多数，约100或稍多；果实圆柱形或圆筒形；叶宽大，盾状 ················ 2. 盾叶莓 *Rubus peltatus*
      4. 心皮较少数，10~60个，稀较多；果实近球形或卵球形；叶较小，非盾状。
         5. 植株全体具柔毛，稀仅沿叶脉有柔毛 ··· 3. 山莓 *Rubus corchorifolius*
         5. 植株全体无毛，也无腺毛 ··· 4. 三花悬钩子 *Rubus trianthus*
   3. 复叶。
      6. 掌状3片小叶，叶片菱状披针形，边缘具缺刻状粗重锯齿，下面疏生柔毛；叶柄、花梗或小枝有腺毛；花萼具疏密不等的针刺和腺毛；果实无毛 ·· 5. 掌叶悬钩子 *Rubus pentagonus*
      6. 羽状复叶，顶生小叶有显著叶柄。
         7. 托叶和苞片宽大，卵状披针形、卵形或近圆形 ··· 6. 绵果悬钩子 *Rubus lasiostylus*
         7. 托叶和苞片狭窄，稀稍宽，线形、线状披针形或披针形，稀钻形。
            8. 心皮数约100或更多，着生于有柄的花托上；花单生或组成伞房花序，稀成圆锥花序。
               9. 植株被疏密和长短不等的紫红色腺毛；花数朵组成伞房花序或单生 ····················· 7. 红腺悬钩子 *Rubus sumatranus*
               9. 植株无腺毛；花单生或2~3朵簇生 ··· 8. 大红泡 *Rubus eustephanus*
            8. 心皮数10~70片或稍多，着生于无柄的花托上。
               10. 花组成大型圆锥花序或总状花序。
                  11. 叶片下面密被绒毛。
                     12. 花梗和花梗均被腺毛 ··· 9. 白叶莓 *Rubus innominatus*

蔷薇科
Rosaceae

12. 枝、叶柄、叶片下面、总花梗、花梗和花萼外面均无腺毛 ············ 10. 无腺白叶莓 *Rubus innominatus* var. *kuntzeanus*
11. 叶片下面具柔毛；植株具腺毛。
  13. 小叶常5片，稀3片，卵形至卵状披针形，边缘具粗锐锯齿，顶生花序圆锥状，腋生花序总状或近伞房状；花白色；花梗长1~2厘米 ·· 11. 长序莓 *Rubus chiliadenus*
  13. 小叶常3片，卵形或宽卵形，边缘具粗锐重锯齿；顶生花序总状，腋生者成花簇；花紫红色；花梗长6~10毫米 ·· 12. 腺毛莓 *Rubus adenophorus*
10. 花组成伞房状花序或花少数簇生及单生。
  14. 果实密被绒毛。
    15. 小枝、花梗和花萼外面无毛；花直径1~1.5厘米；花萼外无刺；小叶5~7片，卵形、长圆状卵形或椭圆形，边缘具粗重锯齿；果实直径8~12毫米 ·· 13. 菰帽悬钩子 *Rubus pileatus*
    15. 小枝、花序和花萼外均无毛；花序具花数朵；子房和花柱基部具柔毛；果实紫黑色，被柔毛 ·· 14. 红花悬钩子 *Rubus inopertus*
  14. 果实具柔毛或无毛。
    16. 叶片下面被绒毛。
      17. 植株密被刺毛和腺毛；叶片椭圆形，稀卵形或倒卵形，顶端尾尖或急尖，稀圆钝，下面无毛，仅沿叶脉疏生柔毛 ··· 15. 红毛悬钩子 *Rubus wallichianus*
      17. 植株无刺毛及腺毛，稀于局部疏生腺毛。
        18. 果实红色；小叶3片，稀5片，菱状圆形或倒卵形，顶端圆钝；花萼外有柔毛和针刺 ··· 16. 茅莓 *Rubus parvifolius*
        18. 果实黑色或蓝黑色；小叶3片，稀5片，菱状圆形、椭圆卵形、椭圆形或卵形，边缘常浅裂并有粗锯齿；枝具稀疏皮刺；叶柄或总花梗有稀疏钩状小刺；果实无毛 ··············· 17. 喜阴悬钩子 *Rubus mesogaeus*
    16. 叶片下面具柔毛或无毛。
      19. 小叶7~15片；果实长圆形或椭圆形，红色；小叶7~11片，卵形或卵状披针形，边缘具缺刻状重锯齿 ··· 18. 秀丽莓 *Rubus amabilis*
      19. 小叶3~7片。
        20. 植株具紫红色刺毛；小叶3片，椭圆形、卵形，稀倒卵形，边缘有不整齐细锐锯齿；花白色；果实金黄色 ·· 15. 红毛悬钩子 *Rubus wallichianus*
        20. 植株无刺毛；小叶3~7片，叶片卵形、菱状卵形或宽卵形；伞房花序；花萼外被灰白色短柔毛；萼片长卵形至卵状披针形，顶端渐尖；花瓣倒卵形，与萼片近等长或稍短；花红色或白色。
          21. 花常1~4朵簇生或成伞房状花序。
            22. 小叶5~7片，卵形、三角卵形或卵状披针形，边缘具尖锐或缺刻状重锯齿；枝和花萼外被较密直立针状皮刺 ··· 19. 针刺悬钩子 *Rubus pungens*
            22. 小叶常3片；枝疏生钩状或直立细皮刺；花萼外有稀疏钩状小皮刺 ············ 20. 单茎悬钩子 *Rubus simplex*
          21. 花数朵至几十朵成伞房花序或短缩总状花序；小叶5片，稀3片。
            23. 下面被稀疏柔毛或仅沿叶脉被短柔毛 ··· 21. 插田泡 *Rubus coreanus*
            23. 叶片下面密被短绒毛 ·· 22. 毛叶插田泡 *Rubus coreanus* var. *tomentosus*
2. 托叶着生于叶柄基部和茎上，离生，较宽大，常分裂，宿存或脱落。
  24. 植株具皮刺；托叶早落；叶常为单叶，稀掌状或鸟足状复叶；花常成圆锥花序、总状花序或伞房状花序，稀数朵簇生或单生。
    25. 花成顶生圆锥花序或圆锥花序分枝短小而近似总状花序，稀花少数簇生于叶腋。
      26. 托叶长圆形，长2~3厘米；叶片下面被灰色或黄灰色绒毛，边缘波状或不明显浅裂，裂片圆钝或急尖；花序和花萼被密绒毛状柔毛；萼片宽卵形，顶端短渐尖 ·· 23. 灰毛泡 *Rubus irenaeus*
      26. 托叶和苞片较狭小，长在2厘米以下，宽不足1厘米，分裂或全缘。
        27. 叶片宽卵形，稀长圆状卵形，下面被疏柔毛；花梗长0.5~1厘米；萼片卵状披针形，全缘；雌蕊15~20枚。
          28. 叶片两面及花序均有柔毛 ··· 24. 高粱泡 *Rubus lambertianus*
          28. 叶片两面无毛或仅上面沿叶脉稍具柔毛；花序无毛或近无毛 ·············· 25. 光滑高粱泡 *Rubus lambertianus* var. *glaber*
        27. 叶片下面密被绒毛，稀具疏柔毛或无毛。
          29. 叶片狭长，卵状长圆形、卵状披针形至披针形，不分裂，稀近基部有浅裂片，具羽状脉；叶柄长0.5~2厘米，极稀达4厘米。
            30. 叶片卵状披针形或长圆状卵形，上面伏生长柔毛，基部弯曲较宽而浅；叶柄长0.5~1厘米，稀较长；萼片卵状披针形，

　　　　　长 0.5~1 厘米，顶端短渐尖 ··· 26. 乌泡子 *Rubus parkeri*
　　30. 叶片卵状披针形，基部弯曲宽大；叶柄长 2~4 厘米，无毛；托叶全缘；花序有疏腺毛气和柔毛
　　　　　··· 27. 宜昌悬钩子 *Rubus ichangensis*
29. 叶片宽大，近圆形、宽卵形、卵状披针形至椭圆形，浅裂，基部有掌状五出脉；叶柄长在 2 厘米以上，稀较短。
　　31. 叶片下面被灰白色至浅黄灰色绒毛，稀具柔毛。
　　　　32. 叶片宽卵形或近圆形，厚纸质，基部心形，边缘有尖锐锯齿；顶生花序为宽大圆锥花序，稀为狭窄圆锥花序，长达 27 厘米。
　　　　　　33. 花序和花萼被浅黄色绢状长柔毛 ··· 28. 毛萼莓 *Rubus chroosepalus*
　　　　　　33. 花序被绒毛状柔毛；花萼外密被绒毛和柔毛 ······································ 29. 黄脉莓 *Rubus xanthoneurus*
　　　　32. 叶片近圆形、宽卵形至卵长圆形，浅裂，顶端圆钝或急尖，稀渐尖；顶生花序狭圆锥状或近总状，通常长在 15 厘米以下。
　　　　　　34. 植株有棕色软刺毛；叶片近圆形，顶端急尖 ·· 30. 棕红悬钩子 *Rubus rufus*
　　　　　　34. 植株无刺毛；叶片近圆形或宽卵形，顶端截形、圆钝或急尖。
　　　　　　　　35. 较高大攀援灌木；叶片下面绒毛不脱落；花多数，成顶生狭圆锥花序或近总状花序，腋生花序近总状或花数朵团集或单生 ··· 31. 川莓 *Rubus setchuenensis*
　　　　　　　　35. 矮小攀援或匍匐灌木；叶片下面绒毛老时脱落；花数朵成顶生短总状花序或数朵簇生叶腋或单生。
　　　　　　　　　　36. 枝、叶柄和花序被细短柔毛；叶边裂片急尖；花萼被灰白色至黄灰色短柔毛和绒毛；萼片宽卵形，外萼片边缘羽状条裂 ··· 32. 湖南悬钩子 *Rubus hunanensis*
　　　　　　　　　　36. 枝、叶柄和花序被绒毛状长柔毛；叶边裂片圆钝；花萼密被淡黄色长柔毛和绒毛；萼片披针形或卵状披针形，外萼片仅顶端浅裂 ·· 33. 寒莓 *Rubus buergeri*
　　31. 叶片下面密被铁锈色绒毛，宽卵形、长卵形至卵状披针形，不分裂或浅裂，顶端渐尖至尾尖，稀急尖；顶生花序较短，花较少。
　　　　37. 叶边明显分裂 ··· 34. 锈毛莓 *Rubus reflexus*
　　　　37. 叶边不分裂或近基部 2 裂 ··· 35. 攀枝莓 *Rubus flagelliflorus*
25. 花成简单总状花序或单花。
　　38. 花常单生，顶生或腋生；单叶，披针形，无毛；花直径 1~1.8 厘米；花梗长 0.5~1 厘米；雌蕊 50~70 枚或较多
　　　　··· 36. 蒲桃叶悬钩子 *Rubus jambosoides*
　　38. 花成顶生或腋生简单总状花序；掌状复叶具 3~5 片小叶或单叶。
　　　　39. 掌状复叶有 3~5 片小叶。
　　　　　　40. 托叶和苞片掌状深裂；小叶椭圆状披针形或长圆披针形，边缘有不整齐尖锐锯齿；雄蕊幼时具柔毛，老时脱落 ··· 37. 五叶鸡爪茶 *Rubus playfairianus*
　　　　　　40. 托叶和苞片全缘或仅顶端有锯齿；小叶狭披针形或狭椭圆形，边缘有不明显的稀疏小锯齿；雄蕊柔毛老时不脱落 ··· 38. 竹叶鸡爪茶 *Rubus bambusarum*
　　　　39. 单叶。
　　　　　　41. 叶片 3~5 深裂。
　　　　　　　　42. 叶片基部较狭窄，宽楔形至近圆形，稀近心形，深 3 裂，稀 5 裂，分裂至叶片的 2/3 处或超过之，裂片披针形或狭长圆形，边缘有稀疏细锐锯齿 ··· 39. 鸡爪茶 *Rubus henryi*
　　　　　　　　42. 叶片基部宽，近楔形或心形，掌状 5 裂或 3 裂约至叶片中部或 1/3 处，裂片较宽短，卵状披针形，边缘具粗锐锯齿 ··· 40. 大叶鸡爪茶 *Rubus henryi* var. *sozostylus*
　　　　　　41. 叶片不分裂或浅裂。
　　　　　　　　43. 花序有腺毛；叶片卵形、宽卵形至长圆披针形，结果枝上的叶片下面绒毛脱落；花萼外被灰色绒毛；萼片卵形或三角状卵形 ·· 41. 木莓 *Rubus swinhoei*
　　　　　　　　43. 花序无腺毛。
　　　　　　　　　　44. 花梗和花萼无针刺 ·· 42. 尾叶悬钩子 *Rubus caudifolius*
　　　　　　　　　　44. 花梗和花萼密被针刺 ··· 43. 棠叶悬钩子 *Rubus malifolius*
24. 植株常被刺毛，稀被疏针刺或小皮刺；托叶宿存或脱落；单叶；花单生、数朵簇生或成短总状花序及圆锥花序。
　　45. 花成大型圆锥花序 ·· 44. 锯叶悬钩子 *Rubus wuzhiauns*
　　45. 花单生、数朵簇生或成顶生近总状花序 ·· 45. 周毛悬钩子 *Rubus amphidasys*

1. 黄泡 Rubus pectinellus Maxim. Bull. Acad. Sci. St. Peters. 8: 374. 1871.

草本或半灌木，高8~20厘米；茎匍匐，节处生根，有长柔毛和稀疏微弯针刺。单叶，叶片心状近圆形，长2.5~4.5厘米，宽3~7厘米，顶端圆钝，基部心形，边缘有时波状浅裂或3浅裂，有不整齐细钝锯齿或重锯齿，两面被稀疏长柔毛，下面沿叶脉有针刺；叶柄长3~6厘米，有长柔毛和针刺；托叶离生，有长柔毛，长0.6~0.9厘米，2回羽状深裂，裂片线状披针形。花单生，顶生，稀2~3朵，直径达2厘米；花梗长2~4厘米，被长柔毛和针刺；苞片和托叶相似；花萼长1.5~2厘米，外面密被针刺和长柔毛；萼筒卵球形；萼片不等大，叶状，卵形至卵状披针形，外萼片宽大，梳齿状深裂或缺刻状，内萼片较狭，顶端渐尖，有少数锯齿或全缘；花瓣狭倒卵形，白色，有爪，稍短于萼片；雄蕊多数，直立，无毛；雌蕊多数，但很多败育，子房顶端和花柱基部微具柔毛。果实红色，球形，直径1~1.5厘米，具反折萼片；小核近光滑或微皱。花期5~7月，果期7~8月。

产于恩施、咸丰，生于山地林中；分布于湖南、湖北、江西、福建、台湾、四川、云南、贵州；日本、菲律宾也有分布。

根、叶可入药，能清热解毒。

2. 盾叶莓 Rubus peltatus Maxim. in Bull. Atad. Sci. St. Pctersb. 8: 384. 1871.

直立或攀援灌木，高1~2米；枝红褐色或棕褐色，无毛，疏生皮刺，小枝常有白粉。叶片盾状，卵状圆形，长7~17厘米，宽6~15厘米，基部心形，两面均有贴生柔毛，下面毛较密并沿中脉有小皮刺，边缘3~5掌状分裂，裂片三角状卵形，顶端急尖或短渐尖，有不整齐细锯齿；叶柄4~8厘米，无毛，有小皮刺；托叶大，膜质，卵状披针形，长1~1.5厘米，无毛。单花顶生，花梗长2.5~4.5厘米，无毛；苞片与托叶相似；萼筒常无毛；萼片卵状披针形，两面均有柔毛，边缘常有齿；花瓣近圆形，直径1.8~2.5厘米，白色，长于萼片；雄蕊多数，花丝钻形或线形；雌蕊很多，可达100枚，被柔毛。果实圆柱形或圆筒形，长3~4.5厘米，橘红色，密被柔毛；核具皱纹。花期4~5月，果期6~7月。

恩施州广布，生于山坡林下；分布于江西、湖北、安徽、浙江、四川、贵州；日本也有。

果药用，治腰腿酸疼；根皮可提制栲胶。

3. 山莓 Rubus corchorifolius L. f. Suppl. Pl. Syst. Veget. 263. 1781.

直立灌木，高1~3米；枝具皮刺，幼时被柔毛。单叶，卵形至卵状披针形，长5~12厘米，宽

2.5～5厘米，顶端渐尖，基部微心形，有时近截形或近圆形，上面色较浅，沿叶脉有细柔毛，下面色稍深，幼时密被细柔毛，逐渐脱落至老时近无毛，沿中脉疏生小皮刺，边缘不分裂或3裂，通常不育枝上的叶3裂，有不规则锐锯齿或重锯齿，基部具3脉；叶柄长1～2厘米，疏生小皮刺，幼时密生细柔毛；托叶线状披针形，具柔毛。花单生或少数生于短枝上；花梗长0.6～2厘米，具细柔毛；花直径可达3厘米；花萼外密被细柔毛，无刺；萼片卵形或三角状卵形，长5～8毫米，顶端急尖至短渐尖；花瓣长圆形或椭圆形，白色，顶端圆钝，长9～12毫米，宽6～8毫米，长于萼片；雄蕊多数，花丝宽扁；雌蕊多数，子房有柔毛。果实由很多小核果组成，近球形或卵球形，直径1～1.2厘米，红色，密被细柔毛；核具皱纹。花期2～3月，果期4～6月。

恩施州广布，生于山坡灌丛中；除东北、甘肃、青海、新疆、西藏外，全国均有分布；朝鲜、日本、缅甸、越南也有。

果、根及叶入药，有活血、解毒、止血之效。

4. 三花悬钩子　*Rubus trianthus* Focke, Bibl. Bot. 72(2): 140. f. 59. 1911.

藤状灌木，高0.5～2米。枝细瘦，暗紫色，无毛，疏生皮刺，有时具白粉。单叶，卵状披针形或长圆披针形，长4～9厘米，宽2～5厘米，顶端渐尖，基部心脏形，稀近截形，两面无毛，上面色较浅，3裂或不裂，通常不育枝上的叶较大而3裂，顶生裂片卵状披针形，边缘有不规则或缺刻状锯齿；叶柄长1～4厘米，无毛，疏生小皮刺，基部有3脉；托叶披针形或线形，无毛。花常3朵，有时花超过3朵而成短总状花序，常顶生；花梗长1～2.5厘米，无毛；苞片披针形或线形；花直径1～1.7厘米；花萼外面无毛；萼片三角形，顶端长尾尖；花瓣长圆形或椭圆形，白色，几与萼片等长；雄蕊多数，花丝宽扁；雌蕊10～50枚，子房无毛。果实近球形，直径约1厘米，红色，无毛；核具皱纹。花期4～5月，果期5～6月。

产于宣恩、巴东，生于山坡灌丛中；分布于江西、湖南、湖北、安徽、浙江、江苏、福建、台湾、四川、云南、贵州；越南有分布。

全株入药，有活血散瘀之效。

5. 掌叶悬钩子　*Rubus pentagonus* Wall. ex Focke, Bibl. Bot. 72 (2): 145. 1911.

蔓生灌木，高1.5～3米；枝略呈之字形弯曲，幼时稍具柔毛，以后无毛，疏生皮刺，常有腺毛。叶为掌状3片小叶，菱状披针形，长3～11厘米，宽1.5～4厘米，顶端渐尖至尾尖，基部楔形，上面沿叶脉具柔毛，下面疏生柔毛，边缘具缺刻状粗重锯齿；叶柄长2～4厘米，疏生柔毛、腺毛和小皮刺，有时无腺毛，小叶无柄；托叶线状披针形，着生于叶柄基部，其基部与叶柄连合或近分离，边缘疏生腺毛，全缘或有时 2 深条裂。花 2～3 朵成伞房状花序或单生；花梗长 1.5～2.5 厘米，无毛，具稀疏腺毛和小皮刺；苞片线状披针形，常具腺毛，全缘或 2～3 条裂；花较大，直径 1.5～2 厘米；花萼外面无毛，仅于内萼片边缘具绒毛，有腺毛和针刺；萼片披针形或卵状三角形，顶端尾尖，全缘或 3 条裂，在花果期均直立开展；花瓣椭圆形或长圆形，比萼片短得多，白色，基部具短爪；雄蕊单列，花丝宽，几与花柱等长或稍短；雌蕊 10～15 枚，花柱和子房均无毛。果实近球形，包藏于花萼内，直径达 2 厘米，红色或橘红色，无毛；核肾形，具皱纹，长达 4 毫米。花期 5 月，果期 7～8 月。

恩施州广布，属湖北省新记录，生于山坡林下；分布于四川、云南、西藏；印度、尼泊尔、不丹、缅甸、越南也有。

6. 绵果悬钩子　Rubus lasiostylus Focke in Hook. Icon. Pl. ser. 3. 10: 1. Pl. 1951. 1891.

灌木高达 2 米；枝红褐色，有时具白粉，幼时无毛或具柔毛，老时无毛，具疏密不等的针状或微钩状皮刺。小叶 3 片，稀 5 片，顶生小叶宽卵形，侧生小叶卵形或椭圆形，长 3～10 厘米，宽 2.5～9 厘米，顶端渐尖或急尖，基部圆形至浅心形，上面疏生细柔毛，老时无毛，下面密被灰白色绒毛，沿叶脉疏生小皮刺，边缘具不整齐重锯齿，顶生小叶常浅裂或 3 裂；叶柄长 5～10 厘米，顶生小叶柄长 2～3.5 厘米，侧生小叶几无柄，均无毛或具稀疏柔毛，疏生小皮刺；托叶卵状披针形至卵形，长 1～1.5 厘米，宽 5～8 毫米，膜质，棕褐色，无毛，顶端渐尖。花 2～6 朵成顶生伞房状花序，有时 1～2 朵腋生；花梗长 2～4 厘米，无毛，有疏密不等的小皮刺；苞片大，卵

形或卵状披针形，长 0.8～1.6 厘米，宽 5～10 毫米，膜质，棕褐色，无毛；花开展时直径 2～3 厘米；花萼外面紫红色，无毛；萼片宽卵形，长 1.2～1.8 厘米，宽 0.6～1 厘米，顶端尾尖，仅内萼片边缘具灰白色绒毛，在花果时均开展，稀于果时反折；花瓣近圆形，红色，短于萼片，基部具短爪；花丝白色，线形；花柱下部和子房上部密被灰白色或灰黄色长绒毛。果实球形，直径 1.5～2 厘米，红色，外面密被灰白色长绒毛和宿存花柱。花期 6 月，果期 8 月。

恩施州广布，生于山坡灌丛中；分布于陕西、湖北、四川、云南。

7. 红腺悬钩子　Rubus sumatranus Miq. Fl. Ind. Bot. Append. 307. 1860.

直立或攀援灌木；小枝、叶轴、叶柄、花梗和花序均被紫红色腺毛、柔毛和皮刺。小叶 5～7 片，稀 3 片，卵状披针形至披针形，长 3～8 厘米，宽 1.5～3 厘米，顶端渐尖，基部圆形，两面疏生柔毛，沿中

脉较密，下面沿中脉有小皮刺，边缘具不整齐的尖锐锯齿；叶柄长 3～5 厘米，顶生小叶柄长达 1 厘米；托叶披针形或线状披针形，有柔毛和腺毛。花 3 朵或数朵成伞房状花序，稀单生；花梗长 2～3 厘米；苞片披针形；花直径 1～2 厘米；花萼被长短不等的腺毛和柔毛；萼片披针形，长 0.7～1 厘米，宽 0.2～0.4 厘米，顶端长尾尖，在果期反折；花瓣长倒卵形或匙状，白色，基部具爪；花丝线形；雌蕊数可达 400 枚，花柱和子房均无毛。果实长圆

形，长 1.2~1.8 厘米，橘红色，无毛。花期 4~6 月，果期 7~8 月。

恩施州广布，生于山谷疏密林内；分布于湖北、湖南、江西、安徽、浙江、福建、台湾、广东、广西、四川、贵州、云南、西藏；朝鲜、日本、尼泊尔、印度、越南、泰国等也有。

根入药，有清热、解毒、利尿之效。

8. 大红泡 *Rubus eustephanus* Focke ex Diels in Engler, Bot. Jahrb. 56: 54. 1905.

灌木，高 0.5~2 米；小枝灰褐色，常有棱角，无毛，疏生钩状皮刺。小叶 3~7 片，卵形、椭圆形、稀卵状披针形，长 2~7 厘米，宽 1~3 厘米，顶端渐尖至长渐尖，基部圆形，幼时两面疏生柔毛，老时

仅下面沿叶脉有柔毛，沿中脉有小皮刺，边缘具缺刻状尖锐重锯齿；叶柄长 1.5~4 厘米，和叶轴均无毛或幼时疏生柔毛，有小皮刺；托叶披针形，顶端尾尖，无毛或边缘稍有柔毛。花常单生，稀 2~3 朵，常生于侧生小枝顶端；花梗长 2.5~5 厘米，无毛，疏生小皮刺，常无腺毛，但其变种疏生短腺毛；苞片和托叶相似；花大，开展时直径 3~4 厘米；花萼无毛；萼片长圆披针形，顶端钻状长渐尖，内萼片边缘有绒毛，花后开展，果时常反折；花瓣椭圆形或宽卵形，白色，长于萼片；雄蕊多数，花丝线形；雌蕊很多，子房和花柱无毛。果实近球形，直径达 1 厘米，红色，无毛。核较平滑或微皱。花期 4~5 月，果期 6~7 月。

恩施州广布，生于山坡林下；分布于浙江、陕西、湖北、湖南、四川、贵州。

9. 白叶莓 *Rubus innominatus* S. Moore in Journ. Bot. 13: 226. 1875.

灌木，高 1~3 米；枝拱曲，褐色或红褐色，小枝密被绒毛状柔毛，疏生钩状皮刺。小叶常 3 片，稀于不孕枝上具 5 片小叶，长 4~10 厘米，宽 2.5~7 厘米，顶端急尖至短渐尖，顶生小叶卵形或近圆形，稀卵状披针形，基部圆形至浅心形，边缘常 3 裂或缺刻状浅裂，侧生小叶斜卵状披针形或斜椭圆形，基部楔形至圆形，上面疏生平贴柔毛或几无毛，下面密被灰白色绒毛，沿叶脉混生柔毛，边缘有不整齐粗锯齿或缺刻状粗重锯齿；叶柄长 2~4 厘米，顶生小叶柄长 1~2 厘米，侧生小叶近无柄，与叶轴均密被绒毛状柔毛；托叶线形，被柔毛。总状或圆锥状花序，顶生或腋生，腋生花序常为短总状；总花梗和花梗均密被黄灰色或灰色绒毛状长柔毛和腺毛；花梗长 4~10 毫米；苞片线状披针形，被绒毛状柔毛；花直径 6~10 毫米；花萼外面密被黄灰色或灰色绒毛状长柔毛和腺毛；萼片卵形，长 5~8 毫米，顶端急尖，内萼片边缘具灰白色绒毛，在花果时均直立；花瓣倒卵形或近圆形，紫红色，边啮蚀状，基部具爪，稍长于萼片；雄蕊稍短于花瓣；花柱无毛；子房稍具柔毛。果实近球形，直径约 1 厘米，橘红色，初期被疏柔毛，成熟时无毛；核具细皱纹。花期 5~6 月，果期 7~8 月。

恩施州广布，生于山坡疏林中；分布于陕西、甘肃、河南、湖北、湖南、江西、安徽、浙江、福建、广东、广西、四川、贵州、云南。

根入药，治风寒咳喘。

10. 无腺白叶莓（变种） *Rubus innominatus* S. Moore var. *kuntzeanus* (Hemsl.) Bailey in Gent. Herb. 1: 30. 1920.

本变种与白叶莓 *R. innominatus* 的区别在于枝、叶柄、叶片下面、总花梗、花梗和花萼外面均无腺毛。花期 5～6 月，果期 7～8 月。

恩施州广布，生于山坡灌丛中；分布于陕西、甘肃、湖北、湖南、江西、安徽、浙江、福建、广东、广西、四川、贵州、云南。

11. 长序莓 *Rubus chiliadenus* Focke in Hook. Ic. Pl. ser. 3. 10: 4. sub pl. 1952. 1891.

灌木，高 1～2 米；小枝浅褐色至红褐色，具紫红色腺毛，柔毛和宽扁的稀疏皮刺。小叶 5 片，有时在花序基部具 3 片小叶，卵形至卵状披针形，长 3～8 厘米，宽 1～4 厘米，顶端渐尖，基部楔形至近圆形，顶生小叶基部近圆形或近心形，上面具稀疏柔毛和腺毛，下面具柔毛和腺毛，边缘有不整齐粗锐锯齿；叶柄长 3～5 厘米，顶生小叶柄长 1～2 厘米，与叶轴均具柔毛和紫红色腺毛；托叶线形，有柔毛和腺毛。顶生花序近圆锥状，腋生花序总状或近伞房状，花梗、苞片和花萼被柔毛和腺毛；花梗长 1～2 厘米；苞片线状披针形；花中等，直径约 1 厘米；萼片披针形，顶端急尖至渐尖，花后常直立；花瓣近圆形，白色或顶端微红；花丝线形；雌蕊稍长或几与雄蕊等长，花柱无毛，子房具柔毛。花期 5～7 月。

产于利川、巴东，生于山坡林下；分布于湖北、四川、贵州。

12. 腺毛莓 *Rubus adenophorus* Rolfe in Kew Bull. 1910: 382. 1910.

攀援灌木，高 0.5～2 米；小枝浅褐色至褐红色，具紫红色腺毛、柔毛和宽扁的稀疏皮刺。小叶 3 片，宽卵形或卵形，长 4～11 厘米，宽 2～8 厘米，顶端渐尖，基部圆形至近心形，上下两面均具稀疏柔毛，下面沿叶脉有稀疏腺毛，边缘具粗锐重锯齿；叶柄长 5～8 厘米，顶生小叶柄长 2.5～4 厘米，均具腺毛、柔毛和稀疏皮刺；托叶线状披针形，具柔毛和稀疏腺毛。总状花序顶生或腋生，花梗、苞片和花萼均密被带黄色长柔毛和紫红色腺毛；花梗长 0.6～1.2 厘米；苞片披针形；花较小，直径 6～8 毫米；萼片披针形或卵状披针形，顶端渐尖，花后常直立；花瓣倒卵形或近圆形，基部具爪，紫红色；花丝线形；花柱无毛，子房微具柔毛。果实球形，直径约 1 厘米，红色，无毛或微具柔毛；

核具显明皱纹。花期4~6月，果期6~7月。

产于巴东，生于山坡林中；分布于江西、湖北、湖南、浙江、福建、广东、广西、贵州。

13. 菰帽悬钩子 *Rubus pileatus* Focke in Hook. Ic. Pl. ser. 3. 10: 3. sub pl. 1952. 1891.

攀援灌木，高1~3米；小枝紫红色，无毛，被白粉，疏生皮刺。小叶常5~7片，卵形、长圆状卵形或椭圆形，长2.5~8厘米，宽1.5~6厘米，顶端急尖至渐尖，基部近圆形或宽楔形，两面沿叶脉有短柔毛，顶生小叶稍有浅裂片，边缘具粗重锯齿；叶柄长3~10厘米，顶生小叶柄长1~2厘米，侧生小叶近无柄，与叶轴均被疏柔毛和稀疏小皮刺；托叶线形或线状披针形。伞房花序顶生，具花3~5朵，稀单花腋生；花梗细，长2~3.5厘米，无毛，疏生细小皮刺或无刺；苞片线形，无毛；花直径1~2厘米；花萼外面无毛，紫红色；萼片卵状披针形，长7~10毫米，宽2~4毫米，顶端长尾尖，外面无毛或仅边缘具绒毛，在果期常反折；花瓣倒卵形，白色，基部具短爪并疏生短柔毛，比萼片稍短或几等长；雄蕊长5~7毫米，花丝线形；花柱下部和子房密被灰白色长绒毛，花柱在果期增长。果实卵球形，直径0.8~1.2厘米，红色，具宿存花柱，密被灰白色绒毛；核具明显皱纹。花期6~7月，果期8~9月。

产于宣恩，生于路边灌丛中；分布于河南、陕西、甘肃、四川、湖北。

14. 红花悬钩子 *Rubus inopertus* (Diels) Focke, Bibl Bot. 72(2): 182. 1911.

攀援灌木，高1~2米；小枝紫褐色，无毛，疏生钩状皮刺。小叶7~11片，稀5片，卵状披针形或卵形，长2~7厘米，宽1~3厘米，顶端渐尖，基部圆形或近截形，上面疏生柔毛，下面沿叶脉具柔毛，边缘具粗锐重锯齿；叶柄长3.5~6厘米，紫褐色，顶生小叶柄长0.6~2厘米，侧生小叶几无柄，与叶轴均具稀疏小钩刺，无毛或微具柔毛；托叶线状披针形。花数朵簇生或成顶生伞房花序；总花梗和花梗均无毛；花梗长1~1.5厘米，无毛；苞片线状披针形；花直径达1.2厘米；花萼外面无毛或仅于萼片边缘具绒毛；萼片卵形或三角状卵形，顶端急尖至渐尖，在果期常反折；花瓣倒卵形，粉红至紫红色，基部具短爪或微具柔毛；花丝线形或基部增宽；花柱基部和子房有柔毛。果实球形，直径6~8毫米，熟时紫黑色，外面被柔毛；核有细皱纹。花期5~6月，果期7~8月。

产于巴东、利川，生于山坡林中；分布于陕西、湖北、湖南、广西、四川、云南、贵州；越南也有。

15. 红毛悬钩子 *Rubus wallichianus* Wight et Arn.

攀援灌木，高1~2米；小枝粗壮，红褐色，有棱，密被红褐色刺毛，并具柔毛和稀疏皮刺。小叶3片，椭圆形、卵形、稀倒卵形，长3~9厘米，宽2~7厘米，顶端尾尖或急尖，稀圆钝，基部圆形或宽楔形，上面紫红色，无毛，叶脉下陷，下面仅沿叶脉疏生柔毛、刺毛和皮刺，边缘有不整齐细锐锯齿；叶柄长2~4.5厘米，顶生小叶柄长1.5~3厘米，侧生小叶近无柄，与叶轴均被红褐色刺毛、柔毛和稀疏皮刺；托叶线形，有柔毛和稀疏刺毛。花数朵在叶腋团

聚成束，稀单生；花梗短，长4～7毫米，密被短柔毛；苞片线形或线状披针形，有柔毛；花直径1～1.3厘米；花萼外面密被绒毛状柔毛；萼片卵形，顶端急尖，在果期直立；花瓣长倒卵形，白色，基部具爪，长于萼片；雄蕊花丝稍宽扁，几与雌蕊等长；花柱基部和子房顶端具柔毛。果实球形，直径5～8毫米，熟时金黄色或红黄色，无毛；核有深刻皱纹。花期3～4月，果期5～6月。

恩施州广布，生于山坡林中；分布于湖北、湖南、台湾、广西、四川、云南、贵州。

根和叶供药用，有祛风除湿、散瘀伤之效。

16. 茅莓　*Rubus parvifolius* L. Sp. Pl. 1197. 1753.

灌木，高1～2米；枝呈弓形弯曲，被柔毛和稀疏钩状皮刺；小叶3～5片，菱状圆形或倒卵形，长2.5～6厘米，宽2～6厘米，顶端圆钝或急尖，基部圆形或宽楔形，上面伏生疏柔毛，下面密被灰白色绒毛，边缘有不整齐粗锯齿或缺刻状粗重锯齿，常具浅裂片；叶柄长2.5～5厘米，顶生小叶柄长1～2厘米，均被柔毛和稀疏小皮刺；托叶线形，长5～7毫米，具柔毛。伞房花序顶生或腋生，稀顶生花序成短总状，具花数朵至多朵，被柔毛和细刺；花梗长0.5～1.5厘米，具柔毛和稀疏小皮刺；苞片线形，有柔毛；花直径约1厘米；花萼外面密被柔毛和疏密不等的针刺；萼片卵状披针形或披针形，顶端渐尖，有时条裂，在花果时均直立开展；花瓣卵圆形或长圆形，粉红至紫红色，基部具爪；雄蕊花丝白色，稍短于花瓣；子房具柔毛。果实卵球形，直径1～1.5厘米，红色，无毛或具稀疏柔毛；核有浅皱纹。花期5～6月，果期7～8月。

产于恩施，生于路边；分布于黑龙江、吉林、辽宁、河北、河南、山西、陕西、甘肃、湖北、湖南、江西、安徽、山东、江苏、浙江、福建、台湾、广东、广西、四川、贵州；日本、朝鲜也有。

全株入药，有止痛、活血、祛风湿及解毒之效。

17. 喜阴悬钩子　*Rubus mesogaeus* Focke in Engler, Bot. Jahrb. 23: 399. 1900.

攀援灌木，高1～4米；老枝有稀疏基部宽大的皮刺，小枝红褐色或紫褐色，具稀疏针状皮刺或近无刺，幼时被柔毛。小叶常3片，稀5片，顶生小叶宽菱状卵形或椭圆卵形，顶端渐尖，边缘常羽状分裂，基部圆形至浅心形，侧生小叶斜椭圆形或斜卵形，顶端急尖，基部楔形至圆形，长4～11厘米，宽3～9厘米，上面疏生平贴柔毛，下面密被灰白色绒毛，边缘有不整齐粗锯齿并常浅裂；叶柄长3～7厘米，顶生小叶柄长1.5～4厘米，侧生小叶有短柄或几无柄，与叶轴均有柔毛和稀疏钩状小皮刺；托叶线形，被柔毛，长达1厘米。伞房花序生于侧生小枝顶端或腋生，具花数朵至20余朵，通常短于叶柄；总花梗具柔毛，有稀疏针刺；花梗长6～12毫米，密被柔毛；苞片线形，有柔毛。花直径约1厘米或稍大；花萼外密被柔毛；萼片披针形，顶端急尖至短渐尖，长5～8毫米，内萼片边缘具绒毛，花后常反折；花瓣倒卵形、近圆形或椭圆形，基部稍有柔毛，白色或浅粉红色；花丝线形，几与花柱等长；花柱无毛，子房有疏柔毛。果实扁球形，直径6～8毫米，紫黑色，无毛；核三角卵球形，有皱纹。花期4～5月，果期7～8月。

恩施州广布，生于山坡林下；分布于河南、陕西、甘肃、湖北、台湾、四川、贵州、云南、西藏；尼泊尔、不丹、日本也有。

18. 秀丽莓　Rubus amabilis Focke in Engler, Bot. Jahrb. 36: 53. 1905.

灌木，高1~3米；枝紫褐色或暗褐色，无毛，具稀疏皮刺；花枝短，具柔毛和小皮刺。小叶7~11片，卵形或卵状披针形，长1~5.5厘米，宽0.8~2.5厘米，通常位于叶轴上部的小叶片比下部的大，顶端急尖，顶生小叶顶端常渐尖，基部近圆形，顶生小叶基部有时近截形，上面无毛或疏生伏毛，下面沿叶脉具柔毛和小皮刺，边缘具缺刻状重锯齿，顶生小叶边缘有时浅裂或3裂；叶柄长1~3厘米，小叶柄长约1厘米，侧生小叶几无柄，和叶轴均于幼时具柔毛，逐渐脱落至老时无毛或近无毛，疏生小皮刺；托叶线状披针形，具柔毛。花单生于侧生小枝顶端，下垂；花梗长2.5~6厘米，具柔毛，疏生细小皮刺，有时具稀疏腺毛；花直径3~4厘米；花萼绿带红色，外面密被短柔毛，无刺或有时具稀疏短针刺或腺毛；萼片宽卵形，长1~1.5厘米，顶端渐尖或具突尖头，在花果时均开展；花瓣近圆形，白色，比萼片稍长或几等长，基部具短爪；花丝线形，基部稍宽，带白色；花柱浅绿色，无毛，子房具短柔毛。果实长圆形稀椭圆形，长1.5~2.5厘米，直径1~1.2厘米，红色，幼时具稀疏短柔毛，老时无毛，可食；核肾形，稍有网纹。花期4~5月，果期7~8月。

产于巴东，生于山谷林中；分布于陕西、甘肃、河南、山西、湖北、四川、青海。

19. 针刺悬钩子　Ruhus pungens Camb. in Jacq. Vog. Bot. 4: 48. t. 59. 1843.

匍匐灌木，高达3米；枝圆柱形，幼时被柔毛，老时脱落，常具较稠密的直立针刺。小叶常5~7片，稀3或9片，卵形、三角卵形或卵状披针形，长2~5厘米，宽1~3厘米，顶端急尖至短渐尖，顶生小叶常渐尖，基部圆形至近心形，上面疏生柔毛，下面有柔毛或仅在脉上有柔毛，边缘具尖锐重锯齿或缺刻状重锯齿，顶生小叶常羽状分裂；叶柄长2~6厘米，顶生小叶柄长0.5~1厘米，侧生小叶近无柄，与叶轴均有柔毛或近无毛，并有稀疏小刺和腺毛；托叶小，线形，有柔毛。花单生或2~4朵成伞房状花序，顶生或腋生；花梗长2~3厘米，有柔毛和小针刺，或有疏腺毛；花直径1~2厘米；花萼外面具柔毛和腺毛，密被直立针刺；萼筒半球形；萼片披针形或三角披针形，长达1.5厘米，顶端长渐尖，在花果时均直立，稀反折；花瓣长圆形、倒卵形或近圆形，白色，基部具爪，比萼片短；雄蕊多数，直立，长短不等，花丝近基部稍宽扁；雌蕊多数，花柱无毛或基部具疏柔毛，子房有柔毛或近无毛。果实近球形，红色，直径1~1.5厘米，具柔毛或近无毛；核卵球形，长2~3毫米，有明显皱纹。花期4~5月，果期7~8月。

产于宣恩，生于山坡林中；分布于陕西、甘肃、四川、湖北、云南、西藏；印度、尼泊尔、不丹、缅甸、日本、朝鲜也有分布。

根供药用，有清热解毒、活血止痛之效。

20. 单茎悬钩子　Rubus simplex Focke in Icon. Pl. ser. 3. 10: pl. 1948. 1890.

低矮半灌木，高40~60厘米；茎木质，单一，直立，无毛，稀微具柔毛，有稀疏钩状短小皮刺，花枝自匍匐根上长出。小叶3片，卵形至卵状披针形，长6~9.5厘米，宽2.5~5厘米，顶生小叶稍长于侧生者，顶端渐尖，基部近圆形，上面具稀疏糙柔毛，下面仅沿叶脉有疏柔毛或具极疏小皮刺，边缘有不整齐尖锐锯齿；叶柄长5~10厘米，顶生小叶柄长达1厘米，侧生小叶几无柄或具极短柄，微被柔毛和钩状小皮刺；托叶基部与叶柄连生，线

状披针形，全缘。花2～4朵腋生或顶生，稀单生；花梗长0.6～1.2厘米，具稀疏柔毛和钩状小皮刺；花直径1.5～2厘米；花萼外有稀疏钩状小皮刺和细柔毛；萼片长三角形至卵圆形，顶端钻状长渐尖，外面边缘及内面被绒毛；花瓣倒卵圆形，白色，被细柔毛，具短爪，几与萼片等长；雄蕊多数，直立，花丝宽扁；雌蕊多数，子房顶端及花柱基部具柔毛。果实橘红色，球形，常无毛，小核果多数；核具皱纹。花期5～6月，果期8～9月。

恩施州广布，生于山坡林中；分布于陕西、甘肃、湖北、江苏、四川。

21. 插田泡 Rubus coreanus Miq. in Ann. Mus. Bot. Lugd. -Bat. 3: 34. 1867.

灌木，高1～3米；枝粗壮，红褐色，被白粉，具近直立或钩状扁平皮刺。小叶通常5片，稀3片，卵形、菱状卵形或宽卵形，长2～8厘米，宽2～5厘米，顶端急尖，基部楔形至近圆形，上面无毛或仅沿叶脉有短柔毛，下面被稀疏柔毛或仅沿叶脉被短柔毛，边缘有不整齐粗锯齿或缺刻状粗锯齿，顶生小叶顶端有时3浅裂；叶柄长2～5厘米，顶生小叶柄长1～2厘米，侧生小叶近无柄，与叶轴均被短柔毛和疏生钩状小皮刺；托叶线状披针形，有柔毛。伞房花序生于侧枝顶端，具花数朵至30余朵，总花梗和花梗均被灰白色短柔毛；花梗长5～10毫米；苞片线形，有短柔毛；花直径7～10毫米；花萼外面被灰白色短柔毛；萼片长卵形至卵状披针形，长4～6毫米，顶端渐尖，边缘具绒毛，花时开展，果时反折；花瓣倒卵形，淡红色至深红色，与萼片近等长或稍短；雄蕊比花瓣短或近等长，花丝带粉红色；雌蕊多数；花柱无毛，子房被稀疏短柔毛。果实近球形，直径5～8毫米，深红色至紫黑色，无毛或近无毛；核具皱纹。花期4～6月，果期6～8月。

恩施州广布，生于山谷林中；分布于陕西、甘肃、河南、江西、湖北、湖南、江苏、浙江、福建、安徽、四川、贵州、新疆；朝鲜和日本也有。

果实入药，为强壮剂；根有止血、止痛之效；叶能明目。

22. 毛叶插田泡（变种） Rubus coreanus Miq. var. tomentosus Card. in Lecomte, Not. Syst. 3: 310. 1914.

本变种与插田泡 R. coreanus 的区别在于叶片下面密被短绒毛。花期4～6月，果期6～8月。

恩施州广布，生于山坡灌丛；分布于陕西、甘肃、河南、湖北、湖南、安徽、四川、云南、贵州。

23. 灰毛泡 Rubus irenaeus Focke in Engler, Bot. Jahrb 29: 394. 1901.

常绿矮小灌木，高0.5～2米；枝灰褐至棕褐色，密被灰色绒毛状柔毛，花枝自根茎上出长，疏生细小皮刺或无刺。单叶，近革质，近圆形，直径8～14厘米，顶端圆钝或急尖，基部深心形，上面无毛，下面密被灰色或黄灰色绒毛，具5出掌状脉，下面叶脉突出，黄棕色，沿叶脉具长柔毛，边缘波状或不明显浅裂，裂片圆钝或急尖，有不整齐粗锐锯齿；叶柄长5～10厘米，密被绒毛状柔毛，无刺或具极稀小皮刺；托叶大，叶状，棕褐色，长圆形，长2～3厘米，宽1～2厘米，被绒毛状柔毛，近顶端较宽，缺刻状条裂，裂片披针形。花数朵成顶生伞房状或近总状花序，也常单花或数朵生于叶腋；总花梗和花梗密被绒毛状柔毛；花梗长1～1.5厘米；苞片与托叶相似，准较小，具绒毛状柔毛，顶端分裂；花直径1.5～2厘米；花萼

外密被绒毛状柔毛；萼片宽卵形，顶端短渐尖，外萼片顶端或边缘条裂，裂片线状披针形，内萼片常全缘，在果期反折；花瓣近圆形，白色，具爪，稍长于萼片；雄蕊多数，短于萼片，花丝线形，近基部稍宽，花药具长柔毛；雌蕊30~60枚，无毛，花柱长于雄蕊。果实球形，直径1~1.5厘米，红色，无毛；核具网纹。花期5~6月，果期8~9月。

恩施州广布，生于山坡林下；分布于江西、湖北、湖南、江苏、浙江、福建、广东、广西、四川、贵州。

根和全株入药，能祛风活血、清热解毒。

24. 高粱泡 Rubus lambertianus Ser. in DC. Prodr. 2: 567. 1825.

半落叶藤状灌木，高达3米；枝幼时有细柔毛或近无毛，有微弯小皮刺。单叶宽卵形，稀长圆状卵形，长5~12厘米，顶端渐尖，基部心形，上面疏生柔毛或沿叶脉有柔毛，下面被疏柔毛，沿叶脉毛较密，中脉上常疏生小皮刺，边缘明显3~5裂或呈波状，有细锯齿；叶柄长2~5厘米，具细柔毛或近于无毛，有稀疏小皮刺；托叶离生，线状深裂，有细柔毛或近无毛，常脱落。圆锥花序顶生，生于枝上部叶腋内的花序常近总状，有时仅数朵花簇生于叶腋；总花梗、花梗和花萼均被细柔毛；花梗长0.5~1厘米；苞片与托叶相似；花直径约8毫米；萼片卵状披针形，顶端渐尖、全缘，外面边缘和内面均被白色短柔毛，仅在内萼片边缘具灰白色绒毛；花瓣倒卵形，白色，无毛，稍短于萼片；雄

蕊多数，稍短于花瓣，花丝宽扁；雌蕊15~20枚，通常无毛。果实小，近球形，直径6~8毫米，由多数小核果组成，无毛，熟时红色；核较小，长约2毫米，有明显皱纹。花期7~8月，果期9~11月。

恩施州广布，生于山坡林中；分布于河南、湖北、湖南、安徽、江西、江苏、浙江、福建、台湾、广东、广西、云南；日本也有。

根叶供药用，有清热散瘀、止血之效。

25. 光滑高粱泡（变种） Rubus lambertianus Ser. var. glaber Hemsl. in Journ. Linn. Soc. Bot. 23: 233. 1887.

本变种与高粱泡 R. lambertianus 的差别在于小枝和叶片两面均光滑无毛或仅在叶片上面沿叶脉稍具柔毛；花序和花萼无毛或近无毛；果实黄色或橙黄色。花期7~8月，果期9~11月。

恩施州广布，生于山坡灌丛中；分布于产陕西、甘肃、湖北、江西、四川、云南、贵州。

蔷薇科
Rosaceae

26. 乌泡子　　*Rubus parkeri* Hance in Journ. Bot. 20: 260. 1882.

攀援灌木；枝细长，密被灰色长柔毛，疏生紫红色腺毛和微弯皮刺。单叶，卵状披针形或卵状长圆形，长7~16厘米，宽3.5~6厘米，顶端渐尖，基部心形，弯曲较宽而浅，两耳短而不相靠近，下面伏生长柔毛，沿叶脉较多，下面密被灰色绒毛，沿叶脉被长柔毛，侧脉5~6对，在下面突起，沿中脉疏生小皮刺，边缘有细锯齿和浅裂片；叶柄通常长0.5~1厘米，极稀达2厘米，密被长柔毛，疏生腺毛和小皮刺；托叶脱落，长达1厘米，常掌状条裂，裂片线形，被长柔毛。大型圆锥花序顶生，稀腋生，总花梗、花梗和花萼密被长柔毛和长短不等的紫红色腺毛，具稀疏小皮刺；花梗长约1厘米；苞片与托叶相似，有长柔毛和腺毛；花直径约8毫米；花萼带紫红色；萼片卵状披针形，长5~10毫米，顶端短渐尖，全缘，里面有灰白色绒毛；花瓣白色，但常无花瓣；雄蕊多数，花丝线形；雌蕊少数，无毛。果实球形，直径4~6毫米，紫黑色，无毛。花期5~6月，果期7~8月。

产于恩施、巴东，生于山坡林中；分布于陕西、湖北、江苏、四川、云南、贵州。

27. 宜昌悬钩子　　*Rubus ichangensis* Hemsl. et Ktze. in Journ. Linn. Soc. Bot. 23: 231. 1887.

落叶或半常绿攀援灌木，高达3米；枝圆形，浅绿色，无毛或近无毛，幼时具腺毛，逐渐脱落，疏生短小微弯皮刺。单叶，近革质，卵状披针形，长8~15厘米，宽3~6厘米，顶端渐尖，基部深心形，弯曲较宽大，两面均无毛，下面沿中脉疏生小皮刺，边缘浅波状或近基部有小裂片，有稀疏具短尖头小锯齿；叶柄长2~4厘米，无毛，常疏生腺毛和短小皮刺；托叶钻形或线状披针形，全缘，脱落。顶生圆锥花序狭窄，长达25厘米，腋生花序有时形似总状；总花梗、花梗和花萼有稀疏柔毛和腺毛，有时具小皮刺；花梗长3~6毫米；苞片与托叶相似，有腺毛；花直径6~8毫米；萼片卵形，顶端急尖或短渐尖，外面疏生柔毛和腺毛，边缘有时被灰白色短柔毛，故呈白色，里面密被白色短柔毛；花瓣直立，椭圆形，白色，短于或几与萼片等长；雄蕊多数，花丝稍宽扁；雌蕊12~30枚，无毛。果实近球形，红色，无毛，直径6~8毫米；核有细皱纹。花期7~8月，果期10月。

恩施州广布，生于山坡林中；分布于陕西、甘肃、湖北、湖南、安徽、广东、广西、四川、云南、贵州。

根入药，有利尿、止痛、杀虫之效。

28. 毛萼莓　　*Rubus chroosepalus* Focke in Hook. Icon. Pl. ser. 3. 10: pl. 1952. 1891.

半常绿攀援灌木；枝细，幼时有柔毛，老时无毛，疏生微弯皮刺。单叶，近圆形或宽卵形，直径5~10.5厘米，顶端尾状短渐尖，基部心形，上面无毛，下面密被灰白色或黄白色绒毛，沿叶脉有稀疏柔

毛，下面叶脉突起，侧脉5～6对，基部有5条掌状脉，边缘不明显的波状并有不整齐的尖锐锯齿；叶柄长4～7厘米，无毛，疏生微弯小皮刺；托叶离生，披针形，不分裂或顶端浅裂，早落。圆锥花序顶生，连总花梗长可达27厘米，下部的花序枝开展；总花梗和花梗均被绢状长柔毛；花梗长3～6毫米；苞片披针形，两面均被柔毛，全缘或顶端常3浅裂，早落；花直径1～1.5厘米；花萼外密被灰白色或黄白色绢状长柔毛；萼筒浅杯状；萼片卵形或卵状披针形，顶端渐尖，全缘，里面紫色而无毛，仅边缘有绒毛状短毛；无花瓣；雄蕊多数，花丝钻形，短于萼片；雌蕊约15枚或较少，比雄蕊长，通常无毛。果实球形，直径约1厘米，紫黑色或黑色，无毛；核具皱纹。花期5～6月，果期7～8月。

恩施州广布，生于山坡灌丛中；分布于陕西、湖北、湖南、江西、福建、广东、广西、四川、云南、贵州；越南也有。

29. 黄脉莓　　*Rubus xanthoneurus* Focke ex Diels in Engler, Bot. Jahrb. 29: 392. 1901.

攀援灌木，高达3米；小枝具灰白色或黄灰色绒毛，老时脱落，疏生微弯小皮刺。单叶，长卵形至卵状披针形，长7～12厘米，宽4～7厘米，顶端渐尖，基部浅心形或截形，上面沿叶脉有长柔毛，下面密被灰白色或黄白色绒毛，侧脉7～8对，棕黄色，边缘常浅裂，有不整齐粗锐锯齿；叶柄长2～3厘米，有绒毛，疏生小皮刺；托叶离生。长7～9毫米，边缘或顶端深条裂，裂片线形，有毛。圆锥花序顶生或腋生；总花梗和花梗被绒毛状短柔毛；花梗长达1.2厘米；苞片与托叶相似；花小，直径在1厘米以下；萼筒外被绒毛状短柔毛，老时毛较稀疏；萼片卵形，外被灰白色绒毛，顶端渐

尖，外萼片浅条裂，边缘干膜质而绒毛不脱落，至老时常显现白色边缘；花瓣小，白色，倒卵圆形，长约3毫米，比萼片短得多，有细柔毛；雄蕊多数，短于萼片，花丝线形；雌蕊10～35枚；无毛。果实近球形，暗红色，无毛；核具细皱纹。花期6～7月，果期8～9月。

恩施州广布，生于山坡林中；分布于陕西、湖北、湖南、福建、广东、广西、四川、云南、贵州。

30. 棕红悬钩子　　*Rubus rufus* Focke, Bibl. Bot. 72 (1): 108. f. 47. 1910.

攀援灌木，高达3米；枝圆柱形，棕褐色，具柔毛、棕褐色软刺毛和稀疏针刺。单叶，心状近圆形，直径9～15厘米，上面仅沿叶脉有长柔毛，下面密被棕褐色绒毛，沿叶脉有红褐色长硬毛和稀疏针刺，边缘5裂，裂片三角披针形，顶端急尖，近基部的裂片较短，三角形，顶生裂片较大，有不整齐尖锐锯齿，基部具掌状五出脉；叶柄长7～11厘米，棕褐色，具柔毛、棕褐色软刺毛和微弯针刺；托叶宽大，长达2厘米，宽可达1.5厘米，栉齿状或掌状深裂，裂片线形或线状披针形，具软刺毛，脱落迟。花较少数，成顶生狭圆锥花序或近总状花序，或团集生于叶腋；总花梗和花梗均密被柔毛、棕褐色软刺毛和稀疏微弯针刺；花梗长0.7～1厘米；苞片掌状深裂；花直径约1厘米；花萼外密被棕褐色绒毛和软刺毛；萼片披针形。顶端尾尖，外萼片顶端常浅条裂，内萼片全缘，在果期直立；花瓣宽椭圆形或近圆形，白色，

无毛，基部具短爪，短于萼片；雄蕊多数，花丝线形或基部稍宽；雌蕊 30～40 枚，无毛，花柱比雄蕊长。果实由少数小核果组成，包藏在宿萼内，橘红色，无毛；核具明显细皱纹。花期 6～8 月，果期 9～10 月。

产于宣恩、咸丰，生于山坡灌丛中；分布于江西、湖北、湖南、广东、广西、四川、云南、贵州；泰国、越南也有。

31. 川莓 *Rubus setchuenensis* Bureau et Franch. in Journ. de Bot. 5: 46. 1891.

落叶灌木，高 2～3 米；小枝圆柱形，密被淡黄色绒毛状柔毛，老时脱落，无刺。单叶，近圆形或宽卵形，直径 7～15 厘米，顶端圆钝或近截形，基部心形，上面粗糙，无毛或仅沿叶脉稍具柔毛，下面密被灰白色绒毛，有时绒毛逐渐脱落，叶脉突起，基部具掌状五出脉，侧脉 2～3 对，边缘 5～7 浅裂，裂片圆钝或急尖并再浅裂，有不整齐浅钝锯齿；叶柄长 5～7 厘米，具浅黄色绒毛状柔毛，常无刺；托叶离生，卵状披针形，顶端条裂，早落。花成狭圆锥花序，顶生或腋生或花少数簇生于叶腋；总花梗和花梗均密被浅黄色绒毛状柔毛；花梗长约 1 厘米；苞片与托叶相似；花直径 1～1.5 厘米；花萼外密被浅黄色绒毛和柔毛；萼片卵状披针形，顶端尾尖，全缘或外萼片顶端浅条裂，在果期直立，稀反折；花瓣倒卵形或近圆形，紫红色，基部具爪，比萼片短很多；雄蕊较短，花丝线形；雌蕊无毛，花柱比雄蕊长。

果实半球形，直径约 1 厘米，黑色，无毛，常包藏在宿萼内；核较光滑。花期 7～8 月，果期 9～10 月。

恩施州广布，生于山坡灌丛中；分布于湖北、湖南、广西、四川、云南、贵州。

根供药用，有祛风、除湿、止呕、活血之效。

32. 湖南悬钩子 *Rubus hunanensis* Hand.-Mazz. Symb. Sin. 7: 497. f. 16. 1933.

攀援小灌木，高 0.3～2 米；枝细，密被细短柔毛，疏生钩状小皮刺。单叶，近圆形或宽卵形，直径 8～13 厘米，顶端急尖，基部深心形，幼时上面具细短柔毛，下面有绒毛和细柔毛，但绒毛逐渐脱落，老时两面近无毛，边缘 5～7 浅裂，裂片顶端急尖，稀圆钝，有不整齐锐锯齿，基部具掌状五出脉，侧脉 2～3 对；叶柄长 6～9 厘米，密被细短柔毛和稀疏钩状小皮刺；托叶离生，褐色，长达 1 厘米，不育枝上托叶长达 1.8 厘米，近掌状或羽状分裂，裂片线形，具细短柔毛，脱落或部分宿存。花数朵生于叶腋或成顶生短总状花序；总花梗和花梗密被灰色细短柔毛；花梗长 0.5～1 厘米；苞片与托叶相似；花直径 0.7～1 厘米；

花萼外密被灰白色至黄灰色短柔毛和绒毛；萼片宽卵形，顶端急尖至短渐尖，外萼片较宽大，边缘羽状条裂，裂片线状披针形，内萼片较小，常不分裂，花后直立；花瓣倒卵形，白色，无毛；雄蕊短，花丝线形，无毛；雌蕊几与雄蕊等长，无毛。果实半球形，黄红色，包藏在宿萼内，无毛；核具细皱纹。花期7~8月，果期9~10月。

产于咸丰，生于山沟林中；分布于江西、浙江、湖南、湖北、福建、台湾、广东、广西、四川、贵州。

33. 寒莓　*Rubus buergeri* Miq. in Ann. Mus. Bot. Lugd. -Bat. 3: 36. 1867.

直立或匍匐小灌木，茎常伏地生根，出长新株；匍匐枝长达2米，与花枝均密被绒毛状长柔毛，无刺或具稀疏小皮刺。单叶，卵形至近圆形，直径5~11厘米，顶端圆钝或急尖，基部心形，上面微具柔毛或仅沿叶脉具柔毛，下面密被绒毛，沿叶脉具柔毛，成长时下面绒毛常脱落，故在同一枝上，往往嫩叶密被绒毛，老叶则下面仅具柔毛，边缘5~7浅裂，裂片圆钝，有不整齐锐锯齿，基部具掌状5出脉，侧脉2~3对；叶柄长4~9厘米，密被绒毛状长柔毛，无刺或疏生针刺；托叶离生，早落，掌状或羽状深裂，裂片线形或线状披针形，

具柔毛。花成短总状花序，顶生或腋生，或花数朵簇生于叶腋、总花梗和花梗密被绒毛状长柔毛，无刺或疏生针刺；花梗长0.5~0.9厘米；苞片与托叶相似，较小；花直径0.6~1厘米；花萼外密被淡黄色长柔毛和绒毛；萼片披针形或卵状披针形，顶端渐尖，外萼片顶端常浅裂，内萼片全缘，在果期常直立开展，稀反折；花瓣倒卵形，白色，几与萼片等长；雄蕊多数，花丝线形，无毛；雌蕊无毛，花柱长于雄蕊。果实近球形，直径6~10毫米，紫黑色，无毛；核具粗皱纹。花期7~8月，果期9~10月。

恩施州广布，生于山坡林中；分布于江西、湖北、湖南、安徽、江苏、浙江、福建、台湾、广东、广西、四川、贵州。

根及全草入药，有活血、清热解毒之效。

34. 锈毛莓　*Rubus reflexus* Ker in Bot. Reg. 6: 461. 1820.

攀援灌木，高达2米。枝被锈色绒毛状毛，有稀疏小皮刺。单叶，心状长卵形，长7~14厘米，宽5~11厘米，上面无毛或沿叶脉疏生柔毛，有明显皱纹，下面密被锈色绒毛，沿叶脉有长柔毛，边缘3~5裂，有不整齐的粗锯齿或重锯齿，基部心形，顶生裂片长大，披针形或卵状披针形，比侧生裂片长很多，裂片顶端钝或近急尖；叶柄长2.5~5厘米，被绒毛并有稀疏小皮刺；托叶宽倒卵形，长宽各1~1.4

厘米，被长柔毛，栉齿状或不规则掌状分裂，裂片披针形或线状披针形。花数朵团集生于叶腋或成顶生短总状花序；总花梗和花梗密被锈色长柔毛；花梗很短，长3～6毫米；苞片与托叶相似；花直径1～1.5厘米；花萼外密被锈色长柔毛和绒毛；萼片卵圆形，外萼片顶端常掌状分裂，裂片披针形，内萼片常全缘；花瓣长圆形至近圆形，白色，与萼片近等长；雄蕊短，花丝宽扁，花药无毛或顶端有毛；雌蕊无毛。果实近球形，深红色；核有皱纹。花期6～7月，果期8～9月。

恩施州广布，属湖北省新记录，生于山坡灌丛中；分布于江西、湖南、浙江、福建、台湾、广东、广西。

果可食；根入药，有祛风湿，强筋骨之效。

35. 攀枝莓   *Rubus flagelliflorus* Focke ex Diels in Engler, Bot. Jahrb. 29: 393. 1901.

攀援或匍匐小灌木；枝褐色，幼时密被灰白色绒毛，老时脱落，具稀疏钩状小皮刺。单叶，革质，叶片卵形或长卵形，长7～15厘米，宽5～9厘米，顶端急尖至短渐尖，基部深心形，上面无毛，下面密被黄色绒毛，边缘常不分裂或微波状，有不整齐圆钝锯齿，基部具掌状五出脉，侧脉4～5对；叶柄长3～6厘米，幼时密被灰白色绒毛，老时脱落，疏生钩状小皮刺；托叶离生，棕色，具黄色柔毛，顶端掌状分裂，裂片披针形。花成腋生短总状花序或数朵簇生；总花梗、花梗和花萼密被黄色绒毛状柔毛；花梗长1～2厘米；苞片与托叶相似，但较小；花直径约1厘米；萼片卵状披针形，

顶端渐尖，常全缘，内面紫红色，花后常反折；花瓣小，比萼片短很多，早落，近圆形，白色，近基部微具柔毛；雄蕊多数，无毛，花丝宽；雌蕊很多，稍长于雄蕊，无毛。果实半球形，直径1～1.3厘米，熟时黑色，无毛；核较平滑或稍具皱纹。花期5～6月，果期7～8月。

恩施州广布，生于山坡林中；分布于陕西、湖北、湖南、福建、四川、贵州。

36. 蒲桃叶悬钩子   *Rubus jambosoides* Hance in Ann. Sci. Nat. Bot. ser. 4. 15: 222. 1861.

攀援灌木，高1～3米；枝圆柱形，浅褐色，无毛，具钩状皮刺。单叶，革质，披针形，长8～12厘米，宽1.5～3厘米，顶端尾尖，基部圆形或近截形，两面无毛，下面沿主脉疏生钩状小皮刺，边缘近全缘或疏生极细小锯齿，叶脉不明显，6～8对；叶柄粗短，长5～10毫米，无毛；托叶早落。花单生于叶腋；花梗长5～10毫米，无毛；苞片卵形或椭圆形，无毛，全缘；花直径1～1.8厘米；花萼外无毛，青红色；萼片三角状披针形，顶端渐尖，外层萼片边缘具灰白色绒毛；花瓣长圆形，顶端圆钝，白色；花丝宽扁，紫红色；雌蕊50～70枚或较多，稍短或几与雄蕊等长；花柱基部和子房密被细柔毛。果实卵球形，直径约1厘米，红色，密被灰白色细柔毛；核较平滑或稍具细皱纹。花期2～3月，果期4～5月。

产于宣恩，属湖北省新记录，生于山坡路边；分布于湖南、福建、广东。

37. 五叶鸡爪茶   *Rubus playfairianus* Hemsl. ex Focke, Bibl. Bot. 72 (1): 45. 1910.

落叶或半常绿攀缘或蔓性灌木；枝暗色，幼时有绒毛，疏生钩状小皮刺。掌状复叶具3～5片小叶，小叶片椭圆披针形或长圆披针形，长5～12厘米，宽1～3厘米，顶生小叶远较侧生小叶大，顶端渐尖，基部楔形，上面无毛，下面密被平贴灰色或黄灰色绒毛，边缘有不整齐尖锐锯齿，侧生小叶片有时在近基部2裂；叶柄长2～4厘米，被绒毛状柔毛，疏生钩状小皮刺，顶生小叶有极短柄，侧生小叶几无柄；

托叶离生，长达1厘米，长圆形，掌状深裂，裂片披针形或线形，脱落。花成顶生或腋生总状花序；总花梗和花梗被灰色或灰黄色绒毛状长柔毛，混生少数小皮刺；花梗长1～2厘米；苞片与托叶相似；花直径1～1.5厘米；花萼外密被黄灰色至灰白色绒毛状长柔毛，无腺毛；萼片卵状披针形或三角状披针形，顶端渐尖至尾尖，全缘；花瓣卵圆形，锐尖；雄蕊多数，幼时有柔毛，老时脱落，花丝不膨大；雌蕊约60枚，具长柔毛。果实近球形，幼时红色，有长柔毛，老时转变为黑色，由多数小核果组成。花期4～5月，果期6～7月。

恩施州广布，生于山坡林中；分布于陕西、湖北、四川、贵州。

38. 竹叶鸡爪茶　*Rubus bambusarum* Focke in Hook. Icon. Pl. ser. 3. 10. 1952. 1891.

常绿攀援灌木；枝具微弯小皮刺，幼时被绒毛状柔毛，老时无毛。掌状复叶具3或5片小叶，革质，小叶片狭披针形或狭椭圆形，长7～13厘米，宽1～3厘米，顶端渐尖，基部宽楔形，上面无毛，下面密被灰白色或黄灰色绒毛，中脉突起而呈棕色，边缘有不明显的稀疏小锯齿；叶柄长2.5～5.5厘米，幼时具绒毛，逐渐脱落至无毛，小叶几无柄；托叶早落。花成顶生和腋生总状花序，总花梗和花梗具灰白色或黄灰色长柔毛，并有稀疏小皮刺，有时混生腺毛；花梗长达1厘米；苞片卵状披针形，膜质，有柔毛；花萼密被绢状长柔毛；萼片

卵状披针形，顶端渐尖，全缘，在果期常反折；花直径1～2厘米，花瓣紫红色至粉红色，倒卵形或宽椭圆形，基部微具柔毛；雄蕊有疏柔毛；雌蕊25～40枚，花柱有长柔毛。果实近球形，红色至红黑色，宿存花柱具长柔毛。花期5～6月，果期7～8月。

恩施州广布，生于山坡林中；分布于陕西、湖北、四川、贵州。

39. 鸡爪茶　*Rubus henryi* Hemsl. et Ktze. in Journ. Linn. Soc. Bot. 23: 231. 1887.

常绿攀援灌木，高达6米；枝疏生微弯小皮刺，幼时被绒毛，老时近无毛，褐色或红褐色。单叶，革质，长8～15厘米，基部较狭窄，宽楔形至近圆形，稀近心形，深3裂，稀5裂，分裂至叶片的2/3处或超过之，顶生裂片与侧生裂片之间常成锐角，裂片披针形或狭长圆形，长7～11厘米，宽1.5～2.5厘米，顶端渐尖，边缘有稀疏细锐锯齿，上面亮绿色，无毛，下面密被灰白色或黄白色绒毛，叶脉突起，有时疏生小皮刺；叶柄细，长3～6厘米，有绒毛；托叶长圆形或长圆披针形，离生，膜质，长1～1.8厘米，宽0.3～0.6厘米，全缘或顶

端有 2～3 个锯齿，有长柔毛。花常 9～20 朵，成顶生和腋生总状花序；总花梗、花梗和花萼密被灰白色或黄白色绒毛和长柔毛，混生少数小皮刺；花梗短，长达 1 厘米；苞片和托叶相似；花萼长约 1.5 厘米，有时混生腺毛；萼片长三角形，顶端尾状渐尖，全缘，花后反折；花瓣狭卵圆形，粉红色，两面疏生柔毛，基部具短爪；雄蕊多数，有长柔毛；雌蕊多数，被长柔毛。果实近球形，黑色，直径 1.3～1.5 厘米，宿存花柱带红色并有长柔毛；核稍有网纹。花期 5～6 月，果期 7～8 月。

产于宣恩、鹤峰，生于山坡林中；分布于湖北、湖南。

40. 大叶鸡爪茶（变种） *Rubus henryi* Hemsl. et Ktze. var. *sozostylus* (Focke) Yu et Lu in Fl. Reip. Pop. Sin. 1974. 185. 1985.

本变种与鸡爪茶 *R. henryi* 的区别在于叶片基部宽，近楔形或心形，掌状 5 裂或 3 裂约至叶片中部或 1/3 处，裂片较宽短，卵状披针形，边缘具粗锐锯齿；花萼常无腺毛。花期 5～6 月，果期 7～8 月。

恩施州广布，生于山地灌丛中；分布于湖北、湖南、四川、贵州、云南。

41. 木莓 *Rubus swinhoei* Hance in Ann. Sci. Nat. Bot. ser. 5. 5: 211. 1866.

落叶或半常绿灌木，高 1～4 米；茎细而圆，暗紫褐色，幼时具灰白色短绒毛，老时脱落，疏生微弯小皮刺。单叶，叶形变化较大，自宽卵形至长圆披针形，长 5～11 厘米，宽 2.5～5 厘米，顶端渐尖，基部截形至浅心形，上面仅沿中脉有柔毛，下面密被灰色绒毛或近无毛，往往不育枝和老枝上的叶片下面密被灰色平贴绒毛，不脱落，而结果枝（或花枝）上的叶片下面仅沿叶脉有少许绒毛或完全无毛，主脉上疏生钩状小皮刺，边缘有不整齐粗锐锯齿，稀缺刻状，叶脉 9～12 对；叶柄长 5～15 毫米，被灰白色绒毛，有时具钩状小皮刺；托叶卵状披针形，稍有柔毛，长 5～8 毫米，宽约 3 毫米，全缘或顶端有齿，膜质，早落。花常 5～6 朵，成总状花序；总花梗、花梗和花萼均被 1～3 毫米长的紫褐色腺毛和稀疏针

刺；花直径1~1.5厘米；花梗细，长1~3厘米，被绒毛状柔毛；苞片与托叶相似，有时具深裂锯齿；花萼被灰色绒毛；萼片卵形或三角状卵形，长5~8毫米，顶端急尖，全缘，在果期反折；花瓣白色，宽卵形或近圆形，有细短柔毛；雄蕊多数，花丝基部膨大，无毛；雌蕊多数，比雄蕊长很多，子房无毛。果实球形，直径1~1.5厘米，由多数小核果组成，无毛，成熟时由绿紫红色转变为黑紫色，味酸涩；核具明显皱纹。花期5~6月，果期7~8月。

恩施州广布，生于山坡林中；分布于陕西、湖北、湖南、江西、安徽、江苏、浙江、福建、台湾、广东、广西、贵州、四川。

42. 尾叶悬钩子　　*Rubus caudifolius* Wuzhi in Fl. Hupehensis 1976. 188, f. 973. 1979.

攀援灌木；幼枝密被灰黄色至灰白色绒毛，老时逐渐脱落，疏生微弯短皮刺。单叶，革质，长圆状披针形或卵状披针形，长7~14厘米，宽3~5厘米，顶端尾尖，基部圆形，上面无毛，下面密被铁锈色短绒毛，具脉5~8对，边缘具浅细突尖锯齿，营养枝上的叶片边缘具较粗大锯齿；叶柄长1.5~2.5厘米，被灰黄色至灰白色绒毛；托叶长圆披针形，长1~1.5厘米，全缘，稀顶端浅裂，幼时具绒毛，老时逐渐减少，膜质，脱落迟。花成顶生或腋生总状花序，总花梗、花梗和花萼均密被灰黄色绒毛状柔毛；花梗长1~1.5厘米；苞片与托叶相似；花直径1~1.5厘米；花萼带紫红色；萼片三角状卵形至三角状披针形，顶端短尾尖，全缘；花瓣长圆形，红色，稍短于萼片，两面微具柔毛；雄蕊微具柔毛或仅于花药稍具长柔毛；花柱长于雄蕊，具长柔毛。果实扁球形，未熟时红色，熟时黑色，无毛；核具皱纹。花期5~6月，果期7~8月。

产于恩施、宣恩，生于山坡路边；分布于湖北、湖南、广西、贵州。

43. 棠叶悬钩子　　*Rubus malifolius* Focke in Hook. Icon. Pl. ser. 3. 10: pl. 1947. 1891.

攀援灌木，高1.5~3.5米，具稀疏微弯小皮刺；一年生枝、不育枝和结果枝（或花枝）幼时均具柔毛，老时渐脱落。单叶，椭圆形或长圆状椭圆形，长5~12厘米，宽2.5~5厘米，顶端渐尖，稀急尖，基部近圆形，下面无毛，下面具平贴灰白色绒毛，不育枝和老枝上叶片下面的绒毛不脱落，结果枝上的叶片下面绒毛脱落，叶脉8~10对，边缘具不明显浅齿或粗锯齿；叶柄短，长1~1.5厘米，幼时有绒毛状毛，以后脱落，有时具少数小针刺；托叶和苞片线状披针形，膜质，幼时被平铺柔毛，早落。花成顶生总状花序，长5~10厘米，总花梗和花梗被较密绒毛状长柔毛，逐渐脱落近无毛；花梗长1~1.5厘米；花萼密被绒毛状长柔毛；萼筒盆形；萼片卵形或三角状卵形，顶端渐尖，长8~10毫米，全缘；花直径可达2.5厘米；花瓣宽，倒卵形至近圆形，基部具短爪，白色或白色有粉红色斑，两面微具细柔毛；雄蕊多数，花丝细，顶端钻状，近基部较宽大，微被柔毛，花药具长硬毛；雌蕊多数，花柱长于雄蕊很多，顶端棍棒状，花柱和子房无毛。果实扁球形，无毛，由多数小核果组成，无毛，熟时紫黑色；小核果半圆形，核稍有皱纹或较平滑。花期5~6月，果期6~8月。

产于宣恩、利川；生于山坡林中；分布于湖北、湖南、四川、贵州、云南、广东、广西。

44. 锯叶悬钩子　　*Rubus wuzhianus* L. T. Lu et Boufford

藤状蔓性灌木；枝圆柱形，紫褐色，密被紫红色长刺毛和腺毛，疏生钩状小皮刺。单叶，卵状披针形或椭圆披针形，长12~17厘米，宽5~9厘米，顶端尾尖，基部心形，两面均无毛，下面沿叶脉具钩状小皮刺，边缘有不整齐粗锐锯齿，侧脉7~9对；叶柄长1~2厘米，密被紫红色长刺毛和腺毛，还混生稀疏小皮刺；托叶长圆形，分离，褐色，长1~1.8厘米，顶端全缘或有少数锯齿，早落。花成大型疏松顶生圆锥花序；总花梗和花梗均密被紫红色长刺毛和腺毛；花梗长2~4厘米；苞片长圆形或卵状披针形，全缘或边缘有锯齿；花直径1.2~2厘米；花萼外面密被浅黄色绒毛和紫红色刺毛及腺毛；萼片卵状披针形，长达1厘米，顶端尾尖，外

萼片顶端2~3条裂，内萼片全缘，花后反折；花瓣近圆形或宽椭圆形，白色，有细柔毛，几无爪；雄蕊多数，花丝线形或近基部稍宽，花药具绢状长柔毛；雌蕊很多，花柱长于雄蕊，子房顶端具柔毛，老时脱落。果实近球形，红黑色，无毛；核具粗皱纹。花期5~7月，果期7~8月。

产于宣恩、利川，生于山坡灌丛中；分布于湖北、湖南。

45. 周毛悬钩子　*Rubus amphidasys* Focke ex Diels in Engler, Bot. Jahrb. 29: 396. 1901.

蔓性小灌木，高0.3~1米；枝红褐色，密被红褐色长腺毛、软刺毛和淡黄色长柔毛，常无皮刺。单叶，宽长卵形，长5~11厘米，宽3.5~9厘米，顶端短渐尖或急尖，基部心形，两面均被长柔毛，边缘3~5浅裂，裂片圆钝，顶生裂片比侧生者大数倍，有不整齐尖锐锯齿；叶柄长2~5.5厘米，被红褐色长腺毛、软刺毛和淡黄色长柔毛；托叶离生，羽状深条裂，裂片条形或披针形，被长腺毛和长柔毛。花常5~12朵成近总状花序，顶生或腋生，稀3~5朵簇生；总花梗、花梗和花萼均密被红褐色长腺毛、软刺毛和淡黄色长柔毛；花梗长5~14毫米；苞片与托叶相似，但较小；花直径1~1.5厘米；萼筒长约5毫米；萼片狭披针形，长1~1.7厘米，顶端尾尖，外萼片常2~3条裂，在果期直立开展；花瓣宽卵形至长圆形，长4~6毫米，宽3~4毫米，白色，基部几无爪，比萼片短得多；花丝宽扁，短于花柱；子房无毛。果实扁球形，直径约1厘米，暗红色，无毛。包藏在宿萼内。花期5~6月，果期7~8月。

恩施州广布，生于山坡林中；分布于江西、湖北、湖南、安徽、浙江、福建、广东、广西、四川、贵州。

全株入药，有活血、治风湿之效。

路边青属　Geum L.

多年生草本。基生叶为奇数羽状复叶，顶生小叶特大，或为假羽状复叶，茎生叶数较少，常三出或单出如苞片状；托叶常与叶柄合生。花两性，单生或成伞房花序；萼筒陀螺形或半球形，萼片5片，镊合状排列，副萼片5片，较小，与萼片互生；花瓣5片，黄色、白色或红色；雄蕊多数，花盘在萼筒上部，平滑或有突起；雌蕊多数，着生在凸出花托上，彼此分离；花柱丝状，花盘围绕萼筒口部；心皮多数，花柱丝状，柱头细小，上部扭曲，成熟后自弯曲处脱落；每心皮内含有1枚胚珠，上升。瘦果形小，有柄或无柄，果喙顶端具钩；种子直立，种皮膜质，子叶长圆形。

本属70余种；我国有3种；恩施州产1种1变种。

分种检索表

1. 果托具短硬毛,长约1毫米;茎生叶变化大,2~6片小叶,有时重复羽裂,小叶披针形或菱状椭圆形,顶端通常渐尖,稀急尖 …… 1. 路边青 *Geum aleppicum*
1. 果托具长硬毛,长2~3毫米;上部茎生叶通常单叶,不裂或3浅裂,小叶或顶生裂片卵形,顶端圆钝稀急尖 ……………………………………………………………………………………… 2. 柔毛路边青 *Geum japonicum* var. *chinense*

1. 路边青 *Geum aleppicum* Jacq. Ic. Pl. Rar. 10. t. 93. 1781.

多年生草本。须根簇生。茎直立,高30~100厘米,被开展粗硬毛稀几无毛。基生叶为大头羽状复叶,通常有小叶2~6对,连叶柄长10~25厘米,叶柄被粗硬毛,小叶大小极不相等,顶生小叶最大,菱状广卵形或宽扁圆形,长4~8厘米,宽5~10厘米,顶端急尖或圆钝,基部宽心形至宽楔形,边缘常浅裂,有不规则粗大锯齿,锯齿急尖或圆钝,两面绿色,疏生粗硬毛;茎生叶羽状复叶,有时重复分裂,向上小叶逐渐减少,顶生小叶披针形或倒卵披针形,顶端常渐尖或短渐尖,基部楔形;茎生叶托叶大,绿色,叶状,卵形,边缘有不规则粗大锯齿。花序顶生,疏散排列,花梗被短柔毛或微硬毛;花直径1~1.7厘米;花瓣黄色,几圆形,比萼片长;萼片卵状三角形,顶端渐尖,副萼片狭小,披针形,顶端渐尖稀2裂,比萼片短1倍多,外面被短柔毛及长柔毛;花柱顶生,在上部1/4处扭曲,成熟后自扭曲处脱落,脱落部分下部被疏柔毛。聚合果倒卵球形,瘦果被长硬毛,花柱宿存部分无毛,顶端有小钩;果托被短硬毛,长约1毫米。花、果期7~10月。

产于鹤峰、巴东,生于山坡路边;分布于黑龙江、吉林、辽宁、内蒙古、山西、陕西、甘肃、新疆、山东、河南、湖北、四川、贵州、云南、西藏;广布北半球温带及暖温带。

全草入药,有祛风、除湿、止痛、镇痉之效。

2. 柔毛路边青(变种) *Geum japonicum* Thunb. var. *chinense* F. Bolle in Notizbl. Bot. Gart. Berl. 11: 210. 1931.

多年生草本。须根,簇生。茎直立,高25~60厘米,被黄色短柔毛及粗硬毛。基生叶为大头羽状复叶,通常有小叶1~2对,其余侧生小叶呈附片状,连叶柄长5~20厘米,叶柄被粗硬毛及短柔毛,顶生小叶最大,卵形或广卵形,浅裂或不裂,长3~8厘米,宽5~9厘米,顶端圆钝,基部阔心形或宽楔形,边缘有粗大圆钝或急尖锯齿,两面绿色,被稀疏糙伏毛,下部茎生叶3片小叶,上部茎生叶单叶,3浅裂,裂片圆钝或急尖;茎生叶托叶草质,绿色,边缘有不规则粗大锯齿。花序疏散,顶生数朵,花梗密被粗硬毛及短柔毛;花直径1.5~1.8厘米;萼片三角卵形,顶端渐尖,副萼片狭小,椭圆披针形,顶端急尖,比萼片短1倍多,外面被短柔毛;花瓣黄色,几圆形,比萼片长;花柱顶生,在上部1/4处扭曲,成熟后自扭曲处脱落,脱落部分下部被疏柔毛。聚合果卵球形或椭球形,瘦果被长硬毛,花柱宿存部分光滑,顶端有小钩,果托被长硬毛,长2~3毫米。花、果期均为5~10月。

恩施州广布，生于山坡草地、路边；分布于陕西、甘肃、新疆、山东、河南、江苏、安徽、浙江、江西、福建、湖北、湖南、广东、广西、四川、贵州、云南。

无尾果属　*Coluria* R. Br.

多年生草本，有柔毛，具根茎。基生叶为羽状复叶或大头羽状复叶，边缘有锯齿；托叶合生。花茎直立，有少数花，具苞片；副萼片 5 片，常小形；花萼宿存，萼筒倒圆锥形，花后延长，有 10 肋，萼片 5 片，镊合状排列；花瓣 5 片，黄色或白色，比萼片长；雄蕊多数，成 2~3 组，花丝离生，在果期宿存；花盘环绕萼筒，无毛；心皮多数，生在短花托上，花柱近顶生，直立，脱落；胚珠 1 枚，着生在子房基部。瘦果多数，扁平，包在宿存萼筒内，有 1 粒种子。

本属约 4 种；我国产 3 种；恩施州产 1 种。

大头叶无尾果　Coluria henryi Batal. in Acta Hort. Petrop. 13: 94. 1893.

多年生草本；根茎细长，有老叶柄残留物。基生叶纸质，大头羽状全裂，长 5~18 厘米，小叶 4~10 对，大小不等，顶生小叶最大，愈向下愈小，在叶轴上疏生，间距可达 1 厘米；顶生小叶宽卵形或卵形，少数矩圆卵形，长 3~7 厘米，宽 1.5~6 厘米，先端圆钝，基部心形，边缘有圆钝锯齿，两面有黄褐色长柔毛；侧生小叶卵形或矩圆卵形，先端锐尖，基部歪形，边缘有少数三角状锯齿，两面密生长柔毛，无柄；叶轴具纵肋数条，密生黄褐色长柔毛；叶柄长 1~2.5 厘米，密生黄褐色长柔毛；茎生叶卵形，长 1~1.5 厘米，不裂或 3 裂，两面具柔毛。花茎超出基生叶，高 6~30 厘米，上升，有开展柔毛，具 1~4 朵花；苞片卵形或矩圆形，长约 1.5 厘米，边缘有数齿，两面具柔毛；花直径 2~2.5 厘米；副萼片小，披针形，长  1~2 毫米，外面有柔毛；萼筒倒圆锥形，长 3~5 毫米，外面密生柔毛，萼片三角状卵形，长约 5 毫米，先端锐尖，外面有柔毛，内面无毛或微有柔毛；花瓣倒卵形，长 5~10 毫米，黄色或白色，先端微凹，有短爪，无毛；雄蕊花丝长 5~6 毫米；心皮多数，子房卵形，花柱直立。瘦果卵形或倒卵形，长 1~1.5 毫米，褐色，有乳头状疣。花期 4~6 月，果期 5~7 月。

产于巴东、利川，生于石壁上；分布于湖北、四川、贵州。

委陵菜属　*Potentilla* L.

多年生草本，稀为一年生草本或灌木。茎直立、上升或匍匐。叶为奇数羽状复叶或掌状复叶；托叶与叶柄不同程度合生。花通常两性，单生、聚伞花序或聚伞圆锥花序；萼筒下凹，多呈半球形，萼片 5 片，镊合状排列，副萼片 5 片，与萼片互生；花瓣 5 片，通常黄色，稀白色或紫红色；雄蕊通常 20 枚，稀减少或更多，花药 2 室；雌蕊多数，着生在微凸起的花托上，彼此分离；花柱顶生、侧生或基生；每心皮有 1 枚胚珠，上升或下垂，倒生胚珠、横生胚珠或近直生胚珠。瘦果多数，着生在干燥的花托上，萼片宿存；种子 1 粒，种皮膜质。

本属 200 余种；我国有 80 多种；恩施州产 10 种。

分种检索表

1. 花柱基生或侧生，如近顶生则上下粗细相等呈丝状。
  2. 花柱上粗下细呈棒状或呈小枝状，基生或侧生。
    3. 花柱基生或侧生，显著上粗下细呈棒状，基生或近侧生；子房密被毛或仅顶端或脐部疏被毛；叶羽状排列，小叶长圆形、倒卵状长圆形或卵状披针形 ·················· 1. 金露梅 Potentilla fruticosa
    3. 花柱粗细近相等或上部略粗，侧生呈短枝状；子房无毛；花集生于顶端呈假伞形花序，花直径5~10毫米，副萼片比萼片稍短，全缘 ·················· 2. 银叶委陵菜 Potentilla leuconota
  2. 花柱呈梭状，中间粗，两端细，茎生；子房无毛；小叶下面白色，被白绢毛或绒毛，顶生伞房状聚伞花序 ·················· 3. 西南委陵菜 Potentilla lineata
1. 花柱顶生；上下粗细不相等，子房无毛。
  4. 花柱铁钉状，上粗下细。
    5. 叶为掌状三出复叶；小叶下面被平铺糙毛或密被柔毛；花直径8~10毫米，副萼片披针形，渐尖；花药大，椭圆形，长比宽在2倍以上，花丝背部着生 ·················· 4. 三叶委陵菜 Potentilla freyniana
    5. 叶为羽状复叶，有小叶2~3对，两面被疏柔毛；伞房状聚伞花序，多花，疏散，花直径10~17毫米 ·················· 5. 莓叶委陵菜 Potentilla fragarioides
  4. 花柱圆锥状，下粗上细。
    6. 基生叶为掌状3~5片小叶。
      7. 基生叶为掌状5片小叶，稀混生有3片小叶；茎平卧，具匍匐茎，常在节处生根或上升，根纤细；花直径5~10毫米 ·················· 6. 蛇含委陵菜 Potentilla kleiniana
      7. 基生叶为3片小叶。
        8. 花茎延长平卧，呈匍匐状，常于节处生根；小叶片有柄明显，边缘锯齿浅，托叶膜质，全缘或有锯齿 ·················· 7. 蛇莓委陵菜 Potentilla centigrana
        8. 花茎直立或上升，不呈匍匐状；小叶片通常长圆形或长圆披针形，顶端长渐尖；茎生叶托叶披针形或长圆披针形，大部分与叶柄合生 ·················· 8. 狼牙委陵菜 Potentilla cryptotaeniae
    6. 基生叶为羽状复叶。
      9. 基生叶有小叶2~4对，长圆形或长圆披针形，边缘具缺刻状锯齿；叶下面脉上被白色绒毛；萼片外面密被白色绒毛 ·················· 9. 翻白草 Potentilla discolor
      9. 基生叶有小叶3~11对，小叶边缘有深裂片或浅裂片；小叶裂片三角形或带形，多少向外开展，边缘极为反卷；茎生叶托叶通常呈齿牙状分裂；花茎被白色绢状长柔毛 ·················· 10. 委陵菜 Potentilla chinensis

1. 金露梅 Potentilla fruticosa L. Sp. pl. 495. 1753.

灌木，高0.5~2米，多分枝，树皮纵向剥落。小枝红褐色，幼时被长柔毛。羽状复叶，有小叶2对，稀3片小叶，上面一对小叶基部下延与叶轴汇合；叶柄被绢毛或疏柔毛；小叶片长圆形、倒卵长圆形或卵状披针形，长0.7~2厘米，宽0.4~1厘米，全缘，边缘平坦，顶端急尖或圆钝，基部楔形，两面绿

色，疏被绢毛或柔毛或脱落近于几毛；托叶薄膜质，宽大，外面被长柔毛或脱落。单花或数朵生于枝顶，花梗密被长柔毛或绢毛；花直径 2.2~3 厘米；萼片卵圆形，顶端急尖至短渐尖，副萼片披针形至倒卵状披针形，顶端渐尖至急尖，与萼片近等长，外面疏被绢毛；花瓣黄色，宽倒卵形，顶端圆钝，比萼片长；花柱近基生，棒形，基部稍细，顶部缢缩，柱头扩大。瘦果近卵形，褐棕色，长 1.5 毫米，外被长柔毛。花、果期 6~9 月。

产于巴东，生于山坡草地；分布于黑龙江、吉林、辽宁、内蒙古、河北、山西、陕西、甘肃、新疆、湖北、四川、云南、西藏。

花、叶入药，有健脾、化湿、清暑、调经之效。

2. 银叶委陵菜　*Potentilla leuconota* D. Don, Prodr. Fl. Nepal. 230. 1825.

多年生草本。茎粗壮，圆柱形。花茎直立或上升，高 10~45 厘米，被伏生或稍微开展长柔毛。基生叶间断羽状复叶，稀不间断，有小叶 10~17 对，间距 0.5~1 厘米，连叶柄长 10~25 厘米。叶柄被伏生或稍微开展长柔毛，小叶对生或互生，最上面 2~3 对小叶基部下延与叶轴汇合，其余小叶无柄；小叶片长圆形、椭圆形或椭圆卵形，长 0.5~3 厘米，宽 0.3~1.5 厘米，向下逐渐缩小，在基部多呈附片状，顶端圆钝或急尖，基部圆形或阔楔形，边缘有多数急尖或渐尖锯齿，上面疏被伏生长柔毛，稀脱落几无毛，下面密被银白色绢毛，脉不明显；茎生叶 1~2 片，与基生叶相似，唯小叶对数较少，3~7 对；基生叶托叶膜质，褐色，外面被白色绢毛；茎生叶托叶草质，绿色，边缘深撕裂状，或有深齿。花序集生在花茎顶端，呈假伞形花序，花梗近等长，长 1.5~2 厘米，密被白色伏生长柔毛，基部有叶状总苞，果时花序略伸长；花直径通常 0.8 厘米，稀达 1 厘米；萼片三角卵形，顶端急尖或渐尖，副萼片披针形或长圆披针形，与萼片近等长，外面密被白色长柔毛；花瓣黄色，倒卵形，顶端圆钝，稍长于萼片；花柱侧生，小枝状，柱头扩大。瘦果光滑无毛。花、果期均为 5~10 月。

产于巴东，生于山坡草地；分布于甘肃、湖北、四川、云南、贵州、台湾；不丹、尼泊尔也有分布。

全株入药，有利湿、解毒、镇痛之效。

3. 西南委陵菜　*Potentilla lineata* Treuir.

多年生草本。根粗壮，圆柱形。花茎直立或上升，高 10~60 厘米，密被开展长柔毛及短柔毛。基生叶为间断羽状复叶，有小叶 6~15 对，连叶柄长 6~30 厘米，叶柄密被开展长柔毛及短柔毛，小叶片无柄或有时顶生小叶片有柄，倒卵长圆形或倒卵椭圆形，长 1~6.5 厘米，宽 0.5~3.5 厘米，顶端圆钝。基部楔形或宽楔形，边缘有多数尖锐锯齿，上面绿色或暗绿色，伏生疏柔毛，下面密被白色绢毛及绒毛；茎生叶与基生叶相似，唯向上部小叶对数逐渐减少；基生叶托叶膜质，褐色，外被长柔毛；茎生叶托叶草质，下面被白色绢毛，上面绿色，被长柔毛，边缘有锐锯齿。伞房状聚伞花序顶生；花直径1.2~1.5厘米；萼片三角卵圆形，顶端急尖，外面绿色，被长柔毛，副萼片椭圆形，顶端急尖，全缘，稀有齿，外面密生白色绢毛，与萼片近等长；花瓣黄色，顶端圆钝，比萼片稍长；花柱近基生，两端渐狭，中间粗，子房无毛。瘦果光滑。花、果期均为6~10月。

恩施州广布，生于山坡草地；分布于湖北、四川、贵州、云南、广西；尼泊尔有分布。

根入药，凉血止血，收敛止泻。

4. 三叶委陵菜　*Potentilla freyniana* Bornm. in Mitt. Thür. Bot. Ver. N. F. 20: 12. 1904.

多年生草本，有纤匍枝或不明显。根分枝多，簇生。花茎纤细，直立或上升，高8~25厘米，被平铺或开展疏柔毛。基生叶掌状三出复叶，连叶柄长4~30厘米，宽1~4厘米；小叶片长圆形、卵形或椭圆形，顶端急尖或圆钝，基部楔形或宽楔形，边缘有多数急尖锯齿，两面绿色，疏生平铺柔毛，下面沿脉较密；茎生叶1~2片，小叶与基生叶小叶相似，唯叶柄很短，叶边锯齿减少；基生叶托叶膜质，褐色，外面被稀疏长柔毛，茎生叶托叶草质，绿色，呈缺刻状锐裂，有稀疏长柔毛。伞房状聚伞花序顶生，多花，松散，花梗纤细，长1~1.5厘米，外被疏柔毛；花直径0.8~1厘米；萼片三角卵形，顶端渐尖，副萼片披针形，顶端渐尖，与萼片近等长，外面被平铺柔毛；花瓣淡黄色，长圆倒卵形，顶端微凹或圆钝；花柱近顶生，上部粗，基部细。成熟瘦果卵球形，直径0.5~1毫米，表面有显著脉纹。花、果期均为3~6月。

恩施州广布，生于山坡草地；分布于黑龙江、吉林、辽宁、河北、山西、山东、陕西、甘肃、湖北、湖南、浙江、江西、福建、四川、贵州、云南；俄罗斯、日本和朝鲜也有分布。

根或全草入药，清热解毒，止痛止血，对金黄色葡萄球菌有抑制作用。

5. 莓叶委陵菜　*Potentilla fragarioides* L. Sp. Pl. 496. 1753.

多年生草本。根极多，簇生。花茎多数，丛生，上升或铺散，长8~25厘米，被开展长柔毛。基生叶羽状复叶，有小叶2~3对，间隔0.8~1.5厘米，稀4对，连叶柄长5~22厘米，叶柄被开展疏柔毛，小叶有短柄或几无柄；小叶片倒卵形、椭圆形或长椭圆形，长0.5~7厘米，宽0.4~3厘米，顶端圆钝或急尖，基部楔形或宽楔形，边缘有多数急尖或圆钝锯齿，近基部全缘，两面绿色，被平铺疏柔毛，下面沿脉较密，锯齿边缘有时密被缘毛；茎生叶，常有3片小叶，小叶与基生叶小叶相似或长圆形顶端有锯齿而下半部全缘，叶柄短或几无柄；基生叶托叶膜质，褐色，外面有稀疏开展长柔毛，茎生叶托叶草质，绿色，卵形，全缘，顶端急尖，外被平铺疏柔毛。伞房状聚伞花序顶生，多花，松散，花梗纤细，长1.5~2厘米，外被疏柔毛；花直径1~1.7厘米；萼片三角卵形，顶端急尖至渐尖，副萼片长圆披针形，顶端急尖，与萼片近等长或稍短；花瓣黄色，倒卵形，顶端圆钝或微凹；花柱近顶生，上部大，基部小。成熟瘦果近肾形，直径约1毫米，表面有脉纹。花期4~6月，果期6~8月。

产于巴东，生于山坡草地；分布于黑龙江、吉林、辽宁、内蒙古、河北、山西、陕西、甘肃、山东、河南、安徽、江苏、浙江、福建、湖南、湖北、四川、云南、广西；日本、朝鲜、蒙古等地均有分布。

6. 蛇含委陵菜　Potentilla kleiniana Wight et Arn. Prodr. Fl. Penins. Ind. Orient. 300. 1894.

一年生、二年生或多年生宿根草本。多须根。花茎上升或匍匐，常于节处生根并发育出新植株，长10～50厘米，被疏柔毛或开展长柔毛。基生叶为近于鸟足状5片小叶，连叶柄长3～20厘米，叶柄被疏柔毛或开展长柔毛；小叶几无柄稀有短柄，小叶片倒卵形或长圆倒卵形，长0.5～4厘米，宽0.4～2厘米，顶端圆钝，基部楔形，边缘有多数急尖或圆钝锯齿，两面绿色，被疏柔毛，有时上面脱落几无毛，或下面沿脉密被伏生长柔毛，下部茎生叶有5片小叶，上部茎生叶有3片小叶，小叶与基生小叶相似，唯叶柄较短；基生叶托叶膜质，淡褐色，外面被疏柔毛或脱落几无毛，茎生叶托叶草质，绿色，卵形至卵状披针形，全缘，稀有1～2齿，顶端急尖或渐尖，外被稀疏长柔毛。聚伞花序密集枝顶如假伞形，花梗长1～1.5厘米，密被开展长柔毛，下有茎生叶如苞片状；花直径0.8～1厘米；萼片三角卵圆形，顶端急尖或渐尖，副萼片披针形或椭圆披针形，顶端急尖或渐尖，花时比萼片短，果时略长或近等长，外被稀疏长柔毛；花瓣黄色，倒卵形，顶端微凹，长于萼片；花柱近顶生，圆锥形，基部膨大，柱头扩大。瘦果近圆形，一面稍平，直径约0.5毫米，具皱纹。花、果期均为4～9月。

恩施州广布，生于山坡草地；分布于辽宁、陕西、山东、河南、安徽、江苏、浙江、湖北、湖南、江西、福建、广东、广西、四川、贵州、云南、西藏；朝鲜、日本、印度、马来西亚及印度尼西亚均有分布。

全草供药用，有清热、解毒、止咳、化痰之效，捣烂外敷治疮毒、痈肿及蛇虫咬伤。

7. 蛇莓委陵菜　Potentilla centigrana Maxim. in Bull. Acad. Sci. St. Petersb. 18: 163. 1874.

一年生或二年生草本，多须根。花茎上升或匍匐，或近于直立，长20～50厘米，有时下部节上生不定根，无毛或稀疏柔毛。基生叶3片小叶，开花时常枯死，茎生叶3片小叶，叶柄细长，无毛或被稀疏柔毛；小叶具短柄或几无柄，小叶片椭圆形或倒卵形，长0.5～1.5厘米，宽0.4～1.5厘米，顶端圆形，基部楔形至圆形，边缘有缺刻状圆钝或急尖锯齿，两面绿色，无毛或被稀疏柔毛；基生叶托叶膜质，褐色，无毛或被稀疏柔毛，茎生叶托叶淡绿色，卵形，边缘常有齿，稀全缘。单花、下部与叶对生，上部生于叶腋中；花梗纤细，长0.5～2厘米，无毛或几无毛；花直径0.4～0.8厘米；萼片较宽阔，卵形或卵状披针形，顶端急尖或渐尖，副萼片披针形，顶端渐尖，比萼片短或近等长；花瓣淡黄色，倒卵形，顶端微凹或圆钝，比萼片短；花柱近顶生，基部膨大，柱头不扩大。瘦果倒卵形，长约1毫米，光滑。花、果期均为4～8月。

产于来凤，生于山坡荒地；分布于黑龙江、吉林、辽宁、内蒙古、陕西、甘肃、四川、湖北、云南；俄罗斯、朝鲜、日本均有分布。

8. 狼牙委陵菜　Potentilla cryptotaeniae Maxim. in Bull. Acad. Sci. St. Petersb. 18: 162. 1874.

一年生或二年生草本，多须根。花茎直立或上升，高50～100厘米，被长硬毛或长柔毛，或脱落几无毛。基生叶三出复叶，开花时已枯死，茎生叶3片小叶，叶柄被开展长柔毛及短柔毛，有时脱落几无毛；小叶片长圆形至卵披针形，长2～6厘米，常中部最宽，达1～2.5厘米，顶端渐尖或尾状渐尖，基部楔形，边缘有多数急尖锯齿，两面绿色，被疏柔毛，有时脱落几无毛，下面沿脉较密而开展；基生叶托叶膜质，褐色，外面密被长柔毛，茎生叶托叶草质，绿色，全缘，披针形，顶端渐尖，通常与叶

柄合生很长，合生部分比离生部分长1~3倍。伞房状聚伞花序多花，顶生，花梗细，长1~2厘米，被长柔毛或短柔毛；花直径约2厘米；萼片长卵形，顶端渐尖或急尖，副萼片披针形，顶端渐尖，开花时与萼片近等长，花后比萼片长，外面被稀疏长柔毛；花瓣黄色，倒卵形，顶端圆钝或微凹，比萼片长或近等长；花柱近顶生，基部稍膨大，柱头稍微扩大。瘦果卵形，光滑。花、果期均为7~9月。

产于巴东，生于山坡草地；分布于黑龙江、吉林、辽宁、陕西、甘肃、四川、湖北；朝鲜、日本、俄罗斯也有分布。

9. 翻白草 Potentilla discolor Bge. in Mem. Acad. Sci. St. Petersb. 2: 99. 1833.

多年生草本。根粗壮，下部常肥厚呈纺锤形。花茎直立，上升或微铺散，高10~45厘米，密被白色绵毛。基生叶有小叶2~4对，间隔0.8~1.5厘米，连叶柄长4~20厘米，叶柄密被白色绵毛，有时并有长柔毛；小叶对生或互生，无柄，小叶片长圆形或长圆披针形，长1~5厘米，宽0.5~0.8厘米，顶端圆钝，稀急尖，基部楔形、宽楔形或偏斜圆形，边缘具圆钝锯齿，稀急尖，上面暗绿色，被稀疏白色绵毛或脱落几无毛，下面密被白色或灰白色绵毛，脉不显或微显，茎生叶1~2片，有掌状3~5片小叶；基

生叶托叶膜质，褐色，外面被白色长柔毛，茎生叶托叶草质，绿色，卵形或宽卵形，边缘常有缺刻状牙齿，稀全缘，下面密被白色绵毛。聚伞花序有花数朵至多朵，疏散，花梗长1~2.5厘米，外被绵毛；花直径1~2厘米；萼片三角状卵形，副萼片披针形，比萼片短，外面被白色绵毛；花瓣黄色，倒卵形，顶端微凹或圆钝，比萼片长；花柱近顶生，基部具乳头状膨大，柱头稍微扩大。瘦果近肾形，宽约1毫米，光滑。花、果期均为5~9月。

产于巴东，生于山坡草地中；分布于黑龙江、辽宁、内蒙古、河北、山西、陕西、山东、河南、江苏、安徽、浙江、江西、湖北、湖南、四川、福建、台湾、广东；日本、朝鲜也有分布。

全草入药，能解热、消肿、止痢、止血。块根含丰富淀粉，嫩苗可食。

10. 委陵菜 Potentilla chinensis Ser. in DC. Prodr. 2: 581. 1825.

多年生草本。根粗壮，圆柱形，稍木质化。花茎直立或上升，高20~70厘米，被稀疏短柔毛及白色绢状长柔毛。基生叶为羽状复叶，有小叶5~15对，间隔0.5~0.8厘米，连叶柄长4~25厘米，叶柄被短柔毛及绢状长柔毛；小叶片对生或互生，上部小叶较长，向下逐渐减小，无柄，长圆形、倒卵形或长圆披针形，长1~5厘米，宽0.5~1.5厘米，边缘羽状中裂，裂

片三角卵形，三角状披针形或长圆披针形，顶端急尖或圆钝，边缘向下反卷，上面绿色，被短柔毛或脱落几无毛，中脉下陷，下面被白色绒毛，沿脉被白色绢状长柔毛，茎生叶与基生叶相似，唯叶片对数较少；基生叶托叶近膜质，褐色，外面被白色绢状长柔毛，茎生叶托叶草质，绿色，边缘锐裂。伞房状聚伞花序，花梗长0.5~1.5厘米，基部有披针形苞片，外面密被短柔毛；花直径通常0.8~1厘米，稀达1.3厘米；萼片三角卵形，顶端急尖，副萼片带形或披针形，顶端尖，比萼片短约1倍且狭窄，外面被短柔毛及少数绢状柔毛；花瓣黄色，宽倒卵形，顶端微凹，比萼片稍长；花柱近顶生，基部微扩大，稍有乳头或不明显，柱头扩大。瘦果卵球形，深褐色，有明显皱纹。花、果期均为4~10月。

产于利川，生于山坡草丛中；分布于黑龙江、吉林、辽宁、内蒙古、河北、山西、陕西、甘肃、山东、河南、江苏、安徽、江西、湖北、湖南、台湾、广东、广西、四川、贵州、云南、西藏；日本、朝鲜均有分布。

本种根含鞣质，可提制栲胶；全草入药，能清热解毒、止血、止痢。嫩苗可食并可做猪饲料。

草莓属 *Fragaria* L.

多年生草本。通常具纤匍枝，常被开展或紧贴的柔毛。叶为三出或羽状5片小叶；托叶、膜质，褐色，基部与叶柄合生，鞘状。花两性或单性，杂性异株，数朵成聚伞花序，稀单生；萼筒倒卵圆锥形或陀螺形，裂片5片，镊合状排列，宿存，副萼片5片，与萼片互生；花瓣白色，稀淡黄色，倒卵形或近圆形；雄蕊18~24枚，花药2室；雌蕊多数，着生在凸出的花托上，彼此分离；花柱自心皮腹面侧生，宿存；每心皮有1枚胚珠。瘦果小形，硬壳质，成熟时着生在球形或椭圆形肥厚肉质花托凹陷内。种子1粒，种皮膜质，子叶平凸。

本属20余种；我国产约8种；恩施州产2种1杂交种。

分种检索表

1. 茎和叶柄被紧贴的毛，小叶3片，稀5片；聚合果球形或椭圆形；副萼片线形，全缘 ············ 1. 纤细草莓 *Fragaria gracilis*
1. 茎和叶柄被开展的毛。
  2. 萼片在果期紧贴于果实 ·· 2. 草莓 *Fragaria × ananassa*
  2. 萼片在果期水平展开 ·· 3. 黄毛草莓 *Fragaria nilgerrensis*

1. 纤细草莓　*Fragaria gracilis* Lozinsk. in Bull. Jard. Bot. Princ. URSS 25: 63. 1926.

多年生草本。植株纤细，高5~20厘米，茎被紧贴的毛。叶为3片小叶或羽状5片小叶，小叶无柄或顶生小叶具短柄；小叶片椭圆形，长椭圆形或倒卵椭圆形，长1.5~5厘米，宽0.8~3厘米，顶端圆钝或急尖，顶生小叶基部楔形或阔楔形，侧生小叶基部偏斜，边缘具缺刻状锯齿，上面绿色，有疏柔毛，下面淡绿色，被紧贴短柔毛，沿脉较密而长；叶柄细长，长3~15厘米，被紧贴柔毛，稀脱落。花序聚伞状，有花1~4朵，花梗被紧贴短柔毛；花直径1~2厘米；萼片卵状披针形，顶端尾尖，副萼片线状披针形或线形，与萼片等长，全缘或分裂；花瓣近圆形，基部具短爪；雄蕊20枚，不等长。聚合果球形或椭圆形，宿存萼片极为反折；瘦果卵形，光滑，基部具不明显脉纹。花期4~7月，果期6~8月。

产于利川，生于山坡草丛中；分布于陕西、甘肃、青海、河南、湖北、四川、云南、西藏。

2. 草莓（杂交种）　*Fragaria × ananassa* Duch. Hist. Nat. des Fraisiers 190. 1766.

多年生草本，高10~40厘米。茎低于叶或近相等，密被开展黄色柔毛。叶三出，小叶具短柄，质地较厚，倒卵形或菱形，稀几圆形，长3~7厘米，宽2~6厘米，顶端圆钝，基部阔楔形，侧生小叶基部

偏斜，边缘具缺刻状锯齿，锯齿急尖，上面深绿色，几无毛，下面淡白绿色，疏生毛，沿脉较密；叶柄长 2~10 厘米，密被开展黄色柔毛。聚伞花序，有花 5~15 朵，花序下面具一短柄的小叶；花两性，直径 1.5~2 厘米；萼片卵形，比副萼片稍长，副萼片椭圆披针形，全缘，稀深 2 裂，果时扩大；花瓣白色，近圆形或倒卵椭圆形，基部具不显的爪；雄蕊 20 枚，不等长；雌蕊极多。聚合果大，直径达 3 厘米，鲜红色，宿存萼片直立，紧贴于果实；瘦果尖卵形，光滑。花期 4~5 月，果期 6~7 月。

恩施州广泛栽培，我国各地栽培，原产南美，欧洲等地广为栽培。

3. 黄毛草莓　Fragaria nilgerrensis Schlecht. ex Gay in Ann. Sci. Nat. Bot. ser. 4. 8: 206. 1857.

多年生草本，高 5~30 厘米。茎被开展柔毛，上部较密，下部有时脱落。三出复叶，小叶具柄，倒卵形或菱状卵形，长 1~5 厘米，宽 0.8~3.5 厘米，顶端圆钝或急尖，顶生小叶基部楔形，侧生小叶基部偏斜，边缘有缺刻状锯齿，上面绿色，散生疏柔毛，下面淡绿色，有疏柔毛，沿叶脉较密；叶柄被开展柔毛有时上部较密。花序聚伞状，有花 1~6 朵，基部苞片淡绿色或具一有柄之小叶，花梗长 0.5~1.5 厘米，被开展柔毛。花两性，稀单性，直径 1~1.5 厘米；萼片卵圆披针形，顶端尾尖，副萼片线状披针形，偶有 2 裂；花瓣白色，几圆形，基部具短爪；雄蕊 18~22 枚，近等长；雌蕊多数。聚合果半圆形，白色或淡白黄色，宿存萼片直立；瘦果卵形，宽 0.5 毫米，表面脉纹明显或仅基部具皱纹。

恩施州广布，生于山坡草地；分布于陕西、湖北、四川、云南、湖南、贵州。

蛇莓属　Duchesnea J. E. Smith

多年生草本，具短根茎。匍匐茎细长，在节处生不定根。基生叶数个，茎生叶互生，皆为三出复叶，有长叶柄，小叶片边缘有锯齿；托叶宿存，贴生于叶柄。花多单生于叶腋，无苞片；副萼片、萼片及花瓣各 5 片；副萼片大形，和萼片互生，宿存，先端有 3~5 个锯齿；萼片宿存；花瓣黄色；雄蕊 20~30 枚；心皮多数，离生；花托半球形或陀螺形，在果期增大，海绵质，红色；花柱侧生或近顶生。瘦果微小，扁卵形；种子 1 粒，肾形，光滑。

本属约 6 种；我国产 2 种；恩施州产 1 种。

蔷薇科
Rosaceae

蛇莓 *Duchesnea indica* (Andr.) Focke in Engler & Prantl, Nat. Pflanzenfam. 3 (3): 33. 1888.

多年生草本；根茎短，粗壮；匍匐茎多数，长30~100厘米，有柔毛。小叶片倒卵形至菱状长圆形，长2~5厘米，宽1~3厘米，先端圆钝，边缘有钝锯齿，两面皆有柔毛，或上面无毛，具小叶柄；叶柄长1~5厘米，有柔毛；托叶窄卵形至宽披针形，长5~8毫米。花单生于叶腋；直径1.5~2.5厘米；花梗长3~6厘米，有柔毛；萼片卵形，长4~6毫米，先端锐尖，外面有散生柔毛；副萼片倒卵形，长5~8毫米，比萼片长，先端常具3~5个锯齿；花瓣倒卵形，长5~10毫米，黄色，先端圆钝；雄蕊20~30枚；心皮多数，离生；花托在果期膨大，海绵质，鲜红色，有光泽，直径10~20毫米，外面有长柔毛。瘦果卵形，长约1.5毫米，光滑或具不显明突起，鲜时有光泽。花期6~8月，果期8~10月。

恩施州广布，生于山坡草地；分布于辽宁以南各省区；阿富汗、日本、印度、印度尼西亚等均有。

全草药用，能散瘀消肿、收敛止血、清热解毒。茎叶捣敷治疗疮有特效，亦可敷蛇咬伤、烫伤、烧伤。果实煎服能治支气管炎。

臭樱属 *Maddenia* Hook. f. et Thoms.

落叶小乔木或灌木，冬芽大，卵圆形，具有多数鳞片。单叶互生；叶边有单锯齿、重锯齿或缺刻状重锯齿，齿尖有腺；托叶大形，显著，边有腺齿；花杂性异株，多花排成总状花序，稀有伞房花序者，着生在小枝顶端；苞片早落；花梗短；萼筒钟状，萼片短小，10~12裂，有时延长呈花瓣状；无花瓣；雄蕊20~40枚，着生在萼筒口部，排成紧密不规则2轮，在雄花里心皮1个，具有短花柱，比雄蕊短很多，柱头头状；在两性花里心皮2个，稀1个，花柱细长，几与雄蕊等长或稍长，柱头盘状；胚珠2枚，并生，下垂。核果2个，长圆形，微扁，肉质，紫色；核骨质，卵球形，急尖，有3棱，具有1粒成熟种子，种皮膜质；子叶平凸。

本属约6种；我国有5种；恩施州产2种。

分种检索表

1. 小枝无毛，叶片下面白色并带白霜；边缘有不整齐锯齿或混有重锯齿；托叶草质，披针形，反折……1. 臭樱 *Maddenia hypoleuca*
1. 叶片下面被柔毛，沿叶脉更密，边有缺刻状锯齿………………………………………… 2. 华西臭樱 *Maddenia wilsonii*

1. 臭樱 *Maddenia hypoleuca* Koehne in Sarg. Pl. Wils. 1: 56. 1911.

小乔木或灌木，高2~7米，多年生小枝紫褐色，有光泽，无毛，当年生小枝紫红色或带绿色，幼时微被短柔毛，以后脱落无毛；冬芽卵圆形，长3毫米，紫红色，有数枚覆瓦状排列鳞片；开展后，鳞片显著长大，卵形，全缘，长可达1厘米，宽可达8毫米，无毛，宿存。叶片卵状长圆形、长圆形或椭圆

形，长4～15厘米，宽2～8厘米，先端长渐尖或长尾尖，基部近心形或圆形，稀宽楔形，叶边有不整齐单锯齿或有时混有重锯齿，稀在基部常有数个带腺锯齿，两面无毛，上面暗绿色，下面苍白色，并有白霜，中脉和侧脉均突起，侧脉14～18对；叶柄长2～4毫米，无毛或上面幼时有短柔毛；托叶草质，披针形，长可达1.5厘米，先端长渐尖，边缘上半部全缘，基部有带腺锯齿，向外反折，宿存，或很迟脱落。总状花序密集，多花，长3～5厘米，生于侧枝顶端，花柱基部的叶通常较小；花梗长2～4毫米，总花梗和花梗均无毛；苞片三角状披针形，先端长渐尖，上半部全缘，基部有带腺体锯齿，很晚脱落；萼筒钟状；萼片小，10裂，三角状卵形，长约3毫米，全缘；两性花：雄蕊23～30枚，长5～6毫米，着生在萼筒边缘；雌蕊1枚，心皮无毛，花柱与雄蕊近等长。核果卵球形，直径约8毫米，顶端急尖，黑色，光滑；果梗短粗，无毛；萼片脱落，仅基部宿存。花期4月，果期6月。

产于宣恩、恩施，生于山坡林中；分布于湖北、四川。

2. 华西臭樱　　*Maddenia wilsonii* Koehne in Sarg. Pl. Wils. 1: 58. 1911.

小乔木或灌木，高3～5米；二年生以上的小枝紫褐色或褐色，无毛，有光泽；当年生小枝黄褐色，密被赭黄色微硬绒毛状柔毛，逐渐脱落；冬芽卵圆形，紫褐色，有数枚覆瓦状排列鳞片，鳞片随植物生长而长大，常宿存或较迟脱落，外面有绒毛或近无毛。叶片长圆形或长圆倒披形，长3.5～12厘米，宽1.8～6厘米，先端急尖或长渐尖，基部近心形，圆形或宽楔形，叶边有缺刻状不整齐重锯齿，有时混有不整齐单锯齿，锯齿窄披针形，有长尖头，上面褐绿色，通常无毛或有贴生稀疏柔毛，下面淡绿色或棕褐色，密被赭黄色长柔毛或白色柔毛，脉上尤密而色深，中脉和侧脉均突起，侧

脉密，15～20对；叶柄长2～7毫米，被赭黄色长柔毛；托叶膜质，带状披针形，先端渐尖，两面被稀疏柔毛，边有腺毛，很迟脱落。花多数成总状，幼时密集，逐渐伸展，长3～4.5厘米，生于侧枝顶端；花梗长约2毫米，总花梗和花梗密被绒毛状柔毛，有时带棕色柔毛；苞片近膜质，长椭圆形，全缘，有平行脉，近无毛；萼片小，10裂，三角状卵形，长约3毫米，全缘，萼筒和萼片外面被柔毛，有时萼筒外面毛被较密，内面近无毛；无花瓣；两性花：雄蕊30～40枚，排成紧密不规则2轮，着生在萼筒口部周围；雌蕊1枚，心皮无毛，花柱细长，伸出雄蕊之外，柱头偏斜。核果卵球形，直径8毫米，顶端急尖，花柱基部宿存，黑色，光滑；果梗短粗，被柔毛；萼片脱落。花期4～6月，果期6月。

产于恩施，生于山坡灌丛中；分布于湖北、四川、甘肃。

桃属　　*Amygdalus* L.

落叶乔木或灌木；枝无刺或有刺。腋芽常3个或2～3个并生，两侧为花芽，中间是叶芽。幼叶在芽中呈对折状，后于花开放，稀与花同时开放，叶柄或叶边常具腺体。花单生，稀2朵生于1芽内，粉

红色，罕白色，几无梗或具短梗，稀有较长梗；雄蕊多数；雌蕊 1 枚，子房常具柔毛，1 室具 2 枚胚珠。果实为核果，外被毛，极稀无毛，成熟时果肉多汁不开裂，或干燥开裂，腹部有明显的缝合线，果注较大；核扁圆、圆形至椭圆形，与果肉黏连或分离，表面具深浅不同的纵、横沟纹和孔穴，极稀平滑；种皮厚，种仁味苦或甜。

本属 40 多种；我国有 12 种；恩施州产 2 种。

分种检索表

1. 叶片下面脉腋间有少数短柔毛，稀无毛；花萼外面被短柔毛；果肉厚而多汁；核两侧扁平，顶端渐尖 ⋯ 1. 桃 *Amygdalus persica*
1. 叶片下面无毛，基部楔形，边缘具细锐锯齿；花萼外面无毛；果肉薄而干燥；核两侧通常不扁平，顶端圆钝 ⋯⋯⋯⋯⋯⋯⋯⋯⋯⋯⋯⋯⋯⋯⋯⋯⋯⋯⋯⋯⋯⋯⋯⋯⋯⋯⋯⋯⋯⋯⋯⋯⋯⋯⋯⋯ 2. 山桃 *Amygdalus davidiana*

1. 桃 *Amygdalus persica* L. Sp. Pl. 677. 1753.

乔木，高 3～8 米；树冠宽广而平展；树皮暗红褐色，老时粗糙呈鳞片状；小枝细长，无毛，有光泽，绿色，向阳处转变成红色，具大量小皮孔；冬芽圆锥形，顶端钝，外被短柔毛，常 2～3 个簇生，中间为叶芽，两侧为花芽。叶片长圆披针形、椭圆披针形或倒卵状披针形，长 7～15 厘米，宽 2～3.5 厘米，先端渐尖，基部宽楔形，上面无毛，下面在脉腋间具少数短柔毛或无毛，叶边具细锯齿或粗锯齿，齿端具腺体或无腺体；叶柄粗壮，长 1～2 厘米，常具 1 至数个腺体，有时无腺体。花单生，先于叶开放，直径 2.5～3.5 厘米；花梗极短或几无梗；萼筒钟形，被短柔毛，稀几无毛，绿色而具红色斑点；萼片卵形至长圆形，顶端圆钝，外被短柔毛；花瓣长圆状椭圆形至宽倒卵形，粉红色，罕为白色；雄蕊 20～30 枚，花药绯红色；花柱几与雄蕊等长或稍短；子房被短柔毛。果实形状和大小均有变异，卵形、宽椭圆形或扁圆形，直径 3～12 厘米，长几与宽相等，色泽变化由淡绿白色至橙黄色，常在向阳面具红晕，外面密被短柔毛，稀无毛，腹缝明显，果梗短而深入果注；果肉白色、浅绿白色、黄色、橙黄色或红色，多汁有香味，甜或酸甜；核大，离核或黏核，椭圆形或近圆形，两侧扁平，顶端渐尖，表面具纵、横沟纹和孔穴；种仁味苦，稀味甜。花期 3～4 月，果期因品种而异，通常 8～9 月。

恩施州广泛栽培；我国各省区均有栽培；世界各地均有栽植。

果实可食用，也供药用，有破血、和血、益气之效。

2. 山桃 *Amygdalus davidiana* (Carr.) C. de Vos Handb. Boom. Heest. ed. 2. 16. 1887.

乔木，高可达 10 米；树冠开展，树皮暗紫色，光滑；小枝细长，直立，幼时无毛，老时褐色。叶片卵状披针形，长 5～13 厘米，宽 1.5～4 厘米，先端渐尖，基部楔形，两面无毛，叶边具细锐锯齿；叶柄

长1~2厘米，无毛，常具腺体。花单生，先于叶开放，直径2~3厘米；花梗极短或几无梗；花萼无毛；萼筒钟形；萼片卵形至卵状长圆形，紫色，先端圆钝；花瓣倒卵形或近圆形，长10~15毫米，宽8~12毫米，粉红色，先端圆钝，稀微凹；雄蕊多数，几与花瓣等长或稍短；子房被柔毛，花柱长于雄蕊或近等长。果实近球形，直径2.5~3.5厘米，淡黄色，外面密被短柔毛，果梗短而深入果洼；果肉薄而干，不可食，成熟时不开裂；核球形或近球形，两侧不压扁，顶端圆钝，基部截形，表面具纵、横沟纹和孔穴，与果肉分离。花期3~4月，果期7~8月。

产于宣恩，深山幽谷中；分布于山东、河北、河南、山西、陕西、甘肃、四川、湖北、云南等地。

杏属 *Armeniaca* Mill.

落叶乔木，极稀灌木；枝无刺，极少有刺；叶芽和花芽并生，2~3个簇生于叶腋。幼叶在芽中席卷状；叶柄常具腺体。花常单生，稀2朵，先于叶开放，近无梗或有短梗；萼5裂；花瓣5片，着生于花萼口部；雄蕊15~45枚；心皮1个，花柱顶生；子房具毛，1室，具2枚胚珠。果实为核果，两侧多少扁平，有明显纵沟，果肉肉质而有汁液，成熟时不开裂，稀干燥而开裂，外被短柔毛，稀无毛，离核或黏核；核两侧扁平，表面光滑、粗糙或呈网状，罕具蜂窝状孔穴；种仁味苦或甜；子叶扁平。

本属约8种；我国有7种；恩施州产2种。

分种检索表

1. 一年生枝绿色；叶边具小锐锯齿，幼时两面具短柔毛，老时仅下面脉腋间有短柔毛 ········ 1. 梅 *Armeniaca mume*
1. 一年生枝灰褐色至红褐色；叶边有圆钝锯齿，两面无毛或下面脉腋间具柔毛 ············ 2. 杏 *Armeniaca vulgaris*

1. 梅 *Armeniaca mume* Sieb. in Verh. Batav. Genoot. Kunst. Wetensch. 12(1): 69. 1830.

小乔木，稀灌木，高4~10米；树皮浅灰色或带绿色，平滑；小枝绿色，光滑无毛。叶片卵形或椭圆形，长4~8厘米，宽2.5~5厘米，先端尾尖，基部宽楔形至圆形，叶边常具小锐锯齿，灰绿色，幼嫩时两面被短柔毛，成长时逐渐脱落，或仅下面脉腋间具短柔毛；叶柄长1~2厘米，幼时具毛，老时脱落，常有腺体。花单生或有时2朵同生于1芽内，直径2~2.5厘米，香味浓，先于叶开放；花梗短，长1~3毫米，常无毛；花萼通常红褐色，但有些品种的花萼为绿色或绿紫色；萼筒宽钟形，无毛或有时被短柔毛；萼片卵形或近圆形，先端圆钝；花瓣倒卵形，白色至粉红色；雄蕊短或稍长于花瓣；子房密被柔毛，花柱短或稍长于雄蕊。果实近球形，直径2~3厘米，黄色或绿白色，被柔毛，味酸；果肉与核黏贴；核椭圆形，顶端圆形而有小突尖头，基部渐狭成楔形，两侧微扁，腹棱稍钝，腹面和背棱上均有明显纵沟，表面具蜂窝状孔穴。花期

冬春季，果期5~6月。

恩施州广泛栽培；我国各地均有栽培；日本和朝鲜也有。

花、叶、根和种仁均可入药。果实可食、盐渍或干制，或熏制成乌梅入药，有止咳、止泻、生津、止渴之效。

2. 杏 *Armeniaca vulgaris* Lam. Encycl. Meth. Bot. 1: 2. 1783.

乔木，高5~12米；树冠圆形、扁圆形或长圆形；树皮灰褐色，纵裂；多年生枝浅褐色，皮孔大而横生，一年生枝浅红褐色，有光泽，无毛，具多数小皮孔。叶片宽卵形或圆卵形，长5~9厘米，宽4~8厘米，先端急尖至短渐尖，基部圆形至近心形，叶边有圆钝锯齿，两面无毛或下面脉腋间具柔毛；叶柄长2~3.5厘米，无毛，基部常具1~6个腺体。花单生，直径2~3厘米，先于叶开放；花梗短，长1~3毫米，被短柔毛；花萼紫绿色；萼筒圆筒形，外面基部被短柔毛；萼片卵形至卵状长圆形，先端急尖或圆钝，花后反折；花瓣圆形至倒卵形，白色或带红色，具短爪；雄蕊20~45枚，稍短于花瓣；子房被短柔毛，花柱稍长或几与雄蕊等长，下部具柔毛。果实球形，稀倒卵形，直径约2.5厘米以上，白色、黄色至黄红色，常具红晕，微被短柔毛；果肉多汁，成熟时不开裂；核卵形或椭圆形，两侧扁平，顶端圆钝，基部对称，稀不对称，表面稍粗糙或平滑，腹棱较圆，常稍钝，背棱较直，腹面具龙骨状棱；种仁味苦或甜。花期3~4月，果期6~7月。

恩施州广泛栽培；全国各地多数栽培；世界各地也均有栽培。

种仁入药，有止咳祛痰、定喘润肠之效。

李属 *Prunus* L.

落叶小乔木或灌木；分枝较多；顶芽常缺，腋芽单生，卵圆形，有数枚覆瓦状排列鳞片。单叶互生，幼叶在芽中为席卷状或对折状；有叶柄，在叶片基部边缘或叶柄顶端常有2个小腺体；托叶早落。花单生或2~3朵簇生，具短梗，先叶开放或与叶同时开放；有小苞片，早落；萼片和花瓣均为5片，覆瓦状排列；雄蕊多数；雌蕊1枚，周位花，子房上位，心皮无毛，1室具2枚胚珠。核果，具有1粒成熟种子，外面有沟，无毛，常被蜡粉；核两侧扁平，平滑，稀有沟或皱纹；子叶肥厚。

本属有30余种；我国有7种；恩施州产1种1变型。

分种检索表

1. 叶绿色，花通常3朵簇生，稀2朵 ··· 1. 李 *Prunus salicina*
1. 叶紫色，花通常单生，很少混生2朵 ·· 2. 紫叶李 *Prunus cerasifera* f. *atropurpurea*

1. 李 *Prunus salicina* Lindl. in Trans Hort. Soc. Lond. 7: 239. 1828.

落叶乔木，高9~12米；树冠广圆形，树皮灰褐色，起伏不平；老枝紫褐色或红褐色，无毛；小枝黄红色，无毛；冬芽卵圆形，红紫色，有数枚覆瓦状排列鳞片，通常无毛，稀鳞片边缘有极稀疏毛。叶片长圆倒卵形、长椭圆形，稀长圆卵形，长6~12厘米，宽3~5厘米，先端渐尖、急尖或短尾尖，基部楔形，边缘有圆钝重锯齿，常混有单锯齿，幼时齿尖带腺，上面深绿色，有光泽，侧脉6~10对，不达到叶片边缘，与主脉成45°角，两面均无毛，有时下面沿主脉有稀疏柔毛或脉腋有髯毛；托叶膜质，线

形，先端渐尖，边缘有腺，早落；叶柄长 1～2 厘米，通常无毛，顶端有 2 个腺体或无，有时在叶片基部边缘有腺体。花通常 3 朵并生；花梗 1～2 厘米，通常无毛；花直径 1.5～2.2 厘米；萼筒钟状；萼片长圆卵形，长约 5 毫米，先端急尖或圆钝，边有疏齿，与萼筒近等长，萼筒和萼片外面均无毛，内面在萼筒基部被疏柔毛；花瓣白色，长圆倒卵形，先端啮蚀状，基部楔形，有明显带紫色脉纹，具短爪，着生在萼筒边缘，比萼筒长 2～3 倍；雄蕊多数，花丝长短不等，排成不规则 2 轮，比花瓣短；雌蕊 1 枚，柱头盘状，花柱比雄蕊稍长。核果球形、卵球形或近圆锥形，直径 3.5～5 厘米，栽培品种可达 7 厘米，黄色或红色，有时为绿色或紫色，梗凹陷，顶端微尖，基部有纵沟，外被蜡粉；核卵圆形或长圆形，有皱纹。花期 4 月，果期 7～8 月。

恩施州广泛栽培；分布于陕西、甘肃、四川、云南、贵州、湖南、湖北、江苏、浙江、江西、福建、广东、广西和台湾。

2. 紫叶李（变型） *Prunus cerasifera* Ehrhar f. *atropurpurea* (Jacq.) Rehd.

紫叶李为樱桃李 *P. cerasifera* 栽培品种，常年叶片紫色，颇为好看，引人注目。花期 4 月，果期 8 月。

恩施州广泛栽培。

樱属　*Cerasus* Mill.

落叶乔木或灌木；腋芽单生或 3 个并生，中间为叶芽，两侧为花芽。幼叶在芽中为对折状，后于花开放或与花同时开放；叶有叶柄和脱落的托叶，叶边有锯齿或缺刻状锯齿，叶柄、托叶和锯齿常有腺体。花常数朵着生在伞形、伞房状或短总状花序上，或 1～2 朵花生于叶腋内，常有花梗，花序基部有芽鳞宿存或有明显苞片；萼筒钟状或管状，萼片反折或直立开张；花瓣白色或粉红色，先端圆钝、微缺或深裂；雄蕊 15～50 枚；雌蕊 1 枚，花柱和子房有毛或无毛。核果成熟时肉质多汁，不开裂；核球形或卵球形，核面平滑或稍有皱纹。

本属 100 余种；我国产 47 种；恩施州产 14 种 1 变种。

分种检索表

1. 腋芽 3 个并生，中间为叶芽，两侧为花芽。
　2. 叶片中部或近中部最宽，卵状长圆形或长圆披针形，先端急尖或渐尖；花柱基部有疏柔毛或无毛 … 1. 麦李 *Cerasus glandulosa*
　2. 叶片中部以下最宽，卵形或卵状披针形，先端渐尖至急尖，基部圆形；花柱无毛 ……………………… 2. 郁李 *Cerasus japonica*
1. 腋芽单生；花序多伞形或伞房总状，稀单生；叶柄一般较长。
　3. 萼片反折。
　　4. 花序上苞片大多为褐色，稀绿褐色，通常果期脱落，稀小形宿存。

5. 萼片较萼筒长 0.5~2 倍 ·· 3. 尾叶樱桃 Cerasus dielsiana
5. 萼片较萼筒短稀近等长。
  6. 叶边有尖锐重锯齿 ·· 4. 樱桃 Cerasus pseudocerasus
  6. 叶边有单锯齿或不明显重锯齿；叶片下面或仅脉上有稀疏柔毛。
    7. 花序伞形，有花 3~7 朵，有总梗，先叶开放；花柱无毛 ············ 5. 崖樱桃 Cerasus scopulorum
    7. 花序近伞形，有花 3~5 朵，总梗短或无，先叶开放；花柱基部有柔毛 ········ 6. 云南樱桃 Cerasus yunnanensis
4. 花序上有大形绿色苞片，果期宿存，或伞形花序基部有叶。
  8. 花序伞房总状有总梗 ·· 7. 四川樱桃 Cerasus szechuanica
  8. 花序伞形，有总梗稀无总梗。
    9. 苞片边缘有盘状腺休；萼筒无毛；花叶同开，花瓣顶端圆形 ············ 8. 康定樱桃 Cerasus tatsienensis
    9. 苞片边缘有圆锥形或小球形腺体。
      10. 萼筒无毛；小枝叶柄及叶下面沿脉被疏柔毛或完全无毛 ············ 9. 微毛樱桃 Cerasus clarofolia
      10. 萼筒外面密被柔毛；小枝叶柄及叶下面密被开展长柔毛 ············ 10. 多毛樱桃 Cerasus polytricha
3. 萼片直立或开张。
  11. 叶边多为圆钝缺刻状重锯齿或呈浅裂片，稀尖锐重锯齿。
    12. 花梗及萼筒被毛 ·· 11. 刺毛樱桃 Cerasus setulosa
    12. 花梗及萼筒无毛或有稀疏柔毛 ·· 12. 川西樱桃 Cerasus trichostoma
  11. 叶边多为尖锐重锯齿，稀单锯齿。
    13. 叶边有尖锐锯齿但不为芒状 ·· 13. 华中樱桃 Cerasus conradinae
    13. 叶边尖锐锯齿呈芒状
      14. 叶边有渐尖单锯齿及重锯齿，齿尖有小腺体 ························ 14. 山樱花 Cerasus serrulata
      14. 叶边有渐尖重锯齿，齿端有长芒 ·· 15. 日本晚樱 Cerasu serrulata var. lannesiana

1. 麦李 Cerasus glandulosa (Thunb.) Lois. in Duham. Trait. Arb. Arbust. ed. augm. 5: 33. 1812.

灌木，高 0.5~1.5 米。小枝灰棕色或棕褐色，无毛或嫩枝被短柔毛。冬芽卵形，无毛或被短柔毛。叶片长圆披针形或椭圆披针形，长 2.5~6 厘米，宽 1~2 厘米，先端渐尖，基部楔形，最宽处在中部，边有细钝重锯齿，上面绿色，下面淡绿色，两面均无毛或在中脉上有疏柔毛，侧脉 4~5 对；叶柄长 1.5~3 毫米，无毛或上面被疏柔毛；托叶线形，长约 5 毫米。花单生或 2 朵簇生，花叶同开或近同开；花梗长 6~8 毫米，几无毛；萼筒钟状，长宽近相等，无毛，萼片三角状椭圆形，先端急尖，边有锯齿；花瓣白色或粉红色，倒卵形；雄蕊 30 枚；花柱稍比雄蕊长，无毛或基部有疏柔毛。核果红色或紫红色，近球形，直径 1~1.3 厘米。花期 3~4 月，果期 5~8 月。

恩施州广布，生于山坡林中；分布于陕西、河南、山东、江苏、安徽、浙江、福建、广东、广西、湖南、湖北、四川、贵州、云南；日本有分布。

2. 郁李 Cerasus japonica (Thunb.) Lois. in Duham. Trait. Arb. Arbust. ed. augm. 5: 33. 1812.

灌木，高 1~1.5 米。小枝灰褐色，嫩枝绿色或绿褐色，无毛。冬芽卵形，无毛。叶片卵形或卵状披针形，长 3~7 厘米，宽 1.5~2.5 厘米，先端渐尖，基部圆形，边有缺刻状尖锐重锯齿，上面深绿色，无毛，下面淡绿色，无毛或脉上有稀疏柔毛，侧脉 5~8 对；叶柄长 2~3 毫米，无毛或被稀疏柔毛；托叶线形，长 4~6 毫米，边有腺齿。花 1~3 朵，簇生，花叶同开或先叶开放；花梗长 5~10 毫米，无毛或被疏柔毛；萼筒陀螺形，长宽近相等，2.5～3毫米，无毛，萼片椭圆形，比萼筒略长，先端圆钝，边有细齿；花瓣白色或粉红色，倒卵状椭圆形；雄蕊约32枚；花柱与雄蕊近等长，无毛。核果近球形，深红色，直径约1厘米；核表面光滑。花期5月，果期7～8月。

产于恩施，生于山坡林下；分布于黑龙江、吉林、辽宁、河北、山东、浙江、湖北；日本和朝鲜也有分布。

种仁入药，有显著降压作用。

3. 尾叶樱桃 *Cerasus dielsiana* (Schneid.) Yu et Li in Fl. Reip. Pop. Sin. 1974. 59, t. 8, f. 5-9. 1986.

乔木或灌木，高5～10米。小枝灰褐色，无毛，嫩枝无毛或密被褐色长柔毛。冬芽卵圆形，无毛。叶片长椭圆形或倒卵状长椭圆形，长6～14厘米，宽2.5～4.5厘米，先端尾状渐尖，基部圆形至宽楔形，叶边有尖锐单齿或重锯齿，齿端有圆钝腺体，上面暗绿色，无毛，下面淡绿色，中脉和侧脉密被开展柔毛，其余被疏柔毛，有侧脉10～13对；叶柄长0.8～1.7厘米，密被开展柔毛，以后脱落变疏，先端或上部有1～3个腺体；托叶狭带形，长0.8～1.5厘米，边有腺齿。花序伞形或近伞形，有花3～6朵，先叶开放或近先叶开放；总苞褐色，长椭圆形，内面密被伏生柔毛；总梗长0.6～2厘米，被黄色开展柔毛；苞片卵圆形，直径3～6毫米，边缘撕裂状，有长柄腺体；花梗长1～3.5厘米，被褐色开展柔毛；萼筒钟形，长3.5～5毫米，被疏柔毛，萼片长椭圆形或椭圆披针形，约为萼筒的2倍，先端急尖或钝，边有缘毛；花瓣白色或粉红色，卵圆形，先端2裂；雄蕊32～36枚，与花瓣近等长，花柱比雄蕊稍短或较长，无毛。核果红色，近球形，直径8～9毫米；核卵形表面较光滑。花期3～4月。

恩施州广布，生于山谷林中；分布于江西、安徽、湖北、湖南、四川、广东、广西。

4. 樱桃 *Cerasus pseudocerasus* (Lindl.) G. Don in London, Hort. Brit. 200. 1830.

乔木，高2～6米，树皮灰白色。小枝灰褐色，嫩枝绿色，无毛或被疏柔毛。冬芽卵形，无毛。叶片卵形或长圆状卵形，长5～12厘米，宽3～5厘米，先端渐尖或尾状渐尖，基部圆形，边有尖锐重锯齿，齿端有小腺体，上面暗绿色，近无毛，下面淡绿色，沿脉或脉间有稀疏柔毛，侧脉9～11对；叶柄长0.7～1.5厘米，被疏柔毛，先端有1或2个大腺体；托叶早落，披针形，有羽裂腺齿。花序伞房状或近伞形，有花3～6朵，先叶开放；总苞倒卵状椭圆形，褐色，长约5毫米，宽约3毫米，边有腺齿；花梗长0.8～1.9厘米，被疏柔毛；萼筒钟状，长3～6毫米，宽2～3毫米，外面被疏柔毛，萼片三角卵圆形或卵状长圆形，先端急尖或钝，边缘全缘，长为萼筒的一半或过半；花瓣白色，卵圆形，先端下凹或2裂；雄蕊30～35枚；花柱与雄蕊近等长，无毛。核果近球形，红色，直径0.9～1.3厘米。花期3～4月，果期5～6月。

恩施州广布，生于山坡林中；分布于辽宁、河北、陕西、甘肃、山东、河南、江苏、浙江、江西、湖北、四川。

蔷薇科
Rosaceae

5. 崖樱桃　*Cerasus scopulorum* (Koehne) Yu et Li in Fl. Reip. Pop. Sin. 1974. 61. 1986.

乔木，高达3~8米，树皮红褐色。小枝灰褐色，被短柔毛或疏柔毛。冬芽长椭圆形，无毛或微被毛。叶片长椭圆形或卵状椭圆形，长5~11厘米，宽3~6厘米，先端尾尖或骤尾尖，基部近圆形，边有不整齐单锯齿，稀重锯齿，齿端有小腺体，上面近深绿色，无毛，下面淡绿色，脉上被疏柔毛，以后脱落无毛；叶柄长5~12毫米，无毛；托叶狭带形，比叶柄短，边有腺齿，早落。花序伞形，有花3~7朵，先叶开放；总苞片褐色，倒卵状长圆形，长约8毫

米，宽约5毫米，外面被稀疏柔毛，内面密被伏生长柔毛；总梗长2~9毫米，被疏柔毛；苞片小，长1~2.5毫米，边有缺刻状锯齿，早落。花梗长1~2厘米，疏被长柔毛；萼筒管形钟状，长6~7毫米，宽3~4毫米，外面伏生疏毛，萼片卵圆形，长2~3毫米，先端圆钝或急尖，边全缘，有缘毛，开花后反折；花瓣白色，长椭圆形，先端2裂；雄蕊34~48枚；花柱与雄蕊近等长，无毛。核果红色，卵球形，长约1.2厘米；核表面略具棱纹。花期3月，果期5月。

产于利川，生于山谷林中；分布于陕西、甘肃、湖北、四川、贵州。

6. 云南樱桃　*Cerasus yunnanensis* (Franch.) Yu et Li, comb. nov.

乔木或灌木，高约4米。小枝灰色或灰褐色，被稀疏柔毛或无毛。冬芽长卵形，无毛。叶片倒卵椭圆形或椭圆形，长3.5~5厘米，宽2~3.5厘米，先端骤尖，基部圆形或楔形，边有尖锐锯齿，齿端有小腺体、上面绿色，疏被短毛或无毛，下面淡绿色，疏被柔毛或仅脉腋有簇毛，侧脉7~9对；叶柄长0.8~1厘米，疏被短毛或无毛；托叶线形，边有腺齿。花序近伞形，有花3~5朵，先叶开放，下部有褐色革质鳞片包被，果时脱落；总苞椭圆形，长3.5~4毫米，宽2~3毫米，外面无毛，内面密被柔毛；总梗长0~3毫米，密被开

展柔毛；苞片很小，长约1毫米，边有腺齿；花梗长3～4毫米，从总苞中伸出，密被短柔毛；萼筒钟状，长3～4毫米，宽2～3毫米，被短柔毛，萼片卵状三角形，先端圆钝，外被柔毛，边缘有稀疏腺点；花瓣白色，卵形，先端下凹，稀不明显；雄蕊约33枚；花柱与雄蕊近等长，基部有稀疏柔毛。核果卵球形或椭球形，纵径长7～8毫米，横径长5～6毫米；核表面略有棱纹。

恩施州广布，属湖北省新记录，生于山谷林中；分布于四川、云南。

7. 四川樱桃 Cerasus szechuanica (Batal.) Yu et Li in Fl. Reip. Pop. Sin. 1974. 49. t. 6, f. 10, 11. 1986.

乔木或灌木，高3～7米。小枝灰色或红褐色，无毛或被稀疏柔毛。冬芽长卵形，无毛。叶片卵状椭圆形，倒卵状椭圆形或长椭圆形，长5～9厘米，宽2.5～4厘米，先端尾尖或骤尖，基部圆形或宽楔形，边有重锯齿或单锯齿，齿端有小盘状、圆头状或锥状腺体，上面绿色，通常无毛或中脉被疏柔毛，下面淡绿色，无毛或被疏柔毛，侧脉7～9对；叶柄长1～1.8厘米，无毛或被疏柔毛，先端常有一对盘状或头状腺体；托叶卵形至宽卵形，绿色，有缺刻状锯齿，齿尖有圆头状腺体。花序近伞房总状，长4～9厘米，有花2～5朵，下部苞片大多不孕或仅顶端1～3片苞片腋内着花；总苞片褐色，倒卵状长圆形，长1～1.5厘米，先端最宽5～6毫米，无毛或几无毛，边有圆头状腺体；花轴无毛或被疏柔毛；苞片近圆形、宽卵形至长卵形，绿色，长0.5～2.5厘米，宽0.5～1.2厘米，先端圆钝，边有盘状腺体；花梗长1～2厘米，无毛或被稀疏柔毛；萼筒钟状，长约5毫米，先端最宽处4～5毫米，外面无毛或有稀疏柔毛，萼片三角披针形，先端渐尖，边有头状腺体，与萼筒近等长或稍短；花瓣白色或淡红色，近圆形，先端啮蚀状；雄蕊40～47枚；花柱与雄蕊近等长，无毛或有稀疏柔毛，柱头盘状。核果紫红色，卵球形，纵径8～10毫米，横径7～8毫米；核表面有棱纹。花期4～6月，果期6～8月。

产于宣恩、利川，生于林中；分布于陕西、河南、湖北、四川。

8. 康定樱桃 Cerasus tatsienensis (Batal.) Yu et Li in Fl. Reip. Pop. Sin. 1974. 52, t. 7, f. 6, 7. 1986.

灌木或小乔木，高2～5米，树皮灰褐色。小枝灰色，嫩枝绿色，被疏柔毛或无毛。冬芽卵圆形，无毛。叶片卵形或卵状椭圆形，长1～4.5厘米，宽1～2.5厘米，先端渐尖，基部圆形，边有重锯齿，齿端有小腺体，上面绿色，几无毛，下面淡绿色，无毛或脉腋有簇毛，侧脉6～9对；叶柄长0.8～1厘米，无

毛或被疏柔毛，顶端有腺或无腺体；托叶椭圆披针形或卵状披针形，边有锯齿，齿端有盘状腺体。花序伞形或近伞形，有花2~4朵，花叶同开；总苞片紫褐色，匙形，长约8毫米，宽约4毫米，外面无毛或被疏长毛，总梗长5~12毫米，无毛或被疏柔毛；苞片绿色，果实宿存，椭圆形或近圆形，直径3~5毫米，边缘齿端有盘状腺体；总梗长1~2厘米，无毛，花直径约1.5厘米；萼筒钟状，长3~4毫米，宽2~3毫米，无毛，萼片卵状三角形、先端急尖或钝，全缘或有疏齿，长约为萼筒的一半；花瓣白色或粉红色，卵圆形；雄蕊20~35枚；花柱与雄蕊近等长，柱头头状。花期4~6月。

产于宣恩、利川，生于林中；分布于山西、陕西、河南、湖北、四川、云南。

9. 微毛樱桃　　Cerasus clarofolia (Schneid.) Yu et Li in Fl. Reip. Pop. Sin. 1974. 54, t. 7, f. 1-4. 1986.

灌木或小乔木，高2.5~20米，树皮灰黑色。小枝灰褐色，嫩枝紫色或绿色，无毛或多少被疏柔毛。冬芽卵形，无毛。叶片卵形，卵状椭圆形，或倒卵状椭圆形，长3~6厘米，宽2~4厘米，先端渐尖或骤尖，基部圆形，边有单锯齿或重锯齿，齿渐尖，齿端有小腺体或不明显，上面绿色，疏被短柔毛或无毛，下面淡绿色，无毛或被疏柔毛，侧脉7~12对；叶柄长0.8~1厘米，无毛或被疏柔毛；托叶披针形，边有腺齿或有羽状分裂腺齿。花序伞形或近伞形，有花2~4朵，花叶同开；总苞片褐色，匙形，长约0.8毫米，宽3~4毫米，外面无毛，内面被疏柔毛；总梗长4~10毫米，无毛或被疏柔毛；苞片绿色，果时宿存，近卵形、卵状长圆形或近圆形，直径2~5毫米，边有锯齿，齿端有锥状或头状腺体；花梗长1~2厘米，无毛或被稀疏柔毛；萼筒钟状，无毛或几无毛，萼片卵状三角形或披针状三角形，先端急尖或渐尖，边有腺齿或全缘；花瓣白色或粉红色，倒卵形至近圆形；雄蕊20~30枚；花柱基部有疏柔毛，比雄蕊稍短或稍长，柱头头状。核果红色，长椭圆形，纵径7~8毫米，横径4~5毫米；核表面微具棱纹。花期4~6月，果期6~7月。

产于利川，生于山坡林中；分布于河北、山西、陕西、甘肃、湖北、四川、贵州、云南。

10. 多毛樱桃　　Cerasus polytricha (Koehne) Yu et Li in Fl. Reip. Pop. Sin. 1974. 56, t. 7, f. 5. 1986.

乔木或灌木，高2~10厘米，树皮黑色或灰褐色。小枝灰红褐色，密被长柔毛。冬芽椭圆卵形，鳞片外面被疏柔毛。叶片倒卵形或倒卵长圆形，长4~8厘米，宽2~4厘米，先端渐尖，基部近圆形，边有单锯齿或重锯齿，齿端有小腺体，上面绿色，疏被短柔毛，下面淡绿色，密被横展长柔毛，脉间较疏，伏生短柔毛，侧脉7~11对；叶柄长0.8~1厘米，密被开展长柔毛，顶端常有1~3个腺体；托叶长圆披针形，边有羽裂腺齿，疏被长柔毛。花序伞形或近伞形，有花2~4朵；总苞片倒卵状椭圆形，长6~8毫米，宽4~5毫米，外面几无毛，内面疏被长柔毛；总梗长2~10毫米，被开展疏柔毛；苞片绿色，果期宿存，卵形或近圆形，长4~8毫米，边有腺齿，腺体圆球形；永存；花梗长1~2厘米，密被柔毛；萼筒钟状，长宽近相等，4~5毫米，密被柔毛，萼片卵状三角形，先端圆钝或急尖，边有腺齿；花瓣白色或粉色，卵形；雄蕊20~30枚；花柱下部被疏柔毛，柱头头状。核果红色，卵球形，纵径长约8毫米，横径约7毫米，核表面有棱纹。花期4~5月，果期6~7月。

产于鹤峰，生于山坡林中；分布于陕西、甘肃、四川、湖北。

11. 刺毛樱桃　Cerasus setulosa (Batal.) Yu et Li in Fl. Reip. Pop. Sin. 1974. 67, t. 11, f. 4. 1986.

灌木或小乔木，高1.5~5米，树皮灰棕色。小枝灰白色或棕褐色，无毛。冬芽尖卵形，无毛。叶片卵形、倒卵形或卵状椭圆形，长2~5厘米，宽1~2.5厘米，先端尾状渐尖或骤尖，基部圆形，边有圆钝重锯齿，齿尖有小腺体，上面绿色，伏生小糙毛，下面浅绿色，沿脉被稀疏柔毛，脉腋有簇毛，侧脉6~8对；叶柄长4~8毫米，无毛；托叶卵状长圆形或倒卵状披针形，长4~8毫米，宽1.5~3毫米，边有腺齿。花序伞形，有花2~3朵，花叶同开；总苞褐色，匙形，长约5毫米，宽约1.5毫米，边有腺体，内面被柔毛，早落；总梗长5~7毫米，无毛；苞片2~3片，绿色，呈叶状，卵圆形，长5~20毫米，边有锯齿，齿端有腺体，两面疏被糙毛；花梗长8~12毫米，被疏柔毛或无毛；花直径6~8毫米；萼筒管状，长5~6毫米，宽3~4毫米，外面疏被糙毛，萼片开展，三角状长卵形，长2~3毫米，两面均被稀疏柔毛，先端急尖，边有疏齿；花瓣倒卵形或近圆形，粉红色；雄蕊30~40枚，与萼片近等长或短于萼片；花柱比雄蕊略长或与雄蕊近等长，中部以下被疏柔毛。核果红色，卵状椭球形，纵径约8毫米，横径约6毫米；核表面略有棱纹。花期4~6月，果期6~8月。

产于利川、巴东，生于山谷林中；分布于陕西、甘肃、湖北、四川、贵州。

12. 川西樱花　Cerasus trichostoma (Koehne) Yu et Li in Fl. Reip. Pop. Sin. 1974. 69, t. 11, f. 1, 2. 1986.

乔木或小乔木，高2~10米，树皮灰黑色。小枝灰褐色，嫩枝无毛或疏被柔毛。冬芽卵形或长卵形，无毛。叶片卵形、倒卵形或椭圆披针形，长1.5~3厘米，宽0.5~2厘米，先端急尖或渐尖，基部楔形、宽楔形或几圆形，边有重锯齿，齿端急尖，无腺或有小腺，重锯齿常由2~3齿组成，上面暗绿色，疏被柔毛或无毛，下面浅绿色，沿叶脉上或有时脉间被疏柔毛，侧脉6~10对；叶柄长6~8毫米，无毛或疏被毛；托叶带形，长3~5毫米，边有羽裂锯齿。花2~3朵，稀单生，花叶同开，稀稍先开放；总苞片倒卵椭圆形，褐色，外面无毛，内面密生伏毛，边有腺齿；总梗0~5毫米；苞片卵形褐色，稀绿褐

色，长2～4毫米，通常早落，稀果时宿存，边有腺齿；花梗长8～20毫米，无毛或被稀疏柔毛；萼筒钟状，长5～6毫米，宽3～4毫米，无毛或被稀疏柔毛，萼片三角形至卵形，长2～3毫米，内面无毛或有稀疏伏毛，先端急尖或钝，边有腺齿；花瓣白色或淡粉红色，倒卵形；先端圆钝；雄蕊25～36枚，短于花瓣；花柱与雄蕊近等长或伸出长于雄蕊，下部或基部有疏柔毛。核果紫红色，多肉质，卵球形，直径1.3～1.5厘米；核表面有显著突出的棱纹。果梗长10～2.5厘米，先端粗厚，无毛。花期5～6月，果期7～10月。

产于巴东，生于山坡林中；分布于甘肃、湖北、四川、云南、西藏。

13. 华中樱桃　*Cerasus conradinae* (Koehne) Yu et Li in Fl. Reip. Pop. Sin. 1974. 76, t. 13, f. 1, 2. 1986.

乔木，高3～10米，树皮灰褐色。小枝灰褐色，嫩枝绿色，无毛。冬芽卵形，无毛。叶片倒卵形、长椭圆形或倒卵状长椭圆形，长5～9厘米，宽2.5～4厘米，先端骤渐尖，基部圆形，边有向前伸展锯齿，齿端有小腺体，上面绿色，下面淡绿色，两面均无毛，有侧脉7～9对；叶柄长6～8毫米，无毛，有2个腺体；托叶线形，长约6毫米，边有腺齿，花后脱落。伞形花序，有花3～5朵，先叶开放，直径约1.5厘米；总苞片褐色，倒卵椭圆形，长约8毫米，宽约4毫米，外面无毛，内面密被疏柔毛；总梗长0.4～1.5厘米，稀总梗不明显，无毛；苞片褐色，宽扇形，长约1.3毫米，有腺齿，果时脱落；花梗长1～1.5厘米，无毛；萼筒管形钟状，长约4毫米，宽约3毫米，无毛，萼片三角卵形，长约2毫米，先端圆钝或急尖；花瓣白色或粉红色，卵形或倒卵圆形，先端2裂；雄蕊32～43枚；花柱无毛，比雄蕊短或稍长。核果卵球形，红色，纵径8～11毫米，横径5～9毫米；核表面棱纹不显著。花期3月，果期4～5月。

产于宣恩、利川，生于沟边林中；分布于陕西、河南、湖南、湖北、四川、贵州、云南、广西。

14. 山樱花　*Cerasus serrulata* (Lindl.) G. Don ex London, Hort. Brit. 480, 1830.

乔木，高3～8米，树皮灰褐色或灰黑色。小枝灰白色或淡褐色，无毛。冬芽卵圆形，无毛。叶片卵状椭圆形或倒卵椭圆形，长5～9厘米，宽2.5～5厘米，先端渐尖，基部圆形，边有渐尖单锯齿及重锯齿，齿尖有小腺体，上面深绿色，无毛，下面淡绿色，无毛，有侧脉6～8对；叶柄长1～1.5厘米，无毛，先端有1～3个圆形腺体；托叶线形，长5～8毫米，边有腺齿，早落。花序伞房总状或近伞形，有花2～3朵；总苞片褐红

色，倒卵长圆形，长约8毫米，宽约4毫米，外面无毛，内面被长柔毛；总梗长5～10毫米，无毛；苞片褐色或淡绿褐色，长5～8毫米，宽2.5～4毫米，边有腺齿；花梗长1.5～2.5厘米，无毛或被极稀疏柔毛；萼筒管状，长5～6毫米，宽2～3毫米，先端扩大，萼片三角披针形，先端渐尖或急尖；边全缘；花瓣白色，稀粉红色，倒卵形，先端下凹；雄蕊约38枚；花柱无毛。核果球形或卵球形，紫黑色，直径8～10毫米。花期4～5月，果期6～7月。

产于恩施、利川，生于山坡林中，属湖北省新记录；分布于黑龙江、河北、山东、江苏、浙江、安徽、江西、湖南、贵州；日本、朝鲜也有分布。

15. 日本晚樱（变种） *Cerasus serrulata* G. Don var. *lannesiana* (Carr.) Makino in Jour. Jap. Bot. 5: 13. 45. 1928.

本变种叶边有渐尖重锯齿，齿端有长芒，花常有香气。花期3～5月，果期6～7月。

恩施州广泛栽培；我国各地庭园栽培，引自日本，供观赏用。

稠李属 *Padus* Mill.

落叶小乔木或灌木；分枝较多；冬芽卵圆形，具有数枚覆瓦状排列鳞片。叶片在芽中呈对折状，单叶互生，具齿稀全缘；叶柄通常在顶端有2个腺体或在叶片基部边缘上具2个腺体；托叶早落。花多数，成总状花序，基部有叶或无叶，生于当年生小枝顶端；苞片早落；萼筒钟状，裂片5片，花瓣5片，白色，先端通常啮蚀状，雄蕊10枚至多数；雌蕊1枚，周位花，子房上位，心皮1个，具有2枚胚珠，柱头平。核果卵球形，外面无纵沟，中果皮骨质，成熟时具有1粒种子，子叶肥厚。

本属有20余种；我国有14种；恩施州产6种。

分种检索表

1. 花萼在果期宿存；雄蕊10枚；花序基部无叶 ················· 1. 橉木 *Padus buergeriana*
1. 花萼在果期脱落；雄蕊20～35枚，花序基部有叶，极稀无叶。
  2. 花梗和总花梗在果期不增粗，也不具浅色明显增大皮孔；叶边锯齿较密。
    3. 花柱长，伸出花瓣和雄蕊之外，叶常带黄绿色，叶边锯齿锐尖；叶柄顶端无腺体 ········· 2. 灰叶稠李 *Padus grayana*
    3. 花柱短，不伸出或仅为雄蕊长的1/2。叶柄顶端有腺体或无腺体。
      4. 叶边有带短芒锯齿，基部圆形、微心形，顶端长渐尖，下面无毛；花序长15～30厘米；总花梗和花梗不被棕褐色柔毛 ········ 3. 短梗稠李 *Padus brachypoda*
      4. 叶边锯齿不带芒，基部通常圆形或宽楔形，先端急尖或短渐尖；花序长不超过15厘米。
        5. 叶片下面、小枝、总花梗和花梗均密被短绒毛 ········· 4. 毡毛稠李 *Padus velutina*
        5. 叶片下面无毛，小枝、总花梗和花梗无毛或被短柔毛 ········· 5. 细齿稠李 *Padus obtusata*
  2. 花梗和总花梗在果期增粗，并有明显增大的浅色皮孔；叶边有较疏锯齿 ········· 6. 绢毛稠李 *Padus wilsonii*

1. 橉木 *Padus buergeriana* (Miq.) Yu et Ku in Fl. Reip. Pop. Sin. 1974. 91. 1986.

落叶乔木，高6～12米；老枝黑褐色；小枝红褐色或灰褐色，通常无毛；冬芽卵圆形，通常无毛，稀在鳞片边缘有睫毛。叶片椭圆形或长圆椭圆形，稀倒卵椭圆形，长4～10厘米，宽2.5～5厘米，先端尾状渐尖或短渐尖，基部圆形、宽楔形，偶有楔形，边缘有贴生锐锯齿，上面深绿色，下面淡绿色，两面无毛；叶柄长1～1.5厘米，通常无毛，无腺体，有时在叶片基部边缘两侧各有1个腺体；托叶膜质，线形，先端渐尖，边有腺齿，早落。总状花序具多花，通常20～30朵，长6～9厘米，基部无叶；花梗长约 2 毫米，总花梗和花梗近无毛或被疏短柔毛；花直径 5～7 毫米；萼筒钟状，与萼片近等长；萼片三角状卵形，长宽几相等，先端急尖，边有不规则细锯齿，齿尖幼时带腺体，萼筒和萼片外面近无毛或有稀疏短柔毛，内面有稀疏短柔毛；花瓣白色，宽倒卵形，先端啮蚀状，基部楔形，有短爪，着生在萼筒边缘；雄蕊 10 枚，花丝细长，基部扁平，比花瓣长 1/3～1/2，着生在花盘边缘；花盘圆盘形，紫红色；心皮 1 个，子房无毛，花柱比雄蕊短近 1/2，柱头圆盘状或半圆形。核果近球形或卵球形，黑褐色，无毛；果梗无毛；萼片宿存。花期 4～5 月，果期 5～10 月。

恩施州广布，生于山坡林中；分布于甘肃、陕西、河南、安徽、江苏、浙江、江西、广西、湖南、湖北、四川、贵州等省区；日本和朝鲜也有分布。

2. 灰叶稠李　*Padus grayana* (Maxim.) Schneid. Ill. Handb. Laubh. 1: 640. f. 351, m-n2. 352 b. 1906.

落叶小乔木，高 8～10 米；老枝黑褐色；小枝红褐色或灰绿色，幼时被短绒毛，以后脱落无毛；冬芽卵圆形，通常无毛，或鳞片边有稀疏柔毛。叶片带灰绿色，卵状长圆形或长圆形，长 4～10 厘米，宽 1.8～4 厘米，先端长渐尖或长尾尖，基部圆形或近心形，边缘有尖锐锯齿或缺刻状锯齿，两面无毛或下面沿中脉有柔毛；叶柄长 5～10 毫米，通常无毛，无腺体；托叶膜质，线形，长可达 12 毫米，比幼叶柄长，先端渐尖，边缘有带腺锯齿，早落。总状花序具多花，长 8～10 厘米，基部有 2～5 片叶，叶片与枝生叶同形，通常较小；花梗长 2～4 毫米，总花梗和花梗通常无毛；花直径 7～8 毫米；萼筒钟状，比萼片长近 2 倍；萼片长三角状卵形，先端急尖，边缘有细齿；萼筒和萼片外面无毛，内面有疏柔毛；花瓣白色，长圆倒卵形，先端 2/3 部分啮蚀状，基部楔形，有短爪；雄蕊 20～32 枚，花丝长短不等，排成紧密不规则 2 轮，长花丝比花瓣稍长，花盘圆盘状；雌蕊 1 枚，心皮无毛，柱头盘状，花柱长，通常伸出雄蕊和花瓣之外，有时与雄蕊近等长。核果卵球形，顶端短尖，直径 5～6 毫米，黑褐色，光滑，果梗长 6～9 毫米，无毛；萼片脱落，核光滑。花期 4～5 月，果期 6～10 月。

恩施州广布，生于山谷林中；分布于云南、四川、贵州、湖南、湖北、江西、浙江、福建、广西等省区；日本也有分布。

3. 短梗稠李　*Padus brachypoda* (Batal.) Schneid. in Fedde, Repert. Nov. Sp. 1: 69. 1905.

落叶乔木，高 8～10 米，树皮黑色；多年生小枝黑褐色，无毛，有散生浅色皮孔；当年生小枝红褐色，被短绒毛或近无毛；冬芽卵圆形通常无毛。叶片长圆形，稀椭圆形，长 6～16 厘米，宽 3～7 厘米，先端急尖或渐尖，稀短尾尖，基部圆形或微心形，稀截形，叶边有贴生或开展锐锯齿，齿尖带短芒，上面深绿色，无毛，中脉和侧脉均下陷，下面淡绿色，无毛或在脉腋有髯毛，中脉和侧脉均突起；叶柄长 1.5～2.3 厘米，无毛，顶端两侧各有 1 个腺体；托叶膜质，线形，先端渐尖，边缘有带腺

锯齿，早落。总状花序具有多花，长 16～30 厘米，基部有 1～3 片叶，叶片长圆形或长圆披针形，长 5～7 厘米，宽 2～3 厘米；花梗长 5～7 毫米，总花梗和花梗均被短柔毛；花直径 5～7 毫米；萼筒钟状，比萼片稍长，萼片三角状卵形，先端急尖，边有带腺细锯齿，萼筒和萼片外面有疏生短柔毛，内面基部被短柔毛，比花瓣短；花瓣白色，倒卵形，中部以上啮蚀状或波状，基部楔形有短爪；雄蕊 25～27 枚，花丝长短不等，排成不规则 2 轮，着生在花盘边缘，长花丝和花瓣近等长或稍长；雌蕊 1 枚，心皮无毛，柱头盘状，花柱比长花丝短。核果球形，直径 5～7 毫米，幼时紫红色，老时黑褐色，无毛；果梗被短柔毛；萼片脱落，萼筒基部宿存；核光滑。花期 4～5 月，果期 5～10 月。

产于宣恩、利川，生于山坡林中；分布于河南、陕西、甘肃、湖北、四川、贵州和云南。

4. 毡毛稠李　*Padus velutina* (Batal.) Schneid. in Fedde, Repert. Sp. Nov. 1: 69. 1905.

落叶乔木，高 7～20 米；老枝粗壮，黑褐色，无毛，有散生稀疏皮孔；小枝红褐色，被短绒毛或近无毛；冬芽卵圆形。叶片卵形或椭圆形，偶有倒卵形，长 6～10 厘米，宽 3～5.5 厘米，先端急尖或短渐尖，基部圆形，叶边有细密贴生锯齿，上面深绿色，无毛，中脉和侧脉均下陷，下面淡绿色或带棕褐色，被短绒毛，沿中脉较密，中脉和侧脉均明显突起；叶柄长 1.5～2.5 厘米，密被带棕色短绒毛，通常先端两侧各有 1 个腺体；托叶膜质，线

形，先端长渐尖，边有带腺锯齿，早落。总状花序具有多数花朵，长 10～15 厘米，基部具 2～4 片叶，通常和枝生叶同形，但明显较小；花梗长约 5 毫米，总花梗和花梗密被短绒毛；萼筒杯状，比萼片长 2～3 倍，萼片三角状或半圆形，先端圆钝或急尖，边有带腺细齿，萼筒和萼片外面无毛或在萼筒基部有短绒毛，内面基部有稀疏短柔毛；花瓣白色，开展，长圆形，先端圆钝，基部楔形，有短爪；雄蕊 22～28 枚，花丝长短不等，排成紧密不规则 2 轮，外轮花丝长，内轮则短，长雄蕊和花瓣近等长；雌蕊 1 枚，心皮无毛，柱头偏斜，花柱比长雄蕊短 1/2 和短雄蕊近等长。核果球形，顶端有骤尖头，直径 5～7 毫米，红褐色，无毛；果梗近无毛，总梗密被棕色短绒毛；萼片脱落，核平滑。花期 4～5 月，果期 6～10 月。

产于宣恩、利川，生于山谷林中；分布于陕西、湖北、四川。

5. 细齿稠李　*Padus obtusata* (Koehne) Yu et Ku., Fl. Reipub. Pop. Sin. 1974. 101. 1986.

落叶乔木，高 6～20 米；老枝紫褐色或暗褐色，无毛，有散生浅色皮孔；小枝幼时红褐色，被短柔毛或无毛；冬芽卵圆形，无毛。叶片窄长圆形、椭圆形或倒卵形，长 4.5～11 厘米，宽 2～4.5 厘米，先端急尖或渐尖，稀圆钝，基部近圆形或宽楔形稀亚心形，边缘有细密锯齿，上面暗绿色，无

毛，下面淡绿色，无毛，中脉和侧脉以及网脉均明显突起；叶柄长1～2.2厘米，被短柔毛或无毛，通常顶端两侧各具1个腺体；托叶膜质，线形，先端渐尖，边有带腺锯齿，早落。总状花序具多花，长10～15厘米，基部有2～4片叶，叶片与枝生叶同形，但明显较小；花梗长3～7毫米，总花梗和花梗被短柔毛；苞片膜质，早落；萼筒钟状，内外两面被短柔毛，比萼片长2～3倍，萼片三角状卵形，先端急尖，边有细齿，内外两面近无毛；花瓣白色，开展，近圆形
或长圆形，顶端2/3部分啮蚀状或波状，基部楔形，有短爪；雄蕊多数，花丝长短不等，排成紧密不规则2轮，长花丝和花瓣近等长；雌蕊1枚，心皮无毛；柱头盘状，花柱比雄蕊稍短。核果卵球形，顶端有短尖头，直径6～8毫米，黑色，无毛；果梗被短柔毛；萼片脱落。花期4～5月，果期6～10月。

产于鹤峰，生于山谷林中；分布于甘肃、陕西、河南、安徽、浙江、台湾、江西、湖北、湖南、贵州、云南、四川等省。

6. 绢毛稠李 *Padus wilsonii* Schneid. in Fedde, Repert. Sp. Nov. 1: 69. 1905.

落叶乔木，高10～30米，树皮灰褐色，有长圆形皮孔；多年生小枝粗壮，紫褐色或黑褐色，有明显密而浅色皮孔，被短柔毛或近于无毛，当年生小枝红褐色，被短柔毛；冬芽卵圆形，无毛或仅鳞片边缘有短柔毛。叶片椭圆形、长圆形或长圆倒卵形，长6～17厘米，宽3～8厘米，先端短渐尖或短尾尖，基部圆形、楔形或宽楔形，叶边有疏生圆钝锯齿，有时带尖头，上面深绿色或带紫绿色，中脉和侧脉均下陷，下面淡绿色，幼时密被白色绢状柔毛，随叶片的成长颜色变深，毛被由白色变为棕色，尤其沿主脉和侧脉更为明显，中脉和侧脉明显突起；叶柄长7～8毫米，无毛或被短柔毛，顶端两侧各有1个腺体或在叶片基部边缘各有1个腺体；托叶膜质，线形，先端长渐尖，幼时边常具毛，早落。总状花序具有多数花朵，长7～14厘米，基部有3～4片叶，长圆形或长圆披针形，长不超过8厘米；花梗长5～8毫米，总花梗和花梗随花成长而增粗，皮孔长大，毛被由白色也逐渐变深；花直径6～8毫米，萼筒钟状或杯状，比萼片长约2倍，萼片三角状卵形，先端急尖，边有细齿，萼筒和萼片外面被绢状短柔毛，内面被疏柔毛，边缘较密；花瓣白色，倒卵状长圆形，先端啮蚀状，基部楔形，有短爪；雄蕊约20枚，排成紧密不规则2轮，着生在花盘边缘，长花丝比花瓣稍长，短花丝则比花瓣短很多；雌蕊1枚，心皮无毛，柱头盘状，花柱比长雄蕊短。核果球形或卵球形，直径8～11毫米，顶端有短尖头，无毛，幼果红褐色，老时黑紫色；果梗明显增粗，被短柔毛，皮孔显著变大，色淡，长圆形；萼片脱落；核平滑。花期4～5月，果期6～10月。

恩施州广布，生于山坡林中；分布于陕西、湖北、湖南、江西、安徽、浙江、广东、广西、贵州、四川、云南和西藏等省区。

桂樱属 *Laurocerasus* Tourn. ex Duh.

常绿乔木或灌木，极稀落叶。叶互生，叶边全缘或具锯齿，下面近基部或在叶缘或在叶柄上常有2个稀数个腺体；托叶小，早落；花常两性，有时雌蕊退化而形成雄花，排成总状花序；总状花序无叶，常单生稀簇生，生于叶腋或去年生小枝叶痕的腋间；苞片小，早落，位于花序下部的苞片先端3裂或有3齿，苞腋内常无花；萼5裂，裂片内折；花瓣白色，通常比萼片长2倍以上；雄蕊10~50枚，排成两轮，内轮稍短；心皮1个，花柱顶生，柱头盘状；胚珠2枚，并生。果实为核果，干燥；核骨质，核壁较薄或稍厚而坚硬，外面平滑或具皱纹，常不开裂，内含1粒下垂种子。

本属约80种；我国约有13种；恩施州产2种1变型。

分种检索表

1. 花序无毛 ··· 1. 钝齿尖叶桂樱 *Laurocerasus undulate* f. *microbotrys*
1. 花序具柔毛。
   2. 果实椭圆形，长8~11毫米，宽7~11毫米；叶片草质至薄革质，先端渐尖至尾尖，叶边常波状，中部以上或近顶端常有少数针状锐锯齿 ··· 2. 刺叶桂樱 *Laurocerasus spinulosa*
   2. 果实长圆形或卵状长圆形，长18~24毫米，宽8~11毫米；叶片宽卵形至椭圆状长圆形或宽长圆形，长10~19厘米，叶边具粗锯齿；叶柄长10~20毫米 ··· 3. 大叶桂樱 *Laurocerasus zippeliana*

1. 钝齿尖叶桂樱（变型） *Laurocerasus undulata* (D. Don) Roem. f. *microbotrys* (Koehne) Yu et Lu in Bull. Bot. Research 4(4): 47. 1984.

常绿灌木或小乔木，高5~16米；小枝灰褐色至紫褐色，具不明显小皮孔，无毛。叶片草质或薄革质，椭圆形至长圆状披针形，长6~15厘米，宽3~5厘米，先端渐尖，基部近圆形，叶边具稀疏浅钝锯齿，两面无毛，上面光亮，下面近基部常有1对扁平小基腺，另外下面沿中脉常有多数几与中脉平行的扁平小腺体，尤其在叶片下半部更为明显，侧脉6~9对，在下面稍突起，网脉不明显；叶柄长5~12毫米，无毛，无腺体；托叶长4~6毫米，无毛，早落。总状花序单生或2~4条簇生于叶腋，长5~19厘米，具花10~30余朵，无毛，在同一花序中发现有雄花和两性花；花梗长2~5毫米；苞片长1~2毫米，早落；花萼外面无毛；萼筒宽钟形；萼片卵状三角形，先端圆钝；花瓣椭圆形或倒卵形，长2~4毫米，浅黄白色；雄蕊10~30枚，长3~4毫米；子房具柔毛，花柱短于雄蕊。果实卵球形或椭圆形，长10~16毫米，宽7~11毫米，顶端急尖或稍钝，紫黑色，无毛；核壁较薄，光滑。花期8~10月，果期冬季至翌年春季。

产于宣恩、利川，属湖北省新记录，生于山地林下；分布于湖南、江西、广东、广西、四川、贵州、云南。

2. 刺叶桂樱 *Laurocerasus spinulosa* (Sieb. et Zucc.) Schneid. Ill. Handb. Laubh. 1: 649. f. 354 o-p. 1906.

常绿乔木，高可达20米，稀为灌木；小枝紫褐色或黑褐色，具明显皮孔，无毛或幼嫩时微被柔毛，老时脱落。叶片草质至薄革质，长圆形或倒卵状长圆形，长5~10厘米，宽2~4.5厘米，先端渐尖至尾尖，基部宽楔形至近圆形，一侧常偏斜，边缘不平而常呈波状，中部以上或近顶端常具少数针状锐锯齿，两面无毛，上面亮绿色，下面色较浅，近基部沿叶缘或在叶边常具1或2对基腺，侧脉稍明显，8~14对；叶柄长5~15毫米，无毛；托叶早落。总状花序生于叶腋，单生，具花10~20余朵，长5~10厘米，被细短柔毛；花梗长1~4毫米；苞片长2~3毫米，早落，花序下部的苞片常无花；花直径3~5毫米；花萼外面无毛或微被细短柔毛；萼筒钟形或杯形；萼片卵状三角形，先端圆钝，长1~2毫米；花瓣圆形，直径2~3毫米，白色，无毛；雄蕊25~35枚，长4~5毫米；子房无毛，花柱稍短或几与雄蕊等长，有时雌蕊败育。果实椭圆

形，长8~11毫米，宽6~8毫米，褐色至黑褐色，无毛；核壁较薄，表面光滑。花期9~10月，果期11月至翌年3月。

恩施州广布，生于山坡林中；分布于江西、湖北、湖南、安徽、江苏、浙江、福建、广东、广西、四川、贵州；日本和菲律宾也有。

3. 大叶桂樱　　*Laurocerasus zippeliana* (Miq.) Yu et Lu in Bull. Bot. Research 4(4): 49. 1984.

常绿乔木，高10~25米；小枝灰褐色至黑褐色，具明显小皮孔，无毛。叶片革质，宽卵形至椭圆状长圆形或宽长圆形，长10~19厘米，宽4~8厘米，先端急尖至短渐尖，基部宽楔形至近圆形，叶边具稀疏或稍密粗锯齿，齿顶有黑色硬腺体，两面无毛，侧脉明显，7~13对；叶柄长1~2厘米，粗壮，无毛，有1对扁平的基腺；托叶线形，早落。总状花序单生或2~4条簇生于叶腋，长2~6厘米，被短柔毛；花梗长1~3毫米；苞片长2~3毫米，位于花序最下面者常在先端3裂而无花；花直径5~9毫米；花萼外面被短柔毛；萼筒钟形，长约2毫米；萼片卵状三角形，长1~2毫米，先端圆钝；花瓣近圆形，长约为萼片之2倍，白色；雄蕊20~25枚，长4~6毫米；子房无毛，花柱几与雄蕊等长。果实长圆形或卵状长圆形，长18~24毫米，宽8~11毫米，顶端急尖并具短尖头；黑褐色，无毛，核壁表面稍具网纹。花期7~10月，果期冬季。

产于宣恩、利川，生于山坡林中；分布于甘肃、陕西、湖北、湖南、江西、浙江、福建、台湾、广东、广西、贵州、四川、云南；日本和越南也有。

豆科
Leguminosae

乔木、灌木、亚灌木或草本，直立或攀援，常有能固氮的根瘤。叶常绿或落叶，通常互生，稀对生，

常为一回或二回羽状复叶,少数为掌状复叶或3片小叶、单小叶,或单叶,罕可变为叶状柄,叶具叶柄或无;托叶有或无,有时叶状或变为棘刺。花两性,稀单性,辐射对称或两侧对称,通常排成总状花序、聚伞花序、穗状花序、头状花序或圆锥花序;花被2轮;萼片3~6片,分离或连合成管,有时二唇形,稀退化或消失;花瓣0~6片,常与萼片的数目相等,稀较少或无,分离或连合成具花冠裂片的管,大小有时可不等,或有时构成蝶形花冠,近轴的1片称旗瓣,侧生的2片称翼瓣,远轴的2片常合生,称龙骨瓣,遮盖住雄蕊和雌蕊;雄蕊通常10枚,有时5枚或多数,分离或连合成管,单体或二体雄蕊,花药2室,纵裂或有时孔裂,花粉单粒或常联成复合花粉;雌蕊通常由单心皮所组成,稀较多且离生,子房上位,1室,基部常有柄或无,沿腹缝线具侧膜胎座,胚珠2至多枚,悬垂或上升,排成互生的2列,为横生、倒生或弯生的胚珠;花柱和柱头单一,顶生。果为荚果,形状种种,成熟后沿缝线开裂或不裂,或断裂成含单粒种子的荚节;种子通常具革质或有时膜质的种皮,生于长短不等的珠柄上,有时由珠柄形成一多少肉质的假种皮,胚大,内胚乳无或极薄。

本科约650属18000种;我国有172属1485种13亚种153变种16变型;恩施州产49属104种1亚种6变种。

分属检索表

1. 花两侧对称,花瓣覆瓦状排列。
  2. 花梢两侧对称,近轴的1片花瓣位于相邻两侧的花瓣之内,花丝通常分离。
    3. 叶通常为二回羽状复叶;花托盘状。
      4. 花杂性或单性异株;落叶乔木。
        5. 株无刺;花较大,组成顶生的圆锥花序;荚果肥厚肿胀 ············ 1. 肥皂荚属 *Gymnocladus*
        5. 植株常具分枝的枝刺;花较小,组成侧生的穗形总状花序;荚果扁平而大 ········ 2. 皂荚属 *Gleditsia*
      4. 花两性。
        6. 花不整齐,两侧对称;胚珠2至多枚;荚果卵形、长圆形或披针形,平滑或有刺,革质或木质;种子无胚乳 ··· 3. 云实属 *Caesalpinia*
        6. 花近整齐;胚珠1枚;子房无柄;荚果翅果状,不开裂 ············ 4. 老虎刺属 *Pterolobium*
    3. 叶为一回羽伏复叶或仅具单小叶,或为单叶。
      7. 萼片在花蕾时离生达基部;叶通常为偶数羽伏复叶,有时仅具1对小叶或单小叶 ········ 5. 决明属 *Cassia*
      7. 萼在花蕾时不分裂;单叶,全缘或2裂,有时分裂为2片小叶。
        8. 荚果腹缝具狭翅;能育雄蕊10枚;花紫红色或粉红色 ············ 6. 紫荆属 *Cercis*
        8. 荚果无翅;能育雄蕊通常3枚或5枚,倘为10枚时则花白色、淡黄色或绿色 ········ 7. 羊蹄甲属 *Bauhinia*
  2. 花明显两侧对称,花冠蝶下蝶形,近轴的1片花瓣位于相邻两侧的花瓣之外,远轴的2片花瓣(龙骨瓣)基部沿连接处合生呈龙骨状,雄蕊通常为二体雄蕊或单体雄蕊,稀分离。
    9. 花丝全部分离,或在近基部处部分连合,花药同型。
      10. 荚果圆柱形,串珠状,偶具4翅 ·· 8. 槐属 *Sophora*
      10. 荚果两侧压扁或凸起,有时沿缝线具翅。
        11. 荚果两侧压扁,或多少隆起,两缝线无翅,也不明显增厚 ············ 9. 红豆属 *Ormosia*
        11. 荚果扁平,沿缝线一侧或两侧具翅或稍增厚;腋芽无芽鳞,包裹于膨大的叶柄内 ········ 10. 香槐属 *Cladrastis*
    9. 花丝全部或大部分连合成雄蕊管,雄蕊单体或二体,二体时对旗瓣的1根花丝与其余合生的9根分离或部分连合,花药同型、近同型或两型。
      12. 花药两型,即背着与底着交互,有时长短交互排列。
        13. 单叶;总状或穗状花序顶生或与叶对生,花柱内具髯毛;上二萼齿有时合生;荚果膨胀 ··········· 11. 猪屎豆属 *Crotalaria*
        13. 羽状复叶具3片小叶,总状花序腋生;荚果线形或长圆形,有时镰状,压扁或圆柱形,有时具喙 ··· 12. 菜豆属 *Phaseolus*
      12. 花药同型或近同型即不分成背着和底着,也不分成长短交互而生。
        14. 花丝顶端全部或部分膨大下延。
          15. 托叶大部分与叶柄连生,小叶边缘具锯齿,侧脉通常直伸到叶缘锯齿上。

16. 花瓣凋落，花丝顶端不膨大；荚果 2 瓣开裂或迟裂。
  17. 总状花序短，有时呈头状或单生；荚果两缝不等长，镰形至螺旋形，先端具内贴短喙；小叶先端或基部以上具锯齿 ………………………………………………………………………………………………… 13. 苜蓿属 *Medicago*
  17. 总状花序细长，花甚多；荚果小 ………………………………………………………… 14. 草木犀属 *Melilotus*
16. 花瓣宿存，瓣柄多少与雄蕊筒相连，花丝顶端膨大；荚果短小，不裂，常包于宿存花被之中 …… 15. 车轴草属 *Trifolium*
15. 托叶退化成腺点，下方 1 对小叶呈托叶状，小叶全缘，侧脉不伸到叶缘 ……………………… 16. 百脉根属 *Lotus*
14. 花丝丝状，上部不膨大。
  18. 龙骨瓣钝头或喙状卷曲，翼瓣常具横皱褶纹。
    19. 叶为偶数羽状复叶；子房隔膜在花时形成；雄蕊通常为单体或二体；花序多稀疏；荚果直至拳卷，伸出萼外 ……………………………………………………………………………………………… 17. 合萌属 *Aeschynomene*
    19. 叶具 4 片小叶；荚果在种子间缢缩，在土中发育成熟 ………………………………… 18. 落花生属 *Arachis*
  18. 荚果不横向断裂成节荚，种子 1 至多粒。
    20. 荚果内壁在种子间具隔膜；无小托叶；花序腋生或基生，呈穗状、总状或头状。
      21. 花萼筒基部常偏斜，上侧多少浅囊状；翼瓣具羽装脉；荚果裂瓣通常螺旋状扭曲；荚果扁平，花黄色，少有淡紫色或浅红色 ……………………………………………………………………………………… 19. 锦鸡儿属 *Caragana*
      21. 花萼筒基部对称或近偏斜；翼瓣常具掌状脉；荚果裂瓣不扭曲。
        22. 龙骨翼瓣仅为长的 1/2；花柱比子房短或长；花柱内卷，上侧 2 片萼齿分离；种子具凹点；托叶分离，与叶柄基部贴生 ……………………………………………………………………………… 20. 米口袋属 *Gueldenstaedtia*
        22. 龙骨瓣与翼瓣近等长或稍短；花柱比子房长；龙骨瓣先端钝；荚果 1 室或具由远轴缝线侵入成隔膜；小叶基部多少对称 ………………………………………………………………………………… 21. 黄耆属 *Astragalus*
    20. 荚果内壁在种子间无隔膜。
      23. 荚果开裂或有时仅在顶端开裂。
        24. 小叶通常 10 对以下，托叶常变成刺；荚果扁平，腹缝线上具窄翅，种子间不具横隔；乔木或灌木 …… 22. 刺槐属 *Robinia*
        24. 植株不同上述。
          25. 植株具丁字毛；药隔顶端具腺体或附属体；有小托叶 ……………………………… 23. 木蓝属 *Indigofera*
          25. 植株无毛或具毛；药隔顶端无腺体或附属体。
            26. 荚果不裂，密布腺状小疣点，花冠仅存旗瓣，花药背着；奇数羽状复叶 ……… 24. 紫穗槐属 *Amorpha*
            26. 荚果开裂。
              27. 花序轴上的节增厚成结；具小托叶。
                28. 小叶和花萼通常具黄色腺点；小苞片缺；花序无结节；缠绕性草本或小灌木；叶为具 3 片小叶的羽状复叶；荚果扁平；种子有种阜或无 …………………………………………………………… 25. 鹿藿属 *Rhynchosia*
                28. 小叶花萼无腺点。
                  29. 花柱常膨大、变扁或旋卷，常具髯毛，如花柱无毛和为圆柱形，则旗瓣和龙骨瓣具细小附属体；种脐通常具海绵状残留物。
                    30. 花柱扁平；旗瓣表面具一大附属体 ……………………………………………… 26. 扁豆属 *Lablab*
                    30. 花柱圆柱形；柱头侧生 …………………………………………………………… 27. 豇豆属 *Vigna*
                  29. 花柱通常圆柱形，无髯毛；种脐通常无海绵状残留物。
                    31. 花通常适应鸟媒或蝙蝠媒；花瓣不等长，有时有些适应蜂媒，则花柱上部旋卷或为大型圆锥花序和荚果翅果状。
                      32. 花柱旋卷；叶干后绿色，具 3～7 片小叶 ………………………………… 28. 土圞儿属 *Apios*
                      32. 花柱不旋卷；荚果有多颗种子，2 瓣裂，具或不具螫毛 ………………… 29. 黧豆属 *Mucuna*
                    31. 花通常适应蜂媒，若适应鸟媒则花瓣近等长。
                      33. 花序通常具结节；种子各式；无明显假种皮；种脐短或长；柱头侧生至近顶生；子房被疏柔毛，毛延伸至花柱形成假髯毛 ……………………………………………………………………… 30. 豆薯属 *Pachyrhizus*
                      33. 花序不具结节或几无结节；种子光滑或具小凸点，有假种皮；种脐短。
                        34. 翼瓣和龙骨瓣的瓣柄比瓣片长；种子表面光滑，于种脐周围无干膜质种阜；子房壁通常透明；无小苞片；子房基部具鞘状花盘 …………………………………………………… 31. 两型豆属 *Amphicarpaea*
                        34. 翼瓣和龙骨瓣的瓣柄短于瓣片，种子通常表面粗糙；种脐周围常具干膜质种阜；子房壁不透明。
                          35. 花序每节具 2～3 朵花；托叶卵状长圆形或披针形，基着或于基部着生处下延成盾状着生 … 32. 葛属 *Pueraria*

　　　　　35. 花序每节仅具 1 朵花；花长 10 毫米以下 ··· 33. 大豆属 *Glycine*
　　27. 花序轴上的节不增厚，无或有小托叶。
　　　　36. 雄蕊 10 枚，花单生或总状花序或数朵簇生于叶腋，旗瓣瓣柄与雄蕊管分离；叶轴先端有卷须或针刺状，无小托叶。
　　　　　37. 花柱圆柱形，在其上部周围被毛，或压扁，于顶端远轴面具一束髯毛；雄蕊管口通常斜 ····· 34. 野豌豆属 *Vicia*
　　　　　37. 花柱扁，在其上部近轴面被髯毛；雄蕊管口截形或稀有偏斜；花柱向远轴面纵折 ············· 35. 豌豆属 *Pisum*
　　　　36. 叶轴先端无卷须，有或无小托叶。
　　　　　38. 果皮肥厚呈核果状，木质 ··· 36. 山豆根属 *Euchresta*
　　　　　38. 荚果扁平，革质。
　　　　　　39. 子房具胚珠 1 枚；荚果为宿存花萼所包；三出复叶或单叶。
　　　　　　　40. 荚果背缝线深凹入达腹缝线，形成一个缺口，腹缝线在每一荚节中部不缢缩或微缢缩，荚节斜三角形或略呈宽
　　　　　　　　的半倒卵形；具细长或稍短的子房柄；单体雄蕊 ························· 37. 长柄山蚂蝗属 *Hylodesmum*
　　　　　　　40. 荚果背腹两缝线缢缩、稍缢缩或腹缝线劲直；无细长子房柄或少有短柄；二体雄蕊，少为单体。
　　　　　　　　41. 荚果具明显荚节，常不开裂 ··· 38. 山蚂蝗属 *Desmodium*
　　　　　　　　41. 荚果的荚节反复折叠，荚节连接点在各节的边缘，沿腹缝线连接 ··············· 39. 狸尾豆属 *Uraria*
　　　　　　39. 子房具胚珠 2 枚至多数；总状花序顶生、与叶对生或于枝端组成圆锥花序。
　　　　　　　42. 圆锥花序顶生或腋生，有时生于老茎上；通常为常绿藤本；内外两层果皮干后不分离 ··· 40. 崖豆藤属 *Millettia*
　　　　　　　42. 总状花序顶生，下垂；落叶藤本 ··· 41. 紫藤属 *Wisteria*
　　23. 荚果不开裂；无小托叶。
　　　　43. 奇数羽状复叶，小叶互生 ··· 42. 黄檀属 *Dalbergia*
　　　　43. 3 片小叶；种子 1 粒。
　　　　　44. 小叶侧脉直；托叶大，膜质，宿存 ·· 43. 鸡眼草属 *Kummerowia*
　　　　　44. 小叶侧脉近叶缘处弧状弯曲；托叶细小，锥形，脱落。
　　　　　　45. 苞片通常脱落，内具 1 朵花，花梗在花萼下具关节；龙骨瓣近镰刀形，尖锐 ········ 44. 杭子梢属 *Campylotropis*
　　　　　　45. 苞片宿存，内具 2 朵花，花梗不具关节；龙骨瓣直，钝 ······························· 45. 胡枝子属 *Lespedeza*
1. 花辐射对称，花瓣镊合状排列，分离或连合，花药顶端有时有 1 个脱落的腺体。
　　46. 雄蕊多数，通常在 10 枚以上。
　　　　47. 花丝连合呈管状 ··· 46. 合欢属 *Albizia*
　　　　47. 花丝分离（稀仅基部连合） ··· 47. 金合欢属 *Acacia*
　　46. 雄蕊 10 枚或较少，离生或有时仅基部合生。
　　　　48. 荚果成熟时横裂为数节而残留缝线于果柄上，每节含 1 粒种子 ····················· 48. 含羞草属 *Mimosa*
　　　　48. 乔木或灌木，柱头头状；荚果带状，成熟时沿缝线纵裂，种子横生 ················· 49. 银合欢属 *Leucaena*

肥皂荚属 *Gymnocladus* Lam.

落叶乔木，无刺；枝粗壮。二回偶数羽状复叶；托叶小，早落。总状花序或聚伞圆锥花序顶生；花淡白色，杂性或雌雄异株，辐射对称；花托盘状；萼片 5 片；狭，近相等；花瓣 4 或 5 片，稍长于萼片，长圆形，覆瓦状排列，最里面的一片有时消失，雄蕊 10 枚，分离，5 长 5 短，直立，较花冠短，花丝粗，被长柔毛，花药背着，药室纵裂；子房在雄花中退化或不存在，在雌花中或两性花中无柄，有胚珠 4~8 枚，花柱直，稍粗而扁，柱头偏斜。荚果无柄，肥厚，坚实，近圆柱形，2 瓣裂；种子大，外种皮革质，胚根短，直立。

本属 3~4 种；我国产 1 种；恩施州产 1 种。

肥皂荚 *Gymnocladus chinensis* Baill. in Bull. Soc. Linn. 1: 33. 1875.

落叶乔木，无刺，高达 5~12 米；树皮灰褐色，具明显的白色皮孔；当年生小枝被锈色或白色短柔毛，后变光滑无毛。二回偶数羽状复叶长 20~25 厘米，无托叶；叶轴具槽，被短柔毛；羽片对生、近对生或互生，5~10 对；小叶互生，8~12 对，几无柄，具钻形的小托叶，小叶片长圆形，长 2.5~5 厘米，

宽 1~1.5 厘米，两端圆钝，先端有时微凹，基部稍斜，两面被绢质柔毛。总状花序顶生，被短柔毛；花杂性，白色或带紫色，有长梗，下垂；苞片小或消失；花托深凹，长 5~6 毫米，被短柔毛；萼片钻形，较花托稍短；花瓣长圆形，先端钝，较萼片稍长，被硬毛；花丝被柔毛；子房无毛，不具柄，有 4 枚胚珠，花柱粗短，柱头头状。荚果长圆形，长 7~10 厘米，宽 3~4 厘米，扁平或膨胀，无毛，顶端有短喙，有种子 2~4 粒；种子近球形而稍扁，直径约 2 厘米，黑色，平滑无毛。花期 4 月，果期 8 月。

恩施州广布，生于路边；分布于江苏、浙江、江西、安徽、福建、湖北、湖南、广东、广西、四川等省区。

果入药，治疮癣、肿毒等症。

皂荚属　*Gleditsia* Linn.

落叶乔木或灌木；干和枝通常具分枝的粗刺。叶互生，常簇生，一回和二回偶数羽状复叶常并存于同一植株上；叶轴和羽轴具槽；小叶多数，近对生或互生，基部两侧稍不对称或近于对称，边缘具细锯齿或钝齿，少有全缘；托叶小，早落。花杂性或单性异株，淡绿色或绿白色，组成腋生或少有顶生的穗状花序或总状花序，稀为圆锥花序；花托钟状，外面被柔毛，里面无毛；萼裂片 3~5 片，近相等；花瓣 3~5 片，稍不等，与萼裂片等长或稍长；雄蕊 6~10 枚，伸出，花丝中部以下稍扁宽并被长曲柔毛，花药背着；子房无柄或具短柄，花柱短，柱头顶生；胚珠 1 枚至多数。荚果扁，劲直、弯曲或扭转，不裂或迟开裂；种子 1 至多粒，卵形或椭圆形，扁或近柱形。

本属约 16 种；我国产 6 种 2 变种；恩施州产 1 种。

皂荚　*Gleditsia sinensis* Lam. Encycl. 2: 465. 1786.

落叶乔木或小乔木；枝灰色至深褐色；刺粗壮，圆柱形，常分枝，多呈圆锥状，长达 16 厘米。叶为一回羽状复叶，长 10~26 厘米；小叶 2~9 对，纸质，卵状披针形至长圆形，长 2~12.5 厘米，宽 1~6 厘米，先端急尖或渐尖，顶端圆钝，具小尖头，基部圆形或楔形，有时稍歪斜，边缘具细锯齿，上面被短柔毛，下面中脉上稍被柔毛；网脉明显，在两面凸起；小叶柄长 1~5 毫米，被短柔毛。花杂性，黄白色，组成总状花序；花序腋生或顶生，长 5~14 厘米，被短柔毛；雄花直径 9~10

毫米；花梗长 2~10 毫米；花托长 2.5~3 毫米，深棕色，外面被柔毛；萼片 4 片，三角状披针形，长 3 毫米，两面被柔毛；花瓣 4 片，长圆形，长 4~5 毫米，被微柔毛；雄蕊 8 或 6 枚；退化雌蕊长 2.5 毫米；两性花：直径 10~12 毫米；花梗长 2~5 毫米；萼、花瓣与雄花的相似，唯萼片长 4~5 毫米，花瓣长 5~6 毫米；雄蕊 8 枚；子房缝线上及基部被毛，柱头浅 2 裂；胚珠多数。荚果带状，长 12~37 厘米，宽 2~4 厘米，劲直或扭曲，果肉稍厚，两面膨起，或有的荚果短小，多少呈柱形，长 5~13 厘米，宽 1~1.5 厘米，弯曲作新月形，通常称猪牙皂，内无种子；果颈长 1~3.5 厘米；果瓣革质，褐棕色或红褐色，常被白色粉霜；种子多颗，长圆形或椭圆形，长 11~13 毫米，宽 8~9 毫米，棕色，光亮。花期 3~5 月，果期 5~12 月。

恩施州广布，生于山坡林中；分布于河北、山东、河南、山西、陕西、甘肃、江苏、安徽、浙江、江西、湖南、湖北、福建、广东、广西、四川、贵州、云南等省区。

荚、子、刺均入药，有祛痰通窍、镇咳利尿、消肿排脓、杀虫治癣之效。

云实属 *Caesalpinia* Linn.

乔木、灌木或藤本，通常有刺。二回羽状复叶；小叶大或小。总状花序或圆锥花序腋生或顶生；花中等大或大，通常美丽，黄色或橙黄色；花托凹陷；萼片离生，覆瓦状排列，下方一枚较大；花瓣 5 片，常具柄，展开，其中 4 片通常圆形，有时长圆形，最上方一片较小，色泽、形状及被毛常与其余 4 片不同；雄蕊 10 枚，离生，2 轮排列，花丝基部加粗，被毛，花药卵形或椭圆形，背着，纵裂；子房有胚珠 1~7 枚，花柱圆柱形，柱头截平或凹入。荚果卵形、长圆形或披针形，有时呈镰刀状弯曲，扁平或肿胀，无翅或具翅，平滑或有刺，革质或木质，少数肉质，开裂或不开裂；种子卵圆形至球形，无胚乳。

本属约 100 种；我国产 17 种；恩施州产 2 种。

分种检索表

1. 荚果压扁的近圆形、多少斜阔卵形或斜长圆形；小叶先端圆钝，有时微缺，很少急尖；荚果腹缝线上没有狭翅或翅不明显·· 1. 华南云实 *Caesalpinia crista*
1. 荚果卵形、椭圆形、多少长圆形或倒披针状长圆形；多刺藤本；总状花序；雄蕊和花瓣近等长；荚果宽 2.5~3 厘米，沿腹缝线有狭翅，开裂 ·· 2. 云实 *Caesalpinia decapetala*

1. 华南云实 *Caesalpinia crista* Linn. Sp. Pl. 380. 1753.

木质藤本，长可达 10 米以上；树皮黑色，有少数倒钩刺。二回羽状复叶长 20~30 厘米；叶轴上有黑色倒钩刺；羽片 2~3 对，有时 4 对，对生；小叶 4~6 对，对生，具短柄，革质，卵形或椭圆形，长 3~6 厘米，宽 1.5~3 厘米，先端圆钝，有时微缺，很少急尖，基部阔楔形或钝，两面无毛，上面有光泽。总状花序长 10~20 厘米，复排列成顶生、疏松的大型圆锥花序；花芳香；花梗纤细，长 5~15 毫米；萼片 5 片，披针形，长约 6 毫米，无毛；花瓣 5 片，不相等，其中 4 片黄色，卵形，无毛，瓣柄短，稍明显，上面 1 片具红色斑纹，向瓣柄渐狭，内面中部有毛；雄蕊略伸出，花丝基部膨大，被毛；子房被毛，有胚珠2枚。荚果斜阔卵形，革质，长3~4厘米，宽2~3厘米，肿胀，具网脉，先端有喙；种子1粒，扁平。花期4~7月，果期7~12月。

产于恩施、巴东，生于山坡林中；分布于云南、贵州、四川、湖北、湖南、广西、广东、福建和台湾；印度、斯里兰卡、缅甸、泰国、柬埔寨、越南、日本都有分布。

2. 云实 *Caesalpinia decapetala* (Roth) Alston in Trimen, Handb. Fl. Ceyl. 6: 89. 1931.

藤本；树皮暗红色；枝、叶轴和花序均被柔毛和钩刺。二回羽状复叶长20~30厘米；羽片3~10对，对生，具柄，基部有刺1对；小叶8~12对，膜质，长圆形，长10~25毫米，宽6~12毫米，两端近圆钝，两面均被短柔毛，老时渐无毛；托叶小，斜卵形，先端渐尖，早落。总状花序顶生，直立，长15~30厘米，具多花；总花梗多刺；花梗长3~4厘米，被毛，在花萼下具关节，故花易脱落；萼片5片，长圆形，被短柔毛；花瓣黄色，膜质，圆形或倒卵形，长10~12毫米，盛开时反卷，基部具短柄；雄蕊与花瓣近等长，花丝基部扁平，下部被绵毛；子房无毛。荚果长圆状舌形，长6~12厘米，宽2.5~3厘米，脆革质，栗褐色，无毛，有光泽，沿腹缝线膨胀成狭翅，成熟时沿腹缝线开裂，先端具尖喙；种子6~9粒，椭圆状，长约11毫米，宽约6毫米，种皮棕色。花、果期均为4~10月。

恩施州广布，生于山坡林中；分布于广东、广西、云南、四川、贵州、湖南、湖北、江西、福建、浙江、江苏、安徽、河南、河北、陕西、甘肃等省区；亚洲热带和温带地区也有分布。

根、茎及果药用，性温、味苦、涩、无毒，有发表散寒、活血通经、解毒杀虫之效，治筋骨疼痛、跌打损伤。

老虎刺属 *Pterolobium* R. Br. ex Wight et Arn.

高大攀援灌木或木质藤本；枝具下弯的钩刺。二回偶数羽状复叶互生；羽片和小叶片多数；托叶与小托叶小或不明显，早落。总状花序或圆锥花序腋生或顶生于枝顶部；苞片钻形至线形，极早脱落；花小，白色或黄色，无小苞片；花托盘状；萼片5片，最下面的一片较大，微凹，舟形；花瓣5片，开展，长圆形或倒卵形，略不等，与萼片均为覆瓦状排列，最上面的一枚在最里面；雄蕊10枚，离生，近相等，向下倾斜，花丝基部被长柔毛或近无毛，花药同型，药室纵裂；子房无柄，卵形，生于花托底部，离生，具胚珠1枚，花柱短或伸长，棍棒状，柱头顶部截形或微凹。荚果无柄，平扁，不开裂，具斜长圆或镰刀形的膜质翅；种子悬生于室顶，无胚乳；子叶扁平，胚根短，直立。

本属10余种；我国有2种；恩施州产1种。

老虎刺 *Pterolobium punctatum* Hemsl. in Journ. Linn. Soc. Bot. 23: 207. 1887.

木质藤本或攀援性灌木，高3~10米；小枝具棱，幼嫩时银白色，被短柔毛及浅黄色毛，老后脱

落，具散生的、或于叶柄基部具成对的黑色、下弯的短钩刺。叶轴长 12～20 厘米；叶柄长 3～5 厘米，亦有成对黑色托叶刺；羽片 9～14 对，狭长；羽轴长 5～8 厘米，上面具槽，小叶片 19～30 对，对生，狭长圆形，中部的长 9～10 毫米，宽 2～2.5 毫米，顶端圆钝具凸尖或微凹，基部微偏斜，两面被黄色毛，下面毛更密，具明显或不明显的黑点；脉不明显；小叶柄短，具关节。总状花序被短柔毛，长 8～13 厘米，宽 1.5～2.5 厘米，腋上生或于枝顶排列成圆锥状；苞片刺毛状，长 3～5 毫米，极早落；花梗纤细，长 2～4 毫米，相距 1～2 毫米；花蕾倒卵形，长 4.5 毫米，被茸毛；萼片 5 片，最下面一枚较长，舟形，长约 4 毫米，具睫毛，其余的长椭圆形，长约 3 毫米；花瓣相等，稍长于萼，倒卵形，顶端稍呈啮蚀状；雄蕊 10 枚，等长，伸出，花丝长 5～6 厘米，中部以下被柔毛，花药宽卵形，长约 1 毫米；子房扁平，一侧具纤毛，花柱光滑，柱头漏斗形，无纤毛，胚珠 2 枚。荚果长 4～6 厘米，发育部分菱形，长 1.6～2 厘米，宽 1～1.3 厘米，翅一边直，另一边弯曲，长约 4 厘米，宽 1.3～1.5 厘米，光亮，颈部具宿存的花柱；种子单一，椭圆形，扁，长约 8 毫米。花期 6～8 月，果期 9 月至次年 1 月。

恩施州广布，生于山坡灌丛中；分布于广东、广西、云南、贵州、四川、湖南、湖北、江西、福建等省区。

决明属 *Cassia* Linn.

乔木、灌木、亚灌木或草本。叶丛生，偶数羽状复叶；叶柄和叶轴上常有腺体；小叶对生，无柄或具短柄；托叶多样，无小托叶。花近辐射对称，通常黄色，组成腋生的总状花序或顶生的圆锥花序，或有时 1 至数朵簇生于叶腋；苞片与小苞片多样；萼筒很短，裂片 5 片，覆瓦状排列；花瓣通常 5 片，近相等或下面 2 片较大；雄蕊 4～10 枚，常不相等，其中有些花药退化，花药背着或基着，孔裂或短纵裂；子房纤细，有时弯扭，无柄或有柄，有胚珠多枚，花柱内弯，柱头小。荚果形状多样，圆柱形或扁平，很少具 4 棱或有翅，木质、革质或膜质，2 瓣裂或不开裂，内面于种子之间有横隔；种子横生或纵生，有胚乳。

本属约 600 种；我国有 20 余种；恩施州产 5 种。

分种检索表

1. 亚灌木或草本
  2. 小叶 4～5 对，长 4～9 厘米，宽 2～3.5 厘米，顶端渐尖；荚果带状镰形，压扁，长 10～13 厘米 ……1. 望江南 *Cassia occidentalis*
  2. 小叶超过 10 对，长通常不超过 1.3 厘米，线形或线状镰刀形。
    3. 雄蕊 1 枚；小叶长 5～9 毫米 ……………………………………………………2. 豆茶决明 *Cassia nomame*
    3. 雄蕊 10 枚。
      4. 小叶 20～50 对，长 3～4 毫米 ……………………………………3. 含羞草决明 *Cassia mimosoides*
      4. 小叶 14～25 对，长 8～13 毫米 ……………………………………4. 短叶决明 *Cassia leschenaultiana*
1. 小乔木或灌木 ………………………………………………………………………5. 双荚决明 *Cassia bicapsularis*

1. 望江南 *Cassia occidentalis* Linn. Sp. Pl. 377. 1753.

直立、少分枝的亚灌木或灌木，无毛，高 0.8～1.5 米；枝带草质，有棱；根黑色。叶长约 20 厘米；叶柄近基部有大而带褐色、圆锥形的腺体 1 个；小叶 4～5 对，膜质，卵形至卵状披针形，长 4～9 厘米，宽2～3.5厘米，顶端渐尖，有小缘毛；小叶柄长1～1.5毫米，揉之有腐败气味；托叶膜质，卵状披针形，早落。花数朵组成伞房状总状花序，腋生和顶生，长约5厘米；苞片线状披针形或长卵形，长渐尖，早脱；花长约2厘米；萼片不等大，外生的近圆形，长6毫米，内生的卵形，长8～9毫米；花瓣黄色，外生的卵形，长约15毫米，宽9～10毫米，其余可长达20毫米，宽15毫米，顶端圆形，均有短狭的瓣柄；雄蕊7枚发育，3枚不育，无花药。荚果带状镰形，褐色，压扁，长10～13厘米，宽8～9毫米，稍弯曲，边较淡色，加厚，有尖头；果柄长1～1.5厘米；种子30～40粒，种子间有薄隔膜。花期4～8月，果期6～10月。

恩施州广泛栽培；分布于我国东南部各省区；原产美洲热带地区，现广布于全世界热带和亚热带地区。全草入药用作缓泻剂，种子炒后治疟疾；根有利尿功效；鲜叶捣碎治毒蛇毒虫咬伤。

2. 豆茶决明　*Cassia nomame* (Sieb.) Kitagawa in Rep. Inst. Sci. Res. Manchoukuo 3: 283. 1939.

一年生草本，株高30～60厘米，稍有毛，分枝或不分枝。叶长4～8厘米，有小叶8～28对，在叶柄的上端有黑褐色、盘状、无柄腺体1个；小叶长5～9毫米，带状披针形，稍不对称。花生于叶腋，有柄，单生或2至数朵组成短的总状花序；萼片5片，分离，外面疏被柔毛；花瓣5片，黄色；雄蕊4枚，有时5枚；子房密被短柔毛。荚果扁平，有毛，开裂，长3～8厘米，宽约5毫米，有种子6～12粒；种子扁，近菱形，平滑。花期8月，果期9～10月。

恩施州广布，生于山坡草丛中；分布于河北、山东、东北各地、浙江、江苏、安徽、江西、湖南、湖北、云南、四川各省区；也分布于朝鲜、日本。

3. 含羞草决明　*Cassia mimosoides* Linn. Sp. Pl. 379. 1753.

一年生或多年生亚灌木状草本，高30～60厘米，多分枝；枝条纤细，被微柔毛。叶长4～8厘米，在叶柄的上端、最下一对小叶的下方有圆盘状腺体1个；小叶20～50对，线状镰形，长3～4毫米，宽约1毫米，顶端短急尖，两侧不对称，中脉靠近叶的上缘，干时呈红褐色；托叶线状锥形，长4～7毫米，有明显肋条，宿存。花序腋生，1或数朵聚生不等，总花梗顶端有2片小苞片，长约3毫米；萼长6～8毫米，顶端急尖，外被疏柔毛；花瓣黄色，不等大，具短柄，略长于萼片；雄蕊10枚，5长5短相间而生。荚果镰形，扁平，长2.5～5厘米，宽约4毫米，果柄长1.5～2厘米；种子10～16粒。花、果期均为8～10月。

恩施州广布，生于山坡草丛中；分布于我国东南部、南部至西南部；原产美洲热带地区，现广布于全世界热带和亚热带地区。

4. 短叶决明　*Cassia leschenaultiana* DC. in Mem. Soc. Phys. Geneve 2: 132. 1824.

一年生或多年生亚灌木状草本，高30～80厘米，有时可达1米；茎直立，分枝，嫩枝密生黄色柔

毛。叶长3~8厘米，在叶柄的上端有圆盘状腺体1个；小叶14~25对，线状镰形，长8~15毫米，宽2~3毫米，两侧不对称，中脉靠近叶的上缘；托叶线状锥形，长7~9毫米，宿存。花序腋生，有花1或数朵不等；总花梗顶端的小苞片长约5毫米；萼片5片，长约1厘米，带状披针形，外面疏被黄色柔毛；花冠橙黄色，花瓣稍长于萼片或与萼片等长；雄蕊10枚，或有时1~3枚退化；子房密被白色柔毛。荚果扁平，长2.5~5厘米，宽约5毫米，有8~16粒种子。花期6~8月，果期9~11月。

产于利川，生于路边；分布于安徽、江西、浙江、福建、台湾、广东、广西、贵州、云南、湖北、四川等省区；越南、缅甸、印度有分布。

5. 双荚决明　Cassia bicapsularis Linn. Sp. Pl. 376. 1753.

直立灌木，多分枝，无毛。叶长7~12厘米，有小叶3~4对；叶柄长2.5~4厘米；小叶倒卵形或倒卵状长圆形，膜质，长2.5~3.5厘米，宽约1.5厘米，顶端圆钝，基部渐狭，偏斜，下面粉绿色，侧脉纤细，在近边缘处呈网结；在最下方的一对小叶间有黑褐色线形而钝头的腺体1个。总状花序生于枝条顶端的叶腋间，常集成伞房花序状，长度约与叶相等，花鲜黄色，直径约2厘米；雄蕊10枚，7枚能育，3枚退化而无花药，能育雄蕊中有3枚特大，高出于花瓣，4枚较小，短于花瓣。荚果圆柱状，膜质，直或微曲，长13~17厘米，直径1.6厘米，缝线狭窄；种子2列。花期10~11月；果期11月至翌年3月。花期10~11月，果期11月至翌年3月。

恩施、利川、咸丰有栽培；栽培于广东、广西等省区；原产美洲热带地区，现广布于全世界热带地区。

本种可做绿肥、绿篱及观赏植物。

紫荆属　Cercis Linn.

灌木或乔木，单生或丛生，无刺。叶互生，单叶，全缘或先端微凹，具掌状叶脉；托叶小，鳞片状或薄膜状，早落。花两侧对称，两性，紫红色或粉红色，具梗，排成总状花序单生于老枝上或聚生成花束簇生于老枝或主干上，通常先于叶开放；苞片鳞片状，聚生于花序基部，覆瓦状排列，边缘常被毛；小苞片极小或缺；花萼短钟状，微歪斜，红色，喉部具一短花盘，先端不等的5裂，裂齿短三角状；花瓣5片，近蝶形，具柄，不等大，旗瓣最小，位于最里面；雄蕊10枚，分离，花丝下部常被毛，花药背部着生，药室纵裂；子房具短柄，有胚珠2~10枚，花柱线形，柱头头状。荚果扁狭长圆形，两端渐尖或钝，于腹缝线一侧常有狭翅，不开裂或开裂；种子2至多粒，小，近圆形，扁平，无胚乳，胚直立。

本属约8种；我国5种；恩施州产3种。

豆科 Leguminosae

分种检索表

1. 花簇生，无总花梗；荚果薄，通常不开裂，有翅，喙细小而弯曲；叶纸质，较薄，下面通常无毛或沿脉上被短柔毛·· 1. 紫荆 Cercis chinensis
1. 花序总状，有明显的总花梗。
  2. 总状花序短，总轴长不超过 2 厘米；叶片下面无毛或仅于基部脉腋间有少数簇生柔毛；荚果基部常圆钝，背、腹缝线不等长 ··· 2. 湖北紫荆 Cercis glabra
  2. 总状花序较长，总轴长 2～10 厘米；叶片下面被短柔毛，沿脉上被毛较多；荚果基部渐狭，背、腹缝线等长 ··· 3. 垂丝紫荆 Cercis racemosa

1. 紫荆　Cercis chinensis Bunge in Mem. Acad. Sci. St. petersb. Sav. Etrang. 2: 95. 1833.

丛生或单生灌木，高 2～5 米；树皮和小枝灰白色。叶纸质，近圆形或三角状圆形，长 5～10 厘米，宽与长相若或略短于长，先端急尖，基部浅至深心形，两面通常无毛，嫩叶绿色，仅叶柄略带紫色，叶缘膜质透明，新鲜时明显可见。花紫红色或粉红色，2～10 余朵成束，簇生于老枝和主干上，尤以主干上花束较多，越到上部幼嫩枝条则花越少，通常先于叶开放，但嫩枝或幼株上的花则与叶同时开放，花长 1～1.3 厘米；花梗长 3～9 毫米；龙骨瓣基部具深紫色斑纹；子房嫩绿色，花蕾时光亮无毛，后期则密被短柔毛，有胚珠 6～7 枚。荚果扁狭长形，绿色，长 4～8 厘米，宽 1～1.2 厘米，翅宽约 1.5 毫米，先端急尖或短渐尖，喙细而弯曲，基部长渐尖，两侧缝线对称或近对称；果颈长 2～4 毫米；种子 2～6 粒，阔长圆形，长 5～6 毫米，宽约 4 毫米，黑褐色，光亮。花期 3～4 月，果期 8～10 月。

恩施州广泛栽培；我国各省区均有栽培。

树皮可入药，有清热解毒，活血行气，消肿止痛之功效，可治产后血气痛、疔疮肿毒、喉痹；花可治风湿筋骨痛。

2. 湖北紫荆　Cercis glabra Pampan. in Nuov. Giorn. Bot. Ital. 17: 393. 1910.

乔木，高 6～16 米；树皮和小枝灰黑色。叶较大，厚纸质或近革质，心脏形或三角状圆形，长 5～12 厘米，宽 4.5～11.5 厘米，先端钝或急尖，基部浅心形至深心形，幼叶常呈紫红色，成长后绿色，上面光亮，下面无毛或基部脉腋间常有簇生柔毛；基脉 5～7 条；叶柄长 2～4.5 厘米。总状花序短，总轴长 0.5～1 厘米，有花数朵至 10 余朵；花淡紫红色或粉红色，先于叶或与叶同时开放，稍大，长 1.3～1.5 厘米，花梗细长，长 1～2.3 厘米。荚果狭长圆形，紫红色，长 9～14 厘米，少数短于 9 厘米，宽 1.2～1.5 厘米，翅宽约 2 毫米，先端渐尖，基部圆钝，2 缝线不等长，背缝稍长，向外弯拱，少数基部渐尖而缝线等长；果颈长

2~3毫米；种子1~8粒，近圆形，扁，长6~7毫米，宽5~6毫米。花期3~4月，果期9~11月。

产于利川，生于山坡林中；分布于湖北、河南、陕西、四川、云南、贵州、广西、广东、湖南、浙江、安徽等省区。

3. 垂丝紫荆 *Cercis racemosa* Oliv. in Hook. Icon. Pl. 19: t. 1894. 1899.

乔木，高8~15米。叶阔卵圆形，长6~12.5厘米，宽6.5~10.5厘米，先端急尖而呈一长约1厘米的短尖头，基部截形或浅心形，上面无毛，下面被短柔毛，尤以主脉上被毛较多，主脉5条，于下面凸起，网脉两面明显；叶柄较粗壮，长2~3.5厘米，无毛。总状花序单生，下垂，长2~10厘米，花先开或与叶同时开放，总花梗和总轴被毛，花多数，长约1.2厘米，具纤细，长约1厘米的花梗；花萼长约5毫米，花瓣玫瑰红色，旗瓣具深红色斑点；雄蕊内藏，花丝基部被毛。荚果长圆形，稍弯拱，长5~10厘米，宽1.2~1.8厘米，翅宽2~2.5毫米，扁平，先端急尖并有一长约5毫米的细喙，基部渐狭，背、腹缝线近等长；果颈长约4毫米；果梗细，长约1.5厘米；种子2~9粒，扁平。花期5月，果期10月。

产于利川，生于山坡林中；分布于湖北、四川、贵州。

树皮纤维质韧，可制人造棉和麻类代用品。

羊蹄甲属 *Bauhinia* Linn.

乔木，灌木或攀援藤本。托叶常早落；单叶，全缘，先端凹缺或分裂为2裂片，有时深裂达基部而成2片离生的小叶；基出脉3至多条，中脉常伸出于2裂片间形成小芒尖。花两性，很少为单性，组成总状花序，伞房花序或圆锥花序；苞片和小苞片通常早落；花托短陀螺状或延长为圆筒状；萼杯状，佛焰状或于开花时分裂为5片萼片；花瓣5片，略不等，常具瓣柄；能育雄蕊10、5或3枚，有时2或1枚，花药背着，纵裂，很少孔裂；退化雄蕊数枚，花药较小，无花粉；假雄蕊先端渐尖，无花药，有时基部合生如掌状；花盘扁平或肉质而肿胀，有时缺；子房通常具柄，有胚珠2至多枚，花柱细长丝状或短而粗，柱头顶生，头状或盾状。荚果长圆形，带状或线形，通常扁平，开裂，稀不裂；种子圆形或卵形，扁平，有或无胚乳，胚根直或近于直。

本属约600种；我国有40种4亚种11变种；恩施州产2种1亚种1变种。

分种检索表

1. 能育雄蕊10或5枚；萼佛焰状；花少数组成总状花序。
  2. 叶长3~6厘米，先端2裂达中部；荚果长圆形，扁平，长5~7.5厘米 ················· 1. 鞍叶羊蹄甲 *Bauhinia brachycarpa*
  2. 叶长10~23毫米，先端深裂达中部以下；荚果倒披针形，长3~4厘米 ······ 2. 小鞍叶羊蹄甲 *Bauhinia brachycarpa* var. *microphylla*
1. 能育雄蕊3枚；藤本，具卷须。
  3. 萼片合生，萼顶部截平或具裂齿；花盘通常肥厚，肉质；子房常偏于花盘一侧着生，柱头小；花托短，漏斗状或无花托 ·········
   ·· 3. 阔裂叶羊蹄甲 *Bauhinia apertilobata*
  3. 萼片分离或黏合；花盘不肥厚；柱头较大，盾状或头状；花托通常狭长，管状，稀漏斗状 ···
   ·· 4. 鄂羊蹄甲 *Bauhinia glauca* subsp. *hupehana*

1. 鞍叶羊蹄甲 *Bauhinia brachycarpa* Wall. ex Benth. in Miq. Pl. Jungh. 261. 1852.

直立或攀援小灌木；小枝纤细，具棱，被微柔毛，很快变秃净。叶纸质或膜质，近圆形，长3～6厘米，宽4～7厘米，基部近截形、阔圆形或有时浅心形，先端2裂达中部，罅口狭，裂片先端圆钝，上面无毛，下面略被稀疏的微柔毛，多少具松脂质丁字毛；基出脉7～11条；托叶丝状早落；叶柄纤细，长6～16毫米，具沟，略被微柔毛。伞房式总状花序侧生，连总花梗长1.5～3厘米，花密集；总花梗短，与花梗同被短柔毛；苞片线形，锥尖，早落；花蕾椭圆形，多少被柔毛；花托陀螺形；萼佛焰状，裂片2片；花瓣白色，倒披针形，连瓣柄长7～8毫米，具羽状脉；能育雄蕊通常10枚，其中5枚较长，花丝长5～6毫米，无毛；子房被茸毛，具短的子房柄，柱头盾状。荚果长圆形，扁平，长5～7.5厘米，宽9～12毫米，两端渐狭，中部两荚缝近平行，先端具短喙，成熟时开裂，果瓣革质，初时被短柔毛，渐变无毛，平滑，开裂后扭曲；种子2～4粒，卵形，略扁平，褐色，有光泽。花期5～7月，果期8～10月。

恩施州广布，生于山坡灌丛中；分布于四川、云南、甘肃、湖北；印度、缅甸和泰国有分布。

2. 小鞍叶羊蹄甲（变种） *Bauhinia brachycarpa* Wall. ex Benth. var. *microphylla* (Oliv. ex Craib) K. et S. S. Larsen in Bull. Mus. Hist. Nat. Paris 4e ser. 3, sect. B, Adansonia 4: 430. 1981.

本变种与鞍叶羊蹄甲 *B. brachycarpa* 的差别在于叶远较原变种的小，长10～23毫米，先端深裂达中部以下；基出脉7～9条；花较小；花瓣长5毫米；荚果倒披针形，长3～4厘米，宽9～13毫米，先端具长喙，果瓣黑褐色，成熟时平滑，近无毛，有光泽。花期6月，果期8～10月。

产于巴东，生于山坡灌丛中；分布于湖北、四川、云南、甘肃、西藏。

3. 阔裂叶羊蹄甲 *Bauhinia apertilobata* Merr. et Metc. in Lingnan Sci. Journ. 16: 83. 1937.

藤本，具卷须；嫩枝、叶柄及花序各部分均被短柔毛。叶纸质，卵形、阔椭圆形或近圆形，长5～10厘米，宽4～9厘米，基部阔圆形，截形或心形，先端通常浅裂为2片短而阔的裂片，罅口极阔甚或成弯缺状，嫩叶先端常不分裂而呈截形，老叶分裂可达叶长的1/3或更深裂，裂片顶圆，上面近无毛或疏被短柔毛，下面被锈色柔毛，有时渐变秃净；基出脉7～9条。伞房式总状花序腋生或1～2条顶生，长4～8厘米，宽4～7厘米；苞片丝状，长3.5～7毫米；小苞片锥尖，着生于花梗中部；花梗长18～22毫米；花蕾椭圆形，略具凸头；花托短漏斗状；萼裂片披针形，开花时下反；花瓣白色或淡绿白色，具瓣柄，近匙形，外面中部被毛；能育

雄蕊3枚，花丝长6～9毫米，无毛；子房具柄，仅于两缝线被黄褐色丝质长柔毛。荚果倒披针形或长圆形，扁平，长7～10厘米，宽3～4厘米，顶具小喙，果瓣厚革质，褐色，无毛；种子2～3粒，近圆形，扁平，直径15毫米。花期5～7月，果期8～11月。

产于利川，属湖北省新记录，生于山坡林中；分布于福建、江西、广东、广西。

4. 鄂羊蹄甲（亚种）

Bauhinia glauca (Wall. ex Benth.) Benth. subsp. *hupehana* (Craib) T. Chen, Fl. Reipubl. Popularis Sin. 39: 194. 1988.

木质藤本，除花序稍被锈色短柔毛外其余无毛；卷须略扁，旋卷。叶纸质，近圆形，长5～9厘米，叶片分裂仅及叶长的1/4～1/3，裂片阔圆，罅口阔，先端圆钝，基部阔，心形至截平，上面无毛，下面疏被柔毛，脉上较密；基出脉9～11条；叶柄纤细，长2～4厘米。伞房花序式的总状花序顶生或与叶对生，具密集的花；总花梗长2.5～6厘米，被疏柔毛，渐变无毛；苞片与小苞片线形，锥尖，长4～5毫米；花序下部的花梗长可达2厘米；花蕾卵形，被锈色短毛；花托长12～15毫米，被疏毛；萼片卵形，急尖，长约6毫米，外被锈色茸毛；花瓣玫瑰红色，倒卵形，各瓣近相等，具长柄，边缘皱波状，长10～12毫米，瓣柄长约8毫米；能育雄蕊3枚，花丝无毛，远较花瓣长；退化雄蕊5～7枚；子房无毛，具柄，花柱长约4毫米，柱头盘状。荚果带状，薄，无毛，不开裂，长15～20厘米，宽4～6厘米，荚缝稍厚，果颈长6～10毫米；种子10～20粒，在荚果中央排成一纵列，卵形，极扁平，长约1厘米。花期4～6月，果期7～9月。

恩施州广布，生于山坡林中；分布于四川、贵州、湖北、湖南、广东和福建。

槐属 *Sophora* Linn.

落叶或常绿乔木、灌木、亚灌木或多年生草本，稀攀援状。奇数羽状复叶；小叶多数，全缘；托叶有或无，少数具小托叶。花序总状或圆锥状，顶生、腋生或与叶对生；花白色、黄色或紫色，苞片小，线形，或缺如，常无小苞片；花萼钟状或杯状，萼齿5片，等大，或上方2齿近合生而成为近二唇形；旗瓣形状、大小多变，圆形、长圆形、椭圆形、倒卵状长圆形或倒卵状披针形，翼瓣单侧生或双侧生，具皱褶或无，形状与大小多变，龙骨瓣与翼瓣相似，无皱褶；雄蕊10枚，分离或基部有不同程度的联合，花药卵形或椭圆形，丁字着生；子房具柄或无，胚珠多数，花柱直或内弯，无毛，柱头棒状或点状，稀被长柔毛，呈画笔状。荚果圆柱形或稍扁，串珠状，果皮肉质、革质或壳质，有时具翅，不裂或有不同的开裂方式；种子1粒至多数，卵形、椭圆形或近球形，种皮黑色、深褐色、赤褐色或鲜红色；子叶肥厚，偶具胶质内胚乳。

本属70余种；我国有21种14变种2变型；恩施州产5种。

分种检索表

1. 叶柄基部膨大，包藏着芽，具托叶和小托叶；圆锥花序；子房与雄蕊近等长；荚果较细，连续的串珠状，种子相互靠近 ··· 1. 槐 *Sophora japonica*
1. 叶柄基部不膨大；芽外露；托叶有或无，无小托叶；总状花序，稍近圆锥状。
  2. 总状花序花疏散，旗瓣倒卵状匙形，长13～14毫米，宽5～7毫米；雄蕊分离，龙骨瓣先端无凸尖；荚果稍四棱形，成熟时开裂成4瓣 ··· 2. 苦参 *Sophora flavescens*

2. 小乔木、灌木或攀援状灌木，如为草本，则花为黄色，种子橄榄色；花序顶生、与叶互生、与叶对生或假顶生。
  3. 枝和茎近无毛；小叶下面与叶轴疏被短柔毛，上面无毛，托叶有时部分变刺；花小，长约 1.5 厘米 …3. 白刺花 *Sophora davidii*
  3. 植株无刺；托叶不变成刺。
    4. 荚果成熟后沿缝线成 2 瓣；花萼钟状，萼齿明显，不等大，近二唇形 ………………………… 4. 黄花槐 *Sophora xanthantha*
    4. 荚果成熟后开裂成 4 瓣；花萼斜钟状或杯状，萼齿小或不明显，或近平截；小叶上面细脉不明显；荚果常具种子 1 粒；种子灰褐色 ……………………………………………………………………………………………………… 5. 瓦山槐 *Sophora wilsonii*

1. 槐　*Sophora japonica* Linn. Mant. 1: 68. 1767.

乔木，高达 25 米；树皮灰褐色，具纵裂纹。当年生枝绿色，无毛。羽状复叶长达 25 厘米；叶轴初被疏柔毛，旋即脱净；叶柄基部膨大，包裹着芽；托叶形状多变，有时呈卵形，叶状，有时线形或钻状，早落；小叶 4～7 对，对生或近互生，纸质，卵状披针形或卵状长圆形，长 2.5～6 厘米，宽 1.5～3 厘米，先端渐尖，具小尖头，基部宽楔形或近圆形，稍偏斜，下面灰白色，初被疏短柔毛，旋变无毛；小托叶 2 片，钻状。圆锥花序顶生，常呈金字塔形，长达 30 厘米；花梗比花萼短；小苞片 2 片，形似小托叶；花萼浅钟状，长约 4 毫米，萼齿 5 片，近等大，圆形或钝三角形，被灰白色短柔毛，萼管近无毛；花冠白色或淡黄色，旗瓣近圆形，长和宽约 11 毫米，具短柄，有紫色脉纹，先端微缺，基部浅心形，翼瓣卵状长圆形，长 10 毫米，宽 4 毫米，先端浑圆，基部斜戟形，无皱褶，龙骨瓣阔卵状长圆形，与翼瓣等长，宽达 6 毫米；雄蕊近分离，宿存；子房近无毛。荚果串珠状，长 2.5～5 厘米或稍长，直径约 10 毫米，种子间缢缩不明显，种子排列较紧密，具肉质果皮，成熟后不开裂，具种子 1～6 粒；种子卵球形，淡黄绿色，干后黑褐色。花期 7～8 月，果期 8～10 月。

栽培于鹤峰、巴东；我国各省区广泛栽培；日本、越南也有分布。

花和荚果入药，有清凉收敛、止血降压作用；叶和根皮有清热解毒作用，可治疗疮毒。

2. 苦参　*Sophora flavescens* Alt. Hort. Kew ed. 1, 2: 43. 1789.

草本或亚灌木，稀呈灌木状，通常高 1 米左右。茎具纹棱，幼时疏被柔毛，后无毛。羽状复叶长达 25 厘米；托叶披针状线形，渐尖，长 6～8 毫米；小叶 6～12 对，互生或近对生，纸质，形状多变，椭圆形、卵形、披针形至披针状线形，长 3～6 厘米，宽 0.5～2 厘米，先端钝或急尖，基部宽楔开或浅心形，上面无毛，下面疏被灰白色短柔毛或近无毛。中脉下面隆起。总状花序顶生，长 15～25 厘米；花多数，疏或稍密；花梗纤细，长约 7 毫米；苞片线形，长约 2.5 毫米；花萼钟状，明显歪斜，具不明显波状齿，完全发育后近截平，长约 5 毫米，宽约 6 毫米，疏被短柔毛；花冠比花萼长 1 倍，白色或淡黄白色，旗瓣倒卵状匙形，长 14～15 毫米，宽 6～7 毫米，先端圆形或微缺，基部渐狭成柄，柄宽 3 毫米，翼瓣单侧生，强烈皱褶几达瓣片的顶部，柄与瓣片近等长，长约13毫米，龙骨瓣与翼瓣相似，稍宽，宽约4毫米，雄蕊10枚，分离或近基部稍连合；子房近无柄，被淡黄白色柔毛，花柱稍弯曲，胚珠多数。荚果长5~10厘米，种子间稍缢缩，呈不明显串珠状，稍四棱形，疏被短柔毛或近无毛，成熟后开裂成4瓣，有种子1~5粒；种子长卵形，稍压扁，深红褐色或紫褐色。花期6~8月，果期7~10月。

恩施州广布，生于路边；我国南北各省区均有；印度、日本、朝鲜、俄罗斯也有分布。

根入药有清热利湿，抗菌消炎，健胃驱虫之效，常用作治疗皮肤瘙痒，神经衰弱，消化不良及便秘等症。

3. 白刺花 Sophora davidii (Franch.) Skeels in U. S. Dep. Agr. Bur. Pl. Indig. Bull. 282: 68. 1913.

灌木或小乔木，高1~2米。枝多开展，小枝初被毛，旋即脱净，不育枝末端明显变成刺，有时分叉。羽状复叶；托叶钻状，部分变成刺，疏被短柔毛，宿存；小叶5~9对，形态多变，一般为椭圆状卵形或倒卵状长圆形，长10~15毫米，先端圆或微缺，常具芒尖，基部钝圆形，上面几无毛，下面中脉隆起，疏被长柔毛或近无毛。总状花序着生于小枝顶端；花小，长约15毫米，较少；花萼钟状，稍歪斜，蓝紫色，萼齿5片，不等大，圆三角形，无毛；花冠白色或淡黄色，有时旗瓣稍带红紫色，旗瓣倒卵状长圆形，长14毫米，宽6毫米，先端圆形，基部具细长柄，柄与瓣片近等长，反折，翼瓣与旗瓣等长，单侧生，倒卵状长圆形，宽约3毫米，具一锐尖耳，明显具海绵状皱褶，龙骨瓣比翼瓣稍短，镰状倒卵形，具锐三角形耳；雄蕊10枚，等长，基部联合不到1/3；子房比花丝长，密被黄褐色柔毛，花柱变曲，无毛，胚珠多数，荚果非典型串珠状，稍压扁，长6~8厘米，宽6~7毫米，开裂方式与砂生槐同，表面散生毛或近无毛，有种子3~5粒；种子卵球形，长约4毫米，直径约3毫米，深褐色。花期3~8月，果期6~10月。

产于巴东，生于山坡灌丛中；分布于华北、陕西、甘肃、河南、江苏、浙江、湖北、湖南、广西、四川、贵州、云南、西藏。

4. 黄花槐 Sophora xanthantha C. Y. Ma Act. Phytotax. Sin. 20: 468. 1982.

草本或亚灌木，高不足1米。茎、枝、叶轴和花序密被金黄色或锈色茸毛。羽状复叶长15~20厘米；叶轴上面具狭槽；托叶早落；小叶8~12对，对生或近对生，纸质，长圆形或长椭圆形，长2.5~3.5厘米，宽1~1.5厘米，两端钝圆，先端常具芒尖，上面被灰白色疏短柔毛，下面密被金黄色或锈色贴伏状绒毛，沿中脉和小叶柄更密，中脉上面凹陷，下面明显隆起，侧脉4~5对，上面常不明显，细脉下面可见。总状花序顶生；花多数，密集，长6~8厘米；苞片钻状，与花萼等长；花萼钟状，长约7毫米，萼齿5片，三角形，不等大，上方2齿近连合，被锈色疏柔毛；花冠黄色，旗瓣长圆形或近长圆形，长约11毫米，先

端凹陷，中部具2个三角状尖耳，基部渐狭成柄，柄长3.5毫米，宽约2毫米，翼瓣与旗瓣等长，戟形，双侧生，皱褶约占瓣片的1/2，先端具小喙尖，柄与瓣片近等长，弯向一侧，龙骨瓣比翼瓣稍短，近双侧生，一侧具锐三角形耳，下垂，另一侧有一稍钝圆的突起，柄纤细，与瓣片等长；雄蕊10枚，基部稍连合，并散生极短的毛；子房沿两侧密被棕褐色柔毛，背腹稀疏，花柱直，斜展，无毛，柱头点状，被数根极短毛，胚珠多数。荚果串珠状，长8～13厘米，宽0.8～1厘米，被长柔毛，先端具喙，喙长1～2厘米，基部具长果颈，果颈长1.5～4厘米，粗2.5毫米，开裂成2瓣，有种子2～4粒；种子长椭圆形，一端钝圆，一端急尖，长9～10毫米，厚4～5毫米，榄绿色。花期7～8月，果期8～10月。

恩施州广泛栽培；分布于云南。

5. 瓦山槐　*Sophora wilsonii* Craib in Sarg. Pl. Wils. 2: 94. 1914.

灌木，高1～2米；皮灰褐色或黄褐色，疏被金黄色或锈色短柔毛，幼枝、托叶、叶轴、小叶柄和花序上的毛被较密。羽状复叶长10～12厘米；托叶钻状，长约4.5毫米，宿存，小叶4～7对，纸质，椭圆形，长15～25毫米，宽7～12毫米，先端钝尖，具小尖头，基部宽楔形，两侧略不等，上面无毛，下面密被锈色贴伏状柔毛，近中脉处更密，上面无毛，中脉上面凹陷，下面明显隆起，侧脉不明显；小叶柄极短，长约1毫米。总状花序与叶互生或近对生；苞片钻状，与花梗近等长，长2～3毫米，脱落；花萼钟状，明显歪斜，长6～7毫米，萼齿5片，浅圆形；花冠白色或淡黄色，旗瓣线状倒卵形，先端微缺，长为花萼的2倍，宽约5毫米，翼瓣长圆形，与旗瓣等长，耳钝圆或近截平，柄宽约2毫米，与瓣片近等长，龙骨瓣与翼瓣相似，较翼瓣短，具一锐尖小耳；雄蕊10枚，基部稍连合，连合部分疏被极短柔毛；子房疏被贴伏柔毛，花柱与柱头无毛。荚果长圆柱形，长约8厘米，直径约12毫米，较坚硬，先端骤狭成喙，基部具细长的果颈，深褐色，外面疏被短柔毛或近无毛，喙和果颈部分较密，通常只含1粒种子；种子肥大，长圆形，两端钝圆，深褐色，长约13毫米，直径7～8毫米。花、果期5～10月。

产于恩施，属湖北省新记录，生于山坡灌丛中；分布于甘肃、四川、贵州、云南。

红豆属　*Ormosia* Jacks.

乔木，裸芽，或为大托叶所包被。叶互生，稀近对生，奇数羽状复叶，稀单叶或为3片小叶；小叶对生，通常革质或厚纸质；具托叶，或不甚显著，稀无托叶，通常无小托叶。圆锥花序或总状花序顶生或腋生；花萼钟形，5齿裂，或上方2齿连合较多；花冠白色或紫色，长于花萼，旗瓣通常近圆形，翼瓣与龙骨瓣偏斜，倒卵状长圆形，均具瓣柄，龙骨瓣分离；雄蕊10枚，花丝分离或基部有时稍连合成皿状与萼筒愈合，不等长，内弯，花药长圆形，2室，背着，开花时雄蕊伸出于花冠外，有时仅5枚发育，其余退化为不育雄蕊而无花药；子房具胚珠1至数枚，花柱长，线形，上部内卷，柱头偏斜。荚果木质或革质，2瓣裂，稀不裂，果瓣内壁有横隔或无，缝线无翅；花萼宿存；种子1至数粒，种皮鲜红色、暗红色或黑褐色，种脐通常较短，偶有超过种子长的1/2；无胚乳，子叶肥厚，胚根、胚轴极短。

本属100种；我国有35种2变种2变型；恩施州产3种。

分种检索表

1. 果瓣内壁不形成横隔；荚果扁，近圆形，果瓣革质，无中果皮；小叶卵形 ················· 1. 红豆树 Ormosia hosiei
1. 果瓣内壁具横隔，如为单粒种子时，果瓣内壁两端有突起横隔状组织。
   2. 小叶 3~4 对，下面密被茸毛 ··· 2. 花榈木 Ormosia henryi
   2. 小叶 2~3 对，下面微被淡黄色细毛或无毛 ··· 3. 秃叶红豆 Ormosia nuda

1. 红豆树 *Ormosia hosiei* Hemsl. et Wils. in Kew Bull. 156. 1906.

常绿或落叶乔木，高达 20~30 米，胸直径可达 1 米；树皮灰绿色，平滑。小枝绿色，幼时有黄褐色细毛，后变光滑；冬芽有褐黄色细毛。奇数羽状复叶，长 12.5~23 厘米；叶柄长 2~4 厘米，叶轴长 3.5~7.7 厘米，叶轴在最上部一对小叶处延长 0.2~2 厘米生顶小叶；小叶 1~4 对，薄革质，卵形或卵状椭圆形，稀近圆形，长 3~10.5 厘米，宽 1.5~5 厘米，先端急尖或渐尖，基部圆形或阔楔形，上面深绿色，下面淡绿色，幼叶疏被细毛，老则脱落无毛或仅下面中脉有疏毛，侧脉 8~10 对，和中脉成 60°角，干后侧脉和细脉均明显凸起成网格；小叶柄长 2~6 毫米，圆形，无凹槽，小叶柄及叶轴疏被毛或无毛。圆锥花序顶生或腋生，长 15~20 厘米，下垂；花疏，有香气；花梗长 1.5~2 厘米；花萼钟形，浅裂，萼齿三角形，紫绿色，密被褐色短柔毛；花冠白色或淡紫色，旗瓣倒卵形，长 1.8~2 厘米，翼瓣与龙骨瓣均为长椭圆形；雄蕊 10 枚，花药黄色；子房光滑无毛，内有胚珠 5~6 枚，花柱紫色，线状，弯曲，柱头斜生。荚果近圆形，扁平，长 3.3~4.8 厘米，宽 2.3~3.5 厘米，先端有短喙，果颈长 5~8 毫米，果瓣近革质，厚 2~3 毫米，干后褐色，无毛，内壁无隔膜，有种子 1~2 粒；种子近圆形或椭圆形，长 1.5~1.8 厘米，宽 1.2~1.5 厘米，厚约 5 毫米，种皮红色，种脐长 9~10 毫米，位于长轴一侧。花期 4~5 月，果期 10~11 月。

产于利川，生于山坡林中；分布于陕西、甘肃、江苏、安徽、浙江、江西、福建、湖北、四川、贵州。

按照国务院 1999 年批准的国家重点保护野生植物（第一批）名录，本种为 II 级保护植物。

2. 花榈木 *Ormosia henryi* Prain in Journ. As. Soc. Beng. 69: 180. 1900.

常绿乔木，高 16 米；树皮灰绿色。平滑，有浅裂纹。小枝、叶轴、花序密被茸毛。奇数羽状复叶，长 13~35 厘米；小叶 1~3 对，革质，椭圆形或长圆状椭圆形，长 4.3~17 厘米，宽 2.3~6.8 厘米，先端钝或短尖，基部圆或宽楔形，叶缘微反卷，上面深绿色，光滑无毛，下面及叶柄均密被黄褐色绒毛，侧脉 6~11 对，与中脉成 45°角；小叶柄长 3~6 毫米。圆锥花序顶生，或总状花序腋生；长 11~17 厘米，密被淡褐色茸毛；花长 2 厘米，直径 2 厘米；花梗长 7~12 毫米；花萼钟形，5 齿裂，裂至 3/2 处，萼齿三角状卵形，内外均密被褐色绒毛；花冠中央淡绿色，边缘绿色微带淡紫，旗瓣近圆形，基部具胼胝体，半圆形，不凹或上部中央微凹，翼瓣倒卵状长圆形，淡紫绿色，长约 1.4 厘米，宽约 1 厘米，柄长 3 毫米，龙骨瓣倒卵状长圆形，长约 1.6 厘米，宽约 7 毫米，柄长 3.5 毫米；雄蕊 10 枚，分离，长 1.3~2.5 厘米，不等长，花丝淡绿色，花药淡灰紫色；子房扁，沿缝线密被淡褐色长毛，其余无毛，胚珠 9~10 枚，花柱线形，柱头偏斜。荚果扁平，长椭圆形，长 5~12 厘米，宽 1.5~4 厘米，顶端有喙，果颈长约 5 毫米，果瓣革质，厚 2~3 毫米，紫褐色，无毛，内壁有横隔膜，有种子 4~8 粒，稀 1~2 粒；种子椭圆形或卵形，长 8~15 毫米，种皮鲜红色，有光泽，种脐长约 3 毫米，位于短轴一端。花期 7~8 月，果期 10~11 月。

产于来凤，生于山坡林中；分布于安徽、浙江、江西、湖南、湖北、广东、四川、贵州、云南；越南、泰国也有分布。

根、枝、叶入药，能祛风散结，解毒祛瘀。按照国务院 1999 年批准的国家重点保护野生植物（第一批）名录，本种为 Ⅱ 级保护植物。

3. 秃叶红豆　　Ormosia nuda (How) R. H. Chang et Q. W. Yao in Act. Phytotax. Sin. 22: 117. 1984.

常绿乔木，高 7~27 米；树皮灰色或灰褐色。枝淡褐绿色，幼时被短毛，老则光滑无毛；芽叠生。奇数羽状复叶，长 11.5~25 厘米；叶柄长 2~4.5 厘米，叶轴长 2.7~7.8 厘米，叶柄在最上部一对小叶处不延长或延长 1.4~2.5 厘米生顶小叶，叶柄、叶轴微有细毛或秃净；小叶 2~3 对，革质，椭圆形，长 5~9.5 厘米，宽 2~3.5 厘米，先端渐尖或尾尖，基部楔形或微圆，上面绿色，无毛，下面色稍淡，微被淡黄色细毛或无毛，中脉上面微凹，下面微隆起，侧脉 7~8 对，不明显；小叶柄长 5 毫米，圆形，干时微皱，有疏短毛。果序有短毛；荚果长椭圆形或椭圆形，长 4.3~6.6 厘米，宽 2.6~3 厘米，果瓣厚木质，厚 3~7 毫米，黑色，外被淡黄褐色短刚毛，尤以顶端及基部最密，内有横隔膜，有种子 1~5 粒；种子椭圆形，长 8~10 毫米，宽 5~7 毫米，厚约 6 毫米，种皮暗红色，种脐长 2~2.5 毫米，位于短轴一端。花期 7~8 月，果期 11~12 月。

产于利川，生于山坡林中；分布于湖北、广东、贵州、云南。

香槐属　　Cladrastis Rafin.

落叶乔木，稀为攀援灌木；树皮灰色。芽叠生，无芽鳞，被膨大的叶柄基部包裹。奇数羽状复叶；小叶互生或近对生，纸质、厚纸质或近膜质，小托叶有或无。圆锥花序或近总状花序，顶生；苞片和小苞片早落；花萼钟状，萼齿 5 片，近等大；花冠白色，瓣片近等长；雄蕊 10 枚，花丝分离或近基部稍连合，花药丁字着生；子房线状披针形，具柄，花柱内弯，柱头小，胚珠少数至多数。荚果压扁，两侧具翅或无翅，边缘明显增厚，迟裂，有种子 1 至多粒。种子长圆形，压扁，种阜小，种皮褐色。

本属约7种；我国有5种；恩施州产2种。

分种检索表

1. 小叶卵形或长圆状卵形；花序长15厘米以内，花长2厘米，子房密被黄白色绢毛；荚果具4～6毫米的果颈··· 1. 香槐 *Cladrastis wilsonii*
1. 小叶卵状披针形或长圆状披针形；花序长达30厘米，花小，长15毫米以内，子房疏被柔毛；荚果具2～3毫米果颈··· 2. 鸡足香槐 *Cladrastis delavayi*

1. 香槐 *Cladrastis wilsonii* Takeda in Not. Bot. Gard. Edinb. 8: 103. 1913.

落叶乔木，高达16米；树皮灰色或灰褐色，平滑，具皮孔。奇数羽状复叶；小叶4～5对，纸质，互生，卵形或长圆状卵形，顶生小叶较大，有时呈倒卵状，长6～10厘米，宽2～4厘米，先端急尖，基部宽楔形，上面深绿色，无毛，下面苍白色，沿中脉被金黄色疏柔毛，叶脉两面均隆起，中脉稍偏向一侧，侧脉10～13对；小叶柄长4～5毫米，叶轴和小叶柄初被白色柔毛，旋即脱净；无小托叶。圆锥花序顶生或腋生，长10～20厘米，宽10～13厘米；花长1.8～2厘米；苞片早落；花萼钟形，长约6毫米，萼齿5片，三角形，急尖，与花梗同被黄棕色或锈色短茸毛；花冠白色，旗瓣椭圆形或卵状椭圆形，长14～18毫米，宽9～13毫米，先端圆或微凹，基部具短柄，翼瓣箭形，长13～15毫米，柄长占3毫米，宽4～5毫米，上部稍狭，先端钝圆，基部微凹，稍歪斜，龙骨瓣半月形，基部具一下垂圆耳，背部明显呈龙骨状，与翼瓣近等长，稍宽；雄蕊10枚，分离，花药椭圆形，褐色，子房无柄，密被黄白色绢毛，花柱稍弯，无毛，胚珠多数。荚果长圆形，扁平，长5～8厘米，宽0.8～1厘米，先端圆形，具喙尖，基部渐狭，两侧无翅，稍增厚，有种子2～4粒；种子肾形，种脐微凹，种皮灰褐色。花期5～7月，果期8～9月。

产于宣恩、利川，生于山谷林中；分布于山西、陕西、河南、安徽、浙江、江西、福建、湖北、湖南、广西、四川、贵州、云南。

2. 鸡足香槐 *Cladrastis delavayi* (Franch.) Prain

乔木，高达20米。幼枝、叶轴、小叶柄被灰褐色或锈色柔毛。奇数羽状复叶，长达20厘米；小叶4～7对，互生或近对生，卵状披针形或长圆状披针形，通常长6～10厘米，宽2～3.5厘米，先端渐尖、钝尖或圆钝，基部圆或微心形，上面深绿色，无毛，下面苍白色，被灰白色柔毛，常沿中脉被锈色毛，侧脉10～15对，上面平，下面隆起，细脉明显；小叶柄短，长1～3毫米；无小托叶。圆锥花序顶生，长15～30厘米；花多，长约14毫米；苞片早落；花萼钟状，长约4毫米，萼齿5片，半圆形，钝尖，密被灰褐色或锈色短柔毛；

花冠白色或淡黄色，偶为粉红色，旗瓣倒卵形或近圆形，长9～11毫米，先端微缺或倒心形，基部骤狭成柄，柄长约3毫米，翼瓣箭形，比旗瓣稍长，柄纤细，龙骨瓣比翼瓣稍大，椭圆形，基部具一下垂圆耳；雄蕊10枚，分离；子房线形，被淡黄色疏柔毛，胚珠6～8枚。荚果扁平，椭圆形或长椭圆形，两端渐狭，两侧无翅，稍增厚，长3～8厘米，宽1～1.2厘米，有种子1～5粒；种子卵形，压扁，褐色，长约4毫米，宽2毫米，种脐小。

产于鹤峰、利川，生于山谷林中；分布于陕西、甘肃、福建、湖北、广西、四川、贵州、云南。

猪屎豆属 *Crotalaria* Linn.

草本，亚灌木或灌木。茎枝圆或四棱形，单叶或三出复叶；托叶有或无。总状花序顶生、腋生、与叶对生或密集枝顶形似头状；花萼二唇形或近钟形，二唇形时，上唇2萼齿宽大，合生或稍合生，下唇3萼齿较窄小，近钟形时，5裂，萼齿近等长；花冠黄色或深紫蓝色，旗瓣通常为圆形或长圆形，基部具2枚胼胝体或无，翼瓣长圆形或长椭圆形，龙骨瓣中部以上通常弯曲，具喙，雄蕊连合成单体，花药2型，一为长圆形，以底部附着花丝，一为卵球形，以背部附着花丝；子房有柄或无柄，有毛或无毛，胚珠2至多数，花柱长，基部弯曲，柱头小，斜生；荚果长圆形、圆柱形或卵状球形，稀四角菱形，膨胀，有果颈或无，种子2至多数。

本属约550种；我国产40种3变种；恩施州产1种。

菽麻 *Crotalaria juncea* Linn. Sp. Pl. 714. 1753.

直立草本，体高50～100厘米；茎枝圆柱形，具浅小沟纹，密被丝光质短柔毛。托叶细小，线形，长约2毫米，易脱落；单叶，叶片长圆状线形或线状披针形，长6～12厘米，宽0.5～2厘米，两端渐尖，先端具短尖头，两面均被毛，尤以叶下面毛密而长，具短柄。总状花序顶生或腋生，有花10～20朵；苞片细小，披针形，长3～4毫米，小苞片线形，比苞片稍短，生萼筒基部，密被短柔毛；花梗长5～8毫米；花萼二唇形，长1～1.5厘米，被锈色长柔毛，深裂几达基部，萼齿披针形，弧形弯曲；花冠黄色，旗瓣长圆形，长1.5～2.5厘米，基部具胼胝2枚，翼瓣倒卵状长圆形，长1.5～2厘米，龙骨瓣与翼瓣近等长，中部以上变狭形成长喙，伸出萼外；子房无柄。荚果长圆形，长2～4厘米，被锈色柔毛；种子10～15粒。花果期8月至翌年5月。

逸生于利川，属湖北省新记录，生于路边；福建、台湾、广东、广西、四川、云南、江苏、山东有栽培；现广泛栽培或逸生于亚洲、非洲、大洋洲、美洲热带和亚热带地区。

本种可供药用，常作为解毒及麻醉的有效药。

菜豆属 *Phaseolus* Linn.

缠绕或直立草本，常被钩状毛。羽状复叶具3片小叶；托叶基着，宿存。基部不延长；有小托叶。总状花序腋生，花梗着生处肿胀；苞片及小苞片宿存或早落；花小，黄色、白色、红色或紫色，生于花序的中上部；花萼5裂，二唇形，上唇微凹或2裂，下唇3裂；旗瓣圆形，反折，瓣柄的上部常有一横向的槽，附属体有或无，翼瓣阔，倒卵形，稀长圆形，顶端兜状；龙骨瓣狭长，顶端喙状，并形成一个1～5圈的螺旋；雄蕊二体，对旗瓣的1枚雄蕊离生，其余的雄蕊部分合生；花药一式或5个背着的与

5个基着的互生；子房长圆形或线形，具2至多枚胚珠，花柱下部纤细，顶部增粗，通常与龙骨瓣同作360°以上的旋卷，柱头偏斜，不呈画笔状。荚果线形或长圆形，有时镰状，压扁或圆柱形，有时具喙，2瓣裂；种子2至多粒，长圆形或肾形，种脐短小，居中。

约50种，分布于全世界的温暖地区，尤以热带蒂美洲为多；我国有3种，南北均有分布，悉为栽培种；恩施州产1种。

荷包豆 *Phaseolus coccineus* Linn. Sp. Pl. 724. 1753.

多年生缠绕草本。在温带地区通常作一年生作物栽培，具块根；茎长2~4米或过之，被毛或无毛。羽状复叶具3片小叶；托叶小，不显著；小叶卵形或卵状菱形，长7.5~12.5厘米，宽有时过于长，先端渐尖或稍钝，两面被柔毛或无毛。花多朵生于较叶为长的总花梗上，排成总状花序；苞片长圆状披针形，通常和花梗等长，多少宿存，小苞片长圆状披针形，与花萼等长或较萼为长；花萼阔钟形，无毛或疏被长柔毛，萼齿远较萼管为短；花冠通常鲜红色，偶为白色，长1.5~2厘米。荚果镰状长圆形，长5~30厘米，宽约1.5厘米；种子阔长圆形，长1.8~2.5厘米，宽1.2~1.4厘米，顶端钝，深紫色而具红斑、黑色或红色，稀为白色。花期4~7月，果期7~9月。

恩施、咸丰、建始有栽培；我国东北、华北至西南有栽培；原产中美洲，现各温带地区广泛栽培。

本植物常栽培供观赏，但在中美洲其嫩荚、种子或块根亦供食用。

苜蓿属 *Medicago* Linn.

一年生或多年生草本，稀灌木，无香草气味。羽状复叶，互生；托叶部分与叶柄合生，全缘或齿裂；小叶3片，边缘通常具锯齿，侧脉直伸至齿尖。总状花序腋生，有时呈头状或单生，花小，一般具花梗；苞片小或无；萼钟形或筒形，萼齿5片，等长；花冠黄色，紫苜蓿及其他杂交种常为紫色、堇青色、褐色等，旗瓣倒卵形至长圆形，基部窄，常反折，翼瓣长圆形，一侧有齿尖突起与龙骨瓣的耳状体互相钩住，授粉后脱开，龙骨瓣钝头；雄蕊两体，花丝顶端不膨大，花药同型；花柱短，锥形或线形，两侧略扁，无毛，柱头顶生，子房线形，无柄或具短柄，胚珠1至多数。荚果螺旋形转曲、肾形、镰形或近于挺直，比萼长，背缝常具棱或刺；有种子1至多数。种子小，通常平滑，多少呈肾形，无种阜；幼苗出土子叶基部不膨大，也无关节。

本属70余种；我国有13种1变种；恩施州产1种。

天蓝苜蓿 *Medicago lupulina* Linn. Sp. Pl. 779. 1753.

一、二年生或多年生草本，高15~60厘米，全株被柔毛或有腺毛。主根浅，须根发达。茎平卧或上升，多分枝，叶茂盛。羽状三出复叶；托叶卵状披针形，长可达1厘米，先端渐尖，基部圆或戟状，常齿裂；下部叶柄较长，长1~2厘米，上部叶柄比小叶短；小叶倒卵形、阔倒卵形或倒心形，长5~20毫米，宽4~16毫米，纸质，先端多少截平或微凹，具细尖，基部楔形，边缘在上半部具不明显尖齿，两面均被毛，侧脉近10对，平行达叶边，几不分叉，上下均平坦；顶生小叶较大，小叶柄长2~6毫米，侧生小叶柄甚短。花序小头状，具花10~20朵；总花梗细，挺直，比叶长，密被贴伏柔毛；苞片刺毛状，甚小；花长2~2.2毫米；花梗

短,长不到 1 毫米;萼钟形,长约 2 毫米,密被毛,萼齿线状披针形,稍不等长,比萼筒略长或等长;花冠黄色,旗瓣近圆形,顶端微凹,翼瓣和龙骨瓣近等长,均比旗瓣短;子房阔卵形,被毛,花柱弯曲,胚珠 1 枚。荚果肾形,长 3 毫米,宽 2 毫米,表面具同心弧形脉纹,被稀疏毛,熟时变黑;有种子 1 粒。种子卵形,褐色,平滑。花期 7~9 月,果期 8~10 月。

恩施州广布,生于田野路边;分布于我国南北各地;欧亚大陆广布,世界各地都有归化种。

草木犀属 *Melilotus* Miller

一、二年生或短期多年生草本。主根直。茎直立,多分枝。叶互生。羽状三出复叶;托叶全缘或具齿裂,先端锥尖,基部与叶柄合生;顶生小叶具较长小叶柄,侧小叶几无柄,边缘具锯齿,有时不明显;无小托叶。总状花序细长,着生叶腋,花序轴伸长,多花疏列,果期常延续伸展;苞片针刺状,无小苞片;花小;萼钟形,无毛或被毛,萼齿 5 片,近等长,具短梗;花冠黄色或白色,偶带淡紫色晕斑,花瓣分离,旗瓣长圆状卵形,先端钝或微凹,基部几无瓣柄,翼瓣狭长圆形,等长或稍短于旗瓣,龙骨瓣阔镰形,钝头,通常最短;雄蕊两体,上方 1 枚完全离生或中部连合于雄蕊筒,其余 9 枚花丝合生成雄蕊筒,花丝顶端不膨大,花药同型;子房具胚珠 2~8 枚,无毛或被微毛,花柱细长,先端上弯,果时常宿存,柱头点状。荚果阔卵形、球形或长圆形,伸出萼外,表面具网状或波状脉纹或皱褶;果梗在果熟时与荚果一起脱落,有种子 1~2 粒。种子阔卵形,光滑或具细疣点。

本属 20 余种;我国有 4 种 1 亚种;恩施州产 2 种。

分种检索表

1. 托叶基部边缘膜质,呈小耳状,偶具 2~3 细齿;花小,长不到 3 毫米,黄色,花梗甚短,荚果球形,较小,长约 2 毫米 ········· 1. 印度草木犀 *Melilotus indicus*
1. 托叶基部边缘非膜质,偶具 1 齿,中央有脉纹 1 条;花较大,长 3 毫米以上;荚果卵形,较大,长 3 毫米以上 ········· 2. 草木犀 *Melilotus officinalis*

1. 印度草木犀 *Melilotus indica* (Linn.) All. Fl. Pedem. 1: 308. 1785.

一年生草本,高 20~50 厘米。根系细而松散。茎直立,作之字形曲折,自基部分枝,圆柱形,初被细柔毛,后脱落。羽状三出复叶;托叶披针形,边缘膜质,长 4~6 毫米,先端长,锥尖,基部扩大成耳状,有 2~3 细齿;叶柄细,与小叶近等长,小叶倒卵状楔形至狭长圆形,近等大,长 10~30 毫米,宽 8~10 毫米,先端钝或截平,有时微凹,基部楔形,边缘在 2/3 处以上具细锯齿,上面无毛,下面被贴伏柔毛,侧脉 7~9 对,平行直达齿尖,两面均平坦。总状花序细,长 1.5~4 厘米,总

梗较长,被柔毛,具花 15~25 朵;苞片刺毛状,甚细;花小,长 2.2~2.8 毫米;花梗短,长约 1 毫米;萼杯状,长约 1.5 毫米,脉纹 5 条,明显隆起,萼齿三角形,稍长于萼筒;花冠黄色,旗瓣阔卵形,先端微凹,与翼瓣、龙骨瓣近等长,或龙骨瓣稍伸出;子房卵状长圆形,无毛,花柱比子房短,胚珠 2 枚。荚果球形,长约 2 毫米,稍伸出萼外,表面具网状脉纹,橄榄绿色,熟后红褐色;有种子 1 粒。种子阔卵形,直径 1.5 毫米,暗褐色。花期 3~5 月,果期 5~6 月。

产于巴东、恩施,生于田中;分布于华中、西南、华南各地;印度、巴基斯坦、孟加拉国、中东和欧洲均有分布。

2. 草木犀　*Melilotus officinalis* (Linn.) Pall. Reise 3: 537. 1776.

二年生草本，高 40～250 厘米。茎直立，粗壮，多分枝，具纵棱，微被柔毛。羽状三出复叶；托叶镰状线形，长 3～7 毫米，中央有 1 条脉纹，全缘或基部有一尖齿；叶柄细长；小叶倒卵形、阔卵形、倒披针形至线形，长 15～30 毫米，宽 5～15 毫米，先端钝圆或截形，基部阔楔形，边缘具不整齐疏浅齿，上面无毛，粗糙，下面散生短柔毛，侧脉 8～12 对，平行直达齿尖，两面均不隆起，顶生小叶稍大，具较长的小叶柄，侧小叶的小叶柄短。总状花序长 6～20 厘米，腋生，具花 30～70 朵，初时稠密，花开后渐疏松，花序轴在花期中显著伸展；苞片刺毛状，长约 1 毫米；花长 3.5～7 毫米；花梗与苞片等长或稍长；萼钟形，长约 2 毫米，脉纹 5 条，甚清晰，萼齿三角状披针形，稍不等长，比萼筒短；花冠黄色，旗瓣倒卵形，与翼瓣近等长，龙骨瓣稍短或三者均近等长；雄蕊筒在花后常宿存包于果外；子房卵状披针形，胚珠 4～8 枚，花柱长于子房。荚果卵形，长 3～5 毫米，宽约 2 毫米，先端具宿存花柱，表面具凹凸不平的横向细网纹，棕黑色；有种子 1～2 粒。种子卵形，长 2.5 毫米，黄褐色，平滑。花期 5～9 月，果期 6～10 月。

产于巴东、恩施，生于草地中；分布于东北、华南、西南各地；欧洲地中海东岸、中东、中亚、东亚均有分布。

车轴草属　*Trifolium* Linn.

一年生或多年生草本。有时具横出的根茎。茎直立、匍匐或上升。掌状复叶，小叶通常 3 片，偶为 5～9 片；托叶显著，通常全缘，部分合生于叶柄上；小叶具锯齿。花具梗或近无梗，集合成头状或短总状花序，偶为单生，花序腋生或假顶生，基部常具总苞或无；萼筒形或钟形，或花后增大，肿胀或膨大，萼喉开张，或具二唇状胼胝体而闭合，或具一圈环毛，萼齿等长或不等长，萼筒具脉纹 5、6、10、20 条，偶有 30 条；花冠红色、黄色、白色或紫色，也有具双色的，无毛，宿存，旗瓣离生或基部和翼瓣、龙骨瓣连合，后二者相互贴生；雄蕊 10 枚，两体，上方 1 枚离生，全部或 5 根花丝的顶端膨大，花药同型；子房无柄或具柄，胚珠 2～8 枚。荚果不开裂，包藏于宿存花萼或花冠中，稀伸出；果瓣多为膜质，阔卵形、长圆形至线形；通常有种子 1～2 粒，稀 4～8 粒。种子形状各样，传布时连宿存花萼或整个头状花序为一单元。

本属约 250 种；我国有 13 种 1 变种；恩施州产 2 种。

分种检索表

1. 花较大，通常在 12 毫米以上，无苞片，近无梗，萼喉内具一多毛的加厚环 ……………………………… 1. 红车轴草 *Trifolium pratense*
1. 花较小，不到 12 毫米，具苞片，有花梗，萼喉无毛 ……………………………………………… 2. 白车轴草 *Trifolium repens*

1. 红车轴草　*Trifolium pratense* Linn. Sp. Pl. 2: 768. 1753.

短期多年生草本，生长期 2～9 年。主根深入土层达 1 米。茎粗壮，具纵棱，直立或平卧上升，疏生柔毛或秃净。掌状三出复叶；托叶近卵形，膜质，每侧具脉纹 8～9 条，基部抱茎，先端离生部分渐尖，具锥刺状尖头；叶柄较长，茎上部的叶柄短，被伸展毛或秃净；小叶卵状椭圆形至倒卵形，长 1.5～5 厘

米，宽1~2厘米，先端钝，有时微凹，基部阔楔形，两面疏生褐色长柔毛，叶面上常有V字形白斑，侧脉约15对，作20°角展开在叶边处分叉隆起，伸出形成不明显的钝齿；小叶柄短，长约1.5毫米。花序球状或卵状，顶生；无总花梗或具甚短总花梗，包于顶生叶的托叶内，托叶扩展成焰苞状，具花30~70朵，密集；花长12~18毫米；几无花梗；萼钟形，被长柔毛，具脉纹10条，萼齿丝状，锥尖，比萼筒长，最下方1齿比其余萼齿长1倍，萼喉开张，具一多毛的加厚环；花冠紫红色至淡红色，旗瓣匙形，先端圆形，微凹缺，基部狭楔形，明显比翼瓣和龙骨瓣长，龙骨瓣稍比翼瓣短；子房椭圆形，花柱丝状细长，胚珠1~2枚。荚果卵形；通常有1粒扁圆形种子。花、果期5~9月。

恩施州广泛栽培；原产欧洲中部，引种到世界各国；我国南北各省区均有种植。

2. 白车轴草 *Trifolium repens* Linn. Sp. Pl. 767. 1753.

短期多年生草本，生长期达5年，高10~30厘米。主根短，侧根和须根发达。茎匍匐蔓生，上部稍上升，节上生根，全株无毛。掌状三出复叶；托叶卵状披针形，膜质，基部抱茎成鞘状，离生部分锐尖；叶柄较长，长10~30厘米；小叶倒卵形至近圆形，长8~30毫米，宽8~25毫米，先端凹头至钝圆，基部楔形渐窄至小叶柄，中脉在下面隆起，侧脉约13对，与中脉作50°角展开，两面均隆起，近叶边分叉并伸达锯齿齿尖；小叶柄长1.5毫米，微被柔毛。花序球形，顶生，直径15~40毫米；总花梗甚长，比叶柄长近1倍，具花20~80朵，密集；无总苞；苞片披针形，膜质，锥尖；花长7~12毫米；花梗比花萼稍长或等长，开花立即下垂；萼钟形，具脉纹10条，萼齿5片，披针形，稍不等长，短于萼筒，萼喉开张，无毛；花冠白色、乳黄色或淡红色，具香气。旗瓣椭圆形，比翼瓣和龙骨瓣长近1倍，龙骨瓣比翼瓣稍短；子房线状长圆形，花柱比子房略长，胚珠3~4枚。荚果长圆形；种子通常3粒。种子阔卵形。花、果期5~10月。

恩施州广泛栽培；原产欧洲和北非，世界各地均有栽培，我国常见于栽培。

百脉根属 *Lotus* Linn.

一年生或多年生草本，羽状复叶通常具5片小叶；托叶退化成黑色腺点；小叶全缘，下方2片常和上方3片不同形，基部的一对呈托叶状，但决不贴生于叶柄。花序具花1至多数，多少呈伞形，基部有1~3枚叶状苞片，也有单生于叶腋，无小苞片；萼钟形，萼齿5片，等长或下方1齿稍长，稀呈二唇形；花冠黄色、玫瑰红色或紫色，稀白色，龙骨瓣具喙，多少弧曲；雄蕊（1+9）二体，花丝顶端膨大；子房无柄，胚珠多数，花柱渐窄或上部增厚，无毛，内侧有细齿状突起，柱头顶生或侧生。荚果开裂，圆柱形至长圆形，直或略弯曲；种子通常多数。种子圆球形或凸镜形，种皮光滑或偶粗糙。

本属约 100 种；我国有 8 种 1 变种；恩施州产 1 种。

百脉根　*Lotus corniculatus* Linn., Sp. Pl. 775. 1753.

多年生草本，高 15～50 厘米，全株散生稀疏白色柔毛或秃净。具主根。茎丛生，平卧或上升，实心，近四棱形。羽状复叶小叶 5 片；叶轴长 4～8 毫米，疏被柔毛，顶端 3 片小叶，基部 2 片小叶呈托叶状，纸质，斜卵形至倒披针状卵形，长 5～15 毫米，宽 4～8 毫米，中脉不清晰；小叶柄甚短，长约 1 毫米，密被黄色长柔毛。伞形花序；总花梗长 3～10 厘米；花 3～7 朵集生于总花梗顶端，长 7～15 毫米；花梗短，基部有苞片 3 片；苞片叶状，与萼等长，宿存；萼钟形，长 5～7 毫米，宽 2～3 毫米，无毛或稀被柔毛，萼齿近等长，狭三角形，渐尖，与萼筒等长；花冠黄色或金黄色，干后常变蓝色，旗瓣扁圆形，瓣片和瓣柄几等长，长 10～15 毫米，宽 6～8 毫米，翼瓣和龙骨瓣等长，均略短于旗瓣，龙骨瓣呈直角三角形弯曲，喙部狭尖；雄蕊二体，花丝分离部略短于雄蕊筒；花柱直，等长于子房成直角上指，柱头点状，子房线形，无毛，胚珠 35～40 枚。荚果直，线状圆柱形，长 20～25 毫米，直径 2～4 毫米，褐色，2 瓣裂，扭曲；有多数种子，种子细小，卵圆形，长约 1 毫米，灰褐色。花期 5～9 月，果期 7～10 月。

恩施州广布，生于山坡林中；广布西北、西南和长江中上游各省区；亚洲、欧洲、北美洲和大洋洲均有分布。

合萌属　*Aeschynomene* Linn.

草本或小灌木。茎直立或匍匐在地上而枝端向上。奇数羽状复叶具小叶多对，互相紧接并容易闭合；托叶早落。花小，数朵组成腋生的总状花序；苞片托叶状，成对，宿存，边缘有小齿；小苞片卵状披针形，宿存；花萼膜质，通常二唇形，上唇 2 裂，下唇 3 裂；花易脱落；旗瓣大，圆形，具瓣柄；翼瓣无耳；龙骨瓣弯曲而略有喙；雄蕊二体（5+5）或基部合生成一体，花药一式，肾形；子房具柄，线形，有胚珠多颗，花柱丝状，向内弯曲，柱头顶生。荚果有果颈，扁平，具荚节 4～8 个，各节有种子 1 粒。

本属约 250 种；我国有 1 种；恩施州产 1 种。

合萌　*Aeschynomene indica* Linn. Sp. Pl. 2: 713. 1753.

一年生草本或亚灌木状，茎直立，高 0.3～1 米。多分枝，圆柱形，无毛，具小凸点而稍粗糙，小枝绿色。叶具 20～30 对小叶或更多；托叶膜质，卵形至披针形，长约 1 厘米，基部下延成耳状，通常有缺刻或啮蚀状；叶柄长约 3 毫米；小叶近无柄，薄纸质，线状长圆形，长 5～15 毫米，宽 2～3.5 毫米，上面密布腺点，下面稍带白粉，先端钝圆或微凹，具细刺尖头，基部歪斜，全缘；小托叶极小。总状花序比叶短，腋生，长 1.5～2 厘米；总花梗长 8～12 毫米；花梗长约 1 厘米；小苞片卵状披针形，宿存；花萼膜质，具纵脉纹，长约 4 毫米，无毛；花冠淡黄色，具紫色的纵脉纹，易脱落，旗瓣大，近圆形，基部具极短的瓣柄，翼瓣篦状，龙骨瓣比旗瓣稍短，比翼瓣稍长或近相等；雄蕊二体；子房扁平，线形。荚果线状长圆形，直或弯曲，长 3～4 厘米，宽约 3 毫米，腹缝直，背缝多少呈波状；荚节 4～10 个，平滑或中央有小疣凸，不开裂，成熟时逐节脱落；种子黑棕色，肾形，长 3～3.5 毫米，宽

2.5~3毫米。花期7~8月，果期8~10月。

产于鹤峰，生于山坡草地；我国各区均有分布；非洲、大洋洲及亚洲热带地区均有分布。

全草入药，能利尿解毒。

落花生属　*Arachis* Linn.

一年生草本。偶数羽状复叶具小叶2~3对；托叶大而显著，部分与叶柄贴生；无小托叶。花单生或数朵簇生于叶腋内，无柄；花萼膜质，萼管纤弱，随花的发育而伸长，裂片5片，上部4片裂片合生，下部1片裂片分离；花冠黄色，旗瓣近圆形，具瓣柄，无耳，翼瓣长圆形，具瓣柄，有耳，龙骨瓣内弯，兵喙，雄蕊10枚，单体，1枚常缺如，花药二型，长短互生，长者具长圆形近背着的花药，短的具小球形基着的花药，子房近无柄，胚珠2~3枚，稀为4~6枚，花柱细长，胚珠受精后子房柄逐渐延长，下弯成一坚强的柄，将尚未膨大的子房插入土下，并于地下发育成熟。荚果长椭圆形，有凸起的网脉，不开裂，通常于种子之间缢缩，有种子1~4粒。

本属约22种；我国有1种；恩施州产1种。

落花生　*Arachis hypogaea* Linn. Sp. Pl. 741. 1753.

一年生草本。根部有丰富的根瘤；茎直立或匍匐，长30~80厘米，茎和分枝均有棱，被黄色长柔毛，后变无毛。叶通常具小叶2对；托叶长2~4厘米，具纵脉纹，被毛；叶柄基部抱茎，长5~10厘米，被毛；小叶纸质，卵状长圆形至倒卵形，长2~4厘米，宽0.5~2厘米，先端钝圆形，有时微凹，具小刺尖头，基部近圆形，全缘，两面被毛，边缘具睫毛；侧脉每边约10条；叶脉边缘互相联结成网状；

小叶柄长2~5毫米，被黄棕色长毛；花长约8毫米；苞片2片，披针形；小苞片披针形，长约5毫米，具纵脉纹，被柔毛；萼管细，长4~6厘米；花冠黄色或金黄色，旗瓣直径1.7厘米，开展，先端凹入；翼瓣与龙骨瓣分离，翼瓣长圆形或斜卵形，细长；龙骨瓣长卵圆形，内弯，先端渐狭成喙状，较翼瓣短；花柱延伸于萼管咽部之外，柱头顶生，小，疏被柔毛。荚果长2~5厘米，宽1~1.3厘米，膨胀，荚厚，种子横径0.5~1厘米。花、果期6~8月。

恩施州广泛栽培；我国各省区均有栽培。

锦鸡儿属 *Caragana* Fabr.

灌木，稀为小乔木。偶数羽状复叶或假掌状复叶，有2~10对小叶；叶轴顶端常硬化成针刺，刺宿存或脱落；托叶宿存并硬化成针刺，稀脱落；小叶全缘，先端常具针尖状小尖头。花梗单生、并生或簇生叶腋，具关节；苞片1或2片，着生在关节处，有时退化成刚毛状或不存在，小苞片缺或1至多片生于花萼下方；花萼管状或钟状，基部偏斜，囊状凸起或不为囊状，萼齿5片，常不相等；花冠黄色，少有淡紫色、浅红色，有时旗瓣带橘红色或土黄色，各瓣均具瓣柄，翼瓣和龙骨瓣常具耳；二体雄蕊；子房无柄，稀有柄，胚珠多数。荚果筒状或稍扁。

本属100余种；我国产62种9变种12变型；恩施州产1种。

锦鸡儿 *Caragana sinica* (Buc'hoz) Rehd. in Journ. Arn. Arb. 22: 576. 1941.

灌木，高1~2米。树皮深褐色；小枝有棱，无毛。托叶三角形，硬化成针刺，长5~7毫米；叶轴脱落或硬化成针刺，针刺长7~25毫米；小叶2对，羽状，有时假掌状，上部1对常较下部的为大，厚革质或硬纸质，倒卵形或长圆状倒卵形，长1~3.5厘米，宽5~15毫米，先端圆形或微缺，具刺尖或无刺尖，基部楔形或宽楔形，上面深绿色，下面淡绿色。花单生，花梗长约1厘米，中部有关节；花萼钟状，长12~14毫米，宽6~9毫米，基部偏斜；花冠黄色，常带红色，长2.8~3厘米，旗瓣狭倒卵形，具短瓣柄，翼瓣稍长于旗瓣，瓣柄与瓣片近等长，耳短小，龙骨瓣宽钝；子房无毛。荚果圆筒状，长3~3.5厘米，宽约5毫米。花期4~5月，果期7月。

恩施州广布，生于山坡灌丛中；分布于河北、陕西、江苏、江西、浙江、福建、河南、湖北、湖南、广西、四川、贵州、云南。

根皮供药用，能祛风活血、舒筋、除湿利尿、止咳化痰。

米口袋属 *Gueldenstaedtia* Fisch.

多年生草本。主根圆锥状，主茎极缩短而成根颈。自根颈发出多数缩短的分茎。奇数羽状复叶具多对全缘的小叶，着生于缩短的分茎上而呈莲座丛状。稀退化为1片小叶；托叶贴生于叶柄，宽到狭三角形，常成膜质宿存于分茎基部。小叶具短叶柄或几无柄，卵形、披针形、椭圆形、长圆形和线形，稀近圆形。伞形花序具3~12朵花；花紫堇色、淡红色及黄色；花萼钟状，密被贴伏白色长柔毛，间有或多或少的黑色毛，稀无毛，萼齿5片，上方2齿较长而宽；旗瓣卵形或近圆形，基部渐狭成瓣柄，顶端微凹，翼瓣斜倒卵形，离生，稍短于旗瓣，龙骨瓣钝头，卵形，极短小，约为翼瓣长之半。雄蕊（9+1）二体。子房圆筒状，花柱内卷，柱头钝，圆形。荚果圆筒形，1室，无假隔膜，具多数种子；种子三角状肾形，表面具凹点。

本属有 12 种；我国有 10 种 1 亚种 2 变型；恩施州产 1 种。

川鄂米口袋　*Gueldenstaedtia henryi* Ulbr. in Bot. Jahrb. 36. Biebl 82: 59. 1905.

多年生草本，分茎长达 5 厘米，木质化，有分枝，有时有不定根，叶于分枝先端丛生。叶长 2~9 厘米，被疏柔毛或近无毛。托叶狭三角形，基部分离；小叶 11~15 片，长圆形至倒卵形，长 3~10 毫米，宽 2~5 毫米，顶端圆形常微缺，具明显细尖，上面无毛，下面被微柔毛；小叶柄很短至几无柄。伞形花序，总花梗长约 10 厘米，超过叶长，被极稀疏柔毛或无毛；花序具 4~5 朵花；苞片狭披针形，长 3.5 毫米；花梗长 3 毫米；小苞片线形，长 2.5 毫米；花萼钟状，长 6 毫米，被贴伏疏柔毛，上 2 萼齿明显较长而宽，狭三角形，长 4 毫米，宽 1.5 毫米，下 3 萼齿披针形，长 2.5 毫米；旗瓣宽卵形，长 14 毫米，宽 8 毫米，先端渐尖，微缺，基部渐狭成瓣柄；翼瓣椭圆状半月形，长 11.5 毫米，宽 3.5 毫米，瓣柄短，仅长 1.8 毫米，楔形；龙骨瓣长 5.5 毫米，宽 2.5 毫米，瓣柄长 2 毫米；子房长圆形，被长柔毛；荚果长 1.5 厘米，被疏柔毛。种子肾形，具凹点。花期 3~4 月，果期 4~5 月。

产于巴东，生于河滩沙地；分布于湖北、四川。

黄耆属　*Astragalus* Linn.

草本，稀为小灌木或半灌木，通常具单毛或丁字毛，稀无毛。茎发达或短缩，稀无茎或不明显。羽状复叶，稀 3 出复叶或单叶；少数种叶柄和叶轴退化成硬刺；托叶与叶柄离生或贴生，相互离生或合生而与叶对生；小叶全缘，不具小托叶。总状花序或密集呈穗状、头状与伞形花序式，稀花单生，腋生或由根状茎发出；花紫红色、紫色、青紫色、淡黄色或白色；苞片通常小，膜质；小苞片极小或缺，稀大型；花萼管状或钟状，萼筒基部近偏斜，或在花期前后呈肿胀囊状，具 5 齿，包被或不包被荚果；花瓣近等长或翼瓣和龙骨瓣较旗瓣短，下部常渐狭成瓣柄，旗瓣直立、卵形、长圆形或提琴形，翼瓣长圆形，全缘，极稀顶端 2 裂，瓣片基部具耳，龙骨瓣向内弯，近直立，先端钝，稀尖，一般上部黏合；雄蕊二体，极稀全体花丝由中上部向下合生为单体，均能育，花药同型；子房有或无子房柄，含多数或少数胚珠，花柱丝形，劲直或弯曲，极稀上部内侧有毛，柱头小，顶生，头形，无髯毛，稀具簇毛 1 簇。荚果形状多样，由线形至球形，一般肿胀，先端喙状，1 室，有时因背缝隔膜侵入分为不完全假 2 室或假 2 室，有或无果颈，开裂或不开裂，果瓣膜质、革质或软骨质；种子通常肾形，无种阜，珠柄丝形。

本属 2000 多种；我国有 278 种 2 亚种 35 变种 2 变型；恩施州产 2 种。

分种检索表

1. 草本，极稀为小灌木；茎发达，叶为奇数羽状复叶；荚果瓣薄，膜质或纸质 ·················· 1. 秦岭黄耆 *Astragalus henryi*
1. 多为草本，稀小灌木，如为小灌木，叶必为偶数羽状复叶；茎明显短缩或几无茎；荚果瓣厚，革质 ······ 2. 紫云英 *Astragalus sinicus*

1. 秦岭黄耆　*Astragalus henryi* Oliv. in Hook. Ic. Pl. 10: t. 1959. 1891.

小灌木。主根深长，多分枝。茎高 40~100 厘米，具条棱，疏被白色柔毛。羽状复叶长 7~13 厘米，有 5~7 片小叶；叶柄长 1.5~2.5 厘米；托叶离生，膜质，披针形或卵状披针形，长 1~1.5 厘米，宽 2~5 毫米，近无毛；小叶卵圆形或长圆状卵形，长 2~5 厘米，宽 1~2.5 厘米，先端钝尖，有小尖头，基部宽楔形或近圆形，上面绿色，无毛，下面苍绿色，疏被白色柔毛，顶生小叶有长 0.5~1.5 厘米的小叶柄，侧生小叶近无柄。总状花序疏松，生数花，顶生的总花梗较叶短，常集成圆锥花序式；苞片披针形，长约 2 毫米，背面疏被白色短柔毛；花梗纤细，长约 4 毫米；花萼钟状，长 4~5 毫米，外面疏被白色短柔毛，萼齿不明显；花冠黄色或淡紫色，旗瓣倒卵状长圆形，长 8~11 毫米，先端微凹，基部渐狭，翼瓣较旗瓣稍短，瓣片长圆形，宽约 2 毫米，基部具短耳，瓣柄长 5~6 毫米，龙骨瓣较翼瓣稍短，长约 9 毫米，瓣片半卵形，瓣柄长 5~6 毫米；子房披针形，无毛，具长柄。荚果椭圆形，长 1~1.8 厘米，宽

6~8毫米，先端锐尖，基部具长果颈，无毛，1室，含种子1~2粒。花期6~7月，果期7~8月。

产于巴东，生于山坡草地中；分布于陕西、湖北。

2. 紫云英　　*Astragalus sinicus* Linn. Mant. 1: 103. 1767.

二年生草本，多分枝，匍匐，高10~30厘米，被白色疏柔毛。奇数羽状复叶，具7~13片小叶，长5~15厘米；叶柄较叶轴短；托叶离生，卵形，长3~6毫米，先端尖，基部互相多少合生，具缘毛；小叶倒卵形或椭圆形，长10~15毫米，宽4~10毫米，先端钝圆或微凹，基部宽楔形，上面近无毛，下面散生白色柔毛，具短柄。总状花序生5~10朵花，呈伞形；总花梗腋生，较叶长；苞片三角状卵形，长约0.5毫米；花梗短；花萼钟状，长约4毫米，被白色柔毛，萼齿披针形，长约为萼筒的1/2；花冠紫红色或橙黄色，旗瓣倒卵形，长10~11毫米，先端微凹，基部渐狭成瓣柄，翼瓣较旗瓣短，长约8毫米，瓣片长圆形，基部具短耳，瓣柄长约为瓣片的1/2，龙骨瓣与旗瓣近等长，瓣片半圆形，瓣柄长约等于瓣片的1/3；子房无毛或疏被白色短柔毛，具短柄。荚果线状长圆形，稍弯曲，长12~20毫米，宽约4毫米，具短喙，黑色，具隆起的网纹；种子肾形，栗褐色，长约3毫米。花期2~6月，果期3~7月。

恩施州广布，生于路边；分布长江流域各省区；我国各地多栽培。

刺槐属　　*Robinia* Linn.

乔木或灌木，有时植物株各部（花冠除外）具腺刚毛。无顶芽，腋芽为叶柄下芽。奇数羽状复叶；托叶刚毛状或刺状；小叶全缘；具小叶柄及小托叶。总状花序腋生，下垂；苞片膜质，早落；花萼钟状，5齿裂，上方2萼齿近合生；花冠白色、粉红色或玫瑰红色，花瓣具柄，旗瓣大，反折，翼瓣弯曲，龙骨瓣内弯，钝头；雄蕊二体，对旗瓣的1枚分离，其余9枚合生，花药同型，2室纵裂；子房具柄，花柱钻状，顶端具毛，柱头小，顶生，胚珠多数。荚果扁平，沿腹缝浅具狭翅，果瓣薄，有时外面密被刚毛；种子长圆形或偏斜肾形，无种阜。

本属约20种；我国栽培2种2变种；恩施州产1种。

刺槐　　*Robinia pseudoacacia* Linn. Sp. Pl. 722. 1753.

落叶乔木，高10~25米；树皮灰褐色至黑褐色，浅裂至深纵裂，稀光滑。小枝灰褐色，幼时有棱脊，微被毛，后无毛；具托叶刺，长达2厘米；冬芽小，被毛。羽状复叶长10~40厘米；叶轴上面具沟槽；小叶2~12对，常对生，椭圆形、长椭圆形或卵形，长2~5厘米，宽1.5~2.2厘米，先端圆，微凹，具小尖头，基部圆至阔楔形，全缘，上面绿色，下面灰绿色，幼时被短柔毛，后变无毛；小叶柄长1~3毫米；小托叶针芒状，总状花序花序腋生，长10~20厘米，下垂，花多数，芳香；苞片早落；花梗长7~8毫米；花萼斜钟状，长7~9毫米，萼齿5片，三角形至卵状三角形，密被柔毛；花冠白色，各瓣均具瓣柄，旗瓣近圆形，

长16毫米，宽约19毫米，先端凹缺，基部圆，反折，内有黄斑，翼瓣斜倒卵形，与旗瓣几等长，长约16毫米，基部一侧具圆耳，龙骨瓣镰状，三角形，与翼瓣等长或稍短，前缘合生，先端钝尖；雄蕊二体，对旗瓣的1枚分离；子房线形，长约1.2厘米，无毛，柄长2~3毫米，花柱钻形，长约8毫米，上弯，顶端具毛，柱头顶生。荚果褐色，或具红褐色斑纹，线状长圆形，长5~12厘米，宽1~1.7厘米，扁平，先端上弯，具尖头，果颈短，沿腹缝线具狭翅；花萼宿存，有种子2~15粒；种子褐色至黑褐色，微具光泽，有时具斑纹，近肾形，长5~6毫米，宽约3毫米，种脐圆形，偏于一端。花期4~6月，果期8~9月。

恩施州广泛栽培，逸为野生；原产美国东部，我国各地广泛栽植。

木蓝属 *Indigofera* Linn.

灌木或草本，稀小乔木；多少被白色或褐色平贴丁字毛，少数具二歧或距状开展毛及多节毛，有时被腺毛或腺体。奇数羽状复叶，偶为掌状复叶、3片小叶或单叶；托叶脱落或留存，小托叶有或无；小叶通常对生，稀互生，全缘。总状花序腋生，少数成头状、穗状或圆锥状；苞片常早落；花萼钟状或斜杯状，萼齿5片，近等长或下萼齿常稍长；花冠紫红色至淡红色，偶为白色或黄色，早落或旗瓣留存稍久，旗瓣卵形或长圆形，先端钝圆，微凹或具尖头，基部具短瓣柄，外面被短绢毛或柔毛，有时无毛，翼瓣较狭长，具耳，龙骨瓣常呈匙形，常具距突与翼瓣勾连；雄蕊二体，花药同型，背着或近基着，药隔顶端具硬尖或腺点，有时具髯毛，基部偶有鳞片；子房无柄，花柱线形，通常无毛，柱头头状，胚珠1至多数。荚果线形或圆柱形，稀长圆形或卵形或具4棱，被毛或无毛，偶具刺，内果皮通常具红色斑点；种子肾形、长圆形或近方形。

本属700余种；我国有81种9变种；恩施州产4种1变种。

分种检索表

1. 花长约10毫米；小叶15~20对，长圆状披针形或倒卵状长圆形，长1.2~2厘米；枝密生棕色或黄褐色长柔毛 ··· 1. 茸毛木蓝 *Indigofera stachyodes*
1. 茎或小枝、叶轴及花序无毛或具平贴丁字毛。
  2. 萼齿三角形，稀近披针形，常短于萼筒，稀与之等长；小叶长2~7.5厘米，先端渐尖或急尖，偶为圆钝，上面无毛或具脱落性毛；花长达18毫米，花梗长3~6毫米 ················ 2. 宜昌木蓝 *Indigofera decora* var. *ichangensis*
  2. 花小，长在10毫米以下，稀达11.5毫米。
    3. 总状花序通常短于复叶；小叶长1~3.7厘米，下面细脉不明显，叶柄长2~5毫米；荚果线状圆柱形 ··· 3. 多花木蓝 *Indigofera amblyantha*
    3. 总状花序常长于复叶或之近等长。
      4. 小叶干后下面变黑色或具黑色斑块或斑点；花长6.5~7毫米；荚果长1.7~2.5厘米，果梗下向弯曲；总状花序长13~20厘米 ··· 4. 黑叶木蓝 *Indigofera nigrescens*
      4. 总状花序长不超过15厘米，稀达18厘米；花较小，长5~6.5毫米，旗瓣外面被柔毛 ······ 5. 马棘 *Indigofera pseudotinctoria*

1. 茸毛木蓝　*Indigofera stachyodes* Lindl. in Bot. Reg. t. 14. 1843.

灌木，高1~3米。茎直立，灰褐色，幼枝具棱，密生棕色或黄褐色长柔毛。羽状复叶长10~20厘米；叶柄极短，叶轴上面有槽，密生软毛；托叶线形，长5~6毫米，被长软毛；小叶9~25对，互生或近对生，长圆状披针形，顶生小叶倒卵状长圆形，长1.2~2厘米，宽4~9毫米，先端圆钝或急尖，基部楔形或圆形，上面绿色，两面密生棕黄色或灰褐色长软毛，中脉上面微凹，侧脉两面不明显。总状花序长达12厘米，多花；总花梗长于叶柄，与花序轴均密被长软毛；苞片线形，长达7毫米，被毛；花梗长约1.5毫米，被毛；花萼长约3.5毫米，被棕色长软毛，萼筒长1.5毫米，萼齿披针形，不等长，最下萼齿长约2毫米；花冠深红色或紫红色，旗瓣椭圆形，长1~1.1厘米，宽约5毫米，外面有长软毛，翼瓣长约9.5毫米，无毛，龙骨瓣长约 1 厘米，上部及边缘具毛，余部无毛；花药卵形，两端无毛；子房仅缝线上有疏短柔毛。荚果圆柱形，长 3~4 厘米，密生长柔毛，内果皮有紫红色斑点，有种子 10 余粒；果梗粗短，长约 1 毫米，下弯或平展；种子赤褐色，方形，长宽各约 2 毫米。花期 4~7 月，果期 8~11 月。

产于宣恩，生于山坡灌丛中；分布于广西、贵州、云南、湖北；泰国、缅甸、尼泊尔、不丹及印度也有分布。

2. 宜昌木蓝（变种） *Indigofera decora* Lindl. var. *ichangensis* (Craib) Y. Y. Fang et C. Z. Zheng in Act. Phytotax. Sin. 27: 164. 1989.

灌木，高 0.4~2 米。茎圆柱形或有棱，无毛或近无毛。羽状复叶长 8~25 厘米；叶柄长 1~1.5 厘米，稀达 3 厘米，叶轴扁平或圆柱形，上面有槽或无槽，无毛或疏被丁字毛；托叶早落；小叶 3~6 对，叶通常卵状披针形、卵状长圆形或长圆状披针形，少有卵形至椭圆形或狭披针形，长 2~7.5 厘米，宽 1~3.5 厘米，先端渐尖或急尖，稀圆钝，具小尖头，基部楔形或阔楔形，两面有毛；小叶柄长约 2 毫米；小托叶钻形，长约 1.5 毫米。总状花序长 13~32 厘米，直立；总花梗长 2~4 厘米，花序轴具棱，无毛；苞片线状披针形，长约 3 毫米，早落；花梗长 3~6 毫米，无毛；花萼杯状，长 2.5~3.5 毫米，顶端被短毛或近无毛，萼筒长 1.5~2 毫米，萼齿三角形，长约 1 毫米，或下萼齿与萼筒等长；花冠淡紫色或粉红色，稀白色，旗瓣椭圆形，长 1.2~1.8 厘米，宽约 7 毫米，外面被棕褐色短柔毛，翼瓣长 1.2~1.4 厘米，具缘毛，龙骨瓣与翼瓣近等长，距长约 1 毫米；花药卵球形，顶端有小突尖，两端有毛；子房无毛，有胚珠 10 余枚。荚果棕褐色，圆柱形，长 2.5~8 厘米，近无毛，内果皮有紫色斑点，有种子 7~8 粒；种子椭圆形，长 4~4.5 毫米。花期 4~6 月，果期 6~10 月。

产于咸丰、利川，生于山坡灌丛中；分布于安徽、浙江、江西、福建、湖北、湖南、广东、广西、贵州。

3. 多花木蓝 *Indigofera amblyantha* Craib in Not. Bot. Gard. Edinb. 8: 47. 1913.

直立灌木，高 0.8~2 米；少分枝。茎褐色或淡褐色，圆柱形，幼枝禾秆色，具棱，密被白色平贴丁字毛，后变无毛。羽状复叶长达 18 厘米；叶柄长 2~5 厘米，叶轴上面具浅槽，与叶柄均被平贴丁字毛；托叶微小，三角状披针形，长约 1.5 毫米；小叶 3~5 对，对生，稀互生，形状、大小变异较大，通常为卵状长圆形、长圆状椭圆形、椭圆形或近圆形，长 1~6.5 厘米，宽 1~3 厘米，先端圆钝，具小尖头，基部楔形或阔楔形，上面绿色，疏生丁字毛，下面苍白色，被毛较密，中脉上面微凹，下面隆起，侧脉 4~6 对，上面隐约可见；小叶柄长约 1.5 毫米，被毛；小托叶微小。总状花序腋生，长达 11~15 厘米，近无总花梗；苞片线形，长约 2 毫米，早落；花梗长约 1.5 毫米；花萼长约 3.5 毫米，被白色平贴丁字毛，萼筒长约 1.5 毫米，最下萼齿长约 2 毫米，两侧萼齿长约 1.5 毫米，上方萼齿长约 1 毫米；花冠淡红色，旗瓣倒阔卵形，长 6~6.5 毫米，先端螺壳状，瓣柄短，外面被毛，翼瓣长约 7 毫米，龙骨瓣较翼瓣短，距长约 1 毫米；花药球形，顶端具小突尖；子房线形，被毛，有胚珠 17~18 枚。荚棕褐色，线状圆柱形，长 3.5~7 厘米，被短丁字毛，种子间有横隔，内果皮无斑点；种子褐色，长圆形，长约 2.5 毫米。花期 5~7 月，果期 9~11 月。

产于恩施，生于山坡灌丛中；分布于山西、陕西、甘肃、河南、河北、安徽、江苏、浙江、湖南、湖北、贵州、四川。

全草入药，有清热解毒、消肿止痛之效。

4. 黑叶木蓝 *Indigofera nigrescens* Kurz ex King et Prain in Journ. As. Soc. Beng. 67: 286. 1898.

直立灌木，高1~2米。茎赤褐色，幼枝绿色，有沟纹，被平贴棕色丁字毛。羽状复叶长8~18厘米；叶柄长2~2.5厘米，叶轴圆柱形或上面稍扁平，有浅槽，疏生丁字毛；托叶线形；小叶5~11对，对生。椭圆形或倒卵状椭圆形，稀倒披针形，长1.5~3厘米，宽0.7~1.5厘米，先端圆钝，具小尖头，基部宽楔形或近圆形，两面疏生短丁字毛，干后小叶下面通常变黑色或有黑色斑点与斑块。总状花序长达19厘米，花密集；总花梗长达2厘米；苞片显著，线形，长5~9毫米；花梗长1~1.5毫米，与苞片同具棕色丁字毛；花萼杯状，外面被棕色并间生有白色丁字毛，长2~2.5毫米，萼齿三角形，先端渐尖，最下萼齿长约1毫米；花冠红色或紫红色，旗瓣倒卵形，长6.5~7毫米，宽4毫米，先端圆钝，基部有短瓣柄，外面有棕色并间生白色丁字毛，翼瓣长5.5~6毫米，有缘毛，龙骨瓣先端与边缘有毛，距长约1毫米，与翼瓣近等长，均有瓣柄；花药卵球形，基部有少量髯毛；子房无毛，有胚珠8~9枚。荚果圆柱形，长1.7~2.5厘米，顶端圆钝，腹缝线稍加厚，外面疏生丁字毛，内果皮有紫色斑点，被疏毛；果梗长约1毫米，下弯，有种子7~8粒；种子赤褐色，卵形，长约2.5毫米。花期6~9月，果期9~10月。

产于鹤峰、利川，生于山坡灌丛中；分布于陕西、浙江、江西、福建、台湾、湖北、湖南、广东、广西、四川、贵州、云南、西藏；印度、缅甸、泰国、老挝、越南、菲律宾均有分布。

5. 马棘 *Indigofera pseudotinctoria* Matsum. in Bot. Mag. Tokyo 16: 62. 1902.

小灌木，高1~3米；多分枝。枝细长，幼枝灰褐色，明显有棱，被丁字毛。羽状复叶长3.5~6厘米；叶柄长1~1.5厘米，被平贴丁字毛，叶轴上面扁平；托叶小，狭三角形，长约1毫米，早落；小叶2~5对，对生，椭圆形、倒卵形或倒卵状椭圆形，长1~2.5厘米，宽0.5~1.5厘米，先端圆或微凹，有小尖头，基部阔楔形或近圆形，两面有白色丁字毛，有时上面毛脱落；小叶柄长约1毫米；小托叶微小，钻形或不明显。总状花序，花开后较复叶为长，长3~11厘米，花密集；总花梗短于叶柄；花梗长约1毫米；花萼钟状，外面有白色和棕色平贴丁字毛，萼筒长1~2毫米，萼齿不等长，与萼筒近等长或略长；花冠淡红色或紫红色，旗瓣倒阔卵形，长4.5~6.5毫米，先端螺壳状，基部有瓣柄，外面有丁字毛，翼瓣基部有耳状附属物，龙骨瓣近等长，距长约1毫米，基部具耳；花药圆球形，子房有毛。荚果线状圆柱形，长2.5~5.5厘米，直径约3毫米，顶端渐尖，幼时密生短丁字毛，种子间有横膈，仅在横隔上有紫红色斑点；果梗下弯；种子椭圆形。花期5~8月，果期9~10月。

恩施州广布，生于山坡灌丛中；分布于江苏、安徽、浙江、江西、福建、湖北、湖南、广西、四川、贵州、云南；日本也有分布。

根供药用，能清凉解表、活血祛淤。

紫穗槐属 *Amorpha* Linn.

落叶灌木或亚灌木，有腺点。叶互生，奇数羽状复叶，小叶多数，小，全缘，对生或近对生；托叶针形，早落；小托叶线形至刚毛状，脱落或宿存。花小，组成顶生、密集的穗状花序；苞片钻形，早落；花萼钟状，5齿裂，近等长或下方的萼齿较长，常有腺点；蝶形花冠退化，仅存旗瓣1枚，蓝紫色，向内弯曲并包裹雄蕊和雌蕊，翼瓣和龙骨瓣不存在；雄蕊10枚，下部合生成鞘，上部分裂，成熟时花丝伸出旗瓣，花药一式；子房无柄，有胚珠2枚，花柱外弯，无毛或有毛，柱头顶生。荚果短，长圆形，镰状或新月形，不开裂，表面密布疣状腺点；种子1~2粒，长圆形或近肾形。

本属约25种；我国引种1种；恩施州产1种。

紫穗槐 *Amorpha fruticosa* Linn. Sp. Pl. 713. 1753.

落叶灌木，丛生，高1~4米。小枝灰褐色，被疏毛，后变无毛，嫩枝密被短柔毛。叶互生，奇数羽状复叶，长10~15厘米，有小叶11~25片，基部有线形托叶；叶柄长1~2厘米；小叶卵形或椭圆形，长1~4厘米，宽0.6~2.0厘米，先端圆形，锐尖或微凹，有一短而弯曲的尖刺，基部宽楔形或圆形，上面无毛或被疏毛，下面有白色短柔毛，具黑色腺点。穗状花序常1至数条顶生和枝端腋生，长7~15厘米，密被短柔毛；花有短梗；苞片长3~4毫米；花萼长2~3毫米，被疏毛或几无毛，萼齿三角形，较萼筒短，旗瓣心形，紫色，无翼瓣和龙骨瓣；雄蕊10枚，下部合生成鞘，上部分裂，包于旗瓣之中，伸出花冠外。荚果下垂，长6~10毫米，宽2~3毫米，微弯曲，顶端具小尖，棕褐色，表面有凸起的疣状腺点。花、果期5~10月。

恩施州广泛栽培；原产美国；我国各省区均有栽培。

鹿藿属 *Rhynchosia* Lour.

攀援、匍匐或缠绕藤本，稀为直立灌木或亚灌木。叶具羽状3片小叶；小叶下面通常有腺点；托叶常早落；小托叶存或缺。花组成腋生的总状花序或复总状花序，稀单生于叶腋；苞片常脱落，稀宿存；花萼钟状。5裂，上面两裂齿多少合生，下面1裂齿较长；花冠内藏或突出，旗瓣圆形或倒卵形，基部具内弯的耳，有或无附属体，龙骨瓣和翼瓣近等长，内弯；雄蕊二体（9+1），花药一式；子房无柄或近无柄，通常有胚珠2枚，稀1枚；花柱常于中部以上弯曲，常仅于下部被毛，柱头顶生。荚果长圆形、倒披针形、倒卵状椭圆形、斜圆形、镰形或椭圆形，扁平或膨胀，先端常有小喙；种子2粒，稀1粒，通常近圆形或肾形，种阜小或缺。

本属约200种；我国有13种；恩施州产2种。

分种检索表

1. 顶生小叶先端渐尖、长渐尖或急尾状渐尖；茎密被黄褐色长柔毛或混生短柔毛；顶生小叶卵形、宽椭圆形或菱状卵形，两面密被短柔毛；宿存花萼和荚果被短毛 ·· 1. 菱叶鹿藿 *Rhynchosia dielsii*
1. 顶生小叶先端钝，稀为短急尖，小叶下面和茎密被灰色至淡黄色柔毛；总状花序长1.5~4厘米 ······ 2. 鹿藿 *Rhynchosia volubilis*

1. 菱叶鹿藿 *Rhynchosia dielsii* Harms in Engl. Bot. Jahrb. 29: 418. 1900.

缠绕草本。茎纤细，通常密被黄褐色长柔毛或有时混生短柔毛。叶具羽状3片小叶；托叶小，披针形，长3~7毫米；叶柄长3.5~8厘米，被短柔毛，顶生小叶卵形、卵状披针形、宽椭圆形或菱状卵形，长5~9厘米，宽2.5~5厘米，先端渐尖或尾状渐尖，基部圆形，两面密被短柔毛，下面有松脂状腺点，基出脉3条，侧生小叶稍小，斜卵形；小托叶刚毛状，长约2毫米；小叶柄长1~2毫米，均被短柔毛。

总状花序腋生，长7～13厘米，被短柔毛；苞片披针形，长5～10毫米，脱落；花疏生，黄色，长8～10毫米；花梗长4～6毫米；花萼5裂，裂片三角形，下面一裂片较长，密被短柔毛；花冠各瓣均具瓣柄，旗瓣倒卵状圆形，基部两侧具内弯的耳，翼瓣狭长椭圆形，具耳，其中一耳较长而弯，另一耳短小，龙骨瓣具长喙，基部一侧具钝耳。荚果长圆形或倒卵形，长1.2～2.2厘米，宽0.8～1厘米，扁平，成熟时红紫色，被短柔毛；种子2粒，近圆形，长、宽约4毫米。花期6～7月，果期8～11月。

恩施州广布，生于山坡灌丛中；分布于四川、贵州、陕西、河南、湖北、湖南、广东、广西等省区。

茎叶或根供药用，祛风解热，主治小儿风热咳嗽，各种惊风。

2. 鹿藿 *Rhynchosia volubilis* Lour. Fl. Cochinch. 460. 1790.

缠绕草质藤本。全株各部多少被灰色至淡黄色柔毛；茎略具棱。叶为羽状或有时近指状3片小叶；托叶小，披针形，长3～5毫米，被短柔毛；叶柄长2～5.5厘米；小叶纸质，顶生小叶菱形或倒卵状菱形，长3～8厘米，宽3～5.5厘米，先端钝，或为急尖，常有小凸尖，基部圆形或阔楔形，两面均被灰色或淡黄色柔毛，下面尤密，并被黄褐色腺点；基出脉3条；小叶柄长2～4毫米，侧生小叶较小，常偏斜。总状花序长1.5～4厘米，1～3条腋生；花长约1厘米，排列稍密集；花梗长约2毫米；花萼钟状，长约5毫米，裂片披针形，外面被短柔毛及腺点；花冠黄色，旗瓣近圆形，有宽而内弯的耳，翼瓣倒卵状长圆形，基部一侧具长耳，龙骨瓣具喙；雄蕊二体；子房被毛及密集的小腺点，胚珠2枚。荚果长圆形，红紫色，长1～1.5厘米，宽约8毫米，极扁平，在种子间略收缩，稍被毛或近无毛，先端有小喙；种子通常2粒，椭圆形或近肾形，黑色，光亮。花期5～8月，果期9～12月。

恩施州广布，生于山坡林中；广布于长江以南各省；朝鲜、日本、越南亦有分布。

根祛风和血、镇咳祛痰，治风湿骨痛、气管炎；叶外用治疮疥。

扁豆属 *Lablab* Adans.

多年生缠绕藤本或近直立。羽状复叶具3片小叶；托叶反折，宿存；小托叶披针形。总状花序腋生，花序轴上有肿胀的节；花萼钟状，裂片二唇形，上唇全缘或微凹，下唇3裂；花冠紫色或白色，旗瓣圆形，常反折，具附属体及耳，龙骨瓣弯成直角；对旗瓣的1枚雄蕊离生或贴生，花药一式；子房具多胚珠；花柱弯曲不逾90°，一侧扁平，基部无变细部分，近顶部内缘被毛，柱头顶生。荚果长圆形或长圆状镰形，顶冠以宿存花柱，有时上部边缘具疣状体，具海绵质隔膜；种子卵形，扁，种脐线形，具线形或半圆形假种皮。

本属1种3亚种；我国产1种；恩施州栽培1种。

扁豆 *Lablab purpureus* (Linn.) Sweet Hort. Brit. ed. 1. 481. 1827.

多年生、缠绕藤本。全株几无毛，茎长可达 6 米，常呈淡紫色。羽状复叶具 3 片小叶；托叶基着，披针形；小托叶线形，长 3～4 毫米；小叶宽三角状卵形，长 6～10 厘米，宽约与长相等，侧生小叶两边不等大，偏斜，先端急尖或渐尖，基部近截平。总状花序直立，长 15～25 厘米，花序轴粗壮，总花梗长 8～14 厘米；小苞片 2 片，近圆形，长 3 毫米，脱落；花 2 至多朵簇生于每一节上；花萼钟状，长约 6 毫米，上方 2 裂齿几完全合生，下方的 3 枚近相等；花冠白色或紫色，旗瓣圆形，基部两侧具 2 枚长而直立的小附属体，附属体下有 2 耳，翼瓣宽倒卵形，具截平的耳，龙骨瓣呈直角弯曲，基部渐狭成瓣柄；子房线形，无毛，花柱比子房长，弯曲不逾 90°，一侧扁平，近顶部内缘被毛。荚果长圆状镰形，长 5～7 厘米，近顶端最阔，宽 1.4～1.8 厘米，扁平，直或稍向背弯曲，顶端有弯曲的尖喙，基部渐狭；种子 3～5 粒，扁平，长椭圆形，在白花品种中为白色，在紫花品种中为紫黑色，种脐线形，长约占种子周围的 2/5。花期 4～12 月，果期 6～12 月。

恩施州广泛栽培；我国各地广泛栽培。

种子入药，有消暑除湿，健脾止泻之效。

豇豆属 *Vigna* Savi

缠绕或直立草本，稀为亚灌木。羽状复叶具 3 片小叶；托叶盾状着生或基着。总状花序或 1 至多花的花簇腋生或顶生，花序轴上花梗着生处常增厚并有腺体；苞片及小苞片早落；花萼 5 裂，二唇形，下唇 3 裂，中裂片最长，上唇中 2 裂片完全或部分合生；花冠小或中等大，白色、黄色、蓝或紫色；旗瓣圆形，基部具附属体，翼瓣远较旗瓣为短，龙骨瓣与翼瓣近等长，无喙或有一内弯、稍旋卷的喙；雄蕊二体，对旗瓣的 1 枚雄蕊离生，其余合生，花药一式；子房无柄，胚珠 3 至多数，花柱线形，上部增厚，内侧具髯毛或粗毛，下部喙状，柱头侧生。荚果线形或线状长圆形，圆柱形或扁平，直或稍弯曲，2 瓣裂，通常多少具隔膜；种子通常肾形或近四方形；种脐小或延长，有假种皮或无。

本属约 150 种；我国有 16 种 3 亚种 3 变种；恩施州产 5 种。

分种检索表

1. 托叶盾状着生。
    2. 荚果被毛；直立草本；小叶卵形，长 5～16 厘米，宽 3～12 厘米，被疏长毛；荚果长 4～9 厘米，宽 5～6 毫米，被散生长硬毛；种子淡绿色或黄褐色，短柱形 ·················· 1. 绿豆 *Vigna radiata*
    2. 荚果无毛。
        3. 托叶箭头形，长 1.7 厘米 ·················· 2. 赤豆 *Vigna angularis*
        3. 托叶披针形至卵状披针形，长 1～1.5 厘米。
            4. 茎、叶近无毛；托叶长近 1 厘米；荚果长 7.5～70 厘米，宽 6～10 毫米 ·················· 3. 豇豆 *Vigna unguiculata*
            4. 叶长 1～1.5 厘米；荚果长 4～10 厘米，宽 5～6 毫米；茎幼时被黄色长柔毛，老时无毛；小叶卵形或披针形，宽 2～7.5 厘米 ·················· 4. 赤小豆 *Vigna umbellata*
1. 托叶基部着生；龙骨瓣顶部具弯曲成 180° 的喙 ·················· 5. 野豇豆 *Vigna vexillata*

豆科
Leguminosae

1. 绿豆　*Vigna radiata* (Linn.) Wilczek in Fl. Congo Belge 6: 386. 1954.

一年生直立草本，高 20~60 厘米。茎被褐色长硬毛。羽状复叶具 3 片小叶；托叶盾状着生，卵形，长 0.8~1.2 厘米，具缘毛；小托叶显著，披针形；小叶卵形，长 5~16 厘米，宽 3~12 厘米，侧生的多少偏斜，全缘，先端渐尖，基部阔楔形或浑圆，两面多少被疏长毛，基部 3 脉明显；叶柄长 5~21 厘米；叶轴长 1.5~4 厘米；小叶柄长 3~6 毫米。总状花序腋生，有花 4 至数朵，最多可达 25 朵；总花梗长 2.5~9.5 厘米；花梗长 2~3 毫米；小苞片线状披针形或长圆形，长 4~7 毫米，有线条，近宿存；萼管无毛，长 3~4 毫米，裂片狭三角形，长 1.5~4 毫米，具缘毛，上方的一对合生成一先端 2 裂的裂片；旗瓣近方形，长 1.2 厘米，宽 1.6 厘米，外面黄绿色，里面有时粉红，顶端微凹，内弯，无毛；翼瓣卵形，黄色；龙骨瓣镰刀状，绿色而染粉红，右侧有显著的囊。荚果线状圆柱形，平展，长 4~9 厘米，宽 5~6 毫米，被淡褐色、散生的长硬毛，种子间多少收缩；种子 8~14 粒，淡绿色或黄褐色，短圆柱形，长 2.5~4 毫米，宽 2.5~3 毫米，种脐白色而不凹陷。花期初夏，果期 6~8 月。

恩施州广泛栽培；我国南北各地均有栽培；世界各热带、亚热带地区广泛栽培。

种子入药，有清凉解毒、利尿明目之效。

2. 赤豆　*Vigna angularis* (Willd.) Ohwi et Ohashi in Journ. Jap. Bot. 44: 29. 1969.

一年生、直立或缠绕草本。高 30~90 厘米，植株被疏长毛。羽状复叶具 3 片小叶；托叶盾状着生，箭头形，长 0.9~1.7 厘米；小叶卵形至菱状卵形，长 5~10 厘米，宽 5~8 厘米，先端宽三角形或近圆形，侧生的偏斜，全缘或浅 3 裂，两面均稍被疏长毛。花黄色，约 5 或 6 朵生于短的总花梗顶端；花梗极短；小苞片披针形，长 6~8 毫米；花萼钟状，长 3~4 毫米；花冠长约 9 毫米，旗瓣扁圆形或近肾形，常稍歪斜，顶端凹，翼瓣比龙骨瓣宽，具短瓣柄及耳，龙骨瓣顶端弯曲近半圈，其中一片的中下部有一角状凸起，基部有瓣柄；子房线形，花柱弯曲，近先端有毛。荚果圆柱状，长 5~8 厘米，宽 5~6 毫米，平展或下弯，无毛；种子通常暗红色或其他颜色，长圆形，长 5~6 毫米，宽 4~5 毫米，两头截平或近浑圆，种脐不凹陷。

恩施州广泛栽培；我国南北均有栽培；美洲、非洲均有栽培。花期夏季，果期 9~10 月。

赤豆入药治水肿脚气、泻痢、痈肿，并为缓和的清热解毒药及利尿药；浸水后捣烂外敷，治各种肿毒。

3. 豇豆　*Vigna unguiculata* (Linn.) Walp. Rep. 1: 779. 1842.

一年生缠绕、草质藤本或近直立草本，有时顶端缠绕状。茎近无毛。羽状复叶具 3 片小叶；托叶披针形，长约 1 厘米，着生处下延成一短距，有线纹；小叶卵状菱形，长 5~15 厘米，宽 4~6 厘米，先端急尖，边全缘或近全缘，有时淡紫色，无毛。总状花序腋生，具长梗；花 2~6 朵聚生于花序的顶端，花梗间常有肉质密腺；花萼浅绿色，钟状，长 6~10 毫米，裂齿披针形；花冠黄白色而略带青紫，长约 2 厘米，各瓣均具瓣柄，旗瓣扁圆形，宽约2厘米，顶端微凹，基部稍有耳，翼瓣略呈三角形，龙骨瓣稍弯；子房线形，被毛。荚果下垂，直立或斜展，线形，长7.5～90厘米，宽6～10毫米，稍肉质而膨胀或坚实，有种子多颗；种子长椭圆形或圆柱形或稍肾形，长6～12毫米，黄白色、暗红色或其他颜色。花期5～8月，果期6～8月。

恩施州广泛栽培；我国各地常见栽培；全球热带、亚热带地区广泛栽培。

4. 赤小豆 Vigna umbellata (Thunb.) Ohwi et Ohashi in Journ. Jap. Bot. 44: 31. 1969.

一年生草本。茎纤细，长达1米或过之，幼时被黄色长柔毛，老时无毛。羽状复叶具3片小叶；托叶盾状着生，披针形或卵状披针形，长10～15毫米，两端渐尖；小托叶钻形，小叶纸质，卵形或披针形，长10～13厘米，宽2～7.5厘米，先端急尖，基部宽楔形或钝，全缘或微3裂，沿两面脉上薄被疏毛，有基出脉3条。总状花序腋生，短，有花2～3朵；苞片披针形；花梗短，着生处有腺体；花黄色，长约1.8厘米，宽约1.2厘米；龙骨瓣右侧具长角状附属体。荚果线状圆柱形，下垂，长6～10厘米，宽约5毫米，无毛，种子6～10粒，长椭圆形，通常暗红色，有时为褐色、黑色或草黄色，直径3～3.5毫米，种脐凹陷。花期5～8月，果期6～8月。

产于来凤、鹤峰，生于路边；我国南部野生或栽培；原产亚洲热带地区。

种子入药，有行血补血、健脾去湿、利水消肿之效。

5. 野豇豆 Vigna vexillata (Linn.) Rich. Hist. Fis. Polit. Nat. I. Cuba (Spanish ed.) 11: 191. 1845.

多年生攀援或蔓生草本。根纺锤形，木质；茎被开展的棕色刚毛，老时渐变为无毛。羽状复叶具3片小叶；托叶卵形至卵状披针形，基着，长3～5毫米，基部心形或耳状，被缘毛；小叶膜质，形状变化较大，卵形至披针形，长4～15厘米，宽2～2.5厘米，先端急尖或渐尖，基部圆形或楔形，通常全缘，少数微具3裂片，两面被棕色或灰色柔毛；叶柄长1～11厘米；叶轴长0.4～3厘米；小叶柄长2～4毫米。花序腋生，有2～4朵生于花序轴顶部的花，使花序近伞形；总花梗长5～20厘米；小苞片钻状，长约3毫米，早落；花萼被棕色或白色刚毛，稀变无毛，萼管长5～7毫米，裂片线形或线状披针形，长2～5毫米，上方的2片基部合生；旗瓣黄色、粉红或紫色，有时在基部内面具黄色或紫红斑点，长2～3.5厘米，宽2～4厘米，顶端凹缺，无毛，翼瓣紫色，基部稍淡，龙骨瓣白色或淡

紫，镰状，喙部呈180°弯曲，左侧具明显的袋状附属物。荚果直立，线状圆柱形，长4～14厘米，宽2.5～4毫米，被刚毛；种子10～18粒，浅黄至黑色，无斑点或棕色至深红而有黑色之溅点，长圆形或长圆状肾形，长2～4.5毫米。花期7～9月，果期9～10月。

恩施州广布，生于山坡林中；我国华东、华南至西南各省区均有；全球热带、亚热带地区广布。

根或全株作草药，有清热解毒，消肿止痛，利咽喉的功效。

土圞儿属 Apios Fabr.

缠绕草本，有块根。羽状复叶；小叶5～7片，少有3或9片，全缘；小托叶小。腋生总状花序或顶生圆锥花序；总花梗具节；花生在肿胀的节上；苞片和小苞片小，早落；花萼钟形，萼齿比萼管短，上面2片萼齿合生，最下面的1片线形，其余2片很短；旗瓣反折，卵形或圆形，翼瓣斜倒卵形，比旗瓣短，龙骨瓣最长，内弯、内卷或螺旋状卷曲；雄蕊二体，花药一式，子房近无柄，胚珠多数，花柱丝状，

上部反折，常加厚，无毛，柱头顶生。荚果线形，近镰刀形，扁，2瓣裂；种子无种阜。

本属约10种；我国约6种；恩施州产2种。

分种检索表

1. 花红色、淡紫红色或橙红色；小叶较大，长可达12.5厘米，宽可达6厘米 ⋯⋯⋯⋯⋯⋯⋯⋯⋯⋯ 1. 肉色土圞儿 Apios carnea
1. 花淡绿色、淡黄色、黄绿色、淡紫色或紫色；小叶较小，长8厘米以下，宽4厘米以下 ⋯⋯⋯⋯⋯ 2. 土圞儿 Apios fortunei

1. 肉色土圞儿 Apios carnea (Wall.) Benth. ex Baker in Hook. f., Fl. Brit. Ind. 2: 188. 1876.

缠绕藤本，长3~4米。茎细长，有条纹，幼时被毛，老则毛脱落而近于无毛。奇数羽状复叶；叶柄长5~12厘米；小叶通常5片，长椭圆形，长6~12厘米，宽4~5厘米，先端渐尖，成短尾状，基部楔形或近圆形，上面绿色，下面灰绿色。总状花序腋生，长15~24厘米；苞片和小苞片小，线形，脱落；花萼钟状，二唇形，绿色，萼齿三角形，短于萼筒；花冠淡红色、淡紫红色或橙红色，长为萼的2倍。旗瓣最长，翼瓣最短，龙骨瓣带状，弯曲成半圆形；花柱弯曲成圆形或半圆形，柱头顶生。荚果线形，直，长16~19厘米，宽约7毫米；种子12~21粒，肾形，黑褐色，光亮。花期7~9月，果期8~11月。

产于咸丰，属湖北省新记录，生于路边；分布于西藏、云南、四川、贵州、广西；越南、泰国、尼泊尔、印度也有分布。

2. 土圞儿 Apios fortunei Maxim. in Bull. Acad. Petersb. 18: 396. 1873.

缠绕草本。有球状或卵状块根；茎细长，被白色稀疏短硬毛。奇数羽状复叶；小叶3~7片，卵形或菱状卵形，长3~7.5厘米，宽1.5~4厘米，先端急尖，有短尖头，基部宽楔形或圆形，上面被极稀疏的短柔毛，下面近于无毛，脉上有疏毛；小叶柄有时有毛。总状花序腋生，长6~26厘米；苞片和小苞片线形，被短毛；花带黄绿色或淡绿色，长约11毫米，花萼稍呈二唇形；旗瓣圆形，较短，长约10毫米，翼瓣长圆形，长约7毫米，龙骨瓣最长，卷成半圆形；子房有疏短毛，花柱卷曲。荚果长约8厘米，宽约6毫米。花期6~8月，果期9~10月。

产于咸丰，生于山坡草丛中；分布于甘肃、陕西、河南、四川、贵州、湖北、湖南、江西、浙江、福建、广东、广西等省区；日本也有分布。

块根含淀粉，味甜可食，可提制淀粉或作酿酒原料。

黧豆属 Mucuna Adans.

多年生或一年生木质或草质藤本。托叶常脱落。叶为羽状复叶，具3片小叶，小叶大，侧生小叶多少不对称，有小托叶，常脱落。花序腋生或生于老茎上，近聚伞状，或为假总状或紧缩的圆锥花序；花大而美丽，苞片小或脱落；花萼钟状，4~5裂，二唇形，上面2齿合生；花冠伸出萼外，深紫色、红色、浅绿色或近白色，干后常黑色；旗瓣通常比翼瓣、龙骨瓣为短，具瓣柄，基部两侧具耳，冀瓣长圆形或卵形，内弯，常附着于龙骨瓣上，龙骨瓣比翼瓣稍长或等长，先端内弯，有喙；雄蕊二体，对旗瓣的一枚雄蕊离生，其余的雄蕊合生，花药二式，常具髯毛，5个较长，近基部着生，5个较短，背着的互生；胚珠1~10多枚；花柱丝状，内弯，有时有毛，但不具髯毛，柱头小，头状。荚果膨胀或扁，边缘常具翅，常被褐黄色螫毛，多2瓣裂，裂瓣厚，常有隆起、片状、斜向的横折褶或无，种子之间具隔膜或充实。种子肾形、圆形或椭圆形，种脐短或长而为线形，至超过种子周围长度的一半，无种阜。

本属100~160种；我国约15种；恩施州产1种。

常春油麻藤 Mucuna sempervirens Hemsl. in Journ. Linn. Soc. Bot. 23: 190. 1887.

常绿木质藤本，长可达25米。老茎直径超过30厘米，树皮有皱纹，幼茎有纵棱和皮孔。羽状复叶具3片小叶，叶长21~39厘米；托叶脱落；叶柄长7~16.5厘米；小叶纸质或革质，顶生小叶椭圆形、长圆形或卵状椭圆形，长8~15厘米，宽3.5~6厘米，先端渐尖头可达15厘米，基部稍楔形，侧生小叶

极偏斜，长7~14厘米，无毛；侧脉4~5对，在两面明显，下面凸起；小叶柄长4~8毫米，膨大。总状花序生于老茎上，长10~36厘米，每节上有3朵花，无香气或有臭味；苞片和小苞片不久脱落，苞片狭倒卵形，长宽各15毫米；花梗长1~2.5厘米，具短硬毛；小苞片卵形或倒卵形；花萼密被暗褐色伏贴短毛，外面被稀疏的金黄色或红褐色脱落的长硬毛，萼筒宽杯形，长8~12毫米，宽18~25毫米；花冠深紫色，干后黑色，长约6.5厘米，旗瓣长3.2~4厘米，圆形，先端凹达4毫米，基部耳长1~2毫米，翼瓣长4.8~6厘米，宽1.8~2厘米，龙骨瓣长6~7厘米，基部瓣柄长约7毫米，耳长约4毫米；雄蕊管长约4厘米，花柱下部和子房被毛。果木质，带形，长30~60厘米，宽3~3.5厘米，厚1~1.3厘米，种子间缢缩，近念珠状，边缘多数加厚，凸起为一圆形脊，中央无沟槽，无翅，具伏贴红褐色短毛和长的脱落红褐色刚毛，种子4~12粒，内部隔膜木质；带红色、褐色或黑色，扁长圆形，长2.2~3厘米，宽2~2.2厘米，厚1厘米，种脐黑色，包围着种子的3/4。花期4~5月，果期8~10月。

恩施州广布，生于山坡林中；分布于四川、贵州、云南、陕西、湖北、浙江、江西、湖南、福建、广东、广西；日本也有分布。

茎藤药用，有活血祛瘀，舒筋活络之效。

豆薯属 Pachyrhizus Rich. ex DC.

多年生缠绕或直立草本，具肉质块根。羽状复叶具3片小叶，有托叶及小托叶；小叶常有角或波状裂片。花排成腋生的总状花序，常簇生于肿胀的节上；总花梗长；苞片及小苞片刚毛状，脱落性；花萼二唇形，上唇微缺，下唇3齿裂；花冠青紫色或白色，伸出萼外，旗瓣宽倒卵形，基部有2个内折的耳，翼瓣长圆形，镰状，龙骨瓣钝而内弯，与翼瓣等长；雄蕊二体，对旗瓣的1枚离生，余合生，花药一

豆科
Leguminosae

式；子房无柄，有胚乳多颗，花柱顶端内弯，扁平，沿内弯面有毛。荚果带形，种子间有下压的隘痕；种子卵形或扁圆形，种脐小。

本属 6 种；我国有 1 种；恩施州产 1 种。

豆薯 *Pachyrhizus erosus* (Linn.) Urb. Symb. Antill. 4: 311. 1905.

在恩施俗称"地瓜"，粗壮、缠绕、草质藤本，稍被毛，有时基部稍木质。根块状，纺锤形或扁球形，一般直径在 20~30 厘米，肉质。羽状复叶具 3 片小叶；托叶线状披针形，长 5~11 毫米；小托叶锥状，长约 4 毫米；小叶菱形或卵形，长 4~18 厘米，宽 4~20 厘米，中部以上不规则浅裂，裂片小，急尖，侧生小叶的两侧极不等，仅下面微被毛。总状花序长 15~30 厘米，每节有花 3~5 朵；小苞片刚毛状，早落；萼长 9~11 毫米，被紧贴的长硬毛；花冠浅紫色或淡红色，旗瓣近圆形，长 15~20 毫米，中央近基部处有一黄绿色斑块及 2 枚胼胝状附属物，瓣柄以上有 2 枚半圆形、直立的耳，翼瓣镰刀形，基部具线形、向下的长耳，龙骨瓣近镰刀形，长 1.5~2 厘米；雄蕊二体，对旗瓣的 1 枚离生；子房被浅黄色长硬毛，花柱弯曲，柱头位于顶端以下的腹面。荚果带形，长 7.5~13 厘米，宽 12~15 毫米，扁平，被细长糙伏毛；种子每荚 8~10 粒，近方形，长和宽 5~10 毫米，扁平。花期 8 月，果期 11 月。

恩施州广泛栽培；我国各地均有栽培；原产热带美洲，现许多热带地区均有种植。

种子可作杀虫剂，防治蚜虫有效。

两型豆属 *Amphicarpaea* Elliot

缠绕草本。叶为羽状复叶，互生，有小叶 3 片，托叶和小托叶常有脉纹。花两性，常两型，一为闭锁花式，无花瓣，生于茎下部，于地下结实；一为正常花，生于茎上部，通常 3~7 朵排成腋生的短总状花序；苞片宿存或脱落，小苞片有或无；花萼管状，4~5 裂；花冠伸出于萼外，各瓣近等长，旗瓣倒卵形或倒卵状椭圆形，具瓣柄和耳，龙骨瓣略镰状弯曲；雄蕊二体（9+1），花药一式；子房无柄或近无柄，基部具鞘状花盘，花柱无毛，柱头小，顶生。荚果线状长圆形，扁平，微弯，不具隔膜；在地下结的果通常圆形或椭圆形。不开裂具 1 粒种子。

本属约 10 种；我国产 3 种；恩施州产 1 种。

两型豆 *Amphicarpaea edgeworthii* Benth. in Miq. Pl. Jungh. 231. 1851.

一年生缠绕草本。茎纤细，长 0.3~1.3 米，被淡褐色柔毛。叶具羽状 3 片小叶；托叶小，披针形或卵状披针形，长 3~4 毫米，具明显线纹；叶柄长 2~5.5 厘米；小叶薄纸质或近膜质，顶生小叶菱状卵形或扁卵形，长 2.5~5.5 厘米，宽 2~5 厘米，稀更大或更宽，先端钝或有时短尖，常具细尖头，基部圆形、宽楔形或近截平，上面绿色，下面淡绿色，两面常被贴伏的柔毛，基出脉 3 条，纤细，小叶柄短；小托叶极小，常早落，侧生小叶稍小，常偏斜。花二型，生在茎上部的为正常花，排成腋生的短总状花序，有花 2~7 朵，各部被淡褐色长柔毛；苞片近膜质，卵形至椭圆形，长 3~5 毫米，具线纹多条，腋内通常具花一朵；花梗纤细，长 1~2 毫米；花萼管状，5 裂，裂片不等；花冠淡紫色或白色，长 1~1.7 厘米，各瓣近等长，旗瓣倒卵形，具瓣柄，两侧具内弯的耳，翼瓣长圆形亦具瓣柄和耳，龙骨瓣与翼瓣

近似，先端钝，具长瓣柄；雄蕊二体，子房被毛。另生于下部为闭锁花，无花瓣，柱头弯至与花药接触，子房伸入地下结实。荚果二型；生于茎上部的完全花结的荚果为长圆形或倒卵状长圆形，长2~3.5厘米，宽约6毫米，扁平，微弯，被淡褐色柔毛，以背、腹缝线上的毛较密；种子2~3粒，肾状圆形，黑褐色，种脐小；由闭锁花伸入地下结的荚果呈椭圆形或近球形，不开裂，内含1粒种子。花果期8~11月。

恩施州广布，生于山坡林中；广布于我国各省区；朝鲜、日本、越南、印度亦有分布。

葛属 *Pueraria* DC.

缠绕藤本，茎草质或基部木质。叶为具3片小叶的羽状复叶；托叶基部着生或盾状着生，有小托叶；小叶大，卵形或菱形，全裂或具波状3裂片。总状花序或圆锥花序腋生而具延长的总花梗或数个总状花序簇生于枝顶；花序轴上通常具稍凸起的节；苞片小或狭，极早落；小苞片小而近宿存或微小而早落；花通常数朵簇生于花序轴的每一节上，花萼钟状，上部2枚裂齿部分或完全合生；花冠伸出于萼外，天蓝色或紫色，旗瓣基部有附属体及内向的耳，翼瓣狭，长圆形或倒卵状镰刀形，通常与龙骨瓣中部贴生，龙骨瓣与翼瓣相等大，稍直或顶端弯曲，或呈喙状，对旗瓣的1枚雄蕊仅中部与雄蕊管合生，基部分离，稀完全分离，花药一式；子房无柄或近无柄，胚珠多颗，花柱丝状，上部内弯，柱头小，头状。荚果线形，稍扁或圆柱形，2瓣裂；果瓣薄革质；种子间有或无隔膜，或充满软组织；种子扁，近圆形或长圆形。

本属约35种；我国产8种2变种；恩施州产1种。

葛 *Pueraria lobata* (Willd.) Ohwi in Bull. Tokyo Sci. Mus. 18: 16. 1947.

粗壮藤本，长可达8米，全体被黄色长硬毛，茎基部木质，有粗厚的块状根。羽状复叶具3片小叶；托叶背着，卵状长圆形，具线条；小托叶线状披针形，与小叶柄等长或较长；小叶3裂，偶尔全缘，顶生小叶宽卵形或斜卵形，长7~19厘米，宽5~18厘米，先端长渐尖，侧生小叶斜卵形，稍小，上面被淡黄色、平伏的疏柔毛。下面较密；小叶柄被黄褐色绒毛。总状花序长15~30厘米，中部以上有颇密集的花；苞片线状披针形至线形，远比小苞片长，早落；小苞片卵形，长不及2毫米；花2~3朵聚生于花序轴的节上；花萼钟形，长8~10毫米，被黄褐色柔毛，裂片披针形，渐尖，比萼管略长；花冠长10~12毫米，紫色，旗瓣倒卵形，基部有2耳及一黄色硬痂状附属体，具短瓣柄，翼瓣镰状，较龙骨瓣为狭，基部有线形、向下的耳，龙骨瓣镰状长圆形，基部有极小、急尖的耳；对旗瓣的1枚雄蕊仅上部离生；子房线形，被毛。荚果长椭圆形，长5~9厘米，

宽8~11毫米，扁平，被褐色长硬毛。花期9~10月，果期11~12月。

恩施州广布，生于山坡草丛；我国南北各地均有；东南亚至澳大利亚亦有分布。

葛根供药用，有解表退热、生津止渴、止泻的功能，并能改善高血压病人的项强、头晕、头痛、耳鸣等症状。

大豆属 *Glycine* Willd.

一年生或多年生草本。根草质或近木质，通常具根瘤；茎粗壮或纤细，缠绕、攀援、匍匐或直立。羽状复叶通常具3片小叶，罕为4~7片小叶；托叶小，和叶柄离生，通常脱落；小托叶存在。总状花序腋生，在植株下部的常单生或簇生；苞片小，着生于花梗的基部，小苞片成对，着生于花萼基部，在花

后均不增大；花萼膜质，钟状，有毛，深裂为近二唇形，上部2裂片通常合生，下部3裂片披针形至刚毛状；花冠微伸出萼外，通常紫色、淡紫色或白色，无毛，各瓣均具长瓣柄，旗瓣大，近圆形或倒卵形，基部有不很显著的耳，翼瓣狭，与龙骨瓣稍贴连，龙骨瓣钝，比翼瓣短，先端不扭曲；雄蕊单体（10）或对旗瓣的1枚离生而成二体（9+1）；子房近无柄，有胚珠数颗，花柱微内弯，柱头顶生，头状。荚果线形或长椭圆形，扁平或稍膨胀，直或弯镰状，具果颈，种子间有隔膜，果瓣于开裂后扭曲；种子1~5粒，卵状长椭圆形、近扁圆状方形、扁圆形或球形。

本属约10种；我国产6种；恩施州产2种。

分种检索表

1. 茎纤细，缠绕；荚果长17~23毫米，宽4~5毫米；种子小，长2.5~4毫米，宽1.8~2.5毫米，褐黑色；野生植物 ……… 1. 野大豆 *Glycine soja*
1. 茎直立；栽培植物 …… 2. 大豆 *Glycine max*

1. 野大豆

Glycine soja Sieb. et Zucc. in Abh. Akad. Wiss. Muenchen 4 (2): 119. 1843.

一年生缠绕草本，长1~4米。茎、小枝纤细，全体疏被褐色长硬毛。叶具3片小叶，长可达14厘米；托叶卵状披针形，急尖，被黄色柔毛。顶生小叶卵圆形或卵状披针形，长3.5~6厘米，宽1.5~2.5厘米，先端锐尖至钝圆，基部近圆形，全缘，两面均被绢状的糙伏毛，侧生小叶斜卵状披针形。总状花序通常短，稀长可达13厘米；花小，长约5毫米；花梗密生黄色长硬毛；苞片披针形；花萼钟状，密生长毛，裂片5片，三角状披针形，先端锐尖；花冠淡红紫色或白色，旗瓣近圆形，先端微凹，基部具短瓣柄，翼瓣斜倒卵形，有明显的耳，龙骨瓣比旗瓣及翼瓣短小，密被长毛；花柱短而向一侧弯曲。荚果长圆形，稍弯，两侧稍扁，长17~23毫米，宽4~5毫米，密被长硬毛，种子间稍缢缩，干时易裂；种子2~3粒，椭圆形，稍扁，长2.5~4毫米，宽1.8~2.5毫米，褐色至黑色。

产于恩施，生于路边；除新疆、青海和海南外，遍布全国。花期7~8月，果期8~10月。

全草还可药用，有补气血、强壮、利尿等功效，主治盗汗、肝火、目疾、黄疸、小儿疳疾。

2. 大豆

Glycine max (Linn.) Merr. Interpr. Rumph. Herb. Amb. 274. 1917.

一年生草本，高30~90厘米。茎粗壮，直立，或上部近缠绕状，上部多少具棱，密被褐色长硬毛。叶通常具3片小叶；托叶宽卵形，渐尖，长3~7毫米，具脉纹，被黄色柔毛；叶柄长2~20厘米，幼嫩时散生疏柔毛或具棱并被长硬毛；小叶纸质，宽卵形，近圆形或椭圆状披针形，顶生一枚较大，长5~12厘米，宽2.5~8厘米，先端渐尖或近圆形，稀有钝形，具小尖凸，基部宽楔形或圆形，侧生小叶较小，斜卵形，通常两面散生糙毛或下面无毛；侧脉每边5条；小托叶钻针形，长1~2毫米；小叶柄长 1.5~4 毫米，被黄褐色长硬毛。总状花序短的少花，长的多花；总花梗长 10~35 毫米或更长，通常有 5~8 朵无柄、紧挤的花，植株下部的花有时单生或成对生于叶腋间；苞片披针形，长 2~3 毫米，被糙伏毛；小苞片披针形，长 2~3 毫米，被伏贴的刚毛；花萼长 4~6 毫米，密被长硬毛或糙伏毛，常深裂成二唇形，裂片 5 片，披针形，上部 2 裂片常合生至中部以上，下部 3 裂片分离，均密被白色长柔毛，花紫色、淡紫色或白色，长 4.5~10 毫米，旗瓣倒卵状近圆形，先端微凹并通常外反，基部具瓣柄，翼瓣蓖状，基部狭，具瓣柄和耳，龙骨瓣斜倒卵形，具短瓣柄；雄蕊二体；子房基部有不发达的腺体，被毛。荚果肥大，长圆形，稍弯，下垂，黄绿色，长 4~7.5 厘米，宽 8~15 毫米，密被褐黄色长毛；种子 2~5 粒，椭圆形、近球形、卵圆形至长圆形，长约 1 厘米，宽 5~8 毫米，种皮光滑，淡绿、黄、褐和黑色等多样，因品种而异，种脐明显，椭圆形。花期 6~7 月，果期 7~9 月。

恩施州广泛栽培；全国各地均有栽培；亦广泛栽培于世界各地。

野豌豆属　*Vicia* Linn.

一、二年生或多年生草本。茎细长、具棱、但不呈翅状，多分枝，攀援、蔓生或匍匐，稀直立。多年生种类根部常膨大呈木质化块状，表皮黑褐色、具根瘤。偶数羽状复叶，叶轴先端具卷须或短尖头；托叶通常半箭头形，少数种类具腺点，无小托叶；小叶 1~12 对，长圆形、卵形、披针形至线形，先端圆、平截或渐尖，微凹，有细尖，全缘。花序腋生，总状或复总状，长于或短于叶；花多数、密集着生于长花序轴上部，稀单生或 2~4 朵簇生于叶腋，苞片甚小而且多数早落，大多数无小苞片；花萼近钟状，基部偏斜，上萼齿通常短于下萼齿，多少被柔毛；花冠淡蓝色、蓝紫色或紫红色，稀黄色或白色；旗瓣倒卵形、长圆形或提琴形，先端微凹，下方具较大的瓣柄，翼瓣与龙骨瓣耳部相互嵌合，二体雄蕊（9+1），雄蕊管上部偏斜，花药同型；子房近无柄，胚珠 2~7 枚，花柱圆柱形，顶端四周被毛；或侧向压扁于远轴端具一束髯毛。荚果一般较扁，两端渐尖，无种隔膜，腹缝开裂；种子 2~7 粒、球形、扁球形、肾形或扁圆柱形，种皮褐色、灰褐色或棕黑色，稀具紫黑色斑点或花纹；种脐相当于种子周长 1/6~1/3，胚乳微量，子叶扁平、不出土。

本属约 200 种；我国有 43 种 5 变种；恩施州产 7 种。

分种检索表

1. 总花梗极短，花 1~6 朵。
　2. 花长 15 毫米；叶轴顶端具卷须，荚果扁。
　　3. 小叶长椭圆形或心形，花紫红色或红色，长 18~30 毫米，荚果成熟后呈黄色，种子间略缢缩 …… 1. 救荒野豌豆 *Vicia sativa*
　　3. 小叶线形或线状长圆形，花红色或紫红色，长 10~18 毫米，荚果成熟后黑色，种子间不缢缩 ………2. 窄叶野豌豆 *Vicia pilosa*
　2. 花长 25~33 毫米；叶轴顶端无卷须呈短尖头；荚果肥厚，种子间具海绵状横隔膜 …………………………3. 蚕豆 *Vicia faba*
1. 总花梗长。
　4. 花少，仅 1~7 朵。
　　5. 白色淡青色或紫白色，仅长 0.3~0.5 厘米；荚果被褐色长硬毛……………………………………………4. 小巢菜 *Vicia hirsuta*
　　5. 花淡蓝色或带兰紫白色，仅长约 0.3 厘米；花序与叶等长，荚果无毛 ………………………………5. 四籽野豌豆 *Vicia tetrasperma*
　4. 花多，通常 5 朵以上。
　　6. 卷须发达；花 10~40 朵，密集，紫色或蓝紫色，花长 8~15 毫米，旗瓣瓣片与瓣柄近等长 ……… 6. 广布野豌豆 *Vicia cracca*
　　6. 叶轴顶端无卷须，呈细刺状 ………………………………………………………………………………7. 歪头菜 *Vicia unijuga*

1. 救荒野豌豆　*Vicia sativa* Linn. Sp. Pl. 736. 1753.

一年生或二年生草本，高 15~105 厘米。茎斜升或攀援，单一或多分枝，具棱，被微柔毛。偶数羽状复叶长 2~10 厘米，叶轴顶端卷须有 2~3 个分支；托叶戟形，通常 2~4 裂齿，长 0.3~0.4 厘米，宽 0.15~0.35 厘米；小叶 2~7 对，长椭圆形或近心形，长 0.9~2.5 厘米，宽 0.3~1 厘米，先端圆或平截有凹，具短尖头，基部楔形，侧脉不甚明显，两面被贴伏黄柔毛。花1~4朵腋生，近无梗；萼钟形，外面被柔毛，萼齿披针形或锥形；花冠紫红色或红色，旗瓣长倒卵圆形，先端圆，微凹，中部缢缩，翼瓣短于旗瓣，长于龙骨瓣；子房线形，微被柔毛，胚珠4~8枚，子房具柄短，花柱上部被淡黄白色髯毛。荚果线长圆形，长4~6厘米，宽0.5~0.8厘米，表皮土黄色种间缢缩，有毛，成熟时背腹开裂，果瓣扭曲。种子4~8粒，圆球形，棕色或黑褐色，种脐长相当于种子圆周1/5。花期4~7月，果期7~9月。

恩施州广布，生于田野路边；全国各地均产；原产欧洲南部、亚洲西部，现已广为栽培。

2. 窄叶野豌豆　*Vicia pilosa* M. Beib.

一年生或二年生草本，高20~80厘米。茎斜升、蔓生或攀援，多分支，被疏柔毛。偶数羽状复叶长2~6厘米，叶轴顶端卷须发达；托叶半箭头形或披针形，长约0.15厘米，有2~5齿，被微柔毛；小叶4~6对，线形或线状长圆形，长1~2.5厘米，宽0.2~0.5厘米，先端平截或微凹，具短尖头，基部近楔形，叶脉不甚明显，两面被浅黄色疏柔毛。花1~4朵腋生，有小苞叶；花萼钟形，萼齿5片，三角形，外面被黄色疏柔毛；花冠红色或紫红色，旗瓣倒卵形，先端圆、微凹，有瓣柄，翼瓣与旗瓣近等长，龙骨瓣短于翼瓣；子房纺锤形，被毛，胚珠5~8枚，子房柄短，花柱顶端具一束髯毛。荚果长线形，微弯，长2.5~5厘米，宽约0.5厘米，种皮黑褐色，革质，肿脐线形，长相当于种子圆周1/6。花期3~6月，果期5~9月。

产于巴东，生于田边；我国各省区均有；欧洲、北非、亚洲亦有。

3. 蚕豆　*Vicia faba* Linn. Sp. Pl. 737. 1753.

一年生草本，高30~120厘米。主根短粗，多须根，根瘤粉红色，密集。茎粗壮，直立，直径0.7~1厘米，具4棱，中空、无毛。偶数羽状复叶，叶轴顶端卷须短缩为短尖头；托叶戟头形或近三角状卵形，长1~2.5厘米，宽约0.5厘米，略有锯齿，具深紫色密腺点；小叶通常1~3对，互生，上部小叶可达4~5对，基部较少，小叶椭圆形、长圆形或倒卵形，稀圆形，长4~10厘米，宽1.5~4厘米，先端圆钝，具短尖头，基部楔形，全缘，两面均无毛。总状花序腋生，花梗近无；花萼钟形，萼齿披针形，下萼齿较长；具花2~6朵呈丛状着生于叶腋，花冠白色，具紫色脉纹及黑色斑晕，长2~3.5厘米，旗瓣中部缢缩，基部渐狭，翼瓣短于旗瓣，长于龙骨瓣；雄蕊二体（9+1），子房线形无柄，胚珠2~6枚，花柱密被白柔毛，顶端远轴面有一束髯毛。荚果肥厚，长5~10厘米，宽2~3厘米，表皮绿色被绒毛，内有白色海绵状，横隔膜，成熟后表皮变为黑色。种子2~6粒，长方圆形，近长方形，中间内凹，种皮革质，青绿色、灰绿色至棕褐色，稀紫色或黑色；种脐线形，黑色，位于种子一端。花期4~5月，果期5~6月。

恩施州广泛栽培；全国各地均有栽培。

4. 小巢菜　*Vicia hirsuta* (Linn.) S. F. Gray. in Nat. Arr. Brit. Pl. 2: 614. 1821.

一年生草本，高15~120厘米，攀援或蔓生。茎细柔有棱，近无毛。偶数羽状复叶末端卷须分支；

托叶线形，基部有 2~3 裂齿；小叶 4~8 对，线形或狭长圆形，长 0.5~1.5 厘米，宽 0.1~0.3 厘米，先端平截，具短尖头，基部渐狭，无毛。总状花序明显短于叶；花萼钟形，萼齿披针形，长约 0.2 厘米；花 2~7 朵密集于花序轴顶端，花甚小，仅长 0.3~0.5 厘米；花冠白色、淡蓝青色或紫白色，稀粉红色，旗瓣椭圆形，长约 0.3 厘米，先端平截有凹，翼瓣近勺形，与旗瓣近等长，龙骨瓣较短；子房无柄，密被褐色长硬毛，胚珠 2 枚，花柱上部四周被毛。荚果长圆菱形，长 0.5~1 厘米，宽 0.2~0.5 厘米，表皮密被棕褐色长硬毛；种子 2 粒，扁圆形，直径 0.15~0.25 厘米，两面凸出，种脐长相当于种子圆周的 1/3。花果期 2~7 月。

产于利川、来凤，生于田边；分布于陕西、甘肃、青海、华东、华中、广东、广西及西南等地；北美、俄罗斯、日本、朝鲜亦有。

全草入药，有活血、平胃、明目、消炎等功效。

5. 四籽野豌豆 *Vicia tetrasperma* (Linn.) Schreber, Spicil. Fl. Lips. 26. 1771.

一年生缠绕草本，高 20~60 厘米。茎纤细柔软有棱，多分支，被微柔毛。偶数羽状复叶，长 2~4 厘米；顶端为卷须，托叶箭头形或半三角形，长 0.2~0.3 厘米；小叶 2~6 对，长圆形或线形，长 0.6~0.7 厘米，宽约 0.3 厘米，先端圆，具短尖头，基部楔形。总状花序长约 3 厘米，花 1~2 朵着生于花序轴先端，花甚小，仅长约 0.3 厘米；花萼斜钟状，长约 0.3 厘米，萼齿圆三角形；花冠淡蓝色或带蓝、紫白色，旗瓣长圆倒卵形，长约 0.6 厘米，宽 0.3 厘米，翼瓣与龙骨瓣近等长；子房长圆形，长 0.3~0.4 厘米，宽约 0.15 厘米，有柄，胚珠 4 枚，花柱上部四周被毛。荚果长圆形，长 0.8~1.2 厘米，宽 0.2~0.4 厘米，表皮棕黄色，近革质，具网纹。种子 4 粒，扁圆形，直径约 0.2 厘米，种皮褐色，种脐白色，长相当于种子周长 1/4。花期 3~6 月，果期 6~8 月。

产于巴东，生于草地；分布于陕西、甘肃、新疆、华东、华中及西南等地；欧洲、亚洲、北美、北非亦有分布。

全草药用，有平胃、明目之功效。

6. 广布野豌豆 *Vicia cracca* Linn. Sp. Pl. 2: 735. 1753.

多年生草本，高 40~150 厘米。根细长，多分支。茎攀援或蔓生，有棱，被柔毛。偶数羽状复叶，叶轴顶端卷须有 2~3 个分支；托叶半箭头形或戟形，上部 2 深裂；小叶 5~12 对互生，线形、长圆或披针状线形，长 1.1~3 厘米，宽 0.2~0.4 厘米，先端锐尖或圆形，具短尖头，基部近圆或近楔形，全缘；叶脉稀疏，呈三出脉状，不甚清晰。总状花序与叶轴近等长，花多数，10~40 朵密集一面向着生于总花序轴上部；花萼钟状，萼齿 5 片，近三角状披针形；花冠紫色、蓝紫色或紫红色，长 0.8~1.5 厘米；旗瓣长圆形，中部缢缩呈提琴形，先端微缺，瓣柄与瓣片近等长；翼瓣与旗瓣近等长，明显长于龙骨瓣先端钝；子房有柄，胚珠 4~7 枚，花柱弯与子房联结处呈大于 90° 夹角，上部四周被毛。荚果

长圆形或长圆菱形，长 2~2.5 厘米，宽约 0.5 厘米，先端有喙，果梗长约 0.3 厘米。种子 3~6 粒，扁圆球形，直径约 0.2 厘米，种皮黑褐色，种脐长相当于种子周长 1/3。花果期 5~9 月。

恩施州广布，生于路边；广布于我国各省区；欧亚、北美也有。

7. 歪头菜 Vicia unijuga A. Br. in Ind. Sem. Hart. Berol. 12. 1853.

多年生草本，高 15~180 厘米。根茎粗壮近木质，主根长达 8~9 厘米，直径 2.5 厘米，须根发达，表皮黑褐色。通常数茎丛生，具棱，疏被柔毛，老时渐脱落，茎基部表皮红褐色或紫褐红色。叶轴末端为细刺尖头；偶见卷须，托叶戟形或近披针形，长 0.8~2 厘米，宽 3~5 毫米，边缘有不规则齿蚀状；小叶一对，卵状披针形或近菱形，长 1.5~11 厘米，宽 1.5~5 厘米，先端渐尖，边缘具小齿状，基部楔形，两面均疏被微柔毛。总状花序单一稀有分支呈圆锥状复总状花序，明显长于叶，长 4.5~7 厘米；花 8~20 朵一面向密集于花序轴上部；花萼紫色，斜钟状或钟状，长约 0.4 厘米，直径 0.2~0.3 厘米，无毛或近无毛，萼齿明显短于萼筒；花冠蓝紫色、紫红色或淡蓝色长 1~1.6 厘米，旗瓣倒提琴形，中部缢缩，先端圆有凹，长 1.1~1.5 厘米，宽 0.8~1 厘米，翼瓣先端钝圆，长 1.3~1.4 厘米，宽 0.4 厘米，龙骨瓣短于翼瓣，子房线形，无毛，胚珠 2~8 枚，具子房柄，花柱上部四周被毛。荚果扁、长圆形，长 2~3.5 厘米，宽 0.5~0.7 厘米，无毛，表皮棕黄色，近革质，两端渐尖，先端具喙，成熟时腹背开裂，果瓣扭曲。种子 3~7 粒，扁圆球形，直径 0.2~0.3 厘米，种皮黑褐色，革质，种脐长相当于种子周长 1/4。花期 6~7 月，果期 8~9 月。

产于巴东，生于路边草丛中；我国各省均有分布；朝鲜、日本、蒙古、俄罗斯均有。

嫩时亦可为蔬菜。全草药用，有补虚、调肝、理气、止痛等功效。青海民间用于治疗高血压及肝病。

豌豆属 Pisum Linn.

一年生或多年生柔软草本，茎方形、空心、无毛。叶具小叶 2~6 片，卵形至椭圆形，全缘或多少有锯齿，下面被粉霜，托叶大，叶状；叶轴顶端具羽状分枝的卷须；花白色或颜色多样，单生或数朵排成总状花序腋生，具柄；萼钟状，偏斜或在基部为浅束状，萼片多少呈叶片状；花冠蝶形，旗瓣扁倒卵形，翼瓣稍与龙骨瓣连生，雄蕊（9+1）二体；子房近无柄，有胚珠多颗，花柱内弯，压扁，内侧面有纵列的髯毛。荚果肿胀，长椭圆形，顶端斜急尖；种子数颗，球形。

本属约 6 种；我国产 1 种；恩施州产 1 种。

豌豆 Pisum sativum Linn. Sp. Pl. 727. 1753.

一年生攀援草本，高 0.5~2 米。全株绿色，光滑无毛，被粉霜。叶具小叶 4~6 片，托叶比小叶大，叶状，心形，下缘具细牙齿。小叶卵圆形，长 2~5 厘米，宽 1~2.5 厘米；花于叶腋单生或数朵排列为总状花序；花萼钟状，深 5 裂，裂片披针形；花冠颜色多样，随品种而异，但多为白色和紫色，雄蕊（9+1）二体。子房无毛，花柱扁，内面有髯毛。荚果肿胀，长椭圆形，长 2.5~10 厘米，宽 0.7~14 厘米，顶端斜急尖，背部近于伸直，内侧有坚硬纸质的内皮；种子2~10粒，圆形，青绿色，有皱纹或无，干后变为黄色。花期6~7月，果期7~9月。

恩施州广泛栽培；我国广泛栽培。

种子药用，有强壮、利尿、止泻之效。

山豆根属 Euchresta J. Benn.

灌木。叶互生，小叶3~7片，全缘，下面通常被柔毛或茸毛，侧脉常不明显。总状花序，花萼膜质，钟状或管状，基部略呈囊状，边缘通常5裂，萼齿短；花冠伸出萼外，通常白色，翼瓣和龙骨瓣有瓣柄；雄蕊（9+1）二体，花药背着；子房有长柄，胚珠1~2枚，花柱1根，线形；荚果核果状，肿胀，不裂，椭圆形，果壳薄，通常亮黑色，具果颈，有种子1粒；种子无种阜，无胚乳，种皮白色，膜质。

本属约4种3变种；我国产4种2变种；恩施州产1种。

山豆根 Euchresta japonica Hook. f. ex Regel in Gartenflora 40: 321. t. 487. 1865.

藤状灌木，几不分枝，茎上常生不定根。叶仅具小叶3片；叶柄长4~5.5厘米，被短柔毛，近轴面有一明显的沟槽；小叶厚纸质，椭圆形，长8~9.5厘米，宽3~5厘米，先端短渐尖至钝圆，基部宽楔形，上面暗绿色，无毛，干后呈现皱纹，下面苍绿色，被短柔毛；侧脉极不明显；顶生小叶柄长0.5~1.3厘米，侧生小叶柄几无。总状花序长6~10.5厘米，总花梗长3~5.5厘米，花梗长0.5~0.7厘米，均被短柔毛；小苞片细小，钻形；花萼杯状，长3~5毫米，宽4~6毫米，内外均被短柔毛，裂片钝三角形；花冠白色，旗瓣瓣片长圆形，长1厘米，宽2~3毫米，先端钝圆，匙形，基部外面疏被短柔毛瓣柄线形，略向后折，长约2毫米，翼瓣椭圆形，先端钝圆，瓣片长9毫米，宽2~3毫米，瓣柄卷曲，线形，长约2.5毫米，宽不及1毫米，龙骨瓣上半部黏合，极易分离，瓣片椭圆形，长约1厘米，宽3.5毫米，基部有小耳，瓣柄长约2毫米；子房扁长圆形或线形，长5毫米，子房柄长约4毫米，花柱长3毫米。果序长约8厘米，荚果椭圆形，长1.2~1.7厘米，宽1.1厘米，先端钝圆，具细尖，黑色，光滑，果梗长1厘米，果颈长4厘米，无毛。花期5月，果期11月。

恩施州广布，属湖北省新记录，生于山坡林中；分布于广西、广东、四川、湖南、江西、浙江；亦分布于日本。按照国务院1999年批准的国家重点保护野生植物（第一批）名录，本种属于II级保护植物。

长柄山蚂蝗属 Hylodesmum H. Ohashi & R. R. Mill

多年生草本或亚灌木状。根茎多少木质。叶为羽状复叶；小叶3~7片，全缘或浅波状；有托叶和小托叶。花序顶生或腋生，或有时从能育枝的基部单独发出，总状花序，少为稀疏的圆锥花序；具苞片，通常无小苞片，每节通常着生2~3朵花；花梗通常有钩状毛和短柔毛；花萼宽钟状，5裂，上部2裂片完全合生而成4裂或先端微2裂，裂片较萼筒长或短；旗瓣宽椭圆形或倒卵形，具短瓣柄，翼瓣、龙骨瓣通常狭椭圆形，有瓣柄或无；雄蕊单体，少有近单体；子房具细长或稍短的柄。荚果具细长或稍短的果颈，有荚节2~5个，背缝线于荚节是间凹入几达腹缝线而成一深缺口，腹缝线在每一荚节中部不缢缩或微缢缩；荚节通常为斜三角形或略呈宽的半倒卵形；种子通常较大，种脐周围无边状的假种皮。子叶不出土，留土萌发。

本属约8种；我国有7种4变种；恩施州产2种3变种。

分种检索表

1. 小叶7片，偶有3~5片；荚节斜三角形，长10~15毫米；果梗长6~11毫米 ············ 1. 羽叶长柄山蚂蝗 Hylodesmum oldhamii
1. 小叶全为3片。
　2. 顶生小叶非狭披针形，长为宽的1~3倍。

3. 顶生小叶宽倒卵形，最宽处在叶片中上部先端凸尖…… 2. 长柄山蚂蝗 *Hylodesmum podocarpum*
3. 顶生小叶宽卵形、卵形或菱形，最宽处在叶片中部或中下部。
  4. 顶生小叶宽卵形或卵形，较大，长 3.5～12 厘米，宽 2.5～8 厘米，最宽处在叶片下部 …………………………………………………………… 3. 宽卵叶长柄山蚂蝗 *Hylodesmum podocarpum* var. *fallax*
  4. 顶生小叶菱形，较小，长 4～8 厘米，宽 2～3 厘米，最宽处在叶片中部 …… 4. 尖叶长柄山蚂蝗 *Hylodesmum podocarpum* var. *oxyphyllum*
2. 顶生小叶狭披针形，长为宽的 4～6 倍 ………… 5. 四川长柄山蚂蝗 *Hylodesmum podocarpum* var. *szechuenense*

1. 羽叶长柄山蚂蝗 *Hylodesmum oldhamii* (Oliv.) Yang et Huang in Bot. Lab. North-East Forest. Inst. no. 4. 6. 1979.

多年生草本，茎直立，高 50～150 厘米。根茎木质，较粗壮；茎微有棱，几无毛。叶为羽状复叶，小叶 7 片，偶为 3～5 片；托叶钻形，长 7～8 毫米，基部宽约 1 毫米；叶柄长约 6 厘米，被短柔毛；小叶纸质，披针形、长圆形或卵状椭圆形，长 6～15 厘米，宽 3～5 厘米，顶生小叶较大，下部小叶较小，先端渐尖，基部楔形或钝，两面疏被短柔毛，全缘，侧脉每边约 6 条；小托叶丝状，长 1～2.5 毫米，早落；顶生小叶的小叶柄长约 1.5 厘米。总状花序顶生或顶生和腋生，单一或有短分枝，长达 40 厘米，花序轴被黄色短柔毛；花疏散；苞片狭三角形，长

5～8 毫米，宽约 1 毫米；开花时花梗长 4～6 毫米，结果时长 6～11 毫米，密被开展钩状毛；小苞片缺；花萼长 2.5～3 毫米，萼筒长 1.5～1.7 毫米，裂片长 1～1.3 毫米，上部裂片先端明显 2 裂；花冠紫红色，长约 7 毫米，旗瓣宽椭圆形，先端微凹，具短瓣柄，翼瓣、龙骨瓣狭椭圆形，具短瓣柄；雄蕊单体；子房线形，被毛，具子房柄，花柱弯曲。荚果扁平，长约 3.4 厘米，自背缝线深凹入至腹缝，通常有荚节 2 个，稀 1～3 个，荚节斜三角形，长 10～15 毫米，宽 5～7 毫米，有钩状毛；果梗长 6～11 毫米；果颈长 10～15 毫米；种子长 9 毫米，宽 5 毫米。花期 8～9 月，果期 9～10 月。

恩施州广布，生于山坡林下；分布于辽宁、吉林、黑龙江、河北、陕西、江苏、浙江、安徽、福建、江西、河南、湖北、湖南、四川、贵州；朝鲜、日本也有分布。

全株入药，有祛风活血、利尿、杀虫之效。

2. 长柄山蚂蝗 *Hylodesmum podocarpum* (DC.) Yang et Huang in Bull. Bot. Lab. North-East Forest. Inst. no. 4: 7. 1979.

直立草本，高 50～100 厘米。根茎稍木质；茎具条纹，疏被伸展短柔毛。叶为羽状三出复叶，小叶 3 片；托叶钻形，长约 7 毫米，基部宽 0.5～1 毫米，外面与边缘被毛；叶柄长 2～12 厘米，着生茎上部的叶柄较短，茎下部的叶柄较长，疏被伸展短柔毛；小叶纸质，顶生小叶宽倒卵形，长 4～7 厘米，宽 3.5～6 厘米，先端凸尖，基部楔形或宽楔形，全缘，两面疏被短柔毛或几无毛，侧脉每边约 4 条，直达叶缘，侧生小叶斜卵形，较小，偏斜，小托叶丝状，长 1～4 毫米；小叶柄长 1～2 厘米，被伸展短柔毛。总状花序或圆锥花序，顶生或顶生和腋生，长 20～30 厘米，结果时延长至 40 厘米；总花梗被柔毛和钩状毛；通常每节生 2 朵花，花梗长 2～4 毫米，结果时增长至 5～6 毫米；苞片早落，窄卵形，长 3～5 毫米，宽约 1 毫米，被柔毛；花萼钟形，长约 2 毫米，裂片极短，较萼筒短，被小钩状毛；花冠紫红色，长约 4 毫米，旗

瓣宽倒卵形，翼瓣窄椭圆形，龙骨瓣与翼瓣相似，均无瓣柄；雄蕊单体；雌蕊长约3毫米，子房具子房柄。荚果长约1.6厘米，通常有荚节2个，背缝线弯曲，节间深凹入达腹缝线；荚节略呈宽半倒卵形，长5~10毫米，宽3~4毫米，先端截形，基部楔形，被钩状毛和小直毛，稍有网纹；果梗长约6毫米；果颈长3~5毫米。花果期8~9月。

产于宣恩、巴东，生于山顶林中；分布于河北、江苏、浙江、安徽、江西、山东、河南、湖北、湖南、广东、广西、四川、贵州、云南、西藏、陕西、甘肃等省区；印度、朝鲜和日本也有分布。

3. 宽卵叶长柄山蚂蝗（变种）

Hylodesmum podocarpum (DC.) Yang et Huang var. *fallax* (Schindl.) Yang et Huang in Bull. Bot. Lab. North-East Forrest. Inst. no 4: 8. 1979.

本变种与长柄山蚂蝗 *P. podocarpum* 的区别在于顶生小叶宽卵形或卵形，长3.5~12厘米，宽2.5~8厘米，先端渐尖或急尖，基部阔楔形或圆。花果期8~9月。

产于宣恩、咸丰，生于山坡路边；分布于东北、华北至陕、甘以南各省；朝鲜、日本也有分布。

全草供药用，可祛风、活血、止痢，并可作家畜饲料。

4. 尖叶长柄山蚂蝗（变种）

Hylodesmum podocarpum (DC.) Yang et Huang var. *oxyphyllum* (DC.) Yang et Huang in Bull. Bot. Lab. North-East Forest Inst. no. 4: 9. 1979.

本变种与长柄山蚂蝗 *P. podocarpum* 不同之处在于顶生小叶菱形，长4~8厘米，宽2~3厘米，先端渐尖，尖头钝，基部楔形。花果期8~9月。

恩施州广布，生于山谷林中；广布于秦岭淮河以南各省区；印度、尼泊尔、缅甸、朝鲜和日本也有分布。

全株供药用，能解表散寒，祛风解毒，治风湿骨痛、咳嗽吐血。

5. 四川长柄山蚂蝗（变种）

Hylodesmum podocarpum (DC.) Yang et Huang var. *szechuenense* (Craib) Yang et Huang in Bull. Bot. Lab. North-East Forest. Inst. no. 4: 10. 1979.

本变种与长柄山蚂蝗 *P. podocarpum* 不同之处在于顶生小叶狭披针形，长4.2~6.8厘米，宽1~1.3厘米，较窄。花果期8~9月。

恩施州广布，生于山谷林下；分布于湖北、湖南、广东、四川、贵州、云南、陕西、甘肃。

根皮及全株供药用，能清热解毒，可治疟疾等症。

山蚂蝗属 *Desmodium* Desv.

草本、亚灌木或灌木。叶为羽状三出复叶或退化为单小叶；具托叶和小托叶，托叶通常干膜质，有条纹，小托叶钻形或丝状；小叶全缘或浅波状。花通常较小；组成腋生或顶生的总状花序或圆锥花序，花为单生或成对生于叶腋；苞片宿存或早落，小苞片有或缺；花萼钟状，4~5 裂，裂片较萼筒长或短，上部裂片全缘或先端 2 裂至微裂；花冠白色、绿白、黄白、粉红、紫色、紫堇色，旗瓣椭圆形、宽椭圆形、倒卵形、宽倒卵形至近圆形，翼瓣多少与龙骨瓣贴连，均有瓣柄；雄蕊二体（9+1）或少有单体；子房通常无柄，有胚珠数颗。荚果扁平，不开裂，背腹两缝线稍缢缩或腹缝线劲直；荚节数枚。子叶出土萌发。

本属约 350 种；我国有 27 种 5 变种；恩施州产 5 种。

分种检索表

1. 二体雄蕊，对着旗瓣 1 枚雄蕊与其他 9 枚完全离生。
  2. 叶柄两侧具的狭翅宽 0.2~0.4 毫米；具小苞片；花瓣绿白色或黄白色，具明显脉纹 ………… 1. 小槐花 *Desmodium caudatum*
  2. 叶柄两侧无翅；无小苞片；花瓣膜质，通常粉红、紫色、紫堇色，有时兼有白色，脉纹不明显。
    3. 叶为具 3 片小叶的羽状复叶；小叶较大的为倒卵状长椭圆形或长椭圆形；分枝近无毛…… 2. 小叶三点金 *Desmodium microphyllum*
    3. 叶通常只有单小叶；小叶厚纸质至近革质，圆形或近圆形，下面密被贴伏白色丝状毛，侧脉每边 8~10 条……………………………………………………………………………… 3. 广东金钱草 *Desmodium styracifolium*
1. 单体雄蕊，对着旗瓣 1 枚雄蕊与其他 9 枚雄蕊花丝中部以上联合；荚节长为宽 1~1.5 倍或约相等。
  4. 托叶多为狭卵形、狭三角形、三角形、不为线形；龙骨瓣较翼瓣短；荚果扁平，不为念珠状，具钩状毛和直毛或无毛…………………………………………………………………………………………… 4. 饿蚂蝗 *Desmodium multiflorum*
  4. 托叶线形，龙骨瓣与翼瓣等长；荚果近念珠状，密被锈色或褐色小钩状毛；小叶边缘中部以上波状 ………………………………………………………………………………… 5. 长波叶山蚂蝗 *Desmodium sequax*

1. 小槐花   *Desmodium caudatum* (Thunb.) DC. Prodr. 2: 337. 1825.

直立灌木或亚灌木，高 1~2 米。树皮灰褐色，分枝多，上部分枝略被柔毛。叶为羽状三出复叶，小叶 3 片；托叶披针状线形，长 5~10 毫米，基部宽约 1 毫米，具条纹，宿存，叶柄长 1.5~4 厘米，扁平，较厚，上面具深沟，多少被柔毛，两侧具极窄的翅；小叶近革质或纸质，顶生小叶披针形或长圆形，长 5~9 厘米，宽 1.5~2.5 厘米，侧生小叶较小，先端渐尖，急尖或短渐尖，基部楔形，全缘，上面绿色，有光泽，疏被极短柔毛、老时渐变无毛，下面疏被贴伏短柔毛，中脉上毛较密，侧脉每边 10~12 条，不达叶缘；小托叶丝状，长 2~5 毫米；小叶柄长达 14 毫米，总状花序顶生或腋生，长 5~30 厘米，花序轴密被柔毛并混生小钩状毛，每节生 2 朵花；苞片钻形，长约 3 毫米；花梗长 3~4 毫米，密被贴伏柔毛；花萼窄钟形，长 3.5~4 毫米，被贴伏柔毛和钩状毛，裂片披针形，上部裂片先端微 2 裂；花冠绿白或黄白色，长约 5 毫米，具明显脉纹，旗瓣椭圆形，瓣柄极短，翼瓣狭长圆形，具瓣柄，龙骨瓣长圆形，具瓣柄；雄蕊二体；雌蕊长约 7 毫米，子房在缝线上密被贴伏柔毛。荚果线形，扁平，长 5~7 厘米，稍弯曲，被伸展的钩状毛，腹背缝线浅缢缩，有荚节 4~8 个，荚节长椭圆形，长 9~12 毫米，宽约 3 毫米。花期 7~9 月，果期 9~11 月。

恩施州广布，生于山坡路边；广布于我国长江

以南各省；印度、斯里兰卡、不丹、缅甸、马来西亚、日本、朝鲜亦有分布。本种在 FOC 修订中归入小槐花属（Ohwia），修订为 Ohwia caudata，考虑到使用习惯，本书仍按山蚂蝗属处理。

根、叶供药用，能祛风活血、利尿、杀虫。

2. 小叶三点金　Desmodium microphyllum (Thunb.) DC. Prodr. 2: 337. 1825.

多年生草本。茎纤细，多分枝，直立或平卧，通常红褐色，近无毛；根粗，木质。叶为羽状三出复叶，或有时仅为单小叶；托叶披针形，长3~4毫米，具条纹，疏生柔毛，有缘毛；叶柄长2~3毫米，疏生柔毛；如为单小叶，则叶柄较长，长3~10毫米；小叶薄纸质，较大的为倒卵状长椭圆形或长椭圆形，长10~12毫米，宽4~6毫米；较小的为倒卵形或椭圆形，长只有2~6毫米，宽1.5~4毫米，先端圆形，少有微凹入，基部宽楔形或圆形，全缘，侧脉每边4~5条，不明显，不达叶缘，上面无毛，下面被极稀疏柔毛或无毛；小托叶小，长0.2~0.4毫米；顶生小叶柄长3~10毫米，疏被柔毛。总状花序顶生或腋生，被黄褐色开展柔毛；有花6~10朵，花小，长约5毫米；苞片卵形，被黄褐色柔毛；花梗长5~8毫米，纤细，略被短柔毛；花萼长4毫米，5深裂，密被黄褐色长柔毛，裂片线状披针形，较萼筒长3~4倍；花冠粉红色，与花萼近等长，旗瓣倒卵形或倒卵状圆形，中部以下渐狭。具短瓣柄，翼瓣倒卵形，具耳和瓣柄，龙骨瓣长椭圆形，较翼瓣长，弯曲；雄蕊二体，长约5毫米；子房线形，被毛。荚果长12毫米，宽约3毫米，腹背两缝线浅齿状，通常有荚节3~4个，有时2或5个，荚节近圆形，扁平，被小钩状毛和缘毛或近于无毛，有网脉。花期5~9月，果期9~11月。

产于来凤、鹤峰，生于山坡草丛中；广布于长江以南各省区；印度、尼泊尔、缅甸、泰国、越南、马来西亚、日本和澳大利亚也有分布。

根供药用，有清热解毒、止咳、祛痰之效。

3. 广东金钱草　Desmodium styracifolium (Osbeck) Merr. in Amer. Journ. Bot. 3: 580. 1916.

直立亚灌木状草本，高30~100厘米。多分枝，幼枝密被白色或淡黄色毛。叶通常具单小叶，有时具3片小叶；叶柄长1~2厘米，密被贴伏或开展的丝状毛；托叶披针形，长7~8毫米，宽1.5~2毫米，先端尖，基部偏斜，被毛；小叶厚纸质至近革质，圆形或近圆形至宽倒卵形，长与宽均2~4.5厘米，侧生小叶如存在，则较顶生小叶小，先端圆或微凹，基部圆或心形，上面无毛，下面密被贴伏、白色丝状毛，全缘，侧脉每边8~10条；小托叶钻形或狭三角形，长2.5~5毫米，疏生柔毛；小叶柄长5~8毫米，密被贴伏或开展的丝状毛。总状花序短，顶生或腋生，长1~3厘米，总花梗密被绢毛；花密生，每2朵生于节上；花梗长2~3毫米，无毛或疏生开展的柔毛，果时下弯；苞片密集，覆瓦状排列，宽卵形，长3~4毫米，被毛；花萼长约3.5毫米，密被小钩状毛和混生丝状毛，萼筒长约1.5毫米，顶端4裂，裂片近等长，上部裂片又2裂；花冠紫红色，长约4毫米，旗瓣倒卵形或近圆形，具瓣柄，翼瓣倒卵形，亦具短瓣柄，龙骨瓣较翼瓣长，极弯曲，有长瓣柄；雄蕊二体，长4~6毫米；雌蕊长约6毫米，子房线形，被毛。荚果长10~20毫米，宽约2.5毫米，被短柔毛和小钩状毛，腹缝线直，背缝线波状，有荚节3~6个，荚节近方形，扁平，具网纹。花果期6~9月。

产于来凤、鹤峰，生于山坡草地中；分布于广东、海南、广西、云南、湖北；印度、斯里兰卡、缅甸、泰国、越南、马来西亚也有分布。

全株供药用，平肝火，清湿热，利尿通淋，可治肾炎浮肿、尿路感染、尿路结石、胆囊结石、黄疸肝炎、小儿疳积、荨麻疹等。

4. 饿蚂蝗　　Desmodium multiflorum DC. in Ann. Sci. Nat. 4: 101. Jan. 1825.

直立灌木，高 1~2 米。多分枝，幼枝具棱角，密被淡黄色至白色柔毛，老时渐变无毛。叶为羽状三出复叶，小叶 3 片；托叶狭卵形至卵形，长 4~11 毫米，宽 1.5~2.5 毫米；叶柄长 1.5~4 厘米，密被绒毛；小叶近革质，椭圆形或倒卵形，顶生小叶长 5~10 厘米，宽 3~6 厘米，侧生小叶较小，先端钝或急尖，具硬细尖，基部楔形、钝或稀为圆形，上面几无毛，干时常呈黑色，下面多少灰白，被贴伏或伸展丝状毛，中脉尤密，侧脉每边 6~8 条，直达叶缘，明显；小托叶狭三角形，长 1~3 毫米，宽 0.3~0.8 毫米；小叶柄长约 2 毫米，被绒毛。花序顶生或腋生，顶生者多为圆锥花序，腋生者为总状花序长可达 18 厘米；总花梗密被向上丝状毛和小钩状毛；花常 2 朵生于每节上；苞片披针形，长约 1 厘米，被毛；花梗长约 5 毫米，结果时稍增长，被直毛和钩状毛；花萼长约 4.5 毫米，密被钩状毛，裂片三角形，与萼筒等长；花冠紫色，旗瓣椭圆形、宽椭圆形至倒卵形，长 8~11 毫米，翼瓣狭椭圆形，微弯曲，长 8~14 毫米，具瓣柄，龙骨瓣长 7~10 毫米，具长瓣柄；雄蕊单体，长 6~7 毫米；雌蕊长约 9 毫米，子房线形，被贴伏柔毛。荚果长 15~24 毫米，腹缝线近直或微波状，背缝线圆齿状，有荚节 4~7 个，荚节倒卵形，长 3~4 毫米，宽约 3 毫米。密被贴伏褐色丝状毛。花期 7~9 月，果期 8~10 月。

恩施州广布，生于山坡草地；分布于浙江、福建、江西、湖北、湖南、广东、广西、四川、贵州、云南、西藏、台湾等省区；印度、不丹、尼泊尔、缅甸、泰国、老挝也有分布。

花、枝供药用，有清热解表之效。

5. 长波叶山蚂蝗　　Desmodium sequax Wall. Pl. As. Rar. 2: 46. t. 157. 1831.

直立灌木，高 1~2 米，多分枝。幼枝和叶柄被锈色柔毛，有时混有小钩状毛。叶为羽状三出复叶，小叶 3 片；托叶线形，长 4~5 毫米，宽约 1 毫米，外面密被柔毛，有缘毛；叶柄长 2~3.5 厘米；小叶纸质，卵状椭圆形或圆菱形，顶生小叶长 4~10 厘米，宽 4~6 厘米，侧生小叶略小，先端急尖，基部楔形至钝，边缘自中部以上呈波状，上面密被贴伏小柔毛或渐无毛，下面被贴伏柔毛并混有小钩状

毛，侧脉通常每边 4~7 条，网脉隆起；小托叶丝状，长 1~4 毫米；小叶柄长约 2 毫米，被锈黄色柔毛和混有小钩状毛。总状花序顶生和腋生，顶生者通常分枝成圆锥花序，长达 12 厘米；总花梗密被开展或向上硬毛和小绒毛；花通常 2 朵生于每节上；苞片早落，狭卵形，长 3~4 毫米，宽约 1 毫米，被毛；花梗长 3~5 毫米，结果时稍增长，密被开展柔毛；花萼长约 3 毫米，萼裂片三角形，与萼筒等长；花冠紫色，长约 8 毫米，旗瓣椭圆形至宽椭圆形，先端微凹，翼瓣狭椭圆形，具瓣柄和耳，龙骨瓣具瓣柄，微具耳；雄蕊单体，长 7.5~8.5 毫米；雌蕊长 7~10 毫米，子房线形，疏被短柔毛。荚果腹背缝线缢缩呈念珠状，长 3~4.5

厘米，宽3毫米，有荚节6～10个，荚节近方形，密被开展褐色小钩状毛。花期7～9月，果期9～11月。

恩施州广布，生于山坡路边；分布于湖北、湖南、广东、广西、四川、贵州、云南、西藏、台湾等省区；印度、尼泊尔、缅甸、印度尼西亚也有分布。

狸尾豆属　Uraria Desv.

多年生草本、亚灌木或灌木。叶为单小叶、三出或奇数羽状复叶，小叶1～9片；具托叶和小托叶。顶生或腋生总状花序或再组成圆锥花序；花细小，极多，通常密集；苞片卵形、披针形或圆形，先端渐尖、长渐尖至尾尖或稀为圆形，早落或宿存，覆瓦状排列；每苞片内有2朵花；花梗在花后继续增长且顶端常弯曲呈钩状，稀不弯曲，通常被毛；花萼5裂，上部2裂片有时部分合生，但非全部连合，下部3裂片通常较长，呈刺毛状，但也有较宽短；旗瓣圆形或倒卵形，无瓣柄，具耳，翼瓣与龙骨瓣黏合，无瓣柄，具耳，龙骨瓣钝，稍内弯，多少仍具耳；雄蕊二体，花药一式；子房几无柄，有胚珠2～10枚，花柱线形，内弯，柱头头状。荚果小，荚节2～8个，反复折叠，每节的连接点在各节的边缘，亦有个别在成熟时伸直，荚节不开裂，每节具1粒种子。

本属约20种；我国产9种；恩施州产1种。

中华狸尾豆　Uraria sinensis (Hemsl.) Franch. Pl. Delav. 172. 1890.

亚灌木，高约1米。茎直立，被灰黄色短粗硬毛。叶为羽状三出复叶；托叶长三角形，长约3毫米。宽约2毫米，具条纹，有缘毛；叶柄长2～4厘米，有沟槽，被灰黄色柔毛；小叶坚纸质，长圆形、倒卵状长圆形、宽卵形，长3～7厘米，宽2～4厘米，侧生小叶略小，上面沿脉上有极短疏柔毛，下面有灰黄色长柔毛，侧脉每边6～8条，直而斜展，直达叶缘处消失；小托叶刺毛状，长2毫米。圆锥花序顶生，长20～30厘米，分枝呈毛帚状，有稀疏的花，花序轴具灰黄色毛；苞片圆卵形，长约4毫米，宽3毫米，具条纹，先端渐尖，被灰黄色柔毛和褐色缘毛，开花时脱落；每苞有花1或2朵，花梗纤细，丝状，长8～10毫米，结果时增长至13毫米，具极短柔毛和散生无柄褐色腺体；花萼膜质，长约3毫米，无毛或有疏柔毛，5裂，裂片宽三角形或宽卵形，较宽短，下部裂片与萼筒相等或较短；花冠紫色，较花萼长4倍；子房稀被柔毛。荚果与果梗几等长，具荚节4～5个，近无毛，具网纹。花果期9～10月。

产于咸丰、巴东，分布于山坡林下；分布于湖北、四川、贵州、云南、陕西、甘肃。

崖豆藤属　Millettia Wight et Arn.

藤本、直立或攀援灌木或乔木。奇数羽状复叶互生；托叶早落或宿存，小托叶有或无；小叶2至多对，通常对生；全缘。圆锥花序大，顶生或腋生，花单生分枝上或簇生于缩短的分枝上；小苞片2片，贴萼生或着生于花梗中上部；花长1～2.5厘米，无毛或外面被绢毛，花萼阔钟状，萼齿5片，上方1齿较小，或为4齿；花冠紫色、粉红色、白色或堇青色，旗瓣内面常具色纹，开放后反折，翼瓣略小，龙骨瓣前缘多少黏合面稍膨大，但不作距形，也不具喙，瓣柄较长；雄蕊二体（9+1），对旗瓣1枚有部分或大部分与雄蕊管连合成假单体，花药同型，缝裂，中部以下背着，花丝顶端不膨大；具花盘，但有时甚至不发达；子房线形，具毛或无毛，无柄或具短柄，胚珠4～10枚；花柱基部常被毛，中上部无毛，圆柱形，上弯或弧曲，柱头小，顶生，盘形或头状。荚果扁平或肿胀，线形或圆柱形，单粒种种子时呈卵形或球形，开裂，稀迟裂，某些种的子房柄在果期伸长成明显的果颈，有种子2至多数；种子凸镜形、球形或肾形，挤压时成鼓形，珠柄常在近轴一侧，呈肉质而膨大，肿脐周围常有一圈白色或黄色假种子，一侧延长成带状缠绕于珠柄上。

本属约200种；我国有35种11变种；恩施州产2种1变种。

豆科
Leguminosae

分种检索表

1. 圆锥花序呈总状，分枝缩短成圆柱体或节，花簇生其上 ·· 1. 厚果崖豆藤 *Millettia pachycarpa*
1. 圆锥花序顶生，分枝长，花单生，或兼有腋生的总状花序
   2. 小叶披针形至狭长圆形 ··· 2. 香花崖豆藤 *Millettia dielsiana*
   2. 小叶卵形至阔披针形 ·· 3. 异果崖豆藤 *Millettia dielsiana* var. *heterocarpa*

1. 厚果崖豆藤 *Millettia pachycarpa* Benth. in Miq. Pl. Jungh. 250. 1855.

巨大藤本，长达 15 米。幼年时直立如小乔木状。嫩枝褐色，密被黄色绒毛，后渐秃净，老枝黑色，光滑，散布褐色皮孔，茎中空。羽状复叶长 30～50 厘米；叶柄长 7～9 厘米；托叶阔卵形，黑褐色，贴生鳞芽两侧，长 3～4 毫米，宿存；小叶 6～8 对，间隔 2～3 厘米，草质，长圆状椭圆形至长圆状披针形，长 10～18 厘米，宽 3.5～4.5 厘米，先端锐尖，基部楔形或圆钝，上面平坦，下面被平伏绢毛，中脉在下面隆起，密被褐色绒毛，侧脉 12～15 对，平行近叶缘弧曲；小叶柄长 4～5 毫米，密被毛；无小托叶。总状圆锥花序，2～6 枝生于新枝下部，长 15～30 厘米，密被褐色绒毛，生花节长 1～3 毫米，花 2～5 朵着生节上；苞片小，阔卵形，小苞片甚小，线形，离萼生；花长 2.1～2.3 厘米；花梗长 6～8 毫米，花萼杯状，长约 6 毫米，宽约 7 毫米，密被绒毛，萼齿甚短，几不明显，圆头，上方 2 齿全合生；花冠淡紫，旗瓣无毛，或先端边缘具睫毛，卵形，基部淡紫，基部具 2 短耳，无胼胝体，翼瓣长圆形，下侧具钩，龙骨瓣基部截形，具短钩；雄蕊单体，对旗瓣的 1 枚基部分离；无花盘；子房线形，密被绒毛，花柱长于子房，向上弯，胚珠 5～7 枚。荚果深褐黄色，肿胀，长圆形，单粒种子时卵形，长 5～23 厘米，宽约 4 厘米，厚约 3 厘米，秃净，密布浅黄色疣状斑点，果瓣木质，甚厚，迟裂，有种子 1～5 粒；种子黑褐色，肾形，或挤压呈棋子形。花期 4～6 月，果期 6～11 月。花期 4～6 月，果期 6～11 月。

产于恩施；分布于浙江、江西、福建、台湾、湖南、湖北、广东、广西、四川、贵州、云南、西藏；缅甸、泰国、越南、老挝、孟加拉、印度、尼泊尔、不丹也有分布。

种子和根含鱼藤酮，磨粉可做杀虫药，能防治多种粮棉害虫；茎皮纤维可供利用。

2. 香花崖豆藤 *Millettia dielsiana* Harms in Bot. Jahrb. 29: 412. 1900.

攀援灌木，长 2～5 米。茎皮灰褐色，剥裂，枝无毛或被微毛。羽状复叶长 15～30 厘米；叶柄长 5～12 厘米，叶轴被稀疏柔毛，后秃净，上面有沟；托叶线形，长 3 毫米；小叶 2 对，间隔 3～5 厘米，纸质，披针形，长圆形至狭长圆形，长 5～15 厘米，宽 1.5～6 厘米，先端急尖至渐尖，偶钝圆，基部钝圆，偶近心形，上面有光泽，几无毛，下面被平伏柔毛或无毛，侧脉 6～9 对，近边缘环结，中脉在上面微凹，下面甚隆起，细脉网状，两面均显著；小叶柄长 2～3 毫米；小托叶锥刺状，长 3～5 毫米。圆锥花序顶生，宽大，长达 40 厘米，生花枝伸展，长 6～15 厘米，较短时近直生，较长时成扇状开展并下垂，花序轴多少被黄褐色柔毛；花单生，近接；苞片线形，锥尖，略短于花梗，宿存，小苞片线形，贴萼生，早落，花长 1.2～2.4 厘米；花梗长约 5 毫米；花萼阔钟状，长 3～5 毫米，宽 4～6 毫米，与花梗同被细柔毛，萼齿短于萼筒，上方 2 齿几全合生，其余为卵形至三角状披针形，下方 1 齿最长；花冠紫红色，旗瓣阔卵形至倒阔卵形，密被锈色或银色绢毛，基部稍呈心形，具短瓣柄，无胼胝体，翼瓣甚短，约为旗瓣的 1/2，锐尖头，下侧有耳，龙骨瓣镰形；雄蕊二体，对旗瓣的 1 枚离生；花盘浅皿状；子房线

形，密被绒毛，花柱长于子房，旋曲，柱头下指，胚珠8～9枚。荚果线形至长圆形，长7～12厘米，宽1.5～2厘米，扁平，密被灰色绒毛，果瓣薄，近木质，瓣裂，有种子3～5粒；种子长圆状凸镜形，长约8厘米，宽约6厘米，厚约2厘米。花期5～9月，果期6～11月。

恩施州广布，生于山坡林中；分布于陕西、甘肃、安徽、浙江、江西、福建、湖北、湖南、广东、海南、广西、四川、贵州、云南；越南、老挝也有分布。本种在FOC修订中并入鸡血藤属（Callerya）考虑到使用习惯，本书仍按崖豆藤属处理。

3. 异果崖豆藤（变种） *Millettia dielsiana* Harms var. *heterocarpa* (Chun ex T. Chen) Z. Wei in Act. Phytotax. Sin. 23: 289. 1985.

本变种与香花崖豆藤 *M. dielsiana* 的不同在于小叶较宽大；果瓣薄革质，种子近圆形。花期5～9月，果期6～11月。

产于鹤峰，属湖北省新记录，生于山坡灌丛中；分布于江西、福建、广东、广西、贵州。本变种在FOC修订中并入鸡血藤属（Callerya），考虑到使用习惯，本书仍按崖豆藤属处理。

紫藤属 *Wisteria* Nutt.

落叶大藤本。冬芽球形至卵形，芽鳞3～5片。奇数羽状复叶互生；托叶早落；小叶全缘；具小托叶。总状花序顶生，下垂；花多数，散生于花序轴上；苞片早落，无小苞片；具花梗；花萼杯状，萼齿5片，略呈二唇形，上方2片短，大部分合生，最下1片较长，钻形；花冠蓝紫色或白色，通常大，旗瓣圆形，基部具2个胼胝体，花开后反折，翼瓣长圆状镰形，有耳，与龙骨瓣离生或先端稍黏合，龙骨瓣内弯，钝头；雄蕊二体，对旗瓣的1枚离生或在中部与雄蕊管黏合，花丝顶端不扩大，花药同型；花盘明显被密腺环；子房具柄，花柱无毛，圆柱形，上弯，柱头小，点状，顶生，胚珠多数。荚果线形，伸长，具颈，种子间缢缩，迟裂，瓣片革质，种子大，肾形，无种阜。

本属约10种；我国有5种1变型；恩施州产1种。

紫藤 *Wisteria sinensis* (Sims) Sweet, Hort. Brit. 121. 1827.

落叶藤本。茎左旋，枝较粗壮，嫩枝被白色柔毛，后秃净；冬芽卵形。奇数羽状复叶长15～25厘米；托叶线形，早落；小叶3～6对，纸质，卵状椭圆形至卵状披针形，上部小叶较大，基部1对最小，长5～8厘米，宽2～4厘米，先端渐尖至尾尖，基部钝圆或楔形，或歪斜，嫩叶两面被平伏毛，后秃净；小叶柄长3～4毫米，被柔毛；小托叶刺毛状，长4～5毫米，宿存。总状花序发自去年年短枝的腋芽或顶芽，长15～30厘米，直径8～10厘米，花序轴被白色柔毛；苞片披针形，早落；花长2～2.5厘米，芳香；花梗细，长2～3厘米；花萼杯状，长5～6毫米，宽7～8毫米，密被细绢毛，上方2齿甚钝，下方3齿卵状三角形；花冠细绢毛，上方2齿甚钝，下方3齿卵状三角形；花冠紫色，旗瓣圆形，先端略凹陷，花开后反折，基部有2个胼胝体，翼瓣长圆形，基部圆，龙骨瓣较翼瓣短，阔镰形，子房线形，密被绒毛，花柱无毛，上弯，胚珠6～8枚。荚果倒披针形，长10～15厘米，宽1.5～2厘米，密被绒毛，悬垂枝上不脱落，有种子1～3粒；种子褐色，具光泽，圆形，宽1.5厘米，扁平。花期4月中旬至5月上旬，果期5～8月。

恩施州广布，生于山坡林缘；广布河北以南黄河长江流域及陕西、河南、广西、贵州、云南。

黄檀属 *Dalbergia* Linn. f.

乔木、灌木或木质藤本。奇数羽状复叶；托叶通常小且早落；小叶互生；无小托叶。花小，通常多数，组成顶生或腋生圆锥花序。分枝有时呈二歧聚伞状；苞片和小苞片通常小，脱落，稀宿存；花萼钟状，裂齿5片，下方1片通常最长，稀近等长，上方2片常较阔且部分合生；花冠白色、淡绿色或紫色，花瓣具柄，旗瓣卵形、长圆形或圆形，先端常凹缺，翼瓣长圆形，瓣片基部楔形、截形或箭头状，龙骨瓣钝头，前喙先端多少合生；雄蕊10或9枚，通常合生为一上侧边缘开口的鞘，或鞘的下侧亦开裂而组成5＋5的二体雄蕊，极稀不规则开裂为三至五体雄蕊，对旗瓣的1枚雄蕊稀离生而组成9＋1的二体雄蕊，花药小，直，顶端短纵裂；子房具柄，有少数胚数，花柱内弯，粗短、纤细或锥尖，柱头小。荚果不开裂，长圆形或带状，翅果状，对种子部分多少加厚且常具网纹，其余部分扁平而薄，稀为近圆形或半月形而略厚，有1至数粒种子；种子肾形，扁平，胚根内弯。

本属约100种；我国有28种1变种；恩施州产4种。

分种检索表

1. 雄蕊10枚，成5＋5的二体雄蕊，小叶3～5对，较阔，宽2.5～4厘米；花萼上部2片裂齿阔而圆，侧面2片卵形；旗瓣基部无附属体；荚果较狭，宽1.3～1.5毫米 ··· 1. 黄檀 *Dalbergia hupeana*
1. 雄蕊9或10枚，单体。
    2. 小叶通常为4～7对，长2厘米以上，基部楔形，网脉于两面明显凸起；旗瓣圆形 ················ 2. 大金刚藤 *Dalbergia dyeriana*
    2. 小叶小，长在2厘米以下，数多，通常在10对以上。
        3. 小叶10～17对，先端截形，微凹，基部楔形或阔楔形；小苞片脱落；旗瓣长圆状倒卵形；荚果宽10～20毫米 ··· 3. 象鼻藤 *Dalbergia mimosoides*
        3. 小叶15～20对，两端钝或圆形；荚果宽7.5厘米 ························· 4. 狭叶黄檀 *Dalbergia stenophylla*

1. 黄檀   *Dalbergia hupeana* Hance in Journ. Bot. 20: 5. 1882.

乔木，高10～20米；树皮暗灰色，呈薄片状剥落。幼枝淡绿色，无毛。羽状复叶长15～25厘米；小叶3～5对，近革质，椭圆形至长圆状椭圆形，长3.5～6厘米，宽2.5～4厘米，先端钝．或稍凹入，基部圆形或阔楔形，两面无毛，细脉隆起，上面有光泽。圆锥花序顶生或生于最上部的叶腋间，连总花梗长15～20厘米，直径10～20厘米，疏被锈色短柔毛；花密集，长6～7毫米；花梗长约5毫米，与花萼同疏被锈色柔毛；基生和副萼状小苞片卵形，被柔毛，脱

落；花萼钟状，长2～3毫米，萼齿5片，上方2片阔圆形，近合生，侧方的卵形，最下一片披针形，长为其余4片之倍；花冠白色或淡紫色，长倍于花萼，各瓣均具柄，旗瓣圆形，先端微缺，翼瓣倒卵形，龙骨瓣关月形，与翼瓣内侧均具耳；雄蕊10枚，成5+5的二体；子房具短柄，除基部与子房柄外，无毛，胚珠2～3枚，花柱纤细，柱头小，头状。荚果长圆形或阔舌状，长4～7厘米，宽13～15毫米，顶端急尖，基部渐狭成果颈，果瓣薄革质，对种子部分有网纹，有1～3粒种子；种子肾形，长7～14毫米，宽5～9毫米。花期5～7月，果期8～10月。

恩施州广布，生于山坡林中；分布于山东、江苏、安徽、浙江、江西、福建、湖北、湖南、广东、广西、四川、贵州、云南。

根药用，可治疗疮。

2. 大金刚藤 *Dalbergia dyeriana* Prain ex Harms in Engl. Bot. Jahrb. 29: 416. 1900.

大藤本。小枝纤细，无毛。羽状复叶长7～13厘米；小叶3～7对，薄革质，倒卵状长圆形或长圆形，长2.5～5厘米，宽1～2.5厘米，基部楔形，有时阔楔形，先端圆或钝，有时稍凹缺，上面无毛，有光泽，下面疏被紧贴柔毛，细脉纤细而密，两面明显隆起；小叶柄长2～2.5毫米。圆锥花序腋生，长3～5厘米，直径约3厘米；总花梗、分枝与花梗均略被短柔毛，花梗长1.5～3毫米；基生小苞片与副萼状小苞片长圆形或披针形，脱落；花萼钟状，略被短柔毛，渐变无毛，萼齿三角形，先端钝，上面2片较阔，下方1片最长，先端近急尖；花冠黄白色，各瓣均具稍长的瓣柄，旗瓣长圆形，先端微缺，翼瓣倒卵状长圆形，无耳，龙骨瓣狭长圆形，内侧有短耳；雄蕊9枚，单体，花丝上部1/4离生；子房具短柄，被短柔毛或近无毛，有胚珠1～3枚，花柱短，无毛，柱头小，尖状。荚果长圆形或带状，扁平，长5～9厘米，宽1.2～2厘米，顶端圆、钝或急尖，有细尖头，基部楔形，具果颈，果瓣薄革质，干时淡褐色，对种子部分有细而清晰网纹，有种子1～2粒；种子长圆状肾形，长约1厘米，宽约5毫米。花期5月，果期8～10月。

恩施州广布，生于山坡林中；分布于陕西、甘肃、浙江、湖北、湖南、四川、云南。

3. 象鼻藤 *Dalbergia mimosoides* Franch. Pl. Delav. 1: 187. 1890.

灌木，高4～6米，或为藤本，多分枝。幼枝密被褐色短粗毛。羽状复叶长6～10厘米；叶轴、叶柄和小叶柄初时密被柔毛，后渐稀疏；托叶膜质，卵形，早落；小叶10～17对，线状长圆形，长6～18毫米，宽3～6毫米，先端截形、钝或凹缺，基部圆或阔楔形，嫩时两面略被褐色柔毛，尤以下面中脉上较密，老时无毛或近无毛，花枝上的幼嫩小叶边缘略吴波状，成长时边缘略加厚，下面细脉干时近黑色。圆锥花序腋生，比复叶短，长1.5～5厘米，分枝聚伞花序状；总花梗、花序轴、分枝与花梗均被柔毛；花小，稍密集，长约5毫米；小苞片卵形，被柔毛，脱落；花萼钟状，略被毛，萼齿除下方1片较长，为披针形之外，其余的卵形，均具缘毛；花冠白色或淡黄色，花瓣具短柄，旗瓣长圆状倒卵形，先端微凹缺，翼瓣倒卵状长圆形，龙骨瓣椭圆形；雄蕊9枚，偶有10枚，单体，花丝长短相间；子房具柄，

豆科
Leguminosae

沿腹缝线疏被柔毛，其余无毛，花柱短，柱头小，有胚珠2~3枚。荚果无毛，长圆形至带状，扁平，长3~6厘米，宽1~2厘米，顶端急尖，基部钝或楔形，具稍长的果颈，果瓣革质，对种子部分有网纹，有种子1~2粒；种子肾形，扁平，长约10毫米，宽约6毫米。花期4~5月，果期8~10月。

恩施州广布，生于山坡林中；分布于陕西、湖北、四川、云南、西藏；印度也有分布。

4. 狭叶黄檀　*Dalbergia stenophylla* Prain in Journ. As. Soc. Beng. 70 (2): 56. 1901.

藤本。小枝干时深褐色或近黑色，有皮孔，无毛或被极稀疏的短柔毛。羽状复叶长4~10厘米；叶轴和叶柄略被短柔毛；托叶卵形，脱落；小叶15~20对，两端钝或圆形，嫩时两面疏被伏贴短柔毛，后除下面中脉外，渐变无毛，小叶柄极短，近无毛。圆锥花序腋生，长4~6厘米；总花梗、花序轴、分枝和花梗均被短柔毛；基生小苞片披针形，副萼状小苞片卵形，包着花萼的1/3，均被短柔毛，宿存；花长3~4毫米；花萼钟状，长约1.5毫米；薄被短柔毛，萼齿短，上方1对先端钝，近合生，侧方的先端急尖，下方1片较长，短披针形；花冠白色或淡黄色，花瓣具短柄，旗瓣阔卵形至近圆形，先端微凹缺，翼瓣长圆形，龙骨瓣倒卵形，与翼瓣均于内侧基部具短耳；雄蕊9枚，单体，花丝长短相间；子房具长柄，沿缝线被疏柔毛，花柱短，柱头小，有胚珠3枚。荚果舌状至带状，长2.5~5厘米，宽约7.5毫米，顶端近急尖，基部渐狭成一明显果颈，有种子1~2粒；种子肾形，扁平。花期5~6月，果期8~10月。

产于利川，生于山谷林下溪边；分布于湖北、广西、四川、贵州。

鸡眼草属　*Kummerowia* Schindl.

一年生草本，常多分枝。叶为三出羽状复叶；托叶膜质，大而宿存，通常比叶柄长。花通常1~2朵簇生于叶腋，稀3朵或更多，小苞片4片生于花萼下方，其中有1片较小；花小，旗瓣与翼瓣近等长，通常均较龙骨瓣短，正常花的花冠和雄蕊管在果时脱落，闭锁花或不发达的花的花冠、雄蕊管和花柱在成果时与花托分离连在荚果上、至后期才脱落；雄蕊二体（9+1）；子房有1枚胚珠。荚果扁平，具1节，1粒种子，不开裂。

本属2种；我国均产；恩施州产2种。

分种检索表

1. 小枝上的毛向上；小叶常为倒卵形，先端微凹；托叶被短缘毛；花梗有毛；荚果较萼长1.5~3倍 ·· 1. 长萼鸡眼草 *Kummerowia stipulacea*
1. 小枝上的毛向下；小叶长圆形或倒卵形，先端通常圆形；托叶被长缘毛；花梗无毛；荚果略长于萼或长达1倍 ··· 2. 鸡眼草 *Kummerowia striata*

1. 长萼鸡眼草　*Kummerowia stipulacea* (Maxim.) Makino in Bot. Mag. Tokyo 28: 107. 1914.

一年生草本，高7~15厘米。茎平伏，上升或直立，多分枝，茎和枝上被疏生向上的白毛，有时仅节处有毛。叶为三出羽状复叶；托叶卵形，长3~8毫米，比叶柄长或有时近相等，边缘通常无毛；叶柄短；小叶纸质，倒卵形、宽倒卵形或倒卵状楔形，长5~18毫米，宽3~12毫米，先端微凹或近截形，基部楔形，全缘；下面中脉及边缘有毛，侧脉多而密。花常1~2朵腋生；小苞片4片，较萼筒稍短、稍长或近等长，生于

萼下，其中1片很小，生于花梗关节之下，常具1~3脉；花梗有毛；花萼膜质，阔钟形，5裂，裂片宽卵形，有缘毛；花冠上部暗紫色，长5.5~7毫米，旗瓣椭圆形，先端微凹，下部渐狭成瓣柄，较龙骨瓣短，翼瓣狭披针形，与旗瓣近等长，龙骨瓣钝，上面有暗紫色斑点；雄蕊二体。荚果椭圆形或卵形，稍侧偏，长约3毫米，常较萼长1.5~3倍。花期7~8月，果期8~10月。

恩施州广布，生于路边；我国各省区均有分布；日本、朝鲜也有分布。

全草药用，能清热解毒、健脾利湿。

2. 鸡眼草 *Kummerowia striata* (Thunb.) Schindl. in Fedde, Repert. Sp. Nov. 10: 403. 1912.

一年生草本，披散或平卧，多分枝，高5~45厘米，茎和枝上被倒生的白色细毛。叶为三出羽状复叶；托叶大，膜质，卵状长圆形，比叶柄长，长3~4毫米，具条纹，有缘毛；叶柄极短；小叶纸质，倒卵形、长倒卵形或长圆形，较小，长6~22毫米，宽3~8毫米，先端圆形，稀微缺，基部近圆形或宽楔形，全缘；两面沿中脉及边缘有白色粗毛，但上面毛较稀少，侧脉多而密。花小，单生或2~3朵簇生于叶腋；花梗下端具2枚大小不等的苞片，萼基部具4片小苞片，其中1片极小，位于花梗关节处，小苞片常具5~7条纵脉；花萼钟状，带紫色，5裂，裂片宽卵形，具网状脉，外面及边缘具白毛；花冠粉红色或紫色，长5~6毫米，较萼约长1倍，旗瓣椭圆形，下部渐狭成瓣柄，具耳，龙骨瓣比旗瓣稍长或近等长，翼瓣比龙骨瓣稍短。荚果圆形或倒卵形，稍侧扁，长3.5~5毫米，较萼稍长或长达1倍，先端短尖，被小柔毛。花期7~9月，果期8~10月。

恩施州广布，生于路边；我国各省区均有分布；朝鲜、日本、俄罗斯也有分布。

全草供药用，有利尿通淋、解热止痢之效；全草煎水，可治风疹。

杭子梢属 *Campylotropis* Bunge

落叶灌木或半灌木。小枝有棱并有毛，稀无毛，老枝毛少或无毛。羽状复叶具3片小叶；托叶2片，通常为狭三角形至钻形，宿存或有时脱落；叶通常有毛，无翅或稍有翅，叶轴比小叶柄长，在小叶柄基部常有2片脱落性的小托叶；顶生小叶通常比侧生小叶稍大而形状相似。花序通常为总状。单一腋生或有时数个腋生并顶生，常于顶部排成圆锥花序；苞片宿存或早落，在每枚苞片腋内生有1朵花，花梗有关节，花易从花梗顶部关节处脱落；小苞片2片，生于花梗顶端，通常早落；花萼通常为钟形，5裂，上方2裂片通常大部分合生，先端不同程度地分离，下方萼裂片一般较上、侧方萼裂片狭而长；旗瓣椭圆形、近圆形、卵形以至近长圆形等，顶端通常锐尖，基部常狭窄，具很短的瓣柄，翼瓣近长圆形、半圆形或半椭圆形等，基部常有耳及细瓣柄，龙骨瓣瓣片上部向内弯成直角，有时成钝角或锐角，向先端变细，通常锐尖如喙状，瓣片基部有耳或呈截形，具细瓣柄；雄蕊二体（9+1），对着旗瓣的1枚雄蕊在花期不同程度地与雄蕊管连合，果期则多分离至中下部以至近基部；子房被毛或无毛，通常具短柄，1室，1枚胚珠，花柱丝状，向内弯曲，具小而顶生的柱头。荚果压扁，两面凸，有时近扁平，不开裂，表面有毛或无毛；种子1粒。通常由于花柱基部宿存而形成荚果顶端的喙尖。

本属约45种；中国有29种6变种6变型；恩施州产1种。

杭子梢 *Campylotropis macrocarpa* (Bunge) Rehd. in Sargent, Pl. Wils. 2: 113. 1914.

灌木，高1~3米。小枝贴生或近贴生短或长柔毛，嫩枝毛密，少有具绒毛，老枝常无毛。羽状复叶具3片小叶；托叶狭三角形、披针形或披针状钻形，长2~6毫米；叶柄长1.5~3.5厘米，稍密生短柔毛或长柔毛，少为毛少或无毛，枝上部的叶柄常较短，有时长不及1厘米；小叶椭圆形或宽椭圆形，有时过渡为长圆形，长2～7厘米，宽1.5～4厘米，先端圆形、钝或微凹，具小凸尖，基部圆形，稀近楔形，上面通常无毛，脉明显，下面通常贴生或近贴生短柔毛或长柔毛，疏生至密生，中脉明显隆起，毛较密。总状花序单一（稀2），腋生并顶生，花序连总花梗长4～10厘米或有时更长，总花梗长1～5厘米，花序轴密生开展的短柔毛或微柔毛总花梗常斜生或贴生短柔毛，稀为具绒毛；苞片卵状披针形，长1.5～3毫米，早落或花后逐渐脱落，小苞片近线形或披针形，长1～1.5毫米，早落；花梗长4～12毫米，具开展的微柔毛或短柔毛，极稀贴生毛；花萼钟形，长3～5毫米，稍浅裂或近中裂，稀稍深裂或深裂，通常贴生短柔毛，萼裂片狭三角形或三角形，渐尖，下方萼裂片较狭长，上方萼裂片几乎全部合生或少有分离；花冠紫红色或近粉红色，长10～13毫米，稀为长不及10毫米，旗瓣椭圆形、倒卵形或近长圆形等，近基部狭窄，瓣柄长0.9～1.6毫米，翼瓣微短于旗瓣或等长，龙骨瓣呈直角或微钝角内弯，瓣片上部通常比瓣片下部短1～3.5毫米。荚果长圆形、近长圆形或椭圆形，长9～16毫米，宽3.5～6毫米，先端具短喙尖，果颈长1～1.8毫米，稀短于1毫米，无毛，具网脉，边缘生纤毛。花期5～10月，果期6～10月。

恩施州广布，生于路边草丛中；分布于河北、山西、陕西、甘肃、山东、江苏、安徽、浙江、江西、福建、河南、湖北、湖南、广西、四川、贵州、云南、西藏等省区；朝鲜也有分布。

胡枝子属 *Lespedeza* Michx.

多年生草本、半灌木或灌木。羽状复叶具3片小叶；托叶小，钻形或线形，宿存或早落，无小托叶；小叶全缘，先端有小刺尖，网状脉。花2至多数组成腋生的总状花序或花束；苞片小，宿存，小苞片2片，着生于花基部；花常二型；一种有花冠，结实或不结实，另一种为闭锁花，花冠退化，不伸出花萼，结实；花萼钟形，5裂，裂片披针形或线形，上方2裂片通常下部合生，上部分离；花冠超出花萼，花瓣具瓣柄，旗瓣倒卵形或长圆形，翼瓣长圆形，与龙骨瓣稍附着或分离，龙骨瓣钝头、内弯；雄蕊10枚，二体（9+1）；子房上位，具1枚胚珠，花柱内弯，柱头顶生。荚果卵形、倒卵形或椭圆形，稀稍呈球形，双凸镜状，常有网纹；种子1粒，不开裂。

本属60余种；我国产26种；恩施州产11种。

分种检索表

1. 无闭锁花。
  2. 小叶先端急尖至长渐尖或稍尖，稀稍钝。
    3. 花淡黄绿色；叶鲜绿色·· 1. 绿叶胡枝子 *Lespedeza buergeri*
    3. 花红紫色；花萼深裂；裂片为萼筒长的2～4倍，花长10～15毫米············ 2. 美丽胡枝子 *Lespedeza formosa*
  2. 小叶先端通常钝圆或凹。
    4. 小叶下面密被丝状毛；花萼深裂，裂片披针形至线状披针形；植株较粗壮，具明显条棱；小叶宽卵形或宽倒卵形·· 3. 大叶胡枝子 *Lespedeza davidii*

4. 小叶下面被短柔毛；花萼浅裂至中裂，稀微深裂；小叶较薄，草质，花萼裂片通常比萼筒短，花序为总状花序构成的大型、疏松的圆锥花序 ·· 4. 胡枝子 *Lespedeza bicolor*

1. 有闭锁花。
　　5. 茎平卧或斜升，全株密被毛；花黄白色或白色；小叶宽倒卵形或倒卵圆形 ······················· 5. 铁马鞭 *Lespedeza pilosa*
　　5. 茎直立。
　　　6. 总花梗纤细。
　　　　7. 花紫色；总花梗稍粗；不为毛发状 ·· 6. 多花胡枝子 *Lespedeza floribunda*
　　　　7. 花黄白色；总花梗毛发状 ··· 7. 细梗胡枝子 *Lespedeza virgata*
　　　6. 总花梗粗壮。
　　　　8. 花萼裂片狭披针形，花萼为花冠长的1/2以上。
　　　　　9. 植株密被黄褐色绒毛；小叶质厚，椭圆形或卵状长圆形；闭锁花簇生于叶腋呈球形 ······ 8. 绒毛胡枝子 *Lespedeza tomentosa*
　　　　　9. 植株被粗硬毛或柔毛；小叶长圆形或狭长圆形 ··· 9. 兴安胡枝子 *Lespedeza daurica*
　　　　8. 花萼裂片披针形或三角形，花萼长不及花冠之半。
　　　　　10. 小叶倒卵状长圆形、长圆形或卵形，先端截形或微凹，边缘波状；荚果卵圆形 ······ 10. 中华胡枝子 *Lespedeza chinensis*
　　　　　10. 小叶楔形或线状楔形，先端截形或近截形 ··· 11. 截叶铁扫帚 *Lespedeza cuneata*

1. 绿叶胡枝子　*Lespedeza buergeri* Miq. in Ann. Mus. Bot. Lugd. -Bat. 3: 47. 1867.

直立灌木，高1~3米。枝灰褐色或淡褐色，被疏毛。托叶2片，线状披针形，长2毫米；小叶卵状椭圆形，长3~7厘米，宽1.5~2.5厘米，先端急尖，基部稍尖或钝圆，上面鲜绿色，光滑无毛，下面灰绿色。密被贴生的毛。总状花序腋生，在枝上部者构成圆锥花序；苞片2片，长卵形，长约2毫米，褐色，密被柔毛；花萼钟状，长4毫米，5裂至中部，裂片卵状披针形或卵形，密被长柔毛；花冠淡黄绿色，长约10毫米，旗瓣近圆形，基部两侧有耳，具短柄，翼瓣椭圆状长圆形，基部有耳和瓣柄，瓣片先端有时稍带紫色，龙骨瓣倒卵状长圆形，比旗瓣稍长，基部有明显的耳和长瓣柄；雄蕊10枚，二体；子房有毛，花柱丝状，稍超出雄蕊，柱头头状。荚果长圆状卵形，长约15毫米，表面具网纹和长柔毛。花期6~7月，果期8~9月。

产于巴东，生于山坡灌丛中；分布于山西、陕西、甘肃、江苏、安徽、浙江、江西、台湾、河南、湖北、四川等省；朝鲜、日本也有分布。

2. 美丽胡枝子　*Lespedeza formosa* (Vog.) Koehne, Deutsche Dendrol. 343. 1893.

直立灌木，高1~2米。多分枝，枝伸展，被疏柔毛。托叶披针形至线状披针形，长4~9毫米，褐色，被疏柔毛；叶柄长1~5厘米；被短柔毛；小叶椭圆形、长圆状椭圆形或卵形，稀倒卵形，两端稍尖或稍钝，长2.5~6厘米，宽1~3厘米，上面绿色，稍被短柔毛，下面淡绿色，贴生短柔毛。总状花序单一，腋生，比叶长，或构成顶生的圆锥花序；总花梗长可达10厘米，被短柔毛；苞片卵状渐尖，长1.5~2毫米，密被绒毛；花梗短，被毛；花萼钟

状，长5~7毫米，5深裂，裂片长圆状披针形，长为萼筒的2~4倍，外面密被短柔毛；花冠红紫色，长10~15毫米旗瓣近圆形或稍长，先端圆，基部具明显的耳和瓣柄，翼瓣倒卵状长圆形，短于旗瓣和龙骨瓣，长7~8毫米，基部有耳和细长瓣柄，龙骨瓣比旗瓣稍长，在花盛开时明显长于旗瓣，基部有耳和细长瓣柄。荚果倒卵形或倒卵状长圆形，长8毫米，宽4毫米，表面具网纹且被疏柔毛。花期7~9月，果期9~10月。

恩施州广布，生于山坡灌丛中；分布于河北、陕西、甘肃、山东、江苏、安徽、浙江、江西、福建、河南、湖北、湖南、广东、广西、四川、云南等省区；朝鲜、日本、印度也有分布。

3. 大叶胡枝子 *Lespedeza davidii* Franch. Pl. David. 94. t. 13. 1884.

直立灌木，高1~3米。枝条较粗壮，稍曲折，有明显的条棱，密被长柔毛。托叶2片，卵状披针形，长5毫米；叶柄长1~4厘米，密被短硬毛；小叶宽卵圆形或宽倒卵形，长3.5~13厘米，宽2.5~8厘米，先端圆或微凹，基部圆形或宽楔形，全缘，两面密被黄白色绢毛。总状花序腋生或于枝顶形成圆锥花序，花稍密集，比叶长；总花梗长4~7厘米，密被长柔毛；小苞片卵状披针形，长2毫米，外面被柔毛；花萼阔钟形，5深裂，长6毫米，裂片披针形，被长柔毛；花红紫色，旗瓣倒卵状长圆形，长10~11毫米，宽约5毫米，顶端圆

或微凹，基部具耳和短柄，翼瓣狭长圆形，比旗瓣和龙骨瓣短，长7毫米，基部具弯钩形耳和细长瓣柄，龙骨瓣略呈弯刀形，与旗瓣近等长，基部有明显的耳和柄，子房密被毛。荚果卵形，长8~10毫米，稍歪斜，先端具短尖，基部圆，表面具网纹和稍密的绢毛。花期7~9月，果期9~10月。

产于鹤峰，生于山坡灌丛中；分布于江苏、安徽、浙江、江西、福建、河南、湖南、湖北、广东、广西、四川、贵州等省区。

4. 胡枝子 *Lespedeza bicolor* Turcz. in Bull. Soc. Nat. Mosc. 13: 69. 1840.

直立灌木，高1~3米，多分枝，小枝黄色或暗褐色，有条棱，被疏短毛；芽卵形，长2~3毫米，具数枚黄褐色鳞片。羽状复叶具3片小叶；托叶2片，线状披针形，长3~4.5毫米；叶柄长2~9厘米；小叶质薄，卵形、倒卵形或卵状长圆形，长1.5~6厘米，宽1~3.5厘米，先端钝圆或微凹，稀稍尖，具短刺尖，基部近圆形或宽楔形，全缘，上面绿色，无毛，下面色淡，被疏柔毛，老时渐无毛。总状花序腋生，比叶长，常构成大型、较疏松的圆锥花序；总花梗长4~10厘米；小苞片2片，卵形，长不到1厘米，先端钝圆或稍尖，黄褐色，被短柔毛；花梗短，长约2毫米，密被毛；花萼长约5毫米，5浅裂，裂片通常短于萼筒，上方2裂片合生成2齿，裂片卵形或三角状卵形，先端尖，外面被白毛；花冠红紫色，极稀白色，长约10毫米，旗瓣倒卵形，先端微凹，翼瓣较短，近长圆形，基部具耳和瓣柄，龙骨瓣与旗瓣近等长，先端钝，基部具较长的瓣柄；子房被毛。荚果斜倒卵形，稍扁，

长约 10 毫米，宽约 5 毫米，表面具网纹，密被短柔毛。花期 7~9 月，果期 9~10 月。

产于利川，生于山坡灌丛中，属湖北省新记录；分布于黑龙江、吉林、辽宁、河北、内蒙古、山西、陕西、甘肃、山东、江苏、安徽、浙江、福建、台湾、河南、湖南、广东、广西等省区；也分布于朝鲜、日本。

种子油可供食用或作机器润滑油；叶可代茶；枝可编筐。

5. 铁马鞭 *Lespedeza pilosa* (Thunb.) Sieb. et Zucc. Fl. Jap. Fam. Nat. 1: 121. 1846.

多年生草本。全株密被长柔毛，茎平卧，细长，长 60~100 厘米，少分枝，匍匐地面。托叶钻形，长约 3 毫米，先端渐尖；叶柄长 6~15 毫米；羽状复叶具 3 片小叶；小叶宽倒卵形或倒卵圆形，长 1.5~2 厘米，宽 1~1.5 厘米，先端圆形、近截形或微凹，有小刺尖，基部圆形或近截形，两面密被长毛，顶生小叶较大。总状花序腋生，比叶短；苞片钻形，长 5~8 毫米，上部边缘具缘毛；总花梗极短，密被长毛；小苞片 2 片，披针状钻形，长 1.5 毫米，背部中脉具长毛，边缘具缘毛；花萼密被长毛，5 深裂，上方 2 裂片基部合生，上部分离，裂片狭披针形，长约 3 毫米，先端长渐尖，边缘具长缘毛；花冠黄白色或白色，旗瓣椭圆形，长 7~8 毫米，宽 2.5~3 毫米，先端微凹，具瓣柄，翼瓣比旗瓣与龙骨瓣短；闭锁花常 1~3 朵集生于茎上部叶腋，无梗或近无梗，结实。荚果广卵形，长 3~4 毫米，凸镜状，两面密被长毛，先端具尖喙。花期 7~9 月，果期 9~10 月。

恩施州广布，生于山坡灌丛中；分布于陕西、甘肃、江苏、安徽、浙江、江西、福建、湖北、湖南、广东、四川、贵州、西藏等省区；朝鲜、日本也有分布。

全株药用，有祛风活络、健胃益气安神之效。

6. 多花胡枝子 *Lespedeza floribunda* Bunge Pl. Mongh.-Chin. 1: 13. 1835.

小灌木，高 30~100 厘米。根细长；茎常近基部分枝；枝有条棱，被灰白色绒毛。托叶线形，长 4~5 毫米，先端刺芒状；羽状复叶具 3 片小叶；小叶具柄，倒卵形、宽倒卵形或长圆形，长 1~1.5 厘米，宽 6~9 毫米，先端微凹、钝圆或近截形，具小刺尖，基部楔形，上面被疏伏毛，下面密被白色伏柔毛；侧生小叶较小。总状花序腋生；总花梗细长，显著超出叶；花多数；小苞片卵形，长约 1 毫米，先端急尖；花萼长 4~5 毫米，被柔毛，5 裂，上方 2 裂片下部合生，上部分离，裂片披针形或卵状披针形，长 2~3 毫米，先端渐尖；花冠紫色、紫红色或蓝紫色，旗瓣椭圆形，长 8 毫米，先端圆形，基部有柄，翼瓣稍短，龙骨瓣长于旗瓣，钝头。荚果宽卵形，长约 7 毫米，超出宿存萼，密被柔毛，有网状脉。花期 6~9 月，果期 9~10 月。

产于恩施，生于山坡灌丛中；分布于辽宁、河北、山西、陕西、宁夏、甘肃、青海、山东、江苏、安徽、江西、福建、河南、湖北、广东、四川等省区。

7. 细梗胡枝子　*Lespedeza virgata* (Thunb.) DC. Prodr. 2: 350. 1825.

小灌木，高25~50厘米，有时可达1米。基部分枝，枝细，带紫色，被白色伏毛。托叶线形，长5毫米；羽状复叶具3片小叶；小叶椭圆形、长圆形或卵状长圆形，稀近圆形，长0.6~3厘米，宽4~15毫米，先端钝圆，有时微凹，有小刺尖，基部圆形，边缘稍反卷，上面无毛，下面密被伏毛，侧生小叶较小；叶柄长1~2厘米，被白色伏柔毛。总状花序腋生，通常具3朵稀疏的花；总花梗纤细，毛发状，被白色伏柔毛，显著超出叶；苞片及小苞片披针形，长约1毫米，被伏毛；花梗短；花萼狭钟形，长4~6毫米，旗瓣长约6毫米，基部有紫斑，翼瓣较短，龙骨瓣长于旗瓣或近等长；闭锁花簇生于叶腋，无梗，结实。荚果近圆形，通常不超出萼。花期7~9月，果期9~10月。

产于宣恩、鹤峰，生于山坡灌丛中；分布于自辽宁南部经华北、陕、甘至长江流域各省，但云南、西藏无；朝鲜、日本也有分布。

8. 绒毛胡枝子　*Lespedeza tomentosa* (Thunb.) Sieb. ex Maxim. in Act. Hort. Petrop. 2: 376. 1873.

灌木，高达1米。全株密被黄褐色绒毛。茎直立，单一或上部少分枝。托叶线形，长约4毫米；羽状复叶具3片小叶；小叶质厚，椭圆形或卵状长圆形，长3~6厘米，宽1.5~3厘米，先端钝或微心形，边缘稍反卷，上面被短伏毛，下面密被黄褐色绒毛或柔毛，沿脉上尤多；叶柄长2~3厘米。总状花序顶生或于茎上部腋生；总花梗粗壮，长4~12厘米；苞片线状披针形，长2毫米，有毛；花具短梗，密被黄褐色绒毛；花萼密被毛长约6毫米，5深裂，裂片狭披针形，长约4毫米，先端长渐尖；花冠黄色或黄白色，旗瓣椭圆形，长约1厘米，龙骨瓣与旗瓣近等长，翼瓣较短，长圆形；闭锁花生于茎上部叶腋，簇生成球状。荚果倒卵形，长3~4毫米，宽2~3毫米，先端有短尖，表面密被毛。花期7~8月，果期9~10月。

产于咸丰、巴东，生于山坡灌丛中；除新疆及西藏外全国各地普遍生长。

根药用，健脾补虚，有增进食欲及滋补之效。

9. 兴安胡枝子　*Lespedeza daurica* (Laxm.) Schindl. in Fedde, Repert. Sp. Nov. 22: 274. 1926.

小灌木，高达1米。茎通常稍斜升，单一或数个簇生；老枝黄褐色或赤褐色，被短柔毛或无毛，幼枝绿褐色，有细棱，被白色短柔毛。羽状复叶具3片小叶；托叶线形，长2~4毫米；叶柄长1~2厘米；小叶长圆形或狭长圆形，长2~5厘米，宽5~16毫米，先端圆形或微凹，有小刺尖，基部圆形，上面无毛，下面被贴伏的短柔毛；顶生小叶较大。总状花序腋生。较叶短或与叶等长；总花梗密生短柔毛；小苞片披针状线形，有毛；花萼5深裂，外面被白毛，萼裂片披针形，先端长渐尖，成刺芒状，与花冠近等长；花冠白色或黄白色，旗瓣长圆形，长约1厘米，中央稍带紫色，具瓣柄，翼瓣长圆形，先端钝，较短，龙骨瓣比翼瓣长，先端圆形；闭锁花生于叶腋，结实。荚果小，倒卵形或长倒卵形，长3~4毫米，宽2~3毫米，先端有刺尖，基部稍狭，两面凸起，有毛，包于宿存花萼内。花期7~8月，果期9~10月。

恩施州广布，生于山坡路边；分布于东北、华北经秦岭淮河以北至西南各省；朝鲜、日本也有分布。

10. 中华胡枝子　*Lespedeza chinensis* G. Don, Gen. Syst. 2: 307. 1832.

小灌木，高达1米。全株被白色伏毛，茎下部毛渐脱落，茎直立或铺散；分枝斜升，被柔毛。托叶钻状，长3~5毫米；叶柄长约1厘米；羽状复叶具3片小叶，小叶倒卵状长圆形、长圆形、卵形或倒卵形，长1.5~4厘米，宽1~1.5厘米，先端截形、近截形、微凹或钝头，具小刺尖，边缘稍反卷，上面无毛或疏生短柔毛，下面密被白色伏毛。总状花序腋生，不超出叶，少花；总花梗极短；花梗长

1~2毫米；苞片及小苞片披针形，小苞片2片，长2毫米，被伏毛；花萼长为花冠之半，5深裂，裂片狭披针形，长约3毫米，被伏毛，边具缘毛；花冠白色或黄色，旗瓣椭圆形，长约7毫米，宽约3毫米，基部具瓣柄及2耳状物，翼瓣狭长圆形，长约6毫米，具长瓣柄，龙骨瓣长约8毫米，闭锁花簇生于茎下部叶腋。荚果卵圆形，长约4毫米，宽2.5~3毫米，先端具喙，基部稍偏斜，表面有网纹，密被白色伏毛。花期8~9月，果期10~11月。

产于恩施、鹤峰，生于山坡林中；分布于江苏、安徽、浙江、江西、福建、台湾、湖北、湖南、广东、四川等省。

11. 截叶铁扫帚 *Lespedeza cuneata* (Dum. -Cours.) G. Don, Gen. Syst. 2: 307. 1832.

小灌木，高达1米。茎直立或斜升，被毛，上部分枝；分枝斜上举。叶密集，柄短；小叶楔形或线状楔形，长1~3厘米，宽2~7毫米，先端截形成近截形，具小刺尖，基部楔形，上面近无毛，下面密被伏毛。总状花序腋生，具2~4朵花；总花梗极短；小苞片卵形或狭卵形，长1~1.5毫米，先端渐尖，背面被白色伏毛，边具缘毛；花萼狭钟形，密被伏毛，5深裂，裂片披针形；花冠淡黄色或白色，旗瓣基部有紫斑，有时龙骨瓣先端带紫色，翼瓣与旗瓣近等长，龙骨瓣稍长；闭锁花簇生于叶腋。荚果宽卵形或近球形，被伏毛，长2.5~3.5毫米，宽约2.5毫米。花期7~8月，果期9~10月。

恩施州广布，生于山坡林中；分布于陕西、甘肃、山东、台湾、河南、湖北、湖南、广东、四川、云南、西藏等省区；朝鲜、日本、印度、巴基斯坦、阿富汗及澳大利亚也有分布。

合欢属 *Albizia* Durazz.

乔木或灌木，稀为藤本，通常无刺，很少托叶变为刺状。二回羽状复叶，互生，通常落叶；羽片1至多对；总叶柄及叶轴上有腺体；小叶对生，1至多对。花小，常两型，5基数，两性，稀可杂性，有梗或无梗，组成头状花序、聚伞花序或穗状花序，再排成腋生或顶生的圆锥花序；花萼钟状或漏斗状，具5齿或5浅裂；花瓣常在中部以下合生成漏斗状，上部具5片裂片；雄蕊20~50枚，花丝突出于花冠之外，基部合生成管，花药小，无或有腺体；子房有胚珠多颗。荚果带状，扁平，果皮薄，种子间无间隔，不开裂或迟裂；种子圆形或卵形，扁平，无假种皮，种皮厚，具马蹄形痕。

本属约150种；我国有17种；恩施州产2种。

分种检索表

1. 小叶长1.8厘米以下，宽1厘米以下；托叶较小叶小，线状披针形；花序轴短而蜷蜒状 ·················· 1. 合欢 *Albizia julibrissin*
1. 小叶长1.8~4.5厘米，宽0.7~2厘米；小叶两面均被短柔毛；腺体密被黄褐色或灰白色短绒毛 ·········· 2. 山槐 *Albizia kalkora*

1. 合欢 *Albizia julibrissin* Durazz. in Mag. Tosc. 3: 11. 1772.

落叶乔木，高可达16米，树冠开展；小枝有棱角，嫩枝、花序和叶轴被绒毛或短柔毛。托叶线状披针形，较小叶小，早落。二回羽状复叶，总叶柄近基部及最顶一对羽片着生处各有1个腺体；羽片4~12对，栽培的有时达20对；小叶10~30对，线形至长圆形，长6~12毫米，宽1~4毫米，向上偏斜，先端有小尖头，有缘毛，有时在下面或仅中脉上有短柔毛；中脉紧靠上边缘。头状花序于枝顶排成圆锥花序；花粉红色；花萼管状，长3毫米；花冠长8毫米，裂片三角形，长1.5毫米，花萼、花冠外均被短柔毛；花丝长2.5厘米。荚果带状，长9~15厘米，宽1.5~2.5厘米，嫩荚有柔毛，老荚无毛。花期6~7月，果期8~10月。

恩施州广布，生于山坡林中；广布我国各省区；非洲、中亚至东亚均有分布。

树皮供药用，有驱虫之效。

2. 山槐　　*Albizia kalkora* (Roxb.) Prain in Journ. As. iat Soc. Bengal 66: 661. 1897.

俗名山合欢，落叶小乔木或灌木，通常高3~8米；枝条暗褐色，被短柔毛，有显著皮孔。二回羽状复叶；羽片2~4对；小叶5~14对，长圆形或长圆状卵形，长1.8~4.5厘米，宽7~20毫米，先端圆钝而有细尖头，基部不等侧，两面均被短柔毛，中脉稍偏于上侧。头状花序2~7条生于叶腋，或于枝顶排成圆锥花序；花初白色，后变黄，具明显的小花梗；花萼管状，长2~3毫米，5齿裂；花冠长6~8毫米，中部以下连合呈管状，裂片披针形，花萼、花冠均密被长柔毛；雄蕊长2.5~3.5厘米，基部连合呈管状。荚果带状，长7~17厘米，宽1.5~3厘米，深棕色，嫩荚密被短柔毛，老时无毛；种子4~12粒，倒卵形。花期5~6月，果期8~10月。

恩施州广布，生于山坡林中；我国各省区均有分布；越南、缅甸、印度亦有分布。

金合欢属　*Acacia* Mill.

灌木、小乔木或攀援藤本，有刺或无刺。托叶刺状或不明显，罕为膜质。二回羽状复叶；小叶通常小而多对，或叶片退化，叶柄变为叶片状，称为叶状柄，总叶柄及叶轴上常有腺体。花小，两性或杂性，5~3基数，大多为黄色，少数白色，通常约50朵，最多可达400朵，组成圆柱形的穗状花序或圆球形的头状花序，1至数条花序簇生于叶腋或于枝顶再排成圆锥花序；总花梗上有总苞片；花萼通常钟状，具裂齿；花瓣分离或于基部合生；雄蕊多数，通常在50枚以上，花丝分离或仅基部稍连合；子房无柄或具柄，胚珠多枚，花柱丝状，柱头小，头状。荚果形状种，长圆形或线形，直或弯曲，多数扁平，少有膨胀，开裂或不开裂；种子扁平，种皮硬而光滑。

本属800~900种，分布于全世界的热带和亚热带地区，尤以大洋洲及非洲的种类最多；我国连引入栽培的有18种，产西南部至东部；恩施州引入栽培1种。

黑荆　　*Acacia mearnsii* De Wilde, Pl. Bequaert. 3: 62. 1925.

乔木，高9~15米；小枝有棱，被灰白色短绒毛。二回羽状复叶，嫩叶被金黄色短绒毛，成长叶被灰色短柔毛；羽片8~20对，长2~7厘米，每对羽片着生处附近及叶轴的其他部位都具有腺体；小叶

30~40对，排列紧密，线形，长2~3毫米，宽0.8~1毫米，边缘、下面，有时两面均被短柔毛。头状花序圆球形，直径6~7毫米，在叶腋排成总状花序或在枝顶排成圆锥花序；总花梗长7~10毫米；花序轴被黄色、稠密的短绒毛。花淡黄或白色。荚果长圆形，扁压，长5~10厘米，宽4~5毫米，于种子间略收窄，被短柔毛，老时黑色；种子卵圆形，黑色，有光泽。花期6月；果期8月。花期6月，果期8月。

恩施有栽培；我国浙江、福建、台湾、广东、广西、云南、四川等省区有引种；原产澳大利亚。

本种是世界著名的速生、高产、优质的鞣料树种。树皮含单宁30%~45%，供硝皮和作染料用；木材坚韧，可作坑木、枕木、电杆、船板、农具、家具、建筑等用材；亦为蜜源、绿化树种。

含羞草属 *Mimosa* Linn.

多年生、有刺草本或灌木，稀为乔木或藤本。托叶小，钻状。二回羽状复叶，常很敏感，触之即闭合而下垂，叶轴上通常无腺体；小叶细小，多数。花小，两性或杂性，通常4~5数，组成稠密的球形头状花序或圆柱形的穗状花序，花序单生或簇生；花萼钟状，具短裂齿；花瓣下部合生；雄蕊与花瓣同数或为花瓣数的2倍，分离，伸出花冠之外，花药顶端无腺体；子房无柄或有柄，胚珠2枚，至多数。荚果长椭圆形或线形，扁平，直或略弯曲，有荚节3~6个，荚节脱落后具长刺毛的荚缘宿存在果柄上；种子卵形或圆形，扁平。

本属约500种；我国引进3种1变种；恩施州产1种。

含羞草 *Mimosa pudica* Linn. Sp. Pl. 518. 1753.

披散、亚灌木状草本，高可达1米；茎圆柱状，具分枝，有散生、下弯的钩刺及倒生刺毛。托叶披针形，长5~10毫米，有刚毛。羽片和小叶触之即闭合而下垂；羽片通常2对，指状排列于总叶柄之顶端，长3~8厘米；小叶10~20对，线状长圆形，长8~13毫米，宽1.5~2.5毫米，先端急尖，边缘具刚毛。头状花序圆球形，直径约1厘米，具长总花梗，单生或2~3条生于叶腋；花小，淡红色，多数；苞片线形；花萼极小；花冠钟状，裂片4片，外面被短柔毛；雄蕊4枚，伸出于花冠之外；子房有短柄，无毛；胚珠3~4枚，花柱丝状，柱头小。荚果长圆形，长1~2厘米，宽约5毫米，扁平，稍弯曲，荚缘波状，具刺毛，成熟时荚节脱落，荚缘宿存；种子卵形，长3.5毫米。花期3~10月，果期5~11月。

恩施州广泛栽培；广泛栽培于长江以南各省；原产热带美洲，现广布于世界热带地区。

全草供药用，有安神镇静的功能，鲜叶捣烂外敷治带状疱疹。

银合欢属 *Leucaena* Benth.

常绿、无刺灌木或乔木。托叶刚毛状或小形，早落。二回羽状复叶；小叶小而多或大而少，偏斜；总叶柄常具腺体。花白色，通常两性，5基数，无梗，组成密集、球形、腋生的头状花序，单生或簇生于叶腋；苞片通常2片；萼管钟状，具短裂齿；花瓣分离；雄蕊10枚，分离，伸出于花冠之外；花药顶端无腺体，常被柔毛；子房具柄，胚珠多颗，花柱线形。荚果劲直，扁平，光滑，革质，带状，成熟后2瓣裂，无横隔膜；种子多数，横生，卵形，扁平。

本属约40种；我国有1种；恩施州产1种。

银合欢 *Leucaena leucocephala* (Lam.) de Wit in Taxon 10: 54. 1961.

灌木或小乔木，高2~6米；幼枝被短柔毛，老枝无毛，具褐色皮孔，无刺；托叶三角形，小。羽片4~8对，长5~16厘米，叶轴被柔毛，在最下一对羽片着生处有黑色腺体1个；小叶5~15对，线状长圆形，长7~13毫米，宽1.5~3毫米，先端急尖，基部楔形，边缘被短柔毛，中脉偏向小叶上缘，两侧不等宽。头状花序通常1~2条腋生，直径2~3厘米；苞片紧贴，被毛，早落；总花梗长2~4厘米；花白色；花萼长约3毫米，顶端具5细齿，外面被柔毛；花瓣狭倒披针形，长约5毫米，背被疏柔毛；雄蕊10枚，通常被疏柔毛，长约7毫米；子房具短柄，上部被柔毛，柱头凹下呈杯状。荚果带状，长10~18厘米，宽1.4~2厘米，顶端凸尖，基部有柄，纵裂，被微柔毛；种子6~25粒，卵形，长约7.5毫米，褐色，扁平，光亮。花期4~7月，果期8~10月。

恩施州广泛栽培；分布于台湾、福建、广东、广西和云南；原产热带美洲，现广布于各热带地区。

主要参考文献

陈天虎，2007. 恩施市维管束植物名录［M］. 武汉：湖北科学技术出版社.

方元平，等，2000. 湖北省国家重点保护野生植物名录及特点［J］. 环境科学与技术，89（2）：14-17.

方志先，廖朝林，2006. 湖北恩施药用植物志［M］. 武汉：湖北科学技术出版社.

傅立国，等，2002. 中国高等植物［M］. 青岛：青岛出版社.

傅书遐，中国科学院武汉植物研究所，2001. 湖北植物志1［M］. 武汉：湖北科学技术出版社.

傅书遐，中国科学院武汉植物研究所，2002. 湖北植物志2［M］. 武汉：湖北科学技术出版社.

甘启良，2005. 竹溪植物志［M］. 武汉：湖北科学技术出版社.

贵州植物志编辑委员会，1985. 贵州植物志 第二卷［M］. 贵阳：贵州人民出版社.

贵州植物志编辑委员会，1989. 贵州植物志 第六卷［M］. 成都：四川民族出版社.

贵州植物志编辑委员会，1989. 贵州植物志 第四卷［M］. 成都：四川民族出版社.

湖南植物志编辑委员会，2000. 湖南植物志 第二卷［M］. 长沙：湖南科学技术出版社.

湖南植物志编辑委员会，2010. 湖南植物志 第三卷［M］. 长沙：湖南科学技术出版社.

黄升，等，2016. 湖北星斗山国家级自然保护区种子植物区系研究［J］. 植物科学学报，34（5）：684-694.

江西植物志编辑委员会，2004. 江西植物志 第二卷［M］. 北京：中国科学技术出版社.

刘胜祥，瞿建平，2003. 湖北星斗山自然保护区科学考察集［M］. 武汉：湖北科学技术出版社.

四川植物志编辑委员会，1983. 四川植物志 第二卷［M］. 成都：四川人民出版社.

四川植物志编辑委员会，2012. 四川植物志 第二十一卷［M］. 成都：四川科学技术出版社.

四川植物志编辑委员会，1988. 四川植物志 第四卷［M］. 成都：四川科学技术出版社.

陶光复，殷荣华，1989. 湖北毛茛科校订［J］. 华中师范大学学报（自然科学版），23（2）：253-262.

陶光复，2001. 湖北樟属植物资源［J］. 武汉植物学研究，19（6）：489-496.

王文采，1995. 武陵山地区维管植物检索表［M］. 北京：科学出版社.

郑重，1984. 哈佛大学植物标本馆湖北木本植物标本志要［J］. 武汉植物学研究，2（1）：1-219.

郑重. 1993. 湖北植物大全［M］. 武汉：武汉大学出版社.

中国科学院广西植物研究所，1991. 广西植物志 第一卷［M］. 南宁：广西科学技术出版社.

中国科学院广西植物研究所，2005. 广西植物志 第二卷［M］. 南宁：广西科学技术出版社.

中国科学院昆明植物研究所，1979. 云南植物志 第二卷［M］. 北京：科学出版社.

中国科学院昆明植物研究所，1986. 云南植物志 第四卷［M］. 北京：科学出版社.

中国科学院昆明植物研究所，2006. 云南植物志 第十二卷［M］. 北京：科学出版社.

中国科学院中国植物志编辑委员会，1974. 中国植物志第三十六卷［M］. 北京：科学出版社.

中国科学院中国植物志编辑委员会，1978. 中国植物志第七卷［M］. 北京：科学出版社.

中国科学院中国植物志编辑委员会，1979. 中国植物志第二十一卷［M］. 北京：科学出版社.

中国科学院中国植物志编辑委员会，1979. 中国植物志第二十五卷（第二分册）［M］. 北京：科学出版社.

中国科学院中国植物志编辑委员会，1979. 中国植物志第二十七卷［M］. 北京：科学出版社.

中国科学院中国植物志编辑委员会，1979. 中国植物志第三十卷（第二分册）［M］. 北京：科学出版社.

中国科学院中国植物志编辑委员会，1979. 中国植物志第三十五卷（第二分册）［M］. 北京：科学出版社.

中国科学院中国植物志编辑委员会，1980. 中国植物志第二十八卷［M］. 北京：科学出版社.

中国科学院中国植物志编辑委员会，1982. 中国植物志第二十卷（第一分册）［M］. 北京：科学出版社.

中国科学院中国植物志编辑委员会，1982. 中国植物志第三十一卷［M］. 北京：科学出版社.

中国科学院中国植物志编辑委员会，1984. 中国植物志第二十卷（第二分册）[M]．北京：科学出版社．
中国科学院中国植物志编辑委员会，1984. 中国植物志第三十四卷（第一分册）[M]．北京：科学出版社．
中国科学院中国植物志编辑委员会，1985. 中国植物志第三十七卷[M]．北京：科学出版社．
中国科学院中国植物志编辑委员会，1986. 中国植物志第三十八卷[M]．北京：科学出版社．
中国科学院中国植物志编辑委员会，1992. 中国植物志第三十四卷（第二分册）[M]．北京：科学出版社．
中国科学院中国植物志编辑委员会，1993. 中国植物志第四十二卷（第一分册）[M]．北京：科学出版社．
中国科学院中国植物志编辑委员会，1994. 中国植物志第四十卷[M]．北京：科学出版社．
中国科学院中国植物志编辑委员会，1995. 中国植物志第二十三卷（第二分册）[M]．北京：科学出版社．
中国科学院中国植物志编辑委员会，1995. 中国植物志第三十五卷（第一分册）[M]．北京：科学出版社．
中国科学院中国植物志编辑委员会，1995. 中国植物志第四十一卷[M]．北京：科学出版社．
中国科学院中国植物志编辑委员会，1996. 中国植物志第二十六卷[M]．北京：科学出版社．
中国科学院中国植物志编辑委员会，1987. 中国植物志第三十三卷[M]．北京：科学出版社．
中国科学院中国植物志编辑委员会，1988. 中国植物志第三十九卷[M]．北京：科学出版社．
中国科学院中国植物志编辑委员会，1998. 中国植物志第二十二卷[M]．北京：科学出版社．
中国科学院中国植物志编辑委员会，1998. 中国植物志第二十三卷（第一分册）[M]．北京：科学出版社．
中国科学院中国植物志编辑委员会，1998. 中国植物志第二十四卷[M]．北京：科学出版社．
中国科学院中国植物志编辑委员会，1998. 中国植物志第二十五卷（第一分册）[M]．北京：科学出版社．
中国科学院中国植物志编辑委员会，1998. 中国植物志第四十二卷（第二分册）[M]．北京：科学出版社．
中国科学院中国植物志编辑委员会，1999. 中国植物志第三十二卷[M]．北京：科学出版社．
中国科学院中国植物志编辑委员会，2001. 中国植物志第二十九卷[M]．北京：科学出版社．
吴征镒，2001. 中国植物志第8卷（英文版）[M]．北京：科学出版社．
吴征镒，2003. 中国植物志图集第6卷（英文版）[M]．北京：科学出版社．
吴征镒，2004. 中国植物志第5卷（英文版）[M]．北京：科学出版社．
吴征镒，2004. 中国植物志图集第9卷（英文版）[M]．北京：科学出版社．
吴征镒，2009. 中国植物志图集第11卷（英文版）[M]．北京：科学出版社．
吴征镒，2010. 中国植物志第7卷（英文版）[M]．北京：科学出版社．
吴征镒，2011. 中国植物志图集第10卷（英文版）[M]．北京：科学出版社．
吴征镒，2012. 中国植物志第19卷（英文版）[M]．北京：科学出版社．
吴征镒，2014. 中国植物志第2~3卷（英文版）[M]．北京：科学出版社．
Bai, H F, et al. 2008. A new species of *Cardamine* (Brassicaceae) from Hunan, China [J]. A Journal for Botanical Nomenclature, 18 (2): 135-137.
Tao D, et al. 2013. Oxalis wulingensis (Oxalidaceae), an unusual new species from central China. Systematic Botany, 38 (1): 154-161.

中文名索引
Index of Chinese Names

A

矮生栒子	475
艾麻	119
安坪十大功劳（亚种）	298
鞍叶羊蹄甲	575
凹头苋	197
凹叶厚朴（亚种）	324
凹叶景天	407

B

八宝	400
八角莲	278
巴东栎	086
巴东木莲	321
巴东乌头	233
巴东紫堇	366
巴山榧树	032
巴山冷杉	010
巴山松（变种）	007
巴天酸模	168
白背绣球	430
白菜（变种）	393
白车轴草	587
白刺花	578
白花碎米荠	384
白鹃梅	458
白兰	317
白栎	084
白木通（亚种）	272
白楠	357
白屈菜	375
白头翁	263
白叶莓	520
百脉根	588
百蕊草	150
柏木	024
包果柯	079
苞序葶苈	396

宝兴淫羊藿	283
抱茎蓼	184
豹皮樟（变种）	335
杯腺柳	047
北美香柏	025
荜拔	036
薜荔	112
篦子三尖杉	029
蒿蓄	177
蝙蝠葛	304
扁豆	598
扁枝槲寄生	154
冰川茶藨子	424
柄果海桐	442
波叶大黄	165
波缘冷水花	123
菠菜	191
伯乐树	398
博落回	370
檗蓝（变种）	391

C

蚕豆	607
蚕茧草	185
藏刺榛（变种）	070
糙皮桦	062
糙叶树	097
草莓（杂交种）	543
草木犀	586
草珊瑚	040
草芍药	230
草绣球	428
草玉梅	247
草质千金藤	307
侧柏	026
插田泡	525
檫木	345
昌化鹅耳枥	067
常春油麻藤	602

常山	435
长柄爬藤榕（变种）	114
长柄山蚂蝗	611
长柄唐松草	266
长波叶山蚂蝗	615
长齿乌头	234
长刺茶藨子	422
长刺酸模	169
长萼鸡眼草	621
长毛细辛	159
长蕊淫羊藿	285
长穗桑	104
长尾钓樟（变种）	344
长序茶藨子	421
长序莓	521
长芽绣线菊	463
长阳十大功劳	299
长叶水麻	144
长叶苎麻	139
长圆楼梯草	131
长鬃蓼	188
扯根菜	409
秤钩风	302
池杉	019
齿翅蓼	171
齿果酸模	169
齿叶景天	405
赤壁木	436
赤车	130
赤豆	599
赤胫散（变种）	182
赤麻	137
赤小豆	600
翅柄岩芥	387
槲树桑寄生	151
臭樱	545
楮	107
川北细辛	161
川钓樟（变种）	344

川鄂八宝	400
川鄂滇池海棠（变种）	490
川鄂鹅耳枥	067
川鄂黄堇	368
川鄂柳	049
川鄂米口袋	591
川鄂小檗	294
川鄂新樟	352
川鄂淫羊藿	287
川鄂獐耳细辛	263
川桂	351
川含笑	319
川康栒子	472
川莓	529
川牛膝	198
川陕鹅耳枥	066
川西蔷薇	506
川西樱花	556
川榛（变种）	070
串果藤	270
垂柳	048
垂盆草	406
垂丝海棠	488
垂丝紫荆	574
垂序商陆	205
春蓼	186
春榆（变种）	094
莼菜	224
刺柏	021
刺梗蔷薇	507
刺果茶藨子	422
刺黑珠	292
刺槐	592
刺蓼	178
刺毛樱桃	556
刺叶高山栎	085
刺叶桂樱	562
丛枝蓼	188
粗齿冷水花	127

中文名索引
Index of Chinese Names

粗齿铁线莲	258	单瓣白木香（变种）	505	多花胡枝子	626	粉花绣线菊	462
粗榧	029	单瓣缫丝花（变型）	503	多花落新妇（变种）	411	粉团蔷薇（变种）	510
粗毛淫羊藿	285	单茎悬钩子	524	多花木蓝	594	风龙	304
粗枝绣球	432	单叶铁线莲	251	多花淫羊藿	282	枫香树	444
粗壮唐松草	265	单叶细辛	160	多裂荷青花（变种）	377	枫杨	059
簇生卷耳（亚种）	218	弹裂碎米荠	384	多脉鹅耳枥	067	枹栎	084
簇叶新木姜子	330	地柏枝	368	多脉青冈	089	甘蓝（变种）	390
翠蓝绣线菊	465	地肤	193	多脉铁木	068	甘肃楼斗菜（变种）	246
		地果	111	多脉榆	094	杠板归	177
D		地锦苗	364	多毛樱桃	555	高丛珍珠梅	467
打破碗花花	249	地榆	512	多蕊蛇菰	163	高粱泡	526
大八角	315	棣棠花	513	多穗金粟兰	039	高山柏	023
大苞景天	404	东陵绣球	431	多枝柳	047	高乌头	232
大豆	605	东南景天	407			革叶茶藨子	423
大果花楸	493	东亚唐松草（变种）	267	**E**		葛	604
大果青扦	013	冬青叶鼠刺	420	峨眉繁缕	221	钩锥	076
大果铁杉（变种）	015	豆瓣菜	386	峨眉含笑	317	狗筋蔓	214
大果榆	095	豆茶决明	571	峨眉金腰（变种）	419	枸棘	108
大红泡	520	豆梨	485	峨眉蔷薇	505	构树	107
大花还亮草（变种）	235	豆薯	603	峨眉十大功劳	299	菰帽悬钩子	522
大花荷包牡丹	361	杜梨	485	鹅肠菜	217	瓜叶乌头	233
大花马齿苋	207	杜仲	454	鹅耳枥	065	管花海桐	438
大花枇杷	496	短柄小檗	293	鹅掌草	248	管花马兜铃	157
大火草	249	短萼海桐	439	鹅掌楸	316	冠盖藤	436
大箭叶蓼	178	短梗稠李	559	饿蚂蝗	615	冠盖绣球	431
大金刚藤	620	短梗箭头唐松草（变种）	267	鄂西卷耳	218	光滑高粱泡（变种）	526
大落新妇	412	短角湿生冷水花（亚种）	125	鄂西蜡瓣花	449	光蓼	185
大麻	103	短毛金线草（变种）	170	鄂西十大功劳	296	光头山碎米荠	383
大麻叶乌头	233	短蕊景天	406	鄂西小檗	292	光叶高丛珍珠梅（变种）	467
大头叶无尾果	537	短尾柯	082	鄂西绣线菊	465	光叶陇东海棠（变型）	489
大蝎子草	121	短尾细辛	160	鄂羊蹄甲（亚种）	576	光叶山黄麻	098
大血藤	269	短叶决明	571	恩施枸子	475	光叶石楠	499
大叶桂樱	563	短叶罗汉松（变种）	027	恩施淫羊藿	287	光叶水青冈	073
大叶海桐	439	短叶中华石楠（变种）	500	二乔玉兰	325	光叶栒子	471
大叶胡枝子	625	堆花小檗	295	二球悬铃木（杂交种）	456	光叶淫羊藿（变种）	282
大叶鸡爪茶（变种）	533	钝齿尖叶桂樱（变型）	562			光枝楠	355
大叶金腰	419	钝齿铁线莲（变种）	256	**F**		广布野豌豆	608
大叶冷水花	125	钝萼铁线莲	258	翻白草	542	广东金钱草	614
大叶马兜铃	156	钝叶楼梯草	132	繁缕	223	广椭绣线菊	464
大叶马蹄香	162	钝叶木姜子	335	繁缕景天	403	贵州石楠	498
大叶青冈	088	钝叶蔷薇	508	繁穗苋	196		
大叶碎米荠	385	盾叶莓	517	反枝苋	195	**H**	
大叶小檗	291	盾叶唐松草	264	飞燕草	236	海金子	441
大叶新木姜子	331	多果鸡爪草	240	肥皂荚	566	海桐	440
大叶杨	043	多花繁缕	221	费菜	405	含羞草	630
大叶紫堇	364	多花含笑	317	粉红溲疏	425	含羞草决明	571

寒莓	530	厚朴	323	黄丹木姜子	337	尖叶长柄山蚂蝗（变种）	612
蕨菜	389	厚圆果海桐	440	黄葛树	110	坚桦	063
汉源小檗	291	胡桃	055	黄花槐	578	箭叶蓼	179
旱柳	049	胡桃楸	055	黄花柳	045	江南花楸	493
杭子梢	622	胡枝子	625	黄堇	367	江南桤木	061
豪猪刺	291	壶瓶山碎米荠	381	黄蜡果	276	豇豆	599
禾叶繁缕	220	湖北鹅耳枥	066	黄连	242	截叶铁扫帚	628
合欢	628	湖北繁缕	221	黄脉莓	528	芥菜	391
合萌	588	湖北枫杨	058	黄毛草莓	544	金佛铁线莲	258
何首乌	172	湖北海棠	487	黄泡	517	金花小檗	290
河南翠雀花	236	湖北花楸	492	黄杞	054	金露梅	538
河南海棠	490	湖北金粟兰（变种）	040	黄杉	014	金缕梅	453
荷包豆	584	湖北木姜子	336	黄杉钝果寄生（变种）	152	金钱松	009
荷包牡丹	361	湖北山楂	480	黄水枝	416	金荞麦	173
荷花玉兰	323	湖北蝇子草	212	黄檀	619	金线草	170
荷青花	376	湖北锥	078	黄心夜合	318	金线吊乌龟	306
褐叶青冈	090	湖北紫荆	573	灰柯	080	金叶含笑	319
鹤草	213	湖南悬钩子	529	灰毛泡	525	金罂粟	375
黑弹树	100	湖南淫羊藿	286	灰栒子	473	金樱子	504
黑荆	629	槲栎	085	灰叶稠李	559	堇色碎米荠	381
黑壳楠	339	槲树	084	茴茴蒜	262	堇叶芥	395
黑叶木蓝	595	虎耳草	415	喙萼冷水花	126	锦鸡儿	590
红柄白鹃梅	459	虎杖	172	火棘	479	救荒野豌豆	606
红车轴草	586	花点草	117	火炭母	181	矩鳞铁杉（变种）	015
红冬蛇菰	164	花红	489			榉树	096
红豆杉（变种）	031	花楸木	580	**J**		锯叶悬钩子	534
红豆树	580	花葶乌头	232	鸡［腓］梅花草	410	绢毛稠李	561
红毒茴	314	花椰菜（变种）	391	鸡冠花	195	绢毛山梅花	427
红果黄肉楠	346	华北绣线菊	463	鸡桑	105		
红果山胡椒	340	华空木	469	鸡眼草	622	**K**	
红果树	497	华南云实	568	鸡爪草	240	康定樱桃	554
红花檵木（变种）	453	华桑	105	鸡爪茶	532	栲	077
红花悬钩子	522	华山松	006	鸡足香槐	582	柯	080
红桦	063	华西臭樱	546	及己	040	刻叶紫堇	365
红茴香	314	华西枫杨（变种）	057	蕺菜	034	苦参	577
红蓼	187	华西花楸	492	戟叶蓼	177	苦荞麦	173
红毛虎耳草	415	华西绣线菊	460	檵木	452	苦槠	076
红毛七	288	华榛	069	加杨（杂交种）	043	宽苞十大功劳	297
红毛悬钩子	522	华中冷水花（亚种）	127	假楼梯草	128	宽柄铁线莲	252
红雾水葛	140	华中山楂	481	假升麻	466	宽卵叶长柄山蚂蝗（变种）	
红腺悬钩子	519	华中五味子	312	假小檗	293		612
红药蜡瓣花	451	华中枸子	472	尖瓣紫堇	365	宽叶粗榧（变种）	030
红叶木姜子	333	华中樱桃	557	尖头叶藜	192	宽叶金粟兰	039
猴樟	348	化香树	053	尖叶茶藨子	423	宽叶荨麻	116
厚果崖豆藤	617	槐	577	尖叶榕	110	阔瓣含笑	319

中文名索引
Index of Chinese Names

阔蜡瓣花	450	庐山楼梯草	132	毛花点草	118	木㮕椇子	474
阔裂叶羊蹄甲	575	庐山小檗	293	毛黄堇	368	**N**	
阔叶十大功劳	298	鹿藿	597	毛金腰	417		
L		路边青	536	毛茎翠雀花	236	南方红豆杉（变种）	031
		露珠碎米荠	381	毛蓼	185	南方山荷叶	279
蜡瓣花	450	卵瓣还亮草（变种）	235	毛脉蓼（变种）	172	南天竹	300
蜡莲绣球	432	卵果蔷薇	511	毛蕊铁线莲	251	南五味子	309
蜡梅	327	轮环藤	305	毛序花楸	494	南洋杉	004
狼牙委陵菜	541	轮叶八宝	400	毛叶草芍药（亚种）	231	楠木	356
榔榆	093	罗汉松	027	毛叶插田泡（变种）	525	尼泊尔蓼	180
老虎刺	569	萝卜	394	毛叶木瓜	483	尼泊尔酸模	168
乐昌含笑	318	落花生	589	毛叶木姜子	334	拟木香	508
雷公鹅耳枥	064	落葵	209	毛叶石楠	501	念珠冷水花	124
类叶升麻	238	落葵薯	210	毛叶五味子	311	牛鼻栓	452
棱枝槲寄生	154	落新妇	411	毛叶绣线梅	469	牛姆瓜	273
稜果海桐	442	驴蹄草	239	茅栗	075	牛皮消蓼	171
冷水花	128	绿赤车	129	茅莓	523	牛膝	199
梨序楼梯草	135	绿豆	599	玫瑰	509	糯米团	141
藜	192	绿药淫羊藿	284	莓叶委陵菜	540	女娄菜	213
李	549	绿叶胡枝子	624	梅	548	**P**	
利川八角莲	279	葎草	102	美花铁线莲	254		
利川楠	353			美丽胡枝子	624	爬藤榕（变种）	113
利川润楠	359	**M**		美脉花楸	495	攀枝莓	531
栗	074	麻核椇子	473	蒙桑	106	泡叶椇子	472
栗寄生	155	麻梨	484	米面蓊	149	枇杷	495
连香树	227	麻栎	083	米心水青冈	072	枇杷叶柯	080
莲	224	麻叶绣线菊	460	密毛灰椇子（变种）	474	平枝椇子	477
莲子草	201	马齿苋	207	密球苎麻	140	苹果	488
两型豆	603	马兜铃	156	绵果悬钩子	519	屏边蚊母树	447
亮叶桦	062	马棘	595	绵毛金腰	420	匍匐椇子	476
裂苞鹅掌草（变种）	249	马桑绣球	434	绵毛柳	007	蒲桃叶悬钩子	531
裂叶星果草	241	马尾松		庙王柳	012	朴树	101
临桂绣球	430	麦吊云杉		闽楠	356	**Q**	
椤木	558	麦蓝菜	215	牡丹	229		
菱叶钓樟	343	麦李	551	木防己	303	七叶鬼灯檠	413
菱叶冠毛榕（变种）	112	曼青冈	089	木瓜	482	桤木	060
菱叶鹿藿	596	蔓赤车	130	木姜叶柯	081	漆姑草	216
领春木	225	芒齿小檗	290	木姜子	334	荠	388
柳杉	017	猫儿屎	269	木兰寄生	153	千金藤	307
柳叶牛膝	200	猫爪草	260	木莲	321	千日红	201
柳叶椇子	471	毛豹皮樟（变种）	335	木莓	533	千针苋	190
六角莲	277	毛柄水毛茛	262	木藤蓼	171	黔岭淫羊藿	286
龙芽草	512	毛萼红果树	497	木通	271	墙草	143
隆脉冷水花	124	毛萼莓	527	木香花	504	荞麦	174
楼梯草	133	毛茛	260	木鱼坪淫羊藿	288	秦岭虎耳草	414

秦岭黄耆	591	三花悬钩子	518	蛇莓委陵菜	541	粟米草	206
秦岭冷杉	011	三尖杉	028	深山含笑	320	酸模	167
青菜	393	三芒景天	404	肾萼金腰	418	酸模叶蓼	186
青城细辛	161	三球悬铃木	455	升麻	238	碎米荠	385
青冈	090	三小叶碎米荠	382	十大功劳	297	穗花杉	032
青牛胆	302	三桠乌药	342	石灰花楸	493		
青皮木	148	三叶海棠	489	石筋草	126	T	
青扦	013	三叶木通	272	石莲	402	台湾榕	112
青钱柳	056	三叶委陵菜	540	石龙芮	260	台湾杉	020
青檀	092	三枝九叶草	281	石南藤	037	台湾水青冈	072
青葙	194	伞房蔷薇	507	石楠	499	棠叶悬钩子	534
箐姑草	222	散生栒子	476	石生黄堇	367	桃	547
球茎虎耳草	414	桑	105	石生蝇子草	212	藤构（变种）	107
球序卷耳	218	桑寄生	153	石竹	215	天葵	244
瞿麦	216	缫丝花	503	时珍淫羊藿	288	天蓝苜蓿	584
全缘火棘	479	沙梨	485	匙叶栎	086	天平山淫羊藿	282
拳参	183	山白树	445	苘麻	583	甜菜	190
缺萼枫香树	444	山豆根	610	疏毛绣线菊	461	甜槠	077
雀舌草	220	山胡椒	341	疏序唐松草	265	铁箍散（亚种）	312
		山槐	629	蜀榆（变种）	096	铁坚油杉	011
R		山鸡椒	332	栓皮栎	083	铁马鞭	626
人字果	243	山樝	340	双喙虎耳草	414	铁木	068
日本扁柏	025	山芥碎米荠	383	双荚决明	572	铁破锣	237
日本花柏	024	山荆子	487	双叶细辛	159	铁杉	015
日本柳杉	018	山冷水花	122	水蓼	187	铜钱细辛	160
日本落叶松	009	山莓	517	水麻	144	筒鞘蛇菰	163
日本木瓜	483	山梅花	427	水青冈	072	头花蓼	181
日本晚樱（变种）	558	山木通	256	水青树	226	透茎冷水花	123
茸毛木蓝	593	山楠	354	水杉	016	秃叶红豆	581
绒毛胡枝子	627	山飘风	404	水蛇麻	103	突隔梅花草	410
绒毛石楠	501	山桃	547	水生酸模	167	突肋海桐	440
绒叶木姜子	336	山杨	042	水丝梨	446	土荆芥	191
柔毛路边青（变种）	536	山樱花	557	水田碎米荠	382	土圞儿	601
柔毛绣球	433	山油麻（变种）	098	水榆花楸	494	土牛膝	199
柔毛岩荠	387	山蒚菜	396	睡莲	225	土人参	208
柔毛淫羊藿	281	山玉兰	323	四川轮环藤	305	土庄绣线菊	461
肉色土圞儿	601	杉木	019	四川山胡椒	339	托叶楼梯草	134
汝兰	307	珊瑚朴	100	四川溲疏	426		
软条七蔷薇	510	陕甘花楸	491	四川淫羊藿	286	W	
锐齿槲栎（变种）	085	陕西蔷薇	506	四川樱桃	554	瓦山槐	579
锐齿楼梯草	136	陕西绣线菊	465	四川长柄山蚂蝗（变种）	612	瓦山锥	076
锐裂荷青花（变种）	377	商陆	204	四籽野豌豆	608	歪头菜	609
瑞木	450	芍药	230	松柏钝果寄生	152	弯曲碎米荠	385
		蛇果黄堇	369	松林蓼	180	弯柱唐松草	265
S		蛇含委陵菜	541	菘蓝	395	豌豆	609
三白草	035	蛇莓	545	苏铁	002	望春玉兰	325

中文名索引
Index of Chinese Names

望江南	570	喜阴悬钩子	523	小蓼花	179	扬子铁线莲（变种）	257
威灵仙	255	细柄十大功劳	296	小木通	256	羊瓜藤	275
微毛樱桃	555	细柄野荞麦	174	小山飘风	403	羊蹄	168
微柱麻	142	细齿稠李	560	小蓑衣藤	257	杨梅	051
尾萼蔷薇	507	细梗胡枝子	627	小头蓼	181	杨梅叶蚊母树	446
尾花细辛	158	细尖栒子	476	小叶柳	047	药用大黄	165
尾尖爬藤榕（变种）	113	细穗藜	192	小叶平枝栒子（变种）	477	野八角	314
尾尖叶中华绣线梅（变种）		细穗支柱蓼（变种）	185	小叶青冈	091	野大豆	605
	468	细辛	161	小叶三点金	614	野黄桂	350
尾囊草	245	细叶景天	403	小叶石楠	499	野豇豆	600
尾穗苋	196	细叶楠	356	小叶蚊母树	448	野蔷薇	510
尾叶那藤（亚种）	275	细叶青冈	090	小叶杨	043	野山楂	480
尾叶铁线莲	253	细圆齿火棘	478	蝎子草（亚种）	121	野线麻	138
尾叶悬钩子	534	细枝茶藨子	424	新木姜子	330	叶子花	203
尾叶樱桃	552	细枝栒子	475	星果草	241	宜昌楼梯草	134
委陵菜	542	狭叶鹅耳枥（变种）	066	星毛蜡瓣花	449	宜昌木姜子	333
乌冈栎	087	狭叶海桐（变种）	441	兴安胡枝子	627	宜昌木蓝（变种）	594
乌泡子	527	狭叶黄檀	621	兴山柳	046	宜昌润楠	358
乌头	234	狭叶金粟兰	038	兴山唐松草	266	宜昌悬钩子	527
乌药	344	纤细草莓	543	兴山五味子	310	椅杨	043
巫山繁缕	221	苋	196	兴山小檗	292	异果崖豆藤（变种）	618
巫山新木姜子	329	腺柳	046	兴山绣线菊	464	异色溲疏	426
巫山淫羊藿	284	腺毛莓	521	兴山榆	096	异形南五味子	309
无瓣蔊菜	389	香柏（变种）	023	杏	549	异叶榕	111
无柄爬藤榕（变型）	114	·香粉叶（变种）	343	秀丽莓	524	翼梗五味子	311
无花果	111	香桂	351	绣球藤	253	阴香	350
无距耧斗菜	246	香花崖豆藤	617	绣球绣线菊	461	荫地冷水花（变种）	123
无毛长蕊绣线菊（变种）	464	香桦	063	绣线梅	468	银合欢	631
无腺白叶莓（变种）	521	香槐	582	锈毛钝果寄生	152	银桦	146
无心菜	219	香叶树	338	锈毛金腰	418	银木	347
芜青	392	香叶子	343	锈毛莓	530	银杏	003
五脉绿绒蒿	372	湘楠	355	须蕊铁线莲	252	银叶委陵菜	539
五叶鸡爪茶	531	响叶杨	042	序叶苎麻（变种）	137	淫羊藿	283
五月瓜藤	274	象鼻藤	620	悬钩子蔷薇	511	印度草木犀	585
武当玉兰	324	小鞍叶羊蹄甲（变种）	575	悬铃叶苎麻	138	罂粟	373
雾水葛	141	小八角莲	278	雪松	008	樱桃	552
		小巢菜	607	血水草	374	鹰爪枫	273
X		小赤麻	139	荨麻	116	硬壳柯	081
西北栒子	474	小果博落回	371			油白菜（变种）	393
西川朴	100	小果蔷薇	505	**Y**		油松	007
西南毛茛	259	小果润楠	359	崖花子	438	疣果楼梯草	133
西南委陵菜	539	小果山龙眼	147	崖樱桃	553	禹毛茛	261
西南银莲花	248	小果唐松草	267	延胡索	363	愉悦蓼	188
稀花蓼	179	小花黄堇	369	岩栎	087	榆树	095
习见蓼	176	小花人字果	244	岩木瓜	110	虞美人	373
喜旱莲子草	200	小槐花	613	扬子毛茛	261	羽叶蓼	182

羽叶长柄山蚂蝗	611	窄叶火棘	478	中华石楠	500	锥栗	074
羽衣甘蓝（变种）	391	窄叶野豌豆	607	中华蚊母树	447	紫菜苔（变种）	393
玉兰	325	毡毛稠李	560	中华绣线菊	462	紫弹树	099
郁李	551	粘蓼	186	中华绣线梅	468	紫堇	366
圆柏	022	展毛鹅掌草（变种）	249	重瓣棣棠花（变型）	514	紫荆	573
圆扇八宝	400	樟	348	周毛悬钩子	535	紫柳	046
圆穗蓼	183			皱果苋	197	紫罗兰	397
圆叶疏毛绣线菊（变种）	462	**Z**		皱皮木瓜	482	紫麻	145
圆锥柯	079	掌叶大黄	166	皱叶铁线莲（变种）	255	紫茉莉	203
圆锥南芥	397	掌叶悬钩子	518	骤尖楼梯草	135	紫楠	357
圆锥铁线莲	255	爪哇唐松草	266	珠芽艾麻	119	紫穗槐	596
月季花	509	柘树	108	珠芽景天	406	紫藤	618
云贵鹅耳枥	065	针刺悬钩子	524	珠芽蓼	182	紫叶李（变型）	550
云南红景天	401	珍珠莲（变种）	113	诸葛菜	394	紫玉兰	326
云南樱桃	553	支柱蓼	184	竹叶胡椒	036	紫云英	592
云南樟	349	直穗小檗	294	竹叶鸡爪茶	532	紫枝柳	048
云山青冈	089	中国繁缕	222	竹叶楠	354	棕红悬钩子	528
云实	569	中国绣球	429	竹叶青冈	088	纵肋人字果	243
芸苔	392	中华胡枝子	627	苎麻	137	钻地风	434
皂荚	567	中华金腰	417	柱果绿绒蒿	371	醉蝶花	378
皂柳	045	中华狸尾豆	616	柱果铁线莲	254		

拉丁学名索引
Index of Latin Names

A

Abies chensiensis	011
Abies fargesii	010
Acacia mearnsii	629
Achyranthes aspera	199
Achyranthes bidentata	199
Achyranthes longifolia	200
Aconitum cannabifolium	233
Aconitum carmichaeli	234
Aconitum hemsleyanum	233
Aconitum ichangense	233
Aconitum lonchodontum	234
Aconitum scaposum	232
Aconitum sinomontanum	232
Acroglochin persicarioides	190
Actaea asiatica	238
Actinodaphne cupularis	346
Aeschynomene indica	588
Agrimonia pilosa	512
Akebia quinata	271
Akebia trifoliata	272
Akebia trifoliata subsp. *australis*	272
Albizia julibrissin	628
Albizia kalkora	629
Alnus cremastogyne	060
Alnus trabeculosa	061
Alternanthera philoxeroides	200
Alternanthera sessilis	201
Amaranthus caudatus	196
Amaranthus lividus	197
Amaranthus paniculatus	196
Amaranthus retroflexus	195
Amaranthus tricolor	196
Amaranthus viridis	197
Amentotaxus argotaenia	032
Amorpha fruticosa	596
Amphicarpaea edgeworthii	603
Amygdalus davidiana	547
Amygdalus persica	547
Anemone davidii	248
Anemone flaccida	248
Anemone flaccida var. *hirtella*	249
Anemone flaccida var. *hofengensis*	249
Anemone hupehensis	249
Anemone rivularis	247
Anemone tomentosa	249
Anredera cordifolia	210
Antenoron filiforme	170
Antenoron filiforme var. *neofiliforme*	170
Aphananthe aspera	097
Apios carnea	601
Apios fortunei	601
Aquilegia ecalcarata	246
Aquilegia oxysepala var. *kansuensis*	246
Arabis paniculata	397
Arachis hypogaea	589
Araucaria cunninghamii	004
Arenaria serpyllifolia	219
Aristolochia debilis	156
Aristolochia kaempferi	156
Aristolochia tubiflora	157
Armeniaca mume	548
Armeniaca vulgaris	549
Aruncus sylvester	466
Asarum caudigerellum	160
Asarum caudigerum	158
Asarum caulescens	159
Asarum chinense	161
Asarum debile	160
Asarum himalaicum	160
Asarum maximum	162
Asarum pulchellum	159
Asarum sieboldii	161
Asarum splendens	161
Asteropyrum cavaleriei	241
Asteropyrum peltatum	241
Astilbe chinensis	411
Astilbe grandis	412
Astilbe rivularis var. *myriantha*	411
Astragalus henryi	591
Astragalus sinicus	592

B

Balanophora harlandii	164
Balanophora involucrata	163
Balanophora polyandra	163
Basella alba	209
Batrachium trichophyllum	262
Bauhinia apertilobata	575
Bauhinia brachycarpa var. *microphylla*	575
Bauhinia brachycarpa	575
Bauhinia glauca subsp. *hupehana*	576
Beesia calthifolia	237
Berberis aggregata	295
Berberis bergmanniae	291
Berberis brachypoda	293
Berberis dasystachya	294
Berberis fallax	293
Berberis ferdinandi-coburgii	291
Berberis henryana	294
Berberis julianae	291
Berberis sargentiana	292
Berberis silvicola	292
Berberis triacanthophora	290
Berberis virgetorum	293
Berberis wilsonae	290
Berberis zanlanscianensis	292
Beta vulgaris	190
Betula albosinensis	063
Betula chinensis	063
Betula insignis	063
Betula luminifera	062
Betula utilis	062
Boehmeria clidemioides var. *diffusa*	137
Boehmeria densiglomerata	140
Boehmeria japonica	138
Boehmeria nivea	137
Boehmeria penduliflora	139
Boehmeria silvestrii	137

Boehmeria spicata	139	*Carpinus fargesiana*	066	*Cerasus serrulata* var. *lannesiana*	558
Boehmeria tricuspis	138	*Carpinus henryana*	067	*Cerasus serrulata*	557
Bougainvillea spectabilis	203	*Carpinus hupeana*	066	*Cerasus setulosa*	556
Brasenia schreberi	224	*Carpinus polyneura*	067	*Cerasus szechuanica*	554
Brassica campestris var. *purpuraria*	393	*Carpinus pubescens*	065	*Cerasus tatsienensis*	554
Brassica chinensis var. *oleifera*	393	*Carpinus tschonoskii*	067	*Cerasus trichostoma*	556
Brassica chinensis	393	*Carpinus turczaninowii*	065	*Cerasus yunnanensis*	553
Brassica juncea	391	*Carpinus viminea*	064	*Cercidiphyllum japonicum*	227
Brassica oleracea var. *acephala* f. *tricolor*	391	*Cassia bicapsularis*	572	*Cercis chinensis*	573
		Cassia leschenaultiana	571	*Cercis glabra*	573
Brassica oleracea var. *botrytis*	391	*Cassia mimosoides*	571	*Cercis racemosa*	574
Brassica oleracea var. *capitata*	390	*Cassia nomame*	571	*Chaenomeles cathayensis*	483
Brassica oleracea var. *gongylodes*	391	*Cassia occidentalis*	570	*Chaenomeles japonica*	483
Brassica rapa var. *glabra*	393	*Castanea henryi*	074	*Chaenomeles sinensis*	482
Brassica rapa var. *oleifera*	392	*Castanea mollissima*	074	*Chaenomeles speciosa*	482
Brassica rapa	392	*Castanea seguinii*	075	*Chamabainia cuspidata*	142
Bretschneidera sinensis	398	*Castanopsis ceratacantha*	076	*Chamaecyparis obtusa*	025
Broussonetia kaempferi var. *australis*	107	*Castanopsis eyrei*	077	*Chamaecyparis pisifera*	024
Broussonetia kazinoki	107	*Castanopsis fargesii*	077	*Chelidonium majus*	375
Broussonetia papyrifera	107	*Castanopsis hupehensis*	078	*Chenopodium acuminatum*	192
Buckleya lanceolate	149	*Castanopsis sclerophylla*	076	*Chenopodium album*	192
		Castanopsis tibetana	076	*Chenopodium ambrosioides*	191
C		*Caulophyllum robustum*	288	*Chenopodium gracilispicum*	192
Caesalpinia crista	568	*Cedrus deodara*	008	*Chimononthus praecox*	327
Caesalpinia decapetala	569	*Celosia argentea*	194	*Chloranthus angustifolius*	038
Calathodes oxycarpa	240	*Celosia cristata*	195	*Chloranthus henryi* var. *hupehensis*	040
Calathodes polycarpa	240	*Celtis biondii*	099	*Chloranthus henryi*	039
Caltha palustris	239	*Celtis bungeana*	100	*Chloranthus multistachys*	039
Campylotropis macrocarpa	622	*Celtis julianae*	100	*Chloranthus serratus*	040
Cannabis sativa	103	*Celtis sinensis*	101	*Chrysosplenium davidianum*	418
Capsella bursa-pastoris	388	*Celtis vandervoetiana*	100	*Chrysosplenium delavayi*	418
Caragana sinica	590	*Cephalotaxus fortunei*	028	*Chrysosplenium hydrocotylifolium* var. *emeiense*	419
Cardamine circaeoides	381	*Cephalotaxus oliveri*	029		
Cardamine engleriana	383	*Cephalotaxus sinensis*	029	*Chrysosplenium lanuginosum*	420
Cardamine flexuosa	385	*Cephalotaxus sinensis* var. *latifolia*	030	*Chrysosplenium macrophyllum*	419
Cardamine griffithii	383	*Cerastium fontanum* subsp. *triviale*	218	*Chrysosplenium pilosum*	417
Cardamine hirsuta	385	*Cerastium glomeratum*	218	*Chrysosplenium sinicum*	417
Cardamine hupingshanensis	381	*Cerastium wilsonii*	218	*Ciematis urophylla*	253
Cardamine impatiens	384	*Cerasus clarofolia*	555	*Cimicifuga foetida*	238
Cardamine leucantha	384	*Cerasus conradinae*	557	*Cinnamomum bodinieri*	348
Cardamine lyrata	382	*Cerasus dielsiana*	552	*Cinnamomum burmannii*	350
Cardamine macrophylla	385	*Cerasus glandulosa*	551	*Cinnamomum camphora*	348
Cardamine trifoliolata	382	*Cerasus japonica*	551	*Cinnamomum glanduliferum*	349
Cardamine violacea	381	*Cerasus polytricha*	555	*Cinnamomum jensenianum*	350
Cardiandra moellendorffii	428	*Cerasus pseudocerasus*	552	*Cinnamomum septentrionale*	347
Carpinus fargesiana var. *hwai*	066	*Cerasus scopulorum*	553	*Cinnamomum subavenium*	351

Cinnamomum wilsonii	351	Corylopsis stelligera	449		
Cladrastis delavayi	582	Corylopsis veitchiana	451	**D**	
Cladrastis wilsonii	582	Corylus chinensis	069	Dalbergia dyeriana	620
Clematis apiifolia var. obtusidentata	256	Corylus ferox var. thibetica	070	Dalbergia hupeana	619
Clematis armandii	256	Corylus heterophylla var. sutchuenensis	070	Dalbergia mimosoides	620
Clematis chinensis	255	Cotoneaster acutifolius var. villosulus	474	Dalbergia stenophylla	621
Clematis finetiana	256	Cotoneaster acutifolius	473	Debregeasia longifolia	144
Clematis grandidentata	258	Cotoneaster adpressus	476	Debregeasia orientalis	144
Clematis gratopsis	258	Cotoneaster ambiguus	472	Decaisnea insignis	269
Clematis henryi	251	Cotoneaster apiculatus	476	Decumaria sinensis	436
Clematis lasiandra	251	Cotoneaster bullatus	472	Delphinium anthriscifolium var. calleryi	235
Clematis montana	253	Cotoneaster dammerii	475		
Clematis otophora	252	Cotoneaster dielsianus	474	Delphinium anthriscifolium var. majus	235
Clematis peterae	258	Cotoneaster divaricatus	476	Delphinium hirticaule	236
Clematis pogonandra	252	Cotoneaster fangianus	475	Delphinium honanense	236
Clematis potaninii	254	Cotoneaster foveolatus	473	Desmodium caudatum	613
Clematis puberula var. ganpiniana Clematis gouriana	257	Cotoneaster glabratus	471	Desmodium microphyllum	614
		Cotoneaster horizontalis var. perpusillus	477	Desmodium multiflorum	615
Clematis terniflora	255	Cotoneaster horizontalis	477	Desmodium sequax	615
Clematis uncinata	254	Cotoneaster salicifolius	471	Desmodium styracifolium	614
Clematis uncinata var. coriacea	255	Cotoneaster silvestrii	472	Deutzia discolor	426
Cleome spinosa	378	Cotoneaster tenuipes	475	Deutzia rubens	425
Cocculus orbiculatus	303	Cotoneaster zabelii	474	Deutzia setchuenensis	426
Cochlearia alatipes	387	Crataegus cuneata	480	Dianthus chinensis	215
Cochlearia henryi	387	Crataegus hupehensis	480	Dianthus superbus	216
Coluria henryi	537	Crataegus wilsonii	481	Dicentra macrantha	361
Consolida ajacis	236	Crotalaria juncea	583	Dicentra spectabilis	361
Coptis chinensis	242	Cryptomeria fortunei	017	Dichocarpum fargesii	243
Corydalis cheilanthifolia	368	Cryptomeria japonica	018	Dichocarpum franchetii	244
Corydalis edulis	366	Cucubalus baccifer	214	Dichocarpum sutchuenense	243
Corydalis hemsleyana	366	Cunninghamia lanceolata	019	Dichroa febrifuga	435
Corydalis incisa	365	Cupressus funebris	024	Diphylleia sinensis	279
Corydalis ophiocarpa	369	Cyathula officinalis	198	Diploclisia affinis	302
Corydalis oxypetala	365	Cycas revoluta	002	Distylium buxifolium	448
Corydalis pallida	367	Cyclea racemosa	305	Distylium chinense	447
Corydalis racemosa	369	Cyclea sutchuenensis	305	Distylium myricoides	446
Corydalis saxicola	367	Cyclobalanopsis bambusaefolia	088	Distylium pingpienense	447
Corydalis sheareri	364	Cyclobalanopsis glauca	090	Draba ladyginii	396
Corydalis temulifolia	364	Cyclobalanopsis gracilis	090	Duchesnea indica	545
Corydalis tomentella	368	Cyclobalanopsis jenseniana	088	Dysosma difformis	278
Corydalis wilsonii	368	Cyclobalanopsis multinervis	089	Dysosma pleiantha	277
Corydalis yanhusuo	363	Cyclobalanopsis myrsinifolia	091	Dysosma versipellis	278
Corylopsis henryi	449	Cyclobalanopsis oxyodon	089	Dysosma lichuanensis	279
Corylopsis multiflora	450	Cyclobalanopsis sessilifolia	089		
Corylopsis platypetala	450	Cyclobalanopsis stewardiana	090	**E**	
Corylopsis sinensis	450	Cyclocarya paliurus	056	Elatostema cuspidatum	135

Elatostema cyrtandrifolium	136	*Fagus lucida*	073	*Holboellia coriacea*	273
Elatostema ficoides	135	*Fallopia aubertii*	171	*Holboellia fargesii*	274
Elatostema ichangense	134	*Fallopia cynanchoides*	171	*Holboellia grandiflora*	273
Elatostema involucratum	133	*Fallopia dentatoalata*	171	*Houttuynia cordata*	034
Elatostema nasutum	134	*Fallopia multiflora*	172	*Humulus scandens*	102
Elatostema oblongifolium	131	*Fallopia multiflora* var. *ciliinerve*	172	*Hydrangea anomala*	431
Elatostema obtusum	132	*Fatoua villosa*	103	*Hydrangea aspera*	434
Elatostema stewardii	132	*Ficus carica*	111	*Hydrangea bretschneideri*	431
Elatostema trichocarpum	133	*Ficus formosana*	112	*Hydrangea chinensis*	429
Engelhardtia roxburghiana	054	*Ficus gaspariniana* var. *laceratifolia*	112	*Hydrangea hypoglauca*	430
Eomecon chionantha	374	*Ficus henryi*	110	*Hydrangea linkweiensis*	430
Epimedium acuminatum	285	*Ficus heteromorpha*	111	*Hydrangea robusta*	432
Epimedium brevicornu	283	*Ficus pumila*	112	*Hydrangea strigosa*	432
Epimedium chlorandrum	284	*Ficus sarmentosa* var. *henryi*	113	*Hydrangea villosa*	433
Epimedium davidii	283	*Ficus sarmentosa* var. *impressa*	113	*Hylodesmum oldhamii*	611
Epimedium dolichostemon	285	*Ficus sarmentosa* var. *lacrymans*	113	*Hylodesmum podocarpum* var. *fallax*	612
Epimedium enshiense	287	*Ficus sarmentosa* var. *luducca*	114	*Hylodesmum podocarpum* var. *oxyphyllum*	
Epimedium fargesii	287	*Ficus sarmentosa* var. *luducca* f. *sessilis*			612
Epimedium franchetii	288		114	*Hylodesmum podocarpum* var.	
Epimedium hunanense	286	*Ficus tikoua*	111	*szechuenense*	612
Epimedium leptorrhizum	286	*Ficus tsiangii*	110	*Hylodesmum podocarpum*	611
Epimedium lishihchenii	288	*Ficus virens*	110	*Hylomecon japonica* var. *dissecta*	377
Epimedium multiflorum	282	*Fortunearia sinensis*	452	*Hylomecon japonica* var. *subincisa*	377
Epimedium myrianthum	282	*Fragaria* × *ananassa*	543	*Hylomecon japonica*	376
Epimedium pubescens	281	*Fragaria gracilis*	543	*Hylotelephium bonnafousii*	400
Epimedium sagittatum	281	*Fragaria nilgerrensis*	544	*Hylotelephium erythrostictum*	400
Epimedium sagittatum var. *glabratum*	282			*Hylotelephium sieboldii*	400
Epimedium sutchuenense	286	**G**		*Hylotelephium verticillatum*	400
Epimedium wushanense	284	*Geum aleppicum*	536		
Eriobotrya cavaleriei	496	*Geum japonicum* var. *chinense*	536	**I**	
Eriobotrya japonica	495	*Ginkgo biloba*	003	*Illicium henryi*	314
Euchresta japonica	610	*Girardinia diversifolia*	121	*Illicium lanceolatum*	314
Eucommia ulmoides	454	*Girardinia diversifolia*	121	*Illicium majus*	315
Euptelea pleiospermum	225	*Gleditsia sinensis*	567	*Illicium simonsii*	314
Eutrema yunnanense	396	*Glycine max*	605	*Indigofera amblyantha*	594
Exochorda giraldii	459	*Glycine soja*	605	*Indigofera decora* var. *ichangensis*	594
Exochorda racemosa	458	*Gomphrena globosa*	201	*Indigofera nigrescens*	595
		Gonostegia hirta	141	*Indigofera pseudotinctoria*	595
F		*Grevillea robusta*	146	*Indigofera stachyodes*	593
Fagopyrum dibotrys	173	*Gueldenstaedtia henryi*	591	*Isatis indigotica*	395
Fagopyrum esculentum	174	*Gymnocladus chinensis*	566	*Itea ilicifolia*	420
Fagopyrum gracilipes	174				
Fagopyrum tataricum	173	**H**		**J**	
Fagus engleriana	072	*Hamamelis mollis*	453	*Juglans mandshurica*	055
Fagus hayatae	072	*Helicia cochinchinensis*	147	*Juglans regia*	055
Fagus longipetiolata	072	*Hepatica henryi*	263	*Juniperus formosana*	021

拉丁学名索引
Index of Latin Names

K

Kadsura heteroclita	309
Kadsura longipedunculata	309
Kerria japonica	513
Kerria japonica f. *pleniflora*	514
Keteleeria davidiana	011
Kochia scoparia	193
Korthalsella japonica	155
Kummerowia stipulacea	621
Kummerowia striata	622

L

Lablab purpureus	598
Laportea bulbifera	119
Laportea cuspidata	119
Larix kaempferi	009
Laurocerasus spinulosa	562
Laurocerasus undulata f. *microbotrys*	562
Laurocerasus zippeliana	563
Lecanthus peduncularis	128
Lespedeza bicolor	625
Lespedeza buergeri	624
Lespedeza chinensis	627
Lespedeza cuneata	628
Lespedeza daurica	627
Lespedeza davidii	625
Lespedeza floribunda	626
Lespedeza formosa	624
Lespedeza pilosa	626
Lespedeza tomentosa	627
Lespedeza virgata	627
Leucaena leucocephala	631
Lindera aggregata	344
Lindera communis	338
Lindera erythrocarpa	340
Lindera fragrans	343
Lindera glauca	341
Lindera megaphylla	339
Lindera obtusiloba	342
Lindera pulcherrima var. *attenuata*	343
Lindera pulcherrima var. *hemsleyana*	344
Lindera reflexa	340
Lindera setchuenensis	339
Lindera supracostata	343
Lindera thomsonii var. *vernayana*	344
Liquidambar acalycina	444
Liquidambar formosana	444
Liriodendron chinense	316
Lithocarpus brevicaudatus	082
Lithocarpus cleistocarpus	079
Lithocarpus eriobotryoides	080
Lithocarpus glaber	080
Lithocarpus hancei	081
Lithocarpus henryi	080
Lithocarpus litseifolius	081
Lithocarpus paniculatus	079
Litsea coreana var. *lanuginosa*	335
Litsea coreana var. *sinensis*	335
Litsea cubeba	332
Litsea elongata	337
Litsea hupehana	336
Litsea ichangensis	333
Litsea mollis	334
Litsea pungens	334
Litsea rubescens	333
Litsea veitchiana	335
Litsea wilsonii	336
Loranthus delavayi	151
Loropetalum chinense var. *rubrum*	453
Loropetalum chinense	452
Lotus corniculatus	588

M

Machilus ichangensis	358
Machilus lichuanensis	359
Machilus microcarpa	359
Macleaya cordata	370
Macleaya microcarpa	371
Maclura cochinchinensis	108
Maclura tricuspidata	108
Maddenia hypoleuca	545
Maddenia wilsonii	546
Magnolia biondii	325
Magnolia delavayi	323
Magnolia denudata	325
Magnolia grandiflora	323
Magnolia liliflora	326
Magnolia officinalis subsp. *biloba*	324
Magnolia officinalis	323
Magnolia soulangeana	325
Magnolia sprengeri	324
Mahonia bealei	298
Mahonia decipiens	296
Mahonia eurybracteata subsp. *ganpinensis*	298
Mahonia eurybracteata	297
Mahonia fortunei	297
Mahonia gracilipes	296
Mahonia polydonta	299
Mahonia sheridaniana	299
Malus asiatica	489
Malus baccata	487
Malus halliana	488
Malus honanensis	490
Malus hupehensis	487
Malus kansuensis	489
Malus pumila	488
Malus sieboldii	489
Malus yunnanensis var. *veitchii*	490
Manglietia fordiana	321
Manglietia patungensis	321
Matthiola incana	397
Meconopsis oliverana	371
Meconopsis quintuplinervia	372
Medicago lupulina	584
Melilotus indica	585
Melilotus officinalis	586
Menispermum dauricum	304
Metasequoia glyptostroboides	016
Michelia alba	317
Michelia chapensis	318
Michelia floribunda	317
Michelia foveolata	319
Michelia martinii	318
Michelia maudiae	320
Michelia platypetala	319
Michelia szechuanica	319
Michelia wilsonii	317
Millettia dielsiana var. *heterocarpa*	618
Millettia dielsiana	617
Millettia pachycarpa	617
Mimosa pudica	630
Mirabilis jalapa	203
Mollugo stricta	206
Morus alba	105
Morus australis	105
Morus cathayana	105

Morus mongolica	106	Papaver somniferum	373	Pilea symmeria	126
Morus wittiorum	104	Parietaria micrantha	143	Pileostegia viburnoides	436
Mucuna sempervirens	602	Parnassia delavayi	410	Pinus armandii	006
Myosoton aquaticum	217	Parnassia wightiana	410	Pinus massoniana	007
Myrica rubra	051	Pellionia radicans	130	Pinus tabuliformis var. henryi	007
		Pellionia scabra	130	Pinus tabuliformis	007
N		Pellionia viridis	129	Piper bambusaefolium	036
Nandina domestica	300	Penthorum chinense	409	Piper longum	036
Nanocnide japonica	117	Phaseolus coccineus	584	Piper wallichii	037
Nanocnide lobata	118	Philadelphus incanus	427	Pisum sativum	609
Nasturtium officinale	386	Philadelphus sericanthus	427	Pittosporum adaphniphylloides	439
Neillia ribesioides	469	Phoebe bournei	356	Pittosporum brevicalyx	439
Neillia sinensis var. caudata	468	Phoebe chinensis	354	Pittosporum elevaticostatum	440
Neillia sinensis	468	Phoebe faberi	354	Pittosporum glabratum var. neriifolium	441
Neillia thyrsiflora	468	Phoebe hui	356	Pittosporum illicioides	441
Nelumbo nucifera	224	Phoebe hunanensis	355	Pittosporum podocarpum	442
Neocinnamomum fargesii	352	Phoebe lichuanensis	353	Pittosporum rehderianum	440
Neolitsea aurata	330	Phoebe neurantha	357	Pittosporum tobira	440
Neolitsea confertifolia	330	Phoebe neuranthoides	355	Pittosporum trigonocarpum	442
Neolitsea levinei	331	Phoebe sheareri	357	Pittosporum truncatum	438
Neolitsea wushanica	329	Phoebe zhennan	356	Pittosporum tubiflorum	438
Neomartinella violifolia	395	Photinia beauverdiana var. brevifolia	500	Platanus × acerifolia	456
Nymphaea tetragona	225	Photinia beauverdiana	500	Platanus orientalis	455
		Photinia bodinieri	498	Platycarya strobilacea	053
O		Photinia glabra	499	Platycladus orientalis	026
Oreocnide frutescens	145	Photinia parvifolia	499	Podocarpus macrophyllus	027
Ormosia henryi	580	Photinia schneideriana	501	Podocarpus macrophyllus var. maki	027
Ormosia hosiei	580	Photinia serratifolia	499	Polygonum amplexicaule	184
Ormosia nuda	581	Photinia villosa	501	Polygonum aviculare	177
Orychophragmus violaceus	394	Phytolacca acinosa	204	Polygonum barbatum	185
Ostrya japonica	068	Phytolacca americana	205	Polygonum bistorta	183
Ostrya multinervis	068	Picea brachytyla	012	Polygonum capitatum	181
		Picea neoveitchii	013	Polygonum chinense	181
P		Picea wilsonii	013	Polygonum darrisii	178
Pachyrhizus erosus	603	Pilea angulata subsp. latiuscula	127	Polygonum dissitiflorum	179
Padus brachypoda	559	Pilea aquarum subsp. brevicornuta	125	Polygonum glabrum	185
Padus buergeriana	558	Pilea cavaleriei	123	Polygonum hydropiper	187
Padus grayana	559	Pilea japonica	122	Polygonum japonicum	185
Padus obtusata	560	Pilea lomatogramma	124	Polygonum jucundum	188
Padus velutina	560	Pilea martinii	125	Polygonum lapathifolium	186
Padus wilsonii	561	Pilea monilifera	124	Polygonum longisetum	188
Paeonia lactiflora	230	Pilea notata	128	Polygonum macrophyllum	183
Paeonia obovata	230	Pilea plataniflora	126	Polygonum microcephalum	181
Paeonia obovata subsp. willmottiae	230	Pilea pumila	123	Polygonum muricatum	179
Paeonia suffruticosa	229	Pilea pumila var. hamaoi	123	Polygonum nepalense	180
Papaver rhoeas	373	Pilea sinofasciata	127	Polygonum orientale	187

拉丁学名索引
Index of Latin Names

Polygonum perfoliatum	177	Pyracantha atalantioides	479	Rodgersia aesculifolia	413
Polygonum persicaria	186	Pyracantha crenulata	478	Rorippa dubia	389
Polygonum pinetorum	180	Pyracantha fortuneana	479	Rorippa indica	389
Polygonum plebeium	176	Pyrus betulifolia	485	Rosa banksiae var. normalis	505
Polygonum posumbu	188	Pyrus calleryana	485	Rosa banksiae	504
Polygonum runcinatum	182	Pyrus pyrifolia	485	Rosa banksiopsis	508
Polygonum runcinatum var. sinense	182	Pyrus serrulata	484	Rosa caudata	507
Polygonum senticosum	178			Rosa chinensis	509
Polygonum sieboldii	179	**Q**		Rosa corymbulosa	507
Polygonum suffultum	184	Quercus acrodonta	087	Rosa cymosa	505
Polygonum suffultum var. pergracile	185	Quercus acutissima	083	Rosa giraldii	506
Polygonum viscoferum	186	Quercus aliena	085	Rosa helenae	511
Polygonum viviparum	182	Quercus aliena var. acuteserrata	085	Rosa henryi	510
Populus adenopoda	042	Quercus dentata	084	Rosa laevigata	504
Populus canadensis	043	Quercus dolicholepis	086	Rosa multiflora var. cathayensis	510
Populus davidiana	042	Quercus engleriana	086	Rosa multiflora	510
Populus lasiocarpa	043	Quercus fabri	084	Rosa omeiensis	505
Populus simonii	043	Quercus phillyraeoides	087	Rosa roxburghii f. normalis	503
Populus wilsonii	043	Quercus serrata	084	Rosa roxburghii	503
Portulaca grandiflora	207	Quercus spinosa	085	Rosa rubus	511
Portulaca oleracea	207	Quercus variabilis	083	Rosa rugosa	509
Potentilla centigrana	541			Rosa sertata	508
Potentilla chinensis	542	**R**		Rosa sikangensis	506
Potentilla cryptotaeniae	541	Ranunculus cantoniensis	261	Rose setipoda	507
Potentilla discolor	542	Ranunculus chinensis	262	Rubus adenophorus	521
Potentilla fragarioides	540	Ranunculus ficariifolius	259	Rubus amabilis	524
Potentilla freyniana	540	Ranunculus japonicus	260	Rubus amphidasys	535
Potentilla fruticosa	538	Ranunculus sceleratus	260	Rubus bambusarum	532
Potentilla kleiniana	541	Ranunculus sieboldii	261	Rubus buergeri	530
Potentilla leuconota	539	Ranunculus ternatus	260	Rubus caudifolius	534
Potentilla lineata	539	Raphanus sativus	394	Rubus chiliadenus	521
Potygonum thunbergii	177	Reynoutria japonica	172	Rubus chroosepalus	527
Pouzolzia sanguinea	140	Rheum officinale	165	Rubus corchorifolius	517
Pouzolzia zeylanica	141	Rheum palmatum	166	Rubus coreanus var. tomentosus	525
Prunus cerasifera f. atropurpurea	550	Rheum rhabarbarum	165	Rubus coreanus	525
Prunus salicina	549	Rhodiola yunnanensis	401	Rubus eustephanus	520
Pseudolarix amabilis	009	Rhynchosia dielsii	596	Rubus flagelliflorus	531
Pseudotsuga sinensis	014	Rhynchosia volubilis	597	Rubus henryi var. sozostylus	533
Pterocarya hupehensis	058	Ribes alpestre	422	Rubus henryi	532
Pterocarya macroptera	057	Ribes burejense	422	Rubus hunanensis	529
Pterocarya stenoptera	059	Ribes davidii	423	Rubus ichangensis	527
Pteroceltis tatarinowii	092	Ribes glaciale	424	Rubus innominatus var. kuntzeanus	521
Pterolobium punctatum	569	Ribes longiracemosum	421	Rubus innominatus	520
Pueraria lobata	604	Ribes maximowiczianum	423	Rubus inopertus	522
Pulsatilla chinensis	263	Ribes tenue	424	Rubus irenaeus	525
Pyracantha angustifolia	478	Robinia pseudoacacia	592	Rubus jambosoides	531

Rubus lambertianus var. *glaber*	526	*Salix mictotricha*	046	*Sophora wilsonii*	579		
Rubus lambertianus	526	*Salix polyclona*	047	*Sophora xanthantha*	578		
Rubus lasiostylus	519	*Salix wallichiana*	045	*Sorbaria arborea* var. *glabrata*	467		
Rubus malifolius	534	*Salix wilsonii*	046	*Sorbaria arborea*	467		
Rubus mesogaeus	523	*Sanguisorba officinalis*	512	*Sorbus alnifolia*	494		
Rubus parkeri	527	*Sarcandra glabra*	040	*Sorbus caloneura*	495		
Rubus parvifolius	523	*Sargentodoxa cuneata*	269	*Sorbus folgneri*	493		
Rubus pectinellus	517	*Sassafras tzumu*	345	*Sorbus hemsleyi*	493		
Rubus peltatus	517	*Saururus chinensis*	035	*Sorbus hupehensis*	492		
Rubus pentagonus	518	*Saxifraga davidii*	414	*Sorbus keissleri*	494		
Rubus pileatus	522	*Saxifraga giraldiana*	414	*Sorbus koehneana*	491		
Rubus playfairianus	531	*Saxifraga rufescens*	415	*Sorbus megalocarpa*	493		
Rubus reflexus	530	*Saxifraga sibirica*	414	*Sorbus wilsoniana*	492		
Rubus rufus	528	*Saxifraga stolonifera*	415	*Spinacia oleracea*	191		
Rubus setchuenensis	529	*Schisandra henryi*	311	*Spiraea blumei*	461		
Rubus simplex	524	*Schisandra incarnata*	310	*Spiraea cantoniensis*	460		
Rubus sumatranus	519	*Schisandra propinqua* subsp. *sinensis*	312	*Spiraea chinensis*	462		
Rubus swinhoei	533	*Schisandra pubescens*	311	*Spiraea fritschiana*	463		
Rubus trianthus	518	*Schisandra sphenanthera*	312	*Spiraea henryi*	465		
Rubus wallichianus	522	*Schizophragma integrifolium*	434	*Spiraea hingshanensis*	464		
Rubus wuzhianus	534	*Schoepfia jasminodora*	148	*Spiraea hirsuta* var. *rotundifolia*	462		
Rubus xanthoneurus	528	*Sedum aizoon*	405	*Spiraea hirsuta*	461		
Ruhus pungens	524	*Sedum alfredii*	407	*Spiraea japonica*	462		
Rumex acetosa	167	*Sedum bulbiferum*	406	*Spiraea laeta*	460		
Rumex aquaticus	167	*Sedum elatinoides*	403	*Spiraea longigemmis*	463		
Rumex dentatus	169	*Sedum emarginatum*	407	*Spiraea miyabei* var. *glabrata*	464		
Rumex japonicus	168	*Sedum filipes*	403	*Spiraea ovalis*	464		
Rumex nepalensis	168	*Sedum major*	404	*Spiraea pubescens*	461		
Rumex patientia	168	*Sedum odontophyllum*	405	*Spiraea veitchii*	465		
Rumex trisetifer	169	*Sedum sarmentosum*	406	*Spiraea wilsonii*	465		
		Sedum stellariifolium	403	*Stauntonia brachyanthera*	276		
S		*Sedum triactina*	404	*Stauntonia duclouxii*	275		
Sabina chinensis	022	*Sedum yvesii*	406	*Stauntonia obovatifoliola* subsp. *urophylla*	275		
Sabina pingii var. *wilsonii*	023	*Sedum oligospermum*	404				
Sabina squamata	023	*Semiaquilegia adoxoides*	244	*Stellaria chinensis*	222		
Sagina japonica	216	*Silene aprica*	213	*Stellaria graminea*	220		
Salix babylonica	048	*Silene fortunei*	213	*Stellaria henryi*	221		
Salix biondiana	048	*Silene hupehensis*	212	*Stellaria media*	223		
Salix caprea	045	*Silene tatarinowii*	212	*Stellaria nipponica*	221		
Salix chaenomeloides	046	*Sinocrassula indica*	402	*Stellaria omeiensis*	221		
Salix cupularis	047	*Sinofranchetia chinensis*	270	*Stellaria uliginosa*	220		
Salix erioclada	050	*Sinomenium acutum*	304	*Stellaria vestita*	222		
Salix fargesii	049	*Sinowilsonia henryi*	445	*Stellaria wushanensis*	221		
Salix heterochroma	048	*Sophora davidii*	578	*Stephanandra chinensis*	469		
Salix hypoleuca	047	*Sophora flavescens*	577	*Stephania cepharantha*	306		
Salix matsudana	049	*Sophora japonica*	577	*Stephania herbacea*	307		

拉丁学名索引
Index of Latin Names

Stephania japonica	307	*Thalictrum simplex* var. *brevipes*	267	*Urtica fissa*	116
Stephania sinica	307	*Thalictrum uncinulatum*	265	*Urtica laetevirens*	116
Stranvaesia amphidoxa	497	*Thalictrum xingshanicum*	266		
Stranvaesia davidiana	497	*Thesium chinense*	150	**V**	
Stylophorum lasiocarpum	375	*Thuja occidentalis*	025	*Vaccaria segetalis*	215
Sycopsis sinensis	446	*Tiarella polyphylla*	416	*Vicia cracca*	608
		Tinospora sagittata	302	*Vicia faba*	607
T		*Torreya fargesii*	032	*Vicia hirsuta*	607
Taiwania cryptomerioides	020	*Trema cannabina* var. *dielsiana*	098	*Vicia pilosa*	607
Talinum paniculatum	208	*Trema cannabina*	098	*Vicia sativa*	606
Taxillus caloreas	152	*Trifolium pratense*	586	*Vicia tetrasperma*	608
Taxillus kaempferi var. *grandiflorus*	152	*Trifolium repens*	587	*Vicia unijuga*	609
Taxillus levinei	152	*Tsuga chinensis* var. *oblongisquamata*	015	*Vigna angularis*	599
Taxillus limprichtii	153	*Tsuga chinensis* var. *robusta*	015	*Vigna radiata*	599
Taxillus sutchuenensis	153	*Tsuga chinensis*	015	*Vigna umbellata*	600
Taxodium distichum var. *imbricatum*	019			*Vigna unguiculata*	599
Taxus wallichiana var. *mairei*	031	**U**		*Vigna vexillata*	600
Taxus wallichiana var. *chinensis*	031	*Ulmus bergmanniana*	096	*Viscum articulatum*	154
Tetracentron sinense	226	*Ulmus bergmanniana* var. *lasiophylla*	096	*Viscum diospyrosicolum*	154
Thalictrum ichangense	264	*Ulmus castaneifolia*	094		
Thalictrum javanicum	266	*Ulmus davidiana* var. *japonica*	094	**W**	
Thalictrum laxum	265	*Ulmus macrocarpa*	095	*Wisteria sinensis*	618
Thalictrum microgynum	267	*Ulmus parvifolia*	093		
Thalictrum minus var. *hypoleucum*	267	*Ulmus pumila*	095	**Z**	
Thalictrum przewalskii	266	*Uraria sinensis*	616	*Zelkova serrata*	096
Thalictrum robustum	265	*Urophysa henryi*	245		